2025 | 全国勘察设计注册工程师
执业资格考试用书

Zhuce Tumu Gongchengshi (Shuili Shuidian Gongcheng) Zhiye Zige Kaoshi
Jichu Kaoshi Shijuan

注册土木工程师（水利水电工程）执业资格考试
基础考试试卷

公共基础

注册工程师考试复习用书编委会 / 编
肖　宜　曹纬浚 / 主　编

微信扫一扫
了解本书正版数字资源的获取和使用方法

人民交通出版社
北京

内 容 提 要

本书共 3 册，分别收录有 2011～2024 年（2015 年停考，下同）公共基础考试试卷（即基础考试上午卷）和 2013～2019、2021、2023、2024 年专业基础考试试卷（即基础考试下午卷）及其解析与参考答案。

本书配电子题库（有效期一年），考生可微信扫描封面（公共基础分册）红色二维码，登录“注考大师”微信公众号在线学习，部分考题有视频解析。

本书可供参加 2025 年注册土木工程师（水利水电工程）执业资格考试基础考试的考生检验复习效果、准备考试使用。

图书在版编目（CIP）数据

2025 注册土木工程师（水利水电工程）执业资格考试基础考试试卷 / 肖宜，曹纬浚主编. — 北京：人民交通出版社股份有限公司，2025. 2. — ISBN 978-7-114-19929-5

Ⅰ. TU-44；TV-44

中国国家版本馆 CIP 数据核字第 2024V5T406 号

书　　名：2025 注册土木工程师（水利水电工程）执业资格考试基础考试试卷
著 作 者：肖　宜　曹纬浚
责任编辑：刘彩云
责任印制：张　凯
出版发行：人民交通出版社
地　　址：（100011）北京市朝阳区安定门外外馆斜街 3 号
网　　址：http://www.ccpcl.com.cn
销售电话：（010）85285857
总 经 销：人民交通出版社发行部
经　　销：各地新华书店
印　　刷：北京印匠彩色印刷有限公司
开　　本：889×1194　1/16
印　　张：56.25
字　　数：1147 千
版　　次：2025 年 2 月　第 1 版
印　　次：2025 年 2 月　第 1 次印刷
书　　号：ISBN 978-7-114-19929-5
定　　价：168.00 元（含 3 册）

编 者 的 话

我们从 2003 年起就组织北京市注册工程师基础考试辅导班的老师整理教案，编辑出版了注册结构工程师和注册岩土工程师基础考试的辅导教程，深受考生欢迎。2004 年起又陆续有电气、设备等多个专业开始了注册资格考试。注册工程师基础考试“上午段”各专业的考试内容相同。2009 年 3 月，住房和城乡建设部与人力资源和社会保障部共同批准了经过修改的《勘察设计注册工程师资格考试公共基础考试大纲》，新大纲较原考试大纲更加详细、明确，各科内容均有调整，并新增加了“信号和信息技术”及“法律法规”两科，**并一直沿用至今。**

为帮助参加各专业基础考试的考生准备好上午段的公共基础考试，我们编写了本书。书中收录了 2011～2024 年（含 2022 年补考）公共基础考试真题（2015 年缺考且无补考），并提供了详细题解和参考答案。每年我们还会对题和解析、答案进行复核与补充，并依据最新颁布实施的法律、规范修正相关解析，例如涉及“合同法”的内容，已根据《中华人民共和国民法典》的相应条款进行了更新。

为方便复习，我们依据本书内容制作了在线题库（含 2005～2024 年真题和解析、答案），考生可微信扫描粘贴在封面上的红色二维码，登录“注考大师”获取一年有效期的题库资源，进行模考练习；部分真题还配有视频讲解，这将有助于考生更好地理解题意，扎实掌握解题方法。总之，本书对参加公共基础考试的各专业考生会有很大的帮助。

由于各年试题有重复或近似的情况，为了保持试题的原貌，我们对试题没有做任何修改。甚至个别试题可能有错，以致没有正确答案，我们也没有做改动，但我们在题解中进行了说明，请读者注意。

本书编写人员及分工如下：

本书主编	**曹纬浚**
副主编	**蒋全科**
数学	**刘明惠、王秋媛、吴昌泽、范元玮**
普通物理	**魏京花**
普通化学	**谢亚勃**
理论力学	**刘　燕**
材料力学	**钱民刚**
流体力学	**毛军、李兆年**
电工电子技术	**黄辉、许怡生**
信号和信息技术	**黄辉、许怡生**
计算机应用基础	**许小重**
工程经济	**陈向东**
法律法规	**孙伟、李魁元**

参与或协助本书编写的老师还有贾玲华、毛怀珍、朋改非、李平、邓华、陈庆年、郭虹、张炳利、王志刚、何承奎、吴莎莎、张文革、徐华萍、栾彩虹、孙国樑、张炳珍。

祝各位考生考试取得好成绩！

注册工程师考试复习用书编委会

2024 年 12 月

目　录

（试卷・公共基础）

2011年度全国勘察设计注册工程师

执业资格考试试卷

基础考试

（上）

二〇一一年九月

应考人员注意事项

1. 本试卷科目代码为“1”，考生务必将此代码填涂在答题卡“科目代码”相应的栏目内，否则，无法评分。

2. 书写用笔：**黑色或蓝色钢笔、签字笔或圆珠笔**；

   填涂答题卡用笔：**黑色 2B 铅笔**。

3. 必须用书写用笔将工作单位、姓名、准考证号填写在答题卡和试卷相应的栏目内。

4. 本试卷由 120 题组成，每题 1 分，满分 120 分，本试卷全部为单项选择题，每小题的四个备选项中只有一个正确答案，错选、多选、不选均不得分。

5. 考生作答时，必须按**题号在答题卡上**将相应试题所选选项对应的**字母用 2B 铅笔涂黑**。

6. 在答题卡上书写与题意无关的语言，或在答题卡上作标记的，均按违纪试卷处理。

7. 考试结束时，由监考人员当面将试卷、答题卡一并收回。

8. 草稿纸由各地统一配发，考后收回。

单项选择题（共 120 题，每题 1 分。每题的备选项中只有一个最符合题意。）

1. 设直线方程为$x=y-1=z$，平面方程为$x-2y+z=0$，则直线与平面：

A. 重合　　B. 平行不重合

C. 垂直相交　　D. 相交不垂直

2. 在三维空间中，方程$y^2-z^2=1$所代表的图形是：

A. 母线平行x轴的双曲柱面　　B. 母线平行y轴的双曲柱面

C. 母线平行z轴的双曲柱面　　D. 双曲线

3. 当$x\to 0$时，3^x-1是x的：

A. 高阶无穷小　　B. 低阶无穷小

C. 等价无穷小　　D. 同阶但非等价无穷小

4. 函数$f(x)=\frac{x-x^2}{\sin\pi x}$的可去间断点的个数为：

A. 1 个　　B. 2 个

C. 3 个　　D. 无穷多个

5. 如果$f(x)$在x_0点可导，$g(x)$在x_0点不可导，则$f(x)g(x)$在x_0点：

A. 可能可导也可能不可导　　B. 不可导

C. 可导　　D. 连续

6. 当$x>0$时，下列不等式中正确的是：

A. $e^x<1+x$　　B. $\ln(1+x)>x$

C. $e^x<ex$　　D. $x>\sin x$

7. 若函数$f(x,y)$在闭区域D上连续，下列关于极值点的陈述中正确的是：

A. $f(x,y)$的极值点一定是$f(x,y)$的驻点

B. 如果P_0是$f(x,y)$的极值点，则P_0点处$B^2-AC<0\left(\text{其中，} A=\frac{\partial^2 f}{\partial x^2}\text{，} B=\frac{\partial^2 f}{\partial x\partial y}\text{，} C=\frac{\partial^2 f}{\partial y^2}\right)$

C. 如果P_0是可微函数$f(x,y)$的极值点，则在P_0点处$\mathrm{d}f=0$

D. $f(x,y)$的最大值点一定是$f(x,y)$的极大值点

8. $\int \frac{\mathrm{d}x}{\sqrt{x}(1+x)}=$

A. $\arctan\sqrt{x}+C$

B. $2\arctan\sqrt{x}+C$

C. $\tan(1+x)$

D. $\frac{1}{2}\arctan x+C$

9. 设$f(x)$是连续函数，且$f(x)=x^2+2\int_0^2 f(t)\mathrm{d}t$，则$f(x)=$

A. x^2

B. $x^2 2$

C. $2x$

D. $x^2-\frac{16}{9}$

10. $\int_{-2}^{2}\sqrt{4-x^2}\mathrm{d}x=$

A. π

B. 2π

C. 3π

D. $\frac{\pi}{2}$

11. 设L为连接(0,2)和(1,0)的直线段，则对弧长的曲线积分$\int_L(x^2+y^2)\mathrm{d}S=$

A. $\frac{\sqrt{5}}{2}$

B. 2

C. $\frac{3\sqrt{5}}{2}$

D. $\frac{5\sqrt{5}}{3}$

12. 曲线$y=e^{-x}(x\geqslant 0)$与直线$x=0$，$y=0$所围图形，绕ox轴旋转所得旋转体的体积为：

A. $\frac{\pi}{2}$

B. π

C. $\frac{\pi}{3}$

D. $\frac{\pi}{4}$

13. 若级数$\sum_{n=1}^{\infty}u_n$收敛，则下列级数中不收敛的是：

A. $\sum_{n=1}^{\infty}ku_n(k\neq 0)$　　B. $\sum_{n=1}^{\infty}u_{n+100}$

C. $\sum_{n=1}^{\infty}\left(u_{2n}+\frac{1}{2^n}\right)$　　D. $\sum_{n=1}^{\infty}\frac{50}{u_n}$

14. 设$\sum_{n=0}^{\infty}a_nx^n$的收敛半径为 2，则幂级数$\sum_{n=1}^{\infty}na_n(x-2)^{n+1}$的收敛区间是：

A. $(-2,2)$　　B. $(-2,4)$

C. $(0,4)$　　D. $(-4,0)$

15. 微分方程$xy\mathrm{d}x=\sqrt{2-x^2}\mathrm{d}y$的通解是：

A. $y=e^{-C\sqrt{2-x^2}}$　　B. $y=e^{-\sqrt{2-x^2}}+C$

C. $y=Ce^{-\sqrt{2-x^2}}$　　D. $y=C-\sqrt{2-x^2}$

16. 微分方程$\frac{\mathrm{d}y}{\mathrm{d}x}-\frac{y}{x}=\tan\frac{y}{x}$的通解是：

A. $\sin\frac{y}{x}=Cx$　　B. $\cos\frac{y}{x}=Cx$

C. $\sin\frac{y}{x}=x+C$　　D. $Cx\sin\frac{y}{x}=1$

17. 设$\boldsymbol{A}=\begin{bmatrix}1&0&1\\0&1&2\\-2&0&-3\end{bmatrix}$，则$\boldsymbol{A}^{-1}=$

A. $\begin{bmatrix}3&0&1\\4&1&2\\2&0&1\end{bmatrix}$　　B. $\begin{bmatrix}3&0&1\\4&1&2\\-2&0&-1\end{bmatrix}$

C. $\begin{bmatrix}-3&0&-1\\4&1&2\\-2&0&-1\end{bmatrix}$　　D. $\begin{bmatrix}3&0&1\\-4&-1&-2\\2&0&1\end{bmatrix}$

18. 设 3 阶矩阵$\boldsymbol{A}=\begin{bmatrix}1&1&a\\1&a&1\\a&1&1\end{bmatrix}$，已知$\boldsymbol{A}$的伴随矩阵的秩为 1，则$a=$

A. -2　　B. -1

C. 1　　D. 2

19. 设$\boldsymbol{A}$是 3 阶矩阵，$\boldsymbol{P}=(\alpha_1,\alpha_2,\alpha_3)$是 3 阶可逆矩阵，且$\boldsymbol{P}^{-1}\boldsymbol{A}\boldsymbol{P}=\begin{bmatrix}1&0&0\\0&2&0\\0&0&0\end{bmatrix}$。若矩阵$\boldsymbol{Q}=(\alpha_2,\alpha_1,\alpha_3)$，则$\boldsymbol{Q}^{-1}\boldsymbol{A}\boldsymbol{Q}=$

A. $\begin{bmatrix}1&0&0\\0&2&0\\0&0&0\end{bmatrix}$

B. $\begin{bmatrix}2&0&0\\0&1&0\\0&0&0\end{bmatrix}$

C. $\begin{bmatrix}0&1&0\\2&0&0\\0&0&0\end{bmatrix}$

D. $\begin{bmatrix}0&2&0\\1&0&0\\0&0&0\end{bmatrix}$

20. 齐次线性方程组$\begin{cases}x_1-x_2+x_4=0\\x_1-x_3+x_4=0\end{cases}$的基础解系为：

A. $\alpha_1=(1,1,1,0)^{\mathrm{T}}$，$\alpha_2=(-1,-1,1,0)^{\mathrm{T}}$

B. $\alpha_1=(2,1,0,1)^{\mathrm{T}}$，$\alpha_2=(-1,-1,1,0)^{\mathrm{T}}$

C. $\alpha_1=(1,1,1,0)^{\mathrm{T}}$，$\alpha_2=(-1,0,0,1)^{\mathrm{T}}$

D. $\alpha_1=(2,1,0,1)^{\mathrm{T}}$，$\alpha_2=(-2,-1,0,1)^{\mathrm{T}}$

21. 设A，B是两个事件，$P(A)=0.3$，$P(B)=0.8$，则当$P(A\cup B)$为最小值时，$P(AB)=$

A. 0.1

B. 0.2

C. 0.3

D. 0.4

22. 三个人独立地破译一份密码，每人能独立译出这份密码的概率分别为$\frac{1}{5}$、$\frac{1}{3}$、$\frac{1}{4}$，则这份密码被译出的概率为：

A. $\frac{1}{3}$

B. $\frac{1}{2}$

C. $\frac{2}{5}$

D. $\frac{3}{5}$

23. 设随机变量X的概率密度为$f(x)=\begin{cases}2x，0<x<1\\0\ ，其他\end{cases}$，$Y$表示对$X$的 3 次独立重复观察中事件$\left\{X\leqslant\frac{1}{2}\right\}$出现的次数，则$P\{Y=2\}$等于：

A. $\frac{3}{64}$

B. $\frac{9}{64}$

C. $\frac{3}{16}$

D. $\frac{9}{16}$

24. 设随机变量X和Y都服从$N(0,1)$分布，则下列叙述中正确的是：

A. $X+Y\sim$正态分布

B. $X^2+Y^2\sim\chi^2$分布

C. X^2和Y^2都$\sim\chi^2$分布

D. $\frac{X^2}{Y^2}\sim F$分布

25. 一瓶氦气和一瓶氮气，它们每个分子的平均平动动能相同，而且都处于平衡态，则它们：

A. 温度相同，氦分子和氮分子的平均动能相同

B. 温度相同，氦分子和氮分子的平均动能不同

C. 温度不同，氦分子和氮分子的平均动能相同

D. 温度不同，氦分子和氮分子的平均动能不同

26. 最概然速率v_{p}的物理意义是：

A. v_{p}是速率分布中的最大速率

B. v_{p}是大多数分子的速率

C. 在一定的温度下，速率与v_{p}相近的气体分子所占的百分率最大

D. v_{p}是所有分子速率的平均值

27. 1mol 理想气体从平衡态 $2p_1$、V_1沿直线变化到另一平衡态p_1、$2V_1$，则此过程中系统的功和内能的变化是：

A. $W>0$，$\Delta E>0$

B. $W<0$，$\Delta E<0$

C. $W>0$，$\Delta E=0$

D. $W<0$，$\Delta E>0$

28. 在保持高温热源温度T_1和低温热源温度T_2不变的情况下，使卡诺热机的循环曲线所包围的面积增大，则会：

A. 净功增大，效率提高

B. 净功增大，效率降低

C. 净功和功率都不变

D. 净功增大，效率不变

29. 一平面简谐波的波动方程为$y = 0.01\cos 10\pi(25t - x)$ (SI)，则在$t = 0.1$s时刻，$x = 2$m处质元的振动位移是：

A. 0.01cm　　B. 0.01m

C. −0.01m　　D. 0.01mm

30. 对于机械横波而言，下面说法正确的是：

A. 质元处于平衡位置时，其动能最大，势能为零

B. 质元处于平衡位置时，其动能为零，势能最大

C. 质元处于波谷处时，动能为零，势能最大

D. 质元处于波峰处时，动能与势能均为零

31. 在波的传播方向上，有相距为 3m 的两质元，两者的相位差为$\frac{\pi}{6}$，若波的周期为 4s，则此波的波长和波速分别为：

A. 36m 和6m/s　　B. 36m 和9m/s

C. 12m 和6m/s　　D. 12m 和9m/s

32. 在双缝干涉实验中，入射光的波长为λ，用透明玻璃纸遮住双缝中的一条缝（靠近屏一侧），若玻璃纸中光程比相同厚度的空气的光程大 2.5λ，则屏上原来的明纹处：

A. 仍为明条纹　　B. 变为暗条纹

C. 既非明纹也非暗纹　　D. 无法确定是明纹还是暗纹

33. 在真空中，可见光的波长范围为：

A. 400 ~ 760nm　　B. 400 ~ 760mm

C. 400 ~ 760cm　　D. 400 ~ 760m

34. 有一玻璃劈尖，置于空气中，劈尖角为θ，用波长为λ的单色光垂直照射时，测得相邻明纹间距为l，若玻璃的折射率为n，则θ、λ、l与n之间的关系为：

A. $\theta = \frac{\lambda n}{2l}$　　B. $\theta = \frac{l}{2n\lambda}$

C. $\theta = \frac{l\lambda}{2n}$　　D. $\theta = \frac{\lambda}{2nl}$

35. 一束自然光垂直穿过两个偏振片，两个偏振片的偏振化方向成 45°角。已知通过此两偏振片后的光强为I，则入射至第二个偏振片的线偏振光强度为：

A. I　　B. $2I$　　C. $3I$　　D. $\frac{I}{2}$

36. 一单缝宽度$a=1\times10^{-4}$m，透镜焦距$f=0.5$m，若用$\lambda=400$nm的单色平行光垂直入射，中央明纹的宽度为：

A. 2×10^{-3}m　　B. 2×10^{-4}m

C. 4×10^{-4}m　　D. 4×10^{-3}m

37. 29 号元素的核外电子分布式为：

A. $1s^22s^22p^63s^23p^63d^94s^2$　　B. $1s^22s^22p^63s^23p^63d^{10}4s^1$

C. $1s^22s^22p^63s^23p^64s^13d^{10}$　　D. $1s^22s^22p^63s^23p^64s^23d^9$

38. 下列各组元素的原子半径从小到大排序错误的是：

A. Li < Na < K　　B. Al < Mg < Na　　C. C < Si < Al　　D. P < As < Se

39. 下列溶液混合，属于缓冲溶液的是：

A. 50mL 0.2mol · L^{-1} CH_3COOH 与 50mL 0.1mol · L^{-1} NaOH

B. 50mL 0.1mol · L^{-1} CH_3COOH 与 50mL 0.1mol · L^{-1} NaOH

C. 50mL 0.1mol · L^{-1} CH_3COOH 与 50mL 0.2mol · L^{-1} NaOH

D. 50mL 0.2mol · L^{-1} HCl 与 50mL 0.1mol · L^{-1} $NH_3\cdot H_2O$

40. 在一容器中，反应$2NO_2(g)\rightleftharpoons 2NO(g)+O_2(g)$，恒温条件下达到平衡后，加一定量 Ar 气保持总压力不变，平衡将会：

A. 向正方向移动　　B. 向逆方向移动

C. 没有变化　　D. 不能判断

41. 某第 4 周期的元素，当该元素原子失去一个电子成为正 1 价离子时，该离子的价层电子排布式为 $3d^{10}$，则该元素的原子序数是：

A. 19　　B. 24　　C. 29　　D. 36

42. 对于一个化学反应，下列各组中关系正确的是：

A. $\Delta_rG_m^\ominus>0$，$K^\ominus<1$　　B. $\Delta_rG_m^\ominus>0$，$K^\ominus>1$

C. $\Delta_rG_m^\ominus<0$，$K^\ominus=1$　　D. $\Delta_rG_m^\ominus<0$，$K^\ominus<1$

43. 价层电子构型为 $4d^{10}5s^1$ 的元素在周期表中属于：

A. 第四周期 VIIB 族　　B. 第五周期 IB 族

C. 第六周期 VIIB 族　　D. 镧系元素

44. 下列物质中，属于酚类的是：

A. C_3H_7OH　　B. $C_6H_5CH_2OH$

C. C_6H_5OH　　D. $\underset{\text{OH}}{\text{CH}_2}-\underset{\text{OH}}{\text{CH}}-\underset{\text{OH}}{\text{CH}_2}$

45. 有机化合物 $H_3C-\underset{CH_3}{CH}-\underset{CH_3}{CH}-CH_2-CH_3$ 的名称是：

A. 2-甲基-3-乙基丁烷　　B. 3,4-二甲基戊烷

C. 2-乙基-3-甲基丁烷　　D. 2,3-二甲基戊烷

46. 下列物质中，两个氢原子的化学性质不同的是：

A. 乙炔　　B. 甲酸　　C. 甲醛　　D. 乙二酸

47. 两直角刚杆AC、CB支承如图所示，在铰C处受力$\boldsymbol{F}$作用，则A、B两处约束力的作用线与x轴正向所成的夹角分别为：

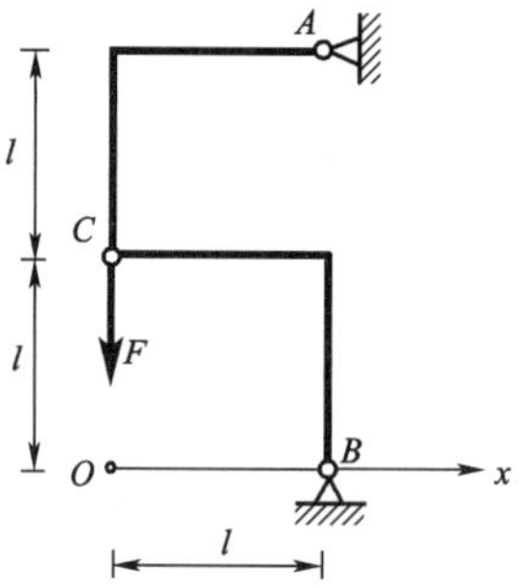

A. 0°；90°

B. 90°；0°

C. 45°；60°

D. 45°；135°

48. 在图示四个力三角形中，表示$\boldsymbol{F}_\mathrm{R}=\boldsymbol{F}_1+\boldsymbol{F}_2$的图是：

A.　　B.　　C.　　D.

49. 均质杆AB长为l，重为$\boldsymbol{W}$，受到如图所示的约束，绳索ED处于铅垂位置，A、B两处为光滑接触，杆的倾角为α，又$CD=l/4$，则A、B两处对杆作用的约束力大小关系为：

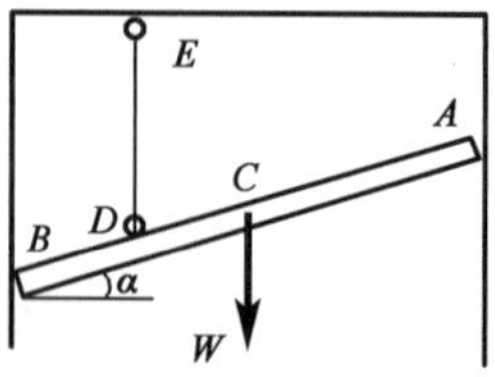

A. $F_{\mathrm{NA}}=F_{\mathrm{NB}}=0$

B. $F_{\mathrm{NA}}=F_{\mathrm{NB}}\neq 0$

C. $F_{\mathrm{NA}}\leqslant F_{\mathrm{NB}}$

D. $F_{\mathrm{NA}}\geqslant F_{\mathrm{NB}}$

50. 一重力大小为$W=60\text{kN}$的物块，自由放置在倾角为$\alpha=30°$的斜面上，如图所示，若物块与斜面间的静摩擦系数为$f=0.4$，则该物块的状态为：

A. 静止状态

B. 临界平衡状态

C. 滑动状态

D. 条件不足，不能确定

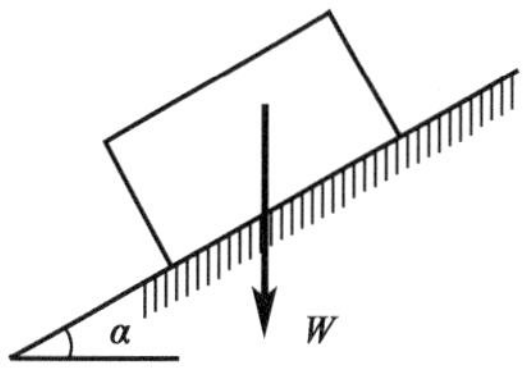

51. 当点运动时，若位置矢大小保持不变，方向可变，则其运动轨迹为：

A. 直线　　B. 圆周

C. 任意曲线　　D. 不能确定

52. 刚体做平动时，某瞬时体内各点的速度和加速度为：

A. 体内各点速度不相同，加速度相同

B. 体内各点速度相同，加速度不相同

C. 体内各点速度相同，加速度也相同

D. 体内各点速度不相同，加速度也不相同

53. 在图示机构中，杆$O_1A=O_2B$，$O_1A/\!/O_2B$，杆$O_2C=$杆O_3D，$O_2C/\!/O_3D$，且$O_1A=20\text{cm}$，$O_2C=40\text{cm}$，若杆O_1A以角速度$\omega=3\text{rad/s}$匀速转动，则杆CD上任意点M速度及加速度的大小分别为：

A. 60cm/s；180cm/s^2

B. 120cm/s；360cm/s^2

C. 90cm/s；270cm/s^2

D. 120cm/s；150cm/s^2

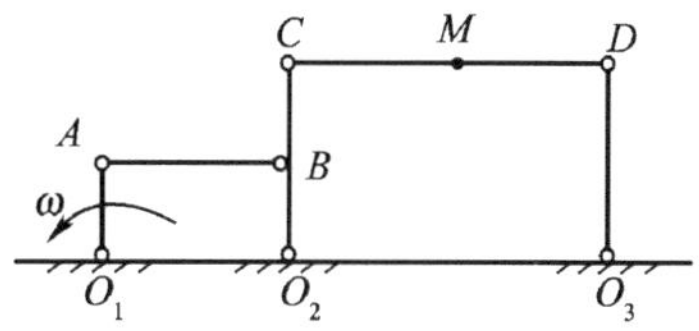

54. 图示均质圆轮，质量为m，半径为r，在铅垂图面内绕通过圆轮中心O的水平轴以匀角速度ω转动。则系统动量、对中心O的动量矩、动能的大小分别为：

A. 0；$\frac{1}{2}mr^2\omega$；$\frac{1}{4}mr^2\omega^2$

B. $mr\omega$；$\frac{1}{2}mr^2\omega$；$\frac{1}{4}mr^2\omega^2$

C. 0；$\frac{1}{2}mr^2\omega$；$\frac{1}{2}mr^2\omega^2$

D. 0；$\frac{1}{4}mr^2\omega$；$\frac{1}{4}mr^2\omega^2$

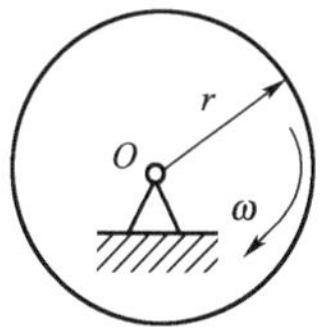

55. 如图所示，两重物M_1和M_2的质量分别为m_1和m_2，两重物系在不计质量的软绳上，绳绕过均质定滑轮，滑轮半径r，质量为m，则此滑轮系统的动量为：

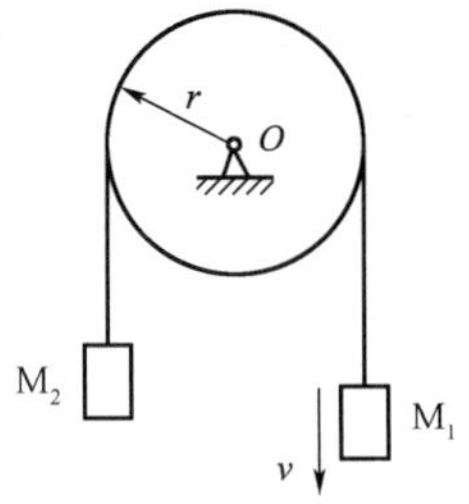

A. $\left(m_1 - m_2 + \frac{1}{2}m\right)v\downarrow$

B. $(m_1 - m_2)v\downarrow$

C. $\left(m_1 + m_2 + \frac{1}{2}m\right)v\uparrow$

D. $(m_1 - m_2)v\uparrow$

56. 均质细杆AB重力为$\boldsymbol{P}$、长 $2L$，A端铰支，B端用绳系住，处于水平位置，如图所示，当B端绳突然剪断瞬时，AB杆的角加速度大小为：

A. 0

B. $\frac{3g}{4L}$

C. $\frac{3g}{2L}$

D. $\frac{6g}{L}$

57. 质量为m，半径为R的均质圆盘，绕垂直于图面的水平轴O转动，其角速度为ω。在图示瞬间，角加速度为 0，盘心C在其最低位置，此时将圆盘的惯性力系向O点简化，其惯性力主矢和惯性力主矩的大小分别为：

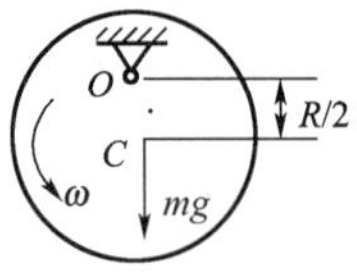

A. $m\frac{R}{2}\omega^2$；0

B. $mR\omega^2$；0

C. 0；0

D. 0；$\frac{1}{2}m\frac{R}{2}\omega^2$

58. 图示装置中，已知质量$m = 200\text{kg}$，弹簧刚度$k = 100\text{N/cm}$，则图中各装置的振动周期为：

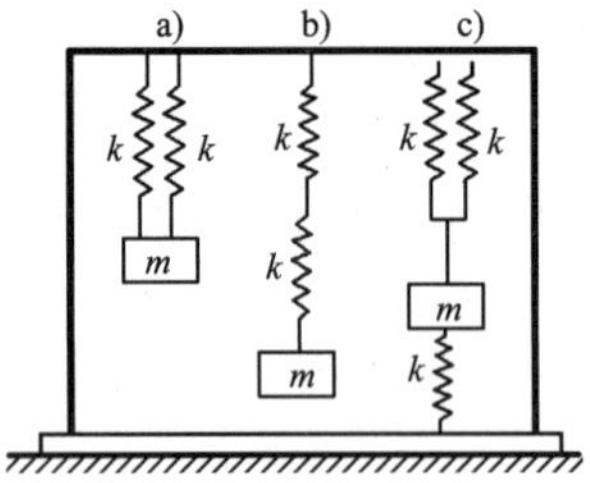

A. 图 a）装置振动周期最大

B. 图 b）装置振动周期最大

C. 图 c）装置振动周期最大

D. 三种装置振动周期相等

59. 圆截面杆ABC轴向受力如图，已知BC杆的直径$d = 100\text{mm}$，AB杆的直径为 $2d$。杆的最大的拉应力为：

A. 40MPa

B. 30MPa

C. 80MPa

D. 120MPa

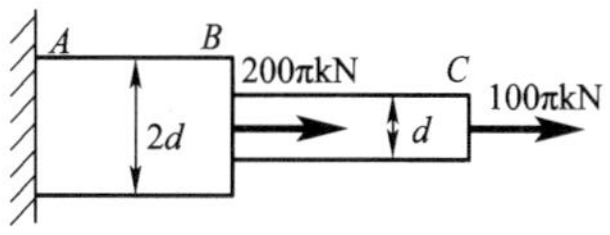

60. 已知铆钉的许可切应力为$[\tau]$，许可挤压应力为$[\sigma_{bs}]$，钢板的厚度为t，则图示铆钉直径d与钢板厚度t的关系是：

A. $d = \frac{8t[\sigma_{bs}]}{\pi[\tau]}$

B. $d = \frac{4t[\sigma_{bs}]}{\pi[\tau]}$

C. $d = \frac{\pi[\tau]}{8t[\sigma_{bs}]}$

D. $d = \frac{\pi[\tau]}{4t[\sigma_{bs}]}$

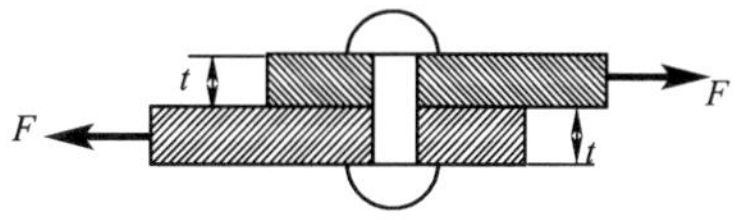

61. 图示受扭空心圆轴横截面上的切应力分布图中，正确的是：

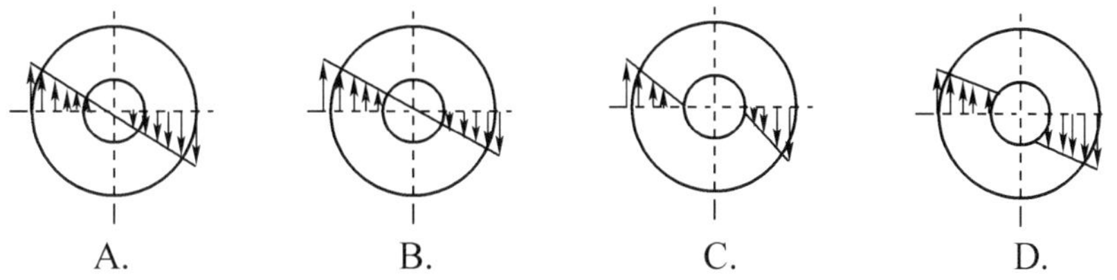

62. 图示截面的抗弯截面模量W_z为：

A. $W_z = \frac{\pi d^3}{32} - \frac{a^3}{6}$

B. $W_z = \frac{\pi d^3}{32} - \frac{a^4}{6d}$

C. $W_z = \frac{\pi d^3}{32} - \frac{a^3}{6d}$

D. $W_z = \frac{\pi d^4}{64} - \frac{a^4}{12}$

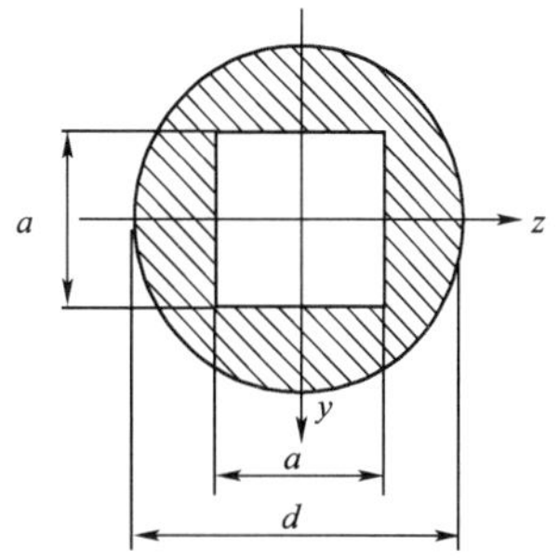

63. 梁的弯矩图如图所示，最大值在B截面。在梁的A、B、C、D四个截面中，剪力为 0 的截面是：

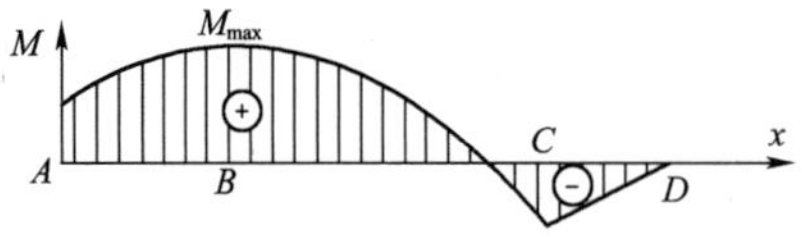

A. A截面　　B. B截面

C. C截面　　D. D截面

64. 图示悬臂梁AB，由三根相同的矩形截面直杆胶合而成，材料的许可应力为$[\sigma]$。若胶合面开裂，假设开裂后三根杆的挠曲线相同，接触面之间无摩擦力，则开裂后的梁承载能力是原来的：

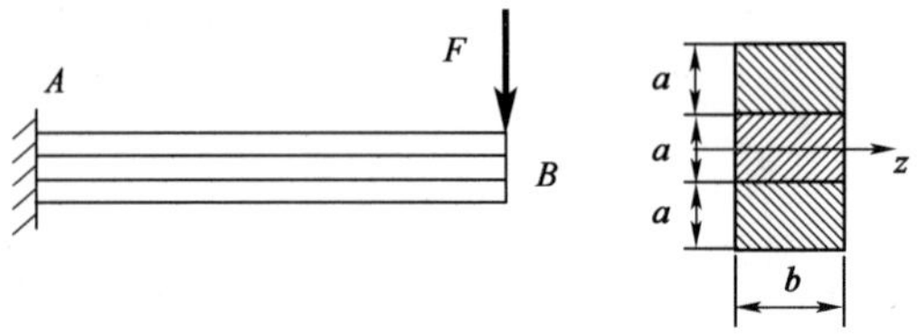

A. 1/9　　B. 1/3

C. 两者相同　　D. 3 倍

65. 梁的横截面是由狭长矩形构成的工字形截面，如图所示，z轴为中性轴，截面上的剪力竖直向下，该截面上的最大切应力在：

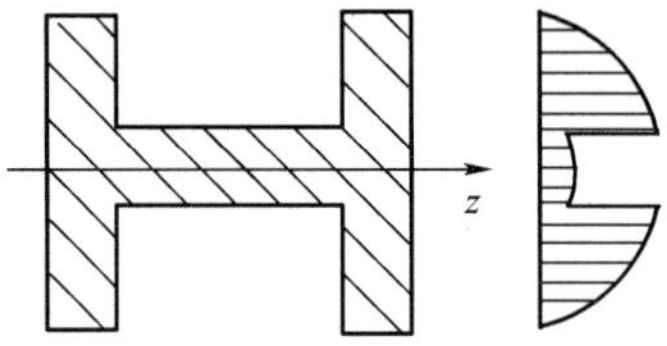

A. 腹板中性轴处

B. 腹板上下缘延长线与两侧翼缘相交处

C. 截面上下缘

D. 腹板上下缘

66. 矩形截面简支梁中点承受集中力F。若$h = 2b$，分别采用图 a)、图 b) 两种方式放置，图 a) 梁的最大挠度是图 b) 梁的：

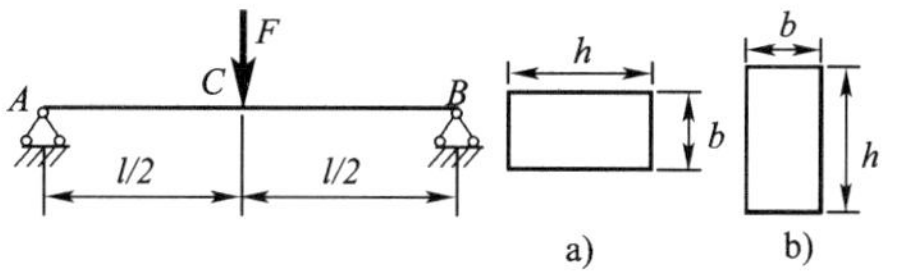

A. 1/2　　　　B. 2 倍

C. 4 倍　　　　D. 8 倍

67. 在图示xy坐标系下，单元体的最大主应力σ_1大致指向：

A. 第一象限，靠近x轴

B. 第一象限，靠近y轴

C. 第二象限，靠近x轴

D. 第二象限，靠近y轴

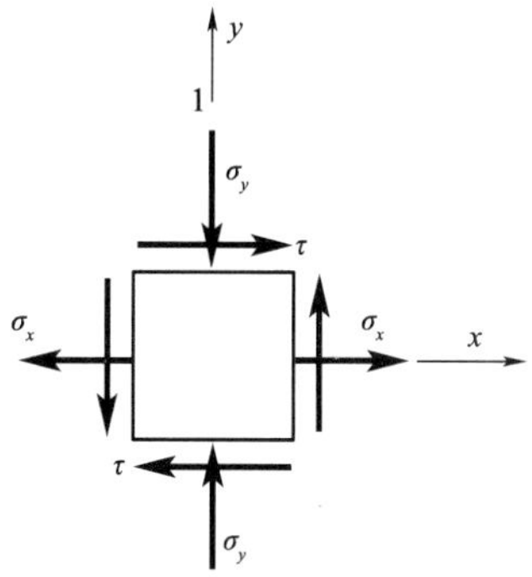

68. 图示变截面短杆，AB段压应力σ_{AB}与BC段压应力σ_{BC}的关系是：

A. σ_{AB}比σ_{BC}大1/4

B. σ_{AB}比σ_{BC}小1/4

C. σ_{AB}是σ_{BC}的2倍

D. σ_{AB}是σ_{BC}的1/2

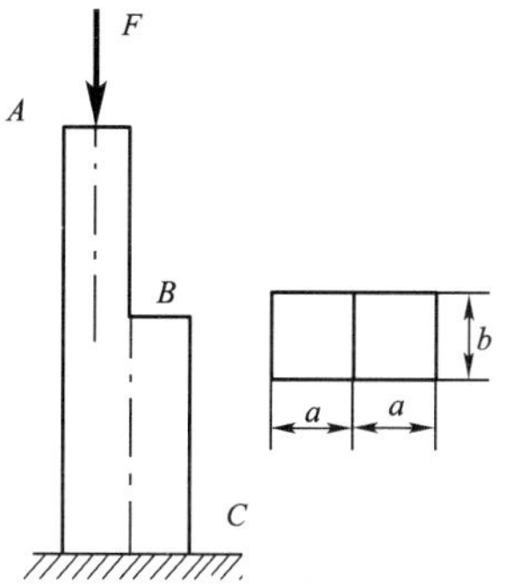

69. 图示圆轴，固定端外圆上$y=0$点（图中A点）的单元体的应力状态是：

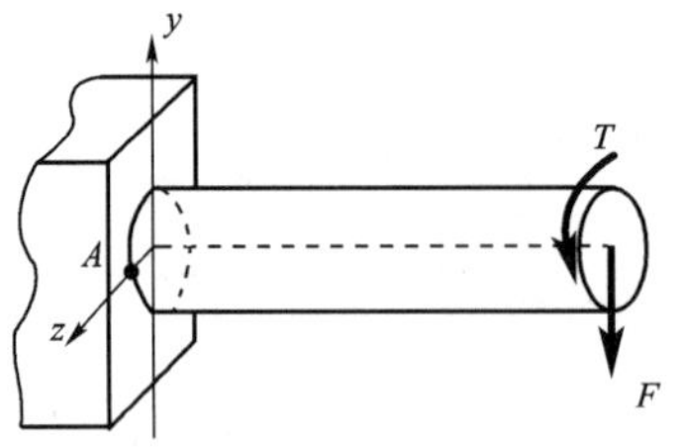

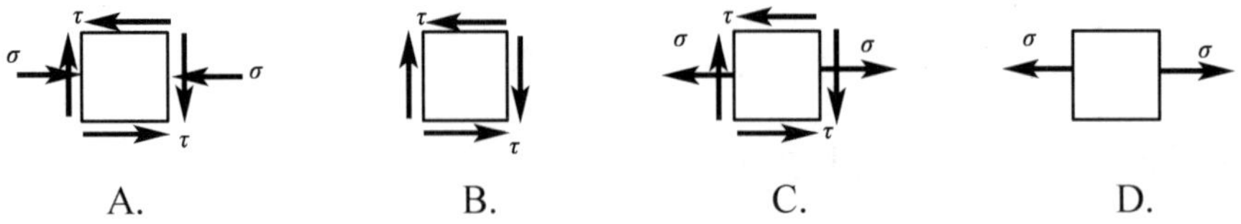

70. 一端固定一端自由的细长（大柔度）压杆，长为L（图 a），当杆的长度减小一半时（图 b），其临界荷载F_{cr}比原来增加：

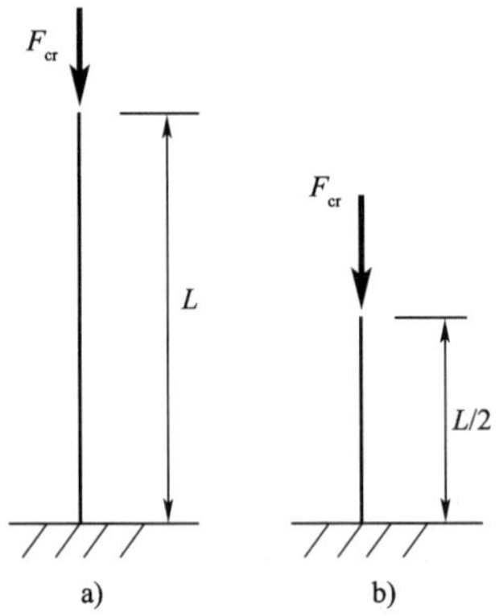

A. 4 倍

B. 3 倍

C. 2 倍

D. 1 倍

71. 空气的黏滞系数与水的黏滞系数μ分别随温度的降低而：

A. 降低，升高　　B. 降低，降低

C. 升高，降低　　D. 升高，升高

72. 重力和黏滞力分别属于：

A. 表面力、质量力　　B. 表面力、表面力

C. 质量力、表面力　　D. 质量力、质量力

73. 对某一非恒定流，以下对于流线和迹线的正确说法是：

A. 流线和迹线重合

B. 流线越密集，流速越小

C. 流线曲线上任意一点的速度矢量都与曲线相切

D. 流线可能存在折弯

74. 对某一流段，设其上、下游两断面 1-1、2-2 的断面面积分别为A_1、A_2，断面流速分别为v_1、v_2，两断面上任一点相对于选定基准面的高程分别为Z_1、Z_2，相应断面同一选定点的压强分别为p_1、p_2，两断面处的流体密度分别为ρ_1、ρ_2，流体为不可压缩流体，两断面间的水头损失为$h_{l1\text{-}2}$。下列方程表述一定错误的是：

A. 连续性方程：$v_1A_1 = v_2A_2$

B. 连续性方程：$\rho_1v_1A_1 = \rho_2v_2A_2$

C. 恒定总流能量方程：$\frac{p_1}{\rho_1 g} + Z_1 + \frac{v_1^2}{2g} = \frac{p_2}{\rho_2 g} + Z_2 + \frac{v_2^2}{2g}$

D. 恒定总流能量方程：$\frac{p_1}{\rho_1 g} + Z_1 + \frac{v_1^2}{2g} = \frac{p_2}{\rho_2 g} + Z_2 + \frac{v_2^2}{2g} + h_{l1\text{-}2}$

75. 水流经过变直径圆管，管中流量不变，已知前段直径d_1 =30mm，雷诺数为 5000，后段直径变为d_2 =60mm，则后段圆管中的雷诺数为：

A. 5000　　B. 4000　　C. 2500　　D. 1250

76. 两孔口形状、尺寸相同，一个是自由出流，出流流量为Q_1；另一个是淹没出流，出流流量为Q_2。若自由出流和淹没出流的作用水头相等，则Q_1与Q_2的关系是：

A. $Q_1 > Q_2$　　B. $Q_1 = Q_2$

C. $Q_1 < Q_2$　　D. 不确定

77. 水力最优断面是指当渠道的过流断面面积A、粗糙系数n和渠道底坡i一定时，其：

A. 水力半径最小的断面形状　　B. 过流能力最大的断面形状

C. 湿周最大的断面形状　　D. 造价最低的断面形状

78. 图示溢水堰模型试验，实际流量为$Q_n = 537\mathrm{m^3/s}$，若在模型上测得流量$Q_\mathrm{n} = 300\mathrm{L/s}$，则该模型长度比尺为：

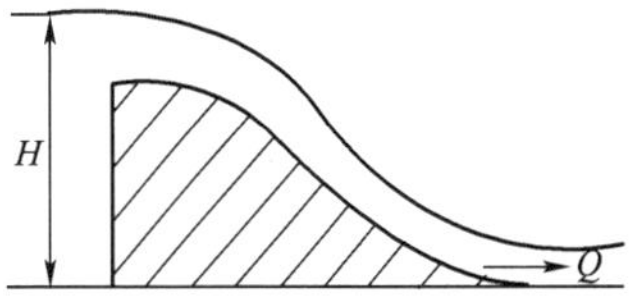

A. 4.5　　B. 6

C. 10　　D. 20

79. 点电荷$+q$和点电荷$-q$相距 30cm，那么，在由它们构成的静电场中：

A. 电场强度处处相等

B. 在两个点电荷连线的中点位置，电场力为 0

C. 电场方向总是从$+q$指向$-q$

D. 位于两个点电荷连线的中点位置上，带负电的可移动体将向$-q$处移动

80. 设流经图示电感元件的电流$i = 2\sin 1000t$ A，若$L = 1$mH，则电感电压：

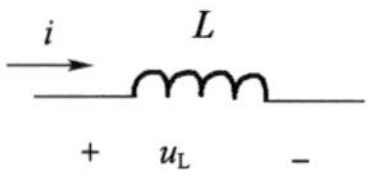

A. $u_L = 2\sin 1000t$ V

B. $u_L = -2\cos 1000t$ V

C. u_L的有效值$U_L = 2$V

D. u_L的有效值$U_L = 1.414$V

81. 图示两电路相互等效，由图 b）可知，流经 10Ω 电阻的电流$I_R = 1$A，由此可求得流经图 a）电路中 10Ω 电阻的电流I等于：

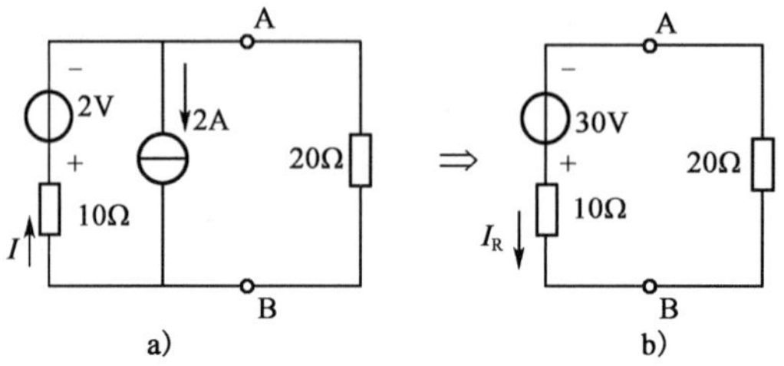

A. 1A　　B. −1A　　C. −3A　　D. 3A

82. RLC串联电路如图所示，在工频电压$u(t)$的激励下，电路的阻抗等于：

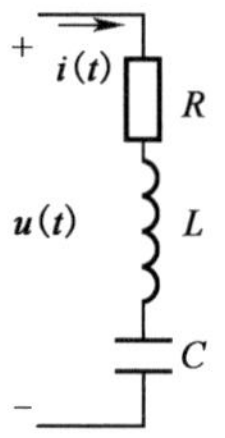

A. $R + 314L + 314C$

B. $R + 314L + 1/314C$

C. $\sqrt{R^2 + (314L - 1/314C)^2}$

D. $\sqrt{R^2 + (314L + 1/314C)^2}$

83. 图示电路中，$u = 10\sin(1000t + 30°)$ V，如果使用相量法求解图示电路中的电流i，那么，如下步骤中存在错误的是：

步骤 1：$\dot{I}_1 = \frac{10}{R + j1000L}$；步骤 2：$\dot{I}_2 = 10 \cdot j1000C$；

步骤 3：$\dot{I} = \dot{I}_1 + \dot{I}_2 = I\angle\Psi_i$；步骤 4：$\dot{I} = I\sqrt{2}\sin\Psi_i$

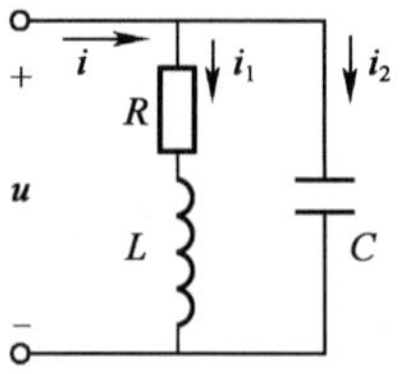

A. 仅步骤 1 和步骤 2 错

B. 仅步骤 2 错

C. 步骤 1、步骤 2 和步骤 4 错

D. 仅步骤 4 错

84. 图示电路中，开关k在$t=0$时刻打开，此后，电流i的初始值和稳态值分别为：

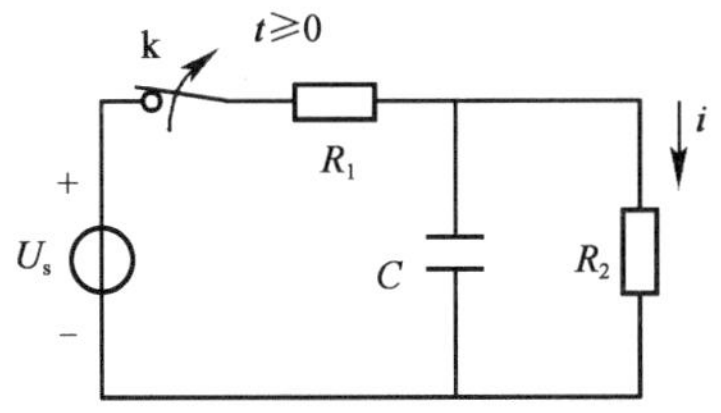

A. $\frac{U_s}{R_2}$和 0

B. $\frac{U_s}{R_1+R_2}$和 0

C. $\frac{U_s}{R_1}$和$\frac{U_s}{R_1+R_2}$

D. $\frac{U_s}{R_1+R_2}$和$\frac{U_s}{R_1+R_2}$

85. 在信号源(u_s, R_s)和电阻R_L之间接入一个理想变压器，如图所示。若$u_s=80\sin\omega t\,V$，$R_L=10\Omega$，且此时信号源输出功率最大，那么，变压器的输出电压u_2等于：

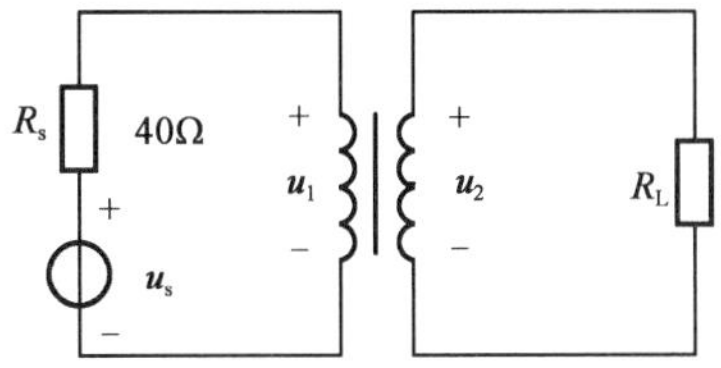

A. $40\sin\omega t\,V$

B. $20\sin\omega t\,V$

C. $80\sin\omega t\,V$

D. 20V

86. 接触器的控制线圈如图 a）所示，动合触点如图 b）所示，动断触点如图 c）所示，当有额定电压接入线圈后：

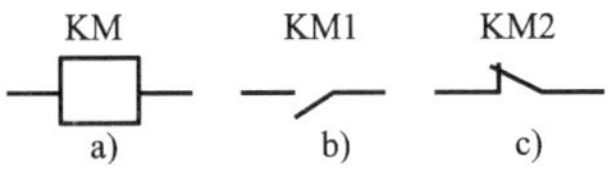

A. 触点 KM1 和 KM2 因未接入电路均处于断开状态

B. KM1 闭合，KM2 不变

C. KM1 闭合，KM2 断开

D. KM1 不变，KM2 断开

87. 某空调器的温度设置为 25℃，当室温超过 25℃后，它便开始制冷，此时红色指示灯亮，并在显示屏上显示“正在制冷”字样，那么：

A.“红色指示灯亮”和“正在制冷”均是信息

B.“红色指示灯亮”和“正在制冷”均是信号

C.“红色指示灯亮”是信号，“正在制冷”是信息

D.“红色指示灯亮”是信息，“正在制冷”是信号

88. 如果一个 16 进制数和一个 8 进制数的数字信号相同，那么：

A. 这个 16 进制数和 8 进制数实际反映的数量相等

B. 这个 16 进制数 2 倍于 8 进制数

C. 这个 16 进制数比 8 进制数少 8

D. 这个 16 进制数与 8 进制数的大小关系不定

89. 在以下关于信号的说法中，正确的是：

A. 代码信号是一串电压信号，故代码信号是一种模拟信号

B. 采样信号是时间上离散、数值上连续的信号

C. 采样保持信号是时间上连续、数值上离散的信号

D. 数字信号是直接反映数值大小的信号

90. 设周期信号$u(t) = \sqrt{2}\,U_1\sin(\omega t + \psi_1) + \sqrt{2}\,U_3\sin(3\omega t + \psi_3) + \cdots$

$$u_1(t) = \sqrt{2}\,U_1\sin(\omega t + \psi_1) + \sqrt{2}\,U_3\sin(3\omega t + \psi_3)$$

$$u_2(t) = \sqrt{2}\,U_1\sin(\omega t + \psi_1) + \sqrt{2}\,U_5\sin(5\omega t + \psi_5)$$

则：

A. $u_1(t)$较$u_2(t)$更接近$u(t)$

B. $u_2(t)$较$u_1(t)$更接近$u(t)$

C. $u_1(t)$与$u_2(t)$接近$u(t)$的程度相同

D. 无法做出三个电压之间的比较

91. 某模拟信号放大器输入与输出之间的关系如图所示，那么，能够经该放大器得到 5 倍放大的输入信号$u_\mathrm{i}(t)$最大值一定：

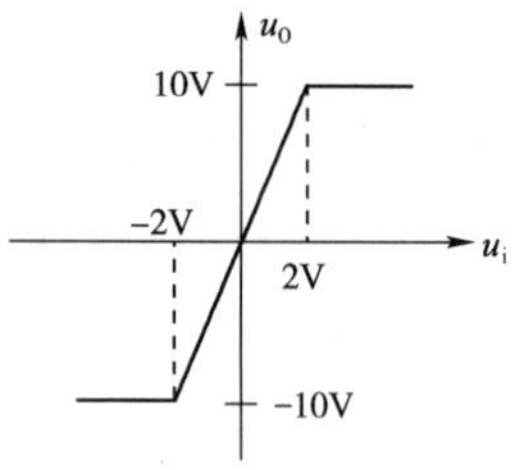

A. 小于 2V

B. 小于 10V 或大于−10V

C. 等于 2V 或等于−2V

D. 小于等于 2V 且大于等于−2V

92. 逻辑函数$\mathrm{F} = \overline{\overline{\mathrm{AB}} + \overline{\mathrm{BC}}}$的化简结果是：

A. $\mathrm{F} = \mathrm{AB} + \mathrm{BC}$

B. $\mathrm{F} = \overline{\mathrm{A}} + \overline{\mathrm{B}} + \overline{\mathrm{C}}$

C. $\mathrm{F} = \mathrm{A} + \mathrm{B} + \mathrm{C}$

D. $\mathrm{F} = \mathrm{ABC}$

93. 图示电路中，$u_i = 10\sin\omega t$，二极管 D_2 因损坏而断开，这时输出电压的波形和输出电压的平均值为：

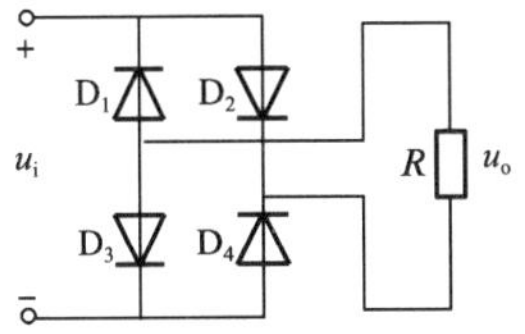

A. 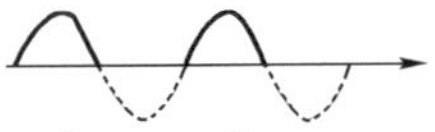 U_o=0.45V

B. 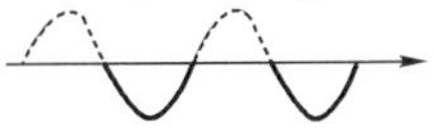 U_o=−0.45V

C. 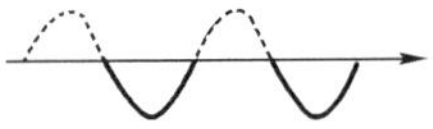 U_o=−3.18V

D.  U_o=3.18V

94. 图 a）所示运算放大器的输出与输入之间的关系如图 b）所示，若 $u_i = 2\sin\omega t\,\text{mV}$，则 u_o 为：

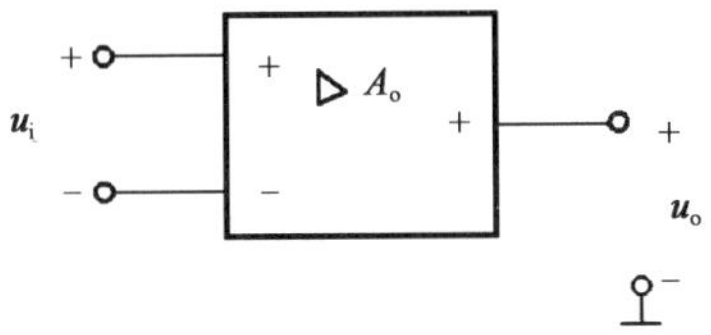

a)

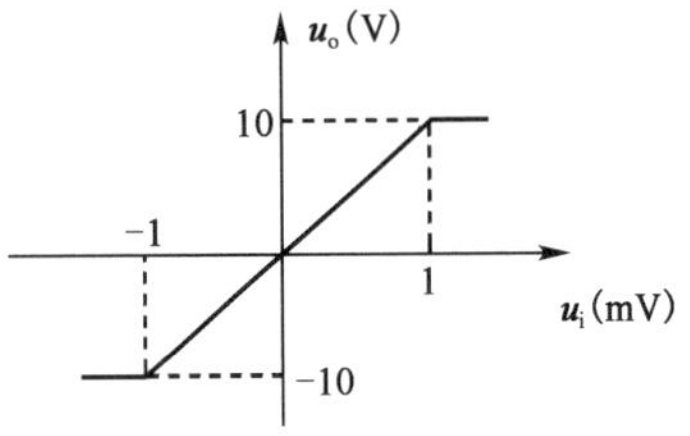

b)

A. 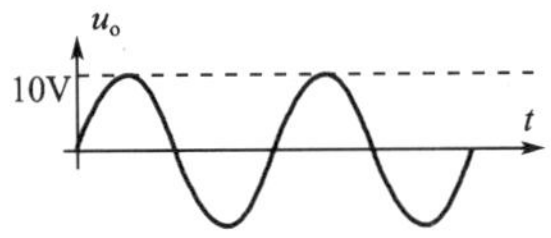

B. 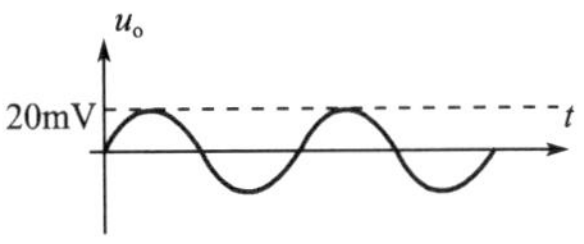

C. 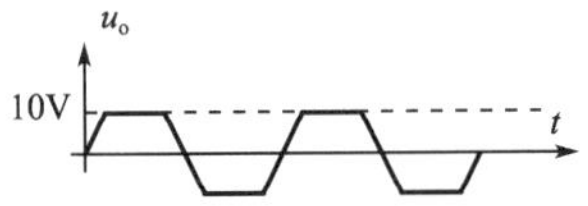

D. 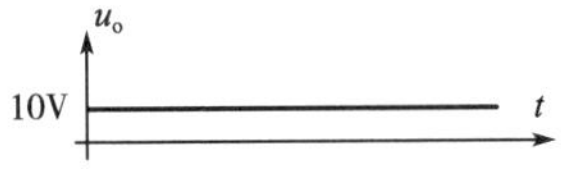

95. 基本门如图 a）所示，其中，数字信号 A 由图 b）给出，那么，输出 F 为：

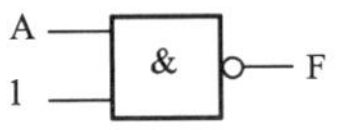

a)

b)

A. 1

B. 0

C. 

D. 

96. JK 触发器及其输入信号波形如图所示，那么，在$t=t_0$和$t=t_1$时刻，输出 Q 分别为：

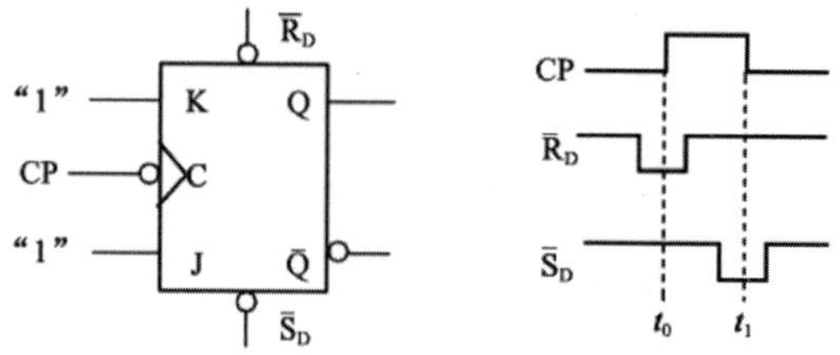

A. $Q(t_0)=1$，$Q(t_1)=0$

B. $Q(t_0)=0$，$Q(t_1)=1$

C. $Q(t_0)=0$，$Q(t_1)=0$

D. $Q(t_0)=1$，$Q(t_1)=1$

97. 计算机存储器中的每一个存储单元都配置一个唯一的编号，这个编号就是：

A. 一种寄存标志　　B. 寄存器地址

C. 存储器的地址　　D. 输入/输出地址

98. 操作系统作为一种系统软件，存在着与其他软件明显不同的三个特征是：

A. 可操作性、可视性、公用性

B. 并发性、共享性、随机性

C. 随机性、公用性、不可预测性

D. 并发性、可操作性、脆弱性

99. 将二进制数 11001 转换成相应的十进制数，其正确结果是：

A. 25　　B. 32

C. 24　　D. 22

100. 图像中的像素实际上就是图像中的一个个光点，这光点：

A. 只能是彩色的，不能是黑白的

B. 只能是黑白的，不能是彩色的

C. 既不能是彩色的，也不能是黑白的

D. 可以是黑白的，也可以是彩色的

101. 计算机病毒以多种手段入侵和攻击计算机信息系统，下面有一种不被使用的手段是：

A. 分布式攻击、恶意代码攻击

B. 恶意代码攻击、消息收集攻击

C. 删除操作系统文件、关闭计算机系统

D. 代码漏洞攻击、欺骗和会话劫持攻击

102. 计算机系统中，存储器系统包括：

A. 寄存器组、外存储器和主存储器

B. 寄存器组、高速缓冲存储器（Cache）和外存储器

C. 主存储器、高速缓冲存储器（Cache）和外存储器

D. 主存储器、寄存器组和光盘存储器

103. 在计算机系统中，设备管理是指对：

A. 除 CPU 和内存储器以外的所有输入/输出设备的管理

B. 包括 CPU 和内存储器及所有输入/输出设备的管理

C. 除 CPU 外，包括内存储器及所有输入/输出设备的管理

D. 除内存储器外，包括 CPU 及所有输入/输出设备的管理

104. Windows 提供了两种十分有效的文件管理工具，它们是：

A. 集合和记录

B. 批处理文件和目标文件

C. 我的电脑和资源管理器

D. 我的文档、文件夹

105. 一个典型的计算机网络主要由两大部分组成，即：

A. 网络硬件系统和网络软件系统

B. 资源子网和网络硬件系统

C. 网络协议和网络软件系统

D. 网络硬件系统和通信子网

106. 局域网是指将各种计算机网络设备互联在一起的通信网络，但其覆盖的地理范围有限，通常在：

A. 几十米之内

B. 几百公里之内

C. 几公里之内

D. 几十公里之内

107. 某企业年初投资 5000 万元，拟 10 年内等额回收本利，若基准收益率为 8%，则每年年末应回收的资金是：

A. 540.00 万元

B. 1079.46 万元

C. 745.15 万元

D. 345.15 万元

108. 建设项目评价中的总投资包括：

A. 建设投资和流动资金

B. 建设投资和建设期利息

C. 建设投资、建设期利息和流动资金

D. 固定资产投资和流动资产投资

109. 新设法人融资方式，建设项目所需资金来源于：

A. 资本金和权益资金
B. 资本金和注册资本
C. 资本金和债务资金
D. 建设资金和债务资金

110. 财务生存能力分析中，财务生存的必要条件是：

A. 拥有足够的经营净现金流量

B. 各年累计盈余资金不出现负值

C. 适度的资产负债率

D. 项目资本金净利润率高于同行业的净利润率参考值

111. 交通运输部门拟修建一条公路，预计建设期为一年，建设期初投资为 100 万元，建成后即投入使用，预计使用寿命为 10 年，每年将产生的效益为 20 万元，每年需投入保养费 8000 元。若社会折现率为 10%，则该项目的效益费用比为：

A. 1.07
B. 1.17
C. 1.85
D. 1.92

112. 建设项目经济评价有一整套指标体系，敏感性分析可选定其中一个或几个主要指标进行分析，最基本的分析指标是：

A. 财务净现值
B. 内部收益率
C. 投资回收期
D. 偿债备付率

113. 在项目无资金约束、寿命不同、产出不同的条件下，方案经济比选只能采用：

A. 净现值比较法

B. 差额投资内部收益率法

C. 净年值法

D. 费用年值法

114. 在对象选择中，通过对每个部件与其他各部件的功能重要程度进行逐一对比打分，相对重要的得 1 分，不重要的得 0 分，此方法称为：

A. 经验分析法　　　　B. 百分比法

C. ABC 分析法　　　　D. 强制确定法

115. 按照《中华人民共和国建筑法》的规定，下列叙述中正确的是：

A. 设计文件选用的建筑材料、建筑构配件和设备，不得注明其规格、型号

B. 设计文件选用的建筑材料、建筑构配件和设备，不得指定生产厂、供应商

C. 设计单位应按照建设单位提出的质量要求进行设计

D. 设计单位对施工过程中发现的质量问题应当按照监理单位的要求进行改正

116. 根据《中华人民共和国招标投标法》的规定，招标人对已发出的招标文件进行必要的澄清或修改的，应该以书面形式通知所有招标文件收受人，通知的时间应当在招标文件要求提交投标文件截止时间至少：

A. 20 日前　　　　B. 15 日前

C. 7 日前　　　　D. 5 日前

117. 按照《中华人民共和国合同法》的规定，下列情形中，要约不失效的是：

A. 拒绝要约的通知到达要约人

B. 要约人依法撤销要约

C. 承诺期限届满，受要约人未作出承诺

D. 受要约人对要约的内容作出非实质性变更

118. 根据《中华人民共和国节约能源法》的规定，国家实施的能源发展战略是：

A. 限制发展高耗能、高污染行业，发展节能环保型产业

B. 节约与开发并举，把节约放在首位

C. 合理调整产业结构、企业结构、产品结构和能源消费结构

D. 开发和利用新能源、可再生能源

119. 根据《中华人民共和国环境保护法》的规定，下列关于企业事业单位排放污染物的规定中，正确的是：

（注：《中华人民共和国环境保护法》2014 年进行了修订，此题已过时）

A. 排放污染物的企业事业单位，必须申报登记

B. 排放污染物超过标准的企业事业单位，或者缴纳超标准排污费，或者负责治理

C. 征收的超标准排污费必须用于该单位污染的治理，不得挪作他用

D. 对造成环境严重污染的企业事业单位，限期关闭

120. 根据《建设工程勘察设计管理条例》的规定，建设工程勘察、设计方案的评标一般不考虑：

A. 投标人资质

B. 勘察、设计方案的优劣

C. 设计人员的能力

D. 投标人的业绩

2012 年度全国勘察设计注册工程师

执业资格考试试卷

基础考试

（上）

二〇一二年九月

应考人员注意事项

1. 本试卷科目代码为“1”，考生务必将此代码填涂在答题卡“科目代码”相应的栏目内，否则，无法评分。

2. 书写用笔：**黑色或蓝色钢笔、签字笔或圆珠笔**；

   填涂答题卡用笔：**黑色 2B 铅笔**。

3. 必须用书写用笔将工作单位、姓名、准考证号填写在答题卡和试卷相应的栏目内。

4. 本试卷由 120 题组成，每题 1 分，满分 120 分，本试卷全部为单项选择题，每小题的四个备选项中只有一个正确答案，错选、多选、不选均不得分。

5. 考生作答时，必须按**题号在答题卡上**将相应试题所选选项对应的**字母用 2B 铅笔涂黑**。

6. 在答题卡上书写与题意无关的语言，或在答题卡上作标记的，均按违纪试卷处理。

7. 考试结束时，由监考人员当面将试卷、答题卡一并收回。

8. 草稿纸由各地统一配发，考后收回。

单项选择题（共 120 题，每题 1 分。每题的备选项中只有一个最符合题意。）

1. 设$f(x)=\begin{cases}\cos x+x\sin\frac{1}{x} & x<0\\ x^2+1 & x\geqslant 0\end{cases}$，则$x=0$是$f(x)$的下面哪一种情况：

A. 跳跃间断点

B. 可去间断点

C. 第二类间断点

D. 连续点

2. 设$\alpha(x)=1-\cos x$，$\beta(x)=2x^2$，则当$x\to 0$时，下列结论中正确的是：

A. $\alpha(x)$与$\beta(x)$是等价无穷小

B. $\alpha(x)$是$\beta(x)$的高阶无穷小

C. $\alpha(x)$是$\beta(x)$的低阶无穷小

D. $\alpha(x)$与$\beta(x)$是同阶无穷小但不是等价无穷小

3. 设$y=\ln(\cos x)$，则微分$\mathrm{d}y$等于：

A. $\frac{1}{\cos x}\mathrm{d}x$

B. $\cot x\mathrm{d}x$

C. $-\tan x\mathrm{d}x$

D. $-\frac{1}{\cos x\sin x}\mathrm{d}x$

4. $f(x)$的一个原函数为e^{-x^2}，则$f'(x)=$

A. $2(-1+2x^2)e^{-x^2}$

B. $-2xe^{-x^2}$

C. $2(1+2x^2)e^{-x^2}$

D. $(1-2x)e^{-x^2}$

5. $f'(x)$连续，则$\int f'(2x+1)\mathrm{d}x$等于：

A. $f(2x+1)+C$

B. $\frac{1}{2}f(2x+1)+C$

C. $2f(2x+1)+C$

D. $f(x)+C$

（C为任意常数）

6. 定积分$\int_0^{\frac{1}{2}}\frac{1+x}{\sqrt{1-x^2}}\mathrm{d}x=$

A. $\frac{\pi}{3}+\frac{\sqrt{3}}{2}$

B. $\frac{\pi}{6}-\frac{\sqrt{3}}{2}$

C. $\frac{\pi}{6}-\frac{\sqrt{3}}{2}+1$

D. $\frac{\pi}{6}+\frac{\sqrt{3}}{2}+1$

7. 若D是由$y=x$，$x=1$，$y=0$所围成的三角形区域，则二重积分$\iint\limits_D f(x,y)\mathrm{d}x\mathrm{d}y$在极坐标系下的二次积分是：

A. $\int_0^{\frac{\pi}{4}}\mathrm{d}\theta\int_0^{\cos\theta}f(r\cos\theta,r\sin\theta)r\mathrm{d}r$

B. $\int_0^{\frac{\pi}{4}}\mathrm{d}\theta\int_0^{\frac{1}{\cos\theta}}f(r\cos\theta,r\sin\theta)r\mathrm{d}r$

C. $\int_0^{\frac{\pi}{4}}\mathrm{d}\theta\int_0^{\frac{1}{\cos\theta}}r\mathrm{d}r$

D. $\int_0^{\frac{\pi}{4}}\mathrm{d}\theta\int_0^{\frac{1}{\cos\theta}}f(x,y)\mathrm{d}r$

8. 当$a<x<b$时，有$f'(x)>0$，$f''(x)<0$，则在区间(a,b)内，函数$y=f(x)$图形沿x轴正向是：

A. 单调减且凸的

B. 单调减且凹的

C. 单调增且凸的

D. 单调增且凹的

9. 函数在给定区间上不满足拉格朗日定理条件的是：

A. $f(x)=\frac{x}{1+x^2}$，$[-1,2]$

B. $f(x)=x^{\frac{2}{3}}$，$[-1,1]$

C. $f(x)=e^{\frac{1}{x}}$，$[1,2]$

D. $f(x)=\frac{x+1}{x}$，$[1,2]$

10. 下列级数中，条件收敛的是：

A. $\sum_{n=1}^{\infty}\frac{(-1)^n}{n}$

B. $\sum_{n=1}^{\infty}\frac{(-1)^n}{n^3}$

C. $\sum_{n=1}^{\infty}\frac{(-1)^n}{n(n+1)}$

D. $\sum_{n=1}^{\infty}(-1)^n\frac{n+1}{n+2}$

11. 当$|x|<\frac{1}{2}$时，函数$f(x)=\frac{1}{1+2x}$的麦克劳林展开式正确的是：

A. $\sum_{n=0}^{\infty}(-1)^{n+1}(2x)^n$

B. $\sum_{n=0}^{\infty}(-2)^n x^n$

C. $\sum_{n=1}^{\infty}(-1)^n 2^n x^n$

D. $\sum_{n=1}^{\infty}2^n x^n$

12. 已知微分方程$y'+p(x)y=q(x)[q(x)\neq 0]$有两个不同的特解$y_1(x)$，$y_2(x)$，$C$为任意常数，则该微分方程的通解是：

A. $y=C(y_1-y_2)$

B. $y=C(y_1+y_2)$

C. $y=y_1+C(y_1+y_2)$

D. $y=y_1+C(y_1-y_2)$

13. 以$y_1=e^x$，$y_2=e^{-3x}$为特解的二阶线性常系数齐次微分方程是：

A. $y''-2y'-3y=0$

B. $y''+2y'-3y=0$

C. $y''-3y'+2y=0$

D. $y''+3y'+2y=0$

14. 微分方程$\frac{dy}{dx}+\frac{x}{y}=0$的通解是：

A. $x^2+y^2=C(C\in R)$

B. $x^2-y^2=C(C\in R)$

C. $x^2+y^2=C^2(C\in R)$

D. $x^2-y^2=C^2(C\in R)$

15. 曲线$y=(\sin x)^{\frac{3}{2}}(0\leqslant x\leqslant \pi)$与$x$轴围成的平面图形绕$x$轴旋转一周而成的旋转体体积等于：

A. $\frac{4}{3}$

B. $\frac{4}{3}\pi$

C. $\frac{2}{3}\pi$

D. $\frac{2}{3}\pi^2$

16. 曲线$x^2+4y^2+z^2=4$与平面$x+z=a$的交线在yOz平面上的投影方程是：

A. $\begin{cases}(a-z)^2+4y^2+z^2=4\\x=0\end{cases}$

B. $\begin{cases}x^2+4y^2+(a-x)^2=4\\z=0\end{cases}$

C. $\begin{cases}x^2+4y^2+(a-x)^2=4\\x=0\end{cases}$

D. $(a-z)^2+4y^2+z^2=4$

17. 方程$x^2-\frac{y^2}{4}+z^2=1$，表示：

A. 旋转双曲面

B. 双叶双曲面

C. 双曲柱面

D. 锥面

18. 设直线L为$\begin{cases}x+3y+2z+1=0\\2x-y-10z+3=0\end{cases}$，平面π为$4x-2y+z-2=0$，则直线和平面的关系是：

A. L平行于π

B. L在π上

C. L垂直于π

D. L与π斜交

19. 已知n阶可逆矩阵$\boldsymbol{A}$的特征值为λ_0，则矩阵$(2\boldsymbol{A})^{-1}$的特征值是：

A. $\frac{2}{\lambda_0}$

B. $\frac{\lambda_0}{2}$

C. $\frac{1}{2\lambda_0}$

D. $2\lambda_0$

20. 设$\vec{\alpha_1}$，$\vec{\alpha_2}$，$\vec{\alpha_3}$，$\vec{\beta}$为n维向量组，已知$\vec{\alpha_1}$，$\vec{\alpha_2}$，$\vec{\beta}$线性相关，$\vec{\alpha_2}$，$\vec{\alpha_3}$，$\vec{\beta}$线性无关，则下列结论中正确的是：

A. $\vec{\beta}$必可用$\vec{\alpha_1}$，$\vec{\alpha_2}$线性表示

B. $\vec{\alpha_1}$必可用$\vec{\alpha_2}$，$\vec{\alpha_3}$，$\vec{\beta}$线性表示

C. $\vec{\alpha_1}$，$\vec{\alpha_2}$，$\vec{\alpha_3}$必线性无关

D. $\vec{\alpha_1}$，$\vec{\alpha_2}$，$\vec{\alpha_3}$必线性相关

21. 要使得二次型$f(x_1,x_2,x_3)=x_1^2+2tx_1x_2+x_2^2-2x_1x_3+2x_2x_3+2x_3^2$为正定的，则$t$的取值条件是：

A. $-1<t<1$

B. $-1<t<0$

C. $t>0$

D. $t<-1$

22. 若事件A、B互不相容，且$P(A)=p$，$P(B)=q$，则$P(\overline{A}\,\overline{B})$等于：

A. $1-p$

B. $1-q$

C. $1-(p+q)$

D. $1+p+q$

23. 若随机变量X与Y相互独立，且X在区间[0,2]上服从均匀分布，Y服从参数为 3 的指数分布，则数学期望$E(XY)=$

A. $\frac{4}{3}$

B. 1

C. $\frac{2}{3}$

D. $\frac{1}{3}$

24. 设$X_1,X_2,\cdots,X_n$是来自总体$N(\mu,\sigma^2)$的样本，μ、σ^2未知，$\overline{X}=\frac{1}{n}\sum_{i=1}^{n}X_i$，$Q^2=\sum_{i=1}^{n}\left(X_i-\overline{X}\right)^2$，$Q>0$。则检验假设$H_0$：$\mu=0$时应选取的统计量是：

A. $\sqrt{n(n-1)}\frac{\overline{X}}{Q}$

B. $\sqrt{n}\frac{\overline{X}}{Q}$

C. $\sqrt{n-1}\frac{\overline{X}}{Q}$

D. $\sqrt{n}\frac{\overline{X}}{Q^2}$

25. 两种摩尔质量不同的理想气体，它们压强相同、温度相同、体积不同。则它们的：

A. 单位体积内的分子数不同

B. 单位体积内气体的质量相同

C. 单位体积内气体分子的总平均平动动能相同

D. 单位体积内气体的内能相同

26. 某种理想气体的总分子数为N，分子速率分布函数为$f(v)$，则速率在$v_1\rightarrow v_2$区间内的分子数是：

A. $\int_{v_1}^{v_2}f(v)\mathrm{d}v$

B. $N\int_{v_1}^{v_2}f(v)\mathrm{d}v$

C. $\int_0^{\infty}f(v)\mathrm{d}v$

D. $N\int_0^{\infty}f(v)\mathrm{d}v$

27. 一定量的理想气体由a状态经过一过程到达b状态，吸热为 335J，系统对外做功 126J；若系统经过另一过程由a状态到达b状态，系统对外做功 42J，则过程中传入系统的热量为：

A. 530J　　B. 167J

C. 251J　　D. 335J

28. 一定量的理想气体，经过等体过程，温度增量ΔT，内能变化ΔE_1，吸收热量Q_1；若经过等压过程，温度增量也为ΔT，内能变化ΔE_2，吸收热量Q_2，则一定是：

A. $\Delta E_2 = \Delta E_1$，$Q_2 > Q_1$

B. $\Delta E_2 = \Delta E_1$，$Q_2 < Q_1$

C. $\Delta E_2 > \Delta E_1$，$Q_2 > Q_1$

D. $\Delta E_2 < \Delta E_1$，$Q_2 < Q_1$

29. 一平面简谐波的波动方程为$y = 2 \times 10^{-2} \cos 2\pi\left(10t - \frac{x}{5}\right)$(SI)。$t = 0.25\text{s}$时，处于平衡位置，且与坐标原点$x = 0$最近的质元的位置是：

A. ±5m　　B. 5m

C. ±1.25m　　D. 1.25m

30. 一平面简谐波沿x轴正方向传播，振幅$A = 0.02\text{m}$，周期$T = 0.5\text{s}$，波长$\lambda = 100\text{m}$，原点处质元的初相位$\phi = 0$，则波动方程的表达式为：

A. $y = 0.02 \cos 2\pi\left(\frac{t}{2} - 0.01x\right)$ (SI)

B. $y = 0.02 \cos 2\pi(2t - 0.01x)$ (SI)

C. $y = 0.02 \cos 2\pi\left(\frac{t}{2} - 100x\right)$ (SI)

D. $y = 0.02 \cos 2\pi(2t - 100x)$ (SI)

31. 两人轻声谈话的声强级为 40dB，热闹市场上噪声的声强级为 80dB。市场上噪声的声强与轻声谈话的声强之比为：

A. 2　　B. 20

C. 10^2　　D. 10^4

32. P_1和P_2为偏振化方向相互垂直的两个平行放置的偏振片，光强为I_0的自然光垂直入射在第一个偏振片P_1上，则透过P_1和P_2的光强分别为：

A. $\frac{I_0}{2}$和 0

B. 0 和$\frac{I_0}{2}$

C. I_0和I_0

D. $\frac{I_0}{2}$和$\frac{I_0}{2}$

33. 一束自然光自空气射向一块平板玻璃，设入射角等于布儒斯特角，则反射光为：

A. 自然光

B. 部分偏振光

C. 完全偏振光

D. 圆偏振光

34. 波长$\lambda = 550\text{nm}(1\text{nm} = 10^{-9}\text{m})$的单色光垂直入射于光栅常数为$2 \times 10^{-4}\text{cm}$的平面衍射光栅上，可能观察到光谱线的最大级次为：

A. 2

B. 3

C. 4

D. 5

35. 在单缝夫琅禾费衍射实验中，波长为λ的单色光垂直入射到单缝上，对应于衍射角为 30°的方向上，若单缝处波阵面可分成 3 个半波带。则缝宽a为：

A. λ

B. 1.5λ

C. 2λ

D. 3λ

36. 以双缝干涉实验中，波长为λ的单色平行光垂直入射到缝间距为a的双缝上，屏到双缝的距离为D，则某一条明纹与其相邻的一条暗纹的间距为：

A. $\frac{D\lambda}{a}$

B. $\frac{D\lambda}{2a}$

C. $\frac{2D\lambda}{a}$

D. $\frac{D\lambda}{4a}$

37. 钴的价层电子构型是$3d^7 4s^2$，钴原子外层轨道中未成对电子数为：

A. 1　　B. 2

C. 3　　D. 4

38. 在 HF、HCl、HBr、HI 中，按熔、沸点由高到低顺序排列正确的是：

A. HF、HCl、HBr、HI

B. HI、HBr、HCl、HF

C. HCl、HBr、HI、HF

D. HF、HI、HBr、HCl

39. 对于 HCl 气体溶解于水的过程，下列说法正确的是：

A. 这仅是一个物理变化过程

B. 这仅是一个化学变化过程

C. 此过程既有物理变化又有化学变化

D. 此过程中溶质的性质发生了变化，而溶剂的性质未变

40. 体系与环境之间只有能量交换而没有物质交换，这种体系在热力学上称为：

A. 绝热体系　　B. 循环体系

C. 孤立体系　　D. 封闭体系

41. 反应$PCl_3(g) + Cl_2(g) \rightleftharpoons PCl_5(g)$，298K 时$K^{\Theta} = 0.767$，此温度下平衡时，如$p(PCl_5) = p(PCl_3)$，则$p(Cl_2) =$

A. 130.38kPa

B. 0.767kPa

C. 7607kPa

D. 7.67×10^{-3}kPa

42. 在铜锌原电池中，将铜电极的$C(H^+)$由1mol/L增加到2mol/L，则铜电极的电极电势：

A. 变大　　B. 变小

C. 无变化　　D. 无法确定

43. 元素的标准电极电势图如下：

$Cu^{2+}\xrightarrow{0.159}Cu^{+}\xrightarrow{0.52}Cu$

$Au^{3+}\xrightarrow{1.36}Au^{+}\xrightarrow{1.83}Au$

$Fe^{3+}\xrightarrow{0.771}Fe^{2+}\xrightarrow{-0.44}Fe$

$MnO_4^{-}\xrightarrow{1.51}Mn^{2+}\xrightarrow{-1.18}Mn$

在空气存在的条件下，下列离子在水溶液中最稳定的是：

A. Cu^{2+}　　B. Au^{+}

C. Fe^{2+}　　D. Mn^{2+}

44. 按系统命名法，下列有机化合物命名正确的是：

A. 2-乙基丁烷　　B. 2，2-二甲基丁烷

C. 3，3-二甲基丁烷　　D. 2，3，3-三甲基丁烷

45. 下列物质使溴水褪色的是：

A. 乙醇　　B. 硬脂酸甘油酯

C. 溴乙烷　　D. 乙烯

46. 昆虫能分泌信息素。下列是一种信息素的结构简式：

$$CH_3(CH_2)_5CH = CH(CH_2)_9CHO$$

下列说法正确的是：

A. 这种信息素不可以与溴发生加成反应

B. 它可以发生银镜反应

C. 它只能与 1mol H_2 发生加成反应

D. 它是乙烯的同系物

47. 图示刚架中，若将作用于*B*处的水平力***P***沿其作用线移至*C*处，则*A*、*D*处的约束力：

A. 都不变

B. 都改变

C. 只有*A*处改变

D. 只有*D*处改变

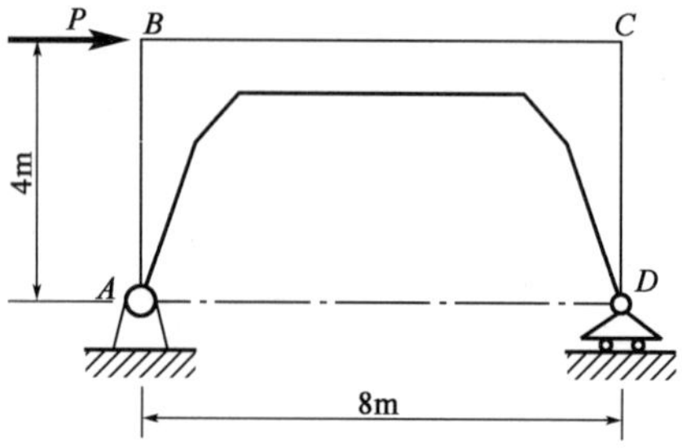

48. 图示绞盘有三个等长为l的柄，三个柄均在水平面内，其间夹角都是 120°。如在水平面内，每个柄端分别作用一垂直于柄的力$\boldsymbol{F}_1$、$\boldsymbol{F}_2$、$\boldsymbol{F}_3$，且有$F_1 = F_2 = F_3 = F$，该力系向O点简化后的主矢及主矩应为：

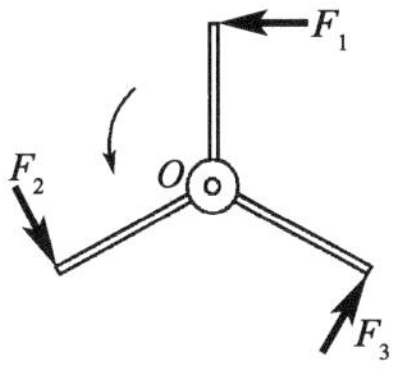

A. $F_R = 0$，$M_O = 3Fl$(↷)

B. $F_R = 0$，$M_O = 3Fl$(↶)

C. $F_R = 2F$(水平向右)，$M_O = 3Fl$(↷)

D. $F_R = 2F$(水平向左)，$M_O = 3Fl$(↶)

49. 图示起重机的平面构架，自重不计，且不计滑轮质量，已知：F =100kN，L =70cm，B、D、E为铰链连接。则支座A的约束力为：

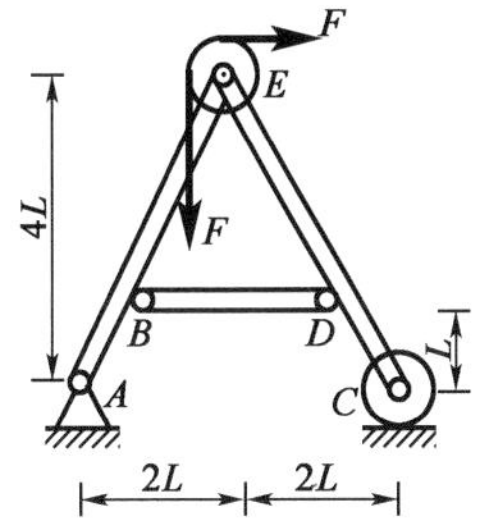

A. $F_{Ax} = 100\text{kN}(\leftarrow)$，$F_{Ay} = 150\text{kN}(\downarrow)$

B. $F_{Ax} = 100\text{kN}(\rightarrow)$，$F_{Ay} = 50\text{kN}(\uparrow)$

C. $F_{Ax} = 100\text{kN}(\leftarrow)$，$F_{Ay} = 50\text{kN}(\downarrow)$

D. $F_{Ax} = 100\text{kN}(\leftarrow)$，$F_{Ay} = 100\text{kN}(\downarrow)$

50. 平面结构如图所示，自重不计。已知：$F = 100\text{kN}$。判断图示BCH桁架结构中，内力为零的杆数是：

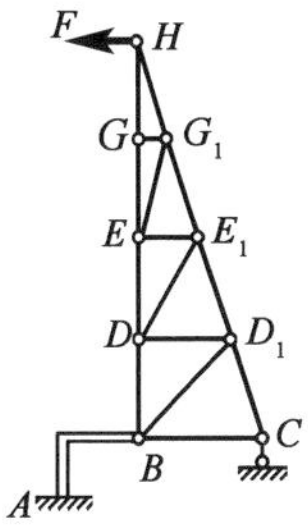

A. 3 根杆

B. 4 根杆

C. 5 根杆

D. 6 根杆

51. 动点以常加速度2m/s^2做直线运动。当速度由5m/s增加到8m/s时，则点运动的路程为：

A. 7.5m　　　　B. 12m

C. 2.25m　　　　D. 9.75m

52. 物体作定轴转动的运动方程为$\varphi = 4t - 3t^2$(φ以 rad 计，t以 s 计)。此物体内，转动半径$r = 0.5\text{m}$的一点，在$t_0 = 0$时的速度和法向加速度的大小分别为：

A. 2m/s，8m/s^2　　　　B. 3m/s，3m/s^2

C. 2m/s，8.54m/s^2　　　　D. 0，8m/s^2

53. 一木板放在两个半径$r = 0.25\text{m}$的传输鼓轮上面。在图示瞬时，木板具有不变的加速度$a = 0.5\text{m/s}^2$，方向向右；同时，鼓轮边缘上的点具有一大小为3m/s^2的全加速度。如果木板在鼓轮上无滑动，则此木板的速度为：

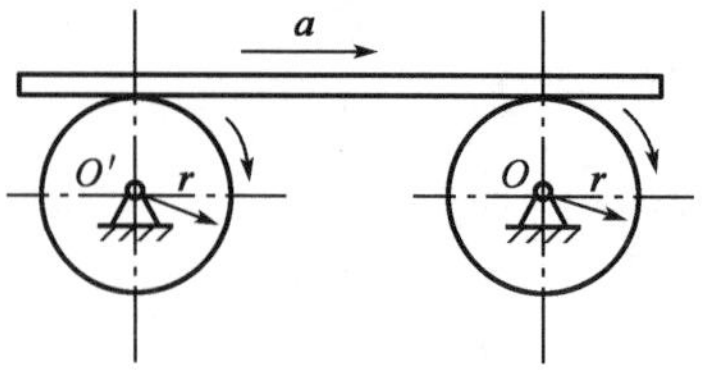

A. 0.86m/s

B. 3m/s

C. 0.5m/s

D. 1.67m/s

54. 重为W的人乘电梯铅垂上升，当电梯加速上升、匀速上升及减速上升时，人对地板的压力分别为$\boldsymbol{P}_1$、$\boldsymbol{P}_2$、$\boldsymbol{P}_3$，它们之间的关系为：

A. $\boldsymbol{P}_1 = \boldsymbol{P}_2 = \boldsymbol{P}_3$　　B. $\boldsymbol{P}_1 > \boldsymbol{P}_2 > \boldsymbol{P}_3$

C. $\boldsymbol{P}_1 < \boldsymbol{P}_2 < \boldsymbol{P}_3$　　D. $\boldsymbol{P}_1 < \boldsymbol{P}_2 > \boldsymbol{P}_3$

55. 均质细杆AB重力为$\boldsymbol{W}$，A端置于光滑水平面上，B端用绳悬挂，如图所示。当绳断后，杆在倒地的过程中，质心C的运动轨迹为：

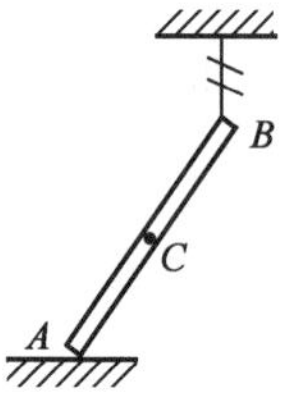

A. 圆弧线

B. 曲线

C. 铅垂直线

D. 抛物线

56. 杆OA与均质圆轮的质心用光滑铰链A连接，如图所示，初始时它们静止于铅垂面内，现将其释放，则圆轮A所作的运动为：

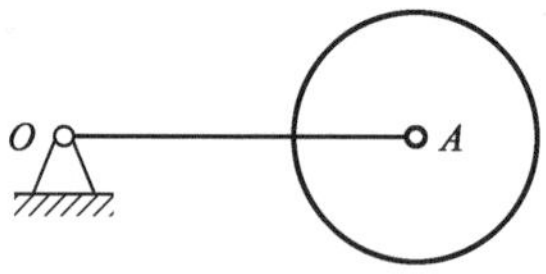

A. 平面运动

B. 绕轴O的定轴转动

C. 平行移动

D. 无法判断

57. 图示质量为m、长为l的均质杆OA绕O轴在铅垂平面内作定轴转动。已知某瞬时杆的角速度为ω，角加速度为α，则杆惯性力系合力的大小为：

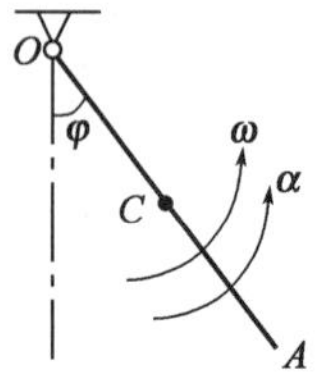

A. $\frac{l}{2}m\sqrt{\alpha^2 + \omega^2}$

B. $\frac{l}{2}m\sqrt{\alpha^2 + \omega^4}$

C. $\frac{l}{2}m\alpha$

D. $\frac{l}{2}m\omega^2$

58. 已知单自由度系统的振动固有频率$\omega_{\mathrm{n}} = 2\mathrm{rad/s}$,若在其上分别作用幅值相同而频率为$\omega_1 = 1\mathrm{rad/s}$,$\omega_2 = 2\mathrm{rad/s}$，$\omega_3 = 3\mathrm{rad/s}$的简谐干扰力，则此系统强迫振动的振幅为：

A. $\omega_1 = 1\mathrm{rad/s}$时振幅最大

B. $\omega_2 = 2\mathrm{rad/s}$时振幅最大

C. $\omega_3 = 3\mathrm{rad/s}$时振幅最大

D. 不能确定

59. 截面面积为A的等截面直杆，受轴向拉力作用。杆件的原始材料为低碳钢，若将材料改为木材，其他条件不变，下列结论中正确的是：

A. 正应力增大，轴向变形增大

B. 正应力减小，轴向变形减小

C. 正应力不变，轴向变形增大

D. 正应力减小，轴向变形不变

60. 图示等截面直杆，材料的拉压刚度为EA，杆中距离A端 1.5L处横截面的轴向位移是：

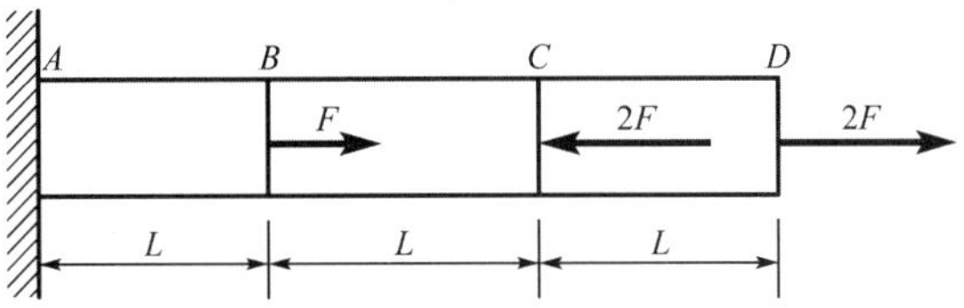

A. $\frac{4FL}{EA}$　　　　B. $\frac{3FL}{EA}$

C. $\frac{2FL}{EA}$　　　　D. $\frac{FL}{EA}$

61. 图示冲床的冲压力$F = 300\pi\mathrm{kN}$，钢板的厚度$t = 10\mathrm{mm}$，钢板的剪切强度极限$\tau_{\mathrm{b}} = 300\mathrm{MPa}$。冲床在钢板上可冲圆孔的最大直径$d$是：

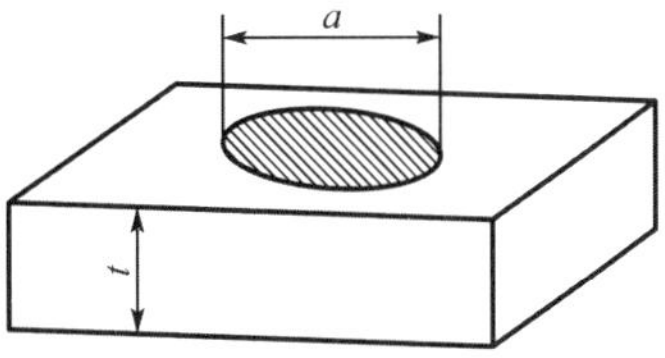

A. $d = 200\mathrm{mm}$

B. $d = 100\mathrm{mm}$

C. $d = 4000\mathrm{mm}$

D. $d = 1000\mathrm{mm}$

62. 图示两根木杆连接结构，已知木材的许用切应力为$[\tau]$，许用挤压应力为$[\sigma_{bs}]$，则a与h的合理比值是：

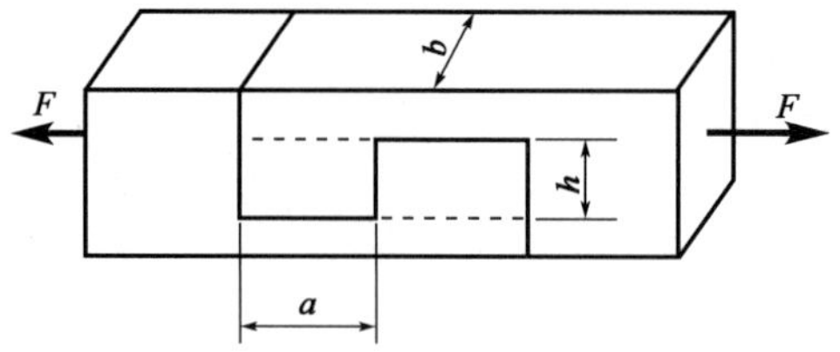

A. $\frac{h}{a}=\frac{[\tau]}{[\sigma_{bs}]}$　　B. $\frac{h}{a}=\frac{[\sigma_{bs}]}{[\tau]}$

C. $\frac{h}{a}=\frac{[\tau]a}{[\sigma_{bs}]}$　　D. $\frac{h}{a}=\frac{[\sigma_{bs}]a}{[\tau]}$

63. 圆轴受力如图所示，下面 4 个扭矩图中正确的是：

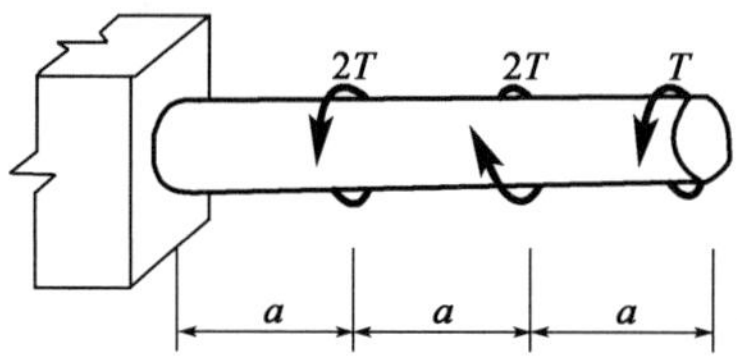

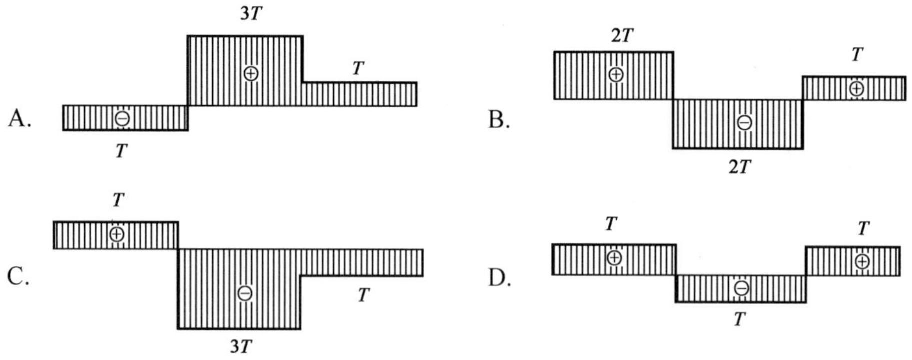

64. 直径为d的实心圆轴受扭，若使扭转角减小一半，圆轴的直径需变为：

A. $\sqrt[4]{2}d$　　B. $\sqrt[3]{2}d$

C. $0.5d$　　D. $\frac{8}{3}d$

65. 梁ABC的弯矩如图所示，根据梁的弯矩图，可以断定该梁B点处：

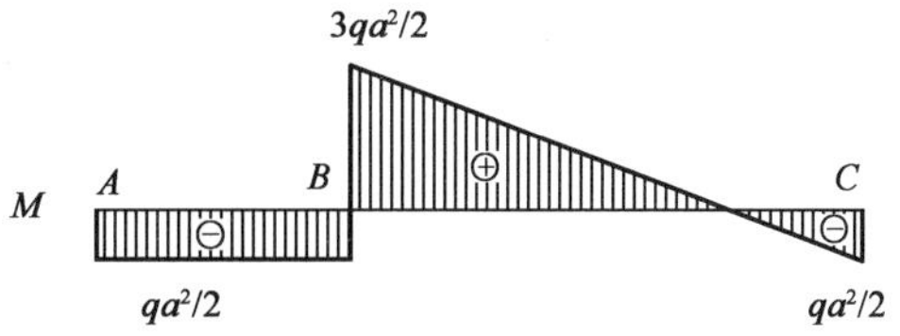

A. 无外荷载　　B. 只有集中力偶

C. 只有集中力　　D. 有集中力和集中力偶

66. 图示空心截面对z轴的惯性矩I_z为：

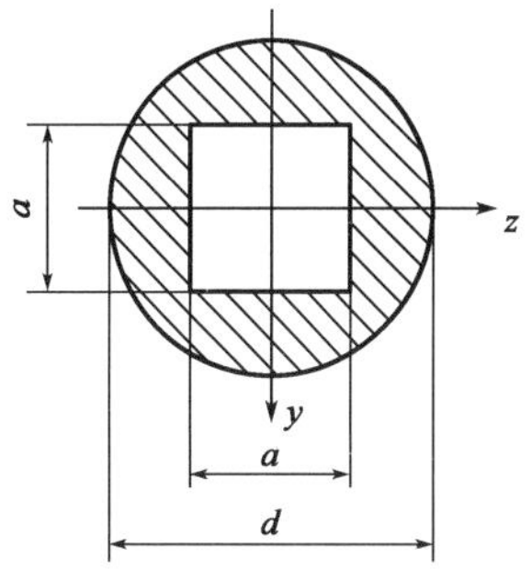

A. $I_z=\frac{\pi d^4}{32}-\frac{a^4}{12}$

B. $I_z=\frac{\pi d^4}{64}-\frac{a^4}{12}$

C. $I_z=\frac{\pi d^4}{32}+\frac{a^4}{12}$

D. $I_z=\frac{\pi d^4}{64}+\frac{a^4}{12}$

67. 两根矩形截面悬臂梁，弹性模量均为E，横截面尺寸如图所示，两梁的载荷均为作用在自由端的集中力偶。已知两梁的最大挠度相同，则集中力偶M_{e2}是M_{e1}的：（悬臂梁受自由端集中力偶M作用，自由端挠度为$\frac{ML^2}{2EI}$）

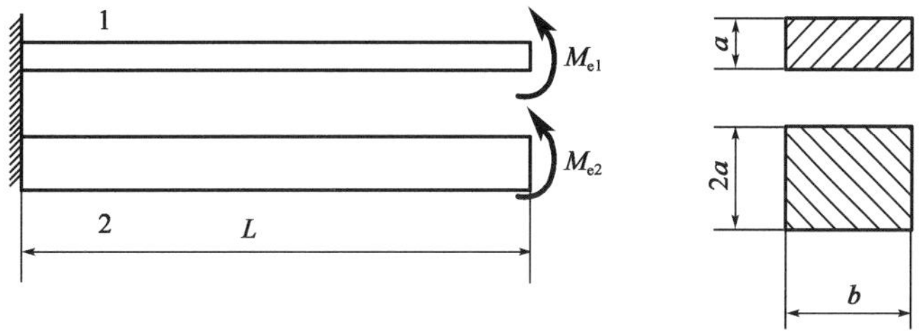

A. 8 倍

B. 4 倍

C. 2 倍

D. 1 倍

68. 图示等边角钢制成的悬臂梁AB，c点为截面形心，x'为该梁轴线，y'、z'为形心主轴。集中力F竖直向下，作用线过角钢两个狭长矩形边中线的交点，梁将发生以下变形：

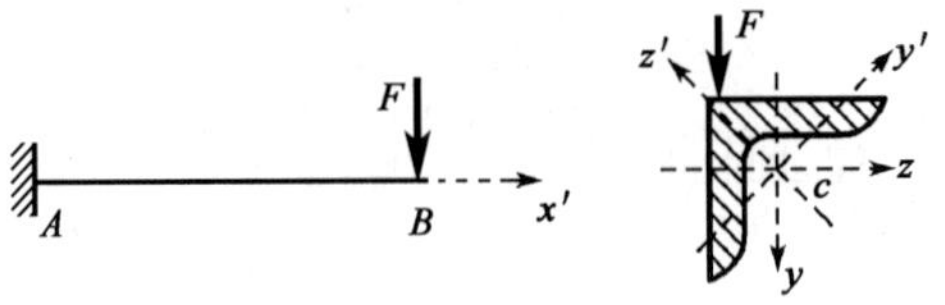

A. $x'z'$平面内的平面弯曲

B. 扭转和$x'z'$平面内的平面弯曲

C. $x'y'$平面和$x'z'$平面内的双向弯曲

D. 扭转和$x'y'$平面、$x'z'$平面内的双向弯曲

69. 图示单元体，法线与x轴夹角$\alpha=45°$的斜截面上切应力τ_α是：

A. $\tau_\alpha=10\sqrt{2}\text{MPa}$

B. $\tau_\alpha=50\text{MPa}$

C. $\tau_\alpha=60\text{MPa}$

D. $\tau_\alpha=0$

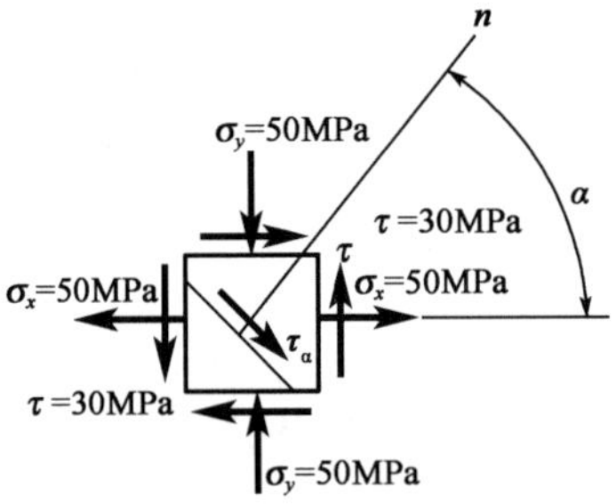

70. 图示矩形截面细长（大柔度）压杆，弹性模量为E。该压杆的临界荷载F_{cr}为：

A. $F_{cr}=\dfrac{\pi^2E}{L^2}\left(\dfrac{bh^3}{12}\right)$

B. $F_{cr}=\dfrac{\pi^2E}{L^2}\left(\dfrac{hb^3}{12}\right)$

C. $F_{cr}=\dfrac{\pi^2E}{(2L)^2}\left(\dfrac{bh^3}{12}\right)$

D. $F_{cr}=\dfrac{\pi^2E}{(2L)^2}\left(\dfrac{hb^3}{12}\right)$

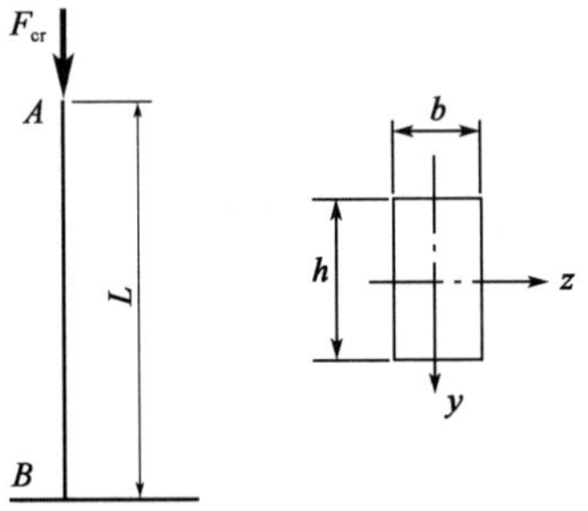

71. 按连续介质概念，流体质点是：

A. 几何的点

B. 流体的分子

C. 流体内的固体颗粒

D. 几何尺寸在宏观上同流动特征尺度相比是微小量，又含有大量分子的微元体

72. 设A、B两处液体的密度分别为ρ_A与ρ_B，由U形管连接，如图所示，已知水银密度为ρ_m，1、2面的高度差为Δh，它们与A、B中心点的高度差分别是h_1与h_2，则AB两中心点的压强差$P_A - P_B$为：

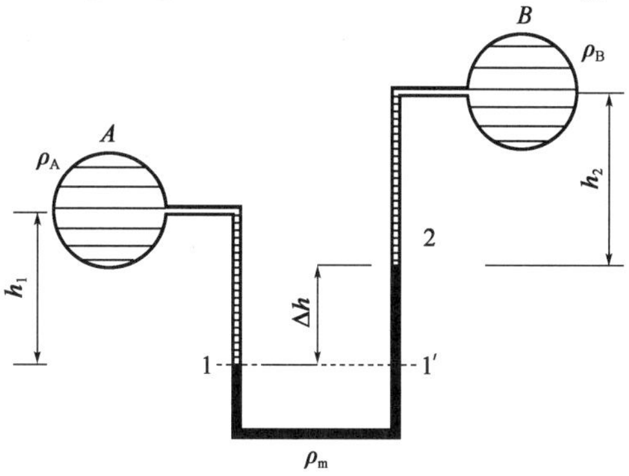

A. $(-h_1\rho_A + h_2\rho_B + \Delta h\rho_m)g$

B. $(h_1\rho_A - h_2\rho_B - \Delta h\rho_m)g$

C. $[-h_1\rho_A + h_2\rho_B + \Delta h(\rho_m - \rho_A)]g$

D. $[h_1\rho_A - h_2\rho_B - \Delta h(\rho_m - \rho_A)]g$

73. 汇流水管如图所示，已知三部分水管的横截面积分别为$A_1 = 0.01\text{m}^2$，$A_2 = 0.005\text{m}^2$，$A_3 = 0.01\text{m}^2$入流速度$v_1 = 4\text{m/s}$，$v_2 = 6\text{m/s}$，求出流的流速v_3为：

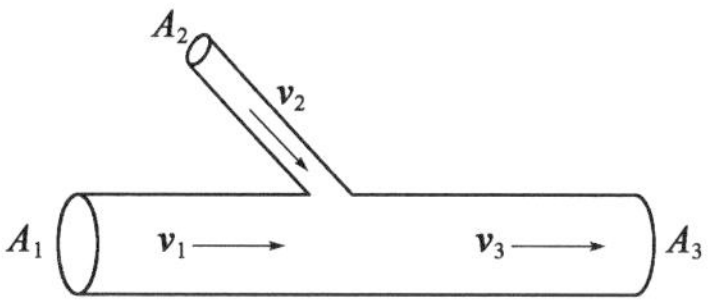

A. 8m/s

B. 6m/s

C. 7m/s

D. 5m/s

74. 尼古拉斯实验的曲线图中，在以下哪个区域里，不同相对粗糙度的试验点，分别落在一些与横轴平行的直线上，阻力系数λ与雷诺数无关：

A. 层流区

B. 临界过渡区

C. 紊流光滑区

D. 紊流粗糙区

75. 正常工作条件下，若薄壁小孔口直径为d_1，圆柱形管嘴的直径为d_2，作用水头H相等，要使得孔口与管嘴的流量相等，则直径d_1与d_2的关系是：

A. $d_1 > d_2$

B. $d_1 < d_2$

C. $d_1 = d_2$

D. 条件不足无法确定

76. 下面对明渠均匀流的描述哪项是正确的：

A. 明渠均匀流必须是非恒定流

B. 明渠均匀流的粗糙系数可以沿程变化

C. 明渠均匀流可以有支流汇入或流出

D. 明渠均匀流必须是顺坡

77. 有一完全井，半径$r_0 = 0.3\text{m}$，含水层厚度$H = 15\text{m}$，土壤渗透系数$k = 0.0005\text{m/s}$，抽水稳定后，井水深$h = 10\text{m}$，影响半径$R = 375\text{m}$，则由达西定律得出的井的抽水量Q为：（其中计算系数为1.366）

A. $0.0276\text{m}^3/\text{s}$

B. $0.0138\text{m}^3/\text{s}$

C. $0.0414\text{m}^3/\text{s}$

D. $0.0207\text{m}^3/\text{s}$

78. 量纲和谐原理是指：

A. 量纲相同的量才可以乘除

B. 基本量纲不能与导出量纲相运算

C. 物理方程式中各项的量纲必须相同

D. 量纲不同的量才可以加减

79. 关于电场和磁场，下述说法中正确的是：

A. 静止的电荷周围有电场，运动的电荷周围有磁场

B. 静止的电荷周围有磁场，运动的电荷周围有电场

C. 静止的电荷和运动的电荷周围都只有电场

D. 静止的电荷和运动的电荷周围都只有磁场

80. 如图所示，两长直导线的电流$I_1 = I_2$，L是包围I_1、I_2的闭合曲线，以下说法中正确的是：

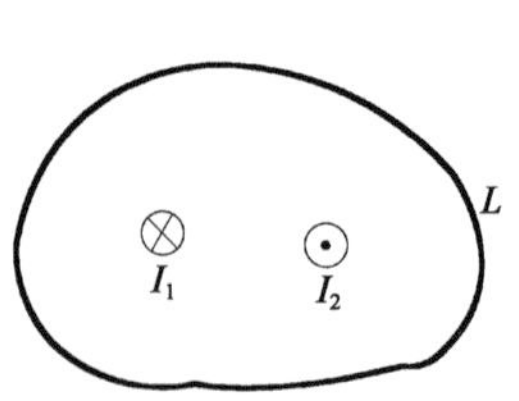

A. L上各点的磁场强度H的量值相等，不等于0

B. L上各点的H等于0

C. L上任一点的H等于I_1、I_2在该点的磁场强度的叠加

D. L上各点的H无法确定

81. 电路如图所示，U_s为独立电压源，若外电路不变，仅电阻R变化时，将会引起下述哪种变化？

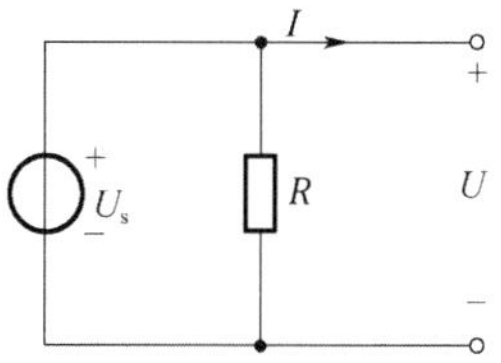

A. 端电压U的变化

B. 输出电流I的变化

C. 电阻R支路电流的变化

D. 上述三者同时变化

82. 在图 a）电路中有电流I时，可将图 a）等效为图 b），其中等效电压源电压U_s和等效电源内阻R_0分别为：

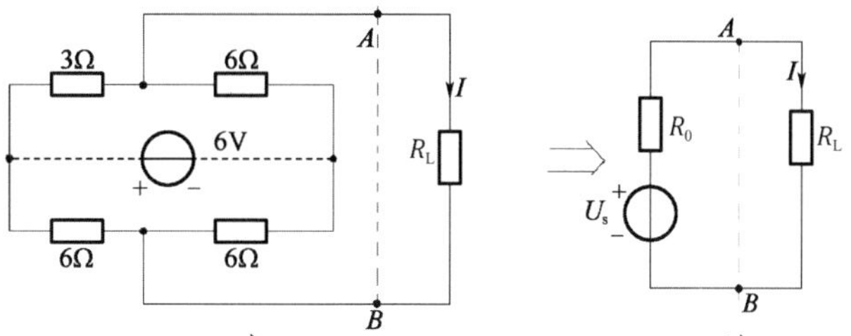

a)　　　　　　　　b)

A. −1V，5.143Ω　　B. 1V，5Ω　　C. −1V，5Ω　　D. 1V，5.143Ω

83. 某三相电路中，三个线电流分别为：

$$i_A = 18\sin(314t + 23°)\ (A)$$

$$i_B = 18\sin(314t - 97°)\ (A)$$

$$i_C = 18\sin(314t + 143°)\ (A)$$

当$t = 10$s时，三个电流之和为：

A. 18A　　B. 0A　　C. $18\sqrt{2}$A　　D. $18\sqrt{3}$A

84. 电路如图所示，电容初始电压为零，开关在$t = 0$时闭合，则$t \geqslant 0$时，$u(t)$为：

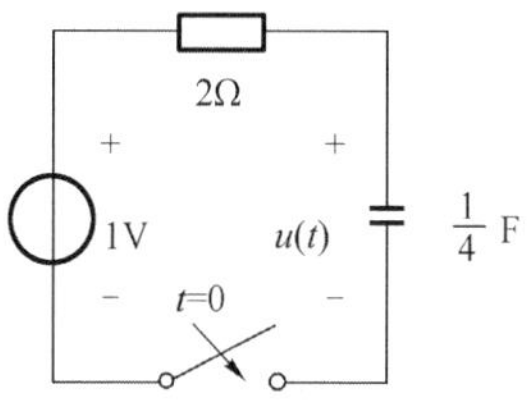

A. $(1 - e^{-0.5t})$V

B. $(1 + e^{-0.5t})$V

C. $(1 - e^{-2t})$V

D. $(1 + e^{-2t})$V

85. 有一容量为 10kV · A的单相变压器，电压为3300/220V，变压器在额定状态下运行。在理想的情况下副边可接 40W、220V、功率因数$\cos\phi = 0.44$的日光灯多少盏？

A. 110　　B. 200　　C. 250　　D. 125

86. 整流滤波电路如图所示，已知$U_1 = 30\text{V}$，$U_o = 12\text{V}$，$R = 2\text{k}\Omega$，$R_L = 4\text{k}\Omega$（稳压管的稳定电流$I_{Z\min} = 5\text{mA}$与$I_{Z\max} = 18\text{mA}$）。通过稳压管的电流和通过二极管的平均电流分别是：

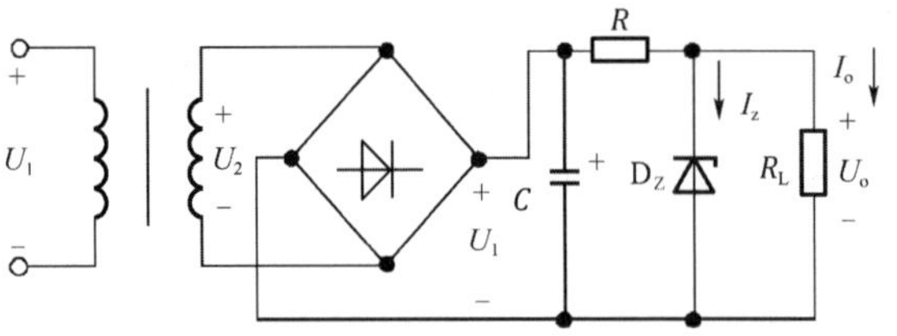

A. 5mA，2.5mA　　B. 8mA，8mA

C. 6mA，2.5mA　　D. 6mA，4.5mA

87. 晶体管非门电路如图所示，已知$U_{CC} = 15\text{V}$，$U_B = -9\text{V}$，$R_C = 3\text{k}\Omega$，$R_B = 20\text{k}\Omega$，$\beta = 40$，当输入电压$U_1 = 5\text{V}$时，要使晶体管饱和导通，R_X的值不得大于：（设$U_{BE} = 0.7\text{V}$，集电极和发射极之间的饱和电压$U_{CES} = 0.3\text{V}$）

A. 7.1kΩ

B. 35kΩ

C. 3.55kΩ

D. 17.5kΩ

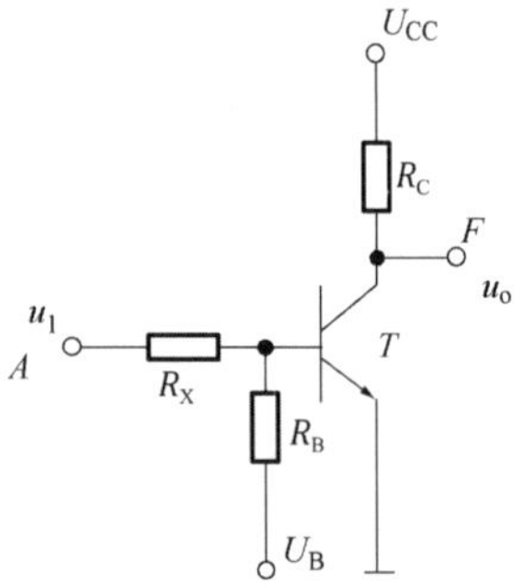

88. 图示为共发射极单管电压放大电路，估算静态点I_B、I_C、V_{CE}分别为：

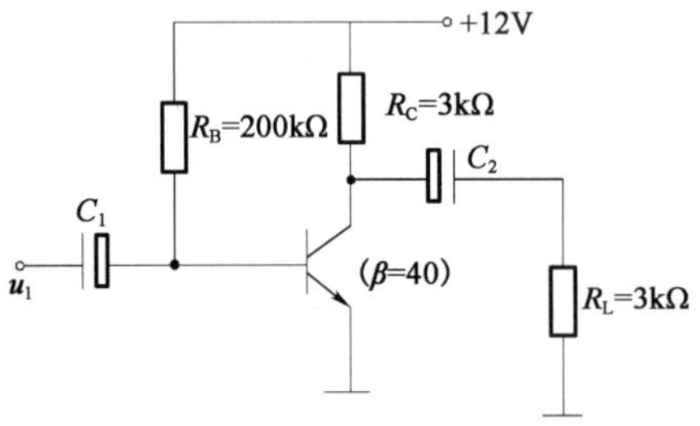

A. 57μA，2.28mA，5.16V

B. 57μA，2.28mA，8V

C. 57μA，4mA，0V

D. 30μA，2.8mA，3.5V

89. 图为三个二极管和电阻 R 组成的一个基本逻辑门电路，输入二极管的高电平和低电平分别是 3V 和 0V，电路的逻辑关系式是：

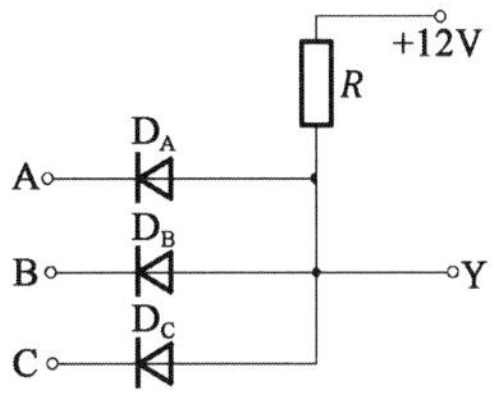

A. Y=ABC

B. Y=A+B+C

C. Y=AB+C

D. Y=(A+B)C

90. 由两个主从型 JK 触发器组成的逻辑电路如图 a）所示，设Q_1、Q_2的初始态是 0、0，已知输入信号 A 和脉冲信号 CP 的波形，如图 b）所示，当第二个 CP 脉冲作用后，Q_1、Q_2将变为：

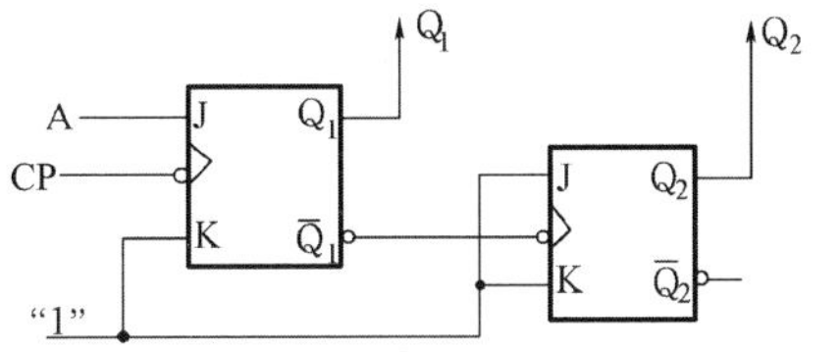

a)

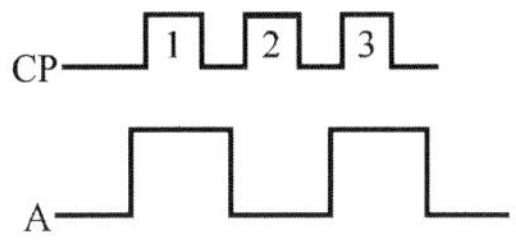

b)

A. 1、1　　　　B. 1、0

C. 0、1　　　　D. 保持 0、0 不变

91. 图示为电报信号、温度信号、触发脉冲信号和高频脉冲信号的波形，其中是连续信号的是：

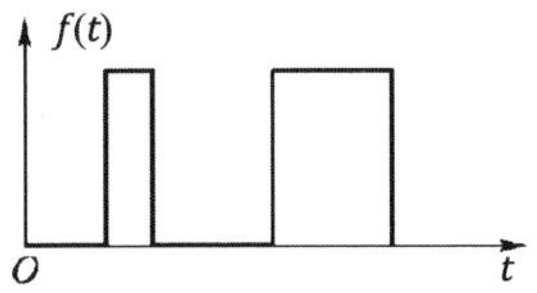

a) 电报信号

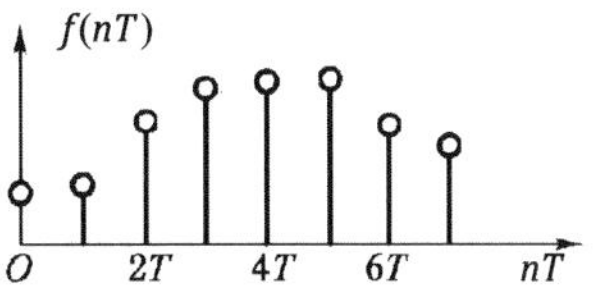

b) 温度信号

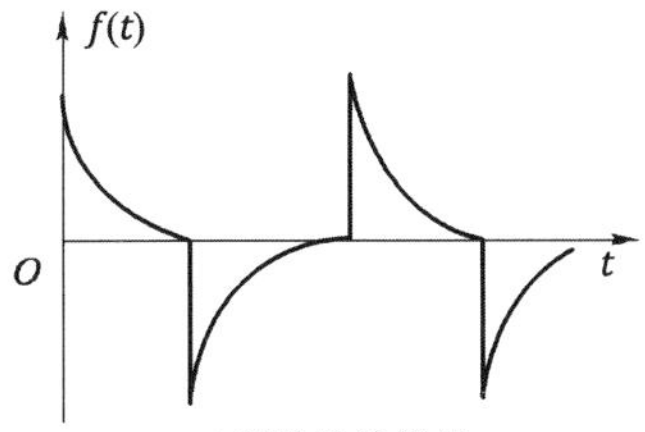

c) 触发脉冲信号

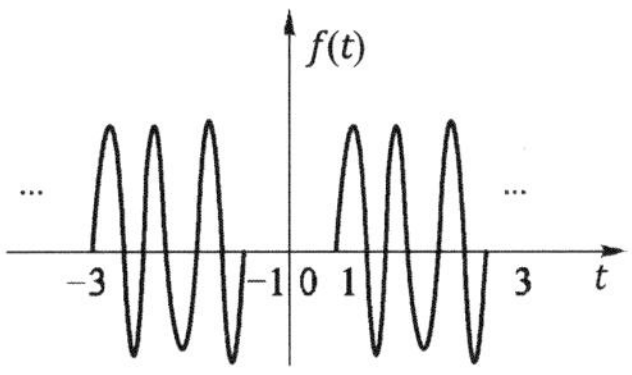

d) 高频脉冲信号

A. a)、c)、d)　　　　B. b)、c)、d)

C. a)、b)、c)　　　　D. a)、b)、d)

92. 连续时间信号与通常所说的模拟信号的关系是：

A. 完全不同　　　　B. 是同一个概念

C. 不完全相同　　　　D. 无法回答

93. 单位冲激信号$\delta(t)$是：

A. 奇函数　　　　B. 偶函数

C. 非奇非偶函数　　　　D. 奇异函数，无奇偶性

94. 单位阶跃信号$\varepsilon(t)$是物理量单位跃变现象，而单位冲激信号$\delta(t)$是物理量产生单位跃变什么的现象：

A. 速度　　　　B. 幅度

C. 加速度　　　　D. 高度

95. 如图所示的周期为T的三角波信号，在用傅氏级数分析周期信号时，系数a_0、a_n和b_n判断正确的是：

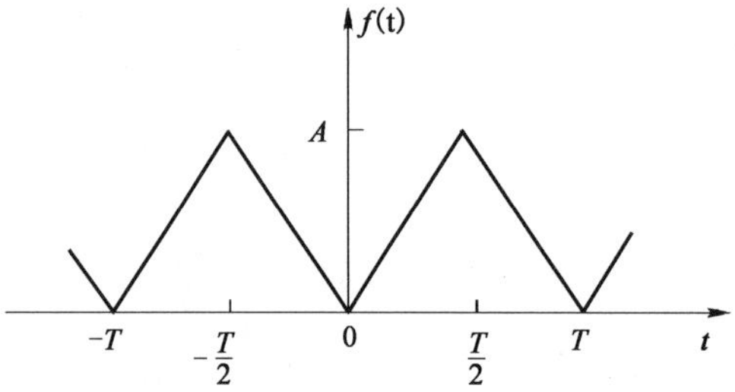

A. 该信号是奇函数且在一个周期的平均值为零，所以傅立叶系数a_0和b_n是零

B. 该信号是偶函数且在一个周期的平均值不为零，所以傅立叶系数a_0和a_n不是零

C. 该信号是奇函数且在一个周期的平均值不为零，所以傅立叶系数a_0和b_n不是零

D. 该信号是偶函数且在一个周期的平均值为零，所以傅立叶系数a_0和b_n是零

96. 将$(11010010.01010100)_\mathrm{B}$表示成十六进制数是：

A. $(\mathrm{D2.54})_\mathrm{H}$　　　　B. D2.54

C. $(\mathrm{D2.A8})_\mathrm{H}$　　　　D. $(\mathrm{D2.54})_\mathrm{B}$

97. 计算机系统内的系统总线是：

A. 计算机硬件系统的一个组成部分

B. 计算机软件系统的一个组成部分

C. 计算机应用软件系统的一个组成部分

D. 计算机系统软件的一个组成部分

98. 目前，人们常用的文字处理软件有：

A. Microsoft Word 和国产字处理软件 WPS

B. Microsoft Excel 和 Auto CAD

C. Microsoft Access 和 Visual Foxpro

D. Visual BASIC 和 Visual C++

99. 下面所列各种软件中，最靠近硬件一层的是：

A. 高级语言程序

B. 操作系统

C. 用户低级语言程序

D. 服务性程序

100. 操作系统中采用虚拟存储技术，实际上是为实现：

A. 在一个较小内存储空间上，运行一个较小的程序

B. 在一个较小内存储空间上，运行一个较大的程序

C. 在一个较大内存储空间上，运行一个较小的程序

D. 在一个较大内存储空间上，运行一个较大的程序

101. 用二进制数表示的计算机语言称为：

A. 高级语言　　B. 汇编语言

C. 机器语言　　D. 程序语言

102. 下面四个二进制数中，与十六进制数 AE 等值的一个是：

A. 10100111　　B. 10101110

C. 10010111　　D. 11101010

103. 常用的信息加密技术有多种，下面所述四条不正确的一条是：

A. 传统加密技术、数字签名技术

B. 对称加密技术

C. 密钥加密技术

D. 专用 ASCII 码加密技术

104. 广域网，又称为远程网，它所覆盖的地理范围一般：

A. 从几十米到几百米

B. 从几百米到几公里

C. 从几公里到几百公里

D. 从几十公里到几千公里

105. 我国专家把计算机网络定义为：

A. 通过计算机将一个用户的信息传送给另一个用户的系统

B. 由多台计算机、数据传输设备以及若干终端连接起来的多计算机系统

C. 将经过计算机储存、再生，加工处理的信息传输和发送的系统

D. 利用各种通信手段，把地理上分散的计算机连在一起，达到相互通信、共享软/硬件和数据等资源的系统

106. 在计算机网络中，常将实现通信功能的设备和软件称为：

A. 资源子网　　B. 通信子网

C. 广域网　　D. 局域网

107. 某项目拟发行 1 年期债券。在年名义利率相同的情况下，使年实际利率较高的复利计息期是：

A. 1 年　　B. 半年

C. 1 季度　　D. 1 个月

108. 某建设工程建设期为 2 年。其中第一年向银行贷款总额为 1000 万元，第二年无贷款，贷款年利率为 6%，则该项目建设期利息为：

A. 30 万元　　B. 60 万元

C. 61.8 万元　　D. 91.8 万元

109. 某公司向银行借款 5000 万元，期限为 5 年，年利率为 10%，每年年末付息一次，到期一次还本，企业所得税率为 25%。若不考虑筹资费用，该项借款的资金成本率是：

A. 7.5%　　B. 10%

C. 12.5%　　D. 37.5%

110. 对于某常规项目（IRR 唯一），当设定折现率为 12%时，求得的净现值为 130 万元；当设定折现率为 14%时，求得的净现值为-50 万元，则该项目的内部收益率应是：

A. 11.56%　　B. 12.77%

C. 13%　　D. 13.44%

111. 下列财务评价指标中，反映项目偿债能力的指标是：

A. 投资回收期　　B. 利息备付率

C. 财务净现值　　D. 总投资收益率

112. 某企业生产一种产品，年固定成本为 1000 万元，单位产品的可变成本为 300 元、售价为 500 元，则其盈亏平衡点的销售收入为：

A. 5 万元　　B. 600 万元

C. 1500 万元　　D. 2500 万元

113. 下列项目方案类型中，适于采用净现值法直接进行方案选优的是：

A. 寿命期相同的独立方案

B. 寿命期不同的独立方案

C. 寿命期相同的互斥方案

D. 寿命期不同的互斥方案

114. 某项目由 A、B、C、D 四个部分组成，当采用强制确定法进行价值工程对象选择时，它们的价值指数分别如下所示。其中不应作为价值工程分析对象的是：

A. 0.7559　　B. 1.0000

C. 1.2245　　D. 1.5071

115. 建筑工程开工前，建设单位应当按照国家有关规定申请领取施工许可证，颁发施工许可证的单位应该是：

A. 县级以上人民政府建设行政主管部门

B. 工程所在地县级以上人民政府建设工程监督部门

C. 工程所在地省级以上人民政府建设行政主管部门

D. 工程所在地县级以上人民政府建设行政主管部门

116. 根据《中华人民共和国安全生产法》的规定，生产经营单位主要负责人对本单位的安全生产负总责，某生产经营单位的主要负责人对本单位安全生产工作的职责是：

A. 建立、健全本单位安全生产责任制

B. 保证本单位安全生产投入的有效使用

C. 及时报告生产安全事故

D. 组织落实本单位安全生产规章制度和操作规程

117. 根据《中华人民共和国招标投标法》的规定，某建设工程依法必须进行招标，招标人委托了招标代理机构办理招标事宜，招标代理机构的行为合法的是：

A. 编制投标文件和组织评标

B. 在招标人委托的范围内办理招标事宜

C. 遵守《中华人民共和国招标投标法》关于投标人的规定

D. 可以作为评标委员会成员参与评标

118. 《中华人民共和国合同法》规定的合同形式中不包括：

A. 书面形式

B. 口头形式

C. 特定形式

D. 其他形式

119. 根据《中华人民共和国行政许可法》规定，下列可以设定行政许可的事项是：

A. 企业或者其他组织的设立等，需要确定主体资格的事项

B. 市场竞争机制能够有效调节的事项

C. 行业组织或者中介机构能够自律管理的事项

D. 公民、法人或者其他组织能够自主决定的事项

120. 根据《建设工程质量管理条例》的规定，施工图必须经过审查批准，否则不得使用，某建设单位投资的大型工程项目施工图设计已经完成，该施工图应该报审的管理部门是：

A. 县级以上人民政府建设行政主管部门

B. 县级以上人民政府工程设计主管部门

C. 县级以上政府规划部门

D. 工程监理单位

2013 年度全国勘察设计注册工程师

执业资格考试试卷

基础考试

（上）

二〇一三年九月

应考人员注意事项

1. 本试卷科目代码为“1”，考生务必将此代码填涂在答题卡“科目代码”相应的栏目内，否则，无法评分。
2. 书写用笔：**黑色或蓝色钢笔、签字笔或圆珠笔**；
   填涂答题卡用笔：**黑色 2B 铅笔**。
3. 必须用书写用笔将工作单位、姓名、准考证号填写在答题卡和试卷相应的栏目内。
4. 本试卷由 120 题组成，每题 1 分，满分 120 分，本试卷全部为单项选择题，每小题的四个备选项中只有一个正确答案，错选、多选、不选均不得分。
5. 考生作答时，必须按**题号在答题卡上**将相应试题所选选项对应的**字母用 2B 铅笔涂黑**。
6. 在答题卡上书写与题意无关的语言，或在答题卡上作标记的，均按违纪试卷处理。
7. 考试结束时，由监考人员当面将试卷、答题卡一并收回。
8. 草稿纸由各地统一配发，考后收回。

单项选择题（共120题，每题1分。每题的备选项中只有一个最符合题意。）

1. 已知向量$\boldsymbol{\alpha}=(-3,-2,1)$，$\boldsymbol{\beta}=(1,-4,-5)$，则$|\boldsymbol{\alpha}\times\boldsymbol{\beta}|$等于：

A. 0
B. 6
C. $14\sqrt{3}$
D. $14\boldsymbol{i}+16\boldsymbol{j}-10\boldsymbol{k}$

2. 若$\lim\limits_{x\to1}\frac{2x^2+ax+b}{x^2+x-2}=1$，则必有：

A. $a=-1$，$b=2$
B. $a=-1$，$b=-2$
C. $a=-1$，$b=-1$
D. $a=1$，$b=1$

3. 若$\begin{cases}x=\sin t\\y=\cos t\end{cases}$，则$\frac{\mathrm{d}y}{\mathrm{d}x}$等于：

A. $-\tan t$
B. $\tan t$
C. $-\sin t$
D. $\cot t$

4. 设$f(x)$有连续导数，则下列关系式中正确的是：

A. $\int f(x)\mathrm{d}x=f(x)$
B. $\left[\int f(x)\mathrm{d}x\right]'=f(x)$
C. $\int f'(x)\mathrm{d}x=f(x)\mathrm{d}x$
D. $\left[\int f(x)\mathrm{d}x\right]'=f(x)+C$

5. 已知$f(x)$为连续的偶函数，则$f(x)$的原函数中：

A. 有奇函数
B. 都是奇函数
C. 都是偶函数
D. 没有奇函数也没有偶函数

6. 设$f(x)=\begin{cases}3x^2, & x\leqslant1\\4x-1, & x>1\end{cases}$，则$f(x)$在点$x=1$处：

A. 不连续
B. 连续但左、右导数不存在
C. 连续但不可导
D. 可导

7. 函数$y=(5-x)x^{\frac{2}{3}}$的极值可疑点的个数是：

A. 0
B. 1
C. 2
D. 3

8. 下列广义积分中发散的是：

A. $\int_0^{+\infty} e^{-x}\mathrm{d}x$　　B. $\int_0^{+\infty} \frac{1}{1+x^2}\mathrm{d}x$

C. $\int_0^{+\infty} \frac{\ln x}{x}\mathrm{d}x$　　D. $\int_0^{1} \frac{1}{\sqrt{1-x^2}}\mathrm{d}x$

9. 二次积分$\int_0^1 \mathrm{d}x\int_{x^2}^{x} f(x,y)\mathrm{d}y$交换积分次序后的二次积分是：

A. $\int_{x^2}^{x} \mathrm{d}y\int_0^1 f(x,y)\mathrm{d}x$　　B. $\int_0^1 \mathrm{d}y\int_{y^2}^{y} f(x,y)\mathrm{d}x$

C. $\int_{y}^{\sqrt{y}} \mathrm{d}y\int_0^1 f(x,y)\mathrm{d}x$　　D. $\int_0^1 \mathrm{d}y\int_{y}^{\sqrt{y}} f(x,y)\mathrm{d}x$

10. 微分方程$xy'-y\ln y=0$满足$y(1)=e$的特解是：

A. $y=ex$　　B. $y=e^x$

C. $y=e^{2x}$　　D. $y=\ln x$

11. 设$z=z(x,y)$是由方程$xz-xy+\ln(xyz)=0$所确定的可微函数，则$\frac{\partial z}{\partial y}=$

A. $\frac{-xz}{xz+1}$　　B. $-x+\frac{1}{2}$

C. $\frac{z(-xz+y)}{x(xz+1)}$　　D. $\frac{z(xy-1)}{y(xz+1)}$

12. 正项级数$\sum\limits_{n=1}^{\infty} a_n$的部分和数列$\{S_n\}\left(S_n=\sum\limits_{i=1}^{n} a_i\right)$有上界是该级数收敛的：

A. 充分必要条件

B. 充分条件而非必要条件

C. 必要条件而非充分条件

D. 既非充分又非必要条件

13. 若$f(-x)=-f(x)(-\infty<x<+\infty)$，且在$(-\infty,0)$内$f'(x)>0$，$f''(x)<0$，则$f(x)$在$(0,+\infty)$内是：

A. $f'(x)>0$，$f''(x)<0$　　B. $f'(x)<0$，$f''(x)>0$

C. $f'(x)>0$，$f''(x)>0$　　D. $f'(x)<0$，$f''(x)<0$

14. 微分方程$y''-3y'+2y=xe^x$的待定特解的形式是：

A. $y=(Ax^2+Bx)e^x$　　B. $y=(Ax+B)e^x$

C. $y=Ax^2e^x$　　D. $y=Axe^x$

15. 已知直线L：$\frac{x}{3}=\frac{y+1}{-1}=\frac{z-3}{2}$，平面$\pi$：$-2x+2y+z-1=0$，则：

A. L与π垂直相交　　B. L平行于π，但L不在π上

C. L与π非垂直相交　　D. L在π上

16. 设L是连接点$A(1,0)$及点$B(0,-1)$的直线段，则对弧长的曲线积分$\int_L (y-x)\mathrm{d}s=$

A. -1　　B. 1

C. $\sqrt{2}$　　D. $-\sqrt{2}$

17. 下列幂级数中，收敛半径$R=3$的幂级数是：

A. $\sum\limits_{n=0}^{\infty} 3x^n$　　B. $\sum\limits_{n=0}^{\infty} 3^n x^n$

C. $\sum\limits_{n=0}^{\infty} \frac{1}{3^{\frac{n}{2}}} x^n$　　D. $\sum\limits_{n=0}^{\infty} \frac{1}{3^{n+1}} x^n$

18. 若$z=f(x,y)$和$y=\varphi(x)$均可微，则$\frac{\mathrm{d}z}{\mathrm{d}x}$等于：

A. $\frac{\partial f}{\partial x}+\frac{\partial f}{\partial y}$　　B. $\frac{\partial f}{\partial x}+\frac{\partial f}{\partial y}\frac{\mathrm{d}\varphi}{\mathrm{d}x}$

C. $\frac{\partial f}{\partial y}\frac{\mathrm{d}\varphi}{\mathrm{d}x}$　　D. $\frac{\partial f}{\partial x}-\frac{\partial f}{\partial y}\frac{\mathrm{d}\varphi}{\mathrm{d}x}$

19. 已知向量组$\boldsymbol{\alpha}_1=(3,2,-5)^{\mathrm{T}}$，$\boldsymbol{\alpha}_2=(3,-1,3)^{\mathrm{T}}$，$\boldsymbol{\alpha}_3=\left(1,-\frac{1}{3},1\right)^{\mathrm{T}}$，$\boldsymbol{\alpha}_4=(6,-2,6)^{\mathrm{T}}$，则该向量组的一个极大线性无关组是：

A. $\boldsymbol{\alpha}_2$，$\boldsymbol{\alpha}_4$　　B. $\boldsymbol{\alpha}_3$，$\boldsymbol{\alpha}_4$

C. $\boldsymbol{\alpha}_1$，$\boldsymbol{\alpha}_2$　　D. $\boldsymbol{\alpha}_2$，$\boldsymbol{\alpha}_3$

20. 若非齐次线性方程组$\boldsymbol{Ax}=\boldsymbol{b}$中，方程的个数少于未知量的个数，则下列结论中正确的是：

A. $\boldsymbol{Ax}=\boldsymbol{0}$仅有零解　　B. $\boldsymbol{Ax}=\boldsymbol{0}$必有非零解

C. $\boldsymbol{Ax}=\boldsymbol{0}$一定无解　　D. $\boldsymbol{Ax}=\boldsymbol{b}$必有无穷多解

21. 已知矩阵$\boldsymbol{A}=\begin{bmatrix}1 & -1 & 1\\ 2 & 4 & -2\\ -3 & -3 & 5\end{bmatrix}$与$\boldsymbol{B}=\begin{bmatrix}\lambda & 0 & 0\\ 0 & 2 & 0\\ 0 & 0 & 2\end{bmatrix}$相似，则$\lambda$等于：

A. 6　　B. 5

C. 4　　D. 14

22. 设A和B为两个相互独立的事件，且$P(A)=0.4$，$P(B)=0.5$，则$P(A\cup B)$等于：

A. 0.9　　B. 0.8

C. 0.7　　D. 0.6

23. 下列函数中，可以作为连续型随机变量的分布函数的是：

A. $\Phi(x)=\begin{cases}0 & x<0\\ 1-e^{x} & x\geqslant 0\end{cases}$　　B. $F(x)=\begin{cases}e^{x} & x<0\\ 1 & x\geqslant 0\end{cases}$

C. $G(x)=\begin{cases}e^{-x} & x<0\\ 1 & x\geqslant 0\end{cases}$　　D. $H(x)=\begin{cases}0 & x<0\\ 1+e^{-x} & x\geqslant 0\end{cases}$

24. 设总体$X\sim N(0,\sigma^2)$，$X_1,X_2,\cdots,X_n$是来自总体的样本，则σ^2的矩估计是：

A. $\frac{1}{n}\sum_{i=1}^{n}X_i$　　B. $n\sum_{i=1}^{n}X_i$

C. $\frac{1}{n^2}\sum_{i=1}^{n}X_i^2$　　D. $\frac{1}{n}\sum_{i=1}^{n}X_i^2$

25. 一瓶氦气和一瓶氮气，它们每个分子的平均平动动能相同，而且都处于平衡态。则它们：

A. 温度相同，氦分子和氮分子的平均动能相同

B. 温度相同，氦分子和氮分子的平均动能不同

C. 温度不同，氦分子和氮分子的平均动能相同

D. 温度不同，氦分子和氮分子的平均动能不同

26. 最概然速率v_{p}的物理意义是：

A. v_{p}是速率分布中的最大速率

B. v_{p}是大多数分子的速率

C. 在一定的温度下，速率与v_{p}相近的气体分子所占的百分率最大

D. v_{p}是所有分子速率的平均值

27. 气体做等压膨胀，则：

A. 温度升高，气体对外做正功

B. 温度升高，气体对外做负功

C. 温度降低，气体对外做正功

D. 温度降低，气体对外做负功

28. 一定量理想气体由初态(p_1, V_1, T_1)经等温膨胀到达终态(p_2, V_2, T_1)，则气体吸收的热量Q为：

A. $Q = p_1 V_1 \ln \frac{V_2}{V_1}$　　B. $Q = p_1 V_2 \ln \frac{V_2}{V_1}$

C. $Q = p_1 V_1 \ln \frac{V_1}{V_2}$　　D. $Q = p_2 V_1 \ln \frac{p_2}{p_1}$

29. 一横波沿一根弦线传播，其方程为$y = -0.02\cos\pi(4x - 50t)$ (SI)，该波的振幅与波长分别为：

A. 0.02cm，0.5cm　　B. −0.02m，−0.5m

C. −0.02m，0.5m　　D. 0.02m，0.5m

30. 一列机械横波在t时刻的波形曲线如图所示，则该时刻能量处于最大值的媒质质元的位置是：

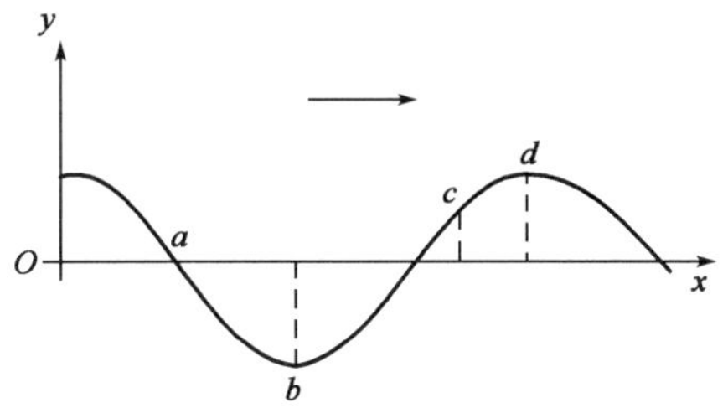

A. a　　B. b

C. c　　D. d

31. 在波长为λ的驻波中，两个相邻波腹之间的距离为：

A. $\lambda/2$　　B. $\lambda/4$

C. $3\lambda/4$　　D. λ

32. 两偏振片叠放在一起，欲使一束垂直入射的线偏振光经过两个偏振片后振动方向转过90°，且使出射光强尽可能大，则入射光的振动方向与前后两偏振片的偏振化方向夹角分别为：

A. 45°和90°　　B. 0°和90°

C. 30°和90°　　D. 60°和90°

33. 光的干涉和衍射现象反映了光的：

A. 偏振性质　　B. 波动性质

C. 横波性质　　D. 纵波性质

34. 若在迈克耳逊干涉仪的可动反射镜M移动了 0.620mm 的过程中，观察到干涉条纹移动了 2300 条，则所用光波的波长为：

A. 269nm　　B. 539nm

C. 2690nm　　D. 5390nm

35. 在单缝夫琅禾费衍射实验中，屏上第三级暗纹对应的单缝处波面可分成的半波带的数目为：

A. 3　　B. 4

C. 5　　D. 6

36. 波长为λ的单色光垂直照射在折射率为n的劈尖薄膜上，在由反射光形成的干涉条纹中，第五级明条纹与第三级明条纹所对应的薄膜厚度差为：

A. $\frac{\lambda}{2n}$　　B. $\frac{\lambda}{n}$

C. $\frac{\lambda}{5n}$　　D. $\frac{\lambda}{3n}$

37. 量子数$n=4$，$l=2$，$m=0$的原子轨道数目是：

A. 1　　B. 2

C. 3　　D. 4

38. PCl_3分子空间几何构型及中心原子杂化类型分别为：

A. 正四面体，sp^3杂化　　B. 三角锥形，不等性sp^3杂化

C. 正方形，dsp^2杂化　　D. 正三角形，sp^2杂化

39. 已知$Fe^{3+}\underline{0.771}Fe^{2+}\underline{-0.44}Fe$，则$E^{\ominus}(Fe^{3+}/Fe)$等于：

A. 0.331V　　B. 1.211V

C. -0.036V　　D. 0.110V

40. 在$BaSO_4$饱和溶液中，加入$BaCl_2$，利用同离子效应使$BaSO_4$的溶解度降低，体系中$c(SO_4{}^{2-})$的变化是：

A. 增大　　B. 减小

C. 不变　　D. 不能确定

41. 催化剂可加快反应速率的原因。下列叙述正确的是：

A. 降低了反应的$\Delta_r H_m^{\ominus}$　　B. 降低了反应的$\Delta_r G_m^{\ominus}$

C. 降低了反应的活化能　　D. 使反应的平衡常数$K^{\ominus}$减小

42. 已知反应$C_2H_2(g) + 2H_2(g) \rightleftharpoons C_2H_6(g)$的$\Delta_r H_m < 0$，当反应达平衡后，欲使反应向右进行，可采取的方法是：

A. 升温，升压　　　　B. 升温，减压

C. 降温，升压　　　　D. 降温，减压

43. 向原电池$(-)Ag$，$AgCl \mid Cl^- \parallel Ag^+ \mid Ag(+)$的负极中加入 NaCl，则原电池电动势的变化是：

A. 变大　　　　B. 变小

C. 不变　　　　D. 不能确定

44. 下列各组物质在一定条件下反应，可以制得比较纯净的 1,2-二氯乙烷的是：

A. 乙烯通入浓盐酸中

B. 乙烷与氯气混合

C. 乙烯与氯气混合

D. 乙烯与卤化氢气体混合

45. 下列物质中，不属于醇类的是：

A. C_4H_9OH　　　　B. 甘油

C. $C_6H_5CH_2OH$　　　　D. C_6H_5OH

46. 人造象牙的主要成分是 $\left[CH_2-O \right]_n$，它是经加聚反应制得的。合成此高聚物的单体是：

A. $(CH_3)_2O$　　　　B. CH_3CHO

C. HCHO　　　　D. HCOOH

47. 图示构架由AC、BD、CE三杆组成，A、B、C、D处为铰接，E处光滑接触。已知：$F_p = 2kN$，$\theta = 45°$，杆及轮重均不计，则E处约束力的方向与x轴正向所成的夹角为：

A. 0°

B. 45°

C. 90°

D. 225°

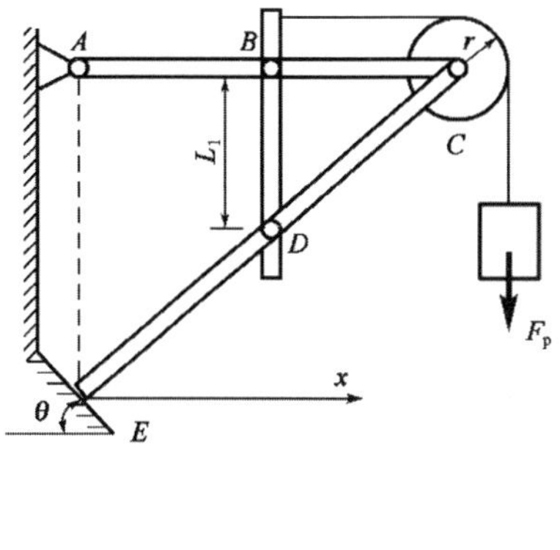

48. 图示结构直杆BC，受荷载$\boldsymbol{F}$，q作用，$BC = L$，$F = qL$，其中q为荷载集度，单位为N/m，集中力以N计，长度以m计。则该主动力系数对O点的合力矩为：

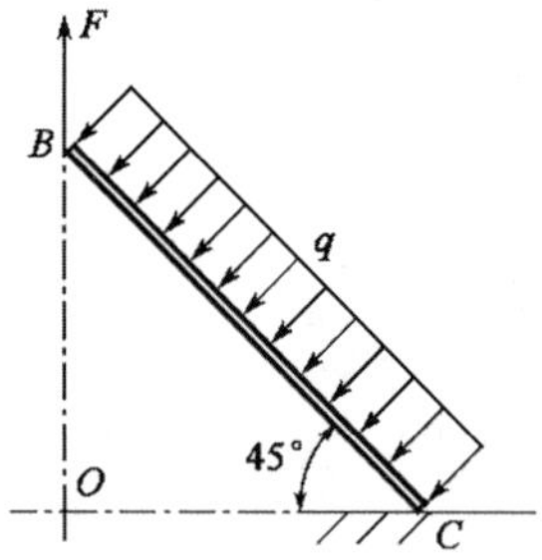

A. $M_O = 0$

B. $M_O = \frac{qL^2}{2}\mathrm{N \cdot m}$(↶)

C. $M_O = \frac{3qL^2}{2}\mathrm{N \cdot m}$(↶)

D. $M_O = qL^2\mathrm{kN \cdot m}$(↷)

49. 图示平面构架，不计各杆自重。已知：物块 M 重力为$\boldsymbol{F}_\mathrm{p}$，悬挂如图示，不计小滑轮$D$的尺寸与质量，$A$、$E$、$C$均为光滑铰链，$L_1 = 1.5\mathrm{m}$，$L_2 = 2\mathrm{m}$。则支座$B$的约束力为：

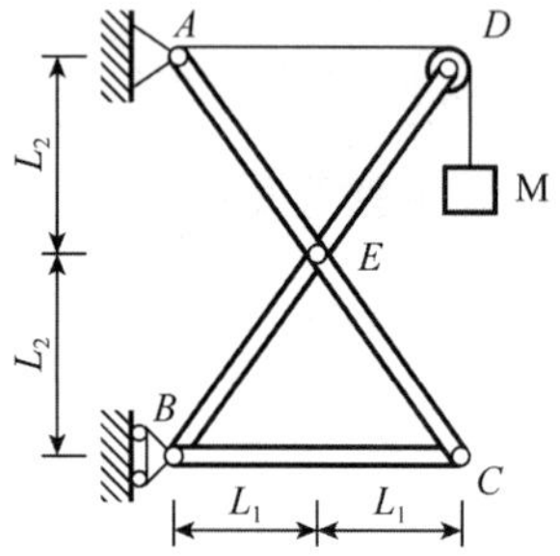

A. $F_\mathrm{B} = 3F_\mathrm{p}/4(\rightarrow)$

B. $F_\mathrm{B} = 3F_\mathrm{p}/4(\leftarrow)$

C. $F_\mathrm{B} = F_\mathrm{p}(\leftarrow)$

D. $F_\mathrm{B} = 0$

50. 物体的重力为$\boldsymbol{W}$，置于倾角为α的斜面上，如图所示。已知摩擦角$\varphi_\mathrm{m} > \alpha$，则物块处于的状态为：

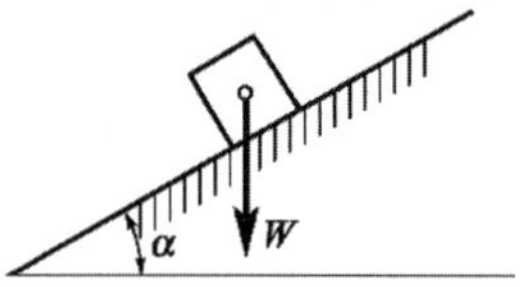

A. 静止状态

B. 临界平衡状态

C. 滑动状态

D. 条件不足，不能确定

51. 已知动点的运动方程为$x = t$，$y = 2t^2$。则其轨迹方程为：

A. $x = t^2 - t$

B. $y = 2t$

C. $y - 2x^2 = 0$

D. $y + 2x^2 = 0$

52. 一炮弹以初速度v_0和仰角α射出。对于图所示直角坐标的运动方程为$x = v_0\cos\alpha t$，$y = v_0\sin\alpha t - \frac{1}{2}gt^2$，则当$t = 0$时，炮弹的速度和加速度的大小分别为：

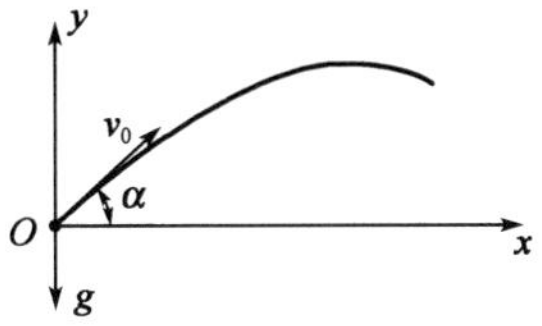

A. $v = v_0\cos\alpha$，$a = g$

B. $v = v_0$，$a = g$

C. $v = v_0\sin\alpha$，$a = -g$

D. $v = v_0$，$a = -g$

53. 两摩擦轮如图所示。则两轮的角速度与半径关系的表达式为：

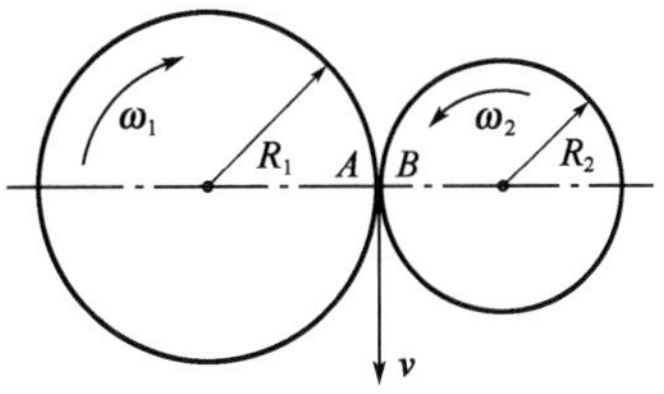

A. $\frac{\omega_1}{\omega_2} = \frac{R_1}{R_2}$

B. $\frac{\omega_1}{\omega_2} = \frac{R_2}{R_1^2}$

C. $\frac{\omega_1}{\omega_2} = \frac{R_1}{R_2^2}$

D. $\frac{\omega_1}{\omega_2} = \frac{R_2}{R_1}$

54. 质量为m的物块A，置于与水平面成θ角的斜面B上，如图所示。A与B间的摩擦系数为f，为保持A与B一起以加速度a水平向右运动，则所需加速度a的大小至少是：

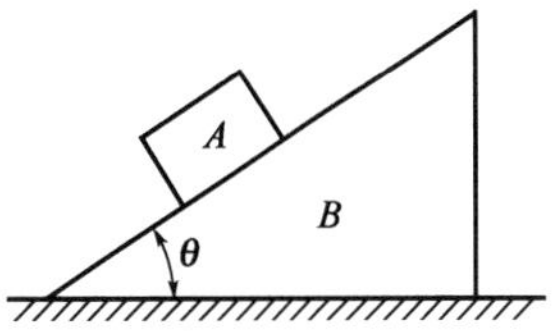

A. $a = \frac{g(f\cos\theta + \sin\theta)}{\cos\theta + f\sin\theta}$

B. $a = \frac{gf\cos\theta}{\cos\theta + f\sin\theta}$

C. $a = \frac{g(f\cos\theta - \sin\theta)}{\cos\theta + f\sin\theta}$

D. $a = \frac{gf\sin\theta}{\cos\theta + f\sin\theta}$

55. A块与B块叠放如图所示，各接触面处均考虑摩擦。当B块受力$\boldsymbol{F}$作用沿水平面运动时，A块仍静止于B块上，于是：

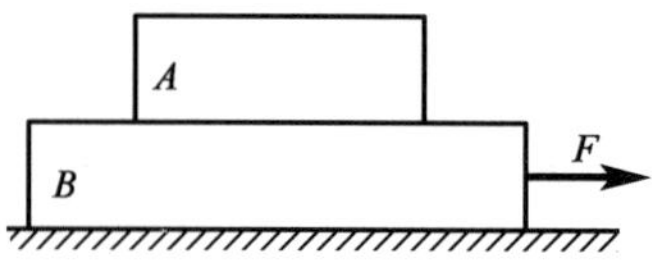

A. 各接触面处的摩擦力都做负功

B. 各接触面处的摩擦力都做正功

C. A块上的摩擦力做正功

D. B块上的摩擦力做正功

56. 质量为m，长为 $2l$的均质杆初始位于水平位置，如图所示。A端脱落后，杆绕轴B转动，当杆转到铅垂位置时，AB杆B处的约束力大小为：

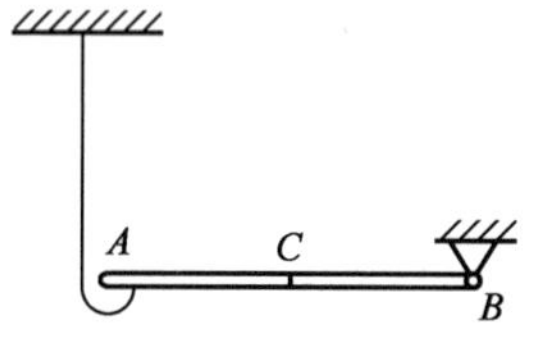

A. $F_{\mathrm{B}x}=0$，$F_{\mathrm{B}y}=0$

B. $F_{\mathrm{B}x}=0$，$F_{\mathrm{B}y}=\frac{mg}{4}$

C. $F_{\mathrm{B}x}=l$，$F_{\mathrm{B}y}=mg$

D. $F_{\mathrm{B}x}=0$，$F_{\mathrm{B}y}=\frac{5mg}{2}$

57. 质量为m，半径为R的均质圆轮，绕垂直于图面的水平轴O转动，其角速度为ω。在图示瞬时，角加速度为 0，轮心C在其最低位置，此时将圆轮的惯性力系向O点简化，其惯性力主矢和惯性力主矩的大小分别为：

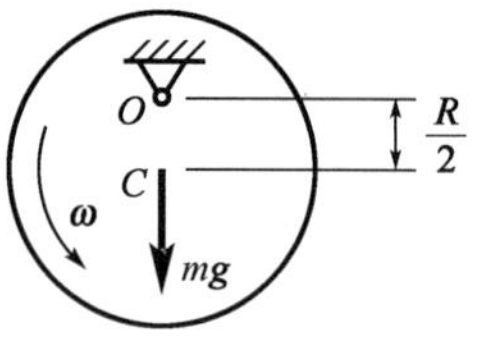

A. $m\frac{R}{2}\omega^2$，0

B. $mR\omega^2$，0

C. 0，0

D. 0，$\frac{1}{2}mR^2\omega^2$

58. 质量为 110kg 的机器固定在刚度为$2\times10^6\mathrm{N/m}$的弹性基础上，当系统发生共振时，机器的工作频率为：

A. 66.7rad/s

B. 95.3rad/s

C. 42.6rad/s

D. 134.8rad/s

59. 图示结构的两杆面积和材料相同，在铅直力F作用下，拉伸正应力最先达到许用应力的杆是：

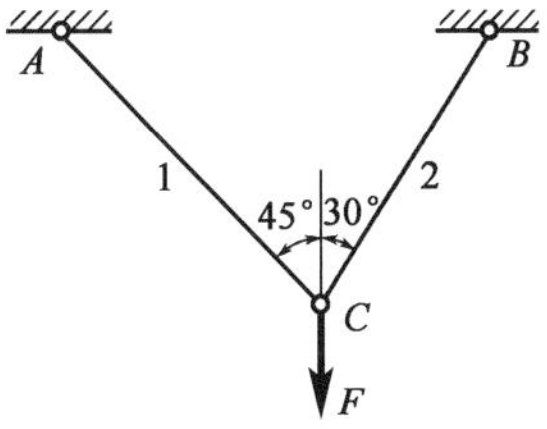

A. 杆 1

B. 杆 2

C. 同时达到

D. 不能确定

60. 图示结构的两杆许用应力均为$[\sigma]$，杆 1 的面积为A，杆 2 的面积为 $2A$，则该结构的许用荷载是：

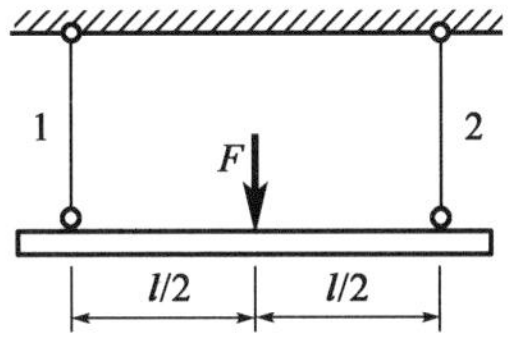

A. $[F]=A[\sigma]$

B. $[F]=2A[\sigma]$

C. $[F]=3A[\sigma]$

D. $[F]=4A[\sigma]$

61. 钢板用两个铆钉固定在支座上，铆钉直径为d，在图示荷载作用下，铆钉的最大切应力是：

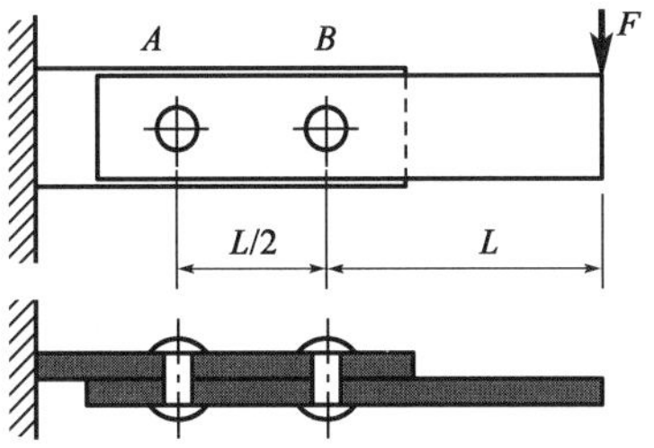

A. $\tau_{\max}=\frac{4F}{\pi d^2}$

B. $\tau_{\max}=\frac{8F}{\pi d^2}$

C. $\tau_{\max}=\frac{12F}{\pi d^2}$

D. $\tau_{\max}=\frac{2F}{\pi d^2}$

62. 螺钉承受轴向拉力F，螺钉头与钢板之间的挤压应力是：

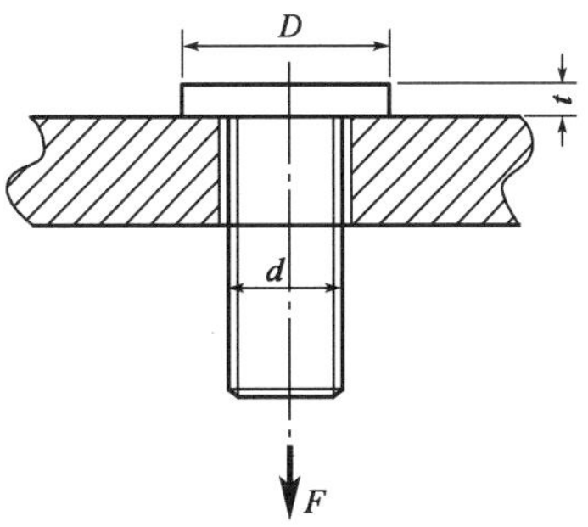

A. $\sigma_{\mathrm{bs}}=\frac{4F}{\pi(D^2-d^2)}$

B. $\sigma_{\mathrm{bs}}=\frac{F}{\pi dt}$

C. $\sigma_{\mathrm{bs}}=\frac{4F}{\pi d^2}$

D. $\sigma_{\mathrm{bs}}=\frac{4F}{\pi D^2}$

63. 圆轴直径为d，切变模量为G，在外力作用下发生扭转变形，现测得单位长度扭转角为θ，圆轴的最大切应力是：

A. $\tau_{\max}=\frac{16\theta G}{\pi d^3}$　　B. $\tau_{\max}=\theta G\frac{\pi d^3}{16}$

C. $\tau_{\max}=\theta Gd$　　D. $\tau_{\max}=\frac{\theta Gd}{2}$

64. 图示两根圆轴，横截面面积相同，但分别为实心圆和空心圆。在相同的扭矩T作用下，两轴最大切应力的关系是：

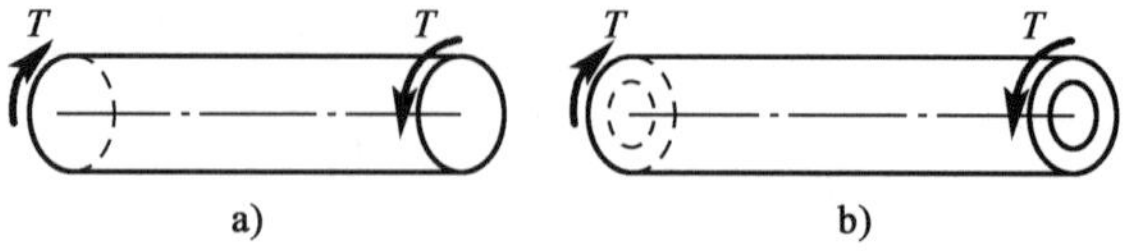

A. $\tau_a<\tau_b$　　B. $\tau_a=\tau_b$

C. $\tau_a>\tau_b$　　D. 不能确定

65. 简支梁AC的A、C截面为铰支端。已知的弯矩图如图所示，其中AB段为斜直线，BC段为抛物线。以下关于梁上荷载的正确判断是：

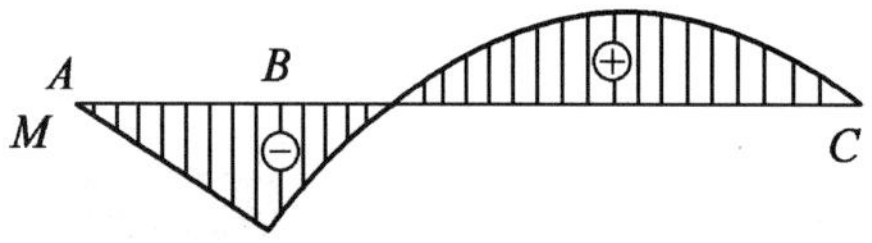

A. AB段$q=0$，BC段$q\neq 0$，B截面处有集中力

B. AB段$q\neq 0$，BC段$q=0$，B截面处有集中力

C. AB段$q=0$，BC段$q\neq 0$，B截面处有集中力偶

D. AB段$q\neq 0$，BC段$q=0$，B截面处有集中力偶

（q为分布荷载集度）

66. 悬臂梁的弯矩如图所示，根据梁的弯矩图，梁上的荷载F、m的值应是：

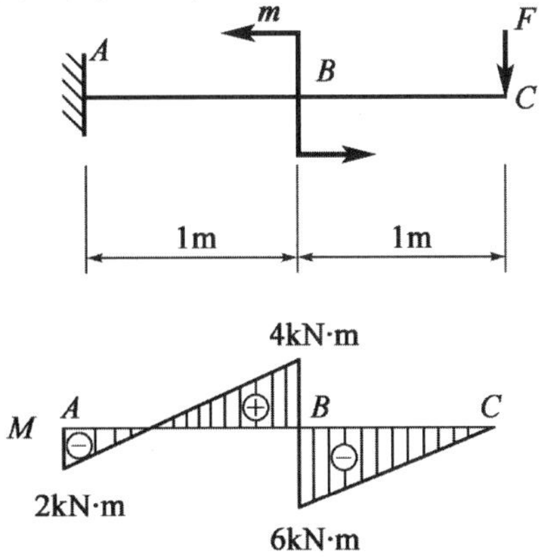

A. $F = 6\text{kN}$，$m = 10\text{kN}\cdot\text{m}$

B. $F = 6\text{kN}$，$m = 6\text{kN}\cdot\text{m}$

C. $F = 4\text{kN}$，$m = 4\text{kN}\cdot\text{m}$

D. $F = 4\text{kN}$，$m = 6\text{kN}\cdot\text{m}$

67. 承受均布荷载的简支梁如图 a）所示，现将两端的支座同时向梁中间移动$l/8$，如图 b）所示，两根梁的中点$\left(\frac{l}{2}\text{处}\right)$弯矩之比$\frac{M_a}{M_b}$为：

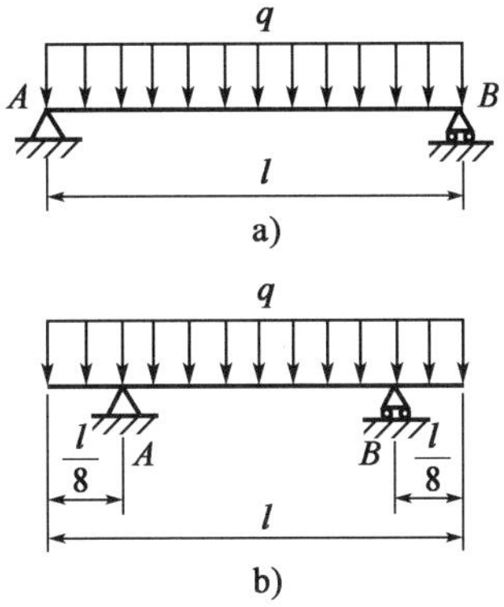

a)

b)

A. 16

B. 4

C. 2

D. 1

68. 按照第三强度理论，图示两种应力状态的危险程度是：

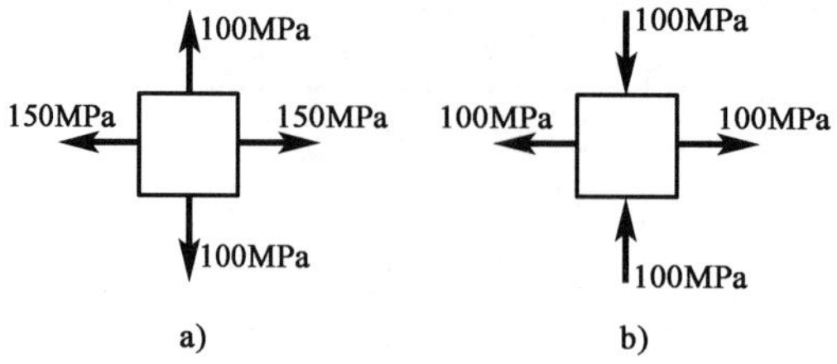

A. a）更危险　　B. b）更危险

C. 两者相同　　D. 无法判断

69. 两根杆粘合在一起，截面尺寸如图所示。杆 1 的弹性模量为E_1，杆 2 的弹性模量为E_2，且$E_1 = 2E_2$。若轴向力F作用在截面形心，则杆件发生的变形是：

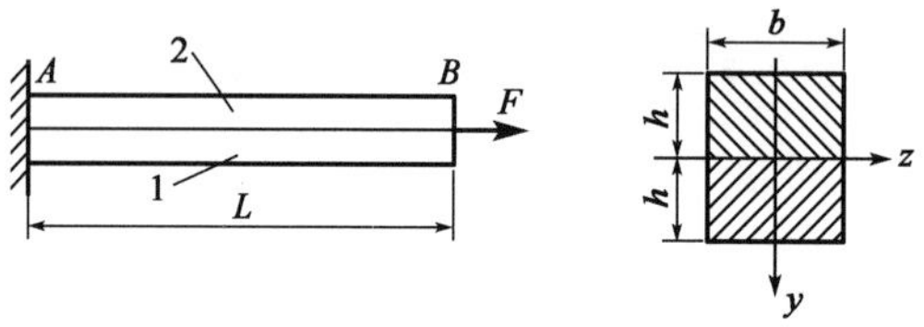

A. 拉伸和向上弯曲变形　　B. 拉伸和向下弯曲变形

C. 弯曲变形　　D. 拉伸变形

70. 图示细长压杆AB的A端自由，B端固定在简支梁上。该压杆的长度系数μ是：

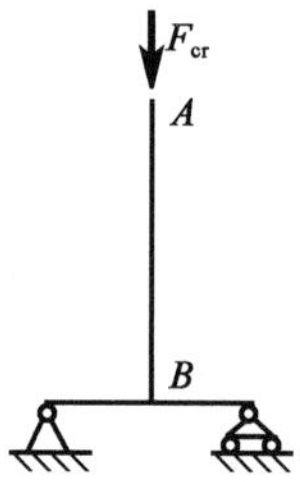

A. $\mu > 2$

B. $2 > \mu > 1$

C. $1 > \mu > 0.7$

D. $0.7 > \mu > 0.5$

71. 半径为R的圆管中，横截面上流速分布为$u = 2\left(1 - \frac{r^2}{R^2}\right)$，其中$r$表示到圆管轴线的距离，则在$r_1 = 0.2R$处的黏性切应力与$r_2 = R$处的黏性切应力大小之比为：

A. 5　　B. 25

C. 1/5　　D. 1/25

72. 图示一水平放置的恒定变直径圆管流，不计水头损失，取两个截面标记为 1 和 2，当$d_1 > d_2$时，则两截面形心压强关系是：

A. $p_1 < p_2$

B. $p_1 > p_2$

C. $p_1 = p_2$

D. 不能确定

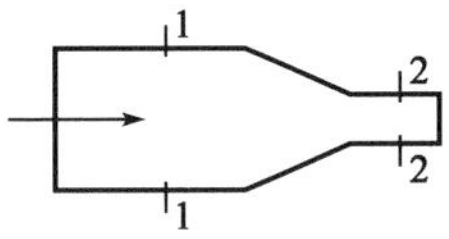

73. 水由喷嘴水平喷出，冲击在光滑平板上，如图所示，已知出口流速为50m/s，喷射流量为$0.2\text{m}^3/\text{s}$，不计阻力，则平板受到的冲击力为：

A. 5kN

B. 10kN

C. 20kN

D. 40kN

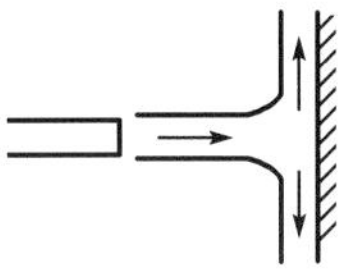

74. 沿程水头损失h_f：

A. 与流程长度成正比，与壁面切应力和水力半径成反比

B. 与流程长度和壁面切应力成正比，与水力半径成反比

C. 与水力半径成正比，与流程长度和壁面切应力成反比

D. 与壁面切应力成正比，与流程长度和水力半径成反比

75. 并联压力管的流动特征是：

A. 各分管流量相等

B. 总流量等于各分管的流量和，且各分管水头损失相等

C. 总流量等于各分管的流量和，且各分管水头损失不等

D. 各分管测压管水头差不等于各分管的总能头差

76. 矩形水力最优断面的底宽是水深的：

A. $\frac{1}{2}$

B. 1 倍

C. 1.5 倍

D. 2 倍

77. 渗流流速u与水力坡度J的关系是：

A. u正比于J

B. u反比于J

C. u正比于J的平方

D. u反比于J的平方

78. 烟气在加热炉回热装置中流动，拟用空气介质进行实验。已知空气黏度$\nu_{空气} = 15 \times 10^{-6}\text{m}^2/\text{s}$，烟气运动黏度$\nu_{烟气} = 60 \times 10^{-6}\text{m}^2/\text{s}$，烟气流速$v_{烟气} = 3\text{m/s}$，如若实际长度与模型长度的比尺$\lambda_\text{L} = 5$，则模型空气的流速应为：

A. 3.75m/s

B. 0.15m/s

C. 2.4m/s

D. 60m/s

79. 在一个孤立静止的点电荷周围：

A. 存在磁场，它围绕电荷呈球面状分布

B. 存在磁场，它分布在从电荷所在处到无穷远处的整个空间中

C. 存在电场，它围绕电荷呈球面状分布

D. 存在电场，它分布在从电荷所在处到无穷远处的整个空间中

80. 图示电路消耗电功率 2W，则下列表达式中正确的是：

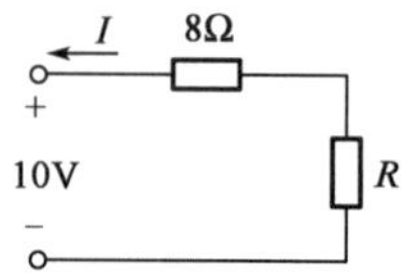

A. $(8+R)I^2 = 2$，$(8+R)I = 10$

B. $(8+R)I^2 = 2$，$-(8+R)I = 10$

C. $-(8+R)I^2 = 2$，$-(8+R)I = 10$

D. $-(8+R)I = 10$，$(8+R)I = 10$

81. 图示电路中，a-b端的开路电压U_abk为：

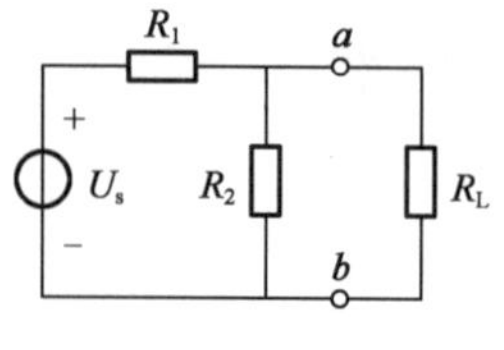

A. 0

B. $\frac{R_1}{R_1+R_2}U_\text{s}$

C. $\frac{R_2}{R_1+R_2}U_\text{s}$

D. $\frac{R_2 /\!/ R_\text{L}}{R_1+R_2 /\!/ R_\text{L}}U_\text{s}$

（注：$R_2 /\!/ R_\text{L} = \frac{R_2 \cdot R_\text{L}}{R_2+R_\text{L}}$）

82. 在直流稳态电路中，电阻、电感、电容元件上的电压与电流大小的比值分别为：

A. R，0，0　　B. 0，0，∞

C. R，∞，0　　D. R，0，∞

83. 图示电路中，若$u(t)=\sqrt{2}U\sin(\omega t+\psi_u)$时，电阻元件上的电压为 0，则：

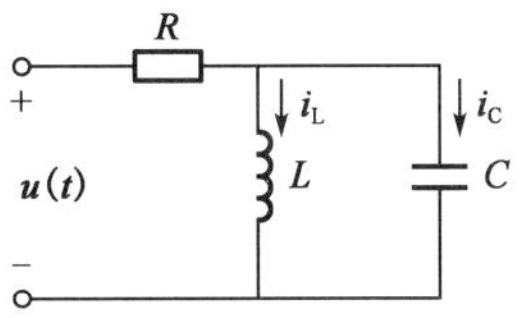

A. 电感元件断开了

B. 一定有$I_L=I_C$

C. 一定有$i_L=i_C$

D. 电感元件被短路了

84. 已知图示三相电路中三相电源对称，$Z_1=z_1\angle\varphi_1$，$Z_2=z_2\angle\varphi_2$，$Z_3=z_3\angle\varphi_3$，若$U_{NN'}=0$，则$z_1=z_2=z_3$，且：

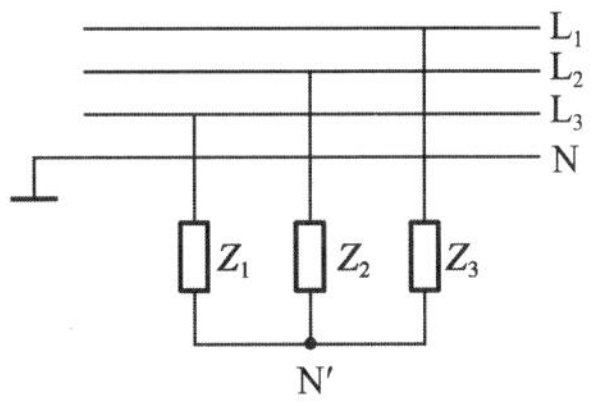

A. $\varphi_1=\varphi_2=\varphi_3$

B. $\varphi_1-\varphi_2=\varphi_2-\varphi_3=\varphi_3-\varphi_1=120°$

C. $\varphi_1-\varphi_2=\varphi_2-\varphi_3=\varphi_3-\varphi_1=-120°$

D. N′必须被接地

85. 图示电路中，设变压器为理想器件，若$u=10\sqrt{2}\sin\omega t\text{V}$，则：

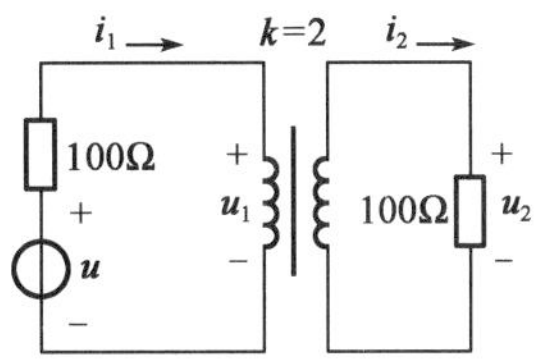

A. $U_1=\frac{1}{2}U$，$U_2=\frac{1}{4}U$

B. $I_1=0.01U$，$I_1=0$

C. $I_1=0.002U$，$I_2=0.004U$

D. $U_1=0$，$U_2=0$

86. 对于三相异步电动机而言，在满载起动情况下的最佳启动方案是：

A. Y-△启动方案，起动后，电动机以 Y 接方式运行

B. Y-△启动方案，起动后，电动机以△接方式运行

C. 自耦调压器降压启动

D. 绕线式电动机串转子电阻启动

87. 关于信号与信息，以下几种说法中正确的是：

A. 电路处理并传输电信号

B. 信号和信息是同一概念的两种表述形式

C. 用“1”和“0”组成的信息代码“101”只能表示数量“5”

D. 信息是看得到的，信号是看不到的

88. 图示非周期信号$u(t)$的时域描述形式是：［注：$u(t)$是单位阶跃函数］

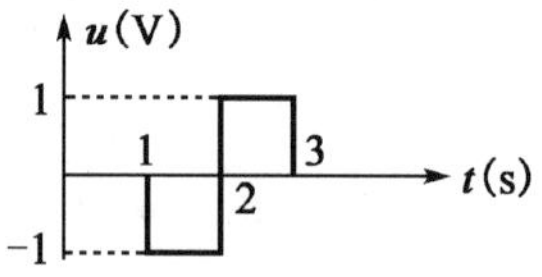

A. $u(t)=\begin{cases}1\text{V}, & t\leqslant 2\\ -1\text{V}, & t>2\end{cases}$

B. $u(t)=-1(t-1)+2\cdot1(t-2)-1(t-3)\text{V}$

C. $u(t)=1(t-1)-1(t-2)\text{V}$

D. $u(t)=-1(t+1)+1(t+2)-1(t+3)\text{V}$

89. 某放大器的输入信号$u_1(t)$和输出信号$u_2(t)$如图所示，则：

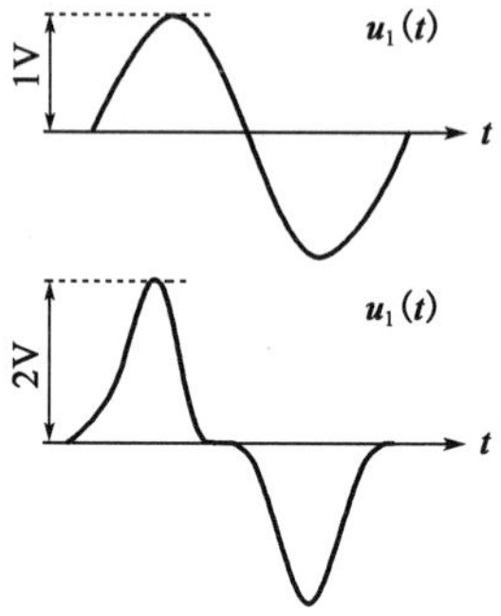

A. 该放大器是线性放大器

B. 该放大器放大倍数为 2

C. 该放大器出现了非线性失真

D. 该放大器出现了频率失真

90. 对逻辑表达式$\text{ABC}+\text{A}\overline{\text{BC}}+\text{B}$的化简结果是：

A. AB

B. A+B

C. ABC

D. $\text{A}\overline{\text{BC}}$

91. 已知数字信号X和数字信号Y的波形如图所示，

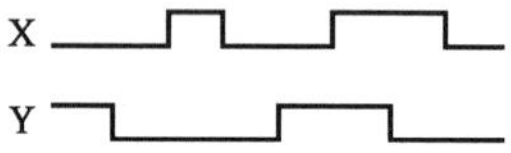

则数字信号$\text{F}=\overline{\text{XY}}$的波形为：

A. 

B. 

C. 

D. 

92. 十进制数字 32 的 BCD 码为：

A. 00110010　　　　B. 00100000

C. 100000　　　　D. 00100011

93. 二级管应用电路如图所示，设二极管 D 为理想器件，$u_{\mathrm{i}}=10\sin\omega t\mathrm{V}$，则输出电压$u_{\mathrm{o}}$的波形为：

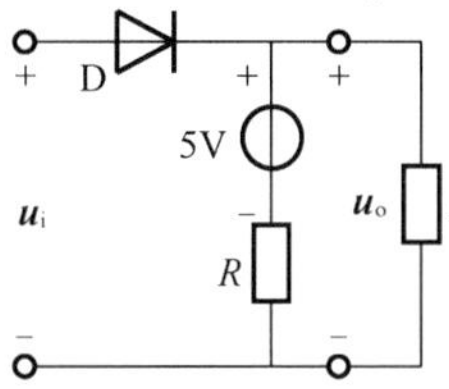

A. 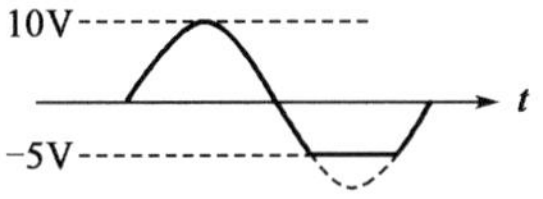

B. 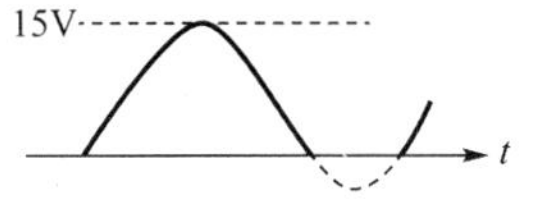

C. 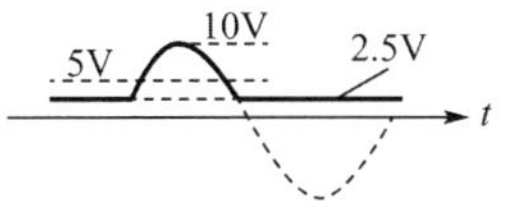

D. 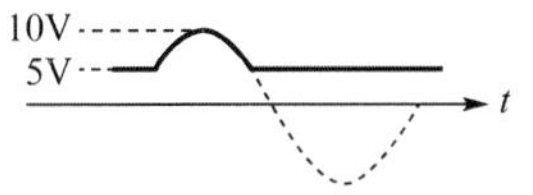

94. 晶体三极管放大电路如图所示，在进入电容C_{E}之后：

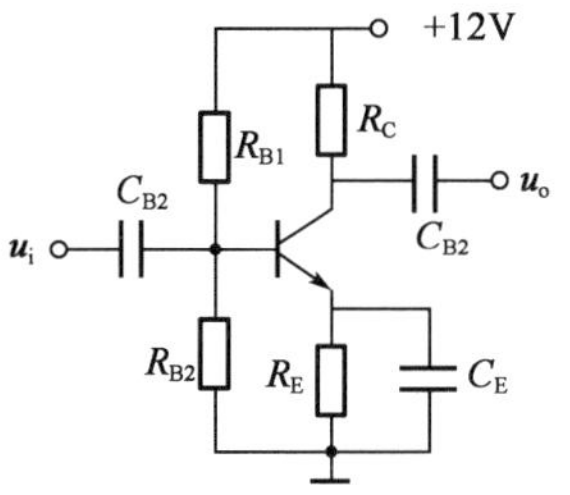

A. 放大倍数变小

B. 输入电阻变大

C. 输入电阻变小，放大倍数变大

D. 输入电阻变大，输出电阻变小，放大倍数变大

95. 图 a）所示电路中，复位信号$\overline{R}_D$，信号 A 及时钟脉冲信号 CP 如图 b）所示，经分析可知，在第一个和第二个时钟脉冲的下降沿时刻，输出 Q 分别等于：

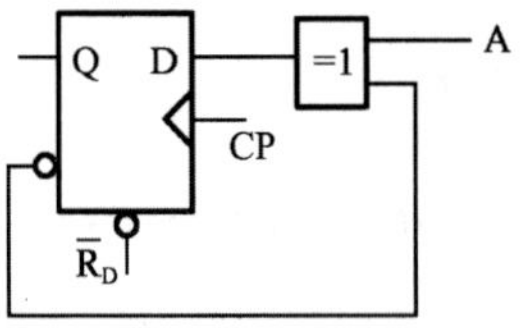

a)

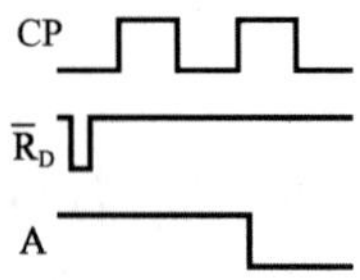

b)

A. 0　0

B. 0　1

C. 1　0

D. 1　1

附：触发器的逻辑状态表为

D	Q_{n+1}
0	0
1	1

96. 图 a）所示电路中，复位信号、数据输入及时钟脉冲信号如图 b）所示，经分析可知，在第一个和第二个时钟脉冲的下降沿过后，输出 Q 分别等于：

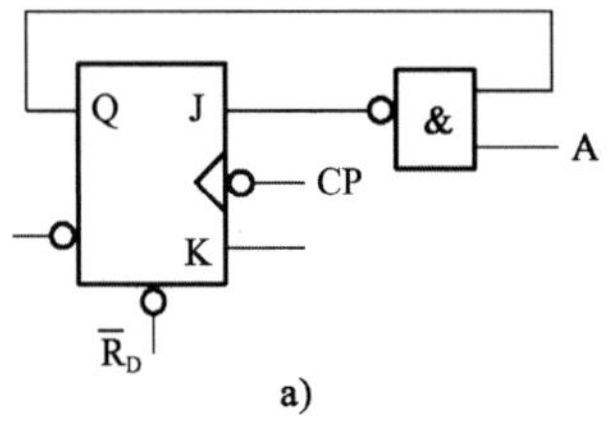

a)

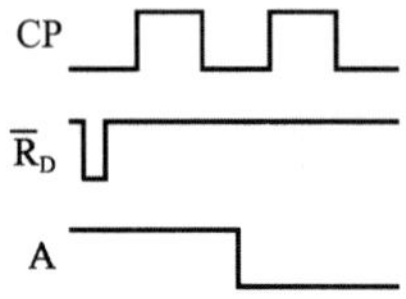

b)

A. 0　0

B. 0　1

C. 1　0

D. 1　1

附：触发器的逻辑状态表为

J	K	Q_{n+1}
0	0	Q_D
0	1	0
1	0	1
1	1	$\overline{Q}_D$

97. 现在全国都在开发三网合一的系统工程，即：

A. 将电信网、计算机网、通信网合为一体

B. 将电信网、计算机网、无线电视网合为一体

C. 将电信网、计算机网、有线电视网合为一体

D. 将电信网、计算机网、电话网合为一体

98. 在计算机的运算器上可以：

A. 直接解微分方程　　B. 直接进行微分运算

C. 直接进行积分运算　　D. 进行算数运算和逻辑运算

99. 总线中的控制总线传输的是：

A. 程序和数据　　B. 主存储器的地址码

C. 控制信息　　D. 用户输入的数据

100. 目前常用的计算机辅助设计软件是：

A. Microsoft Word　　B. AutoCAD

C. Visual BASIC　　D. Microsoft Access

101. 计算机中度量数据的最小单位是：

A. 数 0　　B. 位

C. 字节　　D. 字

102. 在下面列出的四种码中，不能用于表示机器数的一种是：

A. 原码　　B. ASCII 码

C. 反码　　D. 补码

103. 一幅图像的分辨率为 640×480 像素，这表示该图像中：

A. 至少由 480 个像素组成　　B. 总共由 480 个像素组成

C. 每行由 640×480 个像素组成　　D. 每列由 480 个像素组成

104. 在下面四条有关进程特征的叙述中，其中正确的一条是：

A. 静态性、并发性、共享性、同步性

B. 动态性、并发性、共享性、异步性

C. 静态性、并发性、独立性、同步性

D. 动态性、并发性、独立性、异步性

105. 操作系统的设备管理功能是对系统中的外围设备：

A. 提供相应的设备驱动程序，初始化程序和设备控制程序等

B. 直接进行操作

C. 通过人和计算机的操作系统对外围设备直接进行操作

D. 既可以由用户干预，也可以直接执行操作

106. 联网中的每台计算机：

A. 在联网之前有自己独立的操作系统，联网以后是网络中的某一个结点联网以后是网络中的某一个结点

B. 在联网之前有自己独立的操作系统，联网以后它自己的操作系统屏蔽

C. 在联网之前没有自己独立的操作系统，联网以后使用网络操作系统

D. 联网中的每台计算机有可以同时使用的多套操作系统

107. 某企业向银行借款，按季度计息，年名义利率为 8%，则年实际利率为：

A. 8%

B. 8.16%

C. 8.24%

D. 8.3%

108. 在下列选项中，应列入项目投资现金流量分析中的经营成本的是：

A. 外购原材料、燃料和动力费

B. 设备折旧

C. 流动资金投资

D. 利息支出

109. 某项目第 6 年累计净现金流量开始出现正值，第五年末累计净现金流量为−60 万元，第 6 年当年净现金流量为 240 万元，则该项目的静态投资回收期为：

A. 4.25 年

B. 4.75 年

C. 5.25 年

D. 6.25 年

110. 某项目初期（第 0 年年初）投资额为 5000 万元，此后从第二年年末开始每年有相同的净收益，收益期为 10 年。寿命期结束时的净残值为零，若基准收益率为 15%，则要使该投资方案的净现值为零，其年净收益应为：

[已知：$(P/A,15\%,10)=5.0188$，$(P/F,15\%,1)=0.8696$]

A. 574.98 万元

B. 866.31 万元

C. 996.25 万元

D. 1145.65 万元

111. 以下关于项目经济费用效益分析的说法中正确的是：

A. 经济费用效益分析应考虑沉没成本

B. 经济费用和效益的识别不适用“有无对比”原则

C. 识别经济费用效益时应剔出项目的转移支付

D. 为了反映投入物和产出物真实经济价值，经济费用效益分析不能使用市场价格

112. 已知甲、乙为两个寿命期相同的互斥项目，其中乙项目投资大于甲项目。通过测算得出甲、乙两项目的内部收益率分别为 17%和 14%，增量内部收益$\Delta IRR_{(乙-甲)}$ =13%，基准收益率为 14%，以下说法中正确的是：

A. 应选择甲项目　　　　B. 应选择乙项目

C. 应同时选择甲、乙两个项目　　　　D. 甲、乙两项目均不应选择

113. 以下关于改扩建项目财务分析的说法中正确的是：

A. 应以财务生存能力分析为主

B. 应以项目清偿能力分析为主

C. 应以企业层次为主进行财务分析

D. 应遵循“有无对比”原则

114. 下面关于价值工程的论述中正确的是：

A. 价值工程中的价值是指成本与功能的比值

B. 价值工程中的价值是指产品消耗的必要劳动时间

C. 价值工程中的成本是指寿命周期成本，包括产品在寿命期内发生的全部费用

D. 价值工程中的成本就是产品的生产成本，它随着产品功能的增加而提高

115. 根据《中华人民共和国建筑法》规定，某建设单位领取了施工许可证，下列情节中，可能不导致施工许可证废止的是：

A. 领取施工许可证之日起三个月内因故不能按期开工，也未申请延期

B. 领取施工许可证之日起按期开工后又中止施工

C. 向发证机关申请延期开工一次，延期之日起三个月内，因故仍不能按期开工，也未申请延期

D. 向发证机关申请延期开工两次，超过 6 个月因故不能按期开工，继续申请延期

116. 某施工单位一个有职工 185 人的三级施工资质的企业，根据《中华人民共和国安全生产法》规定，该企业下列行为中合法的是：

A. 只配备兼职的安全生产管理人员

B. 委托具有国家规定相关专业技术资格的工程技术人员提供安全生产管理服务，由其负责承担保证安全生产的责任

C. 安全生产管理人员经企业考核后即任职

D. 设置安全生产管理机构

117. 下列属于《中华人民共和国招标投标法》规定的招标方式是：

A. 公开招标和直接招标

B. 公开招标和邀请招标

C. 公开招标和协议招标

D. 公开招标和非公开招标

118. 根据《中华人民共和国合同法》规定，下列行为不属于要约邀请的是：

A. 某建设单位发布招标公告

B. 某招标单位发出中标通知书

C. 某上市公司发出招股说明书

D. 某商场寄送的价目表

119. 根据《中华人民共和国行政许可法》的规定，除可以当场作出行政许可决定的外，行政机关应当自受理行政可之日起作出行政许可决定的时限是：

A. 5 日之内

B. 7 日之内

C. 15 日之内

D. 20 日之内

120. 某建设项目甲建设单位与乙施工单位签订施工总承包合同后，乙施工单位经甲建设单位认可，将打桩工程分包给丙专业承包单位，丙专业承包单位又将劳务作业分包给丁劳务单位，由于丙专业承包单位从业人员责任心不强，导致该打桩工程部分出现了质量缺陷，对于该质量缺陷的责任承担，以下说明正确的是：

A. 乙单位和丙单位承担连带责任

B. 丙单位和丁单位承担连带责任

C. 丙单位向甲单位承担全部责任

D. 乙、丙、丁三单位共同承担责任

2014 年度全国勘察设计注册工程师

执业资格考试试卷

基础考试
（上）

二○一四年九月

应考人员注意事项

1. 本试卷科目代码为“1”，考生务必将此代码填涂在答题卡“科目代码”相应的栏目内，否则，无法评分。
2. 书写用笔：**黑色或蓝色钢笔、签字笔或圆珠笔**；

   填涂答题卡用笔：**黑色 2B 铅笔**。
3. 必须用书写用笔将工作单位、姓名、准考证号填写在答题卡和试卷相应的栏目内。
4. 本试卷由 120 题组成，每题 1 分，满分 120 分，本试卷全部为单项选择题，每小题的四个备选项中只有一个正确答案，错选、多选、不选均不得分。
5. 考生作答时，必须按**题号在答题卡上**将相应试题所选选项对应的**字母用 2B 铅笔涂黑**。
6. 在答题卡上书写与题意无关的语言，或在答题卡上作标记的，均按违纪试卷处理。
7. 考试结束时，由监考人员当面将试卷、答题卡一并收回。
8. 草稿纸由各地统一配发，考后收回。

单项选择题（共 120 题，每题 1 分。每题的备选项中只有一个最符合题意。）

1. 若$\lim\limits_{x\to 0}(1-x)^{\frac{k}{x}}=2$，则常数$k$等于：

A. $-\ln 2$　　B. $\ln 2$

C. 1　　D. 2

2. 在空间直角坐标系中，方程$x^2+y^2-z=0$所表示的图形是：

A. 圆锥面　　B. 圆柱面

C. 球面　　D. 旋转抛物面

3. 点$x=0$是$y=\arctan\frac{1}{x}$的：

A. 可去间断点　　B. 跳跃间断点

C. 连续点　　D. 第二类间断点

4. $\frac{\mathrm{d}}{\mathrm{d}x}\int_{2x}^{0}e^{-t^2}\mathrm{d}t$等于：

A. e^{-4x^2}　　B. $2e^{-4x^2}$

C. $-2e^{-4x^2}$　　D. e^{-x^2}

5. $\frac{\mathrm{d}(\ln x)}{\mathrm{d}\sqrt{x}}$等于：

A. $\frac{1}{2x^{3/2}}$　　B. $\frac{2}{\sqrt{x}}$

C. $\frac{1}{\sqrt{x}}$　　D. $\frac{2}{x}$

6. 不定积分$\int\frac{x^2}{\sqrt[3]{1+x^3}}\mathrm{d}x$等于：

A. $\frac{1}{4}(1+x^3)^{\frac{4}{3}}+C$　　B. $(1+x^3)^{\frac{1}{3}}+C$

C. $\frac{3}{2}(1+x^3)^{\frac{2}{3}}+C$　　D. $\frac{1}{2}(1+x^3)^{\frac{2}{3}}+C$

7. 设$a_n=\left(1+\frac{1}{n}\right)^n$，则数列$\{a_n\}$是：

A. 单调增而无上界　　B. 单调增而有上界

C. 单调减而无下界　　D. 单调减而有上界

8. 下列说法中正确的是：

A. 若$f'(x_0)=0$，则$f(x_0)$必是$f(x)$的极值

B. 若$f(x_0)$是$f(x)$的极值，则$f(x)$在x_0处可导，且$f'(x_0)=0$

C. 若$f(x)$在x_0处可导，则$f'(x_0)=0$是$f(x)$在x_0取得极值的必要条件

D. 若$f(x)$在x_0处可导，则$f'(x_0)=0$是$f(x)$在x_0取得极值的充分条件

9. 设有直线L_1：$\frac{x-1}{1}=\frac{y-3}{-2}=\frac{z+5}{1}$与$L_2$：$\begin{cases}x=3-t\\y=1-t\\z=1+2t\end{cases}$，则$L_1$与$L_2$的夹角$\theta$等于：

A. $\frac{\pi}{2}$　　B. $\frac{\pi}{3}$

C. $\frac{\pi}{4}$　　D. $\frac{\pi}{6}$

10. 微分方程$xy'-y=x^2e^{2x}$通解y等于：

A. $x\left(\frac{1}{2}e^{2x}+C\right)$　　B. $x(e^{2x}+C)$

C. $x\left(\frac{1}{2}x^2e^{2x}+C\right)$　　D. $x^2e^{2x}+C$

11. 抛物线$y^2=4x$与直线$x=3$所围成的平面图形绕x轴旋转一周形成的旋转体体积是：

A. $\int_0^3 4x\mathrm{d}x$　　B. $\pi\int_0^3(4x)^2\mathrm{d}x$

C. $\pi\int_0^3 4x\mathrm{d}x$　　D. $\pi\int_0^3\sqrt{4x}\mathrm{d}x$

12. 级数$\sum\limits_{n=1}^{\infty}(-1)^n\frac{1}{n^{p-1}}$：

A. 当$1<p\leqslant 2$时条件收敛　　B. 当$p>2$时条件收敛

C. 当$p<1$时条件收敛　　D. 当$p>1$时条件收敛

13. 函数$y=C_1e^{-x+C_2}$（C_1,C_2为任意常数）是微分方程$y''-y'-2y=0$的：

A. 通解

B. 特解

C. 不是解

D. 解，既不是通解又不是特解

14. 设L为从点$A(0,-2)$到点$B(2,0)$的有向直线段，则对坐标的曲线积分$\int_L \frac{1}{x-y}\mathrm{d}x + y\mathrm{d}y$等于：

A. 1　　B. −1

C. 3　　D. −3

15. 设方程$x^2 + y^2 + z^2 = 4z$确定可微函数$z = z(x,y)$，则全微分$\mathrm{d}z$等于：

A. $\frac{1}{2-z}(y\mathrm{d}x + x\mathrm{d}y)$

B. $\frac{1}{2-z}(x\mathrm{d}x + y\mathrm{d}y)$

C. $\frac{1}{2+z}(\mathrm{d}x + \mathrm{d}y)$

D. $\frac{1}{2-z}(\mathrm{d}x - \mathrm{d}y)$

16. 设D是由$y = x$，$y = 0$及$y = \sqrt{(a^2 - x^2)}(x \geqslant 0)$所围成的第一象限区域，则二重积分$\iint\limits_D \mathrm{d}x\mathrm{d}y$等于：

A. $\frac{1}{8}\pi a^2$　　B. $\frac{1}{4}\pi a^2$

C. $\frac{3}{8}\pi a^2$　　D. $\frac{1}{2}\pi a^2$

17. 级数$\sum\limits_{n=1}^{\infty} \frac{(2x+1)^n}{n}$的收敛域是：

A. $(-1,1)$　　B. $[-1,1]$

C. $[-1,0)$　　D. $(-1,0)$

18. 设$z = e^{xe^y}$，则$\frac{\partial^2 z}{\partial x^2}$等于：

A. e^{xe^y+2y}　　B. $e^{xe^y+y}(xe^y + 1)$

C. e^{xe^y}　　D. e^{xe^y+y}

19. 设$\boldsymbol{A}$，$\boldsymbol{B}$为三阶方阵，且行列式$|\boldsymbol{A}| = -\frac{1}{2}$，$|\boldsymbol{B}| = 2$，$\boldsymbol{A}^*$是$\boldsymbol{A}$的伴随矩阵，则行列式$|2\boldsymbol{A}^*\boldsymbol{B}^{-1}|$等于：

A. 1　　B. −1

C. 2　　D. −2

20. 下列结论中正确的是：

A. 如果矩阵$\boldsymbol{A}$中所有顺序主子式都小于零，则$\boldsymbol{A}$一定为负定矩阵

B. 设$\boldsymbol{A}=(a_{ij})_{n\times n}$，若$a_{ij}=a_{ji}$，且$a_{ij}>0(i,j=1,2,\cdots,n)$，则$\boldsymbol{A}$一定为正定矩阵

C. 如果二次型$f(x_1,x_2,\cdots,x_n)$中缺少平方项，则它一定不是正定二次型

D. 二次型$f(x_1,x_2,x_3)=x_1^2+x_2^2+x_3^2+x_1x_2+x_1x_3+x_2x_3$所对应的矩阵是$\begin{bmatrix}1&1&1\\1&1&1\\1&1&1\end{bmatrix}$

21. 已知n元非齐次线性方程组$\boldsymbol{Ax}=\boldsymbol{b}$，秩$r(\boldsymbol{A})=n-2$，$\vec{\alpha_1}$，$\vec{\alpha_2}$，$\vec{\alpha_3}$为其线性无关的解向量，$k_1$，$k_2$为任意常数，则$\boldsymbol{Ax}=\boldsymbol{b}$通解为：

A. $\vec{x}=k_1(\vec{\alpha_1}-\vec{\alpha_2})+k_2(\vec{\alpha_1}+\vec{\alpha_3})+\vec{\alpha_1}$

B. $\vec{x}=k_1(\vec{\alpha_1}-\vec{\alpha_3})+k_2(\vec{\alpha_2}+\vec{\alpha_3})+\vec{\alpha_1}$

C. $\vec{x}=k_1(\vec{\alpha_2}-\vec{\alpha_1})+k_2(\vec{\alpha_2}-\vec{\alpha_3})+\vec{\alpha_1}$

D. $\vec{x}=k_1(\vec{\alpha_2}-\vec{\alpha_3})+k_2(\vec{\alpha_1}+\vec{\alpha_2})+\vec{\alpha_1}$

22. 设A与B是互不相容的事件，$p(A)>0$，$p(B)>0$，则下列式子一定成立的是：

A. $P(A)=1-P(B)$

B. $P(A|B)=0$

C. $P(A|\overline{B})=1$

D. $P(\overline{AB})=0$

23. 设(X,Y)的联合概率密度为$f(x,y)=\begin{cases}k,0<x<1,0<y<x\\0,\quad\text{其他}\end{cases}$，则数学期望$E(XY)$等于：

A. $\frac{1}{4}$　　B. $\frac{1}{3}$

C. $\frac{1}{6}$　　D. $\frac{1}{2}$

24. 设$X_1, X_2, \cdots, X_n$与$Y_1, Y_2, \cdots, Y_n$是来自正态总体$X \sim N(\mu, \sigma^2)$的样本，并且相互独立，$\overline{X}$与$\overline{Y}$分别是其样本均值，则$\frac{\sum_{i=1}^{n}(X_i-\overline{X})^2}{\sum_{i=1}^{n}(Y_i-\overline{Y})^2}$服从的分布是：

A. $t(n-1)$　　B. $F(n-1, n-1)$

C. $\chi^2(n-1)$　　D. $N(\mu, \sigma^2)$

25. 在标准状态下，当氢气和氦气的压强与体积都相等时，氢气和氦气的内能之比为：

A. $\frac{5}{3}$　　B. $\frac{3}{5}$

C. $\frac{1}{2}$　　D. $\frac{3}{2}$

26. 速率分布函数$f(v)$的物理意义是：

A. 具有速率v的分子数占总分子数的百分比

B. 速率分布在v附近的单位速率间隔中百分数占总分子数的百分比

C. 具有速率v的分子数

D. 速率分布在v附近的单位速率间隔中的分子数

27. 有 1mol 刚性双原子分子理想气体，在等压过程中对外做功W，则其温度变化ΔT为：

A. $\frac{R}{W}$　　B. $\frac{W}{R}$

C. $\frac{2R}{W}$　　D. $\frac{2W}{R}$

28. 理想气体在等温膨胀过程中：

A. 气体做负功，向外界放出热量　　B. 气体做负功，从外界吸收热量

C. 气体做正功，向外界放出热量　　D. 气体做正功，从外界吸收热量

29. 一横波的波动方程是$y = 2 \times 10^{-2}\cos 2\pi\left(10t - \frac{x}{5}\right)$(SI)，$t = 0.25$s时，距离原点$(x = 0)$处最近的波峰位置为：

A. ±2.5m　　B. ±7.5m

C. ±4.5m　　D. ±5m

30. 一平面简谐波在弹性媒质中传播，在某一瞬时，某质元正处于其平衡位置，此时它的：

A. 动能为零，势能最大　　B. 动能为零，势能为零

C. 动能最大，势能最大　　D. 动能最大，势能为零

31. 通常人耳可听到的声波的频率范围是：

A. 20 ~ 200Hz　　B. 20 ~ 2000Hz

C. 20 ~ 20000Hz　　D. 20 ~ 200000Hz

32. 在空气中用波长为λ的单色光进行双缝干涉验时，观测到相邻明条纹的间距为 1.33mm，当把实验装置放入水中（水的折射率为$n = 1.33$）时，则相邻明条纹的间距变为：

A. 1.33mm　　B. 2.66mm　　C. 1mm　　D. 2mm

33. 在真空中可见的波长范围是：

A. 400 ~ 760nm　　B. 400 ~ 760mm

C. 400 ~ 760cm　　D. 400 ~ 760m

34. 一束自然光垂直穿过两个偏振片，两个偏振片的偏振化方向成 45°。已知通过此两偏振片后光强为I，则入射至第二个偏振片的线偏振光强度为：

A. I　　B. $2I$　　C. $3I$　　D. $I/2$

35. 在单缝夫琅禾费衍射实验中，单缝宽度$a = 1 \times 10^{-4}$m，透镜焦距$f = 0.5$m。若用$\lambda = 400$nm的单色平行光垂直入射，中央明纹的宽度为：

A. 2×10^{-3}m　　B. 2×10^{-4}m

C. 4×10^{-4}m　　D. 4×10^{-3}m

36. 一单色平行光垂直入射到光栅上，衍射光谱中出现了五条明纹，若已知此光栅的缝宽a与不透光部分b相等，那么在中央明纹一侧的两条明纹级次分别是：

A. 1 和 3　　B. 1 和 2

C. 2 和 3　　D. 2 和 4

37. 下列元素，电负性最大的是：

A. F　　B. Cl　　C. Br　　D. I

38. 在NaCl，$MgCl_2$，$AlCl_3$，$SiCl_4$四种物质中，离子极化作用最强的是：

A. NaCl　　　　B. $MgCl_2$

C. $AlCl_3$　　　　D. $SiCl_4$

39. 现有 100mL 浓硫酸，测得其质量分数为 98%，密度为1.84g/mL，其物质的量浓度为：

A. $18.4\text{mol}\cdot L^{-1}$　　　　B. $18.8\text{mol}\cdot L^{-1}$

C. $18.0\text{mol}\cdot L^{-1}$　　　　D. $1.84\text{mol}\cdot L^{-1}$

40. 已知反应（1）$H_2(g) + S(s) \rightleftharpoons H_2S(g)$，其平衡常数为$K_1^\Theta$，

（2）$S(s) + O_2(g) \rightleftharpoons SO_2(g)$，其平衡常数为$K_2^\Theta$，则反应

（3）$H_2(g) + SO_2(s) \rightleftharpoons O_2(g) + H_2S(g)$的平衡常数为$K_3^\Theta$是：

A. $K_1^\Theta + K_2^\Theta$　　　　B. $K_1^\Theta \cdot K_2^\Theta$

C. $K_1^\Theta - K_2^\Theta$　　　　D. K_1^Θ / K_2^Θ

41. 有原电池$(-)Zn \mid ZnSO_4(C_1) \parallel CuSO_4(C_2) \mid Cu(+)$，如向铜半电池中通入硫化氢，则原电池电动势变化趋势是：

A. 变大　　　　B. 变小

C. 不变　　　　D. 无法判断

42. 电解NaCl水溶液时，阴极上放电的离子是：

A. H^+　　　　B. OH^-　　　　C. Na^+　　　　D. Cl^-

43. 已知反应$N_2(g) + 3H_2(g) \longrightarrow 2NH_3(g)$的$\Delta_r H_m < 0$，$\Delta_r S_m < 0$，则该反应为：

A. 低温易自发，高温不易自发　　　　B. 高温易自发，低温不易自发

C. 任何温度都易自发　　　　D. 任何温度都不易自发

44. 下列有机物中，对于可能处在同一平面上的最多原子数目的判断，正确的是：

A. 丙烷最多有 6 个原子处于同一平面上

B. 丙烯最多有 9 个原子处于同一平面上

C. 苯乙烯（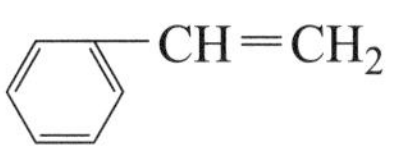

）最多有 16 个原子处于同一平面上

D. $CH_3CH{=}CH{-}C{\equiv}C{-}CH_3$ 最多有 12 个原子处于同一平面上

45. 下列有机物中，既能发生加成反应和酯化反应，又能发生氧化反应的化合物是：

A. $CH_3CH=CHCOOH$　　　　B. $CH_3CH=CHCOOC_2H_5$

C. $CH_3CH_2CH_2CH_2OH$　　　　D. $HOCH_2CH_2CH_2CH_2OH$

46. 人造羊毛的结构简式为：$\left[CH_2-\underset{\displaystyle CN}{\underset{|}{CH}}\right]_n$，它属于：

①共价化合物；②无机化合物；③有机化合物；④高分子化合物；⑤离子化合物。

A. ②④⑤　　　　B. ①④⑤

C. ①③④　　　　D. ③④⑤

47. 将大小为100N的力$\boldsymbol{F}$沿x、y方向分解，若$\boldsymbol{F}$在x轴上的投影为50N，而沿x方向的分力的大小为200N，则$\boldsymbol{F}$在y轴上的投影为：

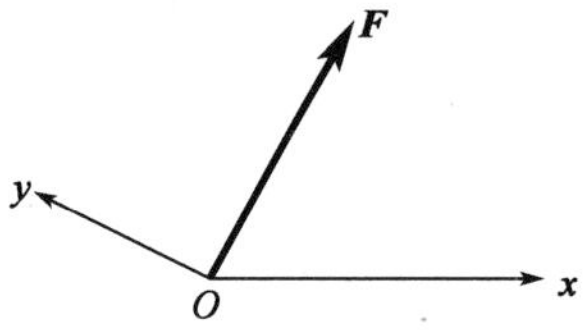

A. 0　　　　B. 50N

C. 200N　　　　D. 100N

48. 图示边长为a的正方形物块$OABC$，已知：各力大小$F_1=F_2=F_3=F_4=F$，力偶矩$M_1=M_2=Fa$。该力系向O点简化后的主矢及主矩应为：

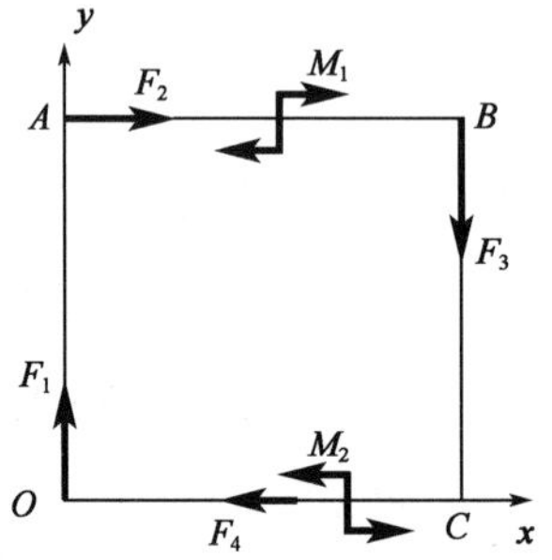

A. $F_R=0N$，$M_O=4Fa(\circlearrowright)$

B. $F_R=0N$，$M_O=3Fa(\circlearrowleft)$

C. $F_R=0N$，$M_O=2Fa(\circlearrowleft)$

D. $F_R=0N$，$M_O=2Fa(\circlearrowright)$

49. 在图示机构中，已知$\boldsymbol{F}_p$，$L=2\text{m}$，$r=0.5\text{m}$，$\theta=30°$，$BE=EG$，$CE=EH$，则支座A的约束力为：

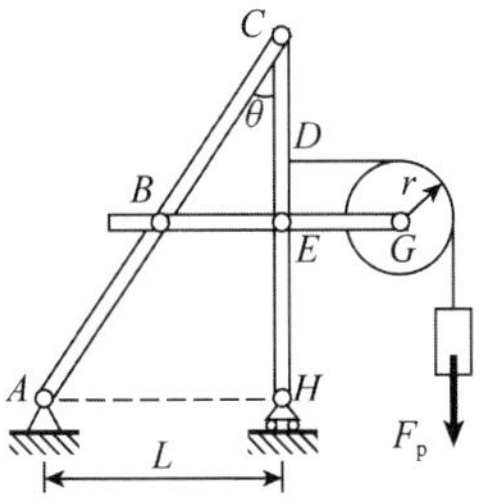

A. $F_{Ax}=F_p(\leftarrow)$，$F_{Ay}=1.75F_p(\downarrow)$

B. $F_{Ax}=0$，$F_{Ay}=0.75F_p(\downarrow)$

C. $F_{Ax}=0$，$F_{Ay}=0.75F_p(\uparrow)$

D. $F_{Ax}=F_p(\rightarrow)$，$F_{Ay}=1.75F_p(\uparrow)$

50. 图示不计自重的水平梁与桁架在B点铰接。已知：荷载$\boldsymbol{F}_1$、$\boldsymbol{F}$均与BH垂直，$F_1=8\text{kN}$，$F=4\text{kN}$，$M=6\text{kN}\cdot\text{m}$，$q=1\text{kN/m}$，$L=2\text{m}$。则杆件1的内力为：

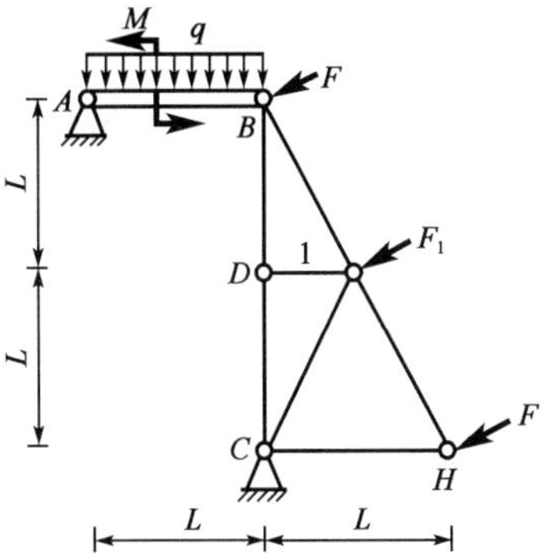

A. $F_1=0$

B. $F_1=8\text{kN}$

C. $F_1=-8\text{kN}$

D. $F_1=-4\text{kN}$

51. 动点A和B在同一坐标系中的运动方程分别为$\begin{cases}x_A=t\\y_A=2t^2\end{cases}$，$\begin{cases}x_B=t^2\\y_B=2t^4\end{cases}$，其中$x$、$y$以cm计，$t$以s计，则两点相遇的时刻为：

A. $t=1\text{s}$　　B. $t=0.5\text{s}$

C. $t=2\text{s}$　　D. $t=1.5\text{s}$

52. 刚体作平动时，某瞬时体内各点的速度与加速度为：

A. 体内各点速度不相同，加速度相同

B. 体内各点速度相同，加速度不相同

C. 体内各点速度相同，加速度也相同

D. 体内各点速度不相同，加速度也不相同

53. 杆OA绕固定轴O转动，长为l，某瞬时杆端A点的加速度$\boldsymbol{a}$如图所示。则该瞬时OA的角速度及角加速度为：

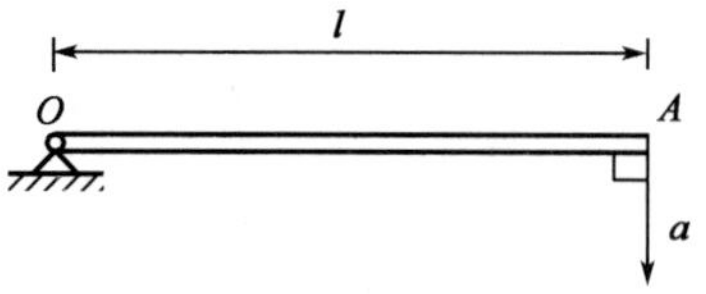

A. 0，$\frac{a}{l}$

B. $\sqrt{\frac{a\cos\alpha}{l}}$，$\frac{a\sin\alpha}{l}$

C. $\sqrt{\frac{a}{l}}$，0

D. 0，$\sqrt{\frac{a}{l}}$

54. 在图示圆锥摆中，球M的质量为m，绳长l，若α角保持不变，则小球的法向加速度为：

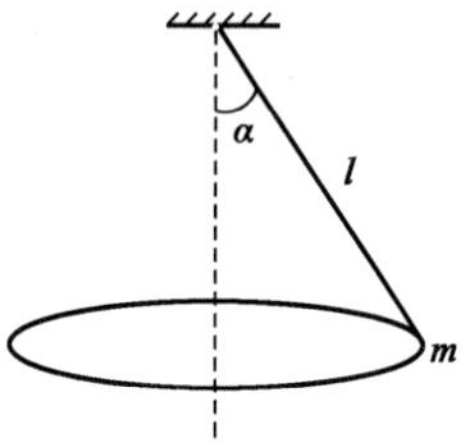

A. $g\sin\alpha$

B. $g\cos\alpha$

C. $g\tan\alpha$

D. $g\cot\alpha$

55. 图示均质链条传动机构的大齿轮以角速度ω转动，已知大齿轮半径为R，质量为m_1，小齿轮半径为r，质量为m_2，链条质量不计，则此系统的动量为：

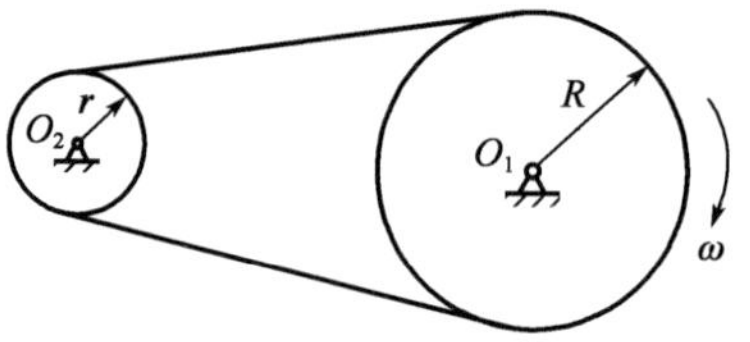

A. $(m_1+2m_2)v$ →

B. $(m_1+m_2)v$ →

C. $(2m_1-m_2)v$ →

D. 0

56. 均质圆柱体半径为R，质量为m，绕关于对纸面垂直的固定水平轴自由转动，初瞬时静止（G在O轴的铅垂线上），如图所示，则圆柱体在位置$\theta = 90°$时的角速度是：

A. $\sqrt{\frac{g}{3R}}$

B. $\sqrt{\frac{2g}{3R}}$

C. $\sqrt{\frac{4g}{3R}}$

D. $\sqrt{\frac{g}{2R}}$

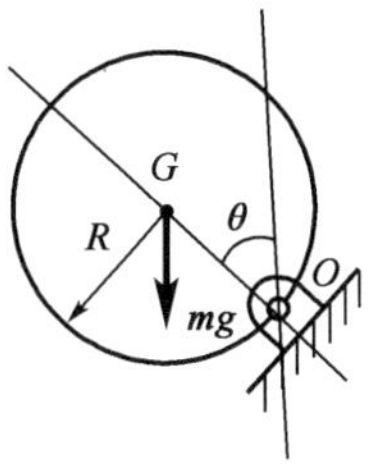

57. 质量不计的水平细杆AB长为L，在铅垂图面内绕A轴转动，其另一端固连质量为m的质点B，在图示水平位置静止释放。则此瞬时质点B的惯性力为：

A. $F_g = mg$

B. $F_g = \sqrt{2}mg$

C. 0

D. $F_g = \frac{\sqrt{2}}{2}mg$

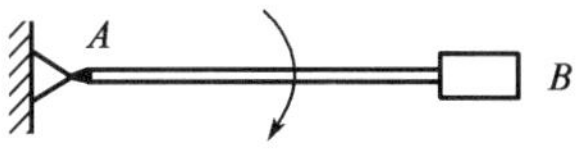

58. 如图所示系统中，当物块振动的频率比为 1.27 时，k的值是：

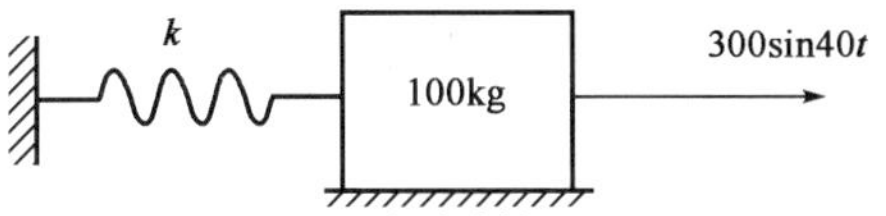

A. 1×10^5N/m　　B. 2×10^5N/m

C. 1×10^4N/m　　D. 1.5×10^5N/m

59. 图示结构的两杆面积和材料相同，在铅直向下的力F作用下，下面正确的结论是：

A. C点位平放向下偏左，1 杆轴力不为零

B. C点位平放向下偏左，1 杆轴力为零

C. C点位平放铅直向下，1 杆轴力为零

D. C点位平放向下偏右，1 杆轴力不为零

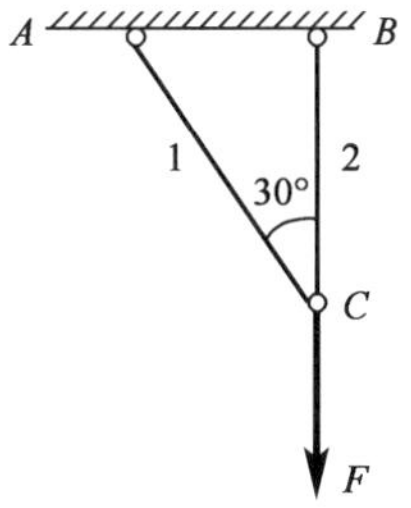

60. 图截面杆ABC轴向受力如图所示，已知BC杆的直径$d = 100\mathrm{mm}$，AB杆的直径为 $2d$，杆的最大拉应力是：

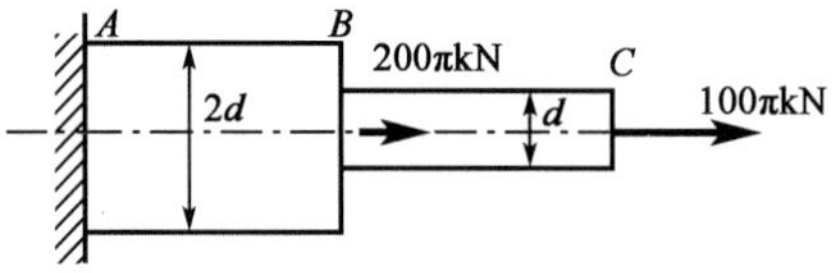

A. 40MPa　　　　B. 30MPa

C. 80MPa　　　　D. 120MPa

61. 桁架由 2 根细长直杆组成，杆的截面尺寸相同，材料分别是结构钢和普通铸铁，在下列桁架中，布局比较合理的是：

A. 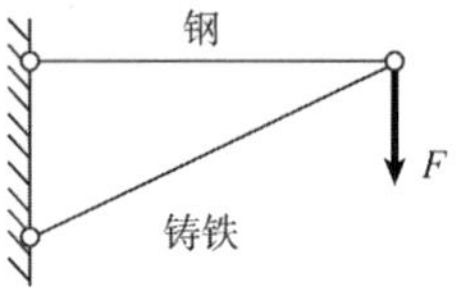

B. 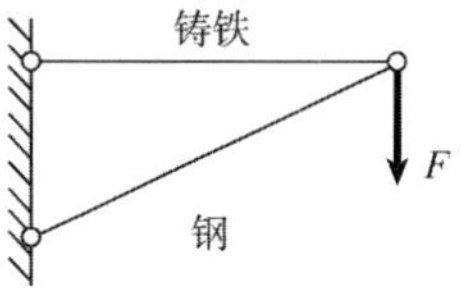

C. 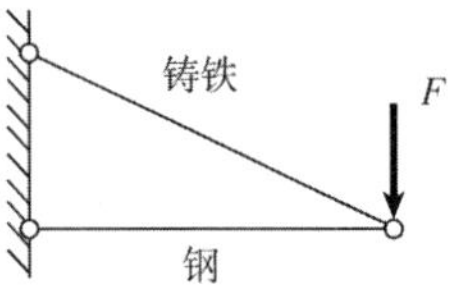

D. 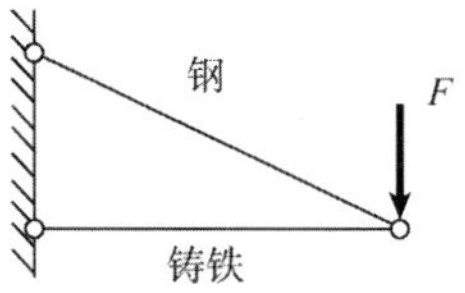

62. 冲床在钢板上冲一圆孔，圆孔直径$d = 100\mathrm{mm}$，钢板的厚度$t = 10\mathrm{mm}$钢板的剪切强度极限$\tau_{\mathrm{b}} = 300\mathrm{MPa}$，需要的冲压力$F$是：

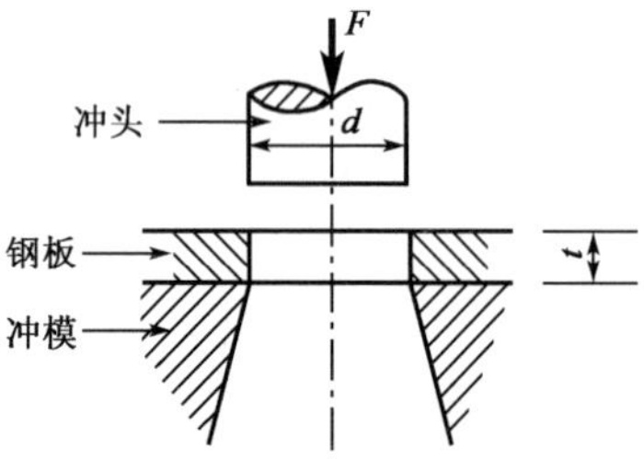

A. $F = 300\pi\mathrm{kN}$

B. $F = 3000\pi\mathrm{kN}$

C. $F = 2500\pi\mathrm{kN}$

D. $F = 7500\pi\mathrm{kN}$

63. 螺钉受力如图。已知螺钉和钢板的材料相同，拉伸许用应力$[\sigma]$是剪切许用应力$[\tau]$的 2 倍，即$[\sigma]=2[\tau]$，钢板厚度t是螺钉头高度h的 1.5 倍，则螺钉直径d的合理值是：

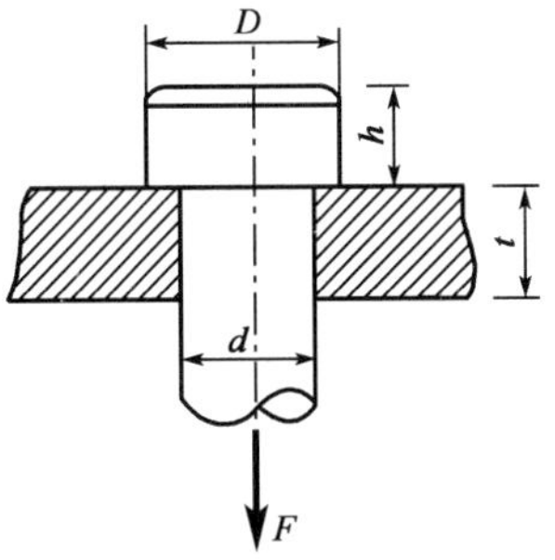

A. $d=2h$

B. $d=0.5h$

C. $d^2=2Dt$

D. $d^2=0.5Dt$

64. 图示受扭空心圆轴横截面上的切应力分布图，其中正确的是：

A.

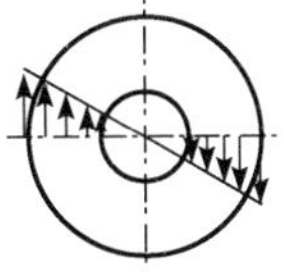

B.

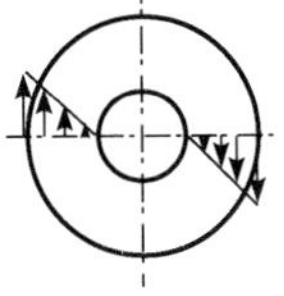

C.

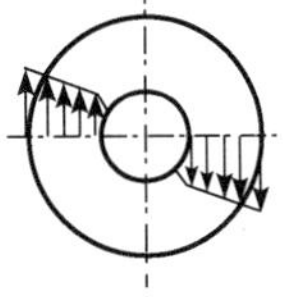

D.

65. 在一套传动系统中，有多根圆轴，假设所有圆轴传递的功率相同，但转速不同，各轴所承受的扭矩与其转速的关系是：

A. 转速快的轴扭矩大

B. 转速慢的轴扭矩大

C. 各轴的扭矩相同

D. 无法确定

66. 梁的弯矩图如图所示，最大值在B截面。在梁的A、B、C、D四个截面中，剪力为零的截面是：

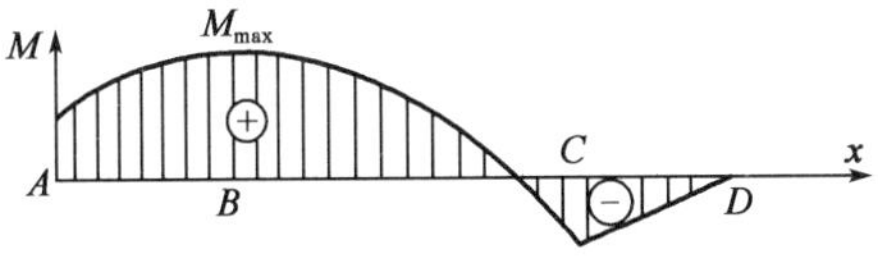

A. A截面

B. B截面

C. C截面

D. D截面

67. 图示矩形截面受压杆，杆的中间段右侧有一槽，如图 a）所示，若在杆的左侧，即槽的对称位置也挖出同样的槽（见图 b），则图 b）杆的最大压应力是图 a）最大压应力的：

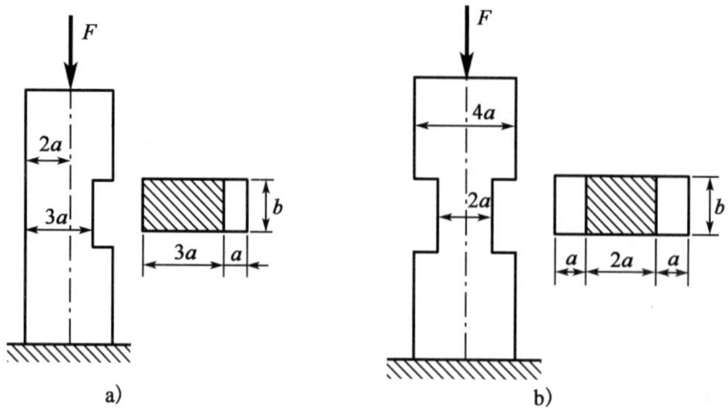

A. 3/4　　B. 4/3

C. 3/2　　D. 2/3

68. 梁的横截面可选用图示空心矩形、矩形、正方形和圆形四种之一，假设四种截面的面积均相等，荷载作用方向沿垂向下，承载能力最大的截面是：

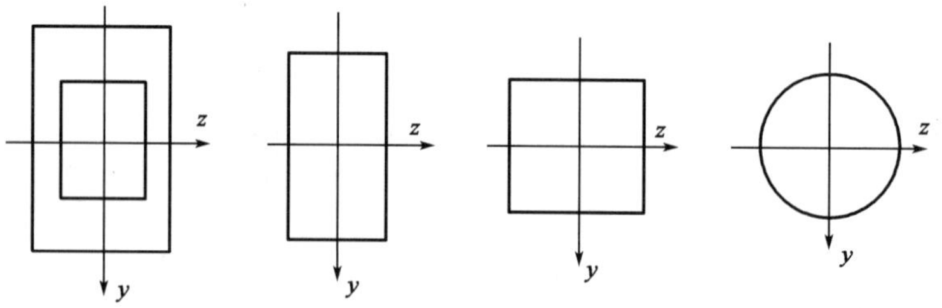

A. 空心矩形　　B. 实心矩形

C. 正方形　　D. 圆形

69. 按照第三强度理论，图示两种应力状态的危险程度是：

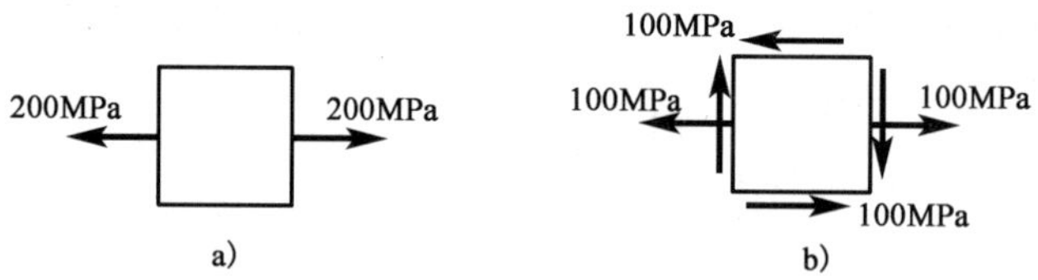

A. 无法判断　　B. 两者相同

C. a）更危险　　D. b）更危险

70. 正方形截面杆AB，力F作用在xoy平面内，与x轴夹角α，杆距离B端为a的横截面上最大正应力在$\alpha = 45°$时的值是$\alpha = 0$时值的：

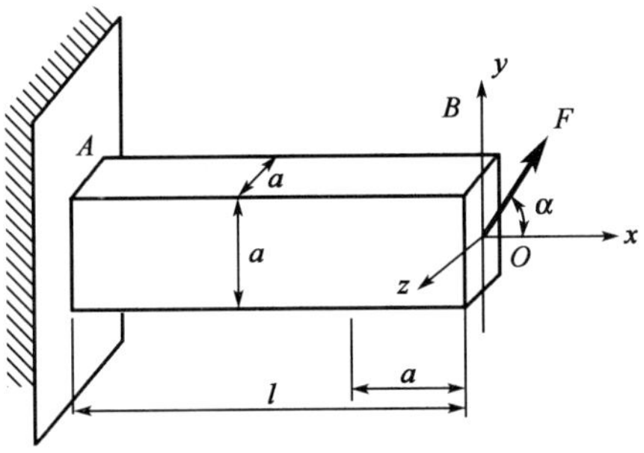

A. $\frac{7\sqrt{2}}{2}$倍

B. $3\sqrt{2}$倍

C. $\frac{5\sqrt{2}}{2}$倍

D. $\sqrt{2}$倍

71. 如图所示水下有一半径为$R = 0.1\text{m}$的半球形侧盖，球心至水面距离$H = 5\text{m}$，作用于半球盖上水平方向的静水压力是：

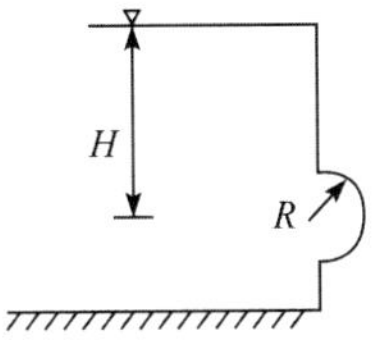

A. 0.98kN　　B. 1.96kN

C. 0.77kN　　D. 1.54kN

72. 密闭水箱如图所示，已知水深$h = 2\text{m}$，自由面上的压强$p_0 = 88\text{kN/m}^2$，当地大气压强$p_\text{a} = 101\text{kN/m}^2$，则水箱底部$A$点的绝对压强与相对压强分别为：

A. 107.6kN/m^2和-6.6kN/m^2

B. 107.6kN/m^2和6.6kN/m^2

C. 120.6kN/m^2和-6.6kN/m^2

D. 120.6kN/m^2和6.6kN/m^2

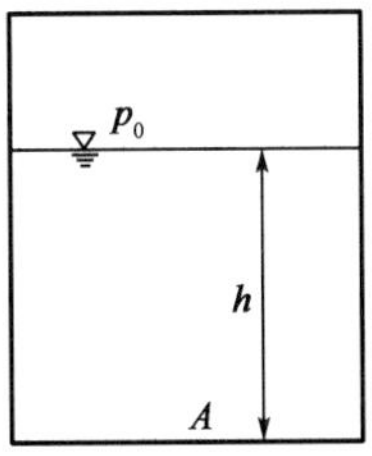

73. 下列不可压缩二维流动中，满足连续性方程的是：

A. $u_x = 2x$，$u_y = 2y$

B. $u_x = 0$，$u_y = 2xy$

C. $u_x = 5x$，$u_y = -5y$

D. $u_x = 2xy$，$u_y = -2xy$

74. 圆管层流中，下述错误的是：

A. 水头损失与雷诺数有关

B. 水头损失与管长度有关

C. 水头损失与流速有关

D. 水头损失与粗糙度有关

75. 主干管在A、B间是由两条支管组成的一个并联管路，两支管的长度和管径分别为$l_1 = 1800\text{m}$，$d_1 = 150\text{mm}$，$l_2 = 3000\text{m}$，$d_2 = 200\text{mm}$，两支管的沿程阻力系数λ均为 0.01，若主干管流量$Q = 39\text{L/s}$，则两支管流量分别为：

A. $Q_1 = 12\text{L/s}$，$Q_2 = 27\text{L/s}$

B. $Q_1 = 15\text{L/s}$，$Q_2 = 24\text{L/s}$

C. $Q_1 = 24\text{L/s}$，$Q_2 = 15\text{L/s}$

D. $Q_1 = 27\text{L/s}$，$Q_2 = 12\text{L/s}$

76. 一梯形断面明渠，水力半径$R = 0.8\text{m}$，底坡$i = 0.0006$，粗糙系数$n = 0.05$，则输水流速为：

A. 0.42m/s

B. 0.48m/s

C. 0.6m/s

D. 0.75m/s

77. 地下水的浸润线是指：

A. 地下水的流线

B. 地下水运动的迹线

C. 无压地下水的自由水面线

D. 土壤中干土与湿土的界限

78. 用同种流体，同一温度进行管道模型实验，按黏性力相似准则，已知模型管径 0.1m，模型流速4m/s，若原型管径为 2m，则原型流速为：

A. 0.2m/s　　B. 2m/s

C. 80m/s　　D. 8m/s

79. 真空中有三个带电质点，其电荷分别为q_1、q_2和q_3，其中，电荷为q_1和q_3的质点位置固定，电荷为q_2的质点可以自由移动，当三个质点的空间分布如图所示时，电荷为q_2的质点静止不动，此时如下关系成立的是：

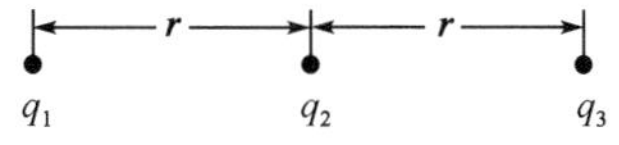

A. $q_1 = q_2 = 2q_3$　　B. $q_1 = q_3 = |q_2|$

C. $q_1 = q_2 = -q_3$　　D. $q_2 = q_3 = -q_1$

80. 在图示电路中，$I_1 = -4\text{A}$，$I_2 = -3\text{A}$，则$I_3 =$

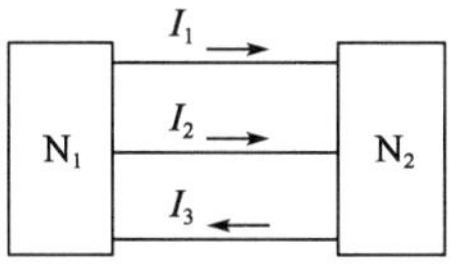

A. −1A　　B. 7A

C. −7A　　D. 1A

81. 已知电路如图所示，其中，响应电流I在电压源单独作用时的分量为：

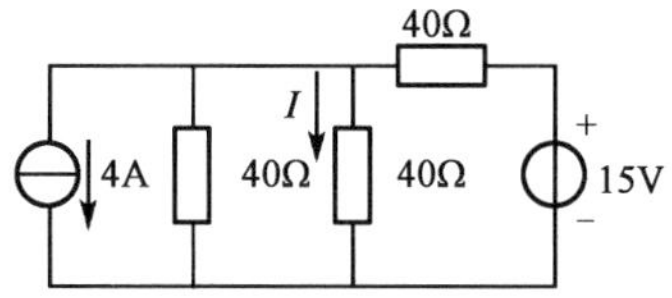

A. 0.375A　　B. 0.25A

C. 0.125A　　D. 0.1875A

82. 已知电流$\dot{I}(t) = 0.1\sin(\omega t + 10°)$ A，电压$u(t) = 10\sin(\omega t - 10°)$ V，则如下表述中正确的是：

A. 电流$i(t)$与电压$u(t)$呈反相关系

B. $\dot{I} = 0.1\angle 10°\text{A}$，$\dot{U} = 10\angle -10°\text{V}$

C. $\dot{I} = 70.7\angle 10°\text{mA}$，$\dot{U} = -7.07\angle 10°\text{V}$

D. $\dot{I} = 70.7\angle 10°\text{mA}$，$\dot{U} = 7.07\angle -10°\text{V}$

83. 一交流电路由 R、L、C 串联而成，其中，$R = 10\Omega$，$X_L = 8\Omega$，$X_C = 6\Omega$。通过该电路的电流为 10A，则该电路的有功功率、无功功率和视在功率分别为：

A. 1kW，1.6kvar，2.6kV · A

B. 1kW，200var，1.2kV · A

C. 100W，200var，223.6V · A

D. 1kW，200var，1.02kV · A

84. 已知电路如图所示，设开关在$t = 0$时刻断开，那么如下表述中正确的是：

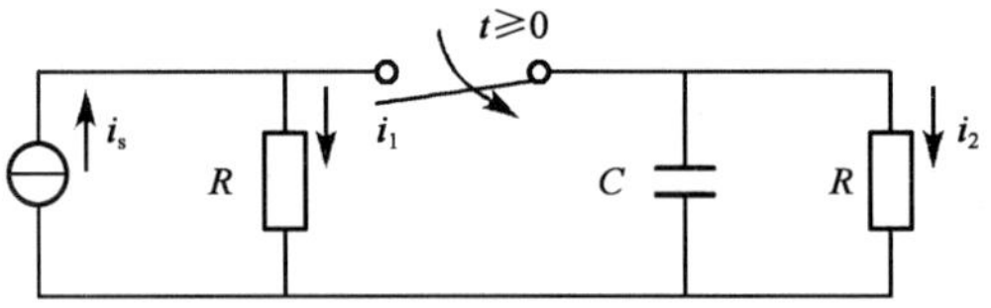

A. 电路的左右两侧均进入暂态过程

B. 电路i_1立即等于i_s，电流i_2立即等于 0

C. 电路i_2由$\frac{1}{2}i_s$逐步衰减到 0

D. 在$t = 0$时刻，电流i_2发生了突变

85. 图示变压器空载运行电路中，设变压器为理想器件，若$u = \sqrt{2}U\sin\omega t$，则此时：

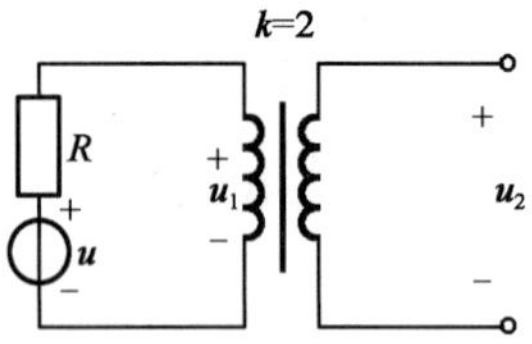

A. $U_l = \frac{\omega L \cdot U}{\sqrt{R^2 + (\omega L)^2}}$，$U_2 = 0$

B. $u_1 = u$，$U_2 = \frac{1}{2}U_1$

C. $u_1 \neq u$，$U_2 = \frac{1}{2}U_1$

D. $u_1 = u$，$U_2 = 2U_1$

86. 设某△接异步电动机全压启动时的启动电流$I_{st}=30A$，启动转矩$T_u=45N\cdot m$，若对此台电动机采用 Y-△降压启动方案，则启动电流和启动转矩分别为：

A. 17.32A，25.98N · m

B. 10A，15N · m

C. 10A，25.98N · m

D. 17.32A，15N · m

87. 图示电路的任意一个输出端，在任意时刻都只出现 0V 或 5V 这两个电压值（例如，在$t=t_0$时刻获得的输出电压从上到下依次为 5V、0V、5V、0V），那么该电路的输出电压：

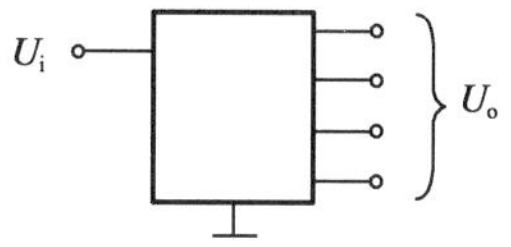

A. 是取值离散的连续时间信号

B. 是取值连续的离散时间信号

C. 是取值连续的连续时间信号

D. 是取值离散的离散时间信号

88. 图示非周期信号$u(t)$如图所示，若利用单位阶跃函数$\varepsilon(t)$将其写成时间函数表达式，则$u(t)$等于：

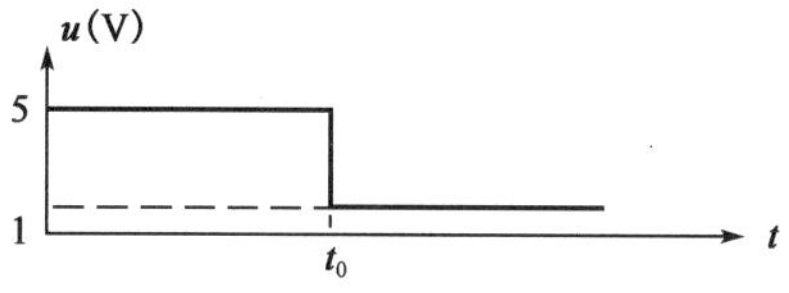

A. $5-1=4V$

B. $5\varepsilon(t)+\varepsilon(t-t_0)V$

C. $5\varepsilon(t)-4\varepsilon(t-t_0)V$

D. $5\varepsilon(t)-4\varepsilon(t+t_0)V$

89. 模拟信号经线性放大器放大后，信号中被改变的量是：

A. 信号的频率

B. 信号的幅值频谱

C. 信号的相位频谱

D. 信号的幅值

90. 逻辑表达式$(A+B)(A+C)$的化简结果是：

A. A

B. $A^2+AB+AC+BC$

C. $A+BC$

D. $(A+B)(A+C)$

91. 已知数字信号 A 和数字信号 B 的波形如图所示，则数字信号$F=\overline{AB}$的波形为：

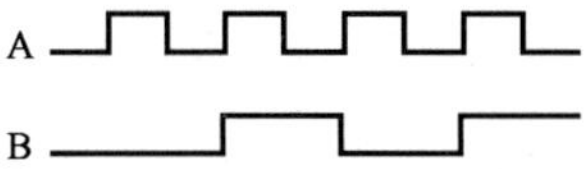

A. 

B. 

C. 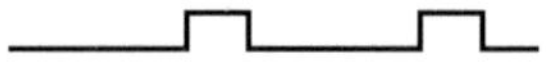

D. 

92. 逻辑函数$F=f(A、B、C)$的真值表如图所示，由此可知：

A	B	C	F
0	0	0	1
0	0	1	0
0	1	0	0
0	1	1	1
1	0	0	1
1	0	1	0
1	1	0	0
1	1	1	1

A. $F=\overline{A}(\overline{B}C+B\overline{C})+A(\overline{B}\overline{C}+BC)$　　B. $F=\overline{B}C+B\overline{C}$

C. $F=\overline{B}\overline{C}+BC$　　D. $F=\overline{A}+\overline{B}+\overline{BC}$

93. 二极管应用电路如图 a）所示，电路的激励u_i如图 b）所示，设二极管为理想器件，则电路的输出电压u_o的平均值$U_o=$

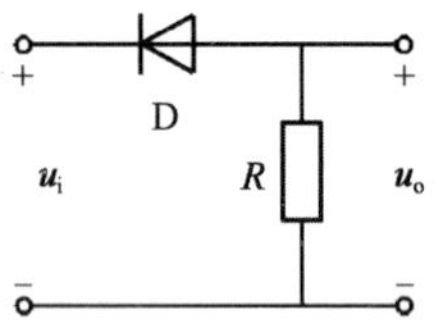

a)

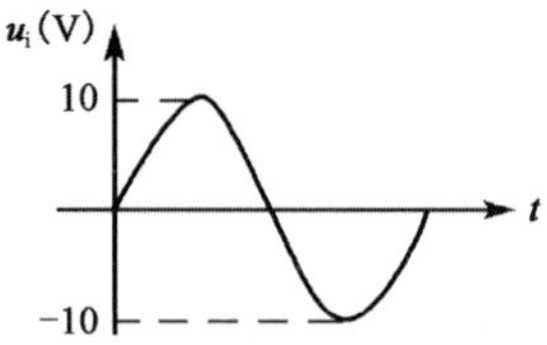

b)

A. $\frac{10}{\sqrt{2}}\times 0.45=3.18V$　　B. $10\times 0.45=4.5V$

C. $-\frac{10}{\sqrt{2}}\times 0.45=-3.18V$　　D. $-10\times 0.45=-4.5V$

94. 运算放大器应用电路如图所示，设运算放大器输出电压的极限值为±11V，如果将 2V 电压接入电路的"A"端，电路的"B"端接地后，测得输出电压为−8V，那么，如果将 2V 电压接入电路的"B"端，而电路的"A"端接地，则该电路的输出电压u_o等于：

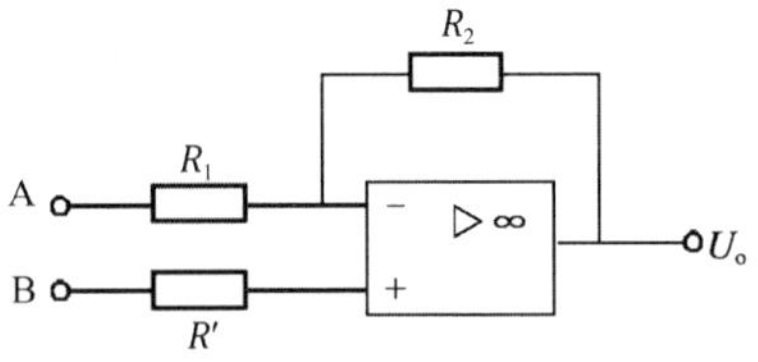

A. 8V　　B. −8V　　C. 10V　　D. −10V

95. 图 a）所示电路中，复位信号$\overline{R}_D$、信号 A 及时钟脉冲信号 CP 如图 b）所示，经分析可知，在第一个和第二个时钟脉冲的下降沿时刻，输出 Q 先后等于：

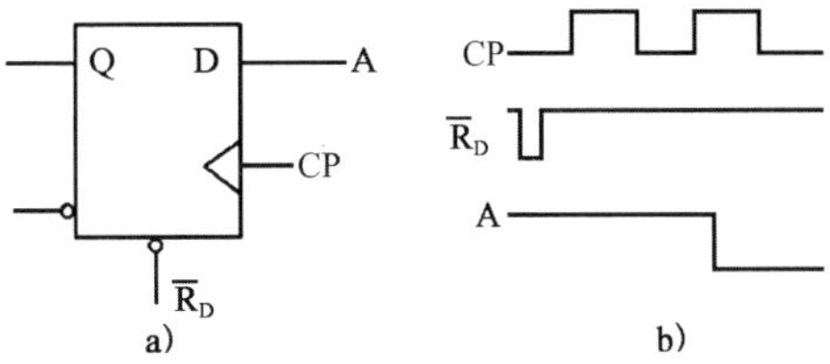

A. 0，0　　B. 0，1

C. 1，0　　D. 1，1

附：触发器的逻辑状态表为

D	Q_{n+1}
0	0
1	1

96. 图 a）所示电路中，复位信号、数据输入及时钟脉冲信号如图 b）所示，经分析可知，在第一个和第二个时钟脉冲的下降沿过后，输出 Q 先后等于：

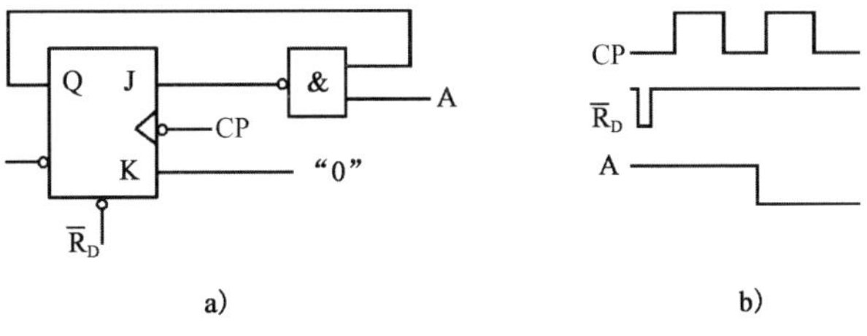

A. 0，0　　B. 0，1　　C. 1，0　　D. 1，1

附：触发器的逻辑状态表为

J	K	Q_{n+1}
0	0	Q_D
0	1	0
1	0	1
1	1	$\overline{Q}_D$

97. 总线中的地址总线传输的是：

A. 程序和数据　　B. 主储存器的地址码或外围设备码

C. 控制信息　　D. 计算机的系统命令

98. 软件系统中，能够管理和控制计算机系统全部资源的软件是：

A. 应用软件　　B. 用户程序

C. 支撑软件　　D. 操作系统

99. 用高级语言编写的源程序，将其转换成能在计算机上运行的程序过程是：

A. 翻译、连接、执行　　B. 编辑、编译、连接

C. 连接、翻译、执行　　D. 编程、编辑、执行

100. 十进制的数 256.625 用十六进制表示则是：

A. 110.B　　B. 200.C

C. 100.A　　D. 96.D

101. 在下面有关信息加密技术的论述中，不正确的是：

A. 信息加密技术是为提高信息系统及数据的安全性和保密性的技术

B. 信息加密技术是为防止数据信息被别人破译而采用的技术

C. 信息加密技术是网络安全的重要技术之一

D. 信息加密技术是为清楚计算机病毒而采用的技术

102. 可以这样来认识进程，进程是：

A. 一段执行中的程序　　B. 一个名义上的软件系统

C. 与程序等效的一个概念　　D. 一个存放在 ROM 中的程序

103. 操作系统中的文件管理是：

A. 对计算机的系统软件资源进行管理　　B. 对计算机的硬件资源进行管理

C. 对计算机用户进行管理　　D. 对计算机网络进行管理

104. 在计算机网络中，常将负责全网络信息处理的设备和软件称为：

A. 资源子网　　B. 通信子网

C. 局域网　　D. 广域网

105. 若按采用的传输介质的不同，可将网络分为：

A. 双绞线网、同轴电缆网、光纤网、无线网

B. 基带网和宽带网

C. 电路交换类、报文交换类、分组交换类

D. 广播式网络、点到点式网络

106. 一个典型的计算机网络系统主要是由：

A. 网络硬件系统和网络软件系统组成　　B. 主机和网络软件系统组成

C. 网络操作系统和若干计算机组成　　D. 网络协议和网络操作系统组成

107. 如现在投资 100 万元，预计年利率为 10%，分 5 年等额回收，每年可回收：

[已知：$(A/P,10\%,5)=0.2638$，$(A/F,10\%,5)=0.1638$]

A. 16.38 万元　　B. 26.38 万元

C. 62.09 万元　　D. 75.82 万元

108. 某项目投资中有部分资金源于银行贷款，该贷款在整个项目期间将等额偿还本息。项目预计年经营成本为 5000 万元，年折旧费和摊销为 2000 万元，则该项目的年总成本费用应：

A. 等于 5000 万元　　B. 等于 7000 万元

C. 大于 7000 万元　　D. 在 5000 万元与 7000 万元之间

109. 下列财务评价指标中，反映项目盈利能力的指标是：

A. 流动比率　　B. 利息备付率

C. 投资回收期　　D. 资产负债率

110. 某项目第一年年初投资 5000 万元，此后从第一年年末开始每年年末有相同的净收益，收益期为 10 年。寿命期结束时的净残值为 100 万元，若基准收益率为 12%，则要使该投资方案的净现值为零，其年净收益应为：

[已知：$(P/A,12\%,10)=5.6500$；$(P/F,12\%,10)=0.3220$]

A. 879.26 万元　　B. 884.96 万元

C. 890.65 万元　　D. 1610 万元

111. 某企业设计生产能力为年产某产品 40000t，在满负荷生产状态下，总成本为 30000 万元，其中固定成本为 10000 万元，若产品价格为1 万元/t，则以生产能力利用率表示的盈亏平衡点为：

A. 25%　　B. 35%　　C. 40%　　D. 50%

112. 已知甲、乙为两个寿命期相同的互斥项目，通过测算得出：甲、乙两项目的内部收益率分别为 18% 和 14%，甲、乙两项目的净现值分别为 240 万元和 320 万元。假如基准收益率为 12%，则以下说法中正确的是：

A. 应选择甲项目　　B. 应选择乙项目

C. 应同时选择甲、乙两个项目　　D. 甲、乙项目均不应选择

113. 下列项目方案类型中，适于采用最小公倍数法进行方案比选的是：

A. 寿命期相同的互斥方案　　B. 寿命期不同的互斥方案

C. 寿命期相同的独立方案　　D. 寿命期不同的独立方案

114. 某项目整体功能的目标成本为 10 万元，在进行功能评价时，得出某一功能F^*的功能评价系数为 0.3，若其成本改进期望值为−5000 元（即降低 5000 元），则F^*的现实成本为：

A. 2.5 万元　　B. 3 万元

C. 3.5 万元　　D. 4 万元

115. 根据《中华人民共和国建筑法》规定，对从事建筑业的单位实行资质管理制度，将从事建活动的工程监理单位，划分为不同的资质等级。监理单位资质等级的划分条件可以不考虑：

A. 注册资本　　B. 法定代表人

C. 已完成的建筑工程业绩　　D. 专业技术人员

116. 某生产经营单位使用危险性较大的特种设备，根据《中华人民共和国安全生产法》规定，该设备投入使用的条件不包括：

A. 该设备应由专业生产单位生产

B. 该设备应进行安全条件论证和安全评价

C. 该设备须经取得专业资质的检测、检验机构检测、检验合格

D. 该设备须取得安全使用证或者安全标志

117. 根据《中华人民共和国招标投标法》规定，某工程项目委托监理服务的招投标活动，应当遵循的原则是：

A. 公开、公平、公正、诚实信用

B. 公开、平等、自愿、公平、诚实信用

C. 公正、科学、独立、诚实信用

D. 全面、有效、合理、诚实信用

118. 根据《中华人民共和国合同法》规定，要约可以撤回和撤销。下列要约，不得撤销的是：

A. 要约到达受要约人

B. 要约人确定了承诺期限

C. 受要约人未发出承诺通知

D. 受要约人即将发出承诺通知

119. 下列情形中，作出行政许可决定的行政机关或者其上级行政机关，应当依法办理有关行政许可的注销手续的是：

A. 取得市场准入许可的被许可人擅自停业、歇业

B. 行政机关工作人员对直接关系生命财产安全的设施监督检查时，发现存在安全隐患的

C. 行政许可证件依法被吊销的

D. 被许可人未依法履行开发利用自然资源义务的

120. 某建设工程项目完成施工后，施工单位提出工程竣工验收申请，根据《建设工程质量管理条例》规定，该建设工程竣工验收应当具备的条件不包括：

A. 有施工单位提交的工程质量保证保证金

B. 有工程使用的主要建筑材料、建筑构配件和设备的进场试验报告

C. 有勘察、设计、施工、工程监理等单位分别签署的质量合格文件

D. 有完整的技术档案和施工管理资料

2016 年度全国勘察设计注册工程师

执业资格考试试卷

基础考试

（上）

二〇一六年九月

应考人员注意事项

1. 本试卷科目代码为“1”，考生务必将此代码填涂在答题卡“科目代码”相应的栏目内，否则，无法评分。

2. 书写用笔：**黑色或蓝色钢笔、签字笔或圆珠笔**；

   填涂答题卡用笔：**黑色 2B 铅笔**。

3. 必须用书写用笔将工作单位、姓名、准考证号填写在答题卡和试卷相应的栏目内。

4. 本试卷由 120 题组成，每题 1 分，满分 120 分，本试卷全部为单项选择题，每小题的四个备选项中只有一个正确答案，错选、多选、不选均不得分。

5. 考生作答时，必须按**题号在答题卡上**将相应试题所选选项对应的**字母用 2B 铅笔涂黑**。

6. 在答题卡上书写与题意无关的语言，或在答题卡上作标记的，均按违纪试卷处理。

7. 考试结束时，由监考人员当面将试卷、答题卡一并收回。

8. 草稿纸由各地统一配发，考后收回。

单项选择题（共 120 题，每题 1 分。每题的备选项中只有一个最符合题意。）

1. 下列极限式中，能够使用洛必达法则求极限的是：

A. $\lim_{x\to 0}\frac{1+\cos x}{e^x-1}$

B. $\lim_{x\to 0}\frac{x-\sin x}{\sin x}$

C. $\lim_{x\to 0}\frac{x^2\sin\frac{1}{x}}{\sin x}$

D. $\lim_{x\to \infty}\frac{x+\sin x}{x-\sin x}$

2. 设$\begin{cases} x=t-\arctan t \\ y=\ln(1+t^2)\end{cases}$，则$\left.\frac{\mathrm{d}y}{\mathrm{d}x}\right|_{t=1}$等于：

A. 1

B. -1

C. 2

D. $\frac{1}{2}$

3. 微分方程$\frac{\mathrm{d}y}{\mathrm{d}x}=\frac{1}{xy+y^3}$是：

A. 齐次微分方程

B. 可分离变量的微分方程

C. 一阶线性微分方程

D. 二阶微分方程

4. 若向量$\boldsymbol{\alpha},\boldsymbol{\beta}$满足$|\boldsymbol{\alpha}|=2$，$|\boldsymbol{\beta}|=\sqrt{2}$，且$\boldsymbol{\alpha}\cdot\boldsymbol{\beta}=2$，则$|\boldsymbol{\alpha}\times\boldsymbol{\beta}|$等于：

A. 2

B. $2\sqrt{2}$

C. $2+\sqrt{2}$

D. 不能确定

5. $f(x)$在点x_0处的左、右极限存在且相等是$f(x)$在点x_0处连续的：

A. 必要非充分的条件

B. 充分非必要的条件

C. 充分且必要的条件

D. 既非充分又非必要的条件

6. 设$\int_0^x f(t)\mathrm{d}t=\frac{\cos x}{x}$，则$f\left(\frac{\pi}{2}\right)$等于：

A. $\frac{\pi}{2}$

B. $-\frac{2}{\pi}$

C. $\frac{2}{\pi}$

D. 0

7. 若$\sec^2 x$是$f(x)$的一个原函数，则$\int xf(x)\,\mathrm{d}x$等于：

A. $\tan x+C$

B. $x\tan x-\ln|\cos x|+C$

C. $x\sec^2 x+\tan x+C$

D. $x\sec^2 x-\tan x+C$

8. yOz坐标面上的曲线$\begin{cases} y^2+z=1 \\ x=0 \end{cases}$绕$Oz$轴旋转一周所生成的旋转曲面方程是：

A. $x^2+y^2+z=1$　　B. $x+y^2+z=1$

C. $y^2+\sqrt{x^2+z^2}=1$　　D. $y^2-\sqrt{x^2+z^2}=1$

9. 若函数$z=f(x,y)$在点$P_0(x_0,y_0)$处可微，则下面结论中错误的是：

A. $z=f(x,y)$在P_0处连续　　B. $\lim\limits_{\substack{x\to x_0\\ y\to y_0}} f(x,y)$存在

C. $f_x'(x_0,y_0)$，$f_y'(x_0,y_0)$均存在　　D. $f_x'(x,y)$，$f_y'(x,y)$在P_0处连续

10. 若$\int_{-\infty}^{+\infty}\frac{A}{1+x^2}\mathrm{d}x=1$，则常数$A$等于：

A. $\frac{1}{\pi}$　　B. $\frac{2}{\pi}$

C. $\frac{\pi}{2}$　　D. π

11. 设$f(x)=x(x-1)(x-2)$，则方程$f'(x)=0$的实根个数是：

A. 3　　B. 2

C. 1　　D. 0

12. 微分方程$y''-2y'+y=0$的两个线性无关的特解是：

A. $y_1=x$，$y_2=e^x$　　B. $y_1=e^{-x}$，$y_2=e^x$

C. $y_1=e^{-x}$，$y_2=xe^{-x}$　　D. $y_1=e^x$，$y_2=xe^x$

13. 设函数$f(x)$在(a,b)内可微，且$f'(x)\neq 0$，则$f(x)$在(a,b)内：

A. 必有极大值　　B. 必有极小值

C. 必无极值　　D. 不能确定有还是没有极值

14. 下列级数中，绝对收敛的级数是：

A. $\sum\limits_{n=1}^{\infty}(-1)^{n-1}\frac{1}{n}$　　B. $\sum\limits_{n=1}^{\infty}(-1)^{n-1}\frac{1}{\sqrt{n}}$

C. $\sum\limits_{n=1}^{\infty}\frac{n^2}{1+n^2}$　　D. $\sum\limits_{n=1}^{\infty}\frac{\sin\frac{3}{2}n}{n^2}$

15. 若D是由$x=0$，$y=0$，$x^2+y^2=1$所围成在第一象限的区域，则二重积分$\iint\limits_D x^2y\mathrm{d}x\mathrm{d}y$等于：

A. $-\frac{1}{15}$

B. $\frac{1}{15}$

C. $-\frac{1}{12}$

D. $\frac{1}{12}$

16. 设L是抛物线$y=x^2$上从点$A(1,1)$到点$O(0,0)$的有向弧线，则对坐标的曲线积分$\int_L x\mathrm{d}x+y\mathrm{d}y$等于：

A. 0

B. 1

C. −1

D. 2

17. 幂级数$\sum\limits_{n=0}^{\infty}\frac{(-1)^n}{2^n}x^n$在$|x|<2$的和函数是：

A. $\frac{2}{2+x}$

B. $\frac{2}{2-x}$

C. $\frac{1}{1-2x}$

D. $\frac{1}{1+2x}$

18. 设$z=\frac{3^{xy}}{x}+xF(u)$，其中$F(u)$可微，且$u=\frac{y}{x}$，则$\frac{\partial z}{\partial y}$等于：

A. $3^{xy}-\frac{y}{x}F'(u)$

B. $\frac{1}{x}3^{xy}\ln 3+F'(u)$

C. $3^{xy}+F'(u)$

D. $3^{xy}\ln 3+F'(u)$

19. 若使向量组$\boldsymbol{\alpha}_1=(6,t,7)^{\mathrm{T}}$，$\boldsymbol{\alpha}_2=(4,2,2)^{\mathrm{T}}$，$\boldsymbol{\alpha}_3=(4,1,0)^{\mathrm{T}}$线性相关，则$t$等于：

A. −5

B. 5

C. −2

D. 2

20. 下列结论中正确的是：

A. 矩阵$\boldsymbol{A}$的行秩与列秩可以不等

B. 秩为r的矩阵中，所有r阶子式均不为零

C. 若n阶方阵$\boldsymbol{A}$的秩小于n，则该矩阵$\boldsymbol{A}$的行列式必等于零

D. 秩为r的矩阵中，不存在等于零的$r-1$阶子式

21. 已知矩阵$A=\begin{bmatrix}5 & -3 & 2\\6 & -4 & 4\\4 & -4 & a\end{bmatrix}$的两个特征值为$\lambda_1=1$，$\lambda_2=3$，则常数$a$和另一特征值$\lambda_3$为：

A. $a=1$，$\lambda_3=-2$ B. $a=5$，$\lambda_3=2$

C. $a=-1$，$\lambda_3=0$ D. $a=-5$，$\lambda_3=-8$

22. 设有事件A和B，已知$P(A)=0.8$，$P(B)=0.7$，且$P(A|B)=0.8$，则下列结论中正确的是：

A. A与B独立 B. A与B互斥

C. $B\supset A$ D. $P(A\cup B)=P(A)+P(B)$

23. 某店有 7 台电视机，其中 2 台次品。现从中随机地取 3 台，设X为其中的次品数，则数学期望$E(X)$等于：

A. $\frac{3}{7}$ B. $\frac{4}{7}$

C. $\frac{5}{7}$ D. $\frac{6}{7}$

24. 设总体$X\sim N(0,\sigma^2)$，$X_1,X_2,\cdots,X_n$是来自总体的样本，$\hat{\sigma}^2=\frac{1}{n}\sum\limits_{i=1}^{n}X_i^2$，则下面结论中正确的是：

A. $\hat{\sigma}^2$不是σ^2的无偏估计量 B. $\hat{\sigma}^2$是σ^2的无偏估计量

C. $\hat{\sigma}^2$不一定是σ^2的无偏估计量 D. $\hat{\sigma}^2$不是σ^2的估计量

25. 假定氧气的热力学温度提高一倍，氧分子全部离解为氧原子，则氧原子的平均速率是氧分子平均速率的：

A. 4 倍 B. 2 倍

C. $\sqrt{2}$倍 D. $\frac{1}{\sqrt{2}}$

26. 容积恒定的容器内盛有一定量的某种理想气体，分子的平均自由程为$\overline{\lambda}_0$，平均碰撞频率为$\overline{Z}_0$，若气体的温度降低为原来的$\frac{1}{4}$，则此时分子的平均自由程$\overline{\lambda}$和平均碰撞频率$\overline{Z}$为：

A. $\overline{\lambda}=\overline{\lambda}_0$，$\overline{Z}=\overline{Z}_0$ B. $\overline{\lambda}=\overline{\lambda}_0$，$\overline{Z}=\frac{1}{2}\overline{Z}_0$

C. $\overline{\lambda}=2\overline{\lambda}_0$，$\overline{Z}=2\overline{Z}_0$ D. $\overline{\lambda}=\sqrt{2}\,\overline{\lambda}_0$，$\overline{Z}=4\overline{Z}_0$

27. 一定量的某种理想气体由初始态经等温膨胀变化到末态时，压强为p_1；若由相同的初始态经绝热膨胀到另一末态时，压强为p_2，若两过程末态体积相同，则：

A. $p_1 = p_2$　　B. $p_1 > p_2$

C. $p_1 < p_2$　　D. $p_1 = 2p_2$

28. 在卡诺循环过程中，理想气体在一个绝热过程中所做的功为W_1，内能变化为ΔE_1，则在另一绝热过程中所做的功为W_2，内能变化为ΔE_2，则W_1、W_2及ΔE_1、ΔE_2之间的关系为：

A. $W_2 = W_1$，$\Delta E_2 = \Delta E_1$　　B. $W_2 = -W_1$，$\Delta E_2 = \Delta E_1$

C. $W_2 = -W_1$，$\Delta E_2 = -\Delta E_1$　　D. $W_2 = W_1$，$\Delta E_2 = -\Delta E_1$

29. 波的能量密度的单位是：

A. $\mathrm{J \cdot m^{-1}}$　　B. $\mathrm{J \cdot m^{-2}}$

C. $\mathrm{J \cdot m^{-3}}$　　D. J

30. 两相干波源，频率为100Hz，相位差为π，两者相距20m，若两波源发出的简谐波的振幅均为A，则在两波源连线的中垂线上各点合振动的振幅为：

A. $-A$　　B. 0　　C. A　　D. $2A$

31. 一平面简谐波的波动方程为$y = 2 \times 10^{-2} \cos 2\pi \left(10t - \frac{x}{5}\right)$(SI)，对$x = 2.5\text{m}$处的质元，在$t = 0.25\text{s}$时，它的：

A. 动能最大，势能最大　　B. 动能最大，势能最小

C. 动能最小，势能最大　　D. 动能最小，势能最小

32. 一束自然光自空气射向一块玻璃，设入射角等于布儒斯特角i_0，则光的折射角为：

A. $\pi + i_0$　　B. $\pi - i_0$

C. $\frac{\pi}{2} + i_0$　　D. $\frac{\pi}{2} - i_0$

33. 两块偏振片平行放置，光强为I_0的自然光垂直入射在第一块偏振片上，若两偏振片的偏振化方向夹角为45°，则从第二块偏振片透出的光强为：

A. $\frac{I_0}{2}$　　B. $\frac{I_0}{4}$

C. $\frac{I_0}{8}$　　D. $\frac{\sqrt{2}}{4}I_0$

34. 在单缝夫琅禾费衍射实验中，单缝宽度为a，所用单色光波长为λ，透镜焦距为f，则中央明条纹的半宽度为：

A. $\frac{f\lambda}{a}$　　B. $\frac{2f\lambda}{a}$

C. $\frac{a}{f\lambda}$　　D. $\frac{2a}{f\lambda}$

35. 通常亮度下，人眼睛瞳孔的直径约为 3mm，视觉感受到最灵敏的光波波长为$550\text{nm}(1\text{nm} = 1 \times 10^{-9}\text{m})$，则人眼睛的最小分辨角约为：

A. $2.24 \times 10^{-3}\text{rad}$　　B. $1.12 \times 10^{-4}\text{rad}$

C. $2.24 \times 10^{-4}\text{rad}$　　D. $1.12 \times 10^{-3}\text{rad}$

36. 在光栅光谱中，假如所有偶数级次的主极大都恰好在透射光栅衍射的暗纹方向上，因而出现缺级现象，那么此光栅每个透光缝宽度a和相邻两缝间不透光部分宽度b的关系为：

A. $a = 2b$　　B. $b = 3a$

C. $a = b$　　D. $b = 2a$

37. 多电子原子中同一电子层原子轨道能级（量）最高的亚层是：

A. s 亚层　　B. p 亚层

C. d 亚层　　D. f 亚层

38. 在CO和N_2分子之间存在的分子间力有：

A. 取向力、诱导力、色散力　　B. 氢键

C. 色散力　　D. 色散力、诱导力

39. 已知$K_b^\Theta(NH_3 \cdot H_2O) = 1.8 \times 10^{-5}$，$0.1\text{mol} \cdot \text{L}^{-1}$的$NH_3 \cdot H_2O$溶液的pH为：

A. 2.87　　B. 11.13　　C. 2.37　　D. 11.63

40. 通常情况下，K_a^Θ、K_b^Θ、K^Θ、K_{sp}^Θ，它们的共同特性是：

A. 与有关气体分压有关　　B. 与温度有关

C. 与催化剂的种类有关　　D. 与反应物浓度有关

41. 下列各电对的电极电势与H^+浓度有关的是：

A. Zn^{2+}/Zn　　B. Br_2/Br

C. AgI/Ag　　D. MnO_4^-/Mn^{2+}

42. 电解Na_2SO_4水溶液时，阳极上放电的离子是：

A. H^+　　B. OH^-　　C. Na^+　　D. SO_4^{2-}

43. 某化学反应在任何温度下都可以自发进行，此反应需满足的条件是：

A. $\Delta_r H_m < 0$，$\Delta_r S_m > 0$　　B. $\Delta_r H_m > 0$，$\Delta_r S_m < 0$

C. $\Delta_r H_m < 0$，$\Delta_r S_m < 0$　　D. $\Delta_r H_m > 0$，$\Delta_r S_m > 0$

44. 按系统命名法，下列有机化合物命名正确的是：

A. 3-甲基丁烷　　B. 2-乙基丁烷

C. 2,2-二甲基戊烷　　D. 1,1,3-三甲基戊烷

45. 苯氨酸和山梨酸（$CH_3CH{=}CHCH{=}CHCOOH$）都是常见的食品防腐剂。下列物质中只能与其中一种酸发生化学反应的是：

A. 甲醇　　B. 溴水

C. 氢氧化钠　　D. 金属钾

46. 受热到一定程度就能软化的高聚物是：

A. 分子结构复杂的高聚物　　B. 相对摩尔质量较大的高聚物

C. 线性结构的高聚物　　D. 体型结构的高聚物

47. 图示结构由直杆AC，DE和直角弯杆BCD所组成，自重不计，受荷载F与$M = F \cdot a$作用。则A处约束力的作用线与x轴正向所成的夹角为：

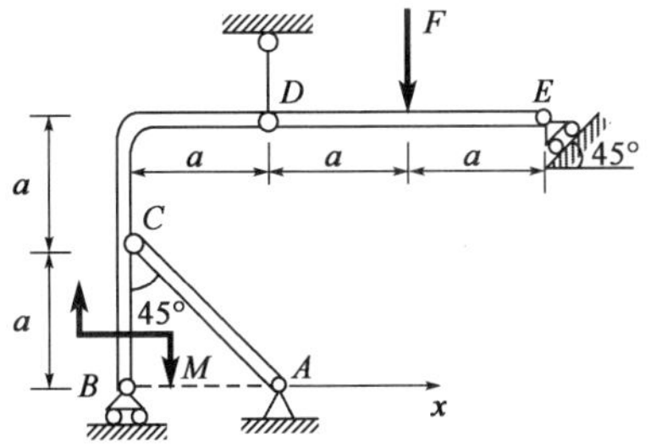

A. 135°　　B. 90°

C. 0°　　D. 45°

48. 图示平面力系中，已知$q = 10\text{kN/m}$，$M = 20\text{kN}\cdot\text{m}$，$a = 2\text{m}$。则该主动力系对$B$点的合力矩为：

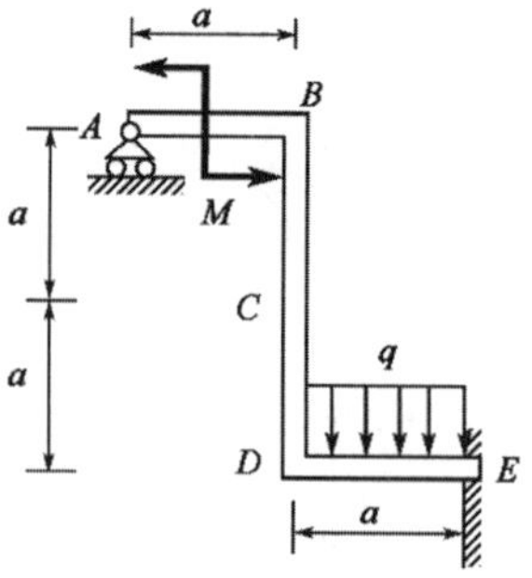

A. $M_B = 0$

B. $M_B = 20\text{kN}\cdot\text{m}$(↶)

C. $M_B = 40\text{kN}\cdot\text{m}$(↶)

D. $M_B = 40\text{kN}\cdot\text{m}$(↷)

49. 简支梁受分布荷载作用如图所示。支座A、B的约束力为：

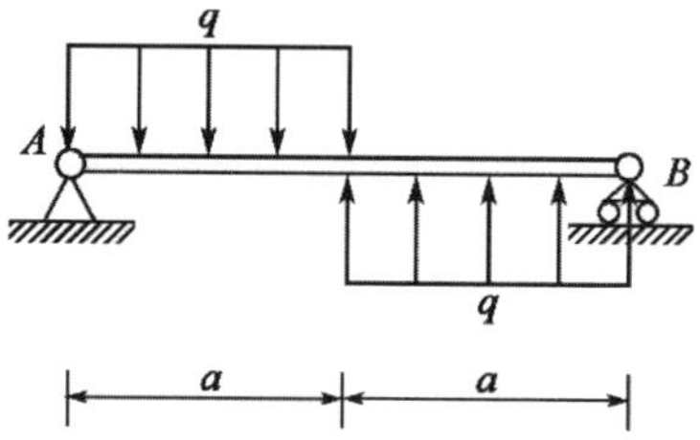

A. $F_A = 0$，$F_B = 0$

B. $F_A = \frac{1}{2}qa\uparrow$，$F_B = \frac{1}{2}qa\uparrow$

C. $F_A = \frac{1}{2}qa\uparrow$，$F_B = \frac{1}{2}qa\downarrow$

D. $F_A = \frac{1}{2}qa\downarrow$，$F_B = \frac{1}{2}qa\uparrow$

50. 重力为$\boldsymbol{W}$的物块自由地放在倾角为α的斜面上如图示。且$\sin\alpha = \frac{3}{5}$，$\cos\alpha = \frac{4}{5}$。物块上作用一水平力F，且$F = W$。若物块与斜面间的静摩擦系数$f = 0.2$，则该物块的状态为：

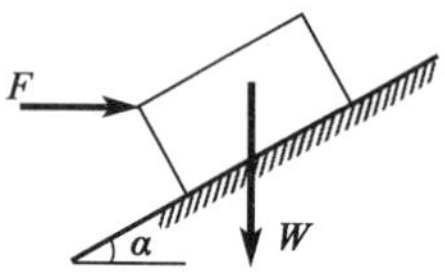

A. 静止状态

B. 临界平衡状态

C. 滑动状态

D. 条件不足，不能确定

51. 一动点沿直线轨道按照$x = 3t^3 + t + 2$的规律运动（x以 m 计，t以 s 计），则当$t = 4\text{s}$时，动点的位移、速度和加速度分别为：

A. $x = 54\text{m}$，$v = 145\text{m/s}$，$a = 18\text{m/s}^2$

B. $x = 198\text{m}$，$v = 145\text{m/s}$，$a = 72\text{m/s}^2$

C. $x = 198\text{m}$，$v = 49\text{m/s}$，$a = 72\text{m/s}^2$

D. $x = 192\text{m}$，$v = 145\text{m/s}$，$a = 12\text{m/s}^2$

52. 点在直径为 6m 的圆形轨迹上运动，走过的距离是$s = 3t^2$，则点在2s末的切向加速度为：

A. 48m/s^2　　B. 4m/s^2　　C. 96m/s^2　　D. 6m/s^2

53. 杆$OA = l$，绕固定轴O转动，某瞬时杆端A点的加速度a如图所示，则该瞬时杆OA的角速度及角加速度为：

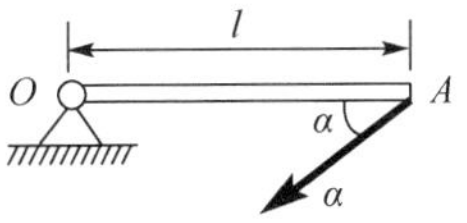

A. 0, $\frac{a}{l}$

B. $\sqrt{\frac{a\cos\alpha}{l}}$, $\frac{a\sin\alpha}{l}$

C. $\sqrt{\frac{a}{l}}$, 0

D. 0, $\sqrt{\frac{a}{l}}$

54. 质量为m的物体M在地面附近自由降落，它所受的空气阻力的大小为$F_R = Kv^2$，其中K为阻力系数，v为物体速度，该物体所能达到的最大速度为：

A. $v = \sqrt{\frac{mg}{K}}$　　B. $v = \sqrt{mgK}$

C. $v = \sqrt{\frac{g}{K}}$　　D. $v = \sqrt{gK}$

55. 质点受弹簧力作用而运动，l_0为弹簧自然长度，k为弹簧刚度系数，质点由位置 1 到位置 2 和由位置 3 到位置 2 弹簧力所做的功为：

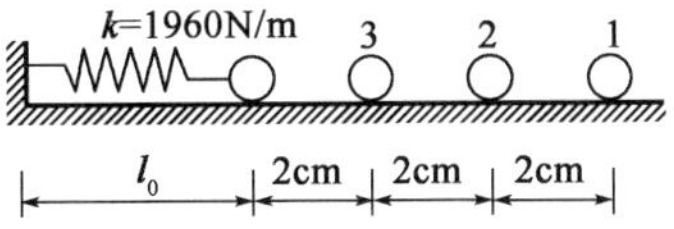

A. $W_{12} = -1.96\text{J}$，$W_{32} = 1.176\text{J}$　　B. $W_{12} = 1.96\text{J}$，$W_{32} = 1.176\text{J}$

C. $W_{12} = 1.96\text{J}$，$W_{32} = -1.176\text{J}$　　D. $W_{12} = -1.96\text{J}$，$W_{32} = -1.176\text{J}$

56. 如图所示圆环以角速度ω绕铅直轴AC自由转动，圆环的半径为R，对转轴z的转动惯量为I。在圆环中的A点放一质量为m的小球，设由于微小的干扰，小球离开A点。忽略一切摩擦，则当小球达到B点时，圆环的角速度为：

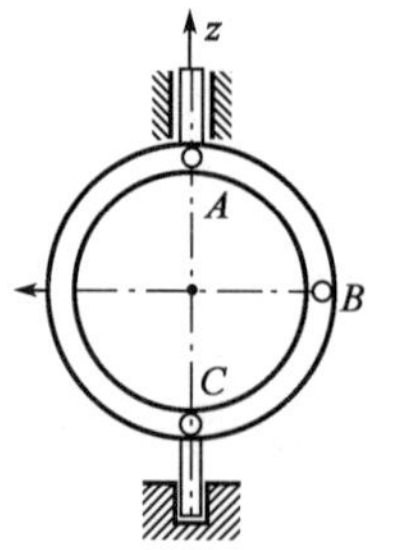

A. $\frac{mR^2\omega}{I+mR^2}$

B. $\frac{I\omega}{I+mR^2}$

C. ω

D. $\frac{2I\omega}{I+mR^2}$

57. 图示均质圆轮，质量为m，半径为r，在铅垂图面内绕通过圆盘中心O的水平轴转动，角速度为ω，角加速度为ε，此时将圆轮的惯性力系向O点简化，其惯性力主矢和惯性力主矩的大小分别为：

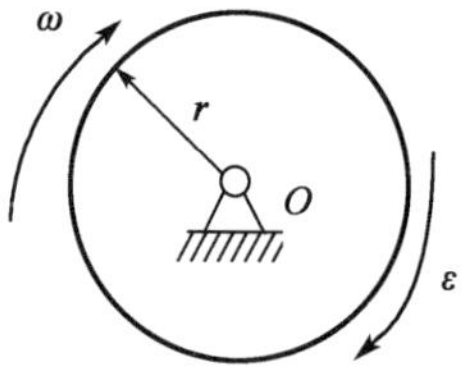

A. 0，0

B. $mr\varepsilon$，$\frac{1}{2}mr^2\varepsilon$

C. 0，$\frac{1}{2}mr^2\varepsilon$

D. 0，$\frac{1}{4}mr^2\omega^2$

58. 5kg 质量块振动，其自由振动规律是$x = X\sin\omega_{\mathrm{n}}t$，如果振动的圆频率为30rad/s，则此系统的刚度系数为：

A. 2500N/m

B. 4500N/m

C. 180N/m

D. 150N/m

59. 横截面直杆，轴向受力如图，杆的最大拉伸轴力是：

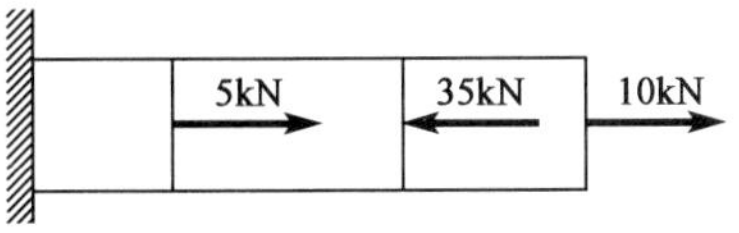

A. 10kN　　B. 25kN

C. 35kN　　D. 20kN

60. 已知铆钉的许用切应力为$[\tau]$，许用挤压应力为$[\sigma_{bs}]$，钢板的厚度为t，则图示铆钉直径d与钢板厚度t的合理关系是：

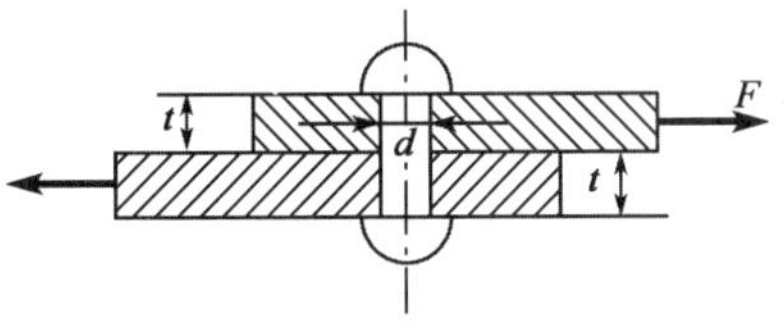

A. $d=\frac{8t[\sigma_{bs}]}{\pi[\tau]}$　　B. $d=\frac{4t[\sigma_{bs}]}{\pi[\tau]}$

C. $d=\frac{\pi[\tau]}{8t[\sigma_{bs}]}$　　D. $d=\frac{\pi[\tau]}{4t[\sigma_{bs}]}$

61. 直径为d的实心圆轴受扭，在扭矩不变的情况下，为使扭转最大切应力减小一半，圆轴的直径应改为：

A. $2d$　　B. $0.5d$

C. $\sqrt{2}d$　　D. $\sqrt[3]{2}d$

62. 在一套传动系统中，假设所有圆轴传递的功率相同，转速不同。该系统的圆轴转速与其扭矩的关系是：

A. 转速快的轴扭矩大

B. 转速慢的轴扭矩大

C. 全部轴的扭矩相同

D. 无法确定

63. 面积相同的三个图形如图示，对各自水平形心轴z的惯性矩之间的关系为：

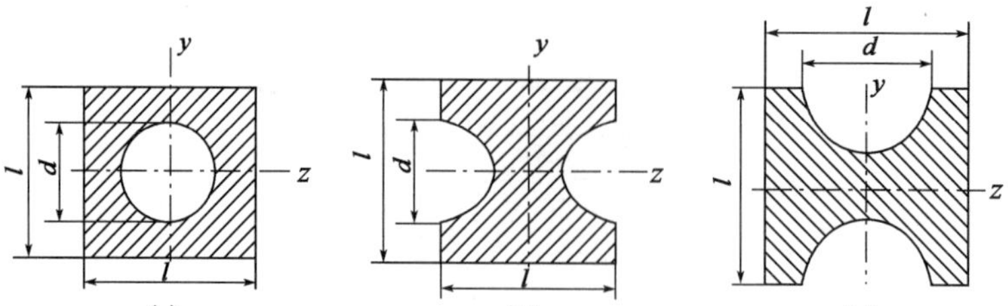

(a)　(b)　(c)

A. $I_{(a)} > I_{(b)} > I_{(c)}$　　B. $I_{(a)} < I_{(b)} < I_{(c)}$

C. $I_{(a)} < I_{(c)} = I_{(b)}$　　D. $I_{(a)} = I_{(b)} > I_{(c)}$

64. 简支梁的弯矩如图示，根据弯矩图推得梁上的荷载应为：

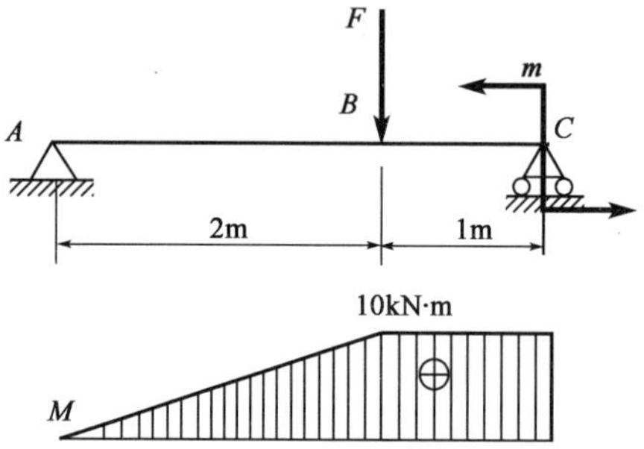

A. $F = 10\text{kN}$，$m = 10\text{kN}\cdot\text{m}$　　B. $F = 5\text{kN}$，$m = 10\text{kN}\cdot\text{m}$

C. $F = 10\text{kN}$，$m = 5\text{kN}\cdot\text{m}$　　D. $F = 5\text{kN}$，$m = 5\text{kN}\cdot\text{m}$

65. 在图示xy坐标系下，单元体的最大主应力σ_1大致指向：

A. 第一象限，靠近x轴

B. 第一象限，靠近y轴

C. 第二象限，靠近x轴

D. 第二象限，靠近y轴

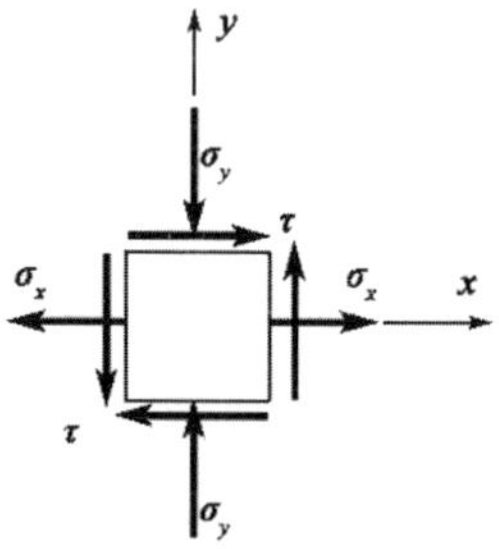

66. 图示变截面短杆，AB段压应力σ_{AB}与BC段压应力σ_{BC}的关系是：

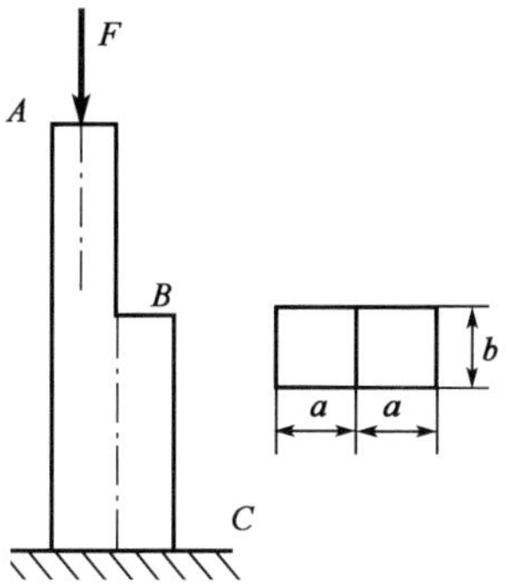

A. $\sigma_{AB}=1.25\sigma_{BC}$　　B. $\sigma_{AB}=0.8\sigma_{BC}$

C. $\sigma_{AB}=2\sigma_{BC}$　　D. $\sigma_{AB}=0.5\sigma_{BC}$

67. 简支梁AB的剪力图和弯矩图如图示。该梁正确的受力图是：

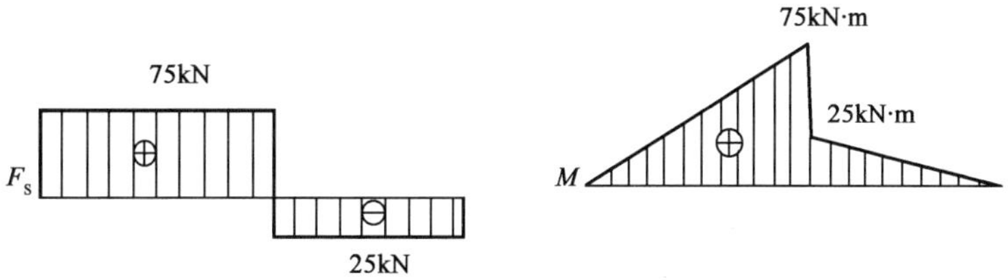

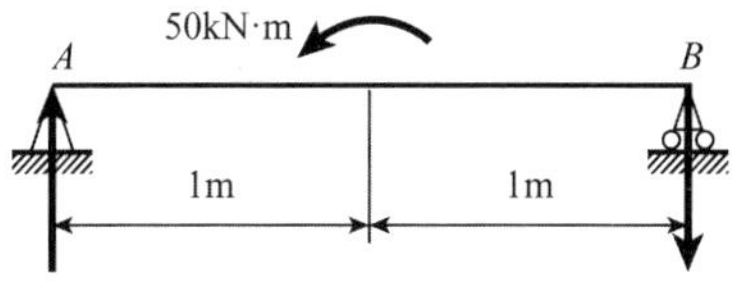

A.

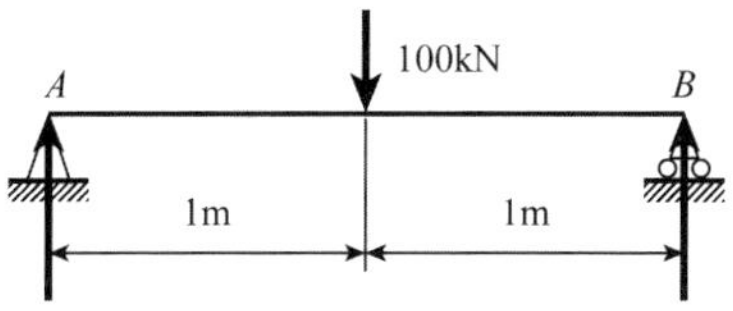

B.

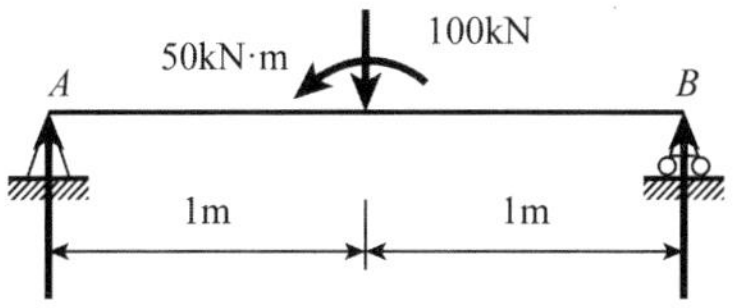

C.

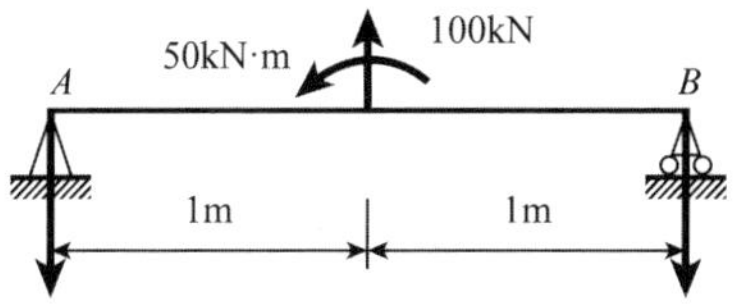

D.

68. 矩形截面简支梁中点承受集中力F=100kN。若h=200mm，b=100mm，梁的最大弯曲正应力是：

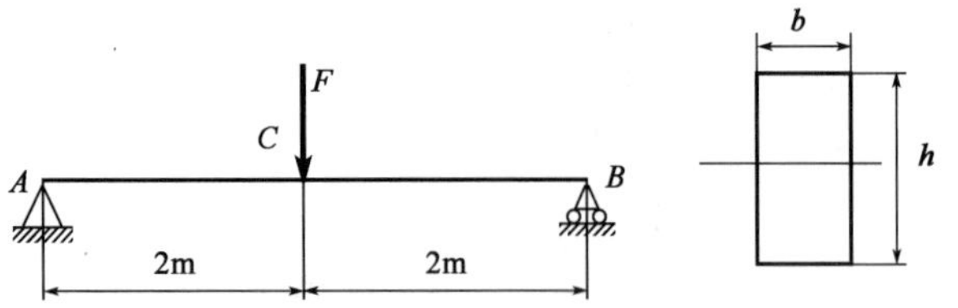

A. 75MPa　　B. 150MPa

C. 300MPa　　D. 50MPa

69. 图示槽形截面杆，一端固定，另一端自由，作用在自由端角点的外力F与杆轴线平行。该杆将发生的变形是：

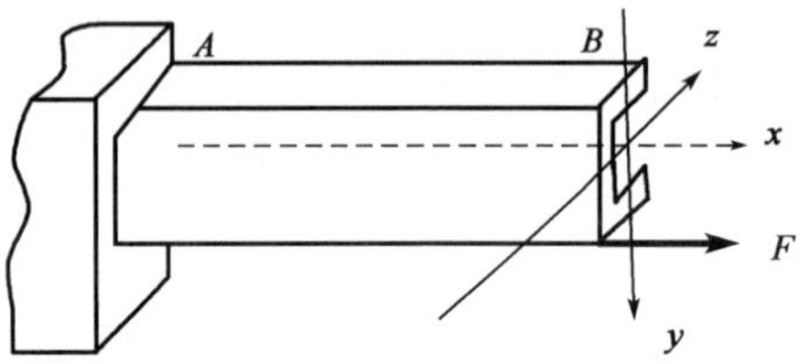

A. xy平面xz平面内的双向弯曲

B. 轴向拉伸及xy平面和xz平面内的双向弯曲

C. 轴向拉伸和xy平面内的平面弯曲

D. 轴向拉伸和xz平面内的平面弯曲

70. 两端铰支细长（大柔度）压杆，在下端铰链处增加一个扭簧弹性约束，如图所示。该压杆的长度系数μ的取值范围是：

A. $0.7 < \mu < 1$

B. $2 > \mu > 1$

C. $0.5 < \mu < 0.7$

D. $\mu < 0.5$

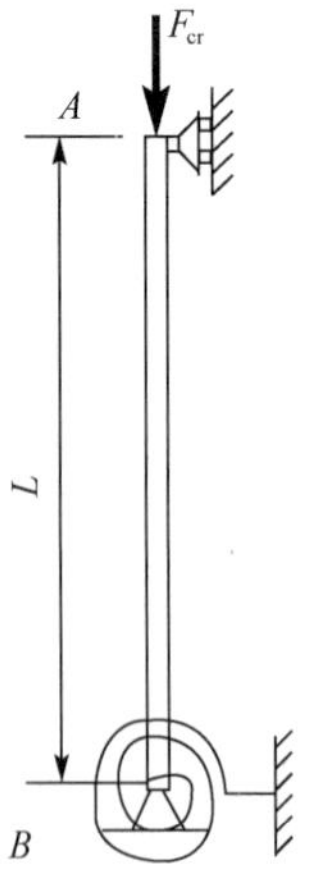

71. 标准大气压时的自由液面下 1m 处的绝对压强为：

A. 0.11MPa　　B. 0.12MPa

C. 0.15MPa　　D. 2.0MPa

72. 一直径$d_1=0.2\text{m}$的圆管，突然扩大到直径为$d_2=0.3\text{m}$，若$v_1=9.55\text{m/s}$，则v_2与Q分别为：

A. 4.24m/s，$0.3\text{m}^3/\text{s}$　　B. 2.39m/s，$0.3\text{m}^3/\text{s}$

C. 4.24m/s，$0.5\text{m}^3/\text{s}$　　D. 2.39m/s，$0.5\text{m}^3/\text{s}$

73. 直径为 20mm 的管流，平均流速为9m/s，已知水的运动黏性系数$\nu=0.0114\text{cm}^2/\text{s}$，则管中水流的流态和水流流态转变的层流流速分别是：

A. 层流，19cm/s　　B. 层流，11.4cm/s

C. 紊流，19cm/s　　D. 紊流，11.4cm/s

74. 边界层分离现象的后果是：

A. 减小了液流与边壁的摩擦力　　B. 增大了液流与边壁的摩擦力

C. 增加了潜体运动的压差阻力　　D. 减小了潜体运动的压差阻力

75. 如图由大体积水箱供水，且水位恒定，水箱顶部压力表读数 19600Pa，水深$H=2\text{m}$，水平管道长$l=100\text{m}$，直径$d=200\text{mm}$，沿程损失系数 0.02，忽略局部损失，则管道通过流量是：

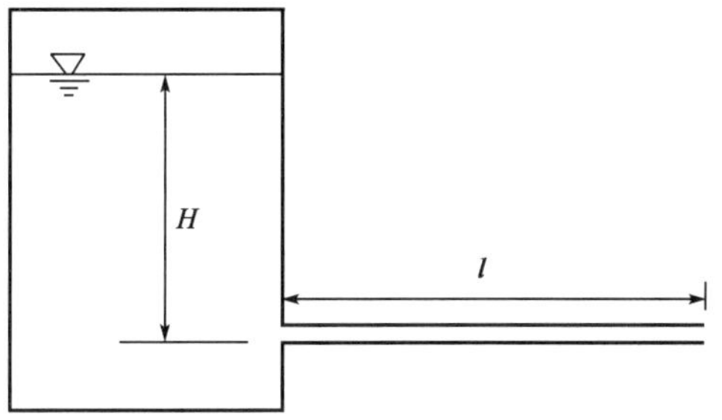

A. 83.8L/s　　B. 196.5L/s

C. 59.3L/s　　D. 47.4L/s

76. 两条明渠过水断面面积相等，断面形状分别为（1）方形，边长为a；（2）矩形，底边宽为$2a$，水深为$0.5a$，它们的底坡与粗糙系数相同，则两者的均匀流流量关系式为：

A. $Q_1>Q_2$　　B. $Q_1=Q_2$

C. $Q_1<Q_2$　　D. 不能确定

77. 如图，均匀砂质土壤装在容器中，设渗透系数为0.012cm/s，渗流流量为0.3m^3/s，则渗流流速为：

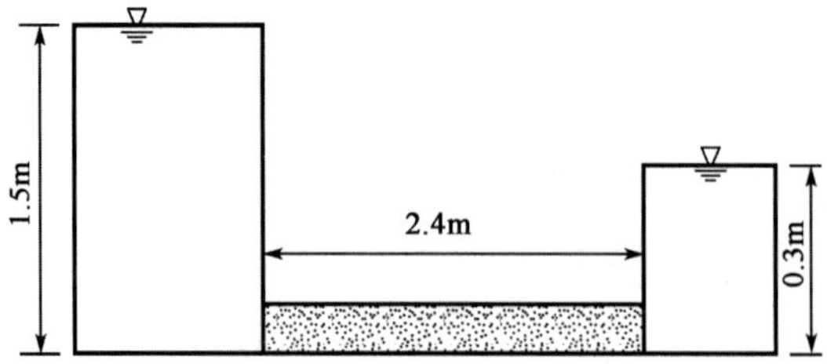

A. 0.003cm/s　　　　B. 0.006cm/s

C. 0.009cm/s　　　　D. 0.012cm/s

78. 雷诺数的物理意义是：

A. 压力与黏性力之比

B. 惯性力与黏性力之比

C. 重力与惯性力之比

D. 重力与黏性力之比

79. 真空中，点电荷q_1和q_2的空间位置如图所示，q_1为正电荷，且$q_2 = -q_1$，则A点的电场强度的方向是：

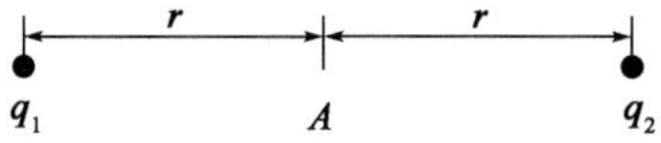

A. 从A点指向q_1

B. 从A点指向q_2

C. 垂直于q_1q_2连线，方向向上

D. 垂直于q_1q_2连线，方向向下

80. 设电阻元件 R、电感元件 L、电容元件 C 上的电压电流取关联方向，则如下关系成立的是：

A. $i_R = R \cdot u_R$　　　　B. $u_C = C\frac{di_C}{dt}$

C. $i_C = C\frac{du_C}{dt}$　　　　D. $u_L = \frac{1}{L}\int i_c\,dt$

81. 用于求解图示电路的 4 个方程中，有一个错误方程，这个错误方程是：

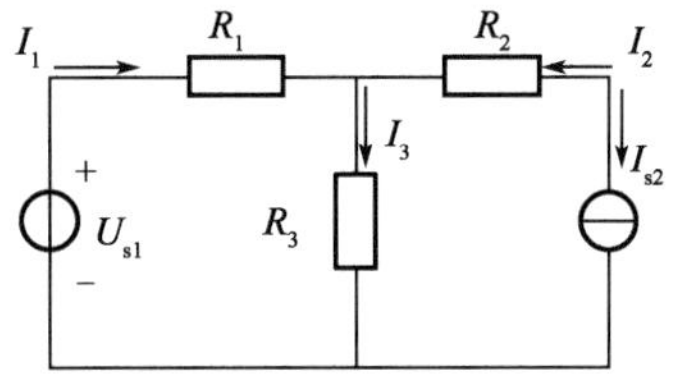

A. $I_1R_1 + I_3R_3 - U_{s1} = 0$　　　　B. $I_2R_2 + I_3R_3 = 0$

C. $I_1 + I_2 - I_3 = 0$　　　　D. $I_2 = -I_{s2}$

82. 已知有效值为 10V 的正弦交流电压的相量图如图所示，则它的时间函数形式是：

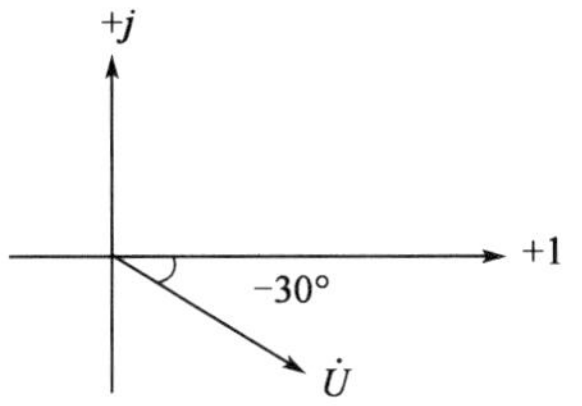

A. $u(t) = 10\sqrt{2}\sin(\omega t - 30°)$ V

B. $u(t) = 10\sin(\omega t - 30°)$ V

C. $u(t) = 10\sqrt{2}\sin(-30°)$ V

D. $u(t) = 10\cos(-30°) + 10\sin(-30°)$ V

83. 图示电路中，当端电压$\dot{U} = 100\angle 0°$V时，$\dot{I}$等于：

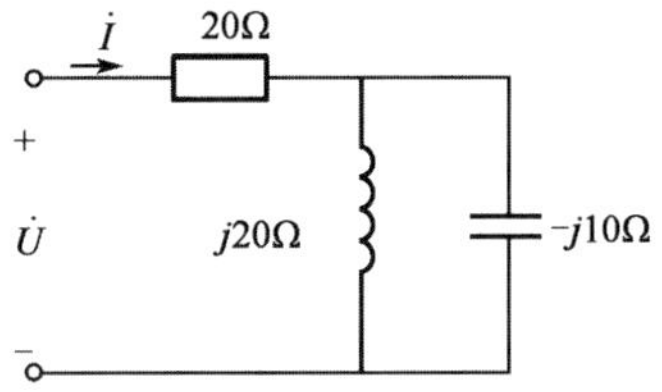

A. $3.5\angle -45°$A　　　　B. $3.5\angle 45°$A

C. $4.5\angle 26.6°$A　　　　D. $4.5\angle -26.6°$A

84. 在图示电路中，开关 S 闭合后：

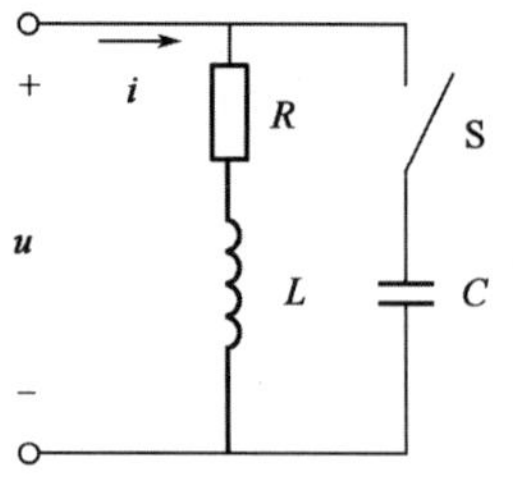

A. 电路的功率因数一定变大

B. 总电流减小时，电路的功率因数变大

C. 总电流减小时，感性负载的功率因数变大

D. 总电流减小时，一定出现过补偿现象

85. 图示变压器空载运行电路中，设变压器为理想器件，若$u=\sqrt{2}U\sin\omega t$，则此时：

A. $\frac{U_2}{U_1}=2$

B. $\frac{U}{U_2}=2$

C. $u_2=0, u_1=0$

D. $\frac{U}{U_1}=2$

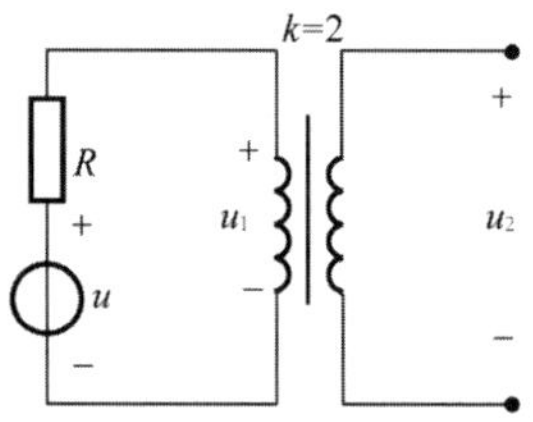

86. 设某△接三相异步电动机的全压启动转矩为66N · m，当对其使用Y-△降压启动方案时，当分别带10N · m、20N · m、30N · m、40N · m的负载启动时：

A. 均能正常启动

B. 均无法正常启动

C. 前两者能正常启动，后两者无法正常启动

D. 前三者能正常启动，后者无法正常启动

87. 图示电压信号u_o是：

A. 二进制代码信号

B. 二值逻辑信号

C. 离散时间信号

D. 连续时间信号

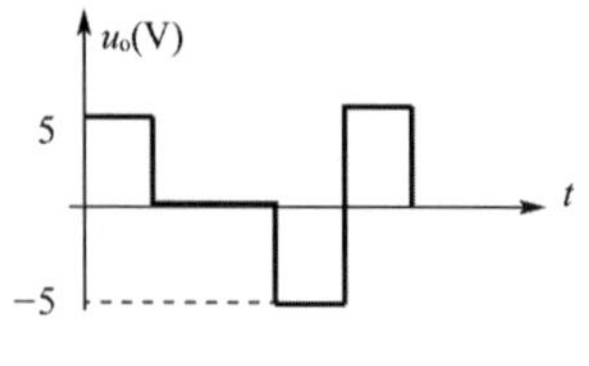

88. 信号$u(t)=10\cdot 1(t)-10\cdot 1(t-1)\text{V}$，其中，$1(t)$表示单位阶跃函数，则$u(t)$应为：

A. 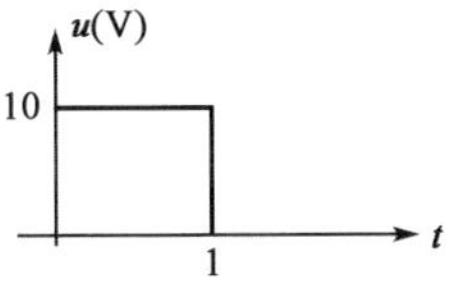

B. 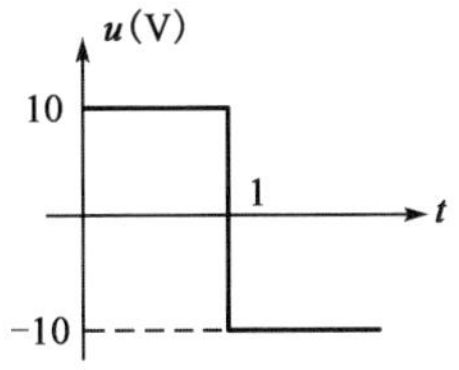

C. 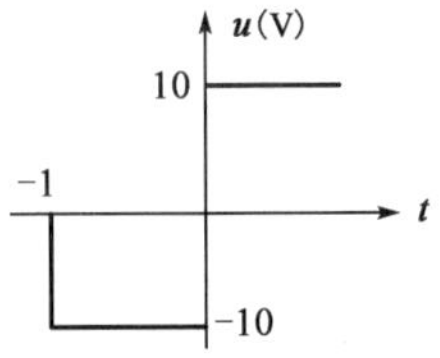

D. 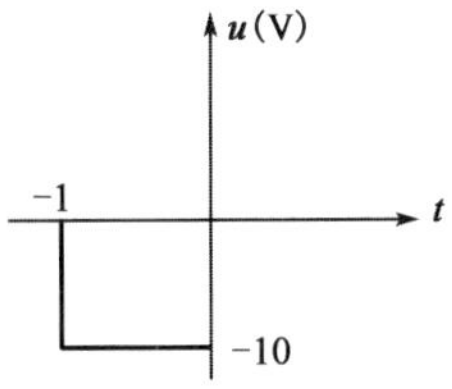

89. 一个低频模拟信号$u_1(t)$被一个高频的噪声信号污染后，能将这个噪声滤除的装置是：

A. 高通滤波器　　B. 低通滤波器

C. 带通滤波器　　D. 带阻滤波器

90. 对逻辑表达式$\overline{\text{AB}}+\overline{\text{BC}}$的化简结果是：

A. $\overline{\text{A}}+\overline{\text{B}}+\overline{\text{C}}$　　B. $\overline{\text{A}}+2\overline{\text{B}}+\overline{\text{C}}$

C. $\overline{\text{A}+\text{C}}+\text{B}$　　D. $\overline{\text{A}}+\overline{\text{C}}$

91. 已知数字信号 A 和数字信号 B 的波形如图所示，则数字信号$\text{F}=\text{A}\overline{\text{B}}+\overline{\text{A}}\text{B}$的波形为：

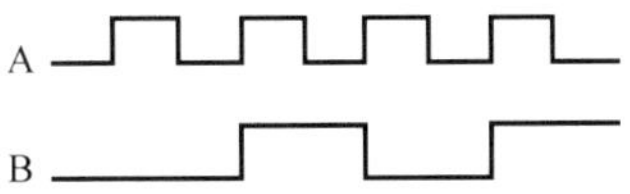

A. 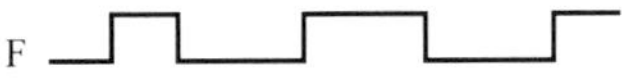

B. 

C. 

D. 

92. 十进制数字 10 的 BCD 码为：

A. 00010000　　B. 00001010

C. 1010　　D. 0010

93. 二极管应用电路如图所示，设二极管为理想器件，当$u_1 = 10\sin\omega t$V时，输出电压u_o的平均值U_o等于：

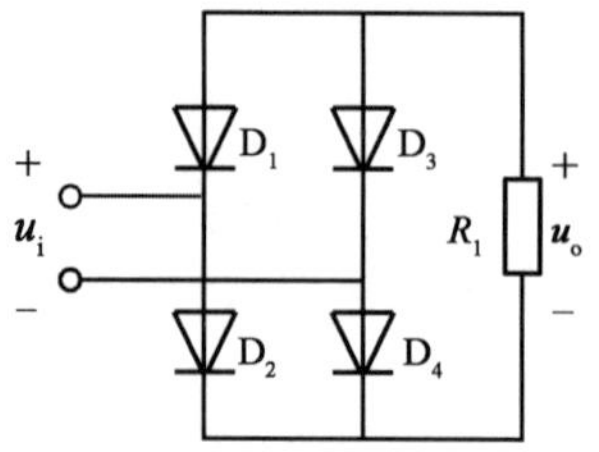

A. 10V　　B. $0.9 \times 10 = 9$V

C. $0.9 \times \frac{10}{\sqrt{2}} = 6.36$V　　D. $-0.9 \times \frac{10}{\sqrt{2}} = -6.36$V

94. 运算放大器应用电路如图所示，设运算放大器输出电压的极限值为±11V。如果将−2.5V电压接入"A"端，而"B"端接地后，测得输出电压为 10V，如果将−2.5V电压接入"B"端，而"A"端接地，则该电路的输出电压u_o等于：

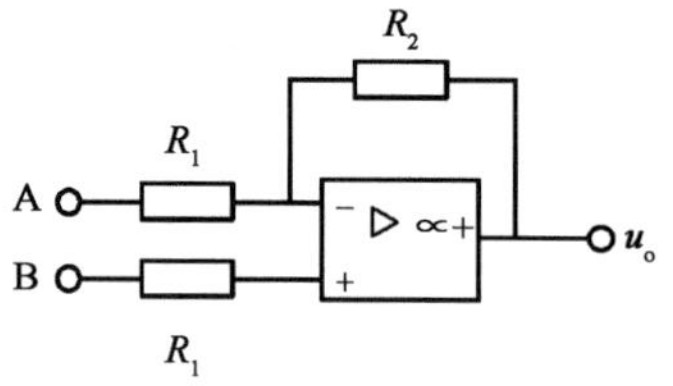

A. 10V　　B. −10V

C. −11V　　D. −12.5V

95. 图示逻辑门的输出F_1和F_2分别为：

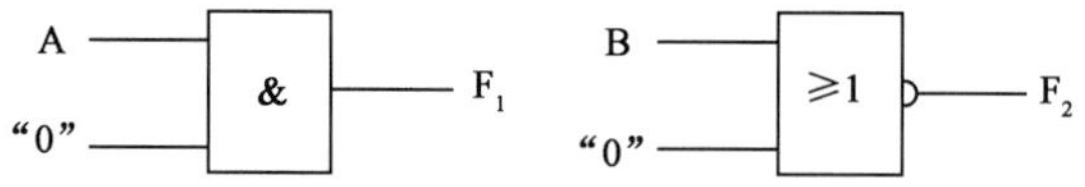

A. 0 和$\overline{B}$　　B. 0 和 1

C. A 和$\overline{B}$　　D. A 和 1

96. 图 a）所示电路中，时钟脉冲、复位信号及数模输入信号如图 b）所示。经分析可知，在第一个和第二个时钟脉冲的下降沿过后，输出 Q 先后等于：

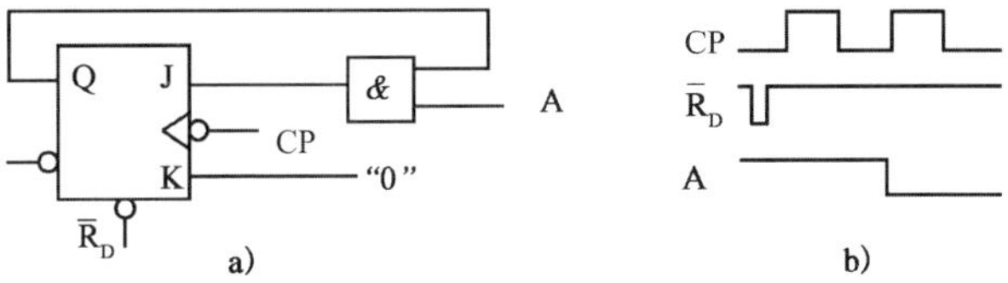

a)　　　　b)

A. 0　0　　　　B. 0　1

C. 1　0　　　　D. 1　1

附：触发器的逻辑状态表为

J	K	Q_{n+1}
0	0	Q_n
0	1	0
1	0	1
1	1	$\overline{Q}_n$

97. 计算机发展的人性化的一个重要方面是：

A. 计算机的价格便宜

B. 计算机使用上的"傻瓜化"

C. 计算机使用不需要电能

D. 计算机不需要软件和硬件，自己会思维

98. 计算机存储器是按字节进行编址的，一个存储单元是：

A. 8 个字节　　　　B. 1 个字节

C. 16 个二进制数位　　　　D. 32 个二进制数位

99. 下面有关操作系统的描述中，其中错误的是：

A. 操作系统就是充当软、硬件资源的管理者和仲裁者的角色

B. 操作系统具体负责在各个程序之间，进行调度和实施对资源的分配

C. 操作系统保证系统中的各种软、硬件资源得以有效地、充分地利用

D. 操作系统仅能实现管理和使用好各种软件资源

100. 计算机的支撑软件是：

A. 计算机软件系统内的一个组成部分　　B. 计算机硬件系统内的一个组成部分

C. 计算机应用软件内的一个组成部分　　D. 计算机专用软件内的一个组成部分

101. 操作系统中的进程与处理器管理的主要功能是：

A. 实现程序的安装、卸载

B. 提高主存储器的利用率

C. 使计算机系统中的软硬件资源得以充分利用

D. 优化外部设备的运行环境

102. 影响计算机图像质量的主要参数有：

A. 存储器的容量、图像文件的尺寸、文件保存格式

B. 处理器的速度、图像文件的尺寸、文件保存格式

C. 显卡的品质、图像文件的尺寸、文件保存格式

D. 分辨率、颜色深度、图像文件的尺寸、文件保存格式

103. 计算机操作系统中的设备管理主要是：

A. 微处理器 CPU 的管理　　B. 内存储器的管理

C. 计算机系统中的所有外部设备的管理　　D. 计算机系统中的所有硬件设备的管理

104. 下面四个选项中，不属于数字签名技术的是：

A. 权限管理　　B. 接收者能够核实发送者对报文的签名

C. 发送者事后不能对报文的签名进行抵赖　　D. 接收者不能伪造对报文的签名

105. 实现计算机网络化后的最大好处是：

A. 存储容量被增大　　B. 计算机运行速度加快

C. 节省大量人力资源　　D. 实现了资源共享

106. 校园网是提高学校教学、科研水平不可缺少的设施，它是属于：

A. 局域网　　B. 城域网

C. 广域网　　D. 网际网

107. 某企业拟购买 3 年期一次到期债券，打算三年后到期本利和为 300 万元，按季复利计息，年名义利率为 8%，则现在应购买债券：

A. 119.13 万元　　B. 236.55 万元

C. 238.15 万元　　D. 282.70 万元

108. 在下列费用中，应列入项目建设投资的是：

A. 项目经营成本　　B. 流动资金

C. 预备费　　D. 建设期利息

109. 某公司向银行借款 2400 万元，期限为 6 年，年利率为 8%，每年年末付息一次，每年等额还本，到第 6 年末还完本息。请问该公司第 4 年年末应还的本息和是：

A. 432 万元　　B. 464 万元

C. 496 万元　　D. 592 万元

110. 某项目动态投资回收期刚好等于项目计算期，则以下说法中正确的是：

A. 该项目动态回收期小于基准回收期　　B. 该项目净现值大于零

C. 该项目净现值小于零　　D. 该项目内部收益率等于基准收益率

111. 某项目要从国外进口一种原材料，原始材料的 CIF（到岸价格）为 150 美元/吨，美元的影子汇率为 6.5，进口费用为 240 元/吨，请问这种原材料的影子价格是：

A. 735 元人民币　　B. 975 元人民币

C. 1215 元人民币　　D. 1710 元人民币

112. 已知甲、乙为两个寿命期相同的互斥项目，其中乙项目投资大于甲项目。通过测算得出甲、乙两项目的内部收益率分别为 18%和 14%，增量内部收益率$\Delta IRR_{(乙-甲)}=13\%$，基准收益率为 11%，以下说法中正确的是：

A. 应选择甲项目　　B. 应选择乙项目

C. 应同时选择甲、乙两个项目　　D. 甲、乙两个项目均不应选择

113. 以下关于改扩建项目财务分析的说法中正确的是：

A. 应以财务生存能力分析为主　　B. 应以项目清偿能力分析为主

C. 应以企业层次为主进行财务分析　　D. 应遵循“有无对比”原则

114. 某工程设计有四个方案，在进行方案选择时计算得出：甲方案功能评价系数 0.85，成本系数 0.92；乙方案功能评价系数 0.6，成本系数 0.7；丙方案功能评价系数 0.94，成本系数 0.88；丁方案功能评价系数 0.67，成本系数 0.82。则最优方案的价值系数为：

A. 0.924　　B. 0.857

C. 1.068　　D. 0.817

115. 根据《中华人民共和国建筑法》的规定，有关工程发包的规定，下列理解错误的是：

A. 关于对建筑工程进行肢解发包的规定，属于禁止性规定

B. 可以将建筑工程的勘察、设计、施工、设备采购一并发包给一个工程总承包单位

C. 建筑工程实行直接发包的，发包单位可以将建筑工程发包给具有资质证书的承包单位

D. 提倡对建筑工程实行总承包

116. 根据《建设工程安全生产管理条例》的规定，施工单位实施爆破、起重吊装等施工时，应当安排现场的监督人员是：

A. 项目管理技术人员　　B 应急救援人员

C. 专职安全生产管理人员　　D. 专职质量管理人员

117. 某工程项目实行公开招标，招标人根据招标项目的特点和需要编制招标文件，其招标文件的内容不包括：

A. 招标项目的技术要求　　B. 对投标人资格审查的标准

C. 拟签订合同的时间　　D. 投标报价要求和评标标准

118. 某水泥厂以电子邮件的方式于 2008 年 3 月 5 日发出销售水泥的要约，要求 2008 年 3 月 6 日 18:00 前回复承诺。甲施工单位于 2008 年 3 月 6 日 16:00 对该要约发出承诺，由于网络原因，导致该电子邮件于 2008 年 3 月 6 日 20:00 到达水泥厂，此时水泥厂的水泥已经售完。下列关于该承诺如何处理的说法，正确的是：

A. 张厂长说邮件未能按时到达，可以不予理会

B. 李厂长说邮件是在期限内发出的，应该作为有效承诺，我们必须想办法给对方供应水泥

C. 王厂长说虽然邮件是在期限内发出的，但是到达晚了，可以认为是无效承诺

D. 赵厂长说我们及时通知对方，因承诺到达已晚，不接受就是了

119. 根据《中华人民共和国环境保护法》的规定，下列关于建设项目中防治污染的设施的说法中，不正确的是：

A. 防治污染的设施，必须与主体工程同时设计、同时施工、同时投入使用

B. 防治污染的设施不得擅自拆除

C. 防治污染的设施不得擅自闲置

D. 防治污染的设施经建设行政主管部门验收合格后方可投入生产或者使用

120. 根据《建设工程质量管理条例》的规定，监理单位代表建设单位对施工质量实施监理，并对施工质量承担监理责任，其监理的依据不包括：

A. 有关技术标准　　B. 设计文件

C. 工程承包合同　　D. 建设单位指令

2017年度全国勘察设计注册工程师

执业资格考试试卷

基础考试

（上）

二〇一七年九月

应考人员注意事项

1. 本试卷科目代码为“1”，考生务必将此代码填涂在答题卡“科目代码”相应的栏目内，否则，无法评分。

2. 书写用笔：**黑色或蓝色钢笔、签字笔或圆珠笔**；

   填涂答题卡用笔：**黑色 2B 铅笔**。

3. 必须用书写用笔将工作单位、姓名、准考证号填写在答题卡和试卷相应的栏目内。

4. 本试卷由 120 题组成，每题 1 分，满分 120 分，本试卷全部为单项选择题，每小题的四个备选项中只有一个正确答案，错选、多选、不选均不得分。

5. 考生作答时，必须按**题号在答题卡上**将相应试题所选选项对应的**字母用 2B 铅笔涂黑**。

6. 在答题卡上书写与题意无关的语言，或在答题卡上作标记的，均按违纪试卷处理。

7. 考试结束时，由监考人员当面将试卷、答题卡一并收回。

8. 草稿纸由各地统一配发，考后收回。

单项选择题（共 120 题，每题 1 分。每题的备选项中只有一个最符合题意。）

1. 要使得函数$f(x)=\begin{cases}\frac{x\ln x}{1-x} & x>0\\ a & x=1\end{cases}$在$(0,+\infty)$上连续，则常数$a$等于：

A. 0　　B. 1

C. -1　　D. 2

2. 函数$y=\sin\frac{1}{x}$是定义域内的：

A. 有界函数　　B. 无界函数

C. 单调函数　　D. 周期函数

3. 设$\boldsymbol{\alpha}$、$\boldsymbol{\beta}$均为非零向量，则下面结论正确的是：

A. $\boldsymbol{\alpha}\times\boldsymbol{\beta}=\mathbf{0}$是$\boldsymbol{\alpha}$与$\boldsymbol{\beta}$垂直的充要条件　　B. $\boldsymbol{\alpha}\cdot\boldsymbol{\beta}=\mathbf{0}$是$\boldsymbol{\alpha}$与$\boldsymbol{\beta}$平行的充要条件

C. $\boldsymbol{\alpha}\times\boldsymbol{\beta}=\mathbf{0}$是$\boldsymbol{\alpha}$与$\boldsymbol{\beta}$平行的充要条件　　D. 若$\boldsymbol{\alpha}=\lambda\boldsymbol{\beta}$（$\lambda$是常数），则$\boldsymbol{\alpha}\cdot\boldsymbol{\beta}=\mathbf{0}$

4. 微分方程$y'-y=0$满足$y(0)=2$的特解是：

A. $y=2e^{-x}$　　B. $y=2e^{x}$

C. $y=e^{x}+1$　　D. $y=e^{-x}+1$

5. 设函数$f(x)=\int_x^2\sqrt{5+t^2}\mathrm{d}t$，$f'(1)$等于：

A. $2-\sqrt{6}$　　B. $2+\sqrt{6}$

C. $\sqrt{6}$　　D. $-\sqrt{6}$

6. 若$y=g(x)$由方程$e^y+xy=e$确定，则$y'(0)$等于：

A. $-\frac{y}{e^y}$　　B. $-\frac{y}{x+e^y}$

C. 0　　D. $-\frac{1}{e}$

7. $\int f(x)\mathrm{d}x=\ln x+C$，则$\int\cos x f(\cos x)\mathrm{d}x$等于：

A. $\cos x+C$　　B. $x+C$

C. $\sin x+C$　　D. $\ln\cos x+C$

8. 函数$f(x,y)$在点$P_0(x_0,y_0)$处有一阶偏导数是函数在该点连续的：

A. 必要条件　　B. 充分条件

C. 充分必要条件　　D. 既非充分又非必要

9. 过点$(-1,-2,3)$且平行于z轴的直线的对称方程是：

A. $\begin{cases} x=1 \\ y=-2 \\ z=-3t \end{cases}$

B. $\frac{x-1}{0}=\frac{y+2}{0}=\frac{z-3}{1}$

C. $z=3$

D. $\frac{x+1}{0}=\frac{y+2}{0}=\frac{z-3}{1}$

10. 定积分$\int_1^2 \frac{1-\frac{1}{x}}{x^2}\mathrm{d}x$等于：

A. 0　　B. $-\frac{1}{8}$

C. $\frac{1}{8}$　　D. 2

11. 函数$f(x)=\sin\left(x+\frac{\pi}{2}+\pi\right)$在区间$[-\pi,\pi]$上的最小值点$x_0$等于：

A. $-\pi$　　B. 0

C. $\frac{\pi}{2}$　　D. π

12. 设L是椭圆$\begin{cases} x=a\cos\theta \\ y=b\sin\theta \end{cases}$ $(a>0，b>0)$的上半椭圆周，沿顺时针方向，则曲线积分$\int_L y^2\mathrm{d}x$等于：

A. $\frac{5}{3}ab^2$　　B. $\frac{4}{3}ab^2$

C. $\frac{2}{3}ab^2$　　D. $\frac{1}{3}ab^2$

13. 级数$\sum\limits_{n=1}^{\infty}\frac{(-1)^n}{a_n}(a_n>0)$满足下列什么条件时收敛：

A. $\lim\limits_{n\to\infty}a_n=\infty$　　B. $\lim\limits_{n\to\infty}\frac{1}{a_n}=0$

C. $\sum\limits_{n=1}^{\infty}a_n$发散　　D. a_n单调递增且$\lim\limits_{n\to\infty}a_n=+\infty$

14. 曲线$f(x)=xe^{-x}$的拐点是：

A. $(2,2e^{-2})$

B. $(-2,-2e^{2})$

C. $(-1,e)$

D. $(1,e^{-1})$

15. 微分方程$y''+y'+y=e^{x}$的特解是：

A. $y=e^{x}$

B. $y=\frac{1}{2}e^{x}$

C. $y=\frac{1}{3}e^{x}$

D. $y=\frac{1}{4}e^{x}$

16. 若圆域D：$x^2+y^2\leqslant 1$，则二重积分$\iint\limits_{D}\frac{\mathrm{d}x\mathrm{d}y}{1+x^2+y^2}$等于：

A. $\frac{\pi}{2}$

B. π

C. $2\pi\ln 2$

D. $\pi\ln 2$

17. 幂级数$\sum\limits_{n=1}^{\infty}\frac{x^n}{n!}$的和函数$S(x)$等于：

A. e^{x}

B. $e^{x}+1$

C. $e^{x}-1$

D. $\cos x$

18. 设$z=y\varphi\left(\frac{x}{y}\right)$，其中$\varphi(u)$具有二阶连续导数，则$\frac{\partial^2 z}{\partial x\partial y}$等于：

A. $\frac{1}{y}\varphi''\left(\frac{x}{y}\right)$

B. $-\frac{x}{y^2}\varphi''\left(\frac{x}{y}\right)$

C. 1

D. $\varphi''\left(\frac{x}{y}\right)-\frac{x}{y}\varphi'\left(\frac{x}{y}\right)$

19. 矩阵$\boldsymbol{A}=\begin{bmatrix}0&0&-2\\0&3&0\\1&0&0\end{bmatrix}$的逆矩阵是$\boldsymbol{A}^{-1}$是：

A. $\begin{bmatrix}-\frac{1}{2}&0&0\\0&\frac{1}{3}&0\\0&0&1\end{bmatrix}$

B. $\begin{bmatrix}0&0&-\frac{1}{2}\\0&\frac{1}{3}&0\\1&0&0\end{bmatrix}$

C. $\begin{bmatrix}0&0&1\\0&\frac{1}{3}&0\\-\frac{1}{2}&0&0\end{bmatrix}$

D. $\begin{bmatrix}0&0&6\\0&2&0\\3&0&0\end{bmatrix}$

20. 设$\boldsymbol{A}$为$m \times n$矩阵，则齐次线性方程组$\boldsymbol{Ax} = \boldsymbol{0}$有非零解的充分必要条件是：

A. 矩阵$\boldsymbol{A}$的任意两个列向量线性相关

B. 矩阵$\boldsymbol{A}$的任意两个列向量线性无关

C. 矩阵$\boldsymbol{A}$的任一列向量是其余列向量的线性组合

D. 矩阵$\boldsymbol{A}$必有一个列向量是其余列向量的线性组合

21. 设$\lambda_1 = 6$，$\lambda_2 = \lambda_3 = 3$为三阶实对称矩阵$\boldsymbol{A}$的特征值，属于$\lambda_2 = \lambda_3 = 3$的特征向量为$\xi_2 = (-1,0,1)^{\mathrm{T}}$，$\xi_3 = (1,2,1)^{\mathrm{T}}$，则属于$\lambda_1 = 6$的特征向量是：

A. $(1,-1,1)^{\mathrm{T}}$　　B. $(1,1,1)^{\mathrm{T}}$

C. $(0,2,2)^{\mathrm{T}}$　　D. $(2,2,0)^{\mathrm{T}}$

22. 有A、B、C三个事件，下列选项中与事件A互斥的事件是：

A. $\overline{B \cup C}$　　B. $\overline{A \cup B \cup C}$

C. $\overline{A}B + A\overline{C}$　　D. $A(B + C)$

23. 设二维随机变量(X,Y)的概率密度为$f(x,y) = \begin{cases} e^{-2ax+by}, & x > 0,\ y > 0 \\ 0, & \text{其他} \end{cases}$，则常数$a$，$b$应满足的条件是：

A. $ab = -\frac{1}{2}$，且$a > 0$，$b < 0$　　B. $ab = \frac{1}{2}$，且$a > 0$，$b > 0$

C. $ab = -\frac{1}{2}$，$a < 0$，$b > 0$　　D. $ab = \frac{1}{2}$，且$a < 0$，$b < 0$

24. 设$\hat{\theta}$是参数θ的一个无偏估计量，又方差$D(\hat{\theta}) > 0$，下列结论中正确的是：

A. $\hat{\theta}^2$是θ^2的无偏估计量

B. $\hat{\theta}^2$不是θ^2的无偏估计量

C. 不能确定$\hat{\theta}^2$是不是θ^2的无偏估计量

D. $\hat{\theta}^2$不是θ^2的估计量

25. 有两种理想气体，第一种的压强为p_1，体积为V_1，温度为T_1，总质量为M_1，摩尔质量为μ_1；第二种的压强为p_2，体积为V_2，温度为T_2，总质量为M_2，摩尔质量为μ_2。当$V_1 = V_2$，$T_1 = T_2$，$M_1 = M_2$时，则$\frac{\mu_1}{\mu_2}$：

A. $\frac{\mu_1}{\mu_2} = \sqrt{\frac{p_1}{p_2}}$

B. $\frac{\mu_1}{\mu_2} = \frac{p_1}{p_2}$

C. $\frac{\mu_1}{\mu_2} = \sqrt{\frac{p_2}{p_1}}$

D. $\frac{\mu_1}{\mu_2} = \frac{p_2}{p_1}$

26. 在恒定不变的压强下，气体分子的平均碰撞频率$\overline{Z}$与温度T的关系是：

A. $\overline{Z}$与T无关

B. $\overline{Z}$与$\sqrt{T}$无关

C. $\overline{Z}$与$\sqrt{T}$成反比

D. $\overline{Z}$与$\sqrt{T}$成正比

27. 一定量的理想气体对外做了 500J 的功，如果过程是绝热的，则气体内能的增量为：

A. 0J

B. 500J

C. −500J

D. 250J

28. 热力学第二定律的开尔文表述和克劳修斯表述中，下述正确的是：

A. 开尔文表述指出了功热转换的过程是不可逆的

B. 开尔文表述指出了热量由高温物体传到低温物体的过程是不可逆的

C. 克劳修斯表述指出通过摩擦而做功变成热的过程是不可逆的

D. 克劳修斯表述指出气体的自由膨胀过程是不可逆的

29. 已知平面简谐波的方程为$y = A\cos(Bt - Cx)$，式中A、B、C为正常数，此波的波长和波速分别为：

A. $\frac{B}{C}$，$\frac{2\pi}{C}$

B. $\frac{2\pi}{C}$，$\frac{B}{C}$

C. $\frac{\pi}{C}$，$\frac{2B}{C}$

D. $\frac{2\pi}{C}$，$\frac{C}{B}$

30. 对平面简谐波而言，波长λ反映：

A. 波在时间上的周期性　　B. 波在空间上的周期性

C. 波中质元振动位移的周期性　　D. 波中质元振动速度的周期性

31. 在波的传播方向上，有相距为 3m 的两质元，两者的相位差为$\frac{\pi}{6}$，若波的周期为 4s，则此波的波长和波速分别为：

A. 36m 和6m/s　　B. 36m 和9m/s

C. 12m 和6m/s　　D. 12m 和9m/s

32. 在双缝干涉实验中，入射光的波长为λ，用透明玻璃纸遮住双缝中的一条缝（靠近屏的一侧），若玻璃纸中光程比相同厚度的空气的光程大2.5λ，则屏上原来的明纹处：

A. 仍为明条纹　　B. 变为暗条纹

C. 既非明条纹也非暗条纹　　D. 无法确定是明纹还是暗纹

33. 一束自然光通过两块叠放在一起的偏振片，若两偏振片的偏振化方向间夹角由α_1转到α_2，则前后透射光强度之比为：

A. $\frac{\cos^2\alpha_2}{\cos^2\alpha_1}$　　B. $\frac{\cos\alpha_2}{\cos\alpha_1}$

C. $\frac{\cos^2\alpha_1}{\cos^2\alpha_2}$　　D. $\frac{\cos\alpha_1}{\cos\alpha_2}$

34. 若用衍射光栅准确测定一单色可见光的波长，在下列各种光栅常数的光栅中，选用哪一种最好：

A. 1.0×10^{-1}mm　　B. 5.0×10^{-1}mm

C. 1.0×10^{-2}mm　　D. 1.0×10^{-3}mm

35. 在双缝干涉实验中，光的波长 600nm，双缝间距 2mm，双缝与屏的间距为 300cm，则屏上形成的干涉图样的相邻明条纹间距为：

A. 0.45mm　　B. 0.9mm

C. 9mm　　D. 4.5mm

36. 一束自然光从空气投射到玻璃板表面上，当折射角为30°时，反射光为完全偏振光，则此玻璃的折射率为：

A. 2　　B. 3　　C. $\sqrt{2}$　　D. $\sqrt{3}$

37. 某原子序数为 15 的元素，其基态原子的核外电子分布中，未成对电子数是：

A. 0　　B. 1　　C. 2　　D. 3

38. 下列晶体中熔点最高的是：

A. NaCl　　B. 冰

C. SiC　　D. Cu

39. 将$0.1\mathrm{mol}\cdot\mathrm{L}^{-1}$的HOAc溶液冲稀一倍，下列叙述正确的是：

A. HOAc的电离度增大　　B. 溶液中有关离子浓度增大

C. HOAc的电离常数增大　　D. 溶液的 pH 值降低

40. 已知$K_b(NH_3\cdot H_2O)=1.8\times10^{-5}$，将$0.2\mathrm{mol}\cdot\mathrm{L}^{-1}$的$NH_3\cdot H_2O$溶液和$0.2\mathrm{mol}\cdot\mathrm{L}^{-1}$的 HCl 溶液等体积混合，其混合溶液的pH值为：

A. 5.12　　B. 8.87　　C. 1.63　　D. 9.73

41. 反应$A(S)+B(g)\rightleftharpoons C(g)$的$\Delta H<0$，欲增大其平衡常数，可采取的措施是：

A. 增大 B 的分压　　B. 降低反应温度

C. 使用催化剂　　D. 减小 C 的分压

42. 两个电极组成原电池，下列叙述正确的是：

A. 作正极的电极的$E_{(+)}$值必须大于零

B. 作负极的电极的$E_{(-)}$值必须小于零

C. 必须是$E^{\Theta}_{(+)}>E^{\Theta}_{(-)}$

D. 电极电势E值大的是正极，E值小的是负极

43. 金属钠在氯气中燃烧生成氯化钠晶体，其反应的熵变是：

A. 增大　　B. 减少

C. 不变　　D. 无法判断

44. 某液体烃与溴水发生加成反应生成 2，3-二溴-2-甲基丁烷，该液体烃是：

A. 2-丁烯　　B. 2-甲基-1-丁烷

C. 3-甲基-1-丁烷　　D. 2-甲基-2-丁烯

45. 下列物质中与乙醇互为同系物的是：

A. $CH_2=CHCH_2OH$

B. 甘油

C. 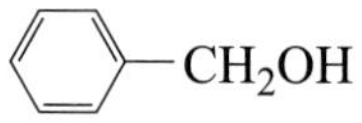

D. $CH_3CH_2CH_2CH_2OH$

46. 下列有机物不属于烃的衍生物的是：

A. $CH_2=CHCl$　　B. $CH_2=CH_2$

C. $CH_3CH_2NO_2$　　D. CCl_4

47. 结构如图所示，杆DE的点H由水平闸拉住，其上的销钉C置于杆AB的光滑直槽中，各杆自重均不计，已知$F_P=10\text{kN}$。销钉C处约束力的作用线与x轴正向所成的夹角为：

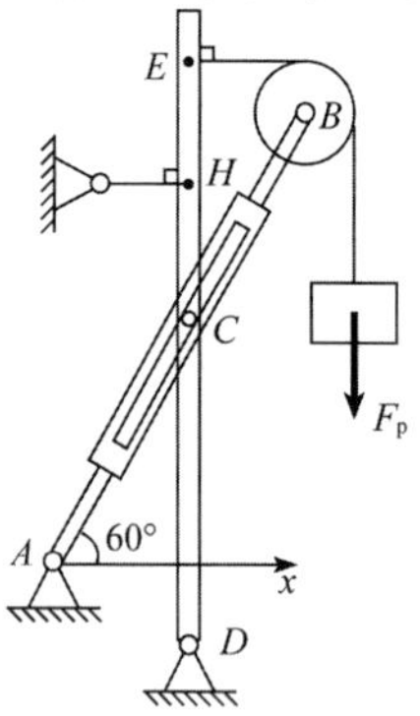

A. 0°　　B. 90°

C. 60°　　D. 150°

48. 力$\boldsymbol{F}_1$、$\boldsymbol{F}_2$、$\boldsymbol{F}_3$、$\boldsymbol{F}_4$分别作用在刚体上同一平面内的A、B、C、D四点，各力矢首尾相连形成一矩形如图所示。该力系的简化结果为：

A. 平衡

B. 一合力

C. 一合力偶

D. 一力和一力偶

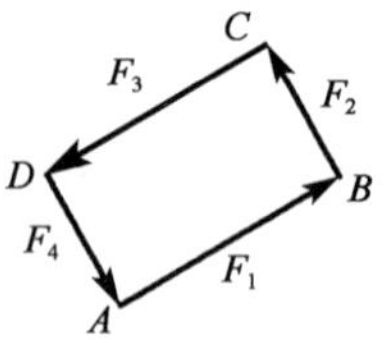

49. 均质圆柱体重力为$\boldsymbol{P}$，直径为D，置于两光滑的斜面上。设有图示方向力$\boldsymbol{F}$作用，当圆柱不移动时，接触面 2 处的约束力F_{N2}的大小为：

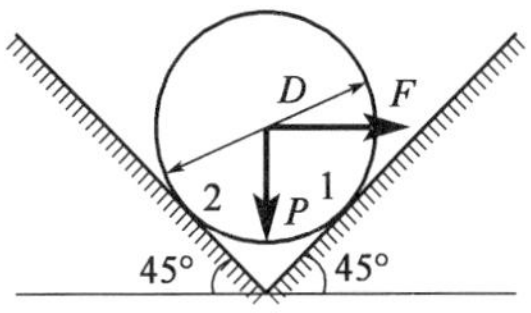

A. $F_{N2}=\frac{\sqrt{2}}{2}(P-F)$

B. $F_{N2}=\frac{\sqrt{2}}{2}F$

C. $F_{N2}=\frac{\sqrt{2}}{2}P$

D. $F_{N2}=\frac{\sqrt{2}}{2}(P+F)$

50. 如图所示，杆AB的A端置于光滑水平面上，AB与水平面夹角为30°，杆的重力大小为P，B处有摩擦，则杆AB平衡时，B处的摩擦力与x方向的夹角为：

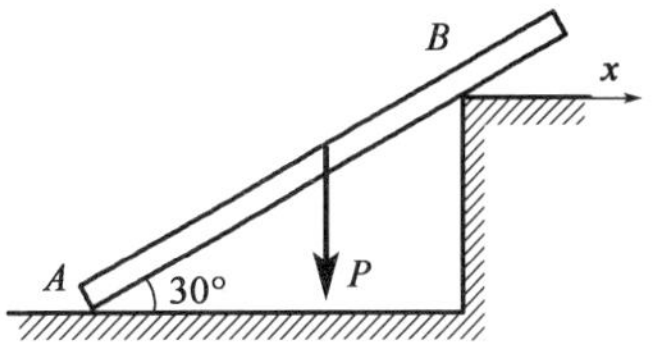

A. 90°

B. 30°

C. 60°

D. 45°

51. 点沿直线运动，其速度$v=20t+5$，已知：当$t=0$时，$x=5\text{m}$，则点的运动方程为：

A. $x=10t^2+5t+5$　　B. $x=20t+5$

C. $x=10t^2+5t$　　D. $x=20t^2+5t+5$

52. 杆$OA=l$，绕固定轴O转动，某瞬时杆端A点的加速度$\boldsymbol{a}$如图所示，则该瞬时杆OA的角速度及角加速度为：

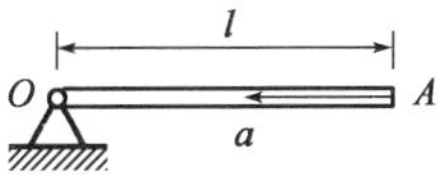

A. 0，$\frac{a}{l}$

B. $\sqrt{\frac{a}{l}}$，$\frac{a}{l}$

C. $\sqrt{\frac{a}{l}}$，0

D. 0，$\sqrt{\frac{a}{l}}$

53. 如图所示，一绳缠绕在半径为r的鼓轮上，绳端系一重物M，重物M以速度$\boldsymbol{v}$和加速度$\boldsymbol{a}$向下运动，则绳上两点A、D和轮缘上两点B、C的加速度是：

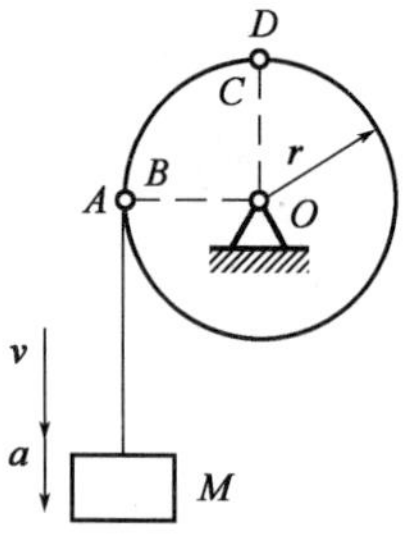

A. A、B两点的加速度相同，C、D两点的加速度相同

B. A、B两点的加速度不相同，C、D两点的加速度不相同

C. A、B两点的加速度相同，C、D两点的加速度不相同

D. A、B两点的加速度不相同，C、D两点的加速度相同

54. 汽车重力大小为$W = 2800\text{N}$，并以匀速$v = 10\text{m/s}$的行驶速度驶入刚性洼地底部，洼地底部的曲率半径$\rho = 5\text{m}$，取重力加速度$g = 10\text{m/s}^2$，则在此处地面给汽车约束力的大小为：

A. 5600N　　B. 2800N

C. 3360N　　D. 8400N

55. 图示均质圆轮，质量m，半径R，由挂在绳上的重力大小为W的物块使其绕O运动。设物块速度为$\boldsymbol{v}$，不计绳重，则系统动量、动能的大小为：

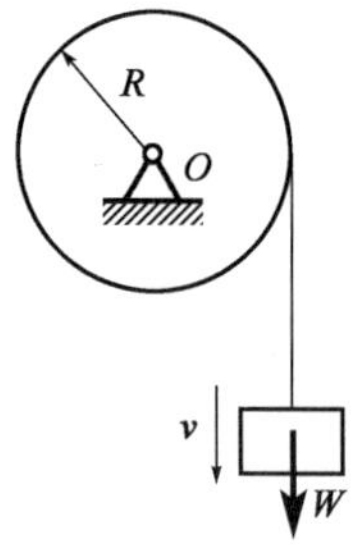

A. $\frac{W}{g}\cdot v$；$\frac{1}{2}\cdot\frac{v^2}{g}\left(\frac{1}{2}mg + W\right)$

B. mv；$\frac{1}{2}\cdot\frac{v^2}{g}\left(\frac{1}{2}mg + W\right)$

C. $\frac{W}{g}\cdot v + mv$；$\frac{1}{2}\cdot\frac{v^2}{g}\left(\frac{1}{2}mg - W\right)$

D. $\frac{W}{g}\cdot v - mv$；$\frac{W}{g}\cdot v + mv$

56. 边长为L的均质正方形平板，位于铅垂平面内并置于光滑水平面上，在微小扰动下，平板从图示位置开始倾倒，在倾倒过程中，其质心C的运动轨迹为：

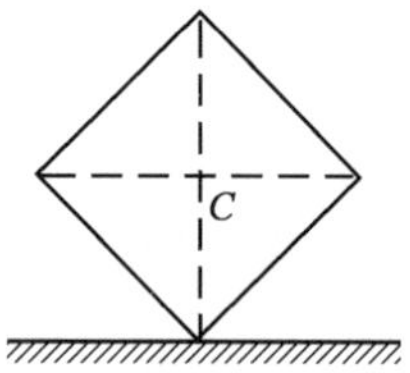

A. 半径为$L/\sqrt{2}$的圆弧

B. 抛物线

C. 铅垂直线

D. 椭圆曲线

57. 如图所示，均质直杆OA的质量为m，长为l，以匀角速度ω绕O轴转动。此时将OA杆的惯性力系向O点简化，其惯性力主矢和惯性力主矩的大小分别为：

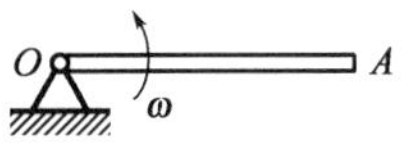

A. 0；0

B. $\frac{1}{2}ml\omega^2$；$\frac{1}{3}ml^2\omega^2$

C. $ml\omega^2$；$\frac{1}{2}ml^2\omega^2$

D. $\frac{1}{2}ml\omega^2$；0

58. 如图所示，重力大小为W的质点，由长为l的绳子连接，则单摆运动的固有频率为：

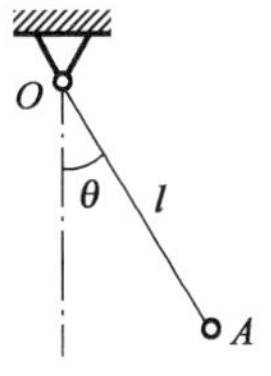

A. $\sqrt{\frac{g}{2l}}$

B. $\sqrt{\frac{W}{l}}$

C. $\sqrt{\frac{g}{l}}$

D. $\sqrt{\frac{2g}{l}}$

59. 已知拉杆横截面积$A = 100\text{mm}^2$，弹性模量$E = 200\text{GPa}$，横向变形系数$\mu = 0.3$，轴向拉力$F = 20\text{kN}$，则拉杆的横向应变ε'是：

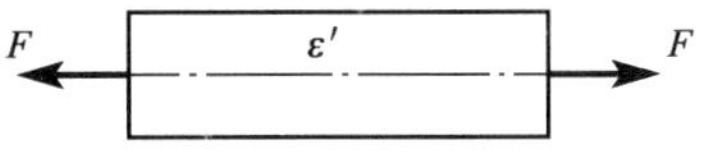

A. $\varepsilon' = 0.3 \times 10^{-3}$

B. $\varepsilon' = -0.3 \times 10^{-3}$

C. $\varepsilon' = 10^{-3}$

D. $\varepsilon' = -10^{-3}$

60. 图示两根相同的脆性材料等截面直杆，其中一根有沿横截面的微小裂纹。在承受图示拉伸荷载时，有微小裂纹的杆件的承载能力比没有裂纹杆件的承载能力明显降低，其主要原因是：

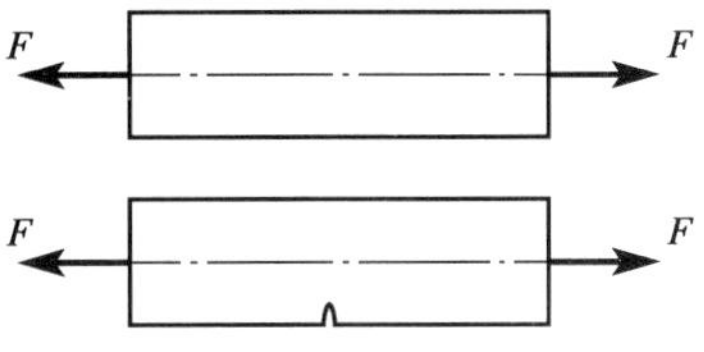

A. 横截面积小

B. 偏心拉伸

C. 应力集中

D. 稳定性差

61. 已知图示杆件的许用拉应力$[\sigma]=120\text{MPa}$，许用剪应力$[\tau]=90\text{MPa}$，许用挤压应力$[\sigma_{bs}]=240\text{MPa}$，则杆件的许用拉力$[P]$等于：

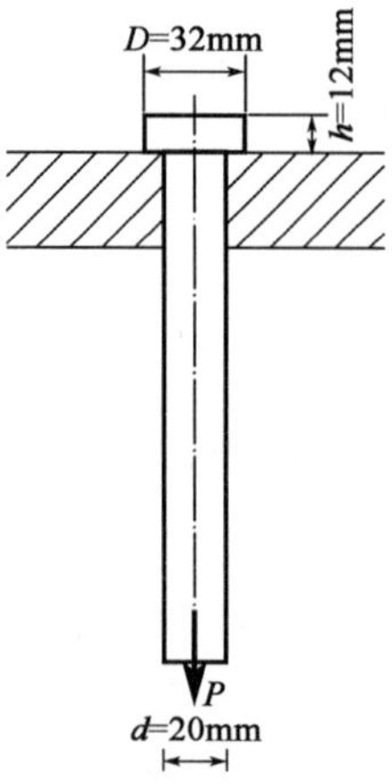

A. 18.8kN　　　　B. 67.86kN

C. 117.6kN　　　　D. 37.7kN

62. 如图所示，等截面传动轴，轴上安装 a、b、c 三个齿轮，其上的外力偶矩的大小和转向一定，但齿轮的位置可以调换。从受力的观点来看，齿轮 a 的位置应放置在下列选项中的何处？

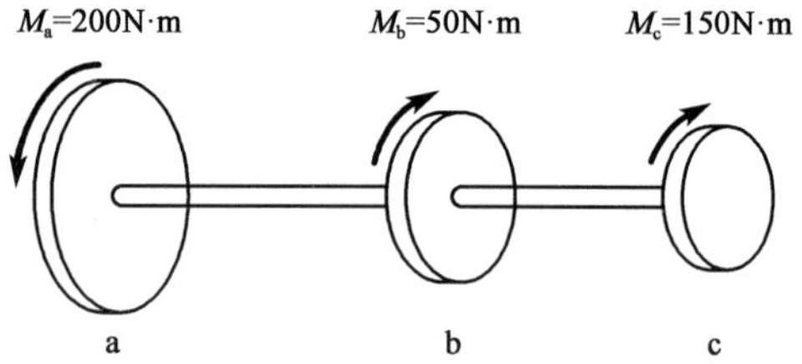

A. 任意处　　　　B. 轴的最左端

C. 轴的最右端　　　　D. 齿轮 b 与 c 之间

63. 梁AB的弯矩图如图所示，则梁上荷载F、m的值为：

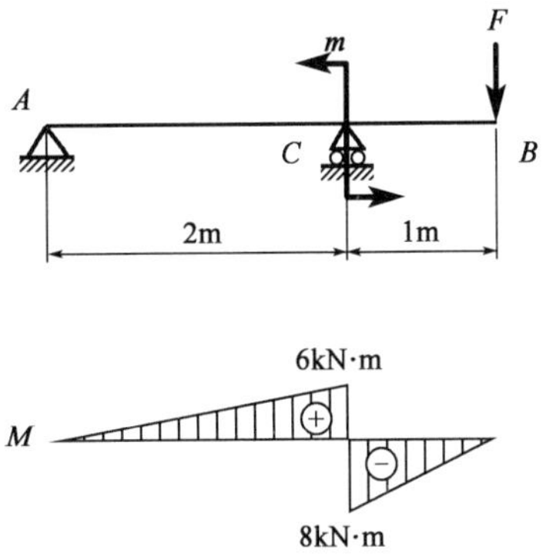

A. $F = 8\text{kN}$，$m = 14\text{kN}\cdot\text{m}$

B. $F = 8\text{kN}$，$m = 6\text{kN}\cdot\text{m}$

C. $F = 6\text{kN}$，$m = 8\text{kN}\cdot\text{m}$

D. $F = 6\text{kN}$，$m = 14\text{kN}\cdot\text{m}$

64. 悬臂梁AB由三根相同的矩形截面直杆胶合而成，材料的许用应力为$[\sigma]$，在力F的作用下，若胶合面完全开裂，接触面之间无摩擦力，假设开裂后三根杆的挠曲线相同，则开裂后的梁强度条件的承载能力是原来的：

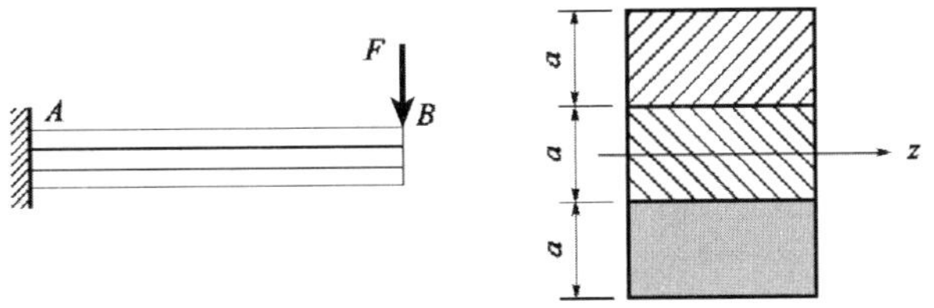

A. 1/9　　　　B. 1/3

C. 两者相同　　　　D. 3 倍

65. 梁的横截面为图示薄壁工字型，z轴为截面中性轴，设截面上的剪力竖直向下，则该截面上的最大弯曲切应力在：

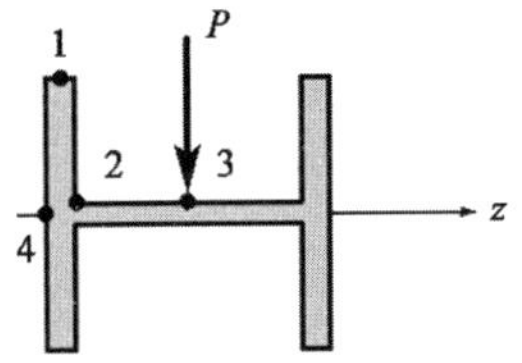

A. 翼缘的中性轴处 4 点

B. 腹板上缘延长线与翼缘相交处的 2 点

C. 左侧翼缘的上端 1 点

D. 腹板上边缘的 3 点

66. 图示悬臂梁自由端承受集中力偶m_g。若梁的长度减少一半，梁的最大挠度是原来的：

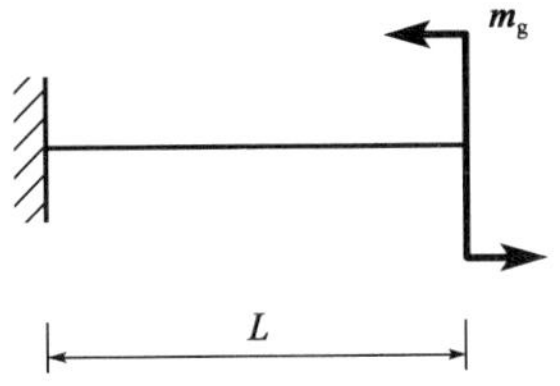

A. 1/2

B. 1/4

C. 1/8

D. 1/16

67. 矩形截面简支梁梁中点承受集中力F，若$h=2b$，若分别采用图 a)、b) 两种方式放置，图 a) 梁的最大挠度是图 b) 的：

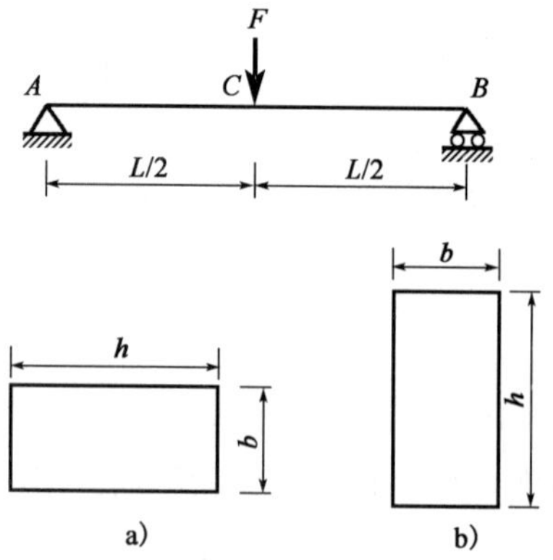

A. $1/2$　　　　B. 2 倍

C. 4 倍　　　　D. 6 倍

68. 已知图示单元体上的$\sigma>\tau$，则按第三强度理论，其强度条件为：

A. $\sigma-\tau\leqslant[\sigma]$

B. $\sigma+\tau\leqslant[\sigma]$

C. $\sqrt{\sigma^2+4\tau^2}\leqslant[\sigma]$

D. $\sqrt{\left(\frac{\sigma}{2}\right)^2+\tau^2}\leqslant[\sigma]$

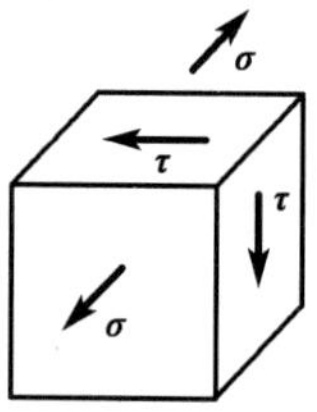

69. 图示矩形截面拉杆中间开一深为$\frac{h}{2}$的缺口，与不开缺口时的拉杆相比（不计应力集中影响），杆内最大正应力是不开口时正应力的多少倍？

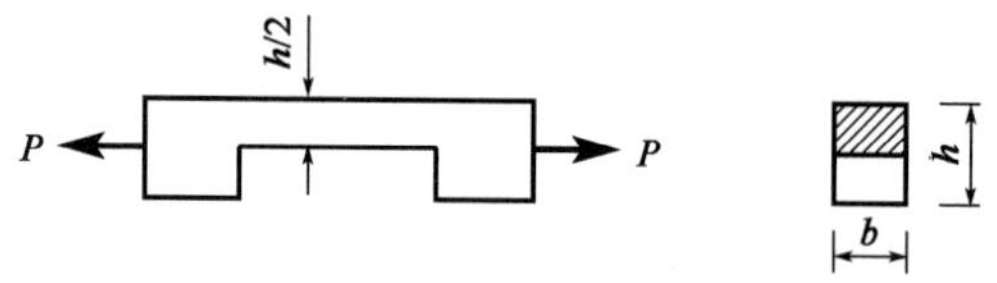

A. 2　　　　B. 4

C. 8　　　　D. 16

70. 一端固定另一端自由的细长（大柔度）压杆，长度为L（图 a），当杆的长度减少一半时（图 b），其临界载荷是原来的：

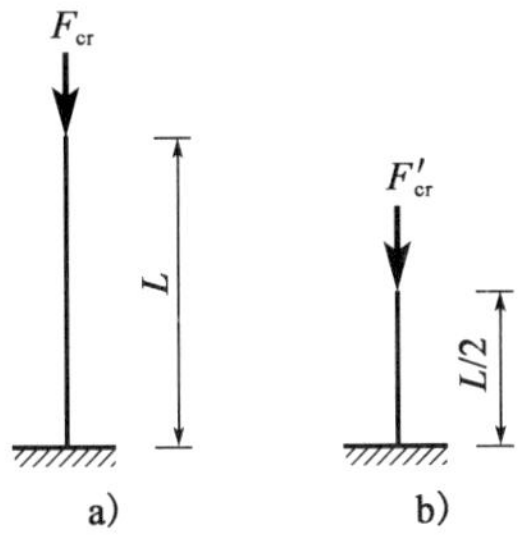

A. 4 倍　　B. 3 倍

C. 2 倍　　D. 1 倍

71. 水的运动黏性系数随温度的升高而：

A. 增大　　B. 减小

C. 不变　　D. 先减小然后增大

72. 密闭水箱如图所示，已知水深$h = 1\text{m}$，自由面上的压强$p_0 = 90\text{kN/m}^2$，当地大气压$p_a = 101\text{kN/m}^2$，则水箱底部A点的真空度为：

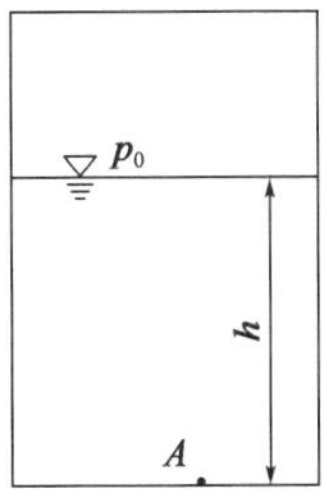

A. -1.2kN/m^2

B. 9.8kN/m^2

C. 1.2kN/m^2

D. -9.8kN/m^2

73. 关于流线，错误的说法是：

A. 流线不能相交

B. 流线可以是一条直线，也可以是光滑的曲线，但不可能是折线

C. 在恒定流中，流线与迹线重合

D. 流线表示不同时刻的流动趋势

74. 如图所示，两个水箱用两段不同直径的管道连接，1 ~ 3 管段长$l_1 = 10\text{m}$，直径$d_1 = 200\text{mm}$，$\lambda_1 = 0.019$；3 ~ 6 管段长$l_2 = 10\text{m}$，直径$d_2 = 100\text{mm}$，$\lambda_2 = 0.018$，管道中的局部管件：1 为入口($\xi_1 = 0.5$)；2 和 5 为$90°$弯头($\xi_2 = \xi_5 = 0.5$)；3 为渐缩管($\xi_3 = 0.024$)；4 为闸阀($\xi_4 = 0.5$)；6 为管道出口($\xi_6 = 1$)。若输送流量为40L/s，则两水箱水面高度差为：

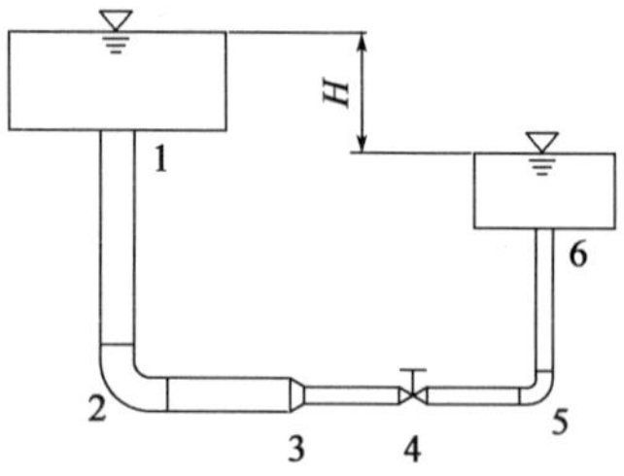

A. 3.501m

B. 4.312m

C. 5.204m

D. 6.123m

75. 在长管水力计算中：

A. 只有速度水头可忽略不计

B. 只有局部水头损失可忽略不计

C. 速度水头和局部水头损失均可忽略不计

D. 两断面的测压管水头差并不等于两断面间的沿程水头损失

76. 矩形排水沟，底宽 5m，水深 3m，则水力半径为：

A. 5m　　　　B. 3m

C. 1.36m　　　　D. 0.94m

77. 潜水完全井抽水量大小与相关物理量的关系是：

A. 与井半径成正比　　　　B. 与井的影响半径成正比

C. 与含水层厚度成正比　　　　D. 与土体渗透系数成正比

78. 合力F、密度ρ、长度L、速度v组合的无量纲数是：

A. $\frac{F}{\rho v L}$　　　　B. $\frac{F}{\rho v^2 L}$

C. $\frac{F}{\rho v^2 L^2}$　　　　D. $\frac{F}{\rho v L^2}$

79. 由图示长直导线上的电流产生的磁场：

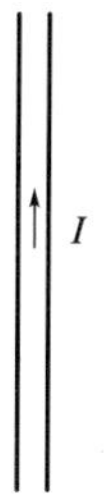

A. 方向与电流方向相同

B. 方向与电流方向相反

C. 顺时针方向环绕长直导线（自上向下俯视）

D. 逆时针方向环绕长直导线（自上向下俯视）

80. 已知电路如图所示，其中电流I等于：

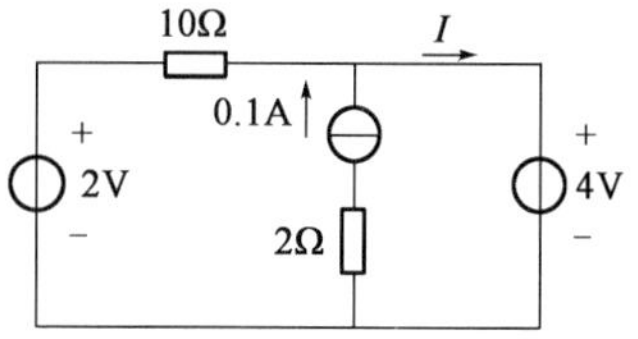

A. 0.1A

B. 0.2A

C. −0.1A

D. −0.2A

81. 已知电路如图所示，其中响应电流I在电流源单独作用时的分量为：

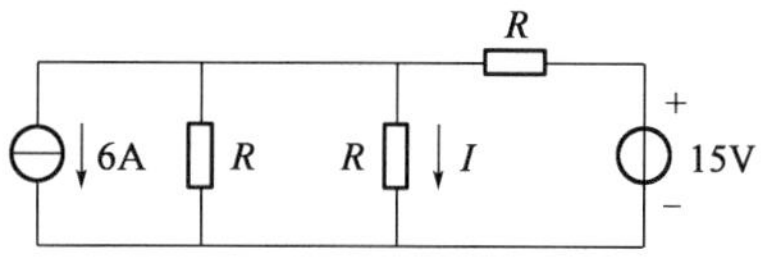

A. 因电阻R未知，故无法求出

B. 3A

C. 2A

D. −2A

82. 用电压表测量图示电路$u(t)$和$i(t)$的结果是 10V 和 0.2A，设电流$i(t)$的初相位为$10°$，电压与电流呈反相关系，则如下关系成立的是：

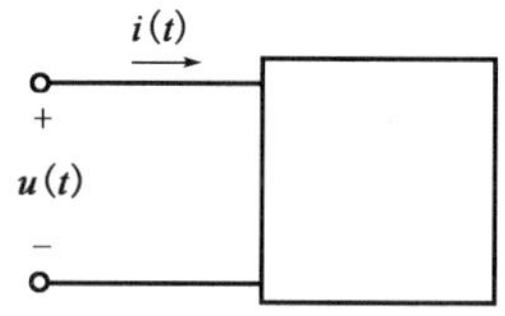

A. $\dot{U} = 10\angle - 10°\text{V}$

B. $\dot{U} = -10\angle - 10°\text{V}$

C. $\dot{U} = 10\sqrt{2}\angle - 170°\text{V}$

D. $\dot{U} = 10\angle - 170°\text{V}$

83. 测得某交流电路的端电压u和电流i分别为 110V 和 1A，两者的相位差为$30°$，则该电路的有功功率、无功功率和视在功率分别为：

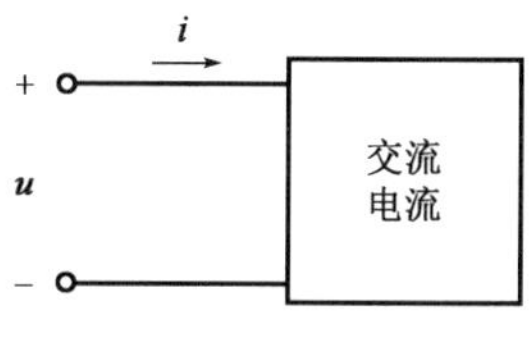

A. 95.3W，55var，110V·A

B. 55W，95.3var，110V·A

C. 110W，110var，110V·A

D. 95.3W，55var，150.3V·A

84. 已知电路如图所示，设开关在$t=0$时刻断开，那么：

A. 电流i_C从 0 逐渐增长，再逐渐衰减为 0

B. 电压从 3V 逐渐衰减到 2V

C. 电压从 2V 逐渐增长到 3V

D. 时间常数$\tau=4C$

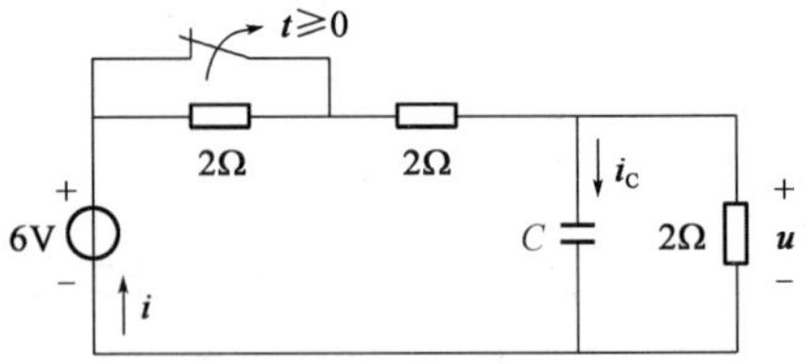

85. 图示变压器为理想变压器，且$N_1=100$匝，若希望$I_1=1$A时，$P_{R2}=40$W，则N_2应为：

A. 50 匝

B. 200 匝

C. 25 匝

D. 400 匝

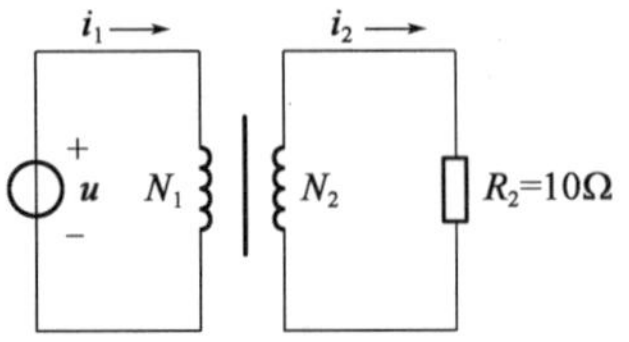

86. 为实现对电动机的过载保护，除了将热继电器的热元件串接在电动机的供电电路中外，还应将其：

A. 常开触点串接在控制电路中

B. 常闭触点串接在控制电路中

C. 常开触点串接在主电路中

D. 常闭触点串接在主电路中

87. 通过两种测量手段测得某管道中液体的压力和流量信号如图中曲线 1 和曲线 2 所示，由此可以说明：

A. 曲线 1 是压力的模拟信号

B. 曲线 2 是流量的模拟信号

C. 曲线 1 和曲线 2 均为模拟信号

D. 曲线 1 和曲线 2 均为连续信号

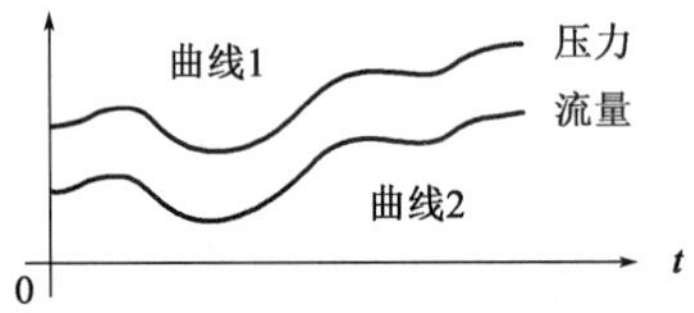

88. 设周期信号$u(t)$的幅值频谱如图所示，则该信号：

A. 是一个离散时间信号

B. 是一个连续时间信号

C. 在任意瞬间均取正值

D. 最大瞬时值为 1.5V

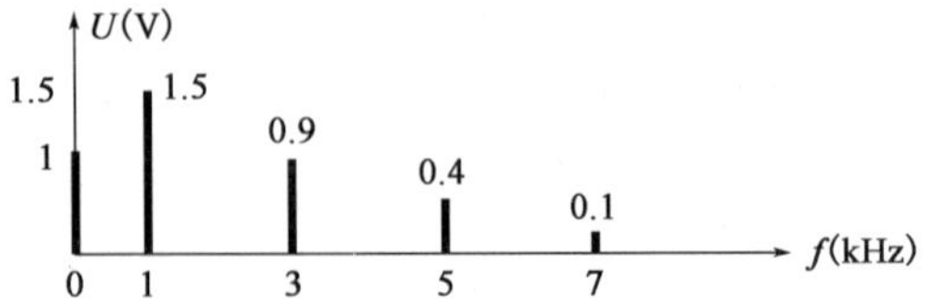

89. 设放大器的输入信号为$u_1(t)$，放大器的幅频特性如图所示，令$u_1(t)=\sqrt{2}u_1\sin 2\pi ft$，且$f>f_H$，则：

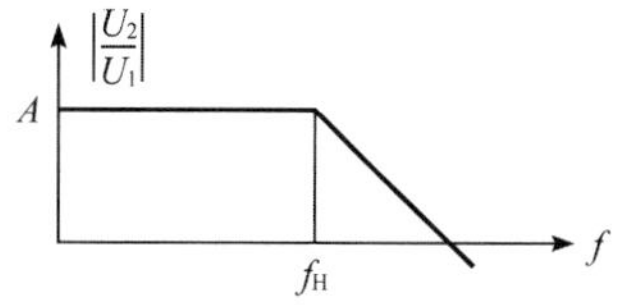

A. $u_2(t)$的出现频率失真

B. $u_2(t)$的有效值$U_2=AU_1$

C. $u_2(t)$的有效值$U_2<AU_1$

D. $u_2(t)$的有效值$U_2>AU_1$

90. 对逻辑表达式$\mathrm{AC}+\mathrm{DC}+\overline{\mathrm{AD}}\cdot\mathrm{C}$的化简结果是：

A. C

B. A + D + C

C. AC + DC

D. $\overline{\mathrm{A}}+\overline{\mathrm{C}}$

91. 已知数字信号 A 和数字信号 B 的波形如图所示，则数字信号 F= $\overline{\mathrm{A}+\mathrm{B}}$的波形为：

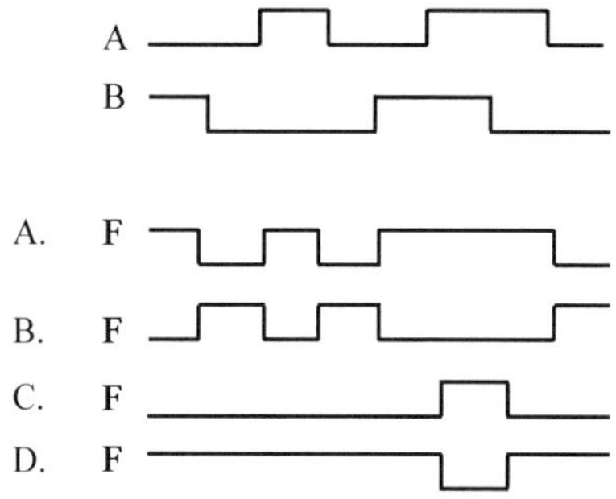

92. 十进制数字 88 的 BCD 码为：

A. 00010001

B. 10001000

C. 01100110

D. 01000100

93. 二极管应用电路如图 a）所示，电路的激励u_f如图 b）所示，设二极管为理想器件，则电路输出电压u_o的波形为：

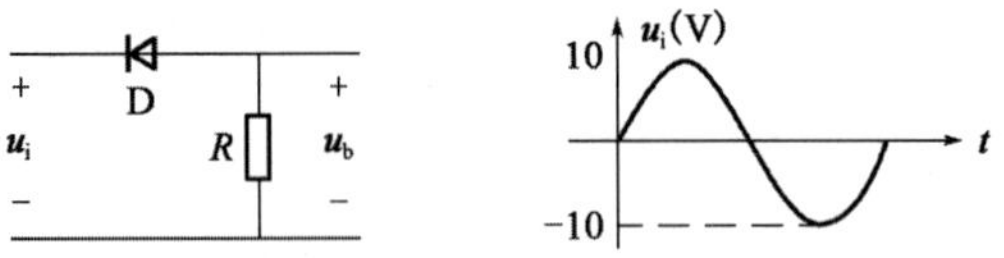

a)　　　　b)

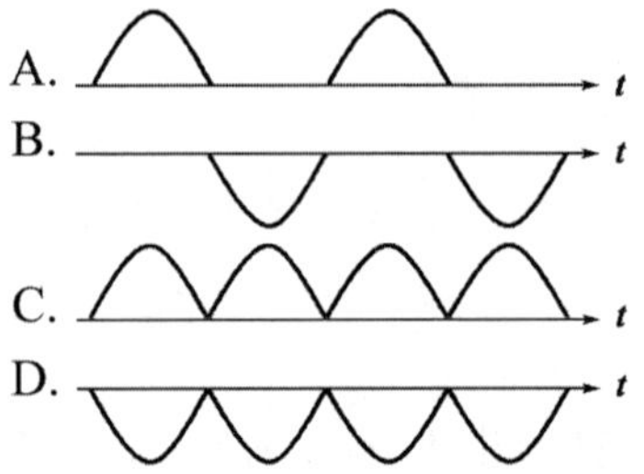

94. 图 a）所示的电路中，运算放大器输出电压的极限值为$\pm U_{oM}$，当输入电压$u_{i1}=1\text{V}$，$u_{i2}=2\sin at$时，输出电压波形如图 b）所示。如果将u_{i1}从 1V 调至 1.5V，将会使输出电压的：

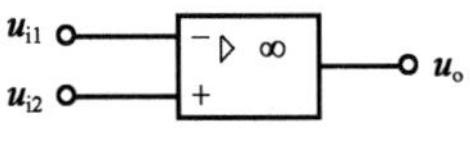

a)

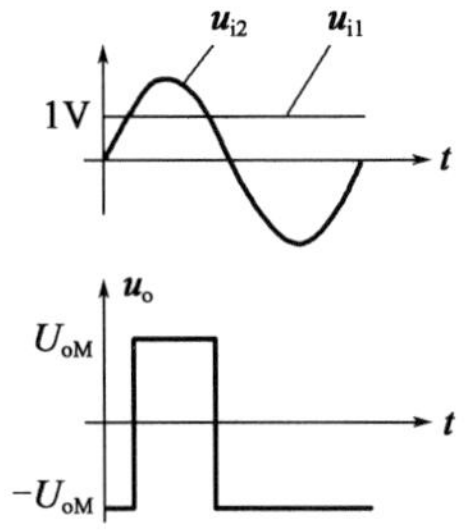

b)

A. 频率发生改变　　　　B. 幅度发生改变

C. 平均值升高　　　　D. 平均值降低

95. 图 a）所示的电路中，复位信号$\overline{R}_D$、信号 A 及时钟脉冲信号 CP 如图 b）所示，经分析可知，在第一个和第二个时钟脉冲的下降沿时刻，输出 Q 先后等于：

A. 0　0　　　　B. 0　1

C. 1　0　　　　D. 1　1

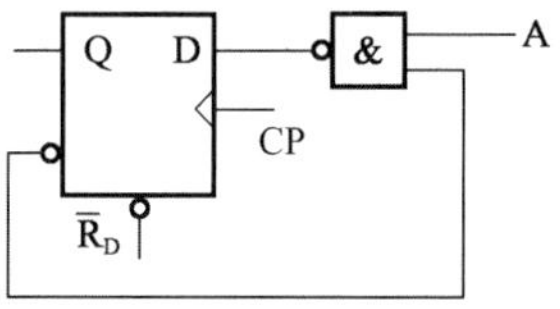

a)

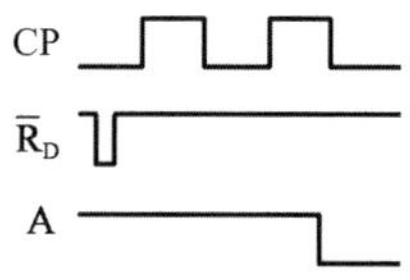

b)

附：触发器的逻辑状态表为

D	Q_{n+1}
0	0
1	1

96. 图示时序逻辑电路是一个：

A. 左移寄存器

B. 右移寄存器

C. 异步三位二进制加法计数器

D. 同步六进制计数器

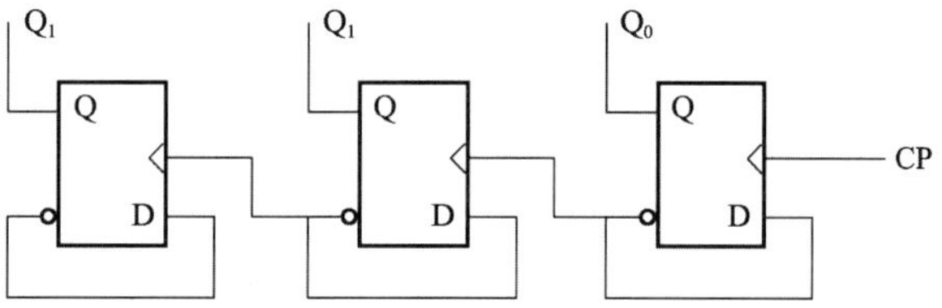

附：触发器的逻辑状态表为

D	Q_{n+1}
0	0
1	1

97. 计算机系统的内存存储器是：

A. 计算机软件系统的一个组成部分　　B. 计算机硬件系统的一个组成部分

C. 隶属于外围设备的一个组成部分　　D. 隶属于控制部件的一个组成部分

98. 根据冯·诺依曼结构原理，计算机的硬件由：

A. 运算器、存储器、打印机组成

B. 寄存器、存储器、硬盘存储器组成

C. 运算器、控制器、存储器、I/O设备组成

D. CPU、显示器、键盘组成

99. 微处理器与存储器以及外围设备之间的数据传送操作通过：

A. 显示器和键盘进行　　B. 总线进行

C. 输入/输出设备进行　　D. 控制命令进行

100. 操作系统的随机性指的是：

A. 操作系统的运行操作是多层次的

B. 操作系统与单个用户程序共享系统资源

C. 操作系统的运行是在一个随机的环境中进行的

D. 在计算机系统中同时存在多个操作系统，且同时进行操作

101. Windows 2000 以及以后更新的操作系统版本是：

A. 一种单用户单任务的操作系统

B. 一种多任务的操作系统

C. 一种不支持虚拟存储器管理的操作系统

D. 一种不适用于商业用户的营组系统

102. 十进制的数 256.625，用八进制表示则是：

A. 412.5　　B. 326.5

C. 418.8　　D. 400.5

103. 计算机的信息数量的单位常用 KB、MB、GB、TB 表示，它们中表示信息数量最大的一个是：

A. KB　　B. MB　　C. GB　　D. TB

104. 下列选项中，不是计算机病毒特点的是：

A. 非授权执行性、复制传播性

B. 感染性、寄生性

C. 潜伏性、破坏性、依附性

D. 人机共患性、细菌传播性

105. 按计算机网络作用范围的大小，可将网络划分为：

A. X.25 网、ATM 网

B. 广域网、有线网、无线网

C. 局域网、城域网、广域网

D. 环形网、星形网、树形网、混合网

106. 下列选项中不属于局域网拓扑结构的是：

A. 星形　　B. 互联形

C. 环形　　D. 总线型

107. 某项目借款 2000 万元，借款期限 3 年，年利率为 6%，若每半年计复利一次，则实际年利率会高出名义利率多少：

A. 0.16%　　B. 0.25%

C. 0.09%　　D. 0.06%

108. 某建设项目的建设期为 2 年，第一年贷款额为 400 万元，第二年贷款额为 800 万元，贷款在年内均衡发生，贷款年利率为 6%，建设期内不支付利息，则建设期贷款利息为：

A. 12 万元　　B. 48.72 万

C. 60 万元　　D. 60.72 万元

109. 某公司发行普通股筹资 8000 万元，筹资费率为 3%，第一年股利率为 10%，以后每年增长 5%，所得税率为 25%，则普通股资金成本为：

A. 7.73%　　B. 10.31%

C. 11.48%　　D. 15.31%

110. 某投资项目原始投资额为 200 万元，使用寿命为 10 年，预计净残值为零，已知该项目第 10 年的经营净现金流量为 25 万元，回收营运资金 20 万元，则该项目第 10 年的净现金流量为：

A. 20 万元　　B. 25 万元

C. 45 万元　　D. 65 万元

111. 以下关于社会折现率的说法中，不正确的是：

A. 社会折现率可用作经济内部收益率的判别基准

B. 社会折现率可用作衡量资金时间经济价值

C. 社会折现率可用作不同年份之间资金价值转化的折现率

D. 社会折现率不能反映资金占用的机会成本

112. 某项目在进行敏感性分析时，得到以下结论：产品价格下降 10%，可使$NPV = 0$；经营成本上升 15%，$NPV = 0$；寿命期缩短 20%，$NPV = 0$；投资增加 25%，$NPV = 0$。则下列因素中，最敏感的是：

A. 产品价格　　B. 经营成本

C. 寿命期　　D. 投资

113. 现有两个寿命期相同的互斥投资方案 A 和 B，B 方案的投资额和净现值都大于 A 方案，A 方案的内部收益率为 14%，B 方案的内部收益率为 15%，差额的内部收益率为 13%，则使 A、B 两方案优劣相等时的基准收益率应为：

A. 13%　　B. 14%

C. 15%　　D. 13%至 15%之间

114. 某产品共有五项功能F_1、F_2、F_3、F_4、F_5，用强制确定法确定零件功能评价体系时，其功能得分分别为 3、5、4、1、2，则F_3的功能评价系数为：

A. 0.20　　B. 0.13　　C. 0.27　　D. 0.33

115. 根据《中华人民共和国建筑法》规定，施工企业可以将部分工程分包给其他具有相应资质的分包单位施工，下列情形中不违反有关承包的禁止性规定的是：

A. 建筑施工企业超越本企业资质等级许可的业务范围或者以任何形式用其他建筑施工企业的名义承揽工程

B. 承包单位将其承包的全部建筑工程转包给他人

C. 承包单位将其承包的全部建筑工程肢解以后以分包的名义分别转包给他人

D. 两个不同资质等级的承包单位联合共同承包

116. 根据《中华人民共和国安全生产法》规定，从业人员享有权利并承担义务，下列情形中属于从业人员履行义务的是：

A. 张某发现直接危及人身安全的紧急情况时禁止作业撤离现场

B. 李某发现事故隐患或者其他不安全因素，立即向现场安全生产管理人员或者本单位负责人报告

C. 王某对本单位安全生产工作中存在的问题提出批评、检举、控告

D. 赵某对本单位的安全生产工作提出建议

117. 某工程实行公开招标，招标文件规定，投标人提交投标文件截止时间为 3 月 22 日下午 5 点整。投标人 D 由于交通拥堵于 3 月 22 日下午 5 点 10 分送达投标文件，其后果是：

A. 投标保证金被没收　　B. 招标人拒收该投标文件

C. 投标人提交的投标文件有效　　D. 由评标委员会确定为废标

118. 在订立合同是显失公平的合同时，当事人可以请求人民法院撤销该合同，其行使撤销权的有效期限是：

A. 自知道或者应当知道撤销事由之日起五年内

B. 自撤销事由发生之日一年内

C. 自知道或者应当知道撤销事由之日起一年内

D. 自撤销事由发生之日五年内

119. 根据《建设工程质量管理条例》规定，下列有关建设工程质量保修的说法中，正确的是：

A. 建设工程的保修期，自工程移交之日起计算

B. 供冷系统在正常使用条件下，最低保修期限为 2 年

C. 供热系统在正常使用条件下，最低保修期限为 2 年采暖期

D. 建设工程承包单位向建设单位提交竣工结算资料时，应当出具质量保修书

120. 根据《建设工程安全生产管理条例》规定，建设单位确定建设工程安全作业环境及安全施工措施所需费用的时间是：

A. 编制工程概算时　　B. 编制设计预算时

C. 编制施工预算时　　D. 编制投资估算时

2018年度全国勘察设计注册工程师

执业资格考试试卷

基础考试

（上）

二〇一八年十月

应考人员注意事项

1. 本试卷科目代码为“1”，考生务必将此代码填涂在答题卡“科目代码”相应的栏目内，否则，无法评分。
2. 书写用笔：**黑色或蓝色钢笔、签字笔或圆珠笔；**

   填涂答题卡用笔：**黑色 2B 铅笔**。
3. 必须用书写用笔将工作单位、姓名、准考证号填写在答题卡和试卷相应的栏目内。
4. 本试卷由 120 题组成，每题 1 分，满分 120 分，本试卷全部为单项选择题，每小题的四个备选项中只有一个正确答案，错选、多选、不选均不得分。
5. 考生作答时，必须**按题号在答题卡上**将相应试题所选选项对应的**字母用 2B 铅笔涂黑**。
6. 在答题卡上书写与题意无关的语言，或在答题卡上作标记的，均按违纪试卷处理。
7. 考试结束时，由监考人员当面将试卷、答题卡一并收回。
8. 草稿纸由各地统一配发，考后收回。

单项选择题（共 120 题，每题 1 分。每题的备选项中只有一个最符合题意。）

1. 下列等式中不成立的是：

A. $\lim\limits_{x\to 0}\frac{\sin x^2}{x^2}=1$

B. $\lim\limits_{x\to\infty}\frac{\sin x}{x}=1$

C. $\lim\limits_{x\to 0}\frac{\sin x}{x}=1$

D. $\lim\limits_{x\to\infty}x\sin\frac{1}{x}=1$

2. 设$f(x)$为偶函数，$g(x)$为奇函数，则下列函数中为奇函数的是：

A. $f[g(x)]$

B. $f[f(x)]$

C. $g[f(x)]$

D. $g[g(x)]$

3. 若$f'(x_0)$存在，则$\lim\limits_{x\to x_0}\frac{xf(x_0)-x_0f(x)}{x-x_0}=$：

A. $f'(x_0)$

B. $-x_0f'(x_0)$

C. $f(x_0)-x_0f'(x_0)$

D. $x_0f'(x_0)$

4. 已知$\varphi(x)$可导，则$\frac{\mathrm{d}}{\mathrm{d}x}\int_{\varphi(x^2)}^{\varphi(x)}e^{t^2}\,\mathrm{d}t$等于：

A. $\varphi'(x)e^{[\varphi(x)]^2}-2x\varphi'(x^2)e^{[\varphi(x^2)]^2}$

B. $e^{[\varphi(x)]^2}-e^{[\varphi(x^2)]^2}$

C. $\varphi'(x)e^{[\varphi(x)]^2}-\varphi'(x^2)e^{[\varphi(x^2)]^2}$

D. $\varphi'(x)e^{\varphi(x)}-2x\varphi'(x^2)e^{\varphi(x^2)}$

5. 若$\int f(x)\mathrm{d}x=F(x)+C$，则$\int xf(1-x^2)\mathrm{d}x$等于：

A. $F(1-x^2)+C$

B. $-\frac{1}{2}F(1-x^2)+C$

C. $\frac{1}{2}F(1-x^2)+C$

D. $-\frac{1}{2}F(x)+C$

6. 若$x=1$是函数$y=2x^2+ax+1$的驻点，则常数a等于：

A. 2

B. −2

C. 4

D. −4

7. 设向量$\boldsymbol{\alpha}$与向量$\boldsymbol{\beta}$的夹角$\theta=\frac{\pi}{3}$，$|\boldsymbol{\alpha}|=1$，$|\boldsymbol{\beta}|=2$，则$|\boldsymbol{\alpha}+\boldsymbol{\beta}|$等于：

A. $\sqrt{8}$

B. $\sqrt{7}$

C. $\sqrt{6}$

D. $\sqrt{5}$

8. 微分方程$y'' = \sin x$的通解y等于：

A. $-\sin x + C_1 + C_2$

B. $-\sin x + C_1 x + C_2$

C. $-\cos x + C_1 x + C_2$

D. $\sin x + C_1 x + C_2$

9. 设函数$f(x)$，$g(x)$在$[a,b]$上均可导$(a < b)$，且恒正，若$f'(x)g(x) + f(x)g'(x) > 0$，则当$x \in (a,b)$时，下列不等式中成立的是：

A. $\frac{f(x)}{g(x)} > \frac{f(a)}{g(b)}$

B. $\frac{f(x)}{g(x)} > \frac{f(b)}{g(b)}$

C. $f(x)g(x) > f(a)g(a)$

D. $f(x)g(x) > f(b)g(b)$

10. 由曲线$y = \ln x$，y轴与直线$y = \ln a$，$y = \ln b(b > a > 0)$所围成的平面图形的面积等于：

A. $\ln b - \ln a$

B. $b - a$

C. $e^b - e^a$

D. $e^b + e^a$

11. 下列平面中，平行于且非重合于yOz坐标面的平面方程是：

A. $y + z + 1 = 0$

B. $z + 1 = 0$

C. $y + 1 = 0$

D. $x + 1 = 0$

12. 函数$f(x,y)$在点$P_0(x_0,y_0)$处的一阶偏导数存在是该函数在此点可微分的：

A. 必要条件

B. 充分条件

C. 充分必要条件

D. 既非充分条件也非必要条件

13. 下列级数中，发散的是：

A. $\sum\limits_{n=1}^{\infty} \frac{1}{n(n+1)}$

B. $\sum\limits_{n=1}^{\infty} \frac{1}{n^{3/2}}$

C. $\sum\limits_{n=1}^{\infty} \left(\frac{n}{2n+1}\right)^2$

D. $\sum\limits_{n=1}^{\infty} (-1)^n \frac{1}{\sqrt{n}}$

14. 在下列微分方程中，以函数$y = C_1 e^{-x} + C_2 e^{4x}$（$C_1$，$C_2$为任意常数）为通解的微分方程是：

A. $y'' + 3y' - 4y = 0$

B. $y'' - 3y' - 4y = 0$

C. $y'' + 3y' + 4y = 0$

D. $y'' + y' - 4y = 0$

15. 设L是从点$A(0,1)$到点$B(1,0)$的直线段，则对弧长的曲线积分$\int_L \cos(x+y)\mathrm{d}s$等于：

A. $\cos 1$　　B. $2\cos 1$

C. $\sqrt{2}\cos 1$　　D. $\sqrt{2}\sin 1$

16. 若正方形区域D：$|x|\leqslant 1$，$|y|\leqslant 1$，则二重积分$\iint\limits_D (x^2+y^2)\mathrm{d}x\mathrm{d}y$等于：

A. 4　　B. $\frac{8}{3}$

C. 2　　D. $\frac{2}{3}$

17. 函数$f(x)=a^x(a>0，a\neq 1)$的麦克劳林展开式中的前三项是：

A. $1+x\ln a+\frac{x^2}{2}$　　B. $1+x\ln a+\frac{\ln a}{2}x^2$

C. $1+x\ln a+\frac{(\ln a)^2}{2}x^2$　　D. $1+\frac{x}{\ln a}+\frac{x^2}{2\ln a}$

18. 设函数$z=f(x^2y)$，其中$f(u)$具有二阶导数，则$\frac{\partial^2 z}{\partial x\partial y}$等于：

A. $f''(x^2y)$　　B. $f'(x^2y)+x^2f''(x^2y)$

C. $2x[f'(x^2y)+xf''(x^2y)]$　　D. $2x[f'(x^2y)+x^2yf''(x^2y)]$

19. 设$\boldsymbol{A}$、$\boldsymbol{B}$均为三阶矩阵，且行列式$|\boldsymbol{A}|=1$，$|\boldsymbol{B}|=-2$，$\boldsymbol{A}^{\mathrm{T}}$为$\boldsymbol{A}$的转置矩阵，则行列式$\left|-2\boldsymbol{A}^{\mathrm{T}}\boldsymbol{B}^{-1}\right|$等于：

A. -1　　B. 1

C. -4　　D. 4

20. 要使齐次线性方程组$\begin{cases}ax_1+x_2+x_3=0\\x_1+ax_2+x_3=0\\x_1+x_2+ax_3=0\end{cases}$，有非零解，则$a$应满足：

A. $-2<a<1$　　B. $a=1$或$a=-2$

C. $a\neq -1$且$a\neq -2$　　D. $a>1$

21. 矩阵$\boldsymbol{A}=\begin{bmatrix}1 & -1 & 0\\ -1 & 3 & 0\\ 0 & 0 & 0\end{bmatrix}$所对应的二次型的标准型是：

A. $f=y_1^2-3y_2^2$　　　　B. $f=y_1^2-2y_2^2$

C. $f=y_1^2+2y_2^2$　　　　D. $f=y_1^2-y_2^2$

22. 已知事件$\boldsymbol{A}$与$\boldsymbol{B}$相互独立，且$P(\overline{A})=0.4$，$P(\overline{B})=0.5$，则$P(A\cup B)$等于：

A. 0.6　　　　B. 0.7

C. 0.8　　　　D. 0.9

23. 设随机变量X的分布函数为$F(x)=\begin{cases}0 & x\leqslant 0\\ x^3 & 0<x\leqslant 1\\ 1 & x>1\end{cases}$，则数学期望$E(X)$等于：

A. $\int_0^1 3x^2\mathrm{d}x$　　　　B. $\int_0^1 3x^3\mathrm{d}x$

C. $\int_0^1 \frac{x^4}{4}\mathrm{d}x+\int_1^{+\infty} x\mathrm{d}x$　　　　D. $\int_0^{+\infty} 3x^3\mathrm{d}x$

24. 若二维随机变量(X,Y)的联合分布律为：

Y \ X	1	2	3
1	$\frac{1}{6}$	$\frac{1}{9}$	$\frac{1}{18}$
2	$\frac{1}{3}$	β	α

且X与Y相互独立，则α、β取值为：

A. $\alpha=\frac{1}{6}$，$\beta=\frac{1}{6}$　　　　B. $\alpha=0$，$\beta=\frac{1}{3}$

C. $\alpha=\frac{2}{9}$，$\beta=\frac{1}{9}$　　　　D. $\alpha=\frac{1}{9}$，$\beta=\frac{2}{9}$

25. 1mol 理想气体（刚性双原子分子），当温度为T时，每个分子的平均平动动能为：

A. $\frac{3}{2}RT$　　　　B. $\frac{5}{2}RT$

C. $\frac{3}{2}kT$　　　　D. $\frac{5}{2}kT$

26. 一密闭容器中盛有 1mol 氦气（视为理想气体），容器中分子无规则运动的平均自由程仅取决于：

A. 压强p　　　　B. 体积V

C. 温度T　　　　D. 平均碰撞频率$\overline{Z}$

27. “理想气体和单一恒温热源接触做等温膨胀时，吸收的热量全部用来对外界做功。”对此说法，有以下几种讨论，其中正确的是：

A. 不违反热力学第一定律，但违反热力学第二定律

B. 不违反热力学第二定律，但违反热力学第一定律

C. 不违反热力学第一定律，也不违反热力学第二定律

D. 违反热力学第一定律，也违反热力学第二定律

28. 一定量的理想气体，由一平衡态(p_1,V_1,T_1)变化到另一平衡态(p_2,V_2,T_2)，若$V_2>V_1$，但$T_2=T_1$，无论气体经历怎样的过程：

A. 气体对外做的功一定为正值 B. 气体对外做的功一定为负值

C. 气体的内能一定增加 D. 气体的内能保持不变

29. 一平面简谐波的波动方程为$y=0.01\cos 10\pi(25t-x)$(SI)，则在$t=0.1$s时刻，$x=2$m处质元的振动位移是：

A. 0.01cm B. 0.01m

C. −0.01m D. 0.01mm

30. 一平面简谐波的波动方程为$y=0.02\cos\pi(50t+4x)$(SI)，此波的振幅和周期分别为：

A. 0.02m，0.04s B. 0.02m，0.02s

C. −0.02m，0.02s D. 0.02m，25s

31. 当机械波在媒质中传播，一媒质质元的最大形变量发生在：

A. 媒质质元离开其平衡位置的最大位移处

B. 媒质质元离开其平衡位置的$\frac{\sqrt{2}}{2}A$处（A为振幅）

C. 媒质质元离开其平衡位置的$\frac{A}{2}$处

D. 媒质质元在其平衡位置处

32. 双缝干涉实验中，若在两缝后（靠近屏一侧）各覆盖一块厚度均为d，但折射率分别为n_1和n_2（$n_2>n_1$）的透明薄片，则从两缝发出的光在原来中央明纹初相遇时，光程差为：

A. $d(n_2-n_1)$ B. $2d(n_2-n_1)$

C. $d(n_2-1)$ D. $d(n_1-1)$

33. 在空气中做牛顿环实验，当平凸透镜垂直向上缓慢平移而远离平面镜时，可以观察到这些环状干涉条纹：

A. 向右平移　　B. 静止不动

C. 向外扩张　　D. 向中心收缩

34. 真空中波长为λ的单色光，在折射率为n的均匀透明媒质中，从A点沿某一路径传播到B点，路径的长度为l，A、B两点光振动的相位差为$\Delta\varphi$，则：

A. $l=\frac{3\lambda}{2}$，$\Delta\varphi=3\pi$　　B. $l=\frac{3\lambda}{2n}$，$\Delta\varphi=3n\pi$

C. $l=\frac{3\lambda}{2n}$，$\Delta\varphi=3\pi$　　D. $l=\frac{3n\lambda}{2}$，$\Delta\varphi=3n\pi$

35. 空气中用白光垂直照射一块折射率为1.50、厚度为0.4×10^{-6}m的薄玻璃片，在可见光范围内，光在反射中被加强的光波波长是（$1\text{m}=1\times10^{9}\text{nm}$）：

A. 480nm　　B. 600nm　　C. 2400nm　　D. 800nm

36. 有一玻璃劈尖，置于空气中，劈尖角$\theta=8\times10^{-5}$rad（弧度），用波长$\lambda=589$nm的单色光垂直照射此劈尖，测得相邻干涉条纹间距$l=2.4$mm，则此玻璃的折射率为：

A. 2.86　　B. 1.53　　C. 15.3　　D. 28.6

37. 某元素正二价离子（M^{2+}）的外层电子构型是$3s^2 3p^6$，该元素在元素周期表中的位置是：

A. 第三周期，第 VIII 族　　B. 第三周期，第 VIA 族

C. 第四周期，第 IIA 族　　D. 第四周期，第 VIII 族

38. 在Li^+、Na^+、K^+、Rb^+中，极化力最大的是：

A. Li^+　　B. Na^+　　C. K^+　　D. Rb^+

39. 浓度均为$0.1\text{mol}\cdot\text{L}^{-1}$的$NH_4Cl$、NaCl、NaOAc、$Na_3PO_4$溶液，其 pH 值从小到大顺序正确的是：

A. NH_4Cl，NaCl，NaOAc，Na_3PO_4　　B. Na_3PO_4，NaOAc，NaCl，NH_4Cl

C. NH_4Cl，NaCl，Na_3PO_4，NaOAc　　D. NaOAc，Na_3PO_4，NaCl，NH_4Cl

40. 某温度下，在密闭容器中进行如下反应$2\text{A(g)}+\text{B(g)}\rightleftharpoons 2\text{C(g)}$，开始时，$p(\text{A})=p(\text{B})=300\text{kPa}$，$p(\text{C})=0\text{kPa}$，平衡时，$p(\text{C})=100\text{kPa}$，在此温度下反应的标准平衡常数$K^{\Theta}$是：

A. 0.1　　B. 0.4　　C. 0.001　　D. 0.002

41. 在酸性介质中，反应$MnO_4^- + SO_3^{2-} + H^+ \longrightarrow Mn^{2+} + SO_4^{2-} + H_2O$，配平后，$H^+$的系数为：

A. 8　　B. 6　　C. 0　　D. 5

42. 已知：酸性介质中，$E^{\Theta}(ClO_4^-/Cl^-) = 1.39V$，$E^{\Theta}(ClO_3^-/Cl^-) = 1.45V$，$E^{\Theta}(HClO/Cl^-) = 1.49V$，$E^{\Theta}(Cl_2/Cl^-) = 1.36V$，以上各电对中氧化型物质氧化能力最强的是：

A. ClO_4^-　　B. ClO_3^-　　C. HClO　　D. Cl_2

43. 下列反应的热效应等于$CO_2(g)$的$\Delta_f H_m^{\Theta}$的是：

A. $C(金刚石) + O_2(g) \longrightarrow CO_2(g)$　　B. $CO(g) + \frac{1}{2}O_2(g) \longrightarrow CO_2(g)$

C. $C(石墨) + O_2(g) \longrightarrow CO_2(g)$　　D. $2C(石墨) + 2O_2(g) \longrightarrow 2CO_2(g)$

44. 下列物质在一定条件下不能发生银镜反应的是：

A. 甲醛　　B. 丁醛

C. 甲酸甲酯　　D. 乙酸乙酯

45. 下列物质一定不是天然高分子的是：

A. 蔗糖　　B. 蛋白质

C. 橡胶　　D. 纤维素

46. 某不饱和烃催化加氢反应后，得到$(CH_3)_2CHCH_2CH_3$，该不饱和烃是：

A. 1-戊炔　　B. 3-甲基-1-丁炔

C. 2-戊炔　　D. 1,2-戊二烯

47. 设力$\boldsymbol{F}$在x轴上的投影为F，则该力在与x轴共面的任一轴上的投影：

A. 一定不等于零　　B. 不一定等于零

C. 一定等于零　　D. 等于F

48. 在图示边长为a的正方形物块$OABC$上作用一平面力系，已知：$F_1 = F_2 = F_3 = 10N$，$a = 1m$，力偶的转向如图所示，力偶矩的大小为$M_1 = M_2 = 10N \cdot m$，则力系向O点简化的主矢、主矩为：

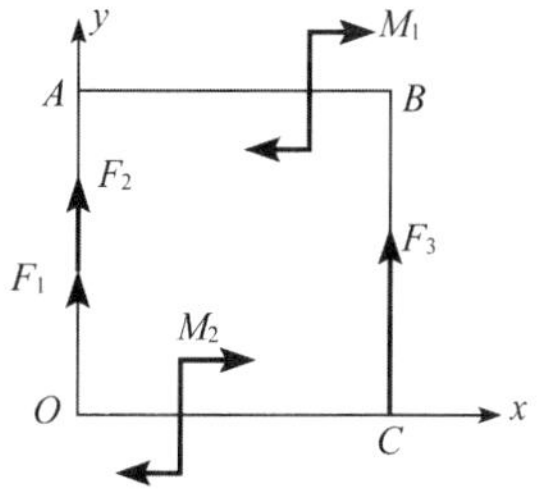

A. $F_R = 30N$（方向铅垂向上），$M_O = 10N \cdot m$(↺)

B. $F_R = 30N$（方向铅垂向上），$M_O = 10N \cdot m$(↻)

C. $F_R = 50N$（方向铅垂向上），$M_O = 30N \cdot m$(↺)

D. $F_R = 10N$（方向铅垂向上），$M_O = 10N \cdot m$(↻)

49. 在图示结构中，已知$AB = AC = 2r$，物重F_p，其余质量不计，则支座A的约束力为：

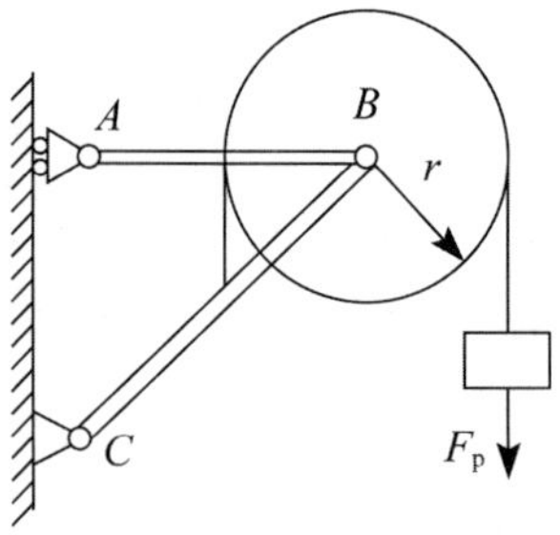

A. $F_A = 0$

B. $F_A = \frac{1}{2}F_p(\leftarrow)$

C. $F_A = \frac{1}{2}\cdot 3F_p(\rightarrow)$

D. $F_A = \frac{1}{2}\cdot 3F_p(\leftarrow)$

50. 图示平面结构，各杆自重不计，已知$q = 10\text{kN/m}$，$F_p = 20\text{kN}$，$F = 30\text{kN}$，$L_1 = 2\text{m}$，$L_2 = 5\text{m}$，B、C处为铰链连接，则BC杆的内力为：

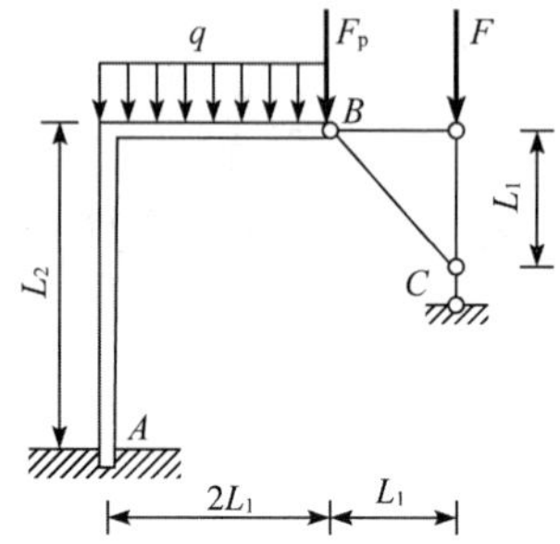

A. $F_{BC} = -30\text{kN}$

B. $F_{BC} = 30\text{kN}$

C. $F_{BC} = 10\text{kN}$

D. $F_{BC} = 0$

51. 点的运动由关系式$S = t^4 - 3t^3 + 2t^2 - 8$决定（$S$以 m 计，$t$以 s 计），则$t = 2\text{s}$时的速度和加速度为：

A. -4m/s，16m/s^2

B. 4m/s，12m/s^2

C. 4m/s，16m/s^2

D. 4m/s，-16m/s^2

52. 质点以匀速度 15m/s绕直径为 10m 的圆周运动，则其法向加速度为：

A. 22.5m/s^2

B. 45m/s^2

C. 0

D. 75m/s^2

53. 四连杆机构如图所示，已知曲柄O_1A长为r，且$O_1A = O_2B$，$O_1O_2 = AB = 2b$，角速度为ω，角加速度为α，则杆AB的中点M的速度、法向和切向加速度的大小分别为：

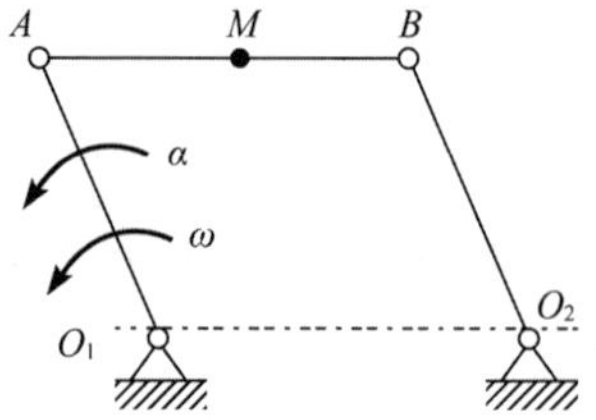

A. $v_M = b\omega$，$a_M^n = b\omega^2$，$a_M^t = b\alpha$

B. $v_M = b\omega$，$a_M^n = r\omega^2$，$a_M^t = r\alpha$

C. $v_M = r\omega$，$a_M^n = r\omega^2$，$a_M^t = r\alpha$

D. $v_M = r\omega$，$a_M^n = b\omega^2$，$a_M^t = b\alpha$

54. 质量为m的小物块在匀速转动的圆桌上，与转轴的距离为r，如图所示。设物块与圆桌之间的摩擦系数为μ，为使物块与桌面之间不产生相对滑动，则物块的最大速度为：

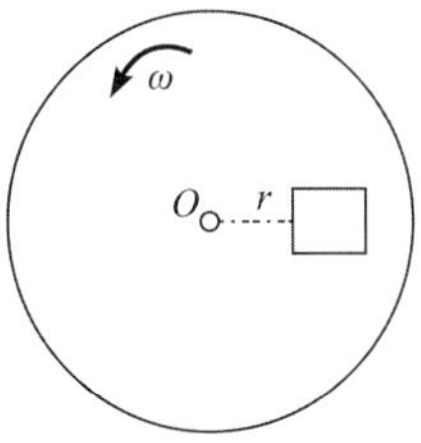

A. $\sqrt{\mu g}$

B. $2\sqrt{\mu gr}$

C. $\sqrt{\mu gr}$

D. $\sqrt{\mu r}$

55. 重 10N 的物块沿水平面滑行 4m，如果摩擦系数是 0.3，则重力及摩擦力各做的功是：

A. 40N · m，40N · m　　B. 0，40N · m

C. 0，12N · m　　D. 40N · m，12N · m

56. 质量m_1与半径r均相同的三个均质滑轮，在绳端作用有力或挂有重物，如图所示。已知均质滑轮的质量为$m_1 = 2\text{kN} \cdot \text{s}^2/\text{m}$，重物的质量分别为$m_2 = 0.2\text{kN} \cdot \text{s}^2/\text{m}$，$m_3 = 0.1\text{kN} \cdot \text{s}^2/\text{m}$，重力加速度按$g = 10\text{m/s}^2$计算，则各轮转动的角加速度$\alpha$间的关系是：

A. $\alpha_1 = \alpha_3 > \alpha_2$　　B. $\alpha_1 < \alpha_2 < \alpha_3$

C. $\alpha_1 > \alpha_3 > \alpha_2$　　D. $\alpha_1 \neq \alpha_2 = \alpha_3$

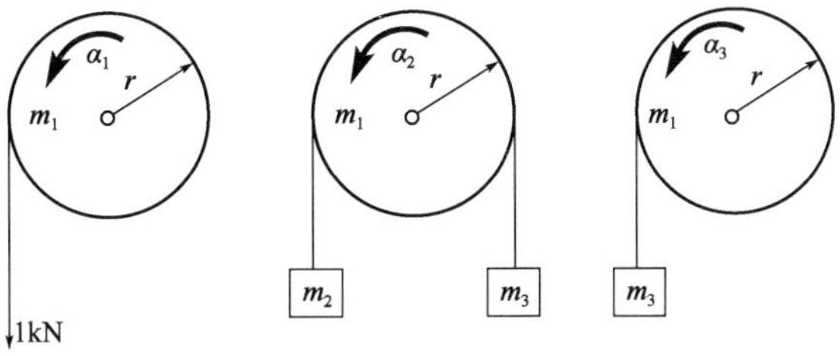

57. 均质细杆OA，质量为m，长l。在如图所示水平位置静止释放，释放瞬时轴承O施加于杆OA的附加动反力为：

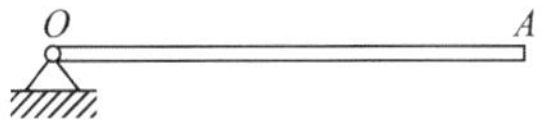

A. $3mg\uparrow$

B. $3mg\downarrow$

C. $\frac{3}{4}mg\uparrow$

D. $\frac{3}{4}mg\downarrow$

58. 图示两系统均做自由振动，其固有圆频率分别为：

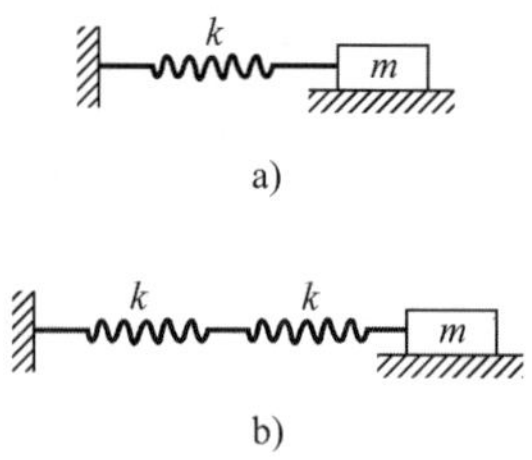

A. $\sqrt{\frac{2k}{m}}$，$\sqrt{\frac{k}{2m}}$

B. $\sqrt{\frac{k}{m}}$，$\sqrt{\frac{m}{2k}}$

C. $\sqrt{\frac{k}{2m}}$，$\sqrt{\frac{k}{m}}$

D. $\sqrt{\frac{k}{m}}$，$\sqrt{\frac{k}{2m}}$

59. 等截面杆，轴向受力如图所示，则杆的最大轴力是：

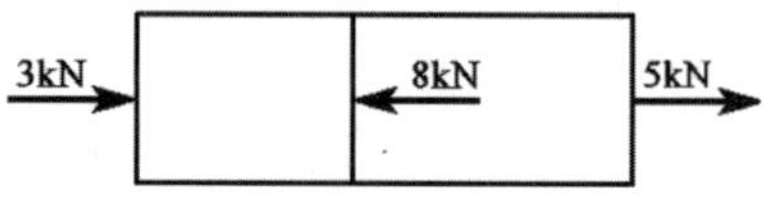

A. 8kN

B. 5kN

C. 3kN

D. 13kN

60. 变截面杆AC受力如图所示。已知材料弹性模量为E，杆BC段的截面积为A，杆AB段的截面积为$2A$，则杆C截面的轴向位移是：

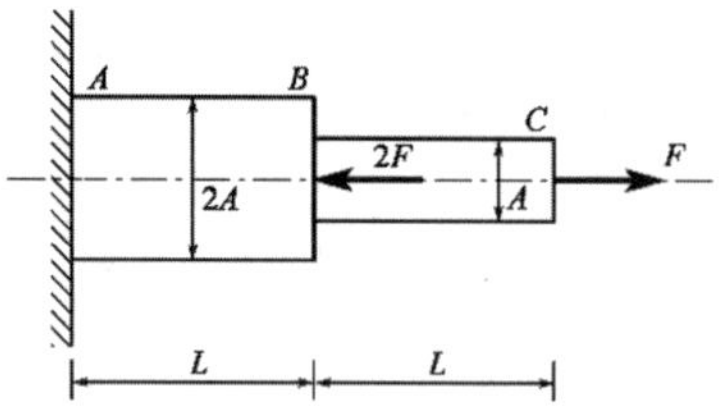

A. $\frac{FL}{2EA}$

B. $\frac{FL}{EA}$

C. $\frac{2FL}{EA}$

D. $\frac{3FL}{EA}$

61. 直径d =0.5m 的圆截面立柱，固定在直径$D = 1$m的圆形混凝土基座上，圆柱的轴向压力$F = 1000$kN，混凝土的许用应力$[\tau] = 1.5$MPa。假设地基对混凝土板的支反力均匀分布，为使混凝土基座不被立柱压穿，混凝土基座所需的最小厚度t应是：

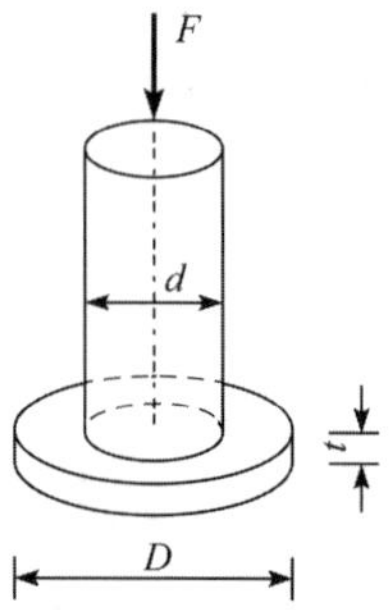

A. 159mm

B. 212mm

C. 318mm

D. 424mm

62. 实心圆轴受扭，若将轴的直径减小一半，则扭转角是原来的：

A. 2 倍　　B. 4 倍

C. 8 倍　　D. 16 倍

63. 图示截面对z轴的惯性矩I_z为：

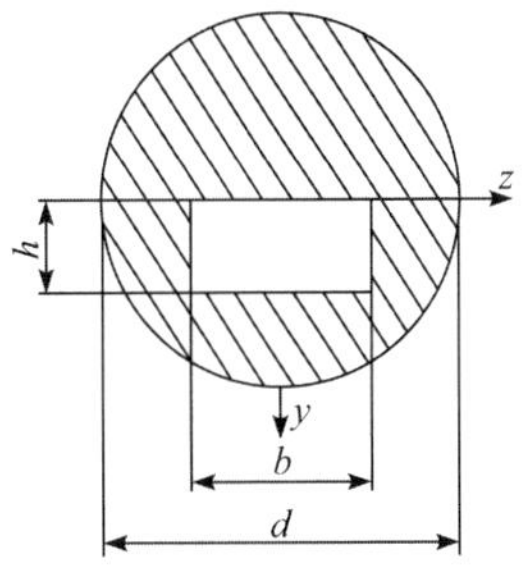

A. $I_z = \frac{\pi d^4}{64} - \frac{bh^3}{3}$

B. $I_z = \frac{\pi d^4}{64} - \frac{bh^3}{12}$

C. $I_z = \frac{\pi d^4}{32} - \frac{bh^3}{6}$

D. $I_z = \frac{\pi d^4}{64} - \frac{13bh^3}{12}$

64. 图示圆轴的抗扭截面系数为W_T，切变模量为G。扭转变形后，圆轴表面A点处截取的单元体互相垂直的相邻边线改变了γ角，如图所示。圆轴承受的扭矩T是：

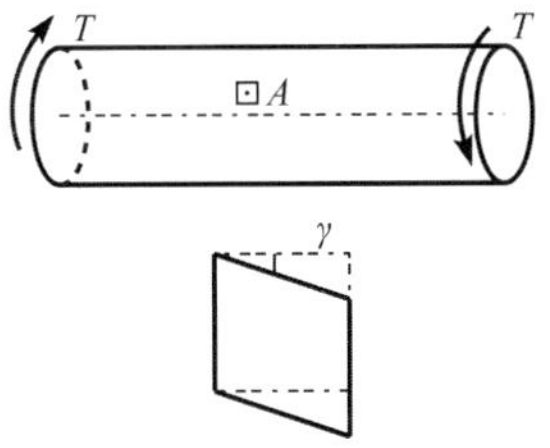

A. $T = G\gamma W_T$

B. $T = \frac{G\gamma}{W_T}$

C. $T = \frac{\gamma}{G} W_T$

D. $T = \frac{W_T}{G\gamma}$

65. 材料相同的两根矩形截面梁叠合在一起，接触面之间可以相对滑动且无摩擦力。设两根梁的自由端共同承担集中力偶m，弯曲后两根梁的挠曲线相同，则上面梁承担的力偶矩是：

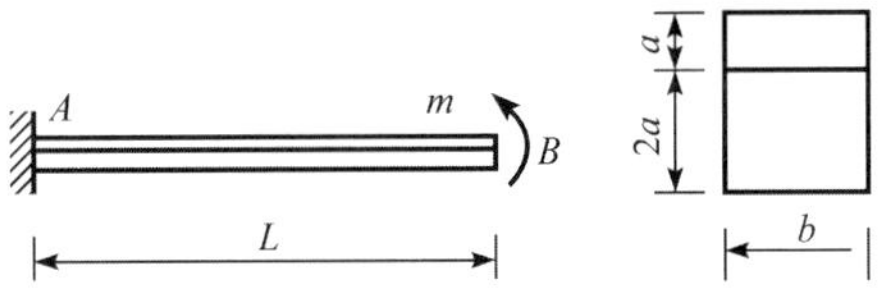

A. $m/9$

B. $m/5$

C. $m/3$

D. $m/2$

66. 图示等边角钢制成的悬臂梁AB，C点为截面形心，x为该梁轴线，y'、z'为形心主轴。集中力$\boldsymbol{F}$竖直向下，作用线过形心，则梁将发生以下哪种变化：

A. xy平面内的平面弯曲

B. 扭转和xy平面内的平面弯曲

C. xy'和xz'平面内的双向弯曲

D. 扭转及xy'和xz'平面内的双向弯曲

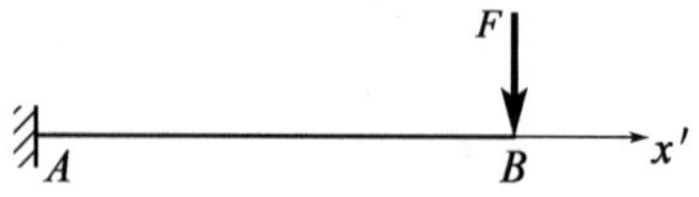

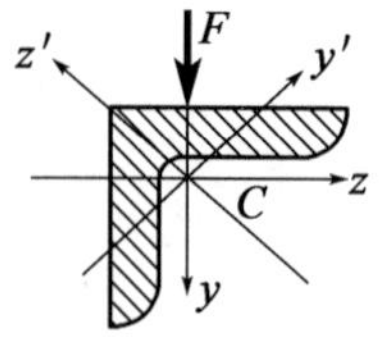

67. 图示直径为d的圆轴，承受轴向拉力$\boldsymbol{F}$和扭矩$\boldsymbol{T}$。按第三强度理论，截面危险的相当应力σ_{eq3}为：

A. $\sigma_{\mathrm{eq3}}=\frac{32}{\pi d^3}\sqrt{F^2+T^2}$

B. $\sigma_{\mathrm{eq3}}=\frac{16}{\pi d^3}\sqrt{F^2+T^2}$

C. $\sigma_{\mathrm{eq3}}=\sqrt{\left(\frac{4F}{\pi d^2}\right)^2+4\left(\frac{16T}{\pi d^3}\right)^2}$

D. $\sigma_{\mathrm{eq3}}=\sqrt{\left(\frac{4F}{\pi d^2}\right)^2+4\left(\frac{32T}{\pi d^3}\right)^2}$

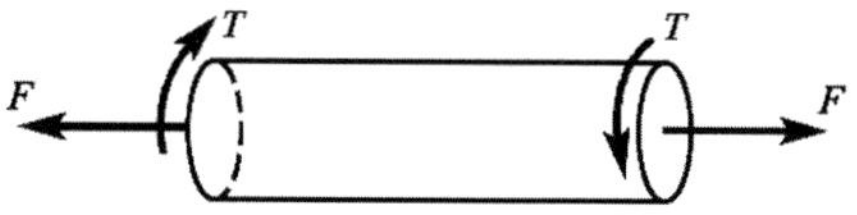

68. 在图示 4 种应力状态中，最大切应力$\tau_{\max}$大的应力状态是：

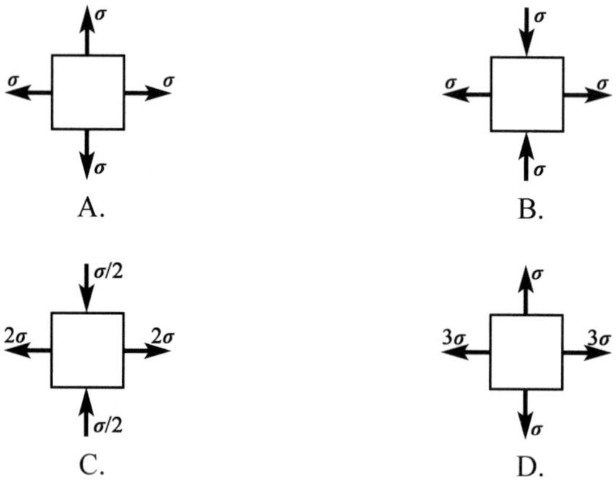

69. 图示圆轴固定端最上缘A点单元体的应力状态是：

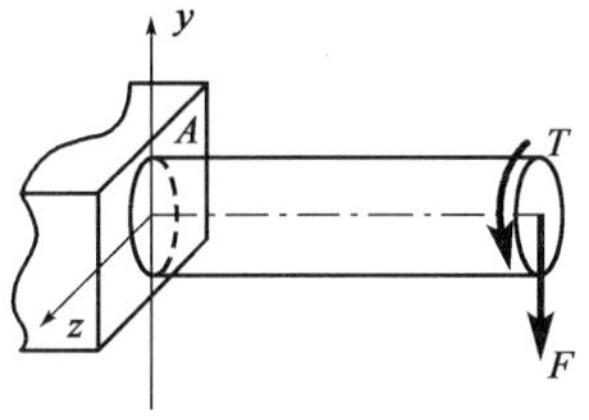

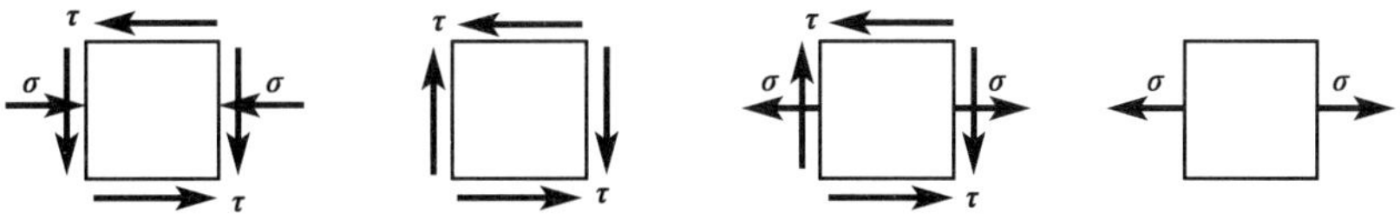

A.　　　B.　　　C.　　　D.

70. 图示三根压杆均为细长（大柔度）压杆，且弯曲刚度为EI。三根压杆的临界荷载F_{cr}的关系为：

A. $F_{cra} > F_{crb} > F_{crc}$

B. $F_{crb} > F_{cra} > F_{crc}$

C. $F_{crc} > F_{cra} > F_{crb}$

D. $F_{crb} > F_{crc} > F_{cra}$

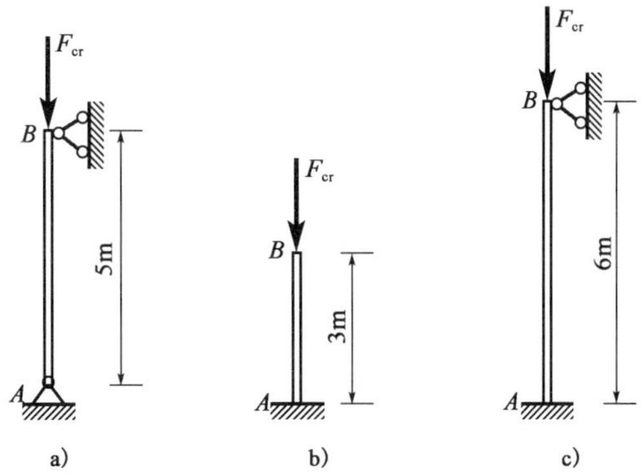

71. 压力表测出的压强是：

A. 绝对压强

B. 真空压强

C. 相对压强

D. 实际压强

72. 有一变截面压力管道，测得流量为 15L/s，其中一截面的直径为 100mm，另一截面处的流速为 20m/s，则此截面的直径为：

A. 29mm

B. 31mm

C. 35mm

D. 26mm

73. 一直径为 50mm 的圆管，运动黏滞系数$\nu = 0.18\text{cm}^2/\text{s}$、密度$\rho = 0.85\text{g/cm}^3$的油在管内以$v = 10\text{cm/s}$的速度做层流运动，则沿程损失系数是：

A. 0.18　　B. 0.23　　C. 0.20　　D. 0.26

74. 圆柱形管嘴，直径为 0.04m，作用水头为 7.5m，则出水流量为：

A. $0.008\text{m}^3/\text{s}$　　B. $0.023\text{m}^3/\text{s}$

C. $0.020\text{m}^3/\text{s}$　　D. $0.013\text{m}^3/\text{s}$

75. 同一系统的孔口出流，有效作用水头H相同，则自由出流与淹没出流的关系为：

A. 流量系数不等，流量不等　　B. 流量系数不等，流量相等

C. 流量系数相等，流量不等　　D. 流量系数相等，流量相等

76. 一梯形断面明渠，水力半径$R = 1\text{m}$，底坡$i = 0.0008$，粗糙系数$n = 0.02$，则输水流速度为：

A. 1m/s　　B. 1.4m/s

C. 2.2m/s　　D. 0.84m/s

77. 渗流达西定律适用于：

A. 地下水渗流　　B. 砂质土壤渗流

C. 均匀土壤层流渗流　　D. 地下水层流渗流

78. 几何相似、运动相似和动力相似的关系是：

A. 运动相似和动力相似是几何相似的前提

B. 运动相似是几何相似和动力相似的表象

C. 只有运动相似，才能几何相似

D. 只有动力相似，才能几何相似

79. 图示为环线半径为r的铁芯环路，绕有匝数为N的线圈，线圈中通有直流电流I，磁路上的磁场强度H处处均匀，则H值为：

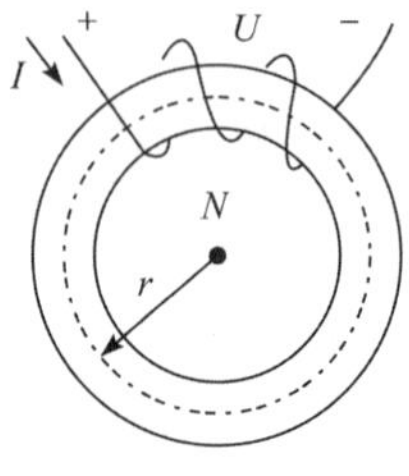

A. $\frac{NI}{r}$，顺时针方向

B. $\frac{NI}{2\pi r}$，顺时针方向

C. $\frac{NI}{r}$，逆时针方向

D. $\frac{NI}{2\pi r}$，逆时针方向

80. 图示电路中，电压$U=$

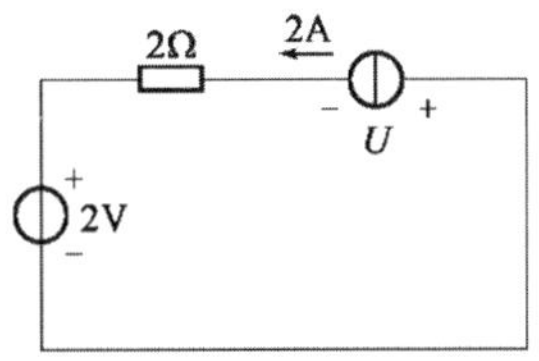

A. 0V

B. 4V

C. 6V

D. −6V

81. 对于图示电路，可以列写a、b、c、d 4 个结点的 KCL 方程和①、②、③、④、⑤ 5 个回路的 KVL 方程。为求出 6 个未知电流$I_1\sim I_6$，正确的求解模型应该是：

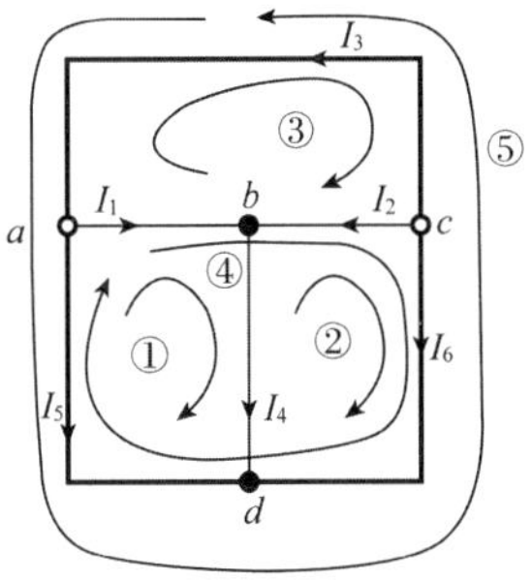

A. 任选 3 个 KCL 方程和 3 个 KVL 方程

B. 任选 3 个 KCL 方程和①、②、③ 3 个回路的 KVL 方程

C. 任选 3 个 KCL 方程和①、②、④ 3 个回路的 KVL 方程

D. 写出 4 个 KCL 方程和任意 2 个 KVL 方程

82. 已知交流电流$i(t)$的周期$T=1\text{ms}$，有效值$I=0.5\text{A}$，当$t=0$时，$i=0.5\sqrt{2}\text{A}$，则它的时间函数描述形式是：

A. $i(t)=0.5\sqrt{2}\sin 1000t\ \text{A}$

B. $i(t)=0.5\sin 2000\pi t\ \text{A}$

C. $i(t)=0.5\sqrt{2}\sin(2000\pi t+90°)\ \text{A}$

D. $i(t)=0.5\sqrt{2}\sin(1000\pi t+90°)\ \text{A}$

83. 图 a）滤波器的幅频特性如图 b）所示，当$u_i=u_{i1}=10\sqrt{2}\sin 100t\ \text{V}$时，输出$u_o=u_{o1}$，当$u_i=u_{i2}=10\sqrt{2}\sin 10^4t\ \text{V}$时，输出$u_o=u_{o2}$，则可以算出：

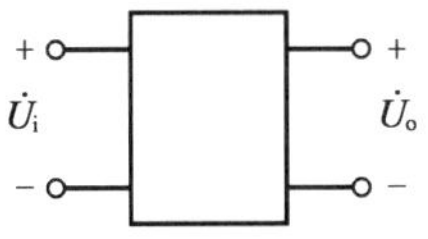

a）

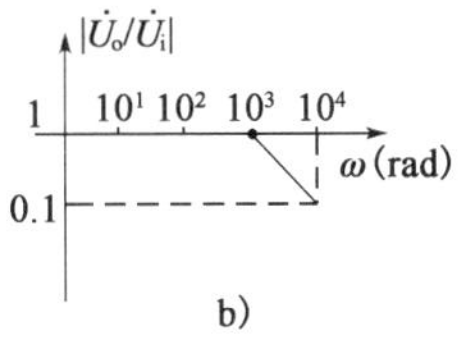

b）

A. $U_{o1}=U_{o2}=10\text{V}$

B. $U_{o1}=10\text{V}$，U_{o2}不能确定，但小于10V

C. $U_{o1}<10\text{V}$，$U_{o2}=0$

D. $U_{o1}=10\text{V}$，$U_{o2}=1\text{V}$

84. 如图 a）所示功率因数补偿电路中，当$C = C_1$时得到相量图如图 b）所示，当$C = C_2$时得到相量图如图 c）所示，则：

A. C_1一定大于C_2

B. 当$C = C_1$时，功率因数$\lambda|_{C_1} = -0.866$；当$C = C_2$时，功率因数$\lambda|_{C_2} = 0.866$

C. 因为功率因数$\lambda|_{C_1} = \lambda|_{C_2}$，所以采用两种方案均可

D. 当$C = C_2$时，电路出现过补偿，不可取

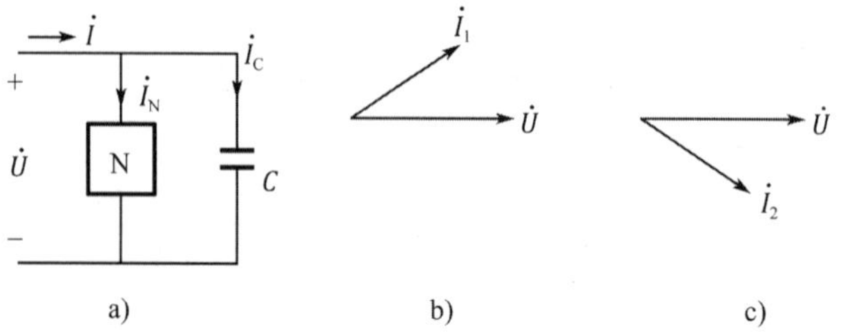

85. 某单相理想变压器，其一次线圈为 550 匝，有两个二次线圈。若希望一次电压为 100V 时，获得的二次电压分别为 10V 和 20V，则$N_{2|10V}$和$N_{2|20V}$应分别为：

A. 50 匝和 100 匝　　　　B. 100 匝和 50 匝

C. 55 匝和 110 匝　　　　D. 110 匝和 55 匝

86. 为实现对电动机的过载保护，除了将热继电器的常闭触点串接在电动机的控制电路中外，还应将其热元件：

A. 也串接在控制电路中　　　　B. 再并接在控制电路中

C. 串接在主电路中　　　　D. 并接在主电路中

87. 某温度信号如图 a）所示，经温度传感器测量后得到图 b）波形，经采样后得到图 c）波形，再经保持器得到图 d）波形，则：

A. 图 b）是图 a）的模拟信号

B. 图 a）是图 b）的模拟信号

C. 图 c）是图 b）的数字信号

D. 图 d）是图 a）的模拟信号

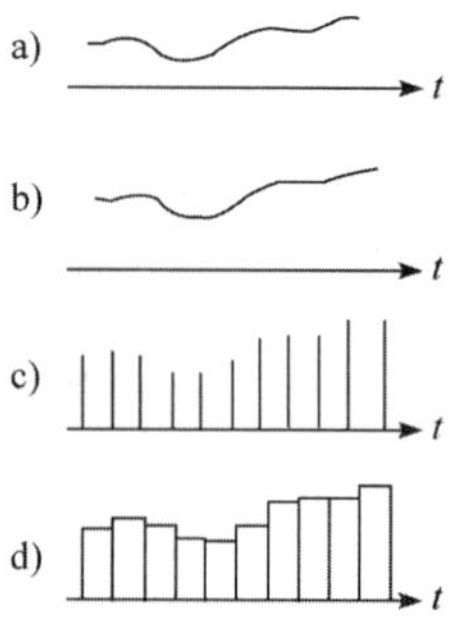

88. 若某周期信号的一次谐波分量为$5\sin 10^3 t$ V，则它的三次谐波分量可表示为：

A. $U\sin 3\times 10^3 t$，$U>5\text{V}$　　B. $U\sin 3\times 10^3 t$，$U<5\text{V}$

C. $U\sin 10^6 t$，$U>5\text{V}$　　D. $U\sin 10^6 t$，$U<5\text{V}$

89. 设放大器的输入信号为$u_1(t)$，放大器的幅频特性如图所示，令$u_1(t)=\sqrt{2}U_1\sin 2\pi ft$，$u_2(t)=\sqrt{2}U_2\sin 2\pi ft$，且$f>f_\text{H}$，则：

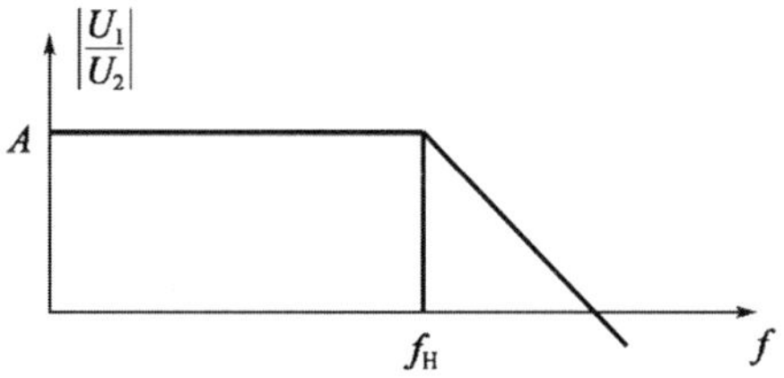

A. $u_2(t)$的出现频率失真

B. $u_2(t)$的有效值$U_2=AU_1$

C. $u_2(t)$的有效值$U_2<AU_1$

D. $u_2(t)$的有效值$U_2>AU_1$

90. 对逻辑表达式$\overline{\text{AD}+\overline{\text{A}}\text{D}}$的化简结果是：

A. 0　　B. 1

C. $\overline{\text{A}}\text{D}+\text{A}\overline{\text{D}}$　　D. $\overline{\text{AD}}+\text{AD}$

91. 已知数字信号A和数字信号B的波形如图所示，则数字信号$\text{F}=\overline{\text{A}+\text{B}}$的波形为：

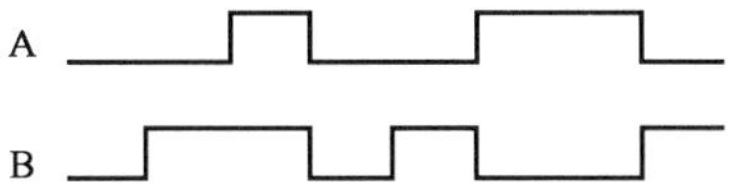

A. 

B. 

C. 

D. 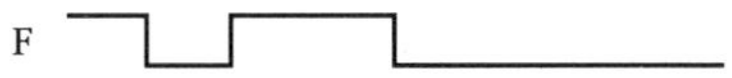

92. 十进制数字 16 的 BCD 码为：

A. 00010000　　B. 00010110

C. 00010100　　D. 00011110

93. 二极管应用电路如图所示，$U_A = 1V$，$U_B = 5V$，设二极管为理想器件，则输出电压U_F：

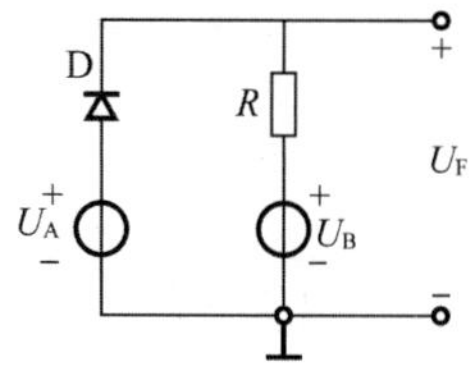

A. 等于 1V

B. 等于 5V

C. 等于 0V

D. 因R未知，无法确定

94. 运算放大器应用电路如图所示，其中$C = 1\mu F$，$R = 1M\Omega$，$U_{oM} = \pm 10V$，若$u_1 = 1V$，则u_o：

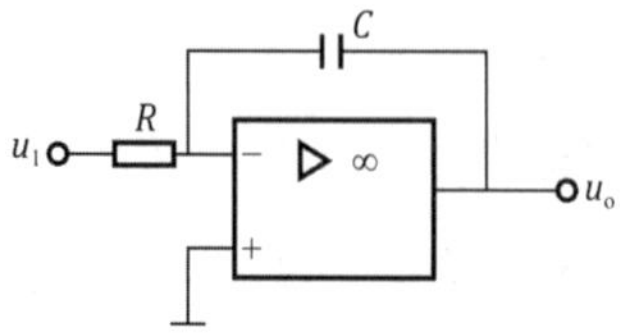

A. 等于 0V

B. 等于 1V

C. 等于 10V

D. $t < 10s$时，为$-t$；$t \geqslant 10s$后，为$-10V$

95. 图 a）所示电路中，复位信号$\overline{R}_D$、信号A及时钟脉冲信号CP如图 b）所示，经分析可知，在第一个和第二个时钟脉冲的下降沿时刻，输出Q先后等于：

A. 0　　0

B. 0　　1

C. 1　　0

D. 1　　1

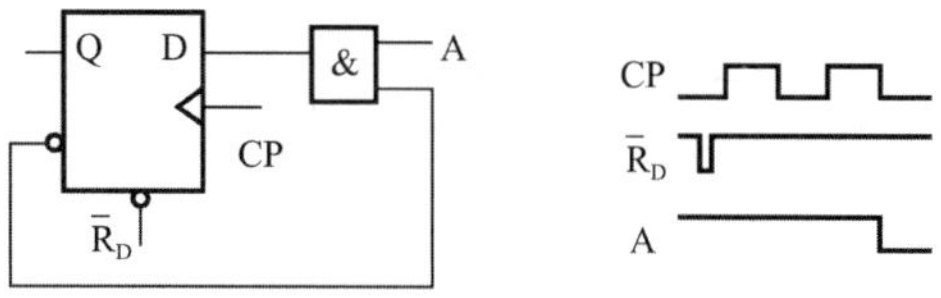

a)　　　　b)

附：触发器的逻辑状态表

D	Q_{n+1}
0	0
1	1

96. 图示电路的功能和寄存数据是：

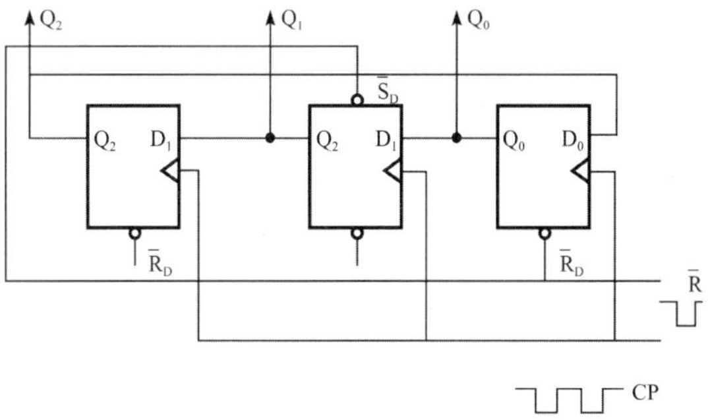

A. 左移的三位移位寄存器，寄存数据是 010

B. 右移的三位移位寄存器，寄存数据是 010

C. 左移的三位移位寄存器，寄存数据是 000

D. 右移的三位移位寄存器，寄存数据是 000

97. 计算机按用途可分为：

A. 专业计算机和通用计算机　　B. 专业计算机和数字计算机

C. 通用计算机和模拟计算机　　D. 数字计算机和现代计算机

98. 当前微机所配备的内存储器大多是：

A. 半导体存储器　　B. 磁介质存储器

C. 光线（纤）存储器　　D. 光电子存储器

99. 批处理操作系统的功能是将用户的一批作业有序地排列起来：

A. 在用户指令的指挥下、顺序地执行作业流

B. 计算机系统会自动地、顺序地执行作业流

C. 由专门的计算机程序员控制作业流的执行

D. 由微软提供的应用软件来控制作业流的执行

100. 杀毒软件应具有的功能是：

A. 消除病毒　　B. 预防病毒

C. 检查病毒　　D. 检查并消除病毒

101. 目前，微机系统中普遍使用的字符信息编码是：

A. BCD 编码　　B. ASCII 编码

C. EBCDIC 编码　　D. 汉字字型码

102. 下列选项中，不属于 Windows 特点的是：

A. 友好的图形用户界面　　B. 使用方便

C. 多用户单任务　　D. 系统稳定可靠

103. 操作系统中采用虚拟存储技术，是为了对：

A. 外为存储空间的分配　　B. 外存储器进行变换

C. 内存储器的保护　　D. 内存储器容量的扩充

104. 通过网络传送邮件、发布新闻消息和进行数据交换是计算机网络的：

A. 共享软件资源功能　　B. 共享硬件资源功能

C. 增强系统处理功能　　D. 数据通信功能

105. 下列有关因特网提供服务的叙述中，错误的一条是：

A. 文件传输服务、远程登录服务　　B. 信息搜索服务、WWW 服务

C. 信息搜索服务、电子邮件服务　　D. 网络自动连接、网络自动管理

106. 若按网络传输技术的不同，可将网络分为：

A. 广播式网络、点到点式网络

B. 双绞线网、同轴电缆网、光纤网、无线网

C. 基带网和宽带网

D. 电路交换类、报文交换类、分组交换类

107. 某企业准备 5 年后进行设备更新，到时所需资金估计为 600 万元，若存款利率为 5%，从现在开始每年年末均等额存款，则每年应存款：

[已知：$(A/F, 5\%, 5) = 0.18097$]

A. 78.65 万元　　B. 108.58 万元

C. 120 万元　　D. 165.77 万元

108. 某项目投资于邮电通信业，运营后的营业收入全部来源于对客户提供的电信服务，则在估计该项目现金流时不包括：

A. 企业所得税　　B. 增值税

C. 城市维护建设税　　D. 教育税附加

109. 某公司向银行借款 150 万元，期限为 5 年，年利率为 8%，每年年末等额还本付息一次（即等额本息法），到第五年末还完本息。则该公司第 2 年年末偿还的利息为：

[已知：$(A/P, 8\%, 5) = 0.2505$]

A. 9.954 万元　　B. 12 万元

C. 25.575 万元　　D. 37.575 万元

110. 以下关于项目内部收益率指标的说法正确的是：

A. 内部收益率属于静态评价指标

B. 项目内部收益率就是项目的基准收益率

C. 常规项目可能存在多个内部收益率

D. 计算内部收益率不必事先知道准确的基准收益率i_c

111. 影子价格是商品或生产要素的任何边际变化对国家的基本社会经济目标所做贡献的价值，因而影子价格是：

A. 目标价格　　B. 反映市场供求状况和资源稀缺程度的价格

C. 计划价格　　D. 理论价格

112. 在对项目进行盈亏平衡分析时，各方案的盈亏平衡点生产能力利用率有如下四种数据，则抗风险能力较强的是：

A. 30%　　B. 60%

C. 80%　　D. 90%

113. 甲、乙为两个互斥的投资方案。甲方案现时点的投资为 25 万元，此后从第一年年末开始，年运行成本为 4 万元，寿命期为 20 年，净残值为 8 万元；乙方案现时点的投资额为 12 万元，此后从第一年年末开始，年运行成本为 6 万元，寿命期也为 20 年，净残值 6 万元。若基准收益率为 20%，则甲、乙方案费用现值分别为：

[已知：$(P/A, 20\%, 20) = 4.8696$，$(P/F, 20\%, 20) = 0.02608$]

A. 50.80 万元，−41.06 万元　　B. 54.32 万元，41.06 万元

C. 44.27 万元，41.06 万元　　D. 50.80 万元，44.27 万元

114. 某产品的实际成本为 10000 元，它由多个零部件组成，其中一个零部件的实际成本为 880 元，功能评价系数为 0.140，则该零部件的价值指数为：

A. 0.628　　　　B. 0.880

C. 1.400　　　　D. 1.591

115. 某工程项目甲建设单位委托乙监理单位对丙施工总承包单位进行监理，有关监理单位的行为符合规定的是：

A. 在监理合同规定的范围内承揽监理业务

B. 按建设单位委托，客观公正地执行监理任务

C. 与施工单位建立隶属关系或者其他利害关系

D. 将工程监理业务转让给具有相应资质的其他监理单位

116. 某施工企业取得了安全生产许可证后，在从事建筑施工活动中，被发现已经不具备安全生产条件，则正确的处理方法是：

A. 由颁发安全生产许可证的机关暂扣或吊销安全生产许可证

B. 由国务院建设行政主管部门责令整改

C. 由国务院安全管理部门责令停业整顿

D. 吊销安全生产许可证，5 年内不得从事施工活动

117. 某工程项目进行公开招标，甲乙两个施工单位组成联合体投标该项目，下列做法中，不合法的是：

A. 双方商定以一个投标人的身份共同投标

B. 要求双方至少一方应当具备承担招标项目的相应能力

C. 按照资质等级较低的单位确定资质等级

D. 联合体各方协商签订共同投标协议

118. 某建设工程总承包合同约定，材料价格按照市场价履约，但具体价款没有明确约定，结算时应当依据的价格是：

A. 订立合同时履行地的市场价格　　　　B. 结算时买方所在地的市场价格

C. 订立合同时签约地的市场价格　　　　D. 结算工程所在地的市场价格

119. 某城市计划对本地城市建设进行全面规划，根据《中华人民共和国环境保护法》的规定，下列城乡建设行为不符合《中华人民共和国环境保护法》规定的是：

A. 加强在自然景观中修建人文景观

B. 有效保护植被、水域

C. 加强城市园林、绿地园林

D. 加强风景名胜区的建设

120. 根据《建设工程安全生产管理条例》规定，施工单位主要负责人应当承担的责任是：

A. 落实安全生产责任制度、安全生产规章制度和操作规程

B. 保证本单位安全生产条件所需资金的投入

C. 确保安全生产费用的有效使用

D. 根据工程的特点组织特定安全施工措施

2019年度全国勘察设计注册工程师

执业资格考试试卷

基础考试
（上）

二〇一九年十月

应考人员注意事项

1. 本试卷科目代码为“1”，考生务必将此代码填涂在答题卡“科目代码”相应的栏目内，否则，无法评分。

2. 书写用笔：**黑色或蓝色钢笔、签字笔或圆珠笔**；

   填涂答题卡用笔：**黑色 2B 铅笔**。

3. 必须用书写用笔将工作单位、姓名、准考证号填写在答题卡和试卷相应的栏目内。

4. 本试卷由 120 题组成，每题 1 分，满分 120 分，本试卷全部为单项选择题，每小题的四个备选项中只有一个正确答案，错选、多选、不选均不得分。

5. 考生作答时，必须按**题号在答题卡上**将相应试题所选选项对应的**字母用 2B 铅笔涂黑**。

6. 在答题卡上书写与题意无关的语言，或在答题卡上作标记的，均按违纪试卷处理。

7. 考试结束时，由监考人员当面将试卷、答题卡一并收回。

8. 草稿纸由各地统一配发，考后收回。

单项选择题（共 120 题，每题 1 分。每题的备选项中只有一个最符合题意。）

1. 极限$\lim\limits_{x\to 0}\dfrac{3+e^{\frac{1}{x}}}{1-e^{\frac{2}{x}}}$等于：

A. 3　　　　B. -1

C. 0　　　　D. 不存在

2. 函数$f(x)$在点$x=x_0$处连续是$f(x)$在点$x=x_0$处可微的：

A. 充分条件　　　　B. 充要条件

C. 必要条件　　　　D. 无关条件

3. x趋于 0 时，$\sqrt{1-x^2}-\sqrt{1+x^2}$与$x^k$是同阶无穷小，则常数$k$等于：

A. 3　　　　B. 2

C. 1　　　　D. $1/2$

4. 设$y=\ln(\sin x)$，则二阶导数y''等于：

A. $\dfrac{\cos x}{\sin^2 x}$　　B. $\dfrac{1}{\cos^2 x}$　　C. $\dfrac{1}{\sin^2 x}$　　D. $-\dfrac{1}{\sin^2 x}$

5. 若函数$f(x)$在$[a,b]$上连续，在(a,b)内可导，且$f(a)=f(b)$，则在(a,b)内满足$f'(x_0)=0$的点x_0：

A. 必存在且只有一个　　　　B. 至少存在一个

C. 不一定存在　　　　D. 不存在

6. 设$f(x)$在$(-\infty,+\infty)$内连续，其导数$f'(x)$的图形如图所示，则$f(x)$有：

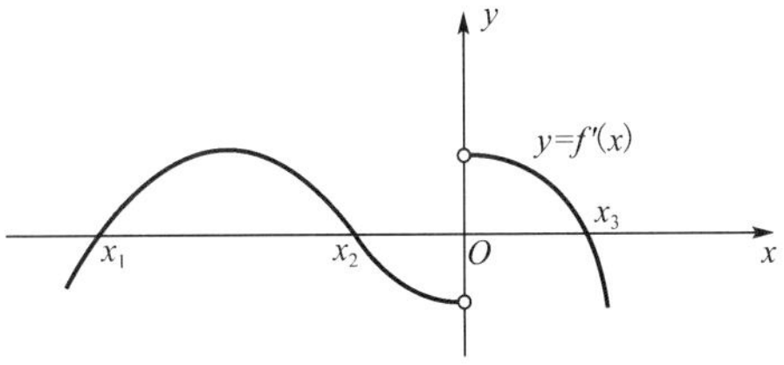

A. 一个极小值点和两个极大值点

B. 两个极小值点和两个极大值点

C. 两个极小值点和一个极大值点

D. 一个极小值点和三个极大值点

7. 不定积分$\int \frac{x}{\sin^2(x^2+1)}\mathrm{d}x$等于：

A. $-\frac{1}{2}\cot(x^2+1)+C$

B. $\frac{1}{\sin(x^2+1)}+C$

C. $-\frac{1}{2}\tan(x^2+1)+C$

D. $-\frac{1}{2}\cot x+C$

8. 广义积分$\int_{-2}^{2}\frac{1}{(1+x)^2}\mathrm{d}x$的值为：

A. $\frac{4}{3}$

B. $-\frac{4}{3}$

C. $\frac{2}{3}$

D. 发散

9. 已知向量$\boldsymbol{\alpha}=(2,1,-1)$，若向量$\boldsymbol{\beta}$与$\boldsymbol{\alpha}$平行，且$\boldsymbol{\alpha}\cdot\boldsymbol{\beta}=3$，则$\boldsymbol{\beta}$为：

A. $(2,1,-1)$

B. $\left(\frac{3}{2},\frac{3}{4},-\frac{3}{4}\right)$

C. $\left(1,\frac{1}{2},-\frac{1}{2}\right)$

D. $\left(1,-\frac{1}{2},\frac{1}{2}\right)$

10. 过点$(2,0,-1)$且垂直于xOy坐标面的直线方程是：

A. $\frac{x-2}{1}=\frac{y}{0}=\frac{z+1}{0}$

B. $\frac{x-2}{0}=\frac{y}{1}=\frac{z+1}{0}$

C. $\frac{x-2}{0}=\frac{y}{0}=\frac{z+1}{1}$

D. $\begin{cases}x=2\\z=-1\end{cases}$

11. 微分方程$y\ln x\,\mathrm{d}x-x\ln y\,\mathrm{d}y=0$满足条件$y(1)=1$的特解是：

A. $\ln^2x+\ln^2y=1$

B. $\ln^2x-\ln^2y=1$

C. $\ln^2x+\ln^2y=0$

D. $\ln^2x-\ln^2y=0$

12. 若D是由x轴、y轴及直线$2x+y-2=0$所围成的闭区域，则二重积分$\iint\limits_D \mathrm{d}x\mathrm{d}y$的值等于：

A. 1

B. 2

C. $\frac{1}{2}$

D. -1

13. 函数$y=C_1C_2e^{-x}$（C_1、C_2是任意常数）是微分方程$y''-2y'-3y=0$的：

A. 通解

B. 特解

C. 不是解

D. 既不是通解又不是特解，而是解

14. 设圆周曲线L：$x^2+y^2=1$取逆时针方向，则对坐标的曲线积分$\int_L \frac{y\mathrm{d}x-x\mathrm{d}y}{x^2+y^2}$等于：

A. 2π

B. -2π

C. π

D. 0

15. 对于函数$f(x,y)=xy$，原点$(0,0)$：

A. 不是驻点

B. 是驻点但非极值点

C. 是驻点且为极小值点

D. 是驻点且为极大值点

16. 关于级数$\sum_{n=1}^{\infty}(-1)^{n-1}\frac{1}{n^p}$收敛性的正确结论是：

A. $0<p\leqslant 1$时发散

B. $p>1$时条件收敛

C. $0<p\leqslant 1$时绝对收敛

D. $0<p\leqslant 1$时条件收敛

17. 设函数$z=\left(\frac{y}{x}\right)^x$，则全微分$\mathrm{d}z\Big|_{\substack{x=1\\y=2}}=$

A. $\ln 2\,\mathrm{d}x+\frac{1}{2}\mathrm{d}y$

B. $(\ln 2+1)\mathrm{d}x+\frac{1}{2}\mathrm{d}y$

C. $2\left[(\ln 2-1)\mathrm{d}x+\frac{1}{2}\mathrm{d}y\right]$

D. $\frac{1}{2}\ln 2\,\mathrm{d}x+2\mathrm{d}y$

18. 幂级数$\sum_{n=1}^{\infty}(-1)^{n-1}\frac{x^{2n-1}}{2n-1}$的收敛域是：

A. $[-1,1]$

B. $(-1,1]$

C. $[-1,1)$

D. $(-1,1)$

19. 若n阶方阵$\boldsymbol{A}$满足$|\boldsymbol{A}|=b(b\neq 0，n\geqslant 2)$，而$\boldsymbol{A}^*$是$\boldsymbol{A}$的伴随矩阵，则行列式$|\boldsymbol{A}^*|$等于：

A. b^n

B. b^{n-1}

C. b^{n-2}

D. b^{n-3}

20. 已知二阶实对称矩阵$\boldsymbol{A}$的一个特征值为 1，而$\boldsymbol{A}$的对应特征值 1 的特征向量为$\begin{bmatrix}1\\-1\end{bmatrix}$，若$|\boldsymbol{A}|=-1$，则$\boldsymbol{A}$的另一个特征值及其对应的特征向量是：

A. $\begin{cases}\lambda=1\\x=(1,1)^{\mathrm{T}}\end{cases}$

B. $\begin{cases}\lambda=-1\\x=(1,1)^{\mathrm{T}}\end{cases}$

C. $\begin{cases}\lambda=-1\\x=(-1,1)^{\mathrm{T}}\end{cases}$

D. $\begin{cases}\lambda=-1\\x=(1,-1)^{\mathrm{T}}\end{cases}$

21. 设二次型$f(x_1,x_2,x_3)=x_1^2+tx_2^2+3x_3^2+2x_1x_2$，要使其秩为 2，则参数$t$的值等于：

A. 3

B. 2

C. 1

D. 0

22. 设A、B为两个事件，且$P(A)=\frac{1}{3}$，$P(B)=\frac{1}{4}$，$P(B|A)=\frac{1}{6}$，则$P(A|B)$等于：

A. $\frac{1}{9}$

B. $\frac{2}{9}$

C. $\frac{1}{3}$

D. $\frac{4}{9}$

23. 设随机向量(X,Y)的联合分布律为

X \ Y	−1	0
1	1/4	1/4
2	1/6	a

则a的值等于：

A. $\frac{1}{3}$

B. $\frac{2}{3}$

C. $\frac{1}{4}$

D. $\frac{3}{4}$

24. 设总体X服从均匀分布$U(1,\theta)$，$\overline{X}=\frac{1}{n}\sum\limits_{i=1}^{n}X_i$，则$\theta$的矩估计为：

A. $\overline{X}$

B. $2\overline{X}$

C. $2\overline{X}-1$

D. $2\overline{X}+1$

25. 关于温度的意义，有下列几种说法：

（1）气体的温度是分子平均平动动能的量度；

（2）气体的温度是大量气体分子热运动的集体表现，具有统计意义；

（3）温度的高低反映物质内部分子运动剧烈程度的不同；

（4）从微观上看，气体的温度表示每个气体分子的冷热程度。

这些说法中正确的是：

A. （1）、（2）、（4）

B. （1）、（2）、（3）

C. （2）、（3）、（4）

D. （1）、（3）、（4）

26. 设$\bar{v}$代表气体分子运动的平均速率，v_{p}代表气体分子运动的最概然速率，$(\bar{v}^2)^{\frac{1}{2}}$代表气体分子运动的方均根速率，处于平衡状态下的理想气体，三种速率关系正确的是：

A. $(\bar{v}^2)^{\frac{1}{2}} = \bar{v} = v_{\mathrm{p}}$

B. $\bar{v} = v_p < (\bar{v}^2)^{\frac{1}{2}}$

C. $v_{\mathrm{p}} < \bar{v} < (\bar{v}^2)^{\frac{1}{2}}$

D. $v_{\mathrm{p}} > \bar{v} < (\bar{v}^2)^{\frac{1}{2}}$

27. 理想气体向真空做绝热膨胀：

A. 膨胀后，温度不变，压强减小

B. 膨胀后，温度降低，压强减小

C. 膨胀后，温度升高，加强减小

D. 膨胀后，温度不变，压强不变

28. 两个卡诺热机的循环曲线如图所示，一个工作在温度为T_1与T_3的两个热源之间，另一个工作在温度为T_1与T_3的两个热源之间，已知这两个循环曲线所包围的面积相等，由此可知：

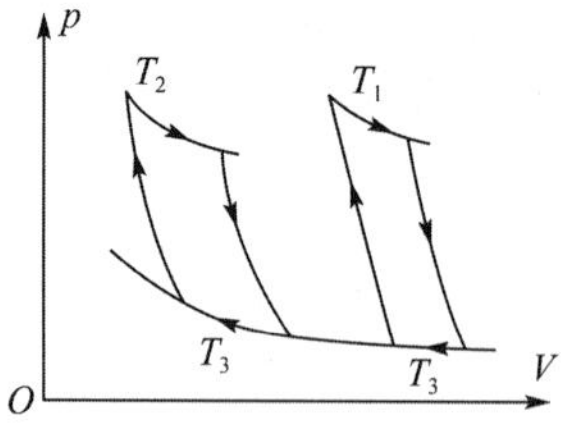

A. 两个热机的效率一定相等

B. 两个热机从高温热源所吸收的热量一定相等

C. 两个热机向低温热源所放出的热量一定相等

D. 两个热机吸收的热量与放出的热量（绝对值）的差值一定相等

29. 刚性双原子分子理想气体的定压摩尔热容量C_p与其定体摩尔热容量C_V之比，C_p/C_V等于：

A. $\frac{5}{3}$　　B. $\frac{3}{5}$

C. $\frac{7}{5}$　　D. $\frac{5}{7}$

30. 一横波沿绳子传播时，波的表达式为$y = 0.05\cos(4\pi x - 10\pi t)$ (SI)，则：

A. 波长为0.5m

B. 波速为5m/s

C. 波速为25m/s

D. 频率为2Hz

31. 火车疾驰而来时，人们听到的汽笛音调，与火车远离而去时人们听到的汽笛音调相比较，音调：

A. 由高变低

B. 由低变高

C. 不变

D. 是变高还是变低不能确定

32. 在波的传播过程中，若保持其他条件不变，仅使振幅增加一倍，则波的强度增加到：

A. 1 倍　　B. 2 倍

C. 3 倍　　D. 4 倍

33. 两列相干波，其表达式为$y_1 = A\cos 2\pi\left(\upsilon t - \frac{x}{\lambda}\right)$和$y_2 = A\cos 2\pi\left(\upsilon t + \frac{x}{\lambda}\right)$，在叠加后形成的驻波中，波腹处质元振幅为：

A. A　　B. $-A$

C. $2A$　　D. $-2A$

34. 在玻璃（折射率$n_1 = 1.60$）表面镀一层 MgF_2（折射率$n_2 = 1.38$）薄膜作为增透膜，为了使波长为 500nm（$1\text{nm} = 10^{-9}\text{m}$）的光从空气（$n_1 = 1.00$）正入射时尽可能少反射，$MgF_2$ 薄膜的最小厚度应为：

A. 78.1nm　　B. 90.6nm

C. 125nm　　D. 181nm

35. 在单缝衍射实验中，若单缝处波面恰好被分成奇数个半波带，在相邻半波带上，任何两个对应点所发出的光在明条纹处的光程差为：

A. λ　　B. 2λ

C. $\lambda/2$　　D. $\lambda/4$

36. 在双缝干涉实验中，用单色自然光，在屏上形成干涉条纹。若在两缝后放一个偏振片，则：

A. 干涉条纹的间距不变，但明纹的亮度加强

B. 干涉条纹的间距不变，但明纹的亮度减弱

C. 干涉条纹的间距变窄，但明纹的亮度减弱

D. 无干涉条纹

37. 下列元素中第一电离能最小的是：

A. H　　B. Li

C. Na　　D. K

38. $H_2C=HC-CH=CH_2$ 分子中所含化学键共有：

A. 4 个σ键，2 个π键　　B. 9 个σ键，2 个π键

C. 7 个σ键，4 个π键　　D. 5 个σ键，4 个π键

39. 在 NaCl，$MgCl_2$，$AlCl_3$，$SiCl_4$ 四种物质的晶体中，离子极化作用最强的是：

A. NaCl　　B. $MgCl_2$

C. $AlCl_3$　　D. $SiCl_4$

40. $pH = 2$溶液中的$c(OH^-)$是$pH = 4$溶液中$c(OH^-)$的：

A. 2倍　　B. 1/2

C. 1/100　　D. 100倍

41. 某反应在 298K 及标准状态下不能自发进行，当温度升高到一定值时，反应能自发进行，下列符合此条件的是：

A. $\Delta_r H_m^\ominus > 0$，$\Delta_r S_m^\ominus > 0$　　B. $\Delta_r H_m^\ominus < 0$，$\Delta_r S_m^\ominus < 0$

C. $\Delta_r H_m^\ominus < 0$，$\Delta_r S_m^\ominus > 0$　　D. $\Delta_r H_m^\ominus > 0$，$\Delta_r S_m^\ominus < 0$

42. 下列物质水溶液$pH > 7$的是：

A. NaCl　　B. Na_2CO_3

C. $Al_2(SO_4)_3$　　D. $(NH_4)_2SO_4$

43. 已知$E^\ominus(Fe^{3+}/Fe^{2+}) = 0.77V$，$E^\ominus(MnO_4^-/Mn^{2+}) = 1.51V$，当同时提高两电对酸度时，两电对电极电势数值的变化下列正确的是：

A. $E^\ominus(Fe^{3+}/Fe^{2+})$变小，$E^\ominus(MnO_4^-/Mn^{2+})$变大

B. $E^\ominus(Fe^{3+}/Fe^{2+})$变大，$E^\ominus(MnO_4^-/Mn^{2+})$变大

C. $E^\ominus(Fe^{3+}/Fe^{2+})$不变，$E^\ominus(MnO_4^-/Mn^{2+})$变大

D. $E^\ominus(Fe^{3+}/Fe^{2+})$不变，$E^\ominus(MnO_4^-/Mn^{2+})$不变

44. 分子式为 C_5H_{12} 的各种异构体中，所含甲基数和它的一氯代物的数目与下列情况相符的是：

A. 2 个甲基，能生成 4 种一氯代物　　B. 3 个甲基，能生成 5 种一氯代物

C. 3 个甲基，能生成 4 种一氯代物　　D. 4 个甲基，能生成 4 种一氯代物

45. 在下列有机物中，经催化加氢反应后不能生成 2-甲基戊烷的是：

A. $CH_2=CCH_2CH_2CH_3$
　　　　|
　　　CH_3

B. $(CH_3)_2CHCH_2CH=CH_2$

C. $CH_3C=CHCH_2CH_3$
　　　|
　　CH_3

D. $CH_3CH_2CHCH=CH_2$
　　　　　|
　　　　CH_3

46. 以下是分子式为 $C_5H_{12}O$ 的有机物，其中能被氧化为含相同碳原子数的醛的化合物是：

① $CH_2CH_2CH_2CH_2CH_3$
　|
　OH

② $CH_3CHCH_2CH_2CH_3$
　　　|
　　　OH

③ $CH_3CH_2CHCH_2CH_3$
　　　　　|
　　　　　OH

④ $CH_3CHCH_2CH_3$
　　　|
　　CH_2OH

A. ①②　　B. ③④

C. ①④　　D. 只有①

47. 图示三角刚架中，若将作用于构件 $\boldsymbol{BC}$ 上的力 F 沿其作用线移至构件 $\boldsymbol{AC}$ 上，则 $\boldsymbol{A}$、$\boldsymbol{B}$、$\boldsymbol{C}$ 处约束力的大小：

A. 都不变

B. 都改变

C. 只有 C 处改变

D. 只有 C 处不改变

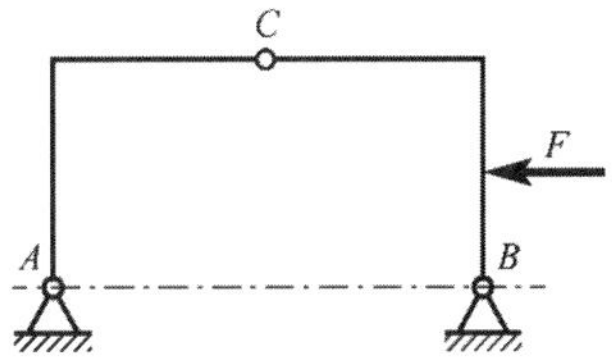

48. 平面力系如图所示，已知：$F_1 = 160\text{N}$，$M = 4\text{N} \cdot \text{m}$，则力系向 $\boldsymbol{A}$ 点简化后的主矩大小应为：

A. $M_A = 4\text{N} \cdot \text{m}$

B. $M_A = 1.2\text{N} \cdot \text{m}$

C. $M_A = 1.6\text{N} \cdot \text{m}$

D. $M_A = 0.8\text{N} \cdot \text{m}$

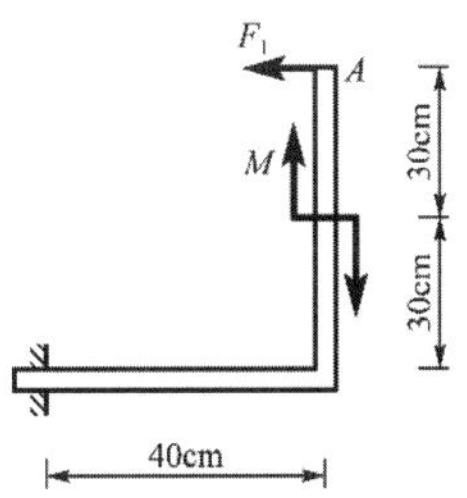

49. 图示承重装置，$\boldsymbol{B}$、$\boldsymbol{C}$、$\boldsymbol{D}$、$\boldsymbol{E}$处均为光滑铰链连接，各杆和滑轮的重量略去不计，已知：a，r，F_{p}。则固定端$\boldsymbol{A}$的约束力偶为：

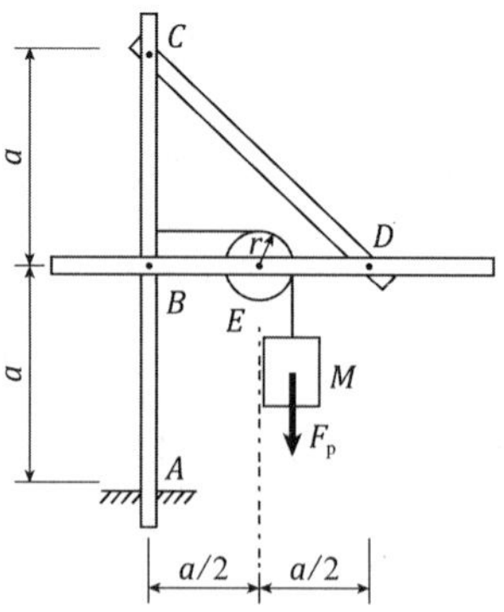

A. $M_{\mathrm{A}} = F_{\mathrm{p}} \times \left(\frac{a}{2} + r\right)$（顺时针）

B. $M_{\mathrm{A}} = F_{\mathrm{p}} \times \left(\frac{a}{2} + r\right)$（逆时针）

C. $M_{\mathrm{A}} = F_{\mathrm{p}} r$（逆时针）

D. $M_{\mathrm{A}} = \frac{a}{2} F_{\mathrm{p}}$（顺时针）

50. 判断图示桁架结构中，内力为零的杆数是：

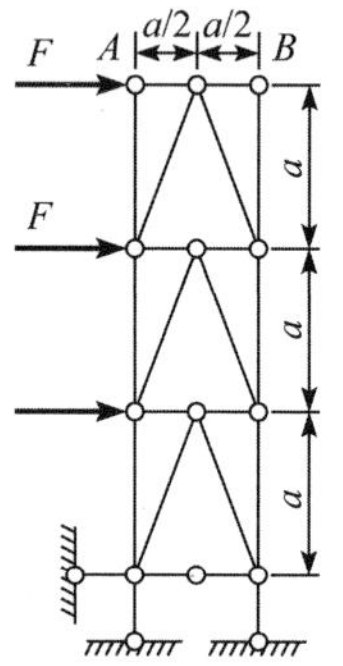

A. 3

B. 4

C. 5

D. 6

51. 汽车匀加速运动，在 10s 内，速度由 0 增加到5m/s。则汽车在此时间内行驶的距离为：

A. 25m　　B. 50m

C. 75m　　D. 100m

52. 物体作定轴转动的运动方程为$\boldsymbol{\varphi} = 4\boldsymbol{t} - 3\boldsymbol{t}^2$（$\boldsymbol{\varphi}$以rad计，$\boldsymbol{t}$以s计），则此物体内转动半径$\boldsymbol{r} = 0.5$m的一点在$\boldsymbol{t} = 1$s时的速度和切向加速度的大小分别为：

A. -2m/s，-20m/s^2

B. -1m/s，-3m/s^2

C. -2m/s，-8.54m/s^2

D. 0，-20.2m/s^2

53. 如图所示机构中，曲柄$OA=r$，以常角速度ω转动。则滑动构件BC的速度、加速度的表达式分别为：

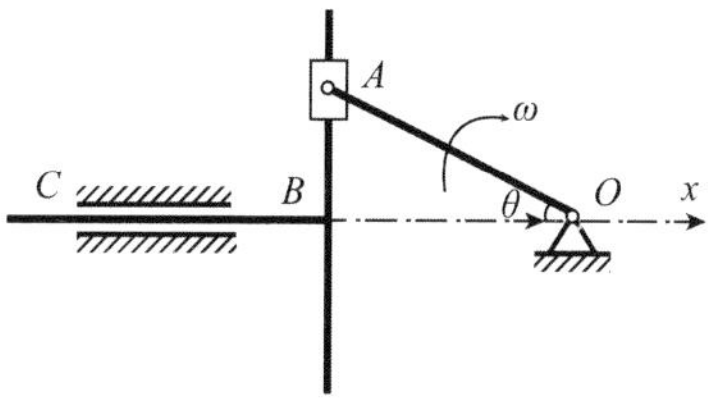

A. $r\omega\sin\omega t$，$r\omega\cos\omega t$

B. $r\omega\cos\omega t$，$r\omega^2\sin\omega t$

C. $r\sin\omega t$，$r\omega\cos\omega t$

D. $r\omega\sin\omega t$，$r\omega^2\cos\omega t$

54. 重力为$\boldsymbol{W}$的货物由电梯载运下降，当电梯加速下降、匀速下降及减速下降时，货物对地板的压力分别为$\boldsymbol{F}_1$、$\boldsymbol{F}_2$、$\boldsymbol{F}_3$，则它们之间的关系正确的是：

A. $F_1=F_2=F_3$　　B. $F_1>F_2>F_3$

C. $F_1<F_2<F_3$　　D. $F_1<F_2>F_3$

55. 均质圆盘的质量为m，半径为R，在铅垂平面内绕O轴转动，图示瞬时角速度为ω，则其对O轴的动量矩大小为：

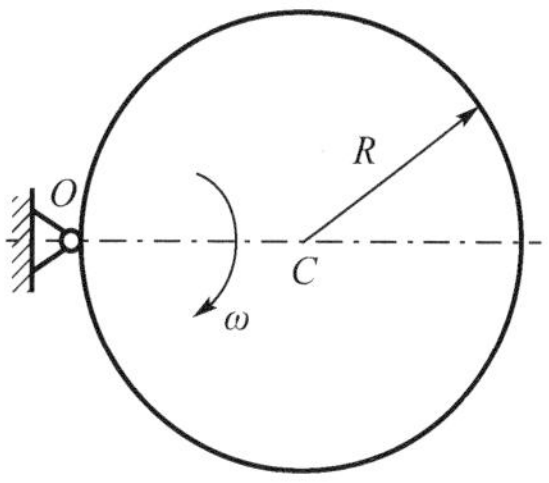

A. $mR\omega$

B. $\frac{1}{2}mR\omega$

C. $\frac{1}{2}mR^2\omega$

D. $\frac{3}{2}mR^2\omega$

56. 均质圆柱体半径为R，质量为m，绕关于对纸面垂直的固定水平轴自由转动，初瞬时静止$\theta=0°$，如图所示，则圆柱体在任意位置θ时的角速度为：

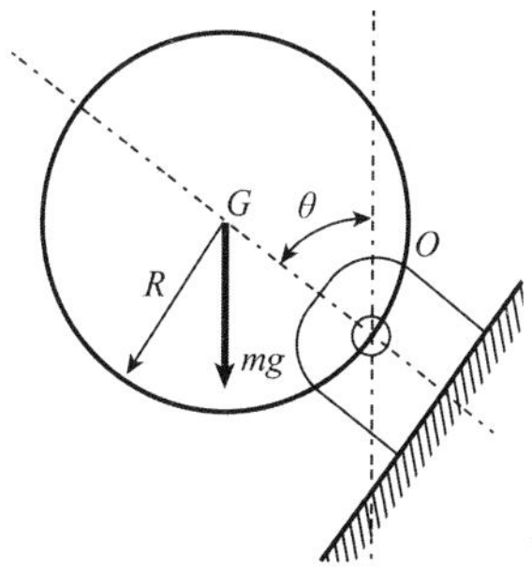

A. $\sqrt{\frac{4g(1-\sin\theta)}{3R}}$

B. $\sqrt{\frac{4g(1-\cos\theta)}{3R}}$

C. $\sqrt{\frac{2g(1-\cos\theta)}{3R}}$

D. $\sqrt{\frac{g(1-\cos\theta)}{2R}}$

57. 质量为m的物体 A，置于水平成θ角的倾面 B 上，如图所示，A 与 B 间的摩擦系数为f，当保持 A 与 B 一起以加速度a水平向右运动时，则物块 A 的惯性力是：

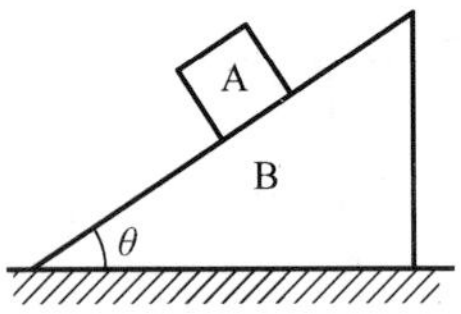

A. $ma(\leftarrow)$

B. $ma(\rightarrow)$

C. $ma(\nearrow)$

D. $ma(\swarrow)$

58. 一无阻尼弹簧—质量系统受简谐激振力作用，当激振频率$\omega_1 = 6\text{rad/s}$时，系统发生共振，给质量块增加 1kg 的质量后重新试验，测得共振频率$\omega_2 = 5.86\text{rad/s}$。则原系统的质量及弹簧刚度系数是：

A. 19.69kg，623.55N/m

B. 20.69kg，623.55N/m

C. 21.69kg，744.84N/m

D. 20.69kg，744.84N/m

59. 图示四种材料的应力-应变曲线中，强度最大的材料是：

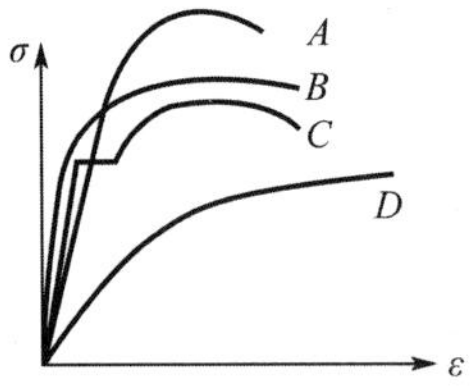

A. A

B. B

C. C

D. D

60. 图示等截面直杆，杆的横截面面积为A，材料的弹性模量为E，在图示轴向荷载作用下杆的总伸长度为：

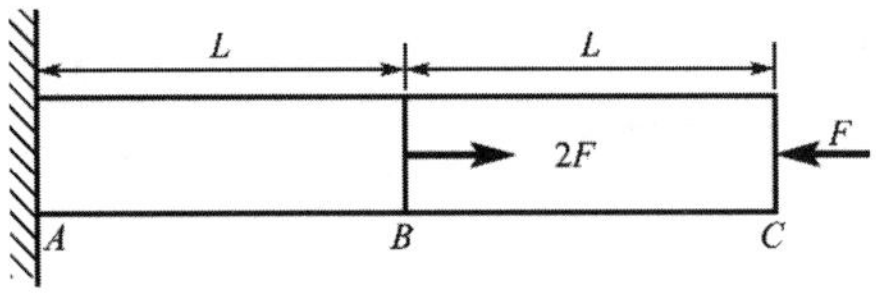

A. $\Delta L = 0$

B. $\Delta L = \frac{FL}{4EA}$

C. $\Delta L = \frac{FL}{2EA}$

D. $\Delta L = \frac{FL}{EA}$

61. 两根木杆用图示结构连接，尺寸如图所示，在轴向外力F作用下，可能引起连接结构发生剪切破坏的名义切应力是：

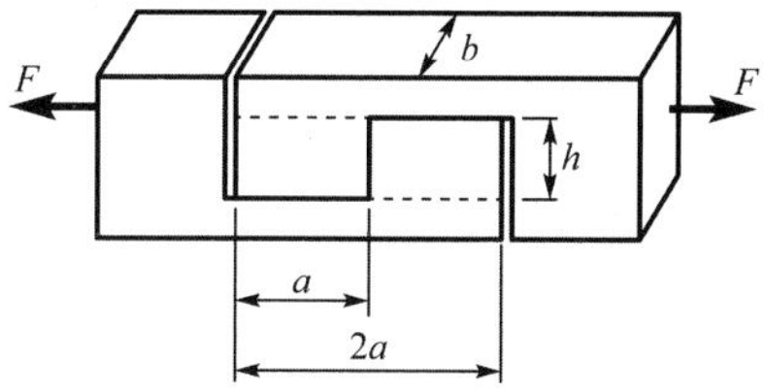

A. $\tau = \frac{F}{ab}$　　B. $\tau = \frac{F}{ah}$

C. $\tau = \frac{F}{bh}$　　D. $\tau = \frac{F}{2ab}$

62. 扭转切应力公式$\tau_{\rho} = \rho \frac{T}{I_{p}}$适用的杆件是：

A. 矩形截面杆　　B. 任意实心截面杆

C. 弹塑性变形的圆截面杆　　D. 线弹性变形的圆截面杆

63. 已知实心圆轴按强度条件可承担的最大扭矩为T，若改变该轴的直径，使其横截面积增加 1 倍，则可承担的最大扭矩为：

A. $\sqrt{2}T$　　B. $2T$

C. $2\sqrt{2}T$　　D. $4T$

64. 在下列关于平面图形几何性质的说法中，错误的是：

A. 对称轴必定通过图形形心

B. 两个对称轴的交点必为图形形心

C. 图形关于对称轴的静矩为零

D. 使静矩为零的轴必为对称轴

65. 悬臂梁的载荷情况如图所示，若有集中力偶m在梁上移动，则梁的内力变化情况是：

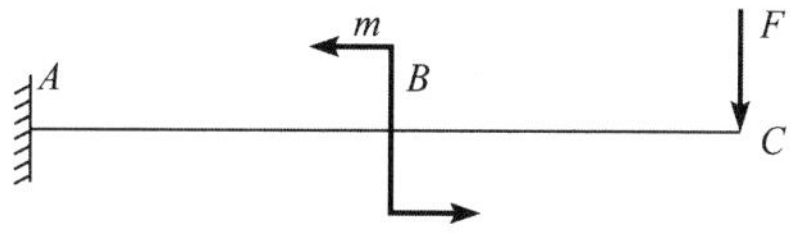

A. 剪力图、弯矩图均不变

B. 剪力图、弯矩图均改变

C. 剪力图不变，弯矩图改变

D. 剪力图改变，弯矩图不变

66. 图示悬臂梁，若梁的长度增加 1 倍，则梁的最大正应力和最大切应力与原来相比：

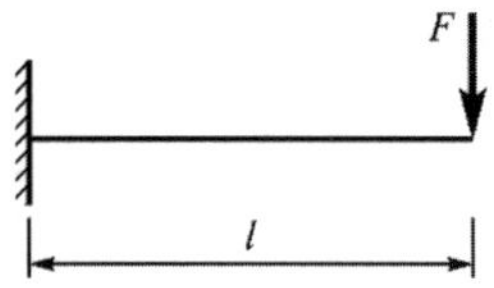

A. 均不变

B. 均为原来的 2 倍

C. 正应力为原来的 2 倍，剪应力不变

D. 正应力不变，剪应力为原来的 2 倍

67. 简支梁受力如图所示，梁的正确挠曲线是图示四条曲线中的：

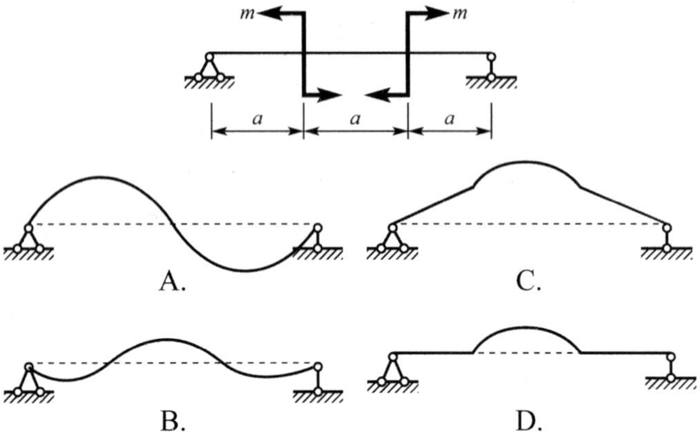

68. 两单元体分别如图 a）、b）所示。关于其主应力和主方向，下列论述正确的是：

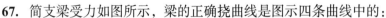

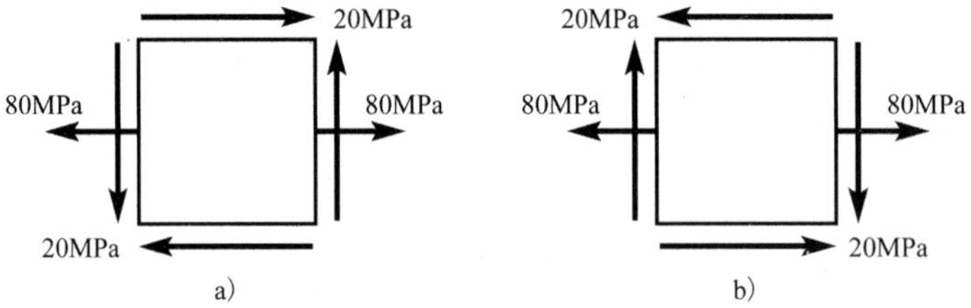

A. 主应力大小和方向均相同

B. 主应力大小相同，但方向不同

C. 主应力大小和方向均不同

D. 主应力大小不同，但方向均相同

69. 图示圆轴截面面积为A，抗弯截面系数为W，若同时受到扭矩T、弯矩M和轴向内力F_N的作用，按第三强度理论，下面的强度条件表达式中正确的是：

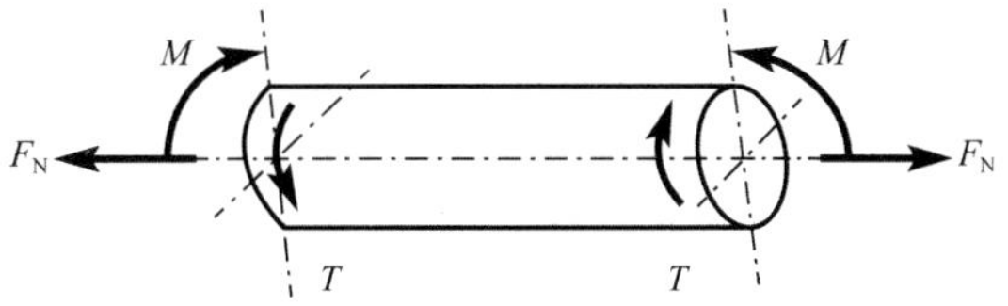

A. $\frac{F_N}{A}+\frac{1}{W}\sqrt{M^2+T^2}\leqslant[\sigma]$

B. $\sqrt{\left(\frac{F_N}{A}\right)^2+\left(\frac{M}{W}\right)^2+\left(\frac{T}{2W}\right)^2}\leqslant[\sigma]$

C. $\sqrt{\left(\frac{F_N}{A}+\frac{M}{W}\right)^2+\left(\frac{T}{W}\right)^2}\leqslant[\sigma]$

D. $\sqrt{\left(\frac{F_N}{A}+\frac{M}{W}\right)^2+4\left(\frac{T}{W}\right)^2}\leqslant[\sigma]$

70. 图示四根细长（大柔度）压杆，弯曲刚度为EI。其中具有最大临界荷载F_{cr}的压杆是：

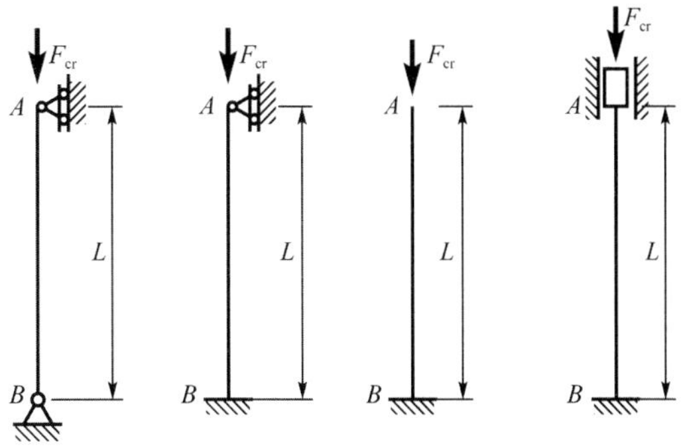

71. 连续介质假设意味着是：

A. 流体分子相互紧连

B. 流体的物理量是连续函数

C. 流体分子间有间隙

D. 流体不可压缩

72. 盛水容器形状如图所示，已知$h_1 = 0.9\text{m}$，$h_2 = 0.4\text{m}$，$h_3 = 1.1\text{m}$，$h_4 = 0.75\text{m}$，$h_5 = 1.33\text{m}$，则下列各点的相对压强正确的是：

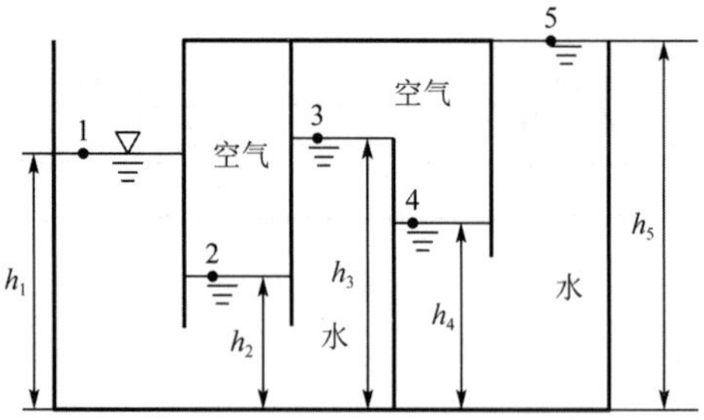

A. $p_1 = 0$，$p_2 = 4.90\text{kPa}$，$p_3 = -1.96\text{kPa}$，$p_4 = -1.96\text{kPa}$，$p_5 = -7.64\text{kPa}$

B. $p_1 = -4.90\text{kPa}$，$p_2 = 0$，$p_3 = -6.86\text{kPa}$，$p_4 = -6.86\text{kPa}$，$p_5 = -19.4\text{kPa}$

C. $p_1 = 1.96\text{kPa}$，$p_2 = 6.86\text{kPa}$，$p_3 = 0$，$p_4 = 0$，$p_5 = -5.68\text{kPa}$

D. $p_1 = 7.64\text{kPa}$，$p_2 = 12.54\text{kPa}$，$p_3 = 5.68\text{kPa}$，$p_4 = 5.68\text{kPa}$，$p_5 = 0$

73. 流体的连续性方程$v_1A_1 = v_2A_2$适用于：

A. 可压缩流体　　B. 不可压缩流体

C. 理想流体　　D. 任何流体

74. 尼古拉兹实验曲线中，当某管路流动在紊流光滑区时，随着雷诺数 Re 的增大，其沿程损失系数λ将：

A. 增大　　B. 减小

C. 不变　　D. 增大或减小

75. 正常工作条件下的薄壁小孔口d_1与圆柱形外管嘴d_2相等，作用水头H相等，则孔口与管嘴的流量关系正确的是：

A. $Q_1 > Q_2$　　B. $Q_1 < Q_2$

C. $Q_1 = Q_2$　　D. 条件不足无法确定

76. 半圆形明渠，半径$r_0 = 4\text{m}$，水力半径为：

A. 4m　　B. 3m

C. 2m　　D. 1m

77. 有一完全井，半径$r_0 = 0.3\text{m}$，含水层厚度$H = 15\text{m}$，抽水稳定后，井水深度$h = 10\text{m}$，影响半径$R = 375\text{m}$，已知井的抽水量是$0.0276\text{m}^3/\text{s}$，则土壤的渗透系数$k$为：

A. 0.0005m/s　　B. 0.0015m/s

C. 0.0010m/s　　D. 0.00025m/s

78. L为长度量纲，T为时间量纲，则沿程损失系数λ的量纲为：

A. L　　B. L/T

C. L^2/T　　D. 无量纲

79. 图示铁芯线圈通以直流电流I，并在铁芯中产生磁通Φ，线圈的电阻为R，那么线圈两端的电压为：

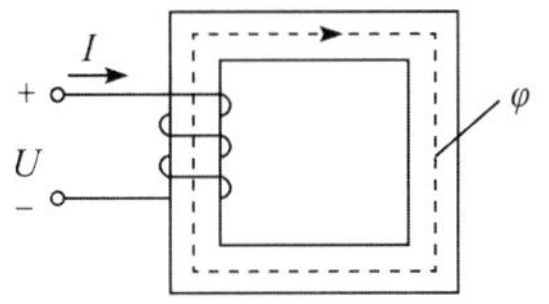

A. $U = IR$

B. $U = N\frac{\mathrm{d}\Phi}{\mathrm{d}t}$

C. $U = -N\frac{\mathrm{d}\Phi}{\mathrm{d}t}$

D. $U = 0$

80. 图示电路，如下关系成立的是：

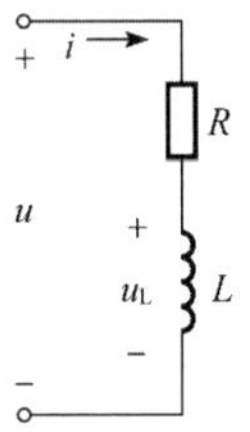

A. $R = \frac{u}{i}$

B. $u = i(R + L)$

C. $i = L\frac{\mathrm{d}u}{\mathrm{d}t}$

D. $u_L = L\frac{\mathrm{d}i}{\mathrm{d}t}$

81. 图示电路，电流I_s为：

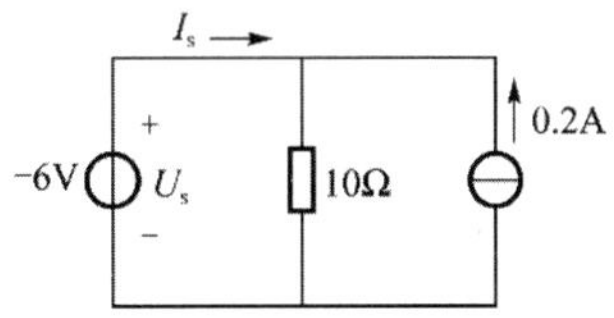

A. −0.8A

B. 0.8A

C. 0.6A

D. −0.6A

82. 图示电流$i(t)$和电压$u(t)$的相量分别为：

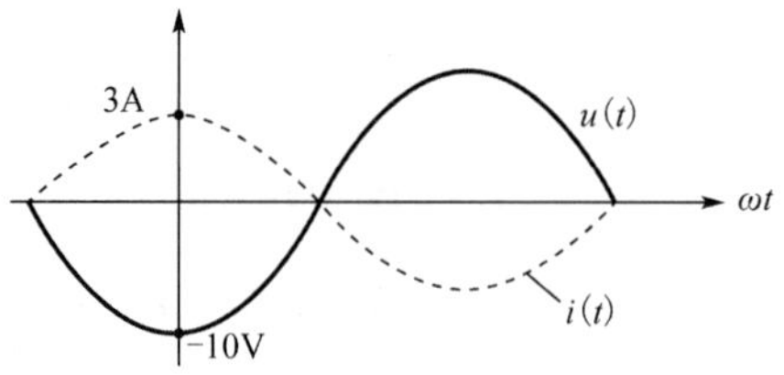

A. $\dot{I}=j2.12\text{A}$，$\dot{U}=-j7.07\text{V}$

B. $\dot{I}=2.12\angle 90°\text{A}$，$\dot{U}=-7.07\angle -90°\text{V}$

C. $\dot{I}=j3\text{A}$，$\dot{U}=-j10\text{V}$

D. $\dot{I}=3\text{A}$，$\dot{U}_\text{m}=-10\text{V}$

83. 额定容量为20kV · A、额定电压为 220V 的某交流电源，有功功率为 8kW、功率因数为 0.6 的感性负载供电后，负载电流的有效值为：

A. $\frac{20\times10^3}{220}=90.9\text{A}$

B. $\frac{8\times10^3}{0.6\times220}=60.6\text{A}$

C. $\frac{8\times10^3}{220}=36.36\text{A}$

D. $\frac{20\times10^3}{0.6\times220}=151.5\text{A}$

84. 图示电路中，电感及电容元件上没有初始储能，开关 S 在$t=0$时刻闭合，那么，在开关闭合瞬间($t=0$)，电路中取值为 10V 的电压是：

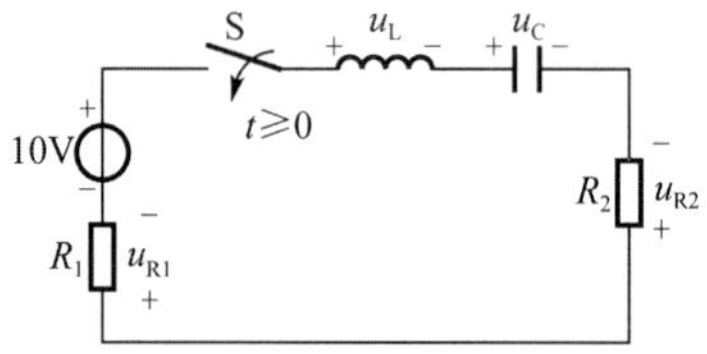

A. u_L

B. u_C

C. $u_{\text{R1}}+U_{\text{R2}}$

D. u_{R2}

85. 设图示变压器为理想器件，且$u_s = 90\sqrt{2}\sin\omega t$ V，开关 S 闭合时，信号源的内阻R_1与信号源右侧电路的等效电阻相等，那么，开关 S 断开后，电压u_1：

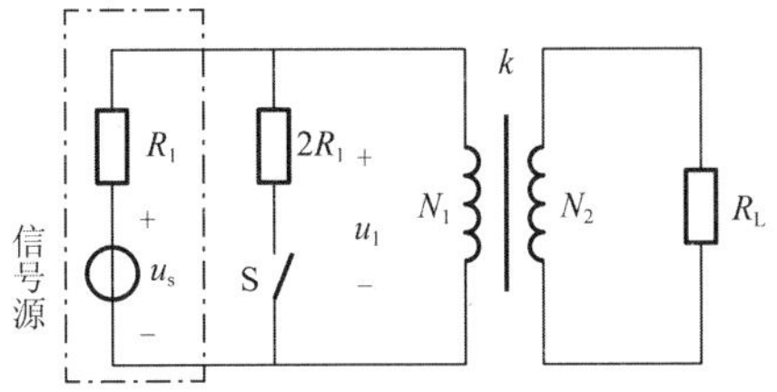

A. 因变压器的匝数比k、电阻R_L和R_1未知而无法确定

B. $u_1 = 45\sqrt{2}\sin\omega t$ V

C. $u_1 = 60\sqrt{2}\sin\omega t$ V

D. $u_1 = 30\sqrt{2}\sin\omega t$ V

86. 三相异步电动机在满载启动时，为了不引起电网电压的过大波动，则应该采用的异步电动机类型和启动方案是：

A. 鼠笼式电动机和 Y-△降压启动

B. 鼠笼式电动机和自耦调压器降压启动

C. 绕线式电动机和转子绕组串电阻启动

D. 绕线式电动机和 Y-△降压启动

87. 在模拟信号、采样信号和采样保持信号这几种信号中，属于连续时间信号的是：

A. 模拟信号与采样保持信号　　B. 模拟信号和采样信号

C. 采样信号与采样保持信号　　D. 采样信号

88. 模拟信号$u_1(t)$和$u_2(t)$的幅值频谱分别如图 a）和图 b）所示，则在时域中：

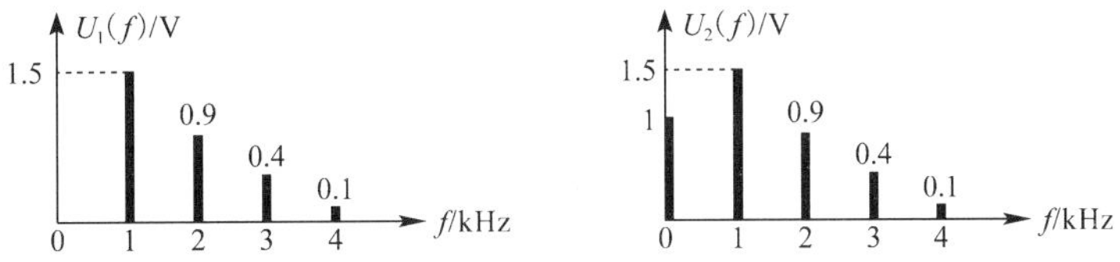

a)　　b)

A. $u_1(t)$和$u_2(t)$是同一个函数

B. $u_1(t)$和$u_2(t)$都是离散时间函数

C. $u_1(t)$和$u_2(t)$都是周期性连续时间函数

D. $u_1(t)$是非周期性时间函数，$u_2(t)$是周期性时间函数

89. 放大器在信号处理系统中的作用是：

A. 从信号中提取有用信息　　B. 消除信号中的干扰信号

C. 分解信号中的谐波成分　　D. 增强信号的幅值以便后续处理

90. 对逻辑表达式$ABC+A\overline{B}+AB\overline{C}$的化简结果是：

A. A　　B. $A\overline{B}$

C. AB　　D. $AB\overline{C}$

91. 已知数字信号A和数字信号B的波形如图所示，则数字信号$F=\overline{A+B}$的波形为：

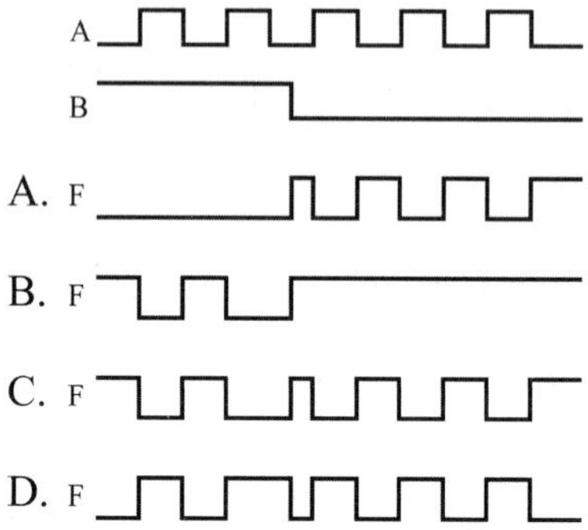

92. 逻辑函数$F=f(A,B,C)$的真值表如下所示，由此可知：

A	B	C	F
0	0	0	0
0	0	1	1
0	1	0	1
0	1	1	0
1	0	0	0
1	0	1	0
1	1	0	0
1	1	1	0

A. $F=\overline{A}\overline{B}C+B\overline{C}$

B. $F=\overline{A}\overline{B}C+\overline{A}B\overline{C}$

C. $F=\overline{A}\overline{B}\overline{C}+\overline{A}BC$

D. $F=A\overline{B}\overline{C}+ABC$

93. 二极管应用电路如图所示，图中，$u_A = 1V$，$u_B = 5V$，$R = 1k\Omega$，设二极管均为理想器件，则电流 $i_R =$

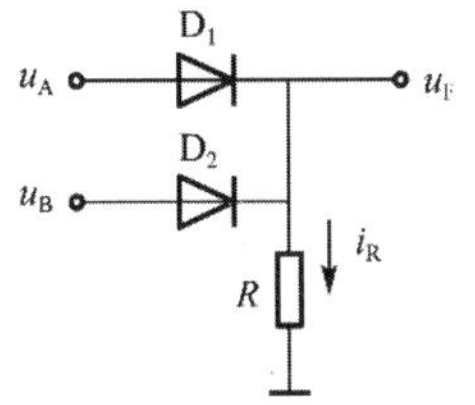

A. 5mA

B. 1mA

C. 6mA

D. 0mA

94. 图示电路中，能够完成加法运算的电路：

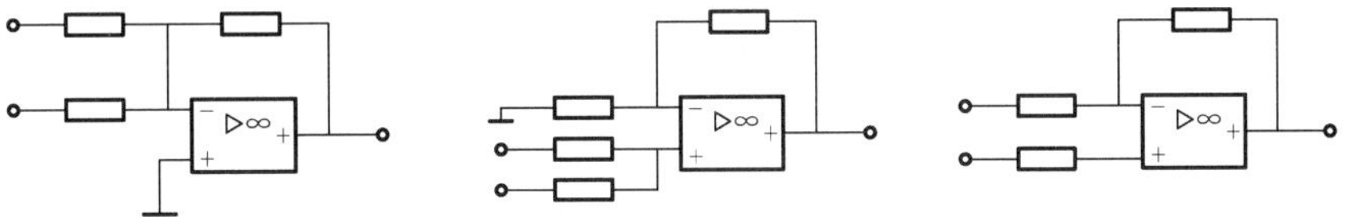

A. 是图 a）和图 b）

B. 仅是图 a）

C. 仅是图 b）

D. 是图 c）

95. 图 a）示电路中，复位信号及时钟脉冲信号如图 b）所示，经分析可知，在t_1时刻，输出Q_{JK}和Q_D分别等于：

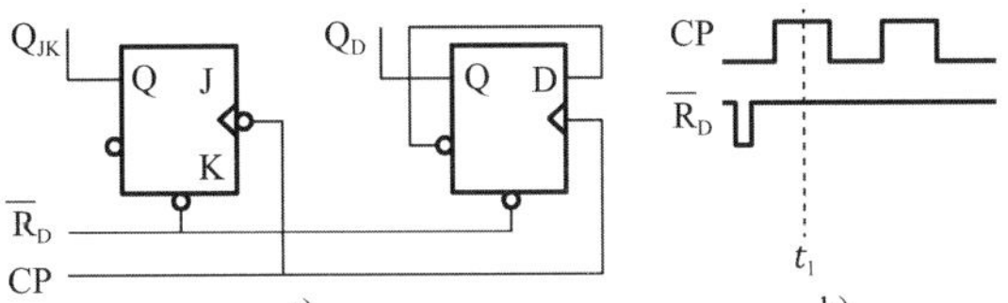

A. 0　0

B. 0　1

C. 1　0

D. 1　1

附：D 触发器的逻辑状态表为

D	Q_{n+1}
0	0
1	1

JK 触发器的逻辑状态表为

J	K	Q_{n+1}
0	0	Q_n
0	1	0
1	0	1
1	1	$\overline{Q}_n$

96. 图 a）示时序逻辑电路的工作波形如图 b）所示，由此可知，图 a）电路是一个：

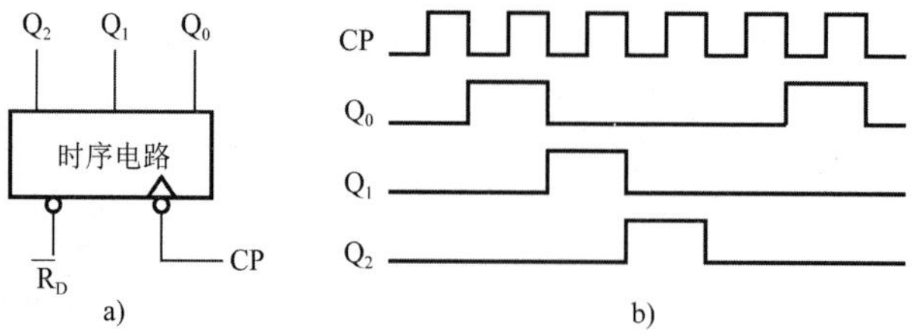

a）　　b）

A. 右移寄存器　　B. 三进制计数器

C. 四进制计数器　　D. 五进制计数器

97. 根据冯·诺依曼结构原理，计算机的 CPU 是由：

A. 运算器、控制器组成　　B. 运算器、寄存器组成

C. 控制器、寄存器组成　　D. 运算器、存储器组成

98. 在计算机内，为有条不紊地进行信息传输操作，要用总线将硬件系统中的各个部件：

A. 连接起来　　B. 串接起来

C. 集合起来　　D. 耦合起来

99. 若干台计算机相互协作完成同一任务的操作系统属于：

A. 分时操作系统　　B. 嵌入式操作系统

C. 分布式操作系统　　D. 批处理操作系统

100. 计算机可以直接执行的程序是用：

A. 自然语言编制的程序　　B. 汇编语言编制的程序

C. 机器语言编制的程序　　D. 高级语言编制的程序

101. 汉字的国标码是用两个字节码表示的，为与 ASCII 码区别，是将两个字节的最高位：

A. 都置成 0　　B. 都置成 1

C. 分别置成 1 和 0　　D. 分别置成 0 和 1

102. 下列所列的四条存储容量单位之间换算表达式中，正确的一条是：

A. 1GB = 1024B　　B. 1GB = 1024KB

C. 1GB = 1024MB　　D. 1GB = 1024TB

103. 下列四条关于防范计算机病毒的方法中，并非有效的一条是：

A. 不使用来历不明的软件　　B. 安装防病毒软件

C. 定期对系统进行病毒检测　　D. 计算机使用完后锁起来

104. 下面四条描述操作系统与其他软件明显不同的特征中，正确的一条是：

A. 并发性、共享性、随机性　　B. 共享性、随机性、动态性

C. 静态性、共享性、同步性　　D. 动态性、并发性、异步性

105. 构成信息化社会的主要技术支柱有三个，它们是：

A. 计算机技术、通信技术和网络技术

B. 数据库技术、计算机技术和数字技术

C. 可视技术、大规模集成技术、网络技术

D. 动画技术、网络技术、通信技术

106. 为有效防范网络中的冒充、非法访问等威胁，应采用的网络安全技术是：

A. 数据加密技术　　B. 防火墙技术

C. 身份验证与鉴别技术　　D. 访问控制与目录管理技术

107. 某项目向银行借款，按半年复利计息，年实际利率为8.6%，则年名义利率为：

A. 8%　　B. 8.16%

C. 8.24%　　D. 8.42%

108. 对于国家鼓励发展的缴纳增值税的经营性项目，可以获得增值税的优惠。在财务评价中，先征后返的增值税应记作项目的：

A. 补贴收入　　B. 营业收入

C. 经营成本　　D. 营业外收入

109. 下列筹资方式中，属于项目资本金的筹集方式的是：

A. 银行贷款　　B. 政府投资

C. 融资租赁　　D. 发行债券

110. 某建设项目预计第三年息税前利润为200万元，折旧与摊销为30万元，所得税为20万元，项目生产期第三年应还本付息金额为100万元。则该年偿债备付率为：

A. 1.5万元　　B. 1.9万元

C. 2.1万元　　D. 2.5万元

111. 在进行融资前项目投资现金流量分析时，现金流量应包括：

A. 资产处置收益分配　　　　　　B. 流动资金

C. 借款本金偿还　　　　　　　　D. 借款利息偿还

112. 某拟建生产企业设计年产 6 万t化工原料，年固定成本为 1000 万元，单位可变成本、销售税金和单位产品增值税之和为800 元/t，单位产品售价为1000 元/t。销售收入和成本费用均采用含税价格表示。以生产能力利用率表示的盈亏平衡点为：

A. 9.25%　　B. 21%　　C. 66.7%　　D. 83.3%

113. 某项目有甲、乙两个建设方案，投资分别为 500 万元和 1000 万元，项目期均为 10 年，甲项目年收益为 140 万元，乙项目年收益为 250 万元。假设基准收益率为10%，则两项目的差额净现值为：[已知：$(P/A, 10\%, 10) = 6.1446$]

A. 175.9 万元　　　　　　B. 360.24 万元

C. 536.14 万元　　　　　　D. 896.38 万元

114. 某项目打算采用甲工艺进行施工，但经广泛的市场调研和技术论证后，决定用乙工艺代替甲工艺，并达到了同样的施工质量，且成本下降15%。根据价值工程原理，该项目提高价值的途径是：

A. 功能不变，成本降低

B. 功能提高，成本降低

C. 功能和成本均下降，但成本降低幅度更大

D. 功能提高，成本不变

115. 某投资亿元的建设工程，建设工期 3 年，建设单位申请领取施工许可证，经审查该申请不符合法定条件的是：

A. 已取得该建设工程规划许可证

B. 已依法确定施工单位

C. 到位资金达到投资额的30%

D. 该建设工程设计已经发包由某设计单位完成

116. 根据《中华人民共和国安全生产法》，组织制定并实施本单位的生产安全事故应急救援预案的责任人是：

A. 项目负责人　　　　　　B. 安全生产管理人员

C. 单位主要负责人　　　　D. 主管安全的负责人

117. 根据《中华人民共和国招标投标法》，下列工程建设项目，项目的勘察、设计、施工、监理以及与工程建设有关的重要设备、材料等的采购，按照国家有关规定可不进行招标的是：

A. 大型基础设施、公用事业等关系社会公共利益、公众安全的项目

B. 全部或者部分使用国有资金投资或者国家融资的项目

C. 使用国际组织或者外国政府贷款、援助基金的项目

D. 利用扶贫资金实行以工代赈、需要使用农民工的项目

118. 订立合同需要经过要约和承诺两个阶段，下列关于要约的说法，错误的是：

A. 要约是希望和他人订立合同的意思表示

B. 要约内容应当具体明确

C. 要约是吸引他人向自己提出订立合同的意思表示

D. 经受要约人承诺，要约人即受该意思表示约束

119. 根据《中华人民共和国行政许可法》，行政机关对申请人提出的行政许可申请，应当根据不同情况分别作出处理。下列行政机关的处理，符合规定的是：

A. 申请事项依法不需要取得行政许可的，应当即时告知申请人向有关行政机关申请

B. 申请事项依法不属于本行政机关职权范围内的，应当即时告知申请人不需申请

C. 申请材料存在可以当场更正的错误的，应当告知申请人 3 日内补正

D. 申请材料不齐全，应当当场或者在 5 日内一次告知申请人需要补正的全部内容

120. 根据《建设工程质量管理条例》，下列有关建设单位的质量责任和义务的说法，正确的是：

A. 建设工程发包单位不得暗示承包方以低价竞标

B. 建设单位在办理工程质量监督手续前，应当领取施工许可证

C. 建设单位可以明示或者暗示设计单位违反工程建设强制性标准

D. 建设单位提供的与建设工程有关的原始资料必须真实、准确、齐全

2020年度全国勘察设计注册工程师

执业资格考试试卷

基础考试

（上）

二〇二〇年十月

应考人员注意事项

1. 本试卷科目代码为“1”，考生务必将此代码填涂在答题卡“科目代码”相应的栏目内，否则，无法评分。

2. 书写用笔：**黑色或蓝色钢笔、签字笔或圆珠笔**；

   填涂答题卡用笔：**黑色 2B 铅笔**。

3. 必须用书写用笔将工作单位、姓名、准考证号填写在答题卡和试卷相应的栏目内。

4. 本试卷由 120 题组成，每题 1 分，满分 120 分，本试卷全部为单项选择题，每小题的四个备选项中只有一个正确答案，错选、多选、不选均不得分。

5. 考生作答时，必须按**题号在答题卡上**将相应试题所选选项对应的**字母用 2B 铅笔涂黑**。

6. 在答题卡上书写与题意无关的语言，或在答题卡上作标记的，均按违纪试卷处理。

7. 考试结束时，由监考人员当面将试卷、答题卡一并收回。

8. 草稿纸由各地统一配发，考后收回。

单项选择题（共 120 题，每题 1 分。每题的备选项中只有一个最符合题意。）

1. 当$x \to +\infty$时，下列函数为无穷大量的是：

A. $\frac{1}{2+x}$

B. $x\cos x$

C. $e^{3x}-1$

D. $1-\arctan x$

2. 设函数$y=f(x)$满足$\lim\limits_{x\to x_0} f'(x)=\infty$，且曲线$y=f(x)$在$x=x_0$处有切线，则此切线：

A. 与ox轴平行

B. 与oy轴平行

C. 与直线$y=-x$平行

D. 与直线$y=x$平行

3. 设可微函数$y=y(x)$由方程$\sin y+e^x-xy^2=0$所确定，则微分$\mathrm{d}y$等于：

A. $\frac{-y^2+e^x}{\cos y-2xy}\mathrm{d}x$

B. $\frac{y^2+e^x}{\cos y-2xy}\mathrm{d}x$

C. $\frac{y^2+e^x}{\cos y+2xy}\mathrm{d}x$

D. $\frac{y^2-e^x}{\cos y-2xy}\mathrm{d}x$

4. 设$f(x)$的二阶导数存在，$y=f(e^x)$，则$\frac{\mathrm{d}^2y}{\mathrm{d}x^2}$等于：

A. $f''(e^x)e^x$

B. $[f''(e^x)+f'(e^x)]e^x$

C. $f''(e^x)e^{2x}+f'(e^x)e^x$

D. $f''(e^x)e^x+f'(e^x)e^{2x}$

5. 下列函数在区间$[-1,1]$上满足罗尔定理条件的是：

A. $f(x)=\sqrt[3]{x^2}$

B. $f(x)=\sin x^2$

C. $f(x)=|x|$

D. $f(x)=\frac{1}{x}$

6. 曲线$f(x)=x^4+4x^3+x+1$在区间$(-\infty,+\infty)$上的拐点个数是：

A. 0

B. 1

C. 2

D. 3

7. 已知函数$f(x)$的一个原函数是$1+\sin x$，则不定积分$\int xf'(x)\mathrm{d}x$等于：

A. $(1+\sin x)(x-1)+C$

B. $x\cos x-(1+\sin x)+C$

C. $-x\cos x+(1+\sin x)+C$

D. $1+\sin x+C$

8. 由曲线$y = x^3$，直线$x = 1$和ox轴所围成的平面图形绕ox轴旋转一周所形成的旋转的体积是：

A. $\frac{\pi}{7}$ B. 7π

C. $\frac{\pi}{6}$ D. 6π

9. 设向量$\boldsymbol{\alpha} = (5,1,8)$，$\boldsymbol{\beta} = (3,2,7)$，若$\lambda\boldsymbol{\alpha} + \boldsymbol{\beta}$与$oz$轴垂直，则常数$\lambda$等于：

A. $\frac{7}{8}$ B. $-\frac{7}{8}$

C. $\frac{8}{7}$ D. $-\frac{8}{7}$

10. 过点$M_1(0,-1,2)$和$M_2(1,0,1)$且平行于z轴的平面方程是：

A. $x - y = 0$ B. $\frac{x}{1} = \frac{y+1}{-1} = \frac{z-2}{0}$

C. $x + y - 1 = 0$ D. $x - y - 1 = 0$

11. 过点$(1,2)$且切线斜率为$2x$的曲线$y = f(x)$应满足的关系式是：

A. $y' = 2x$ B. $y'' = 2x$

C. $y' = 2x$，$y(1) = 2$ D. $y'' = 2x$，$y(1) = 2$

12. 设D是由直线$y = x$和圆$x^2 + (y-1)^2 = 1$所围成且在直线$y = x$下方的平面区域，则二重积分$\iint\limits_{D} x\mathrm{d}x\mathrm{d}y$等于：

A. $\int_0^{\frac{\pi}{2}} \cos\theta \mathrm{d}\theta \int_0^{2\cos\theta} \rho^2 \mathrm{d}\rho$ B. $\int_0^{\frac{\pi}{2}} \sin\theta \mathrm{d}\theta \int_0^{2\sin\theta} \rho^2 \mathrm{d}\rho$

C. $\int_0^{\frac{\pi}{4}} \sin\theta \mathrm{d}\theta \int_0^{2\sin\theta} \rho^2 \mathrm{d}\rho$ D. $\int_0^{\frac{\pi}{4}} \cos\theta \mathrm{d}\theta \int_0^{2\sin\theta} \rho^2 \mathrm{d}\rho$

13. 已知y_0是微分方程$y'' + py' + qy = 0$的解，y_1是微分方程$y'' + py' + qy = f(x)[f(x) \neq 0]$的解，则下列函数中的微分方程$y'' + py' + qy = f(x)$的解是：

A. $y = y_0 + C_1 y_1$（C_1是任意常数）

B. $y = C_1 y_1 + C_2 y_0$（C_1、C_2是任意常数）

C. $y = y_0 + y_1$

D. $y = 2y_1 + 3y_0$

14. 设$z=\frac{1}{x}e^{xy}$，则全微分$\mathrm{d}z\big|_{(1,-1)}$等于：

A. $e^{-1}(\mathrm{d}x+\mathrm{d}y)$　　B. $e^{-1}(-2\mathrm{d}x+\mathrm{d}y)$

C. $e^{-1}(\mathrm{d}x-\mathrm{d}y)$　　D. $e^{-1}(\mathrm{d}x+2\mathrm{d}y)$

15. 设L为从原点$O(0,0)$到点$A(1,2)$的有向直线段，则对坐标的曲线积分$\int_L -y\mathrm{d}x+x\mathrm{d}y$等于：

A. 0　　B. 1

C. 2　　D. 3

16. 下列级数发散的是：

A. $\sum\limits_{n=1}^{\infty}\frac{n^2}{3n^4+1}$　　B. $\sum\limits_{n=1}^{\infty}\frac{1}{\sqrt[3]{n(n-1)}}$

C. $\sum\limits_{n=1}^{\infty}\frac{(-1)^n}{\sqrt{n}}$　　D. $\sum\limits_{n=1}^{\infty}\frac{5}{3^n}$

17. 设函数$z=f^2(xy)$，其中$f(u)$具有二阶导数，则$\frac{\partial^2 z}{\partial x^2}$等于：

A. $2y^3f'(xy)f''(xy)$

B. $2y^2[f'(xy)+f''(xy)]$

C. $2y\{[f'(xy)]^2+f''(xy)\}$

D. $2y^2\{[f'(xy)]^2+f(xy)f''(xy)\}$

18. 若幂级数$\sum\limits_{n=1}^{\infty}a_n(x+2)^n$在$x=0$处收敛，在$x=-4$处发散，则幂级数$\sum\limits_{n=1}^{\infty}a_n(x-1)^n$的收敛域是：

A. $(-1,3)$　　B. $[-1,3)$

C. $(-1,3]$　　D. $[-1,3]$

19. 设$\boldsymbol{A}$为n阶方阵，$\boldsymbol{B}$是只对调$\boldsymbol{A}$的一、二列所得的矩阵，若$|\boldsymbol{A}|\neq|\boldsymbol{B}|$，则下面结论中一定成立的是：

A. $|\boldsymbol{A}|$可能为 0　　B. $|\boldsymbol{A}|\neq 0$

C. $|\boldsymbol{A}+\boldsymbol{B}|\neq \boldsymbol{0}$　　D. $|\boldsymbol{A}-\boldsymbol{B}|\neq \boldsymbol{0}$

20. 设$\boldsymbol{A}=\begin{bmatrix}1 & x & 1\\ x & 1 & y\\ 1 & y & 1\end{bmatrix}$，$\boldsymbol{B}=\begin{bmatrix}0 & 0 & 0\\ 0 & 1 & 0\\ 0 & 0 & 2\end{bmatrix}$，且$\boldsymbol{A}$与$\boldsymbol{B}$相似，则下列结论中成立的是：

A. $x=y=0$

B. $x=0$，$y=1$

C. $x=1$，$y=0$

D. $x=y=1$

21. 若向量组$\boldsymbol{\alpha}_1=(a,1,1)^{\mathrm{T}}$，$\boldsymbol{\alpha}_2=(1,a,-1)^{\mathrm{T}}$，$\boldsymbol{\alpha}_3=(1,-1,a)^{\mathrm{T}}$线性相关，则$a$的取值为：

A. $a=1$或$a=-2$

B. $a=-1$或$a=2$

C. $a>2$

D. $a>-1$

22. 设A、B是两事件，$P(A)=\frac{1}{4}$，$P(B|A)=\frac{1}{3}$，$P(A|B)=\frac{1}{2}$，则$P(A\cup B)$等于：

A. $\frac{3}{4}$

B. $\frac{3}{5}$

C. $\frac{1}{2}$

D. $\frac{1}{3}$

23. 设随机变量X与Y相互独立，方差$D(X)=1$，$D(Y)=3$，则方差$D(2X-Y)$等于：

A. 7

B. -1

C. 1

D. 4

24. 设随机变量X与Y相互独立，且$X\sim N(\mu_1,\sigma_1^2)$，$Y\sim N(\mu_2,\sigma_2^2)$，则$Z=X+Y$服从的分布是：

A. $N(\mu_1,\sigma_1^2+\sigma_2^2)$

B. $N(\mu_1+\mu_2,\sigma_1\sigma_2)$

C. $N(\mu_1+\mu_2,\sigma_1^2\sigma_2^2)$

D. $N(\mu_1+\mu_2,\sigma_1^2+\sigma_2^2)$

25. 某理想气体分子在温度T_1时的方均根速率等于温度T_2时的最概然速率，则两温度之比$\frac{T_2}{T_1}$等于：

A. $\frac{3}{2}$

B. $\frac{2}{3}$

C. $\sqrt{\frac{3}{2}}$

D. $\sqrt{\frac{2}{3}}$

26. 一定量的理想气体经等压膨胀后，气体的：

A. 温度下降，做正功

B. 温度下降，做负功

C. 温度升高，做正功

D. 温度升高，做负功

27. 一定量的理想气体从初态经一热力学过程达到末态，如初、末态均处于同一温度线上，则此过程中的内能变化 ΔE和气体做功W为：

A. $\Delta E=0$，W可正可负　　B. $\Delta E=0$，W一定为正

C. $\Delta E=0$，W一定为负　　D. $\Delta E>0$，W一定为正

28. 具有相同温度的氧气和氢气的分子平均速率之比$\frac{\bar{v}_{O_2}}{\bar{v}_{H_2}}$为：

A. 1　　B. $\frac{1}{2}$

C. $\frac{1}{3}$　　D. $\frac{1}{4}$

29. 一卡诺热机，低温热源的温度为 27°C，热机效率为 40%，其高温热源温度为：

A. 500K　　B. 45°C

C. 400K　　D. 500°C

30. 一平面简谐波，波动方程为$y=0.02\sin(\pi t+x)$ (SI)，波动方程的余弦形式为：

A. $y=0.02\cos\left(\pi t+x+\frac{\pi}{2}\right)$ (SI)

B. $y=0.02\cos\left(\pi t+x-\frac{\pi}{2}\right)$ (SI)

C. $y=0.02\cos(\pi t+x+\pi)$ (SI)

D. $y=0.02\cos\left(\pi t+x+\frac{\pi}{4}\right)$ (SI)

31. 一简谐波的频率$\nu=2000\text{Hz}$，波长$\lambda=0.20\text{m}$，则该波的周期和波速为：

A. $\frac{1}{2000}\text{s}$，400m/s　　B. $\frac{1}{2000}\text{s}$，40m/s

C. 2000s，400m/s　　D. $\frac{1}{2000}\text{s}$，20m/s

32. 两列相干波，其表达式分别为$y_1=2A\cos 2\pi\left(\nu t-\frac{x}{2}\right)$和$y_2=A\cos 2\pi\left(\nu t+\frac{x}{2}\right)$，在叠加后形成的合成波中，波中质元的振幅范围是：

A. $A\sim 0$　　B. $3A\sim 0$

C. $3A\sim -A$　　D. $3A\sim A$

33. 图示为一平面简谐机械波在t时刻的波形曲线，若此时A点处媒质质元的弹性势能在减小，则：

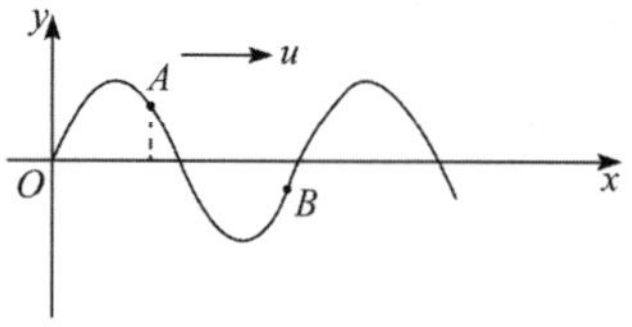

A. A点处质元的振动动能在减小

B. A点处质元的振动动能在增加

C. B点处质元的振动动能在增加

D. B点处质元在正向平衡位置处运动

34. 在双缝干涉实验中，设缝是水平的，若双缝所在的平板稍微向上平移，其他条件不变，则屏上的干涉条纹：

A. 向下平移，且间距不变　　B. 向上平移，且间距不变

C. 不移动，但间距改变　　D. 向上平移，且间距改变

35. 在空气中有一肥皂膜，厚度为0.32μm（$1\mu m = 10^{-6}m$），折射率$n = 1.33$，若用白光垂直照射，通过反射，此膜呈现的颜色大体是：

A. 紫光（430nm）　　B. 蓝光（470nm）

C. 绿光（566nm）　　D. 红光（730nm）

36. 三个偏振片 P_1、P_2 与 P_3 堆叠在一起，P_1 和 P_3 的偏振化方向相互垂直，P_2 和 P_1 的偏振化方向间的夹角为 30°，强度为I_0的自然光垂直入射于偏振片 P_1，并依次通过偏振片 P_1、P_2 与 P_3，则通过三个偏振片后的光强为：

A. $I = I_0/4$　　B. $I = I_0/8$

C. $I = 3I_0/32$　　D. $I = 3I_0/8$

37. 主量子数$n = 3$的原子轨道最多可容纳的电子总数是：

A. 10　　B. 8　　C. 18　　D. 32

38. 下列物质中，同种分子间不存在氢键的是：

A. HI　　B. HF

C. NH_3　　D. C_2H_5OH

39. 已知铁的相对原子质量是 56，测得 100mL 某溶液中含有 112mg 铁，则溶液中铁的浓度为：

A. $2mol \cdot L^{-1}$　　B. $0.2mol \cdot L^{-1}$

C. $0.02mol \cdot L^{-1}$　　D. $0.002mol \cdot L^{-1}$

40. 已知$K^{\Theta}(\text{HOAc}) = 1.8 \times 10^{-5}$，$0.1\text{mol} \cdot \text{L}^{-1}$NaOAc 溶液的 pH 值为：

A. 2.87　　B. 11.13

C. 5.13　　D. 8.88

41. 在298K，100kPa下，反应$2H_2(g) + O_2(g) = 2H_2O(l)$的$\Delta_r H_m^{\Theta} = -572\text{kJ} \cdot \text{mol}^{-1}$，则$H_2O(l)$的$\Delta_f H_m^{\Theta}$是：

A. $572\text{kJ} \cdot \text{mol}^{-1}$　　B. $-572\text{kJ} \cdot \text{mol}^{-1}$

C. $286\text{kJ} \cdot \text{mol}^{-1}$　　D. $-286\text{kJ} \cdot \text{mol}^{-1}$

42. 已知 298K 时，反应$N_2O_4(g) \rightleftharpoons 2NO_2(g)$的$K^{\Theta} = 0.1132$，在 298K 时，如$p(N_2O_4) = p(NO_2) = 100\text{kPa}$，则上述反应进行的方向是：

A. 反应向正向进行　　B. 反应向逆向进行

C. 反应达平衡状态　　D. 无法判断

43. 有原电池$(-)\text{Zn} \mid \text{ZnSO}_4(C_1) \parallel \text{CuSO}_4(C_2) \mid \text{Cu}(+)$，如提高 $ZnSO_4$ 浓度C_1的数值，则原电池电动势：

A. 变大　　B. 变小

C. 不变　　D. 无法判断

44. 结构简式为$(CH_3)_2CHCH(CH_3)CH_2CH_3$的有机物的正确命名是：

A. 2-甲基-3-乙基戊烷　　B. 2，3-二甲基戊烷

C. 3，4-二甲基戊烷　　D. 1，2-二甲基戊烷

45. 化合物对羟基苯甲酸乙酯，其结构式为 HO$COOC_2H_5$，它是一种常用的化妆品防霉剂。

下列叙述正确的是：

A. 它属于醇类化合物

B. 它既属于醇类化合物，又属于酯类化合物

C. 它属于醚类化合物

D. 它属于酚类化合物，同时还属于酯类化合物

46. 某高聚物分子的一部分为：$-CH_2-\underset{\displaystyle COOCH_3}{\underset{|}{CH}}-CH_2-\underset{\displaystyle COOCH_3}{\underset{|}{CH}}-CH_2-\underset{\displaystyle COOCH_3}{\underset{|}{CH}}-$ 在下列叙述中，正确的是：

A. 它是缩聚反应的产物

B. 它的链节为 $-\overset{\displaystyle CH_3}{\overset{|}{\underset{\displaystyle H}{\underset{|}{C}}}}-\overset{\displaystyle H}{\overset{|}{\underset{\displaystyle COOCH_3}{\underset{|}{C}}}}$

C. 它的单体为 $CH_2{=}CHCOOCH_3$ 和 $CH_2{=}CH_2$

D. 它的单体为 $CH_2{=}CHCOOCH_3$

47. 结构如图所示，杆DE的点H由水平绳拉住，其上的销钉C置于杆AB的光滑直槽中，各杆自重均不计。则销钉C处约束力的作用线与x轴正向所成的夹角为：

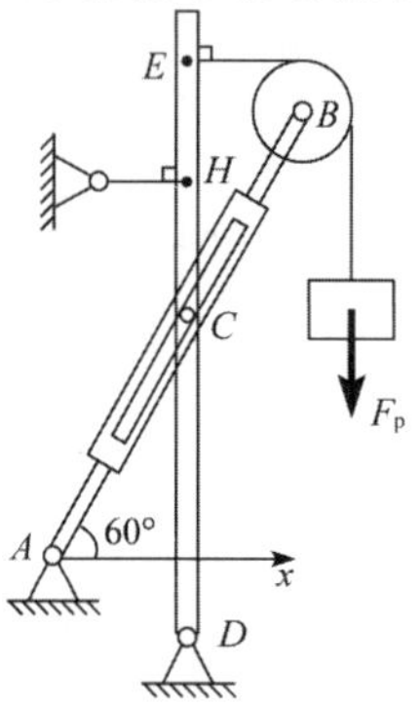

A. 0°　　B. 90°　　C. 60°　　D. 150°

48. 直角构件受力$F = 150N$，力偶$M = \frac{1}{2}Fa$作用，如图所示，$a = 50cm$，$\theta = 30°$，则该力系对B点的合力矩为：

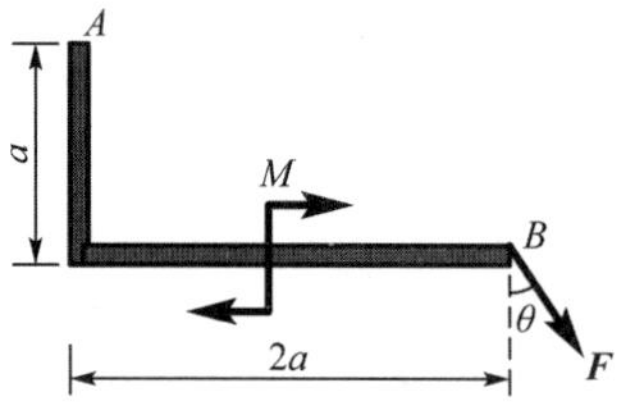

A. $M_B = 3750N \cdot cm$（顺时针）

B. $M_B = 3750N \cdot cm$（逆时针）

C. $M_B = 12990N \cdot cm$（逆时针）

D. $M_B = 12990N \cdot cm$（顺时针）

49. 图示多跨梁由AC和CD铰接而成，自重不计。已知$q = 10\text{kN/m}$，$M = 40\text{kN} \cdot \text{m}$，$F = 2\text{kN}$作用在$AB$中点，且$\theta = 45°$，$L = 2\text{m}$。则支座$D$的约束力为：

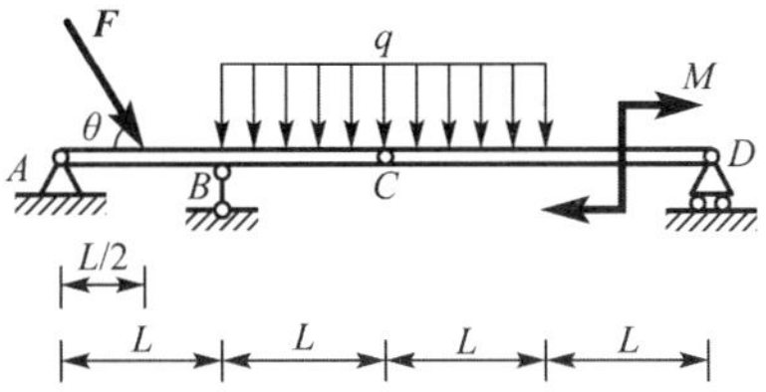

A. $F_D = 10\text{kN}$（铅垂向上）　　B. $F_D = 15\text{kN}$（铅垂向上）

C. $F_D = 40.7\text{kN}$（铅垂向上）　　D. $F_D = 14.3\text{kN}$（铅垂向下）

50. 图示物块重力$F_p = 100\text{N}$处于静止状态，接触面处的摩擦角$\varphi_m = 45°$，在水平力$F = 100\text{N}$的作用下，物块将：

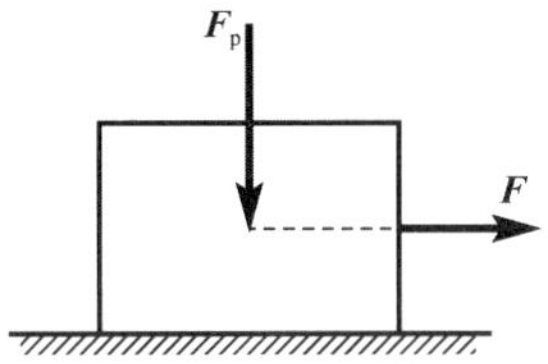

A. 向右加速滑动　　B. 向右减速滑动

C. 向左加速滑动　　D. 处于临界平衡状态

51. 已知动点的运动方程为$x = t^2$，$y = 2t^4$，则其轨迹方程为：

A. $x = t^2 - t$　　B. $y = 2t$

C. $y - 2x^2 = 0$　　D. $y + 2x^2 = 0$

52. 一炮弹以初速度v_0和仰角α射出。对于图示直角坐标的运动方程为$x = v_0 \cos \alpha t$，$y = v_0 \sin \alpha t - \frac{1}{2} g t^2$，则当$t = 0$时，炮弹的速度大小为：

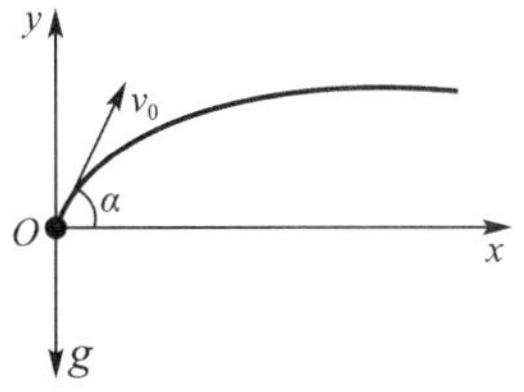

A. $v_0 \cos \alpha$　　B. $v_0 \sin \alpha$

C. v_0　　D. 0

53. 滑轮半径$\boldsymbol{r} = 50\text{mm}$，安装在发动机上旋转，其皮带的运动速度为$20\text{m/s}$，加速度为$6\text{m/s}^2$。扇叶半径$\boldsymbol{R} = 75\text{mm}$，如图所示。则扇叶最高点$B$的速度和切向加速度分别为：

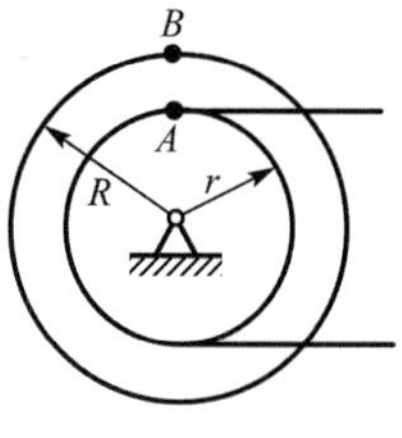

A. 30m/s，9m/s^2

B. 60m/s，9m/s^2

C. 30m/s，6m/s^2

D. 60m/s，18m/s^2

54. 质量为m的小球，放在倾角为α的光滑面上，并用平行于斜面的软绳将小球固定在图示位置，如斜面与小球均以加速度$\boldsymbol{a}$向左运动，则小球受到斜面的约束力N应为：

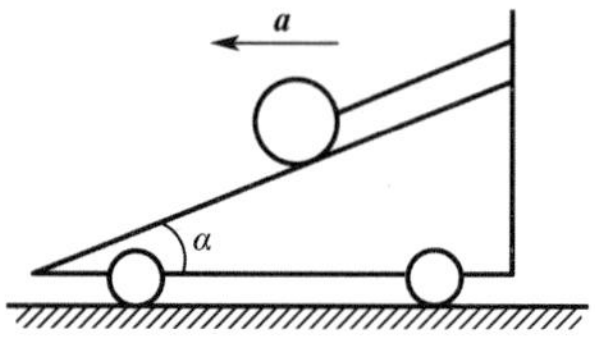

A. $N = mg\cos\alpha - ma\sin\alpha$

B. $N = mg\cos\alpha + ma\sin\alpha$

C. $N = mg\cos\alpha$

D. $N = ma\sin\alpha$

55. 图示质量$m = 5\text{kg}$的物体受力拉动，沿与水平面$30°$夹角的光滑斜平面上移动 6m，其拉动物体的力为 70N，且与斜面平行，则所有力做功之和是：

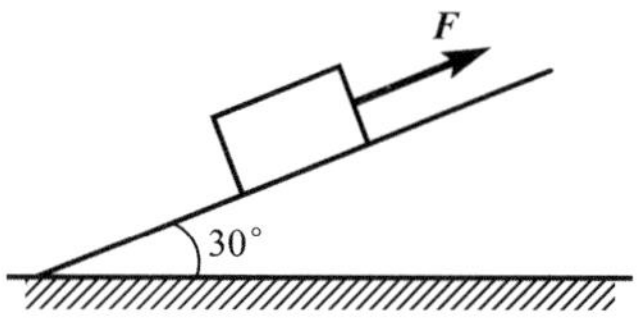

A. $420\text{N}\cdot\text{m}$

B. $-147\text{N}\cdot\text{m}$

C. $273\text{N}\cdot\text{m}$

D. $567\text{N}\cdot\text{m}$

56. 在两个半径及质量均相同的均质滑轮A及B上，各绕以不计质量的绳，如图所示。轮B绳末端挂一重力为$\boldsymbol{P}$的重物，轮A绳末端作用一铅垂向下的力为$\boldsymbol{P}$，则此两轮绕以不计质量的绳中拉力大小的关系为：

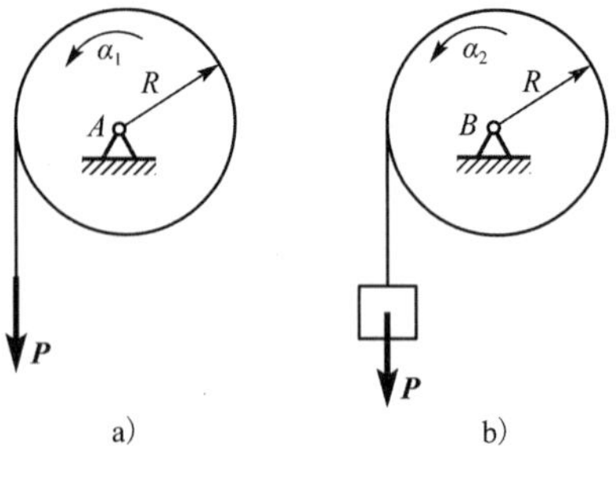

A. $F_A < F_B$

B. $F_A > F_B$

C. $F_A = F_B$

D. 无法判断

57. 物块A的质量为 8kg，静止放在无摩擦的水平面上。另一质量为 4kg 的物块B被绳系住，如图所示，滑轮无摩擦。若物块A的加速度$a = 3.3\mathrm{m/s^2}$，则物块B的惯性力是：

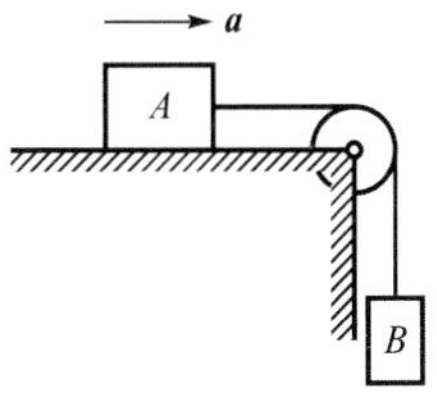

A. 13.2N（铅垂向上）

B. 13.2N（铅垂向下）

C. 26.4N（铅垂向上）

D. 26.4N（铅垂向下）

58. 如图所示系统中，$k_1 = 2 \times 10^5\mathrm{N/m}$，$k_2 = 1 \times 10^5\mathrm{N/m}$。激振力$F = 200\sin 50t$，当系统发生共振时，质量$m$是：

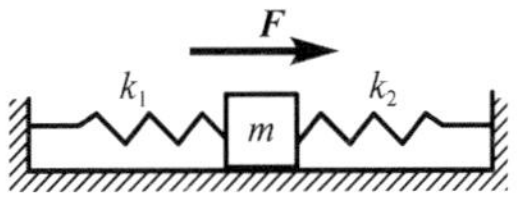

A. 80kg

B. 40kg

C. 120kg

D. 100kg

59. 在低碳钢拉伸试验中，冷作硬化现象发生在：

A. 弹性阶段

B. 屈服阶段

C. 强化阶段

D. 局部变形阶段

60. 图示等截面直杆，拉压刚度为EA，杆的总伸长量为：

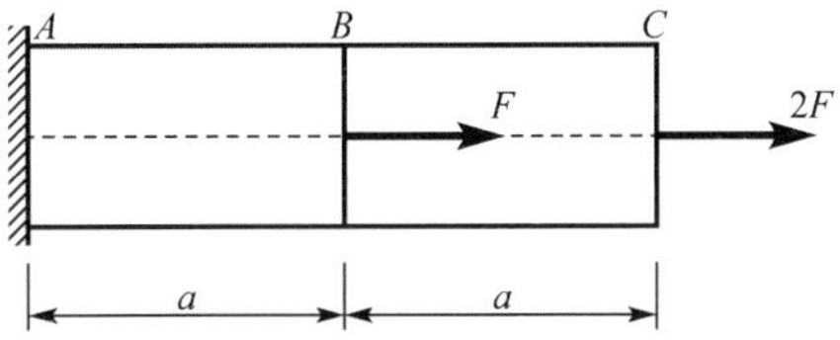

A. $\frac{2Fa}{EA}$

B. $\frac{3Fa}{EA}$

C. $\frac{4Fa}{EA}$

D. $\frac{5Fa}{EA}$

61. 如图所示，钢板用钢轴连接在铰支座上，下端受轴向拉力F，已知钢板和钢轴的许用挤压应力均为$[\sigma_{bs}]$，则钢轴的合理直径d是：

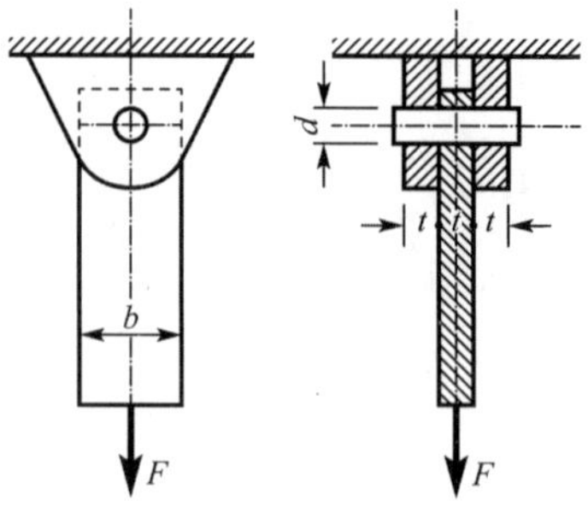

A. $d \geqslant \frac{F}{t[\sigma_{bs}]}$

B. $d \geqslant \frac{F}{b[\sigma_{bs}]}$

C. $d \geqslant \frac{F}{2t[\sigma_{bs}]}$

D. $d \geqslant \frac{F}{2b[\sigma_{bs}]}$

62. 如图所示，空心圆轴的外径为D，内径为d，其极惯性矩I_p是：

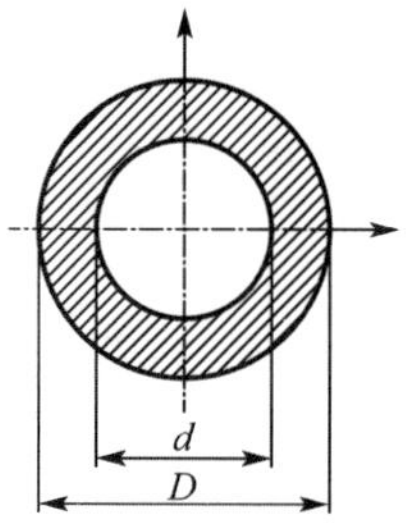

A. $I_p = \frac{\pi}{16}(D^3 - d^3)$

B. $I_p = \frac{\pi}{32}(D^3 - d^3)$

C. $I_p = \frac{\pi}{16}(D^4 - d^4)$

D. $I_p = \frac{\pi}{32}(D^4 - d^4)$

63. 在平面图形的几何性质中，数值可正、可负、也可为零的是：

A. 静矩和惯性矩

B. 静矩和惯性积

C. 极惯性矩和惯性矩

D. 惯性矩和惯性积

64. 若梁ABC的弯矩图如图所示，则该梁上的荷载为：

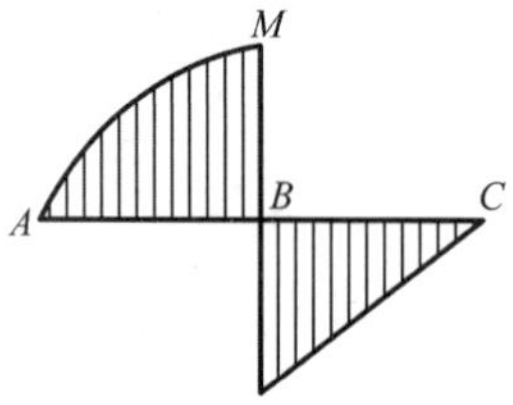

A. AB段有分布荷载，B截面无集中力偶

B. AB段有分布荷载，B截面有集中力偶

C. AB段无分布荷载，B截面无集中力偶

D. AB段无分布荷载，B截面有集中力偶

65. 承受竖直向下荷载的等截面悬臂梁，结构分别采用整块材料、两块材料并列、三块材料并列和两块材料叠合（未黏结）四种方案，对应横截面如图所示。在这四种横截面中，发生最大弯曲正应力的截面是：

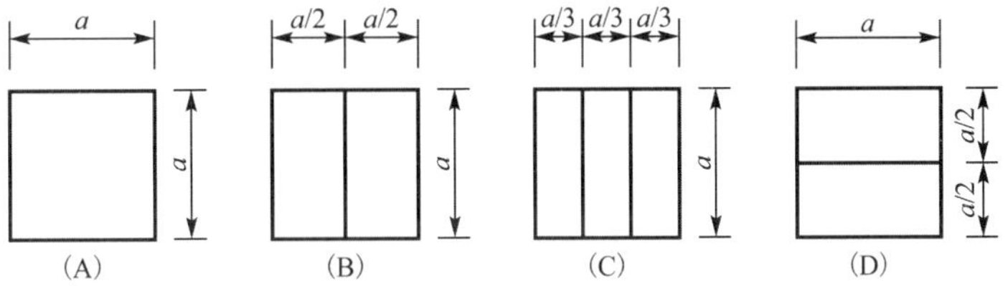

A. 图 A　　B. 图 B　　C. 图 C　　D. 图 D

66. 图示ACB用积分法求变形时，确定积分常数的条件是：（式中V为梁的挠度，θ为梁横截面的转角，ΔL为杆DB的伸长变形）

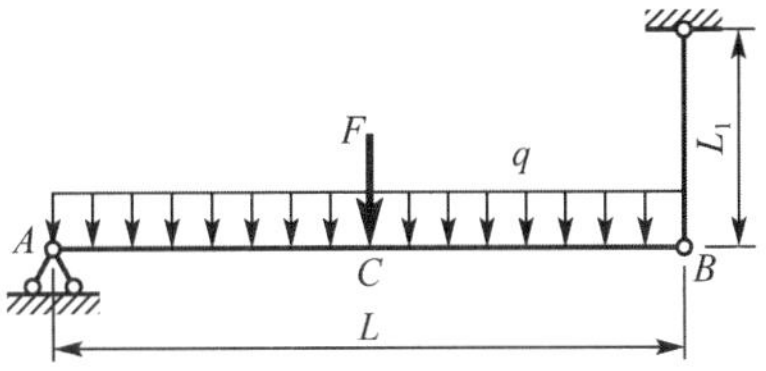

A. $V_A = 0$，$V_B = 0$，$V_{C左} = V_{C右}$，$\theta_C = 0$

B. $V_A = 0$，$V_B = \Delta L$，$V_{C左} = V_{C右}$，$\theta_C = 0$

C. $V_A = 0$，$V_B = \Delta L$，$V_{C左} = V_{C右}$，$\theta_{C左} = \theta_{C右}$

D. $V_A = 0$，$V_B = \Delta L$，$V_C = 0$，$\theta_{C左} = \theta_{C右}$

67. 分析受力物体内一点处的应力状态，如可以找到一个平面，在该平面上有最大切应力，则该平面上的正应力：

A. 是主应力　　B. 一定为零

C. 一定不为零　　D. 不属于前三种情况

68. 在下面四个表达式中，第一强度理论的强度表达式是：

A. $\sigma_1 \leqslant [\sigma]$

B. $\sigma_1 - \nu(\sigma_2 + \sigma_3) \leqslant [\sigma]$

C. $\sigma_1 - \sigma_3 \leqslant [\sigma]$

D. $\sqrt{\frac{1}{2}[(\sigma_1 - \sigma_2)^2 + (\sigma_2 - \sigma_3)^2 + (\sigma_3 - \sigma_1)^2]} \leqslant [\sigma]$

69. 如图所示，正方形截面悬臂梁AB，在自由端B截面形心作用有轴向力F，若将轴向力F平移到B截面下缘中点，则梁的最大正应力是原来的：

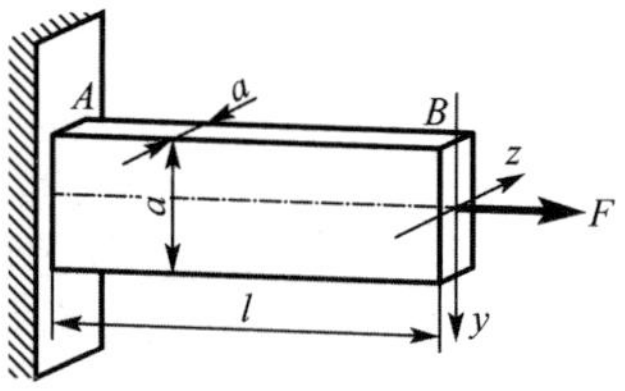

A. 1 倍

B. 2 倍

C. 3 倍

D. 4 倍

70. 图示矩形截面细长压杆，$h = 2b$（图 a），如果将宽度b改为h后（图 b，仍为细长压杆），临界力F_{cr}是原来的：

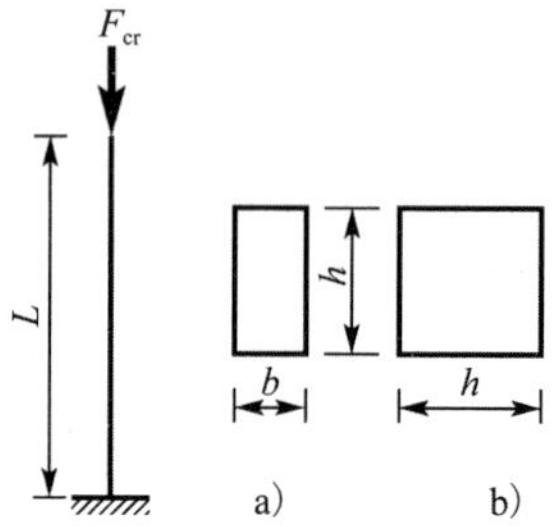

A. 16 倍

B. 8 倍

C. 4 倍

D. 2 倍

71. 静止流体能否承受切应力？

A. 不能承受　　B. 可以承受

C. 能承受很小的　　D. 具有黏性可以承受

72. 水从铅直圆管向下流出，如图所示，已知$d_1 = 10\text{cm}$，管口处水流速度$v_1 = 1.8\text{m/s}$，试求管口下方$h = 2\text{m}$处的水流速度v_2和直径d_2：

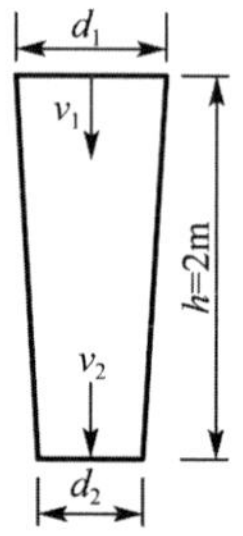

A. $v_2 = 6.5\text{m/s}$，$d_2 = 5.2\text{cm}$

B. $v_2 = 3.25\text{m/s}$，$d_2 = 5.2\text{cm}$

C. $v_2 = 6.5\text{m/s}$，$d_2 = 2.6\text{cm}$

D. $v_2 = 3.25\text{m/s}$，$d_2 = 2.6\text{cm}$

73. 利用动量定理计算流体对固体壁面的作用力时，进、出口截面上的压强应为：

A. 绝对压强　　B. 相对压强

C. 大气压　　D. 真空度

74. 一直径为 50mm 的圆管，运动黏性系数$\nu = 0.18\text{cm}^2/\text{s}$、密度$\rho = 0.85\text{g/cm}^3$的油在管内以$v = 5\text{cm/s}$的速度作层流运动，则沿程损失系数是：

A. 0.09　　B. 0.461

C. 0.1　　D. 0.13

75. 并联长管 1、2，两管的直径相同，沿程阻力系数相同，长度$L_2 = 3L_1$，通过的流量为：

A. $Q_1 = Q_2$　　B. $Q_1 = 1.5Q_2$

C. $Q_1 = 1.73Q_2$　　D. $Q_1 = 3Q_2$

76. 明渠均匀流只能发生在：

A. 平坡棱柱形渠道　　B. 顺坡棱柱形渠道

C. 逆坡棱柱形渠道　　D. 不能确定

77. 均匀砂质土填装在容器中，已知水力坡度$J = 0.5$，渗透系数$k = 0.005\text{cm/s}$，则渗流速度为：

A. 0.0025cm/s　　B. 0.0001cm/s

C. 0.001cm/s　　D. 0.015cm/s

78. 进行水力模型试验，要实现有压管流的相似，应选用的相似准则是：

A. 雷诺准则　　B. 弗劳德准则

C. 欧拉准则　　D. 马赫数

79. 在图示变压器中，左侧线圈中通以直流电流I，铁芯中产生磁通Φ。此时，右侧线圈端口上的电压u_2是：

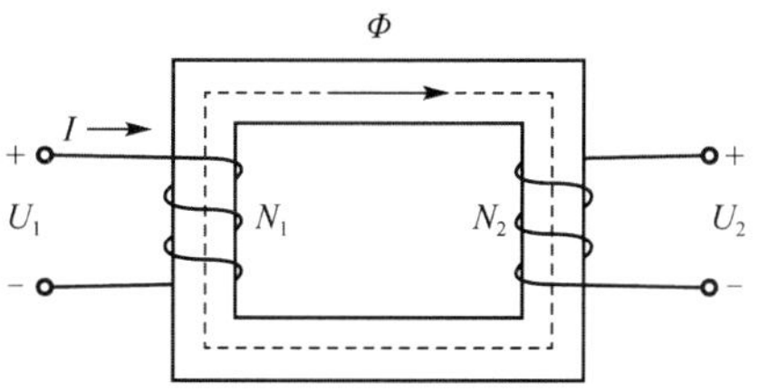

A. 0

B. $\frac{N_2}{N_1}\frac{\text{d}\Phi}{\text{d}t}$

C. $N_1\frac{\text{d}\Phi}{\text{d}t}$

D. $\frac{N_1}{N_2}\frac{\text{d}\Phi}{\text{d}t}$

80. 将一个直流电源通过电阻R接在电感线圈两端，如图所示。如果$U = 10\text{V}$，$I = 1\text{A}$，那么，将直流电源换成交流电源后，该电路的等效模型为：

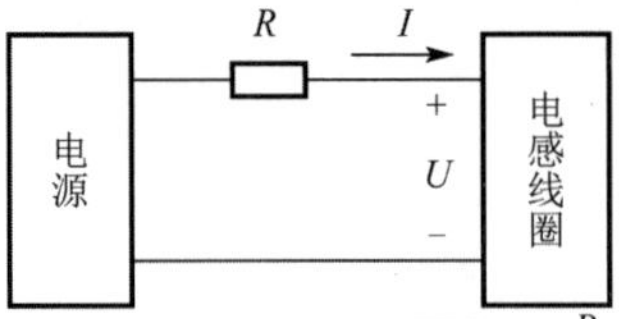

A. 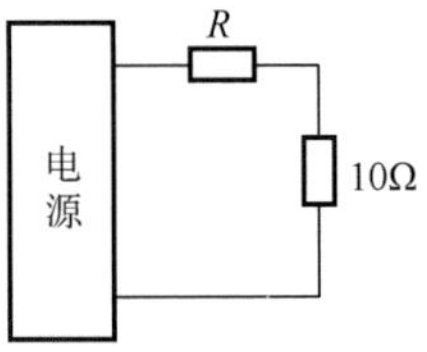

B. 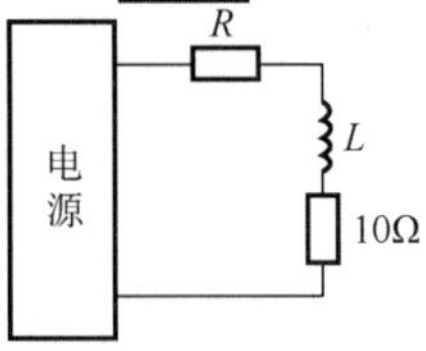

C. 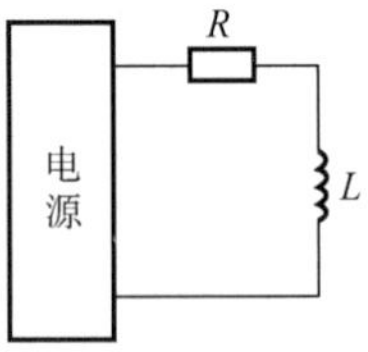

D. 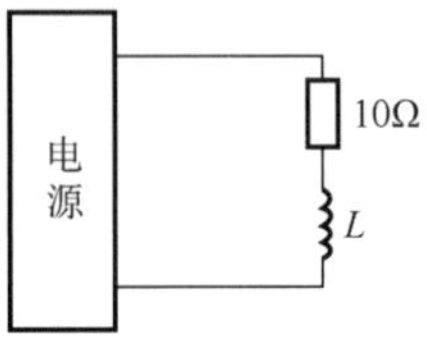

81. 图示电路中，a-b端左侧网络的等效电阻为：

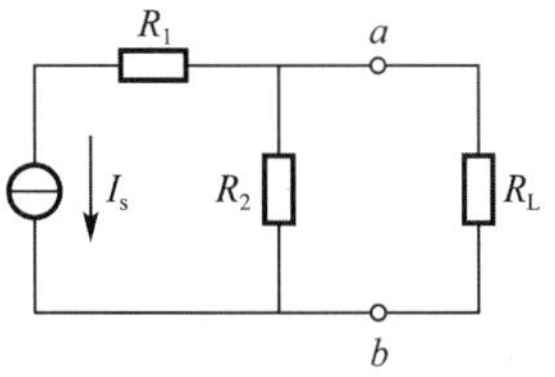

A. $R_1 + R_2$

B. $R_1 /\!/ R_2$

C. $R_1 + R_2 /\!/ R_L$

D. R_2

82. 在阻抗$Z = 10\angle 45°\Omega$两端加入交流电压$u(t) = 220\sqrt{2}\sin(314t + 30°)\text{V}$后，电流$i(t)$为：

A. $22\sin(314t + 75°)\text{A}$

B. $22\sqrt{2}\sin(314t + 15°)\text{A}$

C. $22\sin(314t + 15°)\text{A}$

D. $22\sqrt{2}\sin(314t - 15°)\text{A}$

83. 图示电路中，$Z_1 = (6 + j8)\Omega$，$Z_2 = -jX_C\Omega$，为使I取得最大值，X_C的数值为：

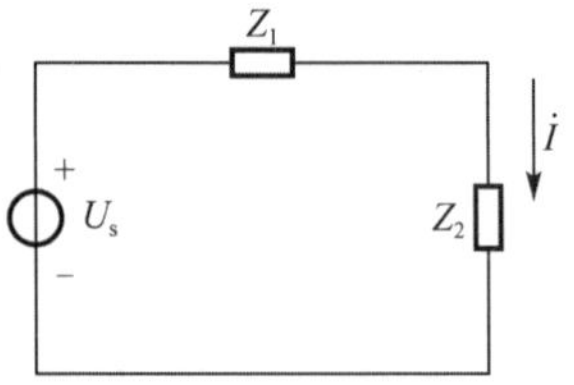

A. 6

B. 8

C. −8

D. 0

84. 三相电路如图所示，设电灯 D 的额定电压为三相电源的相电压，用电设备 M 的外壳线a及电灯 D 另一端线b应分别接到：

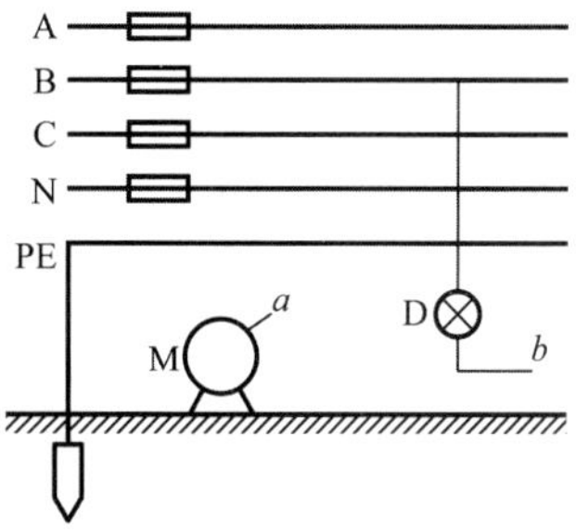

A. PE 线和 PE 线

B. N 线和 N 线

C. PE 线和 N 线

D. N 线和 PE 线

85. 设三相交流异步电动机的空载功率因数为λ_1，20%额定负载时的功率因数为λ_2，满载时功率因数为λ_3，那么以下关系成立的是：

A. $\lambda_1 > \lambda_2 > \lambda_3$　　B. $\lambda_3 > \lambda_2 > \lambda_1$

C. $\lambda_2 > \lambda_1 > \lambda_3$　　D. $\lambda_3 > \lambda_1 > \lambda_2$

86. 能够实现用电设备连续工作的控制电路为：

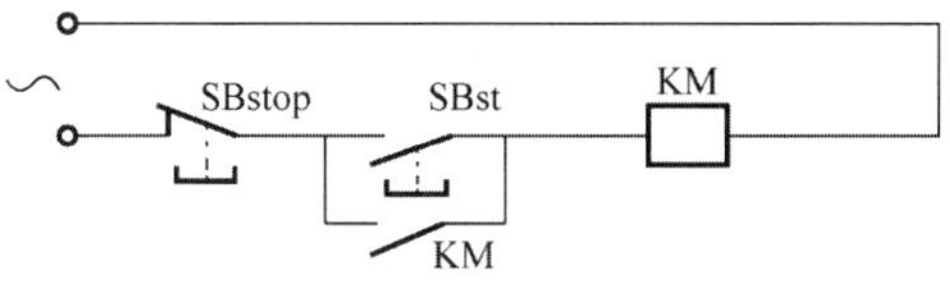

A.

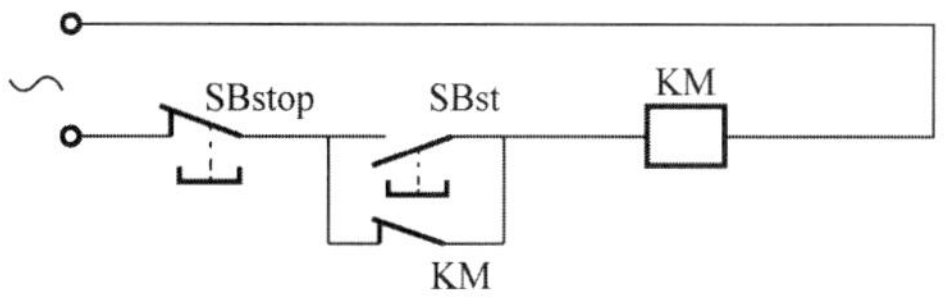

B.

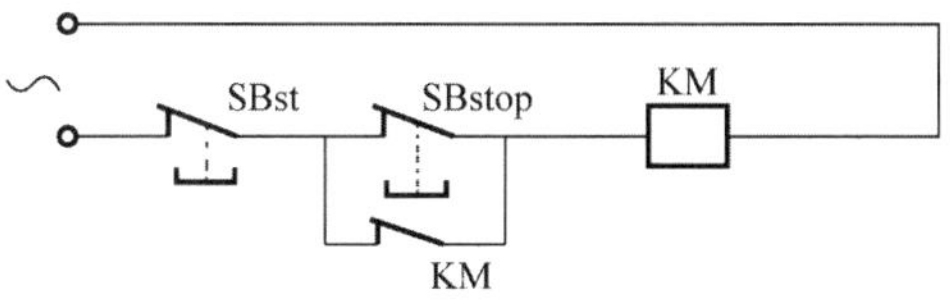

C.

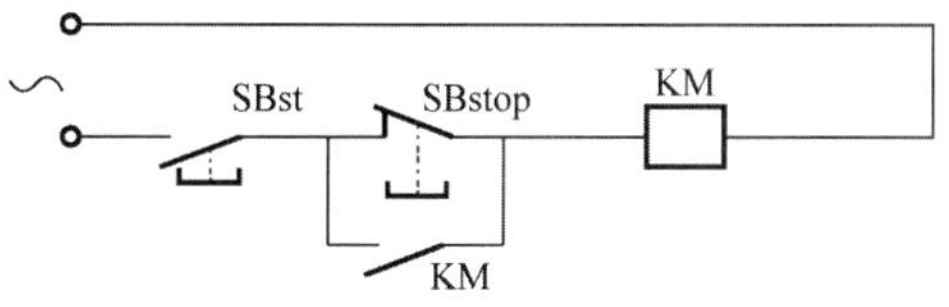

D.

87. 下述四个信号中，不能用来表示信息代码“10101”的图是：

A.
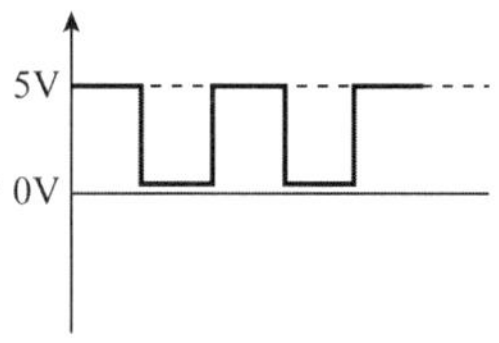

B.
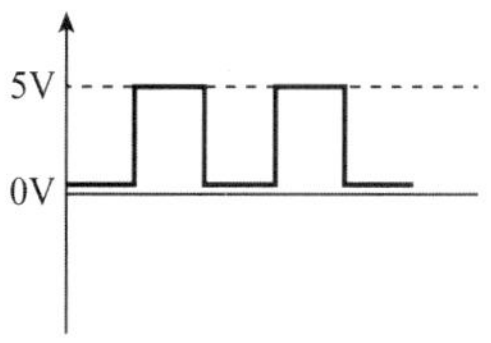

C.
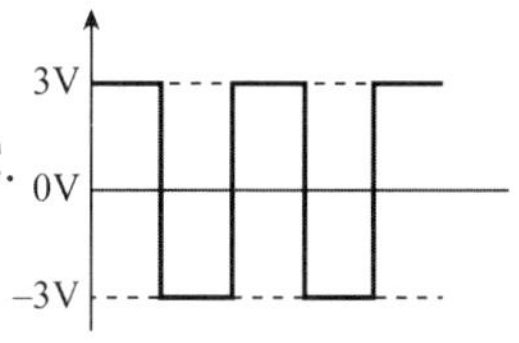

D.
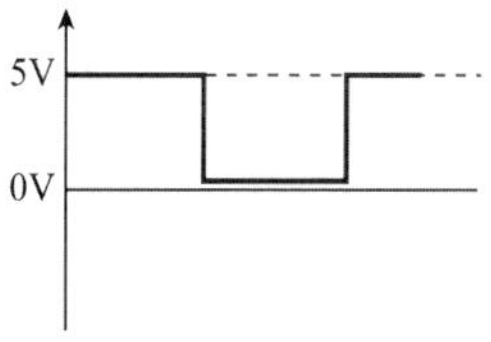

88. 模拟信号$u_1(t)$和$u_2(t)$的幅值频谱分别如图 a）和图 b）所示，则：

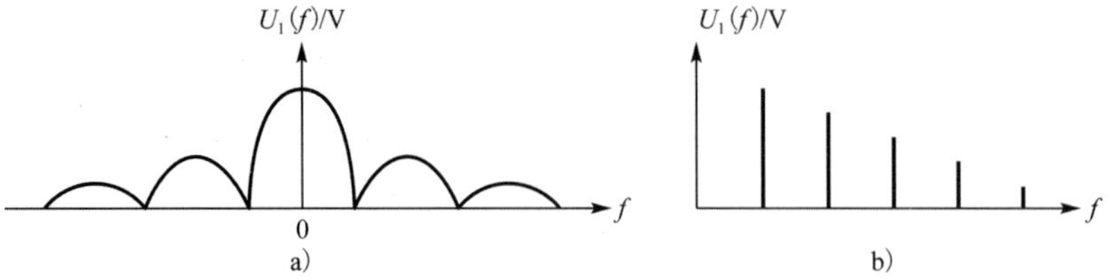

A. $u_1(t)$是连续时间信号，$u_2(t)$是离散时间信号

B. $u_1(t)$是非周期性时间信号，$u_2(t)$是周期性时间信号

C. $u_1(t)$和$u_2(t)$都是非周期时间信号

D. $u_1(t)$和$u_2(t)$都是周期时间信号

89. 以下几种说法中正确的是：

A. 滤波器会改变正弦波信号的频率

B. 滤波器会改变正弦波信号的波形形状

C. 滤波器会改变非正弦周期信号的频率

D. 滤波器会改变非正弦周期信号的波形形状

90. 对逻辑表达式$\mathrm{ABCD}+\overline{\mathrm{A}}+\overline{\mathrm{B}}+\overline{\mathrm{C}}+\overline{\mathrm{D}}$的简化结果是：

A. 0　　　　B. 1

C. ABCD　　　　D. $\overline{\mathrm{A}}\overline{\mathrm{B}}\overline{\mathrm{C}}\overline{\mathrm{D}}$

91. 已知数字电路输入信号 A 和信号 B 的波形如图所示，则数字输出信号$\mathrm{F}=\overline{\mathrm{AB}}$的波形为：

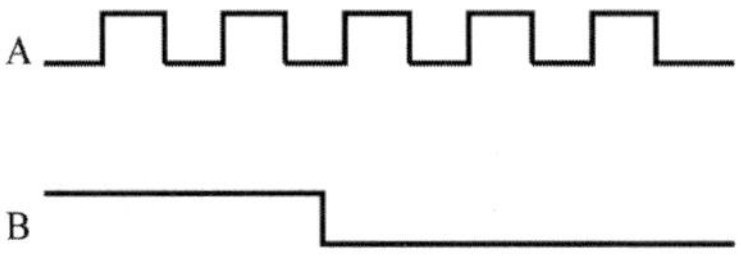

A. 

B. 

C. 

D. 

92. 逻辑函数$F = f(A, B, C)$的真值表如下，由此可知：

A	B	C	F
0	0	0	0
0	0	1	0
0	1	0	0
0	1	1	1
1	0	0	0
1	0	1	0
1	1	0	1
1	1	1	1

A. $F = BC + AB + \overline{A}\overline{B}C + B\overline{C}$

B. $F = \overline{A}\overline{B}\overline{C} + AB\overline{C} + AC + ABC$

C. $F = AB + BC + AC$

D. $F = \overline{A}BC + AB\overline{C} + ABC$

93. 晶体三极管放大电路如图所示，在并入电容C_E后，下列不变的量是：

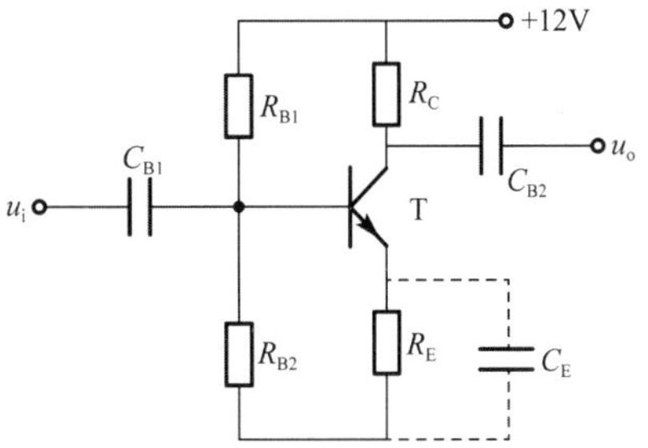

A. 输入电阻和输出电阻

B. 静态工作点和电压放大倍数

C. 静态工作点和输出电阻

D. 输入电阻和电压放大倍数

94. 图示电路中，运算放大器输出电压的极限值$\pm U_{oM}$，输入电压$u_i = U_m \sin \omega t$，现将信号电压u_i从电路的“A”端送入，电路的“B”端接地，得到输出电压u_{o1}。而将信号电压u_i从电路的“B”端输入，电路的“A”接地，得到输出电压u_{o2}。则以下正确的是：

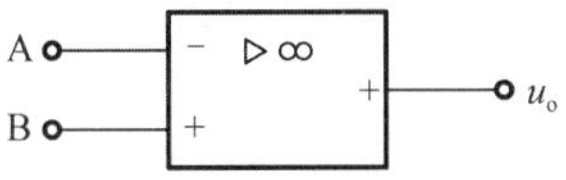

A.

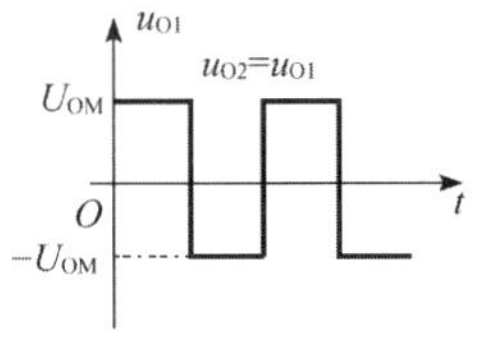

B.

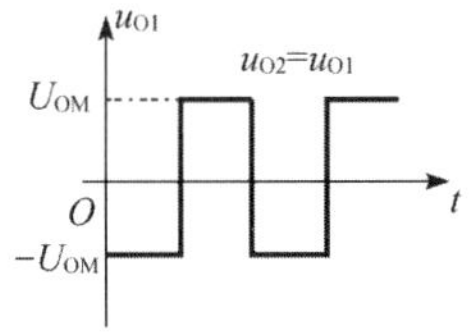

C.

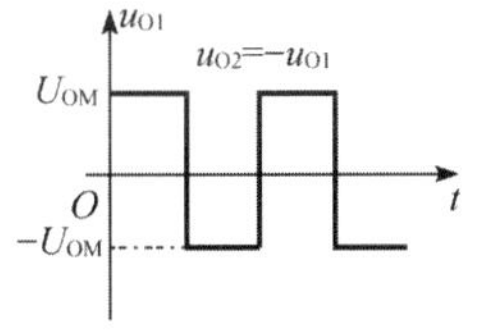

D.

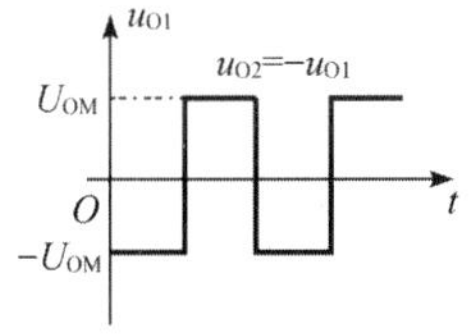

95. 图示逻辑门电路的输出F_1和F_2分别为：

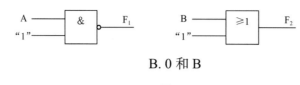

A. A 和 1 　　　　B. 0 和 B

C. A 和 B 　　　　D. $\bar{A}$和 1

96. 图 a）示电路，加入复位信号及时钟脉冲信号如图 b）所示，经分析可知，在t_1时刻，输出 Q_{JK} 和 Q_D 分别等于：

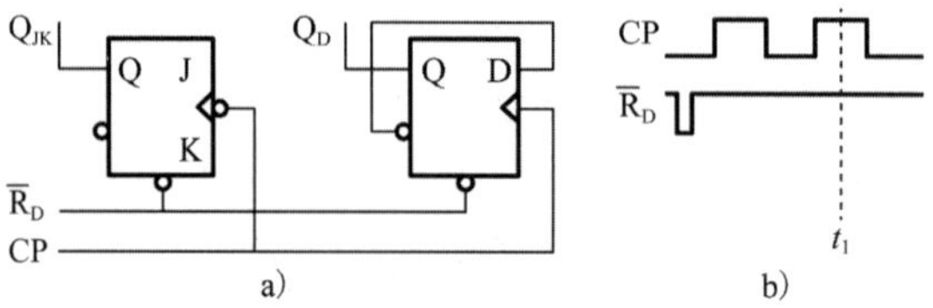

附：D 触发器的逻辑状态表为

D	Q_{n+1}
0	0
1	1

JK 触发器的逻辑状态表为

J	K	Q_{n+1}
0	0	Q_n
0	1	0
1	0	1
1	1	$\overline{Q}_n$

A. 0　0 　　　　B. 0　1

C. 1　0 　　　　D. 1　1

97. 下面四条有关数字计算机处理信息的描述中，其中不正确的一条是：

A. 计算机处理的是数字信息

B. 计算机处理的是模拟信息

C. 计算机处理的是不连续的离散（0 或 1）信息

D. 计算机处理的是断续的数字信息

98. 程序计数器（PC）的功能是：

A. 对指令进行译码　　B. 统计每秒钟执行指令的数目

C. 存放下一条指令的地址　　D. 存放正在执行的指令地址

99. 计算机的软件系统是由：

A. 高级语言程序、低级语言程序构成

B. 系统软件、支撑软件、应用软件构成

C. 操作系统、专用软件构成

D. 应用软件和数据库管理系统构成

100. 允许多个用户以交互方式使用计算机的操作系统是：

A. 批处理单道系统　　B. 分时操作系统

C. 实时操作系统　　D. 批处理多道系统

101. 在计算机内，ASSCII 码是为：

A. 数字而设置的一种编码方案

B. 汉字而设置的一种编码方案

C. 英文字母而设置的一种编码方案

D. 常用字符而设置的一种编码方案

102. 在微机系统内，为存储器中的每一个：

A. 字节分配一个地址　　B. 字分配每一个地址

C. 双字分配一个地址　　D. 四字分配一个地址

103. 保护信息机密性的手段有两种，一是信息隐藏，二是数据加密。下面四条表述中，有错误的一条是：

A. 数据加密的基本方法是编码，通过编码将明文变换为密文

B. 信息隐藏是使非法者难以找到秘密信息而采用“隐藏”的手段

C. 信息隐藏与数据加密所采用的技术手段不同

D. 信息隐藏与数字加密所采用的技术手段是一样的

104. 下面四条有关线程的表述中，其中错误的一条是：

A. 线程有时也称为轻量级进程

B. 有些进程只包含一个线程

C. 线程是所有操作系统分配 CPU 时间的基本单位

D. 把进程再仔细分成线程的目的是为更好地实现并发处理和共享资源

105. 计算机与信息化社会的关系是：

A. 没有信息化社会就不会有计算机

B. 没有计算机在数值上的快速计算，就没有信息化社会

C. 没有计算机及其与通信、网络等的综合利用，就没有信息化社会

D. 没有网络电话就没有信息化社会

106. 域名服务器的作用是：

A. 为连入 Internet 网的主机分配域名

B. 为连入 Internet 网的主机分配 IP 地址

C. 为连入 Internet 网的一个主机域名寻找所对应的 IP 地址

D. 将主机的 IP 地址转换为域名

107. 某人预计 5 年后需要一笔 50 万元的资金，现市场上正发售期限为 5 年的电力债券，年利率为 5.06%，按年复利计息，5 年末一次还本付息，若想 5 年后拿到 50 万元的本利和，他现在应该购买电力债券：

A. 30.52 万元　　B. 38.18 万元

C. 39.06 万元　　D. 44.19 万元

108. 以下关于项目总投资中流动资金的说法正确的是：

A. 是指工程建设其他费用和预备费之和

B. 是指投产后形成的流动资产和流动负债之和

C. 是指投产后形成的流动资产和流动负债的差额

D. 是指投产后形成的流动资产占用的资金

109. 下列筹资方式中，属于项目债务资金的筹集方式是：

A. 优先股　　B. 政府投资

C. 融资租赁　　D. 可转换债券

110. 某建设项目预计生产期第三年息税前利润为 200 万元，折旧与摊销为 50 万元，所得税为 25 万元，计入总成本费用的应付利息为 100 万元，则该年的利息备付率为：

A. 1.25　　B. 2

C. 2.25　　D. 2.5

111. 某项目方案各年的净现金流量见表（单位：万元），其静态投资回收期为：

年份	0	1	2	3	4	5
净现金流量	−100	−50	40	60	60	60

A. 2.17 年　　B. 3.17 年

C. 3.83 年　　D. 4 年

112. 某项目的产出物为可外贸货物，其离岸价格为 100 美元，影子汇率为 6 元人民币/美元，出口费用为每件 100 元人民币，则该货物的影子价格为：

A. 500 元人民币　　B. 600 元人民币

C. 700 元人民币　　D. 800 元人民币

113. 某项目有甲、乙两个建设方案，投资分别为 500 万元和 1000 万元，项目期均为 10 年，甲项目年收益为 140 万元，乙项目年收益为 250 万元。假设基准收益率为 8%。已知$(P/A,8\%,10)=6.7101$，则下列关于该项目方案选择的说法中正确的是：

A. 甲方案的净现值大于乙方案，故应选择甲方案

B. 乙方案的净现值大于甲方案，故应选择乙方案

C. 甲方案的内部收益率大于乙方案，故应选择甲方案

D. 乙方案的内部收益率大于甲方案，故应选择乙方案

114. 用强制确定法（FD 法）选择价值工程的对象时，得出某部件的价值系数为 1.02，则下列说法正确的是：

A. 该部件的功能重要性与成本比重相当，因此应将该部件作为价值工程对象

B. 该部件的功能重要性与成本比重相当，因此不应将该部件作为价值工程对象

C. 该部件功能重要性较小，而所占成本较高，因此应将该部件作为价值工程对象

D. 该部件功能过高或成本过低，因此应将该部件作为价值工程对象

115. 某在建的建筑工程因故中止施工，建设单位的下列做法符合《中华人民共和国建筑法》的是：

A. 自中止施工之日起一个月内向发证机关报告

B. 自中止施工之日起半年内报发证机关核验施工许可证

C. 自中止施工之日起三个月内向发证机关申请延长施工许可证的有效期

D. 自中止施工之日起满一年，向发证机关重新申请施工许可证

116. 依据《中华人民共和国安全生产法》，企业应当对职工进行安全生产教育和培训，某施工总承包单位对职工进行安全生产培训，其培训的内容不包括：

A. 安全生产知识　　B. 安全生产规章制度

C. 安全生产管理能力　　D. 本岗位安全操作技能

117. 下列说法符合《中华人民共和国招标投标法》规定的是：

A. 招标人自行招标，应当具有编制招标文件和组织评标的能力

B. 招标人必须自行办理招标事宜

C. 招标人委托招标代理机构办理招标事宜，应当向有关行政监督部门备案

D. 有关行政监督部门有权强制招标人委托招标代理机构办理招标事宜

118. 甲乙双方于 4 月 1 日约定采用数据电文的方式订立合同，但双方没有指定特定系统，乙方于 4 月 8 日下午收到甲方以电子邮件方式发出的要约，于 4 月 9 日上午又收到甲方发出同样内容的传真，甲方于 4 月 9 日下午给乙方打电话通知对方，邀约已经发出，请对方尽快做出承诺，则该要约生效的时间是：

A. 4 月 8 日下午　　B. 4 月 9 日上午

C. 4 月 9 日下午　　D. 4 月 1 日

119. 根据《中华人民共和国行政许可法》规定，行政许可采取统一办理或者联合办理的，办理的时间不得超过：

A. 10 日　　B. 15 日

C. 30 日　　D. 45 日

120. 依据《建设工程质量管理条例》，建设单位收到施工单位提交的建设工程竣工验收报告申请后，应当组织有关单位进行竣工验收，参加验收的单位可以不包括：

A. 施工单位　　B. 工程监理单位

C. 材料供应单位　　D. 设计单位

2021年度全国勘察设计注册工程师

执业资格考试试卷

基础考试

（上）

二〇二一年十月

应考人员注意事项

1. 本试卷科目代码为“1”，考生务必将此代码填涂在答题卡“科目代码”相应的栏目内，否则，无法评分。
2. 书写用笔：**黑色或蓝色钢笔、签字笔或圆珠笔**；

   填涂答题卡用笔：**黑色 2B 铅笔**。
3. 必须用书写用笔将工作单位、姓名、准考证号填写在答题卡和试卷相应的栏目内。
4. 本试卷由 120 题组成，每题 1 分，满分 120 分，本试卷全部为单项选择题，每小题的四个备选项中只有一个正确答案，错选、多选、不选均不得分。
5. 考生作答时，必须按**题号在答题卡上**将相应试题所选选项对应的**字母用 2B 铅笔涂黑**。
6. 在答题卡上书写与题意无关的语言，或在答题卡上作标记的，均按违纪试卷处理。
7. 考试结束时，由监考人员当面将试卷、答题卡一并收回。
8. 草稿纸由各地统一配发，考后收回。

单项选择题（共 120 题，每题 1 分。每题的备选项中只有一个最符合题意。）

1. 下列结论正确的是：

A. $\lim\limits_{x\to 0} e^{\frac{1}{x}}$存在

B. $\lim\limits_{x\to 0^-} e^{\frac{1}{x}}$存在

C. $\lim\limits_{x\to 0^+} e^{\frac{1}{x}}$存在

D. $\lim\limits_{x\to 0^+} e^{\frac{1}{x}}$存在，$\lim\limits_{x\to 0^-} e^{\frac{1}{x}}$不存在，从而$\lim\limits_{x\to 0} e^{\frac{1}{x}}$不存在

2. 当$x\to 0$时，与x^2为同阶无穷小的是：

A. $1-\cos 2x$

B. $x^2\sin x$

C. $\sqrt{1+x}-1$

D. $1-\cos x^2$

3. 设$f(x)$在$x=0$的某个邻域有定义，$f(0)=0$，且$\lim\limits_{x\to 0}\frac{f(x)}{x}=1$，则在$x=0$处：

A. 不连续

B. 连续但不可导

C. 可导且导数为 1

D. 可导且导数为 0

4. 若$f\left(\frac{1}{x}\right)=\frac{x}{1+x}$，则$f'(x)$等于：

A. $\frac{1}{x+1}$

B. $-\frac{1}{x+1}$

C. $-\frac{1}{(x+1)^2}$

D. $\frac{1}{(x+1)^2}$

5. 方程$x^3+x-1=0$：

A. 无实根

B. 只有一个实根

C. 有两个实根

D. 有三个实根

6. 若函数$f(x)$在$x=x_0$处取得极值，则下列结论成立的是：

A. $f'(x_0)=0$

B. $f'(x_0)$不存在

C. $f'(x_0)=0$或$f'(x_0)$不存在

D. $f''(x_0)=0$

7. 若$\int f(x)\,\mathrm{d}x=\int \mathrm{d}g(x)$，则下列各式中正确的是：

A. $f(x)=g(x)$

B. $f(x)=g'(x)$

C. $f'(x)=g(x)$

D. $f'(x)=g'(x)$

8. 定积分$\int_{-1}^{1}(x^3+|x|)\,e^{x^2}\,\mathrm{d}x$的值等于：

A. 0　　B. e

C. $e-1$　　D. 不存在

9. 曲面$x^2+y^2+z^2=a^2$与$x^2+y^2=2az\ (a>0)$的交线是：

A. 双曲线　　B. 抛物线

C. 圆　　D. 不存在

10. 设有直线L:$\begin{cases}x+3y+2z+1=0\\2x-y-10z+3=0\end{cases}$及平面$\pi$:$4x-2y+z-2=0$，则直线$L$：

A. 平行π　　B. 垂直于π

C. 在π上　　D. 与π斜交

11. 已知函数$f(x)$在$(-\infty,+\infty)$内连续，并满足$f(x)=\int_0^x f(t)\mathrm{d}t$，则$f(x)$为：

A. e^x　　B. $-e^x$

C. 0　　D. e^{-x}

12. 在下列函数中，为微分方程$y''-y'-2y=6e^x$的特解的是：

A. $y=3e^{-x}$　　B. $y=-3e^{-x}$

C. $y=3e^x$　　D. $y=-3e^x$

13. 设函数$f(x,y)=\begin{cases}\frac{1}{xy}\sin(x^2y) & xy\neq 0\\ 0 & xy=0\end{cases}$，则$f_x'(0,1)$等于：

A. 0　　B. 1

C. 2　　D. −1

14. 设函数$f(u)$连续，而区域D: $x^2+y^2\leqslant 1$，且$x\geqslant 0$,则二重积分$\iint\limits_D f\left(\sqrt{x^2+y^2}\right)\mathrm{d}x\mathrm{d}y$等于：

A. $\pi\int_0^1 f(r)\,\mathrm{d}r$　　B. $\pi\int_0^1 rf(r)\,\mathrm{d}r$

C. $\frac{\pi}{2}\int_0^1 f(r)\,\mathrm{d}r$　　D. $\frac{\pi}{2}\int_0^1 rf(r)\,\mathrm{d}r$

15. 设L是圆$x^2+y^2=-2x$，取逆时针方向，则对坐标的曲线积分$\int_L (x-y)\mathrm{d}x+(x+y)\mathrm{d}y$等于：

A. -4π　　B. -2π

C. 0　　D. 2π

16. 设函数$z=x^y$，则$\frac{\partial^2 z}{\partial x \partial y}$等于：

A. $x^y(1+\ln x)$　　B. $x^y(1+y\ln x)$

C. $x^{y-1}(1+y\ln x)$　　D. $x^y(1-x\ln x)$

17. 下列级数中，收敛的级数是：

A. $\sum\limits_{n=1}^{\infty}\frac{8^n}{7^n}$　　B. $\sum\limits_{n=1}^{\infty} n\sin\frac{1}{n}$

C. $\sum\limits_{n=1}^{\infty}\frac{1}{\sqrt{n}}$　　D. $\sum\limits_{n=1}^{\infty}(-1)^{n-1}\frac{1}{\sqrt{n}}$

18. 级数$\sum\limits_{n=1}^{\infty} n\left(\frac{1}{2}\right)^{n-1}$的和是：

A. 1　　B. 2

C. 3　　D. 4

19. 若矩阵$\boldsymbol{A}=\begin{bmatrix}1&0&0\\0&-1&-1\\0&0&1\end{bmatrix}$，$\boldsymbol{I}=\begin{bmatrix}1&0&0\\0&1&0\\0&0&1\end{bmatrix}$，则矩阵$(\boldsymbol{A}-2\boldsymbol{I})^{-1}(\boldsymbol{A}^2-4\boldsymbol{I})$为：

A. $\begin{bmatrix}3&0&0\\0&1&-1\\0&0&3\end{bmatrix}$　　B. $\begin{bmatrix}3&0&0\\0&1&0\\0&0&3\end{bmatrix}$

C. $\begin{bmatrix}3&0&0\\0&1&1\\0&0&3\end{bmatrix}$　　D. $\begin{bmatrix}2&0&0\\0&-2&-2\\0&0&2\end{bmatrix}$

20. 已知矩阵$\boldsymbol{A}=\begin{bmatrix}0&0&1\\x&1&y\\1&0&0\end{bmatrix}$有三个线性无关的特征向量，则下列关系式正确的是：

A. $x+y=0$　　B. $x+y\neq 0$

C. $x+y=1$　　D. $x=y=1$

21. 设n维向量组α_1，α_2，α_3是线性方程组$\boldsymbol{A}x=\boldsymbol{0}$的一个基础解系，则下列向量组也是$\boldsymbol{A}x=\boldsymbol{0}$的基础解系的是：

A. α_1，$\alpha_2-\alpha_3$

B. $\alpha_1+\alpha_2$，$\alpha_2+\alpha_3$，$\alpha_3+\alpha_1$

C. $\alpha_1+\alpha_2$，$\alpha_2+\alpha_3$，$\alpha_1-\alpha_3$

D. α_1，$\alpha_1+\alpha_2$，$\alpha_2+\alpha_3$，$\alpha_1+\alpha_2+\alpha_3$

22. 袋子里有 5 个白球，3 个黄球，4 个黑球，从中随机抽取 1 只，已知它不是黑球，则它是黄球的概率是：

A. $\frac{1}{8}$　　B. $\frac{3}{8}$

C. $\frac{5}{8}$　　D. $\frac{7}{8}$

23. 设X服从泊松分布$P(3)$，则X的方差与数学期望之比$\frac{D(X)}{E(X)}$等于：

A. 3　　B. $\frac{1}{3}$

C. 1　　D. 9

24. 设$X_1,X_2,\cdots,X_n$是来自总体$X\sim N(\mu,\sigma^2)$的样本，$\overline{X}$是$X_1,X_2,\cdots,X_n$的样本均值，则$\sum_{i=1}^{n}\frac{(X_i-\overline{X})^2}{\sigma^2}$服从的分布是：

A. $F(n)$　　B. $t(n)$

C. $\chi^2(n)$　　D. $\chi^2(n-1)$

25. 在标准状态下，即压强$p_0=1\text{atm}$，温度$T=273.15\text{K}$，一摩尔任何理想气体的体积均为：

A. 22.4L　　B. 2.24L

C. 224L　　D. 0.224L

26. 理想气体经过等温膨胀过程，其平均自由程$\overline{\lambda}$和平均碰撞次数$\overline{Z}$的变化是：

A. $\overline{\lambda}$变大，$\overline{Z}$变大　　B. $\overline{\lambda}$变大，$\overline{Z}$变小

C. $\overline{\lambda}$变小，$\overline{Z}$变大　　D. $\overline{\lambda}$变小，$\overline{Z}$变小

27. 在一热力学过程中，系统内能的减少量全部成为传给外界的热量，此过程一定是：

A. 等体升温过程　　B. 等体降温过程

C. 等压膨胀过程　　D. 等压压缩过程

28. 理想气体卡诺循环过程的两条绝热线下的面积大小（图中阴影部分）分别为S_1和S_2，则二者的大小关系是：

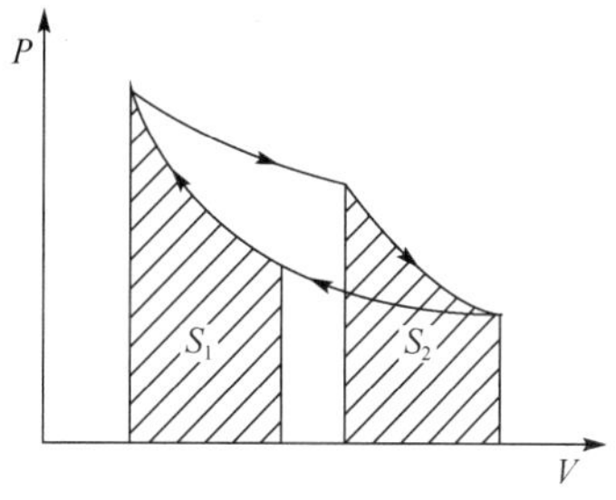

A. $S_1 > S_2$

B. $S_1 = S_2$

C. $S_1 < S_2$

D. 无法确定

29. 一热机在一次循环中吸热1.68×10^2J，向冷源放热1.26×10^2J，该热机效率为：

A. 25%　　　　B. 40%

C. 60%　　　　D. 75%

30. 若一平面简谐波的波动方程为$y = A\cos(Bt - Cx)$，式中A、B、C为正值恒量，则：

A. 波速为C　　　　B. 周期为$\frac{1}{B}$

C. 波长为$\frac{2\pi}{C}$　　　　D. 角频率为$\frac{2\pi}{B}$

31. 图示为一平面简谐机械波在t时刻的波形曲线，若此时A点处媒质质元的振动动能在增大，则：

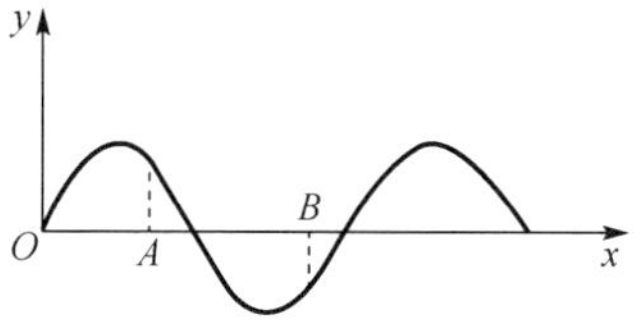

A. A点处质元的弹性势能在减小

B. 波沿x轴负方向传播

C. B点处质元振动动能在减小

D. 各点的波的能量密度都不随时间变化

32. 两个相同的喇叭接在同一播音器上，它们是相干波源，二者到P点的距离之差为$\lambda/2$（λ是声波波长），则P点处为：

A. 波的相干加强点　　　　B. 波的相干减弱点

C. 合振幅随时间变化的点　　　　D. 合振幅无法确定的点

33. 一声波波源相对媒质不动，发出的声波频率是v_0。设以观察者的运动速度为波速的 1/2，当观察者远离波源运动时，他接收到的声波频率是：

A. v_0

B. $2v_0$

C. $v_0/2$

D. $3v_0/2$

34. 当一束单色光通过折射率不同的两种媒质时，光的：

A. 频率不变，波长不变

B. 频率不变，波长改变

C. 频率改变，波长不变

D. 频率改变，波长改变

35. 在单缝衍射中，若单缝处的波面恰好被分成偶数个半波带，在相邻半波带上任何两个对应点所发出的光，在暗条纹处的相位差为：

A. π

B. 2π

C. $\frac{\pi}{2}$

D. $\frac{3\pi}{2}$

36. 一束平行单色光垂直入射在光栅上，当光栅常数$(a+b)$为下列哪种情况时（a代表每条缝的宽度），$k=3$、6、9等级次的主极大均不出现？

A. $a+b=2a$

B. $a+b=3a$

C. $a+b=4a$

D. $a+b=6a$

37. 既能衡量元素金属性又能衡量元素非金属性强弱的物理量是：

A. 电负性

B. 电离能

C. 电子亲和能

D. 极化力

38. 下列各组物质中，两种分子之间存在的分子间力只含有色散力的是：

A. 氢气和氦气

B. 二氧化碳和二氧化硫气体

C. 氢气和溴化氢气体

D. 一氧化碳和氧气

39. 在$BaSO_4$饱和溶液中，加入Na_2SO_4，溶液中$c(Ba^{2+})$的变化是：

A. 增大

B. 减小

C. 不变

D. 不能确定

40. 已知$K^{\Theta}(NH_3 \cdot H_2O)=1.8\times10^{-5}$，浓度均为$0.1mol \cdot L^{-1}$的$NH_3 \cdot H_2O$和$NH_4Cl$混合溶液的 pH 值为：

A. 4.74　　　　B. 9.26

C. 5.74　　　　D. 8.26

41. 已知HCl(g)的$\Delta_f H_m^{\Theta}=-92kJ \cdot mol^{-1}$，则反应$H_2(g)+Cl_2(g) = 2HCl(g)$的$\Delta_r H_m^{\Theta}$是：

A. $92kJ \cdot mol^{-1}$　　　　B. $-92kJ \cdot mol^{-1}$

C. $-184kJ \cdot mol^{-1}$　　　　D. $46kJ \cdot mol^{-}$

42. 反应$A(s)+B(g) \rightleftharpoons 2C(g)$在体系中达到平衡，如果保持温度不变，升高体系的总压（减小体积），平衡向左移动，则K^{Θ}的变化是：

A. 增大　　　　B. 减小

C. 不变　　　　D. 无法判断

43. 已 知 $E^{\Theta}(Fe^{3+}/Fe^{2+})=0.771V$ ， $E^{\Theta}(Fe^{2+}/Fe)=-0.44V$ ， $K_{sp}^{\Theta}(Fe(OH)_3)=2.79\times10^{-39}$ ，$K_{sp}^{\Theta}(Fe(OH)_2)=4.87\times10^{-17}$，有如下原电池$(-)Fe \mid Fe^{2+}(1.0mol \cdot L^{-1}) \| Fe^{3+}(1.0mol \cdot L^{-1})$，$Fe^{2+}(1.0mol \cdot L^{-1}) \mid Pt(+)$，如向两个半电池中均加入 NaOH，最终均使$c(OH^-)=1.0mol \cdot L^{-1}$，则原电池电动势变化是：

A. 变大　　　　B. 变小

C. 不变　　　　D. 无法判断

44. 下列各组化合物中能用溴水区别的是：

A. 1-己烯和己烷　　　　B. 1-己烯和 1-己炔

C. 2-己烯和 1-己烯　　　　D. 己烷和苯

45. 尼泊金丁酯是国家允许使用的食品防腐剂，它是对羟基苯甲酸与醇形成的酯类化合物。尼泊金丁酯的结构简式为：

A.
$$\underset{\text{OH}}{\bigcirc}\overset{\overset{\text{O}}{\|}}{C}CH_2CH_2CH_2CH_3$$

B. $CH_3CH_2CH_2CH_2O-\bigcirc-\overset{\overset{\text{O}}{\|}}{C}-OH$

C. $HO-\bigcirc-\overset{\overset{\text{O}}{\|}}{C}-COCH_2CH_2CH_2CH_3$

D. $H_3CH_2CH_2C\overset{\overset{\text{O}}{\|}}{C}-O-\bigcirc-OH$

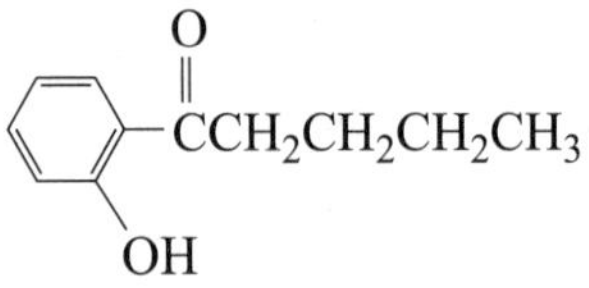

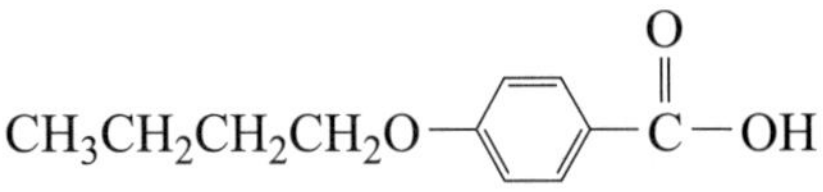

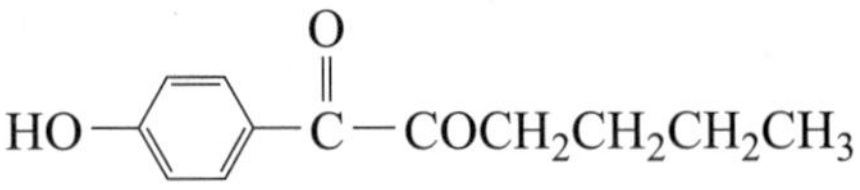

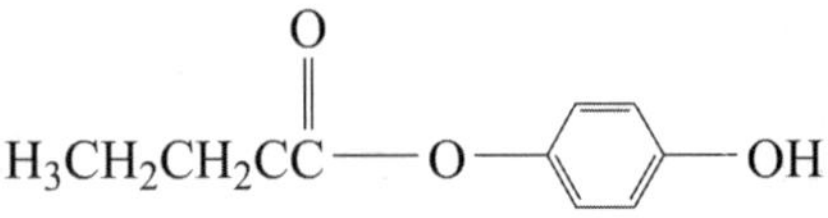

46. 某高分子化合物的结构为：

$$\cdots-CH_2-\underset{Cl}{CH}-CH_2-\underset{Cl}{CH}-CH_2-\underset{Cl}{CH}-\cdots$$

在下列叙述中，不正确的是：

A. 它为线型高分子化合物

B. 合成该高分子化合物的反应为缩聚反应

C. 链节为 $-\underset{\underset{H}{|}}{\overset{\overset{H}{|}}{C}}-\underset{\underset{Cl}{|}}{\overset{\overset{H}{|}}{C}}-$

D. 它的单体为 $CH_2{=}CHCl$

47. 三角形板 ABC 受平面力系作用如图所示。欲求未知力 F_{NA}、F_{NB} 和 F_{NC}，独立的平衡方程组是：

A. $\sum M_C(F)=0$，$\sum M_D(F)=0$，$\sum M_B(F)=0$

B. $\sum F_y=0$，$\sum M_A(F)=0$，$\sum M_B(F)=0$

C. $\sum F_x=0$，$\sum M_A(F)=0$，$\sum M_B(F)=0$

D. $\sum F_x=0$，$\sum M_A(F)=0$，$\sum M_C(F)=0$

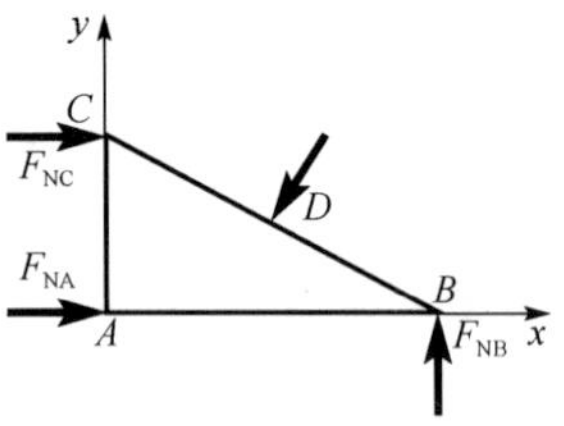

48. 图示等边三角板ABC，边长为a，沿其边缘作用大小均为F的力$\boldsymbol{F}_1$、$\boldsymbol{F}_2$、$\boldsymbol{F}_3$，方向如图所示，则此力系可简化为：

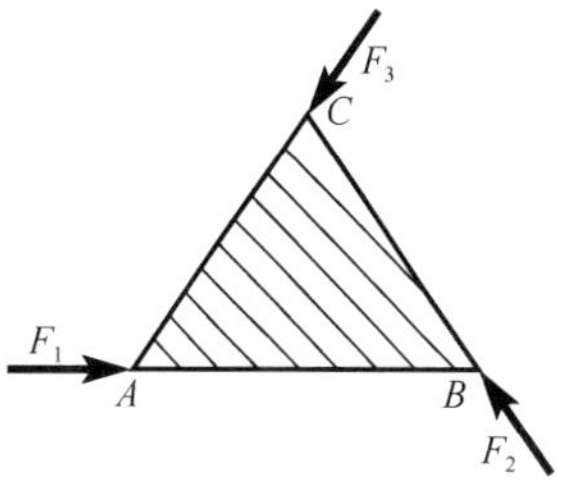

A. 平衡

B. 一力和一力偶

C. 一合力偶

D. 一合力

49. 三杆AB、AC及DEH用铰链连接如图所示。已知：$AD = BD = 0.5\text{m}$，E端受一力偶作用，其矩$M = 1\text{kN}\cdot\text{m}$。则支座$C$的约束力为：

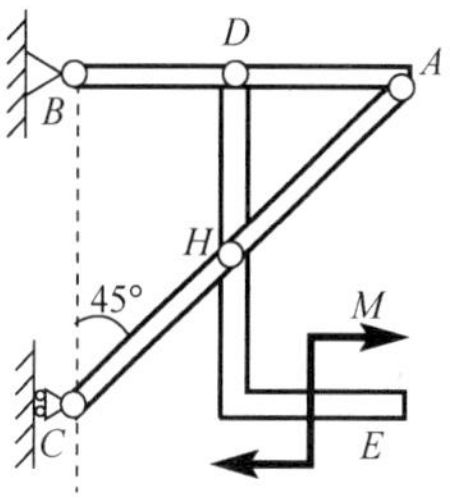

A. $F_{\text{C}} = 0$

B. $F_{\text{C}} = 2\text{kN}$（水平向右）

C. $F_{\text{C}} = 2\text{kN}$（水平向左）

D. $F_{\text{C}} = 1\text{kN}$（水平向右）

50. 图示桁架结构中，DH杆的内力大小为：

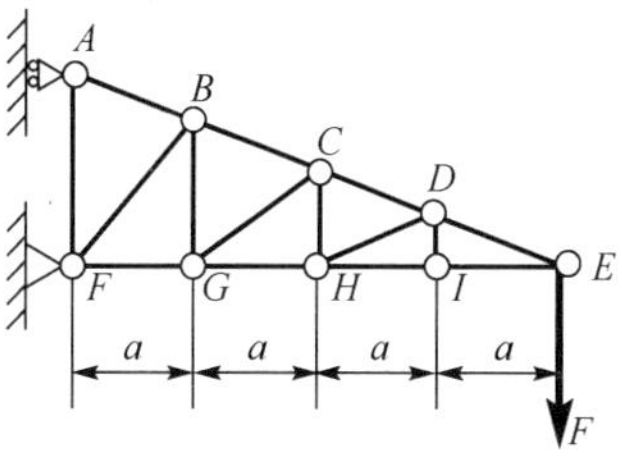

A. F

B. −F

C. 0.5F

D. 0

51. 某点按$x = t^3 - 12t + 2$的规律沿直线轨迹运动（其中t以 s 计，x以 m 计），则$t = 3\text{s}$时点经过的路程为：

A. 23m　　B. 21m

C. −7m　　D. −14m

52. 四连杆机构如图所示。已知曲柄O_1A长为r，AM长为l，角速度为ω、角加速度为ε。则固连在AB杆上的物块M的速度和法向加速度的大小为：

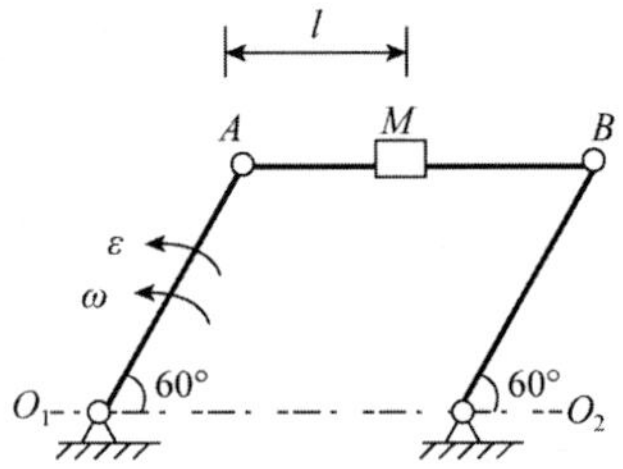

A. $v_M = l\omega$，$a_M^n = l\omega^2$

B. $v_M = l\omega$，$a_M^n = r\omega^2$

C. $v_M = r\omega$，$a_M^n = r\omega^2$

D. $v_M = r\omega$，$a_M^n = l\omega^2$

53. 直角刚杆OAB在图示瞬时角速度$\omega = 2\mathrm{rad/s}$，角加速度$\varepsilon = 5\mathrm{rad/s^2}$，若$OA$ =40cm，AB =30cm，则B点的速度大小和切向加速度的大小为：

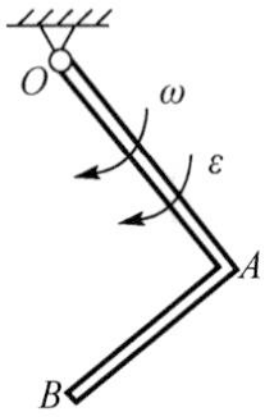

A. 100cm/s；250cm/s^2

B. 80cm/s；200cm/s^2

C. 60cm/s；150cm/s^2

D. 100cm/s；200cm/s^2

54. 设物块A为质点，其重力大小$W = 10\mathrm{N}$，静止在一个可绕y轴转动的平面上，如图所示。绳长$l = 2\mathrm{m}$，取重力加速度$g = 10\mathrm{m/s^2}$。当平面与物块以常角速度 2rad/s转动时，则绳中的张力是：

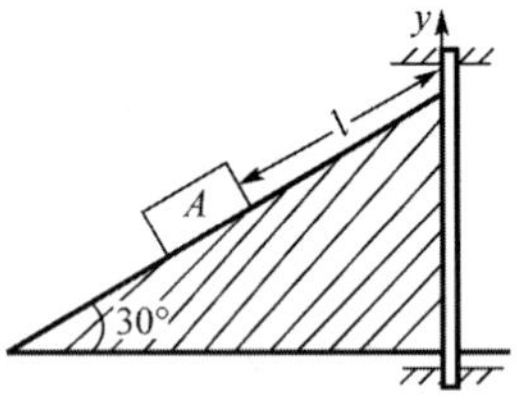

A. 11N

B. 8.66N

C. 5.00N

D. 9.51N

55. 图示均质细杆OA的质量为m，长为l，绕定轴Oz以匀角速度ω转动。设杆与Oz轴的夹角为α，则当杆运动到Oyz平面内的瞬时，细杆OA的动量大小为：

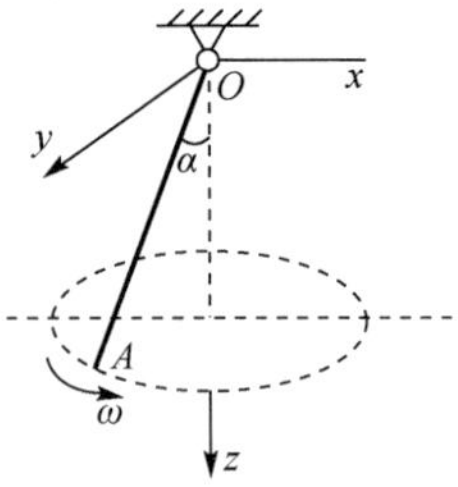

A. $\frac{1}{2}ml\omega$

B. $\frac{1}{2}ml\omega\sin\alpha$

C. $ml\omega\sin\alpha$

D. $\frac{1}{2}ml\omega\cos\alpha$

56. 均质细杆OA，质量为m，长为l。在如图所示水平位置静止释放，当运动到铅直位置时，OA杆的角速度大小为：

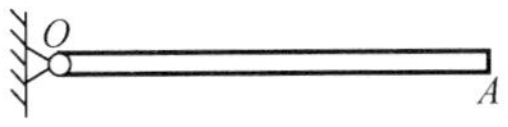

A. 0

B. $\sqrt{\frac{3g}{l}}$

C. $\sqrt{\frac{3g}{2l}}$

D. $\sqrt{\frac{g}{3l}}$

57. 质量为m，半径为R的均质圆轮，绕垂直于图面的水平轴O转动，在力偶M的作用下，其常角速度为ω，在图示瞬时，轮心C在最低位置，此时轴承O施加于轮的附加动反力为：

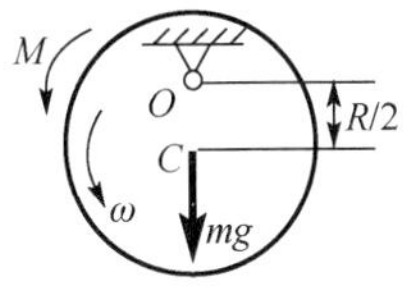

A. $mR\omega/2$(铅垂向上)

B. $mR\omega/2$(铅垂向下)

C. $mR\omega^2/2$(铅垂向上)

D. $mR\omega^2$(铅垂向上)

58. 如图所示系统中，四个弹簧均未受力，已知$m = 50\text{kg}$，$k_1 = 9800\text{N/m}$，$k_2 = k_3 = 4900\text{N/m}$，$k_4 = 19600\text{N/m}$。则此系统的固有圆频率为：

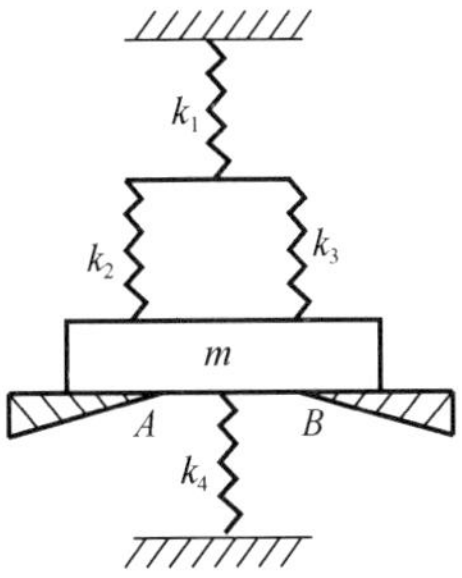

A. 19.8rad/s

B. 22.1rad/s

C. 14.1rad/s

D. 9.9rad/s

59. 关于铸铁力学性能有以下两个结论：①抗剪能力比抗拉能力差；②压缩强度比拉伸强度高。关于以上结论下列说法正确的是：

A. ①正确，②不正确

B. ②正确，①不正确

C. ①、②都正确

D. ①、②都不正确

60. 等截面直杆DCB，拉压刚度为EA，在B端轴向集中力F作用下，杆中间C截面的轴向位移为：

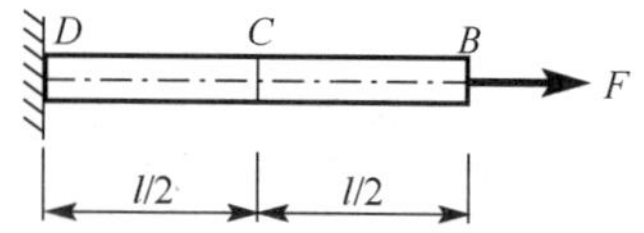

A. $\frac{2Fl}{EA}$

B. $\frac{Fl}{EA}$

C. $\frac{Fl}{2EA}$

D. $\frac{Fl}{4EA}$

61. 图示矩形截面连杆，端部与基础通过铰链轴连接，连杆受拉力F作用，已知铰链轴的许用挤压应力为$[\sigma_{bs}]$，则轴的合理直径d是：

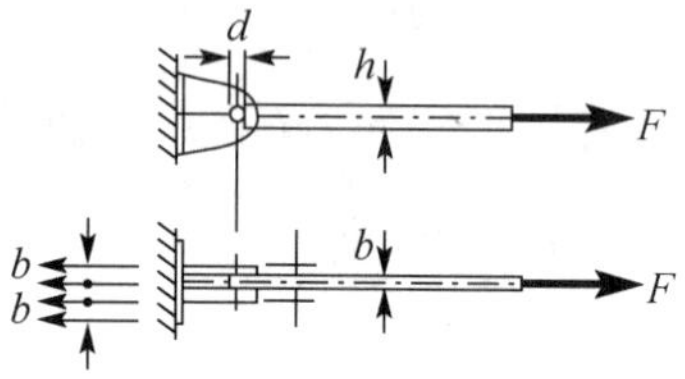

A. $d \geqslant \frac{F}{b[\sigma_{bs}]}$

B. $d \geqslant \frac{F}{h[\sigma_{bs}]}$

C. $d \geqslant \frac{F}{2b[\sigma_{bs}]}$

D. $d \geqslant \frac{F}{2h[\sigma_{bs}]}$

62. 图示圆轴在扭转力矩作用下发生扭转变形，该轴A、B、C三个截面相对于D截面的扭转角间满足：

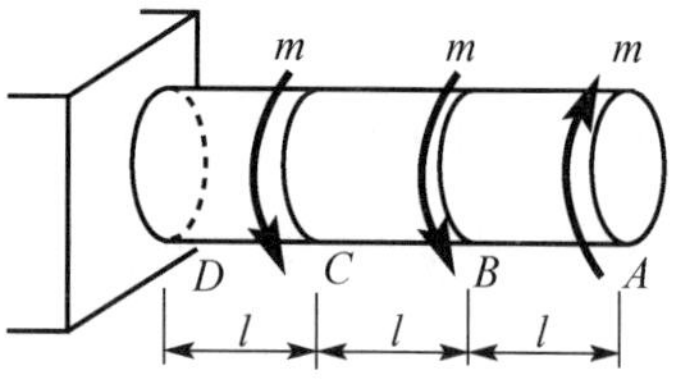

A. $\varphi_{DA} = \varphi_{DB} = \varphi_{DC}$

B. $\varphi_{DA} = 0$，$\varphi_{DB} = \varphi_{DC}$

C. $\varphi_{DA} = \varphi_{DB} = 2\varphi_{DC}$

D. $\varphi_{DA} = 2\varphi_{DC}$，$\varphi_{DB} = 0$

63. 边长为a的正方形，中心挖去一个直径为d的圆后，截面对z轴的抗弯截面系数是：

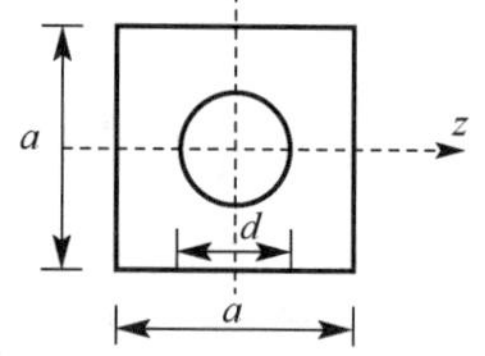

A. $W_z = \frac{a^4}{12} - \frac{\pi d^4}{64}$

B. $W_z = \frac{a^3}{6} - \frac{\pi d^3}{32}$

C. $W_z = \frac{a^3}{6} - \frac{\pi d^4}{32a}$

D. $W_z = \frac{a^3}{6} - \frac{\pi d^4}{16a}$

64. 如图所示，对称结构梁在反对称荷载作用下，梁中间C截面的弯曲内力是：

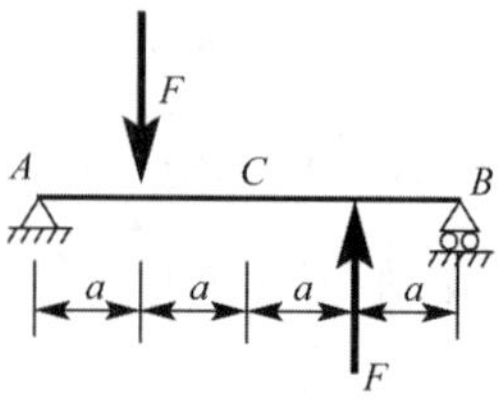

A. 剪力、弯矩均不为零

B. 剪力为零，弯矩不为零

C. 剪力不为零，弯矩为零

D. 剪力、弯矩均为零

65. 悬臂梁ABC的荷载如图所示，若集中力偶m在梁上移动，则梁的内力变化情况是：

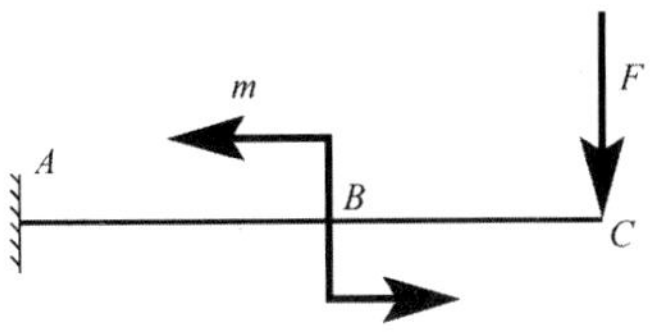

A. 剪力图、弯矩图均不变

B. 剪力图、弯矩图均改变

C. 剪力图不变，弯矩图改变

D. 剪力图改变，弯矩图不变

66. 图示梁的正确挠曲线大致形状是：

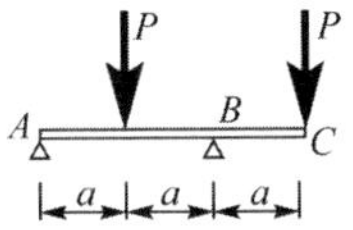

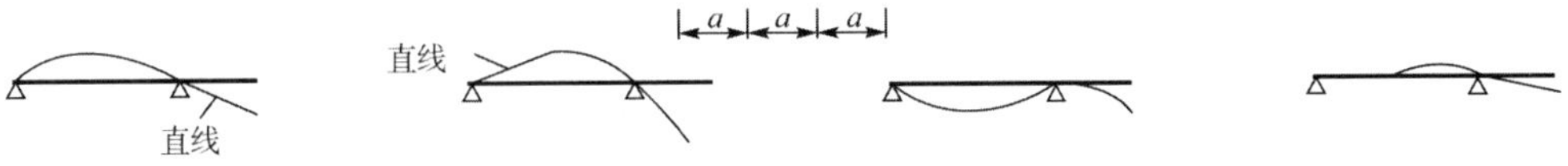

（A）　（B）　（C）　（D）

A. 图（A）

B. 图（B）

C. 图（C）

D. 图（D）

67. 等截面轴向拉伸杆件上1、2、3三点的单元体如图所示，以上三点应力状态的关系是：

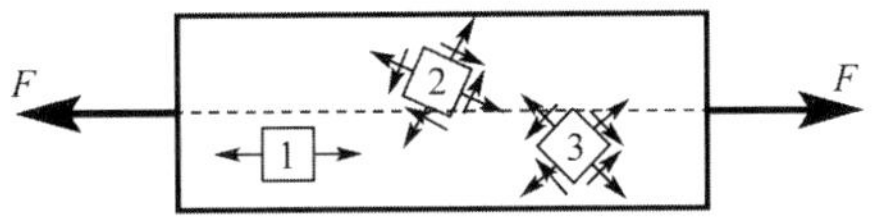

A. 仅1、2点相同

B. 仅2、3点相同

C. 各点均相同

D. 各点均不相同

68. 下面四个强度条件表达式中，对应最大拉应力强度理论的表达式是：

A. $\sigma_1 \leqslant [\sigma]$

B. $\sigma_1 - v(\sigma_2 + \sigma_3) \leqslant [\sigma]$

C. $\sigma_1 - \sigma_3 \leqslant [\sigma]$

D. $\sqrt{\frac{1}{2}[(\sigma_1 - \sigma_2)^2 + (\sigma_2 - \sigma_3)^2 + (\sigma_3 - \sigma_1)^2]} \leqslant [\sigma]$

69. 图示正方形截面杆，上端一个角点作用偏心轴向压力F，该杆的最大压应力是：

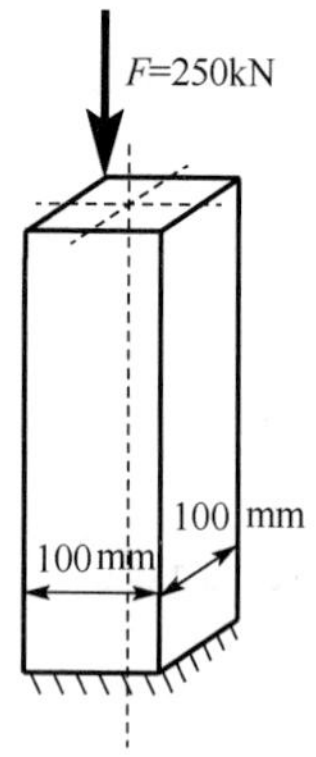

A. 100MPa

B. 150MPa

C. 175MPa

D. 25MPa

70. 图示四根细长压杆的抗弯刚度EI相同，临界荷载最大的是：

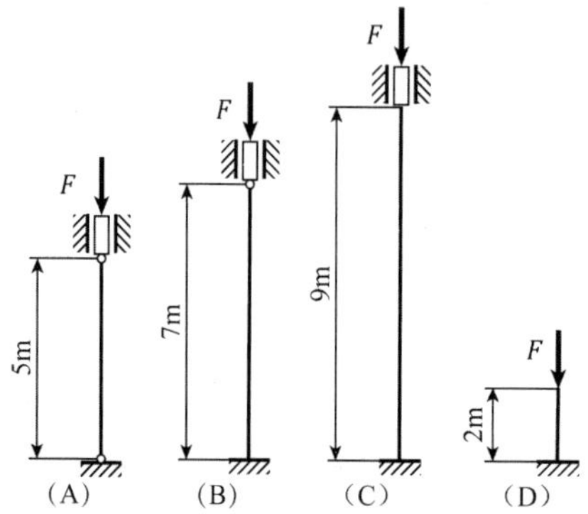

A. 图（A） B. 图（B）

C. 图（C） D. 图（D）

71. 用一块平板挡水，其挡水面积为A，形心斜向淹深为h，平板的水平倾角为θ，该平板受到的静水压力为：

A. $\rho ghA\sin\theta$ B. $\rho ghA\cos\theta$

C. $\rho ghA\tan\theta$ D. ρghA

72. 流体的黏性与下列哪个因素无关？

A. 分子之间的内聚力 B. 分子之间的动量交换

C. 温度 D. 速度梯度

73. 二维不可压缩流场的速度(单位m/s)为：$v_x = 5x^3$，$v_y = -15x^2y$，试求点$x = 1$m，$y = 2$m上的速度：

A. $v = 30.41$m/s，夹角$\tan\theta = 6$

B. $v = 25$m/s，夹角$\tan\theta = 2$

C. $v = 30.41$m/s，夹角$\tan\theta = -6$

D. $v = -25$m/s，夹角$\tan\theta = -2$

74. 圆管有压流动中，判断层流与湍流状态的临界雷诺数为：

A. 2000 ~ 2320

B. 300 ~ 400

C. 1200 ~ 1300

D. 50000 ~ 51000

75. A、B 为并联管路 1、2、3 的两连接节点，则 A、B 两点之间的水头损失为：

A. $h_{fAB} = h_{f1} + h_{f2} + h_{f3}$

B. $h_{fAB} = h_{f1} + h_{f2}$

C. $h_{fAB} = h_{f2} + h_{f3}$

D. $h_{fAB} = h_{f1} = h_{f2} = h_{f3}$

76. 可能产生明渠均匀流的渠道是：

A. 平坡棱柱形渠道

B. 正坡棱柱形渠道

C. 正坡非棱柱形渠道

D. 逆坡棱柱形渠道

77. 工程上常见的地下水运动属于：

A. 有压渐变渗流

B. 无压渐变渗流

C. 有压急变渗流

D. 无压急变渗流

78. 新设计汽车的迎风面积为 1.5m^2，最大行驶速度为 108km/h，拟在风洞中进行模型试验。已知风洞试验段的最大风速为 45m/s，则模型的迎风面积为：

A. 0.67m^2

B. 2.25m^2

C. 3.6m^2

D. 1m^2

79. 运动的电荷在穿越磁场时会受到力的作用，这种力称为：

A. 库仑力

B. 洛伦兹力

C. 电场力

D. 安培力

80. 图示电路中，电压U_{ab}为：

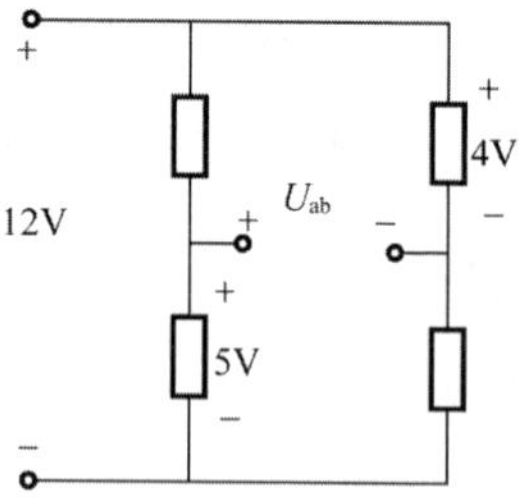

A. 5V

B. −4V

C. 3V

D. −3V

81. 图示电路中，电压源单独作用时，电压$U = U' = 20$V；则电流源单独作用时，电压$U = U''$为：

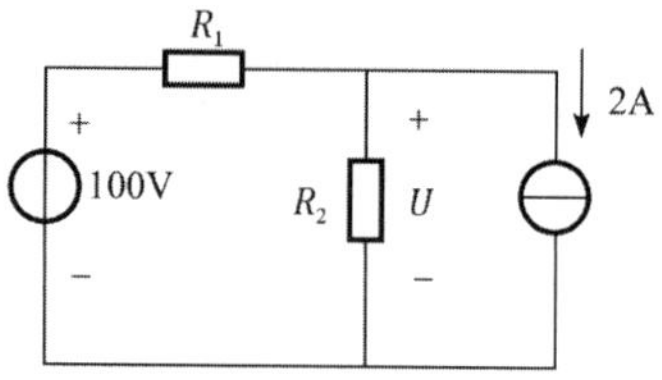

A. $2R_1$

B. $-2R_1$

C. $0.4R_1$

D. $-0.4R_1$

82. 图示电路中，若$\omega L = \frac{1}{\omega C} = R$，则：

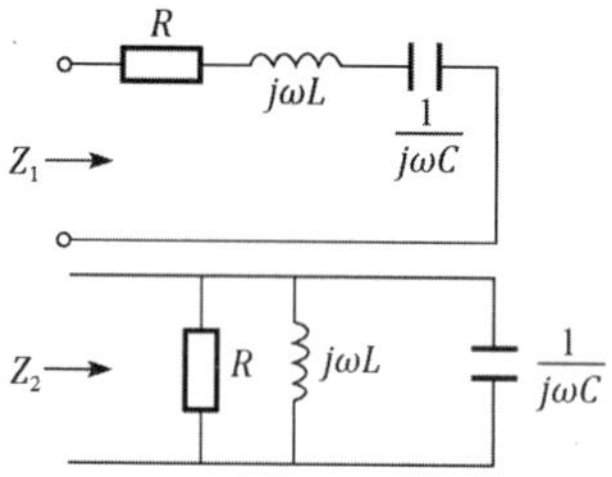

A. $Z_1 = 3R$，$Z_2 = \frac{1}{3}R$

B. $Z_1 = R$，$Z_2 = 3R$

C. $Z_1 = 3R$，$Z_2 = R$

D. $Z_1 = Z_2 = R$

83. 某RL串联电路在$u = U_m \sin \omega t$的激励下，等效复阻抗$Z = 100 + j100\,\Omega$，那么，如果$u = U_m \sin 2\omega t$，电路的功率因数λ为：

A. 0.707

B. −0.707

C. 0.894

D. 0.447

84. 图示电路中，电感及电容元件上没有初始储能，开关 S 在$t=0$时刻闭合，那么，在开关闭合后瞬间，电路中的电流i_{R}、i_{L}、i_{C}分别为：

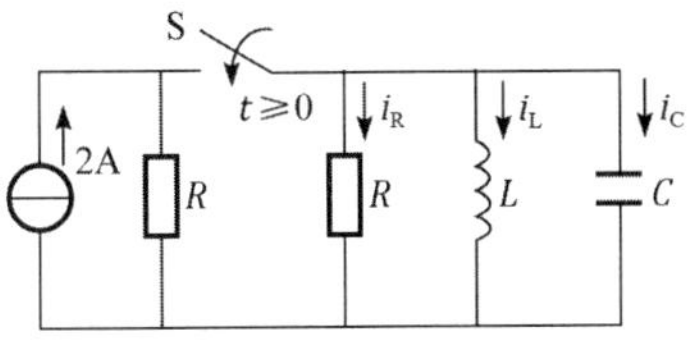

A. 1A，1A，0A

B. 0A，2A，0A

C. 0A，0A，2A

D. 2A，0A，0A

85. 设图示变压器为理想器件，且u为正弦电压，$R_{\mathrm{L1}}=R_{\mathrm{L2}}$，$u_1$和$u_2$的有效值为$U_1$和$U_2$，开关 S 闭合后，电路中的：

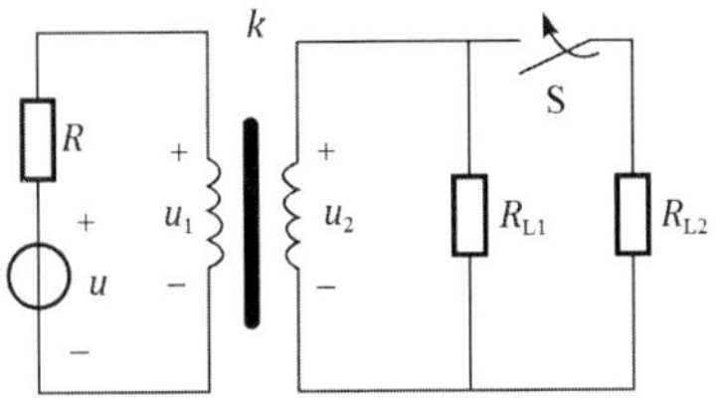

A. U_1不变，U_2也不变

B. U_1变小，U_2也变小

C. U_1变小，U_2不变

D. U_1不变，U_2变小

86. 改变三相异步电动机旋转方向的方法是：

A. 改变三相电源的大小

B. 改变三相异步电动机的定子绕组上电流的相序

C. 对三相异步电动机的定子绕组接法进行 Y-△转换

D. 改变三相异步电动机转子绕组上电流的方向

87. 就数字信号而言，下列说法正确的是：

A. 数字信号是一种离散时间信号

B. 数字信号只能以用来表示数字

C. 数字信号是一种代码信号

D. 数字信号直接表示对象的原始信息

88. 模拟信号$u_1(t)$和$u_2(t)$的幅值频谱分别如图（a）和图（b）所示，则：

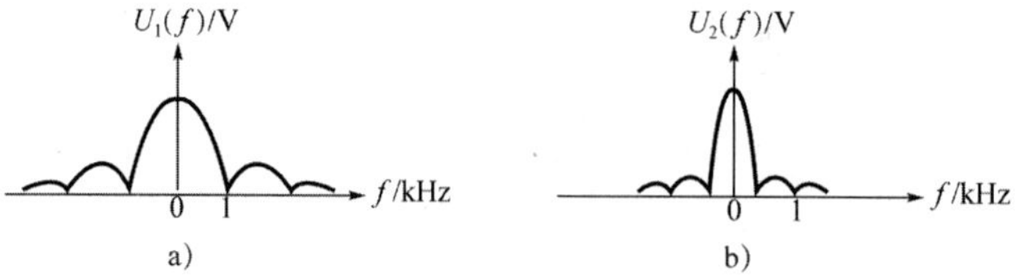

A. $u_1(t)$和$u_2(t)$都是非周期性时间信号

B. $u_1(t)$和$u_2(t)$都是周期性时间信号

C. $u_1(t)$是周期性时间信号，$u_2(t)$是非周期性时间信号

D. $u_1(t)$是非周期性时间信号，$u_2(t)$是周期性时间信号

89. 某周期信号$u(t)$的幅频特性如图（a）所示，某低通滤波器的幅频特性如图（b）所示，当将信号$u(t)$通过该低通滤波器处理以后，则：

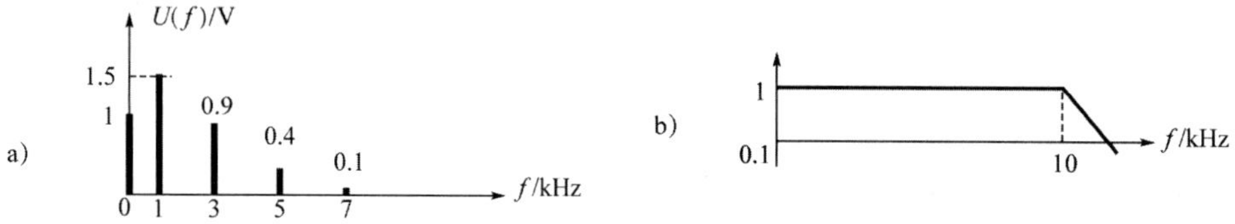

A. 信号的谐波结构改变，波形改变

B. 信号的谐波结构改变，波形不变

C. 信号的谐波结构不变，波形不变

D. 信号的谐波结构不变，波形改变

90. 对逻辑表达式$\mathrm{ABC}+\overline{\mathrm{A}}\mathrm{D}+\overline{\mathrm{B}}\mathrm{D}+\overline{\mathrm{C}}\mathrm{D}$的化简结果是：

A. D　　B. $\overline{\mathrm{D}}$

C. ABCD　　D. ABC + D

91. 已知数字信号 A 和数字信号 B 的波形如图所示，则数字信号$\mathrm{F}=\overline{\mathrm{A}}\mathrm{B}+\mathrm{A}\overline{\mathrm{B}}$的波形为：

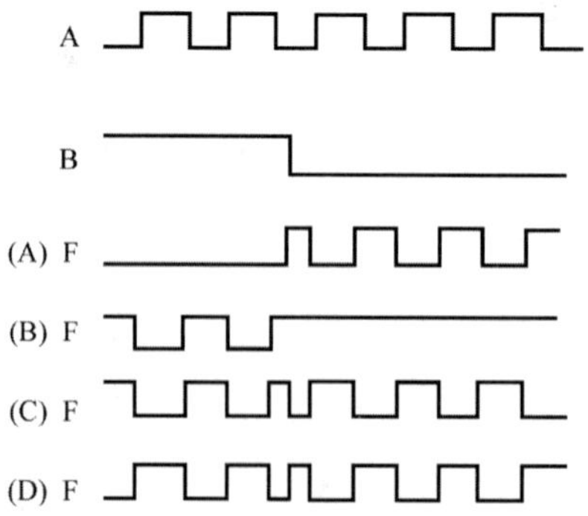

A. 图(A)　　B. 图(B)

C. 图(C)　　D. 图(D)

92. 逻辑函数$F = f(A, B, C)$的真值表如下所示，由此可知：

A	B	C	F
0	0	0	0
0	0	1	0
0	1	0	0
0	1	1	0
1	0	0	1
1	0	1	0
1	1	0	0
1	1	1	1

A. $F = A\overline{B}C + AB\overline{C}$　　　　B. $F = \overline{A}\overline{B}C + \overline{A}B\overline{C}$

C. $F = \overline{A}\overline{B}\overline{C} + \overline{A}BC$　　　　D. $F = A\overline{B}\overline{C} + ABC$

93. 二极管应用电路如图 a）所示，电路的激励u_i如图 b）所示，设二极管为理想器件，则电路的输出电压u_o的平均值U_o为：

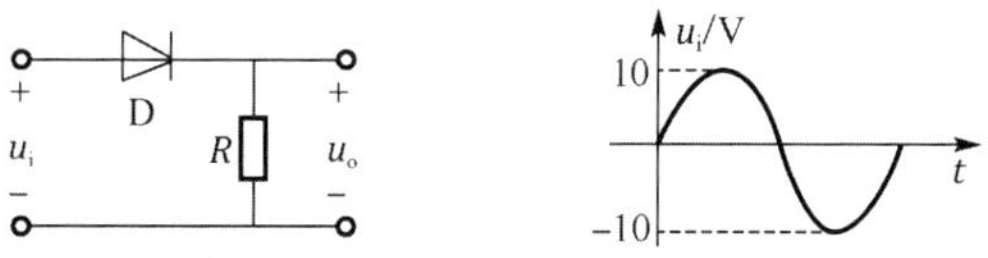

a)　　　　b)

A. 0V　　　　B. 7.07V

C. 3.18V　　　　D. 4.5V

94. 图示电路中，运算放大器输出电压的极限值为$\pm U_{oM}$，当输入电压$u_{i1} = 1V$，$u_{i2} = 2\sin\omega t$时，输出电压u_o的波形为：

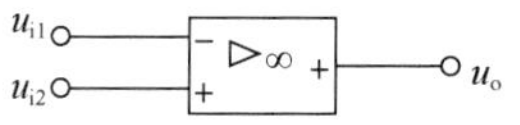

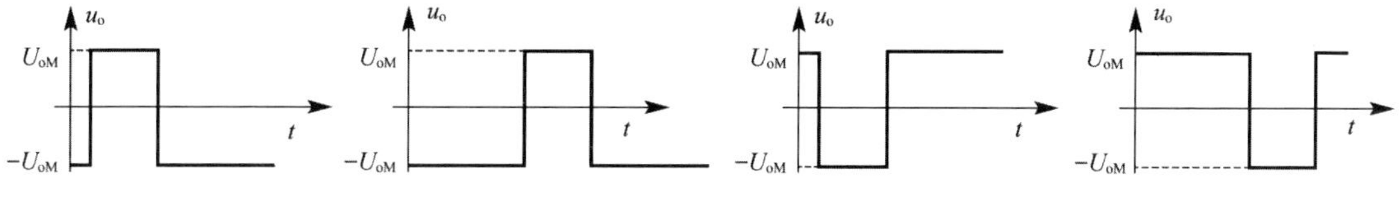

(A)　　(B)　　(C)　　(D)

A. 图(A)　　　　B. 图(B)

C. 图(C)　　　　D. 图(D)

95. 图示逻辑门的输出F_1和F_2分别为：

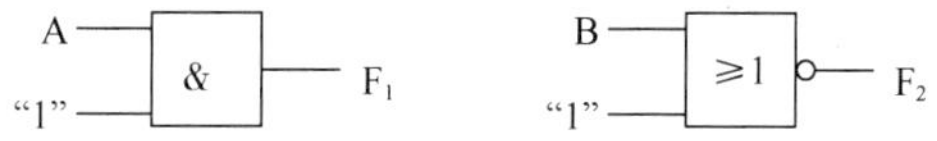

A. A和 1　　　　B. 1 和$\overline{B}$

C. A和 0　　　　D. 1 和B

96. 图示时序逻辑电路是一个：

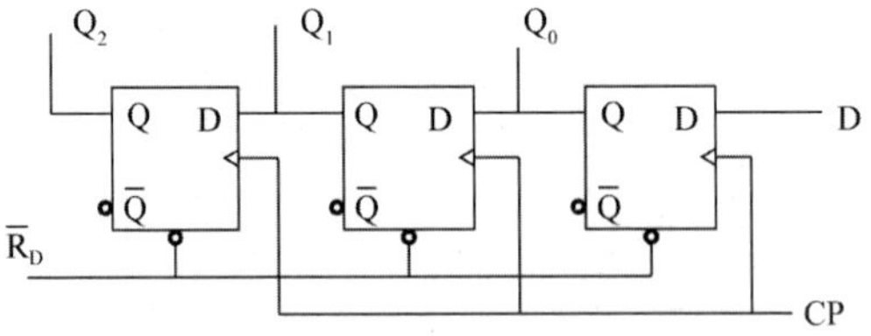

A. 三位二进制同步计数器　　　　B. 三位循环移位寄存器

C. 三位左移寄存器　　　　D. 三位右移寄存器

97. 按照目前的计算机的分类方法，现在使用的 PC 机是属于：

A. 专用、中小型计算机　　　　B. 大型计算机

C. 微型、通用计算机　　　　D. 单片机计算机

98. 目前，微机系统内主要的、常用的外存储器是：

A. 硬盘存储器　　　　B. 软盘存储器

C. 输入用的键盘　　　　D. 输出用的显示器

99. 根据软件的功能和特点，计算机软件一般可分为两大类，它们应该是：

A. 系统软件和非系统软件

B. 应用软件和非应用软件

C. 系统软件和应用软件

D. 系统软件和管理软件

100. 支撑软件是指支撑其他软件的软件，它包括：

A. 服务程序和诊断程序

B. 接口软件、工具软件、数据库

C. 服务程序和编辑程序

D. 诊断程序和编辑程序

101. 下面所列的四条中，不属于信息主要特征的一条是：

A. 信息的战略地位性、信息的不可表示性

B. 信息的可识别性、信息的可变性

C. 信息的可流动性、信息的可处理性

D. 信息的可再生性、信息的有效性和无效性

102. 从多媒体的角度上来看，图像分辨率：

A. 是指显示器屏幕上的最大显示区域

B. 是计算机多媒体系统的参数

C. 是指显示卡支持的最大分辨率

D. 是图像水平和垂直方向像素点的乘积

103. 以下关于计算机病毒的四条描述中，不正确的一条是：

A. 计算机病毒是人为编制的程序

B. 计算机病毒只有通过磁盘传播

C. 计算机病毒通过修改程序嵌入自身代码进行传播

D. 计算机病毒只要满足某种条件就能起破坏作用

104. 操作系统的存储管理功能不包括：

A. 分段存储管理　　　B. 分页存储管理

C. 虚拟存储管理　　　D. 分时存储管理

105. 网络协议主要组成的三要素是：

A. 资源共享、数据通信和增强系统处理功能

B. 硬件共享、软件共享和提高可靠性

C. 语法、语义和同步（定时）

D. 电路交换、报文交换和分组交换

106. 若按照数据交换方法的不同，可将网络分为：

A. 广播式网络、点到点式网络

B. 双绞线网、同轴电缆网、光纤网、无线网

C. 基带网和宽带网

D. 电路交换、报文交换、分组交换

107. 某企业向银行贷款 1000 万元，年复利率为 8%，期限为 5 年，每年末等额偿还贷款本金和利息。则每年应偿还：

[已知（P/A,8%,5）=3.9927]

A. 220.63 万元　　B. 250.46 万元

C. 289.64 万元　　D. 296.87 万元

108. 在项目评价中，建设期利息应列入总投资，并形成：

A. 固定资产原值　　B. 流动资产

C. 无形资产　　D. 长期待摊费用

109. 作为一种融资方式，优先股具有某些优先权利，包括：

A. 先于普通股行使表决权

B. 企业清算时，享有先于债权人的剩余财产的优先分配权

C. 享受先于债权人的分红权利

D. 先于普通股分配股利

110. 某建设项目各年的利息备付率均小于 1，其含义为：

A. 该项目利息偿付的保障程度高

B. 当年资金来源不足以偿付当期债务，需要通过短期借款偿付已到期债务

C. 可用于还本付息的资金保障程度较高

D. 表示付息能力保障程度不足

111. 某建设项目第一年年初投资 1000 万元，此后从第一年年末开始，每年年末将有 200 万元的净收益，方案的运营期为 10 年。寿命期结束时的净残值为零，基准收益率为 12%，则该项目的净年值约为：

[已知（P/A,12%,10）=5.6502]

A. 12.34 万元　　B. 23.02 万元

C. 36.04 万元　　D. 64.60 万元

112. 进行线性盈亏平衡分析有若干假设条件，其中包括：

A. 只生产单一产品

B. 单位可变成本随生产量的增加而成比例降低

C. 单价随销售量的增加而成比例降低

D. 销售收入是销售量的线性函数

113. 有甲、乙两个独立的投资项目，有关数据见表（项目结束时均无残值）。基准折现率为 10%。以下关于项目可行性的说法中正确的是：

[已知（P/A,10%,10）=6.1446]

项目	投资（万元）	每年净收益（万元）	寿命期（年）
甲	300	52	10
乙	200	30	10

A. 应只选择甲项目　　B. 应只选择乙项目

C. 甲项目与乙项目均可行　　D. 甲、乙项目均不可行

114. 在价值工程的一般工作程序中，分析阶段要做的工作包括：

A. 制订工作计划　　B. 功能评价

C. 方案创新　　D. 方案评价

115. 依据《中华人民共和国建筑法》，依法取得相应执业资格证书的专业技术人员，其从事建筑活动的合法范围是：

A. 执业资格证书许可的范围内

B. 企业营业执照许可的范围内

C. 建筑工程合同的范围内

D. 企业资质证书许可的范围内

116. 根据《中华人民共和国安全生产法》的规定，下列有关重大危险源管理的说法正确的是：

A. 生产经营单位对重大危险源应当登记建档，并制定应急预案

B. 生产经营单位对重大危险源应当经常性检测评估处置

C. 安全生产监督管理部门应当针对该企业的具体情况制定应急预案

D. 生产经营单位应当提醒从业人员和相关人员注意安全

117. 根据《中华人民共和国招标投标法》的规定，依法必须进行招标的项目，招标公告应当载明的事项不包括：

A. 招标人的名称和地址　　B. 招标项目的性质

C. 招标项目的实施地点和时间　　D. 投标报价要求

118. 某水泥有限责任公司，向若干建筑施工单位发出邀约，以每吨 400 元的价格销售水泥，一周内承诺有效，其后收到若干建筑施工单位的回复，下列回复中属于承诺有效的是：

A. 甲施工单位同意 400 元/吨购买 200 吨

B. 乙施工单位回复不购买该公司的水泥

C. 丙施工单位要求按照 380 元/吨购买 200 吨

D. 丁施工单位一周后同意 400 元/吨购买 100 吨

119. 根据《中华人民共和国节约能源法》的规定，节约能源所采取的措施正确的是：

A. 可以采取技术上可行、经济上合理以及环境和社会可以承受的措施

B. 采取技术上先进、经济上保证以及环境和安全可以承受的措施

C. 采取技术上可行、经济上合理以及人身和健康可以承受的措施

D. 采取技术上先进、经济上合理以及功能和环境可以保证的措施

120. 工程施工单位完成了楼板钢筋绑扎工作，在浇筑混凝土前，需要进行隐蔽质量验收。根据《建筑工程质量管理条例》规定，施工单位在进行工程隐蔽前应当通知的单位是：

A. 建设单位和监理单位

B. 建设单位和建设工程质量监督机构

C. 监理单位和设计单位

D. 设计单位和建设工程质量监督机构

2022年度全国勘察设计注册工程师

执业资格考试试卷

基础考试

（上）

二〇二二年十一月

应考人员注意事项

1. 本试卷科目代码为“1”，考生务必将此代码填涂在答题卡“科目代码”相应的栏目内，否则，无法评分。

2. 书写用笔：**黑色或蓝色钢笔、签字笔或圆珠笔**；

   填涂答题卡用笔：**黑色 2B 铅笔**。

3. 必须用书写用笔将工作单位、姓名、准考证号填写在答题卡和试卷相应的栏目内。

4. 本试卷由 120 题组成，每题 1 分，满分 120 分，本试卷全部为单项选择题，每小题的四个备选项中只有一个正确答案，错选、多选、不选均不得分。

5. 考生作答时，必须按**题号在答题卡上**将相应试题所选选项对应的**字母用 2B 铅笔涂黑**。

6. 在答题卡上书写与题意无关的语言，或在答题卡上作标记的，均按违纪试卷处理。

7. 考试结束时，由监考人员当面将试卷、答题卡一并收回。

8. 草稿纸由各地统一配发，考后收回。

单项选择题（共 120 题，每题 1 分。每题的备选项中，只有一个最符合题意。）

1. 下列极限中，正确的是：

A. $\lim\limits_{x\to 0} 2^{\frac{1}{x}} = \infty$

B. $\lim\limits_{x\to 0} 2^{\frac{1}{x}} = 0$

C. $\lim\limits_{x\to 0} \sin\frac{1}{x} = 0$

D. $\lim\limits_{x\to \infty} \frac{\sin x}{x} = 0$

2. 若当$x \to \infty$时，$\frac{x^2+1}{x+1} - ax - b$为无穷大量，则常数$a$、$b$应为：

A. $a = 1$，$b = 1$

B. $a = 1$，$b = 0$

C. $a = 0$，$b = 1$

D. $a \neq 1$，b为任意常数

3. 抛物线$y = x^2$上点$\left(-\frac{1}{2}, \frac{1}{4}\right)$处的切线是：

A. 垂直于ox轴

B. 平行于ox轴

C. 与ox轴正向夹角为$\frac{3\pi}{4}$

D. 与ox轴正向夹角为$\frac{\pi}{4}$

4. 设$y = \ln(1 + x^2)$，则二阶导数y''等于：

A. $\frac{1}{(1+x^2)^2}$

B. $\frac{2(1-x^2)}{(1+x^2)^2}$

C. $\frac{x}{1+x^2}$

D. $\frac{1-x}{1+x^2}$

5. 在区间[1,2]上满足拉格朗日定理条件的函数是：

A. $y = \ln x$

B. $y = \frac{1}{\ln x}$

C. $y = \ln(\ln x)$

D. $y = \ln(2 - x)$

6. 设函数$f(x) = \frac{x^2-2x-2}{x+1}$，则$f(0) = -2$是$f(x)$的：

A. 极大值，但不是最大值

B. 最大值

C. 极小值，但不是最小值

D. 最小值

7. 设$f(x)$、$g(x)$可微，并且满足$f'(x) = g'(x)$，则下列各式中正确的是：

A. $f(x) = g(x)$

B. $\int f(x)\mathrm{d}x = \int g(x)\mathrm{d}x$

C. $\left(\int f(x)\mathrm{d}x\right)' = \left(\int g(x)\mathrm{d}x\right)'$

D. $\int f'(x)\mathrm{d}x = \int g'(x)\mathrm{d}x$

8. 定积分$\int_0^1 \frac{x^3}{\sqrt{1+x^2}}\mathrm{d}x$的值等于：

A. $\frac{1}{3}(\sqrt{2}-2)$　　B. $\frac{1}{3}(2-\sqrt{2})$

C. $\frac{1}{3}(1-2\sqrt{2})$　　D. $\frac{1}{\sqrt{2}}-1$

9. 设向量的模$|\boldsymbol{\alpha}|=\sqrt{2}$，$|\boldsymbol{\beta}|=2\sqrt{2}$，$|\boldsymbol{\alpha}\times\boldsymbol{\beta}|=2\sqrt{3}$，则$\boldsymbol{\alpha}\cdot\boldsymbol{\beta}$等于：

A. 8 或−8　　B. 6 或−6

C. 4 或−4　　D. 2 或−2

10. 设平面方程为$Ax+Cz+D=0$，其中A、C、D是均不为零的常数，则该平面：

A. 经过ox轴　　B. 不经过ox轴，但平行于ox轴

C. 经过oy轴　　D. 不经过oy轴，但平行于oy轴

11. 函数$z=f(x,y)$在点(x_0,y_0)处连续是它在该点偏导数存在的：

A. 必要而非充分条件　　B. 充分而非必要条件

C. 充分必要条件　　D. 既非充分又非必要条件

12. 设D为圆域：$x^2+y^2\leqslant 1$，则二重积分$\iint\limits_D x\mathrm{d}x\mathrm{d}y$等于：

A. $2\int_0^{\pi}\mathrm{d}\theta\int_0^1 r^2\sin\theta\mathrm{d}r$　　B. $\int_0^{2\pi}\mathrm{d}\theta\int_0^1 r^2\cos\theta\mathrm{d}r$

C. $4\int_0^{\frac{\pi}{2}}\mathrm{d}\theta\int_0^1 \mathrm{r}\cos\theta\mathrm{d}r$　　D. $4\int_0^{\frac{\pi}{4}}\mathrm{d}\theta\int_0^1 r^3\cos\theta\mathrm{d}r$

13. 微分方程$y'=2x$的一条积分曲线与直线$y=2x-1$相切，则微分方程的解是：

A. $y=x^2+2$　　B. $y=x^2-1$

C. $y=x^2$　　D. $y=x^2+1$

14. 下列级数中，条件收敛的级数是：

A. $\sum\limits_{n=2}^{\infty}(-1)^n\frac{1}{\ln n}$　　B. $\sum\limits_{n=1}^{\infty}(-1)^n\frac{1}{n^{\frac{3}{2}}}$

C. $\sum\limits_{n=1}^{\infty}(-1)^n\frac{n}{n+2}$　　D. $\sum\limits_{n=1}^{\infty}\frac{\sin\left(\frac{4n\pi}{3}\right)}{n^3}$

15. 在下列函数中，为微分方程$y'' - 2y' + 2y = 0$的特解的是：

A. $y = e^{-x}\cos x$　　B. $y = e^{-x}\sin x$

C. $y = e^{x}\sin x$　　D. $y = e^{x}\cos(2x)$

16. 设L是从点$A(a,0)$到点$B(0,a)$的有向直线段($a > 0$)，则曲线积分$\int_L x\mathrm{d}y$等于：

A. a^2　　B. $-a^2$

C. $\frac{a^2}{2}$　　D. $-\frac{a^2}{2}$

17. 若幂级数$\sum\limits_{n=1}^{\infty} a_n x^n$的收敛半径为 3，则幂级数$\sum\limits_{n=1}^{\infty} n a_n (x-1)^{n+1}$的收敛区间是：

A. $(-3,3)$　　B. $(-2,4)$

C. $(-1,5)$　　D. $(0,6)$

18. 设$z = \frac{1}{x} f(xy)$，其中$f(u)$具有连续的二阶导数，则$\frac{\partial^2 z}{\partial x \partial y}$等于：

A. $xf'(xy) + yf''(xy)$　　B. $\frac{1}{x} f'(xy) + f''(xy)$

C. $xf''(xy)$　　D. $yf''(xy)$

19. 设$\boldsymbol{A}$，$\boldsymbol{B}$，$\boldsymbol{C}$为同阶可逆矩阵，则矩阵方程$\boldsymbol{ABXC} = \boldsymbol{D}$的解$\boldsymbol{X}$为：

A. $\boldsymbol{A}^{-1}\boldsymbol{B}^{-1}\boldsymbol{D}\boldsymbol{C}^{-1}$　　B. $\boldsymbol{B}^{-1}\boldsymbol{A}^{-1}\boldsymbol{D}\boldsymbol{C}^{-1}$

C. $\boldsymbol{C}^{-1}\boldsymbol{D}\boldsymbol{A}^{-1}\boldsymbol{B}^{-1}$　　D. $\boldsymbol{C}^{-1}\boldsymbol{D}\boldsymbol{B}^{-1}\boldsymbol{A}^{-1}$

20. 设$r(\boldsymbol{A})$表示矩阵$\boldsymbol{A}$的秩，n元齐次线性方程组$\boldsymbol{AX} = \boldsymbol{0}$有非零解时，它的每一个基础解系中所含解向量的个数都等于：

A. $r(\boldsymbol{A})$　　B. $r(\boldsymbol{A}) - n$

C. $n - r(\boldsymbol{A})$　　D. $r(\boldsymbol{A}) + n$

21. 若对称矩阵$\boldsymbol{A}$与矩阵$\boldsymbol{B} = \begin{bmatrix} 1 & 0 & 0 \\ 0 & 0 & 2 \\ 0 & 2 & 0 \end{bmatrix}$合同，则二次型$f(x_1, x_2, x_3) = \boldsymbol{x}^{\mathrm{T}}\boldsymbol{Ax}$的标准型是：

A. $f = y_1^2 + 2y_2^2 - 2y_3^2$

B. $f = 2y_1^2 - 2y_2^2 - y_3^2$

C. $f = y_1^2 - y_2^2 - 2y_3^2$

D. $f = -y_1^2 + y_2^2 - 2y_3^2$

22. 设A、B为两个事件，且$P(A)=\frac{1}{2}$，$P(B\mid A)=\frac{1}{10}$，$P(B\mid\overline{A})=\frac{1}{20}$，则概率$P(B)$等于：

A. $\frac{1}{40}$　　B. $\frac{3}{40}$

C. $\frac{7}{40}$　　D. $\frac{9}{40}$

23. 设随机变量X与Y相互独立，且$E(X)=E(Y)=0$，$D(X)=D(Y)=1$，则数学期望$E(X+Y)^2$的值等于：

A. 4　　B. 3

C. 2　　D. 1

24. 设G是由抛物线$y=x^2$与直线$y=x$所围的平面区域，而随机变量(X,Y)服从G上的均匀分布，则(X,Y)的联合密度$f(x,y)$是：

A. $f(x,y)=\begin{cases}6 & (x,y)\in G\\ 0 & \text{其他}\end{cases}$　　B. $f(x,y)=\begin{cases}\frac{1}{6} & (x,y)\in G\\ 0 & \text{其他}\end{cases}$

C. $f(x,y)=\begin{cases}4 & (x,y)\in G\\ 0 & \text{其他}\end{cases}$　　D. $f(x,y)=\begin{cases}\frac{1}{4} & (x,y)\in G\\ 0 & \text{其他}\end{cases}$

25. 在热学中经常用 L 作为体积的单位，而：

A. $1\text{L}=10^{-1}\text{m}^3$　　B. $1\text{L}=10^{-2}\text{m}^3$

C. $1\text{L}=10^{-3}\text{m}^3$　　D. $1\text{L}=10^{-4}\text{m}^3$

26. 两容器内分别盛有氢气和氦气，若它们的温度和质量分别相等，则：

A. 两种气体分子的平均平动动能相等

B. 两种气体分子的平均动能相等

C. 两种气体分子的平均速率相等

D. 两种气体的内能相等

27. 对于室温下的双原子分子理想气体，在等压膨胀的情况下，系统对外做功W与吸收热量Q之比W/Q等于：

A. 2/3　　B. 1/2

C. 2/5　　D. 2/7

28. 设高温热源的热力学温度是低温热源热力学温度的n倍，则理想气体在一次卡诺循环中，传给低温热源的热量是从高温热源吸收热量的多少倍？

A. n　　B. $n-1$

C. $1/n$　　D. $(n+1)/n$

29. 相同质量的氢气与氧气分别装在两个容积相同的封闭容器内，环境温度相同，则氢气与氧气的压强之比为：

A. 1/16　　B. 16/1

C. 1/8　　D. 8/1

30. 一平面简谐波的表达式为$y=-0.05\sin\pi(t-2x)$(SI)，则该波的频率ν(Hz)、波速u(m/s)及波线上各点振动的振幅A(m)依次为：

A. 1/2，1/2，−0.05

B. 1/2，1，−0.05

C. 1/2，1/2，0.05

D. 2，2，0.05

31. 横波以波速u沿x轴负方向传播。t时刻波形曲线如图所示，则该时刻：

A. A点振动速度大于 0

B. B点静止

C. C点向下运动

D. D点振动速度小于 0

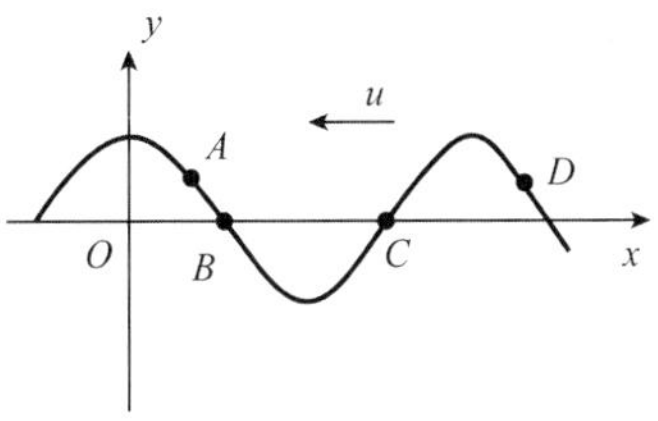

32. 常温下空气中的声速为：

A. 340m/s　　B. 680m/s

C. 1020m/s　　D. 1360m/s

33. 简谐波在传播过程中，一质元通过平衡位置时，若动能为ΔE_k，其总机械能等于：

A. ΔE_k　　B. $2\Delta E_k$

C. $3\Delta E_k$　　D. $4\Delta E_k$

34. 两块平板玻璃构成空气劈尖，左边为棱边，用单色平行光垂直入射。若上面的平板玻璃慢慢地向上平移，则干涉条纹：

A. 向棱边方向平移，条纹间隔变小

B. 向远离棱边方向平移，条纹间隔变大

C. 向棱边方向平移，条纹间隔不变

D. 向远离棱边方向平移，条纹间隔变小

35. 在单缝衍射中，对于第二级暗条纹，每个半波带的面积为S_2，对于第三级暗条纹，每个半波带的面积S_3等于：

A. $\frac{2}{3}S_2$　　B. $\frac{3}{2}S_2$

C. S_2　　D. $\frac{1}{2}S_2$

36. 使一光强为I_0的平面偏振光先后通过两个偏振片P_1和P_2，P_1和P_2的偏振化方向与原入射光光矢量振动方向的夹角分别是α和 90°，则通过这两个偏振片后的光强是：

A. $\frac{1}{2}I_0\,(\cos\alpha)^2$　　B. 0

C. $\frac{1}{4}I_0(\sin 2\alpha)^2$　　D. $\frac{1}{4}I_0(\sin\alpha)^2$

37. 多电子原子在无外场作用下，描述原子轨道能量高低的量子数是：

A. n　　B. n，l

C. n，l，m　　D. n，l，m，m_s

38. 下列化学键中，主要以原子轨道重叠成键的是：

A. 共价键　　B. 离子键

C. 金属键　　D. 氢键

39. 向$NH_3 \cdot H_2O$溶液中加入下列少许固体，使$NH_3 \cdot H_2O$解离度减小的是：

A. $NaNO_3$　　B. $NaCl$

C. $NaOH$　　D. Na_2SO_4

40. 化学反应：$Zn(s) + O_2(g) \longrightarrow ZnO(s)$，其熵变$\Delta_r S_m^\Theta$为：

A. 大于零　　B. 小于零

C. 等于零　　D. 无法确定

41. 反应$A(g) + B(g) \rightleftharpoons 2C(g)$达平衡后，如果升高总压，则平衡移动的方向是：

A. 向右　　B. 向左

C. 不移动　　D. 无法判断

42. 已知$K^\Theta(HOAc) = 1.8 \times 10^{-5}$，$K^\Theta(HCN) = 6.2 \times 10^{-10}$，下列电对中，标准电极电势最小的是：

A. $E^\Theta_{H^+/H_2}$　　B. $E^\Theta_{H_2O/H_2}$

C. E^Θ_{HOAc/H_2}　　D. E^Θ_{HCN/H_2}

43. $KMnO_4$中 Mn 的氧化数是：

A. +4　　B. +5

C. +6　　D. +7

44. 下列有机物中只有 2 种一氯代物的是：

A. 丙烷　　B. 异戊烷

C. 新戊烷　　D. 2，3-二甲基戊烷

45. 下列各反应中属于加成反应的是：

A. $CH_2 = CH_2 + 3O_2 \xrightarrow{\text{加热}} 2CO_2 + 2H_2O$

B. $C_6H_6 + Br_2 \longrightarrow C_6H_5Br + HBr$

C. $CH_2 = CH_2 + Br_2 \longrightarrow BrCH_2 - CH_2Br$

D. $CH_3 - CH_3 + 2Cl_2 \xrightarrow{\text{催化剂}} ClCH_2 + CH_2Cl + 2HCl$

46. 某卤代烷烃$C_5H_{11}Cl$发生消除反应时，可以得到 2 种烯烃，该卤代烷的结构简式可能为：

A. $CH_3—CH(CH_2Cl)—CH_2CH_3$　　B. $CH_3CH_2CH_2CH(Cl)CH_3$

C. $CH_3CH_2CH(Cl)CH_2CH_3$　　D. $CH_3CH_2CH_2CH_2CH_2Cl$

47. 图示构架中，G、B、C、D处为光滑铰链，杆及滑轮自重不计。已知悬挂物体重F_p，且$AB = AC$。则B处约束力的作用线与x轴正向所成的夹角为：

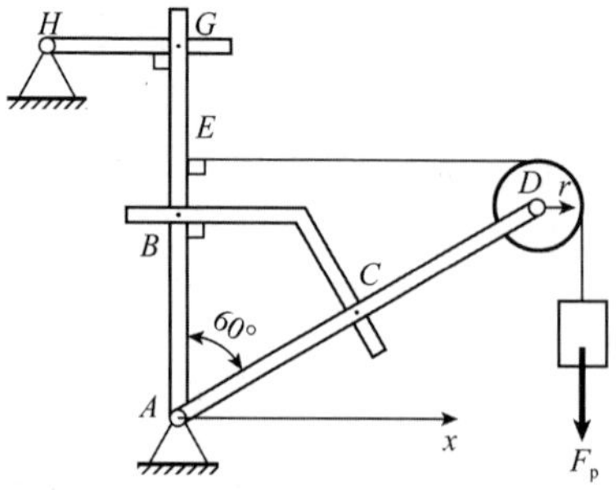

A. 0°

B. 90°

C. 60°

D. 150°

48. 图示平面力系中，已知$F = 100\text{N}$，$q = 5\text{N/m}$，$R = 5\text{cm}$，$OA = AB = 10\text{cm}$，$BC = 5\text{cm}$（$BI \perp IC$ 且$BI = IC$）。则该力系对I点的合力矩为：

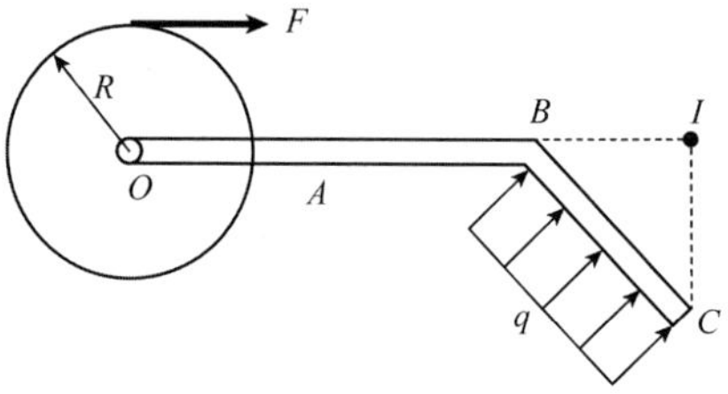

A. $M_I = 1000\text{N} \cdot \text{cm}$（顺时针）

B. $M_I = 1000\text{N} \cdot \text{cm}$（逆时针）

C. $M_I = 500\text{N} \cdot \text{cm}$（逆时针）

D. $M_I = 500\text{N} \cdot \text{cm}$（顺时针）

49. 三铰拱上作用有大小相等、转向相反的二力偶，其力偶矩大小为M，如图所示。略去自重，则支座A的约束力大小为：

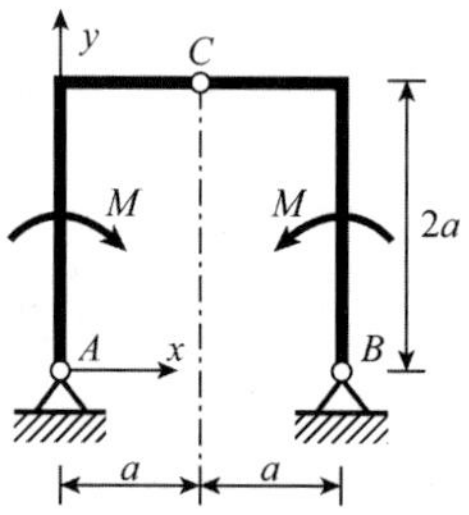

A. $F_{Ax} = 0$；$F_{Ay} = \frac{M}{2a}$

B. $F_{Ax} = \frac{M}{2a}$；$F_{Ay} = 0$

C. $F_{Ax} = \frac{M}{a}$；$F_{Ay} = 0$

D. $F_{Ax} = \frac{M}{2a}$；$F_{Ay} = M$

50. 如图所示，重$W = 60\text{kN}$的物块自由地放在倾角为$\alpha = 30°$的斜面上。已知摩擦角$\varphi_m < \alpha$，则物块受到摩擦力的大小是：

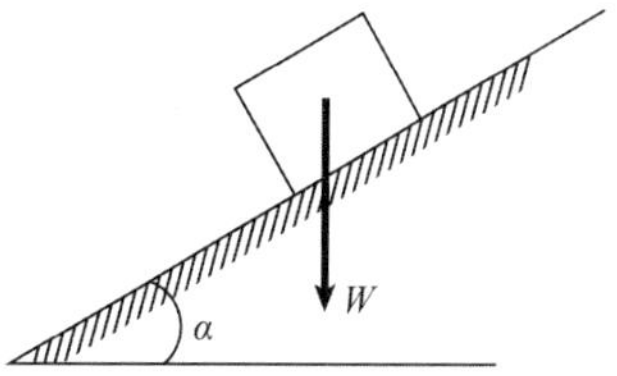

A. $60 \tan\varphi_m \cos\alpha$

B. $60 \sin\alpha$

C. $60 \cos\alpha$

D. $60 \tan\varphi_m \sin\alpha$

51. 点沿直线运动，其速度$v = t^2 - 20$。则$t = 2\text{s}$时，点的速度和加速度分别为：

A. -16m/s，4m/s^2　　B. -20m/s，4m/s^2

C. 4m/s，-4m/s^2　　D. -16m/s，2m/s^2

52. 点沿圆周轨迹以 80m/s 的常速度运动，其法向加速度是 120m/s^2，则此圆周轨迹的半径为：

A. 0.67m　　B. 53.3m

C. 1.50m　　D. 0.02m

53. 直角刚杆OAB可绕固定轴O在图示平面内转动，已知$OA = 40\text{cm}$，$AB = 30\text{cm}$，$\omega = 2\text{rad/s}$，$\varepsilon = 1\text{rad/s}^2$。则在图示瞬时，$B$点的加速度在$x$方向的投影及在$y$方向的投影分别为：

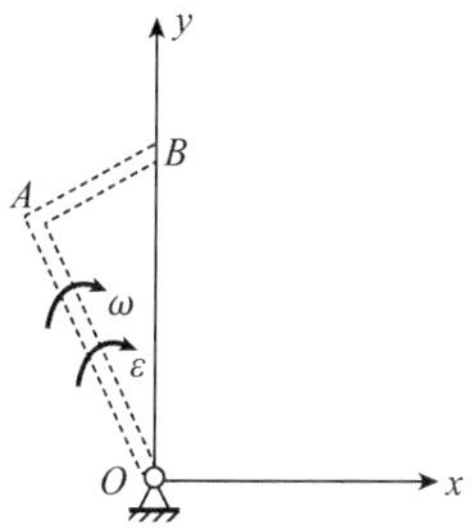

A. -50cm/s^2；200cm/s^2

B. 50cm/s^2；200cm/s^2

C. 40cm/s^2；-200cm/s^2

D. 50cm/s^2；-200cm/s^2

54. 在均匀的静止液体中，质量为m的物体M从液面处无初速下沉，假设液体阻力$F_R = -\mu v$，其中μ为阻尼系数，v为物体的速度，该物体所能达到的最大速度为：

A. $v_{极限} = mg\mu$　　B. $v_{极限} = \frac{mg}{\mu}$

C. $v_{极限} = \frac{g}{\mu}$　　D. $v_{极限} = g\mu$

55. 弹簧原长$l_0 = 10\text{cm}$。弹簧常量$k = 4.9\text{kN/m}$，一端固定在O点，此点在半径为$R = 10\text{cm}$的圆周上，已知$AC \perp BC$，OA为直径，如图所示。当弹簧的另一端由B点沿圆弧运动至A点时，弹性力做功是：

A. $24.5\text{N} \cdot \text{m}$

B. $-24.5\text{N} \cdot \text{m}$

C. $-20.3\text{N} \cdot \text{m}$

D. $20.3\text{N} \cdot \text{m}$

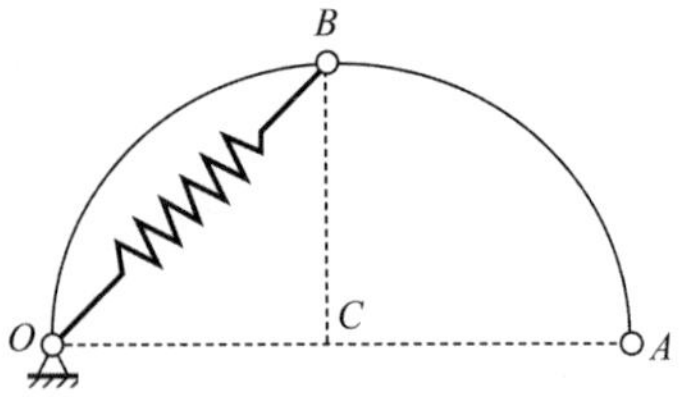

56. 如图所示，圆环的半径为R，对转轴的转动惯量为I，在圆环中的A点放一质量为m的小球，此时圆环以角速度ω绕铅直轴AC自由转动，设由于微小的干扰，小球离开A点，忽略一切摩擦，则当小球达到C点时，圆环的角速度是：

A. $\frac{mR^2\omega}{I+mR^2}$

B. $\frac{I\omega}{I+mR^2}$

C. ω

D. $\frac{2I\omega}{I+mR^2}$

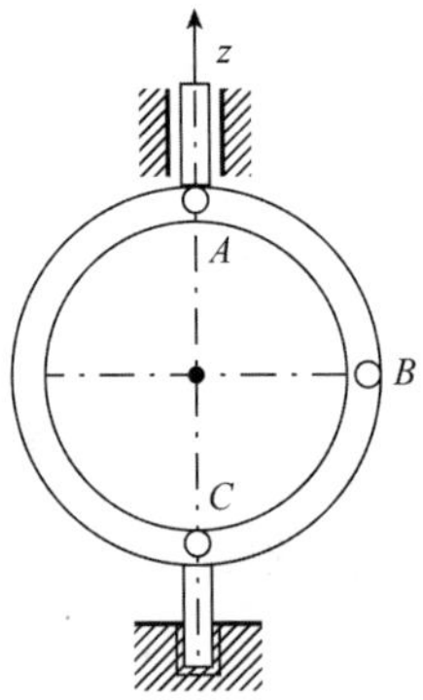

57. 均质细杆OA，质量为m，长l。在如图所示的水平位置静止释放，当运动到铅直位置时，其角速度为$\omega = \sqrt{\frac{3g}{l}}$，角加速度$\varepsilon = 0$，则轴承$O$施加于杆$OA$的附加动反力为：

A. $\frac{3}{2}mg(\uparrow)$

B. $6mg(\downarrow)$

C. $6mg(\uparrow)$

D. $\frac{3}{2}mg(\downarrow)$

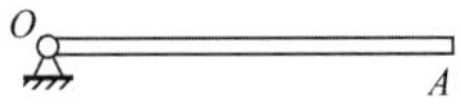

58. 将一刚度系数为k、长为L的弹簧截成等长（均为$\frac{L}{2}$）的两段，则截断后每根弹簧的刚度系数均为：

A. k　　B. $2k$

C. $\frac{k}{2}$　　D. $\frac{1}{2k}$

59. 关于铸铁试件在拉伸和压缩试验中的破坏现象，下面说法正确的是：

A. 拉伸和压缩断口均垂直于轴线

B. 拉伸断口垂直于轴线，压缩断口与轴线大约成 45°角

C. 拉伸和压缩断口均与轴线大约成 45°角

D. 拉伸断口与轴线大约成 45°角，压缩断口垂直于轴线

60. 图示等截面直杆，在杆的B截面作用有轴向力F。已知杆的拉伸刚度为EA，则直杆自由端C的轴向位移为：

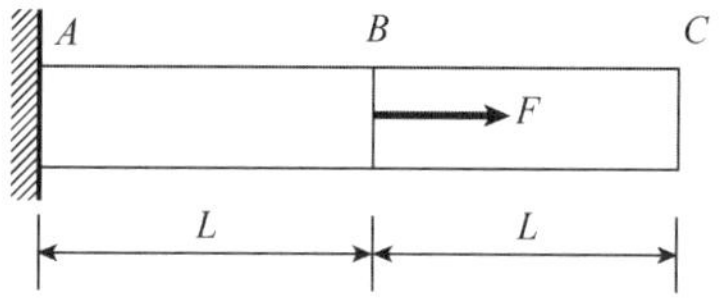

A. 0

B. $\frac{2FL}{EA}$

C. $\frac{FL}{EA}$

D. $\frac{FL}{2EA}$

61. 如图所示，钢板用销轴连接在铰支座上，下端受轴向拉力F，已知钢板和销轴的许用挤应力均为$[\sigma_{bs}]$，则销轴的合理直径d是：

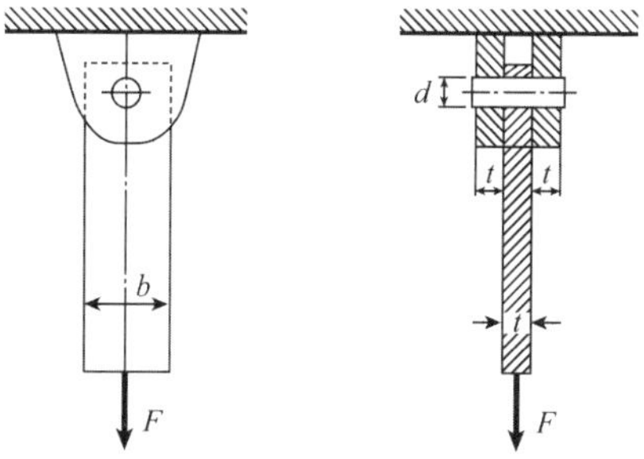

A. $d \geqslant \frac{F}{t[\sigma_{bs}]}$

B. $d \geqslant \frac{F}{2t[\sigma_{bs}]}$

C. $d \geqslant \frac{F}{b[\sigma_{bs}]}$

D. $d \geqslant \frac{F}{2b[\sigma_{bs}]}$

62. 如图所示，等截面圆轴上装有 4 个皮带轮，每个轮传递力偶矩，为提高承载力，方案最合理的是：

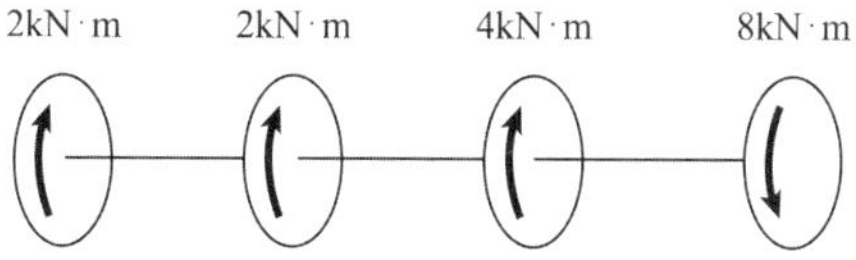

A. 1 与 3 对调

B. 2 与 3 对调

C. 2 与 4 对调

D. 3 与 4 对调

63. 受扭圆轴横截面上扭矩为T，在下面圆轴横截面切应力分布中，正确的是：

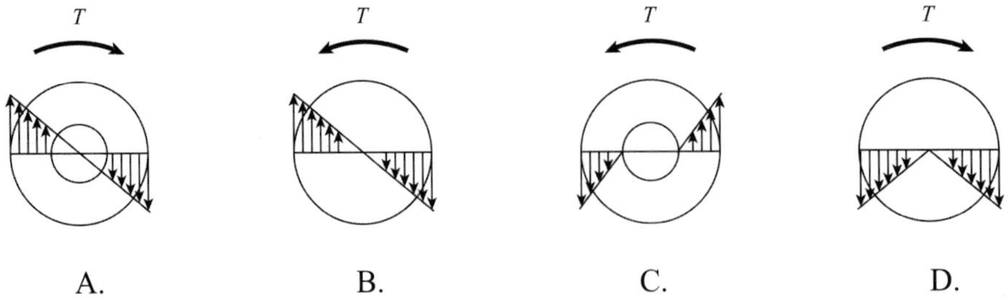

64. 槽型截面，z轴通过截面形心C，将截面划分为 2 部分，分别用 1 和 2 表示，静矩分别为S_{z1}和S_{z2}，两者关系正确的是：

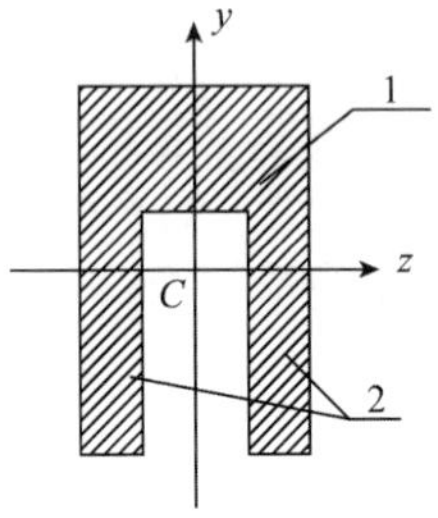

A. $S_{z1} > S_{z2}$

B. $S_{z1} = -S_{z2}$

C. $S_{z1} < S_{z2}$

D. $S_{z1} = S_{z2}$

65. 梁的弯矩图如图所示，则梁的最大剪力是：

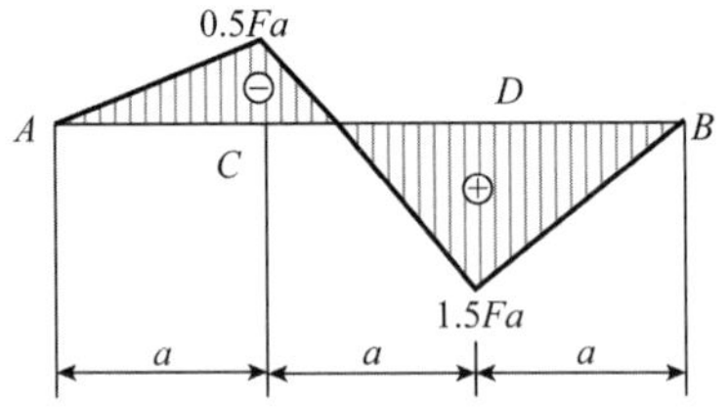

A. $0.5F$

B. F

C. $1.5F$

D. $2F$

66. 悬臂梁AB由两根相同材料和尺寸的矩形截面杆胶合而成，则胶合面的切应力应为：

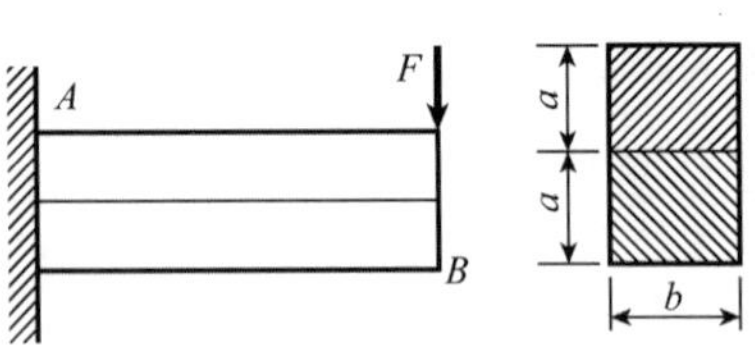

A. $\frac{F}{2ab}$

B. $\frac{F}{3ab}$

C. $\frac{3F}{4ab}$

D. $\frac{3F}{2ab}$

67. 圆截面简支梁直径为d，梁中点承受集中力F，则梁的最大弯曲正应力是：

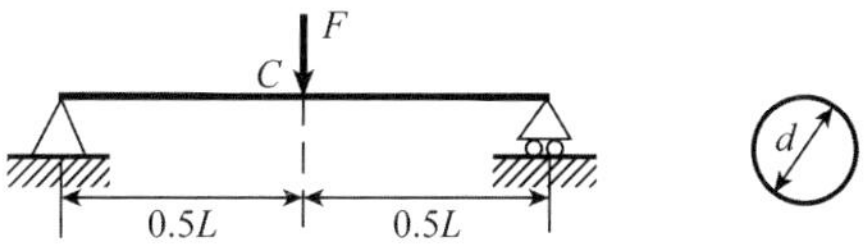

A. $\sigma_{\max}=\frac{8FL}{\pi d^3}$

B. $\sigma_{\max}=\frac{16FL}{\pi d^3}$

C. $\sigma_{\max}=\frac{32FL}{\pi d^3}$

D. $\sigma_{\max}=\frac{64FL}{\pi d^3}$

68. 材料相同的两矩形截面梁如图所示，其中，图（b）中的梁由两根高 0.5h、宽b的矩形截面梁叠合而成，叠合面间无摩擦，则下列结论正确的是：

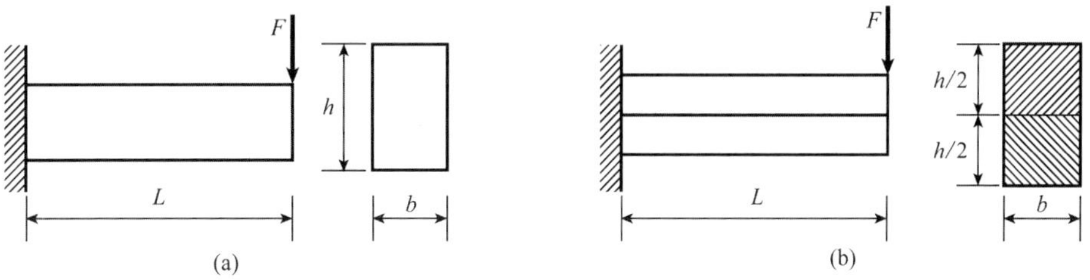

A. 两梁的强度和刚度均不相同　　B. 两梁的强度和刚度均相同

C. 两梁的强度相同，刚度不同　　D. 两梁的强度不同，刚度相同

69. 下图单元体处于平面应力状态，则图示应力平面内应力圆半径最小的是：

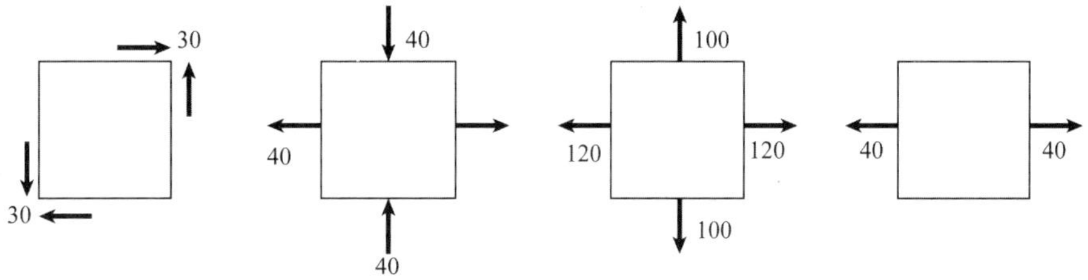

A.　　B.　　C.　　D.

70. 一端固定、一端自由的细长压杆如图（a）所示，为提高其稳定性，在自由端增加一个活动铰链如图（b）所示，则图（b）压杆临界力是图（a）压杆临界力的：

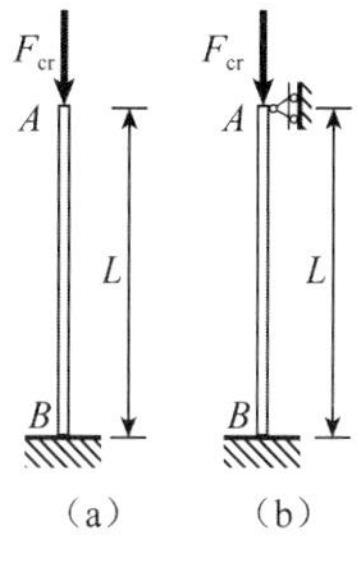

A. 2 倍

B. $\frac{2}{0.7}$倍

C. $\left(\frac{2}{0.7}\right)^2$倍

D. $\left(\frac{0.7}{2}\right)^2$倍

71. 如图所示，一密闭容器内盛有油和水，油层厚$h_1 = 40\text{cm}$，油的密度$\rho_a = 850\text{kg/m}^3$，盛有水银的U形测压管的左侧液面距水面的深度$h_2 = 60\text{cm}$，水银柱右侧高度低于油面$h = 50\text{cm}$，水银的密度$\rho_{Hg} = 13600\text{kg/m}^3$，试求油面上的压强$p_e$为：

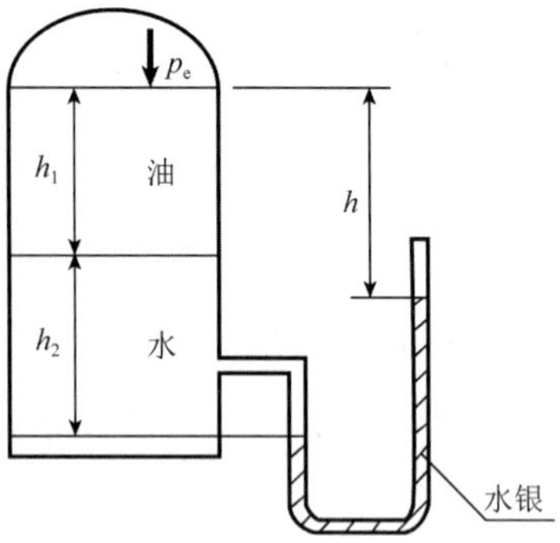

A. 13600Pa

B. 63308Pa

C. 66640Pa

D. 57428Pa

72. 动量方程中，$\sum \vec{F}$表示作用在控制体内流体上的力是：

A. 总质力　　　　B. 总表面力

C. 合外力　　　　D. 总压力

73. 在圆管中，黏性流体的流动是层流状态还是紊流状态，判定依据是：

A. 流体黏性大小　　　　B. 流速大小

C. 流量大小　　　　D. 流动雷诺数的大小

74. 给水管某处的水压是294.3kPa，从该处引出一根水平输水管，直径$d = 250\text{mm}$，当量粗糙高度$k_s = 0.4\text{mm}$，水的运动黏性系数为$0.0131\text{cm}^2/\text{s}$，要保证流量为$50\text{L/s}$，则输水管输水距离为：

A. 6150m　　　　B. 6250m

C. 6350m　　　　D. 6450m

75. 如图所示大体积水箱供水，且水位恒定，水箱顶部压力表读数为19600Pa，水深$H = 2\text{m}$，水平管道长$l = 50\text{m}$，直径$d = 100\text{mm}$，沿程损失系数0.02，忽略局部损失，则管道通过的流量是：

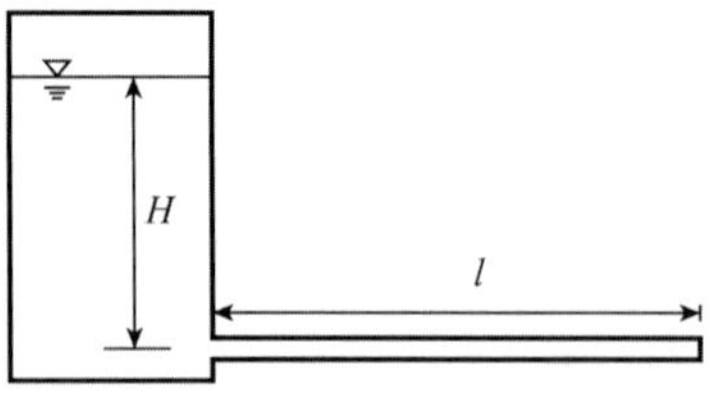

A. 83.8L/s

B. 20.95L/s

C. 10.48L/s

D. 41.9L/s

76. 两条明渠过水断面面积相等，断面形状分别为：（1）方形，边长为a；（2）矩形，底边宽为 $0.5a$，水深为 $2a$。两者的底坡与粗糙系数相同，则两者的均匀流流量关系是：

A. $Q_1 > Q_2$　　B. $Q_1 = Q_2$

C. $Q_1 < Q_2$　　D. 不能确定

77. 均匀砂质土填装在容器中，设渗透系数为 0.01cm/s，则渗流流速为：

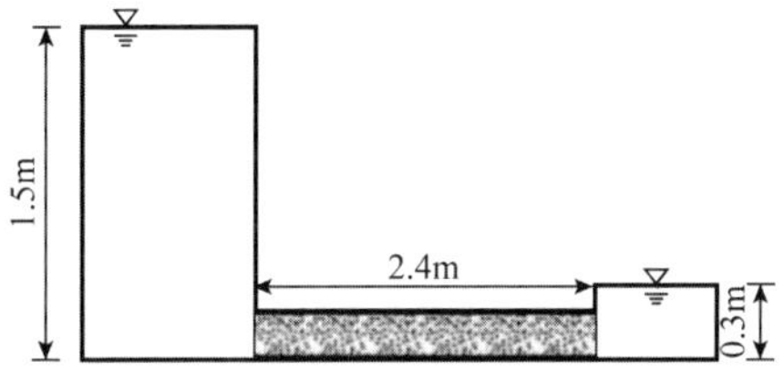

A. 0.003cm/s

B. 0.004cm/s

C. 0.005cm/s

D. 0.01cm/s

78. 弗劳德数的物理意义是：

A. 压力与黏性力之比　　B. 惯性力与黏性力之比

C. 重力与惯性力之比　　D. 重力与黏性力之比

79. 图示变压器，在左侧线圈中通以交流电流，并在铁芯中产生磁通Φ，此时右侧线圈端口上的电压u_2为：

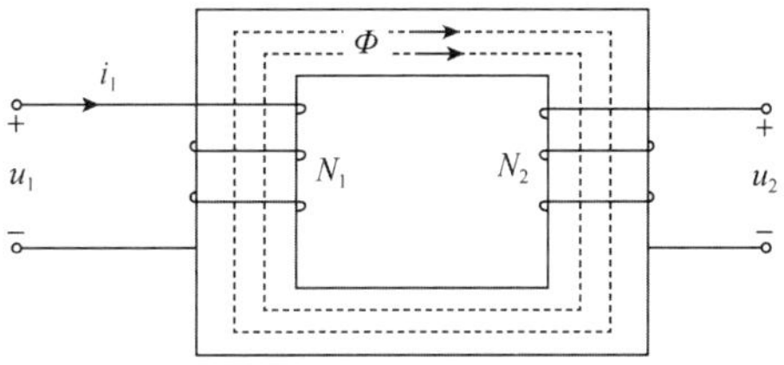

A. 0

B. $N_2\frac{\mathrm{d}\Phi}{\mathrm{d}t}$

C. $N_1\frac{\mathrm{d}\Phi}{\mathrm{d}t}$

D. $(N_1+N_2)\frac{\mathrm{d}\Phi}{\mathrm{d}t}$

80. 图示电流源$I_s = 0.2\text{A}$，则电流源发出的功率为：

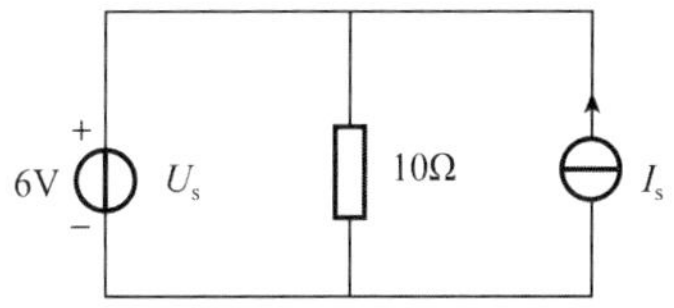

A. 0.4W

B. 4W

C. 1.2W

D. −1.2W

81. 图示电路的等效电路为：

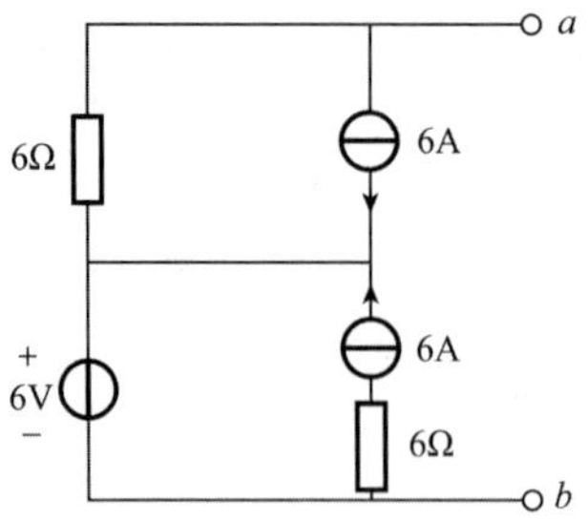

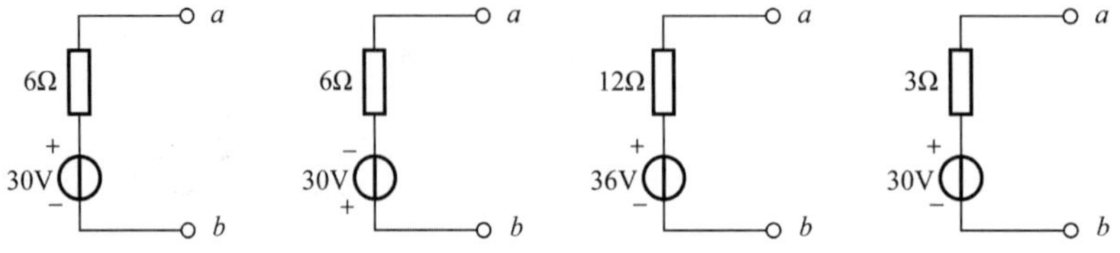

A.　　　B.　　　C.　　　D.

82. RLC 串联电路中，$u = 100\sin(314t + 10°)$ V，$R = 100\Omega$，$L = 1$H，$C = 10\mu$F，则总阻抗模为：

A. 111Ω

B. 732Ω

C. 96Ω

D. 100.1Ω

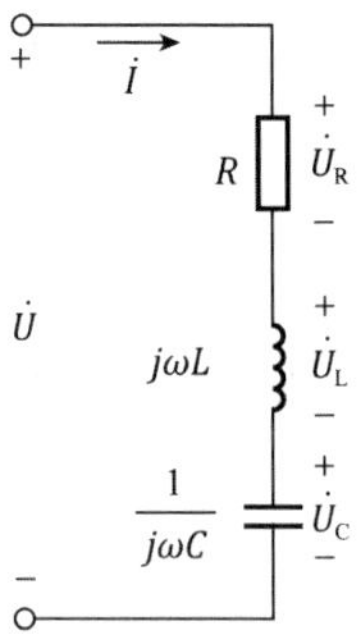

83. 某正弦交流电中，三条支路的电流为$\dot{I}_1 = 100\angle-30°$mA，$i_2(t) = 100\sin(\omega t - 30°)$ mA，$i_3(t) = -100\sin(\omega t + 30°)$ mA，则：

A. i_1与i_2完全相同

B. i_3与i_1反相

C. $\dot{I}_2 = \frac{100}{\sqrt{2}}\angle\omega t - 30°$mA，$\dot{I}_3 = 100\angle180°$mA

D. $i_1(t) = 100\sqrt{2}\sin(\omega t - 30°)$mA，$\dot{I}_2 = \frac{100}{\sqrt{2}}\angle-30°$mA，$\dot{I}_3 = \frac{100}{\sqrt{2}}\angle-150°$mA

84. 图示电路中，$u = 220\sqrt{2}\sin(314t + 30°)\,\mathrm{V}$，$u_{\mathrm{R}} = 180\sqrt{2}\sin(314t - 20°)\,\mathrm{V}$，则该电路的功率因数$\lambda$为：

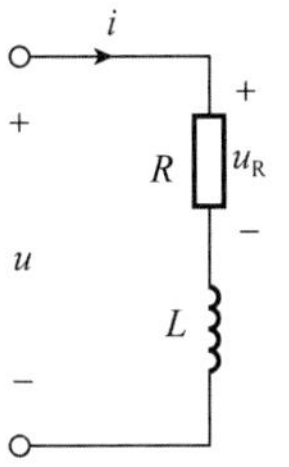

A. $\cos 10°$

B. $\cos 30°$

C. $\cos 50°$

D. $\cos(-10°)$

85. 在下列三相两极异步电机的调速方式中，哪种方式可能使转速高于额定转速？

A. 调转差率　　B. 调压调速

C. 改变磁极对数　　D. 调频调速

86. 设计电路，要求KM_1控制电机 1 启动，KM_2控制电机 2 启动，电机 2 必须在电机 1 启动后才能启动，且需要独立断开电机 2。下列电路图正确的是：

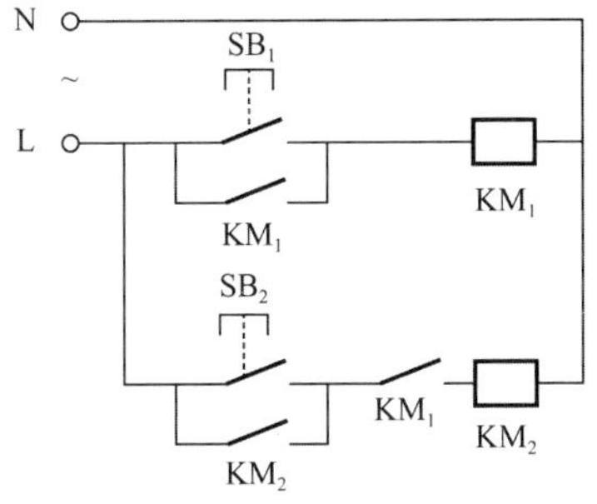

A.

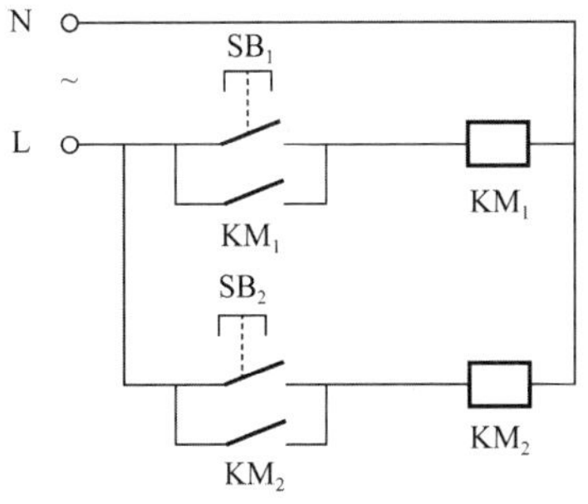

B.

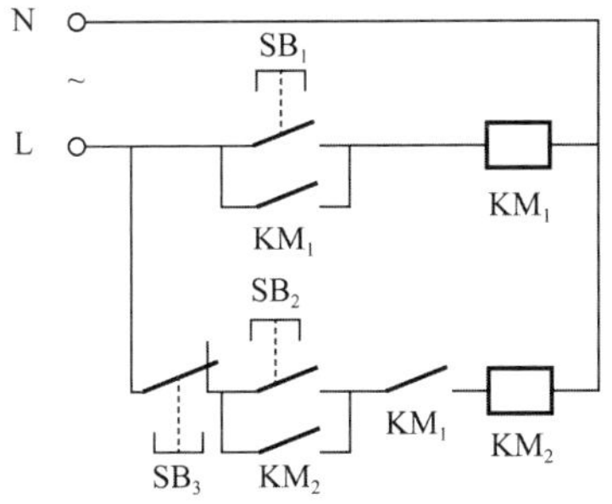

C.

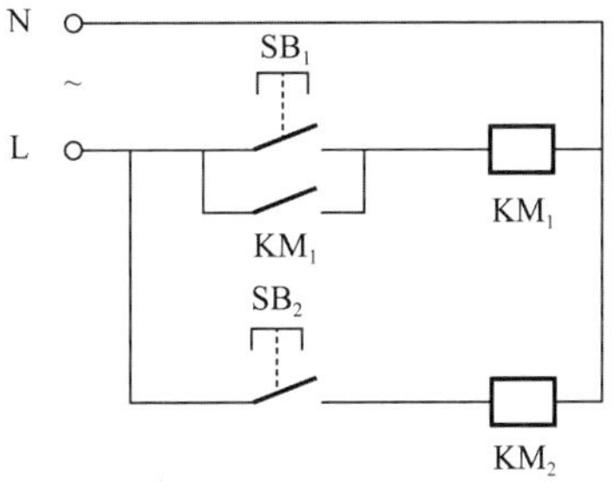

D.

87. 关于模拟信号，下列描述错误的是：

A. 模拟信号是真实信号的电信号表示

B. 模拟信号是一种人工生成的代码信号

C. 模拟信号蕴含对象的原始信号

D. 模拟信号通常是连续的时间信号

88. 模拟信号可用时域、频域描述为：

A. 时域形式在实数域描述，频域形式在复数域描述

B. 时域形式在复数域描述，频域形式在实数域描述

C. 时域形式在实数域描述，频域形式在实数域描述

D. 时域形式在复数域描述，频域形式在复数域描述

89. 信号处理器幅频特性如图所示，其为：

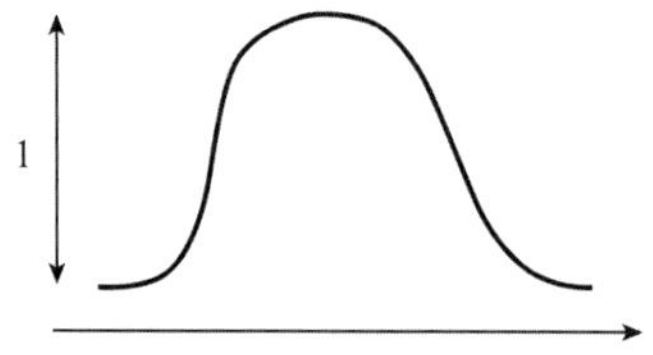

A. 带通滤波器

B. 信号放大器

C. 高通滤波器

D. 低通滤波器

90. 逻辑表达式$AB+\overline{A}C+BCDE$，可化简为：

A. $A+DE$

B. $AB+BCDE$

C. $AB+\overline{A}C+BC$

D. $AB+\overline{A}C$

91. 已知数字信号 A 和数字信号 B 的波形如图所示，则数字信号$F=\overline{A}B+A\overline{B}$的波形为：

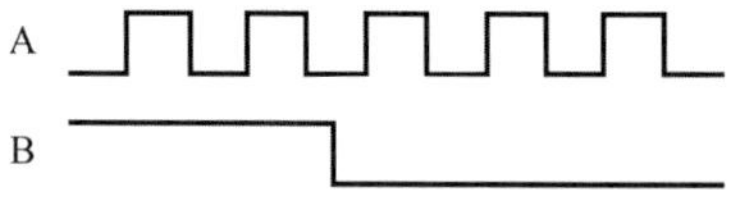

A. 

B. 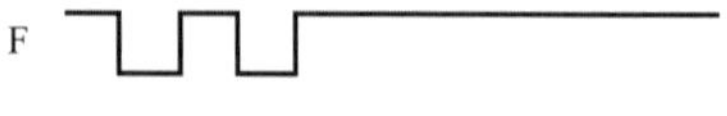

C. 

D. 

92. 逻辑函数$F = f(A, B, C)$的真值见表，由此可知：

A	B	C	F
0	0	0	0
0	0	1	0
0	1	0	0
0	1	1	0
1	0	0	1
1	0	1	0
1	1	0	0
1	1	1	1

A. $F = A\overline{B}C + AB\overline{C}$　　B. $F = \overline{AB}C + \overline{A}B\overline{C}$

C. $F = \overline{ABC} + \overline{A}BC$　　D. $F = A\overline{B}\,\overline{C} + ABC$

93. 二极管应用电路如图所示，设二极管为理想器件，输入正半轴时对应导通的二极管为：

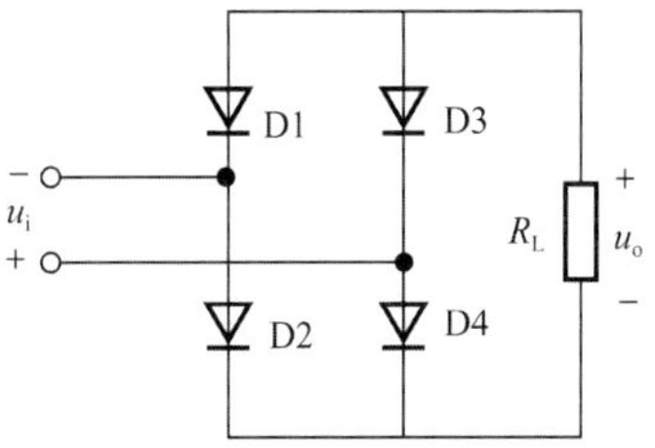

A. D1 和 D3

B. D2 和 D4

C. D1 和 D4

D. D2 和 D3

94. 图示电路中，运算放大器输出电压的极限值为$\pm U_{oM}$，当输入电压$u_{i1} = 1V$，$u_{i2} = 2\sin\omega t$时，输出电压波形为：

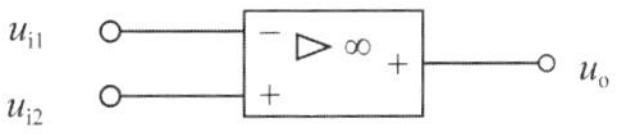

A.
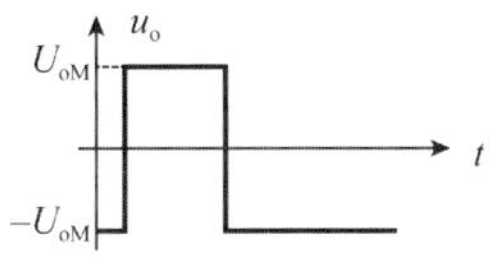

B.
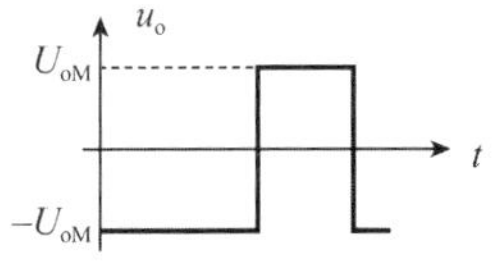

C.
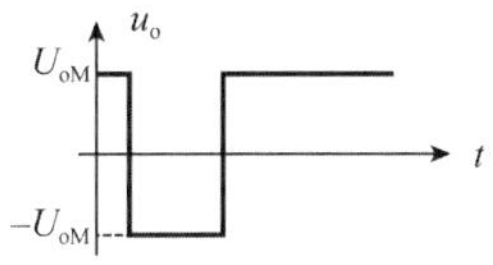

D.
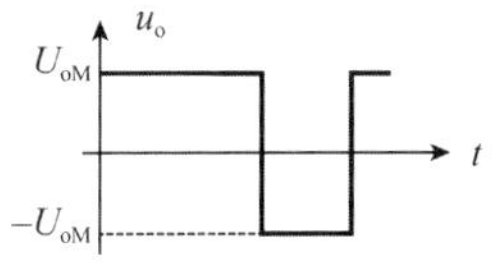

95. 图示F_1、F_2输出：

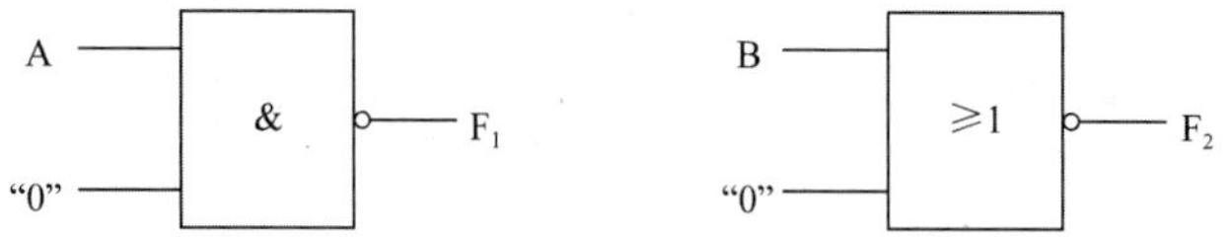

A. 00　　B. $1\overline{B}$

C. AB　　D. 10

96. 如图 a）所示，复位信号$\overline{R}_D$，置位信号$\overline{S}_D$及时钟脉冲信号 CP 如图 b）所示，经分析，t_1、t_2时刻输出 Q 先后等于：

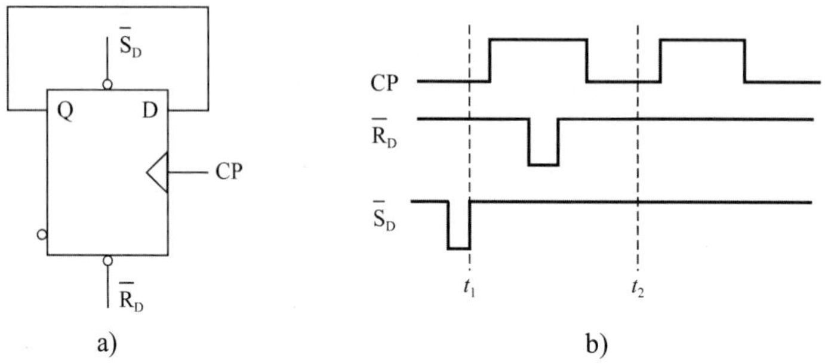

A. 00　　B. 01

C. 10　　D. 11

97. 计算机的新体系结构思想，是在一个芯片上集成：

A. 多个控制器　　B. 多个微处理器

C. 高速缓冲存储器　　D. 多个存储器

98. 存储器的主要功能为：

A. 存放程序和数据　　B. 给计算机供电

C. 存放电压、电流等模拟信号　　D. 存放指令和电压

99. 计算机系统中，为人机交互提供硬件环境的是：

A. 键盘、显示屏　　B. 输入/输出系统

C. 键盘、鼠标、显示屏　　D. 微处理器

100. 下列有关操作系统的描述，错误的是：

A. 具有文件处理的功能

B. 使计算机系统用起来更方便

C. 具有对计算机资源管理的功能

D. 具有处理硬件故障的功能

101. 在计算机内，汉字也是用二进制数字编码表示，一个汉字的国标码是用：

A. 两个七位二进制数码表示的

B. 两个八位二进制数码表示的

C. 三个八位二进制数码表示的

D. 四个八位二进制数码表示的

102. 表示计算机信息数量比较大的单位要用 PB、EB、ZB、YB 等表示。其中，数量级最小单位是：

A. YB

B. ZB

C. PB

D. EB

103. 在下列存储介质中，存放的程序不会再次感染上病毒的是：

A. 软盘中的程序

B. 硬盘中的程序

C. U 盘中的程序

D. 只读光盘中的程序

104. 操作系统中的文件管理，是对计算机系统中的：

A. 永久程序文件的管理

B. 记录数据文件的管理

C. 用户临时文件的管理

D. 系统软件资源的管理

105. 计算机网络环境下的硬件资源共享可以：

A. 使信息的传送操作更具有方向性

B. 通过网络访问公用网络软件

C. 使用户节省投资，便于集中管理和均衡负担负荷，提高资源的利用率

D. 独立地、平等地访问计算机的操作系统

106. 广域网与局域网有着完全不同的运行环境，在广域网中：

A. 用户自己掌握所有设备和网络的宽带，可以任意使用、维护、升级

B. 可跨越短距离，多个局域网和主机连接在一起的网络

C. 用户无法拥有广域连接所需要的技术设备和通信设施，只能由第三方提供

D. 100MBit/s 的速度是很平常的

107. 某项目从银行贷款 2000 万元，期限为 3 年，按年复利计息，到期需还本付息 2700 万元，已知 $(F/P,9\%,3)=1.295$，$(F/P,10\%,3)=1.331$，$(F/P,11\%,3)=1.368$，则银行贷款利率应：

A. 小于 9%　　B. 9%～10%之间

C. 10%～11%之间　　D. 大于 11%

108. 某建设项目的建设期为两年，第一年贷款额为 1000 万元，第二年贷款额为 2000 万元，贷款的实际利率为 4%，则建设期利息应为：

A. 100.8 万元　　B. 120 万元

C. 161.6 万元　　D. 210 万元

109. 相对于债务融资方式，普通股融资方式的特点为：

A. 融资风险较高

B. 资金成本较低

C. 增发普通股会增加新股东，使原有股东的控制权降低

D. 普通股的股息和红利有抵税的作用

110. 某建设项目各年的偿债备付率小于 1，其含义是：

A. 该项目利息偿还的保障程度高

B. 该资金来源不足以偿付当期债务，需要通过短期借款偿付已到期债务

C. 用于还本付息的保障程度较高

D. 表示付息能力保障程度不足

111. 一公司年初投资 1000 万元，此后从第一年年末开始，每年都有相等的净收益，方案的运营期为 10 年，寿命期结束时的净残值为 50 万元。若基准收益率为 12%，问每年的净收益至少为：

[已知：$(P/A,12\%,10)=5.650$，$(P/F,12\%,10)=0.322$]

A. 168.14 万元　　B. 174.14 万元

C. 176.99 万元　　D. 185.84 万元

112. 一外贸商品，到岸价格为 100 美元，影子汇率为 6 元人民币/美元，进口费用为 100 美元，求影子价格为：

A. 500 元人民币　　B. 600 元人民币

C. 700 元人民币　　D. 1200 元人民币

113. 某企业对四个分工厂进行技术改造，每个分厂都提出了三个备选的技改方案，各分厂之间是独立的，而各分厂内部的技术方案是互斥的，则该企业面临的技改方案比选类型是：

A. 互斥型　　B. 独立型

C. 层混型　　D. 矩阵型

114. 在价值工程的一般工作程序中，创新阶段要做的工作包括：

A. 制定工作计划　　B. 功能评价

C. 功能系统分析　　D. 方案评价

115. 《中华人民共和国建筑法》中，建筑单位正确的做法是：

A. 将设计和施工分别外包给相应部门

B. 将桩基工程和施工工程分别外包给相应部门

C. 将建筑的基础、主体、装饰分别外包给相应部门

D. 将建筑除主体外的部分外包给相应部门

116. 某施工单位承接了某项工程的施工任务，下列施工单位的现场安全管理行为中，错误的是：

A. 向从业人员告知作业场所和工作岗位存在的危险因素、防范措施以及事故应急措施

B. 安排质量检验员兼任安全管理员

C. 安排用于配备安全防护用品、进行安全生产培训的经费

D. 依法参加工伤社会保险，为从业人员缴纳保险费

117. 某必须进行招标的建设工程项目，若招标人于 2018 年 3 月 6 日发售招标文件，则招标文件要求投标人提交投标文件的截止日期最早的是：

A. 3 月 13 日　　B. 3 月 21 日

C. 3 月 26 日　　D. 3 月 31 日

118. 某供货单位要求施工单位以数据电文形式购买水泥的承诺，施工单位根据要求按时发出承诺后，双方当事人签订确认书，则该合同成立的时间是：

A. 双方签订确认书时间

B. 施工单位的承诺邮件进入供货单位系统的时间

C. 施工单位发电子邮件的时间

D. 供货单位查收电子邮件色时间

119. 根据《中华人民共和国节约能源法》的规定，下列行为中不违反禁止性规定的是：

A. 使用国家明令淘汰的用能设备

B. 冒用能源效率标识

C. 企业制定严于国家标准的企业节能标准

D. 销售应当标注而未标注能源效率标识的产品

120. 在建设工程施工过程中，属于专业监理工程师签认的是：

A. 样板工程专项施工方案

B. 建筑材料、构配件和设备进场验收

C. 拨付工程款

D. 竣工验收

2022 年度全国勘察设计注册工程师

执业资格考试试卷

基础补考

（上）

二〇二三年六月

应考人员注意事项

1. 本试卷科目代码为“1”，考生务必将此代码填涂在答题卡“科目代码”相应的栏目内，否则，无法评分。
2. 书写用笔：**黑色或蓝色钢笔、签字笔或圆珠笔**；
   填涂答题卡用笔：**黑色 2B 铅笔**。
3. 必须用书写用笔将工作单位、姓名、准考证号填写在答题卡和试卷相应的栏目内。
4. 本试卷由 120 题组成，每题 1 分，满分 120 分，本试卷全部为单项选择题，每小题的四个备选项中只有一个正确答案，错选、多选、不选均不得分。
5. 考生作答时，必须按**题号在答题卡上**将相应试题所选选项对应的**字母用 2B 铅笔涂黑**。
6. 在答题卡上书写与题意无关的语言，或在答题卡上作标记的，均按违纪试卷处理。
7. 考试结束时，由监考人员当面将试卷、答题卡一并收回。
8. 草稿纸由各地统一配发，考后收回。

单项选择题（共 120 题，每题 1 分。每题的备选项中，只有一个最符合题意。）

1. 若$\lim\limits_{x\to 0}(1-kx)^{\frac{2}{x}}=2$，则非零常数$k$等于：

A. $-\ln 2$

B. $\ln 2$

C. $-\frac{1}{2}\ln 2$

D. $\frac{1}{2}\ln 2$

2. 当$x\to 0$时，$a\sin^2 x$与$\tan\frac{x^2}{3}$为等价无穷小量，则常数a等于：

A. 3

B. $\frac{1}{3}$

C. $\frac{1}{\sqrt{3}}$

D. $\sqrt{3}$

3. 若可微函数满足$\frac{\mathrm{d}}{\mathrm{d}x}f\left(\frac{1}{x^2}\right)=\frac{1}{x}$，且$f(1)=1$，则函数$f(x)$的表达式是：

A. $f(x)=2\ln|x|+1$

B. $f(x)=-2\ln|x|+1$

C. $f(x)=\frac{1}{2}\ln|x|+1$

D. $f(x)=-\frac{1}{2}\ln|x|+1$

4. 设$f(x)=e^x$，$g(x)=\sin x$，且$y=f[g'(x)]$，则$\frac{\mathrm{d}^2y}{\mathrm{d}x^2}$等于：

A. $e^{\cos x}(\sin x+\cos x)$

B. $e^{\cos x}(\sin x-\cos x)$

C $e^{\cos x}(\sin^2 x-\cos x)$

D. $e^{\cos x}(\sin^2 x+\cos x)$

5. 曲线$y=e^{-\frac{1}{x^2}}$的渐近线方程是：

A. $y=0$

B. $y=1$

C. $x=0$

D. $x=1$

6. 已知$\big(x_0,f(x_0)\big)$是曲线$y=f(x)$的拐点，则下列结论中正确的是：

A. 一定有$f''(x_0)=0$

B. $x=x_0$一定是$f(x)$的二阶不可微点

C. $x=x_0$一定是$f(x)$的驻点

D. $x=x_0$一定是$f(x)$的连续点

7. 定积分$\int_{-\pi}^{\pi}|\sin x|\,\mathrm{d}x$的值等于：

A. -4

B. 4

C. 2

D. 0

8. 已知$F(x)$是e^{-x}的一个原函数，则不定积分$\int \mathrm{d}F(2x)$等于：

A. $e^{-x}+C$　　B. $-e^{-x}+C$

C. $e^{-2x}+C$　　D. $-e^{-2x}+C$

9. 设$\boldsymbol{i}$、$\boldsymbol{j}$、$\boldsymbol{k}$分别表示空间直角坐标系中沿ox轴、oy轴、oz轴正向上的基本单位向量，则$\boldsymbol{i}\times\boldsymbol{j}\times\boldsymbol{k}$等于：

A. 0　　B. 1

C. -1　　D. $\boldsymbol{k}$

10. 在下列的方程中，过y轴上的点(0,1,0)且平行xoz坐标面的平面方程是：

A. $x=0$　　B. $y=1$

C. $z=0$　　D. $x+z=1$

11. 函数$y=y(x)$连续，且满足$y=e^x+\int_0^x y(t)\,\mathrm{d}t$，则函数$y=y(x)$的表达式是：

A. $y=e^x$　　B. $y=e^x(x+1)$

C. $y=e^x(1-x)$　　D. $y=xe^x+1$

12. 函数$z=f(x,y)$在点$M(x_0,y_0)$处两个偏导数的存在性和可微性的关系是：

A. 两个偏导数存在一定可微　　B. 可微则两个偏导数一定存在

C. 可微不一定两个偏导数存在　　D. 两个偏导数一定不可微

13. 下列函数中，微分方程$y''-y'-2y=3e^x$的一个特解的是：

A. $y=e^{2x}+2e^x$　　B. $y=2e^{-x}+e^x$

C. $y=e^{2x}-2e^{-x}-\frac{3}{2}e^x$　　D. $y=e^{2x}+e^{-x}-e^x$

14. 设区域D：$x^2+y^2\leqslant 1$，则二重积分$\iint\limits_D (x^2+y^2)^2\,\mathrm{d}x\,\mathrm{d}y$的值等于：

A. $\frac{2\pi}{5}$　　B. $\frac{\pi}{3}$

C. $\frac{\pi}{2}$　　D. π

15. 设L为圆周$x=a\cos t$, $y=a\sin t$($a>0$, $0\leqslant t\leqslant 2\pi$)，则对弧长的曲线积分$\int_L (x^2+y^2)\,\mathrm{d}s$的值等于：

A. $2\pi a^3$　　B. $2\pi a^2$

C. $2\pi a$　　D. πa

16. 已知级数$\sum\limits_{n=1}^{\infty} a_n$收敛，$\{S_n\}$是它的前$n$项部分和数列，则$\{S_n\}$必是：

A. 有界的　　B. 有上界而无下界的

C. 上无界而下有界的　　D. 无界的

17. 设$z = f(x, xy)$，其中$f(u, v)$具有二阶连续偏导数，则$\frac{\partial^2 z}{\partial x \partial y}$等于：

A. $\frac{\partial f}{\partial v} + xy\frac{\partial^2 f}{\partial v^2}$　　B. $\frac{\partial f}{\partial v} + x\left(\frac{\partial^2 f}{\partial x^2} + y\frac{\partial^2 f}{\partial v^2}\right)$

C. $\frac{\partial f}{\partial v} + \frac{\partial^2 f}{\partial v \partial u} + \frac{\partial^2 f}{\partial v^2}$　　D. $\frac{\partial f}{\partial v} + x\left(\frac{\partial^2 f}{\partial v \partial u} + y\frac{\partial^2 f}{\partial v^2}\right)$

18. 设$f(x)$是以2π为周期的周期函数，它在$(-\pi, \pi]$的表达式为$f(x) = \begin{cases} x+1 & -\pi < x \leqslant 0 \\ 2 & 0 < x \leqslant \pi \end{cases}$，$S(x)$表示$f(x)$的以2π为周期的傅里叶级数的和函数，则$S(6\pi)$的值等于：

A. 3　　B. 2

C. $\frac{3}{2}$　　D. 1

19. 向量组$\boldsymbol{\alpha}_1 = (1, -1, 2, 4)^{\mathrm{T}}$、$\boldsymbol{\alpha}_2 = (0, 3, 1, 2)^{\mathrm{T}}$、$\boldsymbol{\alpha}_3 = (3, 0, 7, 14)^{\mathrm{T}}$、$\boldsymbol{\alpha}_4 = (1, -1, 2, 0)^{\mathrm{T}}$的极大线性无关组是：

A. $\boldsymbol{\alpha}_1, \boldsymbol{\alpha}_2, \boldsymbol{\alpha}_3$　　B. $\boldsymbol{\alpha}_1, \boldsymbol{\alpha}_2, \boldsymbol{\alpha}_4$

C. $\boldsymbol{\alpha}_2, \boldsymbol{\alpha}_3$　　D. $\boldsymbol{\alpha}_1, \boldsymbol{\alpha}_2, \boldsymbol{\alpha}_3, \boldsymbol{\alpha}_4$

20. 设二次型$f(x_1, x_2, x_3, x_4) = -x_1^2 + x_2^2 + x_3^2 - x_4^2$，则其秩$r$等于：

A. 1　　B. 2

C. 3　　D. 4

21. 若 3 阶矩阵$\boldsymbol{A}$相似于矩阵$\boldsymbol{B}$，矩阵$\boldsymbol{A}$的特征值为1、2、3，则行列式$|2\boldsymbol{B} - \boldsymbol{I}| =$

A. 15　　B. 12

C. 9　　D. 6

22. 设事件A和B，$B \subset A$，$P(A) = 0.8$，$P(B|A) = 0.6$，则$P(B)$等于：

A. 0.8　　B. 0.6

C. 0.48　　D. 0.2

23. 若二维随机变量(X, Y)的联合概率密度为$f(x, y) = \begin{cases} ce^{-(x+y)} & x > 0,\ y > 0 \\ 0 & \text{其他} \end{cases}$，则常数$c$的值为：

A. 2　　B. 1

C. −1　　D. −2

24. 设X，Y是两个随机变量，且$E(X)=1$，$E(Y)=2$，$D(X)=1$，$D(Y)=4$，相关系数$\rho_{XY}=0.6$，则数学期望$E[(2X-Y+1)^2]$等于：

A. 5.2　　B. 4.2

C. 3.2　　D. 2.2

25. 在封闭容器内，若分子的平均速率$\bar{v}$提高为原来的 2 倍，则：

A. 温度和压强均提高为原来的 2 倍

B. 温度提高为原来的 2 倍，压强提高为原来的 4 倍

C. 温度提高为原来的 4 倍，压强提高为原来的 2 倍

D. 温度和压强均提高为原来的 4 倍

26. 两瓶不同种类的理想气体，分子的平均平动相同，分子数密度不同，则两者：

A. 温度相同，压强相同　　B. 温度相同，压强不同

C. 温度不同，压强相同　　D. 温度不同，压强不同

27. 在热学中，气体的内能E，吸收的热量Q以及所做的功W三者中，其中与过程的状态直接相关的物理量是：

A. W和Q　　B. Q

C. W　　D. E

28. 一定量的理想气体经历了$acbda$的循环过程，气体经一次循环对外所做的净功为：

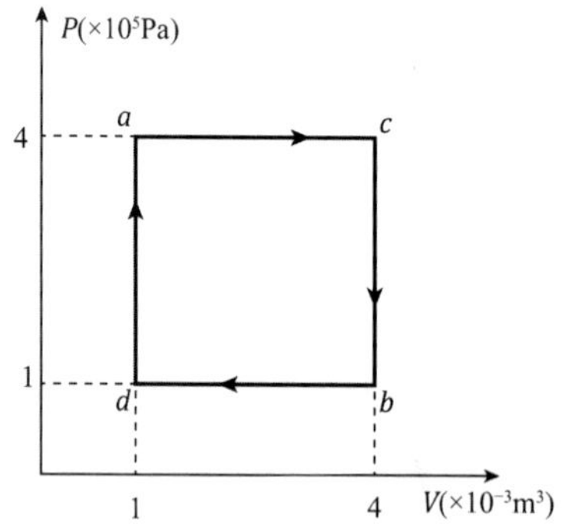

A. 1200J　　B. −1200J

C. 1600J　　D. 900J

29. 容积为V的容器内装满被测的气体，测得其压强为P_1，温度为T，并称出容器连同气体的质量为m_1；然后放出一部分气体，使压强降到P_2，温度不变，再称出连同气体的质量m_2，由此求得气体的摩尔质量为：

A. $\frac{RT}{V}\frac{m_1-m_2}{P_1-P_2}$　　B. $\frac{RT}{V}\frac{P_1-P_2}{m_1-m_2}$

C. $\frac{RT}{V}\frac{m_1-m_2}{P_1+P_2}$　　D. $\frac{RT}{V}\frac{m_1+m_2}{P_1-P_2}$

30. 在简谐波传播的过程中，沿传播方向相距为λ（λ为波长）的两点的振动速度必定：

A. 大小相同，而方向相反　　B. 大小和方向均相同

C. 大小不同，方向相同　　D. 大小不同，而方向相反

31. 一平面简谐波的波动方程为$y=0.01\cos 3\pi(0.2t-0.5x)$(SI)，则任意质元的位移：

A. −0.01 ~ 0.01m　　B. −0.01m ~ 0

C. −0.01 ~ 0.01cm　　D. −0.01cm ~ 0

32. 在波动中，当质元经过平衡位置时：

A. 弹性形变最大，振动速度最大

B. 弹性形变最大，振动速度最小

C. 弹性形变最小，振动速度最大

D. 弹性形变最小，振动速度最小

33. 在弦线上有一简谐波，$y_1=2.0\times10^{-2}\cos\left[100\pi\left(t+\frac{x}{20}\right)-\frac{\pi}{3}\right]$(SI)，为了在此弦线上形成驻波，且在$x=0$处为一波腹，此弦线上还应有一简谐波，其表达式为：

A. $y_2=2.0\times10^{-2}\cos\left[100\pi\left(t-\frac{x}{20}\right)+\frac{\pi}{3}\right]$(SI)

B. $y_2=2.0\times10^{-2}\cos\left[100\pi\left(t-\frac{x}{20}\right)+\frac{4\pi}{3}\right]$(SI)

C. $y_2=2.0\times10^{-2}\cos\left[100\pi\left(t-\frac{x}{20}\right)-\frac{\pi}{3}\right]$(SI)

D. $y_2=2.0\times10^{-2}\cos\left[100\pi\left(t-\frac{x}{20}\right)-\frac{4\pi}{3}\right]$(SI)

34. 当一束单色光通过折射率不同的两种媒质时，光的：

A. 速度大小相同，波长相同　　B. 速度大小相同，波长不同

C. 速度大小不同，波长相同　　D. 速度大小不同，波长不同

35. 照相机镜头表面都镀有一层增透膜，以减少光的反射损失，其增透膜原理是根据：

A. 光的反射　　B. 光的折射

C. 光的干涉　　D. 光的衍射

36. 在如图所示的单缝夫琅禾费衍射实验中，将单缝k沿垂直于光的入射方向（沿图中x方向）微平移，则：

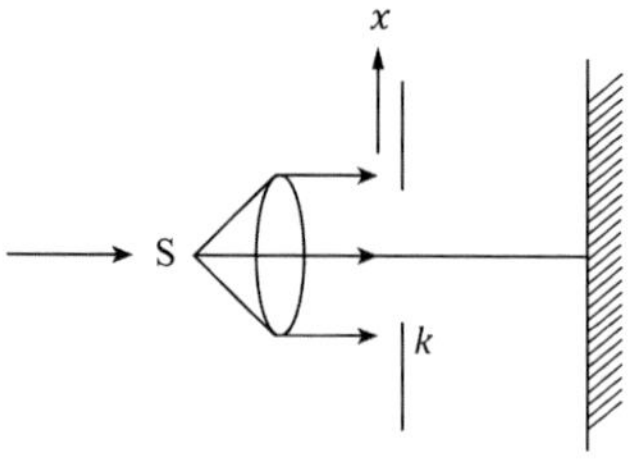

A. 衍射条纹移动，条纹宽度不变

B. 衍射条纹移动，条纹宽度变动

C. 衍射条纹中心不动，条纹变宽

D. 衍射条纹不动，条纹宽度不变

37. 用来描述原子轨道空间伸展方向的量子数是：

A. n B. l

C. m D. m_s

38. Ca^{2+}的电子构型是：

A. 18 B. 8

C. $18+2$ D. $9-17$

39. 下列物质的水溶液凝固点最低的是：

A. 0.1mol/L KCl B. 0.1mol/L KNO_3

C. 0.1mol/L NaCl D. 0.1mol/L K_2SO_4

40. 0.1mol/L 的某一元弱酸溶液，室温时$pH=3.0$，此弱酸的K_a等于：

A. 1.1×10^{-3} B. 1.0×10^{-5}

C. 1.0×10^{-4} D. 1.0×10^{-6}

41. 某企业生产一产品，反应的平衡转化率为 65%，为提高生产效率，研制出一种新的催化剂，同样温度下，使用催化剂后，其平衡转化率为：

A. 大于 65% B. 小于 65%

C. 等于 65% D. 达到 100%

42. 在密闭容器中进行如下反应：$A(s) + B(g) \rightleftharpoons C(g)$，体系达到平衡后，保持温度不变，将容器体积缩小到原来的 1/2，则C(g)的浓度将为原来的：

A. 1 倍（未变）　　B. 1/2

C. 2/3 倍　　D. 2 倍

43. 已知$E^{\ominus}(Cu^{2+}/Cu) = 0.34V$，现测得$E(Cu^{2+}/Cu) = 0.30V$，说明该电极中$C(Cu^{2+})$为：

A. $C(Cu^{2+}) > 1mol/L$　　B. $C(Cu^{2+}) < 1mol/L$

C. $C(Cu^{2+}) = 1mol/L$　　D. 无法确定

44. 将苯与甲苯进行比较，下列叙述中不正确的是：

A. 都能在空气中燃烧　　B. 都能发生取代反应

C. 都属于芳烃　　D. 都能使$KMnO_4$酸性溶液褪色

45. 下列化合物在一定条件下，既能发生消除反应，又能发生水解反应的是：

A. $CH_3-CH(Cl)-CH_3$　　B. CH_3Cl

C. 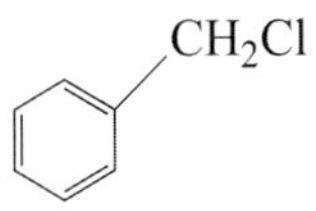

D. $CH_3-C(CH_3)(CH_2Cl)-CH_3$

46. 丙烯在一定条件下发生加聚反应的产物是：

A. $\left[CH_2=CH-CH_3 \right]_n$　　B. $\left[CH_2-CH-CH_2 \right]_n$

C. $\left[CH_2-CH(CH_3) \right]_n$　　D. $\left[CH=C(CH_3) \right]_n$

47. 构件$ABDE$受平面力系作用，如图所示。欲求未知力$\boldsymbol{F}_{NA}$、$\boldsymbol{F}_{Ey}$和$\boldsymbol{F}_{Ex}$，独立的平衡方程组是：

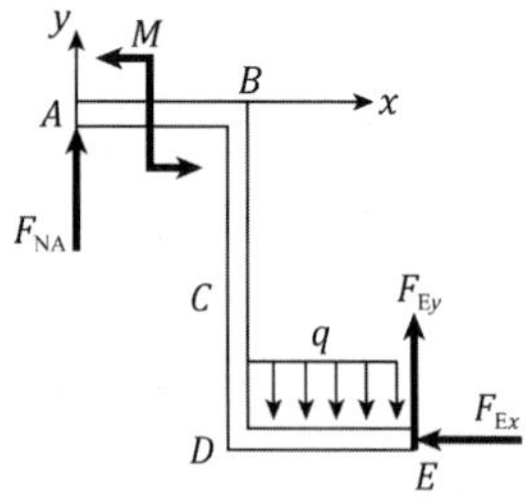

A. $\sum M_C(\boldsymbol{F})=0$，$\sum M_D(\boldsymbol{F})=0$，$\sum M_B(\boldsymbol{F})=0$

B. $\sum F_y=0$，$\sum M_A(\boldsymbol{F})=0$，$\sum M_B(\boldsymbol{F})=0$

C. $\sum F_x=0$，$\sum M_A(\boldsymbol{F})=0$，$\sum M_B(\boldsymbol{F})=0$

D. $\sum F_x=0$，$\sum M_B(\boldsymbol{F})=0$，$\sum M_C(\boldsymbol{F})=0$

48. 设一平面力系，各力在x轴上的投影$\sum F_x=0$，各力对A和B点的矩之和分别为$\sum M_A(\boldsymbol{F})=0$，$\sum M_B(\boldsymbol{F})=400\text{kN}\cdot\text{m}$（以逆时针为正）。若$L=20\text{m}$，则该力系简化的最后结果为：

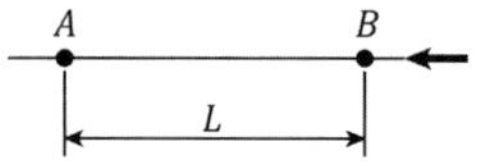

A. 平衡

B. 一力和一力偶

C. 一合力偶

D. 一合力

49. 图示多跨梁由AC和CD铰接而成，自重不计。已知：$F=1\text{kN}$，$M=2\text{kN}\cdot\text{m}$，$L=1\text{m}$，$\theta=45°$，则支座$D$的约束力为：

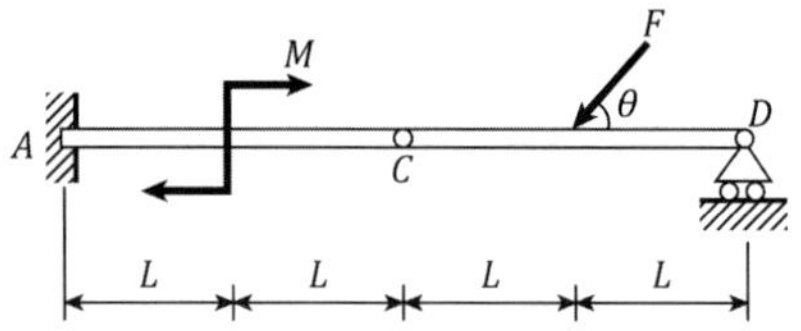

A. $F_D=0.71\text{kN}$（↓）　　B. $F_D=0.71\text{kN}$（↑）

C. $F_D=0.35\text{kN}$（↓）　　D. $F_D=0.35\text{kN}$（↑）

50. 图示平面组合构架，自重不计。已知：$F = 40\text{kN}$，$M = 10\text{kN} \cdot \text{m}$，$L_1 = 4\text{m}$，$L_2 = 6\text{m}$，则 1 杆的内力为：

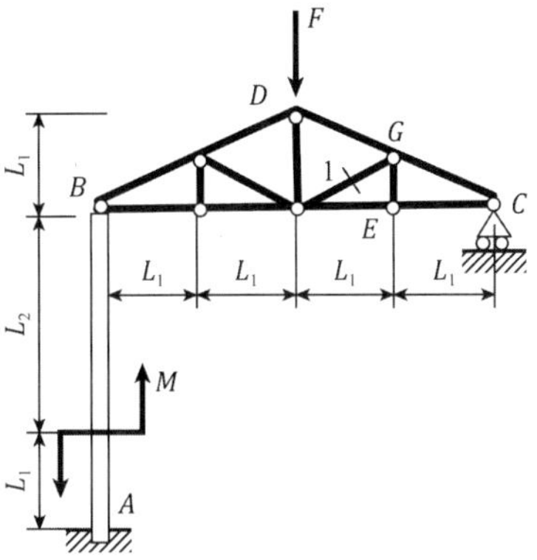

A. F

B. $-F$

C. $0.5F$

D. 0

51. 点沿直线运动，其速度$v = t^2 - 20$（速度单位为 m/s）。已知当$t = 0$时，$y = -15\text{m}$，则$t = 3\text{s}$时，点的位置坐标为：

A. 6m

B. −66m

C. −57m

D. −48m

52. 点沿直线运动，其速度$v = 20t - 5$（速度单位为 m/s）。当$t = 2\text{s}$时，点的加速度为：

A. 40m/s^2

B. 20m/s^2

C. 45m/s^2

D. 5m/s^2

53. 直角刚杆OAB在图示瞬时角速度$\omega = 2\text{rad/s}$，角加速度$\alpha = 5\text{rad/s}^2$，若$OA = 40\text{cm}$，$AB = 30\text{cm}$，则B点的速度大小和法向加速度的大小为：

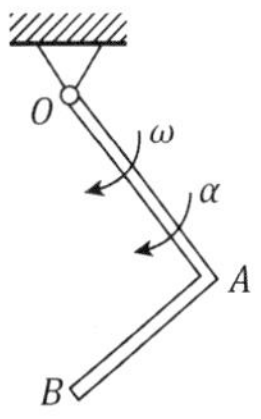

A. 100cm/s；200cm/s^2

B. 80cm/s；160cm/s^2

C. 60cm/s；200cm/s^2

D. 100cm/s；120cm/s^2

54. 质量为 40kg 的物块 A 沿桌子表面由一无质量绳拖拽，该绳另一端跨过桌角的无摩擦、无质量的滑轮后，又系住另一质量为 12kg 的物块 B，如图所示。则此时连接物块 A 的绳索张力与连接物块 B 的绳索张力的关系是：

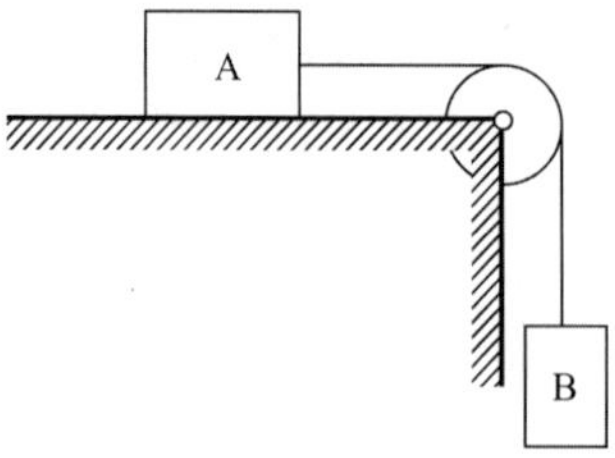

A. $F_A < F_B$

B. $F_A > F_B$

C. $F_A = F_B$

D. 无法确定

55. 两重物 B 和 A，其质量分别为m_1和m_2，各系在不同的绳子上，绳子又分别围绕在半径r_1和r_2的鼓轮上，如图所示。设重物 B 的速度为v，鼓轮和绳子的质量及轴的摩擦均略去不计。则鼓轮系统的动能为：

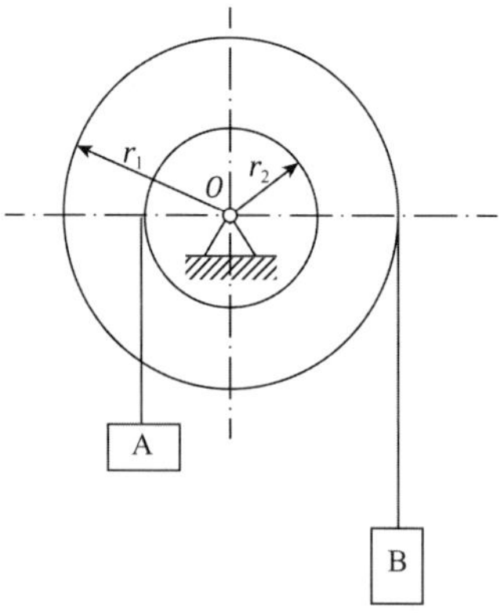

A. $\frac{1}{2}\left(\frac{m_1r_1^2+m_2r_2^2}{r_1^2}\right)v^2$

B. $\frac{1}{4}\left(\frac{m_1r_1^2+m_2r_2^2}{r_1^2}\right)v^2$

C. $\frac{1}{2}\left(\frac{m_1r_1+m_2r_2}{r_1}\right)v^2$

D. $\left(\frac{m_1r_1^2+m_2r_2^2}{r_1^2}\right)v^2$

56. 均质细杆OA长为 2m，质量 4kg，可在铅垂平面内绕固定水平轴O转动，当杆在图示静止铅垂位置转过 90°时，则所需施加在杆上的最小常力矩M是：

A. 12.49N · m

B. 49.94N · m

C. 24.97N · m

D. 39.20N · m

57. 如图所示，物体重力为Q，用无质量的细绳BA、CA悬挂，$\varphi = 60°$，若将BA绳剪断，剪断瞬时此物体的惯性力大小为：

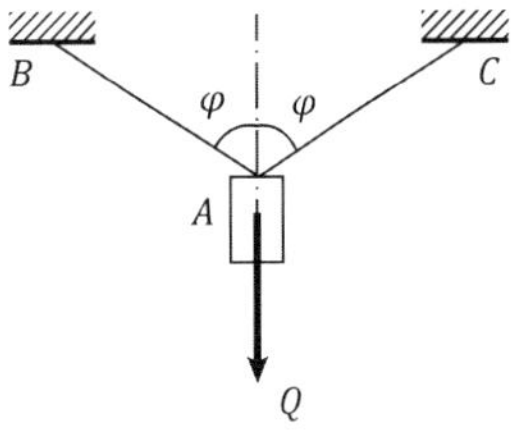

A. $\frac{\sqrt{3}}{2}Q$

B. $\sqrt{3}Q$

C. $\frac{1}{2}Q$

D. $\frac{1}{3}Q$

58. 图示装置中，外框架是刚性的，已知质量$m = 200\text{kg}$，弹簧刚度$k = 100\text{N/cm}$，则图中各振动系统的频率为：

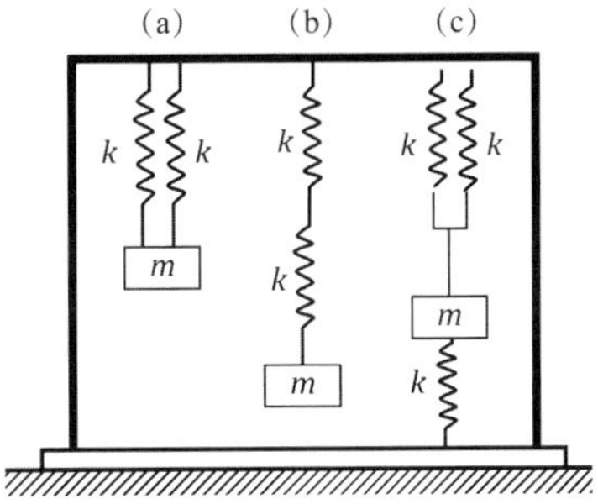

A. 图（a）装置振动频率最小

B. 图（b）装置振动频率最小

C. 图（c）装置振动频率最小

D. 三种装置振动频率相等

59. 图示四种材料的拉伸破坏应力-应变曲线，其中塑性最好的材料是：

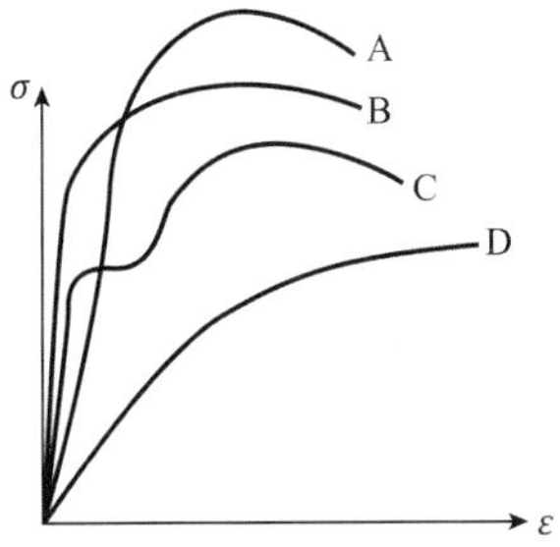

A. 材料 A

B. 材料 B

C. 材料 C

D. 材料 D

60. 等截面直杆，受力如图所示，拉压刚度为EA，则杆的总伸长为：

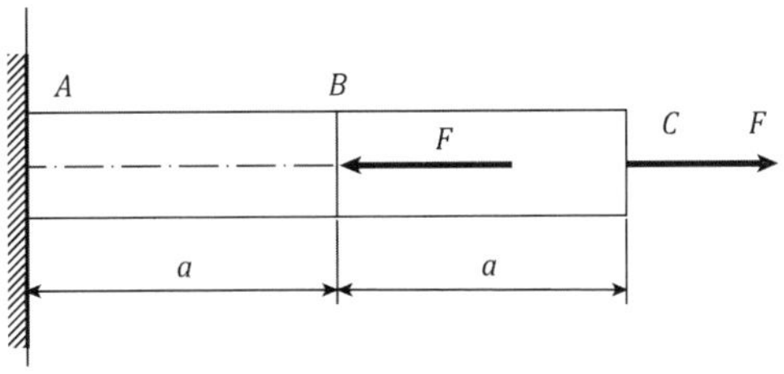

A. $\frac{2Fa}{EA}$

B. $\frac{Fa}{EA}$

C. $\frac{Fa}{2EA}$

D. 0

61. 钢板用铆钉固定在铰支座上，下端受轴向拉力F，已知铰链轴的许用切应力为$[\tau]$，则铰链轴的合理直径d是：

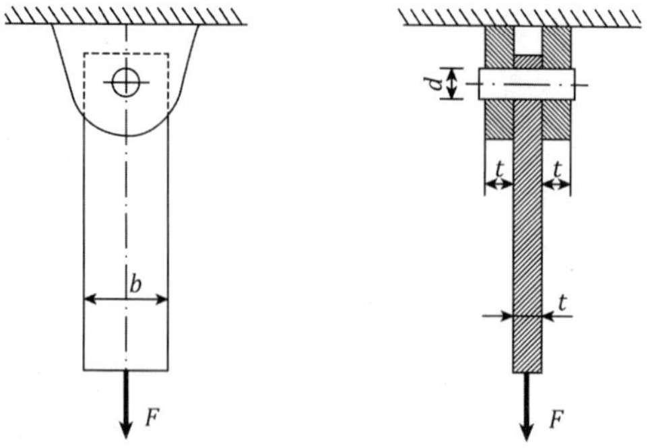

A. $d^2 \geqslant \frac{4F}{\pi[\tau]}$

B. $d^2 \geqslant \frac{2F}{\pi[\tau]}$

C. $d^2 \geqslant \frac{F}{\pi[\tau]}$

D. $d^2 \geqslant \frac{F}{2\pi[\tau]}$

62. 实心圆轴受扭，若扭矩不变，将轴的直径增大一倍，则圆轴的最大切应力是原来的：

A. $\frac{1}{2}$

B. $\frac{1}{4}$

C. $\frac{1}{8}$

D. $\frac{1}{16}$

63. 圆轴长为L，扭转刚度为GI_p。圆轴在扭矩T作用下发生的弹性扭转角为φ，则扭矩T值为：

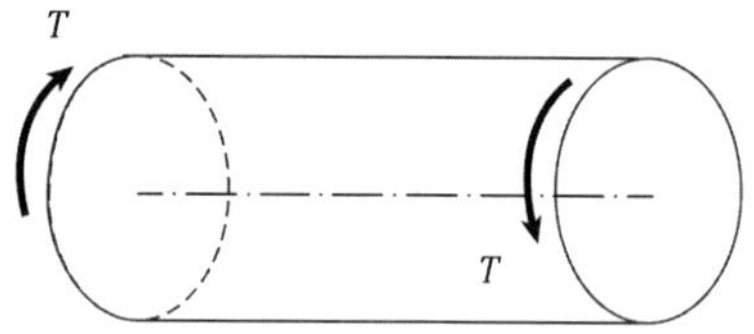

A. $T = \frac{GI_p\varphi}{L}$

B. $T = \frac{\varphi L}{GI_p}$

C. $T = \frac{GI_p}{\varphi L}$

D. $T = \frac{GI_pL}{\varphi}$

64. 正方形截面边长为a，x、y是截面的形心主轴。该截面关于角点的极惯性矩I_p是：

A. $I_p = \frac{2a^4}{3}$

B. $I_p = \frac{a^4}{3}$

C. $I_p = \frac{a^4}{6}$

D. $I_p = \frac{a^4}{12}$

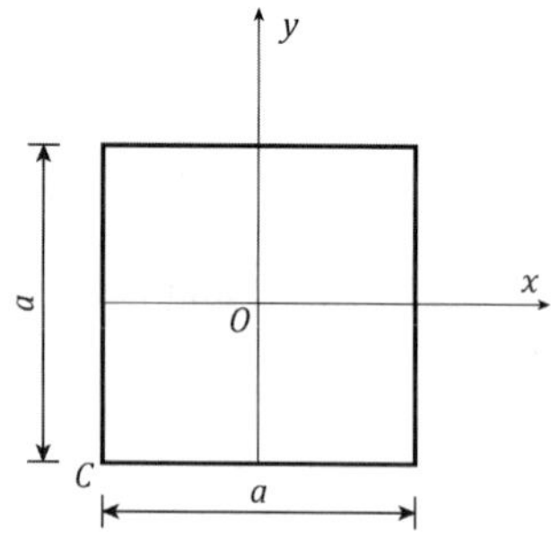

65. 在集中力偶作用截面处，梁的弯曲内力图的变化规律为：

A. 剪力Q_s图有突变，弯矩M图无变化

B. 剪力Q_s图有突变，弯矩M图有转折

C. 剪力Q_s图无变化，弯矩M图有突变

D. 剪力Q_s图有转折，弯矩M图有突变

66. 梁的材料为铸铁，在图示四种面积相等的截面中，按强度考虑，承载能力最大的是：

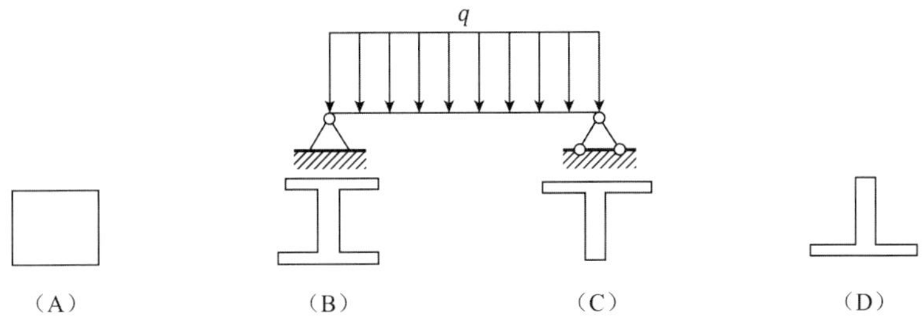

A. 图（A）　　B. 图（B）

C. 图（C）　　D. 图（D）

67. 图示两根长度相同的简支梁，梁（a）的材料为钢梁，梁（b）的材料为铝梁。已知它们的弯曲刚度 EI 相同，在相同外力作用下，二者的不同之处可能是：

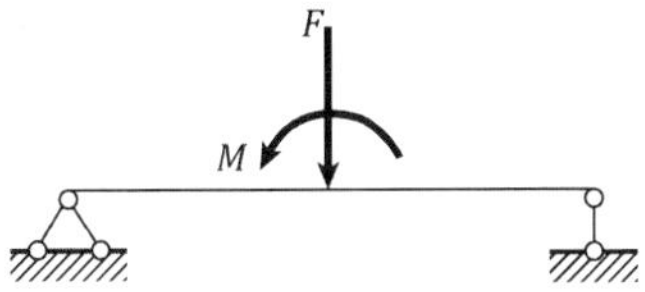

A. 弯曲最大正应力　　B. 剪力图

C. 最大挠度　　D. 最大转角

68. 图示 4 种平面应力状中，具有最大切应力的是：

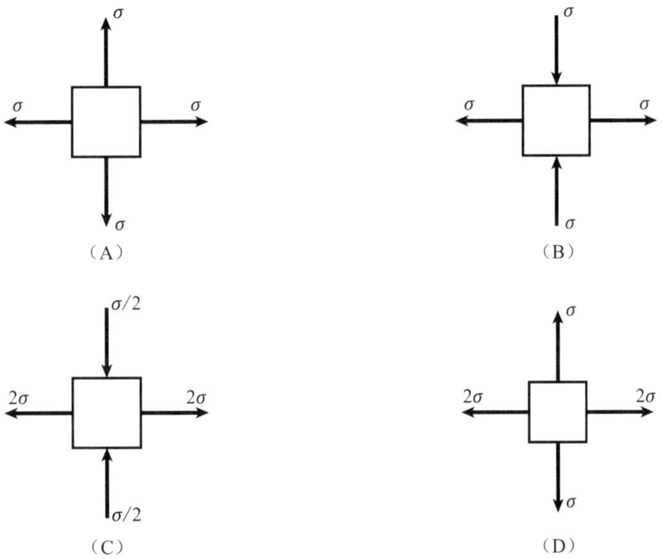

A. 图（A）　　B. 图（B）

C. 图（C）　　D. 图（D）

69. 下面四个强度条件表达式中，第二强度理论的强度条件表达式是：

A. $\sigma_1 \leqslant [\sigma]$

B. $\sigma_1 - \nu(\sigma_2 + \sigma_3) \leqslant [\sigma]$

C. $\sigma_1 - \sigma_3 \leqslant [\sigma]$

D. $\sqrt{\frac{1}{2}[(\sigma_1 - \sigma_2)^2 + (\sigma_2 - \sigma_2)^2 + (\sigma_3 - \sigma_1)^2]} \leqslant [\sigma]$

70. 如图所示细长压杆弯曲刚度相同，则图 b）压杆临界力是图 a）压杆临界力的：

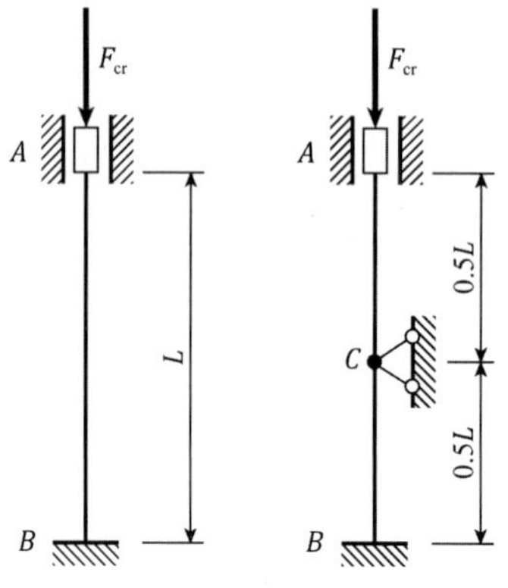

A. $\frac{1}{2}$

B. $\frac{1}{2^2}$

C. $\frac{1}{0.7^2}$

D. $\frac{1}{0.35^2}$

71. 设大气压为 101kPa，某点压力表读数为 20kPa，则相对压强和绝对压强分别是：

A. 20kPa，121kPa

B. 121kPa，20kPa

C. 20kPa，20kPa

D. 121kPa，121kPa

72. 下列说法正确的是：

A. 不可压缩流场的流线与迹线重合

B. 不可压缩流场中任一封闭曲线的速度环量都等于零

C. 不可压缩流体适用伯努利方程

D. 不可压缩流体中任一点的速度散度为零

73. 动量方程是矢量方程，要考虑力和速度的方向，与所选坐标方向一致则为正，反之则为负。如果力的计算结果为负值，则：

A. 说明方程列错了

B. 说明力的实际方向与假设方向相反

C. 说明力的实际方向与假设方向相同

D. 说明计算结果一定是错误的

74. 两圆管内水的层流流动，雷诺数比为$\mathrm{Re}_1:\mathrm{Re}_2=1:2$，流量之比为$Q_1:Q_2=3:4$，则两管直径之比$D_1:D_2$是：

A. 8∶3　　B. 3∶2

C. 3∶8　　D. 2∶3

75. 已知两并联管路下料相同，管径$d_1=100\mathrm{mm}$，$d_2=200\mathrm{mm}$，已知管内的流量比为$Q_1:Q_2=1:2$，则两管的长度比是：

A. 2∶1　　B. 1∶4

C. 1∶8　　D. 不确定

76. 下面说法正确的是：

A. 平坡棱柱形渠道可以形成明渠均匀流

B. 正坡棱柱形渠道可以形成明渠均匀流

C. 正坡非棱柱形渠道可以形成明渠均匀流

D. 平坡非棱柱形渠道可以形成明渠均匀流

77. 两完全潜水井，水位降深比为1∶2，渗透系数比值为1∶4，则影响半径比值是：

A. 1∶4　　B. 1∶2

C. 2∶1　　D. 4∶1

78. 下列不属于流动的相似原理的是：

A. 几何相似　　B. 动力相似

C. 运动相似　　D. 质量相似

79. 将一导体置于变化的磁场中，该导体中会有电动势产生，则该电动势与磁场的关系由下列哪条定律来确定？

A. 安培环路定律　　B. 电磁感应定律

C. 高斯定律　　D. 库仑定律

80. 在图示电路中，当$u_1 = U_1 = 5\text{V}$时，$i = I = 0.2\text{A}$，那么：

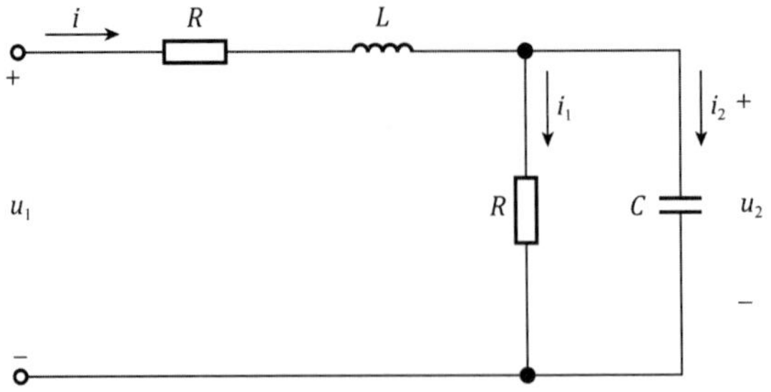

A. 电压u_2和电流i_1分别为 2.5V、0.2A

B. 电压u_2小于 2.5V，电流i_1为 0.2A

C. 电压u_2为 2.5V，电流i_1小于 0.2A

D. 因L、C未知，不能确定电压u_2和电流i_1

81. 图示电路的等效电流源模型为：

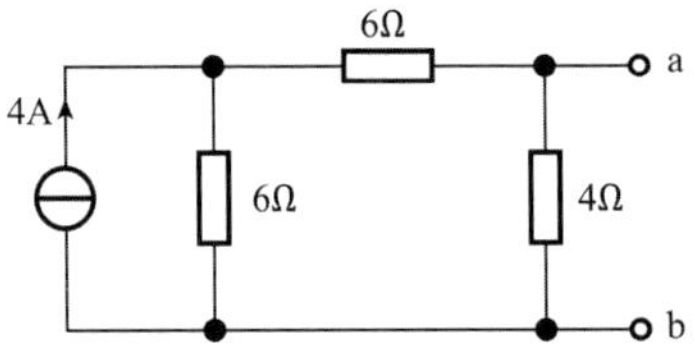

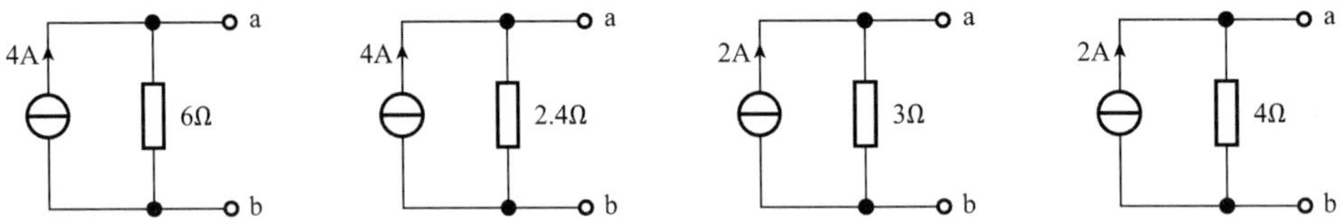

A. B. C. D.

82. 已知正弦交流电流$i(t) = 0.1\sin(1000t + 30°)\text{A}$，则该电流的有效值和周期分别为：

A. 70.7mA，0.1s

B. 70.7mA，6.28ms

C. 0.1A，6.28ms

D. 0.1A，0.1s

83. 图示电路中，$R = X_\text{L} = X_\text{C}$，此时，4 块电流表读数的关系为：

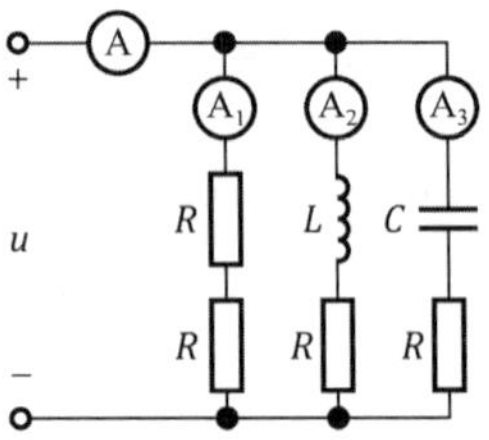

A. $A = A_1 + A_2 + A_3$

B. $A = A_1 + (A_2 - A_3)$

C. $A = A_1$，$A_2 = A_3$

D. $A = 3A_1$，$A_2 = A_3 > A_1$

84. 图示电路中，电感及电容元件上没有初始储能，开关 S 在$t=0$时刻闭合，那么在开关闭合后瞬间，电路中取值为 10V 的电压是：

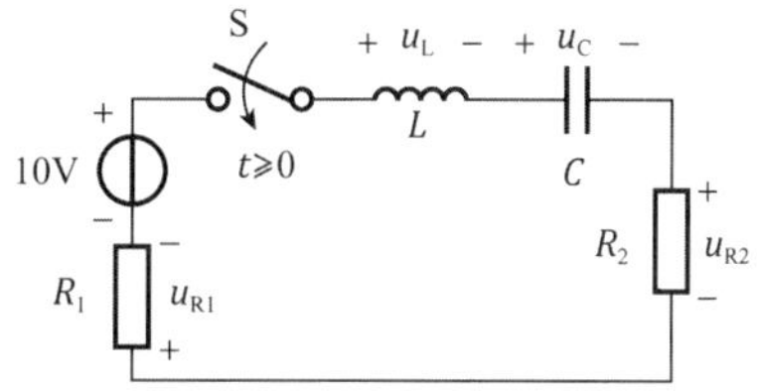

A. U_L　　B. U_C

C. $U_{R1}+U_{R2}$　　D. U_{R2}

85. 设图示变压器为理想器件，且$R_L=4\Omega$，$R_1=100\Omega$，$N_1=200$匝，若希望在R_L上获得最大功率，则使N_2为：

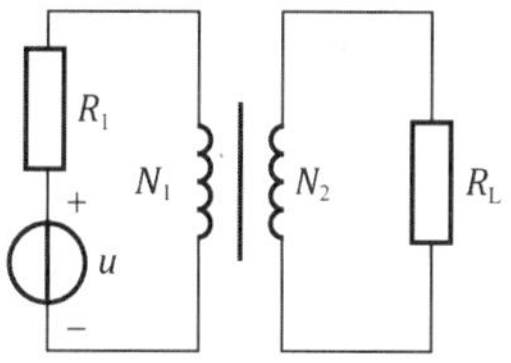

A. 8 匝

B. 2 匝

C. 40 匝

D. 1000 匝

86. 某三相异步电动机的额定负载$T_{CN}=40\text{kN}\cdot\text{m}$，当其带动 30kN · m 的负载工作，收获 70%的工作效率。那么，为使该电动机的工作效率高于 70%，则所带动的负载应：

A. 低于 30kN · m　　B. 高于 40kN · m

C. 位于 30 ~ 40kN · m　　D. 位于 25 ~ 35kN · m

87. 下列关于信号与信息的说法，正确的是：

A. 信息是一种电压信号　　B. 信号隐藏在信息之中

C. 信号与信息是相同的两个概念　　D. 信号与信息是不同的两个概念

88. 数字信号如图所示，将它作为二进制代码用来表示数，那么该数字信号表示的数是：

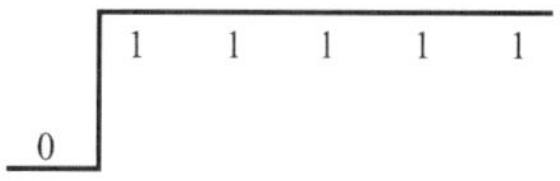

A. 1 个 0 和 5 个 1

B. 一万一千一百十一

C. 5

D. 31

89. 用传感器对某管道中流动的液体流量$x(t)$进行测量，测量结果为$u(t)$，用采样器对$u(t)$采样后得到的信号$u^*(t)$，在上述信号中，模拟信号为：

A. $x(t)$

B. $x(t)$和$u(t)$

C. $u(t)$

D. $x(t)$、$u(t)$和$u^*(t)$

90. 模拟信号$u(t)$的波形如图所示，设$1(t)$为单位阶跃函数，则$u(t)$的时间域描述形式为：

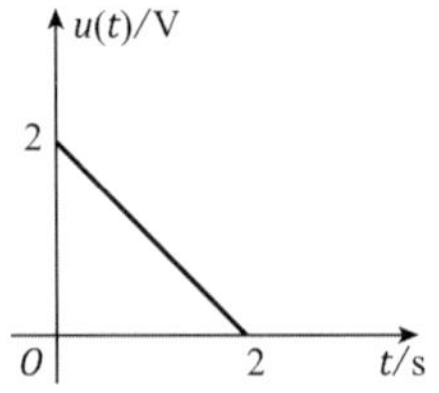

A. $u(t) = -t + 2\text{V}$

B. $u(t) = (-t + 2) - 1(t)\text{V}$

C. $u(t) = (-t + 2)(t - 2)\text{V}$

D. $u(t) = (-t + 2)1(t) - (-t + 2)1(t - 2)\text{V}$

91. 模拟信号放大器可以完成：

A. 信号频率的放大

B. 信号幅度的放大

C. 信号中任意谐波成分的放大

D. 信号中幅度和频率的放大

92. 以下逻辑式演算，正确的是：

A. $1 + 1 = 1$

B. $1 + 1 = 2$

C. $1 + \text{B} = 2$

D. $1 \cdot \text{B} = 1$

93. 晶体三极管应用电路如图所示，若希望输出电压$U_o \leqslant 0.3\text{V}$，则电阻$R_B$应：

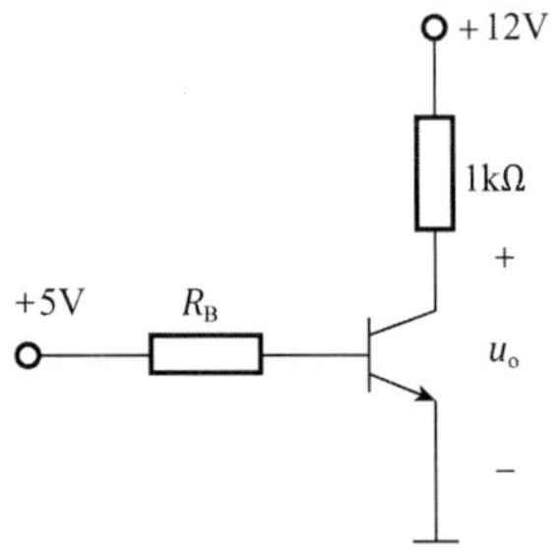

A. 等于 20kΩ

B. 等于 40kΩ

C. 小于 20kΩ

D. 大于 40kΩ

94. 图 a）所示运算放大器的传输特性如图 b）所示，如果希望$U_o = 10^5 U_i$，则输入信号U_i应为：

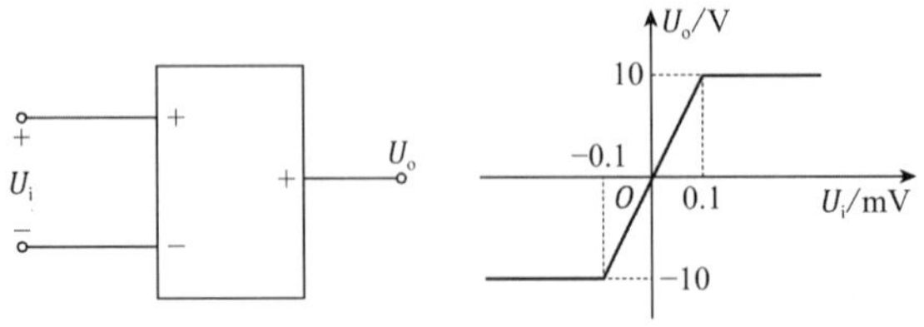

A. 大于 0.1mV

B. 小于−0.1mV

C. 等于 10mV

D. 小于 0.1mV 且大于−0.1mV

95. 图示逻辑门的输出F_1和F_2分别为：

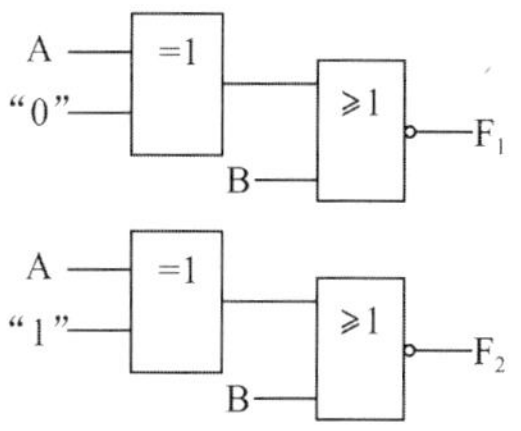

A. $A+B$，AB

B. $\overline{A}\overline{B}$，$A\overline{B}$

C. $\overline{A}+\overline{B}$，$\overline{A}B$

D. AB，$\overline{A}\overline{B}$

96. 电路如图所示，则t时刻Q_{JK}和Q_D的值为：

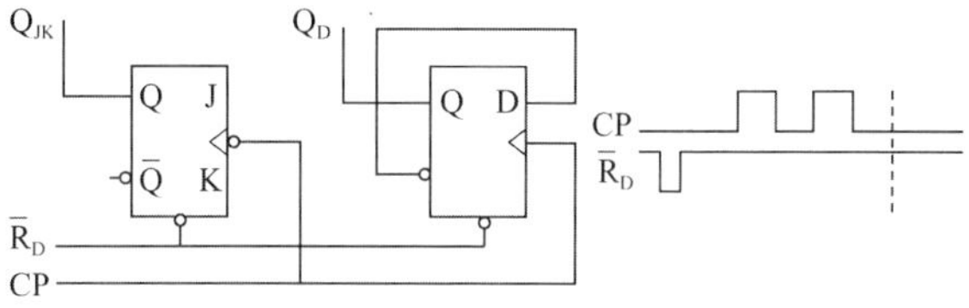

A. 00　　　　B. 01

C. 10　　　　D. 11

附：D 触发器的逻辑状态表为：

D	Q_{n+1}
0	0
1	1

JK 触发器的逻辑状态表为：

J	K	Q_{n+1}
0	0	Q_n
0	1	0
1	0	1
1	1	$\overline{Q}^n$

97. 计算机系统软件主要包括：

A. 办公自动化软件、编译程序

B. 操作系统、编译程序

C. 操作系统、图形设计软件

D. 操作系统、游戏软件

98. 总线中的数据总线用于传输：

A. 程序和数据

B. 存储器的地址码

C. 控制信息

D. 用户的传输命令

99. 分时操作系统的“同时性”是指：

A. 系统允许多个用户同时使用一台计算机运行

B. 系统中的每个用户随时与计算机系统进行对话

C. 系统中的每个用户各自在独立地使用计算机，互不干扰

D. 能够及时响应通信发出的外部事件，并对事件做出快速处理

100. 根据计算机语言的发展过程，它们出现的顺序是：

A. 机器语言、汇编语言、高级语言

B. 汇编语言、机器语言、高级语言

C. 高级语言、汇编语言、机器语言

D. 机器语言、高级语言、汇编语言

101. 浮点数是用一个整数和纯小数表示的，其中：

A. 整数表示是浮点数的阶码，纯小数表示浮点数的尾数

B. 纯小数部分是用定点表示

C. 纯小数表示这个浮点数的大小

D. 整数部分表示的是浮点数的精度

102. 在 16 色的图像中要用 16 种颜色表示，这 16 种颜色则要用：

A. 4 位二进制数表示

B. 6 位二进制数表示

C. 8 位二进制数表示

D. 16 位二进制数表示

103. 计算机病毒不会通过下列哪种方式传播?

A. 网络

B. 生物

C. 硬盘

D. U 盘和光盘

104. 下面四条对操作系统的描述中，错误的一条是:

A. 操作系统是硬件与所有其他软件之间的接口

B. 在操作系统的指挥控制下，才可能对各种软、硬件资源进行分配、使用

C. 在操作系统的支撑下，其他软件才得以运行

D. 计算机没有操作系统，任何软件都可以自由运行

105. 从物理结构角度，人们给计算机网络的定义是:

A. 由多台计算机、数据传输设备以及若干终端连接的计算机系统

B. 在网络协议控制下，由多台计算机、数据传输设备、通信设备组成的计算机复合系统

C. 通过计算机将一个用户的信息传送给另一个用户

D. 通过计算机存储、再生、加工处理的信息传输和发送的系统

106. 局域网常用的传输介质中，速度最快的是:

A. 同轴电缆　　B. 双绞线

C. 光纤　　D. 电话线

107. 某人以 9%的单利借出 1000 元，借期为 2 年。待归还后，以 8%的复利将上述借出金额的本利和再借出，借期为 3 年。则此人在第 5 年末可以获得的本利和为:

A. 1463.2 元　　B. 1486.46 元

C. 1496.66 元　　D. 1503.32 元

108. 按照概算法分类，建设投资由工程费用、工程建设其他费用及以下哪项费用共三部分构成?

A. 预备费　　B. 建设期利息

C. 流动资金　　D. 土地使用费

109. 以下关于融资租赁的说法，正确的是：

A. 融资租赁是通过租赁设备融通到所需资金，从而形成债务资金

B. 融资租赁是通过出租设备融通到所需资金，从而形成项目资本金

C. 融资租赁具有资本金和债务资金双重性质，属于准股本资金

D. 融资租赁不能作为成本费用在税前支付，因而不具有抵税作用

110. 在项目资本金现金流量表中，项目正常生产期内，每年现金流出的计算公式为：

A. 借款本息偿还 + 经营成本 + 税金及附加 + 进项税额 + 应纳增值税 + 所得税

B. 总成本 + 税金及附加 + 所得税

C. 经营成本 + 税金及附加 + 所得税

D. 借款本息偿还 + 总成本 + 税金及附加 + 应纳增值税

111. 某企业计划投资 100 万元建一生产线，寿命期为 10 年，按直线法计提折旧，预计净残值率为 5%。项目预计投资后每年可获得净利润 15 万元，则静态投资回收期为：

A. 3.92 年　　B. 5.08 年

C. 4.08 年　　D. 5.92 年

112. 在投资项目经济评价中进行敏感性分析时，如果主要分析方案状态和参数变化对方案投资回收快慢的影响，可选用的分析指标是：

A. 静态投资回收期　　B. 净现值

C. 内部收益率　　D. 借款偿还期

113. 现有甲、乙、丙、丁四个互斥的投资项目，其有关数据见表。基准收益率为 10%，则应选择：

［已知$(P/A,10\%,5)=3.7908$，$(P/A,10\%,10)=6.1446$］

方案	甲	乙	丙	丁
净现值（万元）	239	246	312	350
寿命期（年）	5	5	10	10

A. 方案甲　　B. 方案乙

C. 方案丁　　D. 方案丙

114. 在价值工程的一般工作程序中，准备阶段要做的工作包括：

A. 对象选择　　B. 功能评价

C. 功能系统分析　　D. 收集整理信息资料

115. 根据《中华人民共和国建筑法》的规定，下列关于建设工程分包的描述，正确的是：

A. 工程分包单位的选择，必须经建设单位指定

B. 总承包单位可以将工程分包给其他的分包单位

C. 总承包单位和分包单位就分包工程对建设单位承担连带责任

D. 其他分包单位可以将其承包的工程再分包

116. 根据《中华人民共和国安全生产法》的规定，下列有关从业人员的权利和义务的说法，错误的是：

A. 从业人员有权对本单位的安全生产工作提出建议

B. 从业人员有权对本单位安全生产工作中存在的问题提出批评

C. 从业人员有权拒绝违章指挥和强令冒险作业

D. 从业人员有权停止作业或者撤离作业现场

117. 某建设工程实行公开招标，投标人编制投标文件的依据是：

A. 招标文件的要求　　B. 招标方工作人员的要求

C. 资格预审文件的要求　　D. 评标委员会的要求

118. 根据《中华人民共和国民法典》的规定，当事人订立合同可以采取要约和承诺方式，下列关于要约的概念，理解错误的是：

A. 要约是希望与他人订立合同的意思表示

B. 要约内容要求具体确定

C. 要约是吸引他人向自己提出订立合同的意思表示

D. 经受要约人承诺，要约人即受该意思表示约束

119. 根据《中华人民共和国节约能源法》的规定，发布节能技术政策大纲的国家主管部门是：

A. 国务院管理节能工作部门会同国务院发展计划部门

B. 国务院管理节能工作部门会同国务院能源主管部门

C. 国务院管理节能工作部门会同国务院建设主管部门

D. 国务院管理节能工作部门会同国务院科技主管部门

120. 根据《建设工程质量管理条例》规定，国家实行建设工程质量监督管理制度，对全国的工程质量实施统一监督管理的部门是：

A. 国务院质量监督主管部门

B. 国务院建设行政主管部门

C. 国务院铁路、交通、水利等主管部门

D. 国务院发展规划部门

2023年度全国勘察设计注册工程师

执业资格考试试卷

基础考试
（上）

二〇二三年十一月

应考人员注意事项

1. 本试卷科目代码为“1”，考生务必将此代码填涂在答题卡“科目代码”相应的栏目内，否则，无法评分。
2. 书写用笔：**黑色或蓝色钢笔、签字笔或圆珠笔**；

   填涂答题卡用笔：**黑色 2B 铅笔**。
3. 必须用书写用笔将工作单位、姓名、准考证号填写在答题卡和试卷相应的栏目内。
4. 本试卷由 120 题组成，每题 1 分，满分 120 分，本试卷全部为单项选择题，每小题的四个备选项中只有一个正确答案，错选、多选、不选均不得分。
5. 考生作答时，必须按**题号在答题卡上**将相应试题所选选项对应的**字母用 2B 铅笔涂黑**。
6. 在答题卡上书写与题意无关的语言，或在答题卡上作标记的，均按违纪试卷处理。
7. 考试结束时，由监考人员当面将试卷、答题卡一并收回。
8. 草稿纸由各地统一配发，考后收回。

单项选择题（共 120 题，每题 1 分。每题的备选项中，只有一个最符合题意。）

1. 若$x \to 0$时，$f(x)$为无穷小，且为x^2的高阶无穷小，则$\lim\limits_{x \to 0}\frac{f(x)}{\sin^2 x}$等于：

A. 1　　B. 0

C. $\frac{1}{2}$　　D. ∞

2. 设函数$f(x)=\frac{\sin(x-1)}{x^2-1}$，则：

A. $x=1$和$x=-1$均为第二类间断点

B. $x=1$和$x=-1$均为可去间断点

C. $x=1$为第二类间断点，$x=-1$为可去间断点

D. $x=1$为可去间断点，$x=-1$为第二类间断点

3. 若函数$y=f(x)$在点x_0处有不等于零的导数，并且其反函数$x=g(y)$在点y_0［$y_0=f(x_0)$］处连续，则导数$g'(y_0)$等于：

A. $\frac{1}{f(x_0)}$　　B. $\frac{1}{f(y_0)}$

C. $\frac{1}{f'(x_0)}$　　D. $\frac{1}{f'(y_0)}$

4. 设$y=f(\ln x)e^{f(x)}$，其中$f(x)$为可微函数，则微分$\mathrm{d}y$等于：

A. $e^{f(x)}[f'(\ln x)+f'(x)]\,\mathrm{d}x$　　B. $e^{f(x)}\left[\frac{1}{x}f'(\ln x)+f'(x)f(\ln x)\right]\mathrm{d}x$

C. $e^{f(x)}f'(\ln x)f'(x)\,\mathrm{d}x$　　D. $\frac{1}{x}e^{f(x)}f'(\ln x)\,\mathrm{d}x$

5. 设偶函数$f(x)$具有二阶连续导数，且$f''(0)\neq 0$，则$x=0$：

A. 一定不是$f'(x)$取得零值的点　　B. 一定不是$f(x)$的极值点

C. 一定是$f(x)$的极值点　　D. 不能确定是否为极值点

6. 函数$y=\frac{x^3}{3}-x$在区间$[0,\sqrt{3}]$上满足罗尔定理的ξ等于：

A. -1　　B. 0

C. 1　　D. $\sqrt{3}$

7. 若$y=\tan 2x$的一个原函数为$k\ln(\cos 2x)$，则常数k等于：

A. $-\frac{1}{2}$　　B. $\frac{1}{2}$

C. $-\frac{4}{3}$　　D. $\frac{3}{4}$

8. 设$I=\int_0^{\frac{\pi}{2}}\frac{1}{3+2\cos^2 x}\mathrm{d}x$，则下列关系式中正确的是：

A. $\frac{\pi}{10}\leqslant I\leqslant\frac{\pi}{6}$　　B. $\frac{1}{5}\leqslant I\leqslant\frac{1}{3}$

C. $I=\frac{\pi}{6}$　　D. $I=\frac{\pi}{10}$

9. 设$\boldsymbol{\alpha}$、$\boldsymbol{\beta}$为两个非零向量，则$|\boldsymbol{\alpha}\times\boldsymbol{\beta}|$等于：

A. $|\boldsymbol{\alpha}||\boldsymbol{\beta}|$　　B. $|\boldsymbol{\alpha}||\boldsymbol{\beta}|\cos(\widehat{\boldsymbol{\alpha},\boldsymbol{\beta}})$

C. $|\boldsymbol{\alpha}|+|\boldsymbol{\beta}|$　　D. $|\boldsymbol{\alpha}||\boldsymbol{\beta}|\sin(\widehat{\boldsymbol{\alpha},\boldsymbol{\beta}})$

10. 设有直线$\frac{x}{1}=\frac{y}{0}=\frac{z}{-3}$，则该直线必定：

A. 过原点且平行于oy轴　　B. 过原点且垂直于oy轴

C. 不过原点，但垂直于oy轴　　D. 不过原点，但不平行于oy轴

11. 设$z=\arctan\frac{x}{y}$，则$\frac{\partial^2 z}{\partial x^2}$等于：

A. $\frac{2x}{(x^2+y^2)^2}$　　B. $\frac{x^2-y^2}{(x^2+y^2)^2}$

C. $\frac{-2xy}{(x^2+y^2)^2}$　　D. $\frac{y^2}{(x^2+y^2)^2}$

12. 设区域D：$x^2+y^2\leqslant 1$，则二重积分$\iint\limits_D e^{-(x^2+y^2)}\mathrm{d}x\,\mathrm{d}y$的值等于：

A. πe^{-1}　　B. $-\pi e^{-1}$

C. $\pi(e^{-1}-1)$　　D. $\pi(1-e^{-1})$

13. 微分方程$\mathrm{d}y-2x\,\mathrm{d}x=0$的一个特解为：

A. $y=-2x$　　B. $y=2x$

C. $y=-x^2$　　D. $y=x^2$

14. 设L为曲线$y=\sqrt{x}$上从点$M(1,1)$到点$O(0,0)$的有向弧段，则曲线积分$\int_L\frac{1}{y}\mathrm{d}x+\mathrm{d}y$等于：

A. 1　　B. −1

C. −3　　D. 3

15. 设级数$\sum\limits_{n=1}^{\infty}\frac{1}{1+a^n}(a>0)$，在下面结论中，错误的是：

A. $a>1$时级数收敛　　B. $a\leqslant 1$时级数收敛

C. $a<1$时级数发散　　D. $a=1$时级数发散

16. 下列微分方程中，以$y=e^{-2x}(C_1+C_2x)$（C_1，C_2为任意常数）为通解的微分方程是：

A. $y''+3y'+2y=0$

B. $y''-4y'+4y=0$

C. $y''+4y'+4y=0$

D. $y''+2y=0$

17. 设函数$z=xyf\left(\frac{y}{x}\right)$，其中$f(u)$可导，则$x\frac{\partial z}{\partial x}+y\frac{\partial z}{\partial y}$等于：

A. $2xyf(x)$

B. $2xyf(y)$

C. $2xyf\left(\frac{y}{x}\right)$

D. $xyf\left(\frac{y}{x}\right)$

18. 幂级数$\sum\limits_{n=1}^{\infty}(2n-1)x^{n-1}$在$|x|<1$内的和函数是：

A. $\frac{1}{(1-x)^2}$

B. $\frac{1+x}{(1-x)^2}$

C. $\frac{x}{(1-x)^2}$

D. $\frac{1-x}{(1-x)^2}$

19. 设矩阵$\boldsymbol{A}=\begin{bmatrix}a_1 & c_1 & d_1\\a_2 & c_2 & d_2\\a_3 & c_3 & d_3\end{bmatrix}$，$\boldsymbol{B}=\begin{bmatrix}b_1 & c_1 & d_1\\b_2 & c_2 & d_2\\b_3 & c_3 & d_3\end{bmatrix}$，且$|\boldsymbol{A}|=1$，$|\boldsymbol{B}|=-1$，则行列式$|\boldsymbol{A}-2\boldsymbol{B}|$等于：

A. 1

B. 2

C. 3

D. 4

20. 设矩阵$\boldsymbol{A}_{4\times 3}$，且其秩$r(\boldsymbol{A})=2$，而$\boldsymbol{B}=\begin{bmatrix}1 & 0 & 2\\0 & 2 & 1\\-1 & 0 & 3\end{bmatrix}$，则秩$r(\boldsymbol{AB})$等于：

A. 1

B. 2

C. 3

D. 4

21. 设$\boldsymbol{\alpha}_1,\boldsymbol{\alpha}_2,\boldsymbol{\alpha}_3,\boldsymbol{\alpha}_4$为$n$维向量的向量组，已知$\boldsymbol{\alpha}_1,\boldsymbol{\alpha}_2,\boldsymbol{\alpha}_3$线性无关，$\boldsymbol{\alpha}_1,\boldsymbol{\alpha}_2,\boldsymbol{\alpha}_4$线性相关，则下列结论中不正确的是：

A. $\boldsymbol{\alpha}_4$可以由$\boldsymbol{\alpha}_1,\boldsymbol{\alpha}_2,\boldsymbol{\alpha}_3$线性表示

B. $\boldsymbol{\alpha}_3$可以由$\boldsymbol{\alpha}_1,\boldsymbol{\alpha}_2$线性表示

C. $\boldsymbol{\alpha}_4$可以由$\boldsymbol{\alpha}_1,\boldsymbol{\alpha}_2$线性表示

D. $\boldsymbol{\alpha}_3$不可以由$\boldsymbol{\alpha}_1,\boldsymbol{\alpha}_2,\boldsymbol{\alpha}_4$线性表示

22. 口袋中有 4 个红球、2 个黄球，从中随机取出 3 个球，则取得红球 2 个、黄球 1 个的概率是：

A. $\frac{1}{5}$　　B. $\frac{2}{5}$

C. $\frac{3}{5}$　　D. $\frac{4}{5}$

23. 设离散型随机变量X的分布律为$\frac{X}{P}\Big|\frac{-1\quad 0\quad 1\quad 2}{0.4\quad 0.3\quad 0.2\quad 0.1}$，则数学期望$E(X^2)$等于：

A. 0　　B. 1

C. 2　　D. 3

24. 若二维随机变量(X,Y)的联合概率密度为$f(x,y)=\begin{cases} axe^{-(x^2+y)} & x\geqslant 0,\ y\geqslant 0 \\ 0 & 其他 \end{cases}$，则常数$a$的值为：

A. -1　　B. 1

C. 2　　D. 3

25. 在标准状态下，理想气体的压强和温度分别为：

A. 1.013×10^4Pa，273.15K　　B. 1.013×10^4Pa，263.15K

C. 1.013×10^5Pa，273.15K　　D. 1.013×10^5Pa，263.15K

26. 设分子的有效直径为d，单位体积内分子数为n，则气体分子的平均自由程$\bar{\lambda}$：

A. $\frac{1}{\sqrt{2}\pi d^2 n}$　　B. $\sqrt{2}\pi d^2 n$

C. $\frac{n}{\sqrt{2}\pi d^2}$　　D. $\frac{\sqrt{2}\pi d^2}{n}$

27. 设在一热力学过程中，气体的温度保持不变，而单位体积内分子数n减少，此过程为：

A. 等温压缩过程　　B. 等温膨胀过程

C. 等压膨胀过程　　D. 等压压缩过程

28. 一定量的单原子分子理想气体，分别经历等压膨胀过程和等体升温过程，若两过程中的温度变化ΔT相同，则两过程中气体吸收能量之比$\frac{Q_P}{Q_V}$为：

A. 1/2　　B. 2/1

C. 3/5　　D. 5/3

29. 一瓶氦气和一瓶氮气，单位体积内分子数相同，分子的平均平动动能相同，则它们：

A. 温度和质量密度均相同

B. 温度和质量密度均不同

C. 温度相同，但氦气的质量密度大

D. 温度相同，但氮气的质量密度大

30. 一平面简谐波的表达式为$y = 0.1\cos(3\pi t - \pi x + \pi)$ (SI)，则：

A. 原点O处质元振幅为-0.1m　　B. 波长为 3m

C. 相距$1/4$波长的两点相位差为$\pi/2$　　D. 波速为 9m/s

31. 一余弦横波以速度u沿x轴正向传播，t时刻波形曲线如图所示，此刻，振动速度向上的质元为：

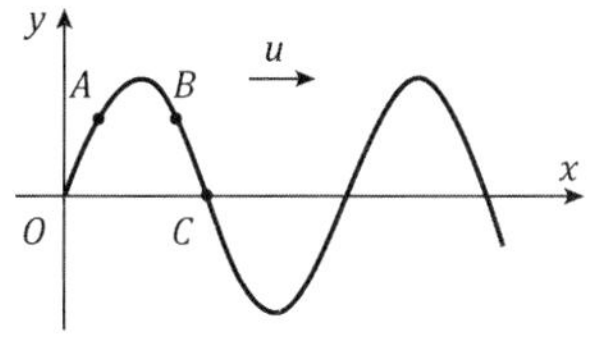

A. B、C　　B. A、B

C. A、C　　D. A、B、C

32. 一机械波在均匀弹性媒质中传播时，波中一质元：

A. 能量最大时，速度值最大，弹性形变最大

B. 能量最大时，速度值最小，弹性形变最大

C. 能量最小时，速度值最大，弹性形变最大

D. 能量最小时，速度值最小，弹性形变最大

33. 波的平均能量密度与：

A. 振幅的平方成正比，与频率的平方成反比

B. 振幅的平方成正比，与频率的平方成正比

C. 振幅的平方成反比，与频率的平方成反比

D. 振幅的平方成反比，与频率的平方成正比

34. 在双缝干涉实验中，波长$\lambda = 550\text{nm}$的单色平行光垂直入射到缝间距$a = 2 \times 10^{-4}\text{m}$的双缝上，屏到双缝的距离$D = 2\text{m}$，则中央明条纹两侧第 10 级明纹中心的间距为：

A. 11m　　B. 1.1m

C. 0.11m　　D. 0.011m

35. P_1、P_2为偏振化方向相互平行的两个偏振片，光强为I_0的自然光依次垂直入射到P_1、P_2上，则通过P_2的光强为：

A. I_0　　B. $2I_0$

C. $I_0/2$　　D. $I_0/4$

36. 一束波长为λ的平行单色光垂直入射到一单缝AB上，装置如图所示，在屏幕 D 上形成衍射图样，如果P是中央亮纹一侧第一个暗纹所在的位置，则BC的长度为：

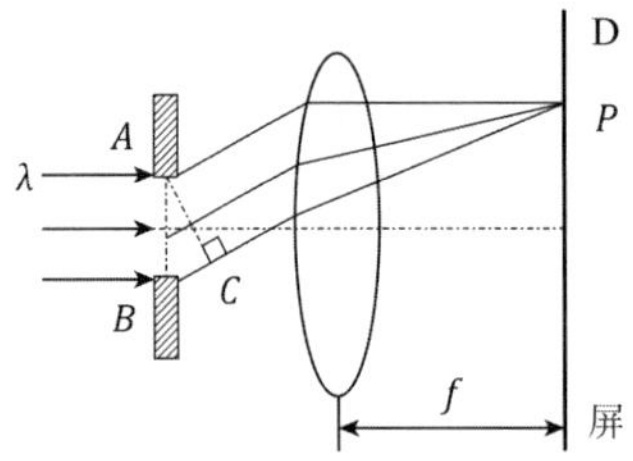

A. $\lambda/2$　　B. λ

C. $3\lambda/2$　　D. 2λ

37. 用来描述原子轨道形状的量子数是：

A. n　　B. l

C. m　　D. m_s

38. 下列分子中，偶极矩不为零的是：

A. NF_3　　B. BF_3

C. $BeCl_2$　　D. CO_2

39. 下列溶液混合，对酸碱都有缓冲能力的溶液是：

A. 100mL 0.2mol/L HOAc 与 100mL 0.1mol/L NaOH

B. 100mL 0.1mol/L HOAc 与 100mL 0.1mol/L NaOH

C. 100mL 0.1mol/L HOAc 与 100mL 0.2mol/L NaOH

D. 100mL 0.2mol/L HCl 与 100mL 0.1mol/L $NH_3 \cdot H_2O$

40. 在 0.1L 0.1mol/L 的 HOAc 溶液中，加入 10g NaOAc 固体，溶液 pH 值的变化是：

A. 降低　　B. 升高

C. 不变　　D. 无法判断

41. 下列叙述正确的是：

A. 质量作用定律适用于任何化学反应

B. 反应速率常数数值取决于反应温度、反应物种类及反应物浓度

C. 反应活化能越大，反应速率越快

D. 催化剂只能改变反应速率而不会影响化学平衡状态

42. 对于一个处于平衡状态的化学反应，以下描述正确的是：

A. 平衡混合物中各物质的浓度都相等　　B. 混合物的组分不随时间而改变

C. 平衡状态下正逆反应速率都为零　　D. 反应的活化能是零

43. 已知$E^{\ominus}(ClO_3^-/Cl^-) = 1.45V$，现测得$E(ClO_3^-/Cl^-) = 1.41V$，并测得$C(ClO_3^-) = C(Cl^-) = 1mol/L$，可判断电极中：

A. $pH = 0$　　B. $pH > 0$

C. $pH < 0$　　D. 无法判断

44. 分子式为C_4H_9Cl的同分异构体有几种？

A. 4 种　　B. 3 种

C. 2 种　　D. 1 种

45. 下列关于烯烃的叙述正确的是：

A. 分子中所有原子处于同一平面的烃是烯烃

B. 含有碳碳双键的有机物是烯烃

C. 能使溴水褪色的有机物是烯烃

D. 分子式为C_4H_8的链烃一定是烯烃

46. 下列化合物属于酚类的是：

A. $CH_3CH_2CH_2OH$

B. 

C. 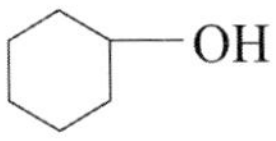

D. 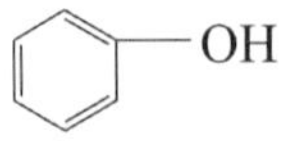

47. 固定在杆AB上的销钉E置于构件CD的光滑槽内，如图所示。已知：重物重力$\boldsymbol{F}_{\mathrm{P}}$用绳绕过光滑的销钉$B$而系在点$D$，$AE = EC = AC$。则销钉$E$处约束力的作用线与$x$轴正方向所成的夹角为：

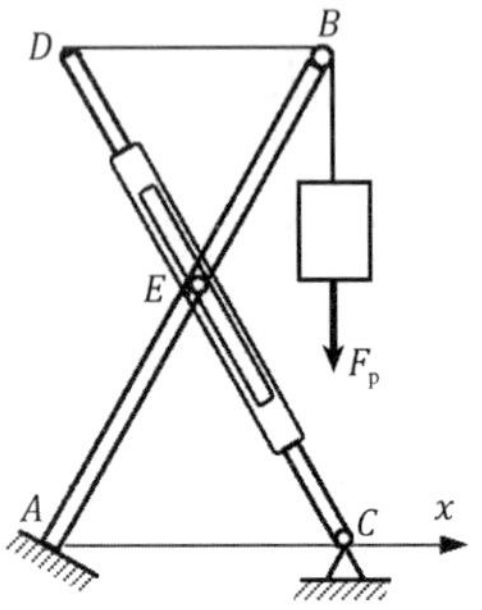

A. 0°

B. 90°

C. 60°

D. 30°

48. 图示等边三角板ABC，边长为a，沿其边缘作用大小均为F的力$\boldsymbol{F}_1$、$\boldsymbol{F}_2$、$\boldsymbol{F}_3$，方向如图所示。则此力系向A点简化的结果为：

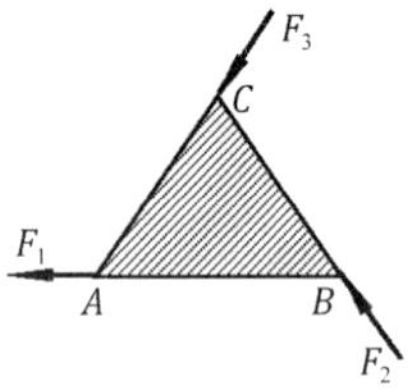

A. 平衡情况

B. 主矢和主矩

C. 一合力偶

D. 一合力

49. 图示平面构架，由直角杆ABC与杆BD、CE铰接而成，各杆自重不计。已知：均布荷载q，尺寸a，则支座E的约束力为：

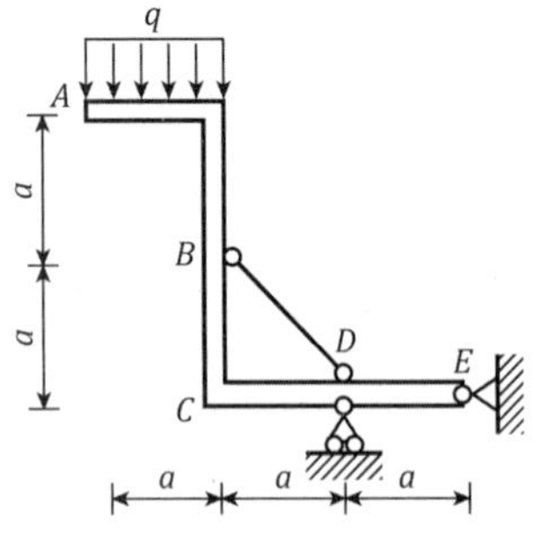

A. $F_{\mathrm{E}x} = 0$，$F_{\mathrm{E}y} = 3qa/2$（↓）

B. $F_{\mathrm{E}x} = 0$，$F_{\mathrm{E}y} = 3qa/2$（↑）

C. $F_{\mathrm{E}x} = 0$，$F_{\mathrm{E}y} = 5qa/2$（↓）

D. $F_{\mathrm{E}x} = 0$，$F_{\mathrm{E}y} = 5qa/2$（↑）

50. 重W的物块自由地放在倾角为α的斜面上。若物块与斜面间的静摩擦因数$\mu = 0.4$，且$W = 60\text{kN}$，$\alpha = 30°$，则该物块的状态为：

A. 静止状态

B. 临界平衡状态

C. 滑动状态

D. 条件不足，不能确定

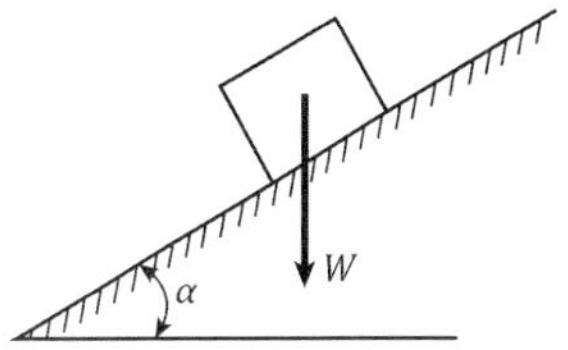

51. 点沿直线运动，其速度$v = t^2 - 20$（速度单位为 m/s）。已知当$t = 0$时，$x = -15\text{m}$，则点的运动方程为：

A. $x = 3t^3 - 20t - 15$　　B. $x = t^3 - 20t - 15$

C. $x = \frac{1}{3}t^3 - 20t$　　D. $x = \frac{1}{3}t^3 - 20t - 15$

52. 一摆按照$\varphi = \varphi_0 \cos\left(\frac{2\pi}{T}t\right)$的运动规律绕固定轴$O$摆动，如图所示。如摆的重心到转动轴的距离$OC = l$，在摆经过平衡位置时，其重心$C$的速度和加速度的大小为：

A. $v = 0$，$a = \frac{4\pi^2\varphi_0 l}{T^2}$

B. $v = \frac{2\pi\varphi_0 l}{T}$，$a = \frac{4\pi^2\varphi_0^2 l}{T^2}$

C. $v = 0$，$a = \frac{4\pi^2\varphi_0^2 l}{T^2}$

D. $v = \frac{2\pi\varphi_0 l}{T^2}$，$a = \frac{4\pi^2\varphi_0^2 l}{T}$

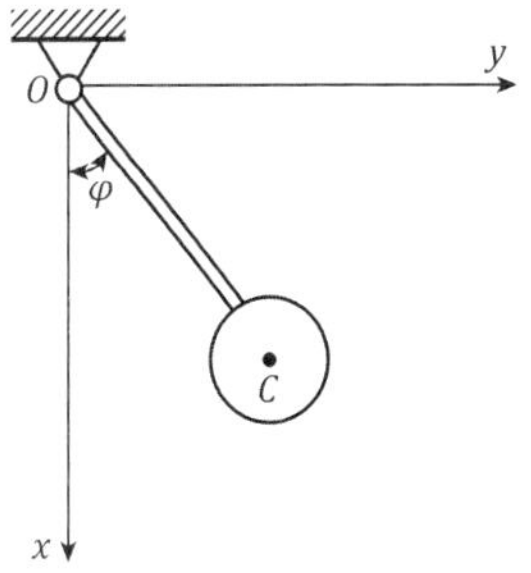

53. 固连在一起的两滑轮，其半径分别为$r = 5\text{cm}$，$R = 10\text{cm}$，A、B两物体与滑轮以绳相连，如图所示。已知物体A以运动方程$s = 80t^2$向下运动（s以 cm 计，t以 s 计），则重物B向上运动的方程为：

A. $s_B = 160t^2$

B. $s_B = 400t^2$

C. $s_B = 800t^2$

D. $s_B = 40t^2$

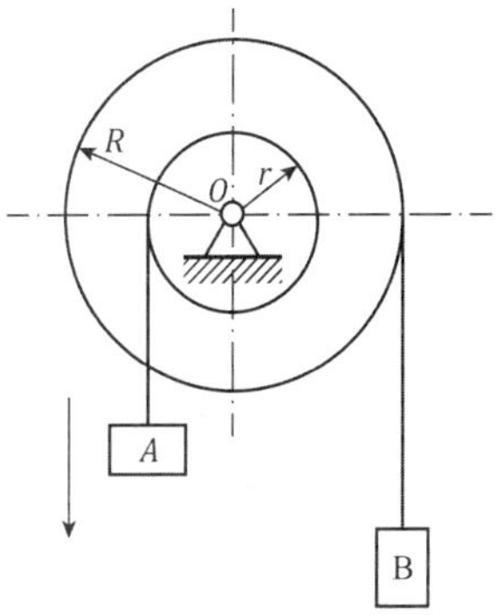

54. 汽车重力$\boldsymbol{P}$，以匀速$\boldsymbol{v}$(低速)驶过拱桥，在桥顶处曲率半径为R，在此处桥面给汽车的约束力大小为：

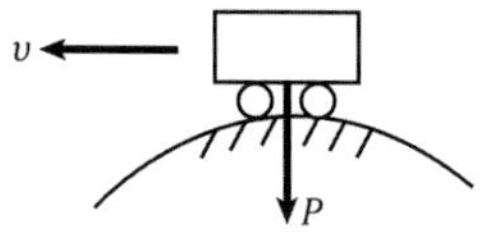

A. P

B. $P+\frac{Pv^2}{gR}$

C. $P-\frac{Pv^2}{gR}$

D. $P-\frac{Pv}{gR}$

55. 均质圆环的质量为m，半径为R，圆环绕O轴的摆动规律为$\varphi=\omega t$，ω为常数。图示瞬时圆环动量的大小为：

A. $mR\omega$

B. $2mR\omega$

C. $3mR\omega$

D. $0.5mR\omega$

56. 手柄AB长 25m，质量为 60kg。在柄端B处作用有垂直于手柄大小为 400N 的力F，如图所示。当φ角从零逐渐增大至 60°时，其角加速度的变化为：

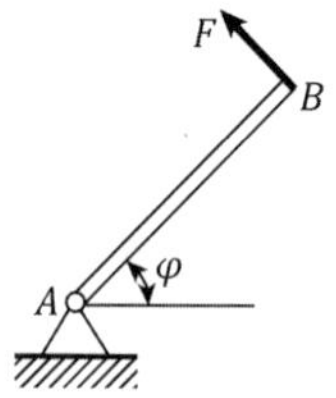

A. 逐渐减小

B. 逐渐增大

C. 保持不变

D. 无法判断

57. 物块A质量为 8kg，静止放在无摩擦的水平面上。另一质量为 4kg 的物块B被绳系住，如图所示。其滑轮无摩擦，若物块的加速度为$a=3.3\mathrm{m/s^2}$，则物块A的惯性力是：

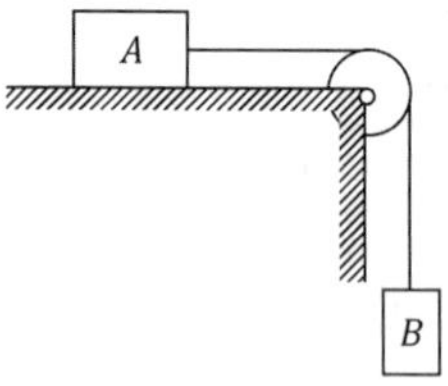

A. 26.4N（→）

B. 26.4N（←）

C. 13.2N（←）

D. 13.2N（→）

58. 小球质量为m，刚接于杆的一端，杆的另一端铰接于O点。杆长l，在其中点A的两边各连接一刚度为k的弹簧，如图所示。如杆及弹簧的质量不计，小球可视为一质点，其系统做微摆动时的运动微分方程为$ml^2\ddot{\varphi}=\left(mgl-\frac{1}{4}l^2k\right)\varphi$，则该系统的固有圆频率为：

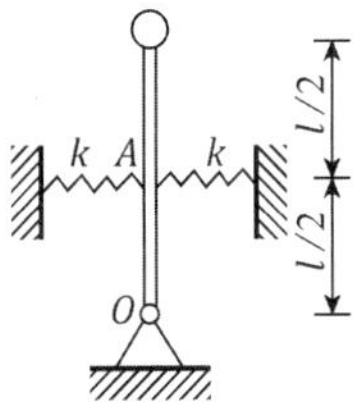

A. $\sqrt{\frac{lk+4mg}{4ml}}$

B. $\sqrt{\frac{4mg-lk}{4ml}}$

C. $\sqrt{\frac{lk-2mg}{2ml}}$

D. $\sqrt{\frac{lk-4mg}{4ml}}$

59. 下面因素中，与静定杆件的截面内力有关的是：

A. 截面形状　　B. 截面面积

C. 截面位置　　D. 杆件的材料

60. 变截面杆AC，轴向受力如图所示。已知杆的BC段面积$A=2500\text{mm}^2$，AB段横截面积为 $4A$，杆的最大拉应力是：

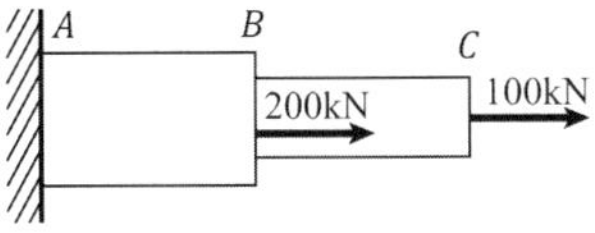

A. 30MPa　　B. 40MPa

C. 80MPa　　D. 120MPa

61. 图示套筒和圆轴用安全销钉连接，承受扭转力矩为T，已知安全销直径为d，圆轴直径为D，套筒的厚度为t，材料均相同，则图示结构发生剪切破坏的剪切面积是：

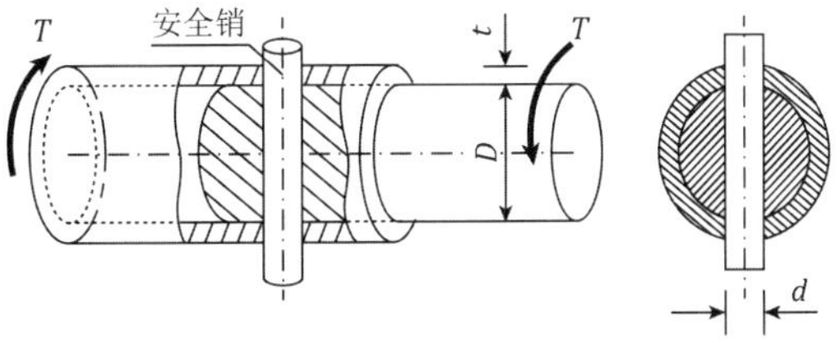

A. $A=\frac{\pi d^2}{4}$　　B. $A=\frac{\pi D^2}{4}$

C. $A=\frac{\pi(D^2-d^2)}{4}$　　D. $A=dt$

62. 空心圆轴的外径为D，内径为d，且$D = 2d$。其抗扭截面系数为：

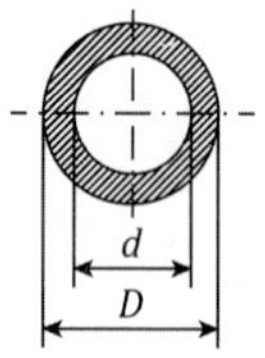

A. $\frac{7\pi}{16}d^3$

B. $\frac{7\pi}{32}d^3$

C. $\frac{15\pi}{16}d^3$

D. $\frac{15\pi}{32}d^3$

63. 圆截面试件破坏后的端口为如图所示螺旋面，符合该力学现象的可能是：

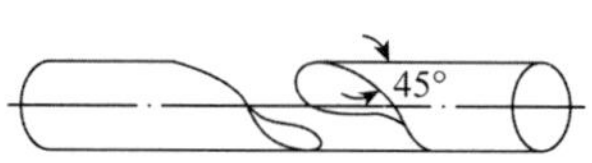

A. 低碳钢扭转破坏

B. 铸铁扭转破坏

C. 低碳钢压缩破坏

D. 铸铁压缩破坏

64. 图示各圆形平面的半径相等，其中图形关于坐标轴x、y的静矩S_x、S_y均为正值的是：

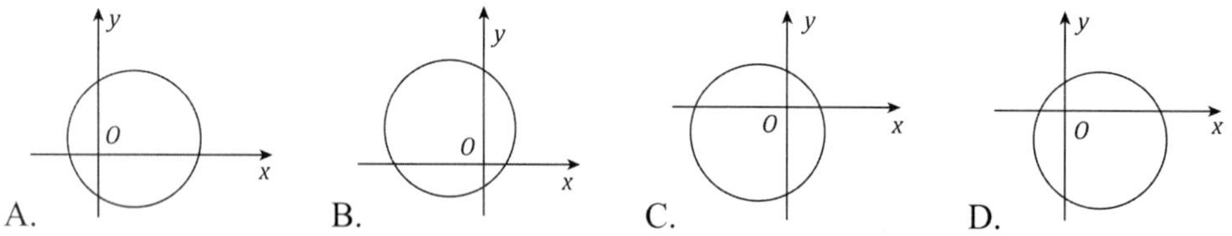

65. 悬臂梁在图示荷载下的剪力图如图所示，则梁上的分布载荷q和集中力F的数值分别为：

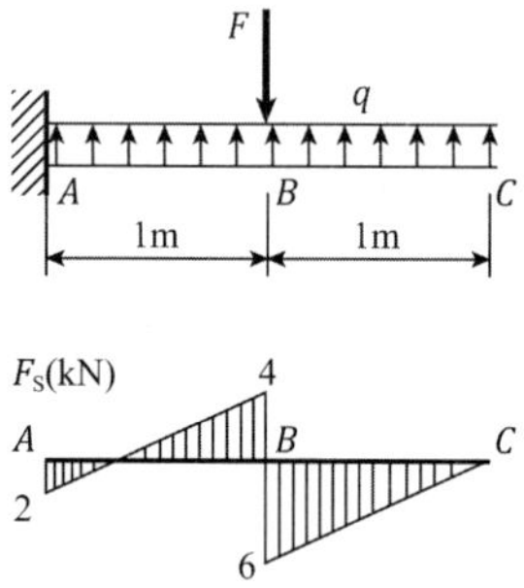

A. $q = 12\text{kN/m}$；$F = 4\text{kN}$

B. $q = 12\text{kN/m}$；$F = 6\text{kN}$

C. $q = 6\text{kN/m}$；$F = 10\text{kN}$

D. $q = 6\text{kN/m}$；$F = 6\text{kN}$

66. 矩形截面悬臂梁，截面的高度为h，宽度为b，且$h = 1.5b$，采用如图所示两种放置方式。两种情况下，最大弯曲正应力比值$\frac{\sigma_{\text{amax}}}{\sigma_{\text{bmax}}}$为：

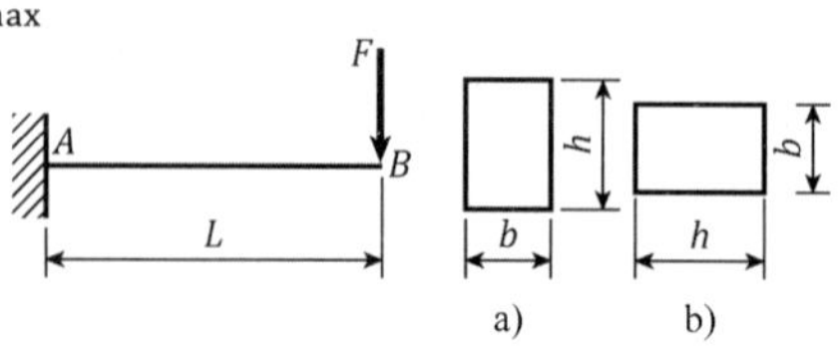

A. $\frac{9}{4}$

B. $\frac{4}{9}$

C. $\frac{3}{2}$

D. $\frac{2}{3}$

67. 悬臂梁AB由两根相同的矩形截面梁叠合而成，接触面之间无摩擦力。假设两杆的弯曲变形相同，在力F作用下梁的B截面挠度为V_B。若将两根梁黏结成一个整体，则该梁B截面的挠度是原来的：

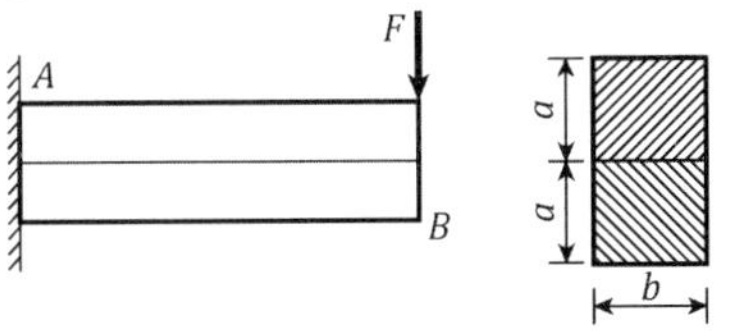

A. $\frac{1}{8}$　　　　B. $\frac{1}{4}$

C. $\frac{1}{2}$　　　　D. 不变

68. 主单元体的应力状态如图所示，其最大切应力所在的平面是：

A. 与x轴平行，法向与y轴成 45°

B. 与y轴平行，法向与x轴成 45°

C. 与z轴平行，法向与x轴成 45°

D. 法向分别与x、y、z轴成 45°

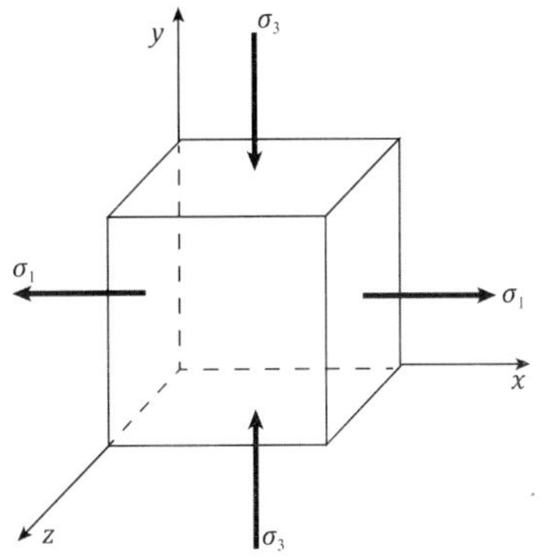

69. 直径为d的等直圆杆，在危险截面上同时承受弯矩M和扭矩T，按第三强度理论，其相当应力σ_{eq3}是：

A. $\frac{32\sqrt{M^2+T^2}}{\pi d^3}$　　　　B. $\frac{32\sqrt{M^2+4T^2}}{\pi d^3}$

C. $\frac{16\sqrt{M^2+T^2}}{\pi d^3}$　　　　D. $\frac{16\sqrt{M^2+0.75T^2}}{\pi d^3}$

70. 图示 4 根细长（大柔度）压杆，弯曲刚度均为EI。其中最先失稳的压杆是：

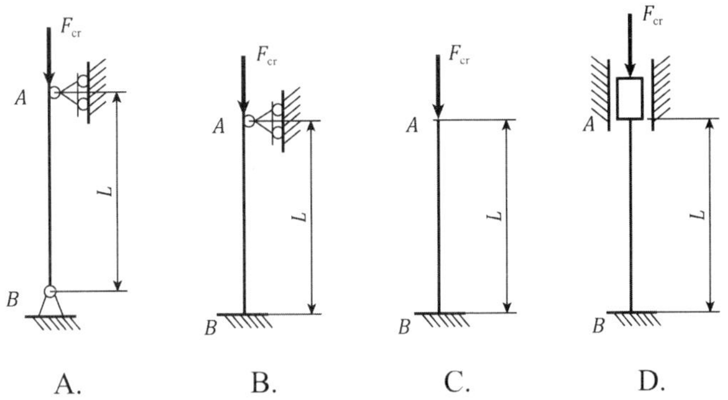

71. 空气的动力黏性系数随温度的升高而：

A. 增大　　B. 减小

C. 不变　　D. 先减小然后增大

72. 密闭水箱内水深 2m，自由面上的压强为 50kPa。假定当地大气压为 101kPa，则水箱底部A点的真空度为：

A. −51kPa　　B. 31.4kPa

C. 51kPa　　D. −31.4kPa

73. 采用欧拉法研究流体的变化情况，研究的是：

A. 每个质点的流动参数　　B. 每个质点的轨迹

C. 每个空间点上的流动参数　　D. 每个空间点的质点轨迹

74. 如图所示，两个水箱用两段不同直径的管道连接，1 ~ 3 管段长$l_1 = 10\text{m}$，直径$d_1 = 200\text{mm}$，$\lambda_1 = 0.019$；3 ~ 6 管段长$l_2 = 10\text{m}$，直径$d_2 = 100\text{mm}$，$\lambda_2 = 0.018$。管道中的局部管件：1 为入口（$\xi_1 = 0.5$）；2 和 5 为90°弯头（$\xi_2 = \xi_5 = 0.5$）；3 为渐缩管（$\xi_3 = 0.024$）；4 为闸阀（$\xi_4 = 0.5$）；6 为管道出口（$\xi_6 = 1$）。若两水箱水面高度差为 5.204m，则输送流量为：

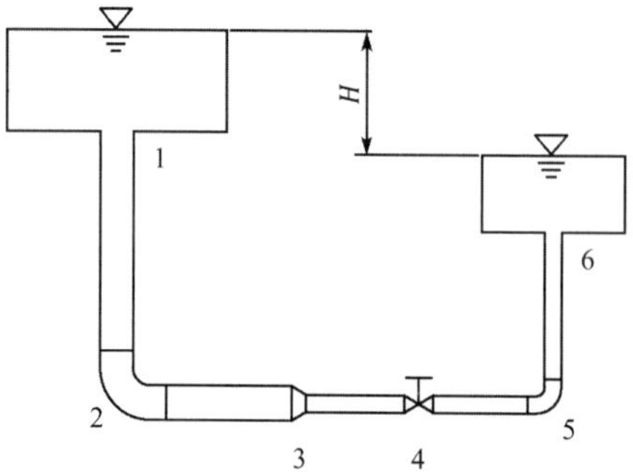

A. 30L/s　　B. 40L/s

C. 50L/s　　D. 60L/s

75. 黏性液体测压管水头线沿程的变化是：

A. 沿程下降　　B. 沿程上升

C. 保持水平　　D. 以上三种都有可能

76. 梯形排水沟，边坡系数相同，上边宽 2m，下底宽 8m，水深 4m，则水力半径为：

A. 1.0m　　B. 1.11m

C. 1.21m　　D. 1.31m

77. 潜水完全井抽水量大小与相关物理量的关系是：

A. 与井半径成正比　　B. 与井的影响半径成正比

C. 与含水层厚度成正比　　D. 与土体渗透系数成正比

78. 设L为长度量纲，T为时间量纲，沿程损失系数的量纲为：

A. m　　B. m/s

C. m^2/s　　D. 无量纲

79. 通过外力使某导体在磁场中运动时，会在导体内部产生电动势，那么，在不改变运动速度和磁场强弱的前提下，若使该电动势达到最大值，应使导体的运动方向与磁场方向：

A. 相同　　B. 相互垂直

C. 相反　　D. 呈 45°夹角

80. 关于欧姆定律的描述，错误的是：

A. 参数为R的电阻元件的伏安关系　　B. 含源线性网络的伏安关系

C. 无源线性电阻网络的伏安关系　　D. 任意线性耗能元件的伏安关系

81. 在图示电路中，各电阻元件的参数及U_s、I_s均已知，方程（1）$I_1 - I_2 - I_3 = 0$，（2）$I_3 - I_4 + I_5 = 0$，（3）$R_2I_2 - R_3I_3 - R_4I_4 = 0$，是为了采用支路电流法求解 4 个未知电流$I_1 \sim I_4$所列写的，在此基础上，还应补充的方程是：

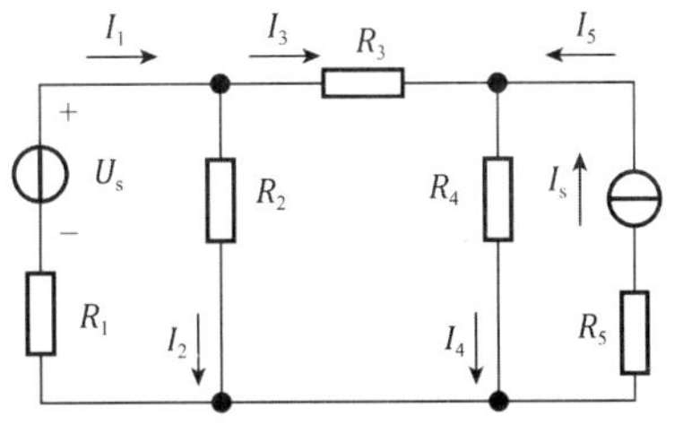

A. $I_5 = I_s$

B. $-I_1 + I_2 + I_4 - I_5 = 0$

C. $R_4I_4 + R_5I_5 = 0$

D. $R_2I_2 + R_1I_1 = U_s$

82. 图示电路中,$u(t) = 10\sin 1000t\text{V}$,$I_L = 0.1\text{A}$,$I_C = 0.1\text{A}$,当激励$u(t)$改为$u(t) = 10\sin 2000t\text{V}$后:

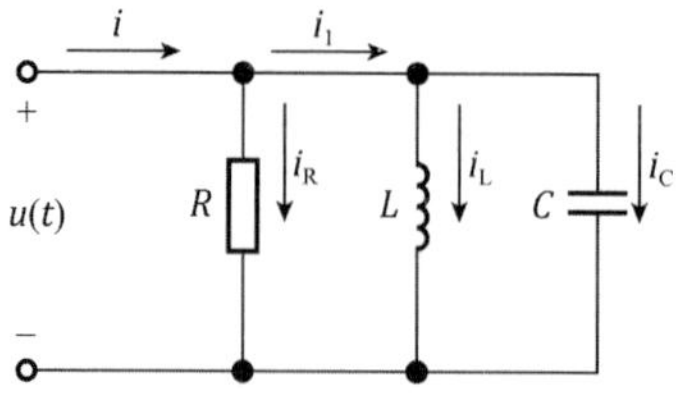

A. $I_L < 0.1\text{A}$,$I_C > 0.1\text{A}$,$I \neq I_R$

B. $I_L > 0.1\text{A}$,$I_C < 0.1\text{A}$,$I = 0$

C. $I_L < 0.1\text{A}$,$I_C > 0.1\text{A}$,$I = I_R$

D. $I_L > 0.1\text{A}$,$I_C < 0.1\text{A}$,$I = I_R$

83. 正弦交流电流,i_1和i_2的频率相同,有效值均为1A,且i_1超前i_2 45°,则下列关系式(1)~(4),正确的是:

(1)$i_1 = \sqrt{2}\sin(\omega t + \varphi_1)\text{A}$,$i_2 = \sqrt{2}\sin(\omega t + \varphi_1 + 45^\circ)\text{A}$

(2)$i_1 = \sqrt{2}\sin(\omega t + \varphi_1)\text{A}$,$i_2 = \sqrt{2}\sin(\omega t + \varphi_1 - 45^\circ)\text{A}$

(3)$\dot{I}_1 = 1.0\angle\varphi_1\text{A}$,$\dot{I}_2 = 1.0\angle(\varphi_1 - 45^\circ)\text{A}$

(4)$\dot{I}_1 = 1.0\angle(\omega t + \varphi_1)\text{A}$,$\dot{I}_2 = 1.0\angle(\omega t + \varphi_1 + 45^\circ)\text{A}$

A.(1)和(2)

B.(2)和(3)

C.(3)和(4)

D.(1)和(4)

84. 图示电路中,$R_1 = 100\Omega$,$R_2 = 150\Omega$,$X_L = 100\Omega$,$X_C = 150\Omega$,$I_1 = 1\text{A}$,$I_2 = 0.67\text{A}$,则电路的有功功率、无功功率和视在功率分别为:

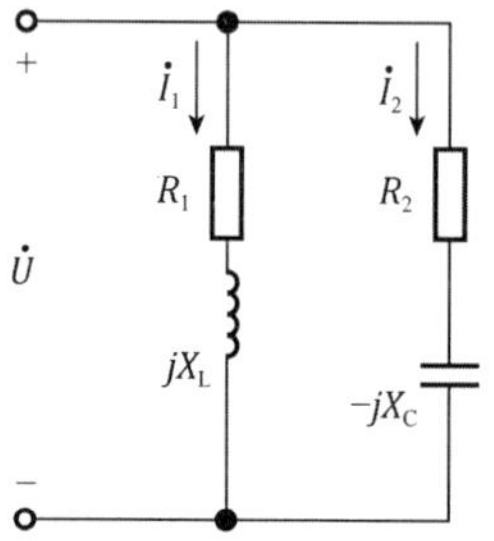

A. 167W,167var,334VA

B. 250W,33var,252VA

C. 167W,−33var,134VA

D. 167W,33var,170VA

85. 设图示变压器为理想器件,若希望图示电路达到阻抗匹配,应满足关系式:

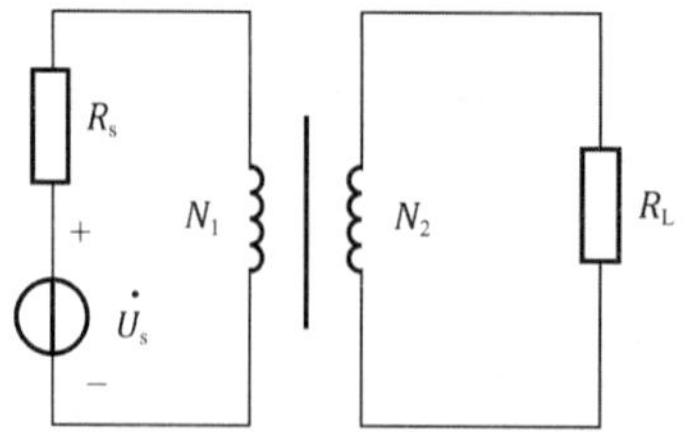

A. $\frac{R_L N_1^2}{N_2^2} = R_s$

B. $R_L = R_s$

C. $\frac{R_L N_1}{N_2} = R_s$

D. $\frac{R_s N_1^2}{N_2^2} = R_L$

86. 设电动机M_1和M_2协同工作，其中，电动机M_1通过接触器 1KM 控制，电动机M_2通过接触器 2KM 控制，若采用图示控制电路方案，则电动机M_1一旦运行，按下 $2SB_{stp}$再抬起，则：

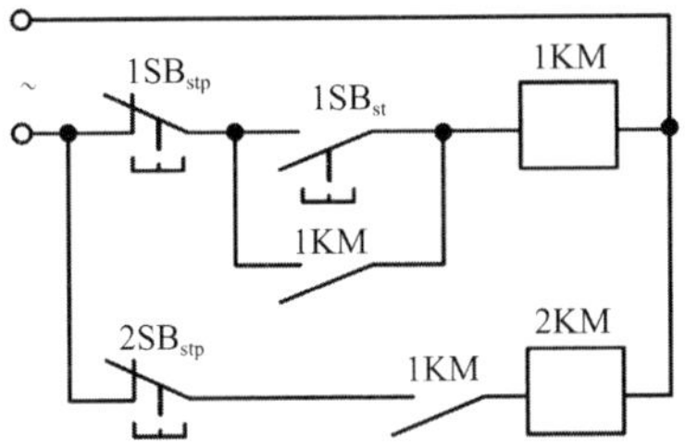

A. M_2暂时停止，然后恢复运动

B. M_2一直处于停止工作状态

C. M_1停止工作

D. M_1、M_2同时停止工作

87. 关于信号与信息，下述说法正确的是：

A. 仅信息可观测　　B. 仅信号可观测

C. 信号和信息均可观测　　D. 信号和信息均不可观测

88. 设 16 进制数$D_1 = (11)_{16}$，8 进制数$D_2 = (21)_8$，则：

A. $D_1 = D_2$　　B. $D_1 > D_2$

C. $D_1 < D_2$　　D. D_1和D_2无法进行大小的比较

89. 数字信号是一种代码信号，在下述说法中，错误的是：

A. 用来给信息编码的符号称为代码，来表示代码的信号称为代码信号

B. 代码是抽象的，代码信号是具体的

C. 用 0、1 代码表示的信号称为数字信号

D. 数字信号是一种时间信号，可以按照时间信号的一般性分析方法对它进行分析和处理

90. 一个方波信号$u(t)$由若干个谐波分量构成$u(t) = \sqrt{2}U_1 \sin(\omega t + \psi_1) + \sqrt{2}U_3 \sin(3\omega t + \psi_3) + \sqrt{2}U_5 \sin(5\omega t + \psi_5) + \cdots$，则一定有：

A. $U_1 < U_3 < U_5$　　B. $\psi_1 < \psi_3 < \psi_5$

C. $U_5 < U_3 < U_1$　　D. $\psi_5 < \psi_3 < \psi_1$

91. 某模拟信号放大器输入与输出之间的关系如图所示，如果信号放大器的输出$u_o = 10\text{V}$，那么，此时输入信号u_i一定：

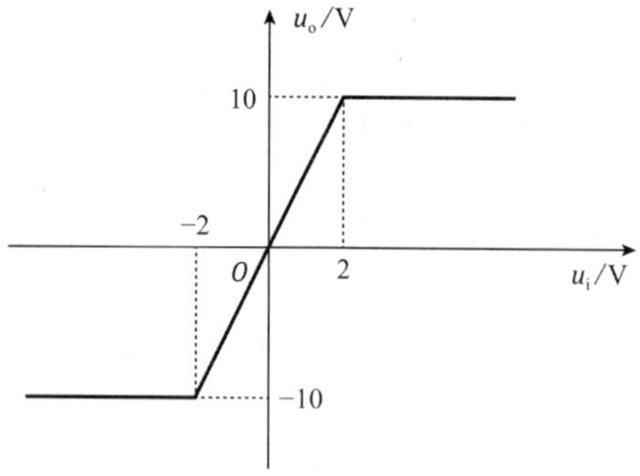

A. 小于 2V

B. 等于 2V

C. 小于或等于 2V

D. 大于或等于 2V

92. 逻辑函数F=$\overline{\overline{AB} + \overline{BC}} + \overline{AB}$的简化结果是：

A. F=C+AB

B. F=C+$\overline{AB}$

C. F=C

D. F=C + $\overline{AB}$

93. 二极管应用电路及输入、输出波形如图所示，若错将图中二极管D_3反接，则：

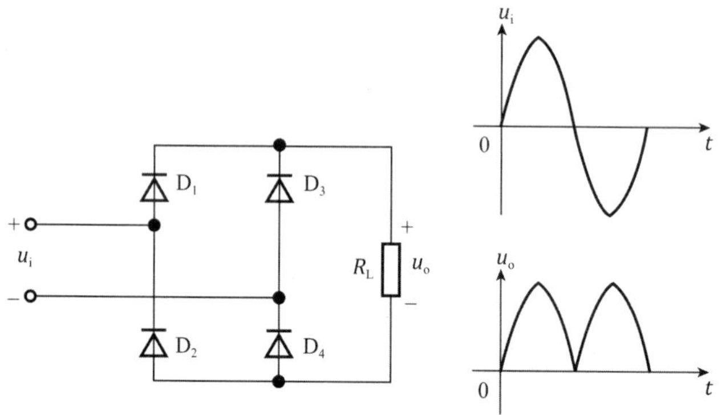

A. 会出现对电源的短路事故

B. 电路成为半波整流电路

C. D_1 ~ D_4均无法导通

D. 输出电压将反相

94. 晶体三极管放大电路如图所示，该电路的小信号模型为：

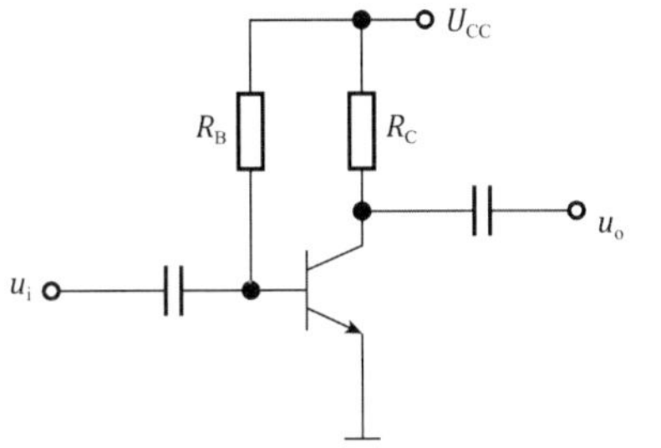

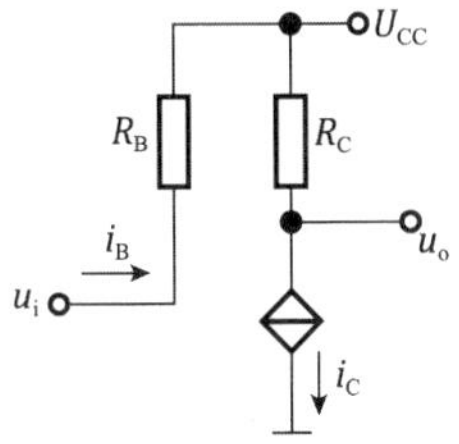

A.

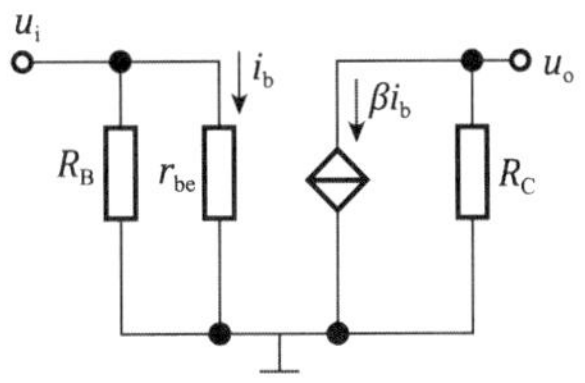

B.

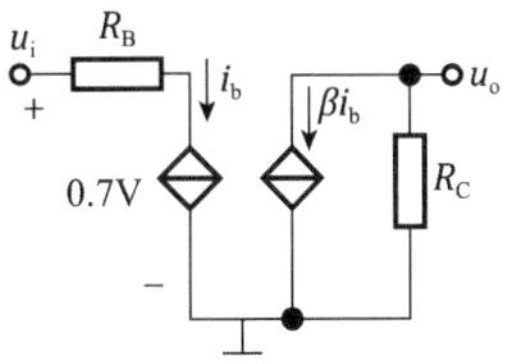

C.

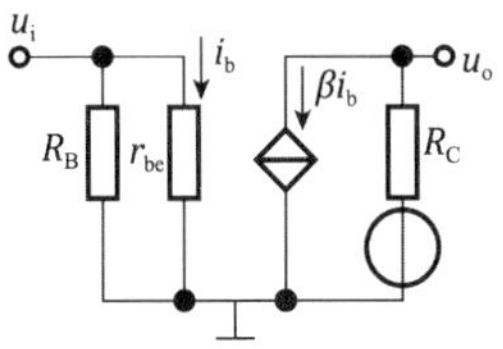

D.

95. 图示逻辑门的输出F_1和F_2分别为：

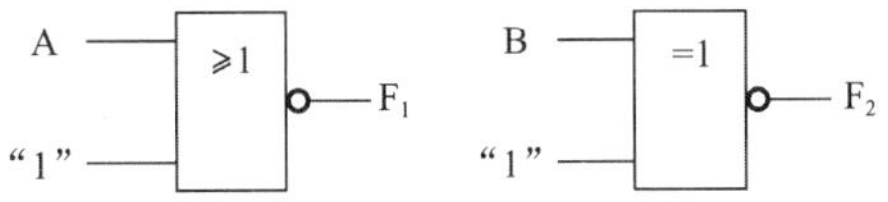

A. 0和B　　B. $\overline{A}$和$\overline{B}$

C. A和$\overline{B}$　　D. A和B

96. 电路如图 a）所示，复位信号、数据输入及时钟脉冲信号如图 b）所示，经分析可知，在第一个和第二个时钟脉冲下降沿，输出 Q 先后等于：

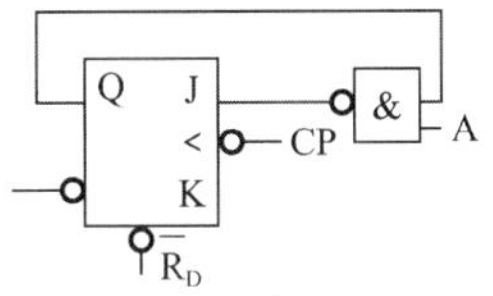

a)

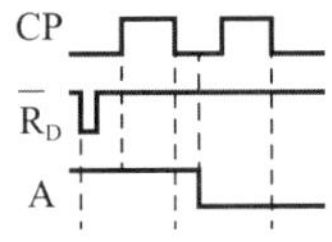

b)

附：JK 触发器的逻辑状态表为：

J	K	Q_{n+1}
0	0	Q_n
0	1	0
1	0	1
1	1	$\overline{Q}^n$

A. 0　0　　B. 0　1

C. 1　0　　D. 1　1

97. 按照内部逻辑结构的不同，计算机可分为 CISC 和 RISC 两类，其中指令系统中的指令条数最少的是：

A. 16 位的数字计算机

B. 复杂指令系统计算机

C. 精简指令系统计算机

D. 由 CISC 和 RISC 混合而成的 64 位计算机

98. 中央处理器简称 CPU，它主要是由：

A. 运算器和寄存器两部分组成的

B. 运算器和控制器两部分组成的

C. 运算器和内存两部分组成的

D. 运算器和主机两部分组成的

99. 操作系统是系统软件中的：

A. 核心系统软件

B. 关键性的硬件部分

C. 不可替代的应用软件

D. 外部设备的接口软件

100. 分时操作系统的主要特点是：

A. 每个用户都在独占计算机的资源

B. 会自动地控制作业流的运行

C. 具有高可靠性、安全性和系统性

D. 具有同时性、交互性和独占性

101. 下面各数中最小的是：

A. 二进制数 10100000.11

B. 八进制数 240.6

C. 十进制数 160.5

D. 十六进制数 A0.F

102. 构成图像的最小单位是像素，总的像素数量也叫：

A. 点距 B. 像素点

C. 像素 D. 分辨率

103. 一般将计算机病毒分成多种类型，下列表述不正确的是：

A. 引导区型 B. 混合型

C. 破坏型、依附型 D. 文件型、宏病毒型

104. 一条计算机指令中，通常包含：

A. 数据和字符 B. 操作码和操作数

C. 运算符和数据 D. 运算数和结果

105. 下列不属于网络软件的是：

A. 网络操作系统 B. 网络协议

C. 网络应用软件 D. 办公自动化系统

106. 局域网与广域网有着完全不同的运行环境，在局域网中：

A. 跨越长距离，且可以将两个或多个局域网和/或主机连接在一起

B. 所有设备和网络的带宽都由用户自己掌握，可以任意使用、维护和升级

C. 用户无法拥有广域网连接所需的技术设备和通信设施，只能由第三方提供

D. 2Mbit/s 的速率就已经是相当可观的了

107. 某地区筹集一笔捐赠款用于一座永久性建筑物的日常维护。捐款以 8%的复利年利率存入银行。该建筑物每年的维护费用为 2 万元。为保证正常的维护费用开支，该笔捐款应不少于：

A. 50 万元 B. 33.3 万元

C. 25 万元 D. 12.5 万元

108. 以下关于增值税的说法，正确的是：

A. 增值税是营业收入征收的一种所得税

B. 增值税是价内税，包括在营业收入中

C. 增值税应纳税额一般按生产流通或劳务服务各个环节的增值额乘以适用税率计算

D. 作为一般纳税人的建筑企业，增值税应按税前造价的 3%缴纳

109. 某项目发行长期债券融资，票面总金额为 4000 万元，按面值发行，票面利率为 8%，每年付息一次，到期一次还本。所得税率为 25%，忽略发行费率。则其资金成本率为：

A. 5.46%　　　　B. 6%

C. 7.5%　　　　D. 8%

110. 项目的静态投资回收期是：

A. 净现值为零的年限　　　　B. 净现金流量为零的年限

C. 累计折现净现金流量为零的年限　　　　D. 累计净现金流量为零的年限

111. 某建设项目在进行财务分析时得到如下数据：当$i_1 = 12\%$时，净现值为 460 万元；当$i_2 = 16\%$时，净现值为 130 万元；当$i_3 = 18\%$时，净现值为-90 万元。基准收益率为 10%。该项目的内部收益率应：

A. 在 10%～12%之间　　　　B. 在 12%～16%之间

C. 在 16%～18%之间　　　　D. 大于 18%

112. 图示为某项目通过不确定性分析得出的结果。图中各条直线斜率的含义为各影响因素对内部收益率的：

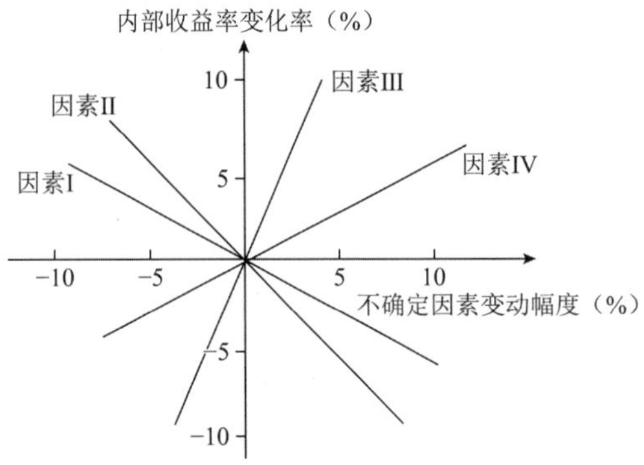

A. 敏感性系数　　　　B. 盈亏平衡系数

C. 变异系数　　　　D. 临界系数

113. 现有甲、乙、丙、丁四个互斥的项目方案，各方案预计的投资额和年经营成本各不相同，但预计销售收入相同。有关数据见表，基准收益率为 10%。则应选择：

［已知$(P/A,10\%,5)=3.7908$，$(P/A,10\%,10)=6.1446$］

方案	甲	乙	丙	丁
费用现值（万元）	350	312	570	553
寿命期（年）	5	5	10	10

A. 甲方案　　B. 乙方案

C. 丙方案　　D. 丁方案

114. 价值工程活动的关键环节之一是进行价值工程对象选择，下列方法中，用于价值工程对象选择的方法是：

A. 决策树法　　B. 净现值法

C. 目标成本法　　D. ABC 分析法

115. 根据《中华人民共和国建筑法》规定，建筑工程监理应当依照法律、行政法规及有关的技术标准、设计文件和建筑工程承包合同，代表建设单位对承包单位实施监督，监理的内容不包括：

A. 施工质量　　B. 建设工期

C. 建设资金使用　　D. 施工成本

116. 根据《中华人民共和国安全生产法》的规定，对未依法取得批准为验收合格的单位擅自从事有关活动的，负责行政审批部门发现后，正确的处理方式是：

A. 下达整改通知单，责令改正　　B. 责令停止活动，并依法予以处理

C. 立即予以取缔，并依法予以处理　　D. 吊销资质证书，并依法予以处理

117. 某投标人在招标文件规定的提交投标文件截止时间前 1 天提交了投标文件，为了稳妥起见，开标前 10 分钟又提交了一份补充文件，并书面通知了招标人。下列关于该投标文件及其补充文件的处理，正确的是：

A. 该补充文件的内容为投标文件的组成部分

B. 为了不影响按时开标，招标人应当拒收补充文件

C. 该投标人的补充文件涉及报价无效

D. 因为该投标人提交了 2 份文件，其投标文件应作废标处理

118. 某施工单位在保修期结束撤离现场时，告知建设单位屋顶防水的某个部位是薄弱环节，日常使用时应当引起注意，从合同履行的原则上讲，施工单位遵循的是：

A. 全面履行的原则　　B. 适当履行的原则

C. 公平履行的原则　　D. 环保原则

119. 依据《中华人民共和国环境保护法》，国务院环境保护行政主管部门制定国家污染物排放标准的依据是

A. 国家经济条件、人口状况和技术水平

B. 国家环境质量标准、技术水平和社会发展状况

C. 国家技术条件、经济条件和污染物治理状况下

D. 国家环境质量标准和国家经济、技术条件

120. 某建设工程项目需要拆除，建设单位应当向工程所在地的县级以上地方人民政府建设行政主管部门或者其他有关部门办理有关资料的备案，其需要报送的资料不包括：

A. 施工单位资质等级证明　　B. 拆除施工组织方案

C. 堆放、清除废弃物的措施　　D. 需要拆除的理由

2024年度全国勘察设计注册工程师

执业资格考试试卷

基础考试

（上）

二〇二四年十一月

应考人员注意事项

1. 本试卷科目代码为“1”，考生务必将此代码填涂在答题卡“科目代码”相应的栏目内，否则，无法评分。
2. 书写用笔：**黑色或蓝色钢笔、签字笔或圆珠笔**；
   填涂答题卡用笔：**黑色 2B 铅笔**。
3. 必须用书写用笔将工作单位、姓名、准考证号填写在答题卡和试卷相应的栏目内。
4. 本试卷由 120 题组成，每题 1 分，满分 120 分，本试卷全部为单项选择题，每小题的四个备选项中只有一个正确答案，错选、多选、不选均不得分。
5. 考生作答时，必须按**题号在答题卡上**将相应试题所选选项对应的**字母用 2B 铅笔涂黑**。
6. 在答题卡上书写与题意无关的语言，或在答题卡上作标记的，均按违纪试卷处理。
7. 考试结束时，由监考人员当面将试卷、答题卡一并收回。
8. 草稿纸由各地统一配发，考后收回。

单项选择题（共 120 题，每题 1 分。每题的备选项中，只有一个最符合题意。）

1. $\lim\limits_{x \to 0} \frac{2\sin x + x^2 \sin\frac{1}{x}}{(1+x)^x \ln(1-x)}$的值等于：

A. -2　　B. -3

C. $-2e^{-1}$　　D. $-3e^{-1}$

2. 当$x \neq 0$时，$f(x) = \frac{1-\sqrt{1-x}}{1-\sqrt[3]{1-x}}$，为了使$f(x)$在点$x = 0$处连续，则应补充定义$f(0)$应是：

A. $\frac{1}{2}$　　B. 1

C. $\frac{3}{2}$　　D. 3

3. 若$f(x)$在点$x = 0$处的某邻域内连续，且$f(x) = f(0) - 3x + \alpha(x)$，又$\lim\limits_{x \to 0} \frac{\alpha(x)}{x} = 0$，则$f(x)$在点$x = 0$的导数应是：

A. 0　　B. 1

C. 3　　D. -3

4. 设函数$y = f[x + \varphi(x)]$，其中$f(x)$，$\varphi(x)$均具有二阶导数，则二阶导数$\frac{\mathrm{d}^2 y}{\mathrm{d}x^2}$等于：

A. $f''[x + \varphi(x)][1 + \varphi'(x)]^2$

B. $f''[x + \varphi(x)][1 + \varphi'(x)]^2 + f'[x + \varphi(x)]\varphi''(x)$

C. $f''[x + \varphi(x)]\varphi''(x)$

D. $f''[x + \varphi(x)][1 + \varphi'(x)] + f'[x + \varphi(x)]\varphi''(x)$

5. 可导函数在某一点的导数为零是此函数在该点有极值的：

A. 充要条件　　B. 充分条件

C. 必要条件　　D. 既非充分又非必要条件

6. 曲线$y = e^{-\frac{x^2}{2}}$在$x > 0$条件下的凹区间是：

A. $(0,+\infty)$　　B. $(0,1)$

C. $(1,+\infty)$　　D. $\left(\frac{1}{2},+\infty\right)$

7. 若$\int f(x)\,\mathrm{d}x = x^2 e^{-2x} + C$，则$f(x)$为：

A. $2x(1 - x)e^{-2x}$　　B. $2x(1 + x)e^{-2x}$

C. $2xe^{-2x}$　　D. $-4x^2 e^{-2x}$

8. 定积分$\int_0^{\ln 2} e^x \sqrt{e^x - 1}\,\mathrm{d}x$的值为：

A. 2

B. $\frac{2}{3}$

C. $\frac{3}{2}$

D. 0

9. 已知单位向量$\boldsymbol{\alpha}$与向量$\boldsymbol{\beta} = (1,-2,2)$逆向且共线，则向量$\boldsymbol{\alpha}$为：

A. $\left(-\frac{1}{3},\frac{2}{3},-\frac{2}{3}\right)$

B. $\left(-\frac{1}{3},-\frac{2}{3},-\frac{2}{3}\right)$

C. $\left(\frac{1}{3},-\frac{2}{3},\frac{2}{3}\right)$

D. $\left(-\frac{1}{3},-\frac{2}{3},\frac{2}{3}\right)$

10. 设有直线L_1：$\frac{x+2}{1} = \frac{y-1}{-4} = \frac{z-1}{1}$和直线$L_2$：$\frac{x-1}{2} = \frac{y+1}{-2} = \frac{z-2}{-1}$，则直线$L_1$与$L_2$的夹角$\theta$等于：

A. $\frac{\pi}{2}$

B. $\frac{\pi}{3}$

C. $\frac{\pi}{4}$

D. $\frac{\pi}{6}$

11. 在下列结论中，二元函数设$f(x,y)$在点(0,0)处可微的一个充分条件是：

A. $\lim\limits_{(x,y)\to(0,0)}[f(x,y) - f(0,0)] = 0$

B. $\lim\limits_{x\to 0}\frac{f(x,0)-f(0,0)}{x} = 0$，且$\lim\limits_{y\to 0}\frac{f(0,y)-f(0,0)}{y} = 0$

C. $\lim\limits_{(x,y)\to(0,0)}\frac{f(x,y)-f(0,0)}{\sqrt{x^2+y^2}} = 0$

D. $\lim\limits_{x\to 0}[f_x'(x,0) - f_x'(0,0)] = 0$，且$\lim\limits_{y\to 0}\left[f_y'(0,y) - f_y'(0,0)\right] = 0$

12. 微分方程$(1+x^2)\mathrm{d}y + (1+y^2)\mathrm{d}x = 0$满足条件$y(1) = 1$的特解是：

A. $\arctan x + \arctan y = \frac{\pi}{2}$

B. $\arctan x + \arctan y = \frac{\pi}{4}$

C. $\arctan x + \arctan y = 0$

D. $\arctan x + \arctan y = \pi$

13. 级数$\sum\limits_{n=1}^{\infty}\left(\frac{10}{n(n+1)} - \frac{10}{3^n}\right)$的和是：

A. −5

B. 5

C. 4

D. 3

14. 设L为右半单位圆周：$x^2 + y^2 = 1$（$x \geqslant 0$），则对弧长的曲线积分$\int_L x^2\,\mathrm{d}s$的值等于：

A. $\frac{\pi}{4}$

B. $\frac{\pi}{3}$

C. $\frac{\pi}{2}$

D. $-\frac{\pi}{2}$

15. 二重积分$\int_0^1 \mathrm{d}x \int_x^1 e^{y^2}\,\mathrm{d}y$的值是：

A. $e-1$

B. e

C. $\frac{e}{2}$

D. $\frac{1}{2}(e-1)$

16. 微分方程$y''=x+y'$的通解是：

A. $y=C_1e^x+C_2$

B. $y=-\frac{x^2}{2}-x+C_1e^x+C_2$

C. $y=x+C_1e^x+C_2$

D. $y=-\frac{x^2}{2}-x$

17. 幂级数$\sum\limits_{n=1}^{\infty}(-1)^{n-1}\frac{(x+1)^n}{n}$的收敛域为：

A. $[-2,0]$

B. $[-2,0)$

C. $(-2,0]$

D. $(-2,0)$

18. $z=f(x,y)$是由方程$x+y+z=e^{-(x+y+z)}$所确定的隐函数，则下列关系式中正确的是：

A. $\frac{\partial z}{\partial x}\neq\frac{\partial z}{\partial y}$

B. $\frac{\partial^2 z}{\partial x^2}\neq\frac{\partial^2 z}{\partial y^2}$

C. $\frac{\partial^2 z}{\partial x\partial y}=\frac{\partial^2 z}{\partial y\partial x}$

D. $\frac{\partial^2 z}{\partial x\partial y}\neq\frac{\partial^2 z}{\partial y\partial x}$

19. 设$\boldsymbol{A}$为n阶方阵($n\geqslant 2$)，且$|\boldsymbol{A}|=a$，$\boldsymbol{A}^*$为$\boldsymbol{A}$的伴随矩阵，则行列式$|\boldsymbol{A}\boldsymbol{A}^*|$等于：

A. a^n

B. a

C. $|a|$

D. $a\boldsymbol{I}$（$\boldsymbol{I}$为单位矩阵）

20. 若使向量组$\boldsymbol{\alpha}_1=(2,1,-1)^{\mathrm{T}}$，$\boldsymbol{\alpha}_2=(0,1,3)^{\mathrm{T}}$，$\boldsymbol{\alpha}_3=(3,1,a)^{\mathrm{T}}$线性无关，则$a$的值不等于：

A. 2

B. 3

C. -3

D. 1

21. 设矩阵$\boldsymbol{A}=\begin{bmatrix}2&0&0\\0&a&2\\0&2&3\end{bmatrix}$相似于矩阵$\boldsymbol{B}=\begin{bmatrix}1&0&0\\0&2&0\\0&0&b\end{bmatrix}$，则$a$，$b$的值应是：

A. $a=1$，$b=1$

B. $a=-1$，$b=2$

C. $a=5$，$b=3$

D. $a=3$，$b=5$

22. 设A和B是两个独立事件，已知$P(A)=\frac{1}{3}$，$P(A\cup B)=\frac{1}{2}$，则$P(B)$等于：

A. $\frac{1}{6}$　　B. $\frac{1}{5}$

C. $\frac{1}{4}$　　D. $\frac{1}{3}$

23. 设随机变量X的数学期望$E(X)$为一非负值，且$E\left(\frac{X^2}{2}-1\right)=2$，$D\left(\frac{X}{2}-1\right)=\frac{1}{2}$，则$E(X)$等于：

A. 1　　B. 2

C. 3　　D. 4

24. 设连续型随机变量(X,Y)的概率密度为$f(x,y)=\begin{cases}4x^2, 0<x<1, 0<y<x\\0, \quad 其他\end{cases}$，则$X$的边缘概率密度为：

A. $f_X(x)=\begin{cases}4x^3, & 0<x<1\\0, & 其他\end{cases}$　　B. $f_X(x)=\begin{cases}3x^3, & 0<x<1\\0, & 其他\end{cases}$

C. $f_X(x)=\begin{cases}x^3, & 0<x<1\\0, & 其他\end{cases}$　　D. $f_X(x)=2x^3$

25. 温度、压强均相同的氦气和氧气，它们分子的平均动能$\overline{\varepsilon}$和平均平动动能$\overline{\omega}$有如下关系：

A. $\overline{\varepsilon}$和$\overline{\omega}$都相等　　B. $\overline{\varepsilon}$相等，$\overline{\omega}$不相等

C. $\overline{\omega}$相等，$\overline{\varepsilon}$不相等　　D. $\overline{\varepsilon}$和$\overline{\omega}$都不相等

26. 麦克斯韦速率分布曲线如图所示，图中A、B两部分面积相等，则该图表示：

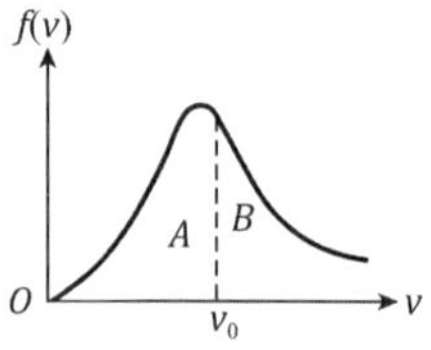

A. v_0为最概然速率

B. v_0为平均速率

C. v_0为方均根速率

D. 速率大于和小于v_0的分子数各占一半

27. 一定量的理想气体，在体积不变的条件下，当温度降低时，分子的平均碰撞频率$\overline{Z}$和平均自由程$\overline{\lambda}$的变化情况是：

A. $\overline{Z}$减小，但$\overline{\lambda}$不变　　B. $\overline{Z}$不变，但$\overline{\lambda}$减小

C. $\overline{Z}$和$\overline{\lambda}$都减小　　D. $\overline{Z}$和$\overline{\lambda}$都不变

28. 一定量的理想气体，其状态在p-T图上沿着一条直线从平衡态a到平衡态b，如图所示，则该过程为：

A. 膨胀过程

B. 等体过程

C. 压缩过程

D. 不能判断是哪种过程

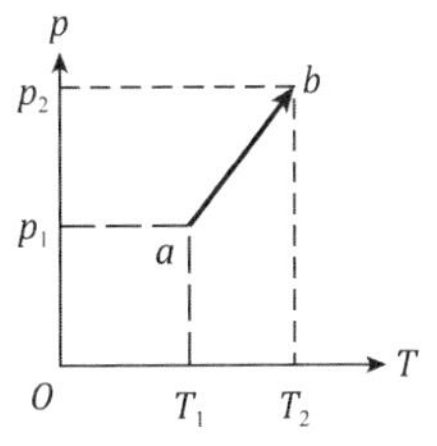

29. 一定量的理想气体，分别进行如图所示的两个循环$abcda$和$a'b'c'd'a'$。若在p-V图上这两个循环曲线所围面积相等，则可以由此得知这两个循环：

A. 热机效率相等

B. 在高温热源处吸收的热量相等

C. 在低温热源处放出的热量相等

D. 在每次循环中对外做的净功相等

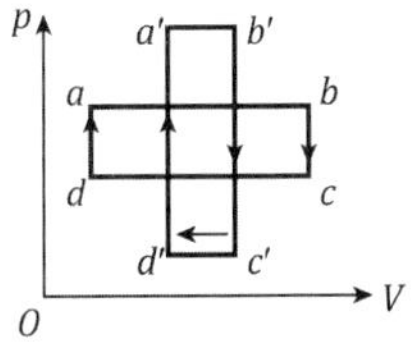

30. 一平面简谐波的表达式为$y = A\cos 2\pi\left(\nu t - \frac{x}{\lambda}\right)$，在$t = \frac{1}{\nu}$时刻，$x_1 = \frac{3\lambda}{4}$与$x_2 = \frac{\lambda}{4}$两点处质元的速度之比为：

A. -1

B. $\frac{1}{3}$

C. 1

D. 3

31. 当一平面简谐机械波在弹性媒质中传播时，下述结论正确的是：

A. 媒质质元的振动动能增大时，其弹性势能减小，总机械能守恒

B. 媒质质元的振动动能和弹性势能都做周期性变化，但二者的相位不相同

C. 媒质质元的振动动能和弹性势能的相位在任意时刻都相同，但二者的数值不相等

D. 媒质质元在平衡位置处的弹性势能最大

32. 两相干波源S_1和S_2相距$\frac{\lambda}{4}$（λ为波长），S_1的相位比S_2的相位超前$\frac{\pi}{2}$，在S_1、S_2的连线上，S_1外侧各点（例如P点）两波引起的两谐振动的相位差是：

A. 0

B. $\frac{\pi}{2}$

C. π

D. $\frac{3\pi}{2}$

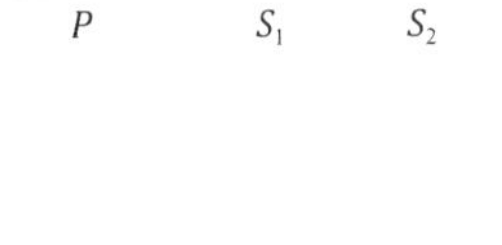

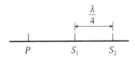

33. 两个相同的相干波源A、B产生两列相干波，则两波的：

A. 频率相同，振动方向相同

B. 频率相同，振动方向不同

C. 频率不同，振动方向相同

D. 频率不同，振动方向不同

34. 用波长$\lambda = 600\text{nm}$的单色光垂直照射牛顿环装置时，从中央向外数第4个（不计中央暗斑）暗环对应的空气膜厚度为：

A. 600nm　　　　B. 1200nm

C. 1800nm　　　　D. 2400nm

35. 根据惠更斯-菲涅尔原理，若已知光在某时刻的波阵面为S，则S的前面某点P的光强度取决于波阵面S上所有面积发出的子波各自传到P点的：

A. 振动振幅之和　　　　B. 光强之和

C. 振动振幅之和的平方　　　　D. 振动的相干叠加

36. 从迈克尔干涉仪的一只光路中，放入一片折射率为n的透明介质薄膜后，测出两束光的光程差的改变量为一个λ，则薄膜的厚度是：

A. $\frac{\lambda}{2}$　　　　B. $\frac{\lambda}{2n}$

C. $\frac{\lambda}{n}$　　　　D. $\frac{\lambda}{2(n-1)}$

37. 用来描述核外电子自旋状态的量子数是：

A. n　　　　B. l

C. m　　　　D. m_s

38. 下列各分子中，为非极性分子的是：

A. NF_3　　　　B. BBr_3

C. NH_3　　　　D. CH_3Cl

39. 对于HCl气体溶解于水的过程，下列说法正确的是：

A. 这仅是一个物理变化的过程

B. 这仅是一个化学变化的过程

C. 此过程既有物理变化又有化学变化

D. 此过程中溶质的性质发生了变化，而溶剂的性质未变

40. 在含有Cl^-和CrO_4^{2-}的混合溶液中（浓度均为 $0.1mol \cdot L^{-1}$），逐滴加入$AgNO_3$溶液，开始生成白色AgCl沉淀，然后析出Ag_2CrO_4砖红色沉淀，这种现象称为：

A. 同离子效应

B. 沉淀的转化

C. 分步沉淀

D. 沉淀的溶解

41. 对于反应速率常数k，下列描述正确的是：

A. 是一个无量纲的参数

B. 是一个量纲为 $mol \cdot L^{-1} \cdot s^{-1}$ 的参数

C. 是一个量纲不定的参数

D. 是一个量纲为 $mol^2 \cdot L^{-1} \cdot s^{-1}$ 的参数

42. 影响某化学反应平衡常数K^{Θ}的因素是：

A. 反应物的浓度

B. 反应压力

C. 使用催化剂

D. 反应温度

43. 关于电对的电极电势，下列叙述错误的是：

A. 电对中如氧化型物质的浓度增大时，则电对的电极电势也增大

B. 电对中如氧化型物质生成沉淀时，则电对的电极电势减小

C. 有H^+或OH^-参与电极反应的电对，溶液酸性越强，则电对的电极电势越大

D. 电对的电极电势与温度没有关系

44. 分子式为C_6H_{14}的各种异构体中，含有 3 个甲基，并能在自由基氯代反应中生成 4 种一氯代物的分子结构简式是：

A. $(CH_3)_2CHCH_2CH_2CH_3$

B. $(CH_3)_2CHCH(CH_3)_2$

C. $CH_3CH_2CH_2CH_2CH_2CH_3$

D. $CH_3CH_2CH(CH_3)CH_2CH_3$

45. 下列 4 个有机化合物中，不能既发生加成反应，又在不同基团上易于发生氧化反应的是：

A. $CH_3CH(OH)CH_2CHO$

B. $CH_3CH_2CH_2CH_2OH$

C. $CH_2{=}CHCH_2COOH$

D. $CH_2{=}CHCH_2CH_2OH$

46. 以石油化工为基础的现代三大合成材料是：

①医药；②合成纤维；③合成氨；④塑料；⑤合成橡胶；⑥合成洗涤剂；⑦合成尿素。

A. ②⑤⑦

B. ①④⑥

C. ②④⑤

D. ①③⑦

47. 加减平衡力系公理适用于：

A. 刚体

B. 变形体

C. 连续体

D. 任何物体

48. 在图示平面力系中，已知：$F_1 = 10\text{N}$，$F_2 = 40\text{N}$，$F_3 = 40\text{N}$，$M = 30\text{N}\cdot\text{m}$。则该力系向$O$点简化的结果为：

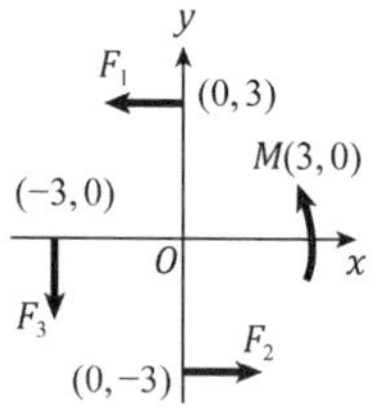

A. 平衡

B. 一力和一力偶

C. 一合力偶

D. 一合力

49. 均质圆盘重F_p，半径为r，置于光滑墙和水平梁AE的末端E点上，梁AE自重不计，已知：q，$AB = 6\text{m}$，$BE = 2\text{m}$，$\alpha = 45°$，摩擦不计，则圆盘D处的约束力为：

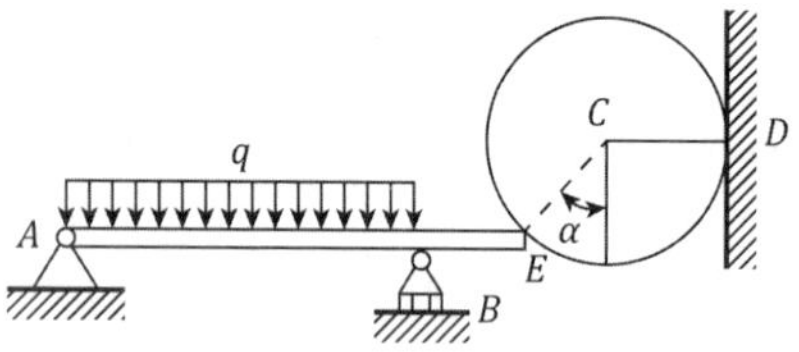

A. $F_\text{D} = \sqrt{2}F_\text{P}(\leftarrow)$

B. $F_\text{D} = F_\text{P}(\leftarrow)$

C. $F_\text{D} = \frac{1}{\sqrt{2}}F_\text{P}(\rightarrow)$

D. $F_\text{D} = \sqrt{2}F_\text{P}(\rightarrow)$

50. 判断图示桁架结构中，内力为零的杆数是：

A. 2 根杆

B. 3 根杆

C. 4 根杆

D. 5 根杆

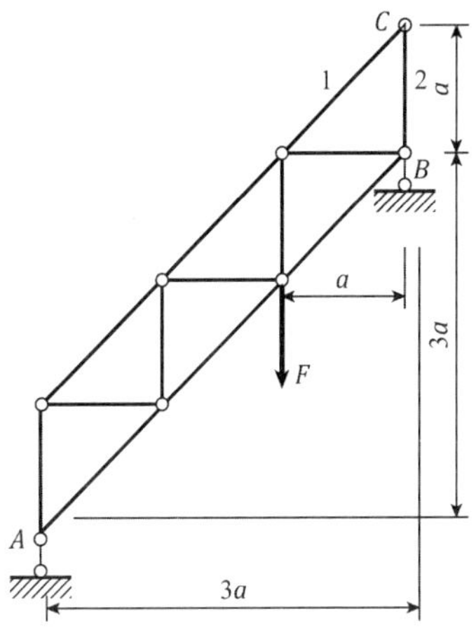

51. 点沿直线运动，其加速度方程为$a = 12t + 20$（加速度单位为 m/s^2），当$t = 0$时，点的加速度大小为：

A. $20m/s^2$　　B. $12m/s^2$

C. $8m/s^2$　　D. $32m/s^2$

52. 点在具有直径为 6m 的圆形轨迹上运动，走过的距离是$s = 3t^2$。则点在 2s 末的法向加速度为：

A. $48m/s^2$　　B. $4m/s^2$

C. $96m/s^2$　　D. $6m/s^2$

53. 四连杆机构如图所示。已知曲柄O_1A长为r，AM长为l，角速度为ω、角加速度为ε。则固连在AB杆上的物块 M 的速度和切向加速度的大小为：

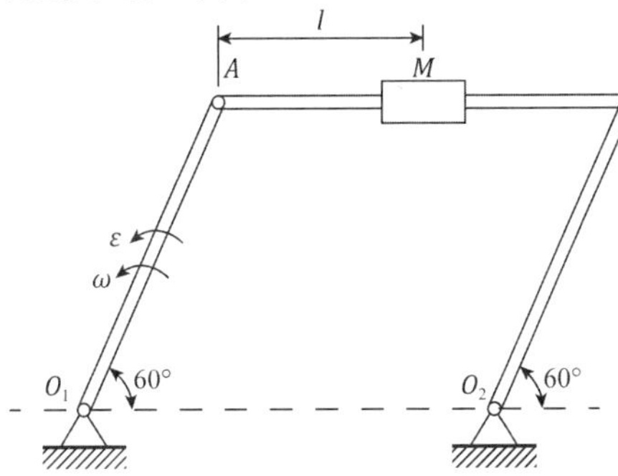

A. $v_M = l\omega$，$a_M^\tau = l\varepsilon$　　B. $v_M = l\omega$，$a_M^\tau = r\varepsilon$

C. $v_M = r\omega$，$a_M^\tau = r\varepsilon$　　D. $v_M = r\omega$，$a_M^\tau = l\varepsilon$

54. 质量为 40kg 的物块A沿桌子表面由一绳拖曳。该绳另一端跨过桌角的无摩擦、无质量的滑轮后，又系住另一质量为 12kg 的物块B。如果物块A与桌面间的摩擦系数是 0.15，则绳中张力的大小近似是：

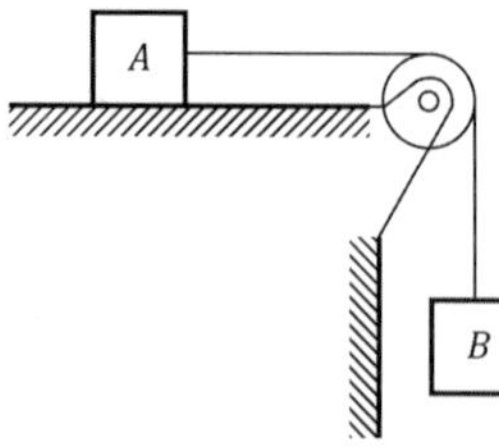

A. 6N

B. 12N

C. 104N

D. 52N

55. 质量为 8kg 的物块，受到 100N 力的作用，如图所示。如果滑动摩擦系数是 0.30，求物块向右移动 4m 后，所有力的做功之和近似是：

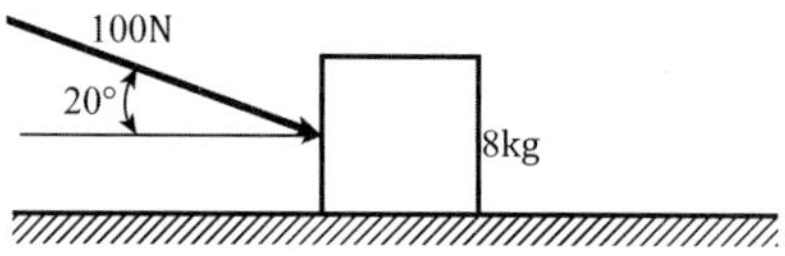

A. 376N · m

B. −376N · m

C. −241N · m

D. 241N · m

56. 均质圆柱体半径为R，质量为m，绕对纸面垂直的固定水平轴自由转动，如图所示。当圆柱体转动到$\theta = 90°$位置时，其角加速度是：

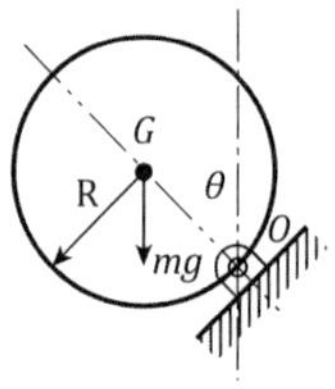

A. $\frac{g}{3R}$

B. $\frac{g}{2R}$

C. $\frac{4g}{3R}$

D. $\frac{2g}{3R}$

57. 均质圆轮重P，安装在水平转轴中点，转轴垂直于圆轮对称平面，转动匀角速度为ω，若安装时偏心距为e，当轮心C运动到最低位置时，A、B轴承约束力的大小为：

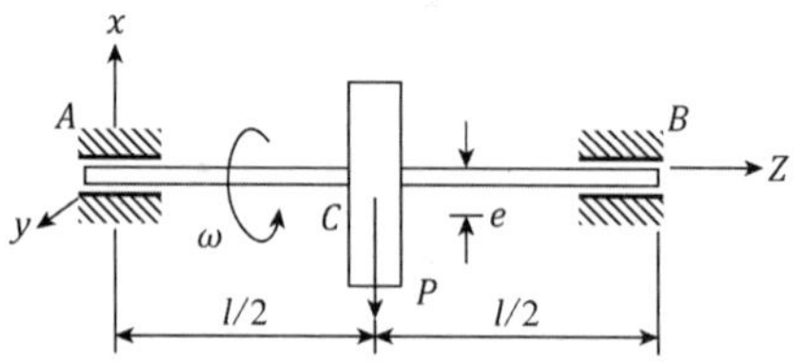

A. $\frac{P}{2}\left(1-\frac{e\omega^2}{g}\right)$，$\frac{P}{2}\left(1-\frac{e\omega^2}{g}\right)$

B. $\frac{P}{2}\left(1+\frac{e\omega^2}{g}\right)$，$\frac{P}{2}\left(1+\frac{e\omega^2}{g}\right)$

C. $\frac{P}{2}$，$\frac{P}{2}$

D. $\frac{P}{2g}e\omega^2$，$\frac{P}{2g}e\omega^2$

58. 图示系统中，弹簧悬挂点沿上下作简谐振动$x_1 = x_0\sin\omega t$，若质量m的绝对运动微分方程为$m\frac{\mathrm{d}^2x}{\mathrm{d}t^2} + kx = kx_0\sin\omega t$，则系统的固有圆频率为：

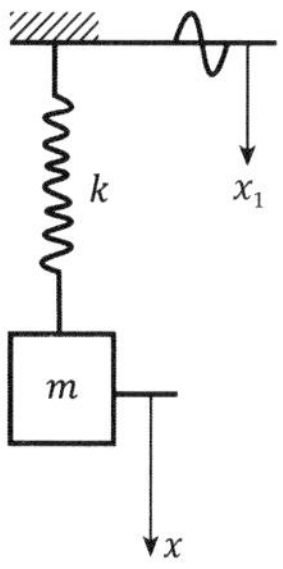

A. $\sqrt{\frac{k}{m}}$

B. $\sqrt{\frac{k}{2m}}$

C. $\sqrt{\frac{2k}{m}}$

D. $\sqrt{\frac{g}{x_0}}$

59. 材料力学中的各向同性假设认为，材料内部各点沿不同方向具有相同的：

A. 力学性质　　B. 外力

C. 变形　　D. 位移

60. 图示拉杆外表面上的斜线m-m和n-n互相平行，斜线的法线与轴线夹角为α，在F力作用下拉杆发生变形，变形后斜线m-m和n-n相对其原始位置的变化是：

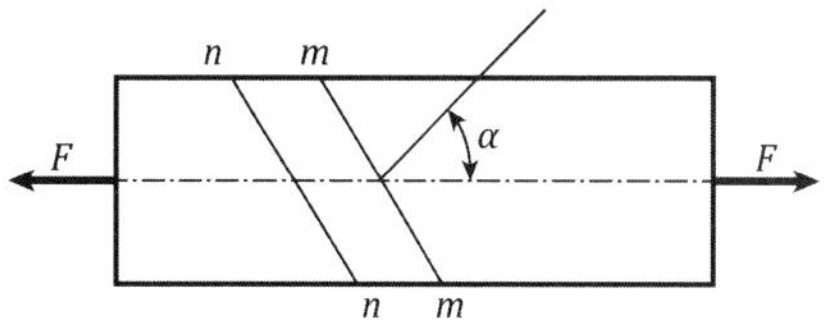

A. 两线不再平行

B. 两线仍平行，角α不变

C. 两线仍平行，角α变小

D. 两线仍平行，角α变大

61. 图示简支梁两端由铰链约束，已知铰链轴的许用切应力为$[\tau]$，梁中间受集中力F作用，则铰链轴的合理直径d是：

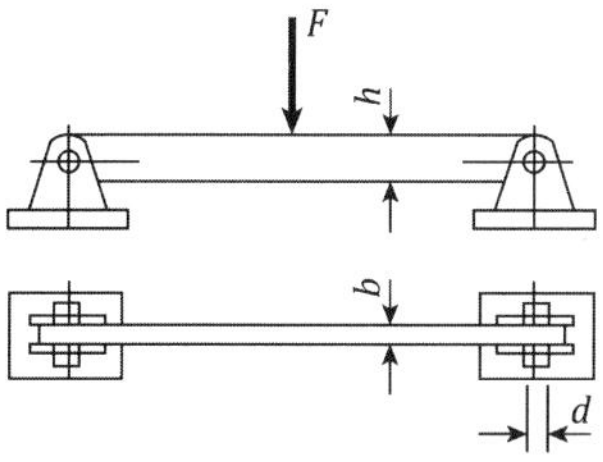

A. $d^2 \geqslant \frac{4F}{\pi[\tau]}$

B. $d^2 \geqslant \frac{2F}{\pi[\tau]}$

C. $d^2 \geqslant \frac{F}{\pi[\tau]}$

D. $d^2 \geqslant \frac{F}{2\pi[\tau]}$

62. 图示等截面圆轴上装有四个皮带轮，将 3 轮与 4 轮对调后，圆轴的最大扭转切应力是原来的：

A. $\frac{1}{4}$　　B. $\frac{1}{2}$

C. 不变　　D. 2 倍

63. 图示空心圆截面的内径为d，外径为$2d$，其对形心轴y的抗弯截面系数为：

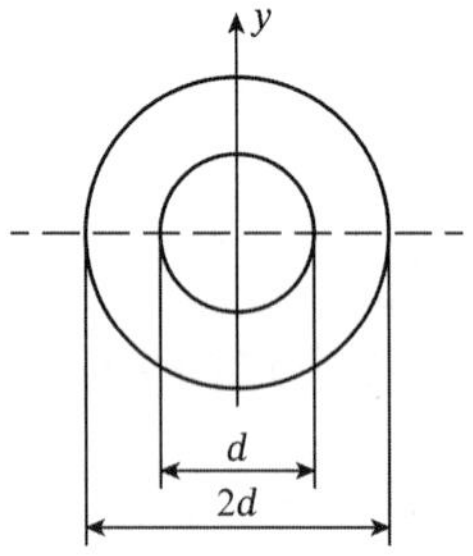

A. $W_y = \frac{7\pi d^3}{32}$

B. $W_y = \frac{15\pi d^4}{64}$

C. $W_y = \frac{15\pi d^3}{64}$

D. $W_y = \frac{15\pi d^3}{32}$

64. 图示矩形截面，m-m线以上部分和以下部分对形心轴z静矩的关系是：

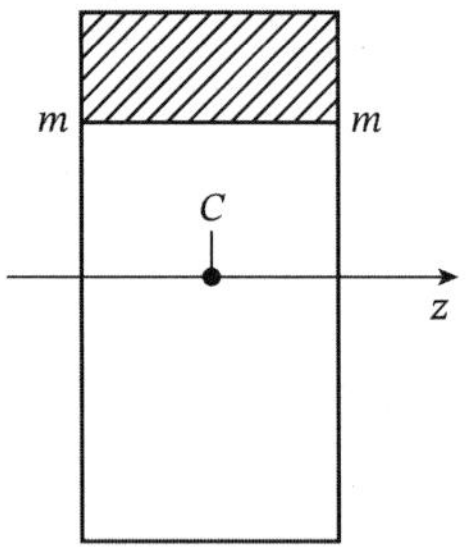

A. 相等

B. 绝对值相等，符号相反

C. 绝对值不等，符号相同

D. 绝对值不等，符号相反

65. 图示简支梁受反对称荷载作用，则梁的剪力图和弯矩图的对称性是：

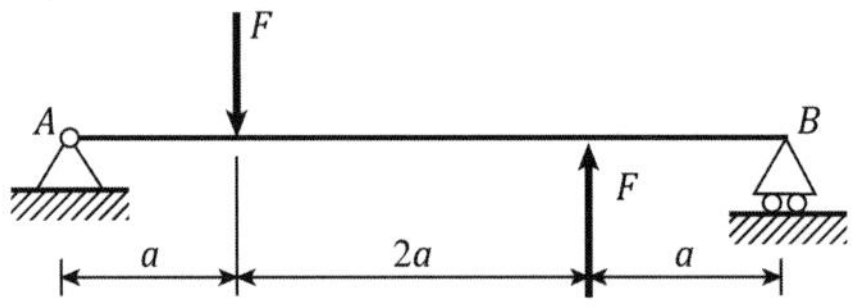

A. 剪力反对称，弯矩对称　　B. 剪力对称，弯矩反对称

C. 剪力和弯矩均对称　　D. 剪力和弯矩均反对称

66. 如图悬臂梁AB由三根相同的矩形截面杆胶合而成，则胶合面的切应力是：

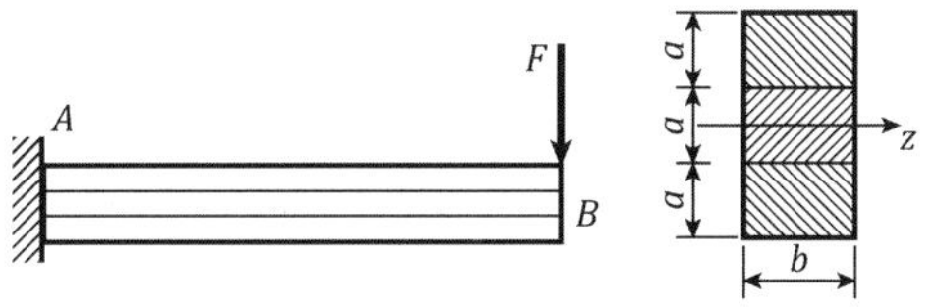

A. $\frac{F}{2ab}$　　B. $\frac{F}{3ab}$　　C. $\frac{3F}{4ab}$　　D. $\frac{4F}{9ab}$

67. 材料相同的悬臂梁a、b，所受荷载及截面尺寸如图所示。则两梁自由端挠度之比$\frac{y_a}{y_b}$为：

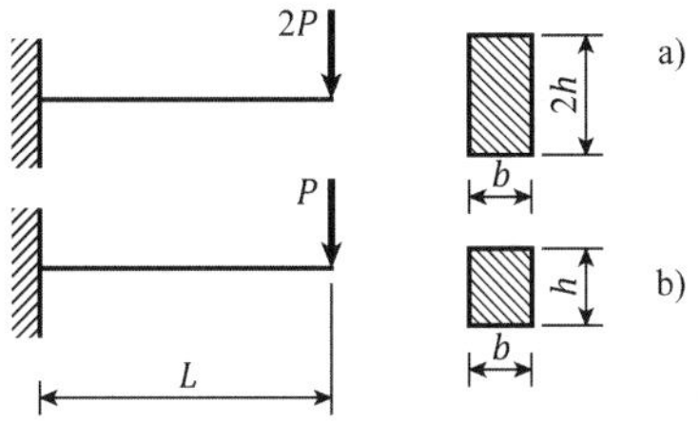

A. $\frac{1}{2}$　　B. $\frac{1}{4}$　　C. 2　　D. 4

68. 分析受力物体内一点处的应力状态，总可以找到一个平面，在该平面上有最大正应力，同时该平面上的切应力：

A. 一定最大　　B. 一定为零

C. 一定不为零　　D. 不能确定

69. 图示圆截面悬臂梁的直径为d，梁的自由端承受作用在两个相互垂直平面内的弯矩M_y、M_z，则该梁的最大正应力为：

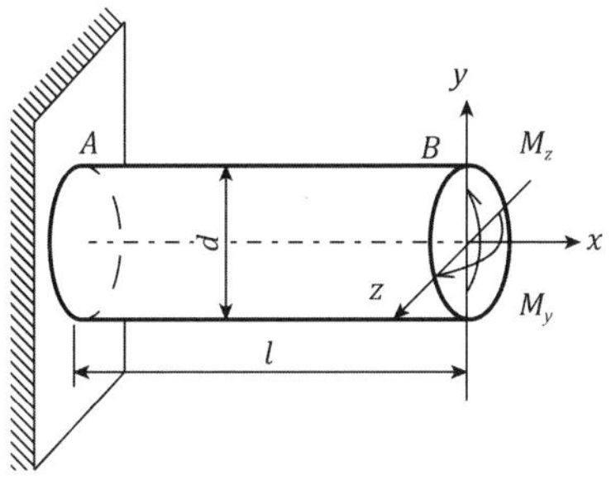

A. $\frac{32M_y}{\pi d^3}$　　B. $\frac{32M_z}{\pi d^3}$

C. $\frac{32(M_y+M_z)}{\pi d^3}$　　D. $\frac{32}{\pi d^3}\sqrt{M_y^2+M_z^2}$

70. 图示三根细长压杆，弯曲刚度均为EI。三根压杆的临界载荷F_{cr}的关系为：

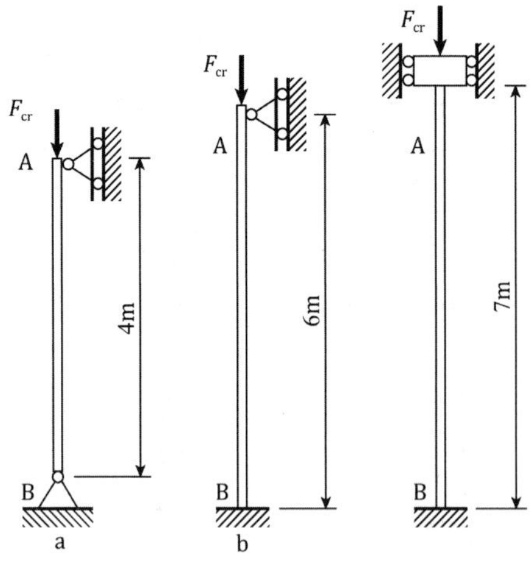

a)　　b)　　c)

A. $F_{cra} > F_{crb} > F_{crc}$　　B. $F_{crb} > F_{cra} > F_{crc}$

C. $F_{crc} > F_{cra} > F_{crb}$　　D. $F_{crb} > F_{crc} > F_{cra}$

71. 一宽 1m、高 5m 的矩形挡水平板，垂直于水深 3m 的池中，求作用于挡板的水平静水总压力P为：

A. 14.7kN　　B. 29.4kN

C. 44.1kN　　D. 88.2kN

72. 动量方程：

A. 仅适用于理想流体的流动　　B. 仅适用于黏性流体的流动

C. 理想流体与黏性流体均适用　　D. 仅适用于紊流

73. 某水箱内水由一管路流出，水位差为H，管长为L，管径d，管路损失为h_w，水的密度为ρ，若密度改为$\rho' > \rho$，则管路损失h_w'将：

A. $h_w' > h_w$　　B. $h_w' = h_w$

C. $h_w' < h_w$　　D. $h_w' > h_w$或$h_w' < h_w$

74. 将孔口改为同直径的外管嘴出流，其他条件不变，则出流量增大，这是由于：

A. 阻力系数减小所致　　B. 流速系数增大所致

C. 作用水头增大所致　　D. 不能确定

75. 长管作用水头H保持不变，出口自由出流改为淹没出流，则管路流量：

A. 变小　　B. 不变

C. 变大　　D. 不一定

76. 一梯形断面明渠，水力半径$R=1\text{m}$，底坡$i=0.0008$，粗糙度$n=0.01$，输水流速为：

A. 18m/s　　B. 3.2m/s

C. 2.8m/s　　D. 4m/s

77. 渗流达西定律的渗流系数越大，则过流断面的流量：

A. 越大　　B. 越小

C. 不确定　　D. 条件不足，无法判断

78. 进行水力模型试验，要实现有压管流的动力相似，应选的相似准则是：

A. 雷诺准则　　B. 弗劳德准则

C. 欧拉准则　　D. 马赫准则

79. 如图所示，真空中，沿环路L的闭合线积分$\oint_L \vec{B}\cdot \mathrm{d}\vec{l}$为：

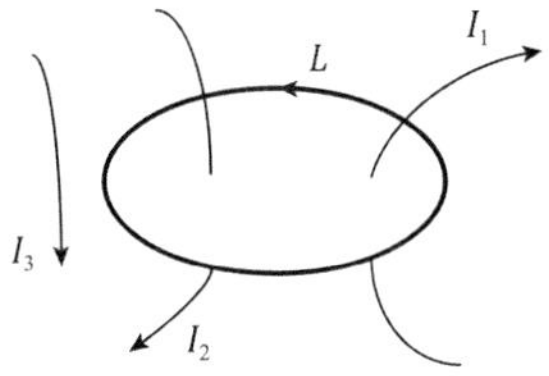

A. $\mu_0(I_1+I_3-I_2)$

B. $\mu_0(I_1-I_2)$

C. $\mu_0(I_2-I_1-I_3)$

D. $\mu_0(I_2-I_1)$

80. 对图示电路，列出了关系式（1）、式（2）和式（3）。其中，正确的关系式是：

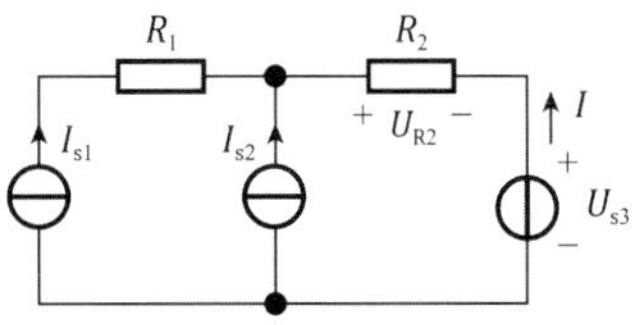

A. （1）和（2）

B. （1）、（2）和（3）

C. （2）

D. （2）和（3）

81. 图示电路中，若仅考虑理想电压源的单独作用，则电压U为：

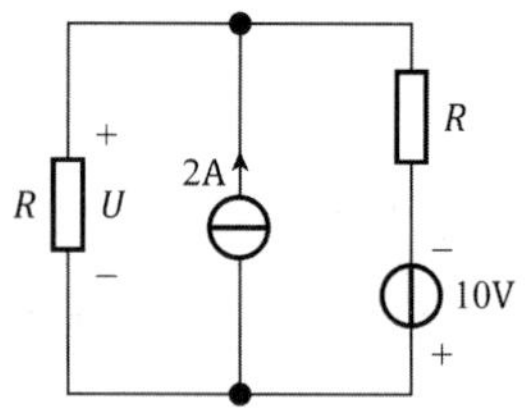

A. 5V

B. −5V

C. 因R未知，而无法确定

D. 0

82. 已知电流$\dot{I}_1 = 8 + j6\text{A}$，$\dot{I}_2 = 8\angle 90^\circ\text{A}$，则$-\dot{I}_1 + \dot{I}_2$为：

A. $-8 + j2\text{A}$

B. $-8 + j14\text{A}$

C. $-j6\text{A}$

D. $j6\text{A}$

83. 对于图示三相电路来讲，如下说法正确的是：

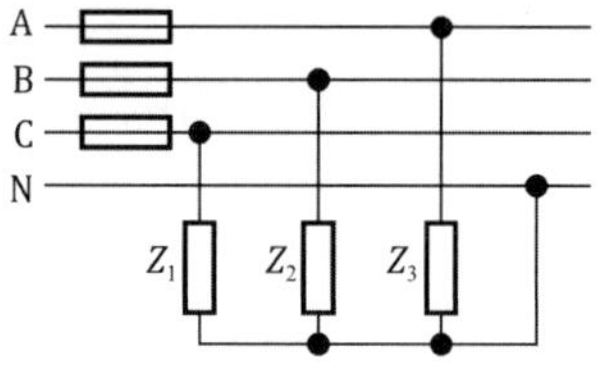

A. $Z_1 \neq Z_2 \neq Z_3$时，会出现中点位移

B. 若将负载改为三角形接法，因不需要接入中线，所以要求负载必须是对称的

C. 若将负载改为三角形接法，则线电流有效值I_l与相电流有效值I_p间的关系式$I_\text{l} = \sqrt{3}I_\text{p}$一定成立

D. 若维持负载星接接法不变，即便$Z_1 \neq Z_2 \neq Z_3$，线电压有效值U_l与相电压有效值U_p间的关系式$U_\text{l} = \sqrt{3}U_\text{p}$依然成立

84. 图示电路中的$H(j\omega) = \frac{\dot{U}_\text{o}}{\dot{U}_i}$，则$H(j\omega)$的相频特性为：

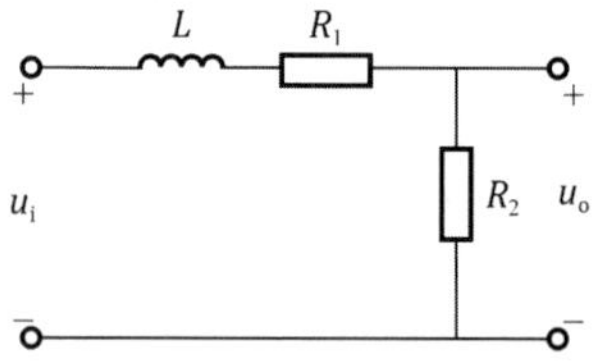

A. $\arctan\frac{R_2}{R_1+R_2+j\omega L}$

B. $\arctan\frac{R_2}{R_1+R_2+\omega L}$

C. $\arctan\frac{\omega L}{R_1+R_2}$

D. $-\arctan\frac{\omega L}{R_1+R_2}$

85. 设图示变压器为理想器件，且u为正弦电压，$R_{L1}=R_{L2}$，开关闭合后，电路中的：

A. I_2增大，I_1也增大

B. I_2变小，I_1也变小

C. $I_2=kI_1$不再成立

D. I_2和I_1均不变

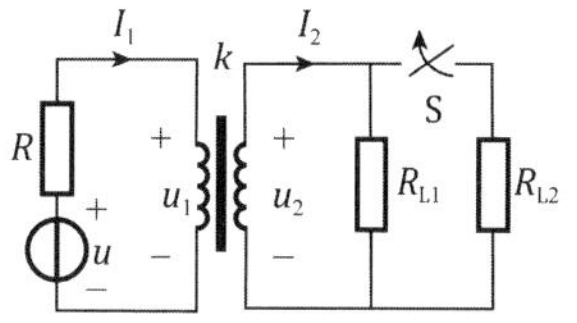

86. 设电动机 M_1 和 M_2 协同工作，其中，电动机 M_1 通过接触器 1KM 控制，电动机 M_2 通过接触器 2KM 控制，如果采用图示控制电路方案，则使 M_2 投入工作的正确操作是：

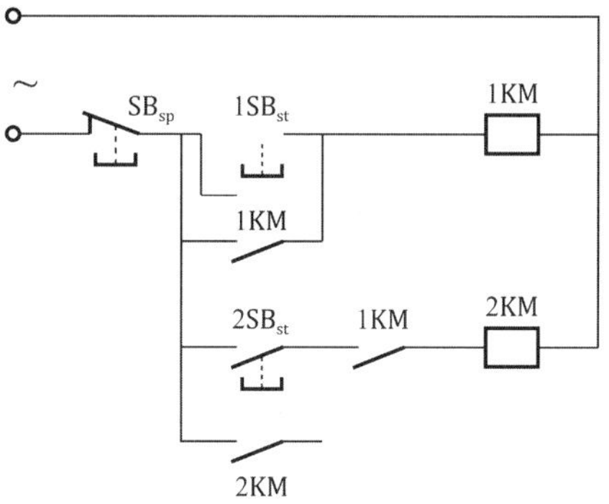

A. 按下启动按钮 $1SB_{st}$

B. 按下启动按钮 $2SB_{st}$

C. 按下启动按钮 $1SB_{st}$，再按下启动按钮 $2SB_{st}$

D. 按下启动按钮 $2SB_{st}$，再按下启动按钮 $1SB_{st}$

87. 在如下关于采样信号和采样保持信号的说法中，正确的是：

A. 采样信号是离散时间信号，采样保持信号是连续时间信号

B. 采样信号数值上离散，采样保持信号时间上离散

C. 采样信号时间上和数值上均离散

D. 采样保持信号时间上和数值上均离散

88. 已知 16 进制数$X=(11)_{16}$，10 进制数$Y=(11)_{10}$，2 进制数$Z=(11)_2$，若用三个数字信号来表示这三个数，则它们所具有的二进制代码的位数N_x、N_y和N_z：

A. 相同　　B. $N_x<N_y<N_z$

C. $N_x<N_y>N_z$　　D. $N_x>N_y>N_z$

89. 已知x_1是模拟信号，x_2是x_1的采样信号，x_3是x_2的采样保持信号，若希望得到x_1的数字信号，应该：

A. x_1进行 A/D 转换　　B. x_2进行 A/D 转换

C. x_3进行 A/D 转换　　D. x_1进行 D/A 转换

90. 某信号$u(t)$的幅度频谱如图所示，可以断定，信号$u(t)$是一个：

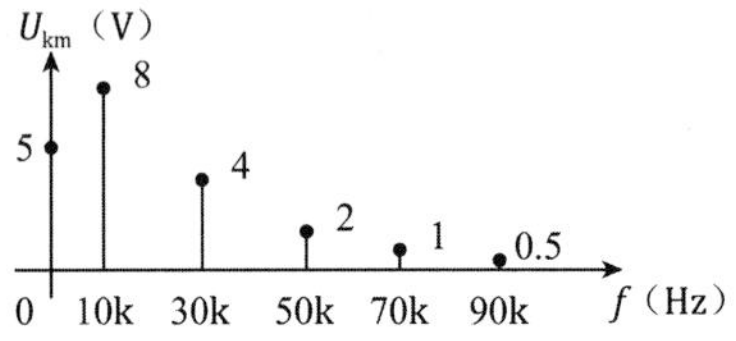

A. 离散时间信号

B. 均值为 5V 的周期性连续时间信号

C. 指数衰减连续时间信号

D. 频率不定的连续时间信号

91. 根据u_1和u_2的波形可知，图示信号处理器是：

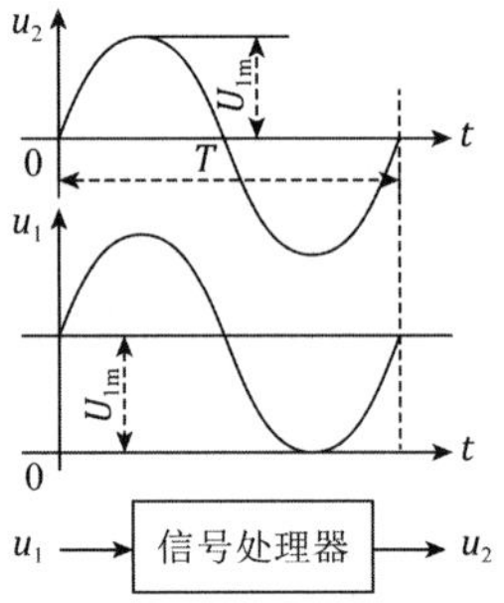

A. 截止频率小于 1/T的高通滤波器

B. 截止频率大于 1/T的高通滤波器

C. 截止频率小于 1/T的低通滤波器

D. 截止频率大于 1/T的低通滤波器

92. 逻辑函数$\mathrm{F}=(\mathrm{A}+\overline{\mathrm{A}})(\mathrm{B}+\overline{\mathrm{B}}\mathrm{C})$的化简结果是：

A. $\mathrm{F}=\overline{\mathrm{B}}\mathrm{C}$　　B. $\mathrm{F}=\mathrm{B}+\mathrm{C}$

C. $\mathrm{F}=\mathrm{B}$　　D. $\mathrm{F}=1$

93. 二极管应用电路如图所示，设二极管 D 为理想器件，$u_i = 10\sin\omega t$V，则输出电压u_o的波形为：

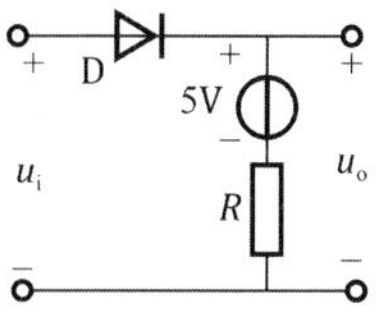

A. 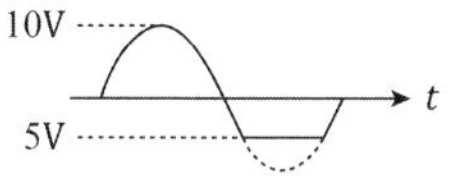

B. 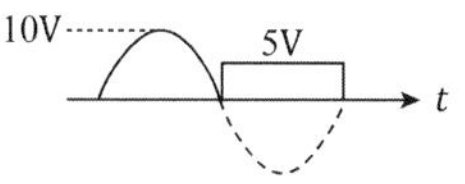

C. 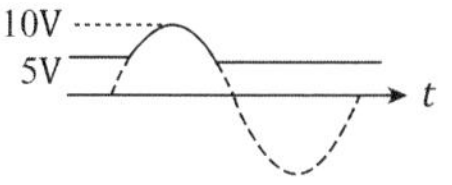

D. 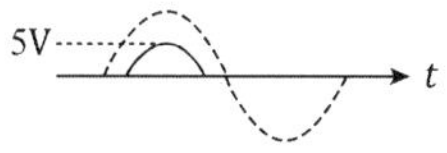

94. 晶体三极管放大电路如图所示，其输出电阻r_o为：

A. $R_C//R_L$

B. R_C

C. R_L

D. $R_C + R_E$

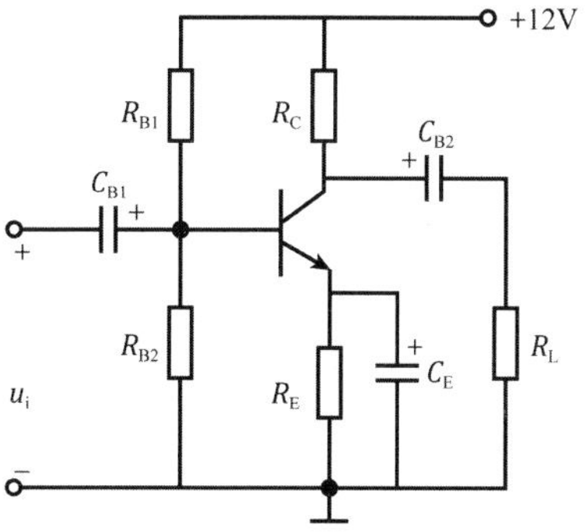

95. 图示逻辑门的输出 F_1 和 F_2 分别为：

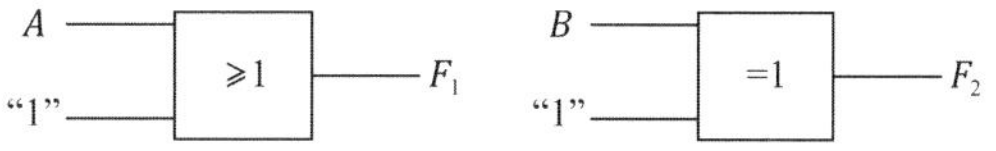

A. 1 和 B

B. 1 和$\overline{B}$

C. A 和 1

D. A 和$\overline{B}$

96. 图 a）所示电路中，复位信号、数据输入及时钟脉冲信号如图 b）所示，经分析可知，在第一个和第二个时钟脉冲的下降沿过后，输出 Q 先后等于：

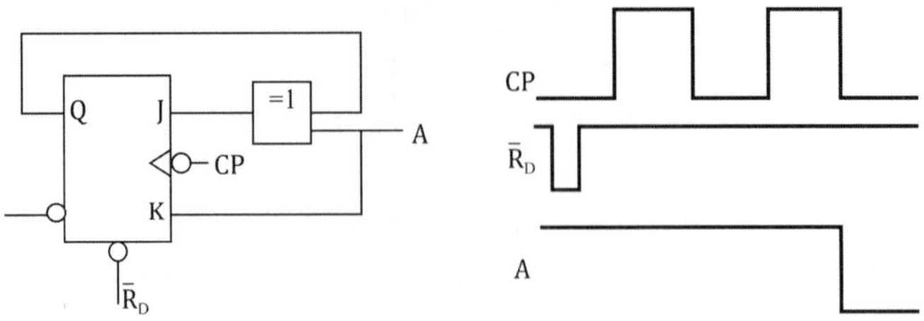

a)　　　b)

附：JK 触发器的逻辑状态表为

J	K	Q_{n+1}
0	0	Q_n
0	1	0
1	0	1
1	1	$\bar{Q}_n$

A. 0　0　　　　B. 0　1

C. 1　0　　　　D. 1　1

97. 未来计算机的发展趋势是人性化，下列四条是有关人性化的描述，其中不正确的一条是：

A. 计算机的功能更简洁、实用

B. 存储容量大，处理信息的能力强

C. 易学、易用、实用“傻瓜化”

D. 对处理视频、音频的要求低能化

98. 寄存器组中的地址寄存器，被用来存放：

A. 操作数或被操作数

B. 指令操作码

C. 指令地址或操作数地址

D. 操作数，也可以用来存放操作数的地址

99. 微机的内存储器容量是指在微机内存储器内所能保存的：

A. 以二进制数为单位的信息总数

B. 以字为单位的信息总数

C. 以字节为单位的信息总数

D. 以硬盘上的分区为单位的信息总数

100. 编译程序有两种执行方式，其中编译方式执行的过程是：

A. 先执行源程序，再对源程序实施转换、翻译

B. 先扫描源程序，然后进行解释、翻译，再执行

C. 边扫描源程序边进行翻译，一个语句一个语句地解释执行

D. 将源程序经过编译程序处理后，产生一个与源程序等价的目标程序再执行

101. 在计算机内，所有的信息都是用：

A. 二进制数码表示的

B. 八进制数码表示的

C. 十进制数码表示的

D. 十六制数码表示的

102. 在 256 色的图像中，每个像素有 256 种颜色，那么每个像素则要用：

A. 6 位二进制数表示颜色的数据信息

B. 8 位二进制数表示颜色的数据信息

C. 10 位二进制数表示颜色的数据信息

D. 16 位二进制数表示颜色的数据信息

103. 计算机病毒的诸多特征中，不包括：

A. 传染性　　B. 危害性

C. 潜伏性　　D. 移植性

104. 下面所列出的四条存储器容量单位之间换算表达式中，不正确的一条是：

A. 1PB = 1024MB

B. 1EB = 1024PB

C. 1ZB = 1024EB

D. 1TB = 1024GB

105. 计算机网络的主要功能包括：

A. 资源共享、数据通信、提高可靠性、增强系统处理功能

B. 提高可靠性、增强系统处理功能、修复系统软件功能

C. 计算功能、通信功能和网络功能、信息查询功能

D. 信息查询功能、通信功能、修复系统软件功能

106. 服务器是局域网的核心，在局域网中对服务器的要求是：

A. 处理能力强，操作速度快，大容量内存和硬盘

B. 大量的输入/输出设备和资源

C. 大、中、小各种计算机系统

D. 用双绞线、同轴电缆、光纤服务器连接

107. 某人以 7%的复利借出 1500 元，10 年到期后以 9%的单利将本利和再借出，借期 5 年，已知 $(F/P, 7\%, 10) = 1.967$，则在 15 年后收到的本利和为：

A. 3216.01 元 B. 3983.16 元

C. 4278.23 元 D. 4540.06 元

108. 以下关于增值税的说法中正确的是：

A. 增值税是就营业收入额征收的一种流转税

B. 增值税是价内税，包括在营业收入之中

C. 增值税是以商品生产流通或劳务服务各个环节增值额为征税对象征收的一种流转税

D. 增值税应纳税额为当期销项税额

109. 某项目向银行申请长期贷款 8000 万元，利率为 7%，每年付息一次，到期一次还本，所得税率为 25%，忽略发行费率。则银行借款的资金成本率为：

A. 5.25%　　B. 5.36%

C. 7%　　D. 7.14%

110. 项目的动态投资回收期是使项目：

A. 净现值为零的年限

B. 净现金流量为零的年限

C. 累计折现净现金流量为零的年限

D. 累计净现金流量为零的年限

111. 某建设项目在进行财务分析时得到如下数据：当$i_1 = 12\%$时，净现值为 460 万元；当$i_2 = 16\%$时，净现值为 130 万元；当$i_3 = 18\%$时，净现值为-90 万元。基准收益率为 10%。该项目的内部收益率约为：

A. 12.44%　　B. 15.56%

C. 16.82%　　D. 17.18%

112. 某企业设计生产能力为 40 万件，产品价格为 120 元，年固定成本为 280 万元，单位产品的可变成本为 100 元，单位产品销售税金及附加为 6 元，则其盈亏平衡产量为：

A. 14 万件　　B. 20 万件

C. 24 万件　　D. 40 万件

113. 下列财务评价方法中，适用于寿命期不等的互斥方案评价的是：

A. 净现值法　　B. 最小公倍数法

C. 内部收益率法　　D. 增量净现值法

114. 在价值工程理论中，产品或作业的功能从用户需求的角度可分为两类，即：

A. 必要功能和不必要功能　　B. 基本功能和辅助功能

C. 使用功能和美学功能　　D. 上位功能和下位功能

115. 某监理企业承接了某工程项目的监理任务，在工程实施过程中，监理工程师与承包单位串通，为承包单位谋取非法利益，给建设单位造成损失，则监理单位应承担的责任是：

A. 免收监理酬金

B. 支付违约金

C. 与承包单位承担连带赔偿责任

D. 减收监理酬金

116. 安全生产监督检查管理部门对施工现场进行安全生产大检查，下列措施中不合法的是：

A. 进入施工现场进行检查，调阅参与单位的有关资料

B. 对检查中发现的安全生产违法行为，当场予以纠正或者要求限期改正

C. 对检查中发现的重大事故隐患排除前，责令从危险区域内撤出作业人员，责令暂时停产停业或者停止使用相关设施、设备

D. 对有根据认为不符合保障安全生产的国家标准的器材，当场予以没收

117. 某工程项目确定甲乙两个公司组成的联合体中标，下列有关该联合体与招标人签订合同的说法，正确的是：

A. 甲乙双方应当分别与招标人签订合同

B. 甲乙双方选出代表与招标人签订合同

C. 甲乙双方共同与招标人签订一个合同

D. 甲乙双方根据合同各自承担责任

118. 某运输合同，由上海的供货商委托沈阳的运输公司将天津的一批货物运到西安，双方签订的运输合同中约定，送达指定地点付款，但是支付运费的履行地点没有约定，运输公司根据合同约定按期完成了货物的运输，则支付该运费的履行地应当是：

A. 上海　　B. 沈阳

C. 天津　　D. 西安

119. 根据《中华人民共和国环境保护法》规定，下列关于建设项目中防止污染的设施的说法，正确的是：

A. 防治污染的设施，应当与主体工程同时设计、同时施工、同时竣工

B. 防治污染的设施，应当与主体工程同时开工，同时投产使用

C. 防治污染的设施应当符合经批准的环境影响评价文件的要求

D. 防治污染的设施应当符合经论证的可行性研究报告的要求

120. 根据《建设工程安全生产管理条例》，以下关于施工安全管理的说法，正确的是：

A. 建设单位对施工现场的安全生产负总责

B. 总承包单位与分包单位对工程的安全生产承担连带责任

C. 总承包单位应自行完成建设工程主体结构的施工

D. 分包单位不服从管理导致生产安全事故的，由分包单位承担全部责任

附录一

全国勘察设计注册工程师执业资格考试
公共基础考试大纲

Ⅰ.工程科学基础

一、数学

1.1　空间解析几何

向量的线性运算；向量的数量积、向量积及混合积；两向量垂直、平行的条件；直线方程；平面方程；平面与平面、直线与直线、平面与直线之间的位置关系；点到平面、直线的距离；球面、母线平行于坐标轴的柱面、旋转轴为坐标轴的旋转曲面的方程；常用的二次曲面方程；空间曲线在坐标面上的投影曲线方程。

1.2　微分学

函数的有界性、单调性、周期性和奇偶性；数列极限与函数极限的定义及其性质；无穷小和无穷大的概念及其关系；无穷小的性质及无穷小的比较极限的四则运算；函数连续的概念；函数间断点及其类型；导数与微分的概念；导数的几何意义和物理意义；平面曲线的切线和法线；导数和微分的四则运算；高阶导数；微分中值定理；洛必达法则；函数的切线及法平面和切平面及法线；函数单调性的判别；函数的极值；函数曲线的凹凸性、拐点；偏导数与全微分的概念；二阶偏导数；多元函数的极值和条件极值；多元函数的最大、最小值及其简单应用。

1.3　积分学

原函数与不定积分的概念；不定积分的基本性质；基本积分公式；定积分的基本概念和性质（包括定积分中值定理）；积分上限的函数及其导数；牛顿-莱布尼兹公式；不定积分和定积分的换元积分法与分部积分法；有理函数、三角函数的有理式和简单无理函数的积分；广义积分；二重积分与三重积分的概念、性质、计算和应用；两类曲线积分的概念、性质和计算；求平面图形的面积、平面曲线的弧长和旋转体的体积。

1.4　无穷级数

数项级数的敛散性概念；收敛级数的和；级数的基本性质与级数收敛的必要条件；几何级数与p级数及其收敛性；正项级数敛散性的判别法；任意项级数的绝对收敛与条件收敛；幂级数及其收敛半径、收敛区间和收敛域；幂级数的和函数；函数的泰勒级数展开；函数的傅里叶系数与傅里叶级数。

1.5 常微分方程

常微分方程的基本概念；变量可分离的微分方程；齐次微分方程；一阶线性微分方程；全微分方程；可降阶的高阶微分方程；线性微分方程解的性质及解的结构定理；二阶常系数齐次线性微分方程。

1.6 线性代数

行列式的性质及计算；行列式按行展开定理的应用；矩阵的运算；逆矩阵的概念、性质及求法；矩阵的初等变换和初等矩阵；矩阵的秩；等价矩阵的概念和性质；向量的线性表示；向量组的线性相关和线性无关；线性方程组有解的判定；线性方程组求解；矩阵的特征值和特征向量的概念与性质；相似矩阵的概念和性质；矩阵的相似对角化；二次型及其矩阵表示；合同矩阵的概念和性质；二次型的秩；惯性定理；二次型及其矩阵的正定性。

1.7 概率与数理统计

随机事件与样本空间；事件的关系与运算；概率的基本性质；古典型概率；条件概率；概率的基本公式；事件的独立性；独立重复试验；随机变量；随机变量的分布函数；离散型随机变量的概率分布；连续型随机变量的概率密度；常见随机变量的分布；随机变量的数学期望、方差、标准差及其性质；随机变量函数的数学期望；矩、协方差、相关系数及其性质；总体；个体；简单随机样本；统计量；样本均值；样本方差和样本矩；χ^2分布；t分布；F分布；点估计的概念；估计量与估计值；矩估计法；最大似然估计法；估计量的评选标准；区间估计的概念；单个正态总体的均值和方差的区间估计；两个正态总体的均值差和方差比的区间估计；显著性检验；单个正态总体的均值和方差的假设检验。

二、物理学

2.1 热学

气体状态参量；平衡态；理想气体状态方程；理想气体的压强和温度的统计解释；自由度；能量按自由度均分原理；理想气体内能；平均碰撞频率和平均自由程；麦克斯韦速率分布律；方均根速率；平均速率；最概然速率；功；热量；内能；热力学第一定律及其对理想气体等值过程的应用；绝热过程；气体的摩尔热容量；循环过程；卡诺循环；热机效率；净功；制冷系数；热力学第二定律及其统计意义；可逆过程和不可逆过程。

2.2 波动学

机械波的产生和传播；一维简谐波表达式；描述波的特征量；波面，波前，波线；波的能量、能流、能流密度；波的衍射；波的干涉；驻波；自由端反射与固定端反射；声波；声强级；多普勒效应。

2.3 光学

相干光的获得；杨氏双缝干涉；光程和光程差；薄膜干涉；光疏介质；光密介质；迈克尔逊干涉仪；惠更斯-菲涅尔原理；单缝衍射；光学仪器分辨本领；衍射光栅与光谱分析；X 射线衍射；布拉格公式；自然光和偏振光；布儒斯特定律；马吕斯定律；双折射现象。

三、化学

3.1　物质的结构和物质状态

原子结构的近代概念；原子轨道和电子云；原子核外电子分布；原子和离子的电子结构；原子结构和元素周期律；元素周期表；周期族；元素性质及氧化物及其酸碱性。离子键的特征；共价键的特征和类型；杂化轨道与分子空间构型；分子结构式；键的极性和分子的极性；分子间力与氢键；晶体与非晶体；晶体类型与物质性质。

3.2　溶液

溶液的浓度；非电解质稀溶液通性；渗透压；弱电解质溶液的解离平衡；分压定律；解离常数；同离子效应；缓冲溶液；水的离子积及溶液的 pH 值；盐类的水解及溶液的酸碱性；溶度积常数；溶度积规则。

3.3　化学反应速率及化学平衡

反应热与热化学方程式；化学反应速率；温度和反应物浓度对反应速率的影响；活化能的物理意义；催化剂；化学反应方向的判断；化学平衡的特征；化学平衡移动原理。

3.4　氧化还原反应与电化学

氧化还原的概念；氧化剂与还原剂；氧化还原电对；氧化还原反应方程式的配平；原电池的组成和符号；电极反应与电池反应；标准电极电势；电极电势的影响因素及应用；金属腐蚀与防护。

3.5　有机化学

有机物特点、分类及命名；官能团及分子构造式；同分异构；有机物的重要反应：加成、取代、消除、氧化、催化加氢、聚合反应、加聚与缩聚；基本有机物的结构、基本性质及用途：烷烃、烯烃、炔烃、芳烃、卤代烃、醇、苯酚、醛和酮、羧酸、酯；合成材料：高分子化合物、塑料、合成橡胶、合成纤维、工程塑料。

四、理论力学

4.1　静力学

平衡；刚体；力；约束及约束力；受力图；力矩；力偶及力偶矩；力系的等效和简化；力的平移定理；平面力系的简化；主矢；主矩；平面力系的平衡条件和平衡方程式；物体系统（含平面静定桁架）的平衡；摩擦力；摩擦定律；摩擦角；摩擦自锁。

4.2　运动学

点的运动方程；轨迹；速度；加速度；切向加速度和法向加速度；平动和绕定轴转动；角速度；角加速度；刚体内任一点的速度和加速度。

4.3　动力学

牛顿定律；质点的直线振动；自由振动微分方程；固有频率；周期；振幅；衰减振动；阻尼对自由振动振幅的影响——振幅衰减曲线；受迫振动；受迫振动频率；幅频特性；共振；动力学普遍定理；动量；质心；动量定理及质心运动定理；动量及质心运动守恒；动量矩；动量矩定理；动量矩守恒；刚体定轴转动微分方程；转动惯量；回转半径；平行轴定理；功；动能；势能；动能定理及机械能守恒；达朗贝尔原理；惯性力；刚体作平动和绕定轴转动（转轴垂直于刚体的对称面）时惯性力系的简化；动静法。

五、材料力学

5.1　材料在拉伸、压缩时的力学性能

低碳钢、铸铁拉伸、压缩试验的应力-应变曲线；力学性能指标。

5.2　拉伸和压缩

轴力和轴力图；杆件横截面和斜截面上的应力；强度条件；虎克定律；变形计算。

5.3　剪切和挤压

剪切和挤压的实用计算；剪切面；挤压面；剪切强度；挤压强度。

5.4　扭转

扭矩和扭矩图；圆轴扭转切应力；切应力互等定理；剪切虎克定律；圆轴扭转的强度条件；扭转角计算及刚度条件。

5.5　截面几何性质

静矩和形心；惯性矩和惯性积；平行轴公式；形心主轴及形心主惯性矩概念。

5.6　弯曲

梁的内力方程；剪力图和弯矩图；分布荷载、剪力、弯矩之间的微分关系；正应力强度条件；切应力强度条件；梁的合理截面；弯曲中心概念；求梁变形的积分法、叠加法。

5.7　应力状态

平面应力状态分析的解析法和应力圆法；主应力和最大切应力；广义虎克定律；四个常用的强度理论。

5.8　组合变形

拉/压-弯组合、弯-扭组合情况下杆件的强度校核；斜弯曲。

5.9　压杆稳定

压杆的临界荷载；欧拉公式；柔度；临界应力总图；压杆的稳定校核。

六、流体力学

6.1　流体的主要物性与流体静力学

流体的压缩性与膨胀性；流体的黏性与牛顿内摩擦定律；流体静压强及其特性；重力作用下静水压强的分布规律；作用于平面的液体总压力的计算。

6.2 流体动力学基础

以流场为对象描述流动的概念；流体运动的总流分析；恒定总流连续性方程、能量方程和动量方程的运用。

6.3 流动阻力和能量损失

沿程阻力损失和局部阻力损失；实际流体的两种流态——层流和紊流；圆管中层流运动；紊流运动的特征；减小阻力的措施。

6.4 孔口管嘴管道流动

孔口自由出流、孔口淹没出流；管嘴出流；有压管道恒定流；管道的串联和并联。

6.5 明渠恒定流

明渠均匀水流特性；产生均匀流的条件；明渠恒定非均匀流的流动状态；明渠恒定均匀流的水力计算。

6.6 渗流、井和集水廊道

土壤的渗流特性；达西定律；井和集水廊道。

6.7 相似原理和量纲分析

力学相似原理；相似准数；量纲分析法。

II.现代技术基础

七、电气与信息

7.1 电磁学概念

电荷与电场；库仑定律；高斯定理；电流与磁场；安培环路定律；电磁感应定律；洛仑兹力。

7.2 电路知识

电路组成；电路的基本物理过程；理想电路元件及其约束关系；电路模型；欧姆定律；基尔霍夫定律；支路电流法；等效电源定理；叠加原理；正弦交流电的时间函数描述；阻抗；正弦交流电的相量描述；复数阻抗；交流电路稳态分析的相量法；交流电路功率；功率因数；三相配电电路及用电安全；电路暂态；R-C、R-L 电路暂态特性；电路频率特性；R-C、R-L 电路频率特性。

7.3 电动机与变压器

理想变压器；变压器的电压变换、电流变换和阻抗变换原理；三相异步电动机接线、启动、反转及调速方法；三相异步电动机运行特性；简单继电-接触控制电路。

7.4 信号与信息

信号；信息；信号的分类；模拟信号与信息；模拟信号描述方法；模拟信号的频谱；模拟信号增强；模拟信号滤波；模拟信号变换；数字信号与信息；数字信号的逻辑编码与逻辑演算；数字信号的数值编码与数值运算。

7.5 模拟电子技术

晶体二极管；极型晶体三极管；共射极放大电路；输入阻抗与输出阻抗；射极跟随器与阻抗变换；运算放大器；反相运算放大电路；同相运算放大电路；基于运算放大器的比较器电路；二极管单相半波整流电路；二极管单相桥式整流电路。

7.6 数字电子技术

与、或、非门的逻辑功能；简单组合逻辑电路；D 触发器；JK 触发器数字寄存器；脉冲计数器。

7.7 计算机系统

计算机系统组成；计算机的发展；计算机的分类；计算机系统特点；计算机硬件系统组成；CPU；存储器；输入/输出设备及控制系统；总线；数模/模数转换；计算机软件系统组成；系统软件；操作系统；操作系统定义；操作系统特征；操作系统功能；操作系统分类；支撑软件；应用软件；计算机程序设计语言。

7.8 信息表示

信息在计算机内的表示；二进制编码；数据单位；计算机内数值数据的表示；计算机内非数值数据的表示；信息及其主要特征。

7.9 常用操作系统

Windows 发展；进程和处理器管理；存储管理；文件管理；输入/输出管理；设备管理；网络服务。

7.10 计算机网络

计算机与计算机网络；网络概念；网络功能；网络组成；网络分类；局域网；广域网；因特网；网络管理；网络安全；Windows 系统中的网络应用；信息安全；信息保密。

III.工程管理基础

八、法律法规

8.1 中华人民共和国建筑法

总则；建筑许可；建筑工程发包与承包；建筑工程监理；建筑安全生产管理；建筑工程质量管理；法律责任。

8.2 中华人民共和国安全生产法

总则；生产经营单位的安全生产保障；从业人员的权利和义务；安全生产的监督管理；生产安全事故的应急救援与调查处理。

8.3 中华人民共和国招标投标法

总则；招标；投标；开标；评标和中标；法律责任。

8.4 中华人民共和国合同法

一般规定；合同的订立；合同的效力；合同的履行；合同的变更和转让；合同的权利义务终止；违约责任；其他规定。

8.5 中华人民共和国行政许可法

总则；行政许可的设定；行政许可的实施机关；行政许可的实施程序；行政许可的费用。

8.6 中华人民共和国节约能源法

总则；节能管理；合理使用与节约能源；节能技术进步；激励措施；法律责任。

8.7 中华人民共和国环境保护法

总则；环境监督管理；保护和改善环境；防治环境污染和其他公害；法律责任。

8.8 建设工程勘察设计管理条例

总则；资质资格管理；建设工程勘察设计发包与承包；建设工程勘察设计文件的编制与实施；监督管理。

8.9 建设工程质量管理条例

总则；建设单位的质量责任和义务；勘察设计单位的质量责任和义务；施工单位的质量责任和义务；工程监理单位的质量责任和义务；建设工程质量保修。

8.10 建设工程安全生产管理条例

总则；建设单位的安全责任；勘察设计工程监理及其他有关单位的安全责任；施工单位的安全责任；监督管理；生产安全事故的应急救援和调查处理。

九、工程经济

9.1 资金的时间价值

资金时间价值的概念；利息及计算；实际利率和名义利率；现金流量及现金流量图；资金等值计算的常用公式及应用；复利系数表的应用。

9.2 财务效益与费用估算

项目的分类；项目计算期；财务效益与费用；营业收入；补贴收入；建设投资；建设期利息；流动资金；总成本费用；经营成本；项目评价涉及的税费；总投资形成的资产。

9.3　资金来源与融资方案

资金筹措的主要方式；资金成本；债务偿还的主要方式。

9.4　财务分析

财务评价的内容；盈利能力分析（财务净现值、财务内部收益率、项目投资回收期、总投资收益率、项目资本金净利润率）；偿债能力分析（利息备付率、偿债备付率、资产负债率）；财务生存能力分析；财务分析报表（项目投资现金流量表、项目资本金现金流量表、利润与利润分配表、财务计划现金流量表）；基准收益率。

9.5　经济费用效益分析

经济费用和效益；社会折现率；影子价格；影子汇率；影子工资；经济净现值；经济内部收益率；经济效益费用比。

9.6　不确定性分析

盈亏平衡分析（盈亏平衡点、盈亏平衡分析图）；敏感性分析（敏感度系数、临界点、敏感性分析图）。

9.7　方案经济比选

方案比选的类型；方案经济比选的方法（效益比选法、费用比选法、最低价格法）；计算期不同的互斥方案的比选。

9.8　改扩建项目经济评价特点

改扩建项目经济评价特点。

9.9　价值工程

价值工程原理；实施步骤。

附录二

全国勘察设计注册工程师执业资格考试
公共基础试题配置说明

I.工程科学基础（共 78 题）

数学基础	24 题	理论力学基础	12 题
物理基础	12 题	材料力学基础	12 题
化学基础	10 题	流体力学基础	8 题

II.现代技术基础（共 28 题）

电气技术基础	12 题	计算机基础	10 题
信号与信息基础	6 题		

III.工程管理基础（共 14 题）

工程经济基础	8 题	法律法规	6 题

注：试卷题目数量合计 120 题，每题 1 分，满分为 120 分。考试时间为 4 小时。

2025 | 全国勘察设计注册工程师
执业资格考试用书

Zhuce Tumu Gongchengshi (Shuili Shuidian Gongcheng) Zhiye Zige Kaoshi Jichu Kaoshi Shijuan

注册土木工程师（水利水电工程）执业资格考试
基础考试试卷

公共基础、试题解析及参考答案

注册工程师考试复习用书编委会 / 编
肖 宜 曹纬浚 / 主 编

微信扫一扫
了解本书正版数字资源的获取和使用方法

人民交通出版社
北京

内 容 提 要

本书共3册，分别收录有2011～2024年（2015年停考，下同）公共基础考试试卷（即基础考试上午卷）和2013～2019、2021、2023、2024年专业基础考试试卷（即基础考试下午卷）及其解析与参考答案。

本书配电子题库（有效期一年），考生可微信扫描封面（公共基础分册）红色二维码，登录"注考大师"微信公众号在线学习，部分考题有视频解析。

本书可供参加2025年注册土木工程师(水利水电工程)执业资格考试基础考试的考生检验复习效果、准备考试使用。

图书在版编目(CIP)数据

2025注册土木工程师（水利水电工程）执业资格考试基础考试试卷 / 肖宜，曹纬浚主编. — 北京 : 人民交通出版社股份有限公司, 2025. 2. — ISBN 978-7-114-19929-5

Ⅰ. TU-44；TV-44

中国国家版本馆CIP数据核字第2024V5T406号

书　　名：2025注册土木工程师（水利水电工程）执业资格考试基础考试试卷
著 作 者：肖　宜　曹纬浚
责任编辑：刘彩云
责任印制：张　凯
出版发行：人民交通出版社
地　　址：（100011）北京市朝阳区安定门外外馆斜街3号
网　　址：http://www.ccpcl.com.cn
销售电话：（010）85285857
总 经 销：人民交通出版社发行部
经　　销：各地新华书店
印　　刷：北京印匠彩色印刷有限公司
开　　本：889×1194　1/16
印　　张：56.25
字　　数：1147千
版　　次：2025年2月　第1版
印　　次：2025年2月　第1次印刷
书　　号：ISBN 978-7-114-19929-5
定　　价：168.00元（含3册）

目　录

（试题解析及参考答案·公共基础）

2011年度全国勘察设计注册工程师执业资格考试基础考试（上）

试题解析及参考答案

1. 解 直线方向向量$\vec{s}=\{1,1,1\}$，平面法线向量$\vec{n}=\{1,-2,1\}$，计算$\vec{s}\cdot\vec{n}=0$，即$1\times1+1\times(-2)+1\times1=0$，$\vec{s}\perp\vec{n}$，从而知直线//平面，或直线与平面重合；再在直线上取一点$(0,1,0)$，代入平面方程得$0-2\times1+0=-2\neq0$，不满足方程，所以该点不在平面上。

答案： B

2. 解 方程$F(x,y,z)=0$中缺少一个字母，空间解析几何中这样的曲面方程表示为柱面。本题方程中缺少字母x，方程$y^2-z^2=1$表示以平面yoz曲线$y^2-z^2=1$为准线，母线平行于x轴的双曲柱面。

答案： A

3. 解 可通过求$\lim\limits_{x\to0}\frac{3^x-1}{x}$的极限判断。$\lim\limits_{x\to0}\frac{3^x-1}{x}\overset{\frac{0}{0}}{=}\lim\limits_{x\to0}\frac{3^x\ln3}{1}=\ln3\neq0$。

答案： D

4. 解 使分母为0的点为间断点，令$\sin\pi x=0$，得$x=0,\pm1,\pm2,\cdots$为间断点，再利用可去间断点定义，找出可去间断点。

当$x=0$时，$\lim\limits_{x\to0}\frac{x-x^2}{\sin\pi x}\overset{\frac{0}{0}}{=}\lim\limits_{x\to0}\frac{1-2x}{\pi\cos\pi x}=\frac{1}{\pi}$，极限存在，可知$x=0$为函数的一个可去间断点。

同样，可计算当$x=1$时，$\lim\limits_{x\to1}\frac{x-x^2}{\sin\pi x}=\lim\limits_{x\to1}\frac{1-2x}{\pi\cos\pi x}=\frac{1}{\pi}$，极限存在，因而$x=1$也是一个可去间断点。其他间断点求极限都不存在，均不满足可去间断点定义。

答案： B

5. 解 举例说明。

如$f(x)=x$在$x=0$可导，$g(x)=|x|=\begin{cases}x & x\geqslant0\\-x & x<0\end{cases}$在$x=0$处不可导，$f(x)g(x)=x|x|=\begin{cases}x^2 & x\geqslant0\\-x^2 & x<0\end{cases}$，通过计算$f'_+(0)=f'_-(0)=0$，知$f(x)g(x)$在$x=0$处可导。

如$f(x)=2$在$x=0$处可导，$g(x)=|x|$在$x=0$处不可导，$f(x)g(x)=2|x|=\begin{cases}2x & x\geqslant0\\-2x & x<0\end{cases}$，通过计算函数$f(x)g(x)$在$x=0$处的右导为2，左导为$-2$，可知$f(x)g(x)$在$x=0$处不可导。

答案： A

6. 解 利用函数的单调性证明。设$f(x)=x-\sin x$，$x\subset(0,+\infty)$，得$f'(x)=1-\cos x\geqslant0$，所以$f(x)$单增，当$x=0$时，$f(0)=0$，从而当$x>0$时，$f(x)>0$，即$x-\sin x>0$。

答案： D

7. 解 在题目中只给出$f(x,y)$在闭区域D上连续这一条件，并未讲函数$f(x,y)$在P_0点是否具有一阶、二阶连续偏导，而选项 A、B 判定中均利用了这个未给的条件，因而选项 A、B 不成立。选项 D 中，$f(x,y)$的最大值点可以在D的边界曲线上取得，因而不一定是$f(x,y)$的极大值点，故选项 D 不成立。

在选项 C 中，给出P_0是可微函数的极值点这个条件，因而$f(x,y)$在P_0偏导存在，且$\left.\frac{\partial f}{\partial x}\right|_{P_0}=0$，$\left.\frac{\partial f}{\partial y}\right|_{P_0}=0$。故$\mathrm{d}f=\left.\frac{\partial f}{\partial x}\right|_{P_0}\mathrm{d}x+\left.\frac{\partial f}{\partial y}\right|_{P_0}\mathrm{d}y=0$

答案：C

8. 解

方法 1：凑微分再利用积分公式计算。

原式$=2\int\frac{1}{1+x}\mathrm{d}\sqrt{x}=2\int\frac{1}{1+(\sqrt{x})^2}\mathrm{d}\sqrt{x}=2\arctan\sqrt{x}+C$。

方法 2：换元，设$\sqrt{x}=t$，$x=t^2$，$\mathrm{d}x=2t\mathrm{d}t$。

原式$=\int\frac{2t}{t(1+t^2)}\mathrm{d}t=2\int\frac{1}{1+t^2}\mathrm{d}t=2\arctan t+C$，回代$t=\sqrt{x}$。

答案：B

9. 解 $f(x)$是连续函数，$\int_0^2 f(t)\mathrm{d}t$的结果为一常数，设为A，那么已知表达式化为$f(x)=x^2+2A$，两边作定积分，$\int_0^2 f(x)\mathrm{d}x=\int_0^2(x^2+2A)\mathrm{d}x$，化为$A=\int_0^2 x^2\mathrm{d}x+2A\int_0^2\mathrm{d}x$，通过计算得到$A=-\frac{8}{9}$。

计算如下：$A=\left.\frac{1}{3}x^3\right|_0^2+\left.2Ax\right|_0^2=\frac{8}{3}+4A$，得$A=-\frac{8}{9}$，所以$f(x)=x^2+2\times\left(-\frac{8}{9}\right)=x^2-\frac{16}{9}$。

答案：D

10. 解 利用偶函数在对称区间的积分公式得原式$=2\int_0^2\sqrt{4-x^2}\mathrm{d}x$，而积分$\int_0^2\sqrt{4-x^2}\mathrm{d}x$为圆$x^2+y^2=4$面积的$\frac{1}{4}$，即为$\frac{1}{4}\times\pi\times2^2=\pi$，从而原式$=2\pi$。

另一方法：可设$x=2\sin t$，$\mathrm{d}x=2\cos t\,\mathrm{d}t$，则$\int_0^2\sqrt{4-x^2}\mathrm{d}x=\int_0^{\frac{\pi}{2}}4\cos^2 t\,\mathrm{d}t=4\times\frac{1}{2}\times\frac{\pi}{2}=\pi$，从而原式$=2\int_0^2\sqrt{4-x^2}\mathrm{d}x=2\pi$。

答案：B

11. 解 利用已知两点求出直线方程L：$y=-2x+2$（见图解）

L的参数方程$\begin{cases}y=-2x+2\\x=x\end{cases}(0\leqslant x\leqslant1)$

$\mathrm{d}S=\sqrt{1^2+(-2)^2}\mathrm{d}x=\sqrt{5}\mathrm{d}x$

$$\begin{aligned}S&=\int_0^1[x^2+(-2x+2)^2]\sqrt{5}\mathrm{d}x\\&=\sqrt{5}\int_0^1(5x^2-8x+4)\mathrm{d}x\\&=\sqrt{5}\left.\left(\frac{5}{3}x^3-4x^2+4x\right)\right|_0^1=\frac{5}{3}\sqrt{5}\end{aligned}$$

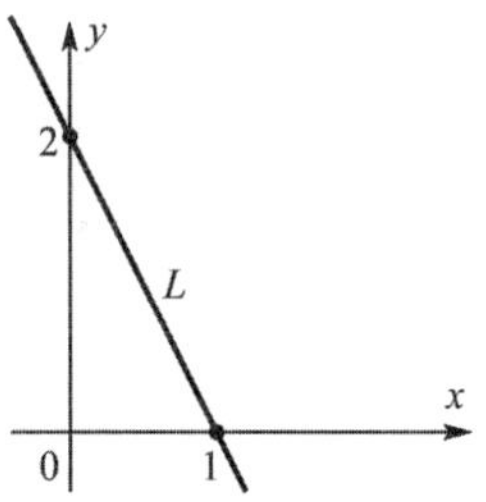

题 11 解图

答案：D

12. 解　$y=e^{-x}$，即$y=\left(\frac{1}{e}\right)^{x}$，画出平面图形（见解图）。根据$V=\int_{0}^{+\infty}\pi(e^{-x})^{2}\mathrm{d}x$，可计算结果。

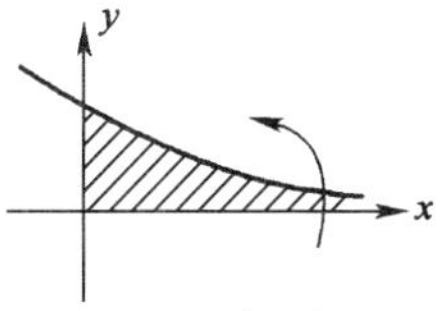

题 12 解图

$$V=\int_{0}^{+\infty}\pi e^{-2x}\mathrm{d}x=-\frac{\pi}{2}\int_{0}^{+\infty}e^{-2x}\mathrm{d}(-2x)=-\frac{\pi}{2}e^{-2x}\Big|_{0}^{+\infty}=\frac{\pi}{2}$$

答案：A

13. 解　利用级数性质易判定选项 A、B、C 均收敛。对于选项 D，因$\sum\limits_{n=1}^{\infty}u_n$收敛，则有$\lim\limits_{x\to\infty}u_n=0$，而级数$\sum\limits_{n=1}^{\infty}\frac{50}{u_n}$的一般项为$\frac{50}{u_n}$，计算$\lim\limits_{x\to\infty}\frac{50}{u_n}=\infty\neq0$，故级数 D 发散。

答案：D

14. 解　由已知条件可知$\lim\limits_{n\to\infty}\left|\frac{a_{n+1}}{a_n}\right|=\frac{1}{2}$，设$x-2=t$，幂级数$\sum\limits_{n=1}^{\infty}na_n(x-2)^{n+1}$化为$\sum\limits_{n=1}^{\infty}na_nt^{n+1}$，求系数比的极限确定收敛半径，$\lim\limits_{n\to\infty}\left|\frac{(n+1)a_{n+1}}{na_n}\right|=\lim\limits_{n\to\infty}\left|\frac{n+1}{n}\cdot\frac{a_{n+1}}{a_n}\right|=\frac{1}{2}$，$R=2$，即$|t|<2$收敛，$-2<x-2<2$，即$0<x<4$收敛。

答案：C

15. 解　分离变量，化为可分离变量方程$\frac{x}{\sqrt{2-x^2}}\mathrm{d}x=\frac{1}{y}\mathrm{d}y$，两边进行不定积分，得到最后结果。

注意左边式子的积分$\int\frac{x}{\sqrt{2-x^2}}\mathrm{d}x=-\frac{1}{2}\int\frac{\mathrm{d}(2-x^2)}{\sqrt{2-x^2}}=-\sqrt{2-x^2}$，右边式子积分$\int\frac{1}{y}\mathrm{d}y=\ln y+C_1$，所以$-\sqrt{2-x^2}=\ln y+C_1$，$\ln y=-\sqrt{2-x^2}-C_1$，$y=e^{-C_1-\sqrt{2-x^2}}=Ce^{-\sqrt{2-x^2}}$，其中$C=e^{-C_1}$。

答案：C

16. 解　微分方程为一阶齐次方程，设$u=\frac{y}{x}$，$y=xu$，$\frac{\mathrm{d}y}{\mathrm{d}x}=u+x\frac{\mathrm{d}u}{\mathrm{d}x}$，代入化简得$\cot u\,\mathrm{d}u=\frac{1}{x}\mathrm{d}x$

两边积分$\int\cot u\,\mathrm{d}u=\int\frac{1}{x}\mathrm{d}x$，$\ln\sin u=\ln x+C_1$，$\sin u=e^{C_1+\ln x}=e^{C_1}\cdot e^{\ln x}$，$\sin u=Cx$（其中$C=e^{C_1}$）

代入$u=\frac{y}{x}$，得$\sin\frac{y}{x}=Cx$。

答案：A

17. 解　**方法 1**：用公式$\boldsymbol{A}^{-1}=\frac{1}{|\boldsymbol{A}|}\boldsymbol{A}^{*}$计算，但较麻烦。

方法 2：简便方法，试探一下给出的哪一个矩阵满足$\boldsymbol{AB}=\boldsymbol{E}$

$$\text{如：}\begin{bmatrix}1&0&1\\0&1&2\\-2&0&-3\end{bmatrix}\begin{bmatrix}3&0&1\\4&1&2\\-2&0&-1\end{bmatrix}=\begin{bmatrix}1&0&0\\0&1&0\\0&0&1\end{bmatrix}$$

方法 3：用矩阵初等变换，求逆阵。

$$(\boldsymbol{A}|\boldsymbol{E})=\begin{bmatrix}1&0&1&1&0&0\\0&1&2&0&1&0\\-2&0&-3&0&0&1\end{bmatrix}\xrightarrow{2r_1+r_3}\begin{bmatrix}1&0&1&1&0&0\\0&1&2&0&1&0\\0&0&-1&2&0&1\end{bmatrix}\xrightarrow[\substack{2r_3+r_2\\(-1)r_3}]{r_3+r_1}$$

$$\begin{bmatrix}1&0&0&3&0&1\\0&1&0&4&1&2\\0&0&1&-2&0&-1\end{bmatrix}$$

选项 B 正确。

答案：B

18. 解　利用结论：设$\boldsymbol{A}$为n阶方阵，$\boldsymbol{A}^*$为$\boldsymbol{A}$的伴随矩阵，则：

（1）$R(\boldsymbol{A})=n$的充要条件是$R(\boldsymbol{A}^*)=n$

（2）$R(\boldsymbol{A})=n-1$的充要条件是$R(\boldsymbol{A}^*)=1$

（3）$R(\boldsymbol{A})\leqslant n-2$的充要条件是$R(\boldsymbol{A}^*)=0$，即$\boldsymbol{A}^*=0$

$n=3$，$R(\boldsymbol{A}^*)=1$，$R(\boldsymbol{A})=2$

$$\boldsymbol{A}=\begin{bmatrix}1&1&a\\1&a&1\\a&1&1\end{bmatrix}\xrightarrow[-ar_1+r_3]{-r_1+r_2}\begin{bmatrix}1&1&a\\0&a-1&1-a\\0&1-a&1-a^2\end{bmatrix}\xrightarrow{r_2+r_3}\begin{bmatrix}1&1&a\\0&a-1&1-a\\0&0&2-a-a^2\end{bmatrix}$$

代入$a=-2$，得

$$\boldsymbol{A}=\begin{bmatrix}1&1&-2\\0&-3&3\\0&0&0\end{bmatrix}，R(\boldsymbol{A})=2$$

选项 A 对。

答案：A

19. 解　当$\boldsymbol{P}^{-1}\boldsymbol{AP}=\boldsymbol{\Lambda}$时，$\boldsymbol{P}=(\alpha_1,\alpha_2,\alpha_3)$中$\alpha_1$、$\alpha_2$、$\alpha_3$的排列满足对应关系，$\alpha_1$对应$\lambda_1$，$\alpha_2$对应$\lambda_2$，$\alpha_3$对应$\lambda_3$，可知$\alpha_1$对应特征值$\lambda_1=1$，$\alpha_2$对应特征值$\lambda_2=2$，$\alpha_3$对应特征值$\lambda_3=0$，由此可知当$\boldsymbol{Q}=(\alpha_2,\alpha_1,\alpha_3)$时，对应$\boldsymbol{\Lambda}=\begin{bmatrix}2&0&0\\0&1&0\\0&0&0\end{bmatrix}$。

答案：B

20. 解　**方法 1**：对方程组的系数矩阵进行初等行变换：

$$\begin{bmatrix}1&-1&0&1\\1&0&-1&1\end{bmatrix}\to\begin{bmatrix}1&-1&0&1\\0&1&-1&0\end{bmatrix}$$

即$\begin{cases}x_1-x_2+x_4=0\\x_2-x_3=0\end{cases}$，得到方程组的同解方程组$\begin{cases}x_1=x_2-x_4\\x_3=x_2+0x_4\end{cases}$

当$x_2=1$，$x_4=0$时，得$x_1=1$，$x_3=1$；当$x_2=0$，$x_4=1$时，得$x_1=-1$，$x_3=0$，写出基础解系ξ_1，ξ_2，即$\xi_1=\begin{bmatrix}1\\1\\1\\0\end{bmatrix}$，$\xi_2=\begin{bmatrix}-1\\0\\0\\1\end{bmatrix}$。

方法 2：把选项中列向量代入核对，即：

$$\begin{bmatrix}1&-1&0&1\\1&0&-1&1\end{bmatrix}\begin{bmatrix}1\\1\\1\\0\end{bmatrix}=\begin{bmatrix}0\\0\end{bmatrix}$$，选项 A 错。

$$\begin{bmatrix}1&-1&0&1\\1&0&-1&1\end{bmatrix}\begin{bmatrix}-1\\-1\\1\\0\end{bmatrix}=\begin{bmatrix}0\\-2\end{bmatrix}$$，选项 B 错。

$$\begin{bmatrix}1 & -1 & 0 & 1\\1 & 0 & -1 & 1\end{bmatrix}\begin{bmatrix}-1\\0\\0\\1\end{bmatrix}=\begin{bmatrix}0\\0\end{bmatrix}$$，选项 C 正确。

答案：C

21. 解 $P(A\cup B)=P(A)+P(B)-P(AB)$，$P(A\cup B)+P(AB)=P(A)+P(B)=1.1$，$P(A\cup B)$取最小值时，$P(AB)$取最大值，因$P(A)<P(B)$，所以$P(AB)$的最大值等于$P(A)=0.3$。或用图示法（面积表示概率），见解图。

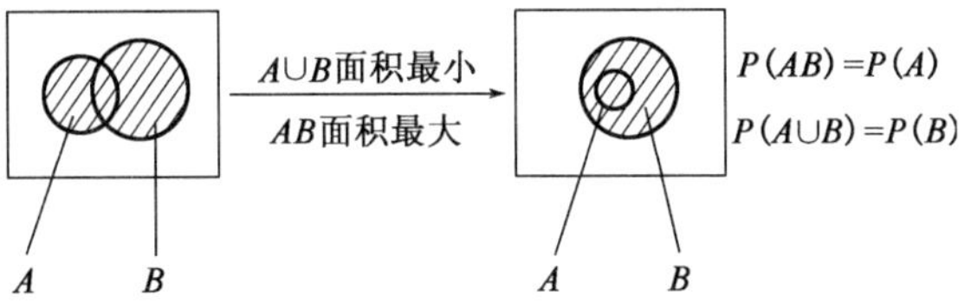

题 21 解图

答案：C

22. 解 设甲、乙、丙单人译出密码分别记为A、B、C，则这份密码被破译出可记为$A\cup B\cup C$，因为A、B、C相互独立，所以

$$\begin{aligned}P(A\cup B\cup C)&=P(A)+P(B)+P(C)-P(AB)-P(AC)-P(BC)+P(ABC)\\&=P(A)+P(B)+P(C)-P(A)P(B)-P(A)P(C)-P(B)P(C)+\\&\quad P(A)P(B)P(C)=\frac{3}{5}\end{aligned}$$

或由$\overline{A}$、$\overline{B}$、$\overline{C}$也相互独立，

$$\begin{aligned}P(A\cup B\cup C)&=1-P(\overline{A\cup B\cup C})=1-P(\overline{A}\,\overline{B}\,\overline{C})=1-P(\overline{A})P(\overline{B})P(\overline{C})\\&=1-[1-P(A)][1-P(B)][1-P(C)]=\frac{3}{5}\end{aligned}$$

答案：D

23. 解 由题意可知$Y\sim B(3,p)$，其中$p=P\left\{X\leqslant\frac{1}{2}\right\}=\int_0^{\frac{1}{2}}2x\mathrm{d}x=\frac{1}{4}$

$$P(Y=2)=C_3^2\left(\frac{1}{4}\right)^2\frac{3}{4}=\frac{9}{64}$$

答案：B

24. 解 由χ^2分布定义，$X^2\sim\chi^2(1)$，$Y^2\sim\chi^2(1)$，因不能确定X与Y是否相互独立，所以选项 A、B、D 都不对。当$X\sim N(0,1)$，$Y=-X$时，$Y\sim N(0,1)$，但$X+Y=0$不是随机变量。

答案：C

25. 解 ①分子的平均平动动能$\overline{w}=\frac{3}{2}kT$，分子的平均动能$\bar{\varepsilon}=\frac{i}{2}kT$。

分子的平均平动动能相同，即温度相等。

②分子的平均动能 = 平均(平动动能 + 转动动能) $=\frac{i}{2}kT$。i为分子自由度，$i(\mathrm{He})=3$，$i(\mathrm{N_2})=5$，

故氦分子和氮分子的平均动能不同。

答案：B

26. 解 v_p为$f(v)$最大值所对应的速率，由最概然速率定义得正确选项C。

答案：C

27. 解 理想气体从平衡态$A(2p_1, V_1)$变化到平衡态$B(p_1, 2V_1)$，体积膨胀，做功$W > 0$。

判断内能变化情况：

方法1：画p-V图，注意到平衡态$A(2p_1, V_1)$和平衡态$B(p_1, 2V_1)$都在同一等温线上，$\Delta T = 0$，故$\Delta E = 0$。

方法2：气体处于平衡态A时，其温度为$T_A = \frac{2p_1 \times V_1}{R}$；处于平衡态B时，温度$T_B = \frac{2p_1 \times V_1}{R}$，显然$T_A = T_B$，温度不变，内能不变，$\Delta E = 0$。

答案：C

28. 解 循环过程的净功数值上等于闭合循环曲线所围的面积。若循环曲线所包围的面积增大，则净功增大。而卡诺循环的循环效率由下式决定：$\eta_{卡诺} = 1 - \frac{T_2}{T_1}$。若$T_1$、$T_2$不变，则循环效率不变。

答案：D

29. 解 按题意，$y = 0.01\cos 10\pi(25 \times 0.1 - 2) = 0.01\cos 5\pi = -0.01\text{m}$。

答案：C

30. 解 质元在机械波动中，动能和势能是同相位的，同时达到最大值，又同时达到最小值，质元在最大位移处（波峰或波谷），速度为零，“形变”为零，此时质元的动能为零，势能为零。

答案：D

31. 解 由$\Delta\phi = \frac{2\pi\nu\Delta x}{u}$，今$\nu = \frac{1}{T} = \frac{1}{4} = 0.25$，$\Delta x = 3\text{m}$，$\Delta\phi = \frac{\pi}{6}$，故$u = 9\text{m/s}$，$\lambda = \frac{u}{\nu} = 36\text{m}$。

答案：B

32. 解 如解图所示，考虑O处的明纹怎样变化。

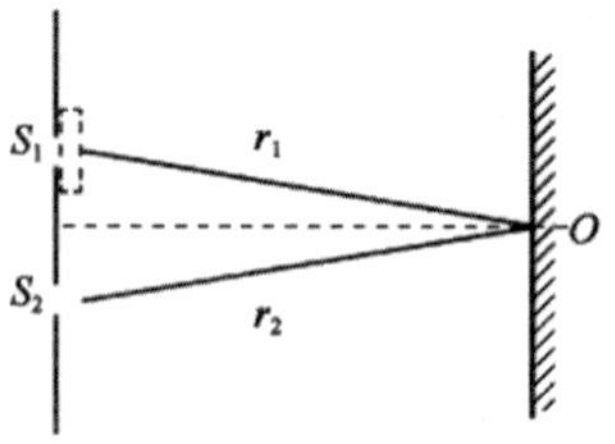

题32解图

①玻璃纸未遮住时：光程差$\delta = r_1 - r_2 = 0$，O处为零级明纹。

②玻璃纸遮住后：光程差$\delta' = \frac{5}{2}\lambda$，根据干涉条件知$\delta' = \frac{5}{2}\lambda = (2 \times 2 + 1)\frac{\lambda}{2}$，满足暗纹条件。

答案：B

33. 解　光学常识，可见光的波长范围 400～760nm，注意$1\text{nm}=10^{-9}\text{m}$。

答案：A

34. 解　玻璃劈尖的干涉条件为$\delta=2nd+\frac{\lambda}{2}=k\lambda(k=1,2,\cdots)$（明纹），相邻两明（暗）纹对应的空气层厚度差为$d_{k+1}-d_k=\frac{\lambda}{2n}$（见解图）。若劈尖的夹角为$\theta$，则相邻两明（暗）纹的间距$l$应满足关系式：

$l\sin\theta=d_{k+1}-d_k=\frac{\lambda}{2n}$或$l\sin\theta=\frac{\lambda}{2n}$

$l=\frac{\lambda}{2n\sin\theta}\approx\frac{\lambda}{2n\theta}$，故$\theta=\frac{\lambda}{2nl}$

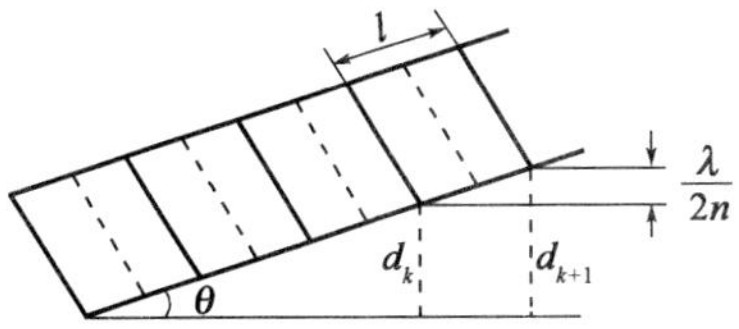

题 34 解图

答案：D

35. 解　自然光垂直通过第一偏振后，变为线偏振光，光强设为I'，此即入射至第二个偏振片的线偏振光强度。今$\alpha=45°$，已知自然光通过两个偏振片后光强为I'，根据马吕斯定律，$I=I'\cos^2 45°=\frac{I'}{2}$，所以$I'=2I$。

答案：B

36. 解　单缝衍射中央明纹宽度为

$$\Delta x=\frac{2\lambda f}{a}=\frac{2\times 400\times 10^{-9}\times 0.5}{10^{-4}}=4\times 10^{-3}\text{m}$$

答案：D

37. 解　原子核外电子排布服从三个原则：泡利不相容原理、能量最低原理、洪特规则。

（1）泡利不相容原理：在同一个原子中，不允许两个电子的四个量子数完全相同，即，同一个原子轨道最多只能容纳自旋相反的两个电子。

（2）能量最低原理：电子总是尽量占据能量最低的轨道。多电子原子轨道的能级取决于主量子数n和角量子数l，主量子数n相同时，l越大，能量越高；当主量子数n和角量子数l都不相同时，可以发生能级交错现象。轨道能级顺序：1s；2s，2p；3s，3p；4s，3d，4p；5s，4d，5p；6s，4f，5d，6p；7s，5f，6d，…。

（3）洪特规则：电子在n，l相同的数个等价轨道上分布时，每个电子尽可能占据磁量子数不同的轨道且自旋方向相同。

原子核外电子分布式书写规则：根据三大原则和近似能级顺序将电子一次填入相应轨道，再按电子层顺序整理，相同电子层的轨道排在一起。

答案：B

38. 解　元素周期表中，同一主族元素从上往下随着原子序数增加，原子半径增大；同一周期主族元素随着原子序数增加，原子半径减小。选项 D，As 和 Se 是同一周期主族元素，Se 的原子半径小于As。

答案：D

39. 解 缓冲溶液的组成：弱酸、共轭碱或弱碱及其共轭酸所组成的溶液。选项 A 的 CH_3COOH 过量，与 NaOH 反应生成 CH_3COONa，形成 CH_3COOH/CH_3COONa 缓冲溶液。

答案：A

40. 解 压力对固相或液相的平衡没有影响；对反应前后气体计量系数不变的反应的平衡也没有影响。反应前后气体计量系数不同的反应：增大压力，平衡向气体分子数减少的方向；减少压力，平衡向气体分子数增加的方向移动。

总压力不变，加入惰性气体 Ar，相当于减少压力，反应方程式中各气体的分压减小，平衡向气体分子数增加的方向移动。

答案：A

41. 解 原子得失电子原则：当原子失去电子变成正离子时，一般是能量较高的最外层电子先失去，而且往往引起电子层数的减少；当原子得到电子变成负离子时，所得的电子总是分布在它的最外电子层。

本题中原子失去的为 4s 上的一个电子，该原子的价电子构型为 $3d^{10}4s^1$，为 29 号 Cu 原子的电子构型。

答案：C

42. 解 根据吉布斯等温方程$\Delta_r G_m^\Theta = -RT\ln K^\Theta$推断，$K^\Theta < 1$，$\Delta_r G_m^\Theta > 0$。

答案：A

43. 解 元素的周期数为价电子构型中的最大主量子数，最大主量子数为 5，元素为第五周期；元素价电子构型特点为$(n-1)d^{10}ns^1$，为 IB 族元素特征价电子构型。

答案：B

44. 解 酚类化合物为苯环直接和羟基相连。A 为丙醇，B 为苯甲醇，C 为苯酚，D 为丙三醇。

答案：C

45. 解 系统命名法：

（1）链烃及其衍生物的命名

①选择主链：选择最长碳链或含有官能团的最长碳链为主链；

②主链编号：从距取代基或官能团最近的一端开始对碳原子进行编号；

③写出全称：将取代基的位置编号、数目和名称写在前面，将母体化合物的名称写在后面。

（2）芳香烃及其衍生物的命名

①选择母体：选择苯环上所连官能团或带官能团最长的碳链为母体，把苯环视为取代基；

②编号：将母体中碳原子依次编号，使官能团或取代基位次具有最小值。

答案：D

46. 解 甲酸结构式为 H—C(=O)—O—H，两个氢处于不同化学环境。

答案：B

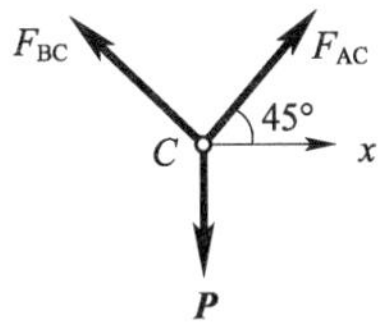

题 47 解图

47. 解 C与BC均为二力构件，故A处约束力沿AC方向，B处约束力沿BC方向；分析铰链C的平衡，其受力如解图所示。

答案：D

48. 解 根据力多边形法则，分力首尾相连，合力为力三角形的封闭边。

答案：B

49. 解 A、B处为光滑约束，其约束力均为水平并组成一力偶，与力$\boldsymbol{W}$和DE杆约束力组成的力偶平衡，故两约束力大小相等，且不为零。

答案：B

50. 解 根据摩擦定律$F_{\max} = W\cos 30° \times f = 20.8\text{kN}$，沿斜面向下的主动力为$W\sin 30° = 30\text{kN} > F_{\max}$。

答案：C

51. 解 点的运动轨迹为位置矢端曲线。

答案：B

52. 解 可根据平行移动刚体的定义判断。

答案：C

53. 解 杆AB和CD均为平行移动刚体，所以$v_{\text{M}} = v_{\text{C}} = 2v_{\text{B}} = 2v_{\text{A}} = 2\omega \cdot O_1A = 120\text{cm/s}$，$a_{\text{M}} = a_{\text{C}} = 2a_{\text{B}} = 2a_{\text{A}} = 2\omega^2 \cdot O_1A = 360\text{cm/s}^2$。

答案：B

54. 解 根据动量、动量矩、动能的定义，刚体做定轴转动时：

$$\boldsymbol{p} = mv_{\text{C}}，L_{\text{O}} = J_{\text{O}}\omega，T = \frac{1}{2}J_{\text{O}}\omega^2$$

此题中，$v_{\text{C}} = 0$，$J_{\text{O}} = \frac{1}{2}mr^2$。

答案：A

55. 解 根据动量的定义$\boldsymbol{p} = \sum m_i v_i$，所以，$p = (m_1 - m_2)v$（向下）。

答案：B

56. 解 用定轴转动微分方程$J_{\mathrm{A}}\alpha = M_{\mathrm{A}}(F)$，见解图，$\frac{1}{3}\frac{P}{g}(2L)^2\alpha = PL$，所以角加速度$\alpha = \frac{3g}{4L}$。

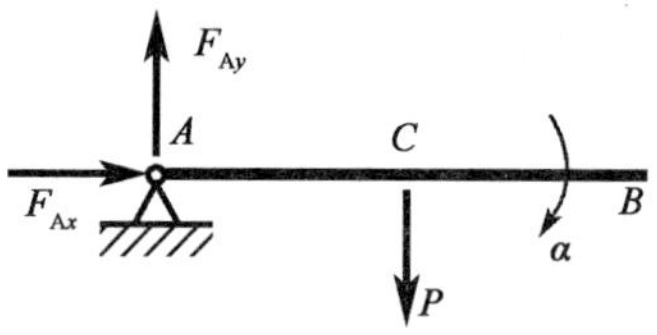

题 56 解图

答案： B

57. 解 根据定轴转动刚体惯性力系向O点简化的结果，其主矩大小为$M_{\mathrm{IO}} = J_{\mathrm{O}}\alpha = 0$，主矢大小为$F_{\mathrm{I}} = ma_{\mathrm{C}} = m \cdot \frac{R}{2}\omega^2$。

答案： A

58. 解 装置 a)、b)、c）的自由振动频率分别为$\omega_{0\mathrm{a}} = \sqrt{\frac{2k}{m}}$；$\omega_{0\mathrm{b}} = \sqrt{\frac{k}{2m}}$；$\omega_{0\mathrm{c}} = \sqrt{\frac{3k}{m}}$，且周期为$T = \frac{2\pi}{\omega_0}$。

答案： B

59. 解

$$\sigma_{\mathrm{AB}} = \frac{F_{\mathrm{NAB}}}{A_{\mathrm{AB}}} = \frac{300\pi \times 10^3\mathrm{N}}{\frac{\pi}{4} \times 200^2\mathrm{mm}^2} = 30\mathrm{MPa}$$

$$\sigma_{\mathrm{BC}} = \frac{F_{\mathrm{NBC}}}{A_{\mathrm{BC}}} = \frac{100\pi \times 10^3\mathrm{N}}{\frac{\pi}{4} \times 100^2\mathrm{mm}^2} = 40\mathrm{MPa} = \sigma_{\max}$$

答案： A

60. 解

$$\tau = \frac{Q}{A_{\mathrm{Q}}} = \frac{F}{\frac{\pi}{4}d^2} = \frac{4F}{\pi d^2} = [\tau] \qquad ①$$

$$\sigma_{\mathrm{bs}} = \frac{P_{\mathrm{bs}}}{A_{\mathrm{bs}}} = \frac{F}{dt} = [\sigma_{\mathrm{bs}}] \qquad ②$$

再用②式除①式，可得$\frac{\pi d}{4t} = \frac{[\sigma_{\mathrm{bs}}]}{[\tau]}$。

答案： B

61. 解 受扭空心圆轴横截面上的切应力分布与半径成正比，而且在空心圆内径中无应力，只有选项 B 图是正确的。

答案： B

62. 解

$$W_z = \frac{I_z}{y_{\max}} = \frac{\frac{\pi}{64}d^4 - \frac{a^4}{12}}{\frac{d}{2}} = \frac{\pi d^3}{32} - \frac{a^4}{6d}$$

答案：B

63. 解　根据$\frac{\mathrm{d}M}{\mathrm{d}x}=Q$可知，剪力为零的截面弯矩的导数为零，也即是弯矩有极值。

答案：B

64. 解　开裂前

$$\sigma_{\max}=\frac{M}{W_z}=\frac{M}{\frac{b}{6}(3a)^2}=\frac{2M}{3ba^2}$$

开裂后

$$\sigma_{1\max}=\frac{\frac{M}{3}}{W_{z1}}=\frac{\frac{M}{3}}{\frac{ba^2}{6}}=\frac{2M}{ba^2}$$

开裂后最大正应力是原来的 3 倍，故梁承载能力是原来的1/3。

答案：B

65. 解　由矩形和工字形截面的切应力计算公式可知$\tau=\frac{QS_z}{bI_z}$，切应力沿截面高度呈抛物线分布。由于腹板上截面宽度b突然加大，故z轴附近切应力突然减小。

答案：B

66. 解　承受集中力的简支梁的最大挠度$f_{\mathrm{c}}=\frac{Fl^3}{48EI}$，与惯性矩$I$成反比。$I_{\mathrm{a}}=\frac{hb^3}{12}=\frac{b^4}{6}$，而$I_{\mathrm{b}}=\frac{bh^3}{12}=\frac{4}{6}b^4$，因图 a）梁$I_{\mathrm{a}}$是图 b）梁$I_{\mathrm{b}}$的$\frac{1}{4}$，故图 a）梁的最大挠度是图 b）梁的 4 倍。

答案：C

67. 解　图示单元体的最大主应力σ_1的方向，可以看作是σ_x的方向（沿x轴）和纯剪切单元体的最大拉应力的主方向（在第一象限沿 45°向上），叠加后的合应力的指向。

答案：A

68. 解　AB段是轴向受压，$\sigma_{\mathrm{AB}}=\frac{F}{ab}$

BC段是偏心受压，$\sigma_{\mathrm{BC}}=\frac{F}{2ab}+\frac{F\cdot\frac{a}{2}}{\frac{b}{6}(2a)^2}=\frac{5F}{4ab}$

答案：B

69. 解　图示圆轴是弯扭组合变形，在固定端处既有弯曲正应力，又有扭转切应力。但是图中A点位于中性轴上，故没有弯曲正应力，只有切应力，属于纯剪切应力状态。

答案：B

70. 解　由压杆临界荷载公式$F_{\mathrm{cr}}=\frac{\pi^2EI}{(\mu l)^2}$可知，$F_{\mathrm{cr}}$与杆长$l^2$成反比，故杆长度为$\frac{l}{2}$时，$F_{\mathrm{cr}}$是原来的 4 倍，也即增加了 3 倍。

答案：B

71. 解　空气的黏滞系数，随温度降低而降低；而水的黏滞系数相反，随温度降低而升高。

答案：A

72. 解　质量力是作用在每个流体质点上，大小与质量成正比的力；表面力是作用在所设流体的外表，大小与面积成正比的力。重力是质量力，黏滞力是表面力。

答案：C

73. 解　根据流线定义及性质以及非恒定流定义可得。

答案：C

74. 解　题中已给出两断面间有水头损失$h_{l1\text{-}2}$，而选项C中未计及$h_{l1\text{-}2}$，所以一定是错误的。而ρ_1可能等于ρ_2，所以选项A不一定错误。

答案：C

75. 解　根据雷诺数公式$\mathrm{Re}=\frac{vd}{\nu}$及连续方程$v_1A_1=v_2A_2$联立求解可得：

$$v_2=v_1\left(\frac{d_1}{d_2}\right)^2=\left(\frac{30}{60}\right)^2v_1=\frac{v_1}{4}$$

$$\mathrm{Re}_2=\frac{v_2d_2}{\nu}=\frac{\frac{v_1}{4}\times 2d_1}{\nu}=\frac{1}{2}\mathrm{Re}_1=\frac{1}{2}\times 5000=2500$$

答案：C

76. 解　当自由出流孔口与淹没出流孔口的形状、尺寸相同，且作用水头相等时，则出流量应相等。

答案：B

77. 解　水力最优断面是过流能力最大的断面形状。

答案：B

78. 解　依据弗劳德准则，流量比尺$\lambda_{\mathrm{Q}}=\lambda_{\mathrm{L}}^{2.5}$，所以长度比尺$\lambda_{\mathrm{L}}=\lambda_{\mathrm{Q}}^{1/2.5}$，代入题设数据后有：

$$\lambda_{\mathrm{L}}=\left(\frac{537}{0.3}\right)^{1/2.5}=(1790)^{0.4}=20$$

答案：D

79. 解　此题选项A、D明显不符合静电荷物理特征。选项B可以用电场强度的叠加定理分析，两个异性电荷连线的中心位置电场强度也不为零。

答案：C

80. 解　电感电压与电流之间的关系是微分关系，即

$$u=L\frac{\mathrm{d}i}{\mathrm{d}t}=2\omega L\sin(1000t+90°)=2\sin(1000t+90°)$$

或用相量法分析：$\dot{U}_{\mathrm{L}}=j\omega L\dot{I}=\sqrt{2}\angle 90°\mathrm{V}$；$I=\sqrt{2}\mathrm{A}$，$j\omega L=j1\Omega(\omega=1000\mathrm{rad})$，$u_{\mathrm{L}}$的有效值

为$\sqrt{2}$V。

答案： D

81. 解 根据线性电路的戴维南定理，图 a）和图 b）电路等效指的是对外电路电压和电流相同，即电路中 20Ω 电阻中的电流均为 1A，方向自下向上；然后利用节电电流关系可知，流过图 a）电路 10Ω 电阻中的电流为$2-1=1$A。

答案： A

82. 解 RLC 串联的交流电路中，阻抗的计算公式是$Z=R+jX_{\mathrm{L}}-jX_{\mathrm{C}}=R+j\omega L-j\frac{1}{\omega C}$，阻抗的模$|Z|=\sqrt{R^2+\left(\omega L-\frac{1}{\omega C}\right)^2}$；$\omega=314\mathrm{rad/s}$。

答案： C

83. 解 该电路是 RLC 混联的正弦交流电路，根据给定电压，将其写成复数为$\dot{U}=U\angle 30°=\frac{10}{\sqrt{2}}\angle 30°\mathrm{V}$；$\dot{I}_1=\frac{\dot{U}}{R+j\omega L}$；电流$\dot{I}=\dot{I}_1+\dot{I}_2=\frac{U\angle 30°}{R+j\omega L}+\frac{U\angle 30°}{-j\left(\frac{1}{\omega C}\right)}$；$i=I\sqrt{2}\sin(1000t+\Psi_{\mathrm{i}})$A。

答案： C

84. 解 在暂态电路中电容电压符合换路定则$U_{\mathrm{C}}(t_{0+})=U_{\mathrm{C}}(t_{0-})$，开关打开以前$U_{\mathrm{C}}(t_{0-})=\frac{R_2}{R_1+R_2}U_{\mathrm{s}}$，$I(0_+)=U_{\mathrm{C}}(0_+)/R_2$；电路达到稳定以后电容能量放光，电路中稳态电流$I(\infty)=0$。

答案： B

85. 解 信号源输出最大功率的条件是电源内阻与负载电阻相等，电路中的实际负载电阻折合到变压器的原边数值为$R'_{\mathrm{L}}=\left(\frac{U_1}{U_2}\right)^2R_{\mathrm{L}}=R_{\mathrm{S}}=40\Omega$；$K=\frac{u_1}{u_2}=2$，$u_1=u_{\mathrm{s}}\frac{R'_{\mathrm{L}}}{R_{\mathrm{S}}+R'_{\mathrm{L}}}=40\sin\omega t$；$u_2=\frac{u_1}{K}=20\sin\omega t$。

答案： B

86. 解 在继电接触控制电路中，电器符号均表示电器没有动作的状态，当接触器线圈 KM 通电以后常开触点 KM1 闭合，常闭触点 KM2 断开。

答案： C

87. 解 信息是通过感官接收的关于客观事物的存在形式或变化情况。信号是消息的表现形式，是可以直接观测到的物理现象（如电、光、声、电磁波等）。通常认为“信号是信息的表现形式”。红灯亮的信号传达了开始制冷的信息。

答案： C

88. 解 八进制和十六进制都是数字电路中采用的数制，本质上都是二进制，在应用中是根据数字信号的不同要求所选取的不同的书写格式。

答案： A

89. 解 模拟信号是幅值和时间均连续的信号，采样信号是时间离散、数值连续的信号，离散信号是指在某些不连续时间定义函数值的信号，数字信号是将幅值量化后并以二进制代码表示的离散信号。

答案：B

90. 解 $u_1(t)$比$u_2(t)$展开的高次谐波更多，所以$u_1(t)$的描述性更多，更接近真实。

答案：A

91. 解 由图可以分析，当信号$|u_\mathrm{i}(t)|\leqslant 2\mathrm{V}$时，放大电路工作在线性工作区，$u_\mathrm{o}(t)=5u_\mathrm{i}(t)$；当信号$|u_\mathrm{i}(t)|\geqslant 2\mathrm{V}$时，放大电路工作在非线性工作区，$u_\mathrm{o}(t)=\pm 10\mathrm{V}$。

答案：D

92. 解 由逻辑电路的基本关系可得结果，变换中用到了逻辑电路的摩根定理。

$$\mathrm{F}=\overline{\overline{\mathrm{AB}}+\overline{\mathrm{BC}}}=\mathrm{AB}\cdot\mathrm{BC}=\mathrm{ABC}$$

答案：D

93. 解 该电路为二极管的桥式整流电路，当D_2二极管断开时，电路变为半波整流电路，输入电压的交流有效值和输出直流电压的关系为$U_\mathrm{o}=0.45U_\mathrm{i}$，同时根据二极管的导通电流方向可得$U_\mathrm{o}=-3.18\mathrm{V}$。

答案：C

94. 解 由图可以分析，当信号$|u_\mathrm{i}(t)|\leqslant 1\mathrm{V}$时，放大电路工作在线性工作区，$u_\mathrm{o}(t)=10^4u_\mathrm{i}(t)$；当信号$|u_\mathrm{i}(t)|\geqslant 1\mathrm{mV}$时，放大电路工作在非线性工作区，$u_\mathrm{o}(t)=\pm 10\mathrm{V}$；输入信号$u_\mathrm{i}(t)$最大值为2mV，则有一部分工作区进入非线性区。对应的输出波形与选项C一致。

答案：C

95. 解 图a）示电路是与非门逻辑电路，$\mathrm{F}=\overline{1\cdot\mathrm{A}}=\overline{\mathrm{A}}$。

答案：D

96. 解 图示电路是下降沿触发的JK触发器，$\overline{\mathrm{R}}_\mathrm{D}$是触发器的清零端，$\overline{\mathrm{S}}_\mathrm{D}$是置“1”端，画解图并由触发器的逻辑功能分析，即可得答案。

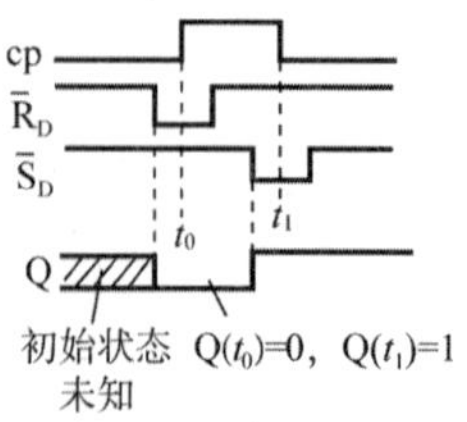

题96解图

答案：B

97. 解 计算机存储单元是按一定顺序编号，这个编号被称为存储器的地址。

答案：C

98. 解 操作系统的特征有并发性、共享性和随机性。

答案：B

99. 解 二进制最后一位是1，转换后则一定是十进制数的奇数。

答案：A

100. 解 像素实际上就是图像中的一个个光点，光点可以是黑白的，也可以是彩色的。

答案：D

101. 解 删除操作系统文件，计算机将无法正常运行。

答案：C

102. 解 存储器系统包括主存储器、高速缓冲存储器和外存储器。

答案：C

103. 解 设备管理是对除CPU和内存储器之外的所有输入/输出设备的管理。

答案：A

104. 解 两种十分有效的文件管理工具是“我的电脑”和“资源管理器”。

答案：C

105. 解 计算机网络主要由网络硬件系统和网络软件系统两大部分组成。

答案：A

106. 解 局域网是指在一个较小地理范围内的各种计算机网络设备互联在一起的通信网络。局域网覆盖的地理范围通常在几公里之内。

答案：C

107. 解 按等额支付资金回收公式计算（已知P求A）。

$A=P(A/P,i,n)=5000\times(A/P,8\%,10)=5000\times0.14903=745.15$万元

答案：C

108. 解 建设项目经济评价中的总投资，由建设投资、建设期利息和流动资金组成。

答案：C

109. 解 新设法人项目融资的资金来源于项目资本金和债务资金，权益融资形成项目的资本金，债务融资形成项目的债务资金。

答案：C

110. 解 在财务生存能力分析中，各年累计盈余资金不出现负值是财务生存的必要条件。

答案：B

111. 解 分别计算效益流量的现值和费用流量的现值，二者的比值即为该项目的效益费用比。建设期 1 年，使用寿命 10 年，计算期共 11 年。注意：第 1 年为建设期，投资发生在第 0 年（即第 1 年的年初），第 2 年开始使用，效益和费用从第 2 年末开始发生。该项目的现金流量图如解图所示。

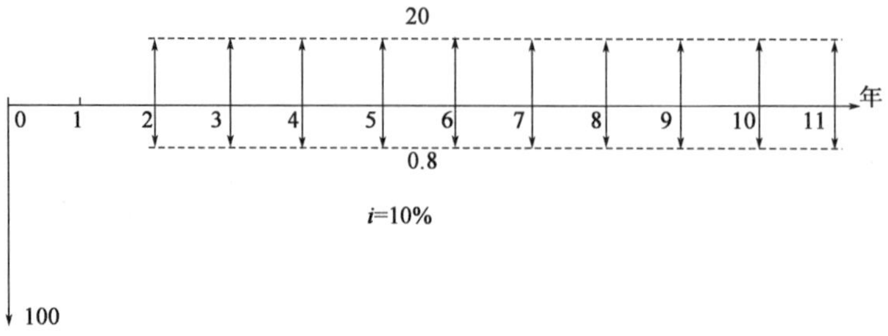

题 111 解图

效益流量的现值：$B = 20 \times (P/A, 10\%, 10) \times (P/F, 10\%, 1)$

$= 20 \times 6.144 \times 0.9091 = 111.72$ 万元

费用流量的现值：$C = 0.8 \times (P/A, 10\%, 10) \times (P/F, 10\%, 1)$

$= 0.8 \times 6.1446 \times 0.9091 + 100 = 104.47$ 万元

该项目的效益费用比为：$R_{BC} = B/C = 111.72/104.47 = 1.07$

答案：A

112. 解 投资项目敏感性分析最基本的分析指标是内部收益率。

答案：B

113. 解 净年值法既可用于寿命期相同，也可用于寿命期不同的方案比选。

答案：C

114. 解 强制确定法是以功能重要程度作为选择价值工程对象的一种分析方法，包括 01 评分法、04 评分法等。其中，01 评分法通过对每个部件与其他各部件的功能重要程度进行逐一对比打分，相对重要的得 1 分，不重要的得 0 分，最后计算各部件的功能重要性系数。

答案：D

115. 解 《中华人民共和国建筑法》第五十七条规定，建筑设计单位对设计文件选用的建筑材料、建筑构配件和设备，不得指定生产厂家和供应商。

答案：B

116. 解 《中华人民共和国招标投标法》第二十三条规定，招标人对已发出的招标文件进行必要的澄清或者修改的，应当在招标文件要求提交投标文件截止时间至少十五日前，以书面形式通知所有招标文件收受人。该澄清或者修改的内容为招标文件的组成部分。

答案：B

117. 解 《中华人民共和国民法典》第四百七十八条规定，有下列情形之一的，要约失效：

（一）拒绝要约的通知到达要约人；

（二）要约人依法撤销要约；

（三）承诺期限届满，受要约人未作出承诺；

（四）受要约人对要约的内容作出实质性变更。

答案：D

118. 解 《中华人民共和国节约能源法》第四条规定，节约资源是我国的基本国策。国家实施节约与开发并举，把节约放在首位的能源发展战略。

答案：B

119. 解 《中华人民共和国环境保护法》2014 年进行了修订，新法第四十五条规定，国家依照法律规定实行排污许可管理制度。此题已过时，未作解答。

120. 解 《建设工程勘察设计管理条例》第十四条规定，建设工程勘察、设计方案评标，应当以投标人的业绩、信誉和勘察、设计人员的能力以及勘察、设计方案的优劣为依据，进行综合评定。资质问题在资格预审时已解决，不是评标的条件。

答案：A

2012 年度全国勘察设计注册工程师执业资格考试基础考试（上）

试题解析及参考答案

1. 解 $\lim\limits_{x\to 0^+}(x^2+1)=1$，$\lim\limits_{x\to 0^-}\left(\cos x + x\sin\frac{1}{x}\right)=1+0=1$

$f(0)=(x^2+1)|_{x=0}=1$，所以 $\lim\limits_{x\to 0^+}f(x)=\lim\limits_{x\to 0^-}f(x)=f(0)$

答案：D

2. 解 $\lim\limits_{x\to 0}\frac{1-\cos x}{2x^2}=\lim\limits_{x\to 0}\frac{\frac{1}{2}x^2}{2x^2}=\frac{1}{4}\neq 1$，当 $x\to 0$，$1-\cos x\sim\frac{1}{2}x^2$。

答案：D

3. 解 $y=\ln\cos x$，$y'=\frac{-\sin x}{\cos x}=-\tan x$，$\mathrm{d}y=-\tan x\mathrm{d}x$

答案：C

4. 解 $f(x)=\left(e^{-x^2}\right)'=-2xe^{-x^2}$

$f'(x)=-2\left[e^{-x^2}+xe^{-x^2}(-2x)\right]=2e^{-x^2}(2x^2-1)$

答案：A

5. 解 $\int f'(2x+1)\mathrm{d}x=\frac{1}{2}\int f'(2x+1)\mathrm{d}(2x+1)=\frac{1}{2}f(2x+1)+C$

答案：B

6. 解

$$\int_0^{\frac{1}{2}}\frac{1+x}{\sqrt{1-x^2}}\mathrm{d}x=\int_0^{\frac{1}{2}}\frac{1}{\sqrt{1-x^2}}\mathrm{d}x+\int_0^{\frac{1}{2}}\frac{x}{\sqrt{1-x^2}}\mathrm{d}x$$
$$=\arcsin x\Big|_0^{\frac{1}{2}}+\int_0^{\frac{1}{2}}\frac{1}{\sqrt{1-x^2}}\mathrm{d}\left(\frac{1}{2}x^2\right)$$
$$=\arcsin\frac{1}{2}+\left(-\frac{1}{2}\right)\times\int_0^{\frac{1}{2}}\frac{1}{\sqrt{1-x^2}}\mathrm{d}\left(1-x^2\right)$$
$$=\frac{\pi}{6}+\left(-\frac{1}{2}\right)\times 2(1-x^2)^{\frac{1}{2}}\Big|_0^{\frac{1}{2}}$$
$$=\frac{\pi}{6}-\left(\frac{\sqrt{3}}{2}-1\right)=\frac{\pi}{6}+1-\frac{\sqrt{3}}{2}$$

答案：C

7. 解 见解图，D：$\begin{cases}0\leqslant\theta<\frac{\pi}{4}\\0\leqslant r\leqslant\frac{1}{\cos\theta}\end{cases}$，因为 $x=1$，$r\cos\theta=1\left(即 r=\frac{1}{\cos\theta}\right)$

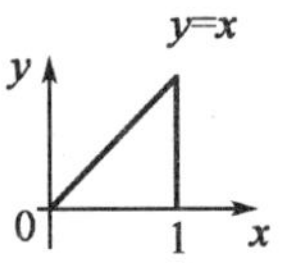

题 7 解图

等式$=\int_0^{\frac{\pi}{4}}\mathrm{d}\theta\int_0^{\frac{1}{\cos\theta}}f(r\cos\theta,r\sin\theta)r\mathrm{d}r$

答案：B

8. 解 已知 $a<x<b$，$f'(x)>0$，单增；$f''(x)<0$，凸。所以函数在区间 (a,b) 内图形沿 x 轴正向

是单增且凸的。

答案：C

9. 解 $f(x)=x^{\frac{2}{3}}$在$[-1,1]$连续。$F'(x)=\frac{2}{3}x^{-\frac{1}{3}}=\frac{2}{3}\cdot\frac{1}{\sqrt[3]{x}}$在$(-1,1)$不可导[因为$f'(x)$在$x=0$导数不存在]，所以不满足拉格朗日定理的条件。

答案：B

10. 解 选项 A，$\sum\limits_{n=1}^{\infty}\left|\frac{(-1)^n}{n}\right|=\sum\limits_{n=1}^{\infty}\frac{1}{n}$，发散；

而$\sum\limits_{n=1}^{\infty}\frac{(-1)^n}{n}$满足：①$u_n\geqslant u_{n+1}$，②$\lim\limits_{n\to\infty}u_n=0$，该级数收敛。

所以级数条件收敛。

选项 B，$\sum\limits_{n=1}^{\infty}\left|\frac{(-1)^n}{n^3}\right|=\sum\limits_{n=1}^{\infty}\frac{1}{n^3}$，级数绝对收敛。

选项 C，$\sum\limits_{n=1}^{\infty}\left|\frac{(-1)^n}{n(n+1)}\right|=\sum\limits_{n=1}^{\infty}\frac{1}{n(n+1)}$，$\lim\limits_{n\to\infty}\frac{\frac{1}{n(n+1)}}{\frac{1}{n^2}}=\lim\limits_{n\to\infty}\frac{n^2}{n(n+1)}=1$，根据正项级数的比较判别法，知$\sum\limits_{n=1}^{\infty}\frac{1}{n(n+1)}$收敛，所以级数绝对收敛。

选项 D，$\lim\limits_{n\to\infty}(-1)^n\frac{n+1}{n+2}\neq 0$，根据收敛级数的必要条件，级数发散。

答案：A

11. 解 $|x|<\frac{1}{2}$，即$-\frac{1}{2}<x<\frac{1}{2}$，$f(x)=\frac{1}{1+2x}$

已知：$\frac{1}{1+x}=1-x+x^2-x^3+\cdots+(-1)^n x^n+\cdots=\sum\limits_{n=0}^{\infty}(-1)^n x^n(-1<x<1)$

则$f(x)=\frac{1}{1+2x}=1-(2x)+(2x)^2-(2x)^3+\cdots+(-1)^n(2x)^n+\cdots$

$$=\sum_{n=0}^{\infty}(-1)^n(2x)^n=\sum_{n=0}^{\infty}(-2)^n x^n\qquad\left(-1<2x<1，即-\frac{1}{2}<x<\frac{1}{2}\right)$$

答案：B

12. 解 已知$y_1(x)$，$y_2(x)$是微分方程$y'+p(x)y=q(x)$两个不同的特解，所以$y_1(x)-y_2(x)$为对应齐次方程$y'+p(x)y=0$的一个解。

微分方程$y'+p(x)y=q(x)$的通解为$y=y_1+C(y_1-y_2)$。

答案：D

13. 解 $y''+2y'-3y=0$，特征方程为$r^2+2r-3=0$，得$r_1=-3$，$r_2=1$。所以$y_1=e^x$，$y_2=e^{-3x}$为选项 B 的特解，满足条件。

答案：B

14. 解 $\frac{\mathrm{d}y}{\mathrm{d}x}=-\frac{x}{y}$，$y\mathrm{d}y=-x\mathrm{d}x$

两边积分：$\frac{1}{2}y^2=-\frac{1}{2}x^2+C$，$y^2=-x^2+2C$，$y^2+x^2=C_1$，这里常数$C_1=2C$，必须满足$C_1\geqslant 0$。

故方程的通解为$x^2+y^2=C^2(C\in R)$。

答案：C

15. 解 旋转体体积$V=\int_0^{\pi}\pi\left[(\sin x)^{\frac{3}{2}}\right]^2\mathrm{d}x=\pi\int_0^{\pi}\sin^3 x\mathrm{d}x=\pi\int_0^{\pi}\sin^2 x\mathrm{d}(-\cos x)$

$$=-\pi\int_0^{\pi}(1-\cos^2 x)\,\mathrm{d}\cos x=-\pi\left(\cos x-\frac{1}{3}\cos^3 x\right)\Big|_0^{\pi}=\frac{4}{3}\pi$$

答案：B

16. 解 方程组$\begin{cases}x^2+4y^2+z^2=4 & ①\\ x+z=a & ②\end{cases}$

消去字母x，由②式得：

$$x=a-z \quad ③$$

③式代入①式得：$(a-z)^2+4y^2+z^2=4$

则曲线在yOz平面上投影方程为$\begin{cases}(a-z)^2+4y^2+z^2=4\\ x=0\end{cases}$

答案：A

17. 解 方程$x^2-\frac{y^2}{4}+z^2=1$，即$x^2+z^2-\frac{y^2}{4}=1$，可由xOy平面上双曲线$\begin{cases}x^2-\frac{y^2}{4}=1\\ z=0\end{cases}$绕$y$轴旋转得到，也可由$yOz$平面上双曲线$\begin{cases}z^2-\frac{y^2}{4}=1\\ x=0\end{cases}$绕$y$轴旋转得到。

所以$x^2+z^2-\frac{y^2}{4}=1$为旋转双曲面。

答案：A

18. 解 直线L的方向向量$\vec{s}=\begin{vmatrix}\vec{i} & \vec{j} & \vec{k}\\ 1 & 3 & 2\\ 2 & -1 & -10\end{vmatrix}=-28\vec{i}+14\vec{j}-7\vec{k}$，即$\vec{s}=\{-28,14,-7\}$

平面π：$4x-2y+z-2=0$，法线向量：$\vec{n}=\{4,-2,1\}$

$\vec{s}$，$\vec{n}$坐标成比例，$\frac{-28}{4}=\frac{14}{-2}=\frac{-7}{1}$，则$\vec{s}\parallel\vec{n}$，直线$L$垂直于平面$\pi$。

答案：C

19. 解 $\boldsymbol{A}$的特征值为λ_0，$2\boldsymbol{A}$的特征值为$2\lambda_0$，$(2\boldsymbol{A})^{-1}$的特征值为$\frac{1}{2\lambda_0}$。

答案：C

20. 解 已知$\vec{\alpha_1}$，$\vec{\alpha_2}$，$\vec{\beta}$线性相关，$\vec{\alpha_2}$，$\vec{\alpha_3}$，$\vec{\beta}$线性无关。由性质可知：$\vec{\alpha_1}$，$\vec{\alpha_2}$，$\vec{\alpha_3}$，$\vec{\beta}$线性相关（部分相关，全体相关），$\vec{\alpha_2}$，$\vec{\alpha_3}$，$\vec{\beta}$线性无关。

故$\vec{\alpha_1}$可用$\vec{\alpha_2}$，$\vec{\alpha_3}$，$\vec{\beta}$线性表示。

答案：B

21. 解 已知$\boldsymbol{A}=\begin{bmatrix}1 & t & -1\\ t & 1 & 1\\ -1 & 1 & 2\end{bmatrix}$

由矩阵$\boldsymbol{A}$正定的充分必要条件可知：$1>0$，$\begin{vmatrix}1 & t\\ t & 1\end{vmatrix}=1-t^2>0$

$$\begin{vmatrix} 1 & t & -1 \\ t & 1 & 1 \\ -1 & 1 & 2 \end{vmatrix} \xlongequal[2c_1+c_3]{c_1+c_2} \begin{vmatrix} 1 & t+1 & 1 \\ t & t+1 & 1+2t \\ -1 & 0 & 0 \end{vmatrix} = (-1)[(t+1)(1+2t)-(t+1)]$$

$$= -2t(t+1) > 0$$

求解$t^2<1$，得$-1<t<1$；再求解$-2t(t+1)>0$，得$t(t+1)<0$，即$-1<t<0$，则公共解$-1<t<0$。

答案：B

22. 解 A、B互不相容时，$P(AB)=0$。$\overline{A}\,\overline{B}=\overline{A\cup B}$

$P(\overline{A}\,\overline{B})=P(\overline{A\cup B})=1-P(A\cup B)$

$=1-[P(A)+P(B)-P(AB)]=1-(p+q)$

或使用图示法（面积表示概率），见解图。

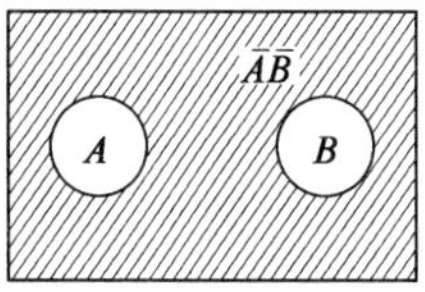

题 22 解图

答案：C

23. 解 X与Y独立时，$E(XY)=E(X)E(Y)$，X在$[a,b]$上服从均匀分布时，$E(X)=\frac{a+b}{2}=1$，Y服从参数为λ的指数分布时，$E(Y)=\frac{1}{\lambda}=\frac{1}{3}$，$E(XY)=\frac{1}{3}$。

答案：D

24. 解 当σ^2未知时检验假设H_0：$\mu=\mu_0$，应选取统计量$T=\frac{\overline{X}-\mu_0}{S}\sqrt{n}$，$S^2=\frac{1}{n-1}\sum\limits_{i=1}^{n}\left(X_i-\overline{X}\right)^2=\frac{1}{n-1}Q^2$，$S=\frac{Q}{\sqrt{n-1}}$。

当$\mu_0=0$时，$T=\sqrt{n(n-1)}\frac{\overline{X}}{Q}$。

答案：A

25. 解 ①由$p=nkT$，知选项 A 不正确；

②由$pV=\frac{m}{M}RT$，知选项 B 不正确；

③由$\overline{\omega}=\frac{3}{2}kT$，温度、压强相等，单位体积分子数相同，知选项 C 正确；

④由$E_{内}=\frac{i}{2}\frac{m}{M}RT=\frac{i}{2}pV$，知选项 D 不正确。

答案：C

26. 解 $N\int_{v_1}^{v_2}f(v)\mathrm{d}v$表示速率在$v_1\to v_2$区间内的分子数。

答案：B

27. 解 注意内能的增量ΔE只与系统的起始和终了状态有关，与系统所经历的过程无关。

$Q_{\mathrm{ab}}=335=\Delta E_{\mathrm{ab}}+126$，$\Delta E_{\mathrm{ab}}=209\mathrm{J}$，$Q'_{\mathrm{ab}}=\Delta E_{\mathrm{ab}}+42=251\mathrm{J}$

答案：C

28. 解 等体过程： $Q_1=Q_{\mathrm{v}}=\Delta E_1=\frac{m}{M}\frac{i}{2}R\Delta T$ ①

等压过程： $Q_2=Q_{\mathrm{p}}=\Delta E_2+A=\frac{m}{M}\frac{i}{2}R\Delta T+A$ ②

对于给定的理想气体，内能的增量只与系统的起始和终了状态有关，与系统所经历的过程无关，

$\Delta E_1 = \Delta E_2$。

比较①式和②式，注意到$A > 0$，显然$Q_2 > Q_1$。

答案： A

29. 解 在$t = 0.25\text{s}$时刻，处于平衡位置，$y = 0$

由简谐波的波动方程$y = 2 \times 10^{-2} \cos 2\pi\left(10 \times 0.25 - \frac{x}{5}\right) = 0$，可知

$$\cos 2\pi\left(10 \times 0.25 - \frac{x}{5}\right) = 0$$

则$2\pi\left(10 \times 0.25 - \frac{x}{5}\right) = (2k+1)\frac{\pi}{2}$，$k = 0, \pm1, \pm2, \cdots$

由此可得$2\frac{x}{5} = \frac{9}{2} - k$

当$x = 0$时，$k = 4.5$

所以$k = 4$，$x = 1.25$或$k = 5$，$x = -1.25$时，与坐标原点$x = 0$最近

答案： C

30. 解 当初相位$\phi = 0$时，波动方程的表达式为$y = A\cos\omega\left(t - \frac{x}{u}\right)$，利用$\omega = 2\pi\nu$，$\nu = \frac{1}{T}$，$u = \lambda\nu$，表达式$y = A\cos\left[2\pi\nu\left(t - \frac{x}{\lambda\nu}\right)\right] = A\cos 2\pi\left(\nu t - \frac{\nu x}{\lambda\nu}\right) = A\cos 2\pi\left(\frac{t}{T} - \frac{x}{\lambda}\right)$，令$A = 0.02\text{m}$，$T = 0.5\text{s}$，$\lambda = 100\text{m}$，则$y = 0.02\cos\left(\frac{t}{\frac{1}{2}} - \frac{x}{100}\right) = 0.02\cos 2\pi(2t - 0.01x)$。

答案： B

31. 解 声强级$L = 10\lg\frac{I}{I_0}\text{dB}$，由题意得$40 = 10\lg\frac{I}{I_0}$，即$\frac{I}{I_0} = 10^4$；同理$\frac{I'}{I_0} = 10^8$，$\frac{I'}{I} = 10^4$。

答案： D

32. 解 自然光I_0通过P_1偏振片后光强减半为$\frac{I_0}{2}$，通过P_2偏振后光强为$I = \frac{I_0}{2}\cos^2 90° = 0$。

答案： A

33. 解 布儒斯特定律，以布儒斯特角入射，反射光为完全偏振光。

答案： C

34. 解 由光栅公式：$(a+b)\sin\phi = \pm k\lambda \quad (k = 0,1,2,\cdots)$

令$\phi = 90°$，$k = \frac{2000}{550} = 3.63$，$k$取小于此数的最大正整数，故$k$取 3。

答案： B

35. 解 由单缝衍射明纹条件：$a\sin\phi = (2k+1)\frac{\lambda}{2}$，即$a\sin 30° = 3 \times \frac{\lambda}{2}$，则$a = 3\lambda$。

答案： D

36. 解 杨氏双缝干涉：$x_{明} = \pm k\frac{D\lambda}{a}$，$x_{暗} = (2k+1)\frac{D\lambda}{2a}$，间距$= x_{暗} - x_{明} = \frac{D\lambda}{2a}$。

答案： B

37. 解 除 3d 轨道上的 7 个电子，其他轨道上的电子都已成对。3d 轨道上的 7 个电子填充到 5 个

简并的 d 轨道中，按照洪特规则有 3 个未成对电子。

↑↓	↓↓	↑	↑	↑

答案： C

38. 解 分子间力包括色散力、诱导力、取向力。分子间力以色散力为主。对同类型分子，色散力正比于分子量，所以分子间力正比于分子量。分子间力主要影响物质的熔点、沸点和硬度。对同类型分子，分子量越大，色散力越大，分子间力越大，物质的熔、沸点越高，硬度越大。

分子间氢键使物质熔、沸点升高，分子内氢键使物质熔、沸点减低。

HF 有分子间氢键，沸点最大。其他三个没有分子间氢键，HCl、HBr、HI 分子量逐渐增大，分子间力逐渐增大，沸点逐渐增大。

答案： D

39. 解 HCl 溶于水既有物理变化也有化学变化。HCl 的微粒向水中扩散的过程是物理变化，HCl 的微粒解离生成氢离子和氯离子的过程是化学变化。

答案： C

40. 解 系统与环境间只有能量交换，没有物质交换是封闭系统；既有物质交换，又有能量交换是敞开系统；没有物质交换，也没有能量交换是孤立系统。

答案： D

41. 解 $K^{\Theta}=\dfrac{\frac{p_{\mathrm{PCl_5}}}{p^{\Theta}}}{\frac{p_{\mathrm{PCl_3}}}{p^{\Theta}}\frac{p_{\mathrm{Cl_2}}}{p^{\Theta}}}=\dfrac{p_{\mathrm{PCl_5}}}{p_{\mathrm{PCl_3}}\cdot p_{\mathrm{Cl_2}}}p^{\Theta}=\dfrac{p^{\Theta}}{p_{\mathrm{Cl_2}}}$，$p_{\mathrm{Cl_2}}=\dfrac{p^{\Theta}}{K^{\Theta}}=\dfrac{100\mathrm{kPa}}{0.767}=130.38\mathrm{kPa}$

答案： A

42. 解 铜电极的电极反应为：$\mathrm{Cu^{2+}+2e^{-}=\!=Cu}$，氢离子没有参与反应，所以铜电极的电极电势不受氢离子影响。

答案： C

43. 解 元素电势图的应用。

（1）判断歧化反应：对于元素电势图$\mathrm{A}\overset{E^{\Theta}_{左}}{—}\mathrm{B}\overset{E^{\Theta}_{右}}{—}\mathrm{C}$，若$E^{\Theta}_{右}$大于$E^{\Theta}_{左}$，B 即是电极电势大的电对的氧化型，可作氧化剂，又是电极电势小的电对的还原型，也可作还原剂，B 的歧化反应能够发生；若$E^{\Theta}_{右}$小于$E^{\Theta}_{左}$，B 的歧化反应不能发生。

（2）计算标准电极电势：根据元素电势图，可以从已知某些电对的标准电极电势计算出另一电对的标准电极电势。

从元素电势图可知，$\mathrm{Au^{+}}$可以发生歧化反应。由于$\mathrm{Cu^{2+}}$达到最高氧化数，最不易失去电子，最稳定。

答案： A

44. 解　系统命名法。

（1）链烃的命名

①选择主链：选择最长碳链或含有官能团的最长碳链为主链；

②主链编号：从距取代基或官能团最近的一端开始对碳原子进行编号；

③写出全称：将取代基的位置编号、数目和名称写在前面，将母体化合物的名称写在后面。

（2）衍生物的命名

①选择母体：选择苯环上所连官能团或带官能团最长的碳链为母体，把苯环视为取代基；

②编号：将母体中碳原子依次编号，使官能团或取代基位次具有最小值。

答案：B

45. 解　含有不饱和键的有机物、含有醛基的有机物可使溴水褪色。

答案：D

46. 解　信息素分子为含有 C═C 不饱和键的醛，C═C 不饱和键和醛基可以与溴发生加成反应；醛基可以发生银镜反应；一个分子含有两个不饱和键（C═C 双键和醛基），1mol 分子可以和 2mol H_2 发生加成反应；它是醛，不是乙烯同系物。

答案：B

47. 解　根据力的可传性，作用于刚体上的力可沿其作用线滑移至刚体内任意点而不改变力对刚体的作用效应，同样也不会改变A、D处的约束力。

答案：A

48. 解　主矢$\boldsymbol{F}_{\mathrm{R}}=\boldsymbol{F}_1+\boldsymbol{F}_2+\boldsymbol{F}_3$为三力的矢量和，且此三力可构成首尾相连自行封闭的力三角形，故主矢为零；对O点的主矩为各力向O点平移后附加各力偶（$\boldsymbol{F}_1$、$\boldsymbol{F}_2$、$\boldsymbol{F}_3$对O点之矩）的代数和，即$M_{\mathrm{O}}=3Fa$（逆时针）。

答案：B

49. 解　画出体系整体的受力图，列平衡方程：

$\Sigma F_x=0$，$F_{\mathrm{A}x}+F=0$，得到$F_{\mathrm{A}x}=-F=-100\mathrm{kN}$

$\Sigma M_{\mathrm{C}}(F)=0$，$F(2L+r)-F(4L+r)-F_{\mathrm{Ay}}4L=0$

得到$F_{\mathrm{Ay}}=-\frac{F}{2}=-\frac{100}{2}=-50\mathrm{kN}$

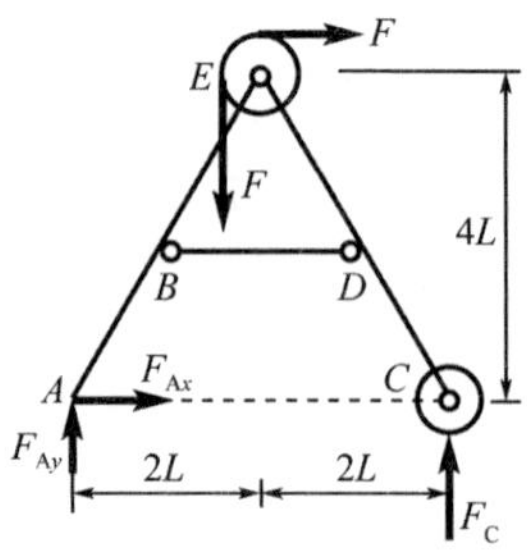

题 49 解图

答案：C

50. 解　根据零杆判别的方法，分析节点G的平衡，可知杆GG_1为零杆；分析节点G_1的平衡，由于GG_1为零杆，故节点实际只连接了三根杆，由此可知杆G_1E为零杆。依次类推，逐一分析节点E、E_1、D、D_1，可分别得出EE_1、E_1D、DD_1、D_1B为零杆。

答案：D

51. 解 因为点做匀加速直线运动，所以可根据公式：$2as = v_t^2 - v_0^2$，得到点运动的路程应为：

$$s = \frac{v_t^2 - v_0^2}{2a} = \frac{8^2 - 5^2}{2 \times 2} = 9.75\text{m}$$

答案：D

52. 解 根据转动刚体内一点的速度和法向加速度公式：$v = r\omega$；$a_n = r\omega^2$，且$\omega = \dot{\varphi} = 4 - 6t$，因此，转动刚体内转动半径$r = 0.5\text{m}$的点，在$t_0 = 0$时的速度和法向加速度的大小为：$v = r\omega = 0.5 \times 4 = 2\text{m/s}$，$a_n = r\omega^2 = 0.5 \times 4^2 = 8\text{m/s}^2$。

答案：A

53. 解 木板的加速度与轮缘一点的切向加速度相等，即$a_t = a = 0.5\text{m/s}^2$，若木板的速度为$v$，则轮缘一点的法向加速度$a_n = r\omega^2 = \frac{v^2}{r} = \sqrt{a_A^2 - a_t^2}$，所以有：

$$v = \sqrt{r\sqrt{a_A^2 - a_t^2}} = \sqrt{0.25\sqrt{3^2 - 0.5^2}} = 0.86\text{m/s}$$

答案：A

54. 解 根据质点运动微分方程$m\boldsymbol{a} = \sum \boldsymbol{F}$，当电梯加速上升、匀速上升及减速上升时，加速度分别向上、零、向下，代入质点运动微分方程，分别有：

$$ma = P_1 - W，0 = W - P_2，ma = W - P_3$$

所以：$P_1 = W + ma$，$P_2 = W$，$P_3 = W - ma$

答案：B

55. 解 杆在绳断后的运动过程中，只受重力和地面的铅垂方向约束力，水平方向外力为零，根据质心运动定理，水平方向有：$ma_{Cx} = 0$。由于初始静止，故$v_{Cx} = 0$，说明质心在水平方向无运动，只沿铅垂方向运动。

答案：C

56. 解 分析圆轮A，外力对轮心的力矩为零，即$\sum M_A(F) = 0$，应用相对质心的动量矩定理，有$J_A\alpha = \sum M_A(F) = 0$，则$\alpha = 0$，由于初始静止，故$\omega = 0$，圆轮无转动，所以其运动形式为平行移动。

答案：C

57. 解 惯性力系合力的大小为$F_I = ma_C$，而杆质心的切向和法向加速度分别为$a_t = \frac{l}{2}\alpha$，$a_n = \frac{l}{2}\omega^2$，其全加速度为$a_C = \sqrt{a_t^2 + a_n^2} = \frac{l}{2}\sqrt{\alpha^2 + \omega^4}$，因此$F_I = \frac{l}{2}m\sqrt{\alpha^2 + \omega^4}$。

答案：B

58. 解 因为干扰力的频率与系统固有频率相等时将发生共振，所以$\omega_2 = 2\text{rad/s} = \omega_n$时发生共振，故有最大振幅。

答案： B

59. 解 若将材料由低碳钢改为木材，则改变的只是弹性模量E，而正应力计算公式$\sigma = \frac{F_N}{A}$中没有E，故正应力不变。但是轴向变形计算公式$\Delta l = \frac{F_N l}{EA}$中，$\Delta l$与$E$成反比，当木材的弹性模量减小时，轴向变形$\Delta l$增大。

答案： C

60. 解 由杆的受力分析可知A截面受到一个约束反力为F，方向向左，杆的轴力图如图所示：由于BC段杆轴力为零，没有变形，故杆中距离A端1.5L处横截面的轴向位移就等于AB段杆的伸长，$\Delta l = \frac{FL}{EA}$。

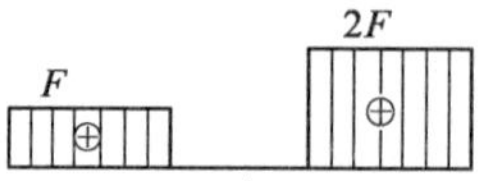

题 60 解图

答案： D

61. 解 圆孔钢板冲断时的剪切面是一个圆柱面，其面积为πdt，冲断条件是$\tau_{max} = \frac{F}{\pi dt} = \tau_b$，故

$$d = \frac{F}{\pi t \tau_b} = \frac{300\pi \times 10^3 \text{N}}{\pi \times 10\text{mm} \times 300\text{MPa}} = 100\text{mm}$$

答案： B

62. 解 图示结构剪切面面积是ab，挤压面面积是hb。

剪切强度条件：
$$\tau = \frac{F}{ab} = [\tau] \quad ①$$

挤压强度条件：
$$\sigma_{bs} = \frac{F}{hb} = [\sigma_{bs}] \quad ②$$

$$\frac{①}{②} = \frac{h}{a} = \frac{[\tau]}{[\sigma_{bs}]}$$

答案： A

63. 解 由外力平衡可知左端的反力偶为T，方向是由外向内转。再由各段扭矩计算可知：左段扭矩为$+T$，中段扭矩为$-T$，右段扭矩为$+T$。

答案： D

64. 解 由$\phi_1 = \frac{\phi}{2}$，即$\frac{T}{GI_{p1}} = \frac{1}{2}\frac{T}{GI_p}$，得$I_{p1} = 2I_p$，所以$\frac{\pi d_1^4}{32} = 2\frac{\pi}{32}d^4$，故$d_1 = \sqrt[4]{2}d$。

答案： A

65. 解 此题未说明梁的类型，有两种可能（见解图），简支梁时答案为B，悬臂梁时答案为D。

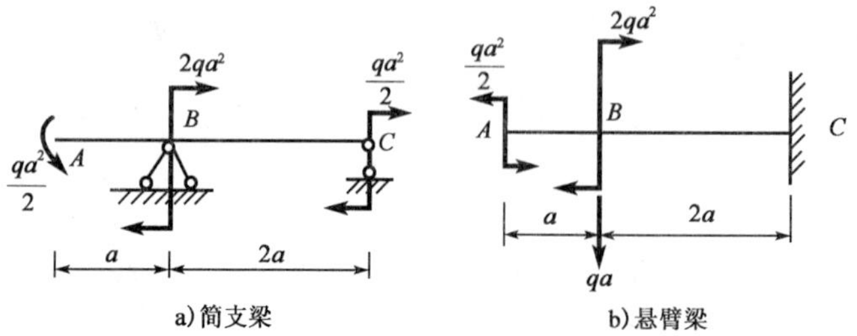

题 65 解图

答案：B 或 D

66. 解 $I_z = \frac{\pi}{64}d^4 - \frac{a^4}{12}$

答案：B

67. 解 因为$I_2 = \frac{b(2a)^3}{12} = 8\frac{ba^3}{12} = 8I_1$，又$f_1 = f_2$，即$\frac{M_1L^2}{2EI_1} = \frac{M_2L^2}{2EI_2}$，故$\frac{M_2}{M_1} = \frac{I_2}{I_1} = 8$。

答案：A

68. 解 图示截面的弯曲中心是两个狭长矩形边的中线交点，形心主轴是y'和z'，故无扭转，而有沿两个形心主轴y'、z'方向的双向弯曲。

答案：C

69. 解 图示单元体$\sigma_x = 50\text{MPa}$，$\sigma_y = -50\text{MPa}$，$\tau_x = -30\text{MPa}$，$\alpha = 45°$。故

$$\tau_\alpha = \frac{\sigma_x - \sigma_y}{2}\sin 2\alpha + \tau_x \cos 2\alpha = \frac{50-(-50)}{2}\sin 90° - 30 \times \cos 90° = 50\text{MPa}$$

答案：B

70. 解 图示细长压杆，$\mu = 2$，$I_{\min} = I_y = \frac{hb^3}{12}$，$F_{\text{cr}} = \frac{\pi^2 EI_{\min}}{(\mu L)^2} = \frac{\pi^2 E}{(2L)^2}\left(\frac{hb^3}{12}\right)$。

答案：D

71. 解 由连续介质假设可知。

答案：D

72. 解 仅受重力作用的静止流体的等压面是水平面。点 1 与 1′的压强相等。

$$P_\text{A} + \rho_\text{A} g h_1 = P_\text{B} + \rho_\text{B} g h_2 + \rho_\text{m} g \Delta h$$

$$P_\text{A} - P_\text{B} = (-\rho_\text{A} h_1 + \rho_\text{B} h_2 + \rho_\text{m} \Delta h)g$$

答案：A

73. 解 用连续方程求解。

$$v_3 = \frac{v_1A_1 + v_2A_2}{A_3} = \frac{4 \times 0.01 + 6 \times 0.005}{0.01} = 7\text{m/s}$$

答案：C

74. 解 由尼古拉兹阻力曲线图可知，在紊流粗糙区。

答案：D

75. 解 薄壁小孔口与圆柱形外管嘴流量公式均可用，流量$Q = \mu \cdot A\sqrt{2gH_0}$，根据面积$A = \frac{\pi d^2}{4}$和题设两者的$H_0$及$Q$均相等，则有$\mu_1 d_1^2 = \mu_2 d_2^2$，而$\mu_2 > \mu_1 (0.82 > 0.62)$，所以$d_1 > d_2$。

答案：A

76. 解 明渠均匀流必须发生在顺坡渠道上。

答案： D

77. 解 完全普通井流量公式：

$$Q = 1.366\frac{k(H^2 - h^2)}{\lg\frac{R}{r_0}} = 1.366 \times \frac{0.0005 \times (15^2 - 10^2)}{\lg\frac{375}{0.3}} = 0.0276\text{m}^3/\text{s}$$

答案： A

78. 解 一个正确反映客观规律的物理方程中，各项的量纲是和谐的、相同的。

答案： C

79. 解 静止的电荷产生静电场，运动电荷周围不仅存在电场，也存在磁场。

答案： A

80. 解 用安培环路定律$\oint H\text{d}L = \sum I$，这里电流是代数和，注意它们的方向。

答案： C

81. 解 注意理想电压源和实际电压源的区别，该题是理想电压源$U_\text{s} = U$，即输出电压恒定，电阻 R 的变化只能引起该支路的电流变化。

答案： C

82. 解 利用等效电压源定理判断。在求等效电压源电动势时，将A、B两点开路后，电压源的两上方电阻和两下方电阻均为串联连接方式。求内阻时，将 6V 电压源短路。

$$U_\text{s} = 6\left(\frac{6}{3+6} - \frac{6}{6+6}\right) = 1\text{V}$$

$$R_0 = 6 /\!/ 6 + 3 /\!/ 6 = 5\Omega$$

答案： B

83. 解 三个电流，有效值、频率相同，且初相位彼此相差 120°，是对称三相电流。对称三相交流电路中，任何时刻三相电流之和均为零。

答案： B

84. 解 该电路为线性一阶电路，暂态过程依据公式$f(t) = f(\infty) + [f(0_+) - f(\infty)]e^{-t/\tau}$分析。$f(t)$表示电路中任意电压和电流，其中$f(\infty)$是电量的稳态值，$f(0_+)$表示初始值，$\tau$表示电路的时间常数。在阻容耦合电路中$\tau = RC$。

答案： C

85. 解 变压器的额定功率用视在功率表示，它等于变压器初级绕阻或次级绕阻中电压额定值与电流额定值的乘积，$S_\text{N} = U_{1\text{N}}I_{1\text{N}} = U_{2\text{N}}I_{2\text{N}}$。接负载后，消耗的有功功率$P_\text{N} = S_\text{N}\cos\varphi_\text{N}$。值得注意的是，次级绕阻电压是变压器空载时的电压，$U_{2\text{N}} = U_{20}$。可以认为变压器初级端的功率因数与次级端的功率因数相同。

$$P_N = S_N \cos\varphi = 10^4 \times 0.44 = 4400\text{W}$$

故可以接入 40W 日光灯 110 盏。

答案： A

86. 解 该电路为直流稳压电源电路。对于输出的直流信号，电容在电路中可视为断路。桥式整流电路中的二极管通过的电流平均值是电阻R中通过电流的一半。

答案： D

87. 解 根据晶体三极管工作状态的判断条件，当晶体管处于饱和状态时，基极电流与集电极电流的关系是：

$$I_B > I_{BS} = \frac{1}{\beta}I_{CS} = \frac{1}{\beta}\left(\frac{U_{CC} - U_{CES}}{R_C}\right)$$

从输入回路分析：

$$I_B = I_{Rx} - I_{RB} = \frac{U_i - U_{BE}}{R_x} - \frac{U_{BE} - U_B}{R_B}$$

答案： A

88. 解 根据等效的直流通道计算，在直流等效电路中电容断路。

设$U_{BE} = 0.6\text{V}$

$$I_B = \frac{V_{CC} - U_{BE}}{R_B} = \frac{12 - 0.6}{200} = 0.057\text{mA}$$

$$I_C = \beta I_B = 40 \times 0.057 = 2.28\text{mA}$$

$$U_{CE} = V_{CC} - I_C R_C = 12 - 2.28 \times 3 = 5.16\text{V}$$

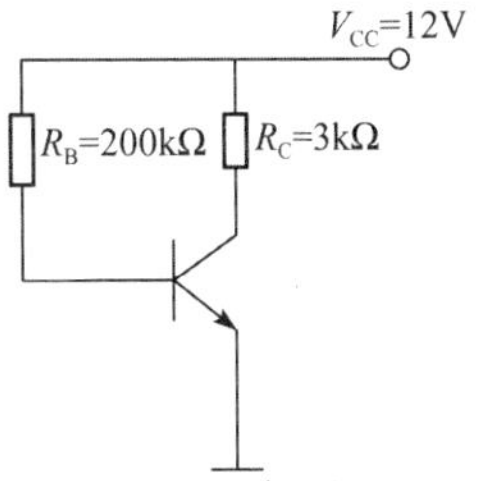

题 88 解图

答案： A

89. 解 首先确定在不同输入电压下三个二极管的工作状态，依此确定输出端的电位U_Y；然后判断各电位之间的逻辑关系，当点电位高于 2.4V 时视为逻辑状态“1”，电位低于 0.4V 时视为逻辑状态“0”。

答案： A

90. 解 该触发器为负边沿触发方式，即当时钟信号由高电平下降为低电平时刻输出端的状态可能发生改变。波形分析见解图。

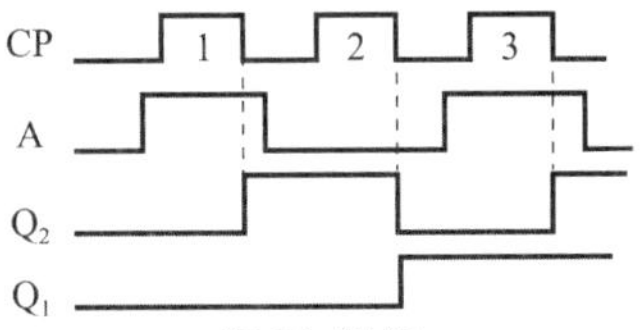

题 90 解题

答案： C

91. 解 连续信号指的是在时间范围都有定义（允许有有限个间断点）的信号。

答案： A

92. 解　连续信号指的是时间连续的信号，模拟信号是指在时间和数值上均连续的信号。

答案：C

93. 解　$\delta(t)$只在$t=0$时刻存在，$\delta(t)=\delta(-t)$，所以是偶函数。

答案：B

94. 解　常用模拟信号中，单位冲激信号$\delta(t)$与单位阶跃函数信号$\varepsilon(t)$有微分关系，反应信号变化速度。

答案：A

95. 解　周期信号的傅氏级数公式为：

$$f(t)=a_0+\sum_{k=1}^{\infty}(a_n\cos k\omega_1 t+b_n\sin k\omega_1 t)$$

式中，a_0表示直流分量，a_n表示余弦分量的幅值，b_n表示正弦分量的幅值。

答案：B

96. 解　根据二进制与十六进制的关系转换，即：$(1101\ 0010.0101\ 0100)_B=(D2.54)_H$

答案：A

97. 解　系统总线又称内总线。因为该总线是用来连接微机各功能部件而构成一个完整微机系统的，所以称之为系统总线。计算机系统内的系统总线是计算机硬件系统的一个组成部分。

答案：A

98. 解　Microsoft Word 和国产字处理软件 WPS 都是目前广泛使用的文字处理软件，Microsoft Excel 是表格处理软件，Auto CAD 是绘图软件，Visual BASIC 和 Visual C++都是程序设计软件。

答案：A

99. 解　操作系统是用户与硬件交互的第一层系统软件，一切其他软件都要运行于操作系统之上（包括选项 A、C、D）。

答案：B

100. 解　由于程序在运行的过程中，都会出现时间的局部性和空间的局部性，这样就完全可以在一个较小的物理内存储器空间上来运行一个较大的用户程序。

答案：B

101. 解　二进制数是计算机所能识别的，由 0 和 1 两个数码组成，称为机器语言。

答案：C

102. 解　四位二进制对应一位十六进制，A 表示 10，对应的二进制为 1010，E 表示 14，对应的二进制为 1110。

答案：B

103. 解　传统加密技术、数字签名技术、对称加密技术和密钥加密技术都是常用的信息加密技术，而专用 ASCII 码加密技术是不常用的信息加密技术。

答案：D

104. 解　广域网又称为远程网，它一般是在不同城市之间的 LAN（局域网）或者 MAN（城域网）网络互联，它所覆盖的地理范围一般从几十公里到几千公里。

答案：D

105. 解　我国专家把计算机网络定义为：利用各种通信手段，把地理上分散的计算机连在一起，达到相互通信、共享软/硬件和数据等资源的系统。

答案：D

106. 解　人们把计算机网络中实现网络通信功能的设备及其软件的集合称为网络的通信子网，而把网络中实现资源共享功能的设备及其软件的集合称为资源。

答案：B

107. 解　年名义利率相同的情况下，一年内计息次数较多的，年实际利率较高。

答案：D

108. 解　按建设期利息公式$Q=\sum\left(P_{t-1}+\frac{A_t}{2}\cdot i\right)$计算。

第一年贷款总额 1000 万元，计算利息时按贷款在年内均衡发生考虑。

$$Q_1=(1000/2)\times 6\%=30\ 万元$$

$$Q_2=(1000+30)\times 6\%=61.8\ 万元$$

$$Q=Q_1+Q_2=30+61.8=91.8\ 万元$$

答案：D

109. 解　按不考虑筹资费用的银行借款资金成本公式$K_{\mathrm{e}}=R_{\mathrm{e}}(1-T)$计算。

$$K_{\mathrm{e}}=R_{\mathrm{e}}(1-T)=10\%\times(1-25\%)=7.5\%$$

答案：A

110. 解　利用计算 IRR 的插值公式计算。

$$\mathrm{IRR}=12\%+(14\%-12\%)\times 130/(130+|-50|)=13.44\%$$

答案：D

111. 解　利息备付率属于反映项目偿债能力的指标。

答案：B

112. 解 可先求出盈亏平衡产量，然后乘以单位产品售价，即为盈亏平衡点销售收入。

$$\text{盈亏平衡点销售收入} = 500 \times \left(\frac{1000 \times 10^4}{500 - 300}\right) = 2500\text{ 万元}$$

答案：D

113. 解 寿命期相同的互斥方案可直接采用净现值法选优。

答案：C

114. 解 价值指数等于 1 说明该部分的功能与其成本相适应。

答案：B

115. 解 《中华人民共和国建筑法》第七条规定，建筑工程开工前，建设单位应当按照国家有关规定向工程所在地县级以上人民政府建设行政主管部门申请领取施工许可证；但是，国务院建设行政主管部门确定的限额以下的小型工程除外。

答案：D

116. 解 依据《中华人民共和国安全生产法》第二十一条第（一）款，选项 B、C、D 均与法律条文有出入。

答案：A

117. 解 依据《中华人民共和国招标投标法》第十五条，招标代理机构应当在招标人委托的范围内办理招标事宜。

答案：B

118. 解 依据《中华人民共和国民法典》第四百六十九条规定，当事人订立合同有书面形式、口头形式和其他形式。

答案：C

119. 解 见《中华人民共和国行政许可法》第十二条第五款规定。选项 A 属于可以设定行政许可的内容，选项 B、C、D 均属于第十三条规定的可以不设行政许可的内容。

答案：A

120. 解 《建设工程质量管理条例》(2000 年版）第十一条规定，“施工图设计文件报县级以上人民政府建设行政主管部门审查”，但是 2017 年此条文改为“施工图设计文件审查的具体办法，由国务院建设行政主管部门、国务院其他有关部门制定”。故按照现行版本，此题无正确答案。

答案：无

2013 年度全国勘察设计注册工程师执业资格考试基础考试（上）

试题解析及参考答案

1. 解 $\boldsymbol{\alpha}\times\boldsymbol{\beta}=\begin{vmatrix}\boldsymbol{i} & \boldsymbol{j} & \boldsymbol{k}\\ -3 & -2 & 1\\ 1 & -4 & -5\end{vmatrix}=14\boldsymbol{i}-14\boldsymbol{j}+14\boldsymbol{k}$

$|\boldsymbol{\alpha}\times\boldsymbol{\beta}|=\sqrt{14^2+14^2+14^2}=\sqrt{3\times 14^2}=14\sqrt{3}$

答案：C

2. 解 因为$\lim\limits_{x\to 1}(x^2+x-2)=0$

故$\lim\limits_{x\to 1}(2x^2+ax+b)=0$，即$2+a+b=0$，得$b=-2-a$，代入原式：

$$\lim_{x\to 1}\frac{2x^2+ax-2-a}{x^2+x-2}=\lim_{x\to 1}\frac{2(x+1)(x-1)+a(x-1)}{(x+2)(x-1)}=\lim_{x\to 1}\frac{2\times 2+a}{3}=1$$

故$4+a=3$，得$a=-1$，$b=-1$

答案：C

3. 解 $\frac{\mathrm{d}y}{\mathrm{d}x}=\frac{\frac{\mathrm{d}y}{\mathrm{d}t}}{\frac{\mathrm{d}x}{\mathrm{d}t}}=\frac{-\sin t}{\cos t}=-\tan t$

答案：A

4. 解 $\left[\int f(x)\mathrm{d}x\right]'=f(x)$

答案：B

5. 解 举例$f(x)=x^2$，$\int x^2\mathrm{d}x=\frac{1}{3}x^3+C$

当$C=0$时，$\int x^2\mathrm{d}x=\frac{1}{3}x^3$为奇函数；

当$C=1$时，$\int x^2\mathrm{d}x=\frac{1}{3}x^3+1$为非奇非偶函数。

答案：A

6. 解 $\lim\limits_{x\to 1^-}f(x)=\lim\limits_{x\to 1^-}3x^2=3$，$\lim\limits_{x\to 1^+}(4x-1)=3$，$f(1)=3$，函数$f(x)$在$x=1$处连续。

$f'_+(1)=\lim\limits_{x\to 1^+}\frac{4x-1-3\times 1}{x-1}=\lim\limits_{x\to 1^+}\frac{4(x-1)}{x-1}=4$

$f'_-(1)=\lim\limits_{x\to 1^-}\frac{3x^2-3}{x-1}=\lim\limits_{x\to 1^-}\frac{3(x+1)(x-1)}{x-1}=6$

$f'_+(1)\neq f'_-(1)$，在$x=1$处不可导；

故$f(x)$在$x=1$处连续不可导。

答案：C

7. 解

$$y' = -1 \cdot x^{\frac{2}{3}} + (5-x)\frac{2}{3}x^{-\frac{1}{3}} = -x^{\frac{2}{3}} + \frac{2}{3} \cdot \frac{5-x}{x^{\frac{1}{3}}} = \frac{-3x + 2(5-x)}{3x^{\frac{1}{3}}}$$

$$= \frac{-3x + 10 - 2x}{3 \cdot x^{\frac{1}{3}}} = \frac{5(2-x)}{3x^{\frac{1}{3}}}$$

可知$x=0$，$x=2$为极值可疑点，所以极值可疑点的个数为 2。

答案：C

8. 解 选项 A：$\int_0^{+\infty} e^{-x}\mathrm{d}x = -\int_0^{+\infty} e^{-x}\,\mathrm{d}(-x) = -e^{-x}\Big|_0^{+\infty} = -\left(\lim\limits_{x\to+\infty} e^{-x} - 1\right) = 1$

选项 B：$\int_0^{+\infty} \frac{1}{1+x^2}\mathrm{d}x = \arctan x\Big|_0^{+\infty} = \frac{\pi}{2}$

选项 C：因为$\lim\limits_{x\to 0^+}\frac{\ln x}{x} = \lim\limits_{x\to 0^+}\frac{1}{x}\ln x \to \infty$，所以函数在$x \to 0^+$无界。

$$\int_0^{+\infty}\frac{\ln x}{x}\mathrm{d}x = \int_0^{+\infty}\frac{\ln x}{x}\mathrm{d}x = \int_0^{+\infty}\ln x\,\mathrm{d}\ln x = \frac{1}{2}(\ln x)^2\Big|_0^{+\infty}$$

而$\lim\limits_{x\to+\infty}\frac{1}{2}(\ln x)^2 = \infty$，$\lim\limits_{x\to 0}\frac{1}{2}(\ln x)^2 = \infty$，故广义积分发散。

选项 D：$\int_0^1 \frac{1}{\sqrt{1-x^2}}\mathrm{d}x = \arcsin x\Big|_0^1 = \frac{\pi}{2}$

注：$\lim\limits_{x\to 1^-}\frac{1}{\sqrt{1-x^2}} = +\infty$，$x=1$为无穷间断点。

答案：C

9. 解 见解图，D：$0 \leqslant y \leqslant 1$，$y \leqslant x \leqslant \sqrt{y}$；

$y = x$，即$x = y$；$y = x^2$，得$x = \sqrt{y}$；

所以二次积分交换积分顺序后为$\int_0^1 \mathrm{d}y\int_y^{\sqrt{y}} f(x,y)\mathrm{d}x$。

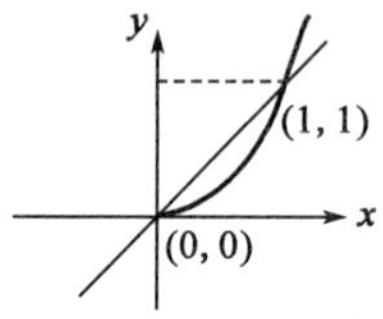

题 9 解图

答案：D

10. 解 $x\frac{\mathrm{d}y}{\mathrm{d}x} = y\ln y$，$\frac{1}{y\ln y}\mathrm{d}y = \frac{1}{x}\mathrm{d}x$，$\ln\ln y = \ln x + \ln C$

$\ln y = Cx$，$y = e^{Cx}$，代入$x=1$，$y=e$，有$e = e^{1C}$，得$C=1$

所以$y = e^x$

答案：B

11. 解 $F(x,y,z) = xz - xy + \ln(xyz)$

$$F_x = z - y + \frac{yz}{xyz} = z - y + \frac{1}{x}，F_y = -x + \frac{xz}{xyz} = -x + \frac{1}{y}，F_z = x + \frac{xy}{xyz} = x + \frac{1}{z}$$

$$\frac{\partial z}{\partial y} = -\frac{F_y}{F_z} = -\frac{\frac{-xy+1}{y}}{\frac{xz+1}{z}} = -\frac{(1-xy)z}{y(xz+1)} = \frac{z(xy-1)}{y(xz+1)}$$

答案：D

12. 解 正项级数$\sum\limits_{n=1}^{\infty} u_n$收敛的充分必要条件是，它的部分和数列$\{S_n\}$有界。

答案：A

13. 解 已知$f(-x)=-f(x)$，函数在$(-\infty,+\infty)$为奇函数。

可配合图形说明在$(-\infty,0)$，$f'(x)>0$，$f''(x)<0$，凸增。

故在$(0,+\infty)$为凹增，即在$(0,+\infty)$，$f'(x)>0$，$f''(x)>0$。

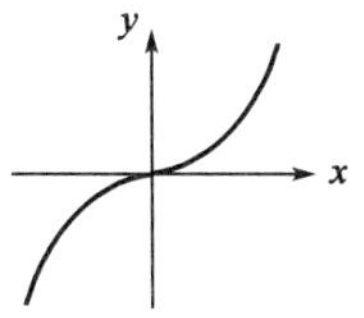

题 13 解图

答案：C

14. 解 特征方程：$r^2-3r+2=0$，$r_1=1$，$r_2=2$，$f(x)=xe^x$，$r=1$为对应齐次方程的特征方程的单根，故特解形式$y^*=x(Ax+B)\cdot e^x$。

答案：A

15. 解 $\vec{s}=\{3,-1,2\}$，$\vec{n}=\{-2,2,1\}$，$\vec{s}\cdot\vec{n}\neq0$，$\vec{s}$与$\vec{n}$不垂直。

故直线L不平行于平面π，从而选项 B、D 不成立；又因为$\vec{s}$不平行于$\vec{n}$，所以L不垂直于平面π，选项 A 不成立；即直线L与平面π非垂直相交。

答案：C

16. 解 见解图，L：$y=x-1$，所以L的参数方程$\begin{cases}x=x\\y=x-1\end{cases}$，$0\leqslant x\leqslant1$

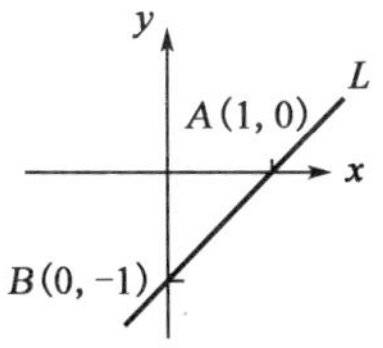

题 16 解图

$\mathrm{d}s=\sqrt{1^2+1^2}\mathrm{d}x=\sqrt{2}\mathrm{d}x$

故$\int_L(y-x)\mathrm{d}s=\int_0^1(x-1-x)\sqrt{2}\mathrm{d}x=-\sqrt{2}\cdot1=-\sqrt{2}$

答案：D

17. 解 $R=3$，则$\rho=\frac{1}{3}$

选项 A：$\sum\limits_{n=0}^{\infty}3x^n$，$\lim\limits_{n\to\infty}\left|\frac{a_{n+1}}{a_n}\right|=1$

选项 B：$\sum\limits_{n=1}^{\infty}3^nx^n$，$\lim\limits_{n\to x}\left|\frac{3^{n+1}}{3^n}\right|=3$

选项 C：$\sum\limits_{n=0}^{\infty}\frac{1}{3^{\frac{n}{2}}}x^n$，$\lim\limits_{n\to\infty}\left|\frac{\frac{1}{3^{\frac{n+1}{2}}}}{\frac{1}{3^{\frac{n}{2}}}}\right|=\lim\limits_{n\to\infty}\frac{1}{3^{\frac{n+1}{2}}}\cdot3^{\frac{n}{2}}=\lim\limits_{n\to\infty}3^{\frac{n}{2}-\frac{n+1}{2}}=3^{-\frac{1}{2}}$

选项 D：$\sum\limits_{n=0}^{\infty}\frac{1}{3^{n+1}}x^n$，$\lim\limits_{n\to\infty}\left|\frac{\frac{1}{3^{n+2}}}{\frac{1}{3^{n+1}}}\right|=\lim\limits_{n\to\infty}\frac{3^{n+1}}{3^{n+2}}=\frac{1}{3}$，$\rho=\frac{1}{3}$，$R=\frac{1}{\rho}=3$

答案：D

18. 解 $z=f(x,y)$，$\begin{cases}x=x\\y=\varphi(x)\end{cases}$，则$\frac{\mathrm{d}z}{\mathrm{d}x}=\frac{\partial f}{\partial x}\cdot1+\frac{\partial f}{\partial y}\cdot\frac{\mathrm{d}\varphi}{\mathrm{d}x}$

答案：B

19. 解 以$\boldsymbol{\alpha}_1$、$\boldsymbol{\alpha}_2$、$\boldsymbol{\alpha}_3$、$\boldsymbol{\alpha}_4$为列向量作矩阵$\boldsymbol{A}$

$$A=\begin{bmatrix}3&3&1&6\\2&-1&-\frac{1}{3}&-2\\-5&3&1&6\end{bmatrix}\xrightarrow{-r_1+r_3}\begin{bmatrix}3&3&1&6\\2&-1&-\frac{1}{3}&-2\\-8&0&0&0\end{bmatrix}\xrightarrow{-\frac{1}{8}r_3}\begin{bmatrix}3&3&1&6\\2&-1&-\frac{1}{3}&-2\\1&0&0&0\end{bmatrix}\xrightarrow[(-2)r_3+r_2]{(-3)r_3+r_1}$$

$$\begin{bmatrix}0&3&1&6\\0&-1&-\frac{1}{3}&-2\\1&0&0&0\end{bmatrix}\xrightarrow{3r_2+r_1}\begin{bmatrix}0&0&0&0\\0&-1&-\frac{1}{3}&-2\\1&0&0&0\end{bmatrix}\xrightarrow{r_1\leftrightarrow r_3}\begin{bmatrix}1&0&0&0\\0&-1&-\frac{1}{3}&-2\\0&0&0&0\end{bmatrix}$$

极大无关组为$\boldsymbol{\alpha}_1$、$\boldsymbol{\alpha}_2$。

（说明：因为行阶梯形矩阵的第二行中第 3 列、第 4 列的数也不为 0，所以$\boldsymbol{\alpha}_1$、$\boldsymbol{\alpha}_3$或$\boldsymbol{\alpha}_1$、$\boldsymbol{\alpha}_4$也是向量组的最大线性无关组。）

答案： C

20. 解 设$\boldsymbol{A}$为$m\times n$矩阵，$m<n$，则$R(\boldsymbol{A})=r\leqslant\min\{m,n\}=m<n$，$\boldsymbol{Ax}=\boldsymbol{0}$必有非零解。

选项 D 错误，因为增广矩阵的秩不一定等于系数矩阵的秩。

答案： B

21. 解 矩阵相似有相同的特征多项式，有相同的特征值。

方法 1：

$$|\lambda\boldsymbol{E}-\boldsymbol{A}|=\begin{vmatrix}\lambda-1&1&-1\\-2&\lambda-4&2\\3&3&\lambda-5\end{vmatrix}\overset{(-3)r_1+r_3}{=\!=\!=}\begin{vmatrix}\lambda-1&1&-1\\-2&\lambda-4&2\\-3\lambda+6&0&\lambda-2\end{vmatrix}\overset{-(\lambda-4)r_1+r_2}{=\!=\!=}$$

$$\begin{vmatrix}\lambda-1&1&-1\\-\lambda^2+5\lambda-6&0&\lambda-2\\-3\lambda+6&0&\lambda-2\end{vmatrix}=(-1)^{1+2}\begin{vmatrix}-(\lambda-2)(\lambda-3)&\lambda-2\\-3(\lambda-2)&\lambda-2\end{vmatrix}$$

$$=(\lambda-2)(\lambda-2)\begin{vmatrix}+(\lambda-3)&1\\3&1\end{vmatrix}=(\lambda-2)(\lambda-2)[+(\lambda-3)-3]$$

$$=(\lambda-2)(\lambda-2)(\lambda-6)$$

特征值为 2，2，6；矩阵$\boldsymbol{B}$中$\lambda=6$。

方法 2： 因为$\boldsymbol{A}\sim\boldsymbol{B}$，所以$\boldsymbol{A}$与$\boldsymbol{B}$的主对角线元素和相等，$\sum\limits_{i=1}^{3}a_{ii}=\sum\limits_{i=1}^{3}b_{ii}$，即$1+4+5=\lambda+2+2$，得$\lambda=6$。

答案： A

22. 解 A、B相互独立，则$P(AB)=P(A)P(B)$，$P(A\cup B)=P(A)+P(B)-P(AB)=P(A)+P(B)-P(A)P(B)=0.7$或$P(A\cup B)=1-P(\overline{A\cup B})=1-P(\overline{A}\,\overline{B})=1-P(\overline{A})P(\overline{B})=0.7$。

答案： C

23. 解 分布函数［记为$Q(x)$］性质为：①$0\leqslant Q(x)\leqslant 1$，$Q(-\infty)=0$，$Q(+\infty)=1$；②$Q(x)$是非减函数；③$Q(x)$是右连续的。

$\Phi(+\infty)=-\infty$；$F(x)$满足分布函数的性质①、②、③；

$G(-\infty)=+\infty$；$x \geqslant 0$时，$H(x)>1$。

答案：B

24. 解 注意$E(X)=0$，$\sigma^2=D(X)=E(X^2)-[E(X)]^2=E(X^2)$，$\sigma^2$也是$X$的二阶原点矩，$\sigma^2$的矩估计量是样本的二阶原点矩$\frac{1}{n}\sum\limits_{i=1}^{n}X_i^2$。

说明：统计推断时要充分利用已知信息。当$E(X)=\mu$已知时，估计$D(X)=\sigma^2$，用$\frac{1}{n}\sum\limits_{i=1}^{n}(X_i-\mu)^2$比用$\frac{1}{n}\sum\limits_{i=1}^{n}\left(X_i-\overline{X}\right)^2$效果好。

答案：D

25. 解 ①分子的平均平动动能$=\frac{3}{2}kT$，若分子的平均平动动能相同，则温度相同。

②分子的平均动能=平均（平动动能+转动动能）$=\frac{i}{2}kT$。其中，i为分子自由度，而$i(\mathrm{He})=3$，$i(\mathrm{N_2})=5$，则氦分子和氮分子的平均动能不同。

答案：B

26. 解 此题需要正确理解最概然速率的物理意义，v_p为$f(v)$最大值所对应的速率。

答案：C

注：25、26 题 2011 年均考过。

27. 解 画等压膨胀p-V图，由图知$V_2>V_1$，故气体对外做正功。由等温线知$T_2>T_1$，温度升高。

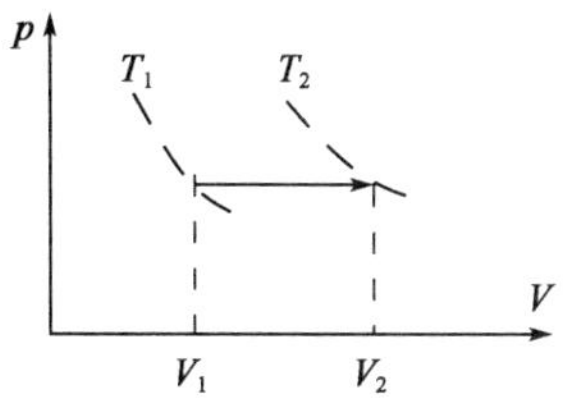

题 27 解图

答案：A

28. 解 $Q_\mathrm{T}=\frac{m}{M}RT\ln\frac{V_2}{V_1}=p_1V_1\ln\frac{V_2}{V_1}$

答案：A

29. 解 ①波动方程标准式：$y=A\cos\left[\omega\left(t-\frac{x-x_0}{u}\right)+\varphi_0\right]$

②本题方程：$y=-0.02\cos\pi(4x-50t)=0.02\cos[\pi(4x-50t)+\pi]$

$$=0.02\cos[\pi(50t-4x)+\pi]=0.02\cos\left[50\pi\left(t-\frac{4x}{50}\right)+\pi\right]$$

$$=0.02\cos\left[50\pi\left(t-\frac{x}{\frac{50}{4}}\right)+\pi\right]$$

故$\omega=50\pi=2\pi\nu$，$\nu=25\mathrm{Hz}$，$u=\frac{50}{4}$

波长$\lambda=\frac{u}{\nu}=0.5\mathrm{m}$，振幅$A=0.02\mathrm{m}$

答案：D

30. 解 a、b、c、d处质元都垂直于x轴上下振动。由图知，t时刻a处质元位于振动的平衡位置，此时速率最大，动能最大，势能也最大。

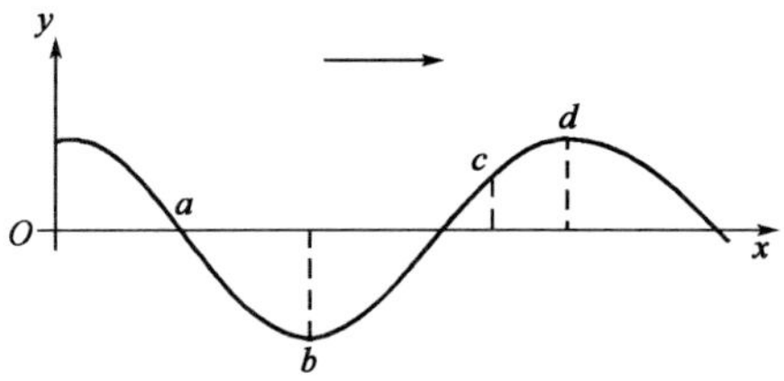

题 30 解图

答案：A

31. 解 $x_{\text{腹}} = \pm k\frac{\lambda}{2}$，$k = 0,1,2,\cdots$。相邻两波腹之间的距离为：$x_{k+1} - x_k = (k+1)\frac{\lambda}{2} - k\frac{\lambda}{2} = \frac{\lambda}{2}$。

答案：A

32. 解 设线偏振光的光强为I，线偏振光与第一个偏振片的夹角为φ。因为最终线偏振光的振动方向要转过90°，所以第一个偏振片与第二个偏振片的夹角为$\frac{\pi}{2} - \varphi$。

根据马吕斯定律：

线偏振光通过第一块偏振片后的光强$I_1 = I\cos^2\varphi$

线偏振光通过第二块偏振片后的光强$I_2 = I_1\cos^2\left(\frac{\pi}{2} - \varphi\right) = \frac{I}{4}\sin^2 2\varphi$

要使透射光强达到最强，令$\sin 2\varphi = 1$，得$\varphi = \frac{\pi}{4}$，透射光强的最大值为$\frac{I}{4}$。

入射光的振动方向与前后两偏振片的偏振化方向夹角分别为45°和90°。

答案：A

33. 解 光的干涉和衍射现象反映了光的波动性质，光的偏振现象反映了光的横波性质。

答案：B

34. 解 注意到$1\text{nm} = 10^{-9}\text{m} = 10^{-6}\text{mm}$。

由$\Delta x = \Delta n\frac{\lambda}{2}$，有$0.62 = 2300\frac{\lambda}{2}$，$\lambda = 5.39 \times 10^{-4}\text{mm} = 539\text{nm}$。

答案：B

35. 解 由单缝衍射暗纹条件：$a\sin\varphi = k\lambda = 2k\frac{\lambda}{2}$，今$k = 3$，故半波带数目为6。

答案：D

36. 解 劈尖干涉明纹公式：$2nd + \frac{\lambda}{2} = k\lambda$，$k = 1,2,\cdots$

对应的薄膜厚度差$2nd_5 - 2nd_3 = 2\lambda$，故$d_5 - d_3 = \frac{\lambda}{n}$。

答案：B

37. 解 一组允许的量子数n、l、m取值对应一个合理的波函数，即可以确定一个原子轨道。量子数$n = 4$，$l = 2$，$m = 0$为一组合理的量子数，确定一个原子轨道。

答案：A

38. 解 根据价电子对互斥理论：

PCl_3的价电子对数$x = \frac{1}{2}$(P 的价电子数 + 三个 Cl 提供的价电子数) $= \frac{1}{2}(5+3) = 4$

PCl_3分子中，P 原子形成三个 P-Cl σ 键，价电子对数减去σ键数等于 1，所以 P 原子除形成三个 P-Cl 键外，还有一个孤电子对，PCl_3的空间构型为三角锥形，P 为不等性sp^3杂化。

答案：B

39. 解 由已知条件可知

$$Fe^{3+} \xrightarrow[z_1=1]{0.771} Fe^{2+} \xrightarrow[z_2=2]{-0.44} Fe \quad (z=3)$$

即 $Fe^{3+} + z_1 e = Fe^{2+}$

+）$Fe^{2+} + z_2 e = Fe$

$Fe^{3+} + ze = Fe$

$$E^{\ominus}(Fe^{3+}/Fe) = \frac{z_1 E^{\ominus}(Fe^{3+}/Fe^{2+}) + z_2 E^{\ominus}(Fe^{2+}/Fe)}{z} = \frac{0.771 + 2 \times (-0.44)}{3} \approx -0.036\text{V}$$

答案：C

40. 解 在$BaSO_4$饱和溶液中，存在$BaSO_4 \rightleftharpoons Ba^{2+} + SO_4{}^{2-}$平衡，加入$BaCl_2$，溶液中$Ba^{2+}$增加，平衡向左移动，$SO_4{}^{2-}$的浓度减小。

答案：B

41. 解 催化剂之所以加快反应的速率，是因为它改变了反应的历程，降低了反应的活化能，增加了活化分子百分数。

答案：C

42. 解 此反应为气体分子数减小的反应，升压，反应向右进行；反应的$\Delta_r H_m < 0$，为放热反应，降温，反应向右进行。

答案：C

43. 解 负极 氧化反应：$Ag + Cl^- = AgCl + e^-$

正极 还原反应：$Ag^+ + e^- = Ag$

电池反应：$Ag^+ + Cl^- = AgCl$

原电池负极能斯特方程式为：$\varphi_{AgCl/Ag} = \varphi^{\ominus}_{AgCl/Ag} + 0.059\lg\frac{1}{c(Cl^-)}$。

由于负极中加入NaCl，Cl^-浓度增加，则负极电极电势减小，正极电极电势不变，因此电池的电动势增大。

答案：A

44. 解 乙烯与氯气混合，可以发生加成反应：$C_2H_4 + Cl_2 = CH_2Cl - CH_2Cl$。

答案：C

45. 解 羟基与烷基直接相连为醇，通式为 R—OH（R 为烷基）；羟基与芳香基直接相连为酚，通式为 Ar—OH（Ar 为芳香基）。

答案：D

46. 解 由低分子化合物（单体）通过加成反应，相互结合成高聚物的反应称为加聚反应。加聚反应没有产生副产物，高聚物成分与单体相同，单体含有不饱和键。HCHO 为甲醛，加聚反应为：$n\mathrm{H_2C=O} \longrightarrow \mathrm{+CH_2-O+}_n$。

答案：C

47. 解 E处为光滑接触面约束，根据约束的性质，约束力应垂直于支撑面，指向被约束物体。

答案：B

48. 解 $\boldsymbol{F}$力和均布力q的合力作用线均通过O点，故合力矩为零。

答案：A

49. 解 取构架整体为研究对象，根据约束的性质，B 处为活动铰链支座，约束力为水平方向（见解图）。列平衡方程：

$$\sum M_{\mathrm{A}}(F)=0，\ F_{\mathrm{B}}\cdot 2L_2-F_{\mathrm{p}}\cdot 2L_1=0$$

$$F_{\mathrm{B}}=\frac{3}{4}F_{\mathrm{P}}$$

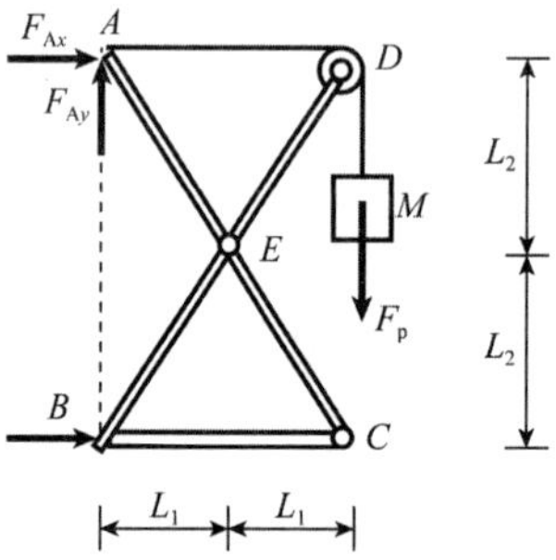

题 49 解图

答案：A

50. 解 根据斜面的自锁条件，斜面倾角小于摩擦角时，物体静止。

答案：A

51. 解 将$t=x$代入y的表达式。

答案：C

52. 解 分别对运动方程x和y求时间t的一阶、二阶导数，再令$t=0$，且有$v=\sqrt{\dot{x}^2+\dot{y}^2}$，$a=\sqrt{\ddot{x}^2+\ddot{y}^2}$。

答案：B

53. 解 两轮啮合点A、B的速度相同，且$v_{\mathrm{A}}=R_1\omega_1$，$v_{\mathrm{B}}=R_2\omega_2$。

答案：D

54. 解 可在A上加一水平向左的惯性力，根据达朗贝尔原理，物块A上作用的重力mg、法向约束力F_{N}、摩擦力F以及大小为ma的惯性力组成平衡力系，沿斜面列平衡方程，当摩擦力$F=ma\cos\theta+mg\sin\theta\leqslant F_{\mathrm{N}}f(F_{\mathrm{N}}=mg\cos\theta-ma\sin\theta)$时可保证$A$与$B$一起以加速度$a$水平向右运动。

答案：C

55. 解 物块A上的摩擦力水平向右，使其向右运动，故做正功。

答案：C

56. 解 杆位于铅垂位置时有$J_{\mathrm{B}}\alpha=M_{\mathrm{B}}=0$；故角加速度$\alpha=0$；而角速度可由动能定理：$\frac{1}{2}J_{\mathrm{B}}\omega^2=mgl$，得$\omega^2=\frac{3g}{2l}$。则质心的加速度为：$a_{\mathrm{C}x}=0$，$a_{\mathrm{C}y}=l\omega^2$。根据质心运动定理，有$ma_{\mathrm{C}x}=F_{\mathrm{B}x}$，$ma_{\mathrm{C}y}=F_{\mathrm{B}y}-mg$，便可得最后结果。

答案：D

57. 解 根据定义，惯性力系主矢的大小为：$ma_{\mathrm{C}}=m\frac{R}{2}\omega^2$；主矩的大小为：$J_{\mathrm{O}}\alpha=0$。

答案：A

58. 解 发生共振时，系统的工作频率与其固有频率相等。

$$\omega_0=\sqrt{\frac{k}{m}}=\sqrt{\frac{2\times10^6}{110}}=134.8\mathrm{rad/s}$$

答案：D

59. 解 取节点C，画C点的受力图，如图所示。

$$\sum F_x=0,\ F_1\sin45°=F_2\sin30°$$

$$\sum F_y=0,\ F_1\cos45°+F_2\cos30°=F$$

可得$F_1=\frac{\sqrt{2}}{1+\sqrt{3}}F$，$F_2=\frac{2}{1+\sqrt{3}}F$

故$F_2>F_1$，而$\sigma_2=\frac{F_2}{A}>\sigma_1=\frac{F_1}{A}$

所以杆 2 最先达到许用应力。

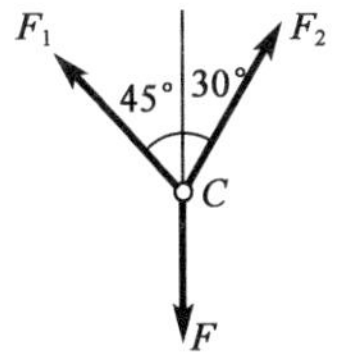

题 59 解图

答案：B

60. 解 此题受力是对称的，故$F_1=F_2=\frac{F}{2}$

由杆 1，得$\sigma_1=\frac{F_1}{A_1}=\frac{\frac{F}{2}}{A}=\frac{F}{2A}\leqslant[\sigma]$，故$F\leqslant2A[\sigma]$

由杆 2，得$\sigma_2=\frac{F_2}{A_2}=\frac{\frac{F}{2}}{2A}=\frac{F}{4A}\leqslant[\sigma]$，故$F\leqslant4A[\sigma]$

从两者取最小的，所以$[F]=2A[\sigma]$。

答案：B

61. 解 把F力平移到铆钉群中心O，并附加一个力偶$m=F\cdot\frac{5}{4}L$，在铆钉上将产生剪力Q_1和Q_2，其中$Q_1=\frac{F}{2}$，而Q_2计算方法如下。

$$\sum M_{\mathrm{O}}=0,\ Q_2\cdot\frac{L}{2}=F\cdot\frac{5}{4}L,\ Q_2=\frac{5}{2}F$$

则
$$Q=Q_1+Q_2=3F,\ \tau_{\max}=\frac{Q}{\frac{\pi}{4}d^2}=\frac{12F}{\pi d^2}$$

答案：C

62. 解 螺钉头与钢板之间的接触面是一个圆环面，故挤压面$A_{\mathrm{bs}}=\frac{\pi}{4}(D^2-d^2)$。

$$\sigma_{\mathrm{bs}}=\frac{F_{\mathrm{bs}}}{A_{\mathrm{bs}}}=\frac{F}{\frac{\pi}{4}(D^2-d^2)}$$

答案：A

63. 解 圆轴的最大切应力$\tau_{\max}=\frac{T}{I_{\mathrm{p}}}\cdot\frac{d}{2}$，圆轴的单位长度扭转角$\theta=\frac{T}{GI_{\mathrm{p}}}$

故$\frac{T}{I_{\mathrm{p}}}=\theta G$，代入得$\tau_{\max}=\theta G\frac{d}{2}$

答案：D

64. 解 设实心圆直径为d，空心圆外径为D，空心圆内外径之比为α，因两者横截面积相同，故有$\frac{\pi}{4}d^2=\frac{\pi}{4}D^2(1-\alpha^2)$，即$d=D(1-\alpha^2)^{\frac{1}{2}}$。

$$\frac{\tau_{\mathrm{a}}}{\tau_{\mathrm{b}}}=\frac{\frac{T}{\frac{\pi}{16}d^3}}{\frac{T}{\frac{\pi}{16}D^3(1-\alpha^4)}}=\frac{D^3(1-\alpha^4)}{d^3}=\frac{D^3(1-\alpha^2)(1+\alpha^2)}{D^3(1-\alpha^2)(1-\alpha^2)^{\frac{1}{2}}}=\frac{1+\alpha^2}{\sqrt{1-\alpha^2}}>1$$

答案：C

65. 解 根据“零、平、斜”“平、斜、抛”的规律，AB段的斜直线，对应AB段$q=0$；BC段的抛物线，对应BC段$q\neq 0$，即应有q。而B截面处有一个转折点，应对应于一个集中力。

答案：A

66. 解 弯矩图中B截面的突变值为$10\mathrm{kN\cdot m}$，故$m=10\mathrm{kN\cdot m}$。

答案：A

67. 解 $M_{\mathrm{a}}=\frac{1}{8}ql^2$，$M_{\mathrm{b}}$的计算可用叠加法，如解图所示，则$\frac{M_{\mathrm{a}}}{M_{\mathrm{b}}}=\frac{\frac{ql^2}{8}}{\frac{ql^2}{16}}=2$。

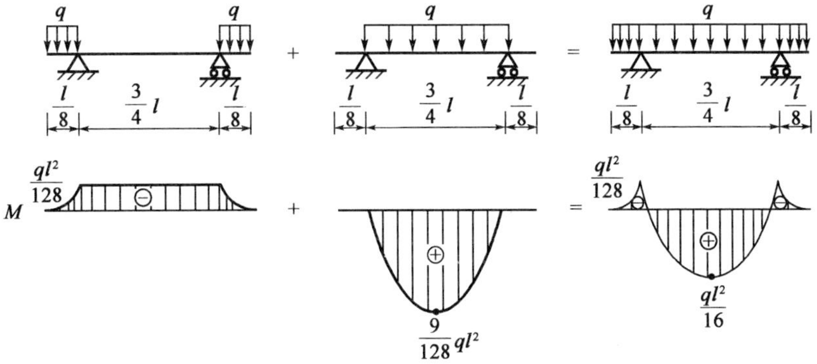

题 67 解图

答案：C

68. 解　图 a）中$\sigma_{r3} = \sigma_1 - \sigma_3 = 150 - 0 = 150\text{MPa}$；

图 b）中$\sigma_{r3} = \sigma_1 - \sigma_3 = 100 - (-100) = 200\text{MPa}$；

显然图 b）σ_{r3}更大，更危险。

答案：B

69. 解　设杆 1 受力为F_1，杆 2 受力为F_2，可见：

$$F_1 + F_2 = F \quad ①$$

$\Delta l_1 = \Delta l_2$，即$\frac{F_1 l}{E_1 A} = \frac{F_2 l}{E_2 A}$

故

$$\frac{F_1}{F_2} = \frac{E_1}{E_2} = 2 \quad ②$$

联立①、②两式，得到$F_1 = \frac{2}{3}F$，$F_2 = \frac{1}{3}F$。

这结果相当于偏心受拉，如解图所示，$M = \frac{F}{3} \cdot \frac{h}{2} = \frac{Fh}{6}$。

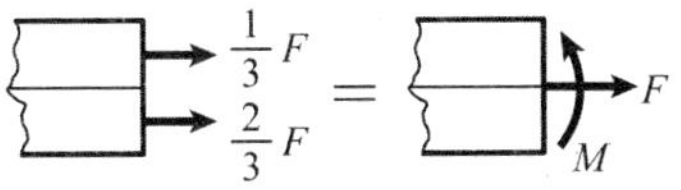

题 69 解图

答案：A

70. 解　杆端约束越弱，μ越大，在两端固定($\mu = 0.5$)，一端固定、一端铰支($\mu = 0.7$)，两端铰支($\mu = 1$)和一端固定、一端自由($\mu = 2$)这四种杆端约束中，一端固定、一端自由的约束最弱，μ最大。而图示细长压杆AB一端自由、一端固定在简支梁上，其杆端约束比一端固定、一端自由($\mu = 2$)时更弱，故μ比 2 更大。

答案：A

71. 解　切应力$\tau = \mu \frac{\mathrm{d}u}{\mathrm{d}y}$，而$y = R - r$，$\mathrm{d}y = -\mathrm{d}r$，故$\frac{\mathrm{d}u}{\mathrm{d}y} = -\frac{\mathrm{d}u}{\mathrm{d}r}$

题设流速$u = 2\left(1 - \frac{r^2}{R^2}\right)$，故$\frac{\mathrm{d}u}{\mathrm{d}y} = -\frac{\mathrm{d}u}{\mathrm{d}r} = \frac{2\times 2r}{R^2} = \frac{4r}{R^2}$

题设$r_1 = 0.2R$，故切应力$\tau_1 = \mu\left(\frac{4\times0.2R}{R^2}\right) = \mu\left(\frac{0.8}{R}\right)$

题设$r_2 = R$，则切应力$\tau_2 = \mu\left(\frac{4R}{R^2}\right) = \mu\left(\frac{4}{R}\right)$

切应力大小之比$\frac{\tau_1}{\tau_2} = \frac{\mu\left(\frac{0.8}{R}\right)}{\mu\left(\frac{4}{R}\right)} = \frac{0.8}{4} = \frac{1}{5}$

答案：C

72. 解 对断面1-1及2-2中点写能量方程：$Z_1 + \frac{p_1}{\rho g} + \frac{\alpha_1 v_1^2}{2g} = Z_2 + \frac{p_2}{\rho g} + \frac{\alpha_2 v_2^2}{2g}$

题设管道水平，故$Z_1 = Z_2$；又因$d_1 > d_2$，由连续方程知$v_1 < v_2$。

代入上式后知：$p_1 > p_2$。

答案：B

73. 解 由动量方程可得：$\sum F_x = \rho Qv = 1000\text{kg/m}^3 \times 0.2\text{m}^3/\text{s} \times 50\text{m/s} = 10\text{kN}$。

答案：B

74. 解 由均匀流基本方程$\tau = \rho gRJ$，$J = \frac{h_\text{f}}{L}$，知沿程损失$h_\text{f} = \frac{\tau L}{\rho gR}$。

答案：B

75. 解 由并联长管水头损失相等知：$h_{\text{f}1} = h_{\text{f}2} = h_{\text{f}3} = \cdots = h_\text{f}$，总流量$Q = \sum_{i=1}^{n} Q_i$。

答案：B

76. 解 矩形断面水力最佳宽深比$\beta = 2$，即$b = 2h$。

答案：D

77. 解 由渗流达西公式知$u = kJ$。

答案：A

78. 解 按雷诺模型，$\frac{\lambda_\text{v}\lambda_\text{L}}{\lambda_\nu} = 1$，流速比尺$\lambda_\text{v} = \frac{\lambda_\nu}{\lambda_\text{L}}$

按题设$\lambda_\nu = \frac{60\times10^{-6}}{15\times10^{-6}} = 4$，长度比尺$\lambda_\text{L} = 5$，因此流速比尺$\lambda_\text{v} = \frac{4}{5} = 0.8$

$\lambda_\text{v} = \frac{v_{\text{烟气}}}{v_{\text{空气}}}$，$v_{\text{空气}} = \frac{v_{\text{烟气}}}{\lambda_\text{v}} = \frac{3\text{m/s}}{0.8} = 3.75\text{m/s}$

答案：A

79. 解 静止的电荷产生电场，不会产生磁场，并且电场是有源场，其方向从正电荷指向负电荷。

答案：D

80. 解 电路的功率关系$P = UI = I^2R$以及欧姆定律$U = RI$，是在电路的电压电流的正方向一致时成立；当方向不一致时，前面增加"−"号。

答案：B

81. 解　考查电路的基本概念：开路与短路，电阻串联分压关系。当电路中a-b开路时，电阻$\mathrm{R_1}$、$\mathrm{R_2}$相当于串联。$U_{\mathrm{abk}}=\frac{R_2}{R_1+R_2}\cdot U_{\mathrm{s}}$。

答案：C

82. 解　在直流电源作用下电感等效于短路，$U_{\mathrm{L}}=0$；电容等效于开路，$I_{\mathrm{C}}=0$。

$$\frac{U_{\mathrm{R}}}{I_{\mathrm{R}}}=R;\ \ \frac{U_{\mathrm{L}}}{I_{\mathrm{L}}}=0;\ \ \frac{U_{\mathrm{C}}}{I_{\mathrm{C}}}=\infty$$

答案：D

83. 解　根据已知条件（电阻元件的电压为0），即电阻电流为0，电路处于并联谐振状态，电感支路与电容支路的电流大小相等，方向相反，可以写成$i_{\mathrm{L}}=-i_{\mathrm{C}}$。其有效值相等，即$I_{\mathrm{L}}=I_{\mathrm{C}}$。

答案：B

84. 解　三相电路中，电源中性点与负载中点等电位，说明电路中负载也是对称负载，三相电路负载的阻抗相等条件为：$Z_1=Z_2=Z_3$，即$\begin{cases}Z_1=Z_2=Z_3\\ \varphi_1=\varphi_2=\varphi_3\end{cases}$。

答案：A

85. 解　本题考查理想变压器的三个变比关系，在变压器的初级回路中电源内阻与变压器的折合阻抗R_{L}'串联。

$$R_{\mathrm{L}}'=K^2R_{\mathrm{L}}\quad(R_{\mathrm{L}}=100\Omega)$$

答案：C

86. 解　绕线式的三相异步电动机转子串电阻的方法适应于不同接法的电动机，并且可以起到限制启动电流、增加启动转矩以及调速的作用。Y-△启动方法只用于正常△接运行，并轻载启动的电动机。

答案：D

87. 解　信号和信息不是同一概念。信号是表示信息的物理量，如电信号可以通过幅度、频率、相位的变化来表示不同的信息；信息是对接收者有意义、有实际价值的抽象的概念。由此可见，信号是可以看得到的，信息是看不到的。数码是常用的信息代码，并不是只能表示数量大小，通过定义可以表示不同事物的状态。由0和1组成的信息代码101并不能仅仅表示数量"5"，因此选项B、C、D错误。

处理并传输电信号是电路的重要功能，选项A正确。

答案：A

88. 解　信号可以用函数来描述，$u(t)$信号波形是由多个伴有延时阶跃信号的叠加构成的。

答案：B

89. 解　输出信号的失真属于非线性失真，其原因是由于三极管输入特性死区电压的影响。放大器的放大倍数只能对不失真信号定义，选项A、B错误。

答案： C

90. 解 根据逻辑函数的相关公式计算$ABC + A\overline{BC} + B = A(BC + \overline{BC}) + B = A + B$。

答案： B

91. 解 根据给定的X、Y波形，其与非门$\overline{XY}$的图形可利用有“0”则“1”的原则确定为选项D。

答案： D

92. 解 BCD码是用二进制数表示的十进制数，属于无权码，此题的BCD码是用四位二进制数表示的：$(0011\ 0010)_B = (3\ 2)_{BCD}$

答案： A

93. 解 此题为二极管限幅电路，分析二极管电路首先要将电路模型线性化，即将二极管断开后分析极性（对于理想二极管，如果是正向偏置将二极管短路，否则将二极管断路），最后按照线性电路理论确定输入和输出信号关系。

即：该二极管截止后，求$u_{阳} = u_i$，$u_{阴} = 2.5V$，则$u_i > 2.5V$时，二极管导通，$u_o = u_i$；$u_i < 2.5V$时，二极管截止，$u_o = 2.5V$。

答案： C

94. 解 根据三极管的微变等效电路分析可见，增加电容C_E以后，在动态信号作用下，发射极电阻被电容短路。放大倍数提高，输入电阻减小。

答案： C

95. 解 此电路是组合逻辑电路（异或门）与时序逻辑电路（D触发器）的组合应用，电路的初始状态由复位信号$\overline{R}_D$确定，输出状态在时钟脉冲信号CP的上升沿触发，$D = A \oplus \overline{Q}$。

答案： A

96. 解 此题与上题类似，是组合逻辑电路（与非门）与时序逻辑电路（JK触发器）的组合应用，输出状态在时钟脉冲信号CP的下降沿触发。$J = \overline{Q \cdot A}$，K端悬空时，可以认为$K = 1$。

答案： C

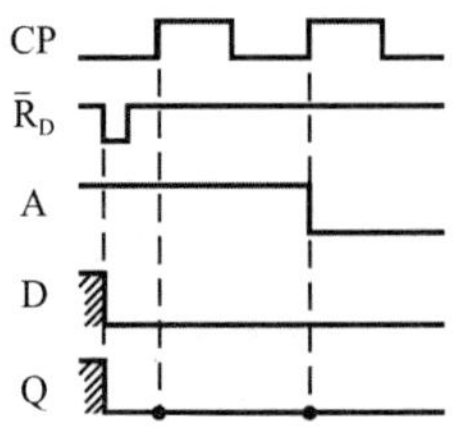

题95解图

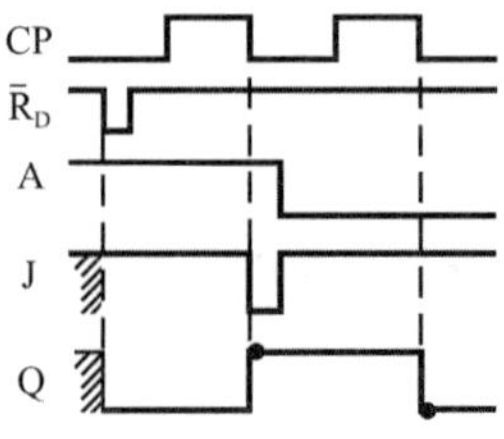

题96解图

97. 解 “三网合一”指的是将电信网、广播电视网和互联网整合为一个统一的网络体系。这种整合促进了资源整合、提高效率、促进信息融合，并为用户提供更加便捷和多样化的通信和娱乐服务。

答案： C

98. 解 计算机运算器的功能是完成算术运算和逻辑运算，算数运算是完成加、减、乘、除的运算，逻辑运算主要包括与、或、非、异或等，从而完成低电平与高电平之间的切换，送出控制信号，协调计算机工作。

答案： D

99. 解 计算机的总线可以划分为数据总线、地址总线和控制总线，数据总线用来传输数据、地址总线用来传输数据地址、控制总线用来传输控制信息。

答案： C

100. 解 Microsoft Word 是文字处理软件。Visual BASIC 简称 VB，是 Microsoft 公司推出的一种 Windows 应用程序开发工具。Microsoft Access 是小型数据库管理软件。AutoCAD 是专业绘图软件，主要用于工业设计中，被广泛用于民用、军事等各个领域。CAD 是 Computer Aided Design 的缩写，意思为计算机辅助设计。加上 Auto，指它可以应用于几乎所有跟绘图有关的行业，比如建筑、机械、电子、天文、物理、化工等。

答案： B

101. 解 位也称为比特，记为 bit，位是度量数据的最小单位，表示一位二进制信息。

答案： B

102. 解 原码是机器数的一种简单的表示法。其符号位用 0 表示正号，用 1 表示负号，数值一般用二进制形式表示。机器数的反码可由原码得到。如果机器数是正数，则该机器数的反码与原码一样；如果机器数是负数，则该机器数的反码是对它的原码（符号位除外）各位取反而得到的。机器数的补码可由原码得到。如果机器数是正数，则该机器数的补码与原码一样；如果机器数是负数，则该机器数的补码是对它的原码（除符号位外）各位取反，并在末位加 1 而得到的。ASCII 码是将人在键盘上敲入的字符（数字、字母、特殊符号等）转换成机器能够识别的二进制数，并且每个字符唯一确定一个 ASCII 码，形象地说，它就是人与计算机交流时使用的键盘语言通过“翻译”转换成的计算机能够识别的语言。

答案： B

103. 解 点阵中行数和列数的乘积称为图像的分辨率，若分辨率 640×480 像素，则表示横向 640 像素，纵向 480 像素，该图共有 $640 \times 480 = 307200$ 个像素。

答案： D

104. 解 进程与程序的概念是不同的，进程有以下4个特征。

动态性：进程是动态的，它由系统创建而产生，并由调度而执行。

并发性：用户程序和操作系统的管理程序等，在它们的运行过程中，产生的进程在时间上是重叠的，它们同存在于内存储器中，并共同在系统中运行。

独立性：进程是一个能独立运行的基本单位，同时也是系统中独立获得资源和独立调度的基本单位，进程根据其获得的资源情况可独立地执行或暂停。

异步性：由于进程之间的相互制约，使进程具有执行的间断性。各进程按各自独立的、不可预知的速度向前推进。

答案：D

105. 解 操作系统对外部设备的作用是控制外部设备按用户程序的要求进行操作，包括设备驱动、初始化以及设备控制等功能。选项C的分配和回收功能就是控制功能，相比之下选项A更完整。

答案：A

106. 解 联网中的计算机都具有“独立功能”，即网络中的每台主机在没联网之前就有自己独立的操作系统，并且能够独立运行。联网以后，它本身是网络中的一个结点，可以平等地访问其他网络中的主机。

答案：A

107. 解 利用由年名义利率求年实际利率的公式计算：

$$i=\left(1+\frac{r}{m}\right)^{m}-1=\left(1+\frac{8\%}{4}\right)^{4}-1=8.24\%$$

答案：C

108. 解 经营成本包括外购原材料、燃料和动力费、工资及福利费、修理费等，不包括折旧、摊销费和财务费用。流动资金投资不属于经营成本。

答案：A

109. 解 根据静态投资回收期的计算公式：$P_{\mathrm{t}}=6-1+\frac{|-60|}{240}=5.25$年。

答案：C

110. 解 该项目的现金流量图如解图所示。根据题意，有

$$\mathrm{NPV}=-5000+A(P/A,15\%,10)(P/F,15\%,1)=0$$

解得 $A=5000\div(5.0188\times0.8696)=1145.65$万元

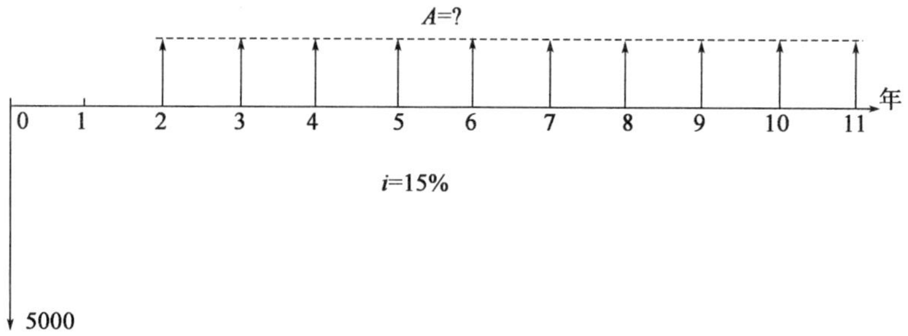

题 110 解图

答案：D

111. 解 项目经济效益和费用的识别应遵循剔除转移支付原则。

答案：C

112. 解 两个寿命期相同的互斥项目的选优应采用增量内部收益率指标，$\Delta IRR_{(乙-甲)}$为 13%，小于基准收益率 14%，应选择投资较小的方案。

答案：A

113. 解 "有无对比"是财务分析应遵循的基本原则。

答案：D

114. 解 根据价值工程中价值公式中成本的概念。

答案：C

115. 解 《中华人民共和国建筑法》第九条规定，建设单位应当自领取施工许可证之日起三个月内开工。因故不能按期开工的，应当向发证机关申请延期；延期以两次为限，每次不超过三个月。既不开工又不申请延期或者超过延期时限的，施工许可证自行废止。

答案：B

116. 解 《中华人民共和国安全生产法》第二十四条规定，矿山、金属冶炼、建筑施工、运输单位和危险物品的生产、经营、储存、装卸单位，应当设置安全生产管理机构或者配备专职安全生产管理人员。

前款规定以外的其他生产经营单位，从业人员超过一百人的，应当设置安全生产管理机构或者配备专职安全生产管理人员；从业人员在一百人以下的，应当配备专职或者兼职的安全生产管理人员。

答案：D

117. 解 《中华人民共和国招标投标法》第十条规定，招标分为公开招标和邀请招标。

答案：B

118. 解 《中华人民共和国民法典》第四百七十三条规定，要约邀请是希望他人向自己发出要约的表示。拍卖公告、招标公告、招股说明书、债券募集办法、基金招募说明书、商业广告和宣传、寄送的价目表等为要约邀请。商业广告和宣传的内容符合要约条件的，构成要约。

答案：B

119. 解 《中华人民共和国行政许可法》第四十二条规定，除可以当场作出行政许可决定的外，行政机关应当自受理行政许可申请之日起二十日内做出行政许可决定。二十日内不能做出决定的，经本行政机关负责人批准，可以延长十日，并应当将延长期限的理由告知申请人。但是，法律、法规另有规定的，依照其规定。

答案：D

120. 解 《中华人民共和国建筑法》第二十九条规定，建筑工程总承包单位按照总承包合同的约定对建设单位负责；分包单位按照分包合同的约定对总承包单位负责。总承包单位和分包单位就分包工程对建设单位承担连带责任。

答案：A

2014 年度全国勘察设计注册工程师执业资格考试基础考试（上）

试题解析及参考答案

1. 解 $\lim\limits_{x\to 0}(1-x)^{\frac{k}{x}}=2$

可利用公式$\lim\limits_{x\to 0}(1+x)^{\frac{1}{x}}=e$计算

因$\lim\limits_{x\to 0}(1-x)^{\frac{-k}{-x}}=\lim\limits_{x\to 0}\left[(1-x)^{\frac{1}{-x}}\right]^{-k}=e^{-k}$

所以$e^{-k}=2$，$k=-\ln 2$。

答案：A

2. 解 $x^2+y^2-z=0$，$z=x^2+y^2$为旋转抛物面。

答案：D

3. 解 $y=\arctan\frac{1}{x}$，$x=0$，分母为零，该点为间断点。

因$\lim\limits_{x\to 0^+}\arctan\frac{1}{x}=\frac{\pi}{2}$，$\lim\limits_{x\to 0^-}\arctan\frac{1}{x}=-\frac{\pi}{2}$，所以$x=0$为跳跃间断点。

答案：B

4. 解 $\frac{\mathrm{d}}{\mathrm{d}x}\int_{2x}^{0}e^{-t^2}\mathrm{d}t=-\frac{\mathrm{d}}{\mathrm{d}x}\int_{0}^{2x}e^{-t^2}\mathrm{d}t=-e^{-4x^2}\cdot 2=-2e^{-4x^2}$

答案：C

5. 解

$$\frac{\mathrm{d}(\ln x)}{\mathrm{d}\sqrt{x}}=\frac{\frac{1}{x}\mathrm{d}x}{\frac{1}{2}\cdot\frac{1}{\sqrt{x}}\mathrm{d}x}=\frac{2}{\sqrt{x}}$$

答案：B

6. 解

$$\int\frac{x^2}{\sqrt[3]{1+x^3}}\mathrm{d}x=\frac{1}{3}\int\frac{1}{\sqrt[3]{1+x^3}}\mathrm{d}x^3=\frac{1}{3}\int\frac{1}{\sqrt[3]{1+x^3}}\mathrm{d}(1+x^3)$$
$$=\frac{1}{3}\times\frac{3}{2}(1+x^3)^{\frac{2}{3}}+C=\frac{1}{2}(1+x^3)^{\frac{2}{3}}+C$$

答案：D

7. 解 $a_n=\left(1+\frac{1}{n}\right)^n$，数列$\{a_n\}$是单调增，又$\lim\limits_{x\to\infty}\left(1+\frac{1}{n}\right)^n=e$，根据收敛数列有界性，可知数列有上界。

答案：B

8. 解 函数$f(x)$在点x_0处可导，则$f'(x_0)=0$是$f(x)$在x_0取得极值的必要条件。

答案：C

9. 解

$$L_1:\frac{x-1}{1}=\frac{y-3}{-2}=\frac{z+5}{1}，\vec{S}_1=\{1,-2,1\}$$
$$L_2:\frac{x-3}{-1}=\frac{y-1}{-1}=\frac{z-1}{2}=t，\vec{S}_2=\{-1,-1,2\}$$
$$\cos\left(\widehat{\vec{S}_1,\vec{S}_2}\right)=\frac{\vec{S}_1\cdot\vec{S}_2}{|\vec{S}_1||\vec{S}_2|}=\frac{3}{\sqrt{6}\times\sqrt{6}}=\frac{1}{2}，\left(\widehat{\vec{S}_1,\vec{S}_2}\right)=\frac{\pi}{3}$$

答案：B

10. 解 $xy'-y=x^2e^{2x}\Rightarrow y'-\frac{1}{x}y=xe^{2x}$

$$P(x)=-\frac{1}{x}，Q(x)=xe^{2x}$$
$$y=e^{-\int\left(-\frac{1}{x}\right)\mathrm{d}x}\left[\int xe^{2x}e^{\int\left(-\frac{1}{x}\right)\mathrm{d}x}\mathrm{d}x+C\right]=e^{\ln x}\left(\int xe^{2x}e^{-\ln x}\mathrm{d}x+C\right)$$
$$=x\left(\int e^{2x}\mathrm{d}x+C\right)=x\left(\frac{1}{2}e^{2x}+C\right)$$

答案：A

11. 解 见解图，$V=\int_0^3\pi y^2\,\mathrm{d}x=\int_0^3\pi 4x\mathrm{d}x=\pi\int_0^3 4x\mathrm{d}x$。

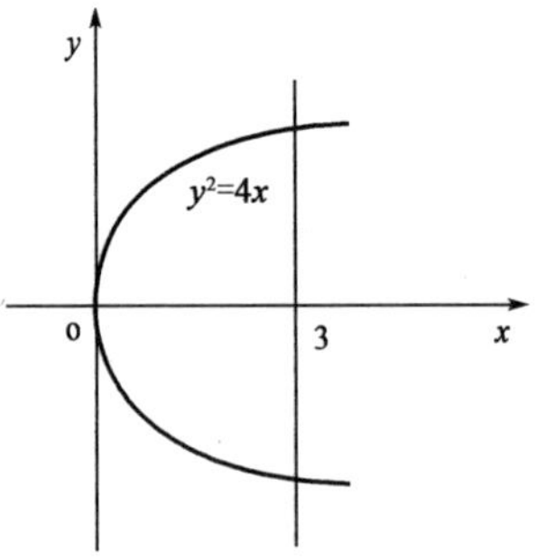

题 11 解图

答案：C

12. 解 $\sum\limits_{n=1}^{\infty}(-1)^n\frac{1}{n^{p-1}}$级数条件收敛应满足条件：①取绝对值后级数发散；②原级数收敛。

$\sum\limits_{n=1}^{\infty}\left|(-1)^n\frac{1}{n^{p-1}}\right|=\sum\limits_{n=1}^{\infty}\frac{1}{n^{p-1}}$，当$0<p-1\leqslant 1$时，即$1<p\leqslant 2$，取绝对值后级数发散，原级数$\sum\limits_{n=1}^{\infty}(-1)^n\frac{1}{n^{p-1}}$为交错级数。

当$p-1>0$时，即$p>1$

利用幂函数性质判定：$y=x^p(p>0)$

当$x\in(0,+\infty)$时，$y=x^p$单增，且过(1,1)点，本题中，$p>1$，因而$n^{p-1}<(n+1)^{p-1}$，所以$\frac{1}{n^{p-1}}>\frac{1}{(n+1)^{p-1}}$。

满足：①$\frac{1}{n^{p-1}}>\frac{1}{(n+1)^{p-1}}$；②$\lim\limits_{n\to\infty}\frac{1}{n^{p-1}}=0$。故$\sum\limits_{n=1}^{\infty}(-1)^n\frac{1}{n^{p-1}}$收敛。

综合以上结论，$1<p\leqslant 2$和$p>1$，应为$1<p\leqslant 2$。

答案：A

13. 解 $y=C_1e^{-x+C_2}=C_1e^{C_2}e^{-x}$

$y'=-C_1e^{C_2}e^{-x}$，$y''=C_1e^{C_2}e^{-x}$

代入方程得$C_1e^{C_2}e^{-x}-(-C_1e^{C_2}e^{-x})-2C_1e^{C_2}e^{-x}=0$

$y=C_1e^{-x+C_2}$是方程$y''-y'-2y=0$的解，又因$y=C_1e^{-x+C_2}=C_1e^{C_2}e^{-x}=C_3e^{-x}$（其中$C_3=C_1e^{C_2}$）只含有一个独立的任意常数，所以$y=C_1e^{-x+C_2}$，既不是方程的通解，也不是方程的特解。

答案：D

14. 解 L：$\begin{cases}y=x-2\\x=x\end{cases}$，$x:0\to 2$，如解图所示。

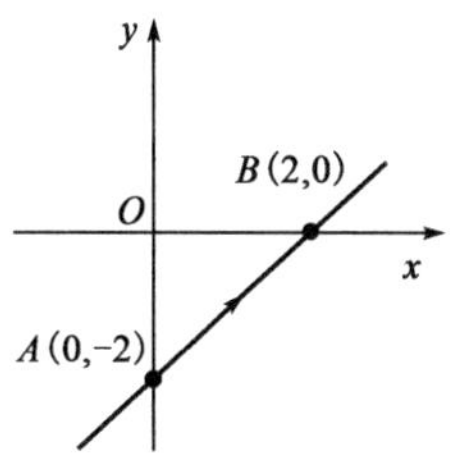

题 14 解图

注：从起点对应的参数积到终点对应的参数。

$$\int_L\frac{1}{x-y}\mathrm{d}x+y\mathrm{d}y=\int_0^2\frac{1}{x-(x-2)}\mathrm{d}x+(x-2)\mathrm{d}x$$

$$=\int_0^2\left(x-\frac{3}{2}\right)\mathrm{d}x=\left(\frac{1}{2}x^2-\frac{3}{2}x\right)\Big|_0^2$$

$$=\frac{1}{2}\times 4-\frac{3}{2}\times 2=-1$$

答案：B

15. 解 **方法 1**：$x^2+y^2+z^2=4z$，$x^2+y^2+z^2-4z=0$，$F(x,y,z)=x^2+y^2+z^2-4z$

$$F_x=2x,\ F_y=2y,\ F_z=2z-4$$

$$\frac{\partial z}{\partial x}=-\frac{F_x}{F_z}=-\frac{2x}{2z-4}=-\frac{x}{z-2},\quad \frac{\partial z}{\partial y}=-\frac{F_y}{F_z}=-\frac{2y}{2z-4}=-\frac{y}{z-2}$$

$$\mathrm{d}z=\frac{\partial z}{\partial x}\mathrm{d}x+\frac{\partial z}{\partial y}\mathrm{d}y=-\frac{x}{z-2}\mathrm{d}x-\frac{y}{z-2}\mathrm{d}y=\frac{1}{2-z}(x\mathrm{d}x+y\mathrm{d}y)$$

方法 2：方程两边微分

$$\mathrm{d}(x^2+y^2+z^2)=4\mathrm{d}z$$

$$2x\mathrm{d}x+2y\mathrm{d}y+2z\mathrm{d}z=4\mathrm{d}z$$

得到：$\mathrm{d}z=\frac{1}{2-z}(x\mathrm{d}x+y\mathrm{d}y)$

答案：B

16. 解 D：$\begin{cases}0\leqslant\theta\leqslant\frac{\pi}{4}\\0\leqslant r\leqslant a\end{cases}$，如解图所示。

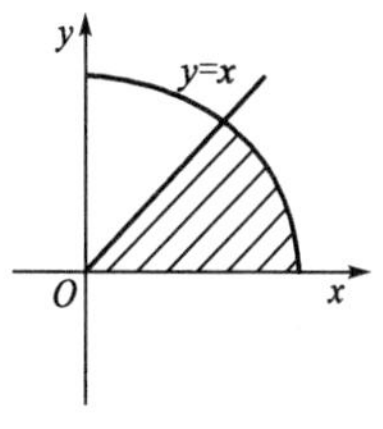

题 16 解图

$$\iint_D\mathrm{d}x\mathrm{d}y=\int_0^{\frac{\pi}{4}}\mathrm{d}\theta\int_0^a r\mathrm{d}r=\frac{\pi}{4}\times\frac{1}{2}r^2\Big|_0^a=\frac{1}{8}\pi a^2$$

答案：A

17. 解 设$2x+1=z$，级数为$\sum\limits_{n=1}^{\infty}\frac{z^n}{n}$

$\lim\limits_{n\to\infty}\left|\frac{a_{n+1}}{a_n}\right|=\lim\limits_{n\to\infty}\frac{\frac{1}{n+1}}{\frac{1}{n}}=1$，$\rho=1$，$R=\frac{1}{\rho}=1$

当$z=1$时，$\sum\limits_{n=1}^{\infty}\frac{1}{n}$发散，当$z=-1$时，$\sum\limits_{n=1}^{\infty}\frac{(-1)^n}{n}$收敛

所以$-1\leqslant z<1$收敛，即$-1\leqslant 2x+1<1$，$-1\leqslant x<0$

答案： C

18. 解 $z=e^{xe^y}$，$\frac{\partial z}{\partial x}=e^{xe^y}\cdot e^y=e^y\cdot e^{xe^y}$

$\frac{\partial^2 z}{\partial x^2}=e^y\cdot e^{xe^y}\cdot e^y=e^{xe^y}\cdot e^{2y}=e^{xe^y+2y}$

答案： A

19. 解 **方法 1：** $|2\boldsymbol{A}^*\boldsymbol{B}^{-1}|=2^3|\boldsymbol{A}^*\boldsymbol{B}^{-1}|=2^3|\boldsymbol{A}^*|\cdot|\boldsymbol{B}^{-1}|$

$\boldsymbol{A}^{-1}=\frac{1}{|\boldsymbol{A}|}\boldsymbol{A}^*$，$\boldsymbol{A}^*=|\boldsymbol{A}|\cdot\boldsymbol{A}^{-1}$

$\boldsymbol{A}\cdot\boldsymbol{A}^{-1}=\boldsymbol{E}$，$|\boldsymbol{A}|\cdot|\boldsymbol{A}^{-1}|=1$，$|\boldsymbol{A}^{-1}|=\frac{1}{|\boldsymbol{A}|}=\frac{1}{-\frac{1}{2}}=-2$

$|\boldsymbol{A}^*|=\left||\boldsymbol{A}|\cdot\boldsymbol{A}^{-1}\right|=\left|-\frac{1}{2}\boldsymbol{A}^{-1}\right|=\left(-\frac{1}{2}\right)^3|\boldsymbol{A}^{-1}|=\left(-\frac{1}{2}\right)^3\times(-2)=\frac{1}{4}$

$\boldsymbol{B}\cdot\boldsymbol{B}^{-1}=\boldsymbol{E}$，$|\boldsymbol{B}|\cdot|\boldsymbol{B}^{-1}|=1$，$|\boldsymbol{B}^{-1}|=\frac{1}{|\boldsymbol{B}|}=\frac{1}{2}$

因此，$|2\boldsymbol{A}^*\boldsymbol{B}^{-1}|=2^3\times\frac{1}{4}\times\frac{1}{2}=1$

方法 2： 直接用公式计算$|\boldsymbol{A}^*|=|\boldsymbol{A}|^{n-1}$，$|\boldsymbol{B}^{-1}|=\frac{1}{|\boldsymbol{B}|}$，$|2\boldsymbol{A}^*\boldsymbol{B}^{-1}|=2^3|\boldsymbol{A}^*\boldsymbol{B}^{-1}|=2^3|\boldsymbol{A}^*||\boldsymbol{B}^{-1}|=2^3|\boldsymbol{A}|^{3-1}\cdot\frac{1}{|\boldsymbol{B}|}=2^3\cdot\left(-\frac{1}{2}\right)^2\cdot\frac{1}{2}=1$

答案： A

20. 解 选项 A，$\boldsymbol{A}$未必是实对称矩阵，即使$\boldsymbol{A}$为实对称矩阵，但所有顺序主子式都小于零，不符合对称矩阵为负定的条件。对称矩阵为负定的充分必要条件：奇数阶顺序主子式为负，而偶数阶顺序主子式为正，所以错误。

选项 B，实对称矩阵为正定矩阵的充分必要条件是所有特征值都大于零，选项 B 给出的条件有时不能满足所有特征值都大于零的条件，例如$\boldsymbol{A}=\begin{bmatrix}1&1\\1&1\end{bmatrix}$，$|\boldsymbol{A}|=0$，$\boldsymbol{A}$有特征值$\lambda=0$，所以错误。

选项 D，给出的二次型所对应的对称矩阵为$\begin{bmatrix}1&\frac{1}{2}&\frac{1}{2}\\\frac{1}{2}&1&\frac{1}{2}\\\frac{1}{2}&\frac{1}{2}&1\end{bmatrix}$，所以错误。

选项 C，由惯性定理可知，实二次型$f(x_1,x_2,\cdots,x_n)=\boldsymbol{x}^{\mathrm{T}}\boldsymbol{A}\boldsymbol{x}$经可逆线性变换（或配方法）化为标准型时，在标准型（或规范型）中，正、负平方项的个数是唯一确定的。对于缺少平方项的n元二次型的标准型（或规范型），正惯性指数不会等于未知数的个数n。

例如：$f(x_1,x_2)=x_1\cdot x_2$，无平方项，设$\begin{cases}x_1=y_1+y_2\\x_2=y_1-y_2\end{cases}$，代入变形$f=y_1^2-y_2^2$（标准型），正惯性指数为$1<n=2$。所以二次型$f(x_1,x_2)$不是正定二次型。

答案： C

21. 解　方法 1：已知n元非齐次线性方程组$\boldsymbol{Ax}=\boldsymbol{b}$，$r(\boldsymbol{A})=n-2$，对应$n$元齐次线性方程组$\boldsymbol{Ax}=\boldsymbol{0}$的基础解系中的线性无关解向量的个数为$n-(n-2)=2$，可验证$\boldsymbol{\alpha}_2-\boldsymbol{\alpha}_1$，$\boldsymbol{\alpha}_2-\boldsymbol{\alpha}_3$为齐次线性方程组的解：$\boldsymbol{A}(\boldsymbol{\alpha}_2-\boldsymbol{\alpha}_1)=\boldsymbol{A\alpha}_2-\boldsymbol{A\alpha}_1=\boldsymbol{b}-\boldsymbol{b}=0$，$\boldsymbol{A}(\boldsymbol{\alpha}_2-\boldsymbol{\alpha}_3)=\boldsymbol{A\alpha}_2-\boldsymbol{A\alpha}_3=\boldsymbol{b}-\boldsymbol{b}=0$；还可验$\boldsymbol{\alpha}_2-\boldsymbol{\alpha}_1$，$\boldsymbol{\alpha}_2-\boldsymbol{\alpha}_3$线性无关。

所以$k_1(\boldsymbol{\alpha}_2-\boldsymbol{\alpha}_1)+k_2(\boldsymbol{\alpha}_2-\boldsymbol{\alpha}_3)$为$n$元齐次线性方程组$\boldsymbol{Ax}=\boldsymbol{0}$的通解，而$\boldsymbol{\alpha}_1$为$n$元非齐次线性方程组$\boldsymbol{Ax}=\boldsymbol{b}$的一特解。

因此，$\boldsymbol{Ax}=\boldsymbol{b}$的通解为$\boldsymbol{x}=k_1(\boldsymbol{\alpha}_2-\boldsymbol{\alpha}_1)+k_2(\boldsymbol{\alpha}_2-\boldsymbol{\alpha}_3)+\boldsymbol{\alpha}_1$。

方法 2：观察四个选项异同点，结合$\boldsymbol{Ax}=\boldsymbol{b}$通解结构，想到一个结论：

设$y_1,y_2,\cdots,y_s$为$\boldsymbol{Ax}=\boldsymbol{b}$的解，$k_1,k_2,\cdots,k_s$为数，则：

当$\sum\limits_{i=1}^{s}k_i=0$时，$\sum\limits_{i=1}^{s}k_iy_i$为$\boldsymbol{Ax}=\boldsymbol{0}$的解；

当$\sum\limits_{i=1}^{s}k_i=1$时，$\sum\limits_{i=1}^{s}k_iy_i$为$\boldsymbol{Ax}=\boldsymbol{b}$的解。

可以判定选项 C 正确。

答案： C

22. 解　A与B互不相容，$P(AB)=0$，$P(A|B)=\frac{P(AB)}{P(B)}=0$。

答案： B

23. 解　见解图，$\int_{-\infty}^{+\infty}\int_{-\infty}^{+\infty}f(x,y)\,\mathrm{d}x\mathrm{d}y=\int_0^1\int_0^x k\mathrm{d}y\mathrm{d}x=\frac{k}{2}=1$，得$k=2$

$$E(XY)=\int_{-\infty}^{+\infty}\int_{-\infty}^{+\infty}xyf(x,y)\mathrm{d}x\mathrm{d}y=\int_0^1\int_0^x 2xy\mathrm{d}y\mathrm{d}x=\frac{1}{4}$$

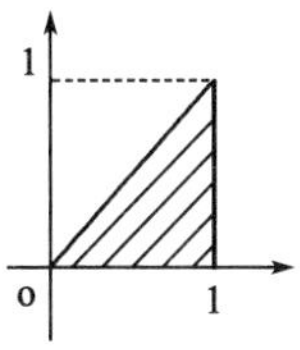

题 23 解图

答案： A

24. 解　设$S_1^2=\frac{1}{n-1}\sum\limits_{i=1}^{n}\left(X_i-\overline{X}\right)^2$

因为总体$X\sim N(\mu,\sigma^2)$

所以$\frac{\sum\limits_{i=1}^{n}\left(X_i-\overline{X}\right)^2}{\sigma^2}=\frac{(n-1)S_1^2}{\sigma^2}\sim\chi^2(n-1)$，同理$\frac{\sum\limits_{i=1}^{n}\left(Y_i-\overline{Y}\right)^2}{\sigma^2}\sim\chi^2(n-1)$

又因为两样本相互独立，所以$\frac{\sum\limits_{i=1}^{n}\left(X_i-\overline{X}\right)^2}{\sigma^2}$与$\frac{\sum\limits_{i=1}^{n}\left(Y_i-\overline{Y}\right)^2}{\sigma^2}$相互独立

$$\frac{\sum\limits_{i=1}^{n}\left(X_i-\overline{X}\right)^2}{\sum\limits_{i=1}^{n}\left(Y_i-\overline{Y}\right)^2}=\frac{\dfrac{\sum\limits_{i=1}^{n}\left(X_i-\overline{X}\right)^2}{(n-1)\sigma^2}}{\dfrac{\sum\limits_{i=1}^{n}\left(Y_i-\overline{Y}\right)^2}{(n-1)\sigma^2}}\sim F(n-1,n-1)$$

注意：解答选择题，有时抓住关键点就可判定。$\sum\limits_{i=1}^{n}\left(X_i-\overline{X}\right)^2$与$\chi^2$分布有关，$\frac{\sum\limits_{i=1}^{n}\left(X_i-\overline{X}\right)^2}{\sum\limits_{i=1}^{n}\left(Y_i-\overline{Y}\right)^2}$与$F$分布有关，只有选项 B 是$F$分布。

答案： B

25. 解 由气态方程$pV=\frac{m}{M}RT$知，标准状态下，p、V相同，T也相等。

由$E=\frac{m}{M}\frac{i}{2}RT=\frac{i}{2}pV$，注意到氢为双原子分子，氦为单原子分子，即$i(H_2)=5$，$i(He)=3$，又$p(H_2)=p(He)$，$V(H_2)=V(He)$，故$\frac{E(H_2)}{E(He)}=\frac{i(H_2)}{i(He)}=\frac{5}{3}$。

答案： A

26. 解 由麦克斯韦速率分布函数定义$f(v)=\frac{dN}{Ndv}$可得。

答案： B

27. 解 由$W_{等压}=p\Delta V=\frac{m}{M}R\Delta T$，今$\frac{m}{M}=1$，故$\Delta T=\frac{W}{R}$。

答案： B

28. 解 等温膨胀过程的特点是：理想气体从外界吸收的热量Q，全部转化为气体对外做功$A(A>0)$。

答案： D

29. 解 所谓波峰，其纵坐标$y=+2\times10^{-2}$m，亦即要求$\cos 2\pi\left(10t-\frac{x}{5}\right)=1$，即$2\pi\left(10t-\frac{x}{5}\right)=\pm 2k\pi$；

当$t=0.25$s时，$20\pi\times0.25-\frac{2\pi x}{5}=\pm2k\pi$，$x=(12.5\mp5k)$；

因为要取距原点最近的点（注意$k=0$并非最小），逐一取$k=0,1,2,3,\cdots$，其中$k=2$，$x=2.5$；$k=3$，$x=-2.5$。

答案： A

30. 解 质元处于平衡位置，此时速度最大，故质元动能最大，动能与势能是同相的，所以势能也最大。

答案： C

31. 解 声波的频率范围为20～20000Hz。

答案： C

32. 解 间距$\Delta x=\frac{D\lambda}{nd}$[$D$为双缝到屏幕的垂直距离（见解图），$d$为缝宽，$n$为折射率]

今$1.33=\frac{D\lambda}{d}(n_{空气}\approx1)$，当把实验装置放入水中，则$\Delta x_{水}=\frac{D\lambda}{1.33d}=1$

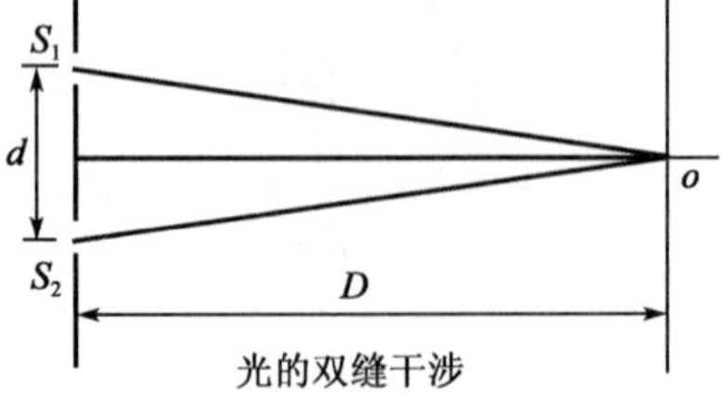

题32解图

答案： C

33. 解 可见光的波长范围 400 ~ 760nm。

答案： A

34. 解 自然光垂直通过第一个偏振片后，变为线偏振光，光强设为I'，即入射至第二个偏振片的线偏振光强度。根据马吕斯定律，自然光通过两个偏振片后，$I = I'\cos^2 45° = \frac{I'}{2}$，$I' = 2I$。

答案： B

35. 解 中央明纹的宽度由紧邻中央明纹两侧的暗纹$(k = 1)$决定。

如解图所示，通常衍射角ϕ很小，且$D \approx f$(f为焦距)，则$x \approx \phi f$

由暗纹条件$a\sin\phi = 1 \times \lambda(k = 1)$($a$缝宽)，得$\phi \approx \frac{\lambda}{a}$

第一级暗纹距中心P_0距离为$x_1 = \phi f = \frac{\lambda}{a}f$

所以中央明纹的宽度$\Delta x(中央) = 2x_1 = \frac{2\lambda f}{a}$

故 $\Delta x = \frac{2 \times 0.5 \times 400 \times 10^{-9}}{10^{-4}} = 400 \times 10^{-5}\text{m}$

$= 4 \times 10^{-3}\text{m}$

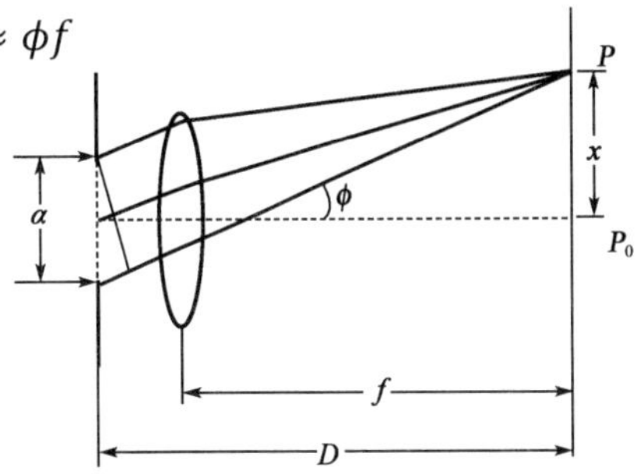

题 35 解图

答案： D

36. 解 根据光栅的缺级理论，当$\frac{a+b(光栅常数)}{a(缝宽)}$=整数时，会发生缺级现象，今$\frac{a+b}{a} = \frac{2a}{a} = 2$，在光栅明纹中，将缺$k = 2,4,6,\cdots$级，衍射光谱中出现的五条明纹为 0，±1，±3。（此题超纲）

答案： A

37. 解 周期表中元素电负性的递变规律：同一周期从左到右，主族元素的电负性逐渐增大；同一主族从上到下元素的电负性逐渐减小。

答案： A

38. 解 离子的极化作用是指离子的极化力，离子的极化力为某离子使其他离子变形的能力。极化力取决于：①离子的电荷，电荷数越多，极化力越强；②离子的半径，半径越小，极化力越强；③离子的电子构型，当电荷数相等、半径相近时，极化力的大小为：18 或 18 + 2 电子构型 > 9 ~ 17 电子构型 > 8 电子构型。每种离子都具有极化力和变形性，一般情况下，主要考虑正离子的极化力和负离子的变形性。离子半径的变化规律：同周期不同元素离子的半径随离子电荷代数值增大而减小。四个化合物中的阴离子相同，都为Cl^-，阳离子分别为Na^+、Mg^{2+}、Al^{3+}、Si^{4+}，离子半径逐渐减小，离子电荷逐渐增大，极化力逐渐增强，对Cl^-的极化作用逐渐增强，所以离子极化作用最强的是$SiCl_4$。

答案： D

39. 解 100mL 浓硫酸中H_2SO_4的物质的量$n = \frac{100 \times 1.84 \times 0.98}{98} = 1.84\text{mol}$

物质的量浓度$c = \frac{1.84}{0.1} = 18.4\text{mol} \cdot \text{L}^{-1}$

答案：A

40. 解 多重平衡规则：当n个反应相加（或相减）得总反应时，总反应的K等于各个反应平衡常数的乘积（或商）。题中反应（3）=（1）−（2），所以$K_3^{\Theta}=\frac{K_1^{\Theta}}{K_2^{\Theta}}$。

答案：D

41. 解 铜电极通入H_2S，生成CuS沉淀，Cu^{2+}浓度减小。

铜半电池反应为：$Cu^{2+}+2e^- = Cu$，根据电极电势的能斯特方程式：

$$\varphi=\varphi^{\Theta}+\frac{0.059}{2}\lg\frac{C_{氧化型}}{C_{还原型}}=\varphi^{\Theta}+\frac{0.059}{2}\lg C_{Cu^{2+}}$$

$C_{Cu^{2+}}$减小，电极电势减小

原电池的电动势$E=\varphi_{正}-\varphi_{负}$，$\varphi_{正}$减小，$\varphi_{负}$不变，则电动势$E$减小。

答案：B

42. 解 电解产物析出顺序由它们的析出电势决定。析出电势与标准电极电势、离子浓度、超电势有关。总的原则：析出电势代数值较大的氧化型物质首先在阴极还原；析出电势代数值较小的还原型物质首先在阳极氧化。

阴极：当$\varphi^{\Theta}>\varphi^{\Theta}_{Al^{3+}/Al}$时，$M^{n+}+ne^- = M$

当$\varphi^{\Theta}<\varphi^{\Theta}_{Al^{3+}/Al}$时，$2H^++2e^- = H_2$

因$\varphi^{\Theta}_{Na^+/Na}<\varphi^{\Theta}_{Al^{3+}/Al}$时，所以$H^+$首先放电析出。

答案：A

43. 解 由公式$\Delta G=\Delta H-T\Delta S$可知，当$\Delta H$和$\Delta S$均小于零时，$\Delta G$在低温时小于零，所以低温自发，高温非自发。

答案：A

44. 解 丙烷最多 5 个原子处于一个平面，丙烯最多 7 个原子处于一个平面，苯乙烯最多 16 个原子处于一个平面，$CH_3CH{=}CH{-}C{\equiv}C{-}CH_3$ 最多 10 个原子处于一个平面。

答案：C

45. 解 烯烃能发生加成反应和氧化反应，酸可以发生酯化反应。

答案：A

46. 解 人造羊毛为聚丙烯腈，由单体丙烯腈通过加聚反应合成，为高分子化合物。分子中存在共价键，为共价化合物，同时为有机化合物。

答案：C

47. 解 根据力的投影公式，$F_x=F\cos\alpha$，故$\alpha=60°$；而分力F_x的大小是力F大小的 2 倍，故力F

与y轴垂直。

答案： A （此题 2010 年考过）

48. 解 M_1与M_2等值反向，四个分力构成自行封闭的四边形，故合力为零，F_1与F_3、F_2与F_4构成顺时针转向的两个力偶，其力偶矩的大小均为Fa。

答案： D

49. 解 对系统进行整体分析，外力有主动力F_{p}，A、H处约束力，由于F_{p}与H处约束力均为铅垂方向，故A处也只有铅垂方向约束力，列平衡方程$\sum M_{\mathrm{H}}(F)=0$，便可得结果。

答案： B

50. 解 分析节点D的平衡，可知 1 杆为零杆。

答案： A

51. 解 只有当$t=1\mathrm{s}$时两个点才有相同的坐标。

答案： A

52. 解 根据平行移动刚体的定义和特点。

答案： C （此题 2011 年考过）

53. 解 根据定轴转动刚体上一点加速度与转动角速度、角加速度的关系：$a_n=\omega^2 l$，$a_\tau=\alpha l$，此题$a_n=0$，$\alpha=\frac{a_\tau}{l}=\frac{a}{l}$。

答案： A

54. 解 在铅垂平面内垂直于绳的方向列质点运动微分方程（牛顿第二定律），有：

$$ma_n\cos\alpha=mg\sin\alpha$$

答案： C

55. 解 两轮质心的速度均为零，动量为零，链条不计质量。

答案： D

56. 解 根据动能定理：$T_2-T_1=W_{12}$，其中$T_1=0$（初瞬时静止），$T_2=\frac{1}{2}\times\frac{3}{2}mR^2\omega^2$，$W_{12}=mgR$，代入动能定理可得结果。

答案： C

57. 解 杆水平瞬时，其角速度为零，加在物块上的惯性力铅垂向上，列平衡方程$\sum M_{\mathrm{O}}(F)=0$，则有$(F_{\mathrm{g}}-mg)l=0$，所以$F_{\mathrm{g}}=mg$。

答案： A

58. 解 已知频率比$\frac{\omega}{\omega_0}=1.27$，且$\omega=40\,\mathrm{rad/s}$，$\omega_0=\sqrt{\frac{k}{m}}$ $(m=100\mathrm{kg})$

所以，$k=\left(\frac{40}{1.27}\right)^2\times 100=9.9\times10^4\approx 1\times10^5\mathrm{N/m}$

答案：A

59. 解 首先取节点C为研究对象，根据节点C的平衡可知，杆 1 受力为零，杆 2 的轴力为拉力F；再考虑两杆的变形，杆 1 无变形，杆 2 受拉伸长。由于变形后两根杆仍然要连在一起，因此C点变形后的位置，应该在以A点为圆心，以杆 1 原长为半径的圆弧，和以B点为圆心、以伸长后的杆 2 长度为半径的圆弧的交点C'上，如解图所示。显然这个点在C点向下偏左的位置。

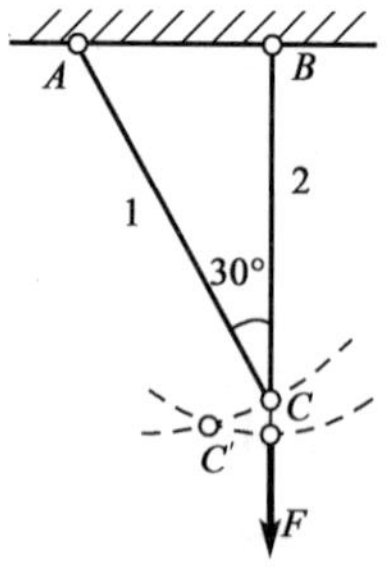

题 59 解图

答案：B

60. 解

$$\sigma_{\mathrm{AB}}=\frac{F_{\mathrm{NAB}}}{A_{\mathrm{AB}}}=\frac{300\pi\times10^3\mathrm{N}}{\frac{\pi}{4}\times200^2\mathrm{mm}^2}=30\mathrm{MPa}，\sigma_{\mathrm{BC}}=\frac{F_{\mathrm{NBC}}}{A_{\mathrm{BC}}}=\frac{100\pi\times10^3\mathrm{N}}{\frac{\pi}{4}\times100^2\mathrm{mm}^2}=40\mathrm{MPa}$$

显然杆的最大拉应力是 40MPa

答案：A

61. 解 A 图、B 图中节点的受力是图 a)，C 图、D 图中节点的受力是图 b)。

为了充分利用铸铁抗压性能好的特点，应该让铸铁承受更大的压力，显然 A 图布局比较合理。

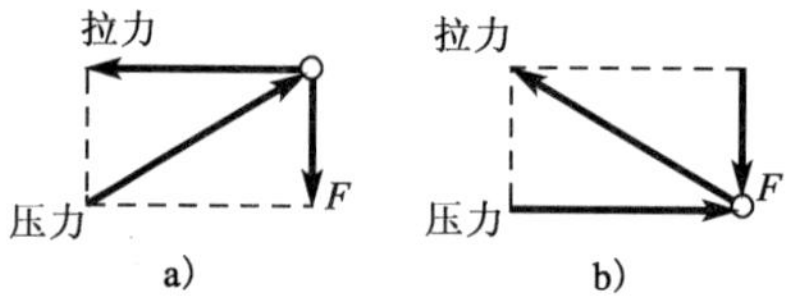

题 61 解图

答案：A

62. 解 被冲断的钢板的剪切面是一个圆柱面，其面积$A_{\mathrm{Q}}=\pi dt$，根据钢板破坏的条件：

$$\tau_{\mathrm{Q}}=\frac{Q}{A_{\mathrm{Q}}}=\frac{F}{\pi dt}=\tau_{\mathrm{b}}$$

可得$F=\pi dt\tau_{\mathrm{b}}=\pi\times100\mathrm{mm}\times10\mathrm{mm}\times300\mathrm{MPa}=300\pi\times10^3\mathrm{N}=300\pi\mathrm{kN}$

答案：A

63. 解 螺杆受拉伸，横截面面积是$\frac{\pi}{4}d^2$，由螺杆的拉伸强度条件，可得：

$$\sigma=\frac{F}{\frac{\pi}{4}d^2}=\frac{4F}{\pi d^2}=[\sigma] \qquad ①$$

螺母的内圆周面受剪切，剪切面面积是πdh，由螺母的剪切强度条件，可得：

$$\tau_{\mathrm{Q}}=\frac{F_{\mathrm{Q}}}{A_{\mathrm{Q}}}=\frac{F}{\pi dh}=[\tau] \qquad ②$$

把①、②两式同时代入$[\sigma]=2[\tau]$，即有$\frac{4F}{\pi d^2}=2\cdot\frac{F}{\pi dh}$，化简后得$d=2h$。

答案：A

64. 解 受扭空心圆轴横截面上各点的切应力应与其到圆心的距离成正比，而在空心圆部分因没有材料，故也不应有切应力，故正确的只能是B。

答案：B

65. 解 根据外力矩（此题中即是扭矩）与功率、转速的计算公式：$M(\mathrm{kN\cdot m})=9.55\frac{p(\mathrm{kW})}{n(\mathrm{r/min})}$可知，转速小的轴，扭矩（外力矩）大。

答案：B

66. 解 根据剪力和弯矩的微分关系$\frac{\mathrm{d}m}{\mathrm{d}x}=Q$可知，弯矩的最大值发生在剪力为零的截面，也就是弯矩的导数为零的截面，故选B。

答案：B

67. 解 题图a）是偏心受压，在中间段危险截面上，外力作用点O与被削弱的截面形心C之间的偏心距$e=\frac{a}{2}$（见解图），产生的附加弯矩$M=F\cdot\frac{a}{2}$，故题图a）中的最大应力：

$$\sigma_{\mathrm{a}}=-\frac{F_{\mathrm{N}}}{A_{\mathrm{a}}}-\frac{M}{W}=-\frac{F}{3ab}-\frac{F\frac{a}{2}}{\frac{b}{6}(3a)^2}=-\frac{2F}{3ab}$$

题图b）虽然截面面积小，但却是轴向压缩，其最大压应力：

$$\sigma_{\mathrm{b}}=-\frac{F_{\mathrm{N}}}{A_{\mathrm{b}}}=-\frac{F}{2ab}$$

故$\frac{\sigma_{\mathrm{b}}}{\sigma_{\mathrm{a}}}=\frac{3}{4}$

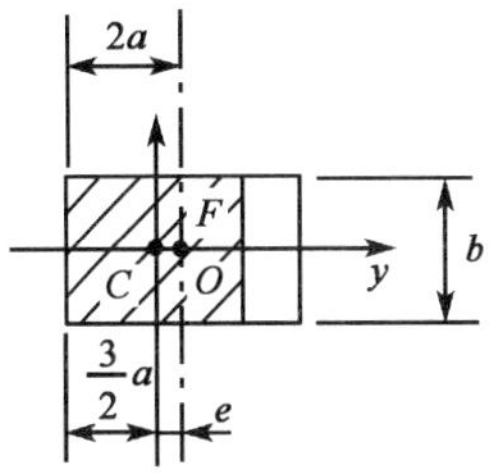

题67解图

答案：A

68. 解 由梁的正应力强度条件：

$$\sigma_{\max}=\frac{M_{\max}}{I}\cdot y_{\max}=\frac{M_{\max}}{W}\leqslant[\sigma]$$

可知，梁的承载能力与梁横截面惯性矩I（或W）的大小成正比，当外荷载产生的弯矩$M_{\max}$不变的情况下，截面惯性矩（或W）越大，其承载能力也越大，显然相同面积制成的梁，矩形比圆形好，空心矩形的惯性矩（或W）最大，其承载能力最大。

答案：A

69. 解 图a）中$\sigma_1=200\mathrm{MPa}$，$\sigma_2=0$，$\sigma_3=0$

$\sigma_{\mathrm{r3}}^{\mathrm{a}}=\sigma_1-\sigma_3=200\mathrm{MPa}$

图b）中$\sigma_1=\frac{100}{2}+\sqrt{\left(\frac{100}{2}\right)^2+100^2}=161.8\mathrm{MPa}$，$\sigma_2=0$

$\sigma_3=\frac{100}{2}-\sqrt{\left(\frac{100}{2}\right)^2+100^2}=-61.8\mathrm{MPa}$

$\sigma_{r3}^{b} = \sigma_1 - \sigma_3 = 223.6\text{MPa}$

故图 b）更危险

答案：D

70. 解 当$\alpha = 0°$时，杆是轴向受位：

$$\sigma_{\max}^{0°} = \frac{F_N}{A} = \frac{F}{a^2}$$

当$\alpha = 45°$时，杆是轴向受拉与弯曲组合变形：

$$\sigma_{\max}^{45°} = \frac{F_N}{A} + \frac{M_g}{W_g} = \frac{\frac{\sqrt{2}}{2}F}{a^2} + \frac{\frac{\sqrt{2}}{2}F \cdot a}{\frac{a^3}{6}} = \frac{7\sqrt{2}}{2}\frac{F}{a^2}$$

可得

$$\frac{\sigma_{\max}^{45°}}{\sigma_{\max}^{0°}} = \frac{\frac{7\sqrt{2}}{2}\frac{F}{a^2}}{\frac{F}{a^2}} = \frac{7\sqrt{2}}{2}$$

答案：A

71. 解 水平静压力$P_x = \rho g h_c \pi r^2 = 1 \times 9.8 \times 5 \times \pi \times 0.1^2 = 1.54\text{kN}$

答案：D

72. 解 A点绝对压强$p'_A = p_0 + \rho g h = 88 + 1 \times 9.8 \times 2 = 107.6\text{kPa}$

A点相对压强$p_A = p'_A - p_a = 107.6 - 101 = 6.6\text{kPa}$

答案：B

73. 解 对二维不可压缩流体运动连续性微分方程式为：$\frac{\partial u_x}{\partial x} + \frac{\partial u_y}{\partial y} = 0$，即$\frac{\partial u_x}{\partial x} = -\frac{\partial u_y}{\partial y}$。对题中 C 项求偏导数可得$\frac{\partial u_x}{\partial x} = 5$，$\frac{\partial u_y}{\partial y} = -5$，满足连续性方程。

答案：C

74. 解 圆管层流中水头损失与管壁粗糙度无关。

答案：D

75. 解 $Q_1 + Q_2 = 39\text{L/s}$

$$\frac{Q_1}{Q_2} = \sqrt{\frac{S_2}{S_1}} = \sqrt{\frac{8\lambda L_2}{\pi^2 g d_2^5} \Big/ \frac{8\lambda L_1}{\pi^2 g d_1^5}} = \sqrt{\frac{L_2 \cdot d_1^5}{L_1 \cdot d_2^5}} = \sqrt{\frac{3000}{1800} \times \left(\frac{0.15}{0.20}\right)^5} = 0.629$$

即$0.629Q_2 + Q_2 = 39\text{L/s}$，得$Q_2 = 24\text{L/s}$，$Q_1 = 15\text{L/s}$。

答案：B

76. 解 $v = C\sqrt{Ri}$，$C = \frac{1}{n}R^{\frac{1}{6}} = \frac{1}{0.05}(0.8)^{\frac{1}{6}} = 19.27\sqrt{\text{m}}/\text{s}$

流速$v = 19.27 \times \sqrt{0.8 \times 0.0006} = 0.42\text{m/s}$

答案：A

77. 解　地下水的浸润线是指无压地下水的自由水面线。

答案：C

78. 解　按雷诺准则设计应满足比尺关系式$\frac{\lambda_v \cdot \lambda_L}{\lambda_v} = 1$，则流速比尺$\lambda_v = \frac{\lambda_v}{\lambda_L}$，题设用相同温度、同种流体做试验，所以$\lambda_v = 1$，$\lambda_v = \frac{1}{\lambda_L}$，而长度比尺$\lambda_L = \frac{2m}{0.1m} = 20$，所以流速比尺$\lambda_v = \frac{1}{20}$，即$\frac{v_{原型}}{v_{模型}} = \frac{1}{20}$，$v_{原型} = \frac{4}{20}m/s = 0.2m/s$。

答案：A

79. 解　三个电荷处在同一直线上，且每个电荷均处于平衡状态，可建立电荷平衡方程：

$$\frac{kq_1q_2}{r^2} = \frac{kq_3q_2}{r^2}$$

则$q_1 = q_3 = |q_2|$

答案：B

80. 解　根据节点电流关系：$\sum I = 0$，即$I_1 + I_2 - I_3 = 0$，得$I_3 = I_1 + I_2 = -7A$。

答案：C

81. 解　根据叠加原理，电流源不作用时，将其断路，如解图所示。写出电压源单独作用时的电路模型并计算。

$$I' = \frac{15}{40 + 40 /\!/ 40} \times \frac{40}{40+40} = \frac{15}{40+20} \times \frac{1}{2} = 0.125A$$

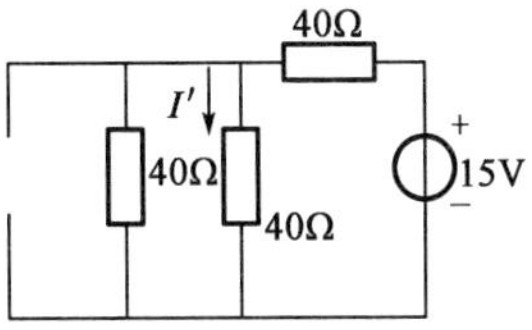

题 81 解图

答案：C

82. 解　①$u_{(t)}$与$i_{(t)}$的相位差$\varphi = \psi_u - \psi_i = -20°$

②用有效值相量表示$u_{(t)}$，$i_{(t)}$：

$$\dot{U} = U\angle\psi_u = \frac{10}{\sqrt{2}}\angle-10° = 7.07\angle-10°V$$

$$\dot{I} = I\angle\psi_i = \frac{0.1}{\sqrt{2}}\angle10° = 0.0707\angle10°A = 70.7\angle10°mA$$

答案：D

83. 解　交流电路的功率关系为：

$$S^2 = P^2 + Q^2$$

式中：S——视在功率反映设备容量；

P——耗能元件消耗的有功功率；

Q——储能元件交换的无功功率。

本题中：$P = I^2R = 1000W$，$Q = I^2(X_L - X_C) = 200var$

$S = \sqrt{P^2 + Q^2} = 1019 \approx 1020\text{V} \cdot \text{A}$

答案： D

84. 解　开关打开以后电路如解图所示。

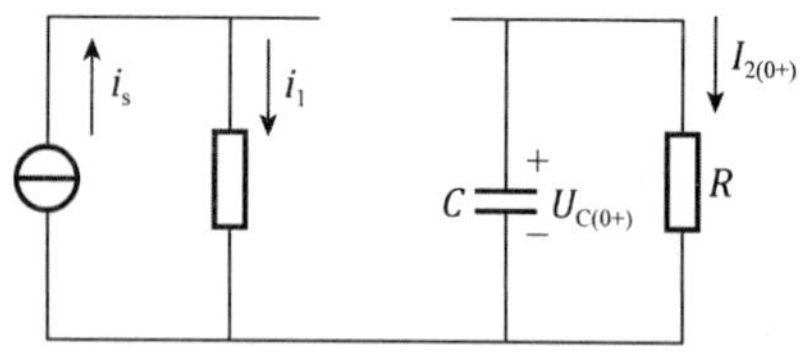

题 84 解图

左边电路中无储能元件，无暂态过程，右边电路中有储能元件，出现暂态过程。

$$I_{2(0+)} = \frac{U_{C(0+)}}{R} = \frac{U_{C(0-)}}{R} = I_{2(0-)} \neq 0$$

$$I_{2(\infty)} = \frac{U_{C(\infty)}}{R} = 0$$

答案： C

85. 解　理想变压器空载运行$R_L \to \infty$，则$R'_L = K^2 R_L \to \infty$

$u_1 = u$，又有$k = \frac{U_1}{U_2} = 2$，则$U_1 = 2U_2$

答案： B

86. 解　当正常运行为三角形接法的三相交流异步电动机启动时采用星形接法，电机为降压运行，启动电流和启动力矩均为正常运行的1/3。即

$$I'_{st} = \frac{1}{3} I_{st} = 10\text{A}，T'_{st} = \frac{1}{3} T_{st} = 15\text{N} \cdot \text{m}$$

答案： B

87. 解　自变量在整个连续区间内都有定义的信号是连续信号或连续时间信号。图示电路的输出信号为时间连续数值离散的信号。

答案： A

88. 解　图示的非周期信号利用叠加性质等效为两个阶跃信号：

$$u(t) = u_1(t) + u_2(t)$$

$$u_1(t) = 5\varepsilon(t)，u_2(t) = -4\varepsilon(t - t_0)$$

答案： C

89. 解　放大电路是在输入信号控制下，将信号的幅值放大，而频率不变。

答案： D

90. 解　根据逻辑代数公式分析如下：

$(\text{A} + \text{B})(\text{A} + \text{C}) = \text{A} \cdot \text{A} + \text{A} \cdot \text{B} + \text{A} \cdot \text{C} + \text{B} \cdot \text{C} = \text{A}(1 + \text{B} + \text{C}) + \text{BC} = \text{A} + \text{BC}$

答案： C

91. 解　“与非门”电路遵循输入有“0”输出则“1”的原则，利用输入信号 A、B 的对应波形分析即可。

答案：D

92. 解　根据真值表，写出函数的最小项表达式后进行化简即可：

$$F(A\cdot B\cdot C)=\overline{A}\,\overline{B}\,\overline{C}+\overline{A}BC+A\overline{B}\,\overline{C}+ABC$$
$$=(\overline{A}+A)\overline{B}\,\overline{C}+(\overline{A}+A)BC$$
$$=\overline{B}\,\overline{C}+BC$$

答案：C

93. 解　由图示电路分析输出波形如解图所示。

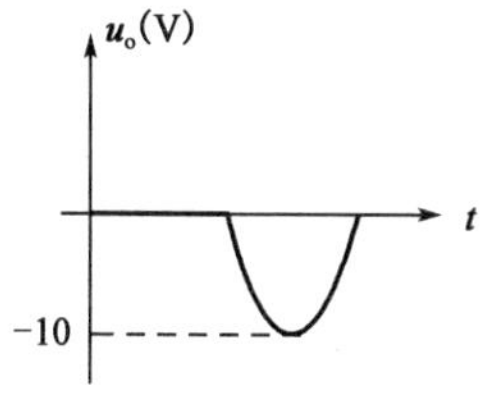

题 93 解图

$u_i>0$时，二极管截止，$u_o=0$；

$u_i<0$时，二极管并通，$u_o=u_i$，为半波整流电路。

$U_o=-0.45U_i=0.45\times\frac{-10}{\sqrt{2}}=-3.18V$

答案：C

94. 解　①当 A 端接输入信号，B 端接地时，电路为反相比例放大电路：

$$u_o=-\frac{R_2}{R_1}u_i=-8=-\frac{R_2}{R_1}\times 2$$

得$\frac{R_2}{R_1}=4$

②如 A 端接地，B 端接输入信号为同相放大电路：

$$u_o=\left(1+\frac{R_2}{R_1}\right)u_i=(1+4)\times 2=10V$$

答案：C

95. 解　图示为 D 触发器，触发时刻为 CP 波形的上升沿，输入信号$D=A$，输出波形为$Q_{n+1}=D$，对应于第一和第二个脉冲的下降沿，Q 为高电平“1”。

答案：D

96. 解　图示为 J K 触发器和与非门的组合，触发时刻为 CP 脉冲的下降沿，触发器输入信号为：

$$J=\overline{Q\cdot A}，K=“0”$$

输出波形为 Q 所示。两个脉冲的下降沿后 Q 为高电平。

答案：D

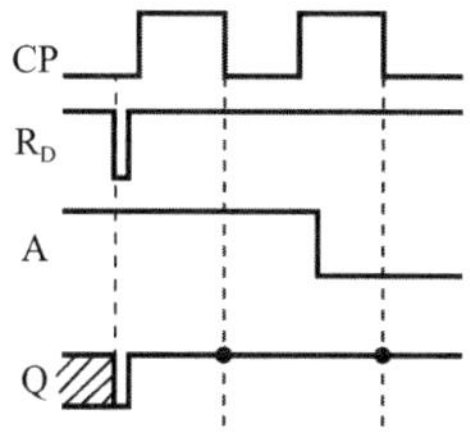

题 95 解图

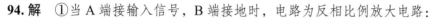

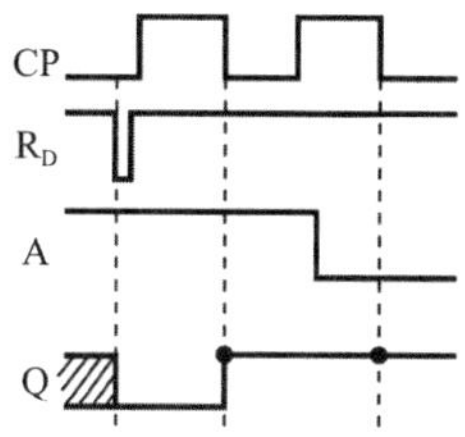

题 96 解图

97. 解　根据总线传送信息的类别，可以把总线划分为数据总线、地址总线和控制总线，数据总线用来传送程序或数据；地址总线用来传送主存储器地址码或外围设备码；控制总线用来传送控制信息。

答案：B

98. 解 为了使计算机系统所有软硬件资源有条不紊、高效、协调、一致地进行工作，需要由一个软件来实施统一管理和统一调度工作，这种软件就是操作系统，由它来负责管理、控制和维护计算机系统的全部软硬件资源以及数据资源。应用软件是指计算机用户为了利用计算机的软、硬件资源而开发研制出的那些专门用于某一目的的软件。用户程序是为解决用户实际应用问题而专门编写的程序。支撑软件是指支援其他软件的编写制作和维护的软件。

答案：D

99. 解 一个计算机程序执行的过程可分为编辑、编译、连接和运行四个过程。用高级语言编写的程序成为编辑程序，编译程序是一种语言的翻译程序，翻译完的目标程序不能立即被执行，要通过连接程序将目标程序和有关的系统函数库以及系统提供的其他信息连接起来，形成一个可执行程序。

答案：B

100. 解 先将十进制 256.625 转换成二进制数，整数部分 256 转换成二进制 100000000，小数部分 0.625 转换成二进制 0.101，而后根据四位二进制对应一位十六进制关系进行转换，转换后结果为 100.A。

答案：C

101. 解 信息加密技术是为提高信息系统及数据的安全性和保密性的技术，是防止数据信息被别人破译而采用的技术，是网络安全的重要技术之一。不是为清除计算机病毒而采用的技术。

答案：D

102. 解 进程是一段运行的程序，进程运行需要各种资源的支持。

答案：A

103. 解 文件管理是对计算机的系统软件资源进行管理，主要任务是向计算机用户提供提供一种简便、统一的管理和使用文件的界面。

答案：A

104. 解 计算机网络可以分为资源子网和通信子网两个组成部分。资源子网主要负责全网的信息处理，为网络用户提供网络服务和资源共享功能等。

答案：A

105. 解 采用的传输介质的不同，可将网络分为双绞线网、同轴电缆网、光纤网、无线网；按网络的传输技术可以分为广播式网络、点到点式网络；按线路上所传输信号的不同又可分为基带网和宽带网。

答案：A

106. 解 一个典型的计算机网络系统主要是由网络硬件系统和网络软件系统组成。网络硬件是计算机网络系统的物质基础，网络软件是实现网络功能不可缺少的软件环境。

答案： A

107. 解 根据等额支付资金回收公式，每年可回收：

$$A = P(A/P, 10\%, 5) = 100 \times 0.2638 = 26.38 \text{ 万元}$$

答案： B

108. 解 经营成本是指项目总成本费用扣除固定资产折旧费、摊销费和利息支出以后的全部费用。即，经营成本=总成本费用−折旧费−摊销费−利息支出。本题经营成本与折旧费、摊销费之和为 7000 万元，再加上利息支出，则该项目的年总成本费用大于 7000 万元。

答案： C

109. 解 投资回收期是反映项目盈利能力的财务评价指标之一。

答案： C

110. 解 该项目的现金流量图如解图所示。

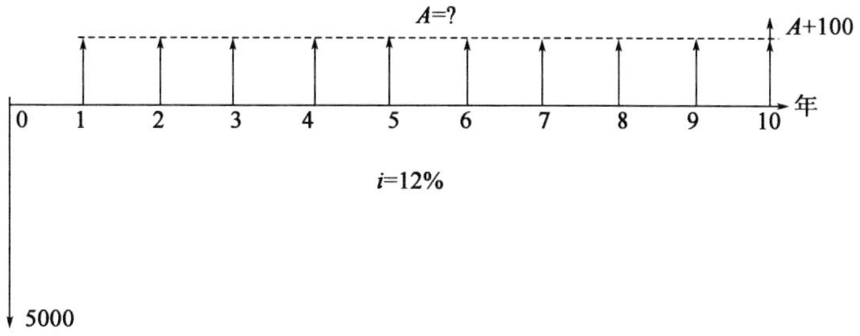

题 110 解图

根据题意有：$\text{NPV} = A(P/A, 12\%, 10) + 100 \times (P/F, 12\%, 10) - P = 0$

因此，$A = [P - 100 \times (P/F, 12\%, 10)] \div (P/A, 12\%, 10)$

$= (5000 - 100 \times 0.3220) \div 5.6500 = 879.26$ 万元

答案： A

111. 解 根据题意，该企业单位产品变动成本为：

$$(30000 - 10000) \div 40000 = 0.5 \text{ 万元/t}$$

根据盈亏平衡点计算公式，盈亏平衡生产能力利用率为：

$$E^* = \frac{Q^*}{Q_c} \times 100\% = \frac{C_f}{(P - C_v)Q_c} \times 100\% = \frac{10000}{(1 - 0.5) \times 40000} \times 100\% = 50\%$$

答案： D

112. 解 两个寿命期相同的互斥方案只能选择其中一个方案，可采用净现值法、净年值法、差额内部收益率法等选优，不能直接根据方案的内部收益率选优。采用净现值法应选净现值大的方案。

答案：B

113. 解 最小公倍数法适用于寿命期不等的互斥方案比选。

答案：B

114. 解 功能F^*的目标成本为：$10 \times 0.3 = 3$万元

功能F^*的现实成本为：$3 + 0.5 = 3.5$万元

答案：C

115. 解 《中华人民共和国建筑法》第十三条规定，从事建筑活动的建筑施工企业、勘察单位、设计单位和工程监理单位，按照其拥有的注册资本、专业技术人员、技术装备和已完成的建筑工程业绩等资质条件，划分为不同的资质等级，经资质审查合格，取得相应等级的资质证书后，方可在其资质等级许可的范围内从事建筑活动。

答案：B

116. 解 《中华人民共和国安全生产法》第三十七条规定，生产经营单位使用的危险物品的容器、运输工具，以及涉及人身安全、危险性较大的海洋石油开采特种设备和矿山井下特种设备，必须按照国家有关规定，由专业生产单位生产，并经具有专业资质的检测、检验机构检测、检验合格，取得安全使用证或者安全标志，方可投入使用。检测、检验机构对检测、检验结果负责。

答案：B

117. 解 《中华人民共和国招标投标法》第五条规定，招标投标活动应当遵循公开、公平、公正和诚实信用的原则。

答案：A

118. 解 《中华人民共和国民法典》第四百七十六条规定，有下列情形之一的，要约不得撤销：

（一）要约人确定了承诺期限或者以其他形式明示要约不可撤销。

答案：B

119. 解 《中华人民共和国行政许可法》第七十条规定，有下列情形之一的，行政机关应当依法办理有关行政许可的注销手续：

（一）行政许可有效期届满未延续的；

（二）赋予公民特定资格的行政许可，该公民死亡或者丧失行为能力的；

（三）法人或者其他组织依法终止的；

（四）行政许可依法被撤销、撤回，或者行政许可证件依法被吊销的；

（五）因不可抗力导致行政许可事项无法实施的；

（六）法律、法规规定的应当注销行政许可的其他情形。

答案：C

120. 解 《建设工程质量管理条例》第十六条规定，建设单位收到建设工程竣工报告后，应当组织设计、施工、工程监理等有关单位进行竣工验收。建设工程竣工验收应当具备下列条件：

（一）完成建设工程设计和合同约定的各项内容；

（二）有完整的技术档案和施工管理资料；

（三）有工程使用的主要建筑材料、建筑构配件和设备的进场试验报告；

（四）有勘察、设计、施工、工程监理等单位分别签署的质量合格文件；

（五）有施工单位签署的工程保修书。

答案：A

2016年度全国勘察设计注册工程师执业资格考试基础考试（上）

试题解析及参考答案

1. 解 $\lim\limits_{x\to 0}\frac{x-\sin x}{\sin x}\overset{\frac{0}{0}}{=}\lim\limits_{x\to 0}\frac{1-\cos x}{\cos x}=0$

答案： B

2. 解 由$\begin{cases}x=t-\arctan t\\ y=\ln(1+t^2)\end{cases}$，知$\frac{dx}{dt}=\frac{t^2}{1+t^2}$，$\frac{dy}{dt}=\frac{2t}{1+t^2}$，则$\frac{dy}{dx}=\frac{dy/dt}{dx/dt}=\frac{2t}{t^2}$，$\left.\frac{dy}{dx}\right|_{t=1}=\left.\frac{2}{t}\right|_{t=1}=2$

答案： C

3. 解 $\frac{dy}{dx}=\frac{1}{xy+y^3}$，$\frac{dx}{dy}=xy+y^3$，$\frac{dx}{dy}-yx=y^3$，方程为关于$F(y,x,x')=0$的一阶线性微分方程。

答案： C

4. 解 $|\boldsymbol{\alpha}|=2$，$|\boldsymbol{\beta}|=\sqrt{2}$，$\boldsymbol{\alpha}\cdot\boldsymbol{\beta}=2$

由$\boldsymbol{\alpha}\cdot\boldsymbol{\beta}=|\boldsymbol{\alpha}||\boldsymbol{\beta}|\cos(\widehat{\boldsymbol{\alpha},\boldsymbol{\beta}})=2\sqrt{2}\cos(\widehat{\boldsymbol{\alpha},\boldsymbol{\beta}})=2$，可知$\cos\ (\widehat{\boldsymbol{\alpha},\boldsymbol{\beta}})=\frac{\sqrt{2}}{2}$，$(\widehat{\boldsymbol{\alpha},\boldsymbol{\beta}})=\frac{\pi}{4}$

故$|\boldsymbol{\alpha}\times\boldsymbol{\beta}|=|\boldsymbol{\alpha}||\boldsymbol{\beta}|\sin(\widehat{\boldsymbol{\alpha},\boldsymbol{\beta}})=2\times\sqrt{2}\times\frac{\sqrt{2}}{2}=2$

答案： A

5. 解 $f(x)$在点x_0处的左、右极限存在且相等，是$f(x)$在点x_0连续的必要非充分条件。

答案： A

6. 解 对$\int_0^x f(t)dt=\frac{\cos x}{x}$两边求导，得$f(x)=\frac{-x\sin x-\cos x}{x^2}$，则$f\left(\frac{\pi}{2}\right)=\frac{-\frac{\pi}{2}\times 1-0}{\frac{\pi^2}{4}}=-\frac{2}{\pi}$

答案： B

7. 解 $\int xf(x)dx=\int x d\sec^2 x=x\sec^2 x-\int\sec^2 x\,dx=x\sec^2 x-\tan x+C$

答案： D

8. 解 $\begin{cases}y^2+z=1\\ x=0\end{cases}$表示在$yOz$平面上曲线绕$z$轴旋转，得曲面方程$x^2+y^2+z=1$。

答案： A

9. 解 $f'_x(x_0,y_0)$，$f'_y(x_0,y_0)$在点$P_0(x_0,y_0)$处连续仅是函数$z=f(x,y)$在点$P_0(x_0,y_0)$可微的充分条件，反之不一定成立，即$z=f(x,y)$在点$P_0(x_0,y_0)$处可微，不能保证偏导$f'_x(x_0,y_0)$，$f'_y(x_0,y_0)$在点$P_0(x_0,y_0)$处连续。没有定理保证。

答案： D

10. 解

$$\int_{-\infty}^{+\infty}\frac{A}{1+x^2}\mathrm{d}x = A\int_{-\infty}^{+\infty}\frac{1}{1+x^2}\mathrm{d}x = A\left[\int_{-\infty}^{0}\frac{1}{1+x^2}\mathrm{d}x+\int_{0}^{+\infty}\frac{1}{1+x^2}\mathrm{d}x\right]$$

$$= A\left(\arctan x\Big|_{-\infty}^{0}+\arctan x\Big|_{0}^{+\infty}\right) = A\left(\frac{\pi}{2}+\frac{\pi}{2}\right) = A\pi$$

由$A\pi = 1$，得$A = \frac{1}{\pi}$

答案：A

11. 解 $f(x) = x(x-1)(x-2)$

$f(x)$在$[0,1]$连续，在$(0,1)$可导，且$f(0) = f(1)$

由罗尔定理可知，存在$f'(\zeta_1) = 0$，ζ_1在$(0,1)$之间

$f(x)$在$[1,2]$连续，在$(1,2)$可导，且$f(1) = f(2)$

由罗尔定理可知，存在$f'(\zeta_2) = 0$，ζ_2在$(1,2)$之间

因为$f'(x) = 0$是二次方程，所以$f'(x) = 0$的实根个数为 2。

答案：B

12. 解 $y''-2y'+y = 0$，$r^2-2r+1 = 0$，$r = 1$，二重根。

通解$y = (C_1+C_2x)e^x$（其中C_1，C_2为任意常数）

线性无关的特解为$y_1 = e^x$，$y_2 = xe^x$

答案：D

13. 解 $f(x)$在(a,b)内可微，且$f'(x) \neq 0$。

由函数极值存在的必要条件，$f(x)$在(a,b)内可微，即$f(x)$在(a,b)内可导，且在x_0处取得极值，那么$f'(x_0) = 0$。

该题不符合此条件，所以必无极值。

答案：C

14. 解 对$\sum\limits_{n=1}^{\infty}\frac{\sin\frac{3}{2}n}{n^2}$取绝对值，即$\sum\limits_{n=1}^{\infty}\left|\frac{\sin\frac{3}{2}n}{n^2}\right|$，而$\left|\frac{\sin\frac{3}{2}n}{n^2}\right| \leqslant \frac{1}{n^2}$

因为$\sum\limits_{n=1}^{\infty}\frac{1}{n^2}$，$p = 2 > 1$，收敛，由比较法知$\sum\limits_{n=1}^{\infty}\left|\frac{\sin\frac{3}{2}n}{n^2}\right|$收敛，所以级数$\sum\limits_{n=1}^{\infty}\frac{\sin\frac{3}{2}n}{n^2}$绝对收敛。

答案：D

15. 解 如解图所示，D：$\begin{cases}0\leqslant r\leqslant 1\\ 0\leqslant\theta\leqslant\frac{\pi}{2}\end{cases}$

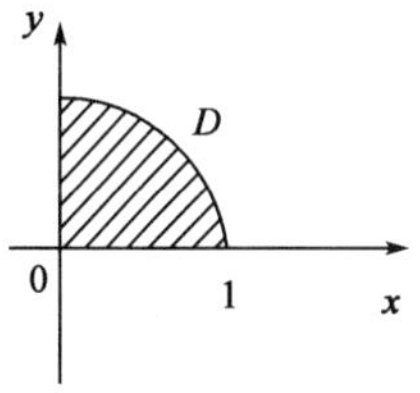

题 15 解图

$$\iint_{\mathrm{D}} x^2y\mathrm{d}x\mathrm{d}y = \int_0^{\frac{\pi}{2}}\cos^2\theta\sin\theta\mathrm{d}\theta\int_0^1 r^4\mathrm{d}r$$

$$= \frac{1}{5}\int_0^{\frac{\pi}{2}}\cos^2\theta\sin\theta\mathrm{d}\theta = -\frac{1}{5}\int_0^{\frac{\pi}{2}}\cos^2\theta\,\mathrm{d}\cos\theta$$

$$= -\frac{1}{5}\times\frac{1}{3}\cos^3\theta\Big|_0^{\frac{\pi}{2}} = \frac{1}{15}$$

答案： B

16. 解　如解图所示，L：$\begin{cases} y = x^2 \\ x = x \end{cases}$　$(x\text{：}1 \rightarrow 0)$

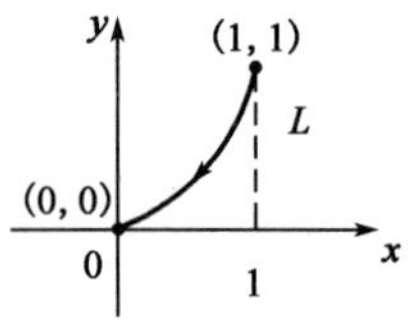

题 16 解图

$$\int_L x\mathrm{d}x + y\mathrm{d}y = \int_1^0 x\mathrm{d}x + x^2 \cdot 2x\mathrm{d}x = -\int_0^1 (x + 2x^3)\mathrm{d}x$$

$$= -\left(\frac{1}{2}x^2 + \frac{2}{4}x^4\right)\Big|_0^1$$

$$= -\left(\frac{1}{2} + \frac{1}{2}\right) = -1$$

答案： C

17. 解　$\sum\limits_{n=0}^{\infty} \frac{(-1)^n}{2^n} x^n = 1 - \frac{x}{2} + \left(\frac{x}{2}\right)^2 - \left(\frac{x}{2}\right)^3 + \cdots$

因为$|x| < 2$，所以$\left|\frac{x}{2}\right| < 1$，$q = -\frac{x}{2}$，$|q| = \left|\frac{x}{2}\right| < 1$

级数的和函数$S = \frac{a_1}{1-q} = \frac{1}{1-\left(-\frac{x}{2}\right)} = \frac{2}{2+x}$

答案： A

18. 解　$z = \frac{3^{xy}}{x} + xF(u)$，$u = \frac{y}{x}$

$$\frac{\partial z}{\partial y} = \frac{1}{x}3^{xy} \cdot \ln 3 \cdot x + xF'(u)\frac{1}{x} = 3^{xy}\ln 3 + F'(u)$$

答案： D

19. 解　将$\boldsymbol{\alpha}_1, \boldsymbol{\alpha}_2, \boldsymbol{\alpha}_3$组成矩阵$\begin{bmatrix} 6 & 4 & 4 \\ t & 2 & 1 \\ 7 & 2 & 0 \end{bmatrix}$，$\boldsymbol{\alpha}_1, \boldsymbol{\alpha}_2, \boldsymbol{\alpha}_3$线性相关的充要条件是$\begin{vmatrix} 6 & 4 & 4 \\ t & 2 & 1 \\ 7 & 2 & 0 \end{vmatrix} = 0$

$$\begin{vmatrix} 6 & 4 & 4 \\ t & 2 & 1 \\ 7 & 2 & 0 \end{vmatrix} \xlongequal{r_2(-4)+r_1} \begin{vmatrix} 6-4t & -4 & 0 \\ t & 2 & 1 \\ 7 & 2 & 0 \end{vmatrix} = 1 \times (-1)^{2+3} \begin{vmatrix} 6-4t & -4 \\ 7 & 2 \end{vmatrix}$$

$$= (-1) \times (12 - 8t + 28) = -(-8t + 40) = 8t - 40 = 0\text{，得}t = 5$$

答案： B

20. 解　根据n阶方阵A的秩小于n的充要条件是$|\boldsymbol{A}| = 0$，可知选项 C 正确。

答案： C

21. 解　由方阵$\boldsymbol{A}$的特征值和特征向量的重要性质计算

设方阵$\boldsymbol{A}$的特征值为$\lambda_1, \lambda_2, \lambda_3$

则
$$\begin{cases} \lambda_1 + \lambda_2 + \lambda_3 = a_{11} + a_{22} + a_{33} & ① \\ \lambda_1 \cdot \lambda_2 \cdot \lambda_3 = |\boldsymbol{A}| & ② \end{cases}$$

由①式可知　$1 + 3 + \lambda_3 = 5 + (-4) + a$

得$\lambda_3 - a = -3$

由②式可知　$1 \times 3 \times \lambda_3 = \begin{vmatrix} 5 & -3 & 2 \\ 6 & -4 & 4 \\ 4 & -4 & a \end{vmatrix}$

得

$$3\lambda_3=2\begin{vmatrix}5&-3&2\\3&-2&2\\4&-4&a\end{vmatrix}\xlongequal{(-1)r_1+r_2}2\begin{vmatrix}5&-3&2\\-2&1&0\\4&-4&a\end{vmatrix}\xlongequal{2c_2+c_1}2\begin{vmatrix}-1&-3&2\\0&1&0\\-4&-4&a\end{vmatrix}$$

$$=2\times1(-1)^{2+2}\begin{vmatrix}-1&2\\-4&a\end{vmatrix}=2(-a+8)=-2a+16$$

解方程组$\begin{cases}\lambda_3-a=-3\\3\lambda_3+2a=16\end{cases}$，得$\lambda_3=2$，$a=5$

答案：B

22. 解 因$P(AB)=P(B)P(A|B)=0.7\times0.8=0.56$，而$P(A)P(B)=0.8\times0.7=0.56$，故$P(AB)=P(A)P(B)$，即$A$与$B$独立。因$P(AB)=P(A)+P(B)-P(A\cup B)=1.5-P(A\cup B)>0$，选项 B 错。因$P(A)>P(B)$，选项 C 错。因$P(A)+P(B)=1.5>1$，选项 D 错。

注意：独立是用概率定义的，即可用概率来判定是否独立。而互斥、包含、对立（互逆）是不能由概率来判定的，所以选项 B、C 错。

答案：A

23. 解

$$P(X=0)=\frac{C_5^3}{C_7^3}=\frac{\frac{5\times4\times3}{1\times2\times3}}{\frac{7\times6\times5}{1\times2\times3}}=\frac{2}{7},\quad P(X=1)=\frac{C_5^2C_2^1}{C_7^3}=\frac{\frac{5\times4}{1\times2}\times2}{\frac{7\times6\times5}{1\times2\times3}}=\frac{4}{7}$$

$$P(X=2)=\frac{C_5^1C_2^2}{C_7^3}=\frac{5}{\frac{7\times6\times5}{1\times2\times3}}=\frac{1}{7}\text{或}P(X=2)=1-\frac{2}{7}-\frac{4}{7}=\frac{1}{7}$$

$$E(X)=0\times P(X=0)+1\times P(X=1)+2\times P(X=2)=\frac{6}{7}$$

$$\left[\text{求}E(X)\text{时，可以不求}P(X=0)\right]$$

答案：D

24. 解 $X_1,X_2,\cdots,X_n$与总体X同分布

$$E(\hat{\sigma}^2)=E\left(\frac{1}{n}\sum_{i=1}^{n}X_i^2\right)=\frac{1}{n}\sum_{i=1}^{n}E\left(X_i^2\right)=\frac{1}{n}\sum_{i=1}^{n}E(X^2)=E(X^2)$$

$$=D(X)+[E(X)]^2=\sigma^2+0^2=\sigma^2$$

答案：B

25. 解 $\bar{v}=\sqrt{\frac{8RT}{\pi M}}$，$\bar{v}_{O_2}=\sqrt{\frac{8RT}{\pi M}}=\sqrt{\frac{8RT}{\pi\cdot32}}$

氧气的热力学温度提高一倍，氧分子全部离解为氧原子，$T_O=2T_{O_2}$

$\bar{v}_O=\sqrt{\frac{8RT_O}{\pi M_O}}=\sqrt{\frac{8R\cdot2T}{\pi\cdot16}}$，则$\frac{\bar{v}_O}{\bar{v}_{O_2}}=\frac{\sqrt{\frac{8R\cdot2T}{\pi\cdot16}}}{\sqrt{\frac{8RT}{\pi\cdot32}}}=2$

答案：B

26. 解 气体分子的平均碰撞频率$Z_0 = \sqrt{2}n\pi d^2\overline{v} = \sqrt{2}n\pi d^2\sqrt{\frac{8RT}{\pi M}}$

平均自由程为$\overline{\lambda}_0 = \frac{\overline{v}}{\overline{Z}_0} = \frac{1}{\sqrt{2}n\pi d^2}$

$$T' = \frac{1}{4}T,\ \overline{\lambda} = \overline{\lambda}_0,\ \overline{Z} = \frac{1}{2}\overline{Z}_0$$

答案：B

27. 解 气体从同一状态出发做相同体积的等温膨胀或绝热膨胀，如解图所示。

绝热线比等温线陡，故$p_1 > p_2$。

答案：B

28. 解 卡诺正循环由两个准静态等温过程和两个准静态绝热过程组成，如解图所示。

由热力学第一定律：$Q = \Delta E + W$，绝热过程$Q = 0$，两个绝热过程高低温热源温度相同，温差相等，内能差相同。一个绝热过程为绝热膨胀，另一个绝热过程为绝热压缩，$W_2 = -W_1$，一个内能增大，一个内能减小，$\Delta E_2 = -\Delta E_1$。

答案：C

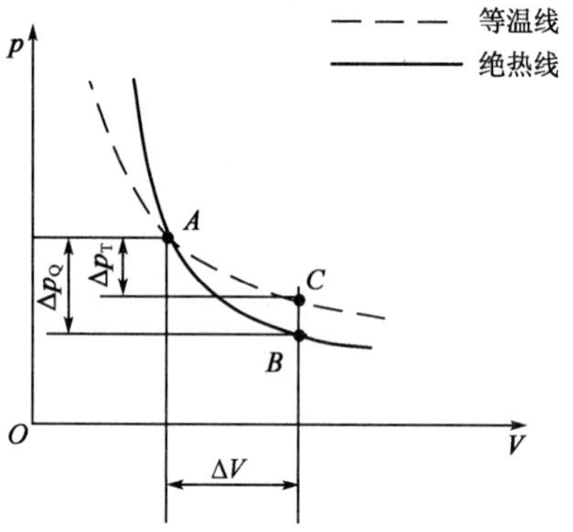

题 27 解图

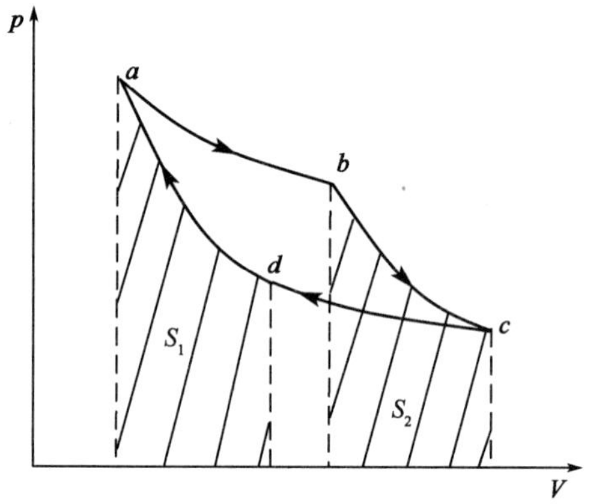

题 28 解图

29. 解 单位体积的介质中波所具有的能量称为能量密度。

$$w = \frac{\Delta W}{\Delta V} = \rho\omega^2 A^2 \sin^2\left[\omega\left(t - \frac{x}{u}\right)\right]$$

答案：C

30. 解 在中垂线上各点：波程差为零，初相差为π

$$\Delta\varphi = \alpha_2 - \alpha_1 - \frac{2\pi(r_2 - r_1)}{\lambda} = \pi$$

符合干涉减弱条件，故振幅为$A = A_2 - A_1 = 0$

答案：B

31. 解 简谐波在弹性媒质中传播时媒质质元的能量不守恒，任一质元$W_p = W_k$，平衡位置时动能及势能均为最大，最大位移处动能及势能均为零。

将$x = 2.5\text{m}$，$t = 0.25\text{s}$代入波动方程：

$$y = 2 \times 10^{-2}\cos 2\pi\left(10 \times 0.25 - \frac{2.5}{5}\right) = 0.02\text{m}$$

为波峰位置，动能及势能均为零。

答案：D

32. 解 当自然光以布儒斯特角i_0入射时，$i_0 + \gamma = \frac{\pi}{2}$，故光的折射角为$\frac{\pi}{2} - i_0$。

答案：D

33. 解 此题考查的知识点为马吕斯定律。光强为I_0的自然光通过第一个偏振片光强为入射光强的一半，通过第二个偏振片光强为$I = \frac{I_0}{2}\cos^2\frac{\pi}{4} = \frac{I_0}{4}$。

答案：B

34. 解 单缝夫琅禾费衍射中央明条纹的宽度$l_0 = 2x_1 = \frac{2\lambda}{a}f$，半宽度$\frac{f\lambda}{a}$。

答案：A

35. 解 人眼睛的最小分辨角：

$$\theta = 1.22\frac{\lambda}{D} = \frac{1.22 \times 550 \times 10^{-6}}{3} = 2.24 \times 10^{-4}\text{rad}$$

答案：C

36. 解 光栅衍射是单缝衍射和多缝干涉的和效果，当多缝干涉明纹与单缝衍射暗纹方向相同时，将出现缺级现象。

单缝衍射暗纹条件：$a\sin\varphi = k\lambda$

光栅衍射明纹条件：$(a+b)\sin\varphi = k'\lambda$

$$\frac{a\sin\varphi}{(a+b)\sin\varphi} = \frac{k\lambda}{k'\lambda} = \frac{1}{2},\frac{2}{4},\frac{3}{6},\cdots$$

$$2a = a + b, a = b$$

答案：C

37. 解 多电子原子中原子轨道的能级取决于主量子数n和角量子数l：主量子数n相同时，l越大，能量越高；角量子数l相同时，n越大，能量越高。n决定原子轨道所处的电子层数，l决定原子轨道所处亚层（$l = 0$为 s 亚层，$l = 1$为 p 亚层，$l = 2$为 d 亚层，$l = 3$为 f 亚层）。同一电子层中的原子轨道n相同，l越大，能量越高。

答案：D

38. 解 分子间力包括色散力、诱导力、取向力。极性分子与极性分子之间的分子间力有色散力、诱导力、取向力；极性分子与非极性分子之间的分子间力有色散力、诱导力；非极性分子与非极性分子之间的分子间力只有色散力。CO 为极性分子，N_2为非极性分子，所以，CO 与N_2间的分子间力有色散力、诱导力。

答案：D

39. 解 $NH_3 \cdot H_2O$为一元弱碱

$$C_{OH^-} = \sqrt{K_b \cdot C} = \sqrt{1.8 \times 10^{-5} \times 0.1} \approx 1.34 \times 10^{-3} mol/L$$

$$C_{H^+} = 10^{-14}/C_{OH^-} \approx 7.46 \times 10^{-12}, \ pH = -lgC_{H^+} \approx 11.13$$

答案：B

40. 解 它们都属于平衡常数，平衡常数是温度的函数，与温度有关，与分压、浓度、催化剂都没有关系。

答案：B

41. 解 四个电对的电极反应分别为：

$$Zn^{2+} + 2e^- = Zn; \ Br_2 + 2e^- = 2Br^-$$

$$AgI + e^- = Ag + I^-$$

$$MnO_4{}^- + 8H^+ + 5e^- = Mn^{2+} + 4H_2O$$

只有$MnO_4{}^-/Mn^{2+}$电对的电极反应与H^+的浓度有关。

根据电极电势的能斯特方程式，$MnO_4{}^-/Mn^{2+}$电对的电极电势与H^+的浓度有关。

答案：D

42. 解 如果阳极为惰性电极，阳极放电顺序：

①溶液中简单负离子如I^-、Br^-、Cl^-将优先OH^-离子在阳极上失去电子析出单质；

②若溶液中只有含氧根离子（如$SO_4{}^{2-}$、$NO_3{}^-$），则溶液中OH^-在阳极放电析出O_2。

答案：B

43. 解 由公式$\Delta G = \Delta H - T\Delta S$可知，当$\Delta H < 0$和$\Delta S > 0$时，$\Delta G$在任何温度下都小于零，都能自发进行。

答案：A

44. 解 系统命名法：

（1）链烃及其衍生物的命名

①选择主链：选择最长碳链或含有官能团的最长碳链为主链；

②主链编号：从距取代基或官能团最近的一端开始对碳原子进行编号；

③写出全称：将取代基的位置编号、数目和名称写在前面，将母体化合物的名称写在后面。

（2）其衍生物的命名

①选择母体：选择苯环上所连官能团或带官能团最长的碳链为母体，把苯环视为取代基；

②编号：将母体中碳原子依次编号，使官能团或取代基位次具有最小值。

答案：C

45. 解 甲醇可以和两个酸发生酯化反应；氢氧化钠可以和两个酸发生酸碱反应；金属钾可以和两个酸反应生成苯氨酸钾和山梨酸钾；溴水只能和山梨酸发生加成反应。

答案：B

46. 解 塑料一般分为热塑性塑料和热固性塑料。前者为线性结构的高分子化合物，这类化合物能溶于适当的有机溶剂，受热时会软化、熔融，加工成各种形状，冷后固化，可以反复加热成型；后者为体型结构的高分子化合物，具有热固性，一旦成型后不溶于溶剂，加热也不再软化、熔融，只能一次加热成型。

答案：C

47. 解 首先分析杆DE，E处为活动铰链支座，约束力垂直于支撑面，如解图a）所示，杆DE的铰链D处的约束力可按三力汇交原理确定；其次分析铰链D，D处铰接了杆DE、直角弯杆BCD和连杆，连杆的约束力F_{D}沿杆为铅垂方向，杆DE作用在铰链D上的力为$F'_{\mathrm{D右}}$，按照铰链D的平衡，其受力图如解图b）所示；最后分析直杆AC和直角弯杆BCD，直杆AC为二力杆，A处约束力沿杆方向，根据力偶的平衡，由F_{A}与$F'_{\mathrm{D左}}$组成的逆时针转向力偶与顺时针转向的主动力偶M组成平衡力系，故 A 处约束力的指向如解图c）所示。

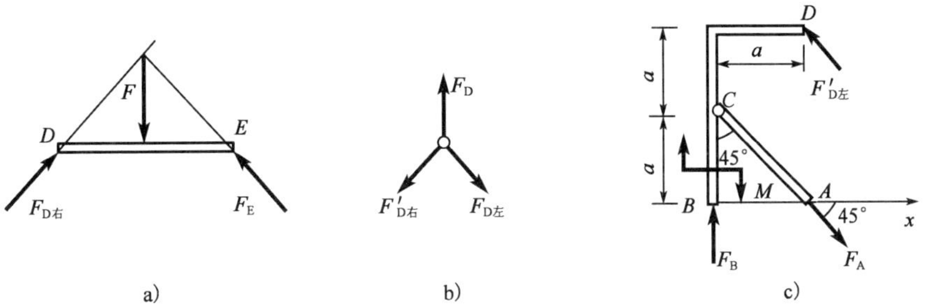

题47解图

答案：D

48. 解 将主动力系对B点取矩求代数和：

$$M_{\mathrm{B}} = M - qa^2/2 = 20 - 10 \times 2^2/2 = 0$$

答案：A

49. 解 均布力组成了力偶矩为qa^2的逆时针转向力偶。A、B 处的约束力应沿铅垂方向组成顺时针转向的力偶。

答案：C （此题2010年考过）

50. 解 如解图所示，若物块平衡，则沿斜面方向有：

$$F_f = F\cos\alpha - W\sin\alpha = 0.2F$$

而最大静摩擦力$F_{fmax} = f \cdot F_N = f(F\sin\alpha + W\cos\alpha) = 0.28F$

因$F_{fmax} > F_f$，所以物块静止。

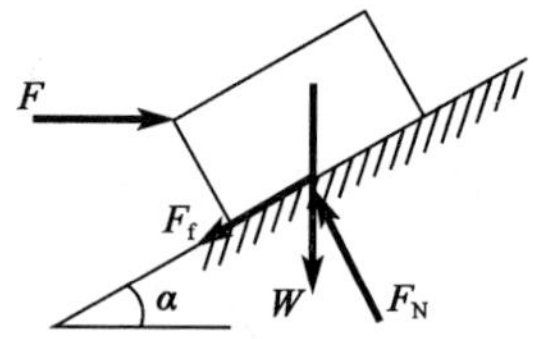

题 50 解图

答案： A

51. 解 将x对时间t求一阶导数为速度，即：$v = 9t^2 + 1$；再对时间t求一阶导数为加速度，即$a = 18t$，将$t = 4\text{s}$代入，可得：$x = 198\text{m}$，$v = 145\text{m/s}$，$a = 72\text{m/s}^2$。

答案： B

52. 解 根据定义，切向加速度为弧坐标s对时间的二阶导数，即$a_\tau = 6\text{m/s}^2$。

答案： D

53. 解 根据定轴转动刚体上一点加速度与转动角速度、角加速度的关系：$a_n = \omega^2 l$，$a_\tau = \alpha l$，而题中$a_n = a\cos\alpha = \omega^2 l$，所以$\omega = \sqrt{\frac{a\cos\alpha}{l}}$，$a_\tau = a\sin\alpha = \alpha l$，所以$\alpha = \frac{a\sin\alpha}{l}$。

答案： B （此题 2009 年考过）

54. 解 按照牛顿第二定律，在铅垂方向有$ma = F_R - mg = Kv^2 - mg$，当$a = 0$（速度$v$的导数为零）时有速度最大，为$v = \sqrt{\frac{mg}{K}}$。

答案： A

55. 解 根据弹簧力的功公式：

$$W_{12} = \frac{k}{2}(0.06^2 - 0.04^2) = 1.96\text{J}$$

$$W_{32} = \frac{k}{2}(0.02^2 - 0.04^2) = -1.176\text{J}$$

答案： C

56. 解 系统在转动中对转动轴z的动量矩守恒，即：$I\omega = (I + mR^2)\omega_t$（设$\omega_t$为小球达到 B 点时圆环的角速度），则$\omega_t = \frac{I\omega}{I+mR^2}$。

答案： B

57. 解 根据定轴转动刚体惯性力系的简化结果：惯性力主矢和主矩的大小分别为$F_I = ma_C = 0$，$M_{IO} = J_O\alpha = \frac{1}{2}mr^2\varepsilon$。

答案： C （此题 2010 年考过）

58. 解 由公式$\omega_n^2 = k/m$，$k = m\omega_n^2 = 5 \times 30^2 = 4500\text{N/m}$。

答案： B

59. 解 首先考虑整体平衡，可求出左端支座反力是水平向右的力，大小等于 20kN，分三段求出各段的轴力，画出轴力图如解图所示。

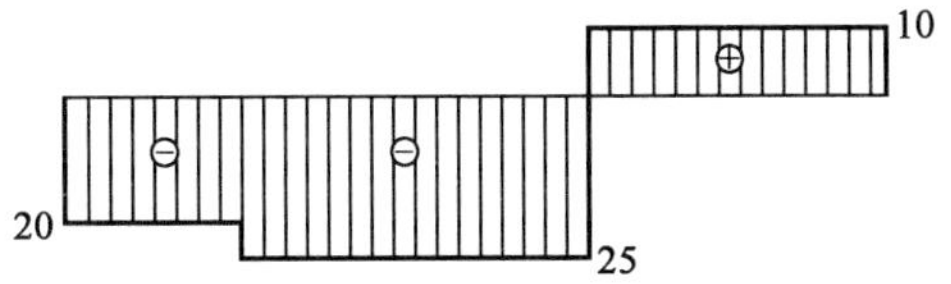

题 59 解图　轴力图

可以看到最大拉伸轴力是 10kN。

答案：A

60. 解　由铆钉的剪切强度条件：$\tau = \frac{F_s}{A_s} = \frac{F}{\frac{\pi}{4}d^2} = [\tau]$

可得：
$$\frac{4F}{\pi d^2} = [\tau] \qquad ①$$

由铆钉的挤压强度条件：$\sigma_{bs} = \frac{F_{bs}}{A_{bs}} = \frac{F}{dt} = [\sigma_{bs}]$

可得：
$$\frac{F}{dt} = [\sigma_{bs}] \qquad ②$$

d与t的合理关系应使两式同时成立，②式除以①式，得到$\frac{\pi d}{4t} = \frac{[\sigma_{bs}]}{[\tau]}$，即$d = \frac{4t[\sigma_{bs}]}{\pi[\tau]}$。

答案：B

61. 解　设原直径为d时，最大切应力为τ，最大切应力减小后为τ_1，直径为d_1。

则有

$$\tau = \frac{T}{\frac{\pi}{16}d^3}，\tau_1 = \frac{T}{\frac{\pi}{16}d_1^3}$$

因$\tau_1 = \frac{\tau}{2}$，则$\frac{T}{\frac{\pi}{16}d_1^3} = \frac{1}{2}\cdot\frac{T}{\frac{\pi}{16}d^3}$，即$d_1^3 = 2d^3$，所以$d_1 = \sqrt[3]{2}d$。

答案：D

62. 解　根据外力偶矩（扭矩T）与功率（P）和转速（n）的关系：

$$T = M_e = 9550\frac{P}{n}$$

可见，在功率相同的情况下，转速慢（n小）的轴扭矩T大。

答案：B

63. 解　图（a）与图（b）面积相同，面积分布的位置到z轴的距离也相同，故惯性矩$I_{z(a)} = I_{z(b)}$，而图（c）虽然面积与（a）、（b）相同，但是其面积分布的位置到z轴的距离小，所以惯性矩$I_{z(c)}$也小。

答案：D

64. 解　由于C端的弯矩就等于外力偶矩，所以$m = 10\text{kN}\cdot\text{m}$，又因为$BC$段弯矩图是水平线，属于纯弯曲，剪力为零，所以$C$点支反力为零。

由梁的整体受力图可知$F_A = F$，所以B点的弯矩$M_B = F_A \times 2 = 10\text{kN}\cdot\text{m}$，即$F_A = 5\text{kN}$。

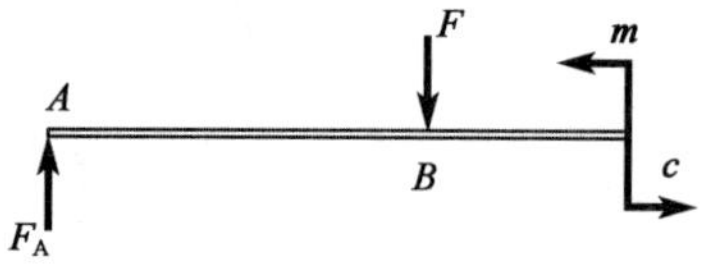

题 64 解图

答案：B

65. 解　图示单元体的最大主应力σ_1的方向，可以看作是σ_x的方向（沿x轴）和纯剪切单元体的最大拉应力的主方向（在第一象限沿 45°向上），叠加后的合应力的指向。

答案：A　（此题 2011 年考过）

66. 解　AB段是轴向受压，$\sigma_{AB}=\frac{F}{ab}$；BC段是偏心受压，$\sigma_{BC}=\frac{F}{2ab}+\frac{F\cdot\frac{a}{2}}{\frac{b}{6}(2a)^2}=\frac{5F}{4ab}$。

答案：B　（此题 2011 年考过）

67. 解　从剪力图看梁跨中有一个向下的突变，对应于一个向下的集中力，其值等于突变值 100kN；从弯矩图看梁的跨中有一个突变值$50\text{kN}\cdot\text{m}$，对应于一个外力偶矩$50\text{kN}\cdot\text{m}$，所以只能选 C 图。

答案：C

68. 解　梁两端的支座反力为$\frac{F}{2}=50\text{kN}$，梁中点最大弯矩$M_{\max}=50\times2=100\text{kN}\cdot\text{m}$

最大弯曲正应力：

$$\sigma_{\max}=\frac{M_{\max}}{W_z}=\frac{M_{\max}}{\frac{bh^2}{6}}=\frac{100\times10^6\text{N}\cdot\text{mm}}{\frac{1}{6}\times100\times200^2\text{mm}^3}=150\text{MPa}$$

答案：B

69. 解　本题是一个偏心拉伸问题，由于水平力F对两个形心主轴y、z都有偏心距，所以可以把F力平移到形心轴x以后，将产生两个平面内的双向弯曲和x轴方向的轴向拉伸的组合变形。

答案：B

70. 解　从常用的四种杆端约束的长度系数μ的值可看出，杆端约束越强，μ值越小，而杆端约束越弱，则μ值越大。本题图中所示压杆的杆端约束比两端铰支压杆（$\mu=1$）强，又比一端铰支、一端固定压杆（$\mu=0.7$）弱，故$0.7<\mu<1$。

答案：A

71. 解　静水压力基本方程为$p=p_0+\rho gh$，将题设条件代入可得：

绝对压强$p=101.325\text{kPa}+9.8\text{kPa/m}\times1\text{m}=111.125\text{kPa}\approx0.111\text{MPa}$

答案：A

72. 解　流速$v_2=v_1\times\left(\frac{d_1}{d_2}\right)^2=9.55\times\left(\frac{0.2}{0.3}\right)^2=4.24\text{m/s}$

流量$Q=v_1\times\frac{\pi}{4}d_1^2=9.55\times\frac{\pi}{4}\times0.2^2=0.3\text{m}^3/\text{s}$

答案：A

73. 解 管中雷诺数$\mathrm{Re}=\frac{v\cdot d}{\nu}=\frac{2\times 900}{0.0114}=157894.74\gg \mathrm{Re_c}$，为紊流

欲使流态转变为层流时的流速$v_\mathrm{c}=\frac{\mathrm{Re_c}\cdot\nu}{d}=\frac{2000\times 0.0114}{2}=11.4\mathrm{cm/s}$

答案：D

74. 解 边界层分离增加了潜体运动的压差阻力。

答案：C

75. 解 对水箱自由液面与管道出口写能量方程：

$$H+\frac{p}{\rho g}=\frac{v^2}{2g}+h_\mathrm{f}=\frac{v^2}{2g}\left(1+\lambda\frac{L}{d}\right)$$

代入题设数据并化简：

$$2+\frac{19600}{9800}=\frac{v^2}{2g}\left(1+0.02\times\frac{100}{0.2}\right)$$

计算得流速$v=2.67\mathrm{m/s}$

流量$Q=v\times\frac{\pi}{4}d^2=2.67\times\frac{\pi}{4}\times 0.2^2=0.08384\mathrm{m^3/s}=83.84\mathrm{L/s}$

答案：A

76. 解 由明渠均匀流谢才-曼宁公式$Q=\frac{1}{n}R^{\frac{2}{3}}i^{\frac{1}{2}}A$可知：在题设条件下面积$A$，粗糙系数$n$，底坡$i$均相同，则流量$Q$的大小取决于水力半径$R$的大小。对于方形断面，其水力半径$R_1=\frac{a^2}{3a}=\frac{a}{3}$，对于矩形断面，其水力半径为$R_2=\frac{2a\times 0.5a}{2a+2\times 0.5a}=\frac{a^2}{3a}=\frac{a}{3}$，即$R_1=R_2$。故$Q_1=Q_2$。

答案：B

77. 解 将题设条件代入达西定律$u=kJ$

则有渗流速度$u=0.012\mathrm{cm/s}\times\frac{1.5-0.3}{2.4}=0.006\mathrm{cm/s}$

答案：B

78. 解 雷诺数的物理意义为：惯性力与黏性力之比。

答案：B

79. 解 点电荷q_1、q_2电场作用的方向分布为：始于正电荷(q_1)，终止于负电荷(q_2)。

答案：B

80. 解 电路中，如果元件中电压电流取关联方向，即电压电流的正方向一致，则它们的电压电流关系如下：

电压，$u_\mathrm{L}=L\frac{\mathrm{d}i_\mathrm{L}}{\mathrm{d}t}$；电容，$i_\mathrm{C}=C\frac{\mathrm{d}u_\mathrm{C}}{\mathrm{d}t}$；电阻，$u_\mathrm{R}=Ri_\mathrm{R}$。

答案：C

81. 解 本题考查对电流源的理解和对基本 KCL、KVL 方程的应用。

需注意，电流源的端电压由外电路决定。

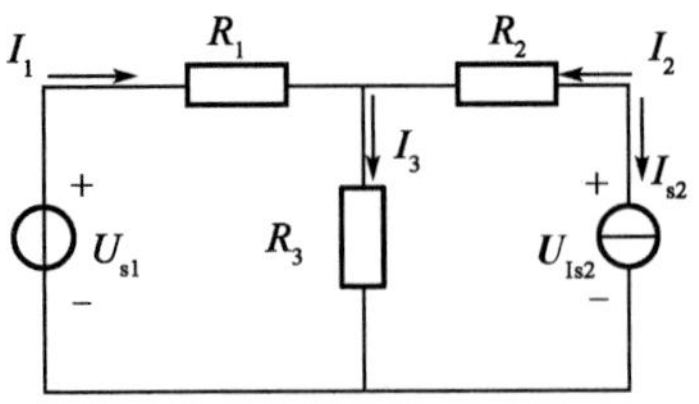

题 81 解图

如解图所示，当电流源的端电压U_{Is2}与I_{s2}取一致方向时：

$$U_{Is2} = I_2R_2 + I_3R_3 \neq 0$$

其他方程正确。

答案：B

82. 解 本题注意正弦交流电的三个特征（大小、相位、速度）和描述方法，图中电压$\dot{U}$为有效值相量。

由相量图可分析，电压最大值为$10\sqrt{2}$V，初相位为$-30°$，角频率用ω表示，时间函数的正确描述为：

$$u(t) = 10\sqrt{2}\sin(\omega t - 30°)\,\mathrm{V}$$

答案：A

83. 解 用相量法。

$$\dot{I} = \frac{\dot{U}}{20 + (j20 /\!/ -j10)} = \frac{100\angle 0°}{20 - j20} = \frac{5}{\sqrt{2}}\angle 45° = 3.5\angle 45°\mathrm{A}$$

答案：B

84. 解 电路中 R-L 串联支路为电感性质，右支路电容为功率因数补偿所设。

如解图所示，当电容量适当增加时电路功率因数提高。当$\varphi = 0$，$\cos\varphi = 1$时，总电流I达到最小值。如果I_C继续增加出现过补偿（即电流$\dot{I}$超前于电压$\dot{U}$时），会使电路的功率因数降低。

当电容参数C改变时，感性电路的功率因数$\cos\varphi_L$不变。通常，进行功率因数补偿时不出现$\varphi < 0$情况。仅有总电流I减小时电路的功率因素（$\cos\varphi$）变大。

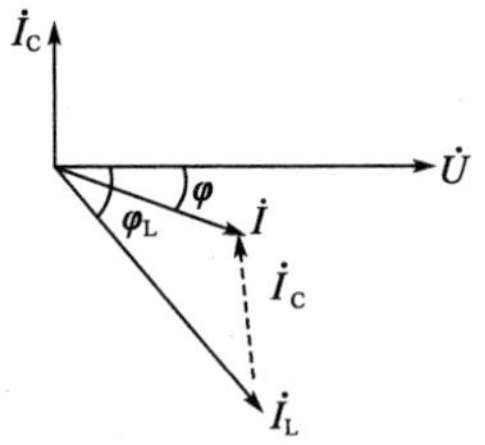

题 84 解图

答案：B

85. 解 理想变压器副边空载时，可以认为原边电流为零，则$U = U_1$。根据电压变比关系可知：$\frac{U}{U_2} = 2$。

答案：B

86. 解 三相交流异步电动机正常运行采用三角形接法时，为了降低启动电流可以采用星形启动，即Y-△启动。但随之带来的是启动转矩也是△接法的1/3。

答案：C

87. 解　本题信号波形在时间轴上连续，数值取值为+5、0、−5，是离散的。“二进制代码信号”“二值逻辑信号”均不符合题义。只能认为是连续的时间信号。

答案：D

88. 解　将图形用数学函数描述为：

$$u(t)=10\cdot 1(t)-10\cdot 1(t-1)=u_1(t)+u_2(t)$$

这是两个阶跃信号的叠加，如解图所示。

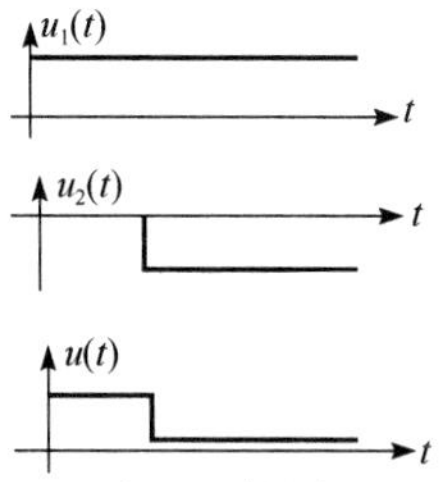

题 88 解图

答案：A

89. 解　低通滤波器可以使低频信号畅通，而高频的干扰信号淹没。

答案：B

90. 解　此题可以利用反演定理处理如下：

$$\overline{AB}+\overline{BC}=\overline{A}+\overline{B}+\overline{B}+\overline{C}=\overline{A}+\overline{B}+\overline{C}$$

答案：A

91. 解　$F=A\overline{B}+\overline{A}B$为异或关系。

由输入量A、B和输出的波形分析可见：$\begin{cases}\text{当输入 A 与 B 相异时，输出 F 为 1。}\\\text{当输入 A 与 B 相同时，输出 F 为 0。}\end{cases}$

答案：A

92. 解　BCD 码是用二进制表示的十进制数，当用四位二进制数表示十进制的 10 时，可以写为“0001 0000”。

答案：A

93. 解　本题采用全波整流电路，结合二极管连接方式分析。在输出信号u_o中保留u_i信号小于 0 的部分。

则输出直流电压U_o与输入交流有效值U_i的关系为：

$$U_o=-0.9U_i$$

本题$U_i=\frac{10}{\sqrt{2}}$V，代入上式得$U_o=-0.9\times\frac{10}{\sqrt{2}}=-6.36$V。

答案：D

94. 解　将电路“A”端接入−2.5V的信号电压，“B”端接地，则构成如解图 a）所示的反相比例运算电路。输出电压与输入的信号电压关系为：

$$u_o = -\frac{R_2}{R_1}u_i$$

可知：

$$\frac{R_2}{R_1} = -\frac{u_o}{u_i} = 4$$

当“A”端接地，“B”端接信号电压，就构成解图 b）的同相比例电路，则输出u_o与输入电压u_i的关系为：

$$u_o = \left(1+\frac{R_2}{R_1}\right)u_i = -12.5\text{V}$$

考虑到运算放大器输出电压在$-11 \sim 11$V之间，可以确定放大器已经工作在负饱和状态，输出电压为负的极限值-11V。

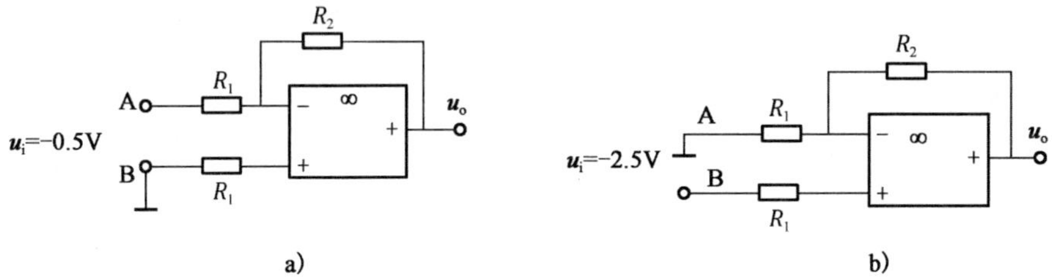

题 94 解图

答案：C

95. 解 左侧电路为与门：$F_1 = A \cdot 0 = 0$，右侧电路为或非门：$F_2 = \overline{B+0} = \overline{B}$。

答案：A

96. 解 本题为 J-K 触发器（脉冲下降沿触发）和与门构成的时序逻辑电路。其中 J 触发信号为$J = Q \cdot A$。（注：为波形分析方便，作者补充了 J 端的辅助波形，图中阴影表示该信号未知。）

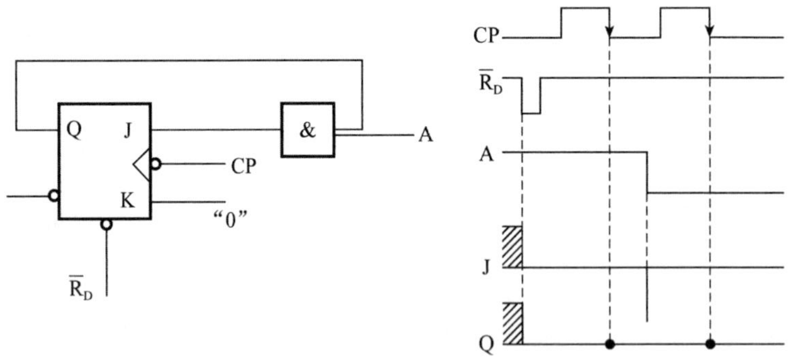

题 96 解图

答案：A

97. 解 计算机发展的人性化的一个重要方面是“使用傻瓜化”。计算机要成为大众的工具，首先必须做到“使用傻瓜化”。要让计算机能听懂、能说话、能识字、能写文、能看图像、能现实场景等。

答案：B

98. 解 计算机内的存储器是由一个个存储单元组成的,每一个存储单元的容量为8位二进制信息,称一个字节。

答案: B

99. 解 操作系统是一个庞大的管理控制程序。通常，它是由进程与处理器调度、作业管理、存储管理、设备管理、文件管理五大功能组成。它包括了选项A、B、C所述的功能，不是仅能实现管理和使用好各种软件资源。

答案: D

100. 解 支撑软件是指支援其他软件的编写制作和维护的软件，主要包括环境数据库、各种接口软件和工具软件，是计算机系统内的一个组成部分。

答案: A

101. 解 进程与处理器调度负责把CPU的运行时间合理地分配给各个程序，以使处理器的软硬件资源得以充分的利用。

答案: C

102. 解 影响计算机图像质量的主要参数有分辨率、颜色深度、图像文件的尺寸和文件保存格式等。

答案: D

103. 解 计算机操作系统中的设备管理的主要功能是负责分配、回收外部设备，并控制设备的运行，是人与外部设备之间的接口。

答案: C

104. 解 数字签名机制提供了一种鉴别方法，以解决伪造、抵赖、冒充和篡改等安全问题。接收方能够鉴别发送方所宣称的身份，发送方事后不能否认他曾经发送过数据这一事实。数字签名技术是没有权限管理的。

答案: A

105. 解 计算机网络是用通信线路和通信设备将分布在不同地点的具有独立功能的多个计算机系统互相连接起来，在功能完善的网络软件的支持下实现彼此之间的数据通信和资源共享的系统。

答案: D

106. 解 局域网是指在一个较小地理范围内的各种计算机网络设备互连在一起的通信网络，可以包含一个或多个子网，通常其作用范围是一座楼房、一个学校或一个单位，地理范围一般不超过几公里。城域网的地理范围一般是一座城市。广域网实际上是一种可以跨越长距离，且可以将两个或多个局域网或主机连接在一起的网络。网际网实际上是多个不同的网络通过网络互联设备互联而成的大型网络。

答案：A

107. 解　首先计算年实际利率：$i=\left(1+\frac{8\%}{4}\right)^4-1=8.243\%$

根据一次支付现值公式：

$$P=\frac{F}{(1+i)^n}=\frac{300}{(1+8.24\%)^3}=236.55\text{ 万元}$$

或季利率$i=8\%/4=2\%$，三年共 12 个季度，按一次支付现值公式计算：

$$P=\frac{F}{(1+i)^n}=\frac{300}{(1+2\%)^{12}}=236.55\text{ 万元}$$

答案：B

108. 解　建设项目评价中的总投资包括建设投资、建设期利息和流动资金之和。建设投资由工程费用（建筑工程费、设备购置费、安装工程费）、工程建设其他费用和预备费（基本预备费和涨价预备费）组成。

答案：C

109. 解　该公司借款偿还方式为等额本金法。

每年应偿还的本金：$2400/6=400$万元

前 3 年已经偿还本金：$400\times3=1200$万元

尚未还款本金：$2400-1200=1200$万元

第 4 年应还利息$I_4=1200\times8\%=96$万元，本息和$A_4=400+96=496$万元

或按等额本金法公式计算：

$$A_t=\frac{I_c}{n}+I_c\left(1-\frac{t-1}{n}\right)i=\frac{2400}{6}+2400\times\left(1-\frac{4-1}{6}\right)\times8\%=496\text{ 万元}$$

答案：C

110. 解　动态投资回收期T^*是指在给定的基准收益率（基准折现率）i_c的条件下，用项目的净收益回收总投资所需要的时间。动态投资回收期的表达式为：

$$\sum_{t=0}^{T^*}(\mathrm{CI}-\mathrm{CO})_t(1+i_c)^{-t}=0$$

式中，i_c为基准收益率。

内部收益率 IRR 是使一个项目在整个计算期内各年净现金流量的现值累计为零时的利率，表达式为：

$$\sum_{t=0}^{n}(\mathrm{CI}-\mathrm{CO})_t(1+\mathrm{IRR})^{-t}=0$$

式中，n为项目计算期。如果项目的动态投资回收期T正好等于计算期n，则该项目的内部收益率 IRR 等于基准收益率i_c。

答案：D

111. 解 直接进口原材料的影子价格（到厂价）=到岸价（CIF）×影子汇率+进口费用

$$= 150 \times 6.5 + 240 = 1215 元人民币/t$$

答案： C

112. 解 对于寿命期相等的互斥项目，应依据增量内部收益率指标选优。如果增量内部收益率 ΔIRR 大于基准收益率i_c，应选择投资额大的方案；如果增量内部收益率 ΔIRR 小于基准收益率i_c，则应选择投资额小的方案。

答案： B

113. 解 改扩建项目财务分析要进行项目层次和企业层次两个层次的分析。项目层次应进行盈利能力分析、清偿能力分析和财务生存能力分析，应遵循"有无对比"的原则。

答案： D

114. 解 价值系数=功能评价系数/成本系数，本题各方案价值系数：

甲方案：$0.85/0.92 = 0.924$

乙方案：$0.6/0.7 = 0.857$

丙方案：$0.94/0.88 = 1.068$

丁方案：$0.67/0.82 = 0.817$

其中，丙方案价值系数 1.068，与 1 相差 6.8%，说明功能与成本基本一致，为四个方案中的最优方案。

答案： C

115. 解 见《中华人民共和国建筑法》第二十四条，可知选项 A、B、D 正确，又第二十二条规定：发包单位应当将建筑工程发包给具有资质证书的承包单位。

答案： C

116. 解 《中华人民共和国安全生产法》第四十三条规定，生产经营单位进行爆破、吊装、动火、临时用电以及国务院应急管理部门会同国务院有关部门规定的其他危险作业，应当安排专门人员进行现场安全管理，确保操作规程的遵守和安全措施的落实。

答案： C

117. 解 其招标文件要包括拟签订的合同条款，而不是签订时间。

《中华人民共和国招标投标法》第十九条规定，招标人应当根据招标项目的特点和需要编制招标文件。招标文件应当包括招标项目的技术要求、对投标人资格审查的标准、投标报价要求和评标标准等所有实质性要求和条件以及拟签订合同的主要条款。

答案： C

118. 解 《中华人民共和国民法典》第四百八十七条规定，受要约人在承诺期限内发出承诺，按照通常情形能够及时到达要约人，但是因其他原因致使承诺到达要约人时超过承诺期限的，除要约人及时通知受要约人因承诺超过期限不接受该承诺外，该承诺有效。

选项A、C，水泥厂不通知受要约人承诺无效，则该承诺依然有效。

选项B，在期限内发出，不一定是有效承诺，水泥厂通知受要约人承诺无效，则该承诺无效。故该项说法不全面。

选项D，及时通知对方不接受，则该承诺无效。

答案：D

119. 解 应由环保部门验收，不是建设行政主管部门验收，见《中华人民共和国环境保护法》。

《中华人民共和国环境保护法》第十条规定，国务院环境保护主管部门，对全国环境保护工作实施统一监督管理；县级以上地方人民政府环境保护主管部门，对本行政区域环境保护工作实施统一监督管理。

县级以上人民政府有关部门和军队环境保护部门，依照有关法律的规定对资源保护和污染防治等环境保护工作实施监督管理。

第四十一条规定，建设项目中防治污染的设施，应当与主体工程同时设计、同时施工、同时投产使用。防治污染的设施应当符合经批准的环境影响评价文件的要求，不得擅自拆除或者闲置。

（旧版《中华人民共和国环境保护法》第二十六条规定，建设项目中防治污染的措施，必须与主体工程同时设计、同时施工、同时投产使用。防治污染的设施必须经原审批环境影响报告书的环境保护行政主管部门验收合格后，该建设项目方可投入生产或者使用。）

答案：D

120. 解 《中华人民共和国建筑法》第三十二条规定，建筑工程监理应当依照法律、行政法规及有关的技术标准、设计文件和建筑工程承包合同，对承包单位在施工质量、建设工期和建设资金使用等方面，代表建设单位实施监督。

答案：D

2017年度全国勘察设计注册工程师执业资格考试基础考试（上）

试题解析及参考答案

1. 解　本题考查分段函数的连续性问题，重点考查在分界点处的连续性。

要求在分界点处函数的左右极限存在且相等并且等于该点的函数值：

$$\operatorname*{Lim}_{x\to1}\frac{x\ln x}{1-x}\overset{\frac{0}{0}}{=}\lim_{x\to1}\frac{(x\ln x)'}{(1-x)'}=\lim_{x\to1}\frac{1\cdot\ln x+x\cdot\frac{1}{x}}{-1}=-1$$

而$\lim\limits_{x\to1}\frac{x\ln x}{1-x}=f(1)=a\Rightarrow a=-1$

答案：C

2. 解　本题考查复合函数在定义域内的性质。

函数$\sin\frac{1}{x}$的定义域为$(-\infty,0)$，$(0,+\infty)$，它是由函数$y=\sin t$，$t=\frac{1}{t}$复合而成的，当t在$(-\infty,0)$，$(0,+\infty)$变化时，t在$(-\infty,+\infty)$内变化，函数$y=\sin t$的值域为$[-1,1]$，所以函数$y=\sin\frac{1}{x}$是有界函数。

答案：A

3. 解　本题考查空间向量的相关性质，注意“点乘”和“叉乘”对向量运算的几何意义。

选项 A、C 中，$|\boldsymbol{\alpha}\times\boldsymbol{\beta}|=|\boldsymbol{\alpha}|\cdot|\boldsymbol{\beta}|\cdot\sin(\boldsymbol{\alpha},\boldsymbol{\beta})$，若$\boldsymbol{\alpha}\times\boldsymbol{\beta}=\boldsymbol{0}$，且$\boldsymbol{\alpha},\boldsymbol{\beta}$非零，则有$\sin(\boldsymbol{\alpha},\boldsymbol{\beta})=0$，故$\boldsymbol{\alpha}/\!/\boldsymbol{\beta}$，选项 A 错误，C 正确。

选项 B 中，$\boldsymbol{\alpha}\cdot\boldsymbol{\beta}=|\boldsymbol{\alpha}|\cdot|\boldsymbol{\beta}|\cdot\cos(\boldsymbol{\alpha},\boldsymbol{\beta})$，若$\boldsymbol{\alpha}\cdot\boldsymbol{\beta}=0$，且$\boldsymbol{\alpha},\boldsymbol{\beta}$非零，则有$\cos(\boldsymbol{\alpha},\boldsymbol{\beta})=0$，故$\boldsymbol{\alpha}\perp\boldsymbol{\beta}$，选项 B 错误。

选项 D 中，若$\boldsymbol{\alpha}=\lambda\boldsymbol{\beta}$，则$\boldsymbol{\alpha}/\!/\boldsymbol{\beta}$，此时$\boldsymbol{\alpha}\cdot\boldsymbol{\beta}=\lambda\boldsymbol{\beta}\cdot\boldsymbol{\beta}=\lambda|\boldsymbol{\beta}||\boldsymbol{\beta}|\cos0°\neq0$，选项 D 错误。

答案：C

4. 解　本题考查一阶线性微分方程的特解形式，本题采用公式法和代入法均能得到结果。

方法 1：公式法，一阶线性微分方程的一般形式为：$y'+P(x)y=Q(x)$

其通解为$y=e^{-\int P(x)\mathrm{d}x}\left[\int Q(x)e^{\int P(x)\mathrm{d}x}\mathrm{d}x+C\right]$

本题中，$P(x)=-1$，$Q(x)=0$，有$y=e^{-\int-1\mathrm{d}x}(0+C)=Ce^{x}$

由$y(0)=2\Rightarrow Ce^{0}=2$，即$C=2$，故$y=2e^{x}$。

方法 2：利用可分离变量方程计算：$\frac{\mathrm{d}y}{\mathrm{d}x}=y\Longrightarrow\frac{\mathrm{d}y}{y}=\mathrm{d}x\Longrightarrow\int\frac{\mathrm{d}y}{y}=\int\mathrm{d}x\Longrightarrow\ln y=x+\ln c\Longrightarrow y=Ce^{x}$

由$y(0)=2\Rightarrow Ce^{0}=2$，即$C=2$，故$y=2e^{x}$。

方法 3：代入法，将选项 A 中$y=2e^{-x}$代入$y'-y=0$中，不满足方程。同理，选项 C、D 也不满足。

答案：B

5. 解　本题考查变限定积分求导的问题。

对于下限有变量的定积分求导，可先转化为上限有变量的定积分求导问题，注意交换上下限的位置之后，增加一个负号，再利用公式即可：

$$f(x)=\int_x^2\sqrt{5+t^2}\mathrm{d}t=-\int_2^x\sqrt{5+t^2}\mathrm{d}t$$

$$f'(x)=-\sqrt{5+x^2}$$

$$f'(1)=-\sqrt{6}$$

答案：D

6. 解　本题考查隐函数求导的问题。

方法 1：方程两边对x求导，注意y是x的函数：

$$e^y+x'y=e$$

$$(e^y)'+(xy)'=(e)'$$

$$e^y\cdot y'+(y+xy')=0$$

$$(e^y+x)y'=-y$$

解出$y'=\frac{-y}{x+e^y}$

当$x=0$时，有$e^y=e\Rightarrow y=1$，$y'(0)=-\frac{1}{e}$

方法 2：利用二元方程确定的隐函数导数的计算方法计算。

$$e^y+xy=e,\ e^y+xy-e=0$$

设$F(x,y)=e^y+xy-e$，$F_y'(x,y)=e^y+x$，$F_x'(x,y)=y$

所以 $$\frac{\mathrm{d}y}{\mathrm{d}x}=-\frac{F_x'(x,y)}{F_y'(x,y)}=-\frac{y}{e^y+x}$$

当$x=0$时，$y=1$，代入得$\left.\frac{\mathrm{d}y}{\mathrm{d}x}\right|_{x=0}=-\frac{1}{e}$

注：本题易错选 B 项，选 B 则是没有看清题意，题中所求是$y'(0)$而并非$y'(x)$。

答案：D

7. 解　本题考查不定积分的相关内容。

已知$\int f(x)\mathrm{d}x=\ln x+C$，可知$f(x)=\frac{1}{x}$

则$f(\cos x)=\frac{1}{\cos x}$，即$\int\cos x f(\cos x)\mathrm{d}x=\int\cos x\cdot\frac{1}{\cos x}\mathrm{d}x=x+C$

注：本题不适合采用凑微分的形式。

答案：B

8. 解　本题考查多元函数微分学的概念性问题，涉及多元函数偏导数与多元函数连续等概念，需记忆下图的关系式方可快速解答：

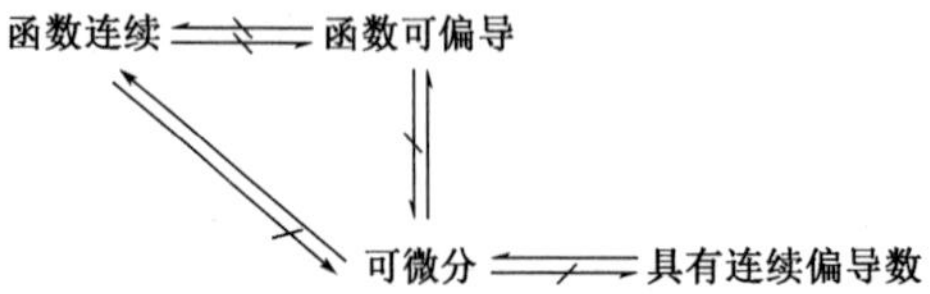

题 8 解图

$f(x,y)$在点$P_0(x_0,y_0)$有一阶偏导数，不能推出$f(x,y)$在$P_0(x_0,y_0)$连续。

同样，$f(x,y)$在$P_0(x_0,y_0)$连续，不能推出$f(x,y)$在$P_0(x_0,y_0)$有一阶偏导数。

可知，函数可偏导与函数连续之间的关系是不能相互导出的。

答案：D

9. 解　本题考查空间解析几何中对称直线方程的概念。

对称式直线方程的特点是连等号的存在，故而选项A和C可直接排除，且选项A和C并不是直线的表达式。由于所求直线平行于z轴，取z轴的方向向量为所求直线的方向向量。

$\vec{s}_z=\{0,0,1\}$，$M_0(-1,-2,3)$，利用点向式写出对称式方程：

$$\frac{x+1}{0}=\frac{y+2}{0}=\frac{z-3}{1}$$

答案：D

10. 解　本题考查定积分的计算。

对本题，观察分子中有$\frac{1}{x}$，而$\left(\frac{1}{x}\right)'=-\frac{1}{x^2}$，故适合采用凑微分解答：

原式$=\int_1^2-\left(1-\frac{1}{x}\right)\mathrm{d}\left(\frac{1}{x}\right)=\int_1^2\left(\frac{1}{x}-1\right)\mathrm{d}\left(\frac{1}{x}\right)=\int_1^2\frac{1}{x}\mathrm{d}\left(\frac{1}{x}\right)-\int_1^2 1\mathrm{d}\left(\frac{1}{x}\right)$

$=\frac{1}{2}\left(\frac{1}{x}\right)^2\Big|_1^2-\frac{1}{x}\Big|_1^2=\frac{1}{8}$

答案：C

11. 解　本题考查了三角函数的基本性质，以及最值的求法。

方法1：$f(x)=\sin(x+\frac{\pi}{2}+\pi)=-\cos x$

$x\in[-\pi,\pi]$

$f'(x)=\sin x$，$f'(x)=0$，即$\sin x=0$，可知$x=0$，$-\pi$，π为驻点

则$f(0)=-\cos 0=-1$，$f(-\pi)=-\cos(-\pi)=1$，$f(\pi)=-\cos\pi=1$

所以$x=0$，函数取得最小值，最小值点$x_0=0$

方法2：通过作图，可以看出在$[-\pi,\pi]$上的最小值点$x_0=0$。

答案：B

12. 解　本题考查参数方程形式的对坐标的曲线积分（也称第二类曲线积分），注意绕行方向为顺时针。

如解图所示，上半椭圆ABC是由参数方程$\begin{cases}x=a\cos\theta\\y=b\sin\theta\end{cases}(a>0,\ b>0)$画出的。本题积分路径$L$为沿上半椭圆顺时针方向，从$C$到$B$，再到$A$，$\theta$变化范围由$\pi$变化到0，具体计算可由方程$x=a\cos\theta$得到。起点为$C(-a,0)$，把$-a$代入方程中的$x$，得$\theta=\pi$。终点为$A(a,0)$，把$a$代入方程中的$x$，得$\theta=0$，因此参数$\theta$的变化为从$\theta=\pi$变化到$\theta=0$，即$\theta$：$\pi\to 0$。

由$x = a\cos\theta$可知，$dx = -a\sin\theta d\theta$，因此原式有：

$$\int_L y^2 dx = \int_\pi^0 (b\sin\theta)^2(-a\sin\theta)d\theta = \int_0^\pi ab^2\sin^3\theta d\theta = ab^2\int_0^\pi \sin^2\theta d(-\cos\theta)$$

$$= -ab^2\int_0^\pi (1-\cos^2\theta)d(\cos\theta) = \frac{4}{3}ab^2$$

注：对坐标的曲线积分应注意积分路径的方向，然后写出积分变量的上下限，本题若取逆时针为绕行方向，则θ的范围应从0到π。简单作图即可观察和验证。

答案：B

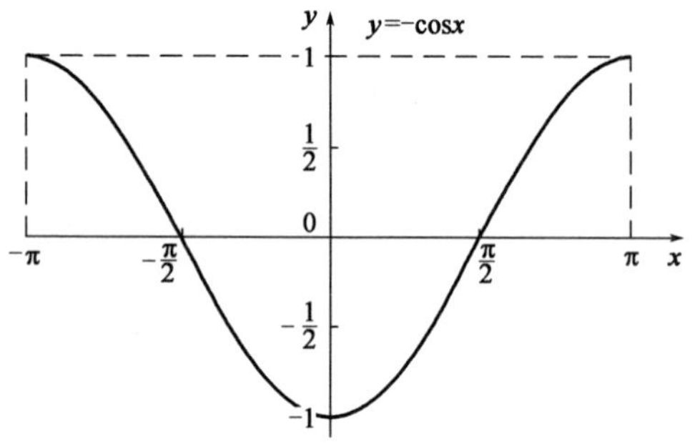

题11解图

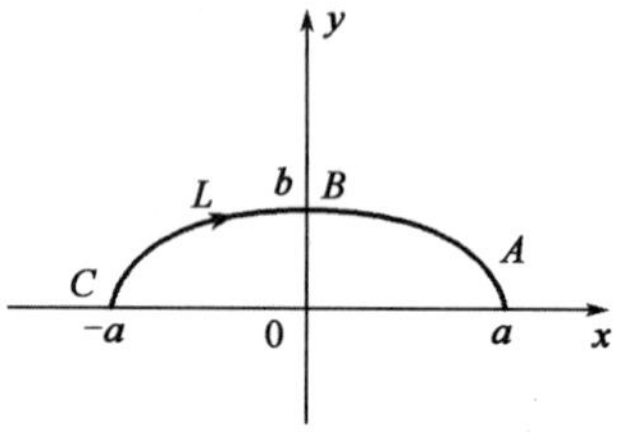

题12解图

13. 解　本题考查交错级数收敛的充分条件。

注意本题有$(-1)^n$，显然$\sum\limits_{n=1}^{\infty}\frac{(-1)^n}{a_n}(a_n > 0)$是一个交错级数。

交错级数收敛，即$\sum\limits_{n=1}^{\infty}(-1)^n a_n$只要满足：①$a_n > a_{n+1}$，②$a_n \to 0(n\to\infty)$即可。

在选项D中，已知a_n单调递增，即$a_n < a_{n+1}$，所以$\frac{1}{a_n} > \frac{1}{a_{n+1}}$

又知$\lim\limits_{n\to\infty} a_n = +\infty$，所以$\lim\limits_{n\to\infty}\frac{1}{a_n} = 0$，故级数$\sum\limits_{n=1}^{\infty}\frac{(-1)^n}{a_n}(a_n > 0)$收敛

其他选项均不符合交错级数收敛的判别方法。

答案：D

14. 解　本题考查函数拐点的求法。

求解函数拐点即先求函数的二阶导数为0的点，因此有：

$$F'(x) = e^{-x} - xe^{-x}$$

$$F''(x) = xe^{-x} - 2e^{-x} = (x-2)e^{-x}$$

令$f''(x) = 0$，解出$x = 2$

当$x \in (-\infty, 2)$时，$f''(x) < 0$；当$x \in (2, +\infty)$时，$f''(x) > 0$

所以拐点为$(2, 2e^{-2})$

答案：A

15. 解　本题考查二阶常系数线性非齐次方程的特解问题。

严格说来本题有点超纲，大纲要求是求解二阶常系数线性齐次微分方程，对于非齐次方程并不做要求。因此本题可采用代入法求解，考虑到$e^x=(e^x)'=(e^x)''$，观察各选项，易知选项C符合要求。

具体解析过程如下：

$y''+y'+y=e^x$对应的齐次方程为$y''+y'+y=0$

$r^2+r+1=0\Rightarrow r_{1,2}=\frac{-1\pm\sqrt{3}i}{2}$

所以$\lambda=1$不是特征方程的根

设二阶非齐次线性方程的特解$y^*=Ax^0e^x=Ae^x$

$(y^*)'=Ae^x$，$(y^*)''=Ae^x$

代入，得$Ae^x+Ae^x+Ae^x=e^x$

$3Ae^x=e^x$，$3A=1$，$A=\frac{1}{3}$，所以特解为$y^*=\frac{1}{3}e^x$

答案：C

16. 解　本题考查二重积分在极坐标下的运算。

注意到在二重积分的极坐标中有$x=r\cos\theta$，$y=r\sin\theta$，故$x^2+y^2=r^2$，因此对于圆域有$0\leqslant r^2\leqslant 1$，也即$r$：$0\to 1$，整个圆域范围内有$\theta$：$0\to 2\pi$，如解图所示，同时注意二重积分中面积元素$\mathrm{d}x\mathrm{d}y=r\mathrm{d}r\mathrm{d}\theta$，故：

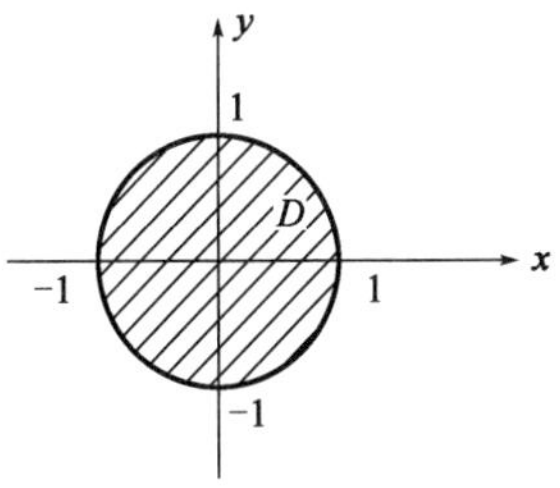

题16解图

$$\iint_D\frac{\mathrm{d}x\mathrm{d}y}{1+x^2+y^2}=\int_0^{2\pi}\mathrm{d}\theta\int_0^1\frac{1}{1+r^2}r\mathrm{d}r\xrightarrow[\text{对}r\text{凑微分}]{\theta\text{和}r\text{无关直接积分,}}2\pi\int_0^1\frac{1}{2}\frac{1}{1+r^2}\mathrm{d}(1+r^2)$$

$$=\pi\ln(1+r^2)\Big|_0^1=\pi\ln 2$$

答案：D

17. 解　本题考查幂级数的和函数的基本运算。

级数$\sum\limits_{n=1}^{\infty}\frac{x^n}{n!}=\frac{x}{1!}+\frac{x^2}{2!}+\frac{x^3}{3!}+\cdots+\frac{x^n}{n!}+\cdots$

已知$e^x=1+\frac{x}{1!}+\frac{x^2}{2!}+\cdots+\frac{x^n}{n!}+\cdots(-\infty,+\infty)$

所以级数$\sum\limits_{n=1}^{\infty}\frac{x^n}{n!}$的和函数$S(x)=e^x-1$

注：考试中常见的幂级数展开式有：

$\frac{1}{1-x}=1+x+x^2+\cdots+x^k+\cdots=\sum\limits_{k=0}^{\infty}x^k$，$|x|<1$

$\frac{1}{1+x}=1-x+x^2-\cdots+(-1)^kx^k+\cdots=\sum\limits_{k=0}^{\infty}(-1)^kx^k$，$|x|<1$

$e^x=1+x+\frac{x^2}{2!}+\cdots+\frac{x^k}{k!}+\cdots=\sum\limits_{k=0}^{\infty}\frac{x^k}{k!}$，$(-\infty,+\infty)$

答案：C

18. 解　本题考查多元抽象函数偏导数的运算，及多元复合函数偏导数的计算方法。

$$z=y\varphi\left(\frac{x}{y}\right)$$

$$\frac{\partial z}{\partial x}=y\cdot\varphi'\left(\frac{x}{y}\right)\cdot\frac{1}{y}=\varphi'\left(\frac{x}{y}\right)$$

$$\frac{\partial^2 z}{\partial x\partial y}=\varphi''\left(\frac{x}{y}\right)\cdot\left(\frac{x}{y}\right)_y'=\varphi''\left(\frac{x}{y}\right)\cdot\left(\frac{x}{-y^2}\right)$$

注：复合函数的链式法则为$f'(g(x))=f'\cdot g'$，读者应注意题目中同时含有抽象函数与具体函数的求导法则。

答案：B

19. 解　本题考查可逆矩阵的相关知识。

方法 1：利用初等行变换求解如下：

由$[\boldsymbol{A}|\boldsymbol{E}]\xrightarrow{\text{初等行变换}}[\boldsymbol{E}|\boldsymbol{A}^{-1}]$

得：$\left[\begin{array}{ccc|ccc}0&0&-2&1&0&0\\0&3&0&0&1&0\\1&0&0&0&0&1\end{array}\right]\xrightarrow{r_1\leftrightarrow r_3}\left[\begin{array}{ccc|ccc}1&0&0&0&0&1\\0&3&0&0&1&0\\0&0&-2&1&0&0\end{array}\right]\xrightarrow[-\frac{1}{2}r_3]{\frac{1}{3}r_2}\left[\begin{array}{ccc|ccc}1&0&0&0&0&1\\0&1&0&0&\frac{1}{3}&0\\0&0&1&-\frac{1}{2}&0&0\end{array}\right]$

故$\boldsymbol{A}^{-1}=\begin{bmatrix}0&0&1\\0&\frac{1}{3}&0\\-\frac{1}{2}&0&0\end{bmatrix}$

方法 2：逐项代入法，与矩阵$\boldsymbol{A}$乘积等于$\boldsymbol{E}$，即为正确答案。验证选项C，计算过程如下：

$$\begin{bmatrix}0&0&-2\\0&3&0\\1&0&0\end{bmatrix}\begin{bmatrix}0&0&1\\0&\frac{1}{3}&0\\-\frac{1}{2}&0&0\end{bmatrix}=\begin{bmatrix}1&0&0\\0&1&0\\0&0&1\end{bmatrix}$$

方法 3：利用求逆矩阵公式：

$$\boldsymbol{A}^{-1}=\frac{\boldsymbol{A}^*}{|\boldsymbol{A}|}=\frac{1}{|\boldsymbol{A}|}\begin{bmatrix}A_{11}&A_{21}&A_{31}\\A_{12}&A_{22}&A_{32}\\A_{13}&A_{23}&A_{33}\end{bmatrix}$$

答案：C

20. 解　本题考查线性齐次方程组解的基本知识，矩阵的秩和矩阵列向量组的线性相关性。

方法 1：$\boldsymbol{A}x=0$有非零解$\Leftrightarrow R(\boldsymbol{A})<n\Leftrightarrow\boldsymbol{A}$的列向量组线性相关$\Leftrightarrow$至少有一个列向量是其余列向量的线性组合。

方法 2：举反例，$\boldsymbol{A}=\begin{bmatrix}1&0&0\\0&1&1\\0&0&0\end{bmatrix}$，齐次方程组$\boldsymbol{A}x=0$就有无穷多解，因为$R(\boldsymbol{A})=2<3$，然而矩阵中第一列和第二列线性无关，选项A错。第二列和第三列线性相关，选项B错。第一列不是第二列、第三列的线性组合，选项C错。

答案：D

21. 解　本题考查实对称阵的特征值与特征向量的相关知识。

已知重要结论：实对称矩阵属于不同特征值的特征向量必然正交。

方法 1：设对应$\lambda_1 = 6$的特征向量$\xi_1 = (x_1 \quad x_2 \quad x_3)^{\mathrm{T}}$，由于$\boldsymbol{A}$是实对称矩阵，故$\xi_1^{\mathrm{T}} \cdot \xi_2 = 0$，$\xi_1^{\mathrm{T}} \cdot \xi_3 = 0$，即

$$\begin{cases} (x_1 \quad x_2 \quad x_3)\begin{bmatrix}-1\\0\\1\end{bmatrix} = 0 \\ (x_1 \quad x_2 \quad x_3)\begin{bmatrix}1\\2\\1\end{bmatrix} = 0 \end{cases} \Rightarrow \begin{cases} -x_1 + x_3 = 0 \\ x_1 + 2x_2 + x_3 = 0 \end{cases}$$

$$\begin{bmatrix}-1 & 0 & 1\\1 & 2 & 1\end{bmatrix} \to \begin{bmatrix}1 & 0 & -1\\1 & 2 & 1\end{bmatrix} \to \begin{bmatrix}1 & 0 & -1\\0 & 2 & 2\end{bmatrix} \to \begin{bmatrix}1 & 0 & -1\\0 & 1 & 1\end{bmatrix}$$

该同解方程组为$\begin{cases} x_1 - x_3 = 0 \\ x_2 + x_3 = 0 \end{cases} \Rightarrow \begin{cases} x_1 = x_3 \\ x_2 = -x_3 \end{cases}$

当$x_3 = 1$时，$x_1 = 1$，$x_2 = -1$

方程组的基础解系$\xi = (1 \quad -1 \quad 1)^{\mathrm{T}}$，取$\xi_1 = (1 \quad -1 \quad 1)^{\mathrm{T}}$

方法 2：采用代入法，对四个选项进行验证。

对于选项 A：$(1 \quad -1 \quad 1)\begin{bmatrix}-1\\0\\1\end{bmatrix} = 0$，$(1 \quad -1 \quad 1)\begin{bmatrix}1\\2\\1\end{bmatrix} = 0$，可知正确。

答案：A

22. 解　$A(\overline{B \cup C}) = A\overline{B}\overline{C}$可能发生，选项 A 错。

$A(\overline{A \cup B \cup C}) = A\overline{A}\,\overline{B}\,\overline{C} = \varnothing$，选项 B 对。

或见解图，图 a）$\overline{B \cup C}$（斜线区域）与A有交集，图 b）$\overline{A \cup B \cup C}$（斜线区域）与$A$无交集。

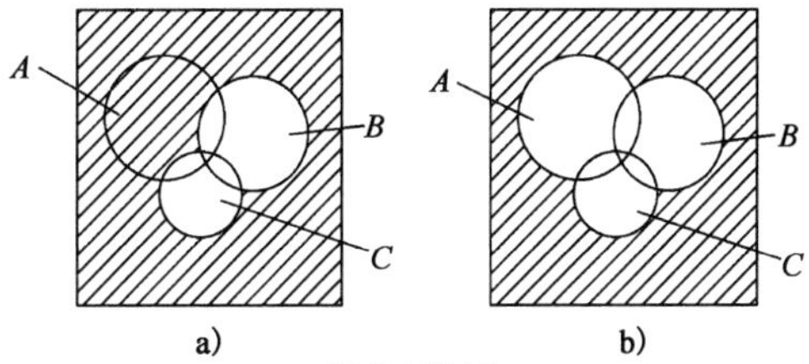

题 22 解图

答案：B

23. 解　本题考查概率密度的性质：$\int_{-\infty}^{+\infty}\int_{-\infty}^{+\infty} f(x,y)\mathrm{d}x\mathrm{d}y = 1$

方法 1：

$\int_0^{+\infty}\int_0^{+\infty} e^{-2ax+by}\,\mathrm{d}y\mathrm{d}x = \int_0^{+\infty} e^{-2ax}\,\mathrm{d}x \cdot \int_0^{+\infty} e^{by}\,\mathrm{d}y = 1$

当$a > 0$时，$\int_0^{+\infty} e^{-2ax}\,\mathrm{d}x = \frac{-1}{2a}e^{-2ax}\Big|_0^{+\infty} = \frac{1}{2a}$

当$b < 0$时，$\int_0^{+\infty} e^{by}\,\mathrm{d}y = \frac{1}{b}e^{by}\Big|_0^{+\infty} = \frac{-1}{b}$

$\frac{1}{2a}\cdot\frac{-1}{b}=1$，$ab=-\frac{1}{2}$

方法2：

当$x>0$，$y>0$时，$f(x,y)=e^{-2ax+by}=2ae^{-2ax}\cdot(-b)e^{by}\cdot\frac{-1}{2ab}$

当$\frac{-1}{2ab}=1$，即$ab=-\frac{1}{2}$时，X与Y相互独立，且X服从参数$\lambda=2a(a>0)$的指数分布，Y服从参数$\lambda=-b(b<0)$的指数分布。

答案：A

24. 解 因为$\hat{\theta}$是θ的无偏估计量，即$E(\hat{\theta})=\theta$

所以$E\left[(\hat{\theta})^2\right]=D(\hat{\theta})+\left[E(\hat{\theta})\right]^2=D(\hat{\theta})+\theta^2$

又因为$D(\hat{\theta})>0$，所以$E\left[(\hat{\theta})^2\right]>\theta^2$，$(\hat{\theta})^2$不是$\theta^2$的无偏估计量

答案：B

25. 解 理想气体状态方程$pV=\frac{M}{\mu}RT$，因为$V_1=V_2$，$T_1=T_2$，$M_1=M_2$，所以$\frac{\mu_1}{\mu_2}=\frac{p_2}{p_1}$。

答案：D

26. 解 气体分子的平均碰撞频率：$\overline{Z}=\sqrt{2}n\pi d^2\overline{v}$，已知$\overline{v}=1.6\sqrt{\frac{RT}{M}}$，$p=nkT$，则：

$$\overline{Z}=\sqrt{2}n\pi d^2\overline{v}=\sqrt{2}\frac{p}{kT}\pi d^2\cdot 1.6\sqrt{\frac{RT}{M}}\propto\frac{1}{\sqrt{T}}$$

答案：C

27. 解 热力学第一定律 $Q=W+\Delta E$，绝热过程做功等于内能增量的负值，即$\Delta E=-W=-500\text{J}$。

答案：C

28. 解 此题考查对热力学第二定律与可逆过程概念的理解。开尔文表述的是关于热功转换过程中的不可逆性，克劳修斯表述则指出热传导过程中的不可逆性。

答案：A

29. 解 此题考查波动方程基本关系。

$$y=A\cos(Bt-Cx)=A\cos B\left(t-\frac{x}{B/C}\right)$$

$$u=\frac{B}{C}，\ \omega=B，\ T=\frac{2\pi}{\omega}=\frac{2\pi}{B}$$

$$\lambda=u\cdot T=\frac{B}{C}\cdot\frac{2\pi}{B}=\frac{2\pi}{C}$$

答案：B

30. 解 波长λ反映的是波在空间上的周期性。

答案：B

31. 解 由描述波动的基本物理量之间的关系得：

$$\frac{\lambda}{3}=\frac{2\pi}{\pi/6}，\lambda=36，U=\frac{\lambda}{T}=\frac{36}{4}=9$$

答案：B

32. 解 如解图所示，考虑O处的明纹怎样变化。

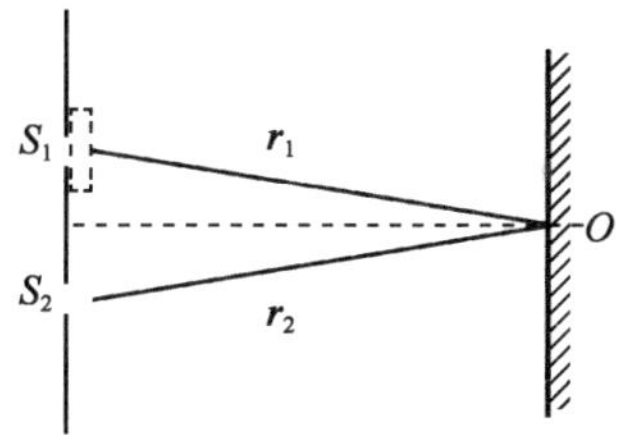

题 32 解图

①玻璃纸未遮住时：光程差$\delta=r_1-r_2=0$，O处为零级明纹。

②玻璃纸遮住后：光程差$\delta'=\frac{5}{2}\lambda$，根据干涉条件知$\delta'=\frac{5}{2}\lambda=(2\times2+1)\frac{\lambda}{2}$，满足暗纹条件。

答案：B

33. 解 此题考查马吕斯定律。

$I=I_0\cos^2\alpha$，光强为I_0的自然光通过第一个偏振片，光强为入射光强的一半，通过第二个偏振片，光强为$I=\frac{I_0}{2}\cos^2\alpha$，则：

$$\frac{I_1}{I_2}=\frac{\frac{1}{2}I_0\cos^2\alpha_1}{\frac{1}{2}I_0\cos^2\alpha_2}=\frac{\cos^2\alpha_1}{\cos^2\alpha_2}$$

答案：C

34. 解 本题同 2010-36，由光栅公式$d\sin\theta=k\lambda$，对同级条纹，光栅常数小，衍射角大，分辨率高，选光栅常数小的。

答案：D

35. 解 由双缝干涉条纹间距公式计算：

$$\Delta x=\frac{D}{d}\lambda=\frac{3000}{2}\times600\times10^{-6}=0.9\text{mm}$$

答案：B

36. 解 由布儒斯特定律，折射角为30°时，入射角为60°，$\tan60°=\frac{n_2}{n_1}=\sqrt{3}$。

答案：D

37. 解 原子序数为 15 的元素，原子核外有 15 个电子，基态原子的核外电子排布式为$1s^22s^22p^63s^23p^3$，根据洪特规则，$3p^3$中 3 个电子分占三个不同的轨道，并且自旋方向相同。所以原子序数为 15 的元素，其基态原子核外电子分布中，有 3 个未成对电子。

答案：D

38. 解 NaCl是离子晶体，冰是分子晶体，SiC是原子晶体，Cu是金属晶体。所以SiC的熔点最高。

答案： C

39. 解 根据稀释定律$\alpha=\sqrt{K_a/C}$，一元弱酸HOAc的浓度越小，解离度越大。所以HOAc浓度稀释一倍，解离度增大。

注：HOAc 一般写为 HAc，普通化学书中常用 HAc。

答案： A

40. 解 将$0.2\mathrm{mol}\cdot\mathrm{L}^{-1}$的$NH_3\cdot H_2O$与$0.2\mathrm{mol}\cdot\mathrm{L}^{-1}$的 HCl 溶液等体积混合生成$0.1\mathrm{mol}\cdot\mathrm{L}^{-1}$的$NH_4Cl$溶液，$NH_4Cl$为强酸弱碱盐，可以水解，溶液$C_{H^+}=\sqrt{C\cdot K_W/K_b}=\sqrt{0.1\times\frac{10^{-14}}{1.8\times10^{-5}}}\approx7.5\times10^{-6}$，$\mathrm{pH}=-\lg C_{H^+}=5.12$。

答案： A

41. 解 此反应为放热反应。平衡常数只是温度的函数，对于放热反应，平衡常数随着温度升高而减小。相反，对于吸热反应，平衡常数随着温度的升高而增大。

答案： B

42. 解 电对的电极电势越大，其氧化态的氧化能力越强，越易得电子发生还原反应，做正极；电对的电极电势越小，其还原态的还原能力越强，越易失电子发生氧化反应，做负极。

答案： D

43. 解 反应方程式为$2Na(s)+Cl_2(g)=\!=\!=2NaCl(s)$。气体分子数增加的反应，其熵值增大；气体分子数减小的反应，熵值减小。

答案： B

44. 解 加成反应生成 2，3 二溴-2-甲基丁烷，所以在 2，3 位碳碳间有双键，所以该烃为 2-甲基-2-丁烯。

答案： D

45. 解 同系物是指结构相似、分子组成相差若干个$-CH_2-$原子团的有机化合物。

答案： D

46. 解 烃类化合物是碳氢化合物的统称，是由碳与氢原子所构成的化合物，主要包含烷烃、环烷烃、烯烃、炔烃、芳香烃。烃分子中的氢原子被其他原子或者原子团所取代而生成的一系列化合物称为烃的衍生物。

答案： B

47. 解 销钉C处为光滑接触约束，约束力应垂直于AB光滑直槽，由于$\boldsymbol{F}_\mathrm{p}$的作用，直槽的左上侧与销钉接触，故其约束力的作用线与x轴正向所成的夹角为$150°$。

答案：D

48. 解 根据力系简化结果分析，分力首尾相连组成自行封闭的力多边形，则简化后的主矢为零，而$\boldsymbol{F}_1$与$\boldsymbol{F}_3$、$\boldsymbol{F}_2$与$\boldsymbol{F}_4$分别组成逆时针转向的力偶，合成后为一合力偶。

答案：C

49. 解 以圆柱体为研究对象，沿 1、2 接触点的法线方向有约束力$\boldsymbol{F}_{\mathrm{N1}}$和$\boldsymbol{F}_{\mathrm{N2}}$，受力如解图所示。对圆柱体列$\boldsymbol{F}_{\mathrm{N2}}$方向的平衡方程：

$\sum F_2 = 0$，$F_{\mathrm{N2}} - P\cos 45° + F\sin 45° = 0$，$F_{\mathrm{N2}} = \frac{\sqrt{2}}{2}(P-F)$

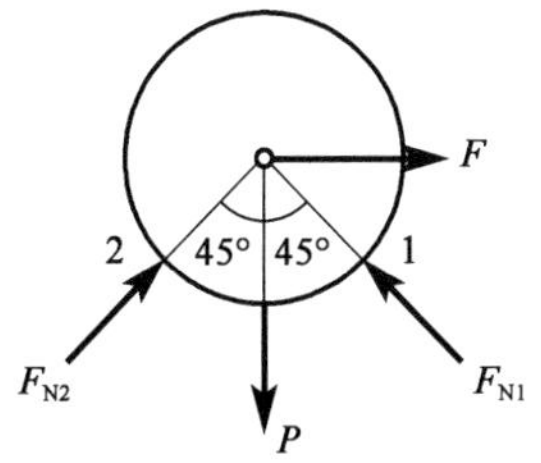

题 49 解图

答案：A

50. 解 在重力作用下，杆A端有向左侧滑动的趋势，故B处摩擦力应沿杆指向右上方向。

答案：B

51. 解 因为速度$v = \frac{\mathrm{d}x}{\mathrm{d}t}$，积一次分，即：$\int_5^x \mathrm{d}x = \int_0^t (20t+5)\mathrm{d}t$，$x - 5 = 10t^2 + 5t$。

答案：A

52. 解 根据定轴转动刚体上一点加速度与转动角速度、角加速度的关系：$a_n = \omega^2 l$，$a_\tau = \alpha l$，而题中$a_n = a = \omega^2 l$，所以$\omega = \sqrt{\frac{a}{l}}$，$a_\tau = 0 = \alpha l$，所以$\alpha = 0$。

答案：C

53. 解 绳上A点的加速度大小为a（该点速度方向在下一瞬时无变化，故只有铅垂方向的加速度），而轮缘上各点的加速度大小为$\sqrt{a^2 + \left(\frac{v^2}{r}\right)^2}$，绳上$D$点随轮缘$C$点一起运动，所以两点加速度相同。

答案：D

54. 解 汽车运动到洼地底部时加速度的大小为$a = a_n = \frac{v^2}{\rho}$，其运动及受力如解图所示，按照牛顿第二定律，在铅垂方向有$ma = F_{\mathrm{N}} - W$，F_{N}为地面给汽车的合约束，力$F_{\mathrm{N}} = \frac{W}{g} \cdot \frac{v^2}{\rho} + W = \frac{2800}{10} \times \frac{10^2}{5} + 2800 = 8400\mathrm{N}$。

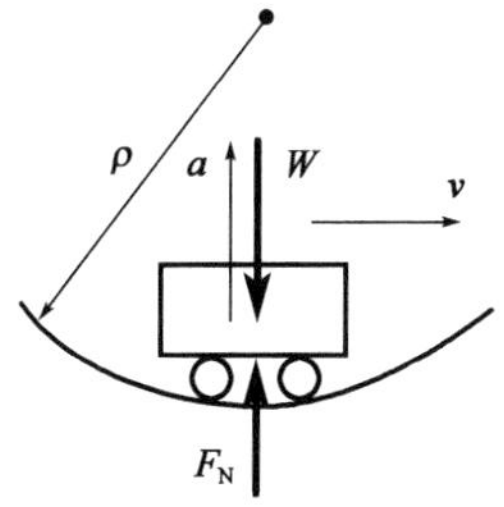

题 54 解图

答案：D

55. 解 根据动量的公式：$p = mv_{\mathrm{C}}$，则圆轮质心速度为零，动量为零，故系统的动量只有物块的$\frac{W}{g} \cdot v$；又根据动能的公式：圆轮的动能为$\frac{1}{2} \cdot \frac{1}{2}mR^2\omega^2 = \frac{1}{4}mR^2\left(\frac{v}{R}\right)^2 = \frac{1}{4}mv^2$，物块的动能为$\frac{1}{2} \cdot \frac{W}{g}v^2$，两者相加为$\frac{1}{2} \cdot \frac{v^2}{g}\left(\frac{1}{2}mg + W\right)$。

答案：A

56. 解 由于系统在水平方向受力为零，故在水平方向有质心守恒，即质心只沿铅垂方向运动。

答案： C

57. 解　根据定轴转动刚体惯性力系的简化结果分析，匀角速度转动（$\alpha = 0$）刚体的惯性力主矢和主矩的大小分别为：$F_{\mathrm{I}} = ma_{\mathrm{C}} = \frac{1}{2}ml\omega^2$，$M_{\mathrm{IO}} = J_{\mathrm{O}}\alpha = 0$。

答案： D

58. 解　单摆运动的固有频率公式：$\omega_n = \sqrt{\frac{g}{l}}$。

答案： C

59. 解

$$\varepsilon' = -\mu\varepsilon = -\mu\frac{\sigma}{E} = -\mu\frac{F_{\mathrm{N}}}{AE} = -0.3 \times \frac{20 \times 10^3\mathrm{N}}{100\mathrm{mm}^2 \times 200 \times 10^3\mathrm{MPa}} = -0.3 \times 10^{-3}$$

答案： B

60. 解　由于沿横截面有微小裂纹，使得直杆在承受拉伸荷载时，在有微小裂纹的横截面上将产生应力集中，故有裂纹的杆件比没有裂纹杆件的承载能力明显降低。

答案： C

61. 解　由$\sigma = \frac{P}{\frac{1}{4}\pi d^2} \leqslant [\sigma]$，$\tau = \frac{P}{\pi dh} \leqslant [\tau]$，$\sigma_{\mathrm{bs}} = \frac{P}{\frac{\pi}{4}(D^2 - d^2)} \leqslant [\sigma_{\mathrm{bs}}]$分别求出$[P]$，然后取最小值即为杆件的许用拉力。

答案： D

62. 解　由于a轮上的外力偶矩M_{a}最大，当a轮放在两端时轴内将产生较大扭矩；只有当a轮放在中间时，轴内扭矩才较小。

答案： D

63. 解　由最大负弯矩为8kN·m，可以反推：$M_{\max} = F \times 1\mathrm{m}$，故$F = 8\mathrm{kN}$

再由支座C处（即外力偶矩M作用处）两侧的弯矩的突变值是14kN·m，可知外力偶矩为14kN·m。

答案： A

64. 解　开裂前，由整体梁的强度条件$\sigma_{\max} = \frac{M}{W_z} \leqslant [\sigma]$，可知：

$$M \leqslant [\sigma]W_z = [\sigma]\frac{b(3a)^2}{6} = \frac{3}{2}ba^2[\sigma]$$

胶合面开裂后，每根梁承担总弯矩M_1的$\frac{1}{3}$，由单根梁的强度条件$\sigma_{1\max} = \frac{M_1}{W_{z1}} = \frac{\frac{M_1}{3}}{W_{z1}} = \frac{M_1}{3W_{z1}} \leqslant [\sigma]$，可知：

$$M_1 \leqslant 3[\sigma]W_{z1} = 3[\sigma]\frac{ba^2}{6} = \frac{1}{2}ba^2[\sigma]$$

故开裂后每根梁的承载能力是原来的$\frac{1}{3}$。

答案： B

65. 解 矩形截面切应力的分布是一个抛物线形状，最大切应力在中性轴z上，图示梁的横截面可以看作是一个中性轴附近梁的宽度b突然变大的矩形截面。根据弯曲切应力的计算公式：

$$\tau = \frac{QS_z^*}{bI_z}$$

在b突然变大的情况下，中性轴附近的τ突然变小，切应力分布图沿y方向的分布如解图所示，所以最大切应力在 2 点。

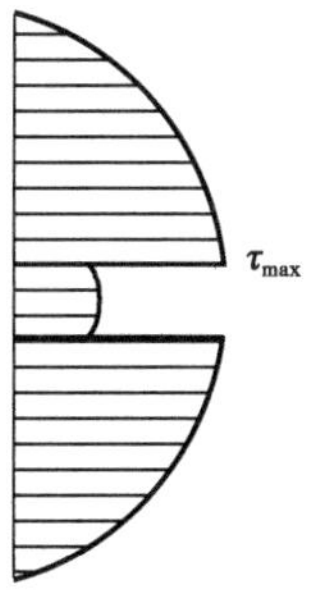

题 65 解图

答案： B

66. 解 由悬臂梁的最大挠度计算公式$f_{max} = \frac{m_g L^2}{2EI}$，可知$f_{max}$与$L^2$成正比，故有

$$f'_{max} = \frac{m_g \left(\frac{L}{2}\right)^2}{2EI} = \frac{1}{4} f_{max}$$

答案： B

67. 解 由跨中受集中力F作用的简支梁最大挠度的公式$f_c = \frac{Fl^3}{48EI}$，可知最大挠度与截面对中性轴的惯性矩成反比。

因为$I_a = \frac{b^3 h}{12} = \frac{b^4}{6}$，$I_b = \frac{bh^3}{12} = \frac{2b^4}{3}$，所以$\frac{f_a}{f_b} = \frac{I_b}{I_a} = \frac{\frac{2}{3}b^4}{\frac{b^4}{6}} = 4$

答案： C

68. 解 首先求出三个主应力：$\sigma_1 = \sigma, \sigma_2 = \tau, \sigma_3 = -\tau$，再由第三强度理论得$\sigma_{r3} = \sigma_1 - \sigma_3 = \sigma + \tau \leqslant [\sigma]$。

答案： B

69. 解 开缺口的截面是偏心受拉，偏心距为$\frac{h}{4}$，则：

$$\sigma_{max} = \frac{P}{A} + \frac{P \cdot \frac{h}{4}}{W_z} = \frac{P}{\frac{bh}{2}} + \frac{P \cdot \frac{h}{4}}{\frac{b}{6}\left(\frac{h}{2}\right)^2} = 8\frac{P}{bh}$$

答案： C

70. 解 由一端固定、另一端自由的细长压杆的临界力计算公式$F_{cr} = \frac{\pi^2 EI}{(2L)^2}$，可知$F_{cr}$与$L^2$成反比，故有

$$F'_{cr} = \frac{\pi^2 EI}{\left(2 \cdot \frac{L}{2}\right)^2} = 4\frac{\pi^2 EI}{(2L)^2} = 4F_{cr}$$

答案： A

71. 解 水的运动黏性系数随温度的升高而减小。

答案： B

72. 解 真空度$p_v = p_a - p' = 101 - (90 + 9.8) = 1.2\text{kN/m}^2$

答案： C

73. 解 流线表示同一时刻的流动趋势。

答案： D

74. 解 对两水箱水面写能量方程可得：$H = h_w = h_{w_1} + h_{w_2}$

1～3 管段中的流速$v_1 = \frac{Q}{\frac{\pi}{4}d_1^2} = \frac{0.04}{\frac{\pi}{4}\times 0.2^2} = 1.27\text{m/s}$

$$h_{w_1} = \left(\lambda_1 \frac{l_1}{d_1} + \sum\zeta_1\right)\frac{v_1^2}{2g} = \left(0.019\times\frac{10}{0.2} + 0.5 + 0.5 + 0.024\right)\times\frac{1.27^2}{2\times 9.8} = 0.162\text{m}$$

3～6 管段中的流速$v_2 = \frac{Q}{\frac{\pi}{4}d_2^2} = \frac{0.04}{\frac{\pi}{4}\times 0.1^2} = 5.1\text{m/s}$

$$h_{w_2} = \left(\lambda_2 \frac{l_2}{d_2} + \sum\zeta_2\right)\frac{v_2^2}{2g} = \left(0.018\times\frac{10}{0.1} + 0.5 + 0.5 + 1\right)\times\frac{5.1^2}{2\times 9.8} = 5.042\text{m}$$

$$H = h_{w_1} + h_{w_2} = 0.162 + 5.042 = 5.204\text{m}$$

答案： C

75. 解 在长管水力计算中，速度水头和局部损失均可忽略不计。

答案： C

76. 解 矩形排水管水力半径$R = \frac{A}{\chi} = \frac{5\times 3}{5+2\times 3} = 1.36\text{m}$。

答案： C

77. 解 潜水完全井流量$Q = 1.36k\frac{H^2-h^2}{\lg\frac{R}{r}}$，因此$Q$与土体渗透数$k$成正比。

答案： D

78. 解 无量纲量即量纲为 1 的量，$\dim\frac{F}{\rho v^2 L^2} = \frac{\rho v^2 L^2}{\rho v^2 L^2} = 1$

答案： C

79. 解 电流与磁场的方向可以根据右手螺旋定则确定，即让右手大拇指指向电流的方向，则四指的指向就是磁感线的环绕方向。

答案： D

80. 解 见解图，设 2V 电压源电流为I'，则：

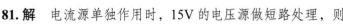

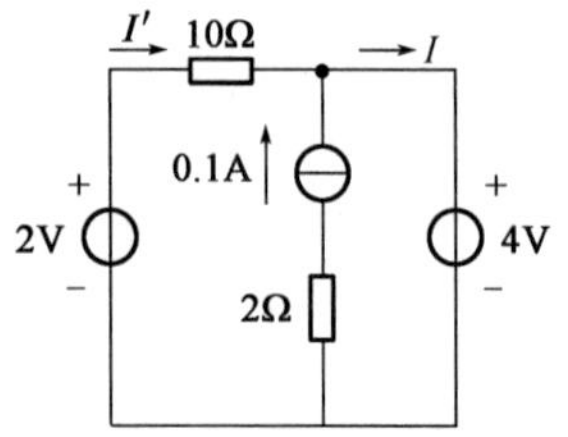

题 80 解图

$I = I' + 0.1$

$10I' = 2 - 4 = -2\text{V}$

$I' = -0.2\text{A}$

$I = -0.2 + 0.1 = -0.1\text{A}$

答案： C

81. 解 电流源单独作用时，15V 的电压源做短路处理，则

$$I = \frac{1}{3}\times(-6) = -2\text{A}$$

答案：D

82. 解 画相量图分析（见解图），电压表和电流表读数为有效值。

答案：D

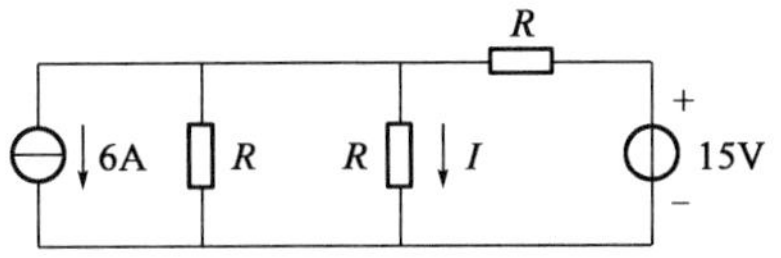

题 81 解图

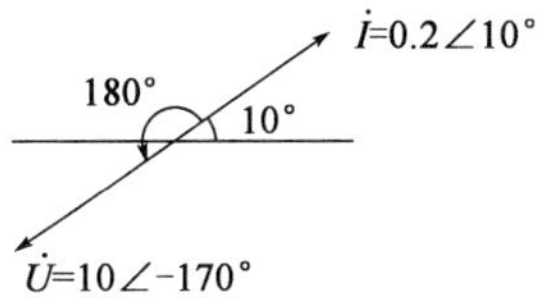

题 82 解图

83. 解

$P = UI\cos\varphi = 110 \times 1 \times \cos 30° = 95.3\text{W}$

$Q = UI\sin\varphi = 110 \times 1 \times \sin 30° = 55\text{W}$

$S = UI = 110 \times 1 = 110\text{V} \cdot \text{A}$

答案：A

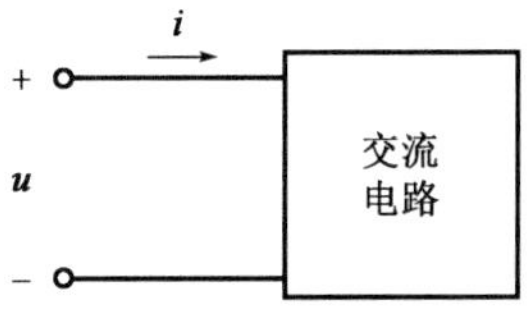

题 83 解图

84. 解 在直流稳态电路中电容作开路处理。开关未动作前，$u = U_{C(0-)}$

电容为开路状态时，$U_{C(0-)} = \frac{1}{2} \times 6 = 3\text{V}$

电源充电进入新的稳态时，$U_{C(\infty)} = \frac{1}{3} \times 6 = 2\text{V}$

因此换路电容电压逐步衰减到 2V。电路的时间常数$\tau = RC$，本题中C值没给出，是不能确定τ的数值的。

答案：B

85. 解 如解图所示，根据理想变压器关系有

$$I_2 = \sqrt{\frac{P_2}{R_2}} = \sqrt{\frac{40}{10}} = 2\text{A}，K = \frac{I_2}{I_1} = 2，N_2 = \frac{N_1}{K} = \frac{100}{2} = 50 \text{ 匝}$$

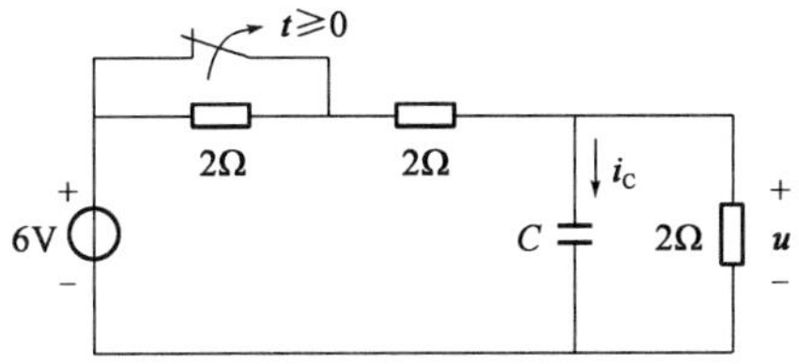

题 84 解图

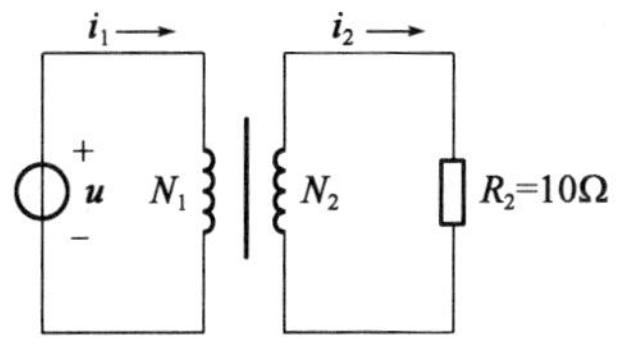

题 85 解图

答案：A

86. 解 实现对电动机的过载保护，除了将热继电器的热元件串联在电动机的主电路外，还应将热继电器的常闭触点串接在控制电路中。

当电机过载时，这个常闭触点断开，控制电路供电通路断开。

答案：B

87. 解 模拟信号与连续时间信号不同，模拟信号是幅值连续变化的连续时间信号。题中两条曲线均符合该性质。

答案： C

88. 解 周期信号的幅值频谱是离散且收敛的。这个周期信号一定是时间上的连续信号。

本题给出的图形是周期信号的频谱图。频谱图是非正弦信号中不同正弦信号分量的幅值按频率变化排列的图形，其大小是表示各次谐波分量的幅值，用正值表示。例如本题频谱图中出现的 1.5V 对应于 1kHz 的正弦信号分量的幅值，而不是这个周期信号的幅值。因此本题选项 C 或 D 都是错误的。

答案： B

89. 解 放大器的输入为正弦交流信号。但$u_1(t)$的频率过高，超出了上限频率f_{H}，放大倍数小于A，因此输出信号u_2的有效值$U_2 < AU_1$。

答案： C

90. 解 $\mathrm{AC+DC+\overline{AD}\cdot C=\left(A+D+\overline{AD}\right)\cdot C=\left(A+D+\overline{A}+\overline{D}\right)\cdot C=1\cdot C=C}$

答案： A

91. 解 $\overline{\mathrm{A+B}}=\mathrm{F}$

F 是个或非关系，可以用“有 1 则 0”的口诀处理。

答案： B

92. 解 本题各选项均是用八位二进制 BCD 码表示的十进制数，即是以四位二进制表示一位十进制。十进制数字 88 的 BCD 码是 10001000。

答案： B

93. 解 图示为二极管的单相半波整流电路。

当$u_{\mathrm{i}} > 0$时，二极管截止，输出电压$u_{\mathrm{o}} = 0$；当$u_{\mathrm{i}} < 0$时，二极管导通，输出电压u_{o}与输入电压u_{i}相等。

答案： B

94. 解 本题为用运算放大器构成的电压比较电路，波形分析如解图所示。阴影面积可以反映输出电压平均值的大小。

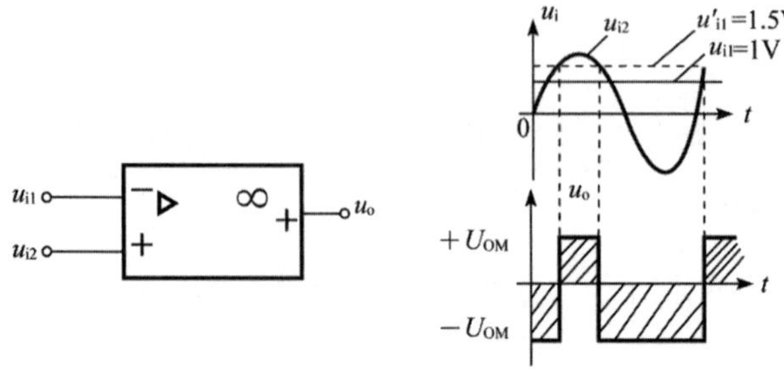

题 94 解图

当$u_{i1} < u_{i2}$时，$u_o = +U_{oM}$；当$u_{i1} > u_{i2}$时，$u_o = -U_{oM}$

当u_{i1}升高到1.5V时，u_o波形的正向面积减小，反向面积增加，电压平均值降低（如解图中虚线波形所示）。

答案： D

95. 解 题图为一个时序逻辑电路，由解图可以看出，第一个和第二个时钟的下降沿时刻，输出Q均等于0。

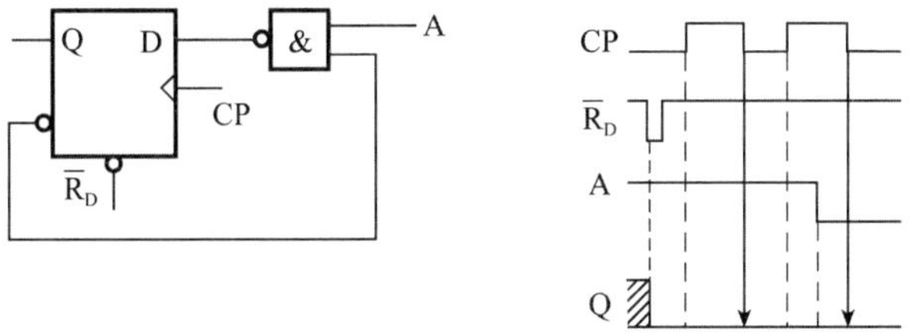

题95解图

答案： A

96. 解 图示为三位的异步二进制加法计数器，波形图分析如下。

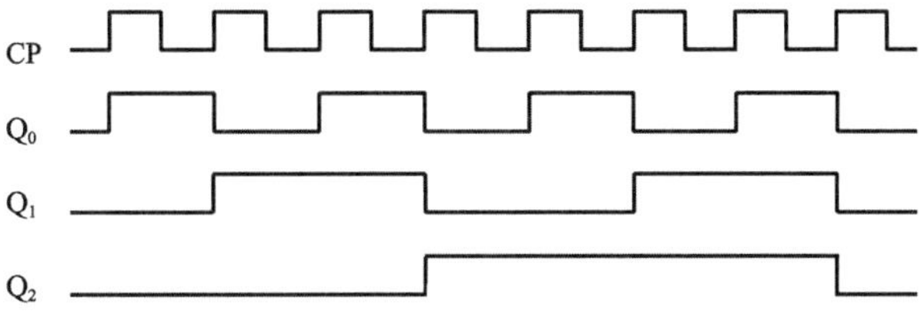

答案： C

97. 解 计算机硬件的组成包括输入/输出设备、存储器、运算器、控制器。内存储器是主机的一部分，属于计算机的硬件系统。

答案： B

98. 解 根据冯·诺依曼结构原理，计算机硬件是由运算器、控制器、存储器、I/O设备组成。

答案： C

99. 解 当要对存储器中的内容进行读写操作时，来自地址总线的存储器地址经地址译码器译码之后，选中指定的存储单元，而读写控制电路根据读写命令实施对存储器的存取操作，数据总线则用来传送写入内存储器或从内存储器读出的信息。

答案： B

100. 解 操作系统的运行是在一个随机的环境中进行的，也就是说，人们不能对于所运行的程序的行为以及硬件设备的情况做任何的假定，一个设备可能在任何时候向微处理器发出中断请求。人们也无法知道运行着的程序会在什么时候做了些什么事情，也无法确切的知道操作系统正处于什么样的状态之中，这就是随机性的含义。

答案：C

101. 解 多任务操作系统是指可以同时运行多个应用程序。比如：在操作系统下，在打开网页的同时还可以打开QQ进行聊天，可以打开播放器看视频等。目前的操作系统都是多任务的操作系统。

答案：B

102. 解 先将十进制数转换为二进制数（100000000+0.101=100000000.101），而后三位二进制数对应于一位八进制数。

答案：D

103. 解 $1\text{KB} = 2^{10}\text{B} = 1024\text{B}$

$1\text{MB} = 2^{20}\text{B} = 1024\text{KB}$

$1\text{GB} = 2^{30}\text{B} = 1024\text{MB} = 1024 \times 1024\text{KB}$

$1\text{TB} = 2^{40}\text{B} = 1024\text{GB} = 1024 \times 1024\text{MB}$

答案：D

104. 解 计算机病毒特点包括非授权执行性、复制传染性、依附性、寄生性、潜伏性、破坏性、隐蔽性、可触发性。

答案：D

105. 解 通常人们按照作用范围的大小，将计算机网络分为三类：局域网、城域网和广域网。

答案：C

106. 解 常见的局域网拓扑结构分为星形网、环形网、总线网，以及它们的混合型。

答案：B

107. 解 年实际利率为：

$$i = \left(1 + \frac{r}{m}\right)^m - 1 = \left(1 + \frac{6\%}{2}\right)^2 - 1 = 6.09\%$$

年实际利率高出名义利率：$6.09\% - 6\% = 0.09\%$

答案：C

108. 解 第一年贷款利息：$400/2 \times 6\% = 12$万元

第二年贷款利息：$(400 + 800/2 + 12) \times 6\% = 48.72$ 万元

建设期贷款利息：$12 + 48.72 = 60.72$万元

答案：D

109. 解 由于股利必须在企业税后利润中支付，因而不能抵减所得税的缴纳。普通股资金成本为：

$$K_s = \frac{8000 \times 10\%}{8000 \times (1 - 3\%)} + 5\% = 15.31\%$$

答案：D

110. 解 回收营运资金为现金流入，故项目第10年的净现金流量为$25 + 20 = 45$万元。

答案：C

111. 解 社会折现率是用以衡量资金时间经济价值的重要参数，代表资金占用的机会成本，并且用作不同年份之间资金价值换算的折现率。

答案：D

112. 解 题目给出的影响因素中，产品价格变化较小就使得项目净现值为零，故该因素最敏感。

答案：A

113. 解 差额投资内部收益率是两个方案各年净现金流量差额的现值之和等于零时的折现率。差额内部收益率等于基准收益率时，两方案的净现值相等，即两方案的优劣相等。

答案：A

114. 解 F_3的功能系数为：$F_3 = \frac{4}{3+5+4+1+2} = 0.27$

答案：C

115. 解 《中华人民共和国建筑法》第二十七条规定，大型建筑工程或者结构复杂的建筑工程，可以由两个以上的承包单位联合共同承包。共同承包的各方对承包合同的履行承担连带责任。

两个以上不同资质等级的单位实行联合共同承包的，应当按照资质等级低的单位的业务许可范围承揽工程。

答案：D

116. 解 选项B属于义务，其他几条属于权利。

答案：B

117. 解 《中华人民共和国招标投标法》第二十八条规定，投标人应当在招标文件要求提交投标文件的截止时间前，将投标文件送达投标地点。招标人收到投标文件后，应当签收保存，不得开启。投标人少于三个的，招标人应当依照本法重新招标。 在招标文件要求提交投标文件的截止时间后送达的投标文件，招标人应当拒收。

答案：B

118. 解 《中华人民共和国民法典》第一百五十二条规定，有下列情形之一的，撤销权消灭：

（一）当事人自知道或者应当知道撤销事由之日起一年内、重大误解的当事人自知道或者应当知道撤销事由之日起九十日内没有行使撤销权；

……

答案：C

119. 解 《建筑工程质量管理条例》第三十九条规定，建设工程实行质量保修制度。建设工程承包单位在向建设单位提交工程竣工验收报告时，应当向建设单位出具质量保修书。质量保修书中应当明确建设工程的保修范围、保修期限和保修责任等。

建设工程的保修期，自竣工验收合格之日起计算，不是移交之日起计算，所以选项 A 错。供冷系统保修期是两个运行季，不是 2 年，所以选项 B 错。质量保修书是竣工验收时提交，不是结算时提交，所以选项 D 错。

答案：C

120. 解 《建设工程安全生产管理条例》第八条规定，建设单位在编制工程概算时，应当确定建设工程安全作业环境及安全施工措施所需费用。

答案：A

2018 年度全国勘察设计注册工程师执业资格考试基础考试（上）
试题解析及参考答案

1. 解 本题考查基本极限公式以及无穷小量的性质。

选项 A 和 C 是基本极限公式，成立。

选项 B，$\lim\limits_{x\to\infty}\frac{\sin x}{x}=\lim\limits_{x\to\infty}\frac{1}{x}\sin x$，其中$\frac{1}{x}$是无穷小，$\sin x$是有界函数，无穷小乘以有界函数的值为无穷小量，也就是极限为 0，故选项 B 不成立。

选项 D，只要令$t=\frac{1}{x}$，则可化为选项 C 的结果。

答案： B

2. 解 本题考查奇偶函数的性质。当$f(-x)=-f(x)$时，$f(x)$为奇函数；当$f(-x)=f(x)$时，$f(x)$为偶函数。

方法 1： 选项 D，设$H(x)=g[g(x)]$，则

$$H(-x)=g[g(-x)]\xlongequal[\text{奇函数}]{g(x)\text{为}}g[-g(x)]=-g[g(x)]=-H(x)$$

故$g[g(x)]$为奇函数。

方法 2： 采用特殊值法，题中$f(x)$是偶函数，$g(x)$是奇函数，可设$f(x)=x^2$，$g(x)=x$，验证选项 A、B、C 均是偶函数，错误。

答案： D

3. 解 本题考查导数的定义，需要熟练拼凑相应的形式。

根据导数定义：$f'(x_0)=\lim\limits_{x\to x_0}\frac{f(x)-f(x_0)}{x-x_0}$，与题中所给形式类似，进行拼凑：

$$\lim_{x\to x_0}\frac{xf(x_0)-x_0f(x)}{(x-x_0)}$$
$$=\lim_{x\to x_0}\frac{xf(x_0)-x_0f(x)+x_0f(x_0)-x_0f(x_0)}{x-x_0}$$
$$=\lim_{x\to x_0}\left[\frac{-x_0f(x)+x_0f(x_0)}{x-x_0}+\frac{xf(x_0)-x_0f(x_0)}{x-x_0}\right]$$
$$=-x_0f'(x_0)+f(x_0)$$

答案： C

4. 解 本题考查变限定积分求导的计算方法。

变限定积分求导的方法如下：

$$\frac{\mathrm{d}\left(\int_{\psi(x)}^{\varphi(x)} f(t)\mathrm{d}t\right)}{\mathrm{d}x} = \frac{\mathrm{d}}{\mathrm{d}x}\left(\int_{\psi(x)}^{a} f(t)\mathrm{d}t + \int_{a}^{\varphi(x)} f(t)\mathrm{d}t\right) \quad (a\text{为常数})$$

$$= \frac{\mathrm{d}}{\mathrm{d}x}\left(-\int_{a}^{\psi(x)} f(t)\mathrm{d}t + \int_{a}^{\varphi(x)} f(t)\mathrm{d}t\right)$$

$$= -f(\psi(x))\psi'(x) + f(\varphi(x))\varphi'(x)$$

求导时，先把积分下限函数化为积分上限函数，再求导。

计算如下：

$$\frac{\mathrm{d}}{\mathrm{d}x}\int_{\varphi(x^2)}^{\varphi(x)} e^{t^2}\,\mathrm{d}t$$

$$= \frac{\mathrm{d}}{\mathrm{d}x}\left[\int_{\varphi(x^2)}^{a} e^{t^2}\,\mathrm{d}t + \int_{a}^{\varphi(x)} e^{t^2}\,\mathrm{d}t\right] \quad (a\text{为常数})$$

$$= \frac{\mathrm{d}}{\mathrm{d}x}\left[-\int_{a}^{\varphi(x^2)} e^{t^2}\,\mathrm{d}t + \int_{a}^{\varphi(x)} e^{t^2}\,\mathrm{d}t\right]$$

$$= -e^{[\varphi(x^2)]^2}\varphi'(x^2)\cdot 2x + e^{[\varphi(x)]^2}\cdot\varphi'(x)$$

$$= \varphi'(x)e^{[\varphi(x)]^2} - 2x\varphi'(x^2)e^{[\varphi(x^2)]^2}$$

答案：A

5. 解　本题考查不定积分的基本计算技巧：凑微分。

$$\int xf(1-x^2)\mathrm{d}x = -\frac{1}{2}\int f(1-x^2)\mathrm{d}(1-x^2) \xlongequal[\int f(x)\mathrm{d}x=F(x)+C]{\text{已知}} -\frac{1}{2}F(1-x^2)+C$$

答案：B

6. 解　本题考查一阶导数的应用。

驻点是函数的一阶导数为 0 的点，本题中函数明显是光滑连续的，所以对函数求导，有$y' = 4x + a$，将$x = 1$代入得到$y'(1) = 4 + a = 0$，解出$a = -4$。

答案：D

7. 解　本题考查向量代数的基本运算。

方法 1：$(\boldsymbol{\alpha}+\boldsymbol{\beta})\cdot(\boldsymbol{\alpha}+\boldsymbol{\beta}) = |\boldsymbol{\alpha}+\boldsymbol{\beta}|\cdot|\boldsymbol{\alpha}+\boldsymbol{\beta}|\cdot\cos 0 = |\boldsymbol{\alpha}+\boldsymbol{\beta}|^2$

所以，$|\boldsymbol{\alpha}+\boldsymbol{\beta}|^2 = (\boldsymbol{\alpha}+\boldsymbol{\beta})\cdot(\boldsymbol{\alpha}+\boldsymbol{\beta}) = \boldsymbol{\alpha}\cdot\boldsymbol{\alpha} + \boldsymbol{\beta}\cdot\boldsymbol{\alpha} + \boldsymbol{\alpha}\cdot\boldsymbol{\beta} + \boldsymbol{\beta}\cdot\boldsymbol{\beta} = \boldsymbol{\alpha}\cdot\boldsymbol{\alpha} + 2\boldsymbol{\alpha}\cdot\boldsymbol{\beta} + \boldsymbol{\beta}\cdot\boldsymbol{\beta}$

$$\xlongequal[\theta=\frac{\pi}{3}]{|\boldsymbol{\alpha}|=1,|\boldsymbol{\beta}|=2} 1\times 1\times\cos 0 + 2\times 1\times 2\times\cos\frac{\pi}{3} + 2\times 2\times\cos 0 = 7$$

所以，$|\boldsymbol{\alpha}+\boldsymbol{\beta}|^2 = 7$，则$|\boldsymbol{\alpha}+\boldsymbol{\beta}| = \sqrt{7}$

方法 2：可通过作图来辅助求解。

如解图所示，若设$\boldsymbol{\beta} = (2,0)$，由于$\boldsymbol{\alpha}$和$\boldsymbol{\beta}$的夹角为$\frac{\pi}{3}$，则

$\boldsymbol{\alpha} = \left(1\cdot\cos\frac{\pi}{3}, 1\cdot\sin\frac{\pi}{3}\right) = \left(\cos\frac{\pi}{3}, \sin\frac{\pi}{3}\right)$，$\boldsymbol{\beta} = (2,0)$

$$\boldsymbol{\alpha}+\boldsymbol{\beta} = \left(2+\cos\frac{\pi}{3}, \sin\frac{\pi}{3}\right)$$

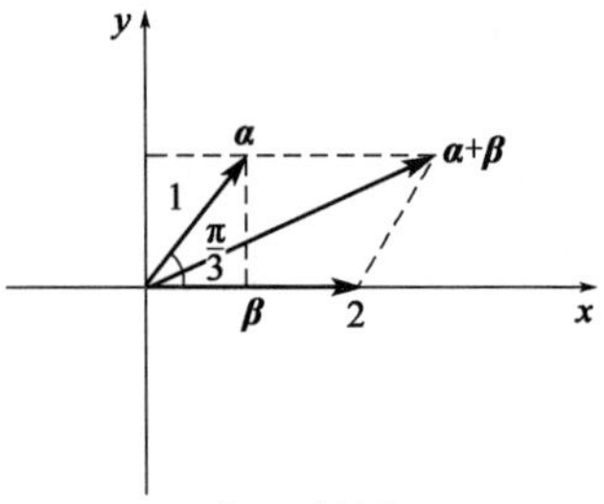

题 7 解图

$$|\boldsymbol{\alpha}+\boldsymbol{\beta}|=\sqrt{\left(2+\cos\frac{\pi}{3}\right)^2+\sin^2\frac{\pi}{3}}=\sqrt{4+2\times 2\times\cos\frac{\pi}{3}+\cos^2\frac{\pi}{3}+\sin^2\frac{\pi}{3}}=\sqrt{7}$$

答案：B

8. 解 本题考查简单的二阶常微分方程求解，直接进行两次积分即可。

$y''=\sin x$，则$y'=\int\sin x\,\mathrm{d}x=-\cos x+C_1$

再次对x进行积分，有：$y=\int(-\cos x+C_1)\mathrm{d}x=-\sin x+C_1x+C_2$

答案：B

9. 解 本题考查导数的基本应用与计算。

已知$f(x)$，$g(x)$在$[a, b]$上均可导，且恒正，

设$H(x)=f(x)g(x)$，则$H'(x)=f'(x)g(x)+f(x)g'(x)$，

已知$f'(x)g(x)+f(x)g'(x)>0$，所以函数$H(x)=f(x)g(x)$在$x\in(a, b)$时单调增加，因此有$H(a)<H(x)<H(b)$，即$f(a)g(a)<f(x)g(x)<f(b)g(b)$。

答案：C

10. 解 本题考查定积分的基本几何应用。注意积分变量的选择，是选择x方便，还是选择y方便？

如解图所示，本题所求图形面积即为阴影图形面积，此时选择积分变量y较方便。

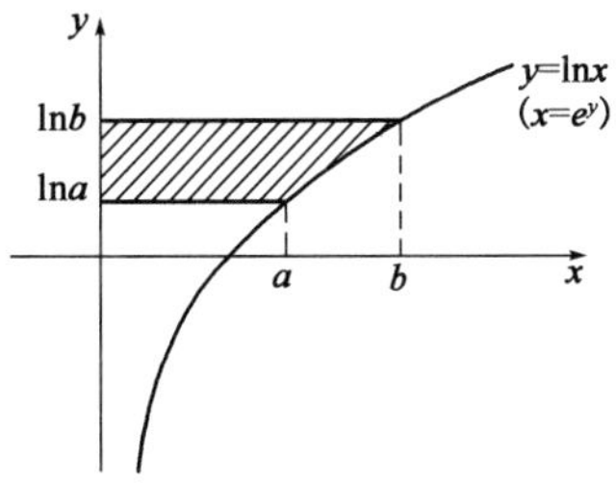

题 10 解图

$$A=\int_{\ln a}^{\ln b}\varphi(y)\mathrm{d}y$$

因为$y=\ln x$，则$x=e^y$，故：

$$A=\int_{\ln a}^{\ln b}e^y\,\mathrm{d}y=e^y\Big|_{\ln a}^{\ln b}=e^{\ln b}-e^{\ln a}=b-a$$

答案：B

11. 解 本题考查空间解析几何中平面的基本性质和运算。

方法 1：若某平面π平行于yOz坐标面，则平面π的法向量平行于x轴，可取$\boldsymbol{n}=(1,0,0)$，利用平面$Ax+By+Cz+D=0$所对应的法向量$\boldsymbol{n}=(A,B,C)$判定选项 D 中，平面方程$x+1=0$的法线向量为$\vec{n}=(1,0,0)$，正确。

方法 2：可通过画出选项 A、B、C 的图形来确定。

答案：D

12. 解 本题考查多元函数微分学的概念性问题，涉及多元函数偏导数与多元函数连续等概念，需记忆解图的关系式方可快速解答：

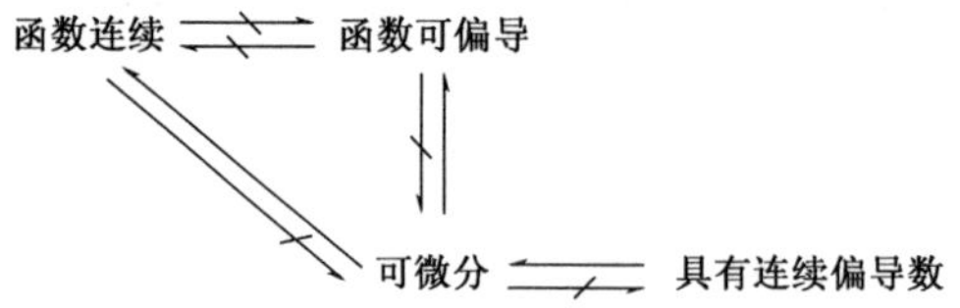

题12解图

可知，函数可微可推出一阶偏导数存在，而函数一阶偏导数存在推不出函数可微，故在此点一阶偏导数存在是函数在该点可微的必要条件。

答案：A

13. 解 本题考查级数中常数项级数的敛散性。

利用级数敛散性判定方法以及p级数的相关性判定。

选项A，利用比较法的极限形式，选择级数$\sum_{n=1}^{\infty}\frac{1}{n^2}$，$p>1$收敛。

而$\lim_{n\to\infty}\frac{\frac{1}{n(n+1)}}{\frac{1}{n^2}}=\lim_{n\to\infty}\frac{n^2}{n^2+n}=1$

所以级数收敛。

选项B，可利用p级数的敛散性判断。

p级数$\sum_{n=1}^{\infty}\frac{1}{n^p}$（$p>0$，实数），当$p>1$时，$p$级数收敛；当$p\leqslant 1$时，$p$级数发散。

选项B，$p=\frac{3}{2}>1$，故级数收敛。

选项D，可利用交错级数的莱布尼茨定理判断。

设交错级数$\sum_{n=1}^{\infty}(-1)^{n-1}a_n$，其中$a_n>0$，只要：①$a_n\geqslant a_{n+1}(n=1,2,\ldots)$，②$\lim_{n\to\infty}a_n=0$，则$\sum_{n=1}^{\infty}(-1)^{n-1}a_n$就收敛。

选项D中①$\frac{1}{\sqrt{n}}>\frac{1}{\sqrt{n+1}}(n=1,2,\ldots)$，②$\lim_{n\to\infty}\frac{1}{\sqrt{n}}=0$，故级数收敛。

选项C，对于级数$\sum_{n=1}^{\infty}\left(\frac{n}{2n+1}\right)^2$，$\lim_{n\to\infty}u_n=\lim_{n\to\infty}\left(\frac{n}{2n+1}\right)^2=\left(\frac{1}{2}\right)^2=\frac{1}{4}\neq 0$

级数收敛的必要条件是$\lim_{n\to\infty}u_n=0$，而本选项$\lim_{n\to\infty}u_n\neq 0$，故级数发散。

答案：C

14. 解 本题考查二阶常系数微分方程解的基本结构。

已知函数$y=C_1e^{-x}+C_2e^{4x}$是某微分方程的通解，则该微分方程拥有的特征方程的解分别为$r_1=-1$，$r_2=+4$，则有$(r+1)(r-4)=0$，展开有$r^2-3r-4=0$，故对应的微分方程为$y''-3y'-4y=0$。

答案：B

15. 解 本题考查对弧长曲线积分（也称第一类曲线积分）的相关计算。

依据题意，作解图，知L方程为$y=-x+1$

L的参数方程为$\begin{cases} x = x \\ y = -x + 1 \end{cases}$ $(0 \leqslant x \leqslant 1)$

$$dS = \sqrt{1^2 + (-1)^2}dx = \sqrt{2}dx$$

$$\int_L \cos(x+y)\,dS = \int_0^1 \cos[x + (-x+1)]\sqrt{2}\,dx$$

$$= \int_0^1 \sqrt{2}\cos 1\,dx = \sqrt{2}\cos 1 \cdot x\Big|_0^1 = \sqrt{2}\cos 1$$

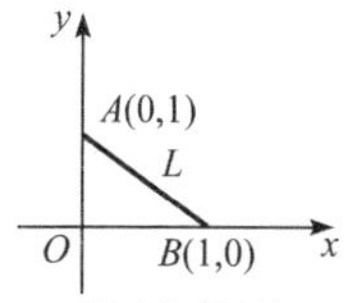

题 15 解图

注：写出直线L的方程后，需判断x的取值范围（对弧长的曲线积分，积分变量应由小变大），从方程中看可知x：$0 \to 1$，若考查对坐标的曲线积分（也称第二类曲线积分），则应特别注意路径行走方向，以便判断x的上下限。

答案：C

16. 解 本题考查直角坐标系下的二重积分计算问题。

根据题中所给正方形区域可作图，其中，D：$|x| \leqslant 1$，$|y| \leqslant 1$，即$-1 \leqslant x \leqslant 1$，$-1 \leqslant y \leqslant 1$。有

$$\iint_D (x^2+y^2)dxdy = \int_{-1}^1 dx \int_{-1}^1 (x^2+y^2)\,dy = \int_{-1}^1 \left(x^2 y + \frac{y^3}{3}\right)\Big|_{-1}^1 dx$$

$$= \int_{-1}^1 \left(2x^2 + \frac{2}{3}\right)dx = \left(\frac{2}{3}x^3 + \frac{2}{3}x\right)\Big|_{-1}^1 = \frac{8}{3}$$

或利用对称性，$D = 4D_1$，则

$$\iint_D (x^2+y^2)dxdy \overset{\text{利用对称性}}{=\!=\!=} 4\iint_{D_1}(x^2+y^2)dxdy$$

$$= 4\int_0^1 dx \int_0^1 (x^2+y^2)\,dy = 4\int_0^1 \left(x^2 y + \frac{1}{3}y^3\right)\Big|_0^1 dx$$

$$= 4\int_0^1 \left(x^2 + \frac{1}{3}\right)dx = 4 \times \left[\frac{1}{3}x^3 + \frac{1}{3}x\right]_0^1$$

$$= 4 \times \left(\frac{1}{3} + \frac{1}{3}\right) = \frac{8}{3}$$

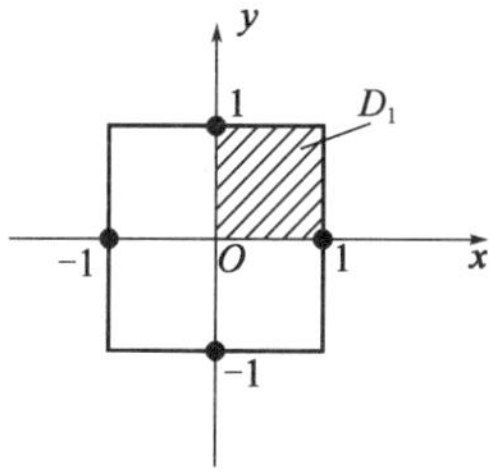

题 16 解图

答案：B

17. 解 本题考查麦克劳林展开式的基本概念。

麦克劳林展开式的一般形式为

$$f(x) = f(0) + f'(0)x + \frac{f''(0)}{2!}x^2 + \cdots + \frac{f^n(0)}{n!}x^n + R_n(x)$$

其中$R_n(x) = \frac{f^{n+1}(\xi)}{(n+1)!}x^{n+1}$，这里$\xi$是介于0与$x$之间的某个值。

$f'(x) = a^x \ln a$，$f''(x) = a^x(\ln a)^2$，故$f'(0) = \ln a$，$f''(0) = (\ln a)^2$，$f(0) = 1$

所以$f(x)$的麦克劳林展开式的前三项是：$1 + x\ln a + \frac{(\ln a)^2}{2}x^2$

答案：C

18. 解 本题考查多元函数的混合偏导数求解。

函数$z=f(x^2y)$

$$\frac{\partial z}{\partial x}=2xyf'(x^2y)$$

$$\frac{\partial^2 z}{\partial x\partial y}=2x[f'(x^2y)+yf''(x^2y)x^2]=2x[f'(x^2y)+x^2yf''(x^2y)]$$

答案：D

19. 解　本题考查矩阵和行列式的基本计算。

因为$\boldsymbol{A}$、$\boldsymbol{B}$均为三阶矩阵，则

$$\left|-2\boldsymbol{A}^{\mathrm{T}}\boldsymbol{B}^{-1}\right|=(-2)^3\left|\boldsymbol{A}^{\mathrm{T}}\boldsymbol{B}^{-1}\right|$$

$=-8\left|\boldsymbol{A}^{\mathrm{T}}\right|\cdot|\boldsymbol{B}^{-1}|=-8|\boldsymbol{A}|\cdot\frac{1}{|\boldsymbol{B}|}$（矩阵乘积的行列式性质）

$\left(\text{矩阵转置行列式性质，}|\boldsymbol{B}\boldsymbol{B}^{-1}|=|\boldsymbol{E}|\text{，}|\boldsymbol{B}|\cdot|\boldsymbol{B}^{-1}|=1\text{，}|\boldsymbol{B}^{-1}|=\frac{1}{|\boldsymbol{B}|}\right)$

$$=-8\times1\times\frac{1}{-2}=4$$

答案：D

20. 解　本题考查线性方程组$\boldsymbol{Ax}=\boldsymbol{0}$，有非零解的充要条件。

方程组$\begin{cases}ax_1+x_2+x_3=0\\x_1+ax_2+x_3=0\\x_1+x_2+ax_3=0\end{cases}$有非零解的充要条件是$\begin{vmatrix}a&1&1\\1&a&1\\1&1&a\end{vmatrix}=0$

$$\begin{vmatrix}a&1&1\\1&a&1\\1&1&a\end{vmatrix}\xlongequal{(-1)c_3+c_2}\begin{vmatrix}a&0&1\\1&a-1&1\\1&1-a&a\end{vmatrix}\xlongequal{(-a)c_3+c_1}\begin{vmatrix}0&0&1\\1-a&a-1&1\\1-a^2&1-a&a\end{vmatrix}$$

$$=\begin{vmatrix}1-a&a-1\\1-a^2&1-a\end{vmatrix}=(1-a)^2\begin{vmatrix}1&-1\\1+a&1\end{vmatrix}=(1-a)^2(2+a)=0$$

所以$a=1$或-2。

答案：B

21. 解　本题考查利用配方法求二次型的标准型，考查的知识点较偏。

方法1：由矩阵$\boldsymbol{A}$可写出二次型为$f(x_1,x_2,x_3)=x_1^2-2x_1x_2+3x_2^2$，利用配方法得到

$$f(x_1,x_2,x_3)=x_1^2-2x_1x_2+x_2^2+2x_2^2=(x_1-x_2)^2+2x_2^2$$

令$x_1-x_2=y_1$，$x_2=y_2$，可得$f=y_1^2+2y_2^2$

方法2：利用惯性定理，选项A、B、D（正惯性指数为1，负惯性指数为1）可以互化，因此对单选题，一定是错的。不用计算可知，只能选C。

答案：C

22. 解　因为A与B独立，所以$\overline{A}$与$\overline{B}$独立。

$$P(A\cup B)=1-P\left(\overline{A\cup B}\right)=1-P\left(\overline{A}\overline{B}\right)=1-P\left(\overline{A}\right)P\left(\overline{B}\right)=1-0.4\times0.5=0.8$$

或者$P(A\cup B)=P(A)+P(B)-P(AB)$

由于A与B相互独立，则$P(AB)=P(A)P(B)$

而$P(A)=1-P(\overline{A})=0.6$，$P(B)=1-P(\overline{B})=0.5$

故$P(A\cup B)=0.6+0.5-0.6\times 0.5=0.8$

答案： C

23. 解 数学期望$E(X)=\int_{-\infty}^{+\infty}xf(x)\,\mathrm{d}x$，由已知条件，知

$$f(x)=F'(x)=\begin{cases}3x^2 & 0<x<1\\ 0 & 其他\end{cases}$$

则$E(X)=\int_0^1 x\cdot 3x^2\mathrm{d}x=\int_0^1 3x^3\mathrm{d}x$

答案： B

24. 解 二维离散型随机变量X、Y相互独立的充要条件是$P_{ij}=P_{i\cdot}P_{\cdot j}$

还有分布律性质$\sum_i\sum_j P(X=i,\ Y=j)$=1

利用上述等式建立两个独立方程，解出α、β。

下面根据独立性推出一个公式：

因为$\frac{P(X=i,\ Y=1)}{P(X=i,\ Y=2)}=\frac{P(X=i)P(Y=1)}{P(X=i)P(Y=2)}=\frac{P(Y=1)}{P(Y=2)}\quad i=1,2,3,\cdots$

所以$\frac{P(X=1,\ Y=1)}{P(X=1,\ Y=2)}=\frac{P(X=2,\ Y=1)}{P(X=2,\ Y=2)}=\frac{P(X=3,\ Y=1)}{P(X=3,\ Y=2)}$

即$\frac{\frac{1}{6}}{\frac{1}{3}}=\frac{\frac{1}{9}}{\beta}=\frac{\frac{1}{18}}{\alpha}$

选项 D 对。

答案： D

25. 解 分子的平均平动动能公式$\overline{\omega}=\frac{3}{2}kT$，分子的平均动能公式$\overline{\varepsilon}=\frac{i}{2}kT$，刚性双原子分子自由度$i=5$，但此题问的是每个分子的平均平动动能而不是平均动能，故正确答案为 C。

答案： C

26. 解 分子无规则运动的平均自由程公式$\lambda=\frac{\overline{v}}{\overline{Z}}=\frac{1}{\sqrt{2}\pi d^2 n}$，气体定了，$d$就定了，所以容器中分子无规则运动的平均自由程仅取决于n，即单位体积的分子数。此题给定 1mol 氦气，分子总数定了，故容器中分子无规则运动的平均自由程仅取决于体积V。

答案： B

27. 解 理想气体和单一恒温热源做等温膨胀时，吸收的热量全部用来对外界做功，既不违反热力学第一定律，也不违反热力学第二定律。因为等温膨胀是一个单一的热力学过程而非循环过程。

答案： C

28. 解　理想气体的功和热量是过程量。内能是状态量，是温度的单值函数。此题给出$T_2 = T_1$，无论气体经历怎样的过程，气体的内能保持不变。而因为不知气体变化过程，故无法判断功的正负。

答案：D

29. 解　将$t = 0.1\text{s}$，$x = 2\text{m}$代入方程，即

$$y = 0.01\cos 10\pi(25t - x) = 0.01\cos 10\pi(2.5 - 2) = -0.01$$

答案：C

30. 解　$A = 0.02\text{m}$，$T = \frac{2\pi}{\omega} = \frac{2\pi}{50\pi} = \frac{1}{25} = 0.04\text{s}$

答案：A

31. 解　机械波在媒质中传播，一媒质质元的最大形变量发生在平衡位置，此位置动能最大，势能也最大，总机械能亦最大。

答案：D

32. 解　上下缝各覆盖一块厚度为d的透明薄片，则从两缝发出的光在原来中央明纹初相遇时，光程差为

$$\delta = r - d + n_2 d - (r - d + n_1 d) = d(n_2 - n_1)$$

答案：A

33. 解　牛顿环的环状干涉条纹为等厚干涉条纹，当平凸透镜垂直向上缓慢平移而远离平面镜时，原k级条纹向环中心移动，故这些环状干涉条纹向中心收缩。

答案：D

34. 解　$\Delta\varphi = \frac{2\pi}{\lambda}\delta = \frac{2\pi}{\lambda}nl = 3\pi$，$l = \frac{3\lambda}{2n}$

答案：C

35. 解　反射光的光程差加强条件$\delta = 2nd + \frac{\lambda}{2} = k\lambda$

可见光范围$\lambda(400\sim760\text{nm})$，取$\lambda = 400\text{nm}$，$k = 3.5$；取$\lambda = 760\text{nm}$，$k = 2.1$

k取整数，$k = 3$，$\lambda = 480\text{nm}$

答案：A

36. 解　玻璃劈尖相邻干涉条纹间距公式为：$l = \frac{\lambda}{2n\theta}$

此玻璃的折射率为：$n = \frac{\lambda}{2l\theta} = 1.53$

答案：B

37. 解　当原子失去电子成为正离子时，一般是能量较高的最外层电子先失去，而且往往引起电子层数的减少。某元素正二价离子（M^{2+}）的外层电子构型是 $3s^2 3p^6$，所以该元素原子基态核外电子构型

为 $1s^22s^22p^63s^23p^64s^2$。该元素基态核外电子最高主量子数为 4，为第四周期元素；价电子构型为 $4s^2$，为 s 区元素，IIA 族元素。

答案：C

38. 解　离子的极化力是指某离子使其他离子变形的能力。极化率（离子的变形性）是指某离子在电场作用下电子云变形的程度。每种离子都具有极化力与变形性，一般情况下，主要考虑正离子的极化力和负离子的变形性。极化力与离子半径有关，离子半径越小，极化力越强。

答案：A

39. 解　NH_4Cl 为强酸弱碱盐，水解显酸性；NaCl 不水解；NaOAc 和 Na_3PO_4 均为强碱弱酸盐，水解显碱性，因为 $K_a(HAc) > K_a(H_3PO_4)$，所以 Na_3PO_4 的水解程度更大，碱性更强。

答案：A

40. 解　根据理想气体状态方程 $pV = nRT$，得 $n = \frac{pV}{RT}$。所以当温度和体积不变时，反应器中气体（反应物或生成物）的物质的量与气体分压成正比。根据 $2A(g) + B(g) \rightleftharpoons 2C(g)$ 可知，生成物气体C的平衡分压为100kPa，则A要消耗100kPa，B要消耗50kPa，平衡时 $p(A) = 200kPa$，$p(B) = 250kPa$。

$$K^\Theta = \frac{\left(\frac{p(C)}{p^\Theta}\right)^2}{\left(\frac{p(A)}{p^\Theta}\right)^2\left(\frac{p(B)}{p^\Theta}\right)} = \frac{\left(\frac{100}{100}\right)^2}{\left(\frac{200}{100}\right)^2\left(\frac{250}{100}\right)} = 0.1$$

答案：A

41. 解　根据氧化还原反应配平原则，还原剂失电子总数等于氧化剂得电子总数，配平后的方程式为：$2MnO_4^- + 5SO_3^{2-} + 6H^+ = 2Mn^{2+} + 5SO_4^{2-} + 3H_2O$。

答案：B

42. 解　电极电势的大小，可以判断氧化剂与还原剂的相对强弱。电极电势越大，表示电对中氧化态的氧化能力越强。所以题中氧化剂氧化能力最强的是 HClO。

答案：C

43. 解　标准状态时，由指定单质生成单位物质的量的纯物质 B 时反应的焓变（反应的热效应），称为物质 B 的标准摩尔生成焓，记作 $\Delta_f H_m^\Theta$。指定单质通常指标准压力和该温度下最稳定的单质，如 C 的指定单质为石墨(s)。选项 A 中 C(金刚石)不是指定单质，选项 D 中不是生成单位物质的量的 $CO_2(g)$。

答案：C

44. 解　发生银镜反应的物质要含有醛基（–CHO），所以甲醛、乙醛、乙二醛等各种醛类、甲酸及其盐（如 HCOOH、HCOONa）、甲酸酯（如甲酸甲酯 $HCOOCH_3$、甲酸丙酯 $HCOOC_3H_7$ 等）和葡萄糖、麦芽糖等分子中含醛基的糖与银氨溶液在适当条件下可以发生银镜反应。

答案：D

45. 解 蛋白质、橡胶、纤维素都是天然高分子，蔗糖（$C_{12}H_{22}O_{11}$）不是。

答案：A

46. 解 1-戊炔、2-戊炔、1,2-戊二烯催化加氢后产物均为戊烷，3-甲基-1-丁炔催化加氢后产物为 2-甲基丁烷，结构式为$(CH_3)_2CHCH_2CH_3$。

答案：B

47. 解 根据力的投影公式，$F_x = F\cos\alpha$，故只有当$\alpha = 0°$时$F_x = F$，即力$\boldsymbol{F}$与x轴平行；而除力$\boldsymbol{F}$在与x轴垂直的y轴（$\alpha = 90°$）上投影为 0 外，在其余与x轴共面轴上的投影均不为 0。

答案：B

48. 解 主矢$\boldsymbol{F}_{\mathrm{R}} = \boldsymbol{F}_1 + \boldsymbol{F}_2 + \boldsymbol{F}_3 = 30\boldsymbol{j}\mathrm{N}$为三力的矢量和；对$O$点的主矩为各力向$O$点取矩及外力偶矩的代数和，即$M_{\mathrm{O}} = F_3 a - M_1 - M_2 = -10\mathrm{N\cdot m}$（顺时针）。

答案：B

49. 解 取整体为研究对象，受力如解图所示。

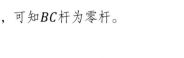

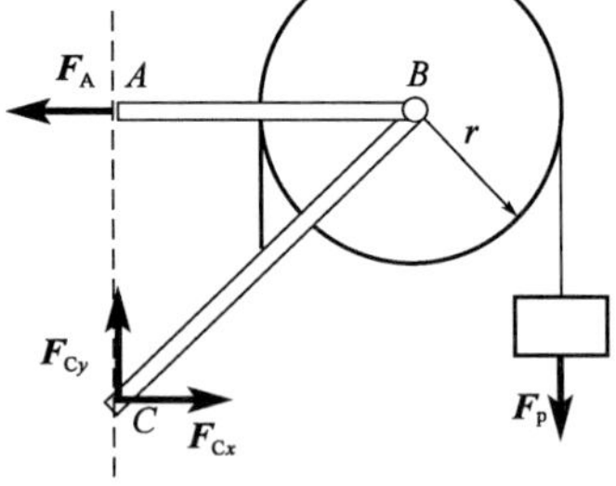

题 49 解图

列平衡方程：

$\sum m_{\mathrm{C}}(F) = 0$，$F_{\mathrm{A}}\cdot 2r - F_{\mathrm{p}}\cdot 3r = 0$，$F_{\mathrm{A}} = \frac{3}{2}F_{\mathrm{p}}$

答案：D

50. 解 分析节点C的平衡，可知BC杆为零杆。

答案：D

51. 解 当$t = 2\mathrm{s}$时，点的速度$v = \frac{\mathrm{d}s}{\mathrm{d}t} = 4t^3 - 9t^2 + 4t = 4\mathrm{m/s}$

点的加速度$a = \frac{\mathrm{d}^2 s}{\mathrm{d}t^2} = 12t^2 - 18t + 4 = 16\mathrm{m/s^2}$

答案：C

52. 解 根据点做曲线运动时法向加速度的公式：$a_n = \frac{v^2}{\rho} = \frac{15^2}{5} = 45\mathrm{m/s^2}$。

答案：B

53. 解 因为点A、B两点的速度、加速度方向相同，大小相等，根据刚体做平行移动时的特性，可判断杆AB的运动形式为平行移动，因此，平行移动刚体上M点和A点有相同的速度和加速度，即：$v_{\mathrm{M}} = v_{\mathrm{A}} = r\omega$，$a_{\mathrm{M}}^n = a_{\mathrm{A}}^n = r\omega^2$，$a_{\mathrm{M}}^t = a_{\mathrm{A}}^t = r\alpha$。

答案：C

54. 解 物块与桌面之间最大的摩擦力$F = \mu mg$

根据牛顿第二定律$ma = F$，即$m\frac{v^2}{r} = F = \mu mg$，则得$v = \sqrt{\mu gr}$

答案：C

55. 解 重力与水平位移相垂直，故做功为零，摩擦力$F = 10 \times 0.3 = 3\text{N}$，所做之功$\text{W} = 3 \times 4 = 12\text{N} \cdot \text{m}$。

答案：C

56. 解 根据动量矩定理：

$J\alpha_1 = 1 \times r$（J为滑轮的转动惯量）

$J\alpha_2 + m_2 r^2 \alpha_2 + m_3 r^2 \alpha_2 = (m_2 g - m_3 g) r = 1 \times r$

$J\alpha_3 + m_3 r^2 \alpha_3 = m_3 g r = 1 \times r$

则$\alpha_1 = \frac{1 \times r}{J}$；$\alpha_2 = \frac{1 \times r}{J + m_2 r^2 + m_3 r^2}$；$\alpha_3 = \frac{1 \times r}{J + m_3 r^2}$

答案：C

57. 解 如解图所示，杆释放瞬时，其角速度为零，根据动量矩定理：$J_O \alpha = mg\frac{l}{2}$，$\frac{1}{3}ml^2\alpha = mg\frac{l}{2}$，$\alpha = \frac{3g}{2l}$；施加于杆$OA$上的附加动反力为$ma_C = m\frac{3g}{2l} \cdot \frac{l}{2} = \frac{3}{4}mg$，方向与质心加速度$a_C$方向相同。

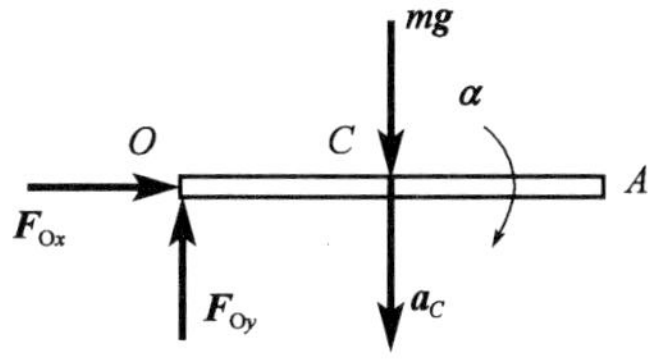

题 57 解图

答案：D

58. 解 根据单自由度质点直线振动固有频率公式，

a）系统：$\omega_a = \sqrt{\frac{k}{m}}$；

b）系统：等效的弹簧刚度为$\frac{k}{2}$，$\omega_b = \sqrt{\frac{k}{2m}}$。

答案：D

59. 解 用直接法求轴力，可得：左段杆的轴力是−3kN，右段杆的轴力是 5kN。所以杆的最大轴力是 5kN。

答案：B

60. 解 用直接法求轴力，可得：$N_{AB} = -F$，$N_{BC} = F$

杆C截面的位移是：

$$\delta_C = \Delta l_{AB} + \Delta l_{BC} = \frac{-F \cdot l}{E \cdot 2A} + \frac{Fl}{EA} = \frac{Fl}{2EA}$$

答案：A

61. 解 混凝土基座与圆截面立柱的交接面，即圆环形基座板的内圆柱面即为剪切面(如解图所示)：

$$A_{\mathrm{Q}}=\pi dt$$

圆形混凝土基座上的均布压力（面荷载）为：

$$q=\frac{1000\times10^3\mathrm{N}}{\frac{\pi}{4}\times1000^2\mathrm{mm}^2}=\frac{4}{\pi}\mathrm{MPa}$$

作用在剪切面上的剪力为：

$$Q=q\cdot\frac{\pi}{4}(1000^2-500^2)=750\mathrm{kN}$$

由剪切强度条件：$\tau=\frac{Q}{A_Q}=\frac{Q}{\pi dt}\leqslant[\tau]$，可得：

$$t\geqslant\frac{Q}{\pi d[\tau]}=\frac{750\times10^3\mathrm{N}}{\pi\times500\mathrm{mm}\times1.5\mathrm{MPa}}=318.3\mathrm{mm}$$

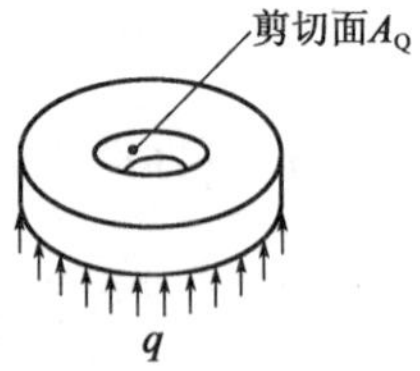

题 61 解图

答案：C

62. 解 设实心圆轴直径为d，则：

$$\phi=\frac{Tl}{GI_{\mathrm{p}}}=\frac{Tl}{G\frac{\pi}{32}d^4}=32\frac{Tl}{\pi d^4G}$$

若实心圆轴直径减小为$d_1=\frac{d}{2}$，则：

$$\phi_1=\frac{Tl}{GI_{\mathrm{p1}}}=\frac{Tl}{G\frac{\pi}{32}\left(\frac{d}{2}\right)^4}=16\frac{32Tl}{\pi d^4G}=16\phi$$

答案：D

63. 解 图示截面对z轴的惯性矩等于圆形截面对z轴的惯性矩减去矩形对z轴的惯性矩。

$$I_z^{矩}=\frac{bh^3}{12}+\left(\frac{h}{2}\right)^2\cdot bh=\frac{bh^3}{3}$$

$$I_z=I_z^{圆}-I_z^{矩}=\frac{\pi d^4}{64}-\frac{bh^3}{3}$$

答案：A

64. 解 圆轴表面A点的剪应力$\tau=\frac{T}{W_{\mathrm{T}}}$

根据胡克定律$\tau=G\gamma$，因此$T=\tau W_{\mathrm{T}}=G\gamma W_{\mathrm{T}}$

答案：A

65. 解 上下梁的挠曲线曲率相同，故有

$$\rho=\frac{M_1}{EI_1}=\frac{M_2}{EI_2}$$

所以$\frac{M_1}{M_2}=\frac{I_1}{I_2}=\frac{\frac{ba^3}{12}}{\frac{b(2a)^3}{12}}=\frac{1}{8}$，即$M_2=8M_1$

又有$M_1+M_2=m$，因此$M_1=\frac{m}{9}$

答案：A

66. 解 图示截面的弯曲中心是两个狭长矩形边的中线交点，形心主轴是y'和z'，因为外力$\boldsymbol{F}$作用线没有通过弯曲中心，故有扭转，还有沿两个形心主轴y'、z'方向的双向弯曲。

答案：D

67. 解 本题是拉扭组合变形，轴向拉伸产生的正应力$\sigma = \frac{F}{A} = \frac{4F}{\pi d^2}$

扭转产生的剪应力$\tau = \frac{T}{W_{\mathrm{T}}} = \frac{16T}{\pi d^3}$

$$\sigma_{\mathrm{eq3}} = \sqrt{\sigma^2 + 4\tau^2} = \sqrt{\left(\frac{4F}{\pi d^2}\right)^2 + 4\left(\frac{16T}{\pi d^3}\right)^2}$$

答案：C

68. 解 A 图：$\sigma_1 = \sigma$，$\sigma_2 = \sigma$，$\sigma_3 = 0$；$\tau_{\max} = \frac{\sigma - 0}{2} = \frac{\sigma}{2}$

B 图：$\sigma_1 = \sigma$，$\sigma_2 = 0$，$\sigma_3 = -\sigma$；$\tau_{\max} = \frac{\sigma - (-\sigma)}{2} = \sigma$

C 图：$\sigma_1 = 2\sigma$，$\sigma_2 = 0$，$\sigma_3 = -\frac{\sigma}{2}$；$\tau_{\max} = \frac{2\sigma - \left(-\frac{\sigma}{2}\right)}{2} = \frac{5}{4}\sigma$

D 图：$\sigma_1 = 3\sigma$，$\sigma_2 = \sigma$，$\sigma_3 = 0$；$\tau_{\max} = \frac{3\sigma - 0}{2} = \frac{3}{2}\sigma$

答案：D

69. 解 图示圆轴是弯扭组合变形，力F作用下产生的弯矩在固定端最上缘A点引起拉伸正应力σ，外力偶T在A点引起扭转切应力τ，故A点单元体的应力状态是选项 C。

答案：C

70. 解 A 图：$\mu l = 1 \times 5 = 5$

B 图：$\mu l = 2 \times 3 = 6$

C 图：$\mu l = 0.7 \times 6 = 4.2$

根据压杆的临界荷载公式$F_{\mathrm{cr}} = \frac{\pi^2 EI}{(\mu l)^2}$

可知：μl越大，临界荷载越小；μl越小，临界荷载越大。

所以F_{crc}最大，而F_{crb}最小。

答案：C

71. 解 压力表测出的是相对压强。

答案：C

72. 解 设第一截面的流速为$v_1 = \frac{Q}{\frac{\pi}{4}d_1^2} = \frac{0.015\mathrm{m}^3/\mathrm{s}}{\frac{\pi}{4}0.1^2\mathrm{m}^2} = 1.91\mathrm{m/s}$

另一截面流速$v_2 = 20\mathrm{m/s}$，待求直径为d_2，由连续方程可得：

$$d_2 = \sqrt{\frac{v_1}{v_2}d_1^2} = \sqrt{\frac{1.91}{20} \times 0.1^2} = 0.031\mathrm{m} = 31\mathrm{mm}$$

答案：B

73. 解 层流沿程损失系数$\lambda=\frac{64}{\mathrm{Re}}$，而雷诺数 $\mathrm{Re}=\frac{vd}{\nu}$

代入题设数据，得：$\mathrm{Re}=\frac{10\times5}{0.18}=278$

沿程损失系数$\lambda=\frac{64}{278}=0.23$

答案：B

74. 解 圆柱形管嘴出水流量$Q=\mu A\sqrt{2gH_0}$

代入题设数据，得：$Q=0.82\times\frac{\pi}{4}(0.04)^2\sqrt{2\times9.8\times7.5}=0.0125\mathrm{m^3/s}\approx0.013\mathrm{m^3/s}$

答案：D

75. 解 在题设条件下，则自由出流孔口与淹没出流孔口的关系应为流量系数相等、流量相等。

答案：D

76. 解 由明渠均匀流谢才公式，知流速$v=C\sqrt{Ri}$，$C=\frac{1}{n}R^{\frac{1}{6}}$

代入题设数据，得：$C=\frac{1}{0.02}\times1^{\frac{1}{6}}=50\sqrt{\mathrm{m}}/\mathrm{s}$

流速$v=50\sqrt{1\times0.0008}=1.41\mathrm{m/s}$

答案：B

77. 解 达西渗流定律适用于均匀土壤层流渗流。

答案：C

78. 解 运动相似是几何相似和动力相似的表象。

答案：B

79. 解 根据恒定磁路的安培环路定律：$\sum HL=\sum NI$

得：$H=\frac{NI}{L}=\frac{NI}{2\pi\gamma}$

磁场方向按右手螺旋关系判断为顺时针方向。

答案：B

80. 解 $U=-2\times2-2=-6\mathrm{V}$

答案：D

81. 解 该电路具有 6 条支路，为求出 6 个独立的支路电流，所列方程数应该与支路数相等，即要列出 6 阶方程。

正确的列写方法是：

KCL 独立节点方程=节点数$-1=4-1=3$

KVL 独立回路方程（网孔数）= 支路数 − 独立节点数 $=6-3=3$

“网孔”为内部不含支路的回路。

答案：B

82. 解 $i(t)=I_{\mathrm{m}}\sin(\omega t+\psi_{\mathrm{i}})\,\mathrm{A}$

$t=0$时，$i(t)=I_{\mathrm{m}}\sin\psi_i=0.5\sqrt{2}\mathrm{A}$

$$\begin{cases}\sin\psi_{\mathrm{i}}=1,\ \psi_{\mathrm{i}}=90° \\ I_{\mathrm{m}}=0.5\sqrt{2}\mathrm{A} \\ \omega=2\pi f=2\pi\dfrac{1}{T}=2000\pi\end{cases}$$

$i(t)=0.5\sqrt{2}\sin(2000\pi t+90°)\,\mathrm{A}$

答案：C

83. 解 图b）给出了滤波器的幅频特性曲线。U_{i1}与U_{i2}的频率不同，它们的放大倍数是不一样的。从特性曲线查出：

$U_{\mathrm{o1}}/U_{\mathrm{i1}}=1\Rightarrow U_{\mathrm{o1}}=U_{\mathrm{i1}}=10\mathrm{V}\Rightarrow U_{\mathrm{o2}}/U_{\mathrm{i2}}=0.1\Rightarrow U_{\mathrm{o2}}=0.1\times U_{\mathrm{i2}}=1\mathrm{V}$

答案：D

84. 解 画相量图分析，如解图所示。

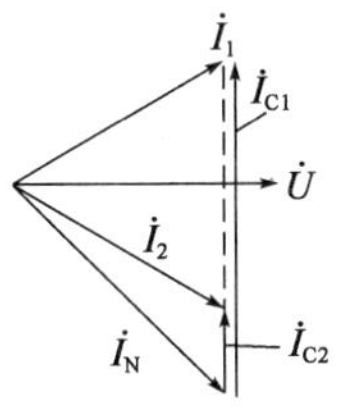

题 84 解图

$\dot{I}_2=\dot{I}_{\mathrm{N}}+\dot{I}_{\mathrm{C2}}$，$\dot{I}_1=\dot{I}_{\mathrm{N}}+\dot{I}_{\mathrm{C1}}$

$|\dot{I}_{\mathrm{C1}}|>|\dot{I}_{\mathrm{C2}}|$

$$I_{\mathrm{C}}=\frac{U}{X_{\mathrm{C}}}=\frac{U}{\frac{1}{\omega C}}=U\omega C\propto C$$

有$I_{\mathrm{C1}}>I_{\mathrm{C2}}$，所以$C_1>C_2$

并且功率因数$\lambda|_{C_1}=0.866$时电路出现过补偿，呈容性性质，一般不采用。

当$C=C_2$时，电路中总电流$\dot{I}_2$落后于电压$\dot{U}$，为感性性质，不为过补偿。

答案：A

85. 解 如解图所示，由题意可知：

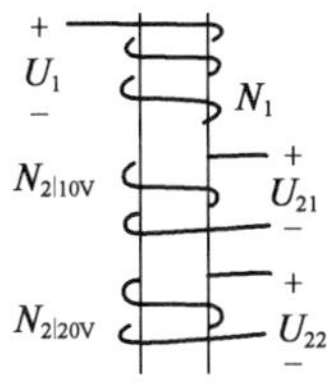

题 85 解图

$N_1=550$匝

当$U_1=100\mathrm{V}$时，$U_{21}=10\mathrm{V}$，$U_{22}=20\mathrm{V}$

$$\frac{N_1}{N_{2|10\mathrm{V}}}=\frac{U_1}{U_{21}},\ N_{2|10\mathrm{V}}=N_1\cdot\frac{U_{21}}{U_1}=550\times\frac{10}{100}=55\text{匝}$$

$$\frac{N_1}{N_{2|20\mathrm{V}}}=\frac{U_1}{U_{22}},\ N_{2|20\mathrm{V}}=N_1\cdot\frac{U_{22}}{U_1}=550\times\frac{20}{100}=110\text{匝}$$

答案：C

86. 解 为实现对电动机的过载保护，热继电器的热元件串联在电动机的主电路中，测量电动机的主电流，同时将热继电器的常闭触点接在控制电路中，一旦电动机过载，则常闭触点断开，切断电机的供电电路。

答案：C

87. 解 “模拟”是指把某一个量用与它相对应的连续的物理量（电压）来表示；图 d）不是模拟信号，图 c）是采样信号，而非数字信号。对本题的分析可见，图 b）是图 a）的模拟信号。

答案：A

88. 解 周期信号频谱是离散的频谱，信号的幅度随谐波次数的增高而减小。针对本题情况，可知该周期信号的一次谐波分量为：

$u_1 = U_{1m} \sin \omega_1 t = 5 \sin 10^3 t$

$U_{1m} = 5V，\omega_1 = 10^3$

$u_3 = U_{3m} \sin 3\omega t$

$\omega_3 = 3\omega_1 = 3 \times 10^3$

$U_{3m} < U_{1m}$

答案：B

89. 解 放大器的输入为正弦交流信号，但$u_1(t)$的频率过高，超出了上限频率f_H，放大倍数小于A，因此输出信号u_2的有效值$U_2 < AU_1$。

答案：C

90. 解 根据逻辑电路的反演关系，对公式变化可知结果

$$\overline{(AD + \overline{A}\overline{D})} = \overline{AD} \cdot \overline{(\overline{A}\overline{D})} = (\overline{A} + \overline{D}) \cdot (A + D) = \overline{A}D + A\overline{D}$$

答案：C

91. 解 本题输入信号A、B与输出信号F为或非逻辑关系，$F = \overline{A + B}$（输入有 1 输出则 0），对齐相位画输出波形如解图所示。

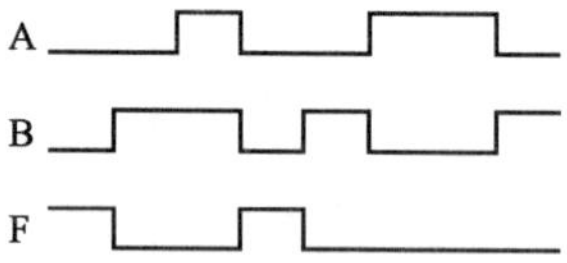

题 91 解图

结果与选项 A 的图形一致。

答案：A

92. 解 BCD 码是用二进制数表示十进制数。有两种常用形式，压缩 BCD 码，用 4 位二进制数表示 1 位十进制数；非压缩 BCD 码，用 8 位二进制数表示 1 位十进制数，本题的 BCD 码形式属于第一种。

选项 B，0001 表示十进制的 1，0110 表示十进制的 6，即$(16)_{BCD}=(0001\ 0110)_B$，正确。

答案：B

93. 解 设二极管 D 截止，可以判断：

$U_{D阳} = 1V$，$U_{D阴} = 5V$

D 为反向偏置状态，可见假设成立，$U_F = U_B = 5V$

答案：B

94. 解 该电路为运算放大器的积分运算电路。

$u_o = -\frac{1}{RC}\int u_i dt$

当$u_i = 1V$时，$u_o = -\frac{1}{RC}t$

如解图所示，当$t < 10s$时，

运算放大器工作在线性状态，$u_o = -t$

当$t \geqslant 10s$后，电路出现反向饱和，$u_o = -10V$

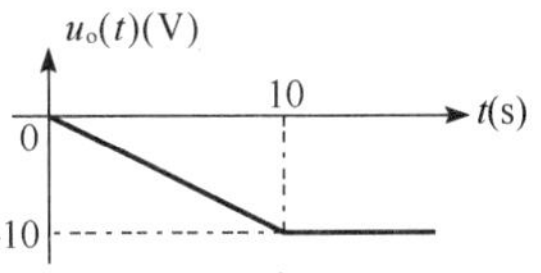

题 94 解图

答案：D

95. 解 输出 Q 与输入信号 A 的关系：$Q_{n+1} = D = A \cdot \overline{Q}_n$

输入信号 Q 在时钟脉冲的上升沿触发。

如解图所示，可知 CP 脉冲的两个下降沿时刻 Q 的状态分别是 1 0。

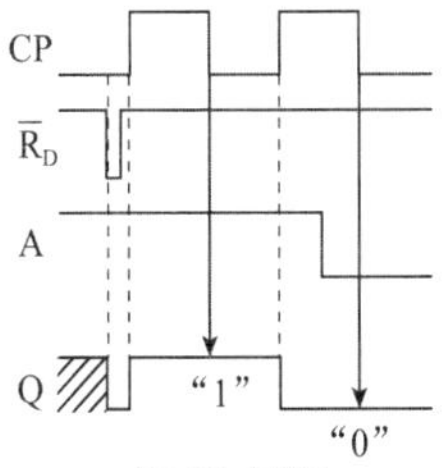

题 95 解图

答案：C

96. 解 由题图可见该电路由 3 个 D 触发器组成，$Q_{n+1} = D$。在时钟脉冲的作用下，存储数据依次向左循环移位。

当$\overline{R}_D = 0$时，系统初始化：$Q_2 = 0$，$Q_1 = 1$，$Q_0 = 0$。

即存储数据是“010”。

答案：A

97. 解 计算机按用途可分为专业计算机和通用计算机。专业计算机是为解决某种特殊问题而设计的计算机，针对具体问题能显示出有效、快速和经济的特性，但它的适应性较差，不适用于其他方面的应用。在导弹和火箭上使用的计算机很大部分就是专业计算机。通用计算机适应性很强，应用范围很广，如应用于科学计算、数据处理和实时控制等领域。

答案：A

98. 解 当前计算机的内存储器多数是半导体存储器。半导体存储器从使用功能上分，有随机存储器（Random Access Memory，简称 RAM，又称读写存储器），只读存储器（Read Only Memory，简称 ROM）。

答案：A

99. 解 批处理操作系统是指将用户的一批作业有序地排列在一起，形成一个庞大的作业流。计算机指令系统会自动地顺序执行作业流，以节省人工操作时间和提高计算机的使用效率。

答案：B

100. 解 杀毒软件能防止计算机病毒的入侵，及时有效地提醒用户当前计算机的安全状况，可以对计算机内的所有文件进行检查，发现病毒时可清除病毒，有效地保护计算机内的数据安全。

答案：D

101. 解 ASCII 码是“美国信息交换标准代码”的简称，是目前国际上最为流行的字符信息编码方案。在这种编码中每个字符用 7 个二进制位表示。这样，从 0000000 到 1111111 可以给出 128 种编码，可以用来表示 128 个不同的字符，其中包括 10 个数字、大小写字母各 26 个、算术运算符、标点符号及专用符号等。

答案：B

102. 解 Windows 特点的是使用方便、系统稳定可靠、有友好的用户界面、更高的可移动性，笔记本用户可以随时访问信息等。

答案：C

103. 解 虚拟存储技术实际上是在一个较小的物理内存储器空间上，来运行一个较大的用户程序。它利用大容量的外存储器来扩充内存储器的容量，产生一个比内存空间大得多、逻辑上的虚拟存储空间。

答案：D

104. 解 通信和数据传输是计算机网络主要功能之一，用来在计算机系统之间传送各种信息。利用该功能，地理位置分散的生产单位和业务部门可通过计算机网络连接在一起进行集中控制和管理。也可以通过计算机网络传送电子邮件，发布新闻消息和进行电子数据交换，极大地方便了用户，提高了工作效率。

答案：D

105. 解 因特网提供的服务有电子邮件服务、远程登录服务、文件传输服务、WWW 服务、信息搜索服务。

答案：D

106. 解 按采用的传输介质不同，可将网络分为双绞线网、同轴电缆网、光纤网、无线网；按网络传输技术不同，可将网络分为广播式网络和点到点式网络；按线路上所传输信号的不同，又可将网络分为基带网和宽带网两种。

答案：A

107. 解 根据等额支付偿债基金公式（已知F，求A）：

$$A=F\left[\frac{i}{(1+i)^n-1}\right]=F(A/F,i,n)=600\times(A/F,5\%,5)=600\times0.18097=108.58\text{ 万元}$$

答案：B

108. 解 从企业角度进行投资项目现金流量分析时，可不考虑增值税，因为增值税是价外税，不进入企业成本也不进入销售收入。执行新的《中华人民共和国增值税暂行条例》以后，为了体现固定资产进项税抵扣导致企业应纳增值税的降低进而致使净现金流量增加的作用，应在现金流入中增加销项税额，同时在现金流出中增加进项税额以及应纳增值税。

答案：B

109. 解 注意题目问的是第 2 年年末偿还的利息（不包括本金）。

等额本息法每年还款的本利和相等，根据等额支付资金回收公式（已知P求A），每年年末还本付息金额为：

$$A=P\left[\frac{i(1+i)^n}{(1+i)^n-1}\right]=P(A/P,8\%,5)=150\times0.2505=37.575\text{ 万元}$$

则第 1 年末偿还利息为$150\times8\%=12$万元，偿还本金为$37.575-12=25.575$万元

第 1 年已经偿还本金25.575万元，尚未偿还本金为$150-25.575=124.425$万元

第 2 年年末应偿还利息为$(150-25.575)\times8\%=9.954$万元

答案：A

110. 解 内部收益率是指项目在计算期内各年净现金流量现值累计等于零时的收益率，属于动态评价指标。计算内部收益率不需要事先给定基准收益率i_c，计算出内部收益率后，再与项目的基准收益率i_c比较，以判定项目财务上的可行性。

常规项目投资方案是指除了建设期初或投产期初的净现金流量为负值外，以后年份的净现金流量均为正值，计算期内净现金流量由负到正只变化一次，这类项目只要累计净现金流量大于零，内部收益率就有唯一解，即项目的内部收益率。

答案：D

111. 解 影子价格是能够反映资源真实价值和市场供求关系的价格。

答案：B

112. 解 生产能力利用率的盈亏平衡点指标数值越低，说明较低的生产能力利用率即可达到盈亏平衡，也即说明企业经营抗风险能力较强。

答案：A

113. 解 由于残值可以回收，并没有真正形成费用消耗，故应从费用中将残值减掉。

由甲方案的现金流量图可知：

甲方案的费用现值：

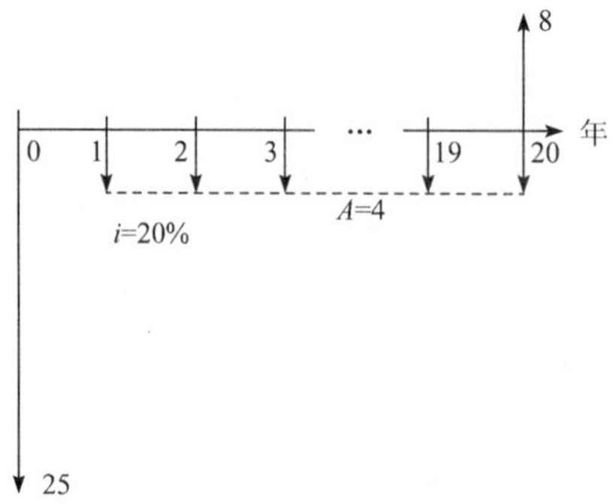

题113解　甲方案现金流量图

$P = 4(P/A, 20\%, 20) + 25 - 8(P/F, 20\%, 20)$

$= 4 \times 4.8696 + 25 - 8 \times 0.02608 = 44.27$ 万元

同理可计算乙方案的费用现值：

$P = 6(P/A, 20\%, 20) + 12 - 6(P/F, 20\%, 20)$

$= 6 \times 4.8696 + 12 - 6 \times 0.02608 = 41.06$ 万元

答案：C

114. 解　该零件的成本系数$C = 880 \div 10000 = 0.088$

该零部件的价值指数为$0.140 \div 0.088 = 1.591$

答案：D

115. 解　《中华人民共和国建筑法》第三十四条规定，工程监理单位应当根据建设单位的委托，客观、公正地执行监理任务。

选项C和D明显错误。选项A也是错误的，因为监理单位承揽监理业务的范围是根据其单位资质决定的，而不是和甲方签订的合同所决定的。

答案：B

116. 解　《中华人民共和国安全法》第六十三条规定，负有安全生产监督管理职责的部门依照有关法律、法规的规定，对涉及安全生产的事项需要审查批准（包括批准、核准、许可、注册、认证、颁发证照等，下同）或者验收的，必须严格依照有关法律、法规和国家标准或者行业标准规定的安全生产条件和程序进行审查；不符合有关法律、法规和国家标准或者行业标准规定的安全生产条件的，不得批准或者验收通过。对未依法取得批准或者验收合格的单位擅自从事有关活动的，负责行政审批的部门发现或者接到举报后应当立即予以取缔，并依法予以处理。对已经依法取得批准的单位，负责行政审批的部门发现其不再具备安全生产条件的，应当撤销原批准。

答案：A

117. 解 《中华人民共和国建筑法》第二十七条规定，大型建筑工程或者结构复杂的建筑工程，可以由两个以上的承包单位联合共同承包。共同承包的各方对承包合同的履行承担连带责任。

两个以上不同资质等级的单位实行联合共同承包的，应当按照资质等级低的单位的业务许可范围承揽工程。

答案： B

118. 解 《中华人民共和国民法典》第五百一十一条第二款规定，价款或者报酬不明确的，按照订立合同时履行地的市场价格履行；依法应当执行政府定价或者政府指导价的，依照规定履行。

答案： A

119. 解 《中华人民共和国环境保护法》第三十五条规定，城乡建设应当结合当地自然环境的特点，保护植被、水域和自然景观，加强城市园林、绿地和风景名胜区的建设与管理。

答案： A

120. 解 根据《建筑工程安全生产管理条例》第二十一条规定，施工单位主要负责人依法对本单位的安全生产工作全面负责。施工单位应当建立健全安全生产责任制度和安全生产教育培训制度，制定安全生产规章制度和操作规程，保证本单位安全生产条件所需资金的投入，对所承担的建设工程进行定期和专项安全检查，并做好安全检查记录。故选项 B 对。

主要负责人的职责是“建立”安全生产责任制，不是“落实”，所以选项 A 错。

答案： B

2019 年度全国勘察设计注册工程师执业资格考试基础考试（上）

试题解析及参考答案

1. 解 本题考查函数极限的求法以及洛必达法则的应用。

当自变量$x \to 0$时，只有当$x \to 0^+$及$x \to 0^-$时，函数左右极限各自存在并且相等时，函数极限才存在。即当$\lim\limits_{x \to 0^+} f(x) = \lim\limits_{x \to 0^-} f(x) = A$时，$\lim\limits_{x \to 0} f(x) = A$，否则函数极限不存在。

应用洛必达法则：

$$\lim_{x \to 0^+} \frac{3 + e^{\frac{1}{x}}}{1 - e^{\frac{2}{x}}} \xlongequal[\text{当}x \to 0^+\text{时，}y \to +\infty]{\text{设}y = \frac{1}{x}} \lim_{y \to +\infty} \frac{3 + e^y}{1 - e^{2y}} \xlongequal{\frac{\infty}{\infty}} \lim_{y \to +\infty} \frac{e^y}{-2e^{2y}} = \lim_{y \to +\infty} \frac{1}{-2e^y} = 0$$

$$\lim_{x \to 0^-} \frac{3 + e^{\frac{1}{x}}}{1 - e^{\frac{2}{x}}} \xlongequal[\text{当}x \to 0^-\text{时，}y \to -\infty]{\text{设}y = \frac{1}{x}} \lim_{y \to -\infty} \frac{3 + e^y}{1 - e^{2y}} \xlongequal[e^y \to 0]{y \to -\infty} \frac{3}{1} = 3$$

因$\lim\limits_{x \to 0^+} f(x) \neq \lim\limits_{x \to 0^-} f(x)$，所以$\lim\limits_{x \to 0} f(x)$不存在。

答案：D

2. 解 本题考查函数可微、可导与函数连续之间的关系。

对于一元函数而言，函数可导和函数可微等价。函数可导必连续，函数连续不一定可导（例如$y = |x|$在$x = 0$处连续，但不可导）。因而，$f(x)$在点$x = x_0$处连续为函数在该点处可微的必要条件。

答案：C

3. 解 利用同阶无穷小定义计算。

求极限$\lim\limits_{x \to 0} \frac{\sqrt{1-x^2}-\sqrt{1+x^2}}{x^k}$，只要当极限值为常数$C$，且$C \neq 0$时，即为同阶无穷小。

$$\lim_{x \to 0} \frac{\sqrt{1 - x^2} - \sqrt{1 + x^2}}{x^k} \xlongequal{\text{分子有理化}} \lim_{x \to 0} \frac{\left(\sqrt{1 - x^2} - \sqrt{1 + x^2}\right)\left(\sqrt{1 - x^2} + \sqrt{1 + x^2}\right)}{x^k\left(\sqrt{1 - x^2} + \sqrt{1 + x^2}\right)}$$

$$= \lim_{x \to 0} \frac{-2x^2}{x^k\left(\sqrt{1 - x^2} + \sqrt{1 + x^2}\right)} \xlongequal{\text{只有}k = 2\text{时，极限值才满足为常数}C\text{，且}C \neq 0}$$

$$\lim_{x \to 0} \frac{-2x^2}{x^2\left(\sqrt{1 - x^2} + \sqrt{1 + x^2}\right)} = -1$$

答案：B

4. 解 本题为求复合函数的二阶导数，可利用复合函数求导公式计算。

设$y = \ln u$，$u = \sin x$，先对中间变量求导，再乘以中间变量u对自变量x的导数（注意正确使用导数公式）。

$$y' = \frac{1}{\sin x} \cdot \cos x = \cot x\,,\ y'' = (\cot x)' = -\frac{1}{\sin^2 x}$$

答案：D

5. 解 本题考查罗尔中值定理。

由罗尔中值定理可知，函数满足：①在闭区间连续；②在开区间可导；③两端函数值相等，则在开区间内至少存在一点ξ，使得$f'(\xi)=0$。本题满足罗尔中值定理的条件，因而结论 B 成立。

答案：B

6. 解 $x=0$处导数不存在。x_1和O点两侧导函数符号由负变为正，函数在该点取得极小值，故x_1和O点是函数的极小值点；x_2和x_3点两侧导函数符号由正变为负，函数在该点取得极大值，故x_2和x_3点是函数的极大值点。

答案：B

7. 解 本题可用第一类换元积分方法计算，也可用凑微分方法计算。

方法 1：设$x^2+1=t$，则有$2x\mathrm{d}x=\mathrm{d}t$，即$x\mathrm{d}x=\frac{1}{2}\mathrm{d}t$

$$\int\frac{x}{\sin^2(x^2+1)}\mathrm{d}x=\int\frac{1}{\sin^2 t}\frac{1}{2}\mathrm{d}t=\frac{1}{2}\int\csc^2 t\mathrm{d}t=-\frac{1}{2}\cot t+C=-\frac{1}{2}\cot(x^2+1)+C$$

方法 2：

$$\int\frac{x}{\sin^2(x^2+1)}\mathrm{d}x=\frac{1}{2}\int\frac{1}{\sin^2(x^2+1)}\mathrm{d}(x^2+1)=-\frac{1}{2}\cot(x^2+1)+C$$

答案：A

8. 解 当$x=-1$时，$\lim\limits_{x\to-1}\frac{1}{(1+x)^2}=+\infty$，所以$x=-1$为函数的无穷不连续点。

本题为被积函数有无穷不连续点的广义积分。按照这类广义积分的计算方法，把广义积分在无穷不连续点$x=-1$处分成两部分，只有当每一部分都收敛时，广义积分才收敛，否则广义积分发散。

即：

$$\int_{-2}^{2}\frac{1}{(1+x)^2}\mathrm{d}x=\int_{-2}^{-1}\frac{1}{(1+x)^2}\mathrm{d}x+\int_{-1}^{2}\frac{1}{(1+x)^2}\mathrm{d}x$$

计算第一部分：

$$\int_{-2}^{-1}\frac{1}{(1+x)^2}\mathrm{d}x=\int_{-2}^{-1}\frac{1}{(1+x)^2}\mathrm{d}(x+1)=-\frac{1}{1+x}\Big|_{-2}^{-1}=\lim_{x\to1^-}\left(-\frac{1}{1+x}\right)-\left(-\frac{1}{-1}\right)=\infty,$$

发散

所以，广义积分发散。

答案：D

9. 解 利用两向量平行的知识以及两向量数量积的运算法则计算。

已知$\boldsymbol{\beta}/\!/\boldsymbol{\alpha}$，则有$\beta=\lambda\boldsymbol{\alpha}$（$\lambda$为任意非零常数）

所以$\boldsymbol{\alpha}\cdot\boldsymbol{\beta}=\boldsymbol{\alpha}\cdot\lambda\boldsymbol{\alpha}=\lambda(\boldsymbol{\alpha}\cdot\boldsymbol{\alpha})=\lambda[2\times2+1\times1+(-1)\times(-1)]=6\lambda$

已知$\boldsymbol{\alpha}\cdot\boldsymbol{\beta}=3$，即$6\lambda=3$，$\lambda=\frac{1}{2}$

所以$\boldsymbol{\beta}=\frac{1}{2}\boldsymbol{\alpha}=\left(1,\frac{1}{2},-\frac{1}{2}\right)$

答案：C

10. 解 因直线垂直于xOy平面，因而直线的方向向量只要选与z轴平行的向量即可，取所求直线的方向向量$\vec{s}=(0,0,1)$，如解图所示，再按照直线的点向式方程的写法写出直线方程：

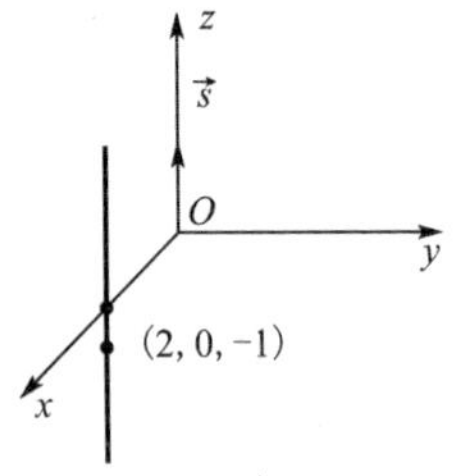

题 10 解图

$$\frac{x-2}{0}=\frac{y-0}{0}=\frac{z+1}{1}$$

答案：C

11. 解 通过分析可知，本题为一阶可分离变量方程，分离变量后两边积分求出方程的通解，再代入初始条件求出方程的特解。

$$y\ln x\mathrm{d}x-x\ln y\mathrm{d}y=0\Rightarrow y\ln x\mathrm{d}x=x\ln y\mathrm{d}y\Rightarrow\frac{\ln x}{x}\mathrm{d}x=\frac{\ln y}{y}\mathrm{d}y$$

$$\Rightarrow\int\frac{\ln x}{x}\mathrm{d}x=\int\frac{\ln y}{y}\mathrm{d}y\Rightarrow\int\ln x\mathrm{d}(\ln x)=\int\ln y\mathrm{d}(\ln y)$$

$$\Rightarrow\frac{1}{2}\ln^2x=\frac{1}{2}\ln^2y+C_1\Rightarrow\ln^2x-\ln^2y=C_2\quad(\text{其中，}C_2=2C_1)$$

代入初始条件$y(x=1)=1$，得$C_2=0$

所以方程的特解：$\ln^2x-\ln^2y=0$

答案：D

12. 解 画出积分区域D的图形，如解图所示。

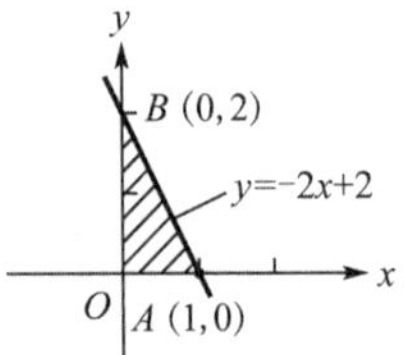

题 12 解图

方法 1：因被积函数$f(x,y)=1$，所以积分$\iint\limits_D\mathrm{d}x\mathrm{d}y$的值即为这三条直线所围成的区域面积，所以$\iint\limits_D\mathrm{d}x\mathrm{d}y=\frac{1}{2}\times1\times2=1$。

方法 2：把二重积分转化为二次积分，可先对y积分再对x积分，也可先对x积分再对y积分。本题先对y积分后再对x积分：

$$D:\begin{cases}0\leqslant x\leqslant1\\0\leqslant y\leqslant-2x+2\end{cases}$$

$$\iint\limits_D\mathrm{d}x\mathrm{d}y=\int_0^1\mathrm{d}x\int_0^{-2x+2}\mathrm{d}y=\int_0^1y\Big|_0^{-2x+2}\mathrm{d}x$$

$$=\int_0^1(-2x+2)\mathrm{d}x=(-x^2+2x)\Big|_0^1=-1+2=1$$

答案：A

13. 解 $y=C_1C_2e^{-x}$，因C_1、C_2是任意常数，可设$C=C_1\cdot C_2$（C仍为任意常数），即$y=Ce^{-x}$，则有$y'=-Ce^{-x}$，$y''=Ce^{-x}$。

代入得$Ce^{-x}-2(-Ce^{-x})-3Ce^{-x}=0$，可知$y=Ce^{-x}$为方程的解。

因$y=Ce^{-x}$仅含一个独立的任意常数，可知$y=Ce^{-x}$既不是方程的通解，也不是方程的特解，只是方程的解。

答案：D

14. 解 本题考查对坐标的曲线积分的计算方法。

应注意，对坐标的曲线积分与曲线的积分路径、方向有关，积分变量的变化区间应从起点所对应的参数积到终点所对应的参数。

L：$x^2+y^2=1$

参数方程可表示为$\begin{cases}x=\cos\theta\\y=\sin\theta\end{cases}$ $(\theta:0\to2\pi)$，则

$$\int_L\frac{y\mathrm{d}x-x\mathrm{d}y}{x^2+y^2}=\int_0^{2\pi}\frac{\sin\theta(-\sin\theta)-\cos\theta\cos\theta}{\cos^2\theta+\sin^2\theta}\mathrm{d}\theta=\int_0^{2\pi}(-1)\mathrm{d}\theta=-\theta\Big|_0^{2\pi}=-2\pi$$

答案：B

15. 解 本题函数为二元函数，先求出二元函数的驻点，再利用二元函数取得极值的充分条件判定。

$f(x,y)=xy$

求得偏导数$\begin{cases}f_x(x,y)=y\\f_y(x,y)=x\end{cases}$，则$\begin{cases}f_x(0,0)=0\\f_y(0,0)=0\end{cases}$，故点$(0,0)$为二元函数的驻点。

求得二阶导数$f''_{xx}(x,y)=0$，$f''_{xy}(x,y)=1$，$f''_{yy}(x,y)=0$

则有$A=f''_{xx}(0,0)=0$，$B=f''_{xy}(0,0)=1$，$C=f''_{yy}(0,0)=0$

$AC-B^2=-1<0$，所以在驻点$(0,0)$处取不到极值。

点$(0,0)$是驻点，但非极值点。

答案：B

16. 解 本题考查级数条件收敛、绝对收敛的有关概念，以及级数收敛与发散的基本判定方法。

将级数$\sum\limits_{n=1}^{\infty}(-1)^{n-1}\frac{1}{n^p}$各项取绝对值，得$p$级数$\sum\limits_{n=1}^{\infty}\frac{1}{n^p}$。

当$p>1$时，原级数$\sum\limits_{n=1}^{\infty}(-1)^{n-1}\frac{1}{n^p}$绝对收敛；当$0<p\leqslant1$时，级数$\sum\limits_{n=1}^{\infty}\frac{1}{n^p}$发散。所以，选项B、C均不成立。

再判定原级数$\sum\limits_{n=1}^{\infty}(-1)^{n-1}\frac{1}{n^p}$在$0<p\leqslant1$时的敛散性。

级数$\sum\limits_{n=1}^{\infty}(-1)^{n-1}\frac{1}{n^p}$为交错级数，记$u_n=\frac{1}{n^p}$。

当$p>0$时，$n^p<(n+1)^p$，则$\frac{1}{n^p}>\frac{1}{(n+1)^p}$，$u_n>u_{n+1}$，又$\lim\limits_{n\to\infty}u_n=0$，所以级数$\sum\limits_{n=1}^{\infty}(-1)^{n-1}\frac{1}{n^p}$在$0<p\leqslant1$时条件收敛。

答案：D

17. 解 利用二元函数求全微分公式$\mathrm{d}z=\frac{\partial z}{\partial x}\mathrm{d}x+\frac{\partial z}{\partial y}\mathrm{d}y$计算，然后代入$x=1$，$y=2$求出$\mathrm{d}z\Big|_{\substack{x=1\\y=2}}$的值。

（1）计算$\frac{\partial z}{\partial x}$:

$z=\left(\frac{y}{x}\right)^x$，两边取对数，得$\ln z = x\ln\left(\frac{y}{x}\right)$，两边对$x$求导，得：

$$\frac{1}{z}z_x=\ln\frac{y}{x}+x\frac{x}{y}\left(-\frac{y}{x^2}\right)=\ln\frac{y}{x}-1$$

进而得：$z_x=z\left(\ln\frac{y}{x}-1\right)=\left(\frac{y}{x}\right)^x\left(\ln\frac{y}{x}-1\right)$

（2）计算$\frac{\partial z}{\partial y}$：

$$\frac{\partial z}{\partial y}=x\left(\frac{y}{x}\right)^{x-1}\frac{1}{x}=\left(\frac{y}{x}\right)^{x-1}$$

$$\mathrm{d}z=\frac{\partial z}{\partial x}\mathrm{d}x+\frac{\partial z}{\partial y}\mathrm{d}y=\left(\frac{y}{x}\right)^x\left(\ln\frac{y}{x}-1\right)\mathrm{d}x+\left(\frac{y}{x}\right)^{x-1}\mathrm{d}y$$

$$\mathrm{d}z\Bigg|_{\substack{x=1\\y=2}}=2(\ln 2-1)\mathrm{d}x+\mathrm{d}y=2\left[(\ln 2-1)\mathrm{d}x+\frac{1}{2}\mathrm{d}y\right]$$

答案：C

18. 解　幂级数只含奇数次幂项，求出级数的收敛半径，再判断端点的敛散性。

方法 1：

$$\lim_{n\to\infty}\left|\frac{u_{n+1}(x)}{u_n(x)}\right|=\lim_{n\to\infty}\left|\frac{\frac{x^{2n+1}}{2n+1}}{\frac{x^{2n-1}}{2n-1}}\right|=\lim_{n\to\infty}\left|\frac{2n-1}{2n+1}x^2\right|=x^2$$

当$x^2<1$，即$-1<x<1$时，级数收敛；当$x^2>1$，即$x>1$或$x<-1$时，级数发散：

判断端点的敛散性。

当$x=1$时，$\sum\limits_{n=1}^{\infty}(-1)^{n-1}\frac{x^{2n-1}}{2n-1}\Rightarrow\sum\limits_{n=1}^{\infty}(-1)^{n-1}\frac{1}{2n-1}$，为交错级数，同时满足$u_n>u_{n+1}$和$\lim\limits_{n\to\infty}u_n=0$，级数收敛。

当$x=-1$时，$\sum\limits_{n=1}^{\infty}(-1)^{n-1}\frac{x^{2n-1}}{2n-1}\Rightarrow\sum\limits_{n=1}^{\infty}(-1)^{n}\frac{1}{2n-1}$，为交错级数，同时满足$u_n>u_{n+1}$和$\lim\limits_{n\to\infty}u_n=0$，级数收敛。

综上，级数$\sum\limits_{n=1}^{\infty}(-1)^{n-1}\frac{x^{2n-1}}{2n-1}$的收敛域为$[-1,1]$。

方法 2：四个选项已给出，仅在端点处不同，直接判断端点$x=1$、$x=-1$的敛散性即可。

答案：A

19. 解　利用公式$|\boldsymbol{A}^*|=|\boldsymbol{A}|^{n-1}$判断。代入$|\boldsymbol{A}|=b$，得$|\boldsymbol{A}^*|=b^{n-1}$。

答案：B

20. 解　利用公式$|\boldsymbol{A}|=\lambda_1\lambda_2\cdots\lambda_n$，当$\boldsymbol{A}$为二阶方阵时，$|\boldsymbol{A}|=\lambda_1\lambda_2$

则有$\lambda_2=\frac{|\boldsymbol{A}|}{\lambda_1}=\frac{-1}{1}=-1$

由“实对称矩阵对应不同特征值的特征向量正交”判断：

$$\begin{pmatrix}1\\1\end{pmatrix}^{\mathrm{T}}\begin{pmatrix}1\\-1\end{pmatrix}=(1,\ 1)\begin{pmatrix}1\\-1\end{pmatrix}=0$$

所以$\begin{pmatrix}1\\1\end{pmatrix}$与$\begin{pmatrix}1\\-1\end{pmatrix}$正交

答案：B

21. 解 二次型f的秩就是对应矩阵$\boldsymbol{A}$的秩。

二次型对应矩阵为$\boldsymbol{A}=\begin{bmatrix}1&1&0\\1&t&0\\0&0&3\end{bmatrix}$，$R(\boldsymbol{A})=2$，则有$|\boldsymbol{A}|=0$，即$3(t-1)=0$，可以得出$t=1$。

答案：C

22. 解 由条件概率公式和乘法公式：$P(A|B)=\frac{P(AB)}{P(B)}=\frac{P(A)P(B|A)}{P(B)}=\frac{\frac{1}{3}\times\frac{1}{6}}{\frac{1}{4}}=\frac{2}{9}$。

答案：B

23. 解 由联合分布律的性质：$\sum\limits_{i}\sum\limits_{j}p_{ij}=1$，得$\frac{1}{4}+\frac{1}{4}+\frac{1}{6}+a=1$，则$a=\frac{1}{3}$。

答案：A

24. 解 因为$X\sim U(1,\theta)$，所以$E(X)=\frac{1+\theta}{2}$，则$\theta=2E(X)-1$，用$\overline{X}$代替$E(X)$，得θ的矩估计$\hat{\theta}=2\overline{X}-1$。

答案：C

25. 解 温度的统计意义告诉我们：气体的温度是分子平均平动动能的量度，气体的温度是大量气体分子热运动的集体体现，具有统计意义，温度的高低反映物质内部分子运动剧烈程度的不同，正是因为它的统计意义，单独说某个分子的温度是没有意义的。

答案：B

26. 解 气体分子运动的三种速率：

$$v_{\mathrm{p}}=\sqrt{\frac{2kT}{m}}\approx1.41\sqrt{\frac{RT}{M}}$$

$\bar{v}=\sqrt{\frac{8kT}{\pi m}}\approx1.60\sqrt{\frac{RT}{M}}$，$\sqrt{\bar{v}^2}=\sqrt{\frac{3kT}{m}}\approx1.73\sqrt{\frac{RT}{M}}$

答案：C

27. 解 理想气体向真空作绝热膨胀，注意“真空”和“绝热”。由热力学第一定律$Q=\Delta E+W$，理想气体向真空作绝热膨胀不做功，不吸热，故内能变化为零，温度不变，但膨胀致体积增大，单位体积分子数n减少，根据$p=nkT$，故压强减小。

答案：A

28. 解 此题考查卡诺循环。

卡诺循环的热机效率为：$\eta=1-\frac{T_2}{T_1}$

T_1与T_2不同，所以效率不同。

两个循环曲线所包围的面积相等，净功相等，$W=Q_1-Q_2$，即两个热机吸收的热量与放出的热量

（绝对值）的差值一定相等。

答案： D

29. 解 此题考查理想气体分子的摩尔热容。

$$C_V = \frac{i}{2}R，C_p = C_V + R = \frac{i+2}{2}R$$

刚性双原子分子理想气体$i = 5$，故$\frac{C_p}{C_V} = \frac{7}{5}$

答案： C

30. 解 将波动方程化为标准式：$y = 0.05\cos(4\pi x - 10\pi t) = 0.05\cos 10\pi\left(t - \frac{x}{2.5}\right)$

$$u = 2.5\text{m/s}，\omega = 2\pi\nu = 10\pi，\nu = 5\text{Hz}，\lambda = \frac{u}{\nu} = \frac{2.5}{5} = 0.5\text{m}$$

答案： A

31. 解 此题考查声波的多普勒效应。

题目讨论的是火车疾驰而来时的过程与火车远离而去时人们听到的汽笛音调比较。

火车疾驰而来时音调（即频率）：$\nu'_{来} = \frac{u}{u - v_s}\nu$

火车远离而去时的音调：$\nu'_{去} = \frac{u}{u + v_s}\nu$

式中，u为声速，v_s为火车相对地的速度，ν为火车发出汽笛声的原频率。

相比，人们听到的汽笛音调应是由高变低的。

答案： A

32. 解 此题考查波的强度公式：$I = \frac{1}{2}\rho u A^2\omega^2$

保持其他条件不变，仅使振幅A增加 1 倍，则波的强度增加到原来的 4 倍。

答案： D

33. 解 两列振幅相同的相干波，在同一直线上沿相反方向传播，叠加的结果即为驻波。

叠加后形成的驻波的波动方程为：$y = y_1 + y_2 = \left(2A\cos 2\pi\frac{x}{\lambda}\right)\cos 2\pi\nu t$

驻波的振幅是随位置变化的，$A' = 2A\cos 2\pi\frac{x}{\lambda}$，波腹处有最大振幅$2A$。

答案： C

34. 解 此题考查光的干涉。

薄膜上下两束反射光的光程差：$\delta = 2n_2 e$

增透膜要求反射光相消：$\delta = 2n_2 e = (2k+1)\frac{\lambda}{2}$

$k = 0$时，膜有最小厚度，$e = \frac{\lambda}{4n_2} = \frac{500}{4\times 1.38} = 90.6\text{nm}$

答案： B

35. 解 此题考查光的衍射。

单缝衍射明纹条件光程差为半波长的奇数倍，相邻两个半波带对应点的光程差为半个波长。

答案：C

36. 解　此题考查光的干涉与偏振。

双缝干涉条纹间距$\Delta x = \frac{D}{d}\lambda$，加偏振片不改变波长，故干涉条纹的间距不变，而自然光通过偏振片光强衰减为原来的一半，故明纹的亮度减弱。

答案：B

37. 解　第一电离能是基态的气态原子失去一个电子形成+1 价气态离子所需要的最低能量。变化规律：同一周期从左到右，主族元素的有效核电荷数依次增加，原子半径依次减小，电离能依次增大；同一主族元素从上到下原子半径依次增大，电离能依次减小。

答案：D

38. 解　共价键的类型分σ键和π键。共价单键均为σ键；共价双键中含 1 个σ键，1 个π键；共价三键中含 1 个σ键，2 个π键。

丁二烯分子中，碳氢间均为共价单键，碳碳间含 1 个碳碳单键，2 个碳碳双键。结构式为：

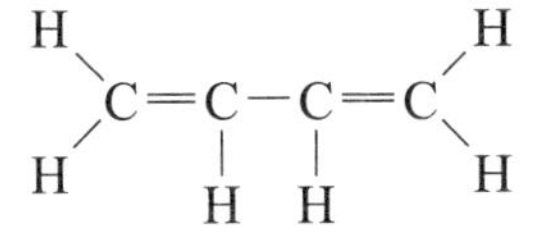

答案：B

39. 解　离子的极化作用是指离子的极化力，离子的极化力为某离子使其他离子变形的能力。极化力取决于：①离子的电荷，电荷数越多，极化力越强；②离子的半径，半径越小，极化力越强；③离子的电子构型，当电荷数相等、半径相近时，极化力的大小为：18 或 18 + 2 电子构型 > 9 ~ 17 电子构型 > 8 电子构型。每种离子都具有极化力和变形性，一般情况下，主要考虑正离子的极化力和负离子的变形性。离子半径的变化规律：同周期不同元素离子的半径随离子电荷代数值增大而减小。四个化合物中的阴离子相同，都为Cl^-，阳离子分别为Na^+、Mg^{2+}、Al^{3+}、Si^{4+}，离子半径逐渐减小，离子电荷逐渐增大，极化力逐渐增强，对Cl^-的极化作用逐渐增强，所以离子极化作用最强的是$SiCl_4$。

答案：D

40. 解　根据 $pH = -\lg C_{H^+}$，$K_W = C_{H^+} \times C_{OH^-}$

$pH = 2$时，$C_{H^+} = 10^{-2} mol \cdot L^{-1}$，$C_{OH^-} = 10^{-12} mol \cdot L^{-1}$

$pH = 4$时，$C_{H^+} = 10^{-4} mol \cdot L^{-1}$，$C_{OH^-} = 10^{-10} mol \cdot L^{-1}$

答案：C

41. 解　吉布斯函数变$\Delta G < 0$时化学反应能自发进行。根据吉布斯等温方程，当$\Delta_r H_m^\ominus > 0$，$\Delta_r S_m^\ominus > 0$

时，反应低温不能自发进行，高温能自发进行。

答案：A

42. 解 根据盐类的水解理论，NaCl为强酸强碱盐，不水解，溶液显中性；Na_2CO_3为强碱弱酸盐，水解，溶液显碱性；硫酸铝和硫酸铵均为强酸弱碱盐，水解，溶液显酸性。

答案：B

43. 解 电对对应的半反应中无H^+参与时，酸度大小对电对的电极电势无影响；电对对应的半反应中有H^+参与时，酸度大小对电对的电极电势有影响，影响结果由能斯特方程决定。

电对Fe^{3+}/Fe^{2+}对应的半反应为$Fe^{3+} + e^- = Fe^{2+}$，没有H^+参与，酸度大小对电对的电极电势无影响；电对MnO_4^-/Mn^{2+}对应的半反应为$MnO_4^- + 8H^+ + 5e^- = Mn^{2+} + 4H_2O$，有$H^+$参与，根据能斯特方程，$H^+$浓度增大，电对的电极电势增大。

答案：C

44. 解 C_5H_{12}有三个异构体，每种异构体中，有几种类型氢原子，就有几种一氯代物。

异构体 $H_3C-CH_2-CH_2-CH_2-CH_3$ 中，有2个甲基，3种一氯代物；

异构体 $H_3C-\underset{\underset{CH_3}{|}}{CH}-CH_2-CH_3$ 中，有3个甲基，4种一氯代物；

异构体 $H_3C-\overset{\overset{CH_3}{|}}{\underset{\underset{CH_3}{|}}{C}}-CH_3$ 中，有4个甲基，1种一氯代物。

答案：C

45. 解 选项A、B、C催化加氢均生成2-甲基戊烷，选项D催化加氢生成3-甲基戊烷。

答案：D

46. 解 与端基碳原子相连的羟基氧化为醛，不与端基碳原子相连的羟基氧化为酮。

答案：C

47. 解 若力F作用于构件BC上，则AC为二力构件，满足二力平衡条件，BC满足三力平衡条件，受力图如解图a）所示。

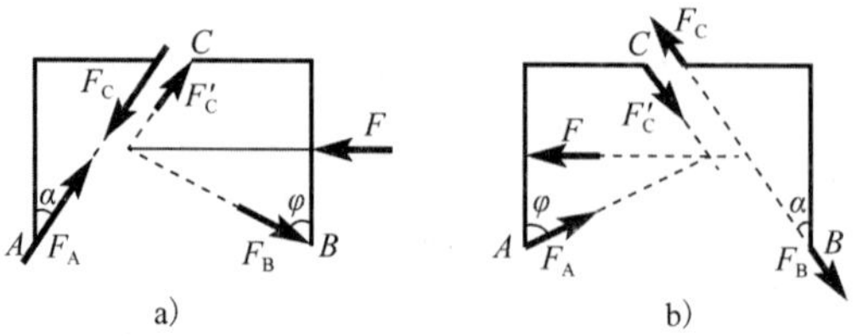

题47解图

对BC列平衡方程：

$$\sum F_x=0,\ F-F_B\sin\varphi-F_C'\sin\alpha=0$$

$$\sum F_y=0,\ F_C'\cos\alpha-F_B\cos\varphi=0$$

解得：$F_C'=\frac{F}{\sin\alpha+\cos\alpha\tan\varphi}=F_A$，$F_B=\frac{F}{\tan\alpha\cos\varphi+\sin\varphi}$

若力$\boldsymbol{F}$移至构件AC上，则BC为二力构件，而AC满足三力平衡条件，受力图如解图 b）所示。

对AC列平衡方程：

$$\sum F_x=0,\ F-F_A\sin\varphi-F_C'\sin\alpha=0$$

$$\sum F_y=0,\ F_A\cos\varphi-F_C'\cos\alpha=0$$

解得：$F_C'=\frac{F}{\sin\alpha+\cos\alpha\tan\varphi}=F_B$，$F_A=\frac{F}{\tan\alpha\cos\varphi+\sin\varphi}$

由此可见，两种情况下，只有C处约束力的大小没有改变，而A、B处约束力的大小都发生了改变。

答案：D

48. 解 由图可知力$\boldsymbol{F}_1$过A点，故向A点简化的附加力偶为 0，因此主动力系向A点简化的主矩即为$M_A=M=4\text{N}\cdot\text{m}$。

答案：A

49. 解 对系统整体列平衡方程：

$$\sum M_A(F)=0,\ M_A-F_p\left(\frac{a}{2}+r\right)=0$$

得：$M_A=F_p\left(\frac{a}{2}+r\right)$（逆时针）

答案：B

50. 解 分析节点A的平衡，可知铅垂杆为零杆，再分析节点B的平衡，节点连接的两根杆均为零杆，故内力为零的杆数是 3。

答案：A

51. 解 当$t=10\text{s}$时，$v_t=v_0+at=10a=5\text{m/s}$，故汽车的加速度$a=0.5\text{m/s}^2$。则有：

$$S=\frac{1}{2}at^2=\frac{1}{2}\times0.5\times10^2=25\text{m}$$

答案：A

52. 解 物体的角速度及角加速度分别为：$\omega=\dot{\varphi}=4-6t\text{rad/s}$，$\alpha=\ddot{\varphi}=-6\text{rad/s}^2$，则$t=1\text{s}$时物体内转动半径$r=0.5\text{m}$点的速度为：$v=\omega r=-1\text{m/s}$，切向加速度为：$a_\tau=\alpha r=-3\text{m/s}^2$。

答案：B

53. 解 构件BC是平行移动刚体，根据其运动特性，构件上各点有相同的速度和加速度，用其上一点B的运动即可描述整个构件的运动，点B的运动方程为：

$$x_B=-r\cos\theta=-r\cos\omega t$$

则其速度的表达式为$v_{BC}=\dot{x}_B=r\omega\sin\omega t$，加速度的表达式为$\alpha_{BC}=\ddot{x}_B=r\omega^2\cos\omega t$

答案： D

54. 解　质点运动微分方程：$\boldsymbol{ma} = \boldsymbol{F}$

当电梯加速下降、匀速下降及减速下降时，加速度分别向下、零、向上，代入质点运动微分方程，分别有：

$$ma = W - F_1,\ 0 = W - F_2,\ ma = F_3 - W$$

所以：$F_1 = W - ma$，$F_2 = W$，$F_3 = W + ma$

故$F_1 < F_2 < F_3$

答案： C

55. 解　定轴转动刚体动量矩的公式：$L_O = J_O\omega$

其中，$J_O = \frac{1}{2}mR^2 + mR^2$

因此，动量矩$L_O = \frac{3}{2}mR^2\omega$

答案： D

56. 解　动能定理：$T_2 - T_1 = W_{12}$

其中：$T_1 = 0$，$T_2 = \frac{1}{2}J_O\omega^2$

将$W_{12} = mg(R - R\cos\theta)$代入动能定理：$\frac{1}{2}\left(\frac{1}{2}mR^2 + mR^2\right)\omega^2 - 0 = mg(R - R\cos\theta)$

解得：$\omega = \sqrt{\frac{4g(1-\cos\theta)}{3R}}$

答案： B

57. 解　惯性力的定义为：$\boldsymbol{F}_\mathrm{I} = -\boldsymbol{ma}$

惯性力主矢的方向总是与其加速度方向相反。

答案： A

58. 解　当激振频率与系统的固有频率相等时，系统发生共振，即：

$\omega_0 = \sqrt{\frac{k}{m}} = \omega_1 = 6\mathrm{rad/s}$；$\sqrt{\frac{k}{1+m}} = \omega_2 = 5.86\mathrm{rad/s}$

联立求解可得：$m = 20.68\mathrm{kg}$，$k = 744.53\mathrm{N/m}$

答案： D

59. 解　由图可知，曲线A的强度失效应力最大，故 A 材料强度最高。

答案： A

60. 解　根据截面法可知，AB段轴力$F_{\mathrm{AB}} = F$，BC段轴力$F_{\mathrm{BC}} = -F$

则$\Delta L = \Delta L_{\mathrm{AB}} + \Delta L_{\mathrm{BC}} = \frac{Fl}{EA} + \frac{-Fl}{EA} = 0$

答案： A

61. 解 取一根木杆进行受力分析，可知剪力是F，剪切面是ab，故名义切应力$\tau=\frac{F}{ab}$。

答案： A

62. 解 此公式只适用于线弹性变形的圆截面（含空心圆截面）杆，选项A、B、C都不适用。

答案： D

63. 解 由强度条件$\tau_{\max}=\frac{T}{W_{\mathrm{p}}}\leqslant[\tau]$，可知直径为$d$的圆轴可承担的最大扭矩为$T\leqslant[\tau]W_{\mathrm{p}}=[\tau]\frac{\pi d^3}{16}$

若改变该轴直径为d_1，使$A_1=\frac{\pi d_1^2}{4}=2A=2\frac{\pi d^2}{4}$

则有$d_1^2=2d^2$，即$d_1=\sqrt{2}d$

故其可承担的最大扭矩为：$T_1=[\tau]\frac{\pi d_1^3}{16}=2\sqrt{2}[\tau]\frac{\pi d^3}{16}=2\sqrt{2}T$

答案： C

64. 解 在有关静矩的性质中可知，若平面图形对某轴的静矩为零，则此轴必过形心；反之，若某轴过形心，则平面图形对此轴的静矩为零。对称轴必须过形心，但过形心的轴不一定是对称轴。例如，平面图形的反对称轴也是过形心的。所以选项D错误。

答案： D

65. 解 集中力偶m在梁上移动，对剪力图没有影响，但是受集中力偶作用的位置弯矩图会发生突变，故力偶m位置的变化会引起弯矩图的改变。

答案： C

66. 解 若梁的长度增加一倍，最大剪力F没有变化，而最大弯矩则增大一倍，由Fl变为$2Fl$，而最大正应力$\sigma_{\max}=\frac{M_{\max}}{I_z}y_{\max}$变为原来的2倍，最大剪应力$\tau_{\max}=\frac{3F}{2A}$没有变化。

答案： C

67. 解 首先由受力分析可知，外力偶自相平衡,所以不产生支座反力，两端支座反力为零，因此左右两段弯矩为零，挠曲线必为直线 ，不能是曲线，故可以排除选项A和B。选项D中的挠曲线在外力偶作用处不符合挠曲线处处连续光滑可导的条件，所以只能选C，注意选项C中的挠曲线左右两段应该是直线，中间一段是曲线。

答案： C

68. 解 图a）、图b）两单元体中$\sigma_y=0$，用解析法公式：

$$\begin{matrix}\sigma_1\\ \sigma_3\end{matrix}=\frac{\sigma}{2}\pm\sqrt{\left(\frac{\sigma}{2}\right)^2+\tau^2}=\frac{80}{2}\pm\sqrt{\left(\frac{80}{2}\right)^2+20^2}=\begin{matrix}84.72\\ -4.72\end{matrix}\mathrm{MPa}$$

则σ_1 =84.72MPa，σ_2 =0，$\sigma_3=-4.72$MPa，两单元体主应力大小相同。

两单元体主应力的方向可以用观察法判断。

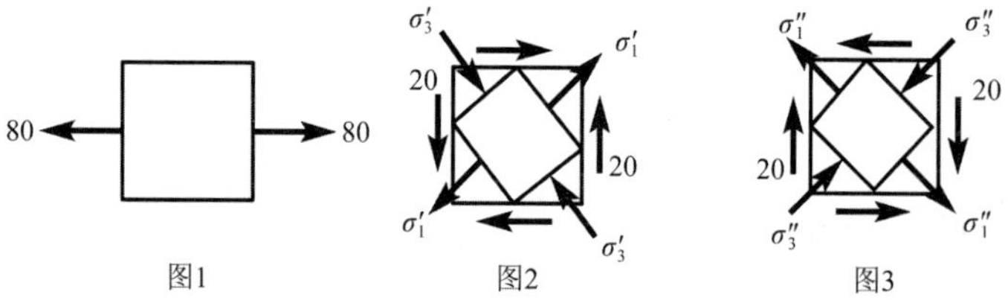

题 68 解图

题图 a）主应力的方向可以看成是图 1 和图 2 两个单元体主应力方向的叠加，显然主应力σ_1的方向在第一象限。

题图 b）主应力的方向可以看成是图 1 和图 3 两个单元体主应力方向的叠加，显然主应力σ_1的方向在第四象限。

所以两单元体主应力的方向不同。

答案：B

69. 解　轴力F_N产生的拉应力$\sigma' = \frac{F_N}{A}$，弯矩产生的最大拉应力$\sigma'' = \frac{M}{W}$，故$\sigma = \sigma' + \sigma'' = \frac{F_N}{A} + \frac{M}{W}$

扭矩T作用下产生的最大切应力$\tau = \frac{T}{W_p} = \frac{T}{2W}$，所以危险截面的应力状态如解图所示。

而$\left.\begin{matrix}\sigma_1\\ \sigma_3\end{matrix}\right\} = \frac{\sigma}{2} \pm \sqrt{\left(\frac{\sigma}{2}\right)^2 + \tau^2}$

所以，$\sigma_{r3} = \sigma_1 - \sigma_3 = 2\sqrt{\left(\frac{\sigma}{2}\right)^2 + \tau^2} = \sqrt{\sigma^2 + 4\tau^2}$

$$= \sqrt{\left(\frac{F_N}{A} + \frac{M}{W}\right)^2 + 4\left(\frac{T}{2W}\right)^2} = \sqrt{\left(\frac{F_N}{A} + \frac{M}{W}\right)^2 + \left(\frac{T}{W}\right)^2}$$

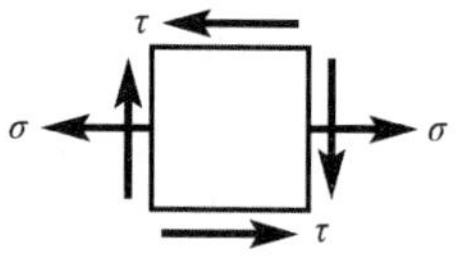

题 69 解图

答案：C

70. 解　图（A）为两端铰支压杆，其长度系数$\mu = 1$。

图（B）为一端固定、一端铰支压杆，其长度系数$\mu = 0.7$。

图（C）为一端固定、一端自由压杆，其长度系数$\mu = 2$。

图（D）为两端固定压杆，其长度系数$\mu = 0.5$。

根据临界荷载公式：$F_{cr} = \frac{\pi^2 EI}{(\mu l)^2}$，可知$F_{cr}$与$\mu$成反比，故图（D）的临界荷载最大。

答案：D

71. 解　根据连续介质假设可知，流体的物理量是连续函数。

答案：B

72. 解　盛水容器的左侧上方为敞口的自由液面，故液面上点 1 的相对压强$p_1 = 0$，而选项 B、C、D 点 1 的相对压强p_1均不等于零，故此三个选项均错误，因此可知正确答案为 A。

现根据等压面原理和静压强计算公式，求出其余各点的相对压强如下：

$p_2 = 1000 \times 9.8 \times (h_1 - h_2) = 9800 \times (0.9 - 0.4) = 4900\text{Pa} = 4.90\text{kPa}$

$p_3 = p_2 - 1000 \times 9.8 \times (h_3 - h_2) = 4900 - 9800 \times (1.1 - 0.4) = -1960\text{Pa} = -1.96\text{kPa}$

$p_4 = p_3 = -1.96\text{kPa}$（微小高度空气压强可忽略不计）

$p_5 = p_4 - 1000 \times 9.8 \times (h_5 - h_4) = -1960 - 9800 \times (1.33 - 0.75) = -7644\text{Pa} = -7.64\text{kPa}$

答案： A

73. 解 流体连续方程是根据质量守恒原理和连续介质假设推导而得的，在此条件下，同一流路上任意两断面的质量流量需相等，即$\rho_1 v_1 A_1 = \rho_2 v_2 A_2$。对不可压缩流体，密度$\rho$为不变的常数，即$\rho_1 = \rho_2$，故连续方程简化为：$v_1 A_1 = v_2 A_2$。

答案： B

74. 解 由尼古拉兹实验曲线图可知，在紊流光滑区，随着雷诺数 Re 的增大，沿程损失系数将减小。

答案： B

75. 解 薄壁小孔口流量公式：$Q_1 = \mu_1 A_1 \sqrt{2gH_{01}}$

圆柱形外管嘴流量公式：$Q_2 = \mu_2 A_2 \sqrt{2gH_{02}}$

按题设条件：$d_1 = d_2$，即可得$A_1 = A_2$

另有题设条件：$H_{01} = H_{02}$

由于小孔口流量系数$\mu_1 = 0.60 \sim 0.62$，圆柱形外管嘴流量系数$\mu_2 = 0.82$，即$\mu_1 < \mu_2$

综上，则有$Q_1 < Q_2$

答案： B

76. 解 水力半径R等于过流面积除以湿周，即$R = \frac{\pi r_0^2}{2\pi r_0}$

代入题设数据，可得水力半径$R = \frac{\pi \times 4^2}{2 \times \pi \times 4} = 2\text{m}$

答案： C

77. 解 普通完全井流量公式：$Q = 1.366 \frac{k(H^2 - h^2)}{\lg \frac{R}{r_0}}$

代入题设数据：$0.0276 = 1.366 \frac{k(15^2 - 10^2)}{\lg \frac{375}{0.3}}$

解得：$k = 0.0005\text{m/s}$

答案： A

78. 解 由沿程水头损失公式：$h_\text{f} = \lambda \frac{L}{d} \cdot \frac{v^2}{2g}$，可解出沿程损失系数$\lambda = \frac{2gdh_\text{f}}{Lv^2}$，写成量纲表达式$\dim\left(\frac{2gdh_\text{f}}{Lv^2}\right) = \frac{\text{LT}^{-2}\text{LL}}{\text{LL}^2\text{T}^{-2}} = 1$，即$\dim(\lambda) = 1$。故沿程损失系数$\lambda$为无量纲数。

答案： D

79. 解 线圈中通入直流电流I，磁路中磁通Φ为常量，根据电磁感应定律：

$$e = -N\frac{\text{d}\Phi}{\text{d}t} = 0$$

本题中电压—电流关系仅受线圈的电阻R影响，所以$U = IR$。

答案： A

80. 解　本题为交流电源，电流受电阻和电感的影响。

电压–电流关系为：

$$u = u_R + u_L = iR + L\frac{di}{dt}$$

即$u_L = L\frac{di}{dt}$

答案： D

81. 解　图示电路分析如下：

$I_s = I_R - 0.2 = \frac{U_s}{R} - 0.2 = \frac{-6}{10} - 0.2 = -0.8A$

根据直流电路的欧姆定律和节点电流关系分析即可。

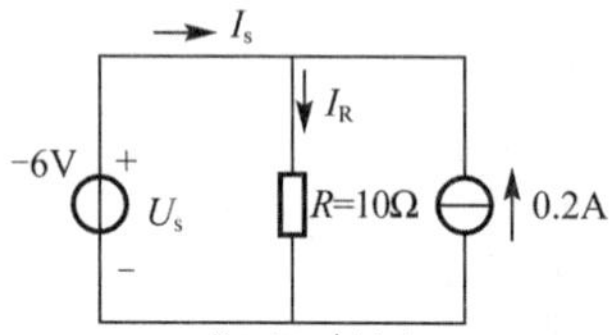

题 81 解图

答案： A

82. 解　从电压电流的波形可以分析：

最大值：　$I_m = 3A$　　$U_m = 10V$

有效值：　$I = \frac{I_m}{\sqrt{2}} = 2.12A$　　$U = \frac{U_m}{\sqrt{2}} = 7.07V$

初相位：　$\varphi_i = +90°$　　$\varphi_u = -90°$

$\dot{U}$、$\dot{I}$的复数形式为：

$\dot{U} = 7.07\angle -90° = -j7.07V$

$\dot{I} = 2.12\angle 90° = j2.12A$

答案： A

83. 解　交流电路中电压、电流与有功功率的基本关系为：

$$P = UI\cos\varphi \quad (\cos\varphi\text{是功率因数})$$

可知，$I = \frac{P}{U\cos\varphi} = \frac{8000}{220 \times 0.6} = 60.6A$

答案： B

84. 解　在开关 S 闭合时刻：

$$U_{C(0+)} = 0V，I_{L(0+)} = 0A$$

则

$$U_{R_1(0+)} = U_{R_2(0+)} = 0V$$

根据电路的回路电压关系：$\sum U_{(0+)} = -10 + U_{L(0+)} + U_{C(0+)} + U_{R_1(0+)} + U_{R_2(0+)} = 0$

代入数值，得$U_{L(0+)} = 10V$

答案：A

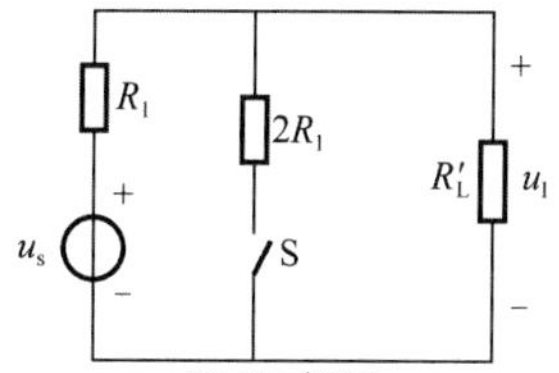

题 85 解图

85. 解　图示电路可以等效为解图，其中，$R'_L = K^2R_L$。

在 S 闭合时，$2R_1 // R'_L = R_1$，可知$R'_L = 2R_1$

如果开关 S 打开，则$u_1 = \frac{R'_L}{R_1+R'_L}u_s = \frac{2}{3}u_s = 60\sqrt{2}\sin\omega t$ V

答案：C

86. 解　三相异步电动机满载启动时必须保证电动机的启动力矩大于电动机的额定力矩。四个选项中，A、B、D 均属于降压启动，电压降低的同时必会导致启动力矩降低。所以应该采用转子绕组串电阻的方案，只有绕线式电动机的转子才能串电阻。

答案：C

87. 解　采样信号是离散时间信号（有些时间点没有定义），而模拟信号和采样保持信号才是时间上的连续信号。

答案：A

88. 解　周期信号的频谱是离散的。

信号$u_1(t)$和$u_2(t)$的幅值频谱均符合以上特征。所不同的是图 b）所示信号含有直流分量，而图 a）所示信号不包括直流分量。

答案：C

89. 解　放大器是对信号的幅值（电压或电流）进行放大，以不失真为条件，目的是便于后续处理。

答案：D

90. 解　逻辑函数化简：

$$F = ABC + A\overline{B} + AB\overline{C} = AB(C + \overline{C}) + A\overline{B} = AB + A\overline{B} = A(B + \overline{B}) = A$$

答案：A

91. 解　$F = \overline{A + B}$

（F函数与A、B信号为或非关系，可以用口诀“A、B”有 1，“F”则 0 处理）

即如解图所示。

题 91 解图

答案：A

92. 解　从真值表到逻辑表达式的方法：首先在真值表中F = 1的项用“或”组合；然后每个F = 1

的项对应一个输入组合的“与”逻辑，其中输入变量值为 1 的写原变量，取值为 0 的写反变量；最后将输出函数 F“合成”或的逻辑表达式。

根据真值表可以写出逻辑表达式为：$F=\overline{AB}C+\overline{A}B\overline{C}$

答案： B

93. 解 因为二极管 D_2 的阳极电位为 5V，而二极管 D_1 的阳极电位为 1V，可见二极管 D_2 是优先导通的。之后 u_F 电位箝位为 5V，二极管 D_1 可靠截止。i_R 电流通道如解图虚线所示。

$$i_R=\frac{u_B}{R}=\frac{5}{1000}=5mA$$

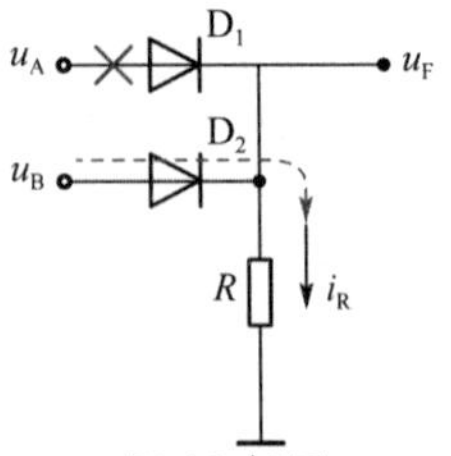

题 93 解图

答案： A

94. 解 图 a）是反向加法运算电路，图 b）是同向加法运算电路，图 c）是减法运算电路。

答案： A

95. 解 当清零信号 $\overline{R}_D=0$ 时，两个触发器同时为零。D触发器在时钟脉冲 CP 的前沿触发，JK 触发器在时钟脉冲 CP 的后沿触发。如解图所示，在 t_1 时刻，$Q_D=1$，$Q_{JK}=0$。

答案： B

96. 解 从解图分析可知为四进制计数器（4 个时钟周期完成一次循环）。

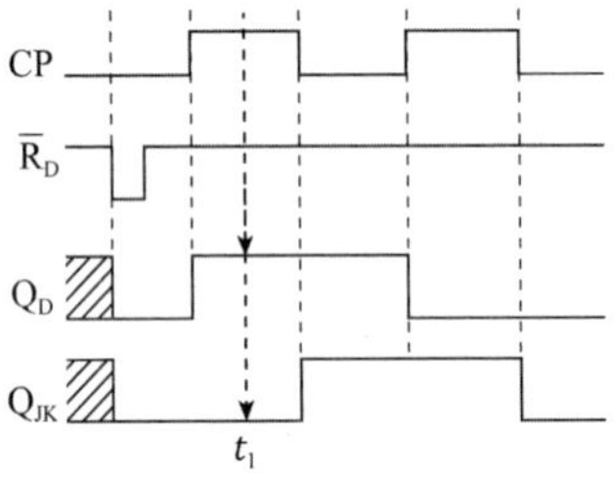

题 95 解图

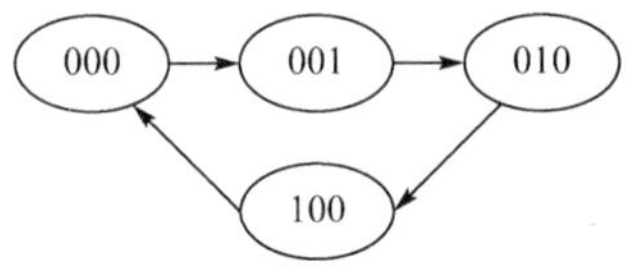

题 96 解图

答案： C

97. 解 CPU 是分析指令和执行指令的部件，是计算机的核心。它主要是由运算器和控制器组成。

答案： A

98. 解 总线就是一组公共信息传输线路，它能为多个部件服务，可分时地发送与接收各部件的信息。总线的工作方式通常是由发送信息的部件分时地将信息发往总线，再由总线将这些信息同时发往各个接收信息的部件。从总线的结构可以看出，所有设备和部件均可通过总线交换信息，因此要用总线将计算机硬件系统中的各个部件连接起来。

答案： A

99. 解 按照操作系统提供的服务，大致可以把操作系统分为以下几类：简单操作系统、分时操作系统、实时操作系统、网络操作系统、分布式操作系统和智能操作系统。简单操作系统的主要功能是操作命令的执行，文件服务，支持高级程序设计语言编译程序和控制外部设备等。分时系统支持位于不同终端的多个用户同时使用一台计算机，彼此独立互不干扰，用户感到好像一台计算机为他所用。实时操作系统的主要特点是资源的分配和调度，首先要考虑实时性，然后才是效率，此外，还应有较强的容错能力。网络操作系统是与网络的硬件相结合来完成网络的通信任务。分布式操作系统能使系统中若干台计算机相互协作完成一个共同的任务，这使得各台计算机组成一个完整的，功能强大的计算机系统。智能操作系统大多数应用在手机上。

答案：C

100. 解 计算机可直接执行的是机器语言编制的程序，它采用二进制编码形式，是由 CPU 可以识别的一组由 0、1 序列构成的指令码。其他三种语言都需要编码、编译器。

答案：C

101. 解 ASCII 码最高位都置成 0，它是“美国信息交换标准代码”的简称，是目前国际上最为流行的字符信息编码方案。在这种编码方案中每个字符用 7 个二进制位表示。对于两个字节的国标码将两个字节的最高位都置成 1，而后由软件或硬件来对字节最高位做出判断，以区分 ASCII 码与国标码。

答案：B

102. 解 GB 是 giga byte 的缩写，其中 G 表示 1024M，B 表示字节，相当于 10 的 9 次方，用二进制表示，则相当于 2 的 30 次方，即$2^{30} \approx 1024 \times 1024\mathrm{K}$。

答案：C

103. 解 国家计算机病毒应急处理中心与计算机病毒防治产品检测中心制定了防治病毒策略：①建立病毒防治的规章制度，严格管理；②建立病毒防治和应急体系；③进行计算机安全教育，提高安全防范意识；④对系统进行风险评估；⑤选择经过公安部认证的病毒防治产品；⑥正确配置使用病毒防治产品；⑦正确配置系统，减少病毒侵害事件；⑧定期检查敏感文件；⑨适时进行安全评估，调整各种病毒防治策略；⑩建立病毒事故分析制度；⑪确保恢复，减少损失。

答案：D

104. 解 操作系统作为一种系统软件，存在着与其他软件明显不同的特征分别是并发性、共享性和随机性。并发性是指在计算机中同时存在有多个程序，从宏观上看，这些程序是同时向前进行操作的。共享性是指操作系统程序与多个用户程序共用系统中的各种资源。随机性是指操作系统的运行是在一个随机的环境中进行的。

答案：A

105. 解 21 世纪是一个以网络为核心技术的信息化时代，其典型特征就是数字化、网络化和信息化。构成信息化社会的主要技术支柱有三个，那就是计算机技术、通信技术和网络技术。

答案：A

106. 解 在网络安全技术中，鉴别是用来验明用户或信息的真实性。对实体声称的身份进行唯一性地识别，以便验证其访问请求或保证信息是否来自或到达指定的源和目的。鉴别技术可以验证消息的完整性，有效地对抗冒充、非法访问、重演等威胁。

答案：C

107. 解 根据题意，按半年复利计息，则一年计息周期数$m=2$，年实际利率$i=8.6\%$，由名义利率r求年实际利率i的公式为：

$$i=\left(1+\frac{r}{m}\right)^{m}-1$$

则$8.6\%=\left(1+\frac{r}{2}\right)^{2}-1$，解得名义利率$r=8.42\%$。

答案：D

108. 解 根据建设项目经济评价方法的有关规定，在建设项目财务评价中，对于先征后返的增值税、按销量或工作量等依据国家规定的补助定额计算并按期给予的定额补贴，以及属于财政扶持而给予的其他形式的补贴等，应按相关规定合理估算，记作补贴收入。

答案：A

109. 解 建设项目按融资的性质分为权益融资和债务融资，权益融资形成项目的资本金，债务融资形成项目的债务资金。资本金的筹集方式包括股东投资、发行股票、政府投资等，债务资金的筹集方式包括各种贷款和债券、出口信贷、融资租赁等。

答案：B

110. 解 偿债备付率$=\frac{\text{用于计算还本付息的资金}}{\text{应还本付息金额}}$

式中，用于计算还本付息的资金=息税前利润+折旧和摊销−所得税

本题的偿债备付率为：偿债备付率$=\frac{200+30-20}{100}$=2.1 万元

答案：C

111. 解 融资前项目投资的现金流量包括现金流入和现金流出，其中现金流入包括营业收入、补贴收入、回收固定资产余值、回收流动资金等，现金流出包括建设投资、流动资金、经营成本和税金等。资产处置分配属于投资各方现金流量中的项目，借款本金偿还和借款利息偿还属于资本金现金流量分析中现金流量的项目。

答案：B

112. 解 以产量表示的盈亏平衡产量为：

$$BEP_{产量} = \frac{年固定总成本}{单位产品销售价格 - 单位产品可变成本 - 单位产品销售税金及附加 - 单位产品增值税}$$

$$= \frac{1000}{1000 - 800} = 5 \text{ 万 t}$$

以生产能力利用率表示的盈亏平衡点为：

$$BEP_{生产能力利用率} = \frac{盈亏平衡产量}{设计生产能力} = \frac{5}{6} \times 100\% = 83.3\%$$

答案： D

113. 解 两项目的差额现金流量：

差额投资$_{乙-甲}$$= 1000 - 500 = 500$万元，差额年收益$_{乙-甲}$$= 250 - 140 = 110$万元

所以两项目的差额净现值为：

差额净现值$_{乙-甲}$$= -500 + 110(P/A, 10\%, 10) = -500 + 110 \times 6.1446 = 175.9$万元

答案： A

114. 解 根据价值工程原理，价值= 功能/成本，该项目提高价值的途径是功能不变，成本降低。

答案： A

115. 解 2011 年修订的《中华人民共和国建筑法》第八条规定：

申请领取施工许可证，应当具备下列条件：

（一）已经办理该建筑工程用地批准手续；

（二）在城市规划区的建筑工程，已经取得规划许可证；

（三）需要拆迁的，其拆迁进度符合施工要求；

（四）已经确定建筑施工企业；

（五）有满足施工需要的施工图纸及技术资料；

（六）有保证工程质量和安全的具体措施；

（七）建设资金已经落实；

（八）法律、行政法规规定的其他条件。

所以选项 A、B 都是对的。

另外，按照 2014 年执行的《建筑工程施工许可管理办法》第（八）条的规定：建设资金已经落实。建设工期不足一年的，到位资金原则上不得少于工程合同价的 50%，建设工期超过一年的，到位资金原则上不得少于工程合同价的 30%。按照上条规定，选项 C 也是对的。

只有选项 D 与《建筑工程施工许可管理办法》第（五）条文字表述不太一致，原条文（五）有满足施工需要的技术资料，施工图设计文件已按规定审查合格。选项 D 中没有说明施工图审查合格的论述，所以只能选 D。

但是，提醒考生注意：

2019 年 4 月 23 日十三届人大常务委员会第十次会议上对原《中华人民共和国建筑法》第八条做了较大修改，修改后的条文是：

第八条 申请领取施工许可证，应当具备下列条件：

（一）已经办理该建筑工程用地批准手续；

（二）依法应当办理建设工程规划许可证的，已经取得规划许可证；

（三）需要拆迁的，其拆迁进度符合施工要求；

（四）已经确定建筑施工企业；

（五）有满足施工需要的资金安排、施工图纸及技术资料；

（六）有保证工程质量和安全的具体措施。

据此《建筑工程施工许可管理办法》也已做了相应修改。

答案：D

116. 解 《中华人民共和国安全生产法》第二十一条规定，生产经营单位的主要负责人对本单位安全生产工作负有下列职责：

（一）建立健全并落实本单位全员安全生产责任制，加强安全生产标准化建设；

（二）组织制定并实施本单位安全生产规章制度和操作规程；

（三）组织制定并实施本单位安全生产教育和培训计划；

（四）保证本单位安全生产投入的有效实施；

（五）组织建立并落实安全风险分级管控和隐患排查治理双重预防工作机制，督促、检查本单位的安全生产工作，及时消除生产安全事故隐患；

（六）组织制定并实施本单位的生产安全事故应急救援预案；

（七）及时、如实报告生产安全事故。

答案：C

117. 解 《中华人民共和国招标投标法》第三条规定：

在中华人民共和国境内进行下列工程建设项目包括项目的勘察、设计、施工、监理以及与工程建设有关的重要设备、材料等的采购，必须进行招标：

（一）大型基础设施、公用事业等关系社会公共利益、公众安全的项目；

（二）全部或者部分使用国有资金投资或者国家融资的项目；

（三）使用国际组织或者外国政府贷款、援助资金的项目。

选项 D 不在上述法律条文必须进行招标的规定中。

答案：D

118. 解　《中华人民共和国民法典》第四百七十二条规定：

要约是希望和他人订立合同的意思表示，该意思表示应当符合下列规定：

（一）内容具体确定；

（二）表明经受要约人承诺，要约人即受该意思表示约束。

选项 C 不符合上述条文规定。

答案：C

119. 解　《中华人民共和国行政许可法》（2019 年修订）第三十二条规定，行政机关对申请人提出的行政许可申请，应当根据下列情况分别作出处理：

（一）申请事项依法不需要取得行政许可的，应当即时告知申请人不受理；

（二）申请事项依法不属于本行政机关职权范围的，应当即时作出不予受理的决定，并告知申请人向有关行政机关申请；

（三）申请材料存在可以当场更正的错误的，应当允许申请人当场更正；

（四）申请材料不齐全或者不符合法定形式的，应当当场或者在五日内一次告知申请人需要补正的全部内容，逾期不告知的，自收到申请材料之日起即为受理；

（五）申请事项属于本行政机关职权范围，申请材料齐全、符合法定形式，或者申请人按照本行政机关的要求提交全部补正申请材料的，应当受理行政许可申请。

行政机关受理或者不予受理行政许可申请，应当出具加盖本行政机关专用印章和注明日期的书面凭证。

选项 A 和 B 都与法规条文不符，两条内容是互相抄错了。

选项 C 明显不符合规定，正确的做法是当场改正。

选项 D 正确。

答案：D

120. 解　《建设工程质量管理条例》第九条规定，建设单位必须向有关的勘察、设计、施工、工程监理等单位提供与建设工程有关的原始资料。原始资料必须真实、准确、齐全。

所以选项 D 正确。

选项 C 明显错误。

选项 B 也不对，工程质量监督手续应当在领取施工许可证之前办理。

选项 A 的说法不符合原文第十条：建设工程发包单位不得迫使承包方以低于成本的价格竞标。“低价”和“低于成本价”有本质上的不同。虽然低价竞标可能带来质量问题，但《建设工程质量管理条例》主要关注的是工程质量，并未直接禁止低价竞标行为。此选项虽有其合理性，但不是条例的直接规定，因此选项 A 错误。

答案：D

2020年度全国勘察设计注册工程师执业资格考试基础考试（上）

试题解析及参考答案

1. 解　本题考查当$x \to +\infty$时，无穷大量的概念。

选项A，$\lim\limits_{x\to+\infty}\frac{1}{2+x}=0$；

选项B，$\lim\limits_{x\to+\infty}x\cos x$计算结果在$-\infty$到$+\infty$间连续变化，不符合当$x \to +\infty$函数值趋向于无穷大，且函数值越来越大的定义；

选项D，当$x \to +\infty$时，$\lim\limits_{x\to+\infty}(1-\arctan x)=1-\frac{\pi}{2}$。

故选项A、B、D均不成立。

选项C，$\lim\limits_{x\to+\infty}(e^{3x}-1)=+\infty$。

答案：C

2. 解　本题考查函数$y=f(x)$在x_0点导数的几何意义。

已知曲线$y=f(x)$在$x=x_0$处有切线，函数$y=f(x)$在$x=x_0$点导数的几何意义表示曲线$y=f(x)$在$(x_0,f(x_0))$点切线斜率，方向和x轴正向夹角的正切即斜率$k=\tan\alpha$，只有当$\alpha\to\frac{\pi}{2}$时，才有$\lim\limits_{x\to x_0}f'(x)=\lim\limits_{\alpha\to\frac{\pi}{2}}\tan\alpha=\infty$，因而在该点的切线与$oy$轴平行。

选项A、C、D均不成立。

答案：B

3. 解　本题考查隐函数求导方法。可利用一元隐函数求导方法或二元隐函数求导方法或微分运算法则计算，但一般利用二元隐函数求导方法计算更简单。

方法1：用二元隐函数方法计算。

设$F(x,y)=\sin y+e^x-xy^2$，$F_x'=e^x-y^2$，$F_y'=\cos y-2xy$，故

$$\frac{\mathrm{d}y}{\mathrm{d}x}=-\frac{F_x}{F_y}=-\frac{e^x-y^2}{\cos y-2xy}=\frac{y^2-e^x}{\cos y-2xy}$$

$$\mathrm{d}y=\frac{y^2-e^x}{\cos y-2xy}\mathrm{d}x$$

方法2：用一元隐函数方法计算。

已知$\sin y+e^x-xy^2=0$，方程两边对x求导，得$\cos y\frac{\mathrm{d}y}{\mathrm{d}x}+e^x-\left(y^2+2xy\frac{\mathrm{d}y}{\mathrm{d}x}\right)=0$，

整理$(\cos y-2xy)\frac{\mathrm{d}y}{\mathrm{d}x}=y^2-e^x$，$\frac{\mathrm{d}y}{\mathrm{d}x}=\frac{y^2-e^x}{\cos y-2xy}$，故$\mathrm{d}y=\frac{y^2-e^x}{\cos y-2xy}\mathrm{d}x$

方法3：用微分运算法则计算。

已知$\sin y+e^x-xy^2=0$，方程两边求微分，得$\cos y\,\mathrm{d}y+e^x\mathrm{d}x-(y^2\mathrm{d}x+2xy\mathrm{d}y)=0$，

整理$(\cos y-2xy)\mathrm{d}y=(y^2-e^x)\mathrm{d}x$，故$\mathrm{d}y=\frac{y^2-e^x}{\cos y-2xy}\mathrm{d}x$

选项 A、B、C 均不成立。

答案：D

4. 解 本题考查一元抽象复合函数高阶导数的计算，计算中注意函数的复合层次，特别是求二阶导时更应注意。

$y=f(e^x)$，$\frac{\mathrm{d}y}{\mathrm{d}x}=f'(e^x)\cdot e^x=e^x\cdot f'(e^x)$

$$\frac{\mathrm{d}^2y}{\mathrm{d}x^2}=e^x\cdot f'(e^x)+e^x\cdot f''(e^x)\cdot e^x=e^x\cdot f'(e^x)+e^{2x}\cdot f''(e^x)$$

选项 A、B、D 均不成立。

答案：C

5. 解 本题考查罗尔定理所满足的条件。首先要掌握定理的条件：①函数在闭区间连续；②函数在开区间可导；③函数在区间两端的函数值相等。三条均成立才行。

选项 A，$\left(x^{\frac{2}{3}}\right)'=\frac{2}{3}x^{-\frac{1}{3}}=\frac{2}{3}\frac{1}{\sqrt[3]{x}}$，在$x=0$处不可导，因而在$(-1,1)$可导不满足。

选项 C，$f(x)=|x|=\begin{cases}x & x\geqslant 0\\ -x & x<0\end{cases}$，函数在$x=0$左导数为$-1$，在$x=0$右导数为 1，因而在$x=0$处不可导，在$(-1,1)$可导不满足。

选项 D，$f(x)=\frac{1}{x}$，函数在$x=0$处间断，因而在$[-1,1]$连续不成立。

选项 A、C、D 均不成立。

选项 B，$f(x)=\sin x^2$在$[-1,1]$上连续，$f'(x)=2x\cdot\cos x^2$在$(-1,1)$可导，且$f(-1)=f(1)=\sin 1$，三条均满足。

答案：B

6. 解 本题考查曲线$f(x)$求拐点的计算方法。

$f(x)=x^4+4x^3+x+1$的定义域为$(-\infty,+\infty)$，

$f'(x)=4x^3+12x^2+1$，$f''(x)=12x^2+24x=12x(x+2)$

令$f''(x)=0$，即$12x(x+2)=0$，得到$x=0$，$x=-2$

$x=-2$，$x=0$，分定义域为$(-\infty,-2)$，$(-2,0)$，$(0,+\infty)$，

检验$x=-2$点，在区间$(-\infty,-2)$，$(-2,0)$上二阶导的符号：

当在$(-\infty,-2)$时，$f''(x)>0$，凹；当在$(-2,0)$时，$f''(x)<0$，凸。

所以$x=-2$为拐点的横坐标。

检验$x=0$点，在区间$(-2,0)$，$(0,+\infty)$上二阶导的符号：

当在$(-2,0)$时，$f''(x)<0$，凸；当在$(0,+\infty)$时，$f''(x)>0$，凹。

所以$x=0$为拐点的横坐标。

综上，函数有两个拐点。

答案：C

7. 解　本题考查函数原函数的概念及不定积分的计算方法。

已知函数$f(x)$的一个原函数是$1+\sin x$，即$f(x)=(1+\sin x)'=cos\,x$，$f'(x)=-\sin x$。

方法 1：

$$\int xf'(x)\mathrm{d}x=\int x(-\sin x)\mathrm{d}x=\int x\mathrm{d}\cos x=x\cos x-\int \cos x\mathrm{d}x=x\cos x-\sin x+c$$
$$=x\cos x-\sin x-1+C=x\cos x-(1+\sin x)+C\quad(\text{其中}C=1+c)$$

方法 2：

$\int xf'(x)\mathrm{d}x=\int x\mathrm{d}f(x)=xf(x)-\int f(x)\mathrm{d}x$，因为函数$f(x)$的一个原函数是$1+\sin x$，所以$f(x)=(1+\sin x)'=\cos x$且$\int f(x)\mathrm{d}x=1+\sin x+C_1$，则原式$=x\cos x-(1+\sin x)+C$（其中$C=-C_1$）。

答案：B

8. 解　本题考查平面图形绕x轴旋转一周所得到的旋转体体积算法，如解图所示。

$x\in[0,1]$

$[x,x+\mathrm{d}x]$：$\mathrm{d}V=\pi f^2(x)\mathrm{d}x=\pi x^6\mathrm{d}x$

$$V=\int_0^1\pi\cdot x^6\mathrm{d}x=\pi\cdot\frac{1}{7}x^7\Big|_0^1=\frac{\pi}{7}$$

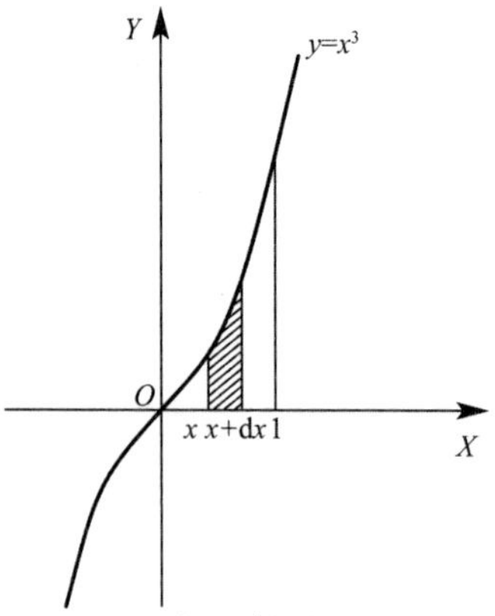

题 8 解图

答案：A

9. 解　本题考查两向量的加法，向量与数量的乘法和运算，以及两向量垂直与坐标运算的关系。

已知$\boldsymbol{\alpha}=(5,1,8)$，$\boldsymbol{\beta}=(3,2,7)$

$\lambda\boldsymbol{\alpha}+\boldsymbol{\beta}=\lambda(5,1,8)+(3,2,7)=(5\lambda+3,\lambda+2,8\lambda+7)$

设oz轴的单位正向量为$\boldsymbol{\tau}=(0,0,1)$

已知$\lambda\boldsymbol{\alpha}+\boldsymbol{\beta}$与$oz$轴垂直，由两向量数量积的运算：

$\boldsymbol{a}\cdot\boldsymbol{b}=a_xb_x+a_yb_y+a_zb_z$，$\boldsymbol{a}\perp b$，则$\boldsymbol{a}\cdot\boldsymbol{b}=0$，即$a_xb_x+a_yb_y+a_zb_z=0$

所以$(\lambda\boldsymbol{\alpha}+\boldsymbol{\beta})\cdot\boldsymbol{\tau}=0$，$0+0+8\lambda+7=0$，$\lambda=-\frac{7}{8}$

答案：B

10. 解　本题考查直线与平面平行时，直线的方向向量和平面法向量间的关系，求出平面的法向量及所求平面方程。

（1）求平面的法向量

设oz轴的方向向量$\vec{r}=(0,0,1)$，$\overrightarrow{M_1M_2}=(1,1,-1)$，则

$$\overrightarrow{M_1M_2}\times\vec{r}=\begin{vmatrix}\vec{i} & \vec{j} & \vec{k}\\ 1 & 1 & -1\\ 0 & 0 & 1\end{vmatrix}=\vec{i}-\vec{j}$$

所求平面的法向量$\vec{n}_{平面}=\vec{i}-\vec{j}=(1,-1,0)$

（2）写出所求平面的方程

已知$M_1(0,-1,2)$，$\vec{n}_{平面}=(1,-1,0)$，则

$1\cdot(x-0)-1\cdot(y+1)+0\cdot(z-2)=0$，即$x-y-1=0$

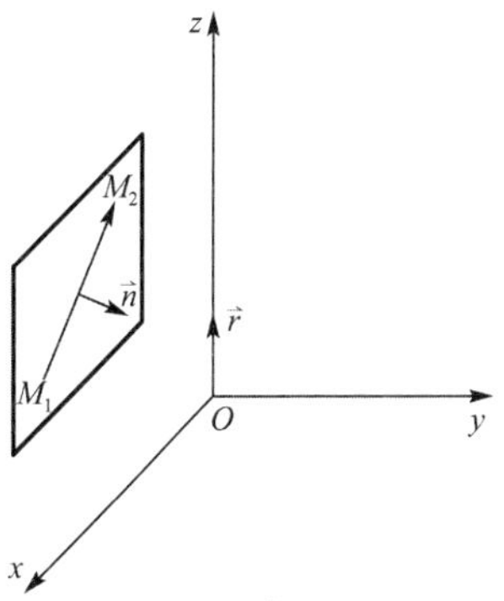

题 10 解图

答案：D

11. 解 本题考查利用题目给出的已知条件，写出曲线微分方程。

设曲线方程为$y=f(x)$，已知曲线的切线斜率为$2x$，列式$f'(x)=2x$，

又知曲线$y=f(x)$过$(1,2)$点，满足微分方程的初始条件$y|_{x=1}=2$，

即$f'(x)=2x$，$y|_{x=1}=2$为所求。

答案：C

12. 解 平面区域D是直线$y=x$和圆$x^2+(y-1)^2=1$所围成的在直线$y=x$下方的图形。如解图所示。

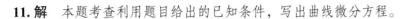

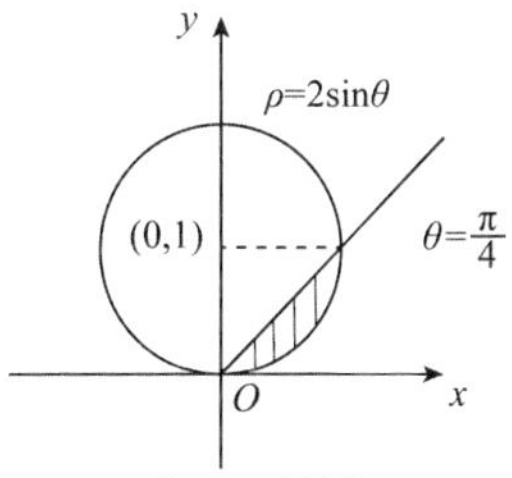

题 12 解图

利用直角坐标系和极坐标的关系：$\begin{cases}x=\rho\cos\theta\\ y=\rho\sin\theta\end{cases}$

得到圆的极坐标系下的方程为：由$x^2+(y-1)^2=1$，整理得$x^2+y^2=2y$

则$\rho^2=2\rho\sin\theta$，即$\rho=2\sin\theta$

直线$y=x$的极坐标系下的方程为：$\theta=\frac{\pi}{4}$

所以积分区域D在极坐标系下为：$\begin{cases}0\leqslant\theta\leqslant\frac{\pi}{4}\\ 0\leqslant\rho\leqslant 2\sin\theta\end{cases}$

被积函数x代换成$\rho\cos\theta$，极坐标系下面积元素为$\rho\mathrm{d}\rho\mathrm{d}\theta$，则

$$\iint\limits_D x\mathrm{d}x\mathrm{d}y=\int_0^{\frac{\pi}{4}}\mathrm{d}\theta\int_0^{2\sin\theta}\rho\cdot\cos\theta\cdot\rho\mathrm{d}\rho=\int_0^{\frac{\pi}{4}}\cos\theta\mathrm{d}\theta\int_0^{2\sin\theta}\rho^2\mathrm{d}\rho$$

答案：D

13. 解 本题考查微分方程解的结构。可将选项代入微分方程，满足微分方程的才是解。

已知y_1是微分方程$y''+py'+qy=f(x)(f(x)\neq 0)$的解，即将$y_1$代入后，满足微分方程$y_1''+py_1'+qy_1=f(x)$，但对任意常数$C_1(C_1\neq 1)$，$C_1y_1$得到的解均不满足微分方程，验证如下：

设$y=C_1y_1(C_1\neq 1)$，求导$y'=C_1y_1'$，$y''=C_1y_1''$，$y=C_1y_1$代入方程得：

$$C_1y_1''+pC_1y_1'+qC_1y_1=C_1(y_1''+py_1'+qy_1)=C_1f(x)\neq f(x)$$

所以C_1y_1不是微分方程的解。

因而在选项 A、B、D 中，含有常数$C_1(C_1\neq 1)$乘y_1的形式，即C_1y_1这样的解均不满足方程解的条件，所以选项 A、B、D 均不成立。

可验证选项C成立。已知：

$y = y_0 + y_1$，$y' = y_0' + y_1'$，$y'' = y_0'' + y_1''$，代入方程，得：

$$(y_0'' + y_1'') + p(y_0' + y_1') + q(y_0 + y_1) = y_0'' + py_0' + qy_0 + y_1'' + py_1' + qy_1$$
$$= 0 + f(x) = f(x)$$

注意：本题只是验证选项中哪一个解是微分方程的解，不是求微分方程的通解。

答案： C

14. 解 本题考查二元函数在一点的全微分的计算方法。

先求出二元函数的全微分，然后代入点$(1,-1)$坐标，求出在该点的全微分。

$z = \frac{1}{x}e^{xy}$，$\frac{\partial z}{\partial x} = \left(-\frac{1}{x^2}\right)e^{xy} + \frac{1}{x}e^{xy} \cdot y = -\frac{1}{x^2}e^{xy} + \frac{y}{x}e^{xy} = e^{xy}\left(-\frac{1}{x^2} + \frac{y}{x}\right)$

$\frac{\partial z}{\partial y} = \frac{1}{x}e^{xy} \cdot x = e^{xy}$，$dz = \left(-\frac{1}{x^2} + \frac{y}{x}\right)e^{xy}dx + e^{xy}dy$

$dz|_{(1,-1)} = -2e^{-1}dx + e^{-1}dy = e^{-1}(-2dx + dy)$

答案： B

15. 解 本题考查坐标曲线积分的计算方法。

已知$O(0,0)$，$A(1,2)$，过两点的直线L的方程为$y = 2x$，见解图。

直线L的参数方程$\begin{cases} y = 2x \\ x = x \end{cases}$，

L的起点$x = 0$，终点$x = 1$，x：$0 \to 1$，

$\int_L -ydx + xdy = \int_0^1 -2xdx + x \cdot 2dx = \int_0^1 0dx = 0$

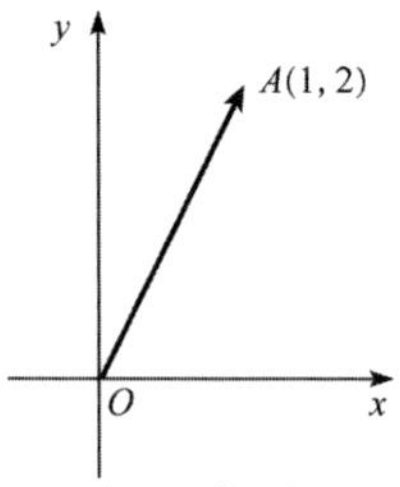

题15解图

答案： A

16. 解 本题考查正项级数、交错级数敛散性的判定。

选项A，$\sum_{n=1}^{\infty}\frac{n^2}{3n^4+1}$，因为$\frac{n^2}{3n^4+1} < \frac{n^2}{3n^4} = \frac{1}{3n^2}$，

级数$\sum_{n=1}^{\infty}\frac{1}{n^2}$，$P = 2 > 1$，级数收敛，$\sum_{n=1}^{\infty}\frac{1}{3n^2}$收敛，

利用正项级数的比较判别法，$\sum_{n=1}^{\infty}\frac{n^2}{3n^4+1}$收敛。

选项B，$\sum_{n=2}^{\infty}\frac{1}{\sqrt[3]{n(n-1)}}$，因为$n(n-1) < n^2$，$\sqrt[3]{n(n-1)} < \sqrt[3]{n^2}$，$\frac{1}{\sqrt[3]{n(n-1)}} > \frac{1}{\sqrt[3]{n^2}} = \frac{1}{n^{\frac{2}{3}}}$，级数$\sum_{n=2}^{\infty}\frac{1}{n^{\frac{2}{3}}}$，$P < 1$，级数发散，利用正项级数的比较判别法，$\sum_{n=2}^{\infty}\frac{1}{\sqrt[3]{n(n-1)}}$发散。

选项C，$\sum_{n=1}^{\infty}\frac{(-1)^n}{\sqrt{n}}$，级数为交错级数，利用莱布尼兹定理判定：

（1）因为$n < (n+1)$，$\sqrt{n} < \sqrt{n+1}$，$\frac{1}{\sqrt{n}} > \frac{1}{\sqrt{n+1}}$，$u_n > u_{n+1}$，

（2）一般项$\lim_{n\to\infty}\frac{1}{\sqrt{n}} = 0$，所以交错级数收敛。

选项D，$\sum\limits_{n=1}^{\infty}\frac{5}{3^n}=5\sum\limits_{n=1}^{\infty}\frac{1}{3^n}$，级数为等比级数，公比$q=\frac{1}{3}$，$|q|<1$，级数收敛。

答案： B

17. 解 本题为抽象函数的二元复合函数，利用复合函数的导数算法计算，注意函数复合的层次。

$z=f^2(xy)$，$\frac{\partial z}{\partial x}=2f(xy)\cdot f'(xy)\cdot y=2y\cdot f(xy)\cdot f'(xy)$，

$$\frac{\partial^2 z}{\partial x^2}=2y[f'(xy)\cdot y\cdot f'(xy)+f(xy)\cdot f''(xy)\cdot y]$$
$$=2y^2\{[f'(xy)]^2+f(xy)\cdot f''(xy)\}$$

答案： D

18. 解 本题考查幂级数$\sum\limits_{n=1}^{\infty}a_nx^n$收敛的阿贝尔定理。

已知幂级数$\sum\limits_{n=1}^{\infty}a_n(x+2)^n$在$x=0$处收敛，把$x=0$代入级数，得到$\sum\limits_{n=1}^{\infty}a_n2^n$，收敛。又已知$\sum\limits_{n=1}^{\infty}a_n(x+2)^n$在$x=-4$处发散，把$x=-4$代入级数，得到$\sum\limits_{n=1}^{\infty}a_n(-2)^n$，发散。得到对应的幂级数$\sum\limits_{n=1}^{\infty}a_nx^n$，在$x=2$点收敛，在$x=-2$点发散，由阿贝尔定理可知$\sum\limits_{n=1}^{\infty}a_nx^n$的收敛域为$(-2,2]$，所以$\sum\limits_{n=1}^{\infty}a_n(x-1)^n$的收敛域为$-2<x-1\leqslant 2$，即$-1<x\leqslant 3$。

答案： C

19. 解 由行列式性质可得$|\boldsymbol{A}|=-|\boldsymbol{B}|$，又因$|\boldsymbol{A}|\neq|\boldsymbol{B}|$，所以$|\boldsymbol{A}|\neq-|\boldsymbol{A}|$，$2|\boldsymbol{A}|\neq 0$，$|\boldsymbol{A}|\neq 0$。

答案： B

20. 解 因为$\boldsymbol{A}$与$\boldsymbol{B}$相似，所以$|\boldsymbol{A}|=|\boldsymbol{B}|=0$，且$R(\boldsymbol{A})=R(\boldsymbol{B})=2$。

方法1：

当$x=y=0$时，$|A|=\begin{vmatrix}1&0&1\\0&1&0\\1&0&1\end{vmatrix}=0$，$A=\begin{bmatrix}1&0&1\\0&1&0\\1&0&1\end{bmatrix}\xrightarrow{-r_1+r_3}\begin{bmatrix}1&0&1\\0&1&0\\0&0&0\end{bmatrix}$

$R(\boldsymbol{A})=R(\boldsymbol{B})=2$

方法2：

$$|\boldsymbol{A}|=\begin{vmatrix}1&x&1\\x&1&y\\1&y&1\end{vmatrix}\overset{-xr_1+r_2}{\underset{-r_1+r_3}{=\!=\!=}}\begin{vmatrix}1&x&1\\0&1-x^2&y-x\\0&y-x&0\end{vmatrix}=-(y-x)^2$$

令$|\boldsymbol{A}|=0$，得$x=y$

当$x=y=0$时，$|\boldsymbol{A}|=|\boldsymbol{B}|=0$，$R(\boldsymbol{A})=R(\boldsymbol{B})=2$；

当$x=y=1$时，$|\boldsymbol{A}|=|\boldsymbol{B}|=0$，但$R(\boldsymbol{A})=1\neq R(\boldsymbol{B})$。

答案： A

21. 解 因为$\boldsymbol{\alpha}_1,\boldsymbol{\alpha}_2,\boldsymbol{\alpha}_3$线性相关的充要条件是行列式$|\alpha_1,\alpha_2,\alpha_3|=0$，即

$$|\alpha_1,\alpha_2,\alpha_3|=\begin{vmatrix}a&1&1\\1&a&-1\\1&-1&a\end{vmatrix}\overset{-ar_3+r_1}{\underset{-r_3+r_2}{=\!=\!=}}\begin{vmatrix}0&1+a&1-a^2\\0&a+1&-1-a\\1&-1&a\end{vmatrix}=\begin{vmatrix}1+a&1-a^2\\1+a&-1-a\end{vmatrix}$$
$$=(1+a)^2\begin{vmatrix}1&1-a\\1&-1\end{vmatrix}=(1+a)^2(a-2)=0$$

解得$a=-1$或$a=2$。

答案：B

22. 解　由加法公式知：$P(A\cup B)=P(A)+P(B)-P(AB)$。

由乘法公式知：$P(AB)=P(A)P(B|A)=\frac{1}{4}\times\frac{1}{3}=\frac{1}{12}$；

$P(B)P(A|B)=P(AB)$，$\frac{1}{2}P(B)=\frac{1}{12}$，$P(B)=\frac{1}{6}$。

故，$P(A\cup B)=\frac{1}{4}+\frac{1}{6}-\frac{1}{12}=\frac{1}{3}$。

答案：D

23. 解　由于随机变量X、Y相互独立，则利用方差性质得$D(2X-Y)=D(2X)+D(Y)=4D(X)+D(Y)=7$。

答案：A

24. 解　由于随机变量X、Y相互独立且都服从正态分布，则$Z=X+Y$仍服从正态分布，且$E(Z)=E(X)+E(Y)=\mu_1+\mu_2$；$D(Z)=D(X)+D(Y)=\sigma_1^2+\sigma_2^2$。因此，$Z\sim N(\mu_1+\mu_2,\sigma_1^2+\sigma_2^2)$。

答案：D

25. 解　气体分子运动的最概然速率：$v_{\mathrm{p}}=\sqrt{\frac{2RT}{M}}$

方均根速率：$\sqrt{\overline{v}^2}=\sqrt{\frac{3RT}{M}}$

由$\sqrt{\frac{3RT_1}{M}}=\sqrt{\frac{2RT_2}{M}}$，可得到$\frac{T_2}{T_1}=\frac{3}{2}$

答案：A

26. 解　一定量的理想气体经等压膨胀（注意等压和膨胀），由热力学第一定律$Q=\Delta E+W$，体积单向膨胀做正功，内能增加，温度升高。

答案：C

27. 解　理想气体的内能是温度的单值函数，内能差仅取决于温差，此题所示热力学过程初、末态均处于同一温度线上，温度不变，故内能变化$\Delta E=0$，但功是过程量，题目并未描述过程如何进行，故无法判定功的正负。

答案：A

28. 解　气体分子运动的平均速率：$\bar{v}=\sqrt{\frac{8RT}{\pi M}}$，氧气的摩尔质量$M_{O_2}=32\mathrm{g}$，氢气的摩尔质量$M_{H_2}=2\mathrm{g}$，故相同温度的氧气和氢气的分子平均速率之比$\frac{\bar{v}_{O_2}}{\bar{v}_{H_2}}=\sqrt{\frac{M_{H_2}}{M_{O_2}}}=\sqrt{\frac{2}{32}}=\frac{1}{4}$。

答案：D

29. 解　卡诺循环的热机效率$\eta=1-\frac{T_2}{T_1}=1-\frac{273+27}{T_1}=40\%$，$T_1=500\mathrm{K}$。

此题注意开尔文温度与摄氏温度的变换。

答案：A

30. 解 由三角函数公式，将波动方程化为余弦形式：

$$y = 0.02\sin(\pi t + x) = 0.02\cos\left(\pi t + x - \frac{\pi}{2}\right)$$

答案：B

31. 解 此题考查波的物理量之间的基本关系。

$$T = \frac{1}{\nu} = \frac{1}{2000}\text{s}，\ u = \frac{\lambda}{T} = \lambda \cdot \nu = 400\text{m/s}$$

答案：A

32. 解 两列振幅不相同的相干波，在同一直线上沿相反方向传播，叠加的合成波振幅为：

$$A^2 = A_1^2 + A_2^2 + 2A_1A_2\cos\Delta\varphi$$

当$\cos\Delta\varphi = 1$时，合振幅最大，$A' = A_1 + A_2 = 3A$；

当$\cos\Delta\varphi = -1$时，合振幅最小，$A' = |A_1 - A_2| = A$。

此题注意振幅没有负值，要取绝对值。

答案：D

33. 解 此题考查波的能量特征。波动的动能与势能是同相的，同时达到最大最小。若此时A点处媒质质元的弹性势能在减小，则其振动动能也在减小。此时B点正向负最大位移处运动，振动动能在减小。

答案：A

34. 解 由双缝干涉相邻明纹（暗纹）的间距公式：$\Delta x = \frac{D}{a}\lambda$，若双缝所在的平板稍微向上平移，中央明纹与其他条纹整体向上稍作平移，其他条件不变，则屏上的干涉条纹间距不变。

答案：B

35. 解 此题考查光的干涉。薄膜上下两束反射光的光程差：$\delta = 2ne + \frac{\lambda}{2}$

反射光加强：$\delta = 2ne + \frac{\lambda}{2} = k\lambda$，$\lambda = \frac{2ne}{k-\frac{1}{2}} = \frac{4ne}{2k-1}$

$$k = 2\text{时}，\lambda = \frac{4ne}{2k-1} = \frac{4\times1.33\times0.32\times10^3}{3} = 567\text{nm}$$

答案：C

36. 解 自然光I_0穿过第一个偏振片后成为偏振光，光强减半，为$I_1 = \frac{1}{2}I_0$。

第一个偏振片与第二个偏振片夹角为30°，第二个偏振片与第三个偏振片夹角为60°，穿过第二个偏振片后的光强用马吕斯定律计算：$I_2 = \frac{1}{2}I_0\cos^2 30°$

穿过第三个偏振片后的光强为：$I_3 = \frac{1}{2}I_0\cos^2 30°\cos^2 60° = \frac{3}{32}I_0$

答案：C

37. 解 主量子数为n的电子层中原子轨道数为n^2，最多可容纳的电子总数为$2n^2$。主量子数$n=3$，原子轨道最多可容纳的电子总数为$2\times3^2=18$。

答案： C

38. 解 当分子中的氢原子与电负性大、半径小、有孤对电子的原子（如N、O、F）形成共价键后，还能吸引另一个电负性较大原子（如N、O、F）中的孤对电子而形成氢键。所以分子中存在N—H、O—H、F—H共价键时会形成氢键。

答案： A

39. 解 112mg铁的物质的量$n=\frac{\frac{112}{1000}}{56}=0.002\text{mol}$

溶液中铁的浓度$C=\frac{n}{V}=\frac{0.002}{\frac{100}{1000}}=0.02\text{mol}\cdot\text{L}^{-1}$

答案： C

40. 解 NaOAc为强碱弱酸盐，可以水解，水解常数$K_h=\frac{K_w}{K_a}$

$0.1\text{mol}\cdot\text{L}^{-1}$NaOAc溶液：

$$C_{OH^-}=\sqrt{C\cdot K_h}=\sqrt{C\cdot\frac{K_w}{K_a}}=\sqrt{0.1\times\frac{1\times10^{-14}}{1.8\times10^{-5}}}\approx7.5\times10^{-6}\text{mol}\cdot\text{L}^{-1}$$

$$C_{H^+}=\frac{K_w}{C_{OH^-}}=\frac{1\times10^{-14}}{7.5\times10^{-6}}\approx1.3\times10^{-9}\text{mol}\cdot\text{L}^{-1},\text{pH}=-\lg C_{H^+}\approx8.88$$

答案： D

41. 解 由物质的标准摩尔生成焓$\Delta_f H_m^\Theta$和反应的标准摩尔反应焓变$\Delta_r H_m^\Theta$的定义可知，$H_2O(l)$的标准摩尔生成焓$\Delta_f H_m^\Theta$为反应$H_2(g)+\frac{1}{2}O_2(g)=H_2O(l)$的标准摩尔反应焓变$\Delta_r H_m^\Theta$。反应$2H_2(g)+O_2(g)=2H_2O(l)$的标准摩尔反应焓变是反应$H_2(g)+\frac{1}{2}O_2(g)=H_2O(l)$的标准摩尔反应焓变的2倍，即$H_2(g)+\frac{1}{2}O_2(g)=H_2O(l)$的$\Delta_f H_m^\Theta=\frac{1}{2}\times(-572)=-286\text{kJ}\cdot\text{mol}^{-1}$。

答案： D

42. 解 $p(N_2O_4)=p(NO_2)=100\text{kPa}$时，$N_2O_4(g)\rightleftharpoons2NO_2(g)$的反应熵$Q=\frac{\left[\frac{p(NO_2)}{p^\Theta}\right]^2}{\frac{p(N_2O_4)}{p^\Theta}}=1>K^\Theta=0.1132$，根据反应熵判据，反应逆向进行。

答案： B

43. 解 原电池电动势$E=\varphi_{正}-\varphi_{负}$，负极对应电对$Zn^{2+}/Zn$的能斯特方程式为$\varphi_{Zn^{2+}/Zn}=\varphi^\Theta_{Zn^{2+}/Zn}+\frac{0.059}{2}\lg C_{Zn^{2+}}$，$ZnSO_4$浓度增加，$C_{Zn^{2+}}$增加，$\varphi_{Zn^{2+}/Zn}$增加，原电池电动势变小。

答案： B

44. 解 $(CH_3)_2CHCH(CH_3)CH_2CH_3$的结构式为

$$\begin{array}{l} \quad\quad\;\; CH_3\;\; CH_3 \\ \quad\quad\quad | \quad\quad | \\ H_3C-CH-CH-CH_2-CH_3 \end{array}$$

，根据有机化合物命名

规则，该有机物命名为2，3-二甲基戊烷。

答案：B

45. 解 对羟基苯甲酸乙酯含有HO—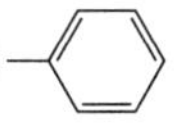部分，为酚类化合物；含有—$COOC_2H_5$部分，为酯类化合物。

答案：D

46. 解 该高聚物的重复单元为$-CH_2-\underset{\underset{COOCH_3}{|}}{CH}-$，是由单体$CH_2=CHCOOCH_3$通过加聚反应形成的。

答案：D

47. 解 销钉C处为光滑接触约束，约束力应垂直于AB光滑直槽，由于F_p的作用，直槽的左上侧与销钉接触，故其约束力的作用线与x轴正向所成的夹角为150°。

答案：D（此题2017年考过）

48. 解 由图可知力$\boldsymbol{F}$过B点，故对B点的力矩为0，因此该力系对B点的合力矩为：

$$M_B = M = \frac{1}{2}Fa = \frac{1}{2} \times 150 \times 50 = 3750\text{N} \cdot \text{cm}(\text{顺时针})$$

答案：A

49. 解 以CD为研究对象，其受力如解图所示。

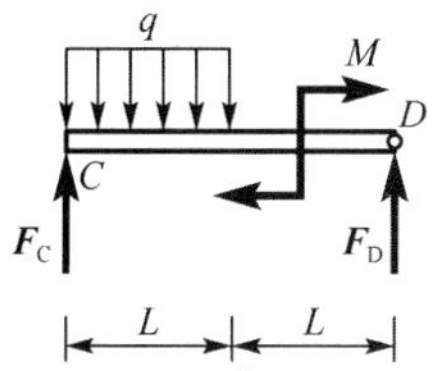

题49解图

列平衡方程：$\sum M_C(F) = 0$，$2L \cdot F_D - M - q \cdot L \cdot \frac{L}{2} = 0$

代入数值得：$F_D = 15\text{kN}$（铅垂向上）

答案：B

50. 解 由于主动力$\boldsymbol{F}_p$、$\boldsymbol{F}$大小均为100N，故其二力合力作用线与接触面法线方向的夹角为45°，与摩擦角相等，根据自锁条件的判断，物块处于临界平衡状态。

答案：D

51. 解 消去运动方程中的参数t，将$t^2 = x$代入y中，有$y = 2x^2$，故$y - 2x^2 = 0$为动点的轨迹方程。

答案：C

52. 解 速度的大小为运动方程对时间的一阶导数，即：

$$v_x = \frac{dx}{dt} = v_0 \cos\alpha, v_y = \frac{dy}{dt} = v_0 \sin\alpha - gt$$

则当$t = 0$时，炮弹的速度大小为：$v = \sqrt{v_x^2 + v_y^2} = v_0$

答案：C

53. 解 滑轮上A点的速度和切向加速度与皮带相应的速度和加速度相同，根据定轴转动刚体上速度、切向加速度的线性分布规律，可得B点的速度$v_B = 20R/r = 30\mathrm{m/s}$，切向加速度$a_{Bt} = 6R/r = 9\mathrm{m/s^2}$。

答案：A

54. 解 小球的运动及受力分析如解图所示。根据质点运动微分方程$\boldsymbol{F} = m\boldsymbol{a}$，将方程沿着$N$方向投影有：

$$ma\sin\alpha = N - mg\cos\alpha$$

解得：

$$N = mg\cos\alpha + ma\sin\alpha$$

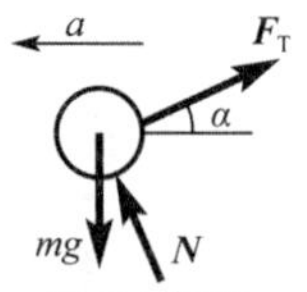

题 54 解图

答案：B

55. 解 物体受主动力$\boldsymbol{F}$、重力$m\boldsymbol{g}$及斜面的约束力$\boldsymbol{F}_\mathrm{N}$作用，做功分别为：

$W(\boldsymbol{F}) = 70 \times 6 = 420\mathrm{N\cdot m}$，$W(m\boldsymbol{g}) = -5 \times 9.8 \times 6\sin 30° = -147\mathrm{N\cdot m}$，$W(\boldsymbol{F}_\mathrm{N}) = 0$

故所有力做功之和为：$\boldsymbol{W} = 420 - 147 = 273\mathrm{N\cdot m}$

答案：C

56. 解 根据动量矩定理，两轮分别有：$J\alpha_1 = F_A R$，$J\alpha_2 = F_B R$，对于轮A有$J\alpha_1 = PR$，对于图 b）系统有$\left(J + \frac{P}{g}R^2\right)\alpha_2 = PR$，所以$\alpha_1 > \alpha_2$，故有$F_A > F_B$。

答案：B

57. 解 根据惯性力的定义：$\boldsymbol{F}_\mathrm{I} = -m\boldsymbol{a}$，物块$B$的加速度与物块$A$的加速度大小相同，且向下，故物块$B$的惯性力$F_{BI} = 4 \times 3.3 = 13.2\mathrm{N}$，方向与其加速度方向相反，即铅垂向上。

答案：A

58. 解 当激振力频率与系统的固有频率相等时，系统发生共振，即

$$\omega_0 = \sqrt{\frac{k}{m}} = \omega = 50\mathrm{rad/s}$$

系统的等效弹簧刚度$k = k_1 + k_2 = 3 \times 10^5\mathrm{N/m}$

代入上式可得：$m = 120\mathrm{kg}$

答案：C

59. 解 由低碳钢拉伸时σ-ε曲线（如解图所示）可知：在加载到强化阶段后卸载，再加载时，屈服点C'明显提高，断裂前变形明显减少，所以“冷作硬化”现象发生在强化阶段。

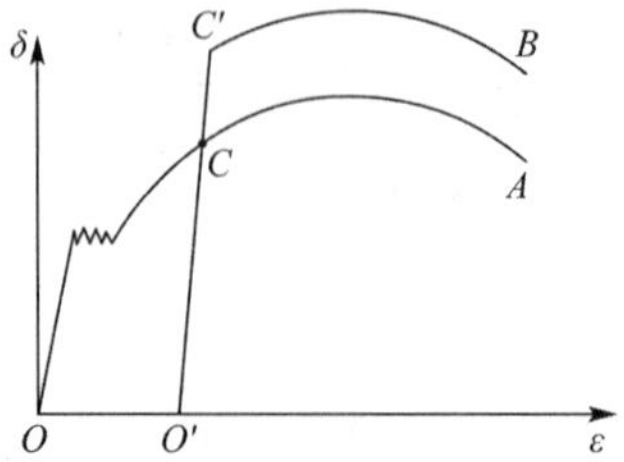

题 59 解图

答案：C

60. 解 AB段轴力是 $3F$，$\Delta l_{AB}=\frac{3Fa}{EA}$；$BC$段轴力是 $2F$，$\Delta l_{BC}=\frac{2Fa}{EA}$

杆的总伸长$\Delta l=\Delta l_{AB}+\Delta l_{BC}=\frac{3Fa}{EA}+\frac{2Fa}{EA}=\frac{5Fa}{EA}$

答案：D

61. 解 钢板和钢轴的计算挤压面积是dt，由钢轴的挤压强度条件$\sigma_{bs}=\frac{F}{dt}\leqslant[\sigma_{bs}]$，得$d\geqslant\frac{F}{t[\sigma_{bs}]}$。

答案：A

62. 解 根据极惯性矩I_p的定义：$I_p=\int_A\rho^2\,dA$，可知极惯性矩是一个定积分，具有可加性，所以$I_p=\frac{\pi}{32}D^4-\frac{\pi}{32}d^4=\frac{\pi}{32}(D^4-d^4)$。

答案：D

63. 解 根据定义，惯性矩$I_y=\int_A z^2\,dA$、$I_z=\int_A y^2\,dA$和极惯性矩$I_p=\int_A\rho^2\,dA$的值恒为正，而静矩$S_y=\int_A z\,dA$、$S_z=\int_A y\,dA$和惯性积$I_{yz}=\int_A yz\,dA$的数值可正、可负，也可为零。

答案：B

64. 解 由“零、平、斜，平、斜、抛”的微分规律，可知AB段有分布荷载；B截面有弯矩的突变，故B处有集中力偶。

答案：B

65. 解 A 图看整体：$\sigma_{max}=\frac{M}{W_z}=\frac{M}{\frac{a^3}{6}}=\frac{6M}{a^3}$

B 图看一根梁：$\sigma_{max}=\frac{M}{W_z}=\frac{0.5M}{0.5a^3/6}=\frac{M}{\frac{a^3}{6}}=\frac{6M}{a^3}$

C 图看一根梁：$\sigma_{max}=\frac{M}{W_z}=\frac{\frac{1}{3}M}{\frac{1}{3}a^3/6}=\frac{M}{\frac{a^3}{6}}=\frac{6M}{a^3}$

D 图看一根梁：$\sigma_{max}=\frac{M}{W_z}=\frac{0.5M}{a\times(0.5a)^2/6}=\frac{2M}{\frac{a^3}{6}}=\frac{12M}{a^3}$

答案：D

66. 解 A处为固定铰链支座，挠度总是等于 0，即$V_A=0$

B处挠度等于BD杆的变形量，即$V_B=\Delta L$

C处有集中力F作用，挠度方程和转角方程将发生转折，但是满足连续光滑的要求，即$V_{C左}=V_{C右}$，$\theta_{C左}=\theta_{C右}$。

答案：C

67. 解 最大切应力所在截面，一定不是主平面，该平面上的正应力也一定不是主应力，也不一定为零，故只能选 D。

答案：D

68. 解 根据第一强度理论（最大拉应力理论）可知：$\sigma_{eq1}=\sigma_1$，所以只能选 A。

答案： A

69. 解 移动前杆是轴向受拉：$\sigma_{max}=\frac{F}{A}=\frac{F}{a^2}$

移动后杆是偏心受拉，属于拉伸与弯曲的组合受力与变形：

$$\sigma_{max}=\frac{F}{A}+\frac{0.5aF}{a^3/6}=\frac{F}{a^2}+\frac{3F}{a^2}=\frac{4F}{a^2}$$

答案： D

70. 解 压杆总是在惯性矩最小的方向失稳，

对图 a)：$I_a=\frac{hb^3}{12}$；对图 b)：$I_b=\frac{h^4}{12}$。则：

$$F_{cr}^a=\frac{\pi^2EI_a}{(\mu L)^2}=\frac{\pi^2E\frac{hb^3}{12}}{(2L)^2}=\frac{\pi^2E\frac{2b\times b^3}{12}}{(2L)^2}=\frac{\pi^2Eb^4}{24L^2}$$

$$F_{cr}^b=\frac{\pi^2EI_b}{(\mu L)^2}=\frac{\pi^2E\frac{2b\times(2b)^3}{12}}{(2L)^2}=\frac{\pi^2Eb^4}{3L^2}=8F_{cr}^a$$

故临界力是原来的 8 倍。

答案： B

71. 解 由流体的物理性质知，流体在静止时不能承受切应力，在微小切力作用下，就会发生显著的变形而流动。

答案： A

72. 解 由于题设条件中未给出计算水头损失的数据，现按不计水头损失的能量方程解析此题。

设基准面 0-0 与断面 2 重合，对断面 1-1 及断面 2-2 写能量方程：

$$Z_1+\frac{v_1^2}{2g}=Z_2+\frac{v_2^2}{2g}$$

代入数据 $2+\frac{1.8^2}{2g}=\frac{v_2^2}{2g}$，解得$v_2=6.50\text{m/s}$

又由连续方程$v_1A_1=v_2A_2$，可得$1.8\text{m/s}\times\frac{\pi}{4}0.1^2=6.50\text{m/s}\times\frac{\pi}{4}d_2^2$

解得$d_2=5.2\text{cm}$

答案： A

73. 解 利用动量定理计算流体对固体壁的作用力时，进出口断面上的压强应为相对压强。

答案： B

74. 解 有压圆管层流运动的沿程损失系数$\lambda=\frac{64}{\text{Re}}$

而雷诺数 $\text{Re}=\frac{vd}{\nu}=\frac{5\times5}{0.18}=138.89$，$\lambda=\frac{64}{138.89}=0.461$

答案： B

75. 解 并联长管路的水头损失相等，即$S_1Q_1^2 = S_2Q_2^2$

式中管路阻抗$S_1 = \frac{8\lambda\frac{L_1}{d_1}}{g\pi^2 d_1^4}$，$S_2 = \frac{8\lambda\frac{3L_1}{d_2}}{g\pi^2 d_2^4}$

又因$d_1 = d_2$，所以得：$\frac{Q_1}{Q_2} = \sqrt{\frac{S_2}{S_1}} = \sqrt{\frac{3L_1}{L_1}} = 1.732$，$Q_1 = 1.732Q_2$

答案：C

76. 解 明渠均匀流只能发生在顺坡棱柱形渠道。

答案：B

77. 解 均匀砂质土壤适用达西渗透定律：$u = kJ$

代入题设数据，则渗流速度$u = 0.005 \times 0.5 = 0.0025\text{cm/s}$

答案：A

78. 解 压力管流的模型试验应选择雷诺准则。

答案：A

79. 解 直流电源作用下，电压U_1、电流I均为恒定值，产生恒定磁通Φ。根据电磁感应定律，线圈N_2中不会产生感应电动势，所以$U_2 = 0$。

答案：A

80. 解 通常电感线圈的等效电路是 R-L 串联电路。当线圈通入直流电时，电感线圈的感应电压为 0，可以计算线圈电阻为$R' = \frac{U}{I} = \frac{10}{1} = 10\Omega$。在交流电源作用下线圈的感应电压不为 0，要考虑线圈中感应电压的影响必须将电感线圈等效为 R-L 串联电路。因此，该电路的等效模型为：10Ω 电阻与电感 L 串联后再与传输线电阻 R 串联。

答案：B

81. 解 求等效电阻时应去除电源作用（电压源短路，电流源断路），将电流源断开后a-b端左侧网络的等效电阻为R_2。

答案：D

82. 解 首先根据给定电压函数$u(t)$写出电压的相量$\dot{U}$，利用交流电路的欧姆定律计算电流相量：

$$\dot{I} = \frac{\dot{U}}{Z} = \frac{220\angle 30^\circ}{10\angle 45^\circ} = 22\angle -15^\circ$$

最后写出电流$i(t)$的函数表达式为$22\sqrt{2}\sin(314t - 15^\circ)$A。

答案：D

83. 解 根据电路可以分析，总阻抗$Z = Z_1 + Z_2 = 6 + j8 - jX_C$，当$X_C = 8$时，$Z$有最小值，电流$I$有最大值（电路出现谐振，呈现电阻性质）。

答案：B

84. 解 用电设备 M 的外壳线a应接到保护地线 PE 上，电灯 D 的接线b应接到电源中性点 N 上，说明如下：

（1）三相四线制：包括相线 A、B、C 和保护零线 PEN（图示的 N 线）。PEN 线上有工作电流通过，PEN 线在进入用电建筑物处要做重复接地；我国民用建筑的配电方式采用该系统。

（2）三相五线制：包括相线 A、B、C，零线 N 和保护接地线 PE。N 线有工作电流通过，PE 线平时无电流（仅在出现对地漏电或短路时有故障电流）。

零线和地线的根本差别在于一个构成工作回路，一个起保护作用（叫作保护接地），一个回电网，一个回大地，在电子电路中这两个概念要区别开，工程中也要求这两根线分开接。

答案：C

85. 解 三相交流异步电动机的空载功率因数较小，为 0.2～0.3，随着负载的增加功率因数增加，当电机达到满载时功率因数最大，可以达到 0.9 以上。

答案：B

86. 解 控制电路图中所有控制元件均是未工作的状态，同一电器用同一符号注明。要保持电气设备连续工作必须有自锁环节（常开触点）。

图 B 的自锁环节使用了 KM 接触器的常闭触点，图 C 和图 D 中的停止按钮 SBstop 两端不能并入 KM 接触器的常闭触点或常开触点，因此图 B、C、D 都是错误的。

图 A 的电路符合设备连续工作的要求：按启动按钮 SBst（动合）后，接触器 KM 线圈通电，KM 常开触点闭合（实现自锁）；按停止按钮 SBstop（动断）后，接触器 KM 线圈断电，用电设备停止工作。可见四个选项中图 A 符合电气设备连续工作的要求。

答案：A

87. 解 表示信息的数字代码是二进制。通常用电压的高电位表示“1”，低电位表示“0”，或者反之。四个选项中的前三项都可以用来表示二进制代码“10101”，选项 D 的电位不符合“高-低-高-低-高”的规律，则不能用来表示数码“10101”。

答案：D

88. 解 根据信号的幅值频谱关系，周期信号的频谱是离散的，而非周期信号的频谱是连续的。图 a）是非周期性时间信号的频谱，图 b）是周期性时间信号的频谱。

答案：B

89. 解 滤波器是频率筛选器，通常根据信号的频率不同进行处理。它不会改变正弦波信号的形状，而是通过正弦波信号的频率来识别，保留有用信号，滤除干扰信号。而非正弦周期信号可以分解为多个不同频率正弦波信号的合成，它的频率特性是收敛的。对非正弦周期信号滤波时要保留基波和低频部分的信号，滤除高频部分的信号。这样做虽然不会改变原信号的频率，但是滤除高频分量以后会影响非正弦周期信号波形的形状。

答案： D

90. 解 根据逻辑函数的摩根定理对原式进行分析：

$$\mathrm{ABCD}+\overline{\mathrm{A}}+\overline{\mathrm{B}}+\overline{\mathrm{C}}+\overline{\mathrm{D}}=\mathrm{ABCD}+\overline{\overline{\overline{\mathrm{A}}+\overline{\mathrm{B}}+\overline{\mathrm{C}}+\overline{\mathrm{D}}}}=\mathrm{ABCD}+\overline{\mathrm{ABCD}}=1$$

答案： B

91. 解 $\mathrm{F}=\overline{\mathrm{AB}}$为与非门，分析波形可以用口诀："A、B" 有 0，"F" 为 1；"A、B" 全 1，"F" 为 0，波形见解图。

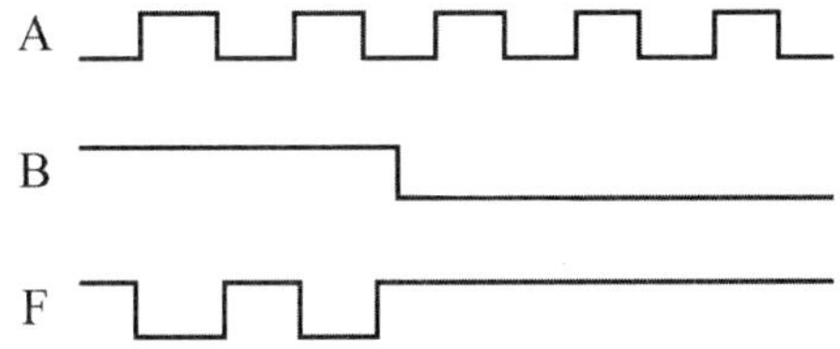

题 91 解图

答案： B

92. 解 根据真值表写出逻辑表达式的方法是：找出真值表输出信号 F=1 对应的输入变量取值组合，每组输入变量取值为一个乘积项（与），输入变量值为 1 的写原变量，输入变量值为 0 的写反变量。最后将这些变量相加（或），即可得到输出函数 F 的逻辑表达式。

根据该给定的真值表可以写出：$\mathrm{F}=\overline{\mathrm{A}}\mathrm{BC}+\mathrm{AB}\overline{\mathrm{C}}+\mathrm{ABC}$。

答案： D

93. 解 电压放大器的耦合电容有隔直通交的作用，因此电容C_{E}接入以后不会改变放大器的静态工作点。对于交变信号，接入电容C_{E}以后电阻R_{E}被短路，根据放大器的交流通道来分析放大器的动态参数，输入电阻R_{i}、输出电阻R_{o}、电压放大倍数A_{u}分别为：

$$R_i=R_{\mathrm{B1}}/\!/R_{\mathrm{B2}}/\!/[r_{\mathrm{be}}+(1+\beta)R_{\mathrm{E}}]$$

$$R_{\mathrm{o}}=R_{\mathrm{C}}$$

$$A_{\mathrm{u}}=\frac{-\beta R_{\mathrm{L}}'}{\gamma_{\mathrm{be}}+(1+\beta)R_{\mathrm{E}}}(R_{\mathrm{L}}'=R_{\mathrm{C}}/\!/R_{\mathrm{L}})$$

可见，输出电阻R_{o}与R_{E}无关。

所以，并入电容C_{E}后不变的量是静态工作点和输出电阻R_{o}。

答案： C

94. 解 本电路属于运算放大器非线性应用，是一个电压比较电路。A 点是反相输入端，B 点是同相输入端。当 B 点电位高于 A 点电位时，输出电压有正的最大值U_{oM}。当 B 点电位低于 A 点电位时，输出电压有负的最大值$-U_{oM}$。

选项 D 的u_{o1}波形分析正确，并且$u_{o1} = -u_{o2}$，符合题意。

答案：D

95. 解　利用逻辑函数分析如下：$F_1=\overline{A \cdot 1} = \overline{A}$；$F_2=B+1=1$。

答案：D

96. 解　两个电路分别为 JK 触发器和 D 触发器，逻辑状态表给定，它们有同一触发脉冲和清零信号作用。但要注意到两个触发器的触发时间不同，JK 触发器为下降沿触发，D 触发器为上升沿触发。

结合逻辑表分析输出脉冲波形如解图所示。

JK 触发器：J=K=1，$Q_{JK}^{n+1} = \overline{Q}_{JK}^{n}$，CP 下降沿触发。

D 触发器：$Q_D^{n+1} = D = \overline{Q}_D^{n}$，CP 上升沿触发。

对应的t_1时刻两个触发器的输出分别是 $Q_{JK}=1$，$Q_D=0$，选项 C 正确。

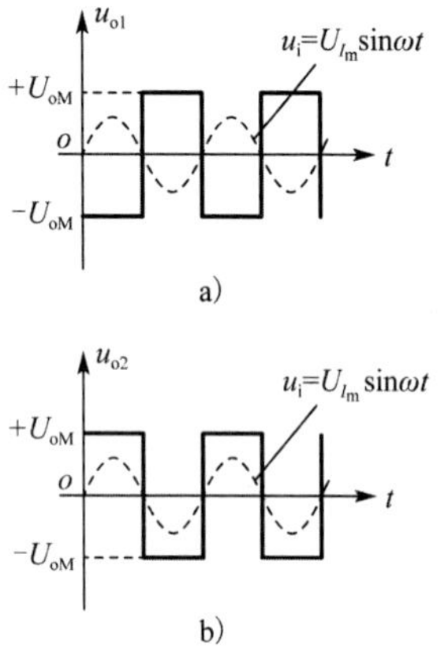

题 94 解图

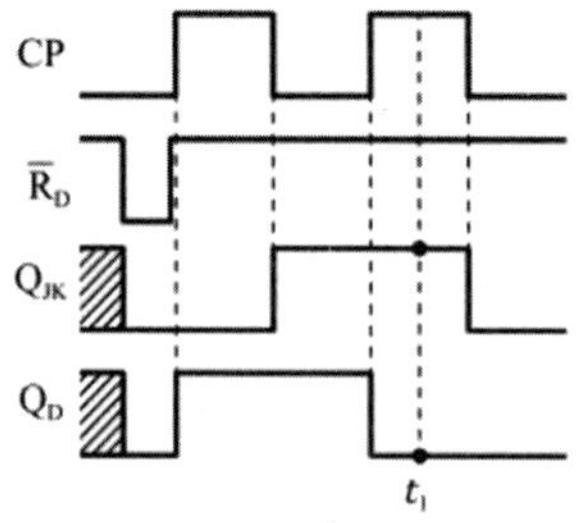

题 96 解图

答案：C

97. 解　计算机数字信号只有 0（低电平）和 1（高电平），是一系列高（电源电压的幅度）和低（0V）的方波序列，幅度是不变的，时间（周期）是可变的，也就是说处理的是断续的数字信息，数字信号是离散信号。

答案：B

98. 解　程序计数器（PC）又称指令地址计数器，计算机通常是按顺序逐条执行指令的，就是靠程序计数器来实现。每当执行完一条指令，PC 就自动加 1，即形成下一条指令地址。

答案：C

99. 解　计算机的软件系统是由系统软件、支撑软件和应用软件构成。系统软件是负责管理、控制和维护计算机软、硬件资源的一种软件，它为应用软件提供了一个运行平台。支撑软件是支持其他软件的编写制作和维护的软件。应用软件是特定应用领域专用的软件。

答案：B

100. 解 允许多个用户以交互方式使用计算机的操作系统是分时操作系统。分时操作系统是使一台计算机同时为几个、几十个甚至几百个用户服务的一种操作系统。它将系统处理机时间与内存空间按一定的时间间隔，轮流地切换给各终端用户的。

答案：B

101. 解 ASCII码最高位都置成0，它是"美国信息交换标准代码"的简称，是目前国际上最为流行的字符信息编码方案。在这种编码中每个字符用7个二进制位表示。对于两个字节的国标码将两个字节的最高位都置成1，而后由软件或硬件来对字节最高位做出判断，以区分ASCII码与国标码。

答案：A

102. 解 计算机系统内的存储器是由一个个存储单元组成的，而每一个存储单元的容量为8位二进制信息，称为一个字节。为了对存储器进行有效的管理，给每个单元都编上一个号，也就是给存储器中的每一个字节都分配一个地址码，俗称给存储器地址"编址"。

答案：A

103. 解 给数据加密，是隐蔽信息的可读性，将可读的信息数据转换为不可读的信息数据，称为密文。把信息隐藏起来，即隐藏信息的存在性，将信息隐藏在一个容量更大的信息载体之中，形成隐秘载体。信息隐藏和数据加密的方法是不一样的。

答案：D

104. 解 线程有时也称为轻量级进程，是被系统独立调度和CPU的基本运行单位。有些进程只包含一个线程，也可包含多个线程。线程的优点之一就是资源共享。

答案：C

105. 解 信息化社会是以计算机信息处理技术和传输手段的广泛应用为基础和标志的新技术革命，影响和改造社会生活方式与管理方式。信息化社会指在经济生活全面信息化的进程中，人类社会生活的其他领域也逐步利用先进的信息技术建立起各种信息网络，信息技术在生产、科研教育、医疗保健、企业和政府管理以及家庭中的广泛应用对经济和社会发展产生了巨大而深刻的影响，从根本上改变了人们的生活方式、行为方式和价值观念。计算机则是实现信息社会的必备工具之一，两者相互影响、相互制约、相互推动、相互促进，是密不可分的关系。

答案：C

106. 解 如果要寻找一个主机名所对应的 IP 地址，则需要借助域名服务器来完成。当 Internet 应用程序收到一个主机域名时，它向本地域名服务器查询该主机域名对应的 IP 地址。如果在本地域名服务器中找不到该主机域名对应的 IP 地址，则本地域名服务器向其他域名服务器发出请求，要求其他域名服务器协助查找，并将找到的 IP 地址返回给发出请求的应用程序。

答案：C

107. 解 根据一次支付现值公式（已知F求P）：

$$P=\frac{F}{(1+i)^n}=\frac{50}{(1+5.06\%)^5}=39.06\text{ 万元}$$

答案：C

108. 解 项目总投资中的流动资金是指运营期内长期占用并周转使用的营运资金。估算流动资金的方法有扩大指标法或分项详细估算法。采用分项详细估算法估算时，流动资金是流动资产与流动负债的差额。

答案：C

109. 解 资本金（权益资金）的筹措方式有股东直接投资、发行股票、政府投资等，债务资金的筹措方式有商业银行贷款、政策性银行贷款、外国政府贷款、国际金融组织贷款、出口信贷、银团贷款、企业债券、国际债券和融资租赁等。

优先股股票和可转换债券属于准股本资金，是一种既具有资本金性质又具有债务资金性质的资金。

答案：C

110. 解 利息备付率=息税前利润/应付利息

式中，息税前利润=利润总额+利息支出

本题已经给出息税前利润，因此该年的利息备付率为：

利息备付率=息税前利润/应付利息=200/100=2

答案：B

111. 解 计算各年的累计净现金流量见解表。

题 111 解表

年份	0	1	2	3	4	5
净现金流量	−100	−50	40	60	60	60
累计净现金流量	−100	−150	−110	−50	10	70

$$\text{静态投资回收期}=\text{累计净现金流量开始出现正值的年份数}-1+\frac{\text{上年累计净现金流量的绝对值}}{\text{当年净现金流量}}$$

$$=4-1+|-50|\div 60=3.83\text{ 年}$$

答案：C

112. 解 该货物的影子价格为：

直接出口产出物的影子价格（出厂价）= 离岸价（FOB）× 影子汇率 − 出口费用

$$= 100 \times 6 - 100 = 500\text{元人民币}$$

答案：A

113. 解 甲方案的净现值为：$NPV_{甲} = -500 + 140 \times 6.7101 = 439.414$万元

乙方案的净现值为：$NPV_{乙} = -1000 + 250 \times 6.7101 = 677.525$万元

$NPV_{乙} > NPV_{甲}$，故应选择乙方案

互斥方案比较不应直接用方案的内部收益率比较，可采用净现值或差额投资内部收益率进行比较。

答案：B

114. 解 用强制确定法选择价值工程的对象时，计算结果存在以下三种情况：

①价值系数小于1较多，表明该零件相对不重要且费用偏高，应作为价值分析的对象；

②价值系数大于1较多，即功能系数大于成本系数，表明该零件较重要而成本偏低，是否需要提高费用视具体情况而定；

③价值系数接近或等于1，表明该零件重要性与成本适应，较为合理。

本题该部件的价值系数为1.02，接近1，说明该部件功能重要性与成本比重相当，不应将该部件作为价值工程对象。

答案：B

115. 解 《中华人民共和国建筑法》第十条规定，在建的建筑工程因故中止施工的，建设单位应当自中止施工之日起一个月内，向发证机关报告，并按照规定做好建筑工程的维护管理工作。

答案：A

116. 解 《中华人民共和国安全生产法》第二十八条规定，生产经营单位应当对从业人员进行安全生产教育和培训，保证从业人员具备必要的安全生产知识，熟悉有关的安全生产规章制度和安全操作规程，掌握本岗位的安全操作技能，了解事故应急处理措施，知悉自身在安全生产方面的权利和义务。

答案：C

117. 解 《中华人民共和国招标投标法》第十二条规定，招标人有权自行选择招标代理机构，委托其办理招标事宜。任何单位和个人不得以任何方式为招标人指定招标代理机构。招标人具有编制招标文件和组织评标能力的，可以自行办理招标事宜。任何单位和个人不得强制其委托招标代理机构办理招标事宜。依法必须进行招标的项目，招标人自行办理招标事宜的，应当向有关行政监督部门备案。

从上述条文可以看出选项A正确，选项B错误，因为招标人可以委托代理机构办理招标事宜。选项C错误，招标人自行招标时才需要备案，不是委托代理人才需要备案。选项D明显不符合第十二条

的规定。

答案：A

118. 解　《中华人民共和国民法典》第一百三十七条规定，以对话方式作出的意思表示，相对人知道其内容时生效。以非对话方式作出的意思表示，到达相对人时生效。以非对话方式作出的采用数据电文形式的意思表示，相对人指定特定系统接收数据电文的，该数据电文进入该特定系统时生效；未指定特定系统的，相对人知道或者应当知道该数据电文进入其系统时生效。当事人对采用数据电文形式的意思表示的生效时间另有约定的，按照其约定。

答案：A

119. 解　依照《中华人民共和国行政许可法》第四十二条的规定，依照本法第二十六条的规定，行政许可采取统一办理或者联合办理、集中办理的，办理的时间不得超过四十五日；四十五日内不能办结的，经本级人民政府负责人批准，可以延长十五日，并应当将延长期限的理由告知申请人。

答案：D

120. 解　《建设工程质量管理条例》第十六条规定，建设单位收到建设工程竣工报告后，应当组织设计、施工、工程监理等有关单位进行竣工验收。

答案：C

2021年度全国勘察设计注册工程师执业资格考试基础考试（上）

试题解析及参考答案

1. 解　本题考查指数函数的极限$\lim\limits_{x\to+\infty} e^x=+\infty$，$\lim\limits_{x\to-\infty} e^x=0$，需熟悉函数$y=e^x$的图像（见解图）。

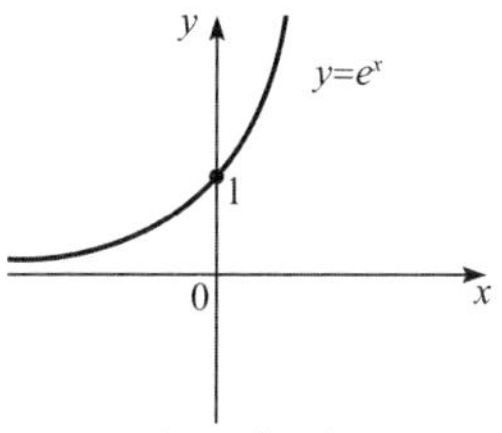

题1解图

因为$\lim\limits_{x\to0^-}\frac{1}{x}=-\infty$，故$\lim\limits_{x\to0^-}e^{\frac{1}{x}}=0$，所以选项B正确。

而$\lim\limits_{x\to0^+}\frac{1}{x}=+\infty$，则$\lim\limits_{x\to0^+}e^{\frac{1}{x}}=+\infty$，可知选项A、C、D错误。

答案：B

2. 解　本题考查等价无穷小和同阶无穷小的概念。

当$x\to0$时，$1-\cos 2x\sim\frac{1}{2}(2x)^2=2x^2$，所以$\lim\limits_{x\to0}\frac{1-\cos 2x}{x^2}=2$，选项A正确。

当$x\to0$时，$\sin x\sim x$，$\lim\limits_{x\to0}\frac{x^2\sin x}{x^3}=1$，所以当$x\to0$时，$x^2\sin x$与$x^3$为同阶无穷小，选项B错误。

当$x\to0$时，$\sqrt{1+x}-1\sim\frac{1}{2}x$，$\lim\limits_{x\to0}\frac{\sqrt{1+x}-1}{x}=\frac{1}{2}$，所以当$x\to0$时，$\sqrt{1+x}-1$与$x$为同阶无穷小，选项C错误。

当$x\to0$时，$1-\cos x^2\sim\frac{1}{2}x^4$，所以当$x\to0$时，$1-\cos x^2$与$x^4$为同阶无穷小，选项D错误。

答案：A

3. 解　本题考查导数的定义及一元函数可导与连续的关系。

由题意$f(0)=0$，且$\lim\limits_{x\to0}\frac{f(x)}{x}=1$，得$\lim\limits_{x\to0}\frac{f(x)}{x}=\lim\limits_{x\to0}\frac{f(x)-f(0)}{x-0}=f'(0)=1$，知选项C正确，选项B、D错误。而由可导必连续，知选项A错误。

答案：C

4. 解　本题考查通过变量代换求函数表达式以及求导公式。

先进行倒代换，设$t=\frac{1}{x}$，则$x=\frac{1}{t}$，代入得$f(t)=\frac{\frac{1}{t}}{1+\frac{1}{t}}=\frac{1}{t+1}$

即$f(x)=\frac{1}{1+x}$，则$f'(x)=-\frac{1}{(1+x)^2}$

答案：C

5. 解　本题考查连续函数零点定理及导数的应用。

设$f(x)=x^3+x-1$，则$f'(x)=3x^2+1>0$，$x\in(-\infty,+\infty)$，知$f(x)$单调递增。

又采用特殊值法，有$f(0)=-1<0$，$f(1)=1>0$，$f(x)$连续，根据零点定理，知$f(x)$在$(0,1)$上存在零点，且由单调性，知$f(x)$在$x\in(-\infty,+\infty)$内仅有唯一零点，即方程$x^3+x-1=0$只有一个实根。

答案：B

6. 解　本题考查极值的概念和极值存在的必要条件。

函数$f(x)$在点$x=x_0$处可导，则$f'(x_0)=0$是$f(x)$在$x=x_0$取得极值的必要条件。同时，导数不存

在的点也可能是极值点，例如$y=|x|$在$x=0$点取得极小值，但$f'(0)$不存在，见解图。即可导函数的极值点一定是驻点，反之不然。极值点只能是驻点或不可导点。

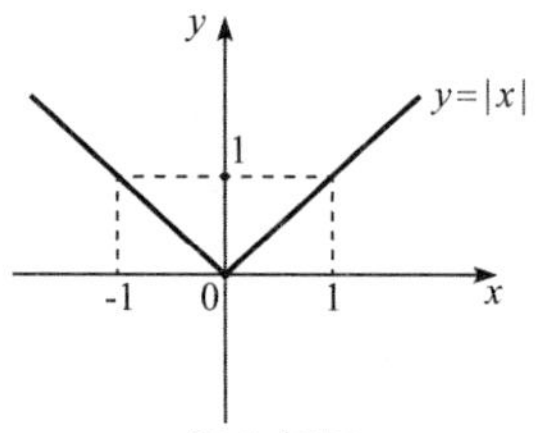

题 6 解图

答案： C

7. 解　本题考查不定积分和微分的基本性质。

由微分的基本运算$\mathrm{d}g(x)=g'(x)\mathrm{d}x$，得：$\int f(x)\mathrm{d}x=\int \mathrm{d}g(x)=\int g'(x)\mathrm{d}x$

等式两端对x求导，得：$f(x)=g'(x)$

答案： B

8. 解　本题考查定积分的基本运算及奇偶函数在对称区间积分的性质。

$\int_{-1}^{1}(x^3+|x|)e^{x^2}\mathrm{d}x=\int_{-1}^{1}x^3e^{x^2}\mathrm{d}x+\int_{-1}^{1}|x|e^{x^2}\mathrm{d}x$，由于$x^3$是奇函数，$e^{x^2}$是偶函数，故$x^3e^{x^2}$是奇函数，奇函数在对称区间的定积分为 0，有$\int_{-1}^{1}x^3e^{x^2}\mathrm{d}x=0$，故有$\int_{-1}^{1}(x^3+|x|)e^{x^2}\mathrm{d}x=\int_{-1}^{1}|x|e^{x^2}\mathrm{d}x$。

由于$|x|$是偶函数，e^{x^2}是偶函数，故$|x|e^{x^2}$是偶函数，偶函数在对称区间的定积分为 2 倍半区间积分，有$\int_{-1}^{1}|x|e^{x^2}\mathrm{d}x=2\int_{0}^{1}|x|e^{x^2}\mathrm{d}x$。

$x\geqslant 0$，去掉绝对值符号，有

$$2\int_0^1 xe^{x^2}\mathrm{d}x=\int_0^1 e^{x^2}\mathrm{d}x^2=e^{x^2}\Big|_0^1=e-1$$

答案： C

9. 解　本题考查曲面交线的求法，空间曲线可看作两个空间曲面的交线。

两曲面交线为$\begin{cases}x^2+y^2+z^2=a^2\\x^2+y^2=2az\end{cases}$，两式相减，整理可得$z^2+2az-a^2=0$，解得$z=(\sqrt{2}-1)a$，$z=-(\sqrt{2}+1)a$（舍去），由此可知，两曲面的交线位于$z=(\sqrt{2}-1)a$这个平行于$xoy$面的平面上，再将$z=(\sqrt{2}-1)a$代入两个曲面方程中的任意一个，可得两曲面交线$\begin{cases}x^2+y^2=2(\sqrt{2}-1)a^2\\z=(\sqrt{2}-1)a\end{cases}$，由此可知选项 C 正确。

答案： C

10. 解　本题考查空间直线与平面之间的关系。

平面$F(x,y,z)=x+3y+2z+1=0$的法向量为$\vec{n}_1=(1,3,2)$；

同理，平面$G(x,y,z)=2x-y-10z+3=0$的法向量为$\vec{n}_2=(2,-1,-10)$。

故由直线L的方向向量$\vec{s}=\vec{n}_1\times\vec{n}_2=\begin{vmatrix}\vec{i}&\vec{j}&\vec{k}\\1&3&2\\2&-1&-10\end{vmatrix}=-28\vec{i}+14\vec{j}-7\vec{k}$，平面$\pi$的法向量$\vec{n}_3=(4,-2,1)$，可知$\vec{s}=-7\vec{n}_3$，即直线$L$的方向向量与平面$\pi$的法向量平行，亦即垂直于$\pi$。

答案： B

11. 解 本题考查积分上限函数的导数及一阶微分方程的求解。

对方程$f(x)=\int_0^x f(t)\mathrm{d}t$两边求导，得$f'(x)=f(x)$，这是一个变量可分离的一阶微分方程，可写成$\frac{\mathrm{d}f(x)}{f(x)}=\mathrm{d}x$，两边积分$\int\frac{\mathrm{d}f(x)}{f(x)}=\int\mathrm{d}x$，可得$\ln|f(x)|=x+C_1\Rightarrow f(x)=Ce^x$，这里$C=\pm e^{C_1}$。代入初始条件$f(0)=0$，得$C=0$。所以$f(x)=0$。

注：本题可以直接观察$f(0)=\int_0^0 f(t)\mathrm{d}t=0$，只有选项 C 满足。

答案： C

12. 解 本题考查二阶常系数线性非齐次微分方程的特解。

方法 1： 将四个函数代入微分方程直接验证，可得选项 D 正确。

方法 2： 二阶常系数非齐次微分方程所对应的齐次方程的特征方程为$r^2-r-2=0$，特征根$r_1=-1$，$r_2=2$，由右端项$f(x)=6e^x$，可知$\lambda=1$不是对应齐次方程的特征根，所以非齐次方程的特解形式为$y=Ae^x$，A为待定常数。

代入微分方程，得$y''-y'-2y=(Ae^x)''-(Ae^x)'-2Ae^x=-2Ae^x=6e^x$，有$A=-3$，所以$y=-3e^x$是微分方程的特解。

答案： D

13. 解 本题考查多元函数在分段点的偏导数计算。

由偏导数的定义知：

$$f_x'(0,1)=\lim_{\Delta x\to 0}\frac{f(0+\Delta x,1)-f(0,1)}{\Delta x}=\lim_{\Delta x\to 0}\frac{\frac{1}{\Delta x}\sin(\Delta x)^2-0}{\Delta x}=\lim_{\Delta x\to 0}\frac{\sin(\Delta x)^2}{(\Delta x)^2}=1$$

答案： B

14. 解 本题考查直角坐标系下的二重积分化为极坐标系下的二次积分的方法。

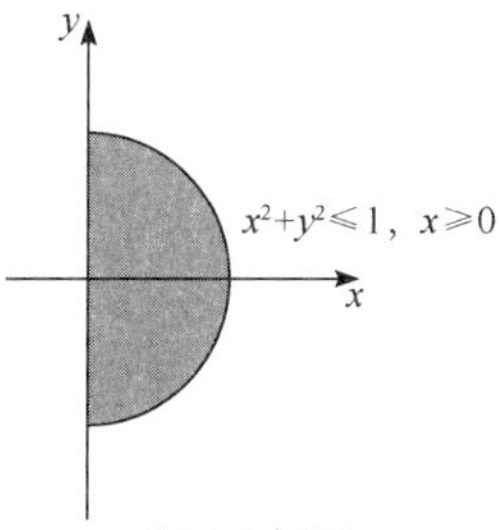

题 14 解图

直角坐标与极坐标的关系：$\begin{cases}x=r\cos\theta\\y=r\sin\theta\end{cases}$，由$x^2+y^2\leqslant 1$，得$0\leqslant r\leqslant 1$，且由$x\geqslant 0$，可得$-\frac{\pi}{2}\leqslant\theta\leqslant\frac{\pi}{2}$，故极坐标系下的积分区域$D$:$\begin{cases}-\frac{\pi}{2}\leqslant\theta\leqslant\frac{\pi}{2}\\0\leqslant r\leqslant 1\end{cases}$，如解图所示。

极坐标系的面积元素$\mathrm{d}x\mathrm{d}y=r\mathrm{d}r\mathrm{d}\theta$，则：

$$\iint_D f\left(\sqrt{x^2+y^2}\right)\mathrm{d}x\mathrm{d}y=\int_{-\frac{\pi}{2}}^{\frac{\pi}{2}}\mathrm{d}\theta\int_0^1 f(r)r\mathrm{d}r=\pi\int_0^1 rf(r)\,\mathrm{d}r$$

答案： B

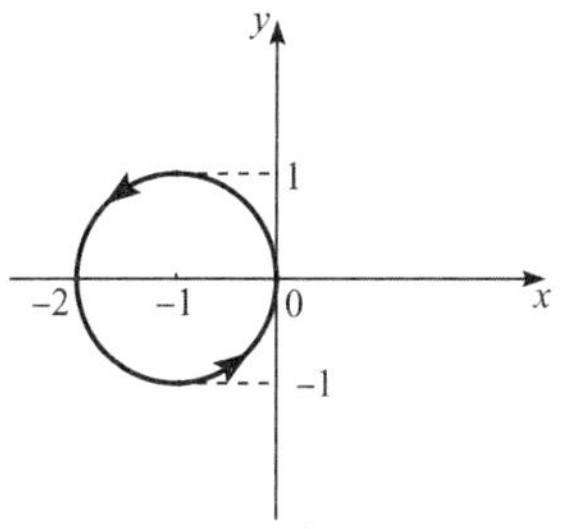

题 15 解图

15. 解 本题考查第二类曲线积分的计算。应注意，同时采用不同参数方程计算，化为定积分的形式不同，尤其应注意积分的上下限。

方法 1：按照对坐标的曲线积分计算，把圆L：$x^2+y^2=-2x$化为参数方程。

由$x^2+y^2=-2x$，得$(x+1)^2+y^2=1$，如解图所示。

令$x+1=\cos\theta$，$y=\sin\theta$，有：

$$\mathrm{d}x=\mathrm{d}\cos\theta=-\sin\theta\mathrm{d}\theta$$

$$\mathrm{d}y=\mathrm{d}\sin\theta=\cos\theta\mathrm{d}\theta$$

θ从 0 取到2π，则：

$$\int_L(x-y)\mathrm{d}x+(x+y)\,\mathrm{d}y=\int_0^{2\pi}(-1+\cos\theta-\sin\theta)(-\sin\theta)+(-1+\cos\theta+\sin\theta)\cos\theta\,\mathrm{d}\theta$$

$$=\int_0^{2\pi}(\sin\theta-\cos\theta+1)\mathrm{d}\theta=2\pi$$

方法 2：圆L：$x^2+y^2=-2x$,化为极坐标系下的方程为$r=-2\cos\theta$，由直角坐标和极坐标的关系，可得圆的参数方程为$\begin{cases}x=-2\cos^2\theta\\y=-2\cos\theta\sin\theta\end{cases}$ $\left(\theta从\frac{\pi}{2}取到\frac{3\pi}{2}\right)$，所以：

$$\int_L(x-y)\mathrm{d}x+(x+y)\mathrm{d}y$$

$$=\int_{\frac{\pi}{2}}^{\frac{3\pi}{2}}[(-2\cos^2\theta+2\cos\theta\sin\theta)(4\cos\theta\sin\theta)+(-2\cos^2\theta-2\cos\theta\sin\theta)(-2\cos^2\theta+2\sin^2\theta)]\mathrm{d}\theta$$

$$=\int_{\frac{\pi}{2}}^{\frac{3\pi}{2}}(-4\cos^3\theta\sin\theta+4\cos^2\theta\sin^2\theta+4\cos^4\theta-4\cos\theta\sin^3\theta)\mathrm{d}\theta$$

$$=\int_{\frac{\pi}{2}}^{\frac{3\pi}{2}}(4\cos^2\theta-4\cos\theta\sin\theta)\mathrm{d}\theta=\int_{\frac{\pi}{2}}^{\frac{3\pi}{2}}2\,(1+\cos2\,\theta-\sin2\theta)\mathrm{d}\theta$$

$$=2\pi+\sin2\theta\Big|_{\frac{\pi}{2}}^{\frac{3\pi}{2}}+\cos2\theta\Big|_{\frac{\pi}{2}}^{\frac{3\pi}{2}}=2\pi$$

方法 3：（不在大纲考试范围内）利用格林公式：

$$\int_L(x-y)\mathrm{d}x+(x+y)\mathrm{d}y=\iint_D2\mathrm{d}x\mathrm{d}y=2\pi$$

这里D是L所围成的圆的内部区域：$x^2+y^2\leqslant-2x$。

答案：D

16. 解　本题考查多元函数偏导数计算。

$$\frac{\partial z}{\partial x}=yx^{y-1},\ \frac{\partial^2z}{\partial x\partial y}=x^{y-1}+yx^{y-1}\ln x=x^{y-1}(1+y\ln x)$$

答案：C

17. 解　本题考查级数收敛的必要条件，等比级数和p级数的敛散性以及交错级数敛散性的判断。

选项 A，级数是公比$q=\frac{8}{7}>1$的等比级数，故该级数发散。

选项B，$\lim\limits_{n\to\infty} n\sin\frac{1}{n} = \lim\limits_{n\to\infty}\frac{\sin\frac{1}{n}}{\frac{1}{n}} = 1 \neq 0$，由级数收敛的必要条件知，该级数发散。

选项C，级数是p级数，$p = \frac{1}{2} < 1$，p级数的性质为：$p > 1$时级数收敛，$p \leqslant 1$时级数发散，本选项的$p = \frac{1}{2} < 1$，故该级数发散。

选项D，交错级数$\sum\limits_{n=1}^{\infty}(-1)^{n-1}\frac{1}{\sqrt{n}}$，满足条件：①$\lim\limits_{n\to\infty} u_n = \lim\limits_{n\to\infty}\frac{1}{\sqrt{n}} = 0$，②$u_n = \frac{1}{\sqrt{n}} > u_{n+1} = \frac{1}{\sqrt{n+1}}$，由莱布尼兹定理知，该级数收敛。

注：交错级数的莱布尼兹判别法为历年考查的重点，应熟练掌握它的判断依据。

答案：D

18. 解　本题考查无穷级数求和。

方法1：考虑级数$\sum\limits_{n=1}^{\infty} nx^{n-1}$，收敛区间$(-1,1)$，则

$$S(x) = \sum_{n=1}^{\infty} nx^{n-1} = \sum_{n=1}^{\infty}(x^n)' = \left(\sum_{n=1}^{\infty} x^n\right)' = \left(\frac{x}{1-x}\right)' = \frac{1}{(1-x)^2}$$

故$\sum\limits_{n=1}^{\infty} n\left(\frac{1}{2}\right)^{n-1} = S\left(\frac{1}{2}\right) = 4$

方法2：设级数的前n项部分为

$$S_n = 1 + 2\times\frac{1}{2} + 3\times\frac{1}{2^2} + 4\times\frac{1}{2^3} + \cdots + (n-1)\times\frac{1}{2^{n-2}} + n\times\frac{1}{2^{n-1}} \quad ①$$

则

$$\frac{1}{2}S_n = \frac{1}{2} + 2\times\frac{1}{2^2} + 3\times\frac{1}{2^3} + \cdots + (n-1)\times\frac{1}{2^{n-1}} + n\times\frac{1}{2^n} \quad ②$$

式①−式②，得：

$$\frac{1}{2}S_n = 1 + \frac{1}{2} + \frac{1}{2^2} + \frac{1}{2^3} + \cdots\frac{1}{2^{n-1}} - n\frac{1}{2^n} = \frac{1\times\left[1-\left(\frac{1}{2}\right)^n\right]}{1-\frac{1}{2}} - n\frac{1}{2^n} \xrightarrow{n\to\infty\text{时，有}\left(\frac{1}{2}\right)^n\to 0,\ n\frac{1}{2^n}\to 0} 2$$

解得：$S = \lim\limits_{n\to\infty} S_n = 4$

注：方法2主要利用了等比数列求和公式：$S_n = a_1 + a_1q + a_1q^2 + \cdots + a_1q^{n-1} = \frac{a_1(1-q^n)}{1-q}$以及基本的极限结果：$\lim\limits_{n\to\infty} n\frac{1}{2^n} = 0$。本题还可以列举有限项的求和来估算，例如$S_4 = 1 + 2\times\frac{1}{2} + 3\times\frac{1}{2^2} + 4\times\frac{1}{2^3} = 3.25 > 3$，$\{S_n\}$单调递增，所以$S > 3$，故选项A、B、C均错误，只有选项D正确。

答案：D

19. 解　本题考查矩阵的基本变换与计算。

方法1：$\boldsymbol{A} - 2\boldsymbol{I} = \begin{bmatrix} -1 & 0 & 0 \\ 0 & -3 & -1 \\ 0 & 0 & -1 \end{bmatrix}$

$$(\boldsymbol{A}-2\boldsymbol{I}|\boldsymbol{I}) = \left[\begin{array}{ccc|ccc} -1 & 0 & 0 & 1 & 0 & 0 \\ 0 & -3 & -1 & 0 & 1 & 0 \\ 0 & 0 & -1 & 0 & 0 & 1 \end{array}\right] \xrightarrow{-r_1} \left[\begin{array}{ccc|ccc} 1 & 0 & 0 & -1 & 0 & 0 \\ 0 & -3 & -1 & 0 & 1 & 0 \\ 0 & 0 & -1 & 0 & 0 & 1 \end{array}\right]$$

$$\xrightarrow{(-1)r_3+r_2} \left[\begin{array}{ccc|ccc} 1 & 0 & 0 & -1 & 0 & 0 \\ 0 & -3 & 0 & 0 & 1 & -1 \\ 0 & 0 & -1 & 0 & 0 & 1 \end{array}\right] \xrightarrow{-\frac{1}{3}r_2} \left[\begin{array}{ccc|ccc} 1 & 0 & 0 & -1 & 0 & 0 \\ 0 & 1 & 0 & 0 & -\frac{1}{3} & \frac{1}{3} \\ 0 & 0 & -1 & 0 & 0 & 1 \end{array}\right]$$

$$\xrightarrow{-r_3}\left[\begin{array}{ccc|ccc}1&0&0&-1&0&0\\0&1&0&0&-\frac{1}{3}&\frac{1}{3}\\0&0&1&0&0&-1\end{array}\right]$$，可得$(\boldsymbol{A}-2\boldsymbol{I})^{-1}=\begin{bmatrix}-1&0&0\\0&-\frac{1}{3}&\frac{1}{3}\\0&0&-1\end{bmatrix}$

$$\boldsymbol{A}^2-4\boldsymbol{I}=\begin{bmatrix}1&0&0\\0&-1&-1\\0&0&1\end{bmatrix}\cdot\begin{bmatrix}1&0&0\\0&-1&-1\\0&0&1\end{bmatrix}-\begin{bmatrix}4&0&0\\0&4&0\\0&0&4\end{bmatrix}=\begin{bmatrix}-3&0&0\\0&-3&0\\0&0&-3\end{bmatrix}$$

$$(\boldsymbol{A}-2\boldsymbol{I})^{-1}(\boldsymbol{A}^2-4\boldsymbol{I})=\begin{bmatrix}-1&0&0\\0&-\frac{1}{3}&\frac{1}{3}\\0&0&-1\end{bmatrix}\begin{bmatrix}-3&0&0\\0&-3&0\\0&0&-3\end{bmatrix}=\begin{bmatrix}3&0&0\\0&1&-1\\0&0&3\end{bmatrix}$$

方法 2：本题按方法 1 直接计算逆矩阵会很麻烦，可考虑进行变换化简，有：

$$(\boldsymbol{A}-2\boldsymbol{I})^{-1}(\boldsymbol{A}^2-4\boldsymbol{I})=(\boldsymbol{A}-2\boldsymbol{I})^{-1}(\boldsymbol{A}-2\boldsymbol{I})(\boldsymbol{A}+2\boldsymbol{I})=\boldsymbol{A}+2\boldsymbol{I}=\begin{bmatrix}3&0&0\\0&1&-1\\0&0&3\end{bmatrix}$$

答案：A

20. 解　本题考查特征值和特征向量的基本概念与性质。

求矩阵$\boldsymbol{A}$的特征值

$$|\boldsymbol{A}-\lambda\boldsymbol{I}|=\begin{vmatrix}-\lambda&0&1\\x&1-\lambda&y\\1&0&-\lambda\end{vmatrix}=-\lambda\begin{vmatrix}1-\lambda&y\\0&-\lambda\end{vmatrix}-0+1\begin{vmatrix}x&1-\lambda\\1&0\end{vmatrix}$$

$$=\lambda^2(1-\lambda)-(1-\lambda)=-(1+\lambda)(1-\lambda)^2=0$$

解得：$\lambda_1=\lambda_2=1$，$\lambda_3=-1$。

因为属于不同特征值的特征向量必定线性无关，故只需讨论$\lambda_1=\lambda_2=1$时的特征向量，有：

$$\boldsymbol{A}-\boldsymbol{I}=\begin{bmatrix}-1&0&1\\x&0&y\\1&0&-1\end{bmatrix}\xrightarrow{r_1+r_3}\begin{bmatrix}1&0&-1\\x&0&y\\0&0&0\end{bmatrix}\xrightarrow{-xr_1+r_2}\begin{bmatrix}1&0&-1\\0&0&x+y\\0&0&0\end{bmatrix}$$的秩为 1，可得$x+y=0$。

答案：A

21. 解　本题考查基础解系的基本性质。

$\boldsymbol{A}x=\boldsymbol{0}$的基础解系是所有解向量的最大线性无关组。根据已知条件，α_1，α_2，α_3是线性方程组$\boldsymbol{A}x=\boldsymbol{0}$的一个基础解系，故$\alpha_1$，$\alpha_2$，$\alpha_3$线性无关，$\boldsymbol{A}x=\boldsymbol{0}$有三个线性无关的解向量，而选项 A、D 分别有两个和四个解向量，故错误。

由已知n维向量组α_1，α_2，α_3线性无关，易知向量组$\alpha_1+\alpha_2$，$\alpha_2+\alpha_3$，$\alpha_3+\alpha_1$线性无关，且每个向量$\alpha_1+\alpha_2$，$\alpha_2+\alpha_3$，$\alpha_3+\alpha_1$均为线性方程组$\boldsymbol{A}x=\boldsymbol{0}$的解，选项 B 正确。

选项 C 中，因$\alpha_1-\alpha_3=(\alpha_1+\alpha_2)-(\alpha_2+\alpha_3)$，所以向量组线性相关，不满足基础解系的定义，故错误。

答案：B

22. 解　本题考查古典概型的概率计算。

已知不是黑球，缩减样本空间，只需考虑 5 个白球、3 个黄球，则随机抽取黄球的概率是：

$$P=\frac{3}{5+3}=\frac{3}{8}$$

答案：B

23. 解 本题考查常见分布的期望和方差的概念。

已知X服从泊松分布：$X \sim P(\lambda)$，有$\lambda=3$，$E(X)=\lambda$，$D(X)=\lambda$，故$\frac{D(X)}{E(X)}=\frac{3}{3}=1$。

注：应掌握常见随机变量的期望和方差的基本公式。

答案：C

24. 解 本题考查样本方差和常用统计抽样分布的基本概念。

样本方差$S^2=\frac{1}{n-1}\sum_{i=1}^{n}\left(X_i-\overline{X}\right)^2$，因为总体$X \sim N(\mu,\sigma^2)$，有以下结论：

$\overline{X}$与S^2相互独立，且有$\frac{(n-1)S^2}{\sigma^2} \sim \chi^2(n-1)$，则$\sum_{i=1}^{n}\frac{\left(X_i-\overline{X}\right)^2}{\sigma^2}=\frac{(n-1)S^2}{\sigma^2} \sim \chi^2(n-1)$。

注：若将样本均值$\overline{X}$改为正态分布的均值μ，则有$\sum_{i=1}^{n}\frac{(X_i-\mu)^2}{\sigma^2} \sim \chi^2(n)$。

答案：D

25. 解 由理想气体状态方程$pV=\frac{m}{M}RT$，可以得到理想气体的标准体积（摩尔体积），即在标准状态下（压强$p_0=1\text{atm}$，温度$T=273.15\text{K}$），一摩尔任何理想气体的体积均为22.4L。

答案：A

26. 解 $\overline{\lambda}=\frac{\overline{v}}{\overline{Z}}=\frac{kT}{\sqrt{2}\pi d^2 p}$，$\overline{v}=1.6\sqrt{\frac{RT}{M}}$

等温膨胀过程温度不变，压强降低，$\overline{\lambda}$变大，而温度不变，$\overline{v}$不变，故$\overline{Z}$变小。

答案：B

27. 解 由热力学第一定律$Q=\Delta E+W$，知做功为零（$W=0$）的过程为等体过程；内能减少，温度降低为等体降温过程。

答案：B

28. 解 卡诺正循环由两个准静态等温过程和两个准静态绝热过程组成。

由热力学第一定律$Q=\Delta E+W$，绝热过程$Q=0$，两个绝热过程高低温热源温度相同，温差相等，内能差相同。一个过程为绝热膨胀，另一个过程为绝热压缩，$W_2=-W_1$，一个内能增大，一个内能减小，$\Delta E_2=-\Delta E_1$。热力学的功等于曲线下的面积，故$S_1=S_2$。

答案：B

29. 解 热机效率：$\eta=1-\frac{Q_2}{Q_1}=1-\frac{1.26\times10^2}{1.68\times10^2}=25\%$

答案：A

30. 解 此题考查波动方程的基本关系。

$y=A\cos(Bt-Cx)=A\cos B\left(t-\frac{x}{B/C}\right)$

$u=\frac{B}{C}$ ，$\omega=B$，$T=\frac{2\pi}{\omega}=\frac{2\pi}{B}$

$\lambda=u\cdot T=\frac{B}{C}\cdot\frac{2\pi}{B}=\frac{2\pi}{C}$

答案：C

31. 解 由波动的能量特征得知：质点波动的动能与势能是同相的，动能与势能同时达到最大、最小。题目给出A点处媒质质元的振动动能在增大，则A点处媒质质元的振动势能也在增大，故选项 A 不正确；同样，由于A点处媒质质元的振动动能在增大，由此判定A点向平衡位置运动，波沿x负向传播，故选项 B 正确；此时B点向上运动，振动动能在增加，故选项 C 不正确；波的能量密度是随时间做周期性变化的，$w=\frac{\Delta W}{\Delta V}=\rho\omega^2A^2\sin^2\left[\omega\left(t-\frac{x}{u}\right)\right]$，故选项 D 不正确。

答案：B

32. 解 由波动的干涉特征得知：同一播音器初相位差为零。

$$\Delta\varphi=\alpha_2-\alpha_1-\frac{2\pi(r_2-r_1)}{\lambda}=-\frac{2\pi\frac{\lambda}{2}}{\lambda}=\pi$$

相位差为π的奇数倍，为干涉相消点。

答案：B

33. 解 本题考查声波的多普勒效应公式。注意波源不动，$v_S=0$，观察者远离波源运动，v_0前取负号。设波速为u，则：

$$v'=\frac{u-v_0}{u}v_0=\frac{u-\frac{1}{2}u}{u}v_0=\frac{1}{2}v_0$$

答案：C

34. 解 一束单色光通过折射率不同的两种媒质时，光的频率不变，波速改变，波长$\lambda=uT=\frac{u}{v}$。

答案：B

35. 解 在单缝衍射中，若单缝处的波面恰好被分成偶数个半波带，屏上出现暗条纹。相邻半波带上任何两个对应点所发出的光，在暗条纹处的光程差为$\frac{\lambda}{2}$，相位差为π。

答案：A

36. 解 光栅衍射是单缝衍射和多缝干涉的和效果。当多缝干涉明纹与单缝衍射暗纹方向相同时，将出现缺级现象。

单缝衍射暗纹条件：$a\sin\phi=k\lambda$

光栅衍射明纹条件：$(a+b)\sin\phi=k'\lambda$

$$\frac{a\sin\phi}{(a+b)\sin\phi}=\frac{k\lambda}{k'\lambda}=\frac{1}{3},\frac{2}{6},\frac{3}{9},\cdots$$

故$a+b=3a$

答案：B

37. 解 电离能可以衡量元素金属性的强弱，电子亲和能可以衡量元素非金属性的强弱，元素电负性可较全面地反映元素的金属性和非金属性强弱，离子极化力是指某离子使其他离子变形的能力。

答案：A

38. 解 分子间力包括色散力、诱导力、取向力。非极性分子和非极性分子之间只存在色散力，非极性分子和极性分子之间存在色散力和诱导力，极性分子和极性分子之间存在色散力、诱导力和取向力。题中，氢气、氦气、氧气、二氧化碳是非极性分子，二氧化硫、溴化氢和一氧化碳是极性分子。

答案：A

39. 解 在$BaSO_4$饱和溶液中，存在$BaSO_4 \rightleftharpoons Ba^{2+}+SO_4^{2-}$平衡，加入$Na_2SO_4$，溶液中$SO_4^{2-}$浓度增加，平衡向左移动，$Ba^{2+}$的浓度减小。

答案：B

40. 解 根据缓冲溶液pH值的计算公式：

$$\mathrm{pH}=14-\mathrm{p}K_{\mathrm{b}}+\lg\frac{c_{\text{碱}}}{c_{\text{盐}}}=14+\lg1.8\times10^{-5}+\lg\frac{0.1}{0.1}=14-4.74-0=9.26$$

答案：B

41. 解 由物质的标准摩尔生成焓$\Delta_{\mathrm{f}}H_{\mathrm{m}}^{\Theta}$和反应的标准摩尔反应焓变$\Delta_{\mathrm{r}}H_{\mathrm{m}}^{\Theta}$定义可知，HCl(g)的$\Delta_{\mathrm{f}}H_{\mathrm{m}}^{\Theta}$为反应$\frac{1}{2}\mathrm{H_2(g)}+\frac{1}{2}\mathrm{Cl_2(g)}=\mathrm{HCl(g)}$的$\Delta_{\mathrm{r}}H_{\mathrm{m}}^{\Theta}$。反应$\mathrm{H_2(g)}+\mathrm{Cl_2(g)}=2\mathrm{HCl(g)}$的$\Delta_{\mathrm{r}}H_{\mathrm{m}}^{\Theta}$是反应$\frac{1}{2}\mathrm{H_2(g)}+\frac{1}{2}\mathrm{Cl_2(g)}=\mathrm{HCl(g)}$的$\Delta_{\mathrm{r}}H_{\mathrm{m}}^{\Theta}$的2倍，即$\mathrm{H_2(g)}+\mathrm{Cl_2(g)}=2\mathrm{HCl(g)}$的$\Delta_{\mathrm{r}}H_{\mathrm{m}}^{\Theta}=2\times(-92)=-184\mathrm{kJ\cdot mol^{-1}}$。

答案：C

42. 解 对于指定反应，平衡常数K^{Θ}的值只是温度的函数，与参与平衡的物质的量、浓度、压强等无关。

答案：C

43. 解 原电池$(-)\mathrm{Fe}\mid\mathrm{Fe}^{2}+(1.0\mathrm{mol\cdot L^{-1}})\Vert\mathrm{Fe}^{3}+(1.0\mathrm{mol\cdot L^{-1}})$，$\mathrm{Fe}^{2}+(1.0\mathrm{mol\cdot L^{-1}})\mid\mathrm{Pt}(+)$的电动势

$$E^{\Theta}=E^{\Theta}(\mathrm{Fe^{3+}/Fe^{2+}})-E^{\Theta}(\mathrm{Fe^{2+}/Fe})=0.771-(-0.44)=1.211\mathrm{V}$$

两个半电池中均加入 NaOH 后，Fe^{3+}、Fe^{2+}的浓度：

$$c_{\mathrm{Fe^{3+}}}=\frac{K_{\mathrm{sp}}^{\Theta}(\mathrm{Fe(OH)_3})}{(c_{\mathrm{OH^-}})^3}=\frac{2.79\times10^{-39}}{1.0^3}=2.79\times10^{-39}\,\mathrm{mol\cdot L^{-1}}$$

$$c_{\mathrm{Fe^{2+}}}=\frac{K_{\mathrm{sp}}^{\Theta}(\mathrm{Fe(OH)_2})}{(c_{\mathrm{OH^-}})^2}=\frac{4.87\times10^{-17}}{1.0^2}=4.87\times10^{-17}\mathrm{mol\cdot L^{-1}}$$

根据能斯特方程式，正极电极电势：

$$E(\mathrm{Fe^{3+}/Fe^{2+}})=E^{\Theta}(\mathrm{Fe^{3+}/Fe^{2+}})+\frac{0.0592}{1}\lg\frac{c_{\mathrm{Fe^{3+}}}}{c_{\mathrm{Fe^{2+}}}}=0.771+0.0592\times\lg\frac{2.79\times10^{-39}}{4.87\times10^{-17}}=-0.546\mathrm{V}$$

负极电极电势：

$$E(\mathrm{Fe^{2+}/Fe})=E^{\Theta}(\mathrm{Fe^{2+}/Fe})+\frac{0.0592}{2}\lg c_{\mathrm{Fe^{2+}}}=0.44+\frac{0.0592}{2}\lg4.87\times10^{-17}=-0.0428\mathrm{V}$$

则电动势$E=E(\mathrm{Fe^{3+}/Fe^{2+}})-E(\mathrm{Fe^{2+}/Fe})=-0.503\mathrm{V}$

答案： B

44. 解 烯烃和炔烃都可以与溴水反应使溴水褪色，烷烃和苯不与溴水反应。选项 A 中 1-己烯可以使溴水褪色，而己烷不能使溴水褪色。

答案： A

45. 解 尼泊金丁酯是由对羟基苯甲酸的羧基与丁醇的羟基发生酯化反应生成的。

答案： C

46. 解 该高分子化合物由单体 $CH_2{=}CHCl$ 通过加聚反应形成的。

答案： B

47. 解 根据平面任意力系独立平衡方程组的条件，三个平衡方程中，选项 A 不满足三个矩心不共线的三矩式要求，选项 B、D 不满足两矩心连线不垂直于投影轴的二矩式要求。

答案： C

48. 解 三个力合成后可形成自行封闭的三角形，说明此力系主矢为零；将三力对A点取矩，$\boldsymbol{F}_1$、$\boldsymbol{F}_3$对A点的力矩为零，$\boldsymbol{F}_2$ 对A点的力矩不为零，说明力系的主矩不为零。根据力系简化结果的分析，主矢为零，主矩不为零，力系可简化为一合力偶。

答案： C

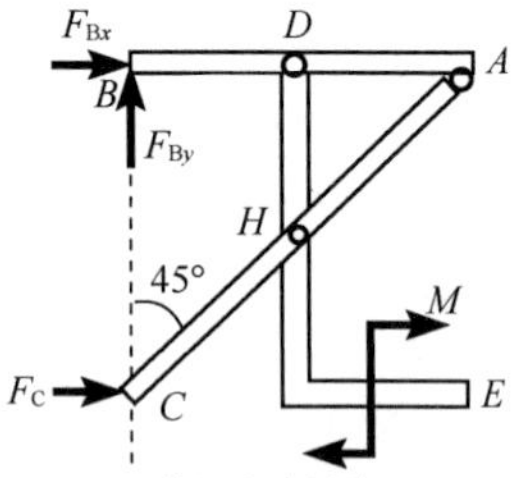

题 49 解图

49. 解 以整体为研究对象，其受力如解图所示。

列平衡方程：$\sum M_B=0$，$F_C\cdot1-M=0$

代入数值得：$F_C=1\mathrm{kN}$（水平向右）

答案： D

50. 解 根据零杆的判断方法，凡是三杆铰接的节点上，有两根杆在同一直线上，那么第三根不在这条直线上的杆必为零杆。先分析节点I，知DI杆为零杆，再分析节点D，此时D节点实际铰接的是CD、DE和DH三杆，由此可判断DH杆内力为零。

答案： D

51. 解 $t=0$时，$x=2\mathrm{m}$，点在运动过程中其速度$v=\frac{\mathrm{d}x}{\mathrm{d}t}=3t^2-12$。即当$0<t<2\mathrm{s}$时，点的运

动方向是x轴的负方向；当$t = 2\mathrm{s}$时，点的速度为零，此时$x = -14\mathrm{m}$；当$t > 2\mathrm{s}$时，点的运动方向是x轴的正方向；当$t = 3\mathrm{s}$时，$x = -7\mathrm{m}$。所以点经过的路程是：$2 + 14 + 7 = 23\mathrm{m}$。

答案：A

52. 解 四连杆机构在运动过程中，O_1A、O_2B杆为定轴转动刚体，AB杆为平行移动刚体。根据平行移动刚体的运动特性，其上各点有相同的速度和加速度，所以有：

$$v_{\mathrm{A}} = r\omega = v_{\mathrm{M}}，\ a_{\mathrm{A}}^n = r\omega^2 = a_{\mathrm{M}}^n$$

答案：C

53. 解 定轴转动刚体上一点的速度、加速度与转动角速度、角加速度的关系为：

$$v_{\mathrm{B}} = OB \cdot \omega = 50 \times 2 = 100\mathrm{cm/s}，\ a_{\mathrm{B}}^t = OB \cdot \alpha = 50 \times 5 = 250\mathrm{cm/s^2}$$

答案：A

54. 解 物块围绕y轴做匀速圆周运动，其加速度为指向y轴的法向加速度a_n，其运动及受力分析如解图所示。

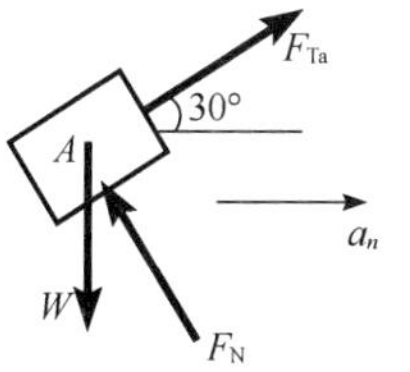

题 54 解图

根据质点运动微分方程$m\boldsymbol{a} = \boldsymbol{F}$，将方程沿着斜面方向投影有：

$$\frac{W}{g} a_n \cos 30^\circ = F_{\mathrm{T}} - W \sin 30^\circ$$

将$a_n = \omega^2 l \cos 30^\circ$代入，解得：$F_{\mathrm{T}} = 6 + 5 = 11\mathrm{N}$

答案：A

55. 解 根据刚体动量的定义：$p = mv_{\mathrm{c}} = \frac{1}{2}ml\omega \sin\alpha$（其中$v_{\mathrm{C}} = \frac{1}{2}l\omega\sin\alpha$）

答案：B

56. 解 根据动能定理，$T_2 - T_1 = W_{12}$。杆初始水平位置和运动到铅直位置时的动能分别为：$T_1 = 0$，$T_2 = \frac{1}{2}\cdot\frac{1}{3}ml^2\omega^2$，运动过程中重力所做之功为：$W_{12} = mg\frac{1}{2}l$，代入动能定理，可得：$\frac{1}{6}ml^2\omega^2 - 0 = \frac{l}{2}mg$，则$\omega = \sqrt{\frac{3g}{l}}$。

答案：B

57. 解 施加于轮的附加动反力$m\boldsymbol{a}_{\mathrm{c}}$是由惯性力引起的约束力，大小与惯性力大小相同，其中$a_{\mathrm{c}} = \frac{1}{2}R\omega^2$，方向与惯性力方向相反。

答案：C

58. 解 根据系统固有圆频率公式：$\omega_0 = \sqrt{\frac{k}{m}}$。系统中$k_2$和$k_3$并联，等效弹簧刚度$k_{23} = k_2 + k_3$；$k_1$和$k_{23}$串联，所以$\frac{1}{k_{123}} = \frac{1}{k_1} + \frac{1}{k_2 + k_3}$；$k_4$和$k_{123}$并联，故系统总的等效弹簧刚度为$k = k_4 + (\frac{1}{k_1} + \frac{1}{k_2 + k_3})^{-1} = 19600 + 4900 = 24500\mathrm{N/m}$，代入固有圆频率的公式，可得：$\omega_0 = 22.1\mathrm{rad/s}$。

答案：B

59. 解 铸铁的力学性能中抗拉能力最差，在扭转试验中沿45°最大拉应力的截面破坏就是明证，故①不正确；而铸铁的压缩强度比拉伸强度高得多，所以②正确。

答案：B

60. 解 由于左端D固定没有位移，所以C截面的轴向位移就等于CD段的伸长量$\Delta l_{\mathrm{CD}} = \frac{F \cdot \frac{l}{2}}{EA}$。

答案：C

61. 解 此题挤压力是F，计算挤压面积是db，根据挤压强度条件：$\frac{P_{\mathrm{bs}}}{A_{\mathrm{bs}}} = \frac{F}{db} \leqslant [\sigma_{\mathrm{bs}}]$，可得：$d \geqslant \frac{F}{b[\sigma_{\mathrm{bs}}]}$。

答案：A

62. 解 根据该轴的外力和反力可得其扭矩图如解图所示：

故$\varphi_{\mathrm{DA}} = \varphi_{\mathrm{DC}} + \varphi_{\mathrm{CB}} + \varphi_{\mathrm{BA}} = \frac{ml}{GI_{\mathrm{p}}} + 0 - \frac{ml}{GI_{\mathrm{p}}} = 0$

$\varphi_{\mathrm{DB}} = \varphi_{\mathrm{DC}} + \varphi_{\mathrm{CB}} = \varphi_{\mathrm{DC}} + 0$

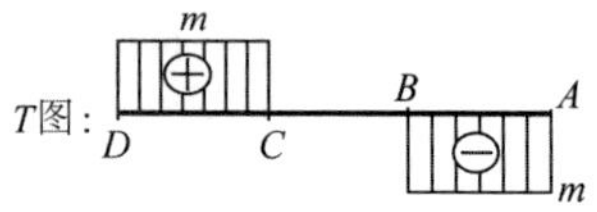

题 62 解图

答案：B

63. 解 $I_z = \frac{a^4}{12} - \frac{\pi d^4}{64}$，$W_z = \frac{I_z}{a/2} = \frac{a^3}{6} - \frac{\pi d^4}{32a}$

答案：C

64. 解 对称结构梁在反对称荷载作用下，其弯矩图是反对称的，其剪力图是对称的。在对称轴C截面上，弯矩为零，剪力不为零，是$-\frac{F}{2}$。

答案：C

65. 解 根据“突变规律”可知，在集中力偶作用的截面上，左右两侧的弯矩将产生突变，所以若集中力偶m在梁上移动，则梁的弯矩图将改变，而剪力图不变。

答案：C

66. 解 由受力分析可知，A点的支座反力为 0，B点的支座反力为 2P,所以左边第一段梁没有弯矩作用，梁的轴线是直线。四个选项中只有 D 满足这个条件 ，故只能选 D。

答案：D

67. 解 等截面轴向拉伸杆件中只能产生单向拉伸的应力状态，在各个方向的截面上应力可以不同，但是主应力状态都归结为单向应力状态。

答案：C

68. 解 最大拉应力理论就是第一强度理论，其相当应力就是σ_1，故选 A。

答案：A

69. 解 把作用在角点的偏心压力F，经过两次平移，平移到杆的轴线方向，形成一轴向压缩和两个平面弯曲的组合变形，其最大压应力的绝对值为：

$$|\sigma_{\max}^-| = \frac{F}{a^2} + \frac{M_z}{W_z} + \frac{M_y}{W_y}$$
$$= \frac{250\times10^3\text{N}}{100^2\text{mm}^2} + \frac{250\times10^3\times50\text{N}\cdot\text{mm}}{\frac{1}{6}\times100^3\text{mm}^3} + \frac{250\times10^3\text{N}\times50\text{mm}}{\frac{1}{6}\times100^3\text{mm}^3}$$
$$= 25 + 75 + 75 = 175\text{MPa}$$

答案：C

70. 解　由临界荷载的公式$F_{\text{cr}} = \frac{\pi^2 EI}{(\mu l)^2}$可知，当抗弯刚度相同时，$\mu l$越小，临界荷载越大。

图（A）是两端铰支：$\mu l = 1\times5 = 5$

图（B）是一端铰支、一端固定：$\mu l = 0.7\times7 = 4.9$

图（C）是两端固定：$\mu l = 0.5\times9 = 4.5$

图（D）是一端固定、一端自由：$\mu l = 2\times2 = 4$

所以图（D）的μl最小，临界荷载最大。

答案：D

71. 解　平板形心处的压强为$p_{\text{c}} = \rho g h_{\text{c}}$，而平板形心处垂直水深$h_{\text{c}} = h\sin\theta$，因此，平板受到的静水压力$P = p_{\text{c}}A = \rho g h_{\text{c}} A = \rho g h A\sin\theta$。

答案：A

72. 解　流体的黏性是指流体在运动状态下具有抵抗剪切变形并在内部产生切应力的性质。流体的黏性来源于流体分子之间的内聚力和相邻流动层之间的动量交换，黏性的大小与温度有关。根据牛顿内摩擦定律，切应力与速度梯度的n次方成正比，而牛顿流体的切应力与速度梯度成正比，流体的动力黏性系数是单位速度梯度所需的切应力。

答案：D

73. 解　根据已知条件，$v_x = 5\times1^3 = 5\text{m/s}$，$v_y = -15\times1^2\times2 = 30\text{m/s}$，从而，$v = \sqrt{v_x^2 + v_y^2} = \sqrt{5^2 + (-30)^2} = 30.41\text{m/s}$，如解图所示。

$$\tan\theta = \frac{v_y}{v_x} = \frac{-15x^2y}{5x^3} = \frac{-3y}{x} = \frac{-3\times2}{1} = -6$$

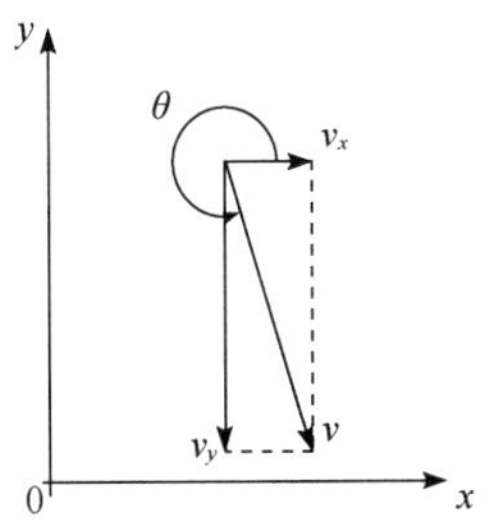

题 73 解图

答案：C

74. 解　圆管有压流动中，若用水力直径表征层流与紊流的临界雷诺数Re，则Re =2000～2320；若用水力半径表征临界雷诺数Re，则Re =500～580。

答案：A

75. 解　对于并联管路，A、B两节点之间的水头损失等于各支路的水头损失，流量等于各支路的流量之和：$h_{\text{fAB}} = h_{\text{f1}} = h_{\text{f2}} = h_{\text{f3}}$，$Q_{\text{AB}} = Q_1 + Q_2 + Q_3$

对于串联管路，$h_{\text{fAB}} = h_{\text{f1}} + h_{\text{f2}} + h_{\text{f3}}$，$Q_{\text{AB}} = Q_1 = Q_2 = Q_3$

无论是并联管路，还是串联管路，总的功率损失均为：

$$N_{AB}=N_1+N_2+N_3=\rho gQ_1h_{f1}+\rho gQ_2h_{f2}+\rho gQ_3h_{f3}$$

答案： D

76. 解 明渠均匀流动的形成条件是：流动恒定，流量沿程不变；渠道是长直棱柱形顺坡（正坡）渠道；渠道表面粗糙系数沿程不变；渠道沿程流动无局部干扰。

答案： B

77. 解 工程上常见的地下水运动，大多是在底宽很大的不透水层基底上的重力流动，流线簇近乎于平行的直线，属于无压恒定渐变渗流。

答案： B

78. 解 模型在风洞中用空气进行试验，则黏滞阻力为其主要作用力，应按雷诺准则进行模型设计，即

$$(\mathrm{Re})_\mathrm{p}=(\mathrm{Re})_\mathrm{m}\quad 或\quad \frac{\lambda_\mathrm{v}\lambda_\mathrm{L}}{\lambda_\nu}=1$$

因为模型与原型都是使用空气，假定空气温度也相同，则可以认为运动黏度$\nu_\mathrm{p}=\nu_\mathrm{m}$

所以，$\lambda_\nu=1$，$\lambda_\mathrm{v}\lambda_\mathrm{L}=1$

已知汽车原型最大速度$v_\mathrm{p}=108\mathrm{km/h}=30\mathrm{m/s}$，模型最大风速$v_\mathrm{m}=45\mathrm{m/s}$

于是，线性比尺为$\lambda_\mathrm{L}=\frac{1}{\lambda_\mathrm{v}}=\frac{1}{v_\mathrm{p}/v_\mathrm{m}}=\frac{v_\mathrm{m}}{v_\mathrm{p}}=\frac{45}{30}=1.5$

面积比尺为$\lambda_\mathrm{A}=\lambda_\mathrm{L}^2=1.5^2=2.25$

已知汽车迎风面积$A_\mathrm{p}=1.5\mathrm{m}^2$，$\lambda_\mathrm{A}=A_\mathrm{p}/A_\mathrm{m}$，可求得模型的迎风面积为：

$$A_\mathrm{m}=\frac{A_\mathrm{p}}{\lambda_\mathrm{A}}=\frac{1.5}{2.25}=0.667\mathrm{m}^2$$

答案： A

79. 解 洛伦兹力是运动电荷在磁场中所受的力。这个力既适用于宏观电荷，也适用于微观电荷粒子。电流元在磁场中所受安培力就是其中运动电荷所受洛伦兹力的宏观表现。

库仑力指在真空中两个静止的点电荷之间的作用力。

电场力是指电荷之间的相互作用，只要有电荷存在就会有电场力。

安培力是通电导线在磁场中受到的作用力。

答案： B

80. 解 首先假设12V电压源的负极为参考点位点，计算a、b点位：

$U_\mathrm{a}=5\mathrm{V}$，$U_\mathrm{b}=12-4=8\mathrm{V}$，故$U_\mathrm{ab}=U_\mathrm{a}-U_\mathrm{b}=-3\mathrm{V}$

答案： D

81. 解 当电压源单独作用时，电流源断路，电阻R_2与R_1串联分压，R_2与R_1的数值关系为：

$$\frac{U'}{100}=\frac{R_2}{R_1+R_2}=\frac{20}{100}=\frac{1}{4+1};\ R_2=R_1/4$$

电流源单独作用时，电压源短路，电阻R_2压电压U''为：

$$U''=-2\frac{R_1\cdot R_2}{R_1+R_2}=-0.4R_1$$

答案：D

82. 解 $Z_1=R+j\omega L+\frac{1}{j\omega C}=R+j\left(\omega L-\frac{1}{\omega C}\right)=R$

$$\frac{1}{Z_2}=\frac{1}{R}+\frac{1}{j\omega L}+\frac{1}{\frac{1}{j\omega C}}=\frac{1}{R}$$

$Z_1=Z_2=R$

答案：D

83. 解 已知$Z=R+j\omega L=100+j100\Omega$

当$u=U_{\rm m}\sin 2\omega t$，频率增加时$\omega'=2\omega$

感抗随之增加：$Z'=R+j\omega'$，$L=100+j200\Omega$

功率因数：$\lambda=\frac{R}{|Z'|}=\frac{100}{\sqrt{100^2+200^2}}=0.447$

答案：D

84. 解 由于电感及电容元件上没有初始储能，可以确定$t=0_-$时：

$$i_{\rm L(0-)}=0{\rm A},\ u_{\rm C(0-)}=0{\rm V}$$

$t=0_+$时，利用储能元件的换路定则，可知

$$i_{\rm L(0+)}=i_{\rm L(0-)}=0{\rm A},\ u_{\rm C(0+)}=u_{\rm C(0-)}=0{\rm V}$$

两条电阻通道电压为零、电流为零。

$$i_{\rm R(0+)}=0{\rm A},\ i_{\rm C(0+)}=2-i_{\rm R(0+)}-i_{\rm R(0+)}-i_{\rm L(0+)}=2{\rm A}$$

答案：C

85. 解 变压器原边等效负载：$R'_{\rm L}=k^2R_{\rm L副}$

变压器原边电压：$U_1=\frac{UR'_{\rm L}}{R+R'_{\rm L}}=\frac{U}{\frac{R}{R'_{\rm L}}+1}$

当S闭合：$R_{\rm L副}$减小，$R'_{\rm L}$减小，所以U_1减小，$U_2=U_1/k$也减小。

答案：B

86. 解 三相异步电动机的转动方向与定子绕组电流产生的旋转磁场的方向一致，那么改变三相电源的相序就可以改变电动机旋转磁场的方向。改变电源的大小、对定子绕组接法进行Y-Δ转换以及改变

转子绕组上电流的方向都不会变化三相异步电动机的转动方向。

答案： B

87. 解 数字信号是一种代码信号，不是时间信号，也不仅用来表示数字的大小。数字信号幅度的取值是离散的，被限制在有限个数值之内，不能直接表示对象的原始信息。

答案： C

88. 解 周期信号频谱是离散频谱，其幅度频谱的幅值随着谐波次数的增高而减小；而非周期信号的频谱是连续频谱。图 a）和图 b）所示$u_1(t)$和$u_2(t)$的幅值频谱均是连续频谱，所以$u_1(t)$和$u_2(t)$都是非周期性时间信号。

答案： A

89. 解 从周期信号$u(t)$的幅频特性图 a）可见，其频率范围均在低通滤波器图 b）的通频段以内，这个区间放大倍数相同，各个频率分量得到同样的放大，则该信号通过这个低通滤波以后，其结构和波形的形状不会变化。

答案： C

90. 解 $\mathrm{ABC}+\overline{\mathrm{A}}\mathrm{D}+\overline{\mathrm{B}}\mathrm{D}+\overline{\mathrm{C}}\mathrm{D}=\mathrm{ABC}+(\overline{\mathrm{A}}+\overline{\mathrm{B}}+\overline{\mathrm{C}})\mathrm{D}=\mathrm{ABC}+\overline{\mathrm{ABC}}\mathrm{D}=\mathrm{ABC}+\mathrm{D}$

这里利用了逻辑代数的反演定理和部分吸收关系，即：$\mathrm{A}+\overline{\mathrm{A}}\mathrm{B}=\mathrm{A}+\mathrm{B}$

答案： D

91. 解 数字信号$\mathrm{F}=\overline{\mathrm{A}}\mathrm{B}+\mathrm{A}\overline{\mathrm{B}}$为异或门关系，信号 A、B 相同为 0，相异为 1，分析波形如解图所示，结果与选项 C 一致。

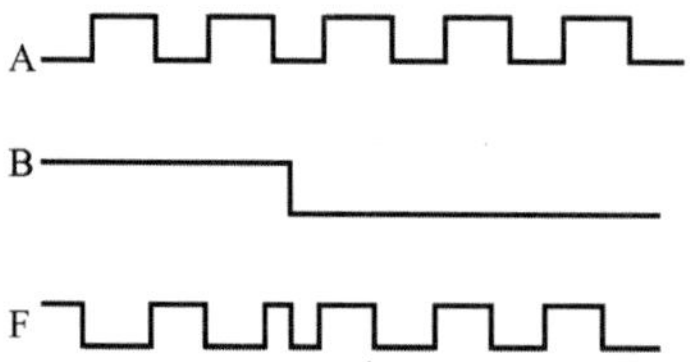

题 91 解图

答案： C

92. 解 本题是利用函数的最小项关系表达。从真值表写出逻辑表达式主要有三个步骤：首先，写出真值表中对应$\mathrm{F}=1$的输入变量A、B、C组合；然后，将输入量写成与逻辑关系（输入变量取值为 1 的写原变量，取值为 0 的写反变量）；最后将函数F用或逻辑表达：$\mathrm{F}=\mathrm{A}\overline{\mathrm{B}}\overline{\mathrm{C}}+\mathrm{ABC}$。

答案： D

93. 解 该电路是二极管半波整流电路。

当$u_\mathrm{i}>0$时，二极管导通，$u_\mathrm{o}=u_\mathrm{i}$；

当$u_\mathrm{i}<0$时，二极管 D 截止，$u_\mathrm{o}=0\mathrm{V}$。

输出电压U_o的平均值可用下面公式计算：

$$U_o = 0.45U_i = 0.45\frac{10}{\sqrt{2}} = 3.18\text{V}$$

答案：C

94. 解 该电路为运算放大器构成的电压比较电路，分析过程如解图所示。

当$u_{i1} > u_{i2}$时，$u_o = -U_{oM}$；

当$u_{i1} < u_{i2}$时，$u_o = +U_{oM}$。

结果与选项 A 一致。

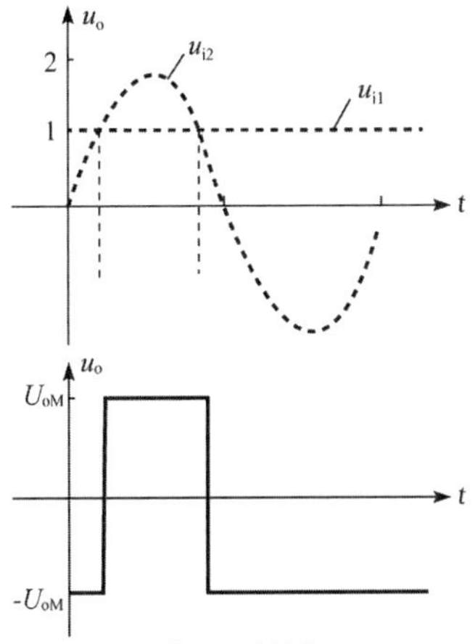

题 94 解图

答案：A

95. 解 写出输出端的逻辑关系式为：

与门　$F_1 = A \cdot 1 = A$

或非门　$F_2 = \overline{B + 1} = \overline{1} = 0$

答案：C

96. 解 数据由 D 端输入，各触发器的Q端输出数据。在时钟脉冲CP的作用下，根据触发器的关系$Q_{n+1} = D_n$分析。

假设：清零后Q_2、Q_1、Q_0均为零状态，右侧 D 端待输入数据为D_2、D_1、D_0，在时钟脉冲CP作用下，各输出端Q的关系列解表说明，可见数据输出顺序向左移动，因此该电路是三位左移寄存器。

题 96 解表

CP	Q_2	Q_1	Q_0
0	0	0	0
1	0	0	D_2
2	0	D_2	D_1
3	D_2	D_1	D_0

答案：C

97. 解 个人计算机（Personal Computer），简称PC，指在大小、性能以及价位等多个方面适合于个人使用，并由最终用户直接操控的计算机的统称。它由硬件系统和软件系统组成，是一种能独立运行，完成特定功能的设备。台式机、笔记本电脑、平板电脑等均属于个人计算机的范畴，属于微型、通用计算机。

答案：C

98. 解 微机常用的外存储器通常是磁性介质或光盘，像硬盘、软盘、光盘和 U 盘等，能长期保存信息，并且不依赖于电来保存信息，但是由机械部件带动，速度与 CPU 相比就显得慢的多。在老式微机中使用软盘。

答案：A

99. 解 通常是将软件分为系统软件和应用软件两大类。系统软件是生成、准备和执行其他程序所需要的一组程序。应用软件是专业人员为各种应用目的而编制的程序。

答案：C

100. 解 支撑软件是指支撑其他软件的编写制作和维护的软件。主要包括环境数据库、各种接口软件和工具软件。三者形成支撑软件的整体，协同支撑其他软件的编制。

答案：B

101. 解 信息的主要特征表现为：①信息的可识别性；②信息的可变性；③信息的流动性和可存储性；④信息的可处理性和再生性；⑤信息的有效性和无效性；⑥信息的属性和使用性。

答案：A

102. 解 点阵中行数和列数的乘积称为图像的分辨率。例如，若一个图像的点阵总共有480行，每行640个点，则该图像的分辨率为$640 \times 480 = 307200$个像素。

答案：D

103. 解 计算机病毒是指编制或者在计算机程序中插入的破坏计算机功能和破坏计算机中的数据，影响计算机使用并且能够自我复制的一组计算机指令或者程序代码，只要满足某种条件即可起到破坏作用，严重威胁着计算机信息系统的安全。

答案：B

104. 解 计算机操作系统的存储管理功能主要有：①分段存储管理；②分页存储管理；③分段分页存储管理；④虚拟存储管理。

答案：D

105. 解 网络协议主要由语法、语义和同步（定时）三个要素组成。语法是数据与控制信息的结构或格式。语义是定义数据格式中每一个字段的含义。同步是收发双方或多方在收发时间和速度上的严格匹配，即事件实现顺序的详细说明。

答案：C

106. 解 按照数据交换的功能将网络分类，常用的交换方法有电路交换、报文交换和分组交换。电路交换方式是在用户开始通信前，先申请建立一条从发送端到接收端的物理信道，并且在双方通信期间始终占用该信道。报文交换是一种数字化交换方式。分组交换也采用报文传输，但它不是以不定长的报文做传输的基本单位，而是将一个长的报文划分为许多定长的报文分组，以分组作为传输的基本单位。

答案：D

107. 解 根据等额支付资金回收公式（已知P求A）：

$$A=P\left[\frac{i(1+i)^n}{(1+i)^n-1}\right]=1000\times\left[\frac{8\%(1+8\%)^5}{(1+8\%)^5-1}\right]=1000\times0.25046=250.46\text{ 万元}$$

或根据题目给出的已知条件$(P/A,8\%,5)=3.9927$计算：

$1000=A(P/A,8\%,5)=3.9927A$

$A=1000/3.9927=250.46$万元

答案：B

108. 解 建设投资中各分项分别形成固定资产原值、无形资产原值和其他资产原值。按现行规定，建设期利息应计入固定资产原值。

答案：A

109. 解 优先股的股份持有人优先于普通股股东分配公司利润和剩余财产，但参与公司决策管理等权利受到限制。公司清算时，剩余财产先分给债权人，再分给优先股股东，最后分给普通股股东。

答案：D

110. 解 利息备付率从付息资金来源的充裕性角度反映企业偿付债务利息的能力,表示企业使用息税前利润偿付利息的保证倍率。利息备付率高,说明利息支付的保证度大,偿债风险小。正常情况下，利息备付率应当大于 1，利息备付率小于 1 表示企业的付息能力保障程度不足。另一个偿债能力指标是偿债备付率，表示企业可用于还本付息的资金偿还借款本息的保证倍率，正常情况应大于 1；小于 1 表示企业当年资金来源不足以偿还当期债务，需要通过短期借款偿付已到期债务。

答案：D

111. 解 注意题干问的是该项目的净年值。等额资金回收系数与等额资金现值系数互为倒数：

等额资金回收系数：$(A/P,i,n)=\frac{i(1+i)^n}{(1+i)^n-1}$

等额资金现值系数：$(P/A,i,n)=\frac{(1+i)^n-1}{i(1+i)^n}$

所以$(A/P,i,n)=\frac{1}{(P/A,i,n)}$

方法 1：该项目的净年值$\text{NAV}=-1000(A/P,12\%,10)+200$

$=-1000/(P/A,12\%,10)+200$

$=-1000/5.6502+200=23.02$ 万元

方法 2：该项目的净现值$\text{NPV}=-1000+200\times(P/A,12\%,10)$

$=-1000+200\times5.6502=130.04$ 万元

该项目的净年值为：$\text{NAV}=\text{NPV}(A/P,12\%,10)=\text{NPV}/(P/A,12\%,10)$

$=130.04/5.6502=23.02$ 万元

答案：B

112. 解 线性盈亏平衡分析的基本假设有：①产量等于销量；②在一定范围内产量变化，单位可变成本不变，总生产成本是产量的线性函数；③在一定范围内产量变化，销售单价不变，销售收入是销售量的线性函数；④仅生产单一产品或生产的多种产品可换算成单一产品计算。

答案：D

113. 解 独立的投资方案是否可行，取决于方案自身的经济性。可根据净现值判定项目的可行性。

甲项目的净现值：

$NPV_{甲} = -300 + 52(P/A, 10\%, 10) = -300 + 52 \times 6.1446 = 19.52$ 万元

$NPV_{甲} > 0$，故甲方案可行。

乙项目的净现值：

$NPV_{乙} = -200 + 30(P/A, 10\%, 10) = -200 + 30 \times 6.1446 = -15.66$ 万元

$NPV_{乙} < 0$，故乙方案不可行。

答案：A

114. 解 价值工程的一般工作程序包括准备阶段、功能分析阶段、创新阶段和实施阶段。功能分析阶段包括的工作有收集整理信息资料、功能系统分析、功能评价。

答案：B

115. 解 《中华人民共和国建筑法》第十四条规定，从事建筑活动的专业技术人员，应当依法取得相应应的执业资格证书，并在执业资格证书许可的范围内从事建筑活动。

答案：A

116. 解 《中华人民共和国安全生产法》第四十条规定，生产经营单位对重大危险源应当登记建档，进行定期检测、评估、监控，并制定应急预案，告知从业人员和相关人员在紧急情况下应当采取的应急措施。

答案：A

117. 解 《中华人民共和国招标投标法》第十六条规定，招标人采用公开招标方式的，应当发布招标公告。依法必须进行招标的项目的招标公告，应当通过国家指定的报刊、信息网络或者其他媒介发布。招标公告应当载明招标人的名称和地址，招标项目的性质、数量、实施地点和时间以及获取招标文件的办法等事项。

答案：D

118. 解 选项 B 乙施工单位不买，选项 C 丙施工单位不同意价格，选项 D 丁施工单位回复过期，

承诺均为无效，只有选项 A 甲施工单位的回复属承诺有效。

答案：A

119. 解 《中华人民共和国节约能源法》第三条规定，本法所称节约能源（以下简称节能），是指加强用能管理，采取技术上可行、经济上合理以及环境和社会可以承受的措施，从能源生产到消费的各个环节，降低消耗、减少损失和污染物排放、制止浪费，有效、合理地利用能源。

答案：A

120. 解 《建筑工程质量管理条例》第三十条规定，施工单位必须建立、健全施工质量的检验制度，严格工序管理，做好隐蔽工程的质量检查和记录。隐蔽工程在隐蔽前，施工单位应当通知建设单位和建设工程质量监督机构。

答案：B

2022 年度全国勘察设计注册工程师执业资格考试基础考试（上）

试题解析及参考答案

1. 解 本题考查函数极限的基本运算。

由于 $\lim\limits_{x\to0^+}\frac{1}{x}=+\infty$，$\lim\limits_{x\to0^-}\frac{1}{x}=-\infty$，所以 $\lim\limits_{x\to0^+}2^{\frac{1}{x}}=+\infty$，$\lim\limits_{x\to0^-}2^{\frac{1}{x}}=0$，可得$\lim\limits_{x\to0}2^{\frac{1}{x}}$不存在，故选项 A 和 B 错误。

当$x\to0$时，有$\frac{1}{x}\to\infty$，则$\sin\frac{1}{x}$的值在$[-1,1]$震荡，极限不存在，故选项 C 错误。

当$x\to\infty$时，即 $\lim\limits_{x\to\infty}\frac{1}{x}=0$，又$\sin x$为有界函数，即$|\sin x|\leqslant1$，根据无穷小和有界函数的乘积为无穷小，可得 $\lim\limits_{x\to\infty}\frac{\sin x}{x}=0$，选项 D 正确。

答案： D

2. 解 本题考查函数极限的基本运算。

$$\lim_{x\to\infty}\frac{x^2+1}{x+1}-ax-b=\lim_{x\to\infty}\frac{x^2+1-(ax+b)(x+1)}{x+1}$$
$$=\lim_{x\to\infty}\frac{(1-a)x^2-(a+b)x+1-b}{x+1}\xrightarrow{\text{分子分母同时除以变量}x}$$
$$\lim_{x\to\infty}\frac{(1-a)x-(a+b)+\frac{1-b}{x}}{1+\frac{1}{x}}=\infty$$

由于 $\lim\limits_{x\to\infty}\frac{1}{x}=0$，若使得 $\lim\limits_{x\to\infty}\frac{(1-a)x-(a+b)+\frac{1-b}{x}}{1+\frac{1}{x}}=\infty$，则仅需要$x$的系数不得为零，故可得$a\neq1$，b 为任意常数。

答案： D

3. 解 本题考查函数的导数及导数的几何意义。

根据导数的几何意义，$y'(-\frac{1}{2})$为抛物线$y=x^2$上点$(-\frac{1}{2},\frac{1}{4})$处切线的斜率，即$\tan\alpha=y'\left(-\frac{1}{2}\right)=2x|_{x=-\frac{1}{2}}=-1$，其中$\alpha$为切线与$ox$轴正向夹角，所以切线与$ox$轴正向夹角为$\frac{3\pi}{4}$。

答案： C

4. 解 本题考查函数的求导法则。

$y'=\frac{2x}{1+x^2}$，则$y''=\left(\frac{2x}{1+x^2}\right)'=\frac{2(1+x^2)-2x\cdot2x}{(1+x^2)^2}=\frac{2(1-x^2)}{(1+x^2)^2}$。

答案： B

5. 解 本题考查拉格朗日中值定理所满足的条件。

拉格朗日中值定理所满足的条件是$f(x)$在闭区间$[a,b]$连续，在开区间(a,b)可导。

选项 A：$y=\ln x$在区间$[1,2]$连续，$y'=\frac{1}{x}$在开区间$(1,2)$存在，即$y=\ln x$在开区间$(1,2)$可导。

选项 B：$y=\frac{1}{\ln x}$在$x=1$处，不存在，不满足右连续的条件。

选项 C：$y=\ln(\ln x)$在$x=1$处，不存在，不满足右连续的条件。

选项 D：$y=\ln(2-x)$在$x=2$处，不存在，不满足左连续的条件。

答案：A

6. 解　本题考查极值的计算。

函数$f(x)=\frac{x^2-2x-2}{x+1}$的定义域为$(-\infty,-1)\cup(-1,+\infty)$

$f'(x)=\frac{(2x-2)(x+1)-(x^2-2x-2)}{(x+1)^2}=\frac{x(x+2)}{(x+1)^2}$，令$f'(x)=0$，得驻点$x=-2,x=0$。列解表：

题 6 解表

x	$(-\infty,-2)$	-2	$(-2,-1)$	-1	$(-1,0)$	0	$(0,+\infty)$
$f'(x)$	+	0	−	不存在	−	0	+
$f(x)$	单调递增	极大值$f(-2)=-6$	单调递减	无定义	单调递减	极小值$f(0)=-2$	单调递增

由于$\lim\limits_{x\to-\infty}f(x)=-\infty$; $\lim\limits_{x\to+\infty}f(x)=+\infty$，故$f(0)=-2$是$f(x)$的极小值，但不是最小值，选项 C 正确。

除了上述列表，本题还可以计算如下：

$$f''(x)=\frac{(2x+2)(x+1)^2-(x^2+2x)(2x+2)}{(x+1)^4}=\frac{2}{(x+1)^3}$$

$f''(0)>0$，为极小值点；

$f(-2)=-6$，小于$f(0)$，故不是最小值。

答案：C

7. 解　本题考查不定积分的概念。

由已知$f'(x)=g'(x)$，等式两边积分可得$\int f'(x)\mathrm{d}x=\int g'(x)\mathrm{d}x$，选项 D 正确。

积分后得到$f(x)=g(x)+C$，其中C为任意常数，即导函数相等，原函数不一定相等，两者之间相差一个常数，故可知选项 A、B、C 错误。

答案：D

8. 解　本题考查定积分的计算方法。

方法 1：$\int_0^1\frac{x^3}{\sqrt{1+x^2}}\mathrm{d}x=\frac{1}{2}\int_0^1\frac{x^2}{\sqrt{1+x^2}}\mathrm{d}x^2$

令$u=1+x^2$，$\mathrm{d}u=2x\mathrm{d}x$。当$x=0$时，$u=1$；当$x=1$时，$u=2$。则

$$\frac{1}{2}\int_0^1\frac{x^2}{\sqrt{1+x^2}}\mathrm{d}x^2=\frac{1}{2}\int_1^2\left(\sqrt{u}-\frac{1}{\sqrt{u}}\right)\mathrm{d}u=\frac{1}{2}\left(\frac{2}{3}u^{\frac{3}{2}}-2\sqrt{u}\right)\Big|_1^2=\frac{1}{3}(2-\sqrt{2})$$

方法 2：

$$\begin{aligned}\int_0^1\frac{x^3}{\sqrt{1+x^2}}\mathrm{d}x&=\frac{1}{2}\int_0^1\frac{x^2}{\sqrt{1+x^2}}\mathrm{d}(1+x^2)=\frac{1}{2}\int_0^1\frac{(1+x^2)-1}{\sqrt{1+x^2}}\mathrm{d}(1+x^2)\\&=\frac{1}{2}\left[\int_0^1\sqrt{1+x^2}\mathrm{d}(1+x^2)-\int_0^1\frac{1}{\sqrt{1+x^2}}\mathrm{d}(1+x^2)\right]\\&=\frac{1}{2}\left[\frac{2}{3}(1+x^2)^{\frac{3}{2}}\Big|_0^1-(1+x^2)^{\frac{1}{2}}\Big|_0^1\right]=\frac{1}{3}(2-\sqrt{2})\end{aligned}$$

方法 3：令$x=\tan t$，$\mathrm{d}x=\sec^2t\mathrm{d}t$。

当$x=0$时，$t=0$；当$x=1$时，$t=\frac{\pi}{4}$。

$$\int_0^1 \frac{x^3}{\sqrt{1+x^2}}\mathrm{d}x=\int_0^{\frac{\pi}{4}}\frac{\tan^3 t}{\sec t}\sec^2 t\mathrm{d}t=\int_0^{\frac{\pi}{4}}\frac{\sin^3 t}{\cos^4 t}\mathrm{d}t=-\int_0^{\frac{\pi}{4}}\frac{\sin^2 t}{\cos^4 t}\mathrm{d}\cos t=-\int_0^{\frac{\pi}{4}}\frac{1-\cos^2 t}{\cos^4 t}\mathrm{d}\cos t$$

$$=-\int_0^{\frac{\pi}{4}}\left(\frac{1}{\cos^4 t}-\frac{1}{\cos^2 t}\right)\mathrm{d}\cos t=\left(\frac{1}{3}\cos^{-3}t-\cos^{-1}t\right)\Big|_0^{\frac{\pi}{4}}=\frac{1}{3}\left(2-\sqrt{2}\right)$$

答案：B

9. 解　本题考查向量代数的基本运算。

由 $|\boldsymbol{\alpha}\times\boldsymbol{\beta}|=|\boldsymbol{\alpha}||\boldsymbol{\beta}|\sin\left(\widehat{\boldsymbol{\alpha},\boldsymbol{\beta}}\right)=4\sin\left(\widehat{\boldsymbol{\alpha},\boldsymbol{\beta}}\right)=2\sqrt{3}$，得 $\sin\left(\widehat{\boldsymbol{\alpha},\boldsymbol{\beta}}\right)=\frac{\sqrt{3}}{2}$，所以 $\left(\widehat{\boldsymbol{\alpha},\boldsymbol{\beta}}\right)=\frac{\pi}{3}$ 或 $\frac{2\pi}{3}$，$\cos\left(\widehat{\boldsymbol{\alpha},\boldsymbol{\beta}}\right)=\pm\frac{1}{2}$，故 $\boldsymbol{\alpha}\cdot\boldsymbol{\beta}=|\boldsymbol{\alpha}||\boldsymbol{\beta}|\cos\left(\widehat{\boldsymbol{\alpha},\boldsymbol{\beta}}\right)=2$或$-2$。

答案：D

10. 解　本题考查平面与坐标轴位置关系的判定方法。

平面方程为$Ax+Cz+D=0$的法向量$\boldsymbol{n}=\{A,0,C\}$，oy轴的方向向量$\boldsymbol{j}=\{0,1,0\}$，$\boldsymbol{n}\cdot\boldsymbol{j}=0$，所以平面平行于$oy$轴；又因$D$不为零，$oy$轴上的原点$(0,0,0)$不满足平面方程，即该平面不经过原点，所以平面不经过oy轴。

答案：D

11. 解　本题考查多元函数微分学的基本性质。

见解图，函数$z=f(x,y)$在点(x_0,y_0)处连续不能推得该点偏导数存在；反之，函数$z=f(x,y)$在点(x_0,y_0)偏导数存在，也不能推得函数在点(x_0,y_0)一定连续。也即，二元函数在点(x_0,y_0)处连续是它在该点偏导数存在的既非充分又非必要条件。

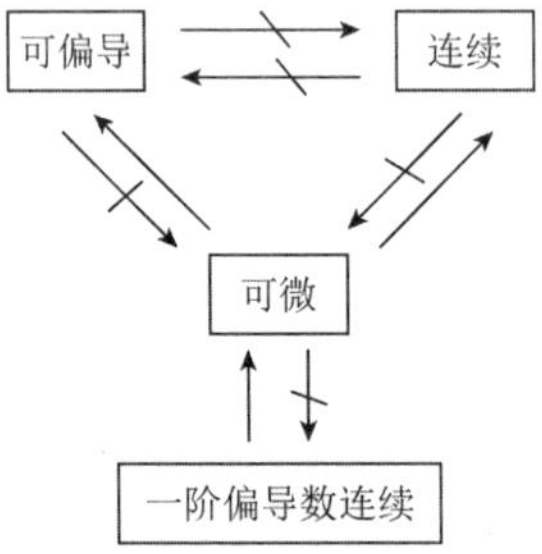

题 11 解图

答案：D

12. 解　本题考查二重积分的直角坐标与极坐标之间的变换。

根据直角坐标系和极坐标的关系（见解图）：$\begin{cases}x=r\cos\theta\\ y=r\sin\theta\end{cases}$，圆域$D$：$x^2+y^2\leqslant1$化为极坐标系为：$0\leqslant r\leqslant1$，$0\leqslant\theta\leqslant2\pi$，极坐标系下面积元素 $\mathrm{d}\sigma=r\mathrm{d}r\mathrm{d}\theta$，则二重积分 $\iint\limits_D x\mathrm{d}x\mathrm{d}y=\int_0^{2\pi}\mathrm{d}\theta\int_0^1 r^2\cos\theta\mathrm{d}r$。

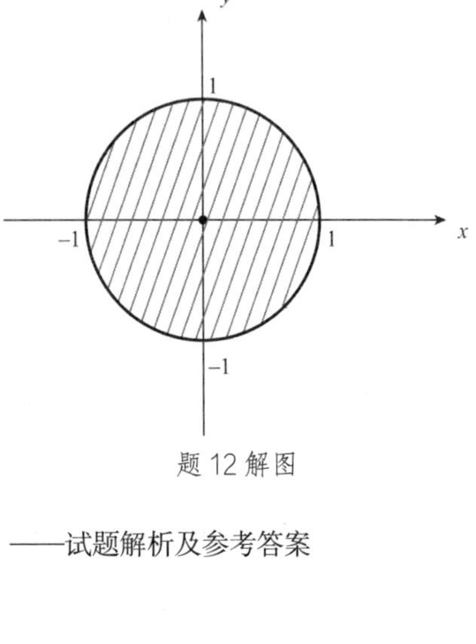

题 12 解图

答案：B

13. 解 本题考查导数的几何意义与微分方程求解。

微分方程$y' = 2x$直接积分可得通解$y = x^2 + C$，其中C是任意常数。

由于曲线与直线$y = 2x - 1$相切，则曲线与直线在切点处切线斜率相等。

已知直线$y = 2x - 1$的斜率为 2，设切点为(x_0, y_0)，则$y'(x_0) = 2x_0 = 2$，得$x_0 = 1$，代入切线方程得$y_0 = 1$。

将切点$(1,1)$代入通解，得$C = 0$。

即微分方程的解是$y = x^2$。

答案：C

14. 解 本题考查常数项级数的敛散性。

选项 A：$\sum\limits_{n=2}^{\infty}(-1)^n \frac{1}{\ln n}$为交错级数，满足莱布尼兹定理的条件：$u_{n+1} = \frac{1}{\ln(n+1)} < u_n = \frac{1}{\ln n}$，且$\lim\limits_{n\to\infty} u_n = 0$，所以级数收敛；另正项级数一般项$\left|(-1)^n \frac{1}{\ln n}\right| = \frac{1}{\ln n} \geqslant \frac{1}{n}$，调和级数$\sum\limits_{n=1}^{\infty}\frac{1}{n}$发散，根据正项级数比较判别法，$\sum\limits_{n=2}^{\infty}\frac{1}{\ln n}$发散。所以$\sum\limits_{n=2}^{\infty}(-1)^n \frac{1}{\ln n}$条件收敛，选项 A 正确。

选项 B：由于$\sum\limits_{n=1}^{\infty}\frac{1}{n^{\frac{3}{2}}}$为$p = \frac{3}{2} > 1$的$p$-级数，故$\sum\limits_{n=1}^{\infty}(-1)^n \frac{1}{n^{\frac{3}{2}}}$绝对收敛。

选项 C：级数$\sum\limits_{n=1}^{\infty}(-1)^n \frac{n}{n+2}$的一般项$\lim\limits_{n\to\infty}(-1)^n \frac{n}{n+2} \neq 0$，根据收敛级数的必要条件可知，该级数发散。

选项 D：因为$\left|\sin\left(\frac{4n\pi}{3}\right)\right| \leqslant 1$，有$\left|\frac{\sin\left(\frac{4n\pi}{3}\right)}{n^3}\right| < \frac{1}{n^3}$，为$p = 3 > 1$的$p$-级数，级数收敛，所以$\sum\limits_{n=1}^{\infty}\frac{\sin\left(\frac{4n\pi}{3}\right)}{n^3}$绝对收敛。

答案：A

15. 解 本题考查二阶常系数线性齐次方程的求解。

方法 1：二阶常系数齐次微分方程$y'' - 2y' + 2y = 0$的特征方程为：$r^2 - 2r + 2 = 0$，特征方程有一对共轭的虚根$r_{1,2} = 1 \pm i$，对应微分方程的通解为$y = e^x(C_1\cos x + C_2\sin x)$，其中$C_1$，$C_2$为任意常数。当$C_1 = 0$，$C_2 = 1$时，$y = e^x\sin x$，是微分方程的特解。

方法 2：也可以将四个选项代入微分方程验证，如将选项 A 代入微分方程化简，有：

$$(e^{-x}\cos x)'' - 2(e^{-x}\cos x)' + 2(e^{-x}\cos x) = 4e^{-x}(\sin x + \cos x) \neq 0$$

故选项 A 错误；同理，将选项 B、C、D 分别代入微分方程并化简，可知选项 C 正确。

注：方法 2 的计算量较大，考试过程中不提倡使用。方法 1 的各种情况总结见解表。

题 15 解表

特征方程$\lambda^2 + p\lambda + q = 0$的根	微分方程$y'' + py' + qy = 0$的通解
不相等的两个实根$r_1 \neq r_2$	$y = C_1e^{r_1x} + C_2e^{r_2x}$
相等的两个实根$r_1 = r_2$	$y = (C_1 + C_2x)e^{r_1x}$
一对共轭复根$r_{1,2} = \alpha \pm \beta i(\beta > 0)$	$y = e^{\alpha x}(C_1\cos\beta x + C_2\sin\beta x)$

答案：C

16. 解　本题考查对坐标曲线积分的计算。

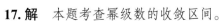

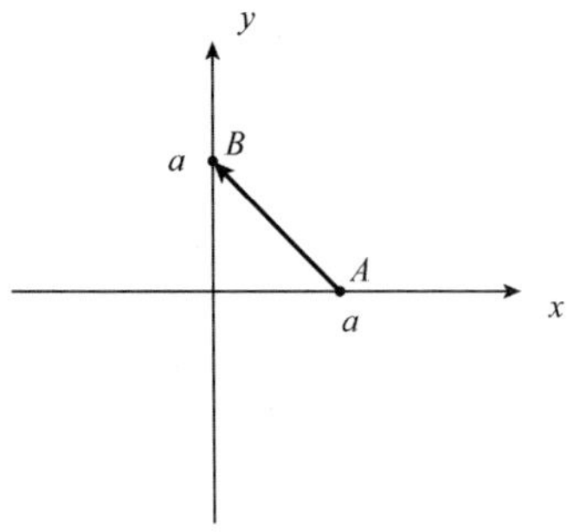

题 16 解图

见解图，有向直线段L：$y=-x+a$，x从a到 0，则

$$\int_L x\mathrm{d}y=-\int_a^0 x\,\mathrm{d}x=-\frac{x^2}{2}\Big|_a^0=\frac{a^2}{2}$$

答案：C

17. 解　本题考查幂级数的收敛区间。

因为$\sum\limits_{n=1}^{\infty}a_nx^n$的收敛半径为 3，有$\lim\limits_{n\to\infty}\left|\frac{a_{n+1}}{a_n}\right|=\frac{1}{3}$，

而$\lim\limits_{n\to\infty}\left|\frac{(n+1)a_{n+1}}{na_n}\right|=\frac{1}{3}$，故$\sum\limits_{n=1}^{\infty}na_n(x-1)^{n+1}$的收敛半径也为 3。

有$-3<x-1<3$，即收敛区间为$-2<x<4$。

答案：B

18. 解　本题考查多元函数二阶偏导数的计算方法。

已知二元函数$z=\frac{1}{x}f(xy)$，则

$$\frac{\partial z}{\partial x}=-\frac{1}{x^2}f(xy)+\frac{1}{x}f'(xy)\cdot y$$

$$\frac{\partial^2 z}{\partial x\partial y}=-\frac{1}{x^2}f'(xy)\cdot x+\frac{1}{x}[f''(xy)\cdot xy+f'(xy)]+y=yf''(xy)$$

答案：D

19. 解　本题考查逆矩阵的性质。

$\boldsymbol{ABXC}=\boldsymbol{D}$，两端同时右乘$\boldsymbol{C}^{-1}$，有$\boldsymbol{ABX}=\boldsymbol{DC}^{-1}$，

两端同时左乘$\boldsymbol{A}^{-1}$，有$\boldsymbol{BX}=\boldsymbol{A}^{-1}\boldsymbol{DC}^{-1}$，

两端同时左乘$\boldsymbol{B}^{-1}$，有$\boldsymbol{X}=\boldsymbol{B}^{-1}\boldsymbol{A}^{-1}\boldsymbol{DC}^{-1}$。

注：矩阵乘法不满足交换律，左乘与右乘需严格对应。

答案：B

20. 解　本题考查线性方程组基础解系的性质。

n元齐次线性方程组$\boldsymbol{AX}=\boldsymbol{0}$有非零解的充要条件为$r(\boldsymbol{A})<n$，此时存在基础解系，且基础解系含$n-r(\boldsymbol{A})$个解向量。

答案：C

21. 解　本题考查二次型标准型的表示方法。

矩阵$\boldsymbol{B}$的特征方程为$|\lambda\boldsymbol{E}-\boldsymbol{B}|=\begin{vmatrix}\lambda-1 & 0 & 0\\ 0 & \lambda & -2\\ 0 & -2 & \lambda\end{vmatrix}=(\lambda-1)(\lambda^2-4)=0$，特征值分别为：$\lambda_1=1$，$\lambda_2=2$，$\lambda_3=-2$

合同矩阵的判别方法：实对阵矩阵的$\boldsymbol{A}$和$\boldsymbol{B}$合同的充分必要条件是$\boldsymbol{A}$和$\boldsymbol{B}$的特征值中正、负特征值的个数相等。

已知，矩阵$\boldsymbol{B}$对应的二次型的正惯性指数和负惯性指数分别为 2 和 1，由于合同矩阵具有相同的正、负惯性指数，故二次型$f(x_1,x_2,x_3)=\boldsymbol{x}^{\mathrm{T}}\boldsymbol{A}\boldsymbol{x}$的标准型是：

$$f=y_1^2+2y_2^2-2y_3^2$$

答案： A

22. 解 本题考查条件概率、全概率的性质与计算方法。

依据全概率公式，$P(B)=P(A)\cdot P(B\mid A)+P(\overline{A})P(B\mid\overline{A})$

已知$P(A)=\frac{1}{2}$，则$P(\overline{A})=1-P(A)=\frac{1}{2}$；又$P(B\mid A)=\frac{1}{10}$，$P(B\mid\overline{A})=\frac{1}{20}$

故$P(B)=P(A)\cdot P(B\mid A)+P(\overline{A})P(B\mid\overline{A})=\frac{1}{2}\times\frac{1}{10}+\frac{1}{2}\times\frac{1}{20}=\frac{3}{40}$。

或者按以下思路，一步一步推导：

由$P(A)=\frac{1}{2}$，则$P(\overline{A})=1-P(A)=\frac{1}{2}$

又$P(B\mid A)=\frac{P(AB)}{P(A)}=\frac{1}{10}$，有$P(AB)=P(A)P(B\mid A)=\frac{1}{2}\times\frac{1}{10}=\frac{1}{20}$

又由$P(B\mid\overline{A})=\frac{P(\overline{A}B)}{P(\overline{A})}=\frac{P(B)-P(AB)}{P(\overline{A})}=\frac{1}{20}$，有$P(B)-P(AB)=P(B\mid\overline{A})P(\overline{A})=\frac{1}{40}$

故$P(B)=\frac{3}{40}$。

答案： B

23. 解 本题考查随机变量的数学期望与方差的性质。

$E(X+Y)^2=E(X^2+2XY+Y^2)=E(X^2)+2E(XY)+E(Y^2)$，由于$E(X^2)=D(X)+[E(X)]^2=1+0=1$，$E(Y^2)=D(Y)+[E(Y)]^2=1+0=1$，且又因为随机变量$X$与$Y$相互独立，则$E(XY)=E(X)\cdot E(Y)=0$，所以$E(X+Y)^2=2$。

或者由方差的计算公式$D(X+Y)=E(X+Y)^2-[E(X+Y)]^2$，已知随机变量$X$与$Y$相互独立，则：

$E(X+Y)^2=D(X+Y)+[E(X+Y)]^2=D(X)+D(Y)+[E(X)+E(Y)]^2=1+1+0=2$。

答案： C

24. 解 本题考查二维随机变量均匀分布的定义。

随机变量(X,Y)服从G上的均匀分布，则有联合密度函数：

$$f(x,y)=\begin{cases}\dfrac{1}{S_{\mathrm{G}}} & (x,y)\in G\\ 0 & \text{其他}\end{cases}$$

S_{G}为$y=x^2$与$y=x$所围的平面区域的面积，见解图。

$$S_{\mathrm{G}}=\int_0^1(x-x^2)\mathrm{d}x=\left(\frac{1}{2}x^2-\frac{1}{3}x^3\right)\Big|_0^1=\frac{1}{6}$$

所以，$f(x,y)=\begin{cases}6 & (x,y)\in G\\ 0 & \text{其他}\end{cases}$

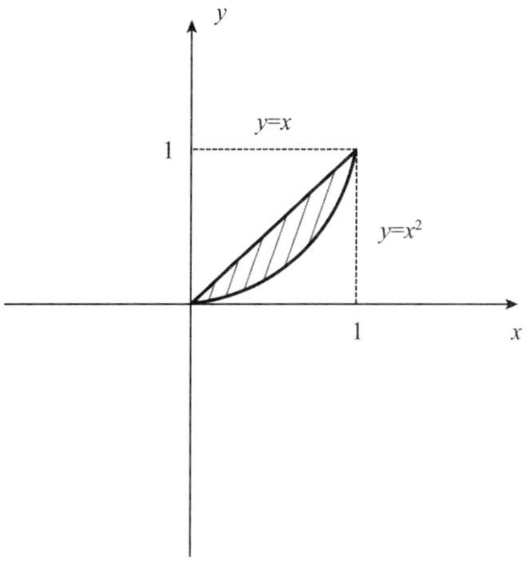

题 24 解图

答案：A

25. 解　$1\text{m}^3 = 10^3\text{L}$。

答案：C

26. 解　由于$\omega = \frac{3}{2}kT$，可知温度是分子平均平动动能的量度，所以当温度相等时，两种气体分子的平均平动动能相等。而两种气体分子的自由度不同，质量与摩尔质量不同，故选项 B、C、D 不正确。

答案：A

27. 解　双原子分子理想气体的自由度$i = 5$，等压膨胀的情况下对外做功为：

$$W = P(V_2 - V_1) = \frac{m}{M}R(T_2 - T_1)$$

吸收热量为：$Q = \frac{m}{M}C_{\text{p}}\Delta T = \frac{m}{M}\frac{7}{2}R(T_2 - T_1)$

可以得到$W/Q = 2/7$。

答案：D

28. 解　卡诺循环热机效率为：

$$\eta = 1 - \frac{Q_2}{Q_1} = 1 - \frac{T_2}{T_1} = 1 - \frac{T_2}{nT_2} = 1 - \frac{1}{n}$$

则$Q_2 = \frac{1}{n}Q_1$，其中Q_1、Q_2分别为从高温热源吸收的热量和传给低温热源的热量。

答案：C

29. 解　相同质量的氢气与氧气分别装在两个容积相同的封闭容器内，环境温度相同，摩尔质量不同，摩尔数不等，由理想气体状态方程可得：

$$\frac{P_{\text{H}_2}V}{P_{\text{O}_2}V} = \frac{\frac{m}{M_{\text{H}_2}}T}{\frac{m}{M_{\text{O}_2}}T} = \frac{32}{2} = 16$$

答案：B

30. 解　波动方程的标准表达式为：

$$y = A\cos\left[\omega\left(t - \frac{x}{u}\right) + \varphi_0\right]$$

将平面简谐波的表达式改为标准的余弦表达式：

$$y = -0.05\sin\pi(t - 2x) = 0.05\cos\pi\left(t - \frac{x}{\frac{1}{2}}\right)$$

则有$A = 0.05$，$u = \frac{1}{2}$

$\omega = \pi$，$T = \frac{2\pi}{\omega} = 2$，$\nu = \frac{1}{T} = \frac{1}{2}$。

答案：C

31. 解　横波以波速u沿x轴负方向传播，见解图。A点振动速度小于零，B点向下运动，C点向上运动，D点向下运动且振动速度小于 0，故选项 D 正确。

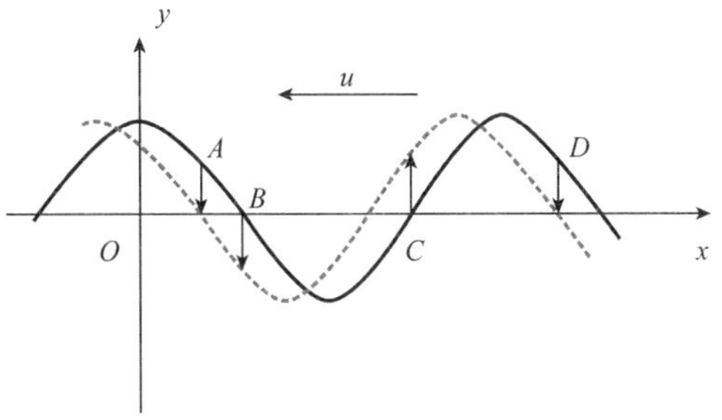

题 31 解图

答案：D

32. 解　本题考查声波常识，常温下空气中的声速为 340m/s。

答案：A

33. 解　本题考查波动的能量特征，由于动能与势能是同相位的，同时达到最大或最小，所以总机械能为动能（势能）的 2 倍。

答案：B

34. 解　等厚干涉，$a=\frac{\lambda}{2n\theta}$，夹角不变，条纹间隔不变。

答案：C

35. 解　由菲涅尔半波带法，在单缝衍射中，缝宽b一定，由暗条纹条件，$b\sin\varphi=2k\cdot\frac{\lambda}{2}$，对于第二级暗条纹，每个半波带面积为$S_2$，它有 4 个半波带，对于第三级暗条纹，每个半波带面积为S_3，第三级暗纹对应 6 个半波带，$4S_2=6S_3$，所以$S_3=\frac{2}{3}S_2$。

答案：A

36. 解　代入公式，可得

$$I=I_0\cos^2\alpha\cos^2\left(\frac{\pi}{2}-\alpha\right)=I_0\cos^2\alpha\sin^2\alpha=\frac{1}{4}I_0(\sin 2\alpha)^2$$

答案：C

37. 解　多电子原子在无外场作用下，原子轨道能量高低取决于主量子数n和角量子数l。

答案：B

38. 解　共价键的本质是原子轨道的重叠，离子键由正负离子间的静电作用成键，金属键由金属正离子靠自由电子的胶合作用成键。氢键是强极性键（A-H）上的氢核与电负性很大、含孤电子对并带有部分负电荷的原子之间的静电引力。

答案：A

39. 解　$NH_3\cdot H_2O$溶液中存在如下解离平衡：$NH_3\cdot H_2O \rightleftharpoons NH_4^+ + OH^-$，加入一些固体 NaOH 后，

溶液中的OH^-浓度增加，平衡逆向移动，氨的解离度减小。

答案：C

40. 解 气体分子数增加的反应，其熵变$\Delta_r S_m^\Theta$大于零；气体分子数减少的反应，其熵变$\Delta_r S_m^\Theta$小于零。本题中氧气分子数减少，选项 B 正确。

答案：B

41. 解 对有气体参加的反应，改变总压强（各气体反应物和生成物分压之和）时，如果反应前后气体分子数相等，则平衡不移动。

答案：C

42. 解 当温度为 298K，离子浓度为 1mol/L，气体的分压为 100kPa 时，固体为纯固体，液体为纯液体，此状态称为标准状态。标准状态时的电极电势称为标准电极电势。标准氢电极的电极电势$E_{H^+/H_2}^\Theta = 0$，1mol/L的H_2O，HOAc 和 HCN 的氢离子浓度分别为：

$C_{H^+}(H_2O) = 1 \times 10^{-7} mol/L$；

$C_{H^+}(HOAc) = \sqrt{K_a \cdot C} = \sqrt{1.8 \times 10^{-5}} = 4.2 \times 10^{-3} mol/L$；

$C_{H^+}(HCN) = \sqrt{K_a \cdot C} = \sqrt{6.2 \times 10^{-10}} = 2.5 \times 10^{-5} mol/L$。

E_{H_2O/H_2}^Θ等于$C_{H^+} = 1 \times 10^{-7} mol \cdot L^{-1}$时的$E_{H^+/H_2}$；

E_{HOAc/H_2}^Θ等于$C_{H^+} = 4.2 \times 10^{-3} mol \cdot L^{-1}$时的$E_{H^+/H_2}$；

E_{HCN/H_2}^Θ等于$C_{H^+} = 2.5 \times 10^{-5} mol \cdot L^{-1}$时的$E_{H^+/H_2}$。

根据电极电势的能斯特方程：

$$E_{H^+/H_2} = E_{H^+/H_2}^\Theta + \frac{0.059}{n} \lg \frac{C_{H^+}^2}{p_{H_2}}$$

可知 1mol/L H_2O的氢离子浓度最小，电极电势最小。

答案：B

43. 解 $KMnO_4$中，K 的氧化数为+1，O 的氧化数为−2，所以 Mn 的氧化数为+7。

答案：D

44. 解 丙烷有 2 种类型的氢原子，有 2 种一氯代物；异戊烷有 4 种类型的氢原子，有 4 种一氯代物；新戊烷有 1 种类型的氢原子，有 1 种一氯代物；2，3-二甲基戊烷有 6 种类型的氢原子，有 6 种一氯代物。

答案：A

45. 解 选项 A 是氧化反应，选项 B 是取代反应，选项 C 是加成反应，选项 D 是取代反应。

答案：C

46. 解 选项A、C、D消除反应只能得到1种烯烃，选项B消除反应只能得到2种烯烃。

答案： B

47. 解 因为杆BC为二力构件，B、C处的约束力应沿BC连线且等值反向（见解图），而$\triangle ABC$为等边三角形，故B处约束力的作用线与x轴正向所成的夹角为150°。

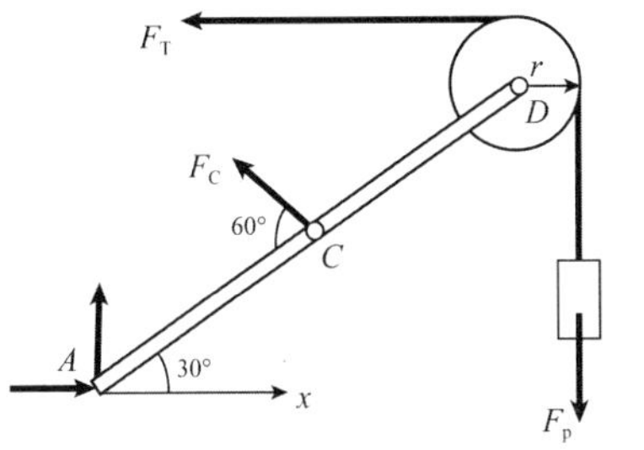

题47解图

答案： D

48. 解 由于q的合力作用线通过I点，其对该点的力矩为零，故系统对I点的合力矩为：

$$M_I = FR = 500\text{N} \cdot \text{cm}\text{（顺时针）}$$

答案： D

49. 解 由于物体系统所受主动力为平衡力系，故A、B处的约束力也应自成平衡力系，即满足二力平衡原理，A、B、C处的约束力均为水平方向（见解图），考虑AC的平衡，采用力偶的平衡方程：

$\sum m = 0 \quad F_A \cdot 2a - M = 0$，$F_A = F_{Ax} = \frac{M}{2a}$；且$F_{Ay} = 0$。

（注：此题同2010年第49题）

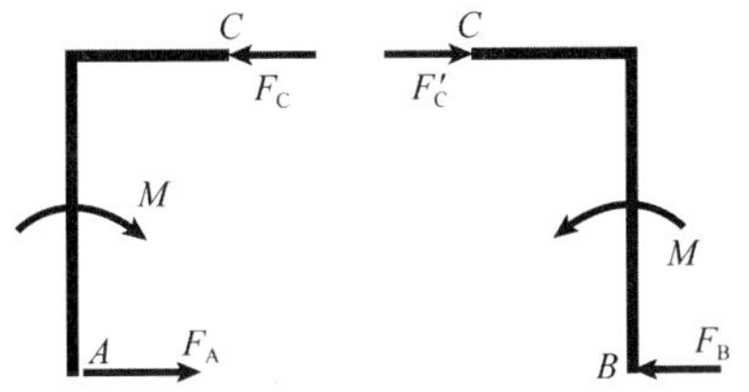

题49解图

答案： B

50. 解 因为摩擦角$\varphi_m < \alpha$，所以物块会向下滑动，物块所受摩擦力应为最大摩擦力，即正压力$W\cos\alpha$乘以摩擦因数$f = \tan\varphi_m$。

答案： A

51. 解 $t = 2\text{s}$时，速度$v = 2^2 - 20 = -16\text{m/s}$；加速度$a = \frac{dv}{dt} = 2t = 4\text{m/s}^2$。

答案： A

52. 解 根据法向加速度公式$a_n = \frac{v^2}{\rho}$，曲率半径即为圆周轨迹的半径，则有

$$\rho = R = \frac{v^2}{a_n} = \frac{80^2}{120} = 53.3\text{m}$$

答案：B

53. 解 定轴转动刚体上一点加速度与转动角速度、角加速度的关系为：

$a_B^t = OB \cdot \varepsilon = 50 \times 1 = 50\text{cm/s}^2$（垂直于$OB$连线，水平向右）

$a_B^n = OB \cdot \omega^2 = 50 \times 2^2 = 200\text{cm/s}^2$（由$B$指向$O$）

答案：D

54. 解 物体的加速度为零时，速度达到最大值，此时阻力与重力相等，即

由$\mu v_{极限} = mg$，得到 $$v_{极限} = \frac{mg}{\mu}$$

答案：B

55. 解 根据弹性力做功的定义可得：

$$W_{BA} = \frac{k}{2}\left[\left(\sqrt{2}R - l_0\right)^2 - (2R - l_0)^2\right]$$
$$= \frac{4900}{2} \times 0.1^2 \times \left[\left(\sqrt{2} - 1\right)^2 - 1^2\right] = -20.3\text{N} \cdot \text{m}$$

答案：C

56. 解 系统在转动中对转动轴z的动量矩守恒，设ω_t为小球达到C点时圆环的角速度，由于小球在A点与在C点对z轴的转动惯量均为零，即$I\omega = I\omega_t$，则$\omega_t = \omega$。

答案：C

57. 解 如解图所示，杆释放至铅垂位置时，其角加速度为零，质心加速度只有指向转动轴O的法向加速度，根据达朗贝尔原理，施加其上的惯性力$F_I = ma_C = m\omega^2 \cdot \frac{l}{2} = \frac{3}{2}mg$，方向向下；而施加于杆$OA$的附加动反力大小与惯性力相同，方向与其相反。

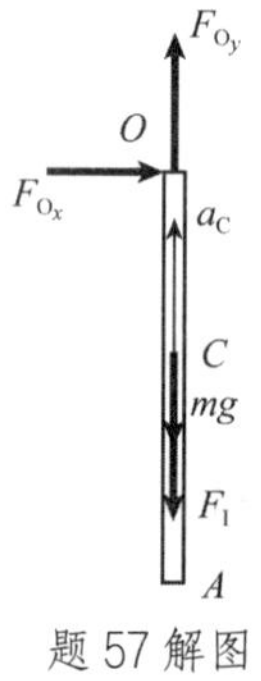

题 57 解图

答案：A

58. 解 截断前的弹簧相当于截断后两个弹簧串联而成，若设截断后的两个弹簧的刚度均为k_1，则有$\frac{1}{k} = \frac{1}{k_1} + \frac{1}{k_1}$，所以$k_1 = 2k$。

答案：B

59. 解 铸铁是脆性材料，抗拉强度最差，抗剪强度次之，而抗压强度最好。所以在拉伸试验中，铸铁试件在最大拉应力所在的垂直于轴线的横截面上发生破坏；在压缩试验中，铸铁试件在最大切应力所在的与轴线大约成45°角的截面上发生破坏。

答案：B

60. 解 AB段轴力为F，伸长量为$\frac{FL}{EA}$，BC段轴力为0，伸长量也为0，则直杆自由端C的轴向位移即

为AB段的伸长量：$\frac{FL}{EA}$。

答案：C

61. 解 钢板和销轴的实际承压接触面为圆柱面，名义挤压面面积取为实际承压接触面在垂直挤压力F方向的投影面积，即dt，根据挤压强度条件$\sigma_{\mathrm{bs}}=\frac{F}{dt}\leqslant[\sigma_{\mathrm{bs}}]$，则直径需要满足$d\geqslant\frac{F}{t[\sigma_{\mathrm{bs}}]}$。

答案：A

62. 解 3 和 4 对调最合理，最大扭矩$4\mathrm{kN\cdot m}$最小，如解图所示。如果 1 和 3 对调，或者是 2 和 3 对调，则最大扭矩都是$8\mathrm{kN\cdot m}$；如果 2 和 4 对调，则最大扭矩是$6\mathrm{kN\cdot m}$。所以选项 D 正确。

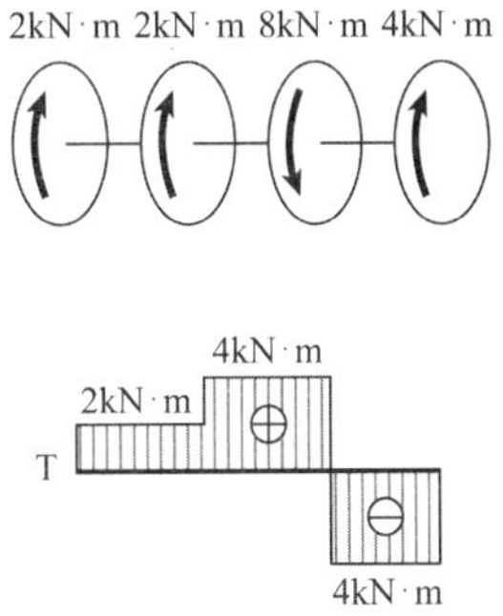

题 62 解图

答案：D

63. 解 在图示圆轴和空心圆轴横截面和空心圆截面切应力分布图中，只有选项 A 是正确的。其他选项，有的方向不对，有的分布规律不对。

答案：A

64. 解 根据截面图形静矩的性质，如果z轴过形心，则有$S_z=0$，即：$S_{z1}+S_{z2}=0$，所以$S_{z1}=-S_{z2}$。

答案：B

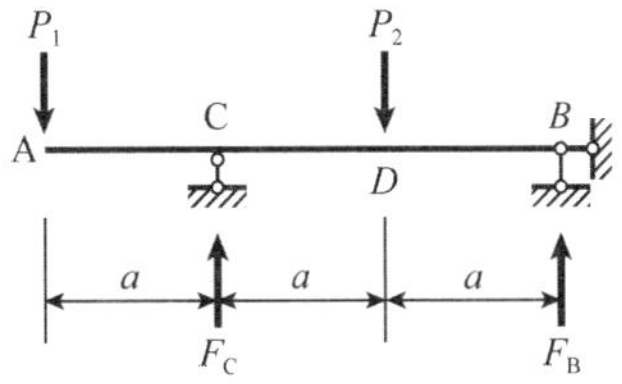

题 65 解图 1

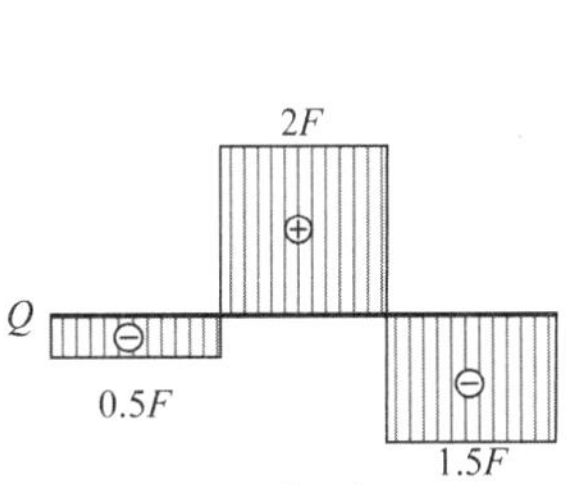

题 65 解图 2

65. 解 根据梁的弯矩图可以推断其受力图如解图 1 所示。

其中：$P_1a=0.5Fa$，$F_{\mathrm{B}}a=1.5Fa$

可知：$P_1=0.5F$，$F_{\mathrm{B}}=1.5F$

用直接法可求得$M_{\mathrm{D}}=F_{\mathrm{C}}a-2P_1a=1.5Fa$

可知：$F_{\mathrm{C}}=2.5F$

由$\sum Y=0$，$P_1+P_2=F_{\mathrm{C}}+F_{\mathrm{B}}$

可知：$P_2=3.5F$

由受力图可以画出剪力图，如解图 2 所示。可见最大剪力是$2F$。

答案：D

66. 解 两根矩形截面杆胶合在一起成为一个整体梁，最大切应力发生在中性轴（胶合面）上，最大切应力为：

$$\tau_{\max}=\frac{3Q}{2A}=\frac{3F}{4ab}$$

答案：C

67. 解 受集中力作用的简支梁最大弯矩$M_{\max}=FL/4$，圆截面的抗弯截面系数$W_z=\pi d^3/32$，所以梁的最大弯曲正应力为：

$$\sigma_{\max}=\frac{M_{\max}}{W_z}=\frac{8FL}{\pi d^3}$$

答案：A

68. 解 对于图(a)梁，可知：

$$M_{\max}^{\mathrm{a}}=FL,W_z^{\mathrm{a}}=\frac{bh^2}{6},\sigma_{\max}^{\mathrm{a}}=\frac{M_{\max}^{\mathrm{a}}}{W_z^{\mathrm{a}}}=\frac{6FL}{bh^2}$$

对于图(b)的叠合梁，仅考查其中一根梁，可知：

$$M_{\max}^{\mathrm{b}}=\frac{FL}{2},W_z^{\mathrm{b}}=\frac{bh^2}{24},\sigma_{\max}^{\mathrm{b}}=\frac{M_{\max}^{\mathrm{b}}}{W_z^{\mathrm{b}}}=\frac{12FL}{bh^2}$$

可见，图(a)梁的强度更大。

对于图(a)梁，可知：$\Delta a=FL^3/(3EI_z^{\mathrm{a}})$，其中$I_z^{\mathrm{a}}=bh^3/12$；

对于图(b)的叠合梁，仅考查其中一根梁，可知：$\Delta b=0.5FL^3/\left(3EI_z^{\mathrm{b}}\right)$，其中$I_z^{\mathrm{b}}=b\left(\frac{h}{2}\right)^2/12=I_z^{\mathrm{a}}/8$，则$\Delta b=4FL^3/(3EI_z^{\mathrm{a}})$。

可见，图(a)梁的刚度更大。

因此，两梁的强度和刚度均不相同。

答案：A

69. 解 按照“点面对应、先找基准”的方法，可以分别画出4个图对应的应力圆（见解图）。图中横坐标是正应力σ，纵坐标是切应力τ。

应力圆的半径大小等于最大切应力$\tau_{\max}=(\sigma_{\max}-\sigma_{\min})/2$，由此可算得：

$\tau_{\mathrm{A}}=\frac{30-(-30)}{2}=30\mathrm{MPa}$，$\tau_{\mathrm{B}}=\frac{40-(-40)}{2}=40\mathrm{MPa}$，$\tau_{\mathrm{C}}=\frac{120-100}{2}=10\mathrm{MPa}$，$\tau_{\mathrm{D}}=\frac{40-0}{2}=20\mathrm{MPa}$

可见，选项C单元体应力平面内应力圆的半径最小。

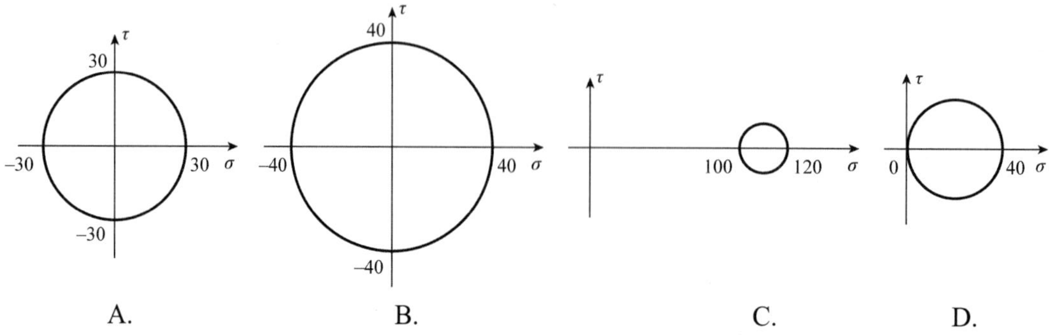

题69解图

答案：C

70. 解 根据压杆临界力计算公式：

$$F_{cr}^{a}=\frac{\pi^2 EI}{(2L)^2},F_{cr}^{b}=\frac{\pi^2 EI}{(0.7L)^2}$$

则$\frac{F_{cr}^{b}}{F_{cr}^{a}}=\left(\frac{2}{0.7}\right)^2$

答案：C

71. 解 绘出等压面$A\text{-}B$（见解图），则有$p_A=p_B$，存在：

$$p_A=p_e+\rho_1 gh_1+\rho_2 gh_2=p_B=\rho_{Hg}g(h_1+h_2-h)$$

则$p_e=\rho_{Hg}g(h_1+h_2-h)-(\rho_1 gh_1+\rho_2 gh_2)$

$$=13600\times 9.8\times(0.4+0.6-0.5)-(850\times 0.4\times 9.8+1000\times 0.6\times 9.8)=57428\text{Pa}$$

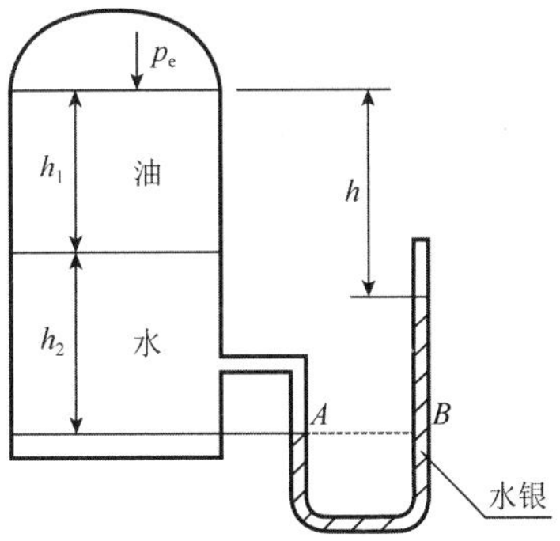

题 71 解图

答案：D

72. 解 根据动量定理，作用在控制体内流体上的力是所有外力的总和，即合外力。

答案：C

73. 解 判定圆管内流体运动状态的准则数是雷诺数。

答案：D

74. 解 因为$\text{Re}=1.947\times 10^5$，有$\lg\text{Re}=4.289$，查尼古拉兹曲线图的横坐标，位于直线$cd$和$ef$段之间，题目中给出了当量粗糙度，故处于紊流过渡区。

可以利用阿尔布鲁克公式计算：$\frac{1}{\sqrt{\lambda}}=-2\lg\left(\frac{k_s}{3.7d}+\frac{2.51}{\text{Re}\sqrt{\lambda}}\right)$，这是一个隐函数方程，代入数据之后有：$\frac{1}{\sqrt{\lambda}}=-2\lg\left(\frac{0.4}{3.7\times 250}+\frac{2.51}{194700\sqrt{\lambda}}\right)$，计算得到$\lambda=0.023$。

也可以用阿里特苏里经验公式计算：$\lambda=0.11\left(\frac{k_s}{d}+\frac{68}{\text{Re}}\right)^{0.25}$

代入数据有：$\lambda=0.11\left(\frac{0.4}{250}+\frac{68}{194700}\right)^{0.25}=0.023$

即得：$L=\frac{2\times 0.25\text{m}\times 294.3\times 10^3\text{Pa}}{0.023\times 1000\text{kg/m}^3\times(1.02\text{m/s})^2}=6149.4\text{m}$

答案：A

75. 解 根据达西公式，水平管道沿程损失$h_f=\lambda\frac{L}{d}\frac{v^2}{2g}$，以水平管轴线为基准，对液面和管道出口列伯努利方程，可得：

$$\frac{p_e}{\rho g}+H=h_f+\frac{v^2}{2g}=\lambda\frac{l}{d}\frac{v^2}{2g}+\frac{v^2}{2g}$$

则流速为：

$$v=\sqrt{2g\frac{\frac{p_e}{\rho g}+H}{\lambda\frac{l}{d}+1}}=\sqrt{2\times 9.8\times\frac{\frac{19600}{1000\times 9.8}+2}{0.02\times\frac{50}{0.1}+1}}=2.67\text{m/s}$$

流量为：$Q=\frac{\pi}{4}d^2v=\frac{\pi}{4}\times 0.1^2\times 2.67\times 10^3=20.96\text{L/s}$，与选项B最接近。

答案：B

76. 解 明渠均匀流的流量$Q=AC\sqrt{RJ}$，谢才系数$C=\frac{1}{n}R^{1/6}$，则$Q=Av=A\frac{1}{n}R^{2/3}\sqrt{J}$。

方形断面：$A=a^2$，$R=\frac{a^2}{3a}=a/3$，则

$$Q_1=a^2\left(\frac{a}{3}\right)^{2/3}\frac{1}{n}\sqrt{J}=\frac{1}{3^{2/3}}a^{8/3}\frac{1}{n}\sqrt{J}$$

矩形断面：$A=a^2$，$R=\frac{a^2}{0.5a+2\times 2a}=a/4.5$，则

$$Q_2=a^2\left(\frac{a}{4.5}\right)^{2/3}\frac{1}{n}\sqrt{J}=\frac{1}{4.5^{2/3}}a^{8/3}\frac{1}{n}\sqrt{J}$$

显然：$Q_1>Q_2$。

答案：A

77. 解 渗流断面平均流速$v=kJ=0.01\times\frac{1.5-0.3}{2.4}=0.005\text{cm/s}$。

答案：C

78. 解 弗劳德数表征的是重力与惯性力之比，是重力流动的相似准则数。

答案：C

79. 解 根据楞次定律，线圈的感应电压与通过本线圈的磁通变化率、本线圈的匝数成正比。即右侧线圈的电压为：$u_2=N_2\frac{\mathrm{d}\Phi}{\mathrm{d}t}$。

答案：B

80. 解 电流源的电压与电压源的电压相等，且与电流源电流是非关联关系。则此电流源发出的功率为：$P=U_sI_s=6\times 0.2=1.2\text{W}$。

答案：C

81. 解 如解图所示，根据等效原理，①与6V的电压源并联的元件都失效，相当于6V的电压源，将电流源与电阻的并联等效为电压源与电阻的串联；②将两个串联的电压源等效为一个电压源。

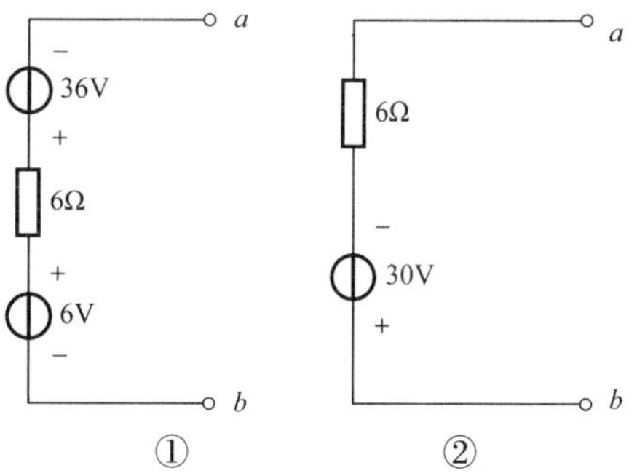

题 81 解图

答案：B

82. 解 根据电源电压可知，激励的角频率$\omega = 314\text{rad/s}$。三个阻抗串联，等效阻抗为：

$$Z = R + j\omega L + \frac{1}{j\omega C} = 100 + j314 \times 1 - j\frac{1}{314 \times 10 \times 10^{-6}} = 100 - j4.47(\Omega)$$

等效阻抗的模为：$|Z| = \sqrt{100^2 + (-4.47)^2} = 100.10\Omega$。

答案：D

83. 解 相量是将正弦量的有效值作为模、初相位作为角度的复数。根据相量与正弦量的关系，三条支路电流的时域表达式（正弦形式）为：

$i_1(t) = 100\sqrt{2}\sin(\omega t - 30°)\text{mA}$，$i_2(t) = 100\sin(\omega t - 30°)\text{mA}$，$i_3(t) = 100\sin(\omega t - 150°)\text{mA}$

三条支路电流的相量形式为：

$$\dot{I}_1 = 100\angle - 30°\text{mA},\ \dot{I}_2 = \frac{100}{\sqrt{2}}\angle - 30°\text{mA},\ \dot{I}_3 = \frac{100}{\sqrt{2}}\angle - 150°\text{mA}$$

答案：D

84. 解 功率因数角φ是电压初相角与电流初相角的差，在此处为：$\varphi = 30° - (-20°) = 50°$；功率因数是功率因数角的余弦值，在此处为：$\cos\varphi = \cos 50°$。

答案：C

85. 解 选项 A，调整转差率可以实现对电动机运行期间（转矩不变）调速的目的，但因为是通过改变转子绕组的电阻来实现的，所以仅适用于绕线式异步电动机，且转速只能低于额定转速。

选项 B，电动机的工作电压不允许超过额定电压，因此只能采用降低电枢供电电压的方式来调速，转速只能低于额定转速。

选项 C，电机转速为：$n = 60f(1-s)/p$。欲提高转速，则需减少极对数p，但题目已经告知为两极（$p = 1$）电动机，极对数p已为最小值，不可再减。

选项 D，电机转速为：$n = 60f(1-s)/p$，若改变电动机供电频率，则可以实现三相异步电动机转速的增大、减小并且连续调节，需要专用的变频器（一种电力电子设备，可以实现频率的连续调节）。

答案：D

86. 解 选项A，根据电路图，按下SB_1，接触器KM_1接通，电机1启动；另外，在接触器KM_2接通后，电机2也启动；若KM_1未接通，则即使KM_2接通，电机2也无法启动。因此，可以实现电机2在电机1启动后才能启动。当KM_1接通时，断开KM_2，电机2也断开。因此，该设计满足启动顺序要求，但不满足单独断开电机2的要求。

选项B，根据电路图，KM_1、KM_2完全独立，分别控制电机1、电机2，不满足设计要求。

选项C，根据电路图，按下SB_1，接触器KM_1接通，电机1启动；另外，在接触器KM_2接通后，电机2也启动；若KM_1未接通，即使KM_2接通，电机2也无法启动。因此，可以实现电机2在电机1启动后才能启动。当KM_1接通时，断开KM_2，电机2也断开。并且，按钮SB_3可以独立控制断开电机2。因此，满足启动顺序和单独断开电机2的要求。

选项D，不满足启动顺序要求。

答案： C

87. 解 人工生成的代码信号是数字信号。

答案： B

88. 解 时域形式在实数域描述，频域形式在复数域描述。

答案： A

89. 解 横轴为频率f，纵轴为增益。高通滤波器的幅频特性应为：频率高时增益也高，图像应右高左低；低通滤波器的幅频特性应为：频率低时增益高，图像应左高右低；信号放大器理论上增益与频率无关，图像基本平直。这种局部增益（中间某一段）高于其他段，就是带通滤波器的典型特征。

答案： A

90. 解 $AB+\overline{A}C+BCDE=AB+\overline{A}C+(A+\overline{A})BCDE=(AB+ABCDE)+(\overline{A}C+\overline{A}BCDE)=AB+\overline{A}C$

答案： D

91. 解 信号$F=\overline{A}B+A\overline{B}$为异或关系：当输入A与B相异时，输出F为“1”；当输入A与B相同时，输出F为“0”。

答案： C

92. 解 函数F的表达式就是把所有输出为“1”的情况对应的关系用“+”写出来。由真值表可知：信号$F=A\overline{B}\,\overline{C}+ABC$。

答案： D

93. 解 根据二极管的单向导电性，当输入为正时，导通的二极管为D4和D1。

答案： C

94. 解 根据电路图，当运算放大器的输入$u_{i1} > u_{i2}$时，开环输出为$-U_{oM}$；当$u_{i1} < u_{i2}$时，开环输出为$+U_{oM}$。

答案： A

95. 解 F_1为与非门输出，表达式为：$F_1 = \overline{A0} = 1$；F_2为或非门输出，表达式为：$F_2 = \overline{B+0} = \overline{B}$。

答案： B

96. 解 触发器D的逻辑功能是：输出端Q的状态随输入端D的状态而变化，但总比输入端状态的变化晚一步，表达式为：$Q_{n+1} = D_n$。由解图可知：t_1时刻输出$Q = 1$，t_2时刻输出$Q = 0$。

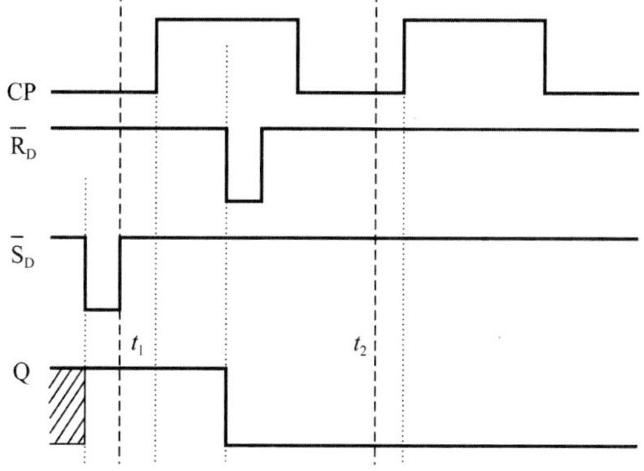

题 96 解图

答案： C

97. 解 计算机新的体系结构思想是在单芯片上集成多个微处理器，把主存储器和微处理器做成片上系统（System On Chip），以存储器为中心设计系统等，这是今后的发展方向。

答案： B

98. 解 存储器的主要功能是存放程序和数据。程序是计算机操作的依据，数据是计算机操作的对象。为了实现自动计算，各种信息必须先存放在计算机内的某个地方，这个地方就是计算机内的存储器。

答案： A

99. 解 输入/输出（Input/Output, I/O）设备实现了外部世界与计算机之间的信息交流，提供了人机交互的硬件环境。由于I/O设备通常设置在主机外部，所以也称为外部设备或外围设备。

答案： B

100. 解 操作系统主要有两个作用。一是资源管理，操作系统要对系统中的各种资源实施管理，其中包括对硬件及软件资源的管理。二是为用户提供友好的界面，计算机系统主要是为用户服务的，即使用户对计算机的硬件系统或软件系统的技术问题不精通，也可以方便地使用计算机。但操作系统不具有处理硬件故障的功能。

答案： D

101. 解　国标码是二字节码，用两个七位二进制数编码表示一个汉字，目前国标码收录6763个汉字，其中一级汉字（最常用汉字）3755个，二级汉字3008个，另外还包括682个西文字符、图符。

在计算机内，汉字是用二进制数字编码表示的。一个汉字的国标码用两个八位二进制数码表示。这是因为国标码是按照GB 2312—80字符集进行编码的，每个汉字在这个字符集中都有一个唯一的代码，这个代码由两个字节组成，每个字节由八位二进制位组成。

答案： B

102. 解　$1PB = 2^{50}$字节$= 1024TB$；$1EB = 2^{60}$字节$= 1024PB$；$1ZB = 2^{70}$字节$= 1024EB$；$1YB = 2^{80}$字节$= 1024ZB$。

答案： C

103. 解　只读光盘只能从盘中读出信息，不能再写入信息，因此存放的程序不会再次感染上病毒。

答案： D

104. 解　文件管理的主要任务是向计算机用户提供一种简便、统一的管理和使用文件的界面，提供对文件的操作命令，实现按名存取文件，是对系统软件资源的管理。

答案： D

105. 解　计算机网络环境下的硬件资源共享可以为用户在全网范围内提供处理资源、存储资源、输入输出资源等的昂贵设备，如具有特殊功能的处理部件、高分辨率的激光打印机、大型绘图仪、巨型计算机以及大容量的外部存储器等，从而使用户节省投资，便于集中管理和均衡分担负荷。

答案： C

106. 解　在局域网中，所有的设备和网络的带宽都是由用户自己掌握，可以任意使用、维护和升级。而在广域网中，用户无法拥有建立广域连接所需要的所有技术设备和通信设施，只能由第三方通信服务商（电信部门）提供。

答案： C

107. 解　计算原贷款金额2000万元与相应复利系数的乘积，将计算结果与到期本利和2700万元比较并判断。

利率为9%、10%和11%时的还本付息金额分别为：

$2000 \times 1.295 = 2590$万元；$2000 \times 1.331 = 2662$万元；$2000 \times 1.368 = 2736$万元

2662万元$<$2700万元$<$2736万元，故银行利率应在10%～11%之间。

答案： C

108. 解　注意题目中给出贷款的实际利率为4%，年实际利率是一年利息额与本金之比。故各年利息及建设期利息为：

第一年利息：$1000 \times 4\% = 40$万元；第二年利息：$(1000 + 40 + 2000) \times 4\% = 121.6$万元，建设期利息 $= 40 + 121.6 = 161.6$万元。

答案：C

109. 解 普通股融资方式的主要特点有：融资风险小，普通股票没有固定的到期日，不用支付固定的利息，不存在不能还本付息的风险；股票融资可以增加企业信誉和信用程度；资本成本较高，投资者投资普通股风险较高，相应地要求有较高的投资报酬率；普通股股利从税后利润中支付，不具有抵税作用，普通股的发行费用也较高；股票融资时间跨度长；容易分散控制权，当企业发行新股时，增加新股东，会导致公司控制权的分散；新股东分享公司未发行新股前积累的盈余，会降低普通股的净收益。

答案：C

110. 解 偿债备付率是指在借款偿还期内，各年可用于还本付息的资金与当期应还本付息金额之比。该指标从还本付息资金来源的充裕性角度，反映偿付债务本息的保障程度和支付能力。利息备付率小于1，说明当年可用于还本付息（包括本金和利息）的资金保障程度不足，当年的资金来源不足以偿付当期债务，需要通过短期借款偿付已到期债务。

答案：B

111. 解 根据资金等值计算公式可列出方程：

$$1000 = A(P/A, 12\%, 10) + 50(P/F, 12\%, 10) = 5.65A + 50 \times 0.322$$

求得$A = 174.14$万元。

答案：B

112. 解 直接进口投入物的影子价格（出厂价）= 到岸价（CIF）× 影子汇率 + 进口费用

= 100 × 6 + 100 × 6 = 1200 元人民币

注意：本题中进口费用的单位为美元，因此计算影子价格时，应将进口费用换算为人民币。

答案：D

113. 解 层混型方案是指项目群中有两个层次，高层次是一组独立型方案，每个独立型方案又由若干个互斥型方案组成。本题方案类型属于层混型方案。

答案：C

114. 解 价值工程的一般工作程序包括准备阶段、功能分析阶段、创新阶段和实施阶段。其中，创新阶段的工作步骤包括方案创新、方案评价和提案编写。

答案：D

115. 解 《中华人民共和国建筑法》第二十八条规定，禁止承包单位将其承包的全部建筑工程转包给他人，禁止承包单位将其承包的全部建筑工程肢解以后以分包的名义分别转包给他人。第二十九条规定，建筑工程总承包单位可以将承包工程中的部分工程发包给具有相应资质条件的分包单位；但是，除总承包合同中约定的分包外，必须经建设单位认可。施工总承包的，建筑工程主体结构的施工必须由总承包单位自行完成。

答案：D

116. 解 《中华人民共和国安全生产法》第四十四条规定，生产经营单位应当教育和督促从业人员严格执行本单位的安全生产规章制度和安全操作规程；并向从业人员如实告知作业场所和工作岗位存在的危险因素、防范措施以及事故应急措施。第二十四条规定，矿山、金属冶炼、建筑施工、运输单位和危险物品的生产、经营、储存、装卸单位，应当设置安全生产管理机构或者配备专职安全生产管理人员。第四十七条规定，生产经营单位应当安排用于配备劳动防护用品、进行安全生产培训的经费。第五十一条规定，生产经营单位必须依法参加工伤保险，为从业人员缴纳保险费。

说明：此题已过时。可参见 2014 年版《中华人民共和国安全生产法》。

答案：B

117. 解 《中华人民共和国招标投标法》第二十四条规定，招标人应当确定投标人编制投标文件所需要的合理时间；但是，依法必须进行招标的项目，自招标文件开始发出之日起至投标人提交投标文件截止之日止，最短不得少于二十日。

答案：C

118. 解 《中华人民共和国民法典》第四百九十一条第 2 款规定，当事人一方通过互联网等信息网络发布的商品或者服务信息符合要约条件的，对方选择该商品或者服务并提交订单成功时合同成立，但是当事人另有约定的除外。

答案：B

119. 解 《中华人民共和国节约能源法》第十三条第 3 款规定，国家鼓励企业制定严于国家标准、行业标准的企业节能标准。第十三条第 4 款规定，省、自治区、直辖市制定严于强制性国家标准、行业标准的地方节能标准，由省、自治区、直辖市人民政府报经国务院批准；本法另有规定的除外。第十七条规定，禁止使用国家明令淘汰的用能设备、生产工艺。第十九条第 2 款规定，禁止销售应当标注而未标注能源效率标识的产品。第十九条第 3 款规定，禁止伪造、冒用能源效率标识。

答案：C

120. 解 《建设工程监理规范》第 3.2.3 条第 5 款规定，专业监理工程师应履行下列职责：检查进场的工程材料、构配件、设备的质量（选项 B）。《建设工程监理规范》第 3.2.1 条规定，选项 C 拨付工程款和选项 D 竣工验收是总监理工程师的职责。选项 A 样板工程专项施工方案不需监理工程师签字。

答案：B

2022年度全国勘察设计注册工程师执业资格考试基础补考（上）

试题解析及参考答案

1. 解 本题考查两个重要极限之一：$\lim\limits_{x\to 0}(1+x)^{\frac{1}{x}}=e$。

$\lim\limits_{x\to 0}(1-kx)^{\frac{2}{x}}=\lim\limits_{x\to 0}(1-kx)^{\frac{1}{-kx}(-2k)}=e^{-2k}=2$，故$k=-\frac{1}{2}\ln 2$。

答案：C

2. 解 本题考查等价无穷小。

方法 1：当$x\to 0$时，$a\sin^2 x\sim ax^2$，$\tan\frac{x^2}{3}\sim\frac{1}{3}x^2$，故$a=\frac{1}{3}$。

方法 2：$\lim\limits_{x\to 0}\frac{a\sin^2 x}{\tan\frac{x^2}{3}}=\lim\limits_{x\to 0}\frac{ax^2}{\frac{x^2}{3}}=3a=1$，解得$a=\frac{1}{3}$。

答案：B

3. 解 本题考查复合函数的求导以及通过变量代换和积分求函数表达式。

方法 1：由$\frac{\mathrm{d}}{\mathrm{d}x}f\left(\frac{1}{x^2}\right)=f'\left(\frac{1}{x^2}\right)\left(\frac{1}{x^2}\right)'=-\frac{2}{x^3}f'\left(\frac{1}{x^2}\right)=\frac{1}{x}$，可得$f'\left(\frac{1}{x^2}\right)=-\frac{x^2}{2}$。设$t=\frac{1}{x^2}$，则$f'(t)=-\frac{1}{2t}$，求不定积分$f(t)=-\frac{1}{2}\int\frac{1}{t}\mathrm{d}t=-\frac{1}{2}\ln|t|+C$，所以$f(x)=-\frac{1}{2}\ln|x|+C$。已知$f(1)=1$，代入上式可得$C=1$，可得$f(x)=-\frac{1}{2}\ln|x|+1$。

方法 2：对等式两边积分$\int\frac{\mathrm{d}}{\mathrm{d}x}f\left(\frac{1}{x^2}\right)\mathrm{d}x=\int\frac{1}{x}\mathrm{d}x\Rightarrow f\left(\frac{1}{x^2}\right)=\ln|x|+C$，设$t=\frac{1}{x^2}$，$|x|=\frac{1}{\sqrt{t}}$，则$f(t)=-\frac{1}{2}\ln|t|+C$，即$f(x)=-\frac{1}{2}\ln|x|+C$。$f(1)=1$，代入可得$C=1$，$f(x)=-\frac{1}{2}\ln|x|+1$。

答案：D

4. 解 本题考查复合函数的二阶导数计算。

由已知$f(x)=e^x$，$g(x)=\sin x$，易知$g'(x)=\cos x$，$y=f[g'(x)]=e^{\cos x}$，则

$$\frac{\mathrm{d}y}{\mathrm{d}x}=-\sin xe^{\cos x}$$

$$\frac{\mathrm{d}^2y}{\mathrm{d}x^2}=(-\sin xe^{\cos x})'=-\cos xe^{\cos x}-\sin xe^{\cos x}(-\sin x)=e^{\cos x}(\sin^2x-\cos x)$$

答案：C

5. 解 本题考查求曲线的渐近线。

由$\lim\limits_{x\to 0}e^{-\frac{1}{x^2}}=0$，$\lim\limits_{x\to\infty}e^{-\frac{1}{x^2}}=1$，知$y=1$是曲线$y=e^{-\frac{1}{x^2}}$的一条水平渐近线。

注：本题超纲，函数$y=e^{-\frac{1}{x^2}}$和$y=1$的图像如解图所示，易知当x逐渐增大时，$y=e^{-\frac{1}{x^2}}$的图像会向$y=1$的图像逐渐靠近，因此称$y=1$是$y=e^{-\frac{1}{x^2}}$的渐近线。

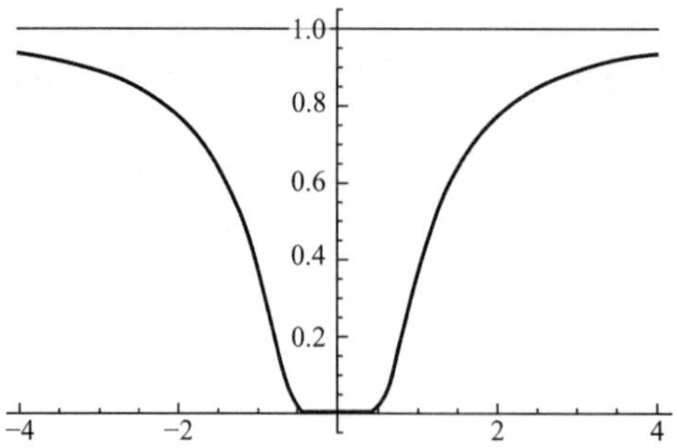

题 5 解图

答案： B

6. 解 本题考查函数的驻点和拐点的概念及性质。

二阶可导点处拐点的必要条件：设点$(x_0,f(x_0))$为曲线$y=f(x)$的拐点，且$f''(x_0)$存在，则$f''(x_0)=0$，题干未注明$f''(x_0)$是否存在，故选项 A、B 错误。

根据函数$f(x)$拐点的定义：设函数$f(x)$连续，若曲线在点$(x_0,f(x_0))$两旁凹凸性改变，则点$(x_0,f(x_0))$为曲线的拐点。拐点是函数图像上凹凸性发生改变的点，不一定是驻点，但一定是连续点，故选项 C 错误。

答案： D

7. 解 本题考查定积分的计算以及运用对称区间上偶函数的积分简化计算。

被积函数$|\sin x|$在对称区间$[-\pi,\pi]$上为偶函数，则

$$\int_{-\pi}^{\pi}|\sin x|\,\mathrm{d}x=2\int_{0}^{\pi}\sin x\,\mathrm{d}x=-2\cos x\Big|_0^{\pi}=4$$

答案： B

8. 解 本题考查原函数的定义及不定积分与微分运算互逆的性质。

已知$F(x)$是e^{-x}的一个原函数，即$F'(x)=e^{-x}$，可得$F(x)=\int e^{-x}\,\mathrm{d}x=-e^{-x}+C$，所以$\int \mathrm{d}F(2x)=F(2x)+C=-e^{-2x}+C$。

答案： D

9. 解 本题考查向量的向量积。根据右手螺旋法则：

$$\boldsymbol{i}\times\boldsymbol{j}\times\boldsymbol{k}=\boldsymbol{k}\times\boldsymbol{k}=\boldsymbol{0}$$

答案： A

10. 解 本题考查求平面方程。所求平面平行xoz坐标面，故平面的法向量平行于y轴，可设平面法向量为$\boldsymbol{n}=(0,1,0)$，且过y轴上的点(0,1,0)，由平面点法式方程可得

$$0(x-0)+1\times(y-1)+0(z-0)=0$$

即$y=1$。

答案： B

11. 解　本题考查积分上限函数的导数及一阶微分方程的求解。

对方程$y=e^x+\int_0^x f(t)\,\mathrm{d}t$两边求导，得$y'=e^x+y$，这是一个形如$y'+P(x)y=Q(x)$的一阶线性微分方程，其中$P(x)=-1$，$Q(x)=e^x$，其通解为$y=e^{-\int P(x)\,\mathrm{d}x}\left[\int Q(x)e^{\int P(x)\,\mathrm{d}x}\mathrm{d}x+C\right]$，可得$y=e^{-\int -1\,\mathrm{d}x}\left[\int e^x e^{\int -\mathrm{d}x}\mathrm{d}x+C\right]=e^x(x+C)$。由已知$y=e^x+\int_0^x f(t)\,\mathrm{d}t$，知$y(0)=1$，代入通解可得$C=1$。所以函数的表达式为$y=e^x(x+1)$。

答案：B

12. 解　本题考查多元函数微分学基本概念的关系。

二元函数在可微、偏导存在、连续之间的关系如下：

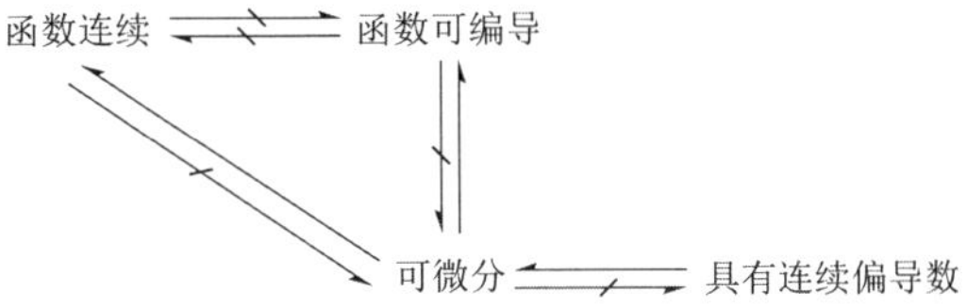

可知，二元函数在点$M(x_0,y_0)$处两个偏导数存在是可微的必要条件，亦即可微则两个偏导数一定存在。

答案：B

13. 解　本题考查二阶常系数线性非齐次微分方程的特解。

方法1：将四个函数代入微分方程直接验证，可知选项C正确。

方法2：二阶常系数非齐次微分方程所对应的齐次方程的特征方程为$r^2-r-2=0$，特征根$r_1=-1$，$r_2=2$，可得齐次方程的通解为$Y=C_1e^{2x}+C_2e^{-x}$。

另一方面，由右端项$f(x)=3e^x$，可知$\lambda=1$不是对应齐次方程的特征根，所以非齐次方程的特解形式为$y^*=Ae^x$，A为待定常数。代入非齐次微分方程，得$y''-y'-2y=(Ae^x)''-(Ae^x)'-2Ae^x=-2Ae^x=3e^x$，通过比较有$A=-\frac{3}{2}$，所以$y^*=-\frac{3}{2}e^x$是微分方程的特解，可得方程的通解为$y=Y+y^*=C_1e^{2x}+C_2e^{-x}-\frac{3}{2}e^x$。由此可知，选项C正确。

答案：C

14. 解　本题考查直角坐标系二重积分化为极坐标系计算二重积分。

直角坐标与极坐标的关系为$\begin{cases}x=r\cos\theta\\y=r\sin\theta\end{cases}$，由$x^2+y^2\leqslant1$，得极坐标系下的积分区域$D$为$\begin{cases}-\pi\leqslant\theta\leqslant\pi\\0\leqslant r\leqslant1\end{cases}$，如解图所示。

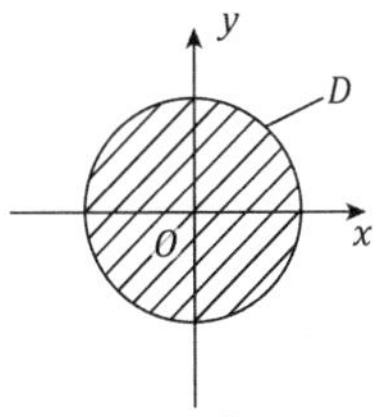

题14解图

极坐标系的面积元素$\mathrm{d}x\,\mathrm{d}y=r\,\mathrm{d}r\,\mathrm{d}\theta$，则：

$$\iint_D (x^2+y^2)^2\,\mathrm{d}x\,\mathrm{d}y=\int_{-\pi}^{\pi}\mathrm{d}\theta\int_0^1 r^4\cdot r\,\mathrm{d}r=2\pi\frac{r^6}{6}\bigg|_0^1=\frac{\pi}{3}$$

答案：B

15. 解　本题考查对弧长的曲线积分的计算。设L为圆周$x=a\cos t$，$y=a\sin t$（$a>0$，$0\leqslant t\leqslant2\pi$），

则对弧长的曲线积分：

$$\int_L (x^2+y^2)\,\mathrm{d}s=\int_0^{2\pi} a^2(\cos^2 t+\sin^2 t)a\sqrt{(-\sin t)^2+(\cos t)^2}\,\mathrm{d}t=\int_0^{2\pi} a^3\,\mathrm{d}t=2\pi a^3$$

注：第一类曲线积分的下限一定小于或等于上限。

答案： A

16. 解 本题考查无穷级数收敛的定义及收敛数列的有界性。

根据常数项级数敛散性定义，对于级数$\sum\limits_{n=0}^{\infty} a_n$部分和数列$\{S_n\}$，若$\lim\limits_{n\to\infty} S_n=S$存在，则称级数$\sum\limits_{n=1}^{\infty} a_n$收敛，收敛数列一定有界的。

答案： A

17. 解 本题考查多元复合函数偏导数计算。

方法 1： 函数$z=f(x,xy)$，其中$f(u,v)$具有二阶连续偏导数，设$u=x$，$v=xy$，则
$\frac{\partial z}{\partial x}=\frac{\partial f}{\partial u}+y\frac{\partial f}{\partial v}$，$\frac{\partial^2 z}{\partial x\partial y}=\frac{\partial}{\partial y}\left(\frac{\partial f}{\partial u}\right)+\frac{\partial}{\partial y}\left(y\frac{\partial f}{\partial v}\right)=x\frac{\partial^2 f}{\partial u\partial v}+\frac{\partial f}{\partial v}+xy\frac{\partial^2 f}{\partial v^2}=\frac{\partial f}{\partial v}+x\left(\frac{\partial^2 f}{\partial v\partial u}+y\frac{\partial^2 f}{\partial v^2}\right)$。

方法 2： 函数$z=f(x,xy)$，其中$f(u,v)$具有二阶连续偏导数，则$\frac{\partial z}{\partial y}=x\frac{\partial f}{\partial v}$，$\frac{\partial^2 z}{\partial x\partial y}=\frac{\partial^2 z}{\partial y\partial x}=\frac{\partial}{\partial x}\left(x\frac{\partial f}{\partial v}\right)=\frac{\partial f}{\partial v}+x\frac{\partial}{\partial x}\left(\frac{\partial f}{\partial v}\right)=\frac{\partial f}{\partial v}+x\frac{\partial^2 f}{\partial v\partial u}+xy\frac{\partial^2 f}{\partial v^2}=\frac{\partial f}{\partial v}+x\left(\frac{\partial^2 f}{\partial v\partial u}+y\frac{\partial^2 f}{\partial v^2}\right)$。

答案： D

18. 解 本题考查傅里叶级数狄利克雷收敛定理。

已知$f(x)$是以2π为周期的周期函数，它在$(-\pi,\pi]$的表达式为$f(x)=\begin{cases}x+1 & -\pi<x\leqslant 0\\ 2 & 0<x\leqslant\pi\end{cases}$，满足狄利克雷收敛定理的条件，则傅里叶级数收敛，并且当x是$f(x)$的连续点时，级数收敛于$f(x)$；当x是$f(x)$的间断点时，级数收敛于$\frac{f(x-0)+f(x+0)}{2}$。6π是$f(x)$的间断点，所以傅里叶级数的和函数$S(6\pi)=S(0)=\frac{f(0-0)+f(0+0)}{2}=\frac{1+2}{2}=\frac{3}{2}$。

答案： C

19. 解 本题考查求向量组的极大线性无关组的方法。即把向量作为列向量构成矩阵，然后进行初等行变换，将矩阵变为行阶梯形矩阵。每行的首非零元所在的列向量构成一个极大线性无关组。

方法 1： $\boldsymbol{\alpha}_1,\boldsymbol{\alpha}_2,\boldsymbol{\alpha}_3,\boldsymbol{\alpha}_4$为列向量作矩阵$\boldsymbol{A}$，进行初等行变换。

$$\boldsymbol{A}=(\boldsymbol{\alpha}_1,\boldsymbol{\alpha}_2,\boldsymbol{\alpha}_3,\boldsymbol{\alpha}_4)=\begin{bmatrix}1&0&3&1\\-1&3&0&-1\\2&1&7&2\\4&2&14&0\end{bmatrix}\xrightarrow[-2r_1+r_3]{r_1+r_2}\begin{bmatrix}1&0&3&1\\0&3&3&0\\0&1&1&0\\4&2&14&0\end{bmatrix}\xrightarrow{r_2\leftrightarrow r_3}$$

$$\begin{bmatrix}1&0&3&1\\0&1&1&0\\0&3&3&0\\4&2&14&0\end{bmatrix}\xrightarrow[-4r_1+r_4]{-3r_2+r_3}\begin{bmatrix}1&0&3&1\\0&1&1&0\\0&0&0&0\\0&2&2&-4\end{bmatrix}\xrightarrow[r_3\leftrightarrow r_4]{-2r_2+r_4}\begin{bmatrix}1&0&3&1\\0&1&1&0\\0&0&0&-4\\0&0&0&0\end{bmatrix}=\boldsymbol{B}$$

由矩阵$\boldsymbol{B}$的秩为 3，可知极大无关组含 3 个线性无关向量，故选项 C、D 错误。极大无关组可取

$\boldsymbol{\alpha}_1,\boldsymbol{\alpha}_2,\boldsymbol{\alpha}_4$或$\boldsymbol{\alpha}_1,\boldsymbol{\alpha}_3,\boldsymbol{\alpha}_4$或$\boldsymbol{\alpha}_2,\boldsymbol{\alpha}_3,\boldsymbol{\alpha}_4$。

方法 2：

$$\boldsymbol{A}=(\boldsymbol{\alpha}_1,\boldsymbol{\alpha}_2,\boldsymbol{\alpha}_3,\boldsymbol{\alpha}_4)=\begin{bmatrix}1&0&3&1\\-1&3&0&-1\\2&1&7&2\\4&2&14&0\end{bmatrix}\xrightarrow[\substack{-2r_1+r_3\\-4r_1+r_4}]{r_1+r_2}\begin{bmatrix}1&0&3&1\\0&3&3&0\\0&1&1&0\\0&2&2&-4\end{bmatrix}\xrightarrow[-\frac{2}{3}r_2+r_4]{-\frac{1}{3}r_2+r_3}\begin{bmatrix}1&0&3&1\\0&3&3&0\\0&0&0&0\\0&0&0&-4\end{bmatrix}$$

易知极大线性无关组为$\boldsymbol{\alpha}_1,\boldsymbol{\alpha}_2,\boldsymbol{\alpha}_4$或$\boldsymbol{\alpha}_1,\boldsymbol{\alpha}_3,\boldsymbol{\alpha}_4$。

答案：B

20. 解 本题考查二次型秩的概念。

$$f=\boldsymbol{x}^{\mathrm{T}}\boldsymbol{A}\boldsymbol{x}$$

$$\boldsymbol{A}=\begin{bmatrix}-1&&&\\&1&&\\&&1&\\&&&-1\end{bmatrix},\ \boldsymbol{x}=\begin{bmatrix}x_1\\x_2\\x_3\\x_4\end{bmatrix}$$

$r(\boldsymbol{A})=4$，$\boldsymbol{A}$的秩称为二次型f的秩。

答案：D

21. 解 本题考查相似矩阵的性质及矩阵特征值。

由于矩阵$\boldsymbol{A}$相似于矩阵$\boldsymbol{B}$，故矩阵$\boldsymbol{A}$与$\boldsymbol{B}$有相同的特征值，即$\boldsymbol{B}$的特征值为 1、2、3，$2\boldsymbol{B}$的特征值为 2、4、6，$2\boldsymbol{B}-\boldsymbol{I}$的特征值为 1、3、5，故$|2\boldsymbol{B}-\boldsymbol{I}|=1\times3\times5=15$。

答案：A

22. 解 本题考查条件概率的计算公式。

因为$B\subset A$，所以$AB=B$，又由于

$$P(B|A)=\frac{P(AB)}{P(A)}=\frac{P(B)}{P(A)}$$

故有

$$P(B)=P(A)P(B|A)=0.48$$

答案：C

23. 解 本题考查概率密度函数的性质。

$$\int_{-\infty}^{+\infty}\int_{-\infty}^{+\infty}f(x,y)\,\mathrm{d}x\,\mathrm{d}y=1$$

$\int_0^{+\infty}ce^{-x}\,\mathrm{d}x\int_0^{+\infty}e^{-y}\,\mathrm{d}y=c(-e^{-x})\Big|_0^{+\infty}(-e^{-y})\Big|_0^{+\infty}=c\times1\times1=1$，得到$c=1$

答案：B

24. 解 本题考查随机变量的数学期望、方差、协方差、相关系数等的概念及性质。

方法 1：把$2X-Y+1$看成一个整体，直接用公式$E(X^2)=D(X)+\big(E(X)\big)^2$：

$$E[(2X-Y+1)^2]=D(2X-Y+1)+[E(2X-Y+1)]^2=D(2X-Y)+(2EX-EY+1)^2$$
$$=D(2X-Y)+1=D(2X)+D(Y)-2\mathrm{Cov}(2X,Y)+1$$
$$=4D(X)+D(Y)-4\mathrm{Cov}(X,Y)+1=4D(X)+D(Y)-4\rho_{XY}\sqrt{D(X)D(Y)}+1$$
$$=4\times1+4-4\times0.6\sqrt{1\times4}+1=4.2$$

方法 2：把$2X-Y+1$的平方展开后再用性质计算。

$$E[(2X-Y+1)^2]=E((2X-Y)^2+2(2X-Y)+1)$$
$$=E((2X-Y)^2)+2E(2X-Y)+1=E(4X^2-4XY+Y^2)+4E(X)-2E(Y)+1$$
$$=4E(X^2)-4E(XY)+E(Y^2)+4E(X)-2E(Y)+1$$

利用公式$E(X^2)=D(X)+(EX)^2$，$E(XY)=\mathrm{Cov}(X,Y)+E(X)E(Y)$

$$\mathrm{Cov}(X,Y)=\rho_{XY}\sqrt{D(X)D(Y)}$$

代入相应的数值可得：$E(X^2)=D(X)+(EX)^2=1+1=2$，同理$E(Y^2)=4+4=8$

$$\mathrm{Cov}(X,Y)=\rho_{XY}\sqrt{D(X)D(Y)}=0.6\times\sqrt{1\times4}=1.2$$

$$E(XY)=\mathrm{Cov}(X,Y)+E(X)E(Y)=1.2+2=3.2$$

故$E[(2X-Y+1)^2]=4\times2-4\times3.2+8+4-4+1=4.2$

方法 3：相关系数$\rho_{XY}=\frac{\mathrm{Cov}(X,Y)}{\sqrt{D(X)D(Y)}}=\frac{E(XY)-E(X)E(Y)}{\sqrt{D(X)D(Y)}}=\frac{E(XY)-1\times2}{\sqrt{1\times4}}=0.6$，解得$E(XY)=3.2$。

而$E[(2X-Y+1)^2]=E((2X-Y)^2+2(2X-Y)+1)$
$$=E((2X-Y)^2)+2E(2X-Y)+1$$
$$=E(4X^2-4XY+Y^2)+4E(X)-2E(Y)+1$$
$$=4E(X^2)-4E(XY)+E(Y^2)+4E(X)-2E(Y)+1$$

利用公式$E(X^2)=D(X)+(EX)^2$，$E(X^2)=1+1=2$，同理$E(Y^2)=4+4=8$

故$E[(2X-Y+1)^2]=4\times2-4\times3.2+8+4-4+1=4.2$

答案：B

25. 解 平均速率的公式为$\bar{v}=\sqrt{\frac{8RT}{\pi M}}$，平均速率提高为原来的 2 倍，则温度提高为原来的 4 倍，再根据压强公式$p=nkT$，压强也提高为原来的 4 倍。

答案：D

26. 解 根据分子的平均平动公式$\bar{\omega}=\frac{3}{2}kT$，分子的平均平动相同，温度相同。再根据压强公式$p=nkT$，分子数密度不同，压强不同。

答案：B

27. 解 内能E只与始末状态有关，是状态量。W、Q均为过程量。

答案：D

28. 解 气体经一次循环对外所做的净功为曲线所包围的面积，此循环为顺时针正循环，系统对外做正功。

$$W=(4-1)\times10^5\times(4-1)\times10^{-3}=900\mathrm{J}$$

答案：D

29. 解 理想气体的状态方程$PV=\frac{M}{\mu}RT$，可列出两个等式：

$$P_1V=\frac{m_1-m_{瓶子}}{\mu}RT \qquad ①$$

$$P_2V=\frac{m_2-m_{瓶子}}{\mu}RT \qquad ②$$

两式相减，可得气体的摩尔质量$\mu=\frac{RT}{V}\frac{m_1-m_2}{P_1-P_2}$。

答案： A

30. 解 沿传播方向相距为λ的两点的相位差为2π，振动状态完全相同。

答案： B

31. 解 注意位移和振幅的区别，位移有正有负，而振幅恒为正，且 SI 表示国际单位制，位移单位为m。

答案： A

32. 解 由机械波能量特征知，动能与势能是同相的，质元经过平衡位置时，动能最大，势能也最大。

答案： A

33. 解 驻波是由振幅、频率和传播速度都相同的两列相干波在同一直线上沿相反方向传播时叠加而成的一种特殊形式的干涉现象。

设另一简谐波的表达式为$y_2=2.0\times10^{-2}\cos\left[100\pi\left(t-\frac{x}{20}\right)+\varphi\right]$(SI)，则驻波方程为：

$$y=y_1+y_2=2.0\times10^{-2}\cos\left[100\pi\left(t+\frac{x}{20}\right)-\frac{\pi}{3}\right]+2.0\times10^{-2}\cos\left[100\pi\left(t-\frac{x}{20}\right)+\varphi\right]$$

$$=4.0\times10^{-2}\cos\left[100\pi t+\frac{1}{2}\left(\varphi-\frac{\pi}{3}\right)\right]\cos\left[5\pi x-\frac{1}{2}\left(\varphi+\frac{\pi}{3}\right)\right]$$

因为$x=0$处为波腹，所以$\cos\left[-\frac{1}{2}\left(\varphi+\frac{\pi}{3}\right)\right]=\pm1$，则$-\frac{1}{2}\left(\varphi+\frac{\pi}{3}\right)=k\pi$。

当$k=0$，$\varphi=-\frac{\pi}{3}$；当$k=1$，$\varphi=\frac{5\pi}{3}$。

答案： C

34. 解 光通过折射率不同的两种媒质时，光的频率不变，光的波长和波速都会发生变化。

$$\lambda_n=\frac{\lambda}{n};\ v=\frac{c}{n}$$

答案： D

35. 解 增透膜是利用光的干涉原理，增加透射，减少反射。

答案： C

36. 解 对于平行光，单缝的少许移动不会导致成像位置和形状的改变。

答案： D

37. 解 四个量子数的物理意义分别为：

主量子数n：①代表电子层；②代表电子离原子核的平均距离；③决定原子轨道的能量。

角量子数l：①表示电子亚层；②确定原子轨道形状；③在多电子原子中决定亚层能量。

磁量子数m：①确定原子轨道在空间的取向；②确定亚层中轨道的数目。

自旋量子数m_s：决定电子自旋方向。

答案：C

38. 解 Ca^{2+}的核外电子排布为：$1s^2 2s^2 2p^6 3s^2 3p^6$，最外层8个电子，为8电子构型。

答案：B

39. 解 根据拉乌尔定律，溶液沸点升高度数和凝固点下降度数与溶液中所有溶质粒子的质量摩尔浓度（近似等于物质量浓度）成正比。选项A、B、C溶液溶质粒子浓度均为0.2mol/L，选项D溶液溶质粒子浓度为0.3mol/L。故选项D溶液凝固点下降最大，凝固点最低。

答案：D

40. 解 由$\mathrm{pH} = -\lg C_{\mathrm{H^+}}$，得$C_{\mathrm{H^+}} = 10^{-3}\mathrm{mol/L}$。由一元弱酸氢离子浓度近似计算公式$C_{\mathrm{H^+}} = \sqrt{K_a C}$，得

$$K_a = \frac{C_{\mathrm{H^+}}^2}{C} = \frac{(10^{-3})^2}{0.1} = 1.0 \times 10^{-5}$$

答案：B

41. 解 催化剂能够改变反应途径，降低活化能，同时提高正、逆反应速率，但只能改变达到平衡的时间而不能改变平衡的状态。平衡常数只是温度的函数，与分压、浓度、催化剂无关。本题同样温度下，使用催化剂，平衡常数不变，平衡转化率不变。

答案：C

42. 解 温度不变，平衡常数不变。该反应前后气体分子总数不变，压强变化不会引起化学平衡移动。容器体积缩小到原来的1/2，气体B(g)和C(g)的浓度都将为原来的2倍。

答案：D

43. 解 Cu^{2+}/Cu电对的电极反应为$Cu^{2+} + 2e^- = Cu$，根据能斯特方程：

$$E(Cu^{2+}/Cu) = E^{\Theta}(Cu^{2+}/Cu) + \frac{0.0592}{2}\lg C_{Cu^{2+}} = 0.30$$

故$C(Cu^{2+}) = 0.0445\mathrm{mol/L} < 1\mathrm{mol/L}$

答案：B

44. 解 苯和甲苯都属于芳烃，都能在空气中燃烧，都能发生取代反应。甲苯能被$KMnO_4$酸性溶液氧化为苯甲酸，使$KMnO_4$溶液褪色；而苯性质稳定，与$KMnO_4$溶液不反应。

答案：D

45. 解 消除反应是有机化合物分子中消去一个小分子化合物（如HX、H_2O等）的反应。水解反应

是水作为亲核试剂攻击化合物中的原子或离子，从而导致化合物的分解，常见的水解反应有卤代烃水解、磺酸及其盐的水解、酯的水解、胺的水解等。四个选项均为卤代烃，卤代烃水解本质是取代反应，均能发生水解反应生成相应的醇。选项A既能发生消除反应生成丙烯，又能发生水解反应生成异丙醇；选项B只有一个碳；选项C和D与Cl成键的C原子的相邻C原子无H，均不能发生消除反应。

答案： A

46. 解 加聚反应是单体通过加成反应结合成为高聚物的反应。丙烯的化学式为$CH_2{=}CH{-}CH_3$，加聚反应的产物为选项C（聚丙烯）。

答案： C

47. 解 根据平面任意力系独立平衡方程组的条件，三个平衡方程中，选项A不满足三个矩心不共线的三矩式要求，选项B、D不满足两矩心连线不垂直于投影轴的二矩式要求。只有选项C两矩心A、B点连线不垂直于投影轴x，满足独立平衡方程组的条件。

答案： C

48. 解 根据力系简化最后结果分析，只要主矢不为零，力系简化的最后结果就是一合力。而力系向A点简化的矩为零，向B点简化的矩不为零，故主矢不为零。

答案： D

49. 解 取CD为研究对象，受力如解图所示，列平衡方程$\sum M_C(\boldsymbol{F})=0$，即：

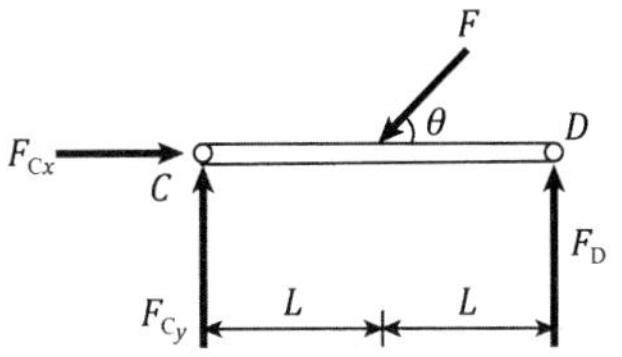

题49解图

$$F_D\times 2L-F\sin 45^\circ L=0$$

解得：$F_D=0.35\mathrm{kN}$（↑）

答案： D

50. 解 分析铰接三根杆的节点E，可知EG杆为零杆，再分析节点G，由于EG杆为零杆，节点G实际也为三杆的铰接点，故1杆为零杆。

答案： D

51. 解 因为$v=\frac{\mathrm{d}y}{\mathrm{d}t}=t^2-20$，则积分后有$y=\frac{1}{3}t^3-20t+C$，已知$t=0$时，$y=-15\mathrm{m}$，故$C=-15$，即点的运动方程为$y=\frac{1}{3}t^3-20t-15$；$t=3\mathrm{s}$时，点的位置坐标为$y=-66\mathrm{m}$。

答案： B

52. 解 $a=\frac{\mathrm{d}v}{\mathrm{d}t}=20\mathrm{m/s^2}$。

答案：B

53. 解 B点绕O轴转动的转动半径$OB = 50\text{cm}$，定轴转动刚体上一点速度和法向加速度与转动角速度的关系为：

$$v_{\text{B}} = OB \cdot \omega = 50 \times 2 = 100\text{cm/s}，\ a_{\text{Bn}} = OB \cdot \omega^2 = 50 \times 4 = 200\text{cm/s}^2$$

答案：A

54. 解 当忽略滑轮质量和摩擦时，连接物块 A 的绳索张力与连接物块 B 的绳索张力大小相等。

答案：C

55. 解 设鼓轮的角速度为ω，则物块 B 的速度$v_{\text{B}} = r_1\omega = v$，物块 A 的速度$v_{\text{A}} = r_2\omega = \frac{r_2}{r_1}v$，系统的动能为：

$$T = \frac{1}{2}m_2 v_{\text{A}}^2 + \frac{1}{2}m_1 v_{\text{B}}^2 = \frac{1}{2}m_2\left(\frac{r_2}{r_1}v\right)^2 + \frac{1}{2}m_1 v^2 = \frac{1}{2}\left(\frac{m_1 r_1^2 + m_2 r_2^2}{r_1^2}\right)v^2$$

答案：A

56. 解 杆在初瞬时和在最小常力矩作用下转过 90°时的角速度均为零，故动能$T_1 = T_2 = 0$，由动能定理$T_2 - T_1 = M \times \frac{\pi}{2} - mg \times \frac{l}{2} = 0$，可得$M = \frac{mgl}{\pi} = 24.97\text{N} \cdot \text{m}$。

答案：C

57. 解 在BA绳剪断瞬时，物体只有垂直于CA绳的加速度（如解图所示），而惯性力$F_{\text{I}} = \frac{Q}{g}a$与加速度反向，沿加速度方向列平衡方程：$Q\cos 30° - F_{\text{I}} = 0$，解得$a = g\cos 30°$，则有惯性力$F_{\text{I}} = Q\cos 30° = \frac{\sqrt{3}}{2}Q$。

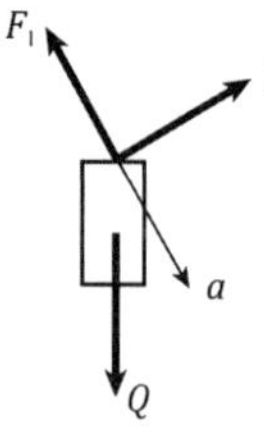

题 57 解图

答案：A

58. 解 振动频率$\omega = \sqrt{\frac{k}{m}}$；三个装置中等效弹簧刚度最小的振动频率就最小。

装置（a）两弹簧并联，等效弹簧刚度为$k_{\text{a}} = k + k = 2k$。

装置（b）两弹簧串联，等效弹簧刚度为$k_{\text{b}} = \frac{k}{2} = 0.5k$。

装置（c）三弹簧并联，等效弹簧刚度为$k_{\text{c}} = 3k$。

所以装置（b）振动频率最小。

答案：B

59. 解 材料 D 的应变值ε最大，塑性最好。

答案：D

60. 解 由截面法可知，AB段轴力为零、变形为零；BC段轴力为F，变形为$\frac{Fa}{EA}$，杆的总伸长为两段变形之和，故为$\frac{Fa}{EA}$。

答案：B

61. 解 由铰链轴的受力分析可知，剪切面上的剪力是$F/2$，剪切面面积为$\pi d^2/4$。

由剪切强度条件：

$$\tau = \frac{Q}{A} = \frac{F}{2} \Big/ \frac{\pi d^2}{4} \leqslant [\tau]$$

得到：$d^2 \geqslant \frac{2F}{\pi[\tau]}$

答案：B

62. 解 圆轴的最大切应力：$\tau_{\max 1} = \frac{T}{W_p} = \frac{T}{\pi d^3/16} = \frac{16T}{\pi d^3}$

将轴的直径增大一倍后：$\tau_{\max 2} = \frac{16T}{\pi(2d)^3}$

$\tau_{\max 1}/\tau_{\max 2} = \frac{1}{8}$

答案：C

63. 解 圆轴在扭矩作用下发生的弹性扭转角：$\varphi = \frac{TL}{GI_p}$

所以$T = \frac{GI_p\varphi}{L}$。

答案：A

64. 解 利用惯性矩的平行移轴公式，可得：

$$I_{x1} = I_x + \left(\frac{a}{2}\right)^2 A = \frac{a^4}{12} + \left(\frac{a}{2}\right)^2 a^2 = \frac{a^4}{3}$$

$$I_{y1} = I_y + \left(\frac{a}{2}\right)^2 A = \frac{a^4}{12} + \left(\frac{a}{2}\right)^2 a^2 = \frac{a^4}{3}$$

关于角点C的极惯性矩：

$$I_p = I_{x1} + I_{y1} = \frac{a^4}{3} + \frac{a^4}{3} = \frac{2a^4}{3}$$

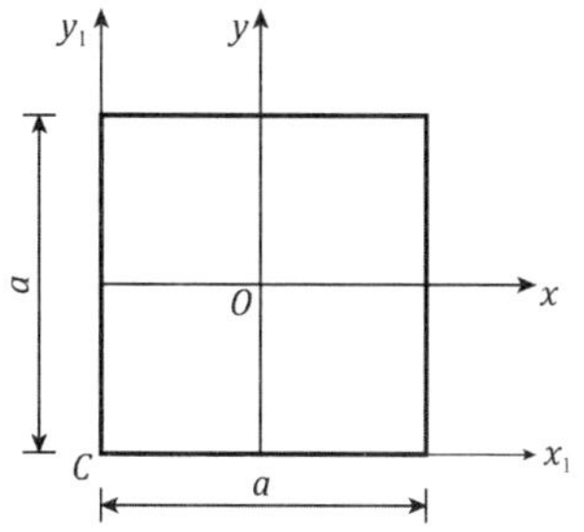

题 64 解图

答案：A

65. 解 根据梁的弯曲内力图的突变规律，在集中力偶作用截面处，弯矩M图有突变，剪力Q_s图无变化。

答案：C

66. 解 受均布荷载的简支梁，其弯矩图和挠度曲线都是向下弯的曲线，可知此梁的截面下部受拉，而铸铁材料的抗拉性能较差。按强度考虑，为了提高此梁的承载能力，应该采用 T 字形截面，并把翼缘布置在下部，使得发生最大拉应力的位置离中性轴最近，最大拉应力最小。

答案：D

67. 解 由题目的已知条件可知，梁（a）和梁（b）的材料不同，故二者弹性模量E不同；但是它们的弯曲刚度EI相同，所以二者的惯性矩I不同，抗弯截面模量W_z不同，$\sigma_{\max} = M_{\max}/W_z$，因而弯曲最大正应力不同。

答案：A

68. 解　（A）图：$\sigma_1=\sigma$，$\sigma_2=\sigma$，$\sigma_3=0$

$$\tau_{\max}=\frac{\sigma-0}{2}=\frac{\sigma}{2}$$

（B）图：$\sigma_1=\sigma$，$\sigma_2=0$，$\sigma_3=-\sigma$

$$\tau_{\max}=\frac{\sigma-(-\sigma)}{2}=\sigma$$

（C）图：$\sigma_1=2\sigma$，$\sigma_2=0$，$\sigma_3=-\sigma/2$

$$\tau_{\max}=\frac{2\sigma-(-\sigma/2)}{2}=\frac{5\sigma}{4}$$

（D）图：$\sigma_1=2\sigma$，$\sigma_2=\sigma$，$\sigma_3=0$

$$\tau_{\max}=\frac{2\sigma-0}{2}=\sigma$$

显然图（C）具有最大切应力。

答案：C

69. 解　第二强度理论的强度条件表达式是$\sigma_1-\nu(\sigma_2+\sigma_3)\leqslant[\sigma]$。

答案：B

70. 解　图（a）杆长L，两端固定，$\mu=0.5$。

压杆临界力：$F_{cr}^{a}=\pi^2EI/(0.5L)^2$

图（b）上下两根压杆杆长都是$L/2$，都是一端固定、一端铰支，$\mu=0.7$。

压杆临界力：$F_{cr}^{b}=\pi^2EI/\left(0.7\times\frac{L}{2}\right)^2$

所以$F_{cr}^{b}/F_{cr}^{a}=1/0.7^2$

答案：C

71. 解　压力表读数为相对压强。绝对压强 = 大气压 + 相对压强 = 101 + 20 = 121kPa。

答案：A

72. 解　流线与迹线重合的条件是恒定流，选项A错误。

不可压缩流场只有当是无旋流动时，任一封闭曲线的速度环量才等于零，选项B错误。

伯努利方程适用于不可压缩流体还需“定常流动”的条件，选项C错误。

根据不可压缩流体的三维流动连续性方程，其中任一点的速度散度为零，选项D正确。

答案：D

73. 解　计算结果为负值，与方程列错和计算结果正确与否没有必然联系，选项A、D均错误。计算结果为正，则说明力的实际方向与假设方向一致；计算结果为负，则说明力的实际方向与假设方向相反，选项C错误、选项B正确。

答案： B

74. 解 雷诺数$\mathrm{Re}=\frac{v\cdot d}{\nu}$，运动黏度相同，$Q=Av=\frac{\pi}{4}d^2v$，联立可得：

$$\frac{\mathrm{Re}_1}{\mathrm{Re}_2}=\frac{v_1d_1}{v_2d_2}=\frac{Q_1d_2}{Q_2d_1}，\frac{d_1}{d_2}=\frac{Q_1\mathrm{Re}_2}{Q_2\mathrm{Re}_1}=\frac{3\times2}{4\times1}=\frac{3}{2}$$

答案： B

75. 解 根据沿程阻力计算的达西公式$h_{\mathrm{f}}=\lambda\frac{L}{d}\frac{v^2}{2g}$，以及并联管路各支路两端的压降相等，有$\lambda_1\frac{L_1}{d_1}\frac{v_1^2}{2g}=\lambda_2\frac{L_2}{d_2}\frac{v_2^2}{2g}$，由此得$\frac{L_1}{L_2}=\frac{\lambda_2}{\lambda_1}\frac{d_1}{d_2}\frac{v_2^2}{v_1^2}$。根据已知条件，可得到管径比和流速比值。但管道的沿程阻力系数受到流态和当量粗糙度的影响而无法确定，因此，管道长度比无法确定。

答案： D

76. 解 明渠均匀流是水深、断面平均流速、断面流速分布均沿流程不变的具有自由液面的明渠流，即：①水流必须是恒定流动，若为非恒定流，水面波动，必然会在渠道中形成非均匀流；②流量保持不变，沿程没有水流分出或汇入；③渠道必须是长而直的顺坡棱柱形渠道，即底坡i沿程不变，否则，水体的重力沿水流方向的分力不等于摩擦力；④渠道表面粗糙情况沿程没有变化，而且没有闸、坝、桥、涵等水工建筑物的局部干扰。4个选项中，只有在正坡棱柱形渠道中，沿程断面形状、尺寸和水深才均不变，底坡与水面平行，可以形成明渠均匀流。

答案： B

77. 解 影响半径公式为$R=3000s\sqrt{k}$，由此可得：

$$\frac{R_1}{R_2}=\frac{s_1\sqrt{k_1}}{s_2\sqrt{k_2}}=\frac{1}{2}\times\sqrt{\frac{1}{4}}=\frac{1}{4}$$

答案： A

78. 解 流动的相似原理包括几何相似、运动相似、动力相似、初始条件相似及边界条件相似，不包括质量相似。

答案： D

79. 解 将一导体置于变化的磁场中，该导体中会有电动势产生，这种现象是由电磁感应定律来确定的。电磁感应定律描述的是感应的电场与变化的磁场的关系，当通过导体回路的磁通量随时间发生变化时，回路中就有感应电动势产生，从而产生感应电流。这个磁通量的变化可以是由磁场变化引起的，也可以是由于导体在磁场中运动或导体回路中的一部分切割磁力线的运动而产生的。

安培环路定律：描述磁场强度沿某曲线的线积分与此曲线包围的电流的关系。

高斯定律：描述电场沿某曲面的面积分与闭合曲面中电荷的关系。

库仑定律：描述两个点电荷之间的作用力与电荷量、距离、周围介质等之间的关系。

答案： B

80. 解　在电压电流恒定的情况下，电容相当于开路，电感相当于短路。则原电路简化如解图所示。

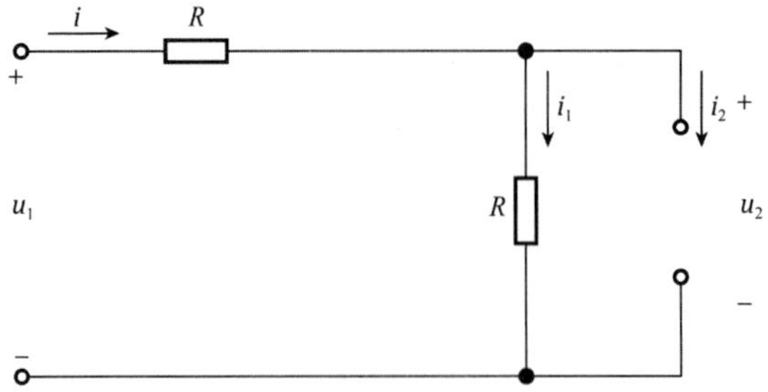

题 80 解图

可以看出：$u_2 = 0.5u_1 = 2.5\text{V}$，$i_1 = i = 0.2\text{A}$。

答案：A

81. 解　①先将电流源与电阻的并联（见解图 a）化为电压源与电阻的串联（见解图 b）。

②再将两个串联电阻化为一个电阻（见解图 c）。

③将电压源与电阻的串联化为电流源与电阻的并联（见解图 d）。

④将两个并联电阻化为一个电阻，最终结果如解图 e）所示。

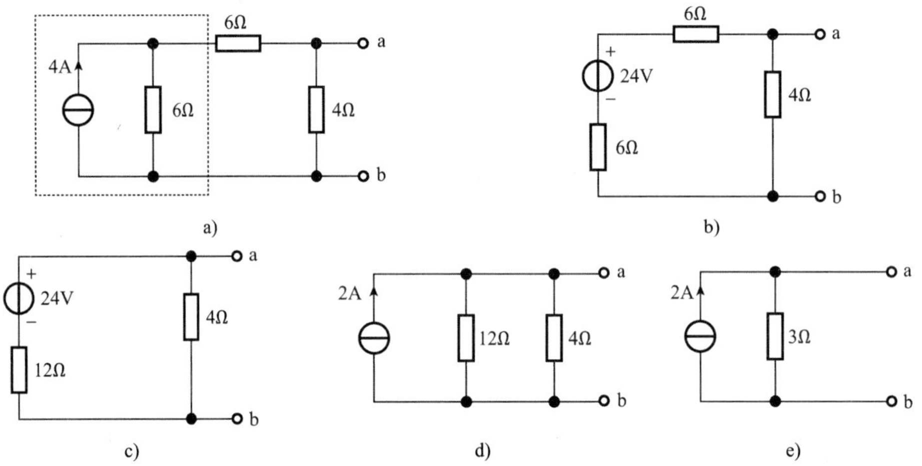

题 81 解图

答案：C

82. 解　对于正弦量，最大值I_m是有效值I的$\sqrt{2}$倍，周期T与角频率ω的关系是$\omega = 2\pi/T$。

因此：$I = I_m/\sqrt{2} = \frac{0.1}{\sqrt{2}} = 70.7\text{mA}$，$T = 2\pi/\omega = \frac{2\pi}{1000} = 6.28\text{ms}$

答案：B

83. 解　此电路的相量模型如解图所示。

$$\dot{I}_1 = \frac{\dot{U}}{R+R} = \frac{\dot{U}}{2R}$$

$$\dot{I}_2 = \frac{\dot{U}}{R+jX_L} = \frac{\dot{U}}{R+jR} = \frac{\dot{U}}{R\sqrt{2}\angle 45^\circ} = \frac{\sqrt{2}\dot{U}\angle -45^\circ}{2R}$$

$$\dot{I}_2 = \frac{\dot{U}}{R-jX_C} = \frac{\dot{U}}{R-jR} = \frac{\dot{U}}{R\sqrt{2}\angle -45^\circ} = \frac{\sqrt{2}\dot{U}\angle 45^\circ}{2R}$$

$$\dot{I}=\dot{I}_1+\dot{I}_2+\dot{I}_3=\frac{\dot{U}}{2R}+\frac{\sqrt{2}\dot{U}\angle-45^\circ}{2R}+\frac{\sqrt{2}\dot{U}\angle45^\circ}{2R}=\frac{3\dot{U}}{2R}$$

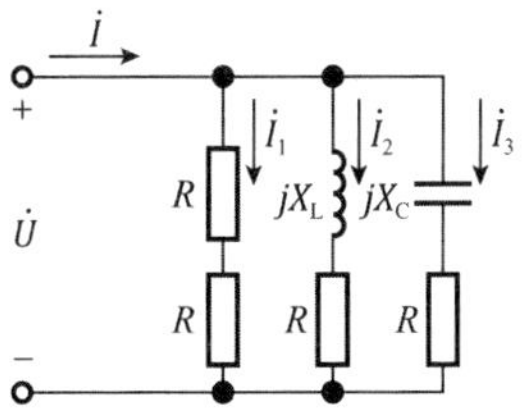

题83解图

由于各电流表的读数为各电流的有效值，则：

$A_1=I_1=\frac{U}{2R}$；$A_2=I_2=\frac{\sqrt{2}U}{2R}$；$A_3=I_3=\frac{\sqrt{2}U}{2R}$；$A=I=\frac{3U}{2R}$

答案：D

84. 解 在开关闭合瞬间（$t=0_+$时刻），电感等效为电流源（电流为初始电流），电容等效为电压源（电压为初始电压）。则此电路的等效电路图如解图所示。

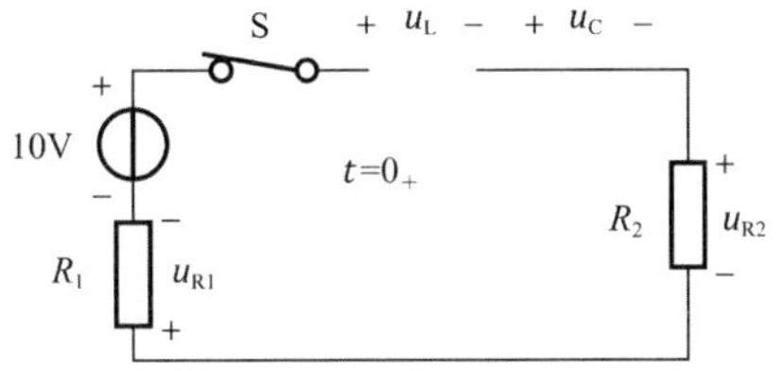

题84解图

则：$U_L=10V$，$U_C=0$，$U_{R1}=0$，$U_{R2}=0$

答案：A

85. 解 理想变压器，副边负载等效为原边为：$R'_L=\left(\frac{N_1}{N_2}\right)^2R_L$

若在R_L上获得最大功率，则：$R'_L=R_1$。

得：$N_2=\frac{N_1}{\sqrt{\frac{R_1}{R_L}}}=\frac{200}{\sqrt{\frac{100}{4}}}=40$匝

答案：C

86. 解 由异步电动机的效率与负载的关系可知：当负载小于额定负载时，效率随负载的增大而增大；当负载大于额定负载时，效率随负载的增大而减小；当负载等于额定负载时，效率最大。由此可知：为使该电动机的工作效率高于70%（对应30kN · m的负载），带动的负载应该大于30kN · m。在30～40kN · m负载范围内，效率单调递增。

答案：C

87. 解 信号与信息是不同的两个概念。信号是特定的物理形式（声、光、电等），信息是受信者所要获得的有价值的消息。信息隐藏在信号中，信号是信息的表现形式，信号分为模拟信号和数字信号。

答案：D

88. 解 $(011111)_2=2^4+2^3+2^2+2^1+2^0=16+8+4+2+1=31$。

答案：D

89. 解 $x(t)$是原始信号，$u(t)$是模拟信号，它们都是时间的连续信号；$u^*(t)$是经过采样器后的采样信号，是离散信号。

答案：C

90. 解　$u(t)$是分段函数，$u(t)=\begin{cases}-t+2 & 0<2s \\ 0 & t<0,\ t>2s\end{cases}$

它可以由函数$(-t+2)$乘以在 1～2s 间为 1 的脉冲函数$[1(t)-1(t-2)]$得到，因此：

$$u(t)=(-t+2)[1(t)-1(t-2)]=(-t+2)1(t)-(-t+2)1(t-2)$$

答案：D

91. 解　信号的放大包括电压放大（信号幅度放大）和功率放大（信号带载能力增强）。要求波形或频谱结构保持不变，即信号所携带的信息保持不变。

而模拟信号放大器的主要功能则是放大信号幅度。它可以将微弱的输入信号放大到较大的幅度，以便在输出端进行进一步处理或传输。模拟信号放大器并不会对信号的频率进行放大。

答案：B

92. 解　根据逻辑加法（“或”）计算：$1+B=1$，因此选项 A 正确，而选项 B、C 错误；

根据逻辑乘法（“与”）计算：$1\cdot B=B$，因此选项 D 错误。

答案：A

93. 解　如解图所示。

①由电路可知：

集电极电流为：$i_C=\frac{12-u_o}{1000}\geqslant\frac{12-0.3}{1000}=11.7\text{mA}$

基极电流为：$i_B\approx\frac{5}{R_B}$

②由三极管的特性可知：$i_C\leqslant\beta i_B$

综上：$R_B\leqslant\frac{5\beta}{i_C}\leqslant\frac{5\beta}{11.7}$，若放大系数$\beta=50$，则$R_B\leqslant\frac{5\beta}{11.7}=\frac{5\times 50}{11.7}=21.4\text{k}\Omega$。

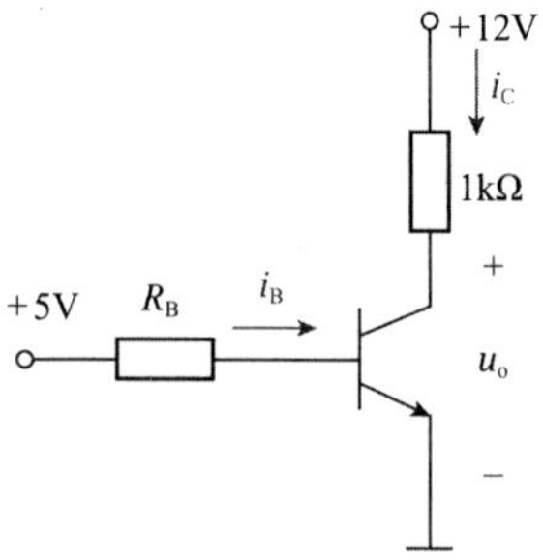

题 93 解图

答案：C

94. 解　$U_o=10^5U_i$，说明运算放大器处于线性放大区。

由输出特性图（见解图）可以看出：线性放大区为灰线所示，其输入电压范围为灰虚线所示，即：小于 0.1mV 且大于−0.1mV。

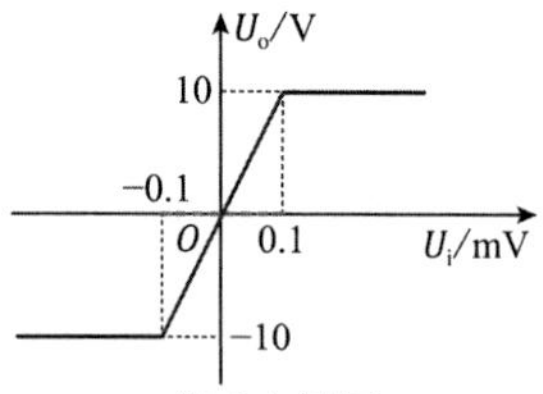

题 94 解图

答案：D

95. 解　由图可以看出：

$$F_1=\overline{(A\oplus 0)+B}=\overline{A+B}=\overline{A}\overline{B}$$

$$F_2=\overline{(A\oplus 1)+B}=\overline{\overline{A}+B}=A\overline{B}$$

答案：B

96. 解　D 触发器特性方程为：$Q_D^{n+1}=D$（CP 上升沿触发）；

JK 触发器特性方程为：$Q_{JK}^{n+1}=J\overline{Q}^n+\overline{K}Q^n$（CP 下降沿触发）；

由图可知：$J=K=1$，$D=\overline{Q}_D^n$

所以：

此 D 触发器特性方程可以简化为：$Q_D^{n+1}=\overline{Q}_D^n$（CP 上升沿触发）；

此 JK 触发器特性方程可以简化为：$Q_{JK}^{n+1}=\overline{Q}_{JK}^n$（CP 下降沿触发）；

输出图形如解图所示。

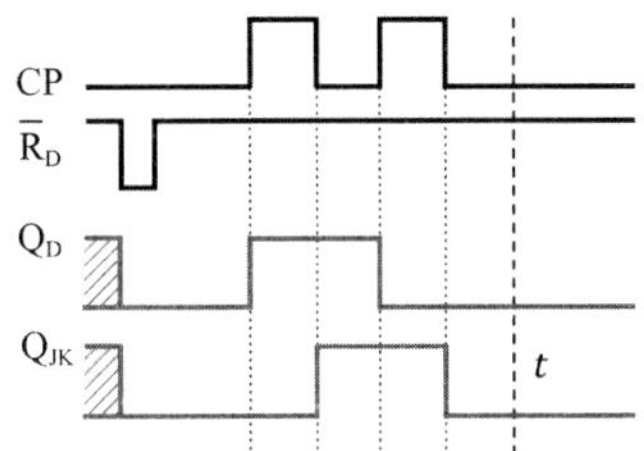

题 96 解图

答案：A

97. 解 系统软件是生成、准备和执行其他程序所需要的一组程序。它通常负责管理、控制和维护计算机的各种软、硬件资源，并为用户提供一个友好的操作界面。常见的系统软件包括操作系统、语言处理程序（汇编程序和编译程序等）、连接装配程序、系统使用程序、多种工具软件等。

答案：B

98. 解 总线中的数据总线是用于传送程序和数据的。

答案：A

99. 解 分时操作系统是在一台计算机中可以同时连接多个近程或多个远程终端，把 CPU 时间划分为若干个时间片，通过时间片轮转的方式，由 CPU 轮流地为各个终端用户的程序提供处理器时间和内存空间，服务每个终端。这意味着系统在某一时间段内会不断地切换任务，从而给人一种这些任务似乎在同一时间内执行的感觉。但实际上，这些任务是在一个非常短的时间片内分别进行的。例如，当一个任务在执行一个操作时，处理器会切换到下一个任务，这样用户感觉好像所有的任务都在同时运行。这种“同时性”其实是通过处理器在短时间内不断切换任务来实现的。

答案：A

100. 解 机器语言是计算机诞生和发展初期使用的语言，它采用的是二进制编码形式，是由 CPU 可以识别的一组由 0、1 序列构成的指令码。随后针对机器语言的不足之处出现了另一种低级语言，即汇编语言。而后又有了高级语言，它与人们日常熟悉的自然语言和数学语言更接近，可读性强，人们编写程序更加方便。

答案：A

101. 解 任一实数都可以用一个整数和一个纯小数来表示。因为实数的小数点的位置是不固定的，所以也称为浮点数。整数称为浮点数的阶码，纯小数称为浮点数的尾数。

答案：A

102. 解 在16色的图像中，每个像素可以有16种颜色。为了表示这16种不同的颜色，每个像素需要4位二进制数（因为$2^4=16$，4位二进制可以表示16个不同的数据）来表示颜色的数据信息。因此，当需要表示一个像素的颜色时，我们只需要查看该像素对应的二进制数在色彩表中的值即可。这种方式可以大大减少存储颜色信息所需要的数据量，从而实现了使用相对较少的颜色来表示一幅图像的效果。

答案：A

103. 解 计算机病毒能够将自身从一个程序复制到另外一个程序中，从一台计算机复制到另一台计算机，从一个计算机网络复制到另一个计算机网络，使被传染的计算机程序、计算机网络以及计算机本身都成为计算机病毒的生存环境和新的病毒源。

答案：B

104. 解 操作系统是计算机硬件和各种用户程序之间的接口程序，它位于各种软件的最底层，操作系统提供了一种环境，使用户能方便和高效地执行程序。

答案：D

105. 解 计算机网络是在网络协议控制下用通信线路和通信设备将分布在不同地点的具有独立功能的多个计算机系统互相连接起来，在功能完善的网络软件的支持下实现彼此之间的数据通信和资源共享的系统。

答案：B

106. 解 在计算机常用的传输介质中，光纤的传输速度最快。

答案：C

107. 解 根据单利计息本利和计算公式，2年后本利和为：

$$F_2=1000\times(1+9\%\times2)=1180\text{ 元}$$

第3年到第5年按复利计息公式计算，第5年末可获得的本利和为：

$$F_5=1180\times(1+8\%)^3=1486.46\text{ 元}$$

答案：B

108. 解 建设项目评价中的总投资为建设投资、建设期利息和流动资金之和。其中，建设投资由工程费用（包括建筑工程费、设备购置费、安装工程费）、工程建设其他费用和预备费（包括基本预备费和涨价预备费）组成。

答案：A

109. 解 融资租赁是通过租赁设备融通到所需资金，是债务资金筹措的一种融资方式，形成债务资金，但它不具有资本金和债务资金的双重性质，不属于准股本资金（优先股股票和可转换债券具有资本金和债务资金双重性质，属于准股本资金）。承租人支付的租金可以进入成本费用，因此可以减少应付所得税，具有抵税作用。

答案：A

110. 解 在项目资本金现金流量表中，现金流出包括项目资本金、借款本金偿还、借款利息支付、经营成本、进项税额、应纳增值税、税金及附加、所得税、维持运营投资。项目正常生产期内，不考虑项目资本金（项目资本金现金流出通常发生在项目建设期）、维持运营投资（不一定每年都有）等。选项 B、D 中的总成本包含折旧费、摊销费，而折旧费、摊销费并没有实际现金流出；选项 C 所含内容不全。

答案：A

111. 解 按直线法计提折旧，年折旧额为：

$$年折旧额 = \frac{固定资产原值 - 残值}{折旧年限} = \frac{100 - 100 \times 5\%}{10} = 9.5\ 万元$$

第一年投资 100 万元，年净利润 15 万元，年折旧额 9.5 万元，第一年的净现金流量为：

$$15 + 9.5 - 100 = -75.5\ 万元$$

以后各年净现金流量为：

$$年净现金流量 = 净利润 + 折旧额 = 15 + 9.5 = 24.5\ 万元$$

该项目的累计净现金流量见解表：

累计净现金流量（单位：万元） 题 111 解表

年份	1	2	3	4	5	6	7	8	9	10
净现金流量	−75.5	24.5	24.5	24.5	24.5	24.5	24.5	24.5	24.5	24.5
累计净现金流量	−75.5	−51.0	−26.5	−2	22.5	47.0	71.5	96.0	120.5	145

累计净现金流量在第 5 年为正值，则项目的静态投资回收期为：

$$T = 4 - 1 + \frac{|-2|}{24.5} = 4.08\ 年$$

答案：C

112. 解 投资方案评价的各种经济效果指标，如财务内部收益率、财务净现值、静态投资回收期等，都可以作为敏感性分析的指标。若主要分析投资大小对投资方案资金回收能力的影响，可选用财务内部收益率指标；若主要分析产品价格波动对投资方案超额净收益的影响，可选用财务净现值作为分析指标；若主要分析投资方案状态和参数变化对方案投资回收快慢的影响，则可选用静态投资回收期作为分析指标。

答案：A

113. 解 本题为寿命期不等的互斥方案比较，可采用年值法进行投资方案选择。由于方案甲和方案乙寿命期同为5年，但方案甲净现值较小，可淘汰；方案丙和方案丁寿命期同为10年，但方案丙的净现值较小，也可淘汰。计算方案乙和方案丁的净年值并进行比较：

方案乙：$\text{NAV}_{乙}=\text{NPV}_{乙}\cdot(A/P,10\%,5)=\frac{\text{NPV}_{乙}}{(P/A,10\%,5)}=\frac{246}{3.7908}=64.89$万元

方案丁：$\text{NAV}_{丁}=\frac{\text{NPV}_{丁}}{(P/A,10\%,10)}=\frac{350}{6.1446}=56.96$万元

应选择净年值较大的方案，方案乙的净年值大于方案丁的净年值，故应选择方案乙。

答案：B

114. 解 价值工程的一般工作程序包括准备阶段、功能分析阶段、方案创造阶段和方案实施阶段。各阶段的工作如下。

准备阶段：对象选择，组成价值工程工作小组，制订工作计划。

功能分析阶段：收集整理信息资料，功能系统分析，功能评价。

创新阶段：方案创新，方案评价，提案编写。

实施阶段：审批，实施与检查，成果鉴定。

答案：A

115. 解 《中华人民共和国建筑法》第二十九条规定，建筑工程总承包单位可以将承包工程中的部分工程发包给具有相应资质条件的分包单位；但是，除总承包合同中约定的分包外，必须经建设单位认可。施工总承包的，建筑工程主体结构的施工必须由总承包单位自行完成。

建筑工程总承包单位按照总承包合同的约定对建设单位负责，分包单位按照分包合同的约定对总承包单位负责。总承包单位和分包单位就分包工程对建设单位承担连带责任。

禁止总承包单位将工程分包给不具备相应资质条件的单位。禁止分包单位将其承包的工程再分包。

按照上述条文，选项A不正确，选项B、D均属于非法分包，选项C正确。

答案：C

116. 解 《中华人民共和国安全生产法》第五十三条规定，生产经营单位的从业人员有权了解其作业场所和工作岗位存在的危险因素、防范措施及事故应急措施，有权对本单位的安全生产工作提出建议。

故选项A的说法无误。

第五十四条规定，从业人员有权对本单位安全生产工作中存在的问题提出批评、检举、控告；有权拒绝违章指挥和强令冒险作业。

生产经营单位不得因从业人员对本单位安全生产工作提出批评、检举、控告或者拒绝违章指挥、强

令冒险作业而降低其工资、福利等待遇或者解除与其订立的劳动合同。

故选项B、选项C的说法无误。

第五十五条规定，从业人员发现直接危及人身安全的紧急情况时，有权停止作业或者在采取可能的应急措施后撤离作业场所。

选项D的表述不完整，应为“在采取可能的应急措施后撤离作业场所”。

答案：D

117. 解 《中华人民共和国招标投标法》第二十七条规定，投标人应当按照招标文件的要求编制投标文件。投标文件应当对招标文件提出的实质性要求和条件作出响应。

答案：A

118. 解 《中华人民共和国民法典》第四百七十二条规定，要约是希望与他人订立合同的意思表示，该意思表示应当符合下列条件：（一）内容具体确定；（二）表明经受要约人承诺，要约人即受该意思表示约束。故选项A、B、D正确，选项C错误。

答案：C

119. 解 《中华人民共和国节约能源法》第五十六条规定，国务院管理节能工作的部门会同国务院科技主管部门发布节能技术政策大纲，指导节能技术研究、开发和推广应用。

答案：D

120. 解 《建设工程质量管理条例》第四十三条规定，国家实行建设工程质量监督管理制度。国务院建设行政主管部门对全国的建设工程质量实施统一监督管理。国务院铁路、交通、水利等有关部门按照国务院规定的职责分工，负责对全国的有关专业建设工程质量的监督管理。

答案：B

2023年度全国勘察设计注册工程师执业资格考试基础考试（上）

试题解析及参考答案

1. 解　本题考查高阶无穷小的概念和等价无穷小替换定理。

因为当$x \to 0$时，$\sin x \sim x$，故$\sin x^2 \sim x^2$，由题意可得，$\lim\limits_{x\to 0}\frac{f(x)}{\sin^2 x}=\lim\limits_{x\to 0}\frac{f(x)}{x^2}$，已知$f(x)$是$x^2$的高阶无穷小，故比值极限为0。

答案： B

2. 解　本题考查函数间断点的类型。

当$x^2-1=0$时，解得$x_1=1$，$x_2=-1$。

函数$f(x)=\frac{\sin(x-1)}{x^2-1}$在$x=\pm 1$没有定义，可知$x=\pm 1$是间断点，下面判断间断点的类型：

因为$\lim\limits_{x\to 1}\frac{\sin(x-1)}{x^2-1}=\lim\limits_{x\to 1}\frac{\sin(x-1)}{x-1}\frac{1}{x+1}=\frac{1}{2}$，故$x=1$为可去间断点。

$\lim\limits_{x\to -1}\frac{\sin(x-1)}{x^2-1}=\infty$，故$x=-1$为第二类间断点。

答案： D

3. 解　本题考查反函数的求导方法。

根据反函数的求导法则：如果函数$x=\varphi(y)$在区间I_y内单调、可导且$\varphi'(y)\neq 0$，那么它的反函数$y=f(x)$在对应区间$I_x=\{x|x=\varphi(y),y\in I_y\}$内也可导，且有$f'(x)=\frac{1}{\frac{dx}{dy}}=\frac{1}{\varphi'(y)}$。

所以，函数$y=f(x)$的反函数$x=g(y)$在点y_0（$y_0=f(x_0)$）的导数$g'(y_0)=\frac{1}{f'(x_0)}$。

答案： C

4. 解　本题考查复合函数求导和微分的运算。

方法1：利用复合函数求导法。

函数$y=f(\ln x)e^{f(x)}$，函数微分$dy=y'\,dx$，而$y'=[f(\ln x)]'e^{f(x)}+f(\ln x)[e^{f(x)}]'=f'(\ln x)\frac{1}{x}e^{f(x)}+f(\ln x)e^{f(x)}f'(x)=e^{f(x)}\left[\frac{1}{x}f'(\ln x)+f'(x)f(\ln x)\right]$，可得：

$$dy=e^{f(x)}\left[\frac{1}{x}f'(\ln x)+f'(x)f(\ln x)\right]dx$$

方法2：根据微分的运算法则及微分形式不变性。

$$dy=d\left[f(\ln x)e^{f(x)}\right]=d[f(\ln x)]e^{f(x)}+f(\ln x)\,de^{f(x)}=f'(\ln x)\,d(\ln x)e^{f(x)}+f(\ln x)e^{f(x)}\,df(x)$$
$$=e^{f(x)}\left[\frac{1}{x}f'(\ln x)+f'(x)f(\ln x)\right]dx$$

答案： B

5. 解　本题考查函数极值的第二充分条件。

极值存在的第二充分条件：设$f(x)$在x_0点具有二阶导数，且$f'(x_0)=0$，$f''(x_0)\neq 0$，若$f''(x_0)<0$，则$f(x)$在x_0取得极大值，若$f''(x_0)>0$，则$f(x)$在x_0取得极小值。

由题意$f(x)$为偶函数，即$f(x)=f(-x)$，等式两边求导可得$f'(x)=-f'(-x)$，令$x=0$，易知$f'(0)=0$，选项A错误。又因为$f''(0)\neq 0$，根据极值存在的第二充分条件，$x=0$一定是$f(x)$的极值点。

答案： C

6. 解　本题考查罗尔中值定理。

函数$y=\frac{x^3}{3}-x$在区间$[0,\sqrt{3}]$上满足罗尔定理的条件，即$y=\frac{x^3}{3}-x$在闭区间$[0,\sqrt{3}]$连续，在开区间$(0,\sqrt{3})$可导，且$y(0)=y(\sqrt{3})=0$，则至少存在一点$\xi\in(0,\sqrt{3})$，使$f'(\xi)=0$。而$y'=x^2-1$，所以满足罗尔定理的$\xi=1$。

答案： C

7. 解　本题考查原函数的定义或求函数的不定积分。

方法 1： 由题意，$[k\ln(\cos 2x)]'=k\frac{-\sin 2x}{\cos 2x}\cdot 2=-2k\tan 2x=\tan 2x$，得$k=-\frac{1}{2}$。

方法 2： 先求$y=\tan 2x$的所有原函数，即

$\int\tan 2x\,\mathrm{d}x=\int\frac{\sin 2x}{\cos 2x}\mathrm{d}x=\int\frac{-1}{2\cos 2x}\mathrm{d}\cos 2x=-\frac{1}{2}\ln(\cos 2x)+C$，易知$k=-\frac{1}{2}$。

答案： A

8. 解　本题考查定积分的基本性质。

方法 1: $I=\int_0^{\frac{\pi}{2}}\frac{1}{3+2\cos^2 x}\mathrm{d}x$，$\cos x$在区间$[0,\frac{\pi}{2}]$上的最大值和最小值分别为 1 和 0，所以$\frac{1}{5}\leqslant\frac{1}{3+2\cos^2 x}\leqslant\frac{1}{3}$，可得$\frac{\pi}{10}\leqslant I\leqslant\frac{\pi}{6}$。

方法 2： 本题可以采用考试常用的卡西欧 991CN 中文版计算器直接求得，注意在求定积分时，应先把角度制D调整为弧度制R，计算出结果后可选 A。若未调整为弧度制R，则会选错误结果 C。

答案： A

9. 解　本题考查两个向量的向量积。

两个非零向量$\boldsymbol{\alpha}$、$\boldsymbol{\beta}$，有$|\boldsymbol{\alpha}\times\boldsymbol{\beta}|=|\boldsymbol{\alpha}||\boldsymbol{\beta}|\sin(\widehat{\boldsymbol{\alpha},\boldsymbol{\beta}})$。

答案： D

10. 解　本题考查空间直线的对称式方程及直线垂直的条件。

一般空间直线的对称式方程为：$\frac{x-x_0}{l}=\frac{y-y_0}{m}=\frac{z-z_0}{n}$，则该直线过点$(x_0,y_0,z_0)$，其方向向量为$\boldsymbol{s}=(l,m,n)$。根据空间直线$\frac{x}{1}=\frac{y}{0}=\frac{z}{-3}$的点向式方程可知，该直线过原点，且直线的方向向量$\boldsymbol{i}=(1,0,-3)$，$oy$轴的方向向量$\boldsymbol{j}=(0,1,0)$，两向量的数量积$\boldsymbol{i}\cdot\boldsymbol{j}=1\times 0+0\times 1+(-3)\times 0=0$，可知直线垂直于$oy$轴。

答案： B

11. 解　本题考查二元函数二阶偏导数的计算。

$z=\arctan\frac{x}{y}$，则$\frac{\partial z}{\partial x}=\frac{\frac{1}{y}}{1+\left(\frac{x}{y}\right)^2}=\frac{y}{x^2+y^2}$，可得$\frac{\partial^2 z}{\partial x^2}=\frac{-2xy}{(x^2+y^2)^2}$。

答案：C

12. 解 本题考查直角坐标系下的二重积分化为极坐标系下的二次积分计算。

直角坐标与极坐标的关系为$\begin{cases} x = r\cos\theta \\ y = r\sin\theta \end{cases}$，由$x^2+y^2 \leqslant 1$，得$0 \leqslant r \leqslant 1$，$0 \leqslant \theta \leqslant 2\pi$，面积元素$\mathrm{d}x\,\mathrm{d}y = r\,\mathrm{d}r\,\mathrm{d}\theta$，故

$$\iint_D e^{-(x^2+y^2)}\,\mathrm{d}x\,\mathrm{d}y = \int_0^{2\pi}\mathrm{d}\theta\int_0^1 e^{-r^2} r\,\mathrm{d}r = \pi\int_0^1 e^{-r^2}\,\mathrm{d}r^2 = \pi\left[-e^{-r^2}\right]_0^1 = \pi(1-e^{-1})$$

答案：D

13. 解 本题考查微分方程的特解及一阶微分方程的求解。

方法 1：将所给选项代入微分方程直接验证，可得选项 D 正确。

方法 2：$\mathrm{d}y - 2x\,\mathrm{d}x = 0$是一阶可分离变量微分方程，$\mathrm{d}y = 2x\,\mathrm{d}x$，两边积分得，$y = x^2 + C$。当$C = 0$时，特解为$y = x^2$。

答案：D

14. 解 本题考查对坐标（第二类）曲线积分的计算。

方法 1：L可写为参数方程$\begin{cases} x = y^2 \\ y = y \end{cases}$（$y$从 1 取到 0），$\int_L \frac{1}{y}\mathrm{d}x + \mathrm{d}y = \int_1^0\left(\frac{1}{y}\cdot 2y + 1\right)\mathrm{d}y = \int_1^0 3\,\mathrm{d}y = -3$。

方法 2：L可写为参数方程$\begin{cases} x = x \\ y = \sqrt{x} \end{cases}$（$x$从 1 取到 0），$\int_L \frac{1}{y}\mathrm{d}x + \mathrm{d}y = \int_1^0\left(\frac{1}{\sqrt{x}} + \frac{1}{2\sqrt{x}}\right)\mathrm{d}x = \int_1^0 \frac{3}{2\sqrt{x}}\mathrm{d}x = 3\sqrt{x}\Big|_1^0 = -3$。（说明：此方法第二类曲线积分化为的积分为广义积分，该广义积分收敛。）

注意：第二类曲线积分的计算应注意变量的上下限，本题的有向弧线段的坐标为$M(1,1)$到$O(0,0)$，无论是采用x作为积分变量计算还是采用y作为积分变量计算，其下限均为 1，上限均为 0。

答案：C

15. 解 本题考查级数收敛的必要条件。

正项级数$\sum_{n=1}^{\infty}\frac{1}{1+a^n}(a>0)$，一般项$\frac{1}{1+a^n} < \frac{1}{a^n}$，当$a>1$时，级数$\sum_{n=1}^{\infty}\frac{1}{a^n}$收敛，根据正项级数比较判别法，$\sum_{n=1}^{\infty}\frac{1}{1+a^n}(a>0)$收敛，选项 A 正确。当$a<1$时，$\lim_{n\to\infty}\frac{1}{1+a^n} = 1 \neq 0$，$a=1$时，$\lim_{n\to\infty}\frac{1}{1+a^n} = \frac{1}{2} \neq 0$，由级数收敛的必要条件可知，级数发散，选项 B 错误，选项 C、D 正确。

答案：B

16. 解 本题考查微分方程通解的概念，或者二阶常系数齐次微分方程的通解。

方法 1：将通解$y = e^{-2x}(C_1 + C_2 x)$（C_1，C_2为任意常数）代入每个选项验证，可知选项 C 正确。

方法 2：通解$y = e^{-2x}(C_1 + C_2 x)$含有两个独立任意常数，因此以它为通解的方程为二阶常微分方程，对y求导数，$y' = e^{-2x}(-2C_1 + C_2 - 2C_2 x)$，$y'' = e^{-2x}(4C_1 - 4C_2 + 4C_2 x)$，联立$y$，$y'$和$y''$，消去$C_1$，$C_2$，得$y'' + 4y' + 4y = 0$。

方法 3：利用二阶常系数齐次微分方程的特征值法求通解。

选项 A，$y''+3y'+2y=0$对应的特征方程为$r^2+3r+2=0$，特征根为$r_1=-1$，$r_2=-2$，所以方程通解为$y=C_1e^{-x}+C_2e^{-2x}$，选项 A 错误。

选项 B，$y''-4y'+4y=0$对应的特征方程为$r^2-4r+4=0$，特征根为$r_1=r_2=2$，所以方程通解为$y=(C_1+C_2x)e^{2x}$，选项 B 错误。

选项 C，$y''+4y'+4y=0$对应的特征方程为$r^2+4r+4=0$，特征根为$r_1=r_2=-2$，所以方程通解为$y=(C_1+C_2x)e^{-2x}$，选项 C 正确。

选项 D，$y''+2y=0$对应的特征方程为$r^2+2=0$，特征根为$r_1=-\sqrt{2}i$，$r_2=\sqrt{2}i$，所以方程通解为$y=C_1\cos\sqrt{2}\,x+C_2\sin\sqrt{2}x$，选项 D 错误。

方法 4：利用二阶常系数齐次微分方程的通解形式。

以$y=e^{-2x}(C_1+C_2x)$（C_1，C_2为任意常数）为通解的微分方程一定为二阶常系数齐次微分方程，并且$r=-2$是对应特征方程的二重根，所以特征方程为$r^2+4r+4=0$，由此可知所求的微分方程为$y''+4y'+4y=0$。

注：本题所涉及的知识点总结见解表：

题 16 解表

特征方程$\lambda^2+p\lambda+q=0$的根	微分方程$y''+py'+qy=0$的通解
不相等的两个实根$r_1\neq r_2$	$y=C_1e^{r_1x}+C_2e^{r_2x}$
两个相等的实根$r_1=r_2$	$y=(C_1+C_2x)e^{r_1x}$
一对共轭复根$r_{1,2}=\alpha\pm\beta i(\beta>0)$	$y=e^{\alpha x}(C_1\cos\beta x+C_2\sin\beta x)$

答案：C

17. 解　本题考查多元复合函数偏导数的计算。

由题意，函数$z=xyf\left(\frac{y}{x}\right)$，则

$$x\frac{\partial z}{\partial x}+y\frac{\partial z}{\partial y}=x\left[yf\left(\frac{y}{x}\right)+xyf'\left(\frac{y}{x}\right)\left(-\frac{y}{x^2}\right)\right]+y\left[xf\left(\frac{y}{x}\right)+xyf'\left(\frac{y}{x}\right)\frac{1}{x}\right]=2xyf\left(\frac{y}{x}\right)$$

答案：C

18. 解　本题考查求幂级数和函数的计算。

方法 1：利用收敛幂级数可逐项求导的性质，设幂级数$\sum\limits_{n=0}^{\infty}a_nx^n$的收敛半径为$R$，和函数为$S(x)$，则有：

①和函数为$S(x)$在$(-R,R)$上连续。

②和函数为$S(x)$在$(-R,R)$上可导，且可逐项求导，即$S'(x)=\sum\limits_{n=0}^{\infty}na_nx^{n-1}$。

③和函数为$S(x)$在$(-R,R)$上可积，且可逐项积分，即：

$$\int_0^x S(t)\,\mathrm{d}t=\sum_{n=0}^{\infty}\int_0^x a_nt^n\,\mathrm{d}t=\sum_{n=0}^{\infty}\frac{a_n}{n+1}x^{n+1}$$

$\sum\limits_{n=1}^{\infty}(2n-1)x^{n-1}=\sum\limits_{n=1}^{\infty}2nx^{n-1}-\sum\limits_{n=1}^{\infty}x^{n-1}$，这里等号右边第一项可利用逐项求导还原，利用公式：

$$\sum_{n=0}^{\infty}x^n=1+x+x^2+\cdots+x^n+\cdots=\frac{1}{1-x}$$

$$\sum_{n=1}^{\infty}2nx^{n-1}=2\sum_{n=1}^{\infty}nx^{n-1}=2\left(\sum_{n=1}^{\infty}x^n\right)'=2\left(\frac{x}{1-x}\right)'=\frac{2}{(1-x)^2}$$

$$\sum_{n=1}^{\infty}x^{n-1}=1+x+x^2+\cdots+x^{n-1}+\cdots=\frac{1}{1-x}$$

故$\sum_{n=1}^{\infty}(2n-1)x^{n-1}=\frac{2}{(1-x)^2}-\frac{1}{1-x}=\frac{1+x}{(1-x)^2}$

注：$\sum_{n=1}^{\infty}x^n=x+x^2+x^3+\cdots+x^n+\cdots=x(1+x+x^2+x^3+\cdots+x^n+\cdots)=\frac{x}{1-x}$，或$1+x+x^2+\cdots+x^n+\cdots=\frac{1}{1-x}$，则$x+x^2+\cdots+x^n+\cdots=\frac{1}{1-x}-1=\frac{x}{1-x}$。以上计算要求级数必须收敛，若级数发散则不成立。

方法 2：本题也可采用错位相减法求解，观察所求幂级数的形式，系数$2n-1$是等差型，x^{n-1}是等比型，这类等差、等比型的幂级数可采用错位相减法，设和函数为：

$S(x)=1+3x+5x^2+7x^3+\cdots+(2n-3)x^{n-2}+(2n-1)x^{n-1}$ ①

$xS(x)=x+3x^2+5x^3+7x^5+\cdots+(2n-3)x^{n-1}+(2n-1)x^n$ ②

将①－②，可得$(1-x)S(x)=1+2(x+x^2+x^3+\cdots+x^{n-1})-(2n-1)x^n$，又$\lim_{n\to\infty}(2n-1)x^n=0$，有$(1-x)S(x)=1+2\frac{x}{1-x}$，解得：$S(x)=\frac{1}{(1-x)}+\frac{2x}{(1-x)^2}=\frac{1+x}{(1-x)^2}$。

答案：B

19. 解 本题考查矩阵的运算性质和行列式的运算性质。

方法 1：由矩阵运算法则有

$$\boldsymbol{A}-2\boldsymbol{B}=\begin{bmatrix}a_1-2b_1 & c_1-2c_1 & d_1-2d_1\\ a_2-2b_2 & c_2-2c_2 & d_2-2d_2\\ a_3-2b_3 & c_3-2c_3 & d_3-2d_3\end{bmatrix}=\begin{bmatrix}a_1-2b_1 & -c_1 & -d_1\\ a_2-2b_2 & -c_2 & -d_2\\ a_3-2b_3 & -c_3 & -d_3\end{bmatrix}$$

则行列式

$$\begin{aligned}|\boldsymbol{A}-2\boldsymbol{B}|&=\begin{vmatrix}a_1-2b_1 & -c_1 & -d_1\\ a_2-2b_2 & -c_2 & -d_2\\ a_3-2b_3 & -c_3 & -d_3\end{vmatrix}\\&=(-1)\times(-1)\begin{vmatrix}a_1-2b_1 & c_1 & d_1\\ a_2-2b_2 & c_2 & d_2\\ a_3-2b_3 & c_3 & d_3\end{vmatrix}=\begin{vmatrix}a_1 & c_1 & d_1\\ a_2 & c_2 & d_2\\ a_3 & c_3 & d_3\end{vmatrix}+(-2)\begin{vmatrix}b_1 & c_1 & d_1\\ b_2 & c_2 & d_2\\ b_3 & c_3 & d_3\end{vmatrix}\\&=|\boldsymbol{A}|+(-2)|\boldsymbol{B}|=1+2=3\end{aligned}$$

方法 2：本题可以采用特殊值法，已知$|\boldsymbol{A}|=1$，$|\boldsymbol{B}|=-1$，可给矩阵$\boldsymbol{A}$赋值为$\boldsymbol{A}=\begin{bmatrix}1&0&0\\0&1&0\\0&0&1\end{bmatrix}$，给矩阵$\boldsymbol{B}$赋值为$\boldsymbol{B}=\begin{bmatrix}-1&0&0\\0&1&0\\0&0&1\end{bmatrix}$，故$|\boldsymbol{A}-2\boldsymbol{B}|=\begin{vmatrix}3&0&0\\0&-1&0\\0&0&-1\end{vmatrix}=3$。

注：线性代数的计算要善于采用特殊值。

答案：C

20. 解 本题考查可逆矩阵与其他矩阵相乘不改变这个矩阵的秩。

方法 1：由矩阵$\boldsymbol{B}$的行列式$|\boldsymbol{B}|=\begin{vmatrix}1 & 0 & 2\\ 0 & 2 & 1\\ -1 & 0 & 3\end{vmatrix}=\begin{vmatrix}1 & 0 & 2\\ 0 & 2 & 1\\ 0 & 0 & 5\end{vmatrix}=10\neq 0$，可知矩阵$\boldsymbol{B}$可逆。矩阵$\boldsymbol{A}$右乘可逆矩阵$\boldsymbol{B}$，相当于对矩阵$\boldsymbol{A}$进行列变换，而不改变矩阵的秩，故$r(\boldsymbol{AB})=r(\boldsymbol{A})=2$。

方法 2：因为$\boldsymbol{B}$的行列式不为 0，所以$\boldsymbol{B}$可逆。本题可采用特殊值法，已知$r(\boldsymbol{A}_{4\times 3})=2$，可给矩阵$\boldsymbol{A}$赋值为$\boldsymbol{A}=\begin{bmatrix}1 & 0 & 0\\ 0 & 1 & 0\\ 0 & 0 & 0\\ 0 & 0 & 0\end{bmatrix}$，有$\boldsymbol{AB}=\begin{bmatrix}1 & 0 & 2\\ 0 & 2 & 1\\ 0 & 0 & 0\\ 0 & 0 & 0\end{bmatrix}$，易知$r(\boldsymbol{AB})=2$。

注：线性代数的计算要善于采用特殊值。

答案：B

21. 解 本题考查向量线性相关、线性无关的定义及相关结论。

方法 1：由已知$\boldsymbol{\alpha}_1,\boldsymbol{\alpha}_2,\boldsymbol{\alpha}_3$线性无关，则$\boldsymbol{\alpha}_1,\boldsymbol{\alpha}_2$线性无关。又由于$\boldsymbol{\alpha}_1,\boldsymbol{\alpha}_2,\boldsymbol{\alpha}_4$线性相关，可知$\boldsymbol{\alpha}_4$可以由$\boldsymbol{\alpha}_1,\boldsymbol{\alpha}_2$线性表示，故选项 C 正确。

而$\boldsymbol{\alpha}_4$可以由$\boldsymbol{\alpha}_1,\boldsymbol{\alpha}_2$线性表示就一定可以由$\boldsymbol{\alpha}_1,\boldsymbol{\alpha}_2,\boldsymbol{\alpha}_3$线性表示，故选项 A 正确。

再看选项 D：假设$\boldsymbol{\alpha}_3$可以由$\boldsymbol{\alpha}_1,\boldsymbol{\alpha}_2,\boldsymbol{\alpha}_4$线性表示，则$\boldsymbol{\alpha}_3=\boldsymbol{k}_1\boldsymbol{\alpha}_1+\boldsymbol{k}_2\boldsymbol{\alpha}_2+\boldsymbol{k}_3\boldsymbol{\alpha}_4$，$k_i$不全为 0，$i=1,2,3$，由于$\boldsymbol{\alpha}_4$可以由$\boldsymbol{\alpha}_1,\boldsymbol{\alpha}_2$线性表示，可以得出$\boldsymbol{\alpha}_3$可以由$\boldsymbol{\alpha}_1,\boldsymbol{\alpha}_2$线性表示，这与$\boldsymbol{\alpha}_1,\boldsymbol{\alpha}_2,\boldsymbol{\alpha}_3$线性无关相矛盾。故$\boldsymbol{\alpha}_3$不可以由$\boldsymbol{\alpha}_1,\boldsymbol{\alpha}_2,\boldsymbol{\alpha}_4$线性表示，即选项 D 正确。

最后看选项 B：因为$\boldsymbol{\alpha}_1,\boldsymbol{\alpha}_2,\boldsymbol{\alpha}_3$线性无关，则由线性无关的定义知$\boldsymbol{\alpha}_3$不可以由$\boldsymbol{\alpha}_1,\boldsymbol{\alpha}_2$线性表示，故选项 B 不正确。

方法 2：本题可采用特殊值法，设$(\boldsymbol{\alpha}_1,\boldsymbol{\alpha}_2,\boldsymbol{\alpha}_3,\boldsymbol{\alpha}_4)=\begin{bmatrix}1 & 0 & 0 & 1\\ 0 & 1 & 0 & 1\\ 0 & 0 & 1 & 0\\ 0 & 0 & 0 & 0\end{bmatrix}$，易知选项 A、C、D 均正确，选项 B 错误。

注：线性代数的计算要善于采用特殊值。

答案：B

22. 解 本题考查古典概型概率的计算。

由古典概型概率计算方法知，随机试验是从 6 个球中随机取 3 个，则样本空间的样本点个数为C_6^3，所求事件包含样本点个数为$C_4^2C_2^1$（从 4 个红球中取 2 个的取法有C_4^2种，从 2 个黄球中取 1 个的取法有C_2^1种），故所求概率为：

$$\frac{C_4^2C_2^1}{C_6^3}=\frac{3}{5}$$

答案：C

23. 解 本题考查离散型随机变量数学期望的定义或求随机变量函数的期望的方法。

方法 1：用离散型随机变量的数学期望的定义求解。

由X的分布律可知，X^2的分布律为：

X^2	0	1	4
P	0.3	0.6	0.1

由数学期望的定义有：

$$E(X^2)=0\times 0.3+1\times 0.6+4\times 0.1=1$$

方法 2：用求随机变量函数的期望的方法。

由X的分布律为

X	−1	0	1	2
P	0.4	0.3	0.2	0.1

可知：

$$E(X^2)=(-1)^2\times 0.4+0^2\times 0.3+1^2\times 0.2+2^2\times 0.1=1$$

答案：B

24. 解 本题考查概率密度函数的性质。

由概率密度函数的性质有：$\int_{-\infty}^{+\infty}\int_{-\infty}^{+\infty}f(x,y)\,\mathrm{d}x\,\mathrm{d}y=1$

即$\int_0^{+\infty}axe^{-x^2}\,\mathrm{d}x\int_0^{+\infty}e^{-y}\,\mathrm{d}y=1$，$\left[-\frac{1}{2}\int_0^{+\infty}ae^{-x^2}\,\mathrm{d}(-x^2)\right]\left[-\int_0^{+\infty}e^{-y}\,\mathrm{d}(-y)\right]=1$

$\left[-\frac{1}{2}ae^{-x^2}\Big|_0^{+\infty}\left(-e^{-y}\right)\Big|_0^{+\infty}\right]=1$，$\frac{1}{2}a=1$

得出$a=2$

答案：C

25. 解 在标准状态下，理想气体的压强和温度分别为1.013×10^5Pa，273.15K。

答案：C

26. 解 根据分子的平均碰撞频率公式$Z=\sqrt{2}\pi d^2 n\bar{v}$，平均自由程$\bar{\lambda}=\frac{\bar{v}}{\bar{z}}=\frac{1}{\sqrt{2}\pi d^2 n}$。

答案：A

27. 解 气体的温度保持不变为等温，单位体积内分子数n减少为膨胀，故此过程为等温膨胀过程。

答案：B

28. 解 等压过程吸收热量：$Q_\mathrm{P}=\frac{m}{M}C_\mathrm{P}\Delta T$

等体过程吸收热量：$Q_\mathrm{V}=\frac{m}{M}C_\mathrm{V}\Delta T$

单原子分子，自由度$i=3$，$C_\mathrm{V}=\frac{i}{2}R$，$C_\mathrm{P}=C_\mathrm{V}+R$

$$\frac{Q_\mathrm{P}}{Q_\mathrm{V}}=\frac{C_\mathrm{P}}{C_\mathrm{V}}=\frac{3/2R+R}{3/2R}=\frac{5}{3}$$

答案：D

29. 解 理想气体分子的平均平动动能相同，温度相同。

由状态方程$PV=\frac{m}{M}RT$，可知质量密度为$\frac{m}{V}=\frac{PM}{RT}$

$M_{\mathrm{N_2}}=28$，$M_{\mathrm{He}}=4$，

$$\left(\frac{m}{V}\right)_{\mathrm{N_2}}>\left(\frac{m}{V}\right)_{\mathrm{He}}$$

答案：D

30. 解 该平面简谐波振幅为 0.1m，选项 A 不正确。

$$y = 0.1\cos(3\pi t - \pi x + \pi) = 0.1\cos 3\pi\left(t - \frac{x}{3} + \frac{1}{3}\right)$$

ω=3π，u=3m/s，选项 D 不正确。

$\lambda = u \times T = u\frac{2\pi}{\omega}=3 \times \frac{2\pi}{3\pi}=2\text{m}$，选项 B 不正确；

相距一个波长的两点相位差为2π，相距1/4波长的两点相位差为π/2，选项 C 正确。

答案： C

31. 解 注意正向传播，做下一时刻波形图如虚线所示，A、B、C三点振动方向如箭头所示，B、C向上，选项 A 正确。

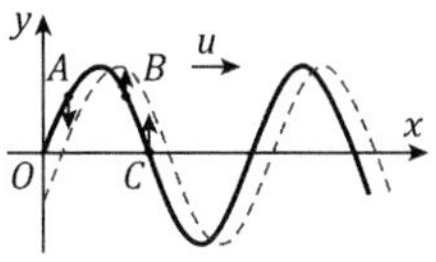

题 31 解图

答案： A

32. 解 机械波能量最大的位置为平衡位置，此时速度值最大（动能最大），弹性形变也最大（势能最大）。

答案： A

33. 解 波的平均能量密度公式：$I = \frac{1}{2}\rho A^2\omega^2 u$

可知波的平均能量密度I与振幅A的平方成正比，与频率ω的平方成正比。

答案： B

34. 解 双缝干涉条纹宽度公式为$\Delta x = \frac{D\lambda}{na}$，中央明条纹两侧第 10 级明纹中心的间距为：

$$20 \cdot \Delta x = 20 \times \frac{2 \times 550 \times 10^{-9}}{1 \times 2 \times 10^{-4}} = 0.11\text{m}$$

答案： C

35. 解 根据马吕斯定律，自然光通过偏振片P_1光强衰减一半，即：

$$I = \frac{1}{2}I_0\cos^2 0° = \frac{1}{2}I_0$$

答案： C

36. 解 根据单缝衍射菲涅耳半波带法，第一级（$k = 1$）暗纹为：

$$BC = 2k \cdot \frac{\lambda}{2} = 2 \times 1 \times \frac{\lambda}{2} = \lambda$$

答案： B

37. 解 4 个量子数的物理意义分别为：

主量子数n：①代表电子层；②代表电子离原子核的平均距离；③决定原子轨道的能量。

角量子数l：①表示电子亚层；②确定原子轨道形状；③在多电子原子中决定亚层能量。

磁量子数m：①确定原子轨道在空间的取向；②确定亚层中轨道数目。

自旋量子数m_s：决定电子自旋方向。

答案：B

38. 解 偶极矩等于零的是非极性分子，偶极矩不等于零的为极性分子。分子是否有极性，取决于整个分子中正、负电荷中心是否重合。

$BeCl_2$和CO_2为直线型分子，BF_3为三角形构型，三个分子的正负电荷中心重合，为非极性分子，偶极矩为零；NF_3为三角锥构型，正负电荷中心不重合，为极性分子，偶极矩不为零。

答案：A

39. 解 缓冲溶液是由弱酸、共轭碱或弱碱及其共轭酸所组成的溶液，对酸碱都有缓冲能力。选项 A 的 HOAc 过量，与 NaOH 反应生成 NaOAc，形成 HOAc/NaOAc 缓冲溶液。

答案：A

40. 解 往 HOAc 溶液中加入 NaOAc 固体，溶液中OAc^-浓度增加，根据同离子效应，使 HOAc 的电离平衡向左移动，溶液中氢离子浓度降低，pH 值升高。

答案：B

41. 解 质量作用定律只适用于基元反应。

反应速率常数的大小取决于反应物的本质及反应温度，而与反应物浓度无关。

根据阿伦尼乌斯公式，温度一定时，反应活化能越大，速率常数就越小，反应速率也越小。催化剂可以改变反应途径，降低活化能，使反应速率增大，但催化剂只能改变达到平衡的时间，不能改变平衡状态。

答案：D

42. 解 当正逆反应速率相等时，化学反应处于平衡状态，化学平衡是动态平衡，当外界条件不变时，反应物和生成物的浓度不再随时间改变。

答案：B

43. 解 电极反应为$ClO_3^- + 6H^+ + 6e^- == Cl^- + 3H_2O$，根据能斯特方程得：

$$E(ClO_3^-/Cl^-) = E^{\ominus}(ClO_3^-/Cl^-) + \frac{0.0592}{6}\lg\frac{C_{ClO_3^-}\cdot C_{H^+}^6}{C_{Cl^-}} = E^{\ominus}(ClO_3^-/Cl^-) + 0.0592\lg C_{H^+}$$

$$pH = -\lg C_{H^+} = \frac{E^{\ominus}(ClO_3^-/Cl^-) - E(ClO_3^-/Cl^-)}{0.0592} = \frac{1.45 - 1.41}{0.0592} \approx 0.676 > 0$$

答案：B

44. 解 分子式为C_4H_9Cl的同分异构体有 4 种，即：$CH_3-CH_2-CH_2-\underset{}{\overset{Cl}{\overset{|}{C}}}H_2$，$CH_3-CH_2-\overset{Cl}{\overset{|}{C}}H-CH_3$，

$$\underset{\underset{CH_3}{|}}{CH_3-CH-CH_2} \, , \quad \underset{\underset{CH_3}{|}}{\overset{\overset{Cl}{|}}{CH_3-C-CH_3}} \quad _\circ$$

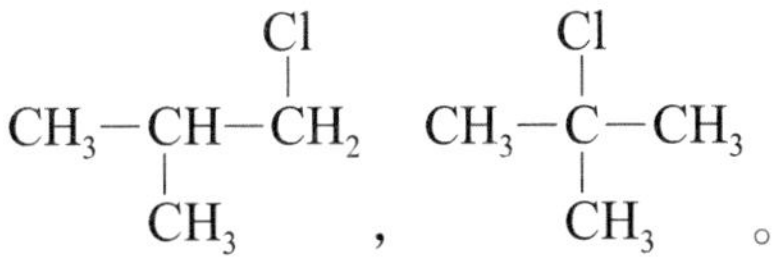

答案：A

45. 解 烯烃中只有乙烯的所有原子在同一平面，其他烯烃的所有原子不在同一平面，乙炔、苯的所有原子处于同一平面，但两者不属于烯烃，故选项 A 错误；

烯烃含有碳碳双键，但含有碳碳双键的物质不一定是烯烃，如$CH_2 = CHCl$等，故选项 B 错误；

烯烃与溴水发生加成反应，可以使溴水褪色，但能使溴水褪色的物质不一定是烯烃，如炔烃等，故选项 C 错误；

分子式为C_4H_8的链烃，不饱和度为 1，一定含有一个碳碳双键，该烃一定是烯烃，选项 D 正确。

答案：D

46. 解 羟基与烷基直接相连为醇，通式为 R—OH（R 为烷基）。羟基与芳香基直接相连为酚，通式为 Ar—OH（Ar 为芳香基）。选项 A 是丙醇，选项 B 是苯甲醇，选项 C 是环己醇，选项 D 是苯酚。

答案：D

47. 解 因为AEC为等边三角形，三个内角均为 60°，而销钉E与CD槽光滑接触，故其约束力应垂直于CD，即E处约束力的作用线与x轴正方向所成的夹角为 30°。

答案：D

48. 解 力系向A点平移（见解图），可知力系的主矢与主矩均不为零，故简化结果就应该是主矢和主矩。

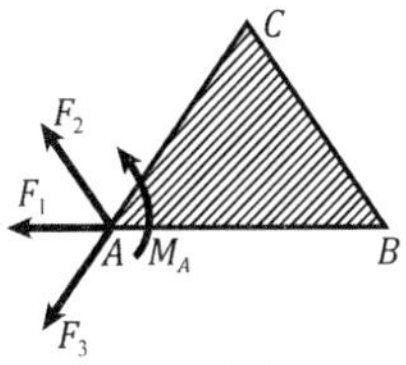

答案：B

题 48 解图

49. 解 取整体为研究对象，受力如解图所示，

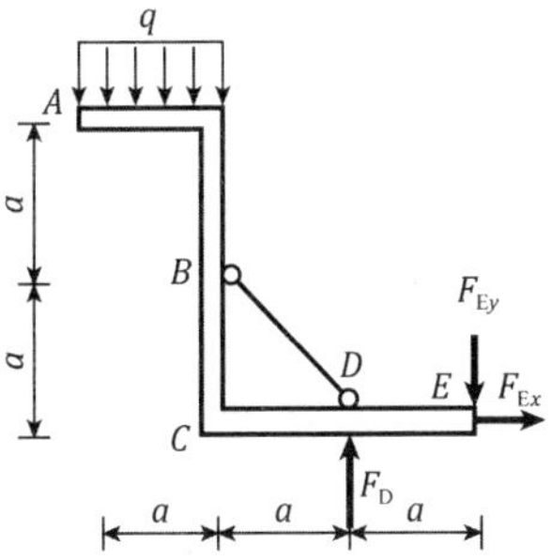

列平衡方程：

$\sum M_D(\boldsymbol{F}) = 0, \ qa \times 1.5a - F_{Ey} \times a = 0$

$\sum F_x = 0, \ F_{Ex} = 0$

解得：$F_{Ey} = 3qa/2$（↓）

答案：A

题 49 解图

50. 解 因为静摩擦因数$\mu = 0.4$，故摩擦角为$\varphi_m = \arctan 0.4 = 21.8°$，小于斜面的角度 30°，根据斜面的自锁条件，物块会滑动。

答案：C

51. 解 因为$v = \dfrac{dx}{dt} = t^2 - 20$，则积分后有$x = \dfrac{1}{3}t^3 - 20t + C$，已知$t = 0$时，$x = -15m$，故$C =$

-15，即点的运动方程为$x=\frac{1}{3}t^3-20t-15$。

答案：D

52. 解 根据摆的转动规律，其角速度与角加速度分别为：

$$\omega=\frac{\mathrm{d}\varphi}{\mathrm{d}t}=-\frac{2\pi}{T}\varphi_0\sin\left(\frac{2\pi}{T}t\right)；\ \alpha=\frac{\mathrm{d}\omega}{\mathrm{d}t}=-\left(\frac{2\pi}{T}\right)^2\varphi_0\cos\left(\frac{2\pi}{T}t\right)$$

在摆经过平衡位置时，$\varphi=\varphi_0\cos\left(\frac{2\pi}{T}t\right)=0$，则$\frac{2\pi}{T}t=\frac{\pi}{2}$，得到$t=\frac{T}{4}$。将$t=\frac{T}{4}$代入角速度和角加速度，$\omega=\frac{\mathrm{d}\varphi}{\mathrm{d}t}=-\frac{2\pi}{T}\varphi_0$，$\alpha=0$。

利用定轴转动刚体上一点速度和加速度与角速度和角加速度的关系，得到：

$$v_{\mathrm{C}}=l\omega=-\frac{2\pi\varphi_0 l}{T}；\ a_{\mathrm{C}}=l\omega^2=\frac{4\pi^2\varphi_0^2 l}{T^2}$$

因为题中要求的是速度的大小，故表示方向的负号可忽略。

答案：B

53. 解 滑轮的转角$\varphi=s/r=s_{\mathrm{B}}/R$，故$s_{\mathrm{B}}=s_{\mathrm{R}}/r=160t^2$。

答案：A

54. 解 汽车运动到桥顶处时加速度的大小为$a_n=\frac{v^2}{R}$，根据牛顿第二定律，$\frac{P}{g}a_n=P-F_{\mathrm{N}}$，所以汽车的约束力$F_{\mathrm{N}}=P-\frac{Pv^2}{gR}$。

答案：C

55. 解 动量的大小等于圆环的质量乘以其质心速度，圆环质心的转动半径为R，则质心的速度为$R\omega$，圆环的动量为$mR\omega$。

答案：A

56. 解 若手柄长、质量分别用l、m表示，则由动量矩定理可知，$J_{\mathrm{A}}\alpha=Fl-mg\frac{l}{2}\cos\varphi$，此时的角加速度为：$\alpha=\frac{3}{ml}\left(F-\frac{mg}{2}\cos\varphi\right)$；随着$\varphi$从零逐渐增大至60°时，$\cos\varphi$随之减小，则角加速度$\alpha$逐渐增大。

答案：B

57. 解 物块A的惯性力大小为$F_{\mathrm{I}}=m_{\mathrm{A}}a=8\times3.3=26.4\mathrm{N}$，在物块$B$的重力作用下，置于光滑水平面上的物块$A$会以水平向右的加速度运动，故其惯性力与之反向。

答案：B

58. 解 运动微分方程整理后为：$\ddot{\varphi}+\left(\frac{k}{4m}-\frac{g}{l}\right)\varphi=0$，这是单自由度自由振动微分方程的标准形式，其$\varphi$前面的系数即为该系统固有圆频率的平方，所以固有圆频率$\omega=\sqrt{\frac{lk-4mg}{4ml}}$。

答案：D

59. 解 静定杆件的截面内力只与外荷载和截面位置有关，与截面形状、截面面积、杆件的材料无关。

答案：C

60. 解 BC段：$\sigma=\frac{100000\text{N}}{2500\text{mm}^2}=40\text{MPa}$；$AB$段：$\sigma=\frac{300000}{4\times2500\text{mm}^2}=30\text{MPa}$

AB最大拉应力为 40MPa。

答案：B

61. 解 套筒和轴转向相反，剪切位置在套筒与轴的接触面。安全销发生剪切破坏的剪切面积是安全销钉的横截面面积，即$A=\frac{\pi d^2}{4}$。

答案：A

62. 解

$$I_{\text{p}}=\frac{\pi}{32}(D^4-d^4)=\frac{\pi}{32}(16d^4-d^4)=\frac{15\pi}{32}d^4$$
$$W_{\text{p}}=\frac{I_{\text{p}}}{D/2}=\frac{I_{\text{p}}}{d}=\frac{15\pi}{32}d^3$$

答案：D

63. 解 低碳钢是塑性材料，压缩时试件缩短，端面是平面。扭转破坏后横截面是与轴线垂直的横断面。

铸铁是脆性材料，压缩破坏时沿着与横截面成 45°的斜平面断裂。扭转破坏后的端面是如图所示与轴线成 45°的螺旋面。

答案：B

64. 解 平面图形（圆形）对某坐标轴的静矩等于其图形的形心（圆心）坐标乘以面积。只有选项 A 的圆心位于第一象限，圆心坐标均为正值，其关于坐标轴x、y的静矩也均为正值。

答案：A

65. 解 由求剪力的直接法可知$F_{\text{S}}^{右}=-q\times1=-6\text{kN}$，所以$q=6\text{kN/m}$。

由剪力图的突变规律，可知集中力$F=10\text{kN}$。

通过$\sum F_y=0$，可知A端的支座反力是 2kN（向下），这正好佐证了剪力图A端的剪力是正确的。

答案：C

66. 解 因为$\sigma_{\max}=\frac{M}{W}$，而两种情况下的弯矩是相同的，所以两者最大弯曲正应力的比值与W成反比。

$$W_{\text{a}}=\frac{b}{6}h^2=\frac{b}{6}\left(\frac{3b}{2}\right)^2=\frac{3}{8}b^3；\ W_{\text{b}}=\frac{h}{6}b^2=\frac{1}{6}\left(\frac{3b}{2}\right)b^2=\frac{1}{4}b^3$$
$$W_{\text{b}}=\frac{h}{6}b^2=\frac{1}{6}\left(\frac{3b}{2}\right)b^2=\frac{1}{4}b^3$$
$$\frac{\sigma_{\text{amax}}}{\sigma_{\text{bmax}}}=\frac{W_{\text{b}}}{W_{\text{a}}}=\frac{1}{4}b^3/\frac{3}{8}b^3=\frac{2}{3}$$

答案：D

67. 解 叠合梁的挠度与其中一根梁的挠度V_B相同，其截面惯性矩为：$I_z = \frac{b}{12}a^3$

若将两根梁黏结成一个整体梁，其挠度为V_{B1}，则该梁B截面的惯性矩为：$I_{z1} = \frac{b}{12}(2a)^3 = \frac{8b}{12}a^3$

当悬臂梁的荷载、跨长相同时，B截面的挠度与梁的截面惯性矩的值成反比，所以：

$$V_{B1}/V_B = I_z/I_{z1} = \frac{1}{8}$$

答案：A

68. 解 三向应力状态下的最大切应力所在平面应该与第一主应力σ_1和第三主应力σ_3所在平面成45°，与z轴平行，法向与x轴成45°。

答案：C

69. 解 根据强度理论和弯扭组合变形的公式，可知直径为d的等直圆杆，在危险截面上同时承受弯矩M和扭矩T，按第三强度理论，其相当应力$\sigma_{eq3} = \frac{32\sqrt{M^2+T^2}}{\pi d^3}$。

答案：A

70. 解 由压杆临界力的公式$P_{cr} = \frac{\pi^2 EI}{(\mu l)^2}$可知，当$EI$、$L$相同时，两端约束越弱，长度因数$\mu$越大，临界力$P_{cr}$越小，压杆越容易失稳。

选项A，两端铰支，$\mu = 1$。

选项B，一端铰支、一端固定，$\mu = 0.7$。

选项C，一端固定、一端自由，$\mu = 2$。

选项D，两端固定，$\mu = 0.5$。

可见选项C压杆的μ最大、临界力最小，最先失稳。

答案：C

71. 解 空气的黏性，也被称为动力黏性系数，$\mu = \frac{1}{3}\rho v l$，其中$v$是气体分子运动的平均速度，$l$是分子平均自由程，$\rho$是气体密度。温度升高，气体分子运动加剧，分子运动速度增大，平均自由程也增大。虽然温度升高使得体积增大、密度减小，但空气密度减小的程度低于分子运动速度和平均自由程增大的程度，因此，气体的动力黏性系数随温度的升高而增大。

如果本题问的是运动黏性系数υ，由于$\upsilon = \frac{\mu}{\rho} = \frac{1}{3}vl$，同上分析，运动黏性系数不受密度的影响，随温度的升高而增大。

答案：A

72. 解 水箱底部A点的绝对压强为$p'_A = p_0 + \rho g h = 50 + 1 \times 9.8 \times 2 = 69.6\text{kPa}$，真空度$p_v = p_a - p' = 101 - 69.6 = 31.4\text{kPa}$。

答案：B

73. 解 欧拉法是一种空间场的方法，研究某一固定空间内流动参数的分布随时间变化的情况，而不是跟踪每个质点的流动参数或轨迹。研究每个质点的流动参数或质点轨迹的是拉格朗日方法。

答案：C

74. 解 对两水箱水面写能量方程，可得：$H = h_w = h_{w_1} + h_{w_2}$

假定流量为 40L/s，则：

1～3 管段中的流速$v_1 = Q/\left(\frac{\pi}{4}d_1^2\right) = 0.04/\left(\frac{\pi}{4}\times 0.2^2\right) = 1.27\text{m/s}$

$$h_{w_1} = \left(\lambda_1\frac{l_1}{d_1} + \sum\zeta_1\right)\frac{v_1^2}{2g} = \left(0.019\times\frac{10}{0.2} + 0.5 + 0.5 + 0.024\right)\times\frac{1.27^2}{2\times 9.8} = 0.162\text{m}$$

3～6 管段中的流速$v_2 = Q/\left(\frac{\pi}{4}d_2^2\right) = 0.04/\left(\frac{\pi}{4}\times 0.1^2\right) = 5.1\text{m/s}$

$$h_{w_2} = \left(\lambda_2\frac{l_2}{d_2} + \sum\zeta_2\right)\frac{v_2^2}{2g} = \left(0.018\times\frac{10}{0.1} + 0.5 + 0.5 + 1\right)\times\frac{5.1^2}{2\times 9.8} = 5.042\text{m}$$

$H = h_{w_1} + h_{w_2} = 0.162 + 5.042 = 5.204\text{m}$，正好与题设水面高差为 5.204m 吻合，故假设正确。

当然，也可以直接假定流量Q，然后求解关于Q的方程。先假定流量的计算方法可以避免进行繁琐的迭代计算。

答案：B

75. 解 根据伯努力方程，$\left(z_1 + \frac{p_1}{\gamma}\right) + \frac{v_1^2}{2g} = \left(z_2 + \frac{p_2}{\gamma}\right) + \frac{v_2^2}{2g} + \left(h_f + h_j\right)$，可知，速度增大时，测压管水头线一般会沿程下降；速度减小时，测压管水头线一般会沿程上升；要保持测压管水头线水平，只需满足$\frac{v_1^2}{2g} = \frac{v_2^2}{2g} + \left(h_f + h_j\right)$即可，这是可能的。因此，三种可能性都有。

答案：D

76. 解 梯形排水沟的水力半径$R = \frac{A}{\chi}$

过流面积$A = \frac{(2+8)\times 4}{2} = 20\text{m}^2$

湿周$\chi = 8 + 2\times\sqrt{3^2 + 4^2} = 18\text{m}$

水力半径$R = \frac{20}{18} = 1.11\text{m}$

注意：本题中梯形排水沟的上边宽小于下底宽，即水面的宽度是 2m，计算湿周时不计入湿周的是上边水面宽度（不与边界固体接触）的 2m。

答案：B

77. 解 潜水完全井流量$Q = 1.36k\frac{H^2 - h^2}{\lg\frac{R}{r}}$，因此$Q$与土体渗透数$k$成正比。

答案：D

78. 解 由沿程水头损失公式：$h_f = \lambda\frac{L}{d}\cdot\frac{v^2}{2g}$，可解出沿程损失系数$\lambda = \frac{2gdh_f}{Lv^2}$，写成量纲表达式$\dim\left(\frac{2gdh_f}{Lv^2}\right) = \frac{\text{LT}^{-2}\text{LL}}{\text{LL}^2\text{T}^{-2}} = 1$，即$\dim(\lambda) = 1$。故沿程损失系数$\lambda$为无量纲数。

答案：D

79. 解 当一段导体在匀强磁场中做匀速切割磁感线运动时，不论电路是否闭合，感应电动势的大小只与磁感应强度B、导体长度L、切割速度v及v与B方向夹角θ的正弦值成正比，即$E = BLv\sin\theta$（θ为B，L，v三者间通过互相转化两两垂直所得的角）。因此，当$\sin\theta = 1$，即$\theta = 90°$时，电动势最大。

答案：B

80. 解 含源线性网络对外等效为一个电压源和电阻的串联，外特性不再是欧姆定律。而其他三个选项对外均可以等效为一个电阻，外特性都是欧姆定律。

答案：B

81. 解 对n个节点、b条支路的电路，支路电流法方程包括独立的 KCL 方程（$n-1$个）、独立的 KVL 方程（含 VCR、$b-n+1$个）。此电路$n=3$、$b=5$，因此独立的 KCL 方程已经列写完毕，应补充 KVL 方程，故选项 A、B 均不正确。选项 C 未计电流源电压，错误。选项 D 正确。

答案：D

82. 解 当激励角频率为 1000rad/s 时，由题意可知电路发生并联谐振，其相量图见解图 a)。

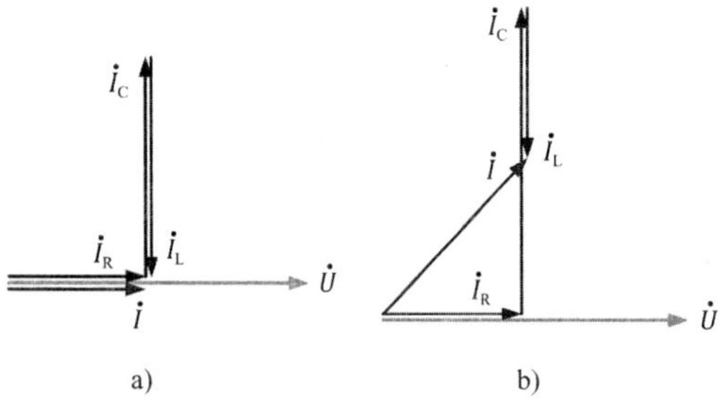

题 82 解图

当激励角频率增加到 2000rad/s 时，电阻阻抗不变，而电感、电容阻抗的模分别增大、减小，因此电感、电容的电流分别减小、增大，相量图见解图 b)。

可知：$I_L < 0.1A$，$I_C > 0.1A$，$I > I_R$。

答案：A

83. 解 由题意可知：$i_1 = \sqrt{2}\sin(\omega t + \varphi_1)A$，$i_2 = \sqrt{2}\sin(\omega t + \varphi_1 - 45^{\circ})A$

其相量形式为：$\dot{I}_1 = 1.0\angle\varphi_1 A$，$\dot{I}_2 = 1.0\angle(\varphi_1 - 45^{\circ})A$

答案：B

84. 解 由题意可知：

有功功率为：$P = I_1^2R_1 + I_2^2R_2 = 1^2 \times 100 + 0.67^2 \times 150 = 167.3W$

无功功率为：$Q = I_1^2X_L - I_2^2X_C = 1^2 \times 100 - 0.67^2 \times 150 = 32.7var$

视在功率为：$S = \sqrt{P^2 + Q^2} = \sqrt{167.3^2 + 32.7^2} = 170.46VA$

答案：D

85. 解 理想变压器，副边负载等效为原边为：$R_L' = \left(\frac{N_1}{N_2}\right)^2 R_L$

若在R_L上获得最大功率，则：$R_L' = R_s$，得：$\frac{R_L N_1^2}{N_2^2} = R_s$

答案： A

86. 解 由于 $2SB_{stp}$是常闭触头，按下后，M_2将断电，停止转动；$2SB_{stp}$再抬起后，M_2供电正常，正常转动。

答案： A

87. 解 信号可观测；信息可度量、可识别、可转换、可存储、可传递、可再生、可压缩、可利用、可共享。

答案： B

88. 解 $D_1 = (11)_{16} = 1 \times 16^1 + 1 \times 16^0 = 17$

$D_2 = (21)_8 = 2 \times 8^1 + 1 \times 8^0 = 17$

答案： A

89. 解 数字信号，是指自变量是离散的、因变量也是离散的信号，这种信号的自变量用整数表示，因变量用有限数字中的一个数字来表示。

数字信号与离散时间信号的区别在因变量。离散时间信号的自变量是离散的、因变量是连续的，其自变量用整数表示，因变量用与物理量大小相对应的数字表示。离散时间信号的大小用有限位二进制数表示后，就是数字信号。

因此，数字信号是特殊的时间信号。

答案： D

90. 解 根据傅里叶分解，方波信号$u(t) = \frac{4U_m}{\pi}\left(\sin \omega_1 t + \frac{1}{3}\sin 3\,\omega_1 t + \frac{1}{5}\sin 5\,\omega_1 t + \cdots\right)$

则：$U_5 < U_3 < U_1$，且$\psi_1 = \psi_3 = \psi_5$

答案： C

91. 解 根据题意，放大器工作在饱和区，因此输入电压大于或等于 2V。

答案： D

92. 解 $F=\overline{\overline{AB} + \overline{BC}} + \overline{AB} = AB \cdot BC + \overline{AB} = ABC + \overline{AB} = C + \overline{AB}$

答案： B

93. 解 若D_3反接，在输入电压为正半周期时，D_1和D_3均导通，电压源被短路，出现事故。

答案： A

94. 解 三极管处在放大区时，等效电路图为选项 B。

答案：B

95. 解 由图可以看出：$F_1=\overline{A+1}=0$；$F_2=\overline{(B\oplus 1)}=B$

答案：A

96. 解 由于$K=1$，则$J=0$时，$Q_{n+1}=0$；J =1 时，$Q_{n+1}=\overline{Q}^n$。由解图知，第一个时钟脉冲下降沿后$Q=1$，第二个时钟脉冲下降沿后$Q=0$。

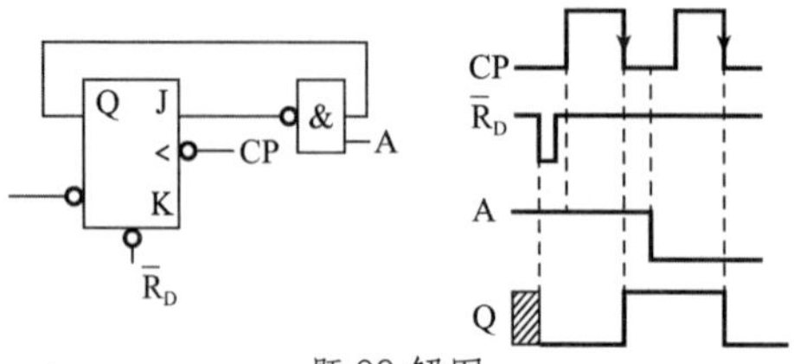

题 96 解图

答案：C

97. 解 按照内部逻辑结构的不同，计算机可分为 CISC（复杂指令系统计算机）和 RISC（精简指令系统计算机）两类。复杂指令系统计算机的特点就是指令数目多而且复杂，每条指令的字节长度不等。精简指令系统计算机的特点是执行指令数目较少，能够以更快的速度执行操作，每条指令采用相等的字节长度。

答案：C

98. 解 CPU 主要由运算器和控制器两部分组成。

答案：B

99. 解 操作系统在计算机系统中占据着一个非常重要的地位，它不仅是硬件与所有其他软件之间的接口，而且任何数字电子计算机都必须在其硬件平台上装载相应的操作系统，才能构成一个可以协调运转的计算机系统，因此它是一个核心系统软件。

答案：A

100. 解 分时操作系统，是在一台计算机系统中可以同时连接多个近程或多个远程终端，把 CPU 时间划分为若干个时间片，由 CPU 轮流为每个终端服务。分时操作系统的特点是具有同时性、交互性和独占性。

答案：D

101. 解 二进制数 10100000.11 转换成十进制数是 160.75，八进制数 240.6 转换成十进制数是 160.75，十六进制数 A0.F 转换成二进制数为 10100000.1111（转换成十进制数为 106.9375），可以直观判断比选项 A、B 均大，因此最小的是十进制数 160.5。

答案：C

102. 解　图像的最小构成单位是像素。计算机显示屏幕上的最大显示区域是由水平和垂直方向的像素个数相乘得出的。因此，总像素数量即为图像的分辨率。

答案： D

103. 解　一般将计算机病毒分成引导区型、文件型、混合型和宏病毒型4种类型。

答案： C

104. 解　一条计算机指令通常包含操作码和操作数。操作码决定了计算机应该执行哪种基本的硬件操作，例如加法、减法或数据传送等。操作数是与操作码一起使用的数字、字符或地址，表示要进行操作的对象。

答案： B

105. 解　网络软件是指用于构建和维护计算机网络的软件，主要包括网络操作系统、网络协议和网络应用软件。

办公自动化系统是一种应用软件，主要用于处理和管理文档、电子表格和演示文稿等办公任务，并不是专门为网络而设计的软件。

答案： D

106. 解　在局域网中可以包含一个或多个子网，适用于校园、机关、公司、工厂等有限范围内的计算机。一般属于一个单位所有，易于建立、维护、管理与扩展。

选项A不正确。可以跨越长距离，而且可以将两个或多个局域网和/或主机连接在一起的网络是广域网。广域网的拓扑结构要比局域网复杂得多，通常是由大量的点到点连接构成的网状结构。在广域网中，用户通常无法拥有建立广域连接所需要的所有技术设备和通信设施，只能由第三方通信服务商（如电信部门）提供。

选项C不正确。在局域网中，用户可以通过自备的网络设备来构建网络连接，这些设备可能包括路由器、交换机、网卡等。因此，说所需的技术设备和通信设施只能由第三方提供并不准确。

选项D不正确，因为随着技术的发展，局域网的速度已经可以远超过2Mbit/s，特别是高速局域网，其速率可以达到100Mbit/s。

答案： B

107. 解　本题为永久性建筑，当$n \to \infty$时，等额支付现值系数$(P/A,i,n) = 1/i$，即：

$$(P/A,i,n) = \frac{(1+i)^n - 1}{i(1+i)^n} = \frac{1}{i}$$

根据等额支付现值公式，该笔捐款应不少于：

$P = A(P/A,i,n) = 2/8\% = 25$万元

答案： C

108. 解 增值税是对商品生产、流通、劳务服务中多个环节的新增价值或商品的附加值（增值额）征收的一种流转税。增值税是价外税，价外税是指增值税纳税人不计入货物销售价格中，而在增值税纳税申报时，按规定计算缴纳的增值税。增值税应纳税额一般按生产流通或劳务服务各个环节的增值额乘以增值税税率计算。目前我国建筑企业一般纳税人的增值税税率为9%。

答案：C

109. 解 与借款类似，企业发行债券筹集资金所支付的利息计入税前成本费用，同样可以少交一部分所得税。企业发行债券的筹资费用较高，通常计算其资金成本时应予以考虑，但本题不考虑发行债券的筹资费用，其资金成本率可按下式计算：

$$K = R \times (1 - T) = 8\% \times (1 - 25\%) = 6\%$$

答案：B

110. 解 静态投资回收期指在不考虑资金时间价值的条件下，以项目的净收益（包括利润和折旧）回收全部投资所需要的时间。由于静态投资回收期不考虑资金时间价值，因此计算静态投资回收期不需要根据基准收益率进行折现，而是通过计算累计净现金流量确定静态投资回收期，累计净现金流量为零的年限即为静态投资回收期。

答案：D

111. 解 内部收益率是使项目净现值为零时的折现率。对于常规项目投资方案，参考项目的净现值函数曲线图可知，当利率i小于内部收益率 IRR 时，净现值为正值；当利率i大于内部收益率 IRR 时，净现值为负值。本题利率为16%、18%时，净现值分别为正值和负值，因此内部收益率应在16%～18%之间。

答案：C

112. 解 敏感度系数是指项目评价指标变化的百分率与不确定性因素变化的百分率之比，表示项目方案评价指标对不确定因素的敏感程度。在敏感性分析图中，直线的斜率反映了项目经济效果评价指标对该不确定因素的敏感程度，斜率的绝对值越大，敏感度越高。

答案：A

113. 解 对于收益相同的互斥方案，寿命期相同的方案可用费用现值法或费用年值法进行方案比选，寿命期不同的方案可用费用年值法进行方案比选。

本题甲、乙方案寿命期均为5年，但甲方案的费用现值较高，可先淘汰；丙、丁方案寿命期均为10年，但丙方案的费用现值较高，也可先淘汰。用费用年值法比较乙方案和丁方案，由于$(A/P,i,n) = 1/(P/A,i,n)$，故乙方案和丁方案的费用年值分别为：

$$\mathrm{AC}_{乙} = \mathrm{PC}_{乙}/(P/A,i,n) = 312 \div 3.7908 = 82.30 \text{ 万元}$$

$$AC_{丁} = PC_{丁}/(P/A, i, n) = 553 \div 6.1446 = 90.90\text{万元}$$

由于乙方案的费用年值较低，故应选择乙方案。

或：根据$PC = AC(P/A, i, n)$，可得乙方案和丁方案的费用年值：

$PC_{乙} = AC_{乙}(P/A, 10\%, 5)$，$312 = AC_{乙} \times 3.7908$，$AC_{乙} = 82.30$万元

同理可得：$AC_{丁} = 90.90$万元

乙方案的费用年值较低，应选择乙方案。

答案： B

114. 解 价值工程对象选择的方法有因素分析法、ABC 分析法、价值系数法、百分比法、最合适区域法等。ABC 分析法是一种通过对产品或工程的功能、技术、成本和效益进行分析和评估来确定最具改进潜力和价值的对象的方法。

决策树分析法是一种运用概率与图论中的树对决策中的不同方案进行比较，从而获得最优方案的风险型决策方法。

净现值法是通过计算、比较不同投资项目的净现值来选择最佳方案的一种经济比选方法。

目标成本法是一种以市场导向，对有独立制造过程的产品进行利润计划和成本管理的方法。

决策树法、净现值法、目标成本法都不是价值工程对象的选择方法。

答案： D

115. 解 《中华人民共和国建筑法》第三十二条规定，建筑工程监理应当依照法律、行政法规及有关的技术标准、设计文件和建筑工程承包合同，对承包单位在施工质量、建设工期和建设资金使用等方面，代表建设单位实施监督。而施工成本不属于监理的范畴，因此选项 D 是正确答案。

答案： D

116. 解 《中华人民共和国安全生产法》第六十三条规定，负有安全生产监督管理职责的部门依照有关法律、法规的规定，对涉及安全生产的事项需要审查批准（包括批准、核准、许可、注册、认证、颁发证照等，下同）或者验收的，必须严格依照有关法律、法规和国家标准或者行业标准规定的安全生产条件和程序进行审查；不符合有关法律、法规和国家标准或者行业标准规定的安全生产条件的，不得批准或者验收通过。对未依法取得批准或者验收合格的单位擅自从事有关活动的，负责行政审批的部门发现或者接到举报后应当立即予以取缔，并依法予以处理。对已经依法取得批准的单位，负责行政审批的部门发现其不再具备安全生产条件的，应当撤销原批准。

答案： C

117. 解 《中华人民共和国招标投标法》第二十九条规定，投标人在招标文件要求提交投标文件的截止时间前，可以补充、修改或者撤回已提交的投标文件，并书面通知招标人。补充、修改的内容为投

标文件的组成部分。“开标前 10 分钟又提交了一份补充文件”符合本条规定，故选项 A 正确，选项 C、D 错误。

《中华人民共和国招标投标法》第三十四条规定，开标应当在招标文件确定的提交投标文件截止时间的同一时间公开进行；开标地点应当为招标文件中预先确定的地点。因补充文件是在开标前 10 分钟提交的，非开标时间，故选项 B 错误。

答案： A

118. 解 《中华人民共和国民法典》第五百零九条规定，当事人应当按照约定全面履行自己的义务。当事人应当遵循诚信原则，根据合同的性质、目的和交易习惯履行通知、协助、保密等义务。当事人在履行合同过程中，应当避免浪费资源、污染环境和破坏生态。

答案： A

119. 解 《中华人民共和国环境保护法》第十六条规定，国务院环境保护主管部门根据国家环境质量标准和国家经济、技术条件，制定国家污染物排放标准。

答案： D

120. 解 《建设工程安全生产管理条例》第十一条规定，建设单位应当将拆除工程发包给具有相应资质等级的施工单位。

建设单位应当在拆除工程施工 15 日前，将下列资料报送建设工程所在地的县级以上地方人民政府建设行政主管部门或者其他有关部门备案：

（一）施工单位资质等级证明；

（二）拟拆除建筑物、构筑物及可能危及毗邻建筑的说明；

（三）拆除施工组织方案；

（四）堆放、清除废弃物的措施。

实施爆破作业的，应当遵守国家有关民用爆炸物品管理的规定。

需要报送的资料不包括“需要拆除的理由”。

答案： D

2024年度全国勘察设计注册工程师执业资格考试基础考试（上）

试题解析及参考答案

1. 解 本题考查极限运算法则、无穷小运算性质和等价无穷小替换定理。

$$\lim_{x\to0}\frac{2\sin x+x^2\sin\frac{1}{x}}{(1+x)^x\ln(1-x)}=\lim_{x\to0}\frac{2\sin x+x^2\sin\frac{1}{x}}{\ln(1-x)}=\lim_{x\to0}\frac{2\sin x+x^2\sin\frac{1}{x}}{-x}\left[\text{利用}x\to0,\ \ln(1+x)\sim x\right]$$

$$=-\left(\lim_{x\to0}\frac{2\sin x}{x}+\lim_{x\to0}x\sin\frac{1}{x}\right)=-2\text{（利用有界函数与无穷小的乘积为无穷小）}$$

答案：A

2. 解 本题考查函数连续的定义及利用等价无穷小替换求极限。

函数$f(x)$在$x=0$处连续当且仅当$\lim\limits_{x\to0}f(x)=f(0)$，即

$$f(0)=\lim_{x\to0}\frac{1-\sqrt{1-x}}{1-\sqrt[3]{1-x}}=\lim_{x\to0}\frac{\frac{1}{2}x}{\frac{1}{3}x}\left[\text{利用}x\to0,\ (1+\alpha x)^\mu-1\sim\alpha\mu x\right]=\frac{3}{2}$$

答案：C

3. 解 本题考查函数导数的定义。根据函数导数的定义：

$$f'(0)=\lim_{x\to0}\frac{f(x)-f(0)}{x-0}=\lim_{x\to0}\frac{f(0)-3x+\alpha(x)-f(0)}{x-0}=\lim_{x\to0}\frac{-3x+\alpha(x)}{x}$$

$$=\lim_{x\to0}\left[-3+\frac{\alpha(x)}{x}\right]=-3$$

答案：D

4. 解 本题考查复合函数高阶导数运算。

利用复合函数求导法：$\frac{\mathrm{d}y}{\mathrm{d}x}=f'[x+\varphi(x)][1+\varphi'(x)]$

$$\frac{\mathrm{d}^2y}{\mathrm{d}x^2}=f''[x+\varphi(x)][1+\varphi'(x)][1+\varphi'(x)]+f'[x+\varphi(x)]\varphi''(x)$$

$$=f''[x+\varphi(x)][1+\varphi'(x)]^2+f'[x+\varphi(x)]\varphi''(x)$$

答案：B

5. 解 本题考查函数取得极值的必要条件。

极值存在的必要条件：若$f'(x_0)$存在，且x_0为$f(x)$的极值点，则$f'(x_0)=0$。但逆命题不成立，即若$f'(x_0)=0$，但x_0不一定是函数$f(x)$的极值点，例如：$f(x)=x^3$，$f'(0)=0$，但$x_0=0$不是$f(x)$的极值点。

答案：C

6. 解 本题考查一元函数的凹凸区间。

利用函数凹凸性判别法则（充分条件）：$f(x)$在$[a,b]$上连续，在(a,b)内$f''(x)$存在，若$a<x<b$时，$f''(x)>0$［或$f''(x)<0$］，则曲线为凹（或凸）。

$y'=-xe^{-\frac{x^2}{2}}$，$y''=-e^{-\frac{x^2}{2}}-xe^{-\frac{x^2}{2}}(-x)=(x^2-1)e^{-\frac{x^2}{2}}$，所以当$x>1$时，$y''>0$，曲线是凹的。

答案：C

7. 解　本题考查函数的不定积分的概念及对方程左右两边同时求导的计算技巧。

$$f(x)=\left[\int f(x)\,\mathrm{d}x\right]'=(x^2e^{-2x}+c)'=2xe^{-2x}+x^2e^{-2x}(-2)=2x(1-x)e^{-2x}$$

答案：A

8. 解　本题考查定积分的第一类换元法，即凑微分。

$$\int_0^{\ln 2}e^x\sqrt{e^x-1}\,\mathrm{d}x=\int_0^{\ln 2}\sqrt{e^x-1}\,\mathrm{d}(e^x-1)=\left[\frac{2}{3}(e^x-1)^{\frac{3}{2}}\right]_0^{\ln 2}=\frac{2}{3}$$

答案：B

9. 解　本题考查向量的基本概念。

$$\boldsymbol{\alpha}=-\frac{\boldsymbol{\beta}}{|\boldsymbol{\beta}|}=-\frac{1}{\sqrt{1^2+(-2)^2+2^2}}(1,-2,2)=\left(-\frac{1}{3},\frac{2}{3},-\frac{2}{3}\right)$$

答案：A

10. 解　本题考查空间两直线的夹角。

若两直线的方程分别为$\frac{x-x_1}{m_1}=\frac{y-y_1}{n_1}=\frac{z-z_1}{p_1}$，$\frac{x-x_2}{m_2}=\frac{y-y_2}{n_2}=\frac{z-z_2}{p_2}$，则两直线间夹角的余弦为

$$\cos\theta=\frac{|m_1m_2+n_1n_2+p_1p_2|}{\sqrt{m_1^2+n_1^2+p_1^2}\sqrt{m_2^2+n_2^2+p_2^2}}$$

由题意可知，$\cos\theta=\frac{|1\times2+(-4)\times(-2)+1\times(-1)|}{\sqrt{1^2+(-4)^2+1^2}\sqrt{2^2+(-2)^2+(-1)^2}}=\frac{9}{9\sqrt{2}}=\frac{\sqrt{2}}{2}$，可得$\theta=\frac{\pi}{4}$。

答案：C

11. 解　本题考查二元函数可微分的定义和性质。

选项 A 和选项 B 分别是函数在$(0,0)$点连续和偏导存在，它们可微的必要而非充分的条件，故选项 A 和 B 错误。

由选项 C，$\lim\limits_{(x,y)\to(0,0)}\frac{f(x,y)-f(0,0)}{\sqrt{x^2+y^2}}=0$，取$y=0$，$\lim\limits_{(x,0)\to(0,0)}\frac{f(x,0)-f(0,0)}{|x|}=0$，可得：

$$f_x(0,0)=\lim_{x\to0}\frac{f(x,0)-f(0,0)}{x}=\lim_{x\to0}\frac{f(x,0)-f(0,0)}{|x|}\frac{|x|}{x}=0\text{（无穷小与有界函数乘积为无穷小）}$$

同理，取$x=0$，$\lim\limits_{(0,y)\to(0,0)}\frac{f(0,y)-f(0,0)}{|y|}=0$，可得：

$$f_y(0,0)=\lim_{y\to0}\frac{f(0,y)-f(0,0)}{y}=\lim_{x\to0}\frac{f(0,y)-f(0,0)}{|y|}\frac{|y|}{y}=0$$

则当$(x,y)\to(0,0)$时，$f(x,y)-f(0,0)-f_x(0,0)\Delta x-f_y(0,0)\Delta y=f(x,y)-f(0,0)=o\left(\sqrt{x^2+y^2}\right)$，所以$f(x,y)$在点$(0,0)$处可微。

选项 D 成立，但不能推得$f(x,y)$在点$(0,0)$处可微。反例：

$$f(x,y)=\begin{cases}0 & x=0\\ 0 & y=0\\ 1 & \text{其他}\end{cases}$$

$$f_x'(x,0)=\lim_{h\to0}\frac{f(x+h,0)-f(x,0)}{h}=0\text{，}f_x'(0,0)=\lim_{h\to0}\frac{f(0+h,0)-f(0,0)}{h}=0$$

满足$\lim\limits_{x\to 0}[f_x'(x,0)-f_x'(0,0)]=0$，同理$\lim\limits_{y\to 0}[f_y'(0,y)-f_y'(0,0)]=0$。

但显然$f(x,y)$在$(0,0)$点不连续，由可微的必要条件，$f(x,y)$在点$(0,0)$处不可微，故选项 D 错误。

答案： C

12. 解　本题考查一阶微分方程的求解。

方法 1： $(1+x^2)\mathrm{d}y+(1+y^2)\mathrm{d}x=0$是一阶可分离变量微分方程，即$\frac{\mathrm{d}y}{1+y^2}=-\frac{\mathrm{d}x}{1+x^2}$，两边积分$\int\frac{\mathrm{d}y}{1+y^2}=-\int\frac{\mathrm{d}x}{1+x^2}$，可得$\arctan y+\arctan x=C$。由条件$y(1)=1$可知$C=\frac{\pi}{2}$，选项 A 正确。

方法 2： 排除法，将条件$f(1)=1$代入 4 个选项验证，只有选项 A 正确。

答案： A

13. 解　本题考查常数项级数求和。

级数$\sum\limits_{n=1}^{\infty}\left(\frac{10}{n(n+1)}-\frac{10}{3^n}\right)=\sum\limits_{n=1}^{\infty}\frac{10}{n(n+1)}-\sum\limits_{n=1}^{\infty}\frac{10}{3^n}=10\sum\limits_{n=1}^{\infty}\left(\frac{1}{n}-\frac{1}{n+1}\right)-10\sum\limits_{n=1}^{\infty}\frac{1}{3^n}$，其中$\sum\limits_{n=1}^{\infty}\left(\frac{1}{n}-\frac{1}{n+1}\right)=\lim\limits_{n\to\infty}\left(1-\frac{1}{2}+\frac{1}{2}-\frac{1}{3}+\cdots\frac{1}{n}-\frac{1}{n+1}\right)=\lim\limits_{n\to\infty}\left(1-\frac{1}{n+1}\right)=1$；$\sum\limits_{n=1}^{\infty}\frac{1}{3^n}=\frac{\frac{1}{3}}{1-\frac{1}{3}}=\frac{1}{2}$，所以级数$\sum\limits_{n=1}^{\infty}\left(\frac{10}{n(n+1)}-\frac{10}{3^n}\right)=10-5=5$。

答案： B

14. 解　本题考查对弧长的曲线积分的计算。

右半单位圆周L：$x^2+y^2=1(x\geqslant 0)$可写为参数方程：$\begin{cases}x=\cos\theta\\y=\sin\theta\end{cases}$，$-\frac{\pi}{2}\leqslant\theta\leqslant\frac{\pi}{2}$，则

$$\begin{aligned}\int_L x^2\,\mathrm{d}s&=\int_{-\frac{\pi}{2}}^{\frac{\pi}{2}}\cos^2\theta\cdot\sqrt{(-\sin\theta)^2+(\cos\theta)^2}\,\mathrm{d}\theta\\&=\int_{-\frac{\pi}{2}}^{\frac{\pi}{2}}\cos^2\theta\,\mathrm{d}\theta=2\int_0^{\frac{\pi}{2}}\cos^2\theta\,\mathrm{d}\theta\left(\text{利用对称区间偶函数的性质}\right)\\&=2\times\frac{1}{2}\times\frac{\pi}{2}=\frac{\pi}{2}\end{aligned}$$

$$\text{或}\int_{-\frac{\pi}{2}}^{\frac{\pi}{2}}\cos^2\theta\,\mathrm{d}\theta=\int_{-\frac{\pi}{2}}^{\frac{\pi}{2}}\frac{1+\cos 2\theta}{2}\mathrm{d}\theta=\left[\frac{\theta}{2}+\frac{\sin 2\theta}{4}\right]_{-\frac{\pi}{2}}^{\frac{\pi}{2}}=\frac{\pi}{2}$$

答案： C

15. 解　本题考查二重积分交换积分次序。

二次积分$\int_0^1\mathrm{d}x\int_x^1 e^{y^2}\mathrm{d}y$，若对$y$先积分，被积函数无初等函数表示的原函数，需要交换积分次序再计算，积分区域D：$\begin{cases}0\leqslant x\leqslant 1\\x\leqslant y\leqslant 1\end{cases}$，如解图所示。

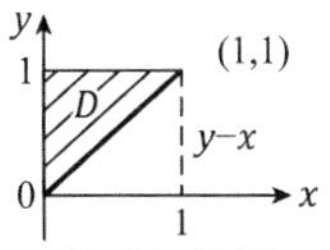

题 15 解图

交换积分次序，积分区域为D：$\begin{cases}0\leqslant y\leqslant 1\\0\leqslant x\leqslant y\end{cases}$，则

$$\begin{aligned}\int_0^1\mathrm{d}x\int_x^1 e^{y^2}\mathrm{d}y&=\int_0^1\mathrm{d}y\int_0^y e^{y^2}\mathrm{d}x=\int_0^1 e^{y^2}\mathrm{d}y\int_0^y\mathrm{d}x=\int_0^1 ye^{y^2}\mathrm{d}y\\&=\frac{1}{2}\int_0^1 e^{y^2}\mathrm{d}y^2=\left[\frac{1}{2}e^{y^2}\right]_0^1=\frac{1}{2}(e-1)\end{aligned}$$

答案： D

16. 解　本题考查二阶常系数线性微分方程的求解。

方法 1：二阶常系数非齐次微分方程可写成$y''-y'=x$，它所对应齐次方程的特征方程为$r^2-r=0$，特征根$r_1=1$，$r_2=0$，可得齐次方程的通解为$Y=C_1e^x+C_2$。

另一方面，由右端项$f(x)=x$，可知$\lambda=0$是对应齐次方程特征单根，所以非齐次方程的特解形式为$y^*=x(Ax+B)$，A，B为待定常数。代入非齐次微分方程，得$y''-y'=(Ax^2+Bx)''-(Ax^2+Bx)'=-2Ax+2A-B=x$，通过比较系数有$A=-\frac{1}{2}$，$B=-1$，所以$y^*=-\frac{x^2}{2}-x$是微分方程的一个特解，可得方程的通解为$y=y^*+Y=-\frac{x^2}{2}-x+C_1e^x+C_2$。由此可知，选项 B 正确。

方法 2：首先选项 D 不是方程通解，排除；其次将剩余三个选项的函数代入微分方程直接验证，可得选项 B 正确。

答案： B

17. 解　本题考查幂级数的收敛域。

幂级数$\sum\limits_{n=1}^{\infty}(-1)^{n-1}\frac{(x+1)^n}{n}$，令$y=x+1$，幂级数$\sum\limits_{n=1}^{\infty}(-1)^{n-1}\frac{y^n}{n}$的收敛半径：

$$R=\lim_{n\to\infty}\left|\frac{a_n}{a_{n+1}}\right|=\lim_{n\to\infty}\left|\frac{(-1)^{n-1}\frac{1}{n}}{(-1)^n\frac{1}{n+1}}\right|=\lim_{n\to\infty}\frac{n+1}{n}=1$$

当$y=x+1=-1$，即$x=-2$时，级数$\sum\limits_{n=1}^{\infty}(-1)^{n-1}\frac{(-1)^n}{n}=-\sum\limits_{n=1}^{\infty}\frac{1}{n}$发散；当$y=x+1=1$，即$x=0$时，级数$\sum\limits_{n=1}^{\infty}\frac{(-1)^{n-1}}{n}$收敛，所以收敛域为$(-2,0]$。

答案： C

18. 解　本题考查方程所确定隐函数的偏导数。

设函数$F(x,y,z)=x+y+z-e^{-(x+y+z)}$，则：

$$F_x=1-e^{-(x+y+z)}(-1)=1+e^{-(x+y+z)}$$

$$F_y=1-e^{-(x+y+z)}(-1)=1+e^{-(x+y+z)}$$

$$F_z=1-e^{-(x+y+z)}(-1)=1+e^{-(x+y+z)}$$

则$\frac{\partial z}{\partial x}=-\frac{F_x}{F_z}=-1$，$\frac{\partial z}{\partial y}=-\frac{F_y}{F_z}=-1$，选项 A 错误。

$\frac{\partial^2 z}{\partial x^2}=\frac{\partial}{\partial x}\left(\frac{\partial z}{\partial x}\right)=\frac{\partial}{\partial x}(-1)=0$，$\frac{\partial^2 z}{\partial y^2}=\frac{\partial}{\partial y}\left(\frac{\partial z}{\partial y}\right)=\frac{\partial}{\partial y}(-1)=0$，选项 B 错误。

$\frac{\partial^2 z}{\partial x\partial y}=\frac{\partial}{\partial y}\left(\frac{\partial z}{\partial x}\right)=\frac{\partial}{\partial y}(-1)=0$，$\frac{\partial^2 z}{\partial y\partial x}=\frac{\partial}{\partial x}\left(\frac{\partial z}{\partial y}\right)=\frac{\partial}{\partial x}(-1)=0$，选项 C 正确、选项 D 错误。

答案： C

19. 解　本题考查矩阵与行列式的基本计算。由于$\boldsymbol{AA}^*=|\boldsymbol{A}|\boldsymbol{I}$，所以$|\boldsymbol{AA}^*|=|\boldsymbol{A}|^n=a^n$。

答案： A

20. 解　本题考查线性无关的定义及矩阵的初等变换。

方法 1：由于线性无关，所以

令$\boldsymbol{A}=(\boldsymbol{\alpha}_1,\boldsymbol{\alpha}_2,\boldsymbol{\alpha}_3)$，则$|\boldsymbol{A}|\neq 0$。

$$|\boldsymbol{A}|=|\boldsymbol{\alpha}_1,\boldsymbol{\alpha}_2,\boldsymbol{\alpha}_3|=\begin{vmatrix}2&0&3\\1&1&1\\-1&3&a\end{vmatrix}\xlongequal[r_3+r_2]{r_1+(-2)r_2}\begin{vmatrix}0&-2&1\\1&1&1\\0&4&a+1\end{vmatrix}$$

$$\xlongequal{\text{按第一列展开}}(-1)^{2+1}\begin{vmatrix}-2&1\\4&a+1\end{vmatrix}=(2a+6)\neq 0$$

故$a\neq 3$。

方法 2：由于线性无关，

令$\boldsymbol{A}=(\boldsymbol{\alpha}_1,\boldsymbol{\alpha}_2,\boldsymbol{\alpha}_3)$，则$r(\boldsymbol{A})=3$。

对$\boldsymbol{A}=(\boldsymbol{\alpha}_1,\boldsymbol{\alpha}_2,\boldsymbol{\alpha}_3)=\begin{bmatrix}2&0&3\\1&1&1\\-1&3&a\end{bmatrix}$进行初等行变换，即

$$\boldsymbol{A}=(\boldsymbol{\alpha}_1,\boldsymbol{\alpha}_2,\boldsymbol{\alpha}_3)=\begin{bmatrix}2&0&3\\1&1&1\\-1&3&a\end{bmatrix}\xrightarrow{r_1\leftrightarrow r_2}\begin{bmatrix}1&1&1\\2&0&3\\-1&3&a\end{bmatrix}$$

$$\xrightarrow[r_3+r_1]{r_2+(-2)r_1}\begin{bmatrix}1&1&1\\0&-2&1\\0&4&a+1\end{bmatrix}\xrightarrow{r_3+2r_2}\begin{bmatrix}1&1&1\\0&-2&1\\0&0&a+3\end{bmatrix}$$

当$a+3\neq 0$时，秩$r(\boldsymbol{A})=3$，故$a\neq 3$。

答案：C

21. 解　本题考查相似矩阵的定义与应用。

方法 1：已知矩阵$\boldsymbol{A}=\begin{bmatrix}2&0&0\\0&a&2\\0&2&3\end{bmatrix}$与矩阵$\boldsymbol{B}=\begin{bmatrix}1&0&0\\0&2&0\\0&0&b\end{bmatrix}$相似，由相似矩阵的性质知

$|\boldsymbol{A}|=|\boldsymbol{B}|$且$\mathrm{tr}(\boldsymbol{A})=\mathrm{tr}(\boldsymbol{B})$

$|\boldsymbol{A}|=\begin{vmatrix}2&0&0\\0&a&2\\0&2&3\end{vmatrix}=\begin{vmatrix}1&0&0\\0&2&0\\0&0&b\end{vmatrix}=|\boldsymbol{B}|$，可知$6a-8=2b$　①

由$\mathrm{tr}(\boldsymbol{A})=\mathrm{tr}(\boldsymbol{B})$可知$5+a=3+b$　②

由式①、式②知$a=3$，$b=5$。

方法 2：已知矩阵$\boldsymbol{A}=\begin{bmatrix}2&0&0\\0&a&2\\0&2&3\end{bmatrix}$与矩阵$\boldsymbol{B}=\begin{bmatrix}1&0&0\\0&2&0\\0&0&b\end{bmatrix}$相似，由相似矩阵的性质知

$\mathrm{tr}(\boldsymbol{A})=\mathrm{tr}(\boldsymbol{B})$，可得$5+a=3+b$　⊙

把 4 个选项分别代入式⊙中验证，可知只有选项 D 满足等式。

答案：D

22. 解　本题考查概率的基本计算公式。由概率的加法公式和事件独立的定义知：

$$P(A\cup B)=P(A)+P(B)-P(AB)=P(A)+P(B)-P(A)P(B)$$

代入$P(A)=\frac{1}{3}$，$P(A\cup B)=\frac{1}{2}$，有

$$\frac{1}{2}=\frac{1}{3}+P(B)-\frac{1}{3}P(B)=\frac{1}{3}+\frac{2}{3}P(B)$$

可得$P(B)=\frac{1}{4}$

答案： C

23. 解 本题考查随机变量的数学期望和方差的计算公式。由随机变量的数学期望的性质和方差的性质知：

$E\left(\frac{X^2}{2}-1\right)=E\left(\frac{X^2}{2}\right)-1=2$，$\frac{E(X^2)}{2}=3$，$E(X^2)=6$，由$D\left(\frac{X}{2}-1\right)=\frac{D(X)}{4}=\frac{1}{2}$，有$D(X)=2$。

由$D(X)=E(X^2)-[E(X)]^2$，得$[E(X)]^2=E(X^2)-D(X)=6-2=4$

由于$E(X)$为一非负值，故$E(X)=2$。

答案： B

24. 解 本题考查边缘概率密度的基本概念和基本计算。由边缘概率密度计算公式$f_X(x)=\int_{-\infty}^{+\infty}f(x,y)\,\mathrm{d}y$知，

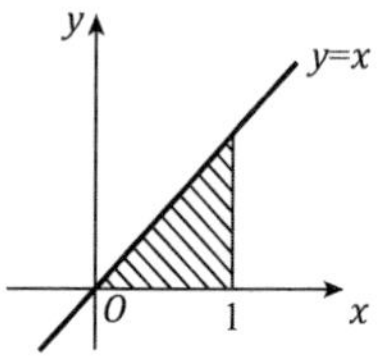

题 24 解图

当 $0<x<1$ 时，$f_X(x)=\int_{-\infty}^{+\infty}f(x,y)\,\mathrm{d}y=\int_0^x 4x^2\,\mathrm{d}y=4x^2y|_0^x=4x^3$，

当 $-\infty<x\leqslant 0$ 和 $1\leqslant x<+\infty$时，$f_X(x)=\int_{-\infty}^{+\infty}f(x,y)\,\mathrm{d}y=\int_{-\infty}^{+\infty}0\,\mathrm{d}y=0$，

故$f_X(x)=\begin{cases}4x^3, 0<x<1\\0, \quad 其他\end{cases}$

答案： A

25. 解 温度是分子平均平动动能的量度，$\overline{\omega}=\frac{3}{2}kT$。若温度相等，则两种气体分子的平均平动动能相等。而分子的平均动能$\overline{\varepsilon}=\frac{i}{2}kT$，因氦气和氧气两种气体分子的自由度不同，$i_{氦气}=3$，$i_{氧气}=5$，故$\overline{\varepsilon}$不相等。

答案： C

26. 解 最概然速率是指$f(v)$曲线极大值处相对应的速率值，选项 A 不正确；

平均速率是指一定量气体分子速率的算术平均值，选项 B 不正确；

方均根速率是指一定量气体分子速率二次方平均值的平方根，选项 C 不正确；

麦克斯韦速率分布曲线下的面积为该速率区间分子数占总分子数的百分比。由归一化条件$\int_0^{\infty}f(v)\,\mathrm{d}v=1$，等于曲线下的总面积，因$A$、$B$两部分面积相等，即各占 50%，故速率大于和小于$v_0$的分子数各占一半，选项 D 正确。

答案： D

27. 解 由$\overline{Z}=\sqrt{2}n\pi d^2\overline{v}$，$\overline{v}=1.6\sqrt{\frac{RT}{M}}$，$\overline{\lambda}=\frac{\overline{v}}{\overline{Z}}=\frac{1}{\sqrt{2}n\pi d^2}$可知，体积不变的条件下，单位体积分子数不变，当温度降低时，$\overline{v}$减小，$\overline{Z}$减小，但$\overline{\lambda}$不变。

答案： A

28. 解 一定量的理想气体由平衡态a到平衡态b，温度升高，压强增大，既不是等温过程也不是等压过程。由理想气体状态方程：$pV=\frac{m}{M}RT$，图中p-T呈线性关系，V为常数，可判断这是一个等体过程，

即等体吸热过程。

答案：B

29. 解 净功=曲线所包围的面积，由两个循环曲线所围面积相等，可知两循环在每次循环中对外做的净功相等。此为热机循环曲线的性质。选项 D 正确。

答案：D

30. 解

方法 1：简谐振动速度公式为$v=\frac{\mathrm{d}y}{\mathrm{d}t}$，对$y=A\cos 2\pi\left(\nu t-\frac{x}{\lambda}\right)$求导，可得$v=-2\pi\nu A\sin 2\pi\left(\nu t-\frac{x}{\lambda}\right)$

在$t=\frac{1}{\nu}$时刻，$x_1=\frac{3\lambda}{4}$与$x_2=\frac{\lambda}{4}$两点处质元的速度分别为：

$$v_1=-2\pi\nu A\sin 2\pi\left(\nu\frac{1}{\nu}-\frac{3\lambda}{4\lambda}\right)=-2\pi\nu A$$

$$v_2=-2\pi\nu A\sin 2\pi\left(\nu\frac{1}{\nu}-\frac{\lambda}{4\lambda}\right)=2\pi\nu A$$

则$v_1:v_2=-1$

方法 2：由波动方程的波程差与相位差关系：

$$\Delta\varphi=\frac{2\pi(\Delta x)}{\lambda}=\frac{2\pi\left(\frac{3\lambda}{4}-\frac{\lambda}{4}\right)}{\lambda}=\pi$$

两点质元的波程差为$\frac{\lambda}{2}$，相位差为π，则两质元速度及运动状态相反，即速度比为-1。

答案：A

31. 解 由波动的能量特征知，媒质质元的振动动能和弹性势能都做周期性变化，是同相的（选项 B 错误），同时达到最大、最小，并且数值相等（选项 C 错误），质元的总机械能不守恒（选项 A 错误）。媒质质元在平衡位置处速率最大，振动动能最大，弹性势能亦最大（选项 D 正确）。

答案：D

32. 解 两相干波的条件为频率相同、振动方向相同、相位差恒定。两相干波的表达式分别为：

$$y_1=A\cos\left[2\pi\left(\nu t-\frac{x_1}{\lambda}\right)+\phi_{01}\right]$$

$$y_2=A\cos\left[2\pi\left(\nu t-\frac{x_2}{\lambda}\right)+\phi_{02}\right]$$

已知S_1的相位比S_2的相位超前$\frac{\pi}{2}$，则两相干波在P点叠加相位差为：

$$\Delta\varphi=\phi_{02}-\phi_{01}-\frac{2\pi}{\lambda}(r_2-r_1)=-\frac{\pi}{2}-\frac{2\pi}{\lambda}\cdot\frac{\lambda}{4}=-\pi$$

可知S_1外侧各点两波引起的两谐振动的相位差是π。

答案：C

33. 解 两相干波的条件为频率相同、振动方向相同、相位差恒定。

答案：A

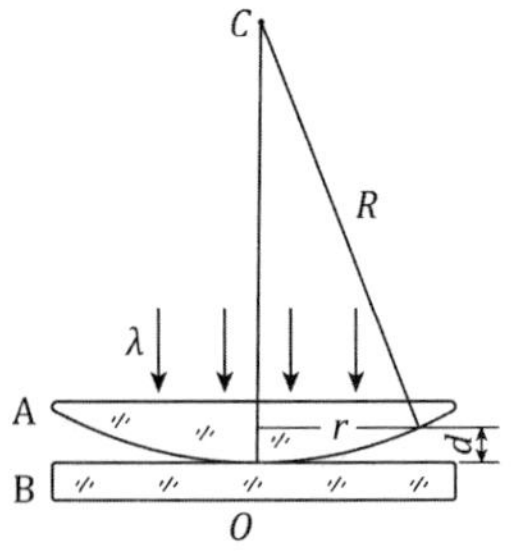

题 34 解图

34. 解 如解图所示，牛顿环为等厚干涉，球面与下平板玻璃上表面两反射光的光程差为：

$$\delta = 2d + \frac{\lambda}{2} = (2k+1)\cdot\frac{\lambda}{2}(\text{暗纹条件})$$

因此，当$k=4$时，$d = 2\lambda = 1200\text{nm}$。

答案： B

35. 解 波阵面S上每一个面元都可以看成是新的振动中心，它们发出次波，在空间某一点P的光振动是所有这些子波在该点的振动的相干叠加。

答案： D

36. 解 加入介质薄膜，光程差的改变量$\Delta\delta = 2nd - 2d = 2(n-1)d = \lambda$，所以薄膜厚度$d = \frac{\lambda}{2(n-1)}$。

答案： D

37. 解 四个量子数的物理意义分别为：

主量子数n：①代表电子层；②代表电子离原子核的平均距离；③决定原子轨道的能量。

角量子数l：①表示电子亚层；②确定原子轨道形状；③在多电子原子中决定亚层能量。

磁量子数m：①确定原子轨道在空间的取向；②确定亚层中轨道数目。

自旋量子数m_s：决定电子自旋方向。

答案： D

38. 解 偶极矩等于零的是非极性分子，偶极矩不等于零的为极性分子。分子是否有极性，取决于整个分子中正负电荷中心是否重合。NF_3和NH_3中的N为不等性sp^3杂化，两个分子的空间构型均为三角锥形，正负电荷中心不重合，为极性分子；CH_3Cl中的C为sp^3杂化，CH_3Cl为CH_4中的一个H被Cl取代，正负电荷中心不重合，为极性分子；BBr_3与BF_3类似，其中B为sp^2杂化，分子的空间构型为平面三角形，正负电荷中心重合，为非极性分子。

答案： B

39. 解 HCl气体溶解于水时既存在物理变化又存在化学变化。HCl向水中扩散的过程是物理变化，HCl在水中解离生成H^+和Cl^-以及H^+与水结合成H_3O^+的过程均为化学变化。

答案： C

40. 解 若溶液中含有多种离子，加入沉淀剂时，离子积先超过K_{sp}的离子先沉淀，后超过者后沉淀。这种先后沉淀的现象叫分布沉淀。

答案： C

41. 解 反应速率方程为$v = kC_A^a \cdot C_B^b$，k为反应速率常数，$k = \frac{1}{C_A^a \cdot C_B^b}v$。$k$的量纲为$[c]^{1-(a+b)}[t]^{-1}$，对

于零级反应，k的量纲为 $mol \cdot L^{-1} \cdot s^{-1}$，一级反应$k$的量纲为 s^{-1}，二级反应k的量纲为 $mol^{-1} \cdot L \cdot s^{-1}$，反应速率常数的量纲与反应级数有关。

答案：C

42. 解 平衡常数是可逆反应进行程度的特征常数，是温度的函数，与反应物的浓度、反应压力以及催化剂没有关系。

答案：D

43. 解 电极电势与物质的本性、物质的浓度、温度有关。对某一电对而言，浓度的影响可用能斯特方程表示：

$$\varphi = \varphi^{\Theta} + \frac{0.059}{n} \lg \frac{C^{a}_{\text{氧化型}}}{C^{b}_{\text{还原型}}}$$

由能斯特方程可知，电对中氧化型物质的浓度增大时，电对的电极电势也增大；电对中氧化型物质生成沉淀时，电对的电极电势减小；有H^+或OH^-参与的电极反应中，H^+和氧化型在一边，OH^-和还原型在一边，所以溶液酸性越强，则电对的电极电势越大。

答案：D

44. 解 分子中有几种不同化学环境的H，自由基氯代反应中就生成几种一氯代物。选项 A 含有 3 个甲基，在自由基氯代反应中生成 5 种一氯代物；选项 B 含有 4 个甲基，在自由基氯代反应中生成 2 种一氯代物；选项 C 含有 2 个甲基，在自由基氯代反应中生成 3 种一氯代物；选项 D 含有 3 个甲基，在自由基氯代反应中生成 4 种一氯代物。

答案：D

45. 解 含有不饱和官能团才能发生加成反应，只有选项 B 中没有不饱和官能团，故不能发生加成反应。且选项 B 中只有一个官能团，与题目中的不同基团相矛盾。

选项 C 中，乙烯基可以发生氧化反应，羧基可以和氢气发生加成反应。

答案：B

46. 解 现代三大高分子合成材料是合成纤维、塑料、合成橡胶。

答案：C

47. 解 物体在力系作用下，保持平衡状态时，此力系称为平衡力系，平衡力系只是不能改变刚体的运动状态，而对考虑变形的其他物体而言，加或减平衡力系都会改变物体的形状和体积，所以加减平衡力系公理只适用于刚体。

答案：A

48. 解 主矢：$\boldsymbol{F}_R = \boldsymbol{F}_1 + \boldsymbol{F}_2 + \boldsymbol{F}_3 = (40 - 10)\boldsymbol{i} - 40\boldsymbol{j} = 30\boldsymbol{i} - 40\boldsymbol{j}$ (N)

主矩：$M_O = M + F_1 \times 3 + F_2 \times 3 + F_3 \times 3 = 300\text{N} \cdot \text{m}$

经简化，主矢和主矩均不为零，故该力系向O点简化的结果为一力和一力偶。

答案：B

49. 解 取圆盘为研究对象，受力见解图，对E点取矩列平衡方程：

$$\sum M_E = 0,\ F_D r\cos\alpha - F_p r\sin\alpha = 0$$

解得$F_D = F_p$，方向如解图所示。

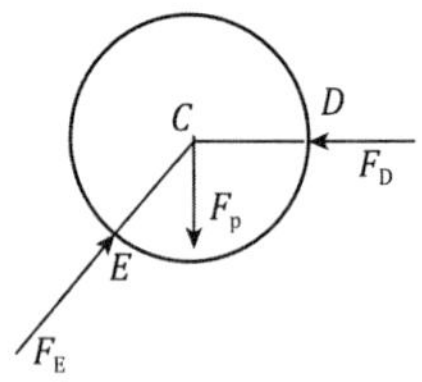

题 49 解图

答案：B

50. 解 零杆的判断方法如下：

①看两杆节点上有没有荷载，不在同一条直线上的两杆节点上若没有荷载作用，则两杆均为零杆；

②对称桁架在对称荷载作用下，对称轴上的K形结点若无荷载，则该结点上的两根斜杆为零杆；

③无荷载的三杆结点，若两杆在一直线上，则第三杆为零杆；

④对称桁架在反对称荷载作用下，与对称轴重合或者垂直相交的杆件为零杆；

⑤不共线的两杆结点，若荷载沿一杆作用，则另一杆为零杆。

综上，如解图所示，杆 1、杆 2 和最下面的斜杆 3 是零杆。

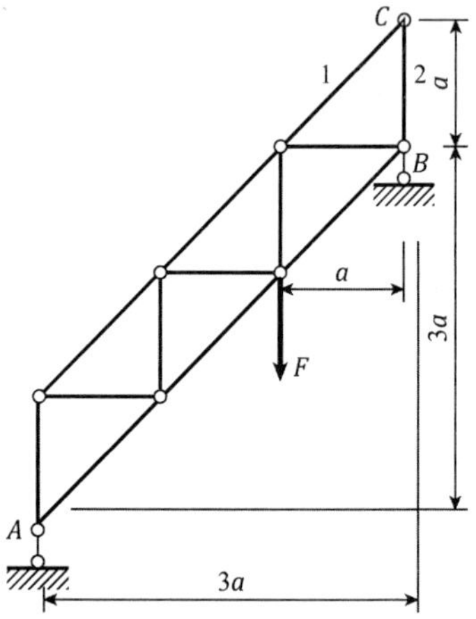

题 50 解图

答案：B

51. 解 将$t = 0$代入加速度方程，可得$a = 20\text{m/s}^2$

答案：A

52. 解 点的速度$v = 6t$，$t = 2\text{s}$ 末时$v = 12\text{m/s}$，点的法向加速度：

$$a_n = \frac{v^2}{R} = \frac{12^2}{3} = 48\text{m/s}^2$$

答案：A

53. 解 AB杆为平行移动刚体，物块M与杆AB固连，因此其上M点的速度和切向加速度与A点相同，$v_M = v_A = r\omega$，$a_M^\tau = a_A^\tau = r\varepsilon$。

答案：C

54. 解 物块A与B有相同的加速度a，设绳中张力为F_T，A与桌面间的摩擦力为F，分别列出A与B的运动微分方程：

$$m_A a = F_T - F, m_B a = m_B g - F_T$$

取$g = 9.8\text{m/s}^2$，$F = m_A g f = 40 \times 9.8 \times 0.15 = 58.8\text{N}$

将数值代入并求解，得：

$$F_T = 104\text{N}$$

答案：C

55. 解 做功的力有主动力 100N 的水平分量和滑动摩擦力。

主动力的水平分量为$100\cos 20°\text{N}$，摩擦力为$(8 \times 9.8 + 100\sin 20°) \times 0.3$，则：

$$\sum W = [100\cos 20° - (8 \times 9.8 + 100\sin 20°) \times 0.3] \times 4 = 241\text{N} \cdot \text{m}$$

答案：D

56. 解 应用定轴转动刚体的动量矩定理（或称定轴转动微分方程）：$J_O\alpha = M_O$，即$\frac{3}{2}mR^2\alpha = mgR$，得$\alpha = \frac{2g}{3R}$。

答案：D

57. 解 当轮心运动到最低位置时，质心C的加速度为$e\omega^2$（法向加速度），方向向上（指向转动轴），根据达朗贝尔原理，在轮心处加上向下的惯性力$\frac{P}{g}e\omega^2$，则系统在惯性力和重力作用下可视为平衡系统。在xz平面内，圆轮在AB轴的中间，A、B轴承约束力相等，分别为惯性力加上重力的一半，即$\frac{P}{2} + \frac{P}{2g}e\omega^2$。

答案：B

58. 解 整理运动微分方程，可得$\frac{\mathrm{d}^2x}{\mathrm{d}t^2} + \frac{k}{m}x = \frac{k}{m}x_0\sin\omega t$，所以系统的固有圆频率为$\sqrt{\frac{k}{m}}$。

答案：A

59. 解 材料力学对可变形固体所做的各向同性假设认为：材料内部各点沿各个方向的力学性质是相同的，与外力、变形和位移是否相同无关。

答案：A

60. 解 根据轴向拉压杆的平面假设，在F力作用下拉杆发生变形，m-m和n-n界面之间发生的轴向变形一样，故两线仍平行，斜线的法线与轴线夹角α不变。

答案：B

61. 解 由受力分析可知梁的两端每个铰链受力为$\frac{F}{2}$，而每个铰链轴有两个剪切面，故每个剪切面上受到的剪力为$Q = \frac{F}{4}$，剪切面积即为铰链轴的截面面积$A = \frac{\pi d^2}{4}$，所以：$\tau = \frac{Q}{A} = \frac{\frac{F}{4}}{\frac{\pi d^2}{4}} = \frac{F}{\pi d^2} \leqslant [\tau]$，即$d^2 \geqslant \frac{F}{\pi[\tau]}$。

答案：C

62. 解 根据扭矩计算的直接法，此题图对应的扭矩图为解图 a)，其最大扭矩为$4T$；

将 3 轮与 4 轮对调后，见解图 b)，其对应的扭矩图为解图 c)，其最大扭矩为$2T$。

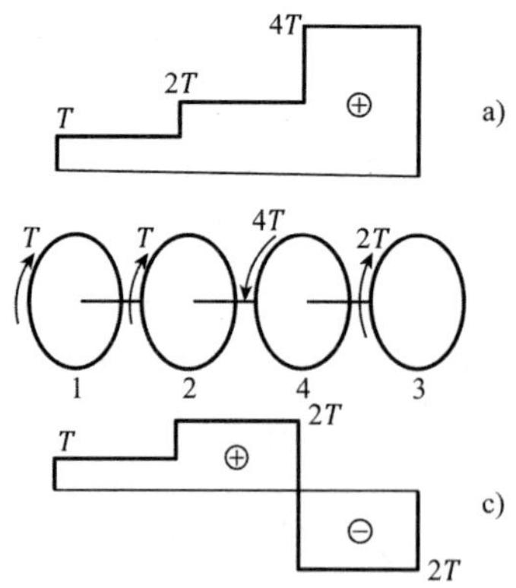

题62 解图

题图的最大切应力为：$\tau_{\max1}=\frac{4T}{W_p}$，对调后的最大切应力为：$\tau_{\max2}=\frac{2T}{W_p}$

所以$\tau_{\max2}/\tau_{\max1}=1/2$

答案：B

63. 解 由空心圆截面的抗弯截面模量的公式可知：

$$W_y=\frac{\pi D^3}{32}\left[1-\left(\frac{d}{D}\right)^4\right]=\frac{\pi 8d^3}{32}\left(1-\frac{1}{16}\right)=\frac{15\pi d^3}{64}$$

答案：C

64. 解 由静矩的公式$S_z=\int_A y\,\mathrm{d}A$可知：截面对$z$轴的静矩等于$m$-$m$线上部分对$z$轴的静矩和$m$-$m$线下部分对$z$轴静矩之和，而$z$轴是形心轴，截面对形心轴静矩必为零，所以$S_z=S_{上}+S_{下}=0$，$S_{上}=-S_{下}$。

答案：B

65. 解 根据对称性的规律：结构对称、荷载反对称，则对称的内力（弯矩）是反对称的，而反对称的内力（剪力）是对称的。

答案：B

66. 解 由切应力的计算公式$\tau=\frac{F_S S_z^*}{I_z b}$可知：胶合面以上的面积$A^*$对$Z$轴的面积矩为：

$$S_Z^*=A^*\times y_0=ab\times a=a^2b，\ I_z=\frac{b}{12}(3a)^3=\frac{9}{4}a^3b$$

而$F_S=F$，代入上面的公式，即得到$\tau=\frac{4F}{9ab}$。

答案：D

67. 解 $y_a=\frac{2PL^3}{3EI_1}$，$y_b=\frac{PL^3}{3EI_2}$，所以$\frac{y_a}{y_b}=\frac{2I_2}{I_1}=\frac{2\times\frac{b}{12}h^3}{\frac{b}{12}(2h)^3}=\frac{1}{4}$

答案：B

68. 解 该平面上的最大正应力一定是主应力，在主应力所在的截面上，其切应力一定为零。

答案：B

69. 解 此题为双向弯曲，弯矩M_y、M_z的合弯矩是两者的矢量和，而圆截面对于通过圆心的任意轴

的抗弯截面模量W都相同：$W=\frac{\pi}{32}d^3$

所以

$$\sigma \geqslant \frac{\sqrt{M_y^2+M_z^2}}{W}=\frac{32}{\pi d^3}\sqrt{M_y^2+M_z^2}$$

答案：D

70. 解 由细长压杆临界力的欧拉公式$F_{cr}=\frac{\pi^2 EI}{(\mu l)^2}$可知：当压杆的弯曲刚度$EI$相同时，$\mu l$越小，临界力$F_{cr}$越大。

a）图两端铰支：$\mu l=1\times4=4$

b）图一端铰支，一端固定：$\mu l=0.7\times6=4.2$

c）图两端固定：$\mu l=0.5\times7=3.5$

可见c）图临界力最大，b）图临界力最小，故选C。

答案：C

71. 解 根据题意，此为求静止流体中的平面受力问题。如解图所示，矩形平板被水淹没部分的高度为3m。以自由液面为基准，作用在平板上的合力可直接使用平面在静水压力下的合力计算公式，即合力的大小等于平板水下部分形心处的压强乘以水下部分的平板面积，即：

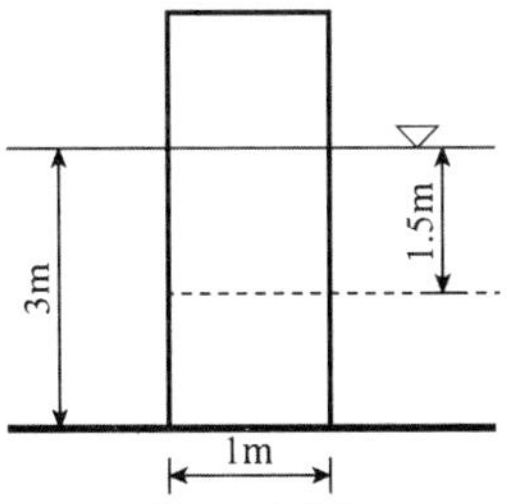

题71解图

$$P=p_c A=\gamma h_c A=9.8\times1.5\times3\times1=44.1\text{kN}$$

答案：C

72. 解 动量方程表征的是力与运动的关系，与流体是否具有黏性无关。对于理想流体，没有黏性切应力，但是动量方程仍然适用。在理想流体中，作用在控制体上的力主要是压力和质量力等，通过动量方程可以分析流体在压力和质量力作用下的动量变化。对于黏性流体，除了压力和质量力外，还有黏性力。这些力同样可以包含在动量方程中的力项$\sum F$中，用来分析流体的动量变化情况。综上，动量方程对于理想流体和黏性流体均适用。

答案：C

73. 解 根据题意，此为大体积水箱供水管路水头损失计算问题。如解图所示，水箱内的流体在自由液面高程H的作用下，克服管路的入口损失和沿程损失，以一定流速从管口流出。当管径远小于水箱断面尺寸时，自由液面的下降速度近似为零。自由液面和管路出口都是均匀过流断面，可列能量方程：

$$z_1+\frac{p_1}{\rho g}+\frac{a_1 v_1^2}{2g}=z_2+\frac{p_2}{\rho g}+\frac{a_2 v_2^2}{2g}+h_w$$

其中$z_1=H$，$z_2=0$，$p_1=p_2=0$，$v_1=0$，上式可化简为：$h_w=H-\frac{a_2 v_2^2}{2g}$

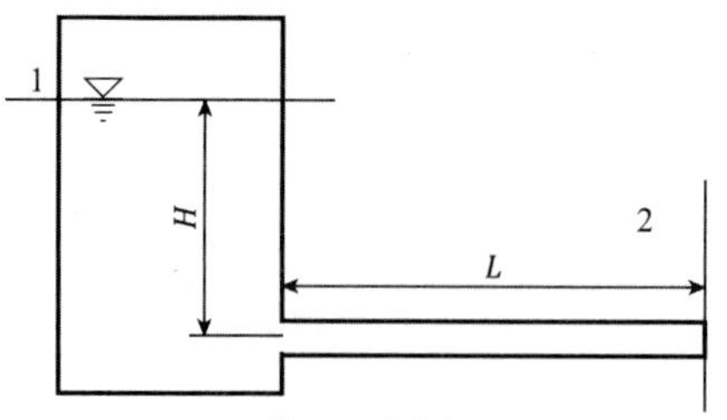

题 73 解图

由上式可知，管路损失h_w与输送液体的密度无关，取决流速与高程差H。因此，改变液体密度，管路损失不变，即$h_w' = h_w$。

答案：B

74. 解　此题考查孔口和管嘴出流问题。管嘴和孔口出流的流量公式形式上相同：$Q = A_c v_c = \psi A\sqrt{2gH_0}$，但二者的流速和流量系数不同。孔口出流的流量系数等于流速系数乘以收缩系数，$\psi = 0.60 \sim 0.62$；管嘴出流的流量系数等于流速系数，流速系数增大，流量系数随之增大，$\psi = 0.82$。因此，在直径、作用水头等条件相同的情况下，管嘴出流的流量大是由于流速系数增大所致。

答案：B

75. 解　此题考查长管的自由出流和淹没出流问题。长管的自由出流和淹没出流的流量公式完全相同：$Q = A_c v_c = \mu A\sqrt{2gH_0}$，前者的作用水头是自由液面到出口的高程差，后者的作用水头是上下游液面的高程差。当作用水头不变，出流形式改变时，若公式中的其他项不变，则流量相同。故出流形式变化不影响管路流量。

答案：B

76. 解　此题考查明渠均匀流的水力计算问题。

明渠均匀流流速公式：$v = C\sqrt{RJ} = C\sqrt{Ri}$。其中，谢才系数$C = \frac{1}{n}R^{\frac{1}{6}}$，代入已知条件可得：

输水流速$v = \frac{1}{n}R^{\frac{1}{6}}\sqrt{Ri} = \frac{1}{0.01} \times \sqrt{1 \times 0.0008} = 100 \times 0.0283 = 2.83\text{m/s}$

答案：C

77. 解　此题考查渗流流速计算。渗流流量公式：

$$Q = KA\frac{\Delta H}{l} = KAJ$$

即流量与渗流系数成正比，渗流系数越大，流量越大。

答案：A

78. 解　此题考查相似准则的适用条件。研究有压管流问题使用雷诺准则（黏性力相似），雷诺数反映黏性力与惯性力的比值。弗劳德准则适用于无压重力流，马赫准则适用于可压缩流，欧拉准则是导出准则。

答案：A

79. 解 根据安培环路定律，磁场强度沿磁场中任意一个闭合曲线的线积分为穿过闭合曲线的各电流代数和，与闭合曲线外的电流无关，即$\oint_L \vec{H} \cdot d\vec{l} = \sum I$。其中，电流方向与积分路径若满足右手定则，则电流取正，反之取负。此图中，I_1取正，I_2取负，又因为真空中磁感应强度与磁场强度的关系为$\vec{B} = \mu_0 \vec{H}$，因此$\oint_L \vec{B} \cdot d\vec{l} = \mu_0 \sum I = \mu_0(I_1 - I_2)$。

答案：B

80. 解 由 KCL：$I + I_{s1} + I_{s2} = 0$，得到：$I = -(I_{s1} + I_{s2})$，所以式（1）正确；

由电阻R_2的欧姆定律：$U_{R2} = -IR_2 = (I_{s1} + I_{s2})R_2$，所以式（2）正确；

由 KVL，对大回路：$U_{R2} + U_{s3} + I_{s1}R_1 + U_{is} = 0$，此处的$U_{is}$为电流源$I_{s1}$两端的电压，且参考方向为上负下正，所以式（3）错误。

答案：A

81. 解 叠加定理为：对于任意线性电路，由多个独立电源（激励）共同作用所引起的电流或者电压（响应），等于这些独立电源（激励）分别单独作用在此处时所产生的电流或者电压（响应）的代数和。

独立电源单独作用的含义是令其他独立电源为零。具体包括电压源置零是将电压源短路，电流源置零是将电流源开路。

对于本题，根据叠加定理，理想电压源单独作用时，电流源不作用，相当于开路，此时两个电阻R串联。电阻串联电路的分压公式为：$u_k = R_k i = \frac{R_k}{R_{eq}} u, k = 1,2,\cdots,n$。所以本题中电阻$R$的分压$U = -\frac{R}{R+R} \times 10 = -5V$。

答案：B

82. 解 相量是复数，复数有四种表示方式：

代数形式：$A = a + jb$；

指数形式：$A = re^{j\psi}$；

极坐标形式：$A = r\angle\psi$；

三角形式：$A = r\cos\psi + jr\sin\psi = r(\cos\psi + j\sin\psi)$，相量的模$r = \sqrt{a^2 + b^2}$，相量幅角$\psi = \arctan\frac{b}{a}$。

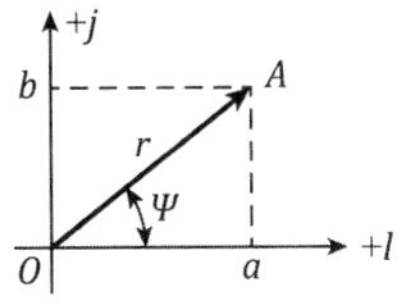

题 82 解图

相量在复平面上可以用矢量表示出其幅值和相位，把这种表示相量的图称为相量图，如解图所示。

由相量图可得到：$1\angle 90^\circ = j$，因此，本题中，将相量$\dot{I}_2$表示为代数形式为：$\dot{I}_2 = 8\angle 90^\circ A = j8A$，所以$-\dot{I}_1 + \dot{I}_2 = -(8 + j6) + 8\angle 90^\circ = -8 - j6 + j8 = -8 + j2A$。

答案：A

83. 解 三相交流电源是由三个幅值（或最大值）相等，频率相同，彼此间具有 120°相位差的正弦对称电源组成的供电系统。

选项 A，图示电路为负载星形连接的三相四线制电路，带中线，忽略端线阻抗时，各相独立，可将各相分别看成单相电路计算。即使$Z_1 \neq Z_2 \neq Z_3$，中线保证了星形联结三相不对称负载的相电压等于电源相电压，是对称的，不会出现中点位移现象。只有不对称负载 Y 联结又未接中性线时，负载相电压不再对称，出现中性点位移，且负载电阻越大，负载承受的电压越高。

选项 B，若将负载改为三角形接法，负载相电压等于电源线电压，由于一般电源线电压对称，因此不论负载是否对称，负载相电压始终对称。

选项 C，若将负载改为三角形接法，无论负载是否对称，三相负载电压都对称。但只有负载对称时，才有线电流等于相电流的$\sqrt{3}$倍，即$I_l = \sqrt{3}I_{\mathrm{p}}$。当负载不对称时，三个相电流不对称，$I_l \neq \sqrt{3}I_{\mathrm{p}}$。

选项 D，若维持负载星接接法不变，由于存在中线，无论负载是否对称，三相负载电压都等于电源相电压，都有线电压为相电压的$\sqrt{3}$倍，即$U_l = \sqrt{3}U_{\mathrm{p}}$，因此选 D。

答案：D

84. 解 本题中，电阻R_1、R_2和电感L是串联关系，电流相等，设$\dot{I} = I\angle 0^{\circ}$，相量图如解图所示。

由题意可知，电路总阻抗$Z = R_1 + R_2 + j\omega L = \sqrt{(R_1+R_2)^2+(\omega L)^2}\angle \arctan\frac{\omega L}{R_1+R_2}$

阻抗角$\phi = \arctan\frac{\omega L}{R_1+R_2}$

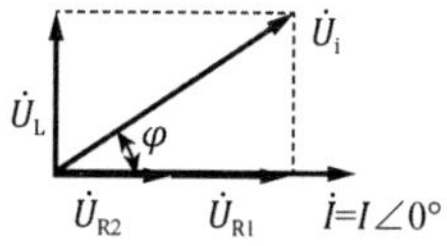

题 84 解图

则输入电压$\dot{U}_i$为电阻R_1、R_2和电感L的串联总电压：$\dot{U}_i = \dot{I}Z = I\angle 0^{\circ} \times \sqrt{(R_1+R_2)^2+(\omega L)^2}\angle \arctan\frac{\omega L}{R_1+R_2} = I\sqrt{(R_1+R_2)^2+(\omega L)^2}\angle \arctan\frac{\omega L}{R_1+R_2}$

输出电压为电阻R_2的电压：

$$\dot{U}_{\mathrm{o}} = \dot{U}_{R2} = R_2 I\angle 0^{\circ}$$

根据串联电路分压公式，可以得到：

$$\frac{\dot{U}_{\mathrm{o}}}{\dot{U}_{\mathrm{i}}} = \frac{R_2}{Z} = \frac{R_2}{\sqrt{(R_1+R_2)^2+(\omega L)^2}\angle \arctan\frac{\omega L}{R_1+R_2}} = \frac{R_2}{\sqrt{(R_1+R_2)^2+(\omega L)^2}}\angle -\arctan\frac{\omega L}{R_1+R_2}$$

答案：D

85. 解 变压器变阻抗的原理：变压器一次侧的等效阻抗模为二次侧所带负载的阻抗模的k^2倍，即$|Z'| = \frac{U_1}{I_1} = \frac{kU_2}{\frac{I_2}{k}} = k^2\frac{U_2}{I_2} = k^2|Z|$，如解图所示。

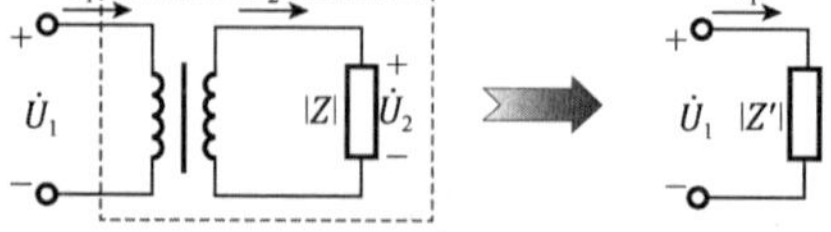

题 85 解图

本题中，开关闭合后，二次侧阻抗Z由R_{L1}减小为$R_{\mathrm{L1}}//R_{\mathrm{L2}}$，则一次侧等效电路的阻抗模$Z'$由$k^2R_{\mathrm{L1}}$减小为$k^2(R_{\mathrm{L1}}//R_{\mathrm{L2}})$，$\dot{I}_1 = \frac{\dot{U}}{R+Z'}$，所以$I_1$增大。又因为一次、二次侧电流与匝数成反比，所以$I_2 = kI_1$也增大。

答案：A

86. 解 图中显示 1KM 的常开辅助触点与 2KM 的线圈串联，意味着要使电动机 M_2 投入工作，首先要确保电动机 M_1 已经启动并正常运行，而 1KM 常开辅助触点闭合，需要按下启动按钮 $1SB_{st}$。M_1 启动后，再按下启动按钮 $2SB_{st}$，电动机 M_2 才能工作。

答案：C

87. 解 采样信号是指在时间上按照一定的规律（通常是周期性的）对连续信号进行取样，得到的信号在时间上是离散的，但在取样点上的数值是连续的。因此，采样信号是离散时间信号。

采样保持信号是指在采样信号的基础上，对采样得到的离散信号值进行保持，即在两个采样点之间，信号值保持不变，直到下一个采样点。因此，采样保持信号在时间上是连续的，但在数值上是离散的，即在两个采样点之间，信号值不变。

答案：A

88. 解 十六进制转换为二进制采用直接转换法：将每个十六进制位直接转换为对应的四位二进制数。因此，$X = (11)_{16} = (10001)_2$，$N_x = 5$。

十进制转换为二进制采用除 2 取余法：将十进制数不断除以 2，记录每次的余数，直到商为 0，将得到的余数从下往上排列，即为二进制表示。在本题中：$11 \div 2 = 5$ 余 1，$5 \div 2 = 2$ 余 1，$2 \div 2 = 1$ 余 0，$1 \div 2 = 0$ 余 1，将余数从最后一个开始倒序排列，得到二进制数 1011，因此$Y = (11)_{10} = (1011)_2$，$N_y = 4$。

对于$Z = (11)_2$，$N_z = 2$。

综上，$N_x > N_y > N_z$。

答案：D

89. 解 要将模拟信号x_1转换为数字信号，一般需要经过抽样、量化和编码三个基本过程。抽样就是以相等的时间间隔来抽取x_1的样值，使连续的信号变为离散的信号，这里x_2是x_1的采样信号，已经完成了抽样这一步骤。量化是把抽取的样值（也就是x_2）变换为最接近的数字值，表示抽取样值的大小。编码是把量化的数值用一组二进制数码来表示。

采样保持信号x_3主要是在 A/D 转换过程中，保证在 A/D 转换期间模拟信号（这里是x_2）保持基本不变，从而保证转换精度。但它只是转换过程中的一个中间环节，本身不完成模拟到数字的最终转换。

在已经有x_1的采样信号x_2以及x_2的采样保持信号x_3的基础上，若希望得到x_1的数字信号，应该对x_2（或者说在x_3的基础上，因为x_3保持了采样时的值）进行量化和编码操作。

因此，A/D 转换是将采样信号通过 A/D 转换为数字信号的过程，而不是将采样保持信号直接转换为数字信号。

答案：B

90. 解 幅度频谱是信号经过傅里叶变换之后产生频谱，频谱在每一个频率点的取值是一个复数，而幅度谱是复数的模关于频率的函数，表示信号在不同频率上的能量或功率大小。

选项 A，离散时间信号的幅度频谱具有周期性，其周期与采样频率等因素有关。在满足采样定理的情况下，离散时间信号的频谱在以采样频率为周期的频率区间内重复其频谱模式。通常情况下，离散时间信号幅度频谱的谐波幅值总的趋势是随谐波次数的增加而降低。也就是说，较高频率成分的幅度相对较低。这些与题目图形不符合，选项 A 错误。

选项 B，均值为 5V 的连续时间信号是一种直流偏置信号与交流信号叠加的情况。在频谱图上表现为在频率为 0 处有一个幅度为 5V 的谱线（代表直流分量），在其他离散频率点上会有相应的谱线表示交流分量的各次谐波。周期信号的幅度频谱由不连续的谱线组成，每一条谱线代表一个正弦分量，并且各谱线只能出现在基波频率ω的整数倍频率上，各次谐波分量的振幅随着频率的升高总的趋势是逐渐减小，因此选项 B 正确。

选项 C，指数衰减连续时间信号的幅度频谱$|X(\omega)| = \frac{1}{\sqrt{a^2+\omega^2}}$，其中$a$为衰减指数，从这个表达式可以看出，当$\omega = 0$（低频段）时，$|X(\omega)| = \frac{1}{a}$，随着$\omega$增大（高频段），幅度逐渐减小，体现了指数衰减信号在低频段幅度高、高频段幅度低的特征。这与题目图形不符，选项 C 错误。

选项 D，当频率不定时，信号可能包含多个不同频率的成分。这些频率成分在幅度频谱上会表现为不同频率点上的幅值情况。这与题目图形不符，选项 D 错误。

答案：B

91. 解 高通滤波器是允许高于特定频率的信号通过，同时衰减低于该频率的信号。截止频率是高通滤波器的一个关键参数，它标志着通带和阻带的界限。在截止频率点上，滤波器的输出信号相对于输入信号的幅度比为 0.707，即约为−3dB。低通滤波器与高通滤波器相反，允许低于某一频率的信号通过。

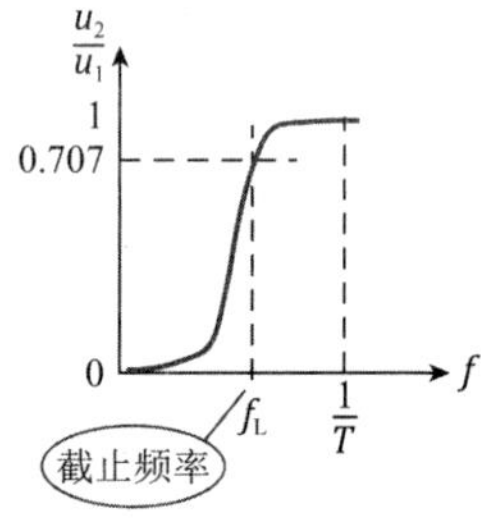

题 91 解图

由本题波形可知，电压u_1经过信号处理器后，低频直流分量被滤掉了，说明是高通滤波器。周期为T的函数无衰减的通过，其幅频特性如解图所示。

因此，截止频率$f_L < \frac{1}{T}$。

答案：A

92. 解 根据布尔代数逻辑运算的互补定律，$A + \overline{A} = 1$，因此，$F = (A + \overline{A})(B + \overline{B}C) = B + \overline{B}C$，又根据吸收定律：$B + \overline{B}C = B + C$，所以$F = B + \overline{B}C = B + C$。

答案：B

93. 解 当电路中只含有一个二极管，判断二极管工作状态的方法是：将二极管断开，求二极管断开后的两端压降u_D，若$u_D > 0$，则二极管导通，否则截止。理想二极管导通时相当于导线，截止时相当于开路。

本题中，令u_{i}负极为电位参考点，断开二极管，电路中无电流，二极管阳极电位$V_{+}=u_{\mathrm{i}}$，阴极电位$V_{-}=5\mathrm{V}$，二极管两端压降$u_{\mathrm{D}}=V_{+}-V_{-}=u_{\mathrm{i}}-5$。

当$u_{\mathrm{D}}>0$，即$u_{\mathrm{i}}>5\mathrm{V}$时，二极管导通，相当于一根导线，此时$u_{\mathrm{o}}=u_{\mathrm{i}}$；当$u_{\mathrm{D}}<0$，即$u_{\mathrm{i}}<5\mathrm{V}$时，二极管截止，相当于开路，此时$u_{\mathrm{o}}=5\mathrm{V}$。

答案：C

94. 解 对负载而言，放大电路相当于一个具有内阻的信号源，这个信号源的内阻就是放大电路的输出电阻，如解图 1 所示。

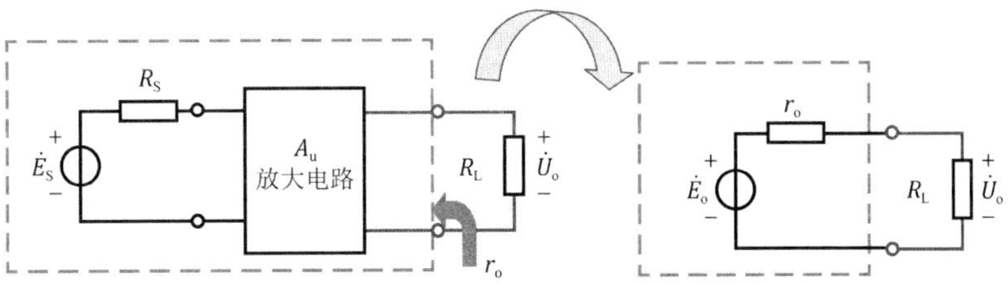

题 94 解图 1

本题中晶体三极管放大电路的H参数小信号微变等效电路如解图 2 所示。其中：$R_{\mathrm{B}}=R_{\mathrm{B1}}//R_{\mathrm{B2}}$，$R_{\mathrm{S}}$为信号源内阻。

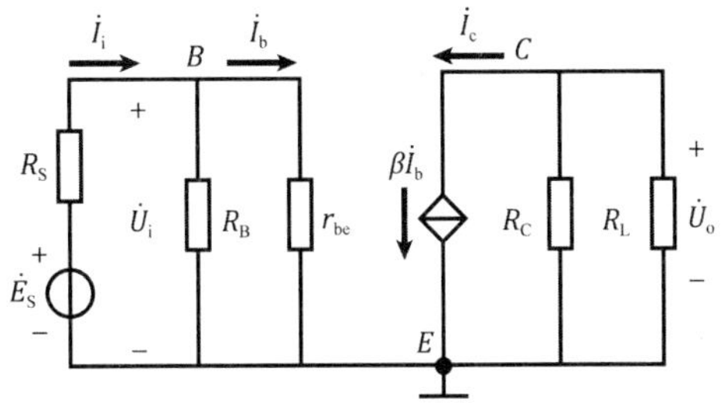

题 94 解图 2

求输出电阻的方法是：（1）断开负载R_{L}；（2）信号源置零；（3）在负载处外加电压$\dot{U}_{\mathrm{o}}$，求输出电流$\dot{I}_{\mathrm{o}}$，输出电阻$r_{\mathrm{o}}=\frac{\dot{U}_{\mathrm{o}}}{\dot{I}_{\mathrm{o}}}$。如解图 3 所示。

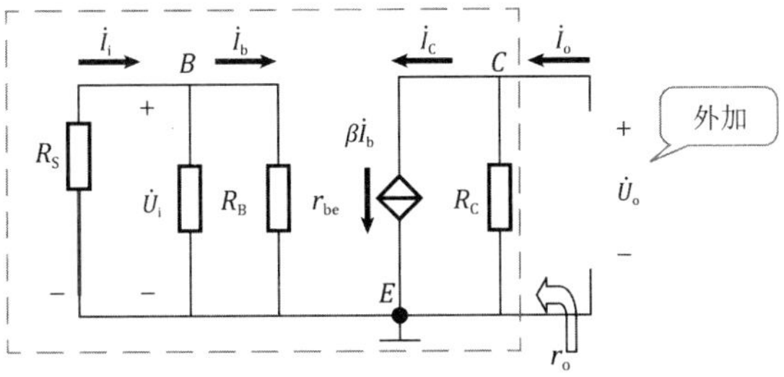

题 94 解图 3

信号源置零时，$\dot{I}_{\mathrm{b}}=0$，$\dot{I}_{\mathrm{c}}=\beta\dot{I}_{\mathrm{b}}=0$，所以输出电阻$r_{\mathrm{o}}=\frac{\dot{U}_{\mathrm{o}}}{\dot{I}_{\mathrm{o}}}\approx R_{\mathrm{C}}$。

答案：B

95. 解 左图输出 $\mathrm{F_1}$ 为输入 A 与 1 的或关系，根据或逻辑运算规则，输入变量只要有一个为 1，则输出为 1，因此$\mathrm{F}_{1}=\mathrm{A}+1=1$；

右图输出 F_2 为输入 B 与 1 的异或关系，即输入 B 与 1 相异时，输出为“1”；当输入 B 与 1 相同时，输出为“0”；当 B = 0 时，$F_2 = B \oplus 1 = 0 \oplus 1 = 1$，当 B = 1 时，$F_2 = B \oplus 1 = 1 \oplus 1 = 0$，因此 $F_2 = B \oplus 1 = \bar{B}B$。

答案：B

96. 解 本题中 $J = A \oplus Q_n$，即 A 与Q_n为异或关系，当输入 A 与Q_n相异时，J 为“1”；当输入 A 与Q_n相同时，J 为“0”；

JK 触发器在 CP 脉冲的下降沿触发动作，复位信号$\bar{R}_D$低电平有效，在脉冲下降沿前触发器复位，即使得触发器的初始状态$Q_n = 0$；

第一个时钟脉冲下降沿来时，$J = A \oplus Q_n = 1 \oplus 0 = 1$，$K = A = 1$，根据 JK 触发器逻辑状态表，$Q_{n+1} = \bar{Q}_n = \bar{0} = 1$；

第二个时钟脉冲下降沿来时，$A = 0$，$J = A \oplus Q_n = 0 \oplus 1 = 1$，$K = A = 0$，根据 JK 触发器逻辑状态表，$Q_{n+1} = 1$。

答案：D

97. 解 未来的计算机将向高性能、人性化、网络化等几个方向发展。随着人们对多媒体内容的需求不断增加，如高清视频、高保真音频等，计算机对处理视频、音频的要求是越来越高，而不是低能化。

答案：D

98. 解 地址寄存器是内存储器地址总线上地址信息的发源地，主要用于存放指令地址或操作数地址。无论是要执行的指令的地址，还是指令中所涉及的操作数的地址，都必须先送到地址寄存器，然后才能送至内存储器。

答案：C

99. 解 一个存储器中所有存储单元可存放的信息总数称为存储容量，其基本单位是字节（Byte），一个字节等于 8 位二进制数（bit）。计算机在存储和处理信息时，通常以字节为单位来衡量存储容量的大小。

答案：C

100. 解 编译程序有两种执行方式：解释方式和编译方式。解释方式是根据程序语句的执行顺序进行逐条语句翻译执行的。编译方式是源程序经过编译处理后，产生一个与之完全等价的目标程序（称为可执行程序），然后去执行目标程序。

答案：D

101. 解 计算机内的所有信息都是用二进制数码表示的。

答案：A

102. 解 为了表达 256 种不同的颜色，每个像素需要 16 位二进制数来表示颜色的数据信息，8 位二进制数有$2^8 = 256$种不同组合，这种图像称为 8 位图像。

答案：B

103. 解 计算机病毒的特征为非授权执行性、复制传染性、依附性、潜伏性、破坏性、隐蔽性和可触发性，不包括移植性。

传染性，即计算机病毒能够通过网络（如电子邮件、文件共享等）、移动存储设备（如 U 盘、移动硬盘等）等各种途径从一个计算机系统传播到另一个计算机系统。

病毒对计算机系统造成的危害极大，如删除文件、篡改文件内容、格式化硬盘等，破坏计算机中的数据；如占用大量的 CPU 资源和内存资源，使计算机运行速度变慢，甚至频繁死机，干扰计算机系统的正常运行，导致系统性能下降。有些病毒还会窃取用户的隐私信息，如账号密码、个人文件等。

计算机病毒可潜伏在计算机系统中，如隐藏在系统文件、程序文件或者其他存储介质中，潜伏期内，病毒按照预先设定的时间、操作或者达到一定的触发条件后才开始发作，对计算机系统进行破坏。

移植性一般是用于描述程序在不同系统或平台之间转移和运行的能力，这与病毒的自我复制、破坏和传播等主要行为特征不相关。

答案：D

104. 解 1GB = 1024MB，1TB = 1024GB，1PB = 1024TB，1EB = 1024PB，1ZB = 1024EB，1YB = 1024ZB。

答案：A

105. 解 计算机网络的主要功能是数据通信、资源共享、提高计算机系统的可靠性、增强系统的处理功能。

选项 B、D 中的“修复系统软件功能”不是计算机网络的主要功能。虽然可以通过网络获取软件更新来修复软件漏洞等，但它属于资源共享的范畴，而非独立的主要功能。

选项 C 中的“计算功能”是计算机本身的功能，但不是计算机网络的主要功能。计算机网络主要是用于连接计算机，实现计算机之间的资源共享和数据通信等功能。而“网络功能”的表述比较笼统，没有准确体现计算机网络的主要功能。

选项 C、D 中的“信息查询功能”则属于数据通信功能的一部分，表述不够全面。

答案：A

106. 解 服务器是局域网的核心设备，为局域网中的其他客户端计算机提供文件服务、打印服务、数据库服务、邮件服务等各种服务。由于需要同时处理多个客户端的请求，所以对服务器的性能要求较高，如操作速度快、硬盘和内存容量大、处理能力强。

答案：A

107. 解 本题分按复利和单利分两阶段借出资金，应分别按复利和单利计算。前 10 年以 7%的复利借出 1500 元，按一次支付复利公式［复利系数 $(F/P, 7\%, 10) = 1.967$］计算，10 年到期时的本利和为：$F_{10} = P(1+i)^n = P(F/P, 7\%, 10) = 1500 \times 1.967 = 2950.5$元，10 年到期后以 9%的单利将本利和再借出 5 年，则 15 年到期时的本利和为：$F_{15} = P(1 + i \cdot n) = 2950.5 \times (1 + 9\% \times 5) = 4278.23$元。

答案：C

108. 解 增值税是就商品生产、商品流通和劳务服务各个环节的增值额征收的一种流转税。增值税是价外税。价外税是指增值税纳税人不计入货物销售价格中，而在增值税纳税申报时，按规定计算缴纳的增值税。实行价外税，也就是由消费者负担，有增值才征税，没增值不征税。选项 C 正确，选项 A、B 错误；增值税的应纳税额为当期销项税额减去当期进项税额，选项 D 错误。

答案：C

109. 解 借贷的融资费用和利息支出均在缴纳所得税之前支付，股权投资者可获得所得税抵减的好处，另外财务评价可忽略借款筹资费用，只考虑借款利率R_e，故借款所得税（所得税率为T）后的资金成本率为：$K_e = R_e(1 - T) = 7\% \times (1 - 25\%) = 5.25\%$

答案：A

110. 解 动态投资回收期是指在给定的基准收益率（基准折现率）的条件下，用项目的净收益现值回收总投资所需要的时间，也就是项目累计净现金流量折现值等于零时的时间（年份）。选项 A、B 错误，选项 D 未考虑资金时间价值，为静态投资回收期，故选项 D 也错误。

答案：C

111. 解 该项目的内部收益率 IRR：

$$\mathrm{IRR} = i_1 + \frac{\mathrm{NPV}_1}{\mathrm{NPV}_1 + |\mathrm{NPV}_2|}(i_2 - i_1) = 16\% + \frac{130}{130 + |-90|} \times (18\% - 16\%) = 17.18\%$$

答案：D

112. 解 根据盈亏平衡分析计算公式：

$$\mathrm{BEP}_{\text{产量}} = \frac{\text{年固定总成本}}{\text{单位产品销售价格} - \text{单位产品可变成本} - \text{单位产品销售税金及附加}}$$

$$= \frac{280 \times 10^4}{120 - 100 - 6} = 200000\text{ 件} = 20\text{ 万件}$$

答案：B

113. 解 净现值法（NPV）是将项目寿命期内各年的净现金流量按基准折现率折现到建设期初的现值之和，适用于项目寿命期相等的互斥方案评价，而不同寿命期的方案在相同计算期内的净现金流量情况不同，无法直接比较，所以选项 A 错误。

最小公倍数法是将寿命期不等的互斥方案的寿命期通过求最小公倍数的方式转化为相同寿命期，再在相同寿命期下计算净现值等指标进行比较。这种方法适用于寿命期不等的互斥方案评价，所以选项 B 正确。除此之外，年值法也可用于寿命期不等的互斥方案评价。

内部收益率法（IRR）是使项目净现值为零时的折现率。但是对于寿命期不等的互斥方案，不能单纯用内部收益率来比较，因为内部收益率高的方案不一定是最优方案，且没有考虑寿命期差异，所以选项 C 错误。

增量净现值法主要用于比较两个互斥方案的增量投资是否合理，通常用于寿命期相同的方案比较，对于寿命期不等的方案，没有考虑寿命期差异带来的影响，所以选项 D 错误。

答案：B

114. 解 按用户的需求或功能的有用性，产品或作业的功能可分为必要功能和不必要功能。必要功能是指用户所要求的功能，即用户购买产品或服务所期望得到的功能，如果产品缺少这种功能，就会降低其使用价值。不必要功能是指不符合用户需求或者对用户没有价值的功能。

答案：A

115. 解 《注册监理工程师管理规定》第二十二条规定，因工程监理事故及相关业务造成的经济损失，聘用单位应当承担赔偿责任；聘用单位承担赔偿责任后，可依法向负有过错的注册监理工程师追偿。《中华人民共和国建筑法》第三十五条规定，工程监理单位不按照委托监理合同的约定履行监理义务，对应当监督检查的项目不检查或者不按照规定检查，给建设单位造成损失的，应当承担相应的赔偿责任。工程监理单位与承包单位串通，为承包单位谋取非法利益，给建设单位造成损失的，应当与承包单位承担连带赔偿责任。

监理工程师造成经济损失，其聘用单位应当承担赔偿责任，应当与承包单位承担连带赔偿责任，故选项 C 正确。

答案：C

116. 解 《中华人民共和国安全生产法》第六十五条规定，应急管理部门和其他负有安全生产监督管理职责的部门依法开展安全生产行政执法工作，对生产经营单位执行有关安全生产的法律、法规和国家标准或者行业标准的情况进行监督检查，行使以下职权：（一）进入生产经营单位进行检查，调阅有关资料，向有关单位和人员了解情况；（二）对检查中发现的安全生产违法行为，当场予以纠正或者要求限期改正；对依法应当给予行政处罚的行为，依照本法和其他有关法律、行政法规的规定作出行政处罚决定；（三）对检查中发现的事故隐患，应当责令立即排除；重大事故隐患排除前或者排除过程中无法保证安全的，应当责令从危险区域内撤出作业人员，责令暂时停产停业或者停止使用相关设施、设备；重大事故隐患排除后，经审查同意，方可恢复生产经营和使用；（四）对有根据认为不符合保障安全生产的国家标准或者行业标准的设施、设备、器材以及违法生产、储存、使用、经营、运输的危险物品予以查封或者扣押，对违法生产、储存、使用、经营危险物品的作业场所予以查封，并依法作出处理决定。

选项A、B、C的描述分别符合条例第（一）、（二）、（三）款的规定。第（四）款条文规定，对有根据认为不符合保障安全生产的国家标准的器材，予以查封或者扣押，不是没收，故选项D错误。

答案：D

117. 解 《中华人民共和国招标投标法》第三十一条规定，两个以上法人或者其他组织可以组成一个联合体，以一个投标人的身份共同投标。联合体各方应当签订共同投标协议，明确约定各方拟承担的工作和责任，并将共同投标协议连同投标文件一并提交招标人。联合体中标的，联合体各方应当共同与招标人签订合同，就中标项目向招标人承担连带责任。

答案：C

118. 解 《中华人民共和国民法典》第五百一十条规定，合同生效后，当事人就质量、价款或者报酬、履行地点等内容没有约定或者约定不明确的，可以协议补充；不能达成补充协议的，按照合同相关条款或者交易习惯确定。第五百一十一条规定，当事人就有关合同内容约定不明确，依据前条规定仍不能确定的，适用下列规定：（三）履行地点不明确，给付货币的，在接受货币一方所在地履行；交付不动产的，在不动产所在地履行；其他标的，在履行义务一方所在地履行。

支付运费的履行地点没有约定，交易习惯亦不明确的情况下，根据第（三）款规定，在接受货币一方所在地履行，即运输公司所在地沈阳。

答案：B

119. 解 《中华人民共和国环境保护法》第四十一条规定，建设项目中防止污染的设施，应当与主体工程同时设计、同时施工、同时投产使用。防治污染的设施应当符合经批准的环境影响评价文件的要求，不得擅自拆除或者闲置。

答案：C

120. 解 《建设工程安全生产管理条例》第二十四条规定，建设工程实行施工总承包的，由总承包单位对施工现场的安全生产负总责。总承包单位应当自行完成建设工程主体结构的施工。总承包单位依法将建设工程分包给其他单位的，分包合同中应当明确各自的安全生产方面的权利、义务。总承包单位和分包单位对分包工程的安全生产承担连带责任。分包单位应当服从总承包单位的安全生产管理，分包单位不服从管理导致生产安全事故的，由分包单位承担主要责任。

选项A，“建设单位”应为“总承包单位”；选项B，“工程的安全生产”应为“分包工程”；选项D，“承担全部责任”应为“主要责任”。

答案：C

2025 | 全国勘察设计注册工程师
执业资格考试用书

Zhuce Tumu Gongchengshi (Shuili Shuidian Gongcheng) Zhiye Zige Kaoshi
Jichu Kaoshi Shijuan

注册土木工程师（水利水电工程）执业资格考试
基础考试试卷

专业基础、试题解析及参考答案

注册工程师考试复习用书编委会 / 编
肖 宜 曹纬浚 / 主 编

微信扫一扫
了解本书正版数字资源的获取和使用方法

人民交通出版社
北京

内 容 提 要

本书共 3 册，分别收录有 2011～2024 年（2015 年停考，下同）公共基础考试试卷（即基础考试上午卷）和 2013～2019、2021、2023、2024 年专业基础考试试卷（即基础考试下午卷）及其解析与参考答案。

本书配电子题库（有效期一年），考生可微信扫描封面（公共基础分册）红色二维码，登录“注考大师”微信公众号在线学习，部分考题有视频解析。

本书可供参加 2025 年注册土木工程师（水利水电工程）执业资格考试基础考试的考生检验复习效果、准备考试使用。

图书在版编目（CIP）数据

2025 注册土木工程师（水利水电工程）执业资格考试基础考试试卷 / 肖宜，曹纬浚主编. — 北京 ：人民交通出版社股份有限公司，2025. 2. — ISBN 978-7-114-19929-5

Ⅰ. TU-44；TV-44

中国国家版本馆 CIP 数据核字第 2024V5T406 号

书　　名：2025 注册土木工程师（水利水电工程）执业资格考试基础考试试卷
著 作 者：肖　宜　曹纬浚
责任编辑：刘彩云
责任印制：张　凯
出版发行：人民交通出版社
地　　址：（100011）北京市朝阳区安定门外外馆斜街 3 号
网　　址：http://www.ccpcl.com.cn
销售电话：（010）85285857
总 经 销：人民交通出版社发行部
经　　销：各地新华书店
印　　刷：北京印匠彩色印刷有限公司
开　　本：889×1194　1/16
印　　张：56.25
字　　数：1147 千
版　　次：2025 年 2 月　第 1 版
印　　次：2025 年 2 月　第 1 次印刷
书　　号：ISBN 978-7-114-19929-5
定　　价：168.00 元（含 3 册）

目　录

（试卷·专业基础）

（试题解析及参考答案·专业基础）

试卷

专业基础

2013 年度全国注册土木工程师（水利水电工程）

执业资格考试试卷

基础考试

（下）

二〇一三年九月

应考人员注意事项

1. 本试卷科目代码为“2”，考生务必将此代码填涂在答题卡“科目代码”相应的栏目内，否则，无法评分。
2. 书写用笔：**黑色或蓝色钢笔、签字笔或圆珠笔**；

   填涂答题卡用笔：**黑色 2B 铅笔**。
3. 必须用书写用笔将工作单位、姓名、准考证号填写在答题卡和试卷相应的栏目内。
4. 本试卷由 60 题组成，每题 2 分，满分 120 分，本试卷全部为单项选择题，每小题的四个备选项中只有一个正确答案，错选、多选、不选均不得分。
5. 考生作答时，必须按**题号在答题卡上**将相应试题所选选项对应的**字母用 2B 铅笔涂黑**。
6. 在答题卡上书写与题意无关的语言，或在答题卡上作标记的，均按违纪试卷处理。
7. 考试结束时，由监考人员当面将试卷、答题卡一并收回。
8. 草稿纸由各地统一配发，考后收回。

单项选择题（共60题，每题2分。每题的备选项中只有一个最符合题意。）

1. 满足$\mathrm{d}E_s/\mathrm{d}h = 0$条件下的流动是：

A. 缓流　　B. 急流

C. 临界流　　D. 均匀流

2. 均质土坝的上游水流渗入边界是一条：

A. 流线　　B. 等压线

C. 等势线　　D. 以上都不对

3. 如图所示，A、B两点的高差为$\Delta z = 1.0\mathrm{m}$，水银压差计中液面差$\Delta h_\mathrm{p} = 1.0\mathrm{m}$，则$A$、$B$两点的测压管水头差是：

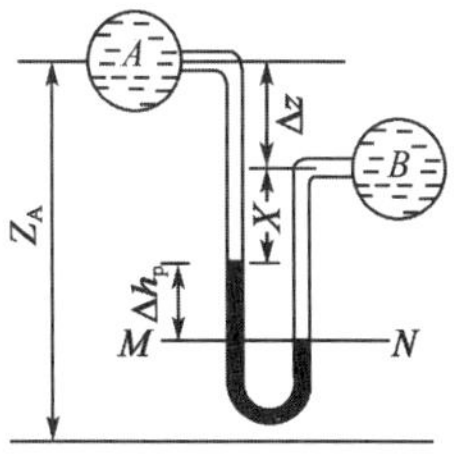

A. 13.6m

B. 12.6m

C. −13.6m

D. −12.6m

4. 某管道过流，流量一定，管径不变，当忽略水头损失时，测压管水头线：

A. 总是与总水头线平行

B. 可能沿程上升也可能沿程下降

C. 只能沿程下降

D. 不可能低于管轴线

5. 某溢流坝的最大下泄流量是$12000\mathrm{m^3/s}$，相应的坝脚收缩断面处流速是$8\mathrm{m/s}$，如果模型试验中长度比尺为50，则试验中控制流量和坝脚收缩断面处流速分别为：

A. $240\mathrm{m^3/s}$和$0.16\mathrm{m/s}$

B. $33.94\mathrm{m^3/s}$和$0.16\mathrm{m/s}$

C. $4.80\mathrm{m^3/s}$和$1.13\mathrm{m/s}$

D. $0.6788\mathrm{m^3/s}$和$1.13\mathrm{m/s}$

6. 如图所示为一利用静水压力自动开启的矩形翻板闸门。当上游水深超过水深$H = 12\text{m}$时，闸门即自动绕转轴向顺时针方向倾倒，如不计闸门重量和摩擦力的影响，则转轴的高度a为：

A. 6m

B. 4m

C. 8m

D. 2m

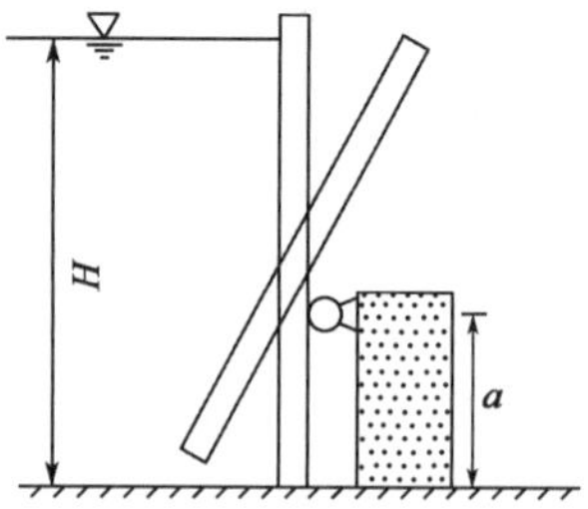

7. 渗流模型流速与真实渗流流速的关系是：

A. 模型流速大于真实流速

B. 模型流速等于真实流速

C. 无法判断

D. 模型流速小于真实流速

8. 恒定平面势流的流速势函数存在的条件是：

A. 无涡流

B. 满足不可压缩液体的连续方程

C. 满足不可压缩液体的能量方程

D. 旋转角速度不等于零

9. 下面关于圆管中水流运动的描述正确的是：

A. 产生层流运动的断面流速是对数分布

B. 产生紊流运动的断面流速是对数分布

C. 产生层流、紊流运动的断面流速都是对数分布

D. 产生层流、紊流运动的断面流速都是抛物型分布

10. 无黏性土的相对密实度愈小，土愈：

A. 密实　　B. 松散

C. 居中　　D. 为零

11. 塑性指数I_p为 8 的土，应定名为：

A. 砂土　　B. 粉土

C. 粉质黏土　　D. 黏土

12. 土的天然密度的单位是：

A. g/cm^3
B. kN/m^3
C. tf/m^3
D. 无单位

13. 压缩系数$a_{1\text{-}2}$的下标 1-2 的含义是：

A. 1 表示自重应力，2 表示附加应力

B. 压力从 1MPa 增加到 2MPa

C. 压力从 100kPa 到 200kPa

D. 无特殊含义，仅是个符号而已

14. 计算地基中的附加应力时，应采用：

A. 基底附加压力
B. 基底压力
C. 基底净反力
D. 地基附加压力

15. 引起土体变形的力是：

A. 总应力
B. 有效应力
C. 孔隙水压力
D. 自重应力

16. 土越密实，则其内摩擦角：

A. 越小
B. 不变
C. 越大
D. 不能确定

17. 不属于地基土整体剪切破坏特征的是：

A. 基础四周的地面隆起

B. 多发生于坚硬黏土层及密实砂土层

C. 地基中形成连续的滑动面并贯穿至地面

D. 多发生于软土地基

18. 如果挡土墙后土推墙而使挡土墙发生一定的位移，使土体达到极限平衡状对作用在墙背上的土压力是：

A. 静止土压力
B. 主动土压力
C. 被动土压力
D. 无法确定

19. 围岩的稳定性评价方法之一是判断围岩的哪项强度是否适应围岩剪应力？

A. 抗剪强度和抗拉强度
B. 抗拉强度
C. 抗剪强度
D. 抗压强度

20. 图示体系为：

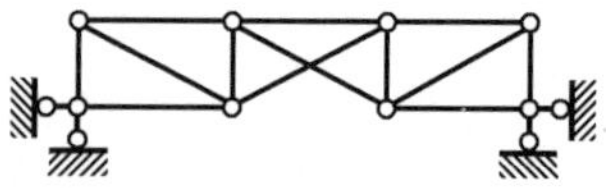

A. 几何不变，无多余约束

B. 瞬变体系

C. 几何不变，有多余约束

D. 常变体系

21. 图示桁架 1 杆的轴力为：

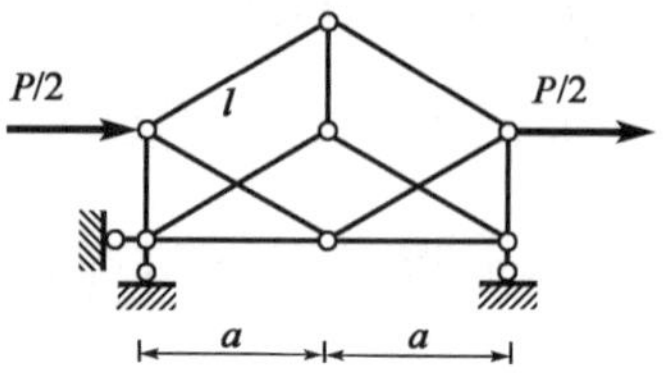

A. $\sqrt{2}P$

B. $2P$

C. $-\sqrt{2}P$

D. 0

22. 图示结构弯矩图为：

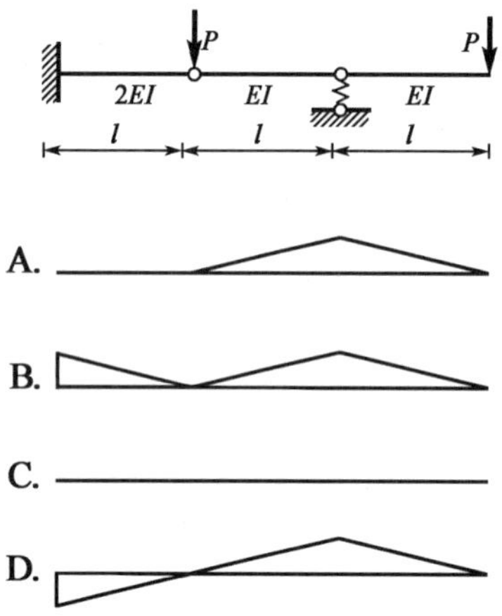

23. 图示刚架各杆EI相同，A点水平位移为：

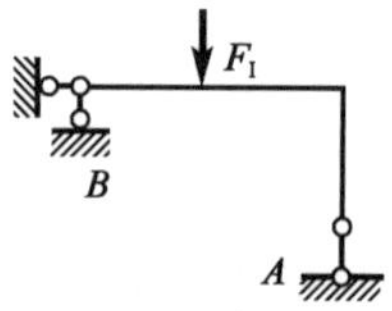

A. 向左

B. 向右

C. 0

D. 根据荷载值确定

24. 图 a）结构，支座A产生逆时针转角θ，支座B产生竖直向下的沉降c，取图 b）结构为力法计算的基本结构，$EI=$常量，则力法方程为：

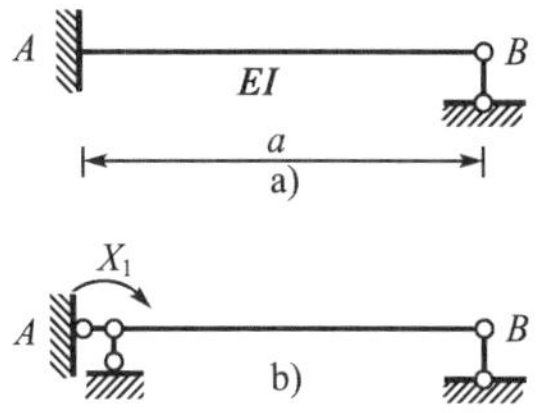

A. $\delta_{11}X_1+\frac{c}{a}=\theta$

B. $\delta_{11}X_1-\frac{c}{a}=\theta$

C. $\delta_{11}X_1+\frac{c}{a}=-\theta$

D. $\delta_{11}X_1-\frac{c}{a}=-\theta$

25. 用位移法计算图示刚架（$i=2$），若取A结点的角位移为基本未知量，则主系数K_{11}的值为：

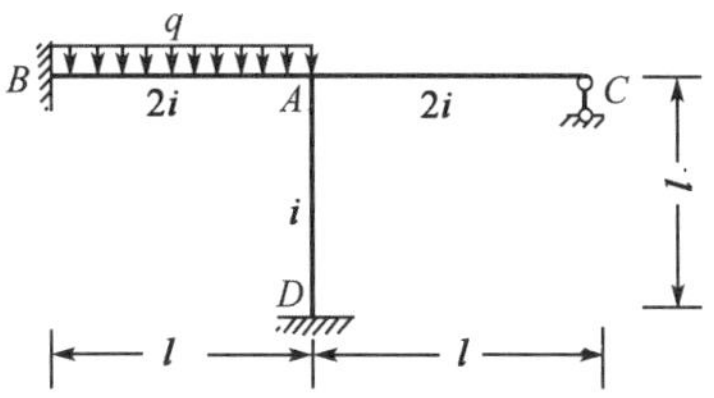

A. 14

B. 22

C. 28

D. 36

26. 用力矩分配法计算图示结构时，分配系数μ_{AC}为：

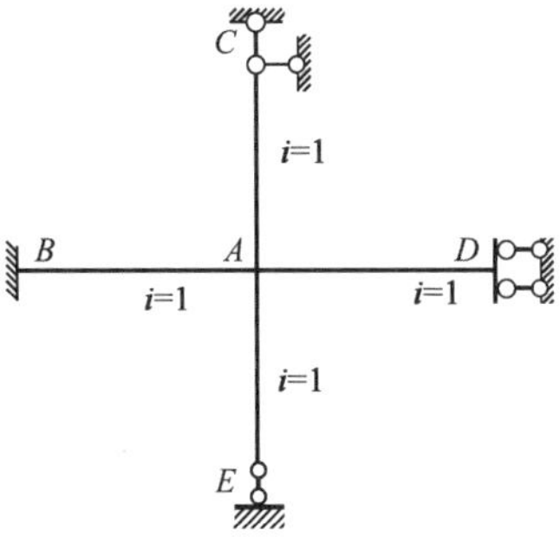

A. 1/8

B. 3/8

C. 1/11

D. 3/11

27. 图示外伸梁影响线为量值：

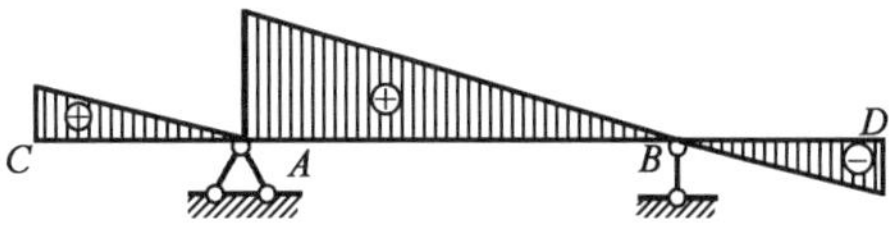

A. A支座反力的影响线

B. A截面剪力的影响线

C. A左截面剪力的影响线

D. A右截面剪力的影响线

28. 图示体系的自振频率为：

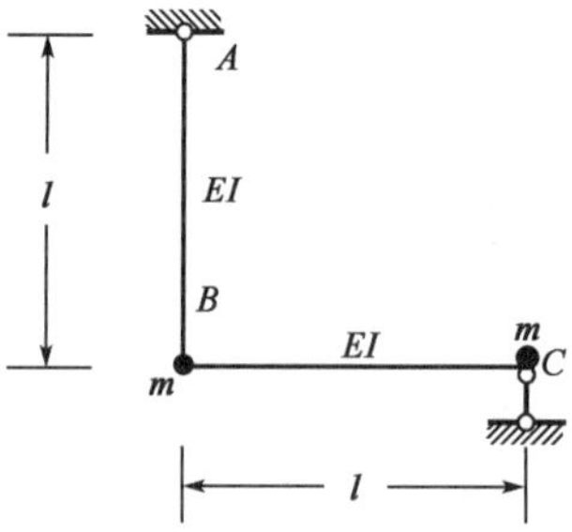

A. $\sqrt{3EI/(2ml^3)}$

B. $\sqrt{3EI/(4ml^3)}$

C. $\sqrt{6EI/(ml^3)}$

D. $\sqrt{EI/(2ml^3)}$

29. 水工混凝土应根据承载力、使用环境、耐久性能要求而选择：

A. 高强混凝土、和易性好的混凝土

B. 既满足承载力要求，又满足耐久性要求的混凝土

C. 不同强度等级、抗渗等级、抗冻等级的混凝土

D. 首先满足承载力要求，然后满足抗渗要求的混凝土

30. 以下说法正确的是：

A. 混凝土强度等级是以边长为 150mm 立方体试件的抗压强度确定

B. 材料强度的设计值均小于材料强度的标准值，材料强度标准值等于材料强度设计值除以材料性能分项系数

C. 材料强度的设计值均小于材料强度的标准值，材料强度设计值等于材料强度标准值除以材料性能分项系数

D. 硬钢强度标准值是根据极限抗拉强度平均值确定

31. 钢筋混凝土梁的设计主要包括：

A. 正截面受弯承载力计算、抗裂、变形验算

B. 正截面受弯承载力计算、斜截面受剪承载力计算，对使用上需控制变形和裂缝的梁尚需进行变形和裂缝控制验算

C. 一般的梁仅需进行正截面受弯承载力计算，重要的梁还要进行斜截面受剪承载力计算及变形和裂缝控制验算

D. 正截面受弯承载力计算、斜截面受剪承载力计算，如满足抗裂要求，则可不进行变形和裂缝控制验算

32. 一矩形截面混凝土梁$b \times h = 250\text{mm} \times 600\text{mm}$，$h_0 = 530\text{mm}$，混凝土强度等级 C30（$f_c = 14.3\,\text{N/mm}^2$），主筋采用 HRB400 钢筋（$f_y = 360\,\text{N/mm}^2$，$\xi_b = 0.518$），根据 SL 191—2008 按单筋计算时，此梁纵向受拉钢筋截面面积最大值为：

A. $A_{s,max} = 2317\text{mm}^2$

B. $A_{s,max} = 2431\text{mm}^2$

C. $A_{s,max} = 2586\text{mm}^2$

D. $A_{s,max} = 2620\text{mm}^2$

33. 矩形截面混凝土梁$b \times h = 250\text{mm} \times 600\text{mm}$，$a_s = a_s' = 40\text{mm}$，混凝土强度等级 C30（$f_c = 14.3\,\text{N/mm}^2$），主筋采用 HRB335 级钢筋（$f_y = f_y' = 300\,\text{N/mm}^2$，$\xi_b = 0.55$），采用双筋截面，受拉筋$A_s$为 4Φ22，受压筋$A_s'$为 2Φ16，$K = 1.2$，则该梁所能承受的弯矩设计值$M$为：

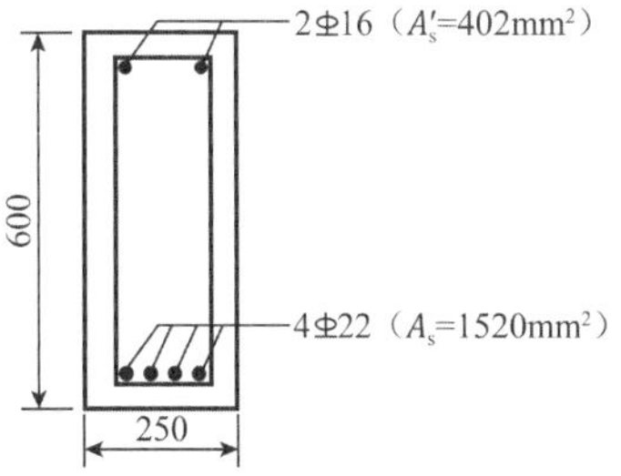

A. 166.5 kN · m　　B. 170.3 kN · m

C. 180.5 kN · m　　D. 195.6 kN · m

34. 已知一矩形截面混凝土梁，如题 33 图所示，箍筋采用 HRB335（$f_{yv} = 300\,\text{N/mm}^2$），箍筋直径为Φ10，混凝土强度等级 C30（$f_c = 14.3\,\text{N/mm}^2$，$f_t = 1.43\,\text{N/mm}^2$），$a_s = 40\text{mm}$，$K = 1.2$，$V = 300\text{kN}$，则该梁的箍筋间距$s$为：

A. 100mm　　B. 125mm

C. 150mm　　D. 175mm

35. 简支梁的端支座弯矩为零，为何下部受力钢筋伸入支座内的锚固长度L_{as}应满足规范的规定？

A. 虽然端支座的弯矩为零，但为了安全可靠，锚固长度L_{as}应满足规范要求

B. 因为下部受力钢筋在支座内可靠锚固，可以承担部分剪力

C. 这是构造要求，目的是为了提高抗剪承载力

D. 为保证斜截面受弯承载力，当支座附近斜裂缝产生时，纵筋应力增大，如纵筋锚固不可靠则可能滑移或拔出

36. 剪扭构件承载力计算公式中ζ、β_t的含义是：

A. ζ-剪扭构件的纵向钢筋与箍筋的配筋强度比，$1 \leqslant \zeta \leqslant 1.7$，$\zeta$值小时，箍筋配置较多；$\beta_t$-剪扭构件混凝土受扭承载力降低系数，$0.5 \leqslant \beta_t \leqslant 1.0$

B. ζ-剪扭构件的纵向钢筋与箍筋的配筋强度比，$0.6 \leqslant \zeta \leqslant 1.7$，$\zeta$值大时，抗扭纵筋配置较多；$\beta_t$-剪扭构件混凝土受扭承载力降低系数，$0.5 \leqslant \beta_t \leqslant 1.0$

C. ζ-剪扭构件的纵向钢筋与箍筋的配筋强度比，$0.6 \leqslant \zeta \leqslant 1.7$，$\zeta$值大时，抗扭箍筋配置较多；$\beta_t$-剪扭构件混凝土受扭承载力降低系数，$0.5 \leqslant \beta_t \leqslant 1.0$

D. ζ-剪扭构件的纵向钢筋与箍筋的配筋强度比，$0.6 \leqslant \zeta \leqslant 1.7$，$\zeta$值大时，抗扭纵筋配置较多；$\beta_t$-剪扭构件混凝土受扭承载力降低系数，$0 \leqslant \beta_t \leqslant 1.0$

37. 已知柱截面尺寸$b \times h = 600\text{mm} \times 600\text{mm}$，混凝土强度等级 C60（$f_c = 27.5\,\text{N/mm}^2$，$f_t = 2.04\,\text{N/mm}^2$），主筋采用 HRB400 钢筋（$f_y = f_y' = 360\,\text{N/mm}^2$），$\xi_b = 0.518$、$a_s = a_s' = 40\text{mm}$，$\eta = 1.04$，柱承受设计内力组合为$M = \pm 800\text{kN} \cdot \text{m}$（正、反向弯矩），$N = 3000\text{kN}$（压力），$K = 1.2$，此柱配筋与下列值哪个最接近？

A. $A_s = A_s' = 1032\text{mm}^2$

B. $A_s = A_s' = 1860\text{mm}^2$

C. $A_s = A_s' = 1960\text{mm}^2$

D. $A_s = A_s' = 2050\text{mm}^2$

38. 预应力混凝土梁正截面抗裂验算需满足以下哪项要求？

A. ①对严格要求不出现裂缝的构件，在标准组合下，正截面混凝土法向应力应符合下列规定：$\sigma_{ck} - \sigma_{pc} \leqslant 0$；②对一般要求不出现裂缝的构件，在标准组合下，正截面混凝土法向应力应符合下列规定：$\sigma_{ck} - \sigma_{pc} \leqslant f_{tk}$

B. ①对严格要求不出现裂缝的构件，在标准组合下，正截面混凝土法向应力应符合下列规定：$\sigma_{ck} - \sigma_{pc} \geqslant 0$；②对一般要求不出现裂缝的构件，在标准组合下，正截面混凝土法向应力应符合下列规定：$\sigma_{ck} - \sigma_{pc} \leqslant 0.7\gamma f_{tk}$

C. ①对严格要求不出现裂缝的构件，在标准组合下，正截面混凝土法向应力应符合下列规定：$\sigma_{ck} - \sigma_{pc} \leqslant 0$；②对一般要求不出现裂缝的构件，在荷载标准组合下，正截面混凝土法向应力应符合下列规定：$\sigma_{ck} - \sigma_{pc} \leqslant 0.7\gamma f_{tk}$

D. ①对严格要求不出现裂缝的构件，在标准组合下，正截面混凝土法向应力应符合下列规定：$\sigma_{ck} - \sigma_{pc} \leqslant 0$；②对一般要求不出现裂缝的构件，在标准组合下，正截面混凝土法向应力应符合下列规定：$\sigma_{ck} - \sigma_{pc} \leqslant 0.7 f_{tk}$

39. 预应力混凝土梁与普通钢筋混凝土梁相比（其他条件完全相同，差别仅在于一个施加了预应力而另一个未施加预应力）有何区别？

A. 预应力混凝土梁与普通钢筋混凝土梁相比承载力和抗裂性都有很大提高

B. 预应力混凝土梁与普通钢筋混凝土梁相比正截面及斜截面承载力、正截面抗裂性、斜截面抗裂性、刚度都有所提高

C. 预应力混凝土梁与普通钢筋混凝土梁相比承载力变化不大，正截面和斜截面抗裂性、刚度均有所提高

D. 预应力混凝土梁与普通钢筋混凝土梁相比正截面受弯承载力无明显变化，但斜截面受剪承载力、正截面抗裂性、斜截面抗裂性、刚度都有所提高

40. 两端固定的梁，承受均布荷载作用，跨中正弯矩配筋为A_s，支座A、B端的负弯矩配筋分为三种情况：（1）$2A_s$；（2）A_s；（3）$0.5A_s$。以下说法正确的是：

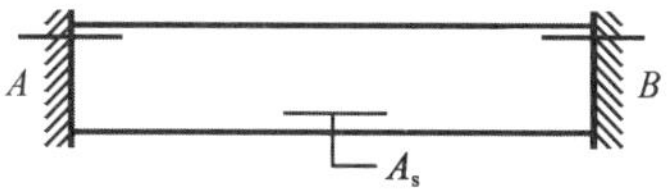

A. 第（1）、（2）种情况可以产生塑性内力重分配，第（3）种情况下承载力最小

B. 第（2）、（3）种情况可以产生塑性内力重分配，第（3）种情况在A、B支座最先出现塑性铰，第（2）种情况支座出现塑性铰晚于第（3）种情况支座出现塑性，第（1）种情况支座出现塑性铰时梁即告破坏，不存在塑性内力重分配

C. 第（2）、（3）种情况可以产生塑性内力重分配，第（2）种情况在支座处最先出现塑性铰

D. 第（1）、（2）、（3）种情况都可以产生塑性内力重分配，第（3）种情况在支座最先出现塑性铰，然后第（2）种情况支座产生塑性铰，最后第（1）种情况支座产生塑性铰

41. 已知AB边的坐标方位角为α_{AB}，属于第III象限，则对应的象限角R是：

A. α_{AB} B. $\alpha_{AB}-180°$

C. $360°-\alpha_{AB}$ D. $180°-\alpha_{AB}$

42. 已知基本等高距为 2m，则计曲线为：

A. 1,2,3… B. 2,4,6…

C. 10,20,30… D. 5,10,15…

43. 利用高程为 9.125m 水准点，测设高程为 8.586m 的室内 ±0 地坪标高，在水准点上立尺后，水准仪瞄准该尺的读数为 1.462m，问室内立尺时，尺上读数是多少可测得正确的 ±0 标高？

A. 0.539m　　B. 0.923m

C. 1.743m　　D. 2.001m

44. 测量数据准确度是指：

A. 系统误差大，偶然误差小

B. 系统误差小，偶然误差大

C. 系统误差小，偶然误差小

D. 以上都不是

45. 设我国某处A点的横坐标$Y = 19779616.12\text{m}$，则A点所在的 6°带内的中央子午线经度是：

A. 111°　　B. 114°

C. 123°　　D. 117°

46. 当公路中线向左转时，转向角α和右角β的关系可按以下哪项计算？

A. $\alpha = 180° - \beta$　　B. $\alpha = 180° + \beta$

C. $\alpha = \beta - 180°$　　D. $\alpha = 360° - \beta$

47. 材料在自然状态下（不含开孔空隙）单位体积的质量是：

A. 体积密度　　B. 表观密度

C. 密度　　D. 堆积密度

48. 密实度是指材料内部被固体物质所充实的程度，即体积密度与以下哪项的比值？

A. 干燥密度　　B. 密度

C. 表观密度　　D. 堆积密度

49. 孔结构的主要内容不包括：

A. 孔隙率　　B. 孔径分布

C. 最大粒径　　D. 孔几何学

50. 材料抗冻性指标不包括：

A. 抗冻标号　　B. 耐久性指标

C. 耐久性系数　　D. 最大冻融次数

51. 通用水泥的原料不含以下哪项？

A. 硅酸盐水泥熟料

B. 调凝石膏

C. 生料

D. 混合材料

52. 国家标准 GB 175 中规定硅酸盐水泥初凝不得早于 45min，终凝不得迟于：

A. 60min

B. 200min

C. 390min

D. 6h

53. 水泥胶砂试体是由按质量计的 450g 水泥、1350g 中国 ISO 标准砂，用多少的水灰比拌制的一组塑性胶砂制成？

A. 0.3

B. 0.4

C. 0.5

D. 0.6

54. 普通混凝土用细集料的M范围一般在 0.7~3.7 之间，细度模数介于 2.3~3.0 为中砂，细砂的细度模数介于：

A. 3.1~3.7 之间

B. 2.2~1.6 之间

C. 1.5~0.7 之间

D. 3.0~2.3 之间

55. 对于 JGJ 55—2011 标准的保罗米公式中的参数，碎石混凝土分别为 0.53 和 0.20，卵石混凝土分别为 0.49 和：

A. 0.25

B. 0.35

C. 0.13

D. 0.10

56. 进行设计洪水或设计径流频率分析时，减少抽样误差是很重要的工作。减少抽样误差的途径主要是：

A. 增大样本容量

B. 提高观测精度和密度

C. 改进测验仪器

D. 提高资料的一致性

57. 某水利工程的设计洪水是指：

A. 历史最大洪水

B. 设计断面的最大洪水

C. 符合设计标准要求的洪水

D. 通过文献考证的特大洪水

58. 水文计算时，样本资料的代表性可理解为：

A. 能否反映流域特点

B. 样本分布参数与总体分布参数的接近程度

C. 是否有特大洪水

D. 系列是否连续

59. 某流域有两次暴雨，前者的暴雨中心在上游，后者的暴雨中心在下游，其他情况都相同，则前者在流域出口断面形成的洪峰流量比后者的：

A. 洪峰流量小、峰现时间晚

B. 洪峰流量大、峰现时间晚

C. 洪峰流量大、峰现时间早

D. 洪峰流量小、峰现时间早

60. 使水资源具有再生性的根本原因是自然界的：

A. 降水

B. 蒸发

C. 径流

D. 水文循环

2014年度全国注册土木工程师（水利水电工程）

执业资格考试试卷

基础考试

（下）

二〇一四年九月

应考人员注意事项

1. 本试卷科目代码为“2”，考生务必将此代码填涂在答题卡“科目代码”相应的栏目内，否则，无法评分。

2. 书写用笔：**黑色或蓝色钢笔、签字笔或圆珠笔**；

   填涂答题卡用笔：**黑色2B铅笔**。

3. 必须用书写用笔将工作单位、姓名、准考证号填写在答题卡和试卷相应的栏目内。

4. 本试卷由60题组成，每题2分，满分120分，本试卷全部为单项选择题，每小题的四个备选项中只有一个正确答案，错选、多选、不选均不得分。

5. 考生作答时，必须按**题号在答题卡上**将相应试题所选选项对应的**字母用2B铅笔涂黑**。

6. 在答题卡上书写与题意无关的语言，或在答题卡上作标记的，均按违纪试卷处理。

7. 考试结束时，由监考人员当面将试卷、答题卡一并收回。

8. 草稿纸由各地统一配发，考后收回。

单项选择题（共 60 题，每题 2 分。每题的备选项中只有一个最符合题意。）

1. 平衡液体中的等压面必为：

A. 水平面　　B. 斜平面

C. 旋转抛物面　　D. 与质量力相正交的面

2. 管轴线水平，管径逐渐增大的管道有压流，通过的流量不变，其总水头线沿流向应：

A. 逐渐升高　　B. 逐渐降低

C. 与管轴线平行　　D. 无法确定

3. 其他条件不变，液体雷诺数随温度的增大而：

A. 增大　　B. 减小

C. 不变　　D. 不定

4. 如图所示为坝身下部的三根泄水管 a、b、c，其管径、管长、上下游水位差均相同，则流量最小的是：

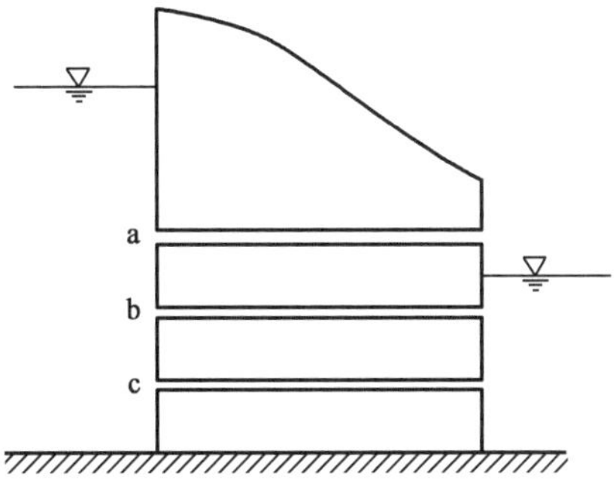

A. a 管　　B. b 管

C. c 管　　D. 无法确定

5. 明渠均匀流总水头线，水面线（测压管水头线）和底坡线相互之间的关系为：

A. 相互不平行的直线

B. 相互平行的直线

C. 相互不平行的曲线

D. 相互平行的曲线

6. 水跃跃前水深h'和跃后水深h''之间的关系为：

A. h'越大则h''越大　　B. h'越小则h''越小

C. h'越大则h''越小　　D. 无法确定

7. 当实用堰堰顶水头大于设计水头时，其流量系数m与设计水头的流量系数m_{d}的关系是：

A. $m = m_{\mathrm{d}}$

B. $m > m_{\mathrm{d}}$

C. $m < m_{\mathrm{d}}$

D. 不能确定

8. 计算消力池池长的设计流量一般选择：

A. 使池深最大的流量

B. 泄水建筑物的设计流量

C. 使池深最小的流量

D. 泄水建筑物下泄的最大流量

9. 渗流运动在计算总水头时不需要考虑：

A. 压强水头

B. 位置水头

C. 流速水头

D. 测压管水头

10. 下列不属于直剪试验的是：

A. 慢剪试验

B. 固结快剪试验

C. 快剪试验

D. 固结排水剪切试验

11. 下列不属于岩石边坡常见破坏的是：

A. 崩塌

B. 平面性滑动

C. 楔形滑动

D. 圆弧形滑动

12. 在矩形均布荷载作用下，关于地基中的附加应力计算，以下说法错误的是：

A. 计算基础范围内地基中附加应力

B. 计算基础角点处地基与基础接触点的附加应力

C. 计算基础边缘下地基中附加应力

D. 计算基础范围外地基中附加应力

13. 以下不是湿陷性黄土特性的是：

A. 含较多可溶性盐类

B. 粒度成分以黏粒为主

C. 孔隙比较大

D. 湿陷系数$\delta_{\mathrm{s}} \geqslant 0.015$

14. 临塑荷载是指：

A. 持力层将出现塑性区时的荷载

B. 持力层中将出现连续滑动面时的荷载

C. 持力层中出现某一允许大小塑性区时的荷载

D. 持力层刚刚出现塑性区时的荷载

15. 某挡土墙墙高 5m，墙后填土表面水平，墙背直立、光滑。地表作用$q = 10\text{kPa}$的均布荷载，土的物理力学性质指标$\gamma = 17\text{kN/m}^3$，$\varphi = 15°$，$c = 0$。作用在挡土墙上的总主动压力为：

A. 237.5kN/m　　B. 15kN/m

C. 154.6kN/m　　D. 140kN/m

16. 黏性土的最优含水量与下列哪个值最接近？

A. 液限　　B. 塑限

C. 缩限　　D. 天然含水量

17. 大面积均布荷载下，双面排水达到相同固结度所需时间是单面排水的：

A. 1 倍　　B. 1/2　　C. 1/4　　D. 2 倍

18. 下列物理性质指标，哪一项对无黏性土有意义？

A. I_p　　B. I_L　　C. D_r　　D. γ_{max}

19. 某土样试验得到的先期固结压力小于目前取土处土体的自重压力，则该土样为：

A. 欠固结土　　B. 超固结土

C. 正常固结土　　D. 次固结土

20. 图示体系的几何组成为：

A. 几何不变，无多余约束

B. 几何不变，有 1 个多余约束

C. 可变体系

D. 瞬变体系

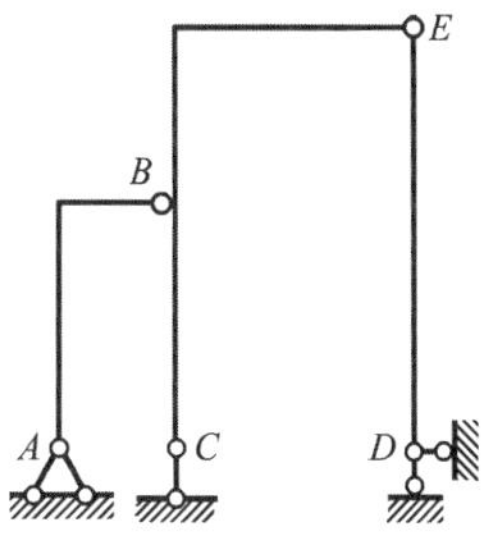

21. 图示结构，M_{EG}和Q_{BA}值为：

A. $M_{EG} = 16\text{kN}\cdot\text{m}$（上侧受拉），$Q_{BA} = 8\text{kN}$

B. $M_{EG} = 16\text{kN}\cdot\text{m}$（下侧受拉），$Q_{BA} = 0$

C. $M_{EG} = 16\text{kN}\cdot\text{m}$（下侧受拉），$Q_{BA} = -8\text{kN}$

D. $M_{EG} = 16\text{kN}\cdot\text{m}$（上侧受拉），$Q_{BA} = 16\text{kN}$

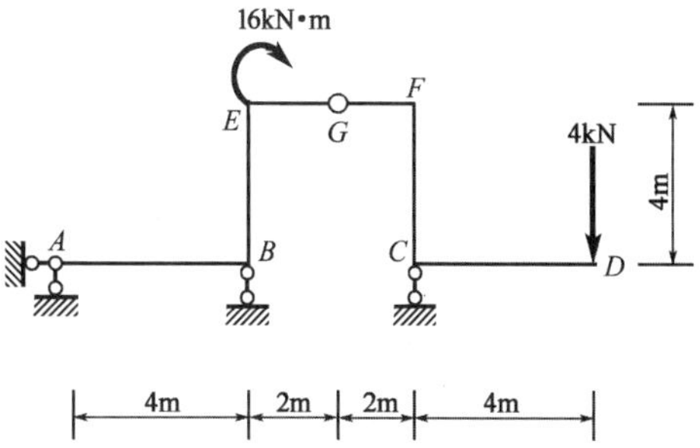

22. 图示桁架中，当仅增大桁架高度，其他条件不变时，杆 1 和杆 2 的内力变化是：

A. N_1、N_2均减小

B. N_1、N_2均不变

C. N_1减小、N_2不变

D. N_1增大、N_2不变

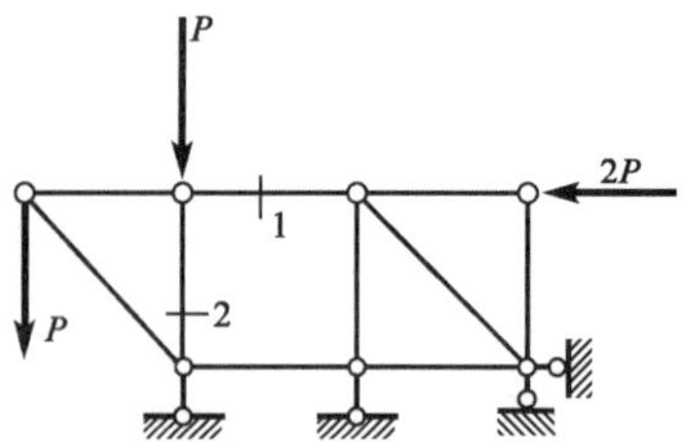

23. 求图示梁铰C左侧截面转角时，其虚拟状态应取为：

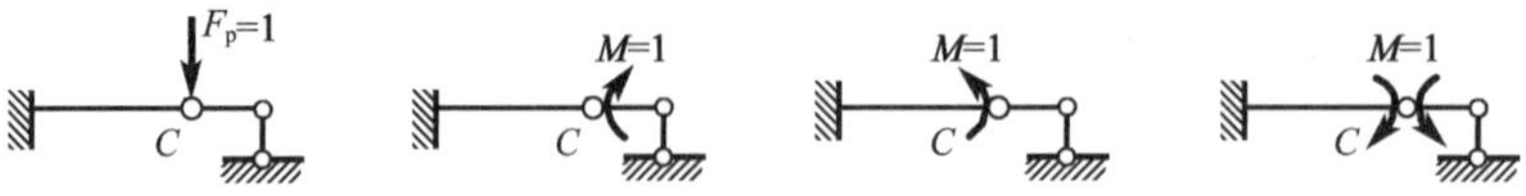

24. 图中取A的竖向和水平支座反力为力法的基本未知量X_1（向上）和X_2（向左），则柔度系数：

A. $\delta_{11} > 0$，$\delta_{22} < 0$

B. $\delta_{11} < 0$，$\delta_{22} > 0$

C. $\delta_{11} < 0$，$\delta_{22} < 0$

D. $\delta_{11} > 0$，$\delta_{22} > 0$

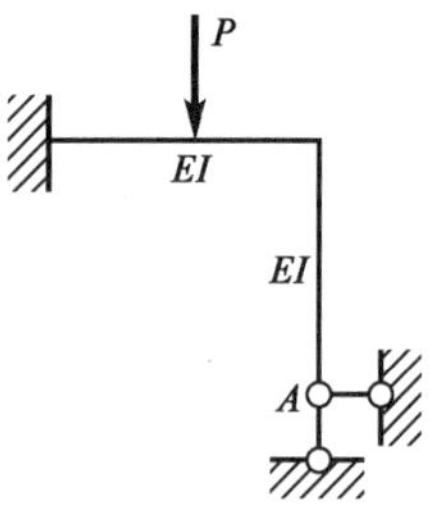

25. AB杆变形如图中虚线所示，则A端的杆端弯矩为：

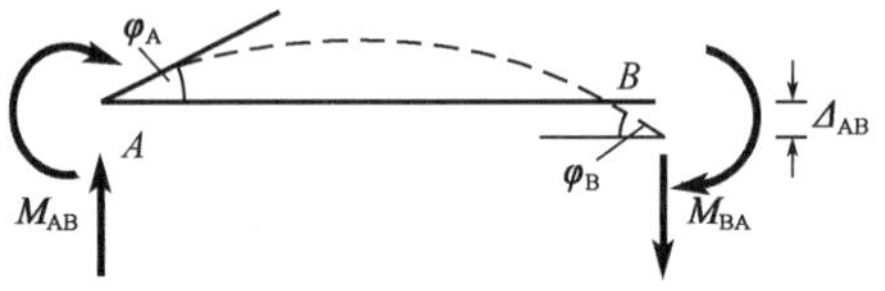

A. $M_{AB} = 4i\varphi_A - 2i\varphi_B - 6i\Delta_{AB}/l$

B. $M_{AB} = 4i\varphi_A + 2i\varphi_B + 6i\Delta_{AB}/l$

C. $M_{AB} = -4i\varphi_A + 2i\varphi_B - 6i\Delta_{AB}/l$

D. $M_{AB} = -4i\varphi_A - 2i\varphi_B + 6i\Delta_{AB}/l$

26. 图示结构（EI为常数）用力矩分配法计算时，分配系数μ_{BC}及传递系数C_{BC}为：

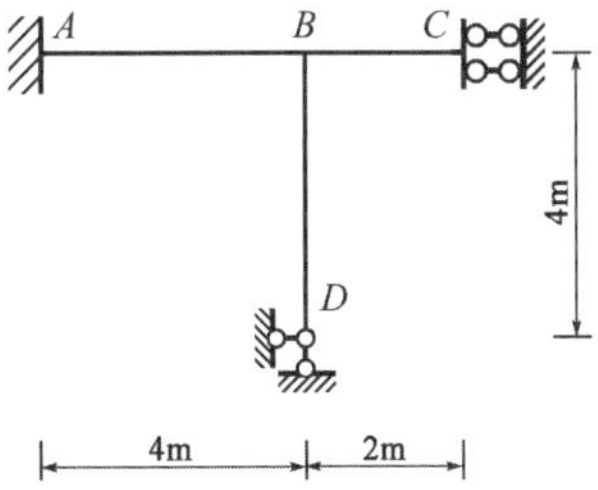

A. $\mu_{BC}=1/8$，$C_{BC}=-1$

B. $\mu_{BC}=2/9$，$C_{BC}=1$

C. $\mu_{BC}=1/8$，$C_{BC}=1$

D. $\mu_{BC}=2/9$，$C_{BC}=-1$

27. 图示结构Q_C影响线（$P=1$在BE上移动）中，BC、CD段纵标为：

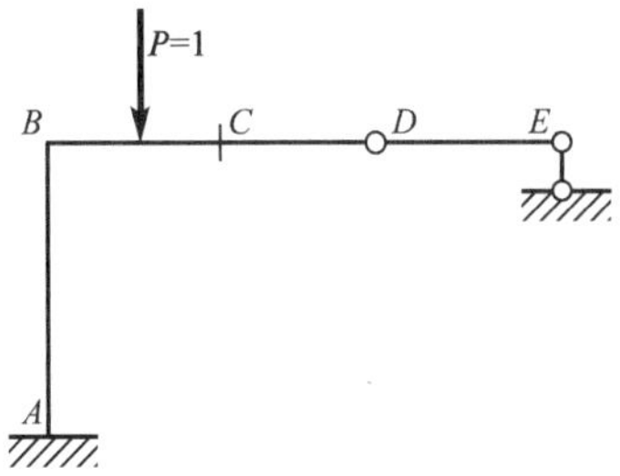

A. BC、CD段均不为零

B. BC、CD段均为零

C. BC段为零，CD段不为零

D. BC段不为零，CD段为零

28. 图示体系的自振频率为：

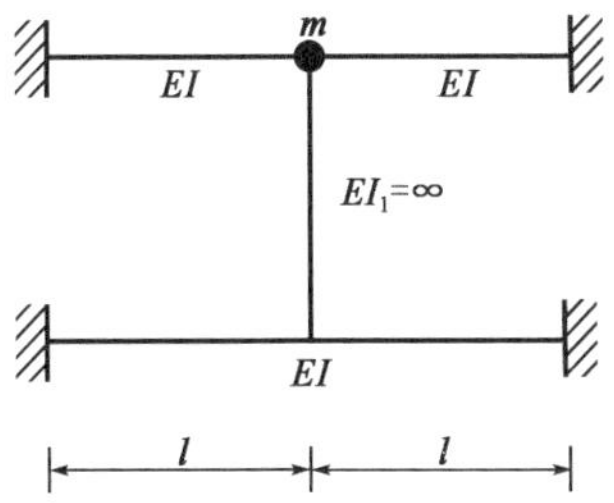

A. $\sqrt{12EI/(ml^3)}$

B. $\sqrt{24EI/(ml^3)}$

C. $\sqrt{48EI/(ml^3)}$

D. $\sqrt{36EI/(ml^3)}$

29. 现行《水工混凝土结构设计规范》（SL 191—2008）采用的设计方法是：

A. 采用承载能力极限状态和正常使用极限状态设计方法，用分项系数表达

B. 采用极限状态设计法，材料性能的变异性和荷载的变异性通过安全系数来表达

C. 采用极限状态设计法，恢复了单一安全系数的表达式

D. 采用极限状态设计法，在规定的材料强度和荷载取值条件下，采用在多系数分析基础上以安全系数表达的方式进行设计

30. 现行《水工混凝土结构设计规范》(NB/T 11011—2022)采用的设计方法，下列表述错误的是：

A. 材料性能的变异性和作用的变异性分别用材料强度标准值及材料性能分项系数和作用标准值及作用分项系数来表达

B. 结构系数γ_d用来反映作用效应计算模式的不定性、结构构件抗力计算模式的不定性和γ_G、γ_Q、γ_c、γ_s及γ_0、ψ等分项系数未能反映的其他各种不利变异

C. 不同安全级别的结构构件，其可靠度水平由结构重要性系数γ_0予以调整

D. 对于正常使用极限状态的验算，作用分项系数、材料性能分项系数、结构系数、设计状况系数等都取 1.0，但结构重要性系数仍保留

31. 纵向受拉钢筋分别采用 HPB300、HRB400、HRB500 时，现行《水工混凝土结构设计规范》(NB/T 11011—2022)单筋矩形截面正截面受弯界限破坏时的截面抵抗矩系数α_{sb}为：

A. 0.415、0.399、0.384

B. 0.425、0.390、0.384

C. 0.410、0.384、0.369

D. 0.425、0.399、0.374

32. 现行《水工混凝土结构设计规范》(SL 191—2008)单筋矩形截面正截面受弯界限破坏时截面所能承受的弯矩设计值M_u为：

A. $M_u = f_c b h_0^2 \xi_b (1 - 0.5\xi_b)$

B. $M_u = 0.85 f_c b h_0^2 \xi_b (1 - 0.5\xi_b)$

C. $M_u = 0.85 f_c b h_0^2 \xi_b (1 - 0.5 \times 0.85\xi_b)$

D. $M_u = f_c b h_0^2 \xi_b (1 - 0.5 \times 0.85\xi_b)$

33. 已知矩形截面梁$b \times h = 200\ \mathrm{mm} \times 500\ \mathrm{mm}$，采用 C25 混凝土($f_c = 11.9\ \mathrm{N/mm^2}$)，纵筋采用 HRB400 钢筋($f_y = 360\ \mathrm{N/mm^2}$)，已配有 3⌀20($A_s = 942\ \mathrm{mm^2}$)，$a_s = 45\ \mathrm{mm}$。按《水工混凝土结构设计规范》(NB/T 11011—2022)计算时，$\gamma_0 = 1.0$，$\psi = 1.0$，$\gamma_d = 1.2$；按《水工混凝土结构设计规范》(SL 191—2008)计算时，$K = 1.2$，则此梁能承受的弯矩设计值M为：

A. 90 kN·m

B. 108 kN·m

C. 129 kN·m

D. 159 kN·m

34. 已经矩形截面梁$b \times h = 200\text{mm} \times 500\text{mm}$，采用 C25 混凝土（$f_c = 11.9\ \text{N/mm}^2$），纵筋采用 HRB400 钢筋（$f_y = f'_y = 360\ \text{N/mm}^2$），纵筋的保护层厚度$c = 35\ \text{mm}$。承受弯矩设计值$M = 175\ \text{kN} \cdot \text{m}$。按（NB/T 11011—2022）计算时，$\gamma_0 = 1.0$，$\psi = 1.0$，$\gamma_d = 1.2$；按 SL 191—2008 计算时$K = 1.2$，求$A_s$：

A. 1200 mm^2　　B. 1600 mm^2

C. 1768 mm^2（1677 mm^2）　　D. 2220 mm^2

（注：选项 C 括号内数值适用于按 SL 191—2008 计算）

35. 已知均布荷载矩形截面简支梁，$b \times h = 200\text{mm} \times 500\text{mm}$，采用 C25 混凝土（$f_c = 11.9\ \text{N/mm}^2$，$f_t = 1.27\ \text{N/mm}^2$），箍筋采用 HPB300 钢筋（$f_{yv} = 270\ \text{N/mm}^2$），已配双肢$\phi 6@150$，设$a_s = 40\ \text{mm}$。按《水工混凝土结构设计规范》（NB/T 11011—2022）计算时，$\gamma_0 = 1.0$，$\psi = 1.0$，$\gamma_d = 1.2$；按《水工混凝土结构设计规范》（SL 191—2008）计算时，$K = 1.2$。则此梁所能承受的剪力设计值V为：

A. 50 kN　　B. 87.7 kN（117 kN）

C. 107 kN　　D. 128 kN

（注：选项 B 括号内数值适用于按 SL 191—2008 计算）

36. 剪力和扭矩共同作用时：

A. 截面的抗扭能力随剪力的增大而提高，而抗剪能力随扭矩的增大而降低

B. 截面的抗扭能力随剪力的增大而降低，但抗剪能力与扭矩的大小无关

C. 截面的抗剪能力随扭矩的增大而降低，但抗扭能力与剪力的大小无关

D. 截面的抗扭能力随剪力的增大而降低，抗剪能力亦随扭矩的增大而降低

37. 已知矩形截面柱，$b \times h = 400\ \text{mm} \times 600\ \text{mm}$，采用 C30 混凝土（$f_c = 14.3\ \text{N/mm}^2$），纵筋采用 HRB335 钢筋（$f_y = f'_y = 300\ \text{N/mm}^2$），对称配筋，设$a_s = a'_s = 40\ \text{mm}$，$\eta = 1.0$，承受弯矩设计值$M = 420\ \text{kN} \cdot \text{m}$，轴向压力设计值$N = 1200\ \text{kN}$。按《水工混凝土结构设计规范》（NB/T 11011—2022）计算时，$\gamma_0 = 1.0$，$\psi = 1.0$，$\gamma_d = 1.2$；按《水工混凝土结构设计规范》（SL 191—2008）计算时，$K = 1.2$。则纵筋截面面积$A_s = A'_s$为：

A. 1200 mm^2　　B. 1350 mm^2

C. 1620 mm^2　　D. 1800 mm^2

38. 钢筋混凝土结构构件正常使用极限状态验算正确的表述为：

A. 根据使用要求进行正截面抗裂验算或正截面裂缝宽度验算，对于受弯构件还应进行挠度验算。上述验算时，作用组合均取基本组合，材料强度均取标准值

B. 根据使用要求进行正截面抗裂验算和斜截面抗裂验算或正截面裂缝宽度验算，对于受弯构件还应进行挠度验算。抗裂验算时应按标准组合进行验算，变形和裂缝宽度验算时应按标准组合并考虑荷载长期作用的影响进行验算，材料强度均取标准值

C. 根据使用要求进行正截面抗裂验算或正截面裂缝宽度验算，对于受弯构件还应进行挠度验算。抗裂验算时应按标准组合进行验算，变形和裂缝宽度验算时应按标准组合并考虑荷载长期作用的影响进行验算，材料强度均取设计值

D. 根据使用要求进行正截面抗裂验算或正截面裂缝宽度验算，对于受弯构件还应进行挠度验算。抗裂验算时应按标准组合进行验算，变形和裂缝宽度验算时应按标准组合并考虑荷载长期作用的影响进行验算，材料强度均取标准值

39. 截面尺寸和材料强度及钢筋用量相同的构件，一个施加预应力，一个为普通钢筋混凝土构件，下列说法正确的是：

A. 预应力混凝土构件的正截面受弯承载力比钢筋混凝土构件的正截面受弯承载力高

B. 预应力混凝土构件的正截面受弯承载力比钢筋混凝土构件的正截面受弯承载力低

C. 预应力混凝土构件的斜截面受剪承载力比钢筋混凝土构件的斜截面受剪承载力高

D. 预应力混凝土构件的斜截面受剪承载力比钢筋混凝土构件的斜截面受剪承载力低

40. 当设计烈度为 8 度时，考虑地震作用组合的钢筋混凝土框架梁，梁端截面混凝土受压区计算高度x应满足下列哪一要求？

A. $x \leqslant 0.25h_0$　　B. $x \leqslant 0.35h_0$

C. $x \leqslant 0.30h_0$　　D. $x \leqslant 0.55h_0$

41. 当经纬仪的望远镜上下转动时，竖直度盘：

A. 与望远镜一起转动　　B. 与望远镜相对运动

C. 不动　　D. 两者无关

42. 导线的布置形式有：

A. 一级导线、二级导线、图根导线

B. 单向导线、往返导线、多边形导线

C. 闭合导线、附合导线、支导线

D. 三角高程测量、附合水准路线、支水准路线

43. 已知直线AB的坐标方位角为34°，则直线BA坐标方位角为：

A. 326°　　B. 34°

C. 124°　　D. 214°

44. 尺长误差和温度误差属：

A. 偶然误差　　B. 系统误差

C. 中误差　　D. 限差

45. 已知某地形图的比例尺为 1∶2000，其中坐标格网的局部如题图所示，a点的X、Y坐标分别为(500,1000)，已知$ae = 7.1\text{cm}$，$ah = 5.4\text{cm}$，不考虑图纸伸缩的影响，则M点X、Y坐标为：

A. (571,1054)

B. (554,1071)

C. (642,1108)

D. (608,1142)

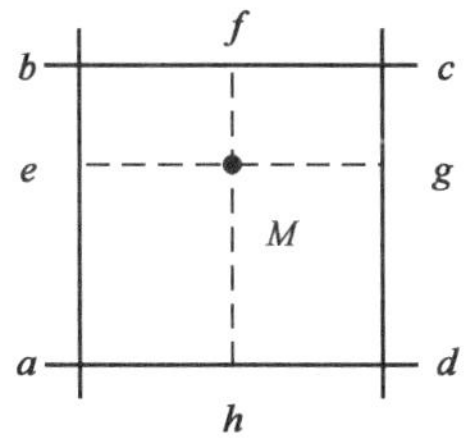

46. 一幅 1∶1000 的地形图（50cm×50cm），代表的实地面积为：

A. 1km^2　　B. 0.001km^2

C. 4km^2　　D. 0.25km^2

47. 当材料的孔隙率增大时，材料的密度如何变化：

A. 不变　　B. 变小

C. 变大　　D. 无法确定

48. 配制耐热砂浆时，应从下列胶凝材料中选用：

A. 石灰　　B. 水玻璃

C. 石膏　　D. 菱苦土

49. 硅酸盐水泥中，常见的四大矿物是：

A. C_3S、C_2S、C_3A、C_4AF　　B. C_2AS、C_3S、C_2S、C_3A

C. CA_2、CA、C_2S、C_3A　　D. CA、C_2S、C_3A、C_4AF

50. 普通硅酸盐水泥中，矿物掺合料的可使用范围是：

A. 0~5%　　B. 6%~15%

C. 6%~20%　　D. 20%~40%

51. 混凝土配合比设计时，决定性的三大因素是：

A. 水胶比、浆骨比、砂率

B. 粗集料种类、水胶比、砂率

C. 细集料的细度模数、水胶比、浆骨比

D. 矿物掺合料的用量、浆骨比、砂率

52. 在混凝土中掺入钢纤维后，其主要的目的是提高混凝土：

A. 抗压强度　　B. 抗拉强度

C. 韧性　　D. 抗塑性开裂能力

53. 钢筋混凝土结构、预应力混凝土结构中严禁使用含下列哪种物质的水泥？

A. 氯化物　　B. 氧化物　　C. 氟化物　　D. 氰化物

54. 沥青混合料路面在低温时产生破坏，主要是由于：

A. 抗拉强度不足或变形能力较差　　B. 抗剪强度不足

C. 抗压强度不足　　D. 抗弯强度不足

55. 寒冷地区承受动荷载的重要钢结构，应选用：

A. 脱氧程度不彻底的钢材　　B. 时效敏感性大的钢材

C. 脆性临界温度低的钢材　　D. 脆性临界温度高的钢材

56. 自然界中水文循环的主要环节是：

A. 截留、填洼、下渗、蒸发　　B. 蒸发、降水、下渗、径流

C. 截留、下渗、径流、蒸发　　D. 蒸发、散发、降水、下渗

57. $P=5\%$的丰水年，其重现期T等于几年？

A. 5　　B. 50　　C. 20　　D. 95

58. 洪水频率计算中，洪峰流量选样的方法是：

A. 最大值法　　B. 年最大值法

C. 超定量法　　D. 超均值法

59. 某水利工程，设计洪水的设计频率为P，若设计工程的寿命为L年，则在L年内，工程不破坏的概率为：

A. P　　B. $1-P$　　C. LP　　D. $(1-P)^L$

60. 在设计年径流的分析计算中，把短系列资料展延成长系列资料的目的是：

A. 增加系列的代表性　　B. 增加系列的可靠性

C. 增加系列的一致性　　D. 考虑安全

2016年度全国注册土木工程师（水利水电工程）

执业资格考试试卷

基础考试

（下）

二〇一六年九月

应考人员注意事项

1. 本试卷科目代码为“2”，考生务必将此代码填涂在答题卡“科目代码”相应的栏目内，否则，无法评分。
2. 书写用笔：**黑色或蓝色钢笔、签字笔或圆珠笔**；

   填涂答题卡用笔：**黑色 2B 铅笔**。
3. 必须用书写用笔将工作单位、姓名、准考证号填写在答题卡和试卷相应的栏目内。
4. 本试卷由 60 题组成，每题 2 分，满分 120 分，本试卷全部为单项选择题，每小题的四个备选项中只有一个正确答案，错选、多选、不选均不得分。
5. 考生作答时，必须按**题号在答题卡上**将相应试题所选选项对应的**字母用 2B 铅笔涂黑**。
6. 在答题卡上书写与题意无关的语言，或在答题卡上作标记的，均按违纪试卷处理。
7. 考试结束时，由监考人员当面将试卷、答题卡一并收回。
8. 草稿纸由各地统一配发，考后收回。

单项选择题（共 60 题，每题 2 分。每题的备选项中只有一个最符合题意。）

1. 一闸下泄水流模型试验，采用重力相似原则，其长度比尺为 20，模型测得某水位下的流量为 $0.03\text{m}^3/\text{s}$，下泄出口处断面流速为1m/s，则原型的流量和下泄出口处断面流速分别为：

A. $53.67\text{m}^3/\text{s}$和20m/s　　B. $240\text{m}^3/\text{s}$和20m/s

C. $53.67\text{m}^3/\text{s}$和4.47m/s　　D. $240\text{m}^3/\text{s}$和4.47m/s

2. 已知管段长度$L = 4.0\text{m}$，管径$d = 0.015\text{m}$，管段的流量$Q = 4.5 \times 10^{-5}\text{m}^3/\text{s}$，管段两端各装一根测压管，两测压管水面高差$\Delta h = 27\text{mm}$，则管道的沿程水头损失系数$\lambda$等于：

A. 0.0306　　B. 0.0328

C. 0.0406　　D. 0.0496

3. 有一河道泄流时，流量$Q = 120\text{m}^3/\text{s}$，过水断面为矩形断面，其宽度$b = 60\text{m}$，流速$v = 5\text{m/s}$，河道水流的流动类型为：

A. 缓流　　B. 急流

C. 临界流　　D. 不能确定

4. 实验中用来测量管道中流量的仪器是：

A. 文丘里流量计　　B. 环形槽

C. 毕托管　　D. 压力计

5. 关于水头线的特性说法：①实际液体总水头线总是沿程下降的；②测压管水头线小于总水头线一个流速水头值；③由于$\frac{p}{\gamma} = H_\text{p} - z$，故测压管水头$H_\text{p}$线是在位置水头$Z$线上面；④测压管水头线可能上升，可能下降，也可能不变。

A. ①②③④不对　　B. ②③不对

C. ③不对　　D. ①④不对

6. 某离心泵的吸水管中某一点的绝对压强为 30kPa，则相对压强和真空度分别为：

A. −98kPa，8.9m　　B. −58kPa，5.9m

C. −68kPa，6.9m　　D. −71kPa，7.2m

7. 有一矩形断面的风道，已知进口断面尺寸为$20\text{cm} \times 30\text{cm}$，出口断面尺寸为$10\text{cm} \times 20\text{cm}$，进口断面的平均风速$v_1 = 4.5\text{m/s}$，则该风道的通风量和出口断面的风速分别为：

A. $0.027\text{m}^3/\text{s}$和1.3m/s　　B. $0.021\text{m}^3/\text{s}$和3.6m/s

C. $2.7\text{m}^3/\text{s}$和6.5m/s　　D. $0.27\text{m}^3/\text{s}$和13.5m/s

8. 有一水管，其管长$L = 500\text{m}$，管径$D = 300\text{mm}$，若通过流量$Q = 60\text{L/s}$，温度为 20℃，如水的运动黏滞系数为$\nu = 1.013 \times 10^{-6}\text{m}^2/\text{s}$，则流态为：

A. 层流　　B. 临界流

C. 紊流　　D. 无法判断

9. 一装水的密闭容器，装有水银测压计，已知$h_1 = 50\text{cm}$，$\Delta h_1 = 35\text{cm}$，$\Delta h_2 = 40\text{cm}$，则高度h_2为：

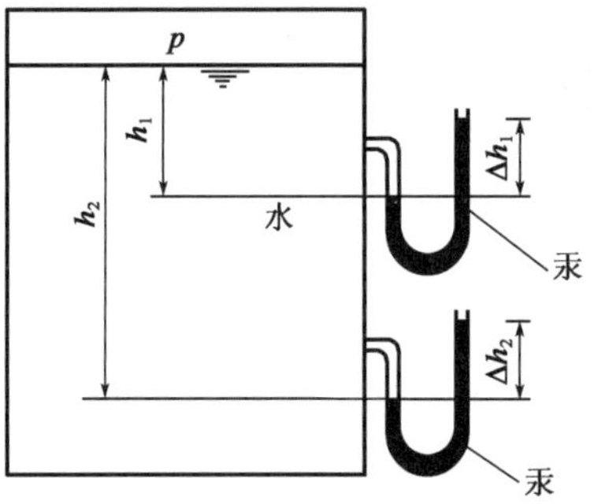

A. 1.08m　　B. 1.18m　　C. 1.28m　　D. 1.38m

10. 黏性土的分类依据是：

A. 液性指数　　B. 塑性指数

C. 所含成分　　D. 黏粒级配与组成

11. 同一种土的密度ρ，ρ_{sat}，ρ'和ρ_{d}的大小顺序可能为：

A. $\rho_{\text{d}} < \rho' < \rho < \rho_{\text{sat}}$　　B. $\rho_{\text{d}} < \rho < \rho' < \rho_{\text{sat}}$

C. $\rho' < \rho_{\text{d}} < \rho < \rho_{\text{sat}}$　　D. $\rho' < \rho < \rho_{\text{d}} < \rho_{\text{sat}}$

12. 均布载荷作用下，矩形基底下地基中同样深度处的竖向附加应力的最大值出现在：

A. 基底中心以下　　B. 基底的角点上

C. 基底点外　　D. 基底中心与角点之间

13. 以下不是软土特性的是：

A. 透水性较差　　B. 强度较低

C. 天然含水率较小　　D. 压缩性高

14. 室内侧限压缩实验测得的e-p曲线愈缓，表明该土样的压缩性：

A. 愈高　　B. 愈低

C. 愈均匀　　D. 愈不均匀

15. 土体中某截面达到极限平衡状态，理论上该截面的应力点应在：

A. 库仑强度包线上方

B. 库仑强度包线下方

C. 库仑强度包线上

D. 不能确定

16. 有一坡度为θ的砂土坡，安全系数最小的是：

A. 砂土是天然风干的（含水率约为 1%）

B. 砂土坡淹没在静水下

C. 砂土非饱和含水率 8%

D. 有沿坡的渗流

17. 若基础底面宽度为b，则临塑荷载对应的地基土中塑性变形区的深度为：

A. $b/3$　　B. 0

C. $b/2$　　D. $b/4$

18. 天然饱和黏土厚 20m，位于两砂层之间，在大面积均布荷载作用下达到最终沉降量的时间为 3 个月，若该土层厚度增加一倍，且变为单面排水，则达到最终沉降量的时间为：

A. 6 个月　　B. 12 个月

C. 24 个月　　D. 48 个月

19. 岩石的软化系数总是：

A. 大于 1　　B. 小于 1

C. 大于 100　　D. 小于 100

20. 图示体系是：

A. 几何不变，无多余约束

B. 瞬变体系

C. 几何不变，有多余约束

D. 常变体系

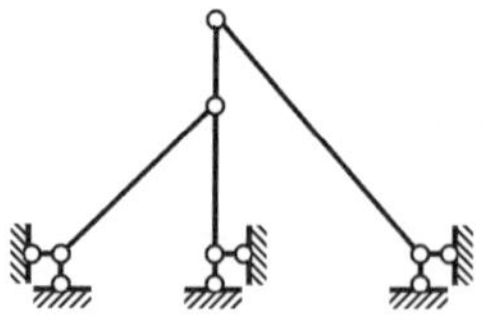

21. 图示桁架a杆内力是：

A. $2P$

B. $-2P$

C. $-3P$

D. $3P$

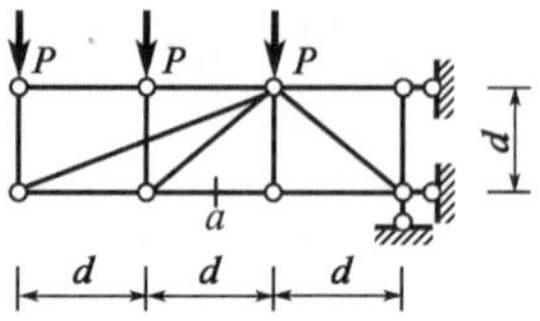

22. 图示梁a截面的弯矩影响线在B点的竖标为：

A. −1m

B. −1.5m

C. −3m

D. 0

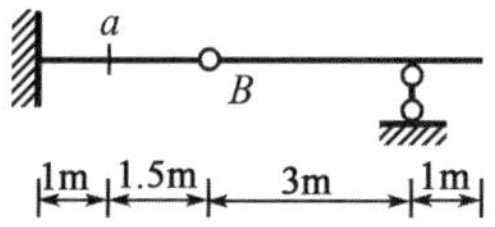

23. 图示结构，取力法基本体系时，不能切断：

A. BD杆

B. CD杆

C. DE杆

D. AD杆

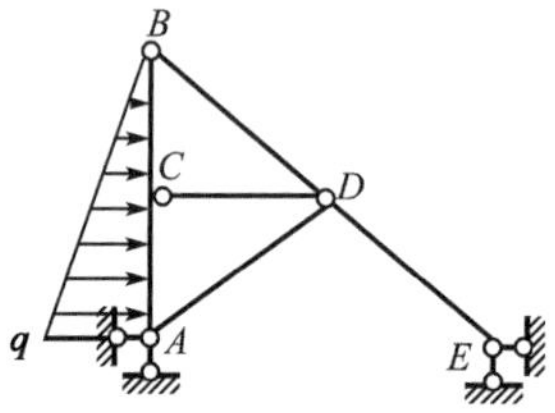

24. 如图所示连续梁，$EI=$常数，已知支承B处梁截面转角为$\frac{-7Pl^2}{240EI}$（逆时针向），则支承C处梁截面转角ψ_c应为：

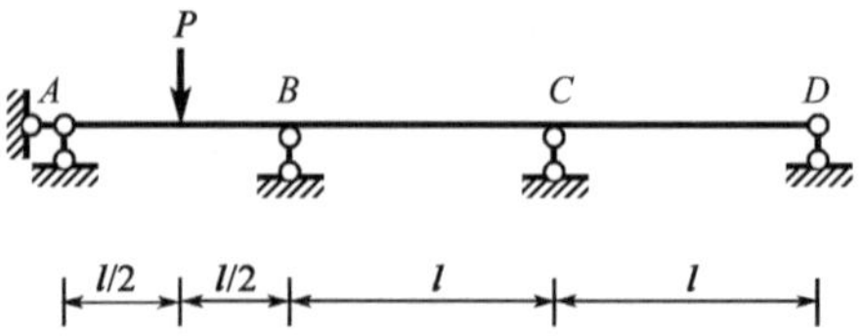

A. $\frac{Pl^2}{240EI}$

B. $\frac{Pl^2}{180EI}$

C. $\frac{Pl^2}{120EI}$

D. $\frac{Pl^2}{60EI}$

25. 图示伸臂梁，温度升高$t_1 > t_2$，则C点和D点的位移：

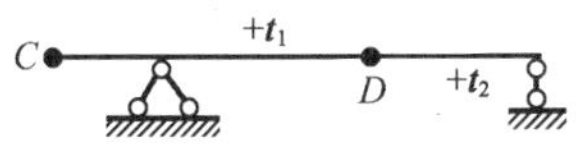

A. 都向下

B. 都向上

C. C点向上，D点向下

D. C点向下，D点向上

26. 图示结构，若使结点 A 产生单位转角，则在结点 A 需施加的外力偶为：

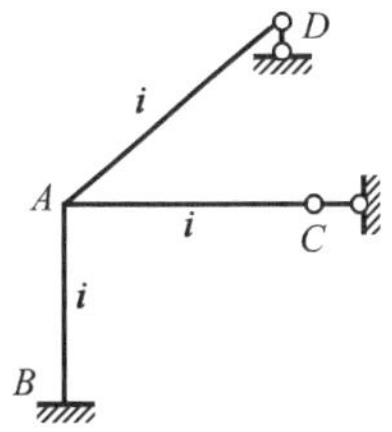

A. $7i$

B. $9i$

C. $8i$

D. $11i$

27. 图示结构截面M_A、M_B（以内侧受拉为正）为：

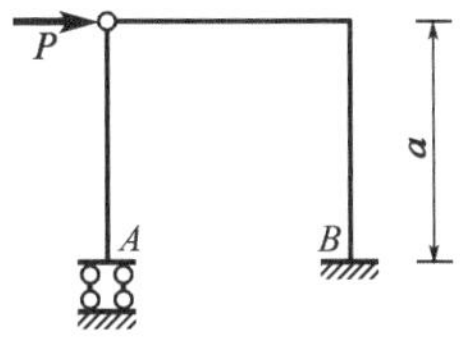

A. $M_A = -Pa$，$M_B = Pa$

B. $M_A = 0$，$M_B = -Pa$

C. $M_A = Pa$，$M_B = Pa$

D. $M_A = 0$，$M_B = Pa$

28. 图示体系的自振频率为：

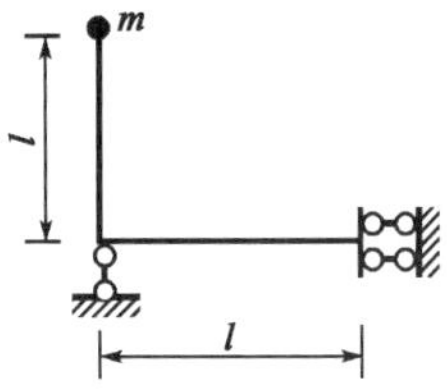

A. $\sqrt{3EI/(2ml^3)}$

B. $\sqrt{3EI/(4ml^3)}$

C. $\sqrt{3EI/(ml^3)}$

D. $\sqrt{EI/(ml^3)}$

29. 以下说法错误的是：

A. 所有结构构件均应进行承载力计算

B. 所有钢筋混凝土结构构件均应进行抗裂验算

C. 对于承载能力极限状态，一般应考虑持久或短暂状况下的基本组合与偶然状况下的偶然组合

D. 对于正常使用极限状态，一般应考虑作用的标准组合（用于抗裂验算）或标准组合并考虑长期作用的影响（用于裂缝宽度和挠度计算）

30. 预应力混凝土受弯构件与普通混凝土受弯构件相比，需增加的计算内容有：

A. 正截面受弯承载力计算　　B. 斜截面受剪承载力计算

C. 正截面抗裂验算　　D. 斜截面抗裂验算

31. 设截面配筋率$\rho = A_s/bh_0$，截面相对受压区计算高度和截面界限相对受压区计算高度分别为ξ、ξ_b，对于ρ_b的含义，以及《水工混凝土结构设计规范》（NB/T 11011—2022）适筋梁应满足的条件是：

A. ρ_b表示界限破坏时的配筋率$\rho_b = \xi_b f_c/f_y$，适筋梁应满足$\rho \leqslant \rho_b$

B. ρ_b表示界限破坏时的配筋率$\rho_b = \xi_b f_c/f_y$，适筋梁应满足$\rho > \rho_b$

C. ρ_b表示界限破坏时的配筋率$\rho_b = \xi_b f_c/f_y$，适筋梁应满足$\rho \leqslant 0.85\rho_b$

D. ρ_b表示界限破坏时的配筋率$\rho_b = \xi_b f_c/f_y$，适筋梁应满足$\rho > 0.85\rho_b$

32. 以下对正截面最大裂缝宽度计算值没有影响的是：

A. 纵向受拉钢筋应力　　B. 混凝土强度等级

C. 纵向受拉钢筋配筋率　　D. 保护层厚度

33. 某对称配筋的大偏心受压构件可承受的四组内力中，最不利的一组内力为：

A. $M = 218\ \text{kN} \cdot \text{m}$，$N = 396\ \text{kN}$　　B. $M = 218\ \text{kN} \cdot \text{m}$，$N = 380\ \text{kN}$

C. $M = 200\ \text{kN} \cdot \text{m}$，$N = 396\ \text{kN}$　　D. $M = 200\ \text{kN} \cdot \text{m}$，$N = 380\ \text{kN}$

34. 偏心受压柱采用对称配筋，截面面积$b \times h = 400\ \text{mm} \times 500\ \text{mm}$，混凝土强度等级为 C25（$f_c = 11.9\ \text{N/mm}^2$），纵向受力筋采用 HRB335（$f_y = 300\ \text{N/mm}^2$），$a_s = a_s' = 40\ \text{mm}$，$\xi_b = 0.55$，轴向压力$N = 556\ \text{kN}$，弯矩$M = 275\ \text{kN} \cdot \text{m}$，$\eta = 1.15$，$K = 1.2$，则$A_s$为：

A. $2060\ \text{mm}^2$　　B. $1880\ \text{mm}^2$

C. $2438\ \text{mm}^2$　　D. $1690\ \text{mm}^2$

35. 钢筋混凝土受弯构件斜截面受剪承载力计算公式中没有体现的影响因素为：

A. 材料强度　　B. 纵筋配筋率

C. 箍筋配筋率　　D. 截面尺寸

36. 有配筋不同的三种梁（梁 1：$A_s = 350\ \text{mm}^2$；梁 2：$A_s = 250\ \text{mm}^2$；梁 3：$A_s = 150\ \text{mm}^2$），其中梁 1 是适筋梁，梁 2 和梁 3 为超筋梁，则破坏时截面相对受压区计算高度ξ的大小关系为：

A. $\xi_3 > \xi_2 > \xi_1$　　B. $\xi_1 > \xi_2 = \xi_3$

C. $\xi_2 > \xi_3 > \xi_1$　　D. $\xi_3 = \xi_2 > \xi_1$

37. 对于钢筋混凝土偏心受拉构件，下面说法错误的是：

A. 如果$\xi > \xi_b$，说明是小偏心受拉破坏

B. 小偏心受拉构件破坏时，构件拉力全部由受拉钢筋承担

C. 大偏心受拉构件存在局部受压区

D. 大、小偏心受拉构件的判断依据是构件拉力的作用位置

38. 预应力混凝土轴心受拉构件，开裂荷载N_{cr}等于：

A. 先张法、后张法均为$(\sigma_{pcII} + f_{tk})A_0$

B. 先张法、后张法均为$(\sigma_{pcII} + f_{tk})A_n$

C. 先张法为$(\sigma_{pcII} + f_{tk})A_0$，后张法为$(\sigma_{pcII} + f_{tk})A_n$

D. 先张法为$(\sigma_{pcII} + f_{tk})A_n$，后张法为$(\sigma_{pcII} + f_{tk})A_0$

39. 先张法预应力混凝土轴心受拉构件，当加载至构件裂缝即将出现时，预应力筋的应力为：

A. $\sigma_{con} - \sigma_l - \alpha_E f_{tk}$

B. $\sigma_{con} - \sigma_l - \alpha_E \sigma_{pcII} + \alpha_E f_{tk}$

C. $\sigma_{con} - \sigma_l + 2\alpha_E f_{tk}$

D. $\sigma_{con} - \sigma_l + \alpha_E f_{tk}$

40. 下面关于受弯构件斜截面受剪承载力的说法，正确的是：

A. 施加预应力可以提高斜截面受剪承载力

B. 防止发生斜压破坏应提高配箍率

C. 避免发生斜拉破坏的有效办法是提高混凝土强度

D. 对无腹筋梁，剪跨比越大其斜截面受剪承载力越高

41. 视差产生的原因是：

A. 气流现象

B. 监测目标太远

C. 监测点影像与十字丝刻板不重合

D. 仪器轴系统误差

42. AB坐标方位角α_{AB}属第III象限，则对应的象限角是：

A. α_{AB}

B. $\alpha_{AB} - 180°$

C. $360° - \alpha_{AB}$

D. $180° - \alpha_{AB}$

43. 下表为竖盘观测记录，顺时针刻划，B点竖直角大小为：

测站	观测点	竖盘	竖盘刻度值	一测回站	备注
	A	左	90°50′40″		
		右	269°09′17″		
	B	左	89°12′30″		
		右	270°48′20″		

A. 0°47′55″　　B. −0°40′00″

C. 1°38′19″　　D. −1°38′19″

44. 水平角以等精度观测 4 测回：55°40′47″、55°40′40″、55°40′42″、55°40′50″，一测回观测值中误差m为：

A. 2″28　　B. 3″96　　C. 7″92　　D. 4″57

45. 已知A点的高程为$H_{\mathrm{A}}=20.000\mathrm{m}$，支水准路线$AP$往测高差为−1.436，反测高差为+1.444，则P点的高程为：

A. 18.564m　　B. 18.560m

C. 21.444m　　D. 21.440m

46. 已知基本等高距为 2m，则计曲线为：

A. 1,2,3,⋯　　B. 2,4,6,⋯

C. 10,20,30,⋯　　D. 5,10,15,⋯

47. 密度是指材料在以下哪种状态下单位体积的质量?

A. 绝对密度　　B. 自然状态

C. 粉体或颗粒材料自然堆积　　D. 饱水

48. 一般要求绝热材料的导热率不宜大于$0.17\mathrm{W/(m\cdot K)}$，表观密度小于$1000\mathrm{kg/m^3}$，抗压强度应大于：

A. 10MP　　B. 5MP

C. 3MP　　D. 0.3MP

49. 影响材料抗冻性的主要因素有孔结构、水饱和度和冻融龄期，其极限水饱和度是：

A. 50%　　B. 75%

C. 85%　　D. 91.7%

50. 材料抗渗性常用渗透系数表示，常用单位是：

A. m/h　　B. mm/s

C. m/s　　D. cm/s

51. 绝热材料若超过一定温度范围会使孔隙中空气的导热与孔壁间的辐射作用有所增加，因此绝热材料适用的温度范围为：

A. 0~25℃　　　　B. 0~50℃

C. 0~20℃　　　　D. 0~55℃

52. 一般认为硅酸盐水泥颗粒小于多少具有较高活性，而大于 100μm 其活性则很小？

A. 30μm　　　　B. 40μm

C. 50μm　　　　D. 20μm

53. 普通混凝土用砂的细度模数范围一般在多少之间较为适宜：

A. 3.7~3.1　　　　B. 3.0~2.3

C. 3.7~0.7　　　　D. 2.2~1.6

54. 一般来说，泵送混凝土水胶比不宜大于 0.6，高性能混凝土水胶比不大于：

A. 0.6　　　　B. 0.5

C. 0.4　　　　D. 0.3

55. 对于素混凝土拌合物用水 pH 值应大于或等于：

A. 3.5　　　　B. 4.0

C. 5.0　　　　D. 4.5

56. 自然界水资源具有循环性特点，其中大循环是指：

A. 水在陆地—陆地之间的循环

B. 水在海洋—海洋之间的循环

C. 水在全球之间的循环

D. 水在陆地—海洋之间的循环

57. 某水利工程的设计洪水是指：

A. 所在流域历史上发生的最大洪水

B. 通过文献考证的特大洪水

C. 符合该水利工程设计标准要求的洪水

D. 流域重点断面的历史最大洪水

58. 水文现象具有几个特点，以下选项中不正确的是：

A. 确定性特点　　　　B. 随机性特点

C. 非常复杂无规律可循　　　　D. 地区性特点

59. 适线法是推求设计洪水的主要统计方法，适线（配线）过程是通过调整以下哪项实现？

A. 几个分布参数

B. 频率曲线的上半段

C. 频率曲线的下半段

D. 频率曲线的中间段

60. 设计洪水推求时，统计样本十分重要，实践中要求样本：

A. 具有代表性

B. 可以不连续，视历史资料而定

C. 如果径流条件发生变异，可以不必还原

D. 如果历史上特大洪水资料难以考证，可不必重视

2017年度全国注册土木工程师（水利水电工程）

执业资格考试试卷

基础考试

（下）

二〇一七年九月

应考人员注意事项

1. 本试卷科目代码为“2”，考生务必将此代码填涂在答题卡“科目代码”相应的栏目内，否则，无法评分。

2. 书写用笔：**黑色或蓝色钢笔、签字笔或圆珠笔**；

   填涂答题卡用笔：**黑色 2B 铅笔**。

3. 必须用书写用笔将工作单位、姓名、准考证号填写在答题卡和试卷相应的栏目内。

4. 本试卷由 60 题组成，每题 2 分，满分 120 分，本试卷全部为单项选择题，每小题的四个备选项中只有一个正确答案，错选、多选、不选均不得分。

5. 考生作答时，必须按**题号在答题卡上**将相应试题所选选项对应的**字母用 2B 铅笔涂黑**。

6. 在答题卡上书写与题意无关的语言，或在答题卡上作标记的，均按违纪试卷处理。

7. 考试结束时，由监考人员当面将试卷、答题卡一并收回。

8. 草稿纸由各地统一配发，考后收回。

单项选择题（共 60 题，每题 2 分。每题的备选项中只有一个最符合题意。）

1. 对某弧形闸门的闸下出流进行试验研究。原型、模型采用同样的介质，原型与模型几何相似比为 10，在模型上测得水流对闸门的作用力是 400N，水跃损失的功率是 0.2kW，则原型上水流对闸门的作用力、水跃损失的功率分别是：

A. 40kN，632.5kW　　B. 400kN，632.5kW

C. 400kN，63.2kW　　D. 40kN，63.2kW

2. 如图所示，在立面图上有一管路，A、B两点的高程差$\Delta z = 5.0\text{m}$，点A处断面平均流速水头为 2.0m，压强$p_{\text{A}} = 7.84\text{N/cm}^2$，点$B$处断面平均流速水头为 0.5m，压强$p_{\text{B}} = 4.9\text{N/cm}^2$，则管中水流的方向是：

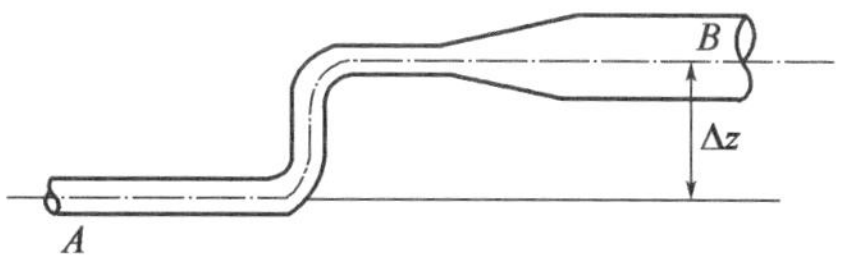

A. 由A流向B

B. 由B流向A

C. 静止不动

D. 无法判断

3. 关于流线的说法：①由流线上各点处切线的方向可以确定流速的方向；②恒定流流线与迹线重合，一般情况下流线彼此不能相交；③由流线的疏密可以了解流速的相对大小；④由流线弯曲的程度可以反映出边界对流动影响的大小及能量损失的类型和相对大小。以下选项正确的是：

A. 上述说法都不正确　　B. 上述说法都正确

C. ①②③正确　　D. ①②④正确

4. 应用渗流模型时，下列哪项模型值可以与实际值不相等？

A. 流速值　　B. 压强值

C. 流量值　　D. 流动阻力值

5. 如图所示，1、2 两个压力表读数分别为-0.49N/cm^2与0.49N/cm^2，2 号压力表距底高度$z = 1.5\text{m}$，则水深h为：

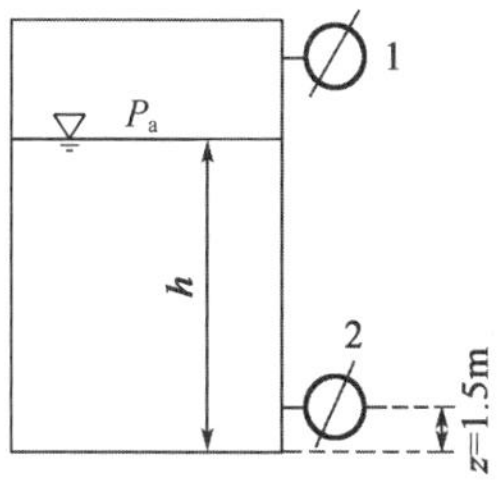

A. 2.0m

B. 2.7m

C. 2.5m

D. 3.5m

6. 某管道中液体的流速$v = 0.4\text{m/s}$，液体的运动黏滞系数$\nu = 0.01139\text{cm}^2/\text{s}$，则保证管中流动为层流的管径$d$为：

A. 8mm　　B. 5mm

C. 12mm　　D. 10mm

7. 明渠均匀流的总水头H和水深h随流程s变化的特征是：

A. $\frac{\mathrm{d}H}{\mathrm{d}s} < 0$，$\frac{\mathrm{d}h}{\mathrm{d}s} < 0$　　B. $\frac{\mathrm{d}H}{\mathrm{d}s} = 0$，$\frac{\mathrm{d}h}{\mathrm{d}s} < 0$

C. $\frac{\mathrm{d}H}{\mathrm{d}s} = 0$，$\frac{\mathrm{d}h}{\mathrm{d}s} = 0$　　D. $\frac{\mathrm{d}H}{\mathrm{d}s} < 0$，$\frac{\mathrm{d}h}{\mathrm{d}s} = 0$

8. 三根等长、等糙率的并联管道，沿程水头损失系数相同，直径比$d_1 : d_2 : d_3 = 1 : 1.5 : 2$，则通过的流量比$Q_1 : Q_2 : Q_3$为：

A. 1∶2.25∶4　　B. 1∶2.756∶5.657

C. 1∶2.948∶6.35　　D. 1∶3.375∶8

9. 下列哪种情况可能发生？

A. 平坡上的均匀缓流　　B. 缓坡上的均匀缓流

C. 陡坡上的均匀缓流　　D. 临界坡上的均匀缓流

10. 对于杂填土的组成，以下选项正确的是：

A. 碎石土、砂土、粉土、黏性土等的一种或数种

B. 水力冲填泥砂

C. 含有大量工业废料、生活垃圾或建筑垃圾

D. 符合一定要求的级配砂

11. 一地基中粉质黏土的重度为16kN/m^3，地下水位在地表以下 2m 的位置，粉质黏土的饱和重度为18kN/m^3，地表以下 4m 深处的地基自重应力是：

A. 65kPa　　B. 68kPa

C. 45kPa　　D. 48kPa

12. 土的含水率是指：

A. 水的质量与土体总质量之比　　B. 水的体积与固体颗粒体积之比

C. 水的质量与固体颗粒质量之比　　D. 水的体积与土体总体积之比

13. 同一地基，下列荷载数值最大的是：

A. 极限荷载P_{u}　　B. 临界荷载$P_{1/4}$

C. 临界荷载$P_{1/3}$　　D. 临塑荷载P_{cr}

14. 黏性土的塑性指数越高，则表示土的：

A. 含水率越高　　B. 液限越高

C. 黏粒含量越高　　D. 塑限越高

15. 当地基中附加应力分布为矩形时，地面作用的荷载形式为：

A. 条形均布荷载　　B. 大面积均布荷载

C. 矩形均布荷载　　D. 水平均布荷载

16. 均质黏性土坡的滑动面形式一般为：

A. 平面滑动面　　B. 曲面滑动面

C. 复合滑动面　　D. 前三种都有可能

17. 土的压缩模量是指：

A. 无侧限条件下，竖向应力与竖向应变之比

B. 无侧限条件下，竖向应力增量与竖向应变增量之比

C. 有侧限条件下，竖向应力与竖向应变之比

D. 有侧限条件下，竖向应力增量与竖向应变增量之比

18. CD 试验是指：

A. 三轴固结排水剪切试验　　B. 三轴固结不排水剪切试验

C. 直剪慢剪试验　　D. 直剪固结快剪试验

19. 下列有关岩石的吸水率，说法正确的是：

A. 岩石的吸水率对岩石的抗冻性有较大影响

B. 岩石的吸水率反映岩石中张开裂隙的发育情况

C. 岩石的吸水率大小取决于岩石中孔隙数量的多少和细微裂隙的连同情况

D. 岩石的吸水率是岩样的最大吸水量

20. 图示体系是：

A. 几何不变体系，无多余约束

B. 瞬变体系

C. 几何不变体系，有多余约束

D. 常变体系

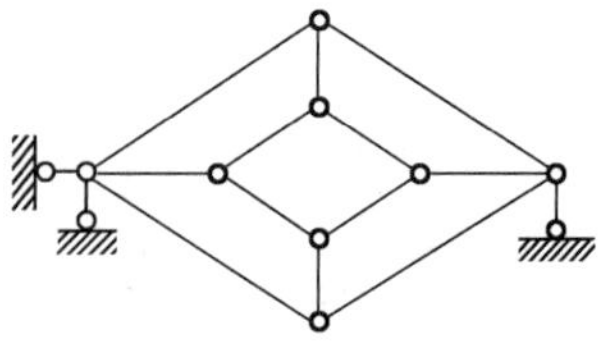

21. 图示为对称结构，则a杆的轴力为：

A. 受压

B. 受拉

C. 0

D. 无法确定

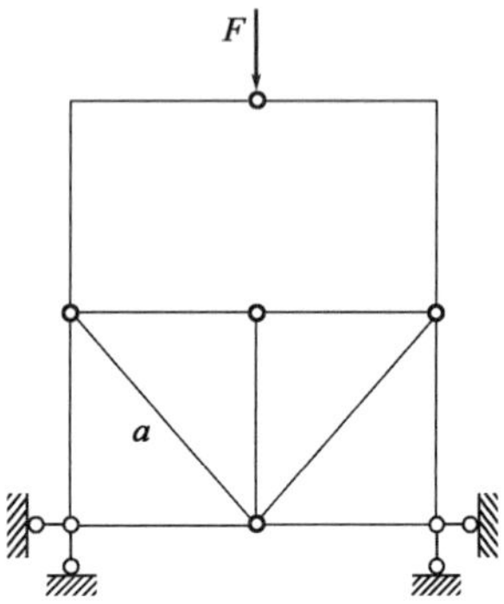

22. 图示A端弯矩为：

A. $2M$，上侧受拉

B. $2M$，下侧受拉

C. M，上侧受拉

D. M，下侧受拉

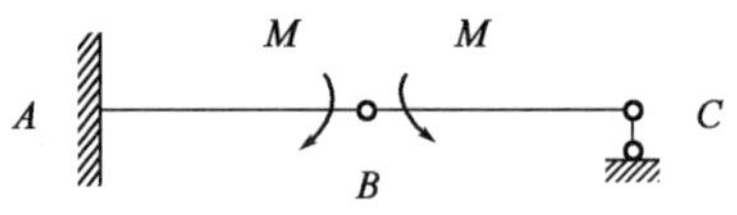

23. 图示结构，EI为常数，则C点位移方向为：

A. 向下

B. 向上

C. 向左

D. 向右

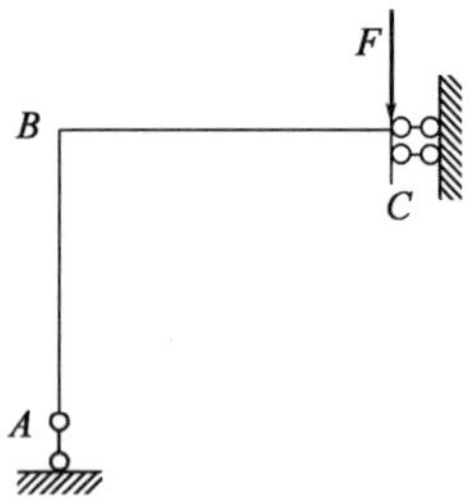

24. 图示A处截面逆时针转角为θ，B处竖直向下沉降c，则该体系力法方程为：

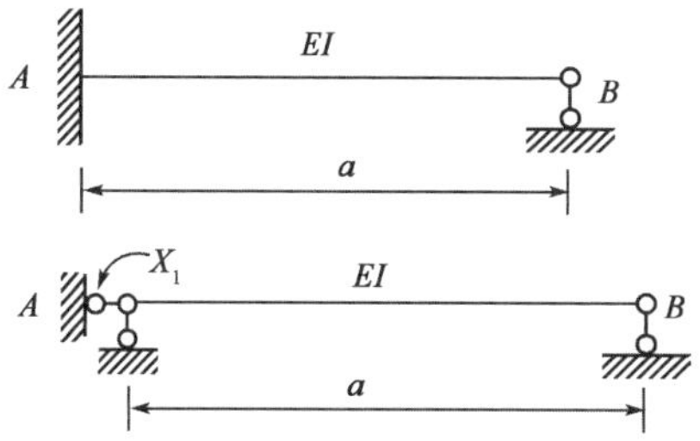

A. $\delta_{11}X_1+\frac{c}{a}=-\theta$

B. $\delta_{11}X_1-\frac{c}{a}=-\theta$

C. $\delta_{11}X_1+\frac{c}{a}=\theta$

D. $\delta_{11}X_1-\frac{c}{a}=\theta$

25. 根据位移法，图示A端的弯矩为：

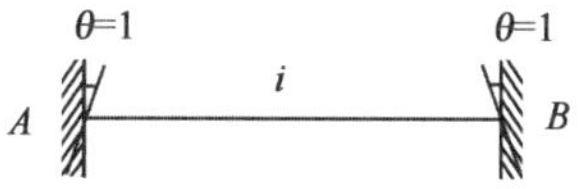

A. $2i$

B. $4i$

C. $6i$

D. i

26. 根据力矩分配法，图示力矩分配系数μ_{BC}为：

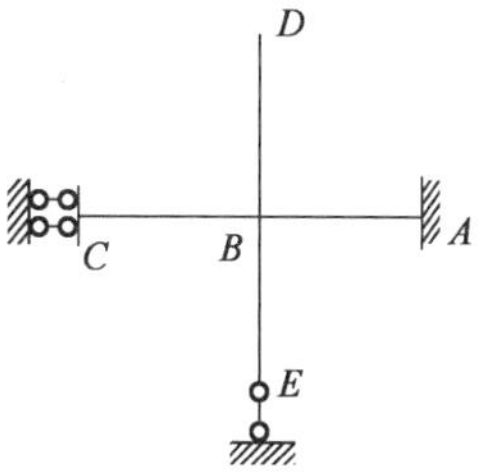

A. 0.8

B. 0.2

C. 0.25

D. 0.5

27. 图示A点剪力影响线在A点右侧时的值为：

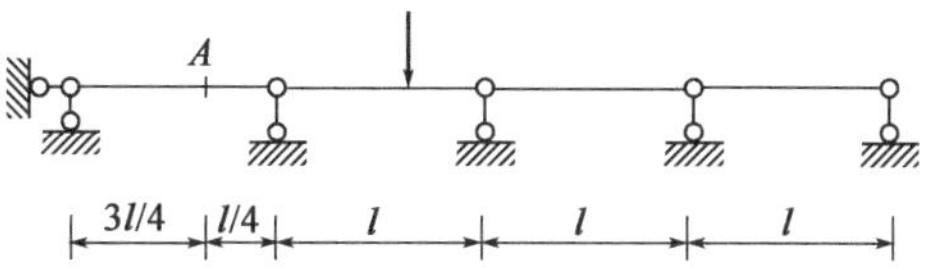

A. 0.75　　　　B. 0.25

C. 0　　　　D. 1

28. 图示自振频率大小排序正确的是：

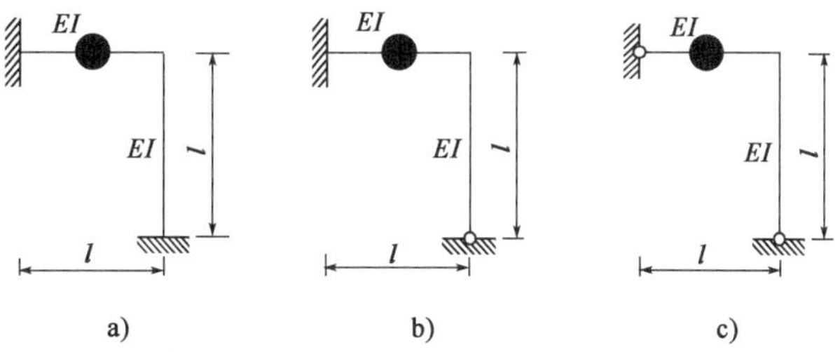

A. $W_{\rm a}>W_{\rm b}>W_{\rm c}$　　　　B. $W_{\rm b}>W_{\rm a}>W_{\rm c}$

C. $W_{\rm a}=W_{\rm b}>W_{\rm c}$　　　　D. $W_{\rm a}>W_{\rm c}>W_{\rm b}$

29. 减小钢筋混凝土受弯构件的裂缝宽度，可考虑的措施是：

A. 采用直径较细的纵向受拉钢筋　　B. 增加纵向受拉钢筋的截面面积

C. 增加截面尺寸　　D. 提高混凝土强度等级

30. 截面高度、翼缘宽度均相同的梁的纵向受拉钢筋的配筋截面面积，分别为矩形截面A_{s1}、倒T形截面A_{s2}、T形截面A_{s3}、I形截面A_{s4}，在相同荷载作用下，下列配筋截面面积关系正确的是：

A. $A_{s1} > A_{s2} > A_{s3} > A_{s4}$　　B. $A_{s1} = A_{s2} > A_{s3} > A_{s4}$

C. $A_{s2} > A_{s1} > A_{s3} > A_{s4}$　　D. $A_{s1} = A_{s2} > A_{s3} = A_{s4}$

31. 下列关于预应力混凝土梁的说法，错误的是：

A. 可以提高正截面的受弯承载力　　B. 可以提高斜截面的受剪承载力

C. 可以提高正截面的抗裂性　　D. 可以提高斜截面的抗裂性

32. 在其他条件不变的情况下，钢筋混凝土适筋梁的开裂弯矩M_{cr}与破坏时的极限弯矩M_u的比值，随着纵向受拉钢筋配筋率ρ的增大而：

A. 不变　　B. 增大

C. 变小　　D. 不确定

33. 当梁的剪力设计值$V > 0.25 f_c b h_0$时，下列提高梁斜截面受剪承载力最有效的措施是：

A. 增大梁截面面积　　B. 减小梁截面面积

C. 降低混凝土强度等级　　D. 增加箍筋或弯起钢筋

34. 对于有明显屈服强度的钢筋，其屈服强度标准值取值的依据是：

A. 极限抗拉强度　　B. 屈服强度

C. 0.85 倍极限抗拉强度　　D. 钢筋比例极限对应的应力

35. 下列关于偏心受压柱的说法，错误的是：

A. 大偏心柱，N一定时，M越大越危险

B. 小偏心柱，N一定时，M越大越危险

C. 大偏心柱，M一定时，N越大越危险

D. 小偏心柱，M一定时，N越大越危险

36. 在剪力和扭矩共同作用下的构件，下列说法正确的是：

A. 其承载力比剪力和扭矩单独作用下的相应承载力要低

B. 其受扭承载力随剪力的增加而增加

C. 其受剪承载力随扭矩的增加而增加

D. 剪力与扭矩之间不存在相关关系

37. 设功能函数$Z = R - S$，结构抗力R和作用效应S相互独立，且服从正态分布，平均值$\mu_{\mathrm{R}} = 120\ \mathrm{kN}$，$\mu_{\mathrm{S}} = 60\ \mathrm{kN}$，变异系数$\delta_{\mathrm{R}} = 0.12$，$\delta_{\mathrm{S}} = 0.15$，则结构可靠指标$\beta$：

A. $\beta = 2.56$　　B. $\beta = 3.53$

C. $\beta = 10.6$　　D. $\beta = 12.4$

38. 混凝土构件的平均裂缝宽度与下列哪个因素无关？

A. 混凝土强度等级　　B. 混凝土保护层厚度

C. 构件受拉钢筋直径　　D. 纵向钢筋配筋率

39. 对于适筋梁，提高其正截面受弯承载力最有效的方法是：

A. 提高混凝土强度等级　　B. 提高纵筋的配筋率

C. 增加箍筋　　D. 增大截面高度

40. 混凝土柱大偏心受压破坏的破坏特征是：

A. 远侧纵向受力钢筋受拉屈服，随后近侧纵向受力钢筋受压屈服，混凝土压碎

B. 近侧纵向受力钢筋受拉屈服，随后远侧纵向受力钢筋受压屈服，混凝土压碎

C. 近侧纵向受力钢筋和混凝土应力不定，远侧纵向受力钢筋受拉屈服

D. 近侧纵向受力钢筋和混凝土应力不定，近侧纵向受力钢筋受拉屈服

41. 下列工作中属于测量三项基本工作之一的是：

A. 检校仪器

B. 测量水平距离

C. 建筑坐标系和测量坐标系关系的确定

D. 确定真北方向

42. 量测了边长为a的正方形其中一条边，一次量测精度是m，则正方形周边为$4a$的中误差M_{c}是：

A. 1m　　B. $\sqrt{2}$m

C. 2m　　D. 4m

43. 视差产生的原因是：

A. 观测目标影像不与十字丝分划板重合

B. 分划板安装位置不准确

C. 仪器使用中分划板移位

D. 由于光线反射和气流蒸腾造成

44. 下列误差中属于偶然误差的是：

A. 定线不准　　B. 瞄准误差

C. 测钎插的不准　　D. 温度变化影响

45. 地球曲率和大气折光对单向三角高程的影响是：

A. 使实测高程变小

B. 使实测高程变大

C. 没有影响

D. 有规律变化，但是使实测高程变小还是变大不确定

46. 下列对等高线的描述正确的是：

A. 是地面上相邻点高程的连线

B. 是地面所有等高点连成的一条曲线

C. 是地面高程相同点连成的闭合曲线

D. 不是计曲线就是首曲线

47. 材料密度是材料在以下哪种状态下单位体积的质量？

A. 自然　　B. 绝对密实

C. 堆积　　D. 干燥

48. 混凝土试件拆模后标准养护温度（℃）是：

A. 20 ± 2　　B. 17 ± 5

C. 20 ± 1　　D. 20 ± 3

49. 孔结构的主要研究内容包括：

A. 孔隙率，密实度　　B. 孔隙率，填充度，密实度

C. 孔隙率，孔径分布，孔几何学　　D. 开孔率，闭孔率

50. 吸水性是指材料在以下哪种物质中能吸收水分的性质?

A. 空气中　　B. 压力水中

C. 水中　　D. 再生水中

51. 影响材料抗冻性的主要因素是材料的:

A. 交变温度　　B. 含水状态

C. 强度　　D. 孔结构、水饱和度、冻融龄期

52. 普通混凝土常用细集料一般分为:

A. 河砂和山砂　　B. 海砂和湖砂

C. 天然砂和机制砂　　D. 河砂和淡化海砂

53. 细集料中砂的细度模数介于:

A. 0.7~1.5　　B. 1.6~2.2

C. 3.1~3.7　　D. 2.3~3.0

54. 轻物质是指物质的表观密度(kg/m^3)小于:

A. 1000　　B. 1500

C. 2000　　D. 2650

55. 硅酸盐水泥熟料水化反应速率最快的是:

A. 硅酸三钙　　B. 硅酸二钙

C. 铁铝酸四钙　　D. 铝酸三钙

56. 某水利工程的设计洪水是指:

A. 所在流域历史上发生的最大洪水

B. 符合该工程设计标准要求的洪水

C. 通过文献考证的特大洪水

D. 流域重点断面的历史最大洪水

57. 设计洪水推求时，统计样本十分重要，实践中，要求样本：

A. 不必须连续，视历史资料情况而定

B. 如径流条件变异较大，不必还原

C. 当特大洪水难以考证时，可不必考虑

D. 具有代表性

58. 用配线法进行设计洪水或设计径流频率计算时，配线结果是否良好应重点判断：

A. 抽样误差应最小

B. 理论频率曲线与经验点据拟合最好

C. 参数误差愈接近邻近地区的对应参数

D. 设计只要偏于安全

59. 某断面设计洪水推求中，历史洪水资料十分重要，收集这部分资料的最重要途径是：

A. 当地历史文献

B. 去临近该断面的上下游水文站

C. 当地水文年鉴

D. 走访当地长者

60. 以下哪项不属于水文现象具有的特点？

A. 地区性特点

B. 非常复杂，无规律可言

C. 随机性特点

D. 确定性特点

2018年度全国注册土木工程师（水利水电工程）

执业资格考试试卷

基础考试

（下）

二〇一八年十月

应考人员注意事项

1. 本试卷科目代码为“2”，考生务必将此代码填涂在答题卡“科目代码”相应的栏目内，否则，无法评分。
2. 书写用笔：**黑色或蓝色钢笔、签字笔或圆珠笔**；

   填涂答题卡用笔：**黑色 2B 铅笔**。
3. 必须用书写用笔将工作单位、姓名、准考证号填写在答题卡和试卷相应的栏目内。
4. 本试卷由 60 题组成，每题 2 分，满分 120 分，本试卷全部为单项选择题，每小题的四个备选项中只有一个正确答案，错选、多选、不选均不得分。
5. 考生作答时，必须按**题号在答题卡上**将相应试题所选选项对应的**字母用 2B 铅笔涂黑**。
6. 在答题卡上书写与题意无关的语言，或在答题卡上作标记的，均按违纪试卷处理。
7. 考试结束时，由监考人员当面将试卷、答题卡一并收回。
8. 草稿纸由各地统一配发，考后收回。

单项选择题（共 60 题，每题 2 分。每题的备选项中只有一个最符合题意。）

1. 以下选项中，满足$\mathrm{d}E_s/\mathrm{d}h=0$条件的流动是：

A. 非均匀流　　B. 均匀流

C. 临界流　　D. 恒定流

2. 渗流场中透水边界属于以下哪种线性？

A. 流线　　B. 等势线

C. 等压线　　D. 以上都不对

3. 有一模型几何比尺$\lambda_l=100$，采用重力相似准则进行模型试验，则流量比尺和压强比尺分别为：

A. 100，1　　B. 100，1×10^4

C. 1×10^5，100　　D. 1×10^5，1×10^6

4. 流量一定，管道管径沿程减小时，则测压管水头线：

A. 沿程上升或沿程下降　　B. 总与总水头线平行

C. 只能沿程下降　　D. 不可能低于管轴线

5. 理想液体恒定有势流动，当质量力仅为重力时，下列说法正确的是：

A. 整个流场内各点$z+\frac{p}{\gamma}+\frac{v^2}{2g}$相等

B. 仅同一流线上点$z+\frac{p}{\gamma}+\frac{v^2}{2g}$相等

C. 任意两点的点$z+\frac{p}{\gamma}+\frac{v^2}{2g}$不相等

D. 流场内各点$\frac{p}{\gamma}$相等

6. 如图所示为一利用静水压力自动开启的矩形翻板闸门。当上游水深超过H时，闸门即自动绕转轴向顺时针方向倾倒，如不计闸门重量和摩擦力的影响，则转轴a的高度为：

A. $H/2$

B. $H/3$

C. $H/4$

D. $H/5$

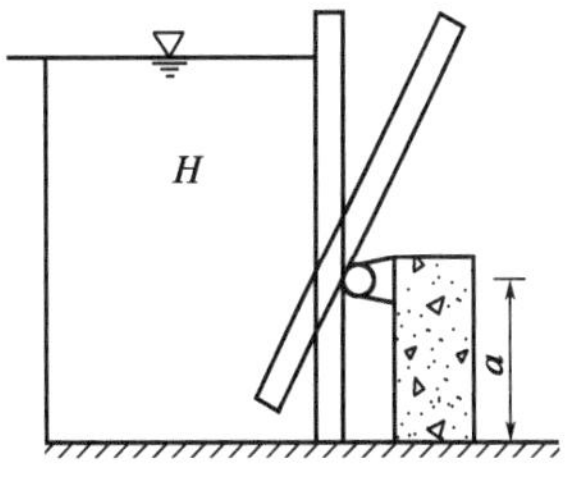

7. 对于明渠均匀流，以下论述正确的是：

A. 水面线与测压管水头线不重合

B. 总水头线与水面线不平行

C. 测压管水头线沿程上升

D. 总水头线、测压管水头线、水面线和底坡线为相互平行的直线

8. 两相同管路系统自由出流和淹没出流状态时的水头H和管长l、管径d及沿程水头损失系数λ均相同，则流量之比为：

A. 1∶2　　B. 2∶1

C. 1∶1　　D. 3∶2

9. 某密度为830kg/m^3，动力黏度为$0.035\text{N}\cdot\text{s/m}^2$的液体在内径为 5cm 的管道中流动，流量为$3\text{L/s}$，则流态为：

A. 紊流　　B. 层流

C. 急流　　D. 缓流

10. 黏性土液性指数越小，土质：

A. 越松　　B. 越密

C. 越软　　D. 越硬

11. 土的饱和度是指：

A. 土中水与孔隙的体积之比　　B. 土中水与土粒体积之比

C. 土中水与气体体积之比　　D. 土中水与土体总体积之比

12. 某房屋场地土为黏性土，压缩系数$a_{1\text{-}2}$为0.36MPa^{-1}，则判断该土为：

A. 非压缩性土　　B. 低压缩性土

C. 中压缩性土　　D. 高压缩性土

13. 冲填土是指：

A. 由水力冲填的泥沙形成的土

B. 由碎石土、沙土、粉土、粉质黏土等组成的土

C. 符合一定要求的级配砂

D. 含有建筑垃圾、工业废料、生活垃圾等杂物的土

14. 同一场地饱和黏性土表面，两个方形基础，基底压力相同，但基础尺寸不同，则基础中心的沉降量为：

A. 相同

B. 大尺寸基础沉降量大于小尺寸基础沉降量

C. 小尺寸基础沉降量大于大尺寸基础沉降量

D. 无法确定

15. 下列为直剪试验方法中快剪试验得到的强度指标的是：

A. c_{cq}、φ_{cq}　　B. c_{q}、φ_{q}

C. c_{cu}、φ_{cu}　　D. c_{u}、φ_{u}

16. 挡土墙（无位移）的土压力称为：

A. 主动土压力　　B. 被动土压力

C. 静止土压力　　D. 无土压力

17. 对提高地基极限承载力和减少基础沉降均有效的措施是：

A. 加大基础深度D　　B. 加大基础宽度B

C. 减小基础深度D　　D. 减小基础宽度B

18. 基础偏心受压，偏心距为$B/3$（B为基础宽），则基础底面的压力分布图形为：

A. 圆形　　B. 矩形

C. 梯形　　D. 三角形

19. 岩石的吸水率是指：

A. 岩石干燥状态强制饱和后的最大吸水率

B. 饱水系数

C. 岩石干燥状态浸水 48h 后的吸水率

D. 天然含水率

20. 图示体系为：

A. 几何不变，无多余约束

B. 瞬变体系

C. 几何不变，有多余约束

D. 常变体系

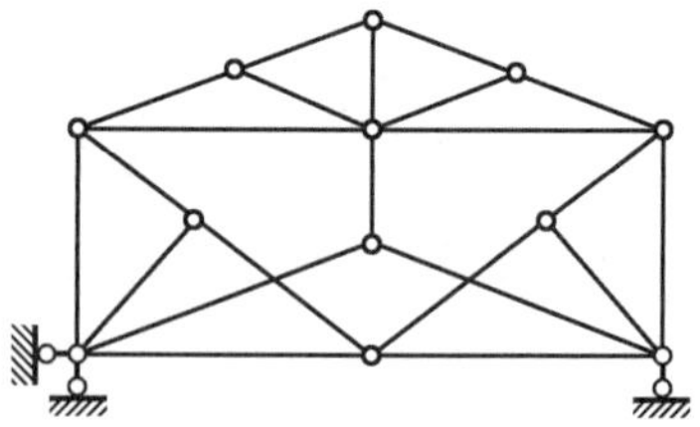

21. 图示结构为对称结构，则 a 杆的轴力为：

A. 受压

B. 受拉

C. 0

D. 无法确定

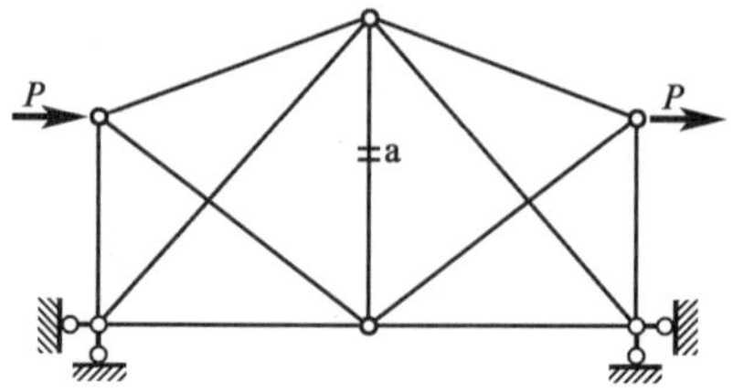

22. 同跨度三铰拱和曲梁，在相同竖向荷载作用下，同一位置截面弯矩M_{K1}（三铰拱）和M_{K2}（曲梁）的关系，下列正确的是：

A. $M_{\mathrm{K1}} > M_{\mathrm{K2}}$　　B. $M_{\mathrm{K1}} = M_{\mathrm{K2}}$

C. $M_{\mathrm{K1}} < M_{\mathrm{K2}}$　　D. 无法确定

23. 图示结构，点C的位移为：

A. 向下

B. 向右

C. 向左

D. 无法确定

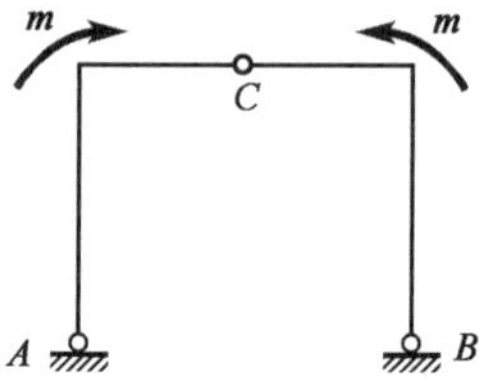

24. 在图中取A支座反力为力法的基本未知量X_1，当I_1增大时，柔度系数δ_{11}：

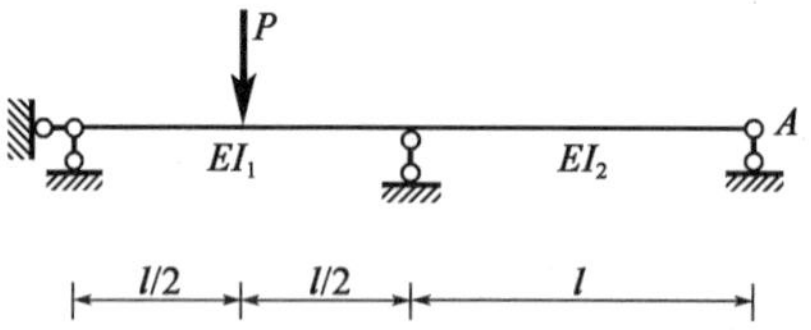

A. 变大　　B. 变小

C. 不变　　D. 或变大或变小，取决于X_1的方向

25. 图示结构$EI=$常数，欲使结点B的转角为零，比值P_1/P_2应为：

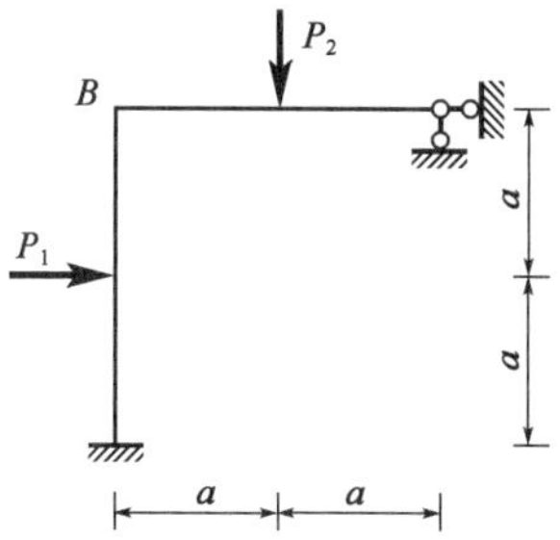

A. 1.5

B. 2

C. 2.5

D. 3

26. 根据力矩分配法，图示结构，力矩分配系数μ_{BC}为：

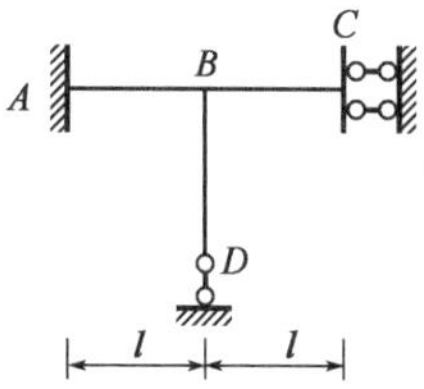

A. 1/4

B. 1/5

C. 1/2

D. 1/3

27. 如图所示结构，单位力$P=1$在EF范围内移动，构成弯矩（下侧受拉为正）M_C影响线的是：

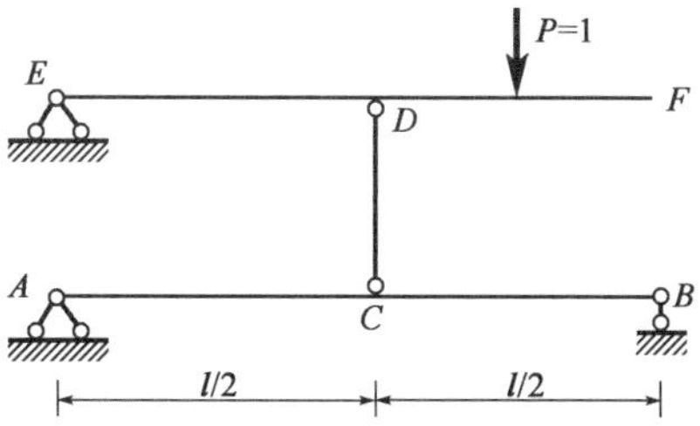

A. 一条向右上方倾斜的直线　　B. 一条向右下方倾斜的直线

C. 一条平行于基线的直线　　D. 两条倾斜的直线

28. 如图所示结构的自振频率ω为：

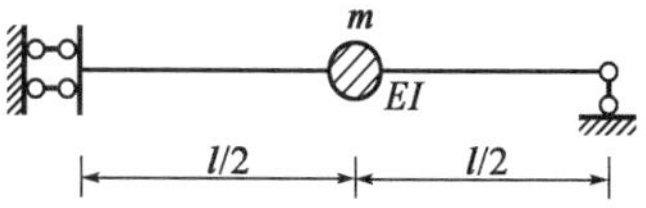

A. $\sqrt{\dfrac{4EI}{3ml^3}}$

B. $\sqrt{\dfrac{2EI}{ml^3}}$

C. $\sqrt{\dfrac{4EI}{ml^3}}$

D. $\sqrt{\dfrac{6EI}{ml^3}}$

29. 下列关于钢筋混凝土构件正截面受弯承载力计算的基本假定错误的是：

A. 平截面假定

B. 应考虑混凝土受拉

C. 混凝土应力-应变关系已知

D. 钢筋的应力-应变关系已知

30. 截面受压区计算高度、翼缘宽度均相同的梁纵向受拉钢筋的配筋截面面积，分别为矩形（配筋截面面积为A_{s1}）、倒T形（配筋截面面积为A_{s2}）、T形（配筋截面面积为A_{s3}）、I形（配筋截面面积为A_{s4}）。若梁承受正弯矩，T形截面和I形截面在极限状态下为第二类T形截面。则在相同荷载作用下，下列配筋截面面积关系正确的是：

A. $A_{s1} > A_{s2} > A_{s3} > A_{s4}$

B. $A_{s1} = A_{s2} > A_{s3} > A_{s4}$

C. $A_{s2} > A_{s1} > A_{s3} > A_{s4}$

D. $A_{s1} = A_{s2} > A_{s3} = A_{s4}$

31. 下列有关预应力混凝土梁的说法，错误的是：

A. 可以提高正截面受弯承载力

B. 可以提高斜截面受剪承载力

C. 可以提高正截面抗裂性

D. 可以提高斜截面抗裂性

32. 在其他条件不变的情况下，钢筋混凝土适筋梁的开裂弯矩M_{cr}与破坏时的极限弯矩M_u的比值，随着配筋率ρ的增大而：

A. 不变

B. 增大

C. 变小

D. 不确定

33. 当梁的V大于$0.25f_c bh_0$时，下列措施可有效提高梁斜截面受剪承载力的是：

A. 加大梁截面尺寸

B. 增加箍筋

C. 增加弯起钢筋

D. 降低混凝土强度等级

34. 对于有明显屈服强度的钢筋，其屈服强度标准值取值的依据是：

A. 极限抗拉强度

B. 屈服强度

C. 0.85 倍极限抗拉强度

D. 钢筋比例极限对应的应力

35. 下列有关偏心受压柱的说法错误的是：

A. 大偏心柱，N一定时，M越大越危险

B. 小偏心柱，N一定时，M越大越危险

C. 大偏心柱，M一定时，N越大越危险

D. 小偏心柱，M一定时，N越大越危险

36. 有关剪扭相关性的说法，下列正确的是：

A. 因扭矩的存在，受剪承载力较单独受剪时降低

B. 因扭矩的存在，受剪承载力较单独受剪时升高

C. 因剪力的存在，受扭承载力较单独受扭时升高

D. 剪力存在与否，受扭承载力不受影响

37. 设功能函数$Z = R - S$，结构抗力R和作用效应S相互独立且均服从正态分布，平均值$\mu_{\mathrm{R}} = 120\mathrm{kN}$，$\mu_{\mathrm{S}} = 60\mathrm{kN}$，变异系数$\delta_{\mathrm{R}} = 0.12$，$\delta_{\mathrm{S}} = 0.15$，则结构可靠指标$\beta$的值为：

A. $\beta = 2.56$　　B. $\beta = 3.53$

C. $\beta = 10.6$　　D. $\beta = 12.4$

38. 混凝土构件的平均裂缝宽度与下列哪个因素无关?

A. 混凝土强度等级　　B. 混凝土保护层厚度

C. 构件受拉钢筋直径　　D. 纵向钢筋配筋率

39. 在适筋梁截面尺寸已经确定的情况下，提高正截面受弯承载力最有效的方法是：

A. 提高混凝土强度等级　　B. 提高纵筋的配筋率

C. 增加箍筋　　D. 增大截面高度

40. 混凝土柱大偏压的破坏特征是：

A. 远侧纵向受力钢筋受拉屈服，随后近侧纵向受力钢筋受压屈服，混凝土压碎

B. 近侧纵向受力钢筋受拉屈服，随后远侧纵向受力钢筋受压屈服，混凝土压碎

C. 近侧纵向受力钢筋和混凝土应力不定，远侧纵向受力钢筋受拉屈服

D. 近侧纵向受力钢筋和混凝土应力不定，近侧纵向受力钢筋受拉屈服

41. 同一点，在基于“1985 国家高程基准”高程H_1与基于“1956 黄海高程系”高程H_2的关系，下列正确的是：

A. $H_1 > H_2$

B. $H_1 < H_2$

C. $H_1 = H_2$

D. 无法确定

42. 测量中标准方向线不包括：

A. 假北

B. 坐标北

C. 真北

D. 磁北

43. 测量数据准确度是指：

A. 系统误差大小

B. 偶然误差大小

C. 系统误差和偶然误差大小

D. 都不是

44. 量测了边长为a的正方形的每一条边，一次量测精度为m，则正方形周长中误差M_c为：

A. $1m$

B. $2m$

C. $3m$

D. $4m$

45. 已知基本等高距为 2m，则计曲线为：

A. $1,2,3,\cdots$

B. $2,4,6,\cdots$

C. $1,5,10,\cdots$

D. $10,20,30,\cdots$

46. GPS 精密定位测量中采用的卫星信号是：

A. C/A测距码

B. P码

C. 载波信号

D. C/A测距码、P 码、载波信号混合使用

47. 混凝土设计强度保证系数是：

A. 0.842

B. 1.000

C. 1.282

D. 1.645

48. 酸雨的 pH 值为：

A. 7

B. 5.6

C. 4

D. 4.5

49. 木材料水饱和度小于多少时孔中的水就不会产生冻结膨胀力：

A. 70%

B. 80%

C. 90%

D. 91.7%

50. 耐水材料的软化系数应大于或等于：

A. 0.6　　B. 0.75

C. 0.85　　D. 0.9

51. 绝热材料温度的适用范围为：

A. 0~30℃　　B. 0~40℃

C. 0~50℃　　D. 0~55℃

52. 陈伏指石灰在熟化器中静止：

A. 14 天　　B. 10 天

C. 7 天　　D. 3 天

53. GB 175—2007 规定硅酸盐水泥和普通硅酸盐水泥细度由比表面积来表示，其值不小于：

A. $100\mathrm{m}^2/\mathrm{kg}$　　B. $200\mathrm{m}^2/\mathrm{kg}$

C. $250\mathrm{m}^2/\mathrm{kg}$　　D. $300\mathrm{m}^2/\mathrm{kg}$

54. 水泥胶砂试件中，拆模后应立即放置于多少温度的水中养护？

A. (20 ± 1)℃　　B. (20 ± 2)℃

C. (20 ± 3)℃　　D. (20 ± 5)℃

55. 保罗米公式中，经验系数b为 0.2，则a为：

A. 0.48　　B. 0.13

C. 0.46　　D. 0.53

56. 用频率推求法推求设计洪水，统计样本十分重要。下列说法不正确的是：

A. 必须连续，视历史资料情况而定

B. 如径流条件变异，则必须还原

C. 当大洪水难以考证时，可不考虑

D. 具有代表性

57. 自然界水资源循环可分为大循环和小循环，其中小循环是：

A. 水在陆地—海洋之间的循环

B. 水在全球之间的循环

C. 水在海洋—海洋—陆地—陆地之间循环

D. 水在两个大陆之间循环

58. 某水利工程的设计洪水是指：

A. 所在流域历史上发生的最大洪水

B. 流域重点断面的历史最大洪水

C. 通过文献考证的特大洪水

D. 符合该工程设计标准要求的洪水

59. 用适线法进行设计洪水或设计径流频率计算时，适线结果是否良好应重点判断：

A. 抽样误差应最小

B. 理论频率曲线与经验频率点据拟合最好

C. 参数误差愈接近邻近地区的对应参数

D. 设计只要偏于安全

60. 以下不属于水文现象特点的是：

A. 地区性特点

B. 非常复杂，无规律可言

C. 随机性特点

D. 确定性特点

2019年度全国注册土木工程师（水利水电工程）

执业资格考试试卷

基础考试
（下）

二〇一九年十月

应考人员注意事项

1. 本试卷科目代码为“2”，考生务必将此代码填涂在答题卡“科目代码”相应的栏目内，否则，无法评分。

2. 书写用笔：**黑色或蓝色钢笔、签字笔或圆珠笔**；

   填涂答题卡用笔：**黑色 2B 铅笔**。

3. 必须用书写用笔将工作单位、姓名、准考证号填写在答题卡和试卷相应的栏目内。

4. 本试卷由 60 题组成，每题 2 分，满分 120 分，本试卷全部为单项选择题，每小题的四个备选项中只有一个正确答案，错选、多选、不选均不得分。

5. 考生作答时，必须按**题号在答题卡上**将相应试题所选选项对应的**字母用 2B 铅笔涂黑**。

6. 在答题卡上书写与题意无关的语言，或在答题卡上作标记的，均按违纪试卷处理。

7. 考试结束时，由监考人员当面将试卷、答题卡一并收回。

8. 草稿纸由各地统一配发，考后收回。

单项选择题（共 60 题，每题 2 分。每题的备选项中只有一个最符合题意。）

1. 面积为$A=2\mathrm{m}^2$的圆板随液体以$v=0.2\mathrm{m/s}$的速度运动，则圆板受到的内摩擦力为（$\mu=1.14\times10^{-3}\mathrm{Pa\cdot s}$，$\rho=1\times10^3\mathrm{kg/m^3}$，$h=0.4\mathrm{m}$）：

A. 5.7×10^{-4}　　B. 5.7×10^{-7}

C. 0　　D. 5.7×10^{-6}

2. 如图所示，A、B两点的高程差Δh_{AB}和水银液面差Δx均为 0.2m，则A、B两点的压强差为：

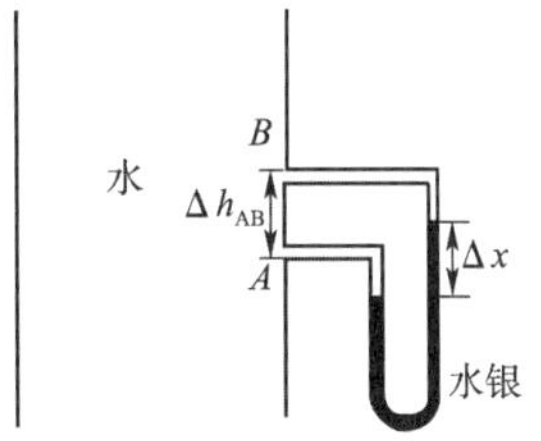

A. 2.52m

B. 2.72m

C. 0

D. 无法确定

3. 一变直径的管段AB，A点管径为 0.25m，B点管径为 1m，两点高差 1m，A点断面平均流速水头为 2.8m、压强为$7.87\mathrm{kN/m^2}$，B点断面平均流速水头为 0.8m、压强为$4.9\mathrm{kN/m^2}$，则A、B两点的水流方向为：

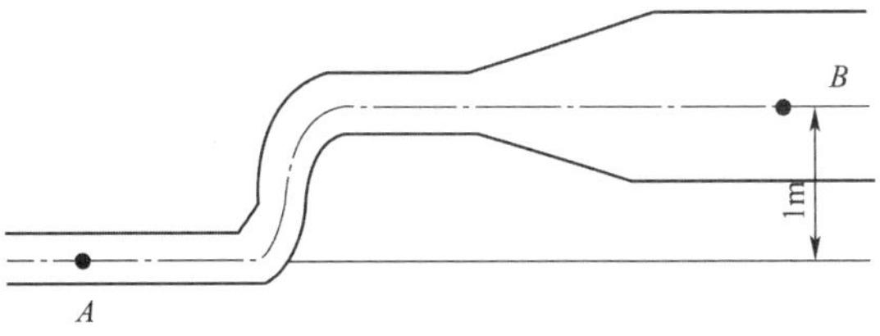

A. 由A到B

B. 由B到A

C. 静止

D. 无法确定

4. 某薄壁孔口出流容器，孔口直径为d，如在其上加一段长$4d$的短管，则流量：

A. 增加 1.22 倍　　B. 增加 1.32 倍

C. 不变　　D. 增加 1 倍

5. 在尼古拉兹试验中，沿程损失系数与雷诺数和相对粗糙度均有关的区域是：

A. 层流区

B. 层流到紊流的过渡区

C. 紊流层水力光滑管

D. 紊流的水力光滑管到水力粗糙管的过渡区

6. 两段明渠，糙率n_1为 0.015，n_2为 0.016，其余参数均相同，则两渠道的临界水深：

A. $h_1 = h_2$　　B. $h_1 < h_2$

C. $h_1 > h_2$　　D. 无法判断

7. 一密闭容器中，已知水面真空压强为 35kPa，水深 10m，则底部A点的绝对压强为：

A. -161kPa　　B. -63kPa

C. 161kPa　　D. 63kPa

8. 一并联管道，流量Q为240L/s，两管的沿程阻力系数相等，管道$d_1 = 300\text{mm}$，$l_1 = 500\text{m}$，$d_2 = 250\text{mm}$，$l_2 = 800\text{m}$，则通过管道的流量比为：

A. 2∶1　　B. 6.64∶1

C. 3∶2　　D. 4∶3

9. 有一输油圆管，直径为 300mm，流量为$0.3\text{m}^3/\text{s}$，如果采用水在实验室中用管道进行模型试验，长度比尺为 3，已知油的黏滞系数为$0.045\text{cm}^2/\text{s}$，水的黏滞系数为$0.01\text{cm}^2/\text{s}$，则模型流量为：

A. $0.006\text{m}^3/\text{s}$　　B. $0.0074\text{m}^3/\text{s}$

C. $0.0222\text{m}^3/\text{s}$　　D. 0.06m^3

10. 土的级配曲线越平缓，则：

A. 不均匀系数越小　　B. 不均匀系数越大

C. 颗粒分布越均匀　　D. 级配不良

11. 以下说法错误的是：

A. 对于黏性土，可用塑性指数评价其软硬程度

B. 对于砂土，可用相对密度来评价其松密状态

C. 对于同一种黏性土，天然含水率反映其相应软硬程度

D. 对于黏性土，可用液性指数评价其软硬状态

12. 无侧限抗压强度试验是为了测下列哪一类土的抗剪强度？

A. 饱和砂土　　B. 饱和软黏土

C. 松砂　　D. 非饱和黏性土

13. 其他条件相同，以下说法错误的是：

A. 排水路径越长，固结完成所需时间越长

B. 渗透系数越大，固结完成所需时间越短

C. 压缩系数越大，固结完成所需时间越长

D. 固结系数越大，固结完成所需时间越长

14. 下列与地基中附加应力计算无关的量是：

A. 基础尺寸　　B. 所选点的空间位置

C. 土的抗剪强度指标　　D. 基底埋深

15. 当以下哪项数据发生改变，土体强度也发生变化？

A. 总应力　　B. 有效应力

C. 附加应力　　D. 自重应力

16. 在饱和软黏土地基稳定分析中，一般可采用$\varphi = 0$的整体圆弧法，此时抗剪强度指标应采用以下哪种方法测定？

A. 三轴固结排水剪　　B. 三轴固结不排水剪

C. 三轴不固结不排水剪　　D. 直剪试验中的固结快剪

17. 以下说法正确的是：

A. 土压缩过程中，土粒间的相对位置不变

B. 在一般压力作用下，土体压缩主要由土粒破碎造成

C. 在一般压力作用下，土的压缩可以看作是土中孔隙体积的减小

D. 饱和土在排水固结过程中，土始终是饱和的，饱和度和含水量是不变的

18. 挡墙后填土为粗砂，墙后水位上升，墙背所受的侧向压力：

A. 增加　　B. 减小

C. 不变　　D. 0

19. 下列不是岩石具有的主要特征的是：

A. 软化性　　B. 崩解性

C. 膨胀性　　D. 湿陷性

20. 图示体系是：

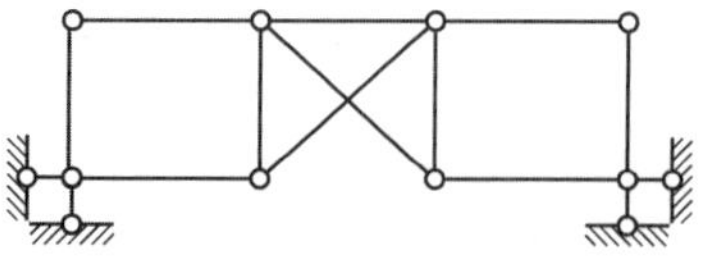

A. 几何不变，无多余约束　　B. 几何不变，有多余约束

C. 瞬变体系　　D. 常变体系

21. 图中 1 杆的轴力为：

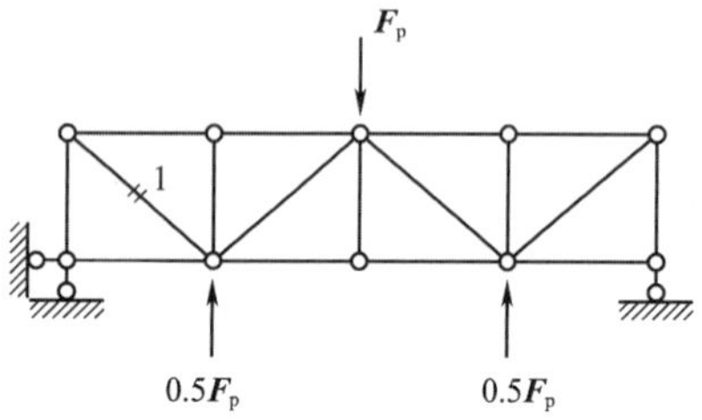

A. $N_1 > 0$

B. $N_1 < 0$

C. $N_1 = 0$

D. 不确定，取决于F_p的大小与杆长

22. 以下说法正确的是：

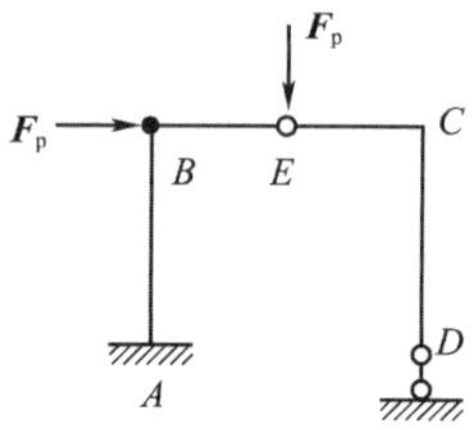

A. $M_{CD} = 0$，CD杆只受轴力

B. $M_{CD} \neq 0$，外侧受拉

C. $M_{CD} \neq 0$，内侧受拉

D. $M_{CD} = 0$，$N_{CD} = 0$

23. 图中C点的竖向位移：

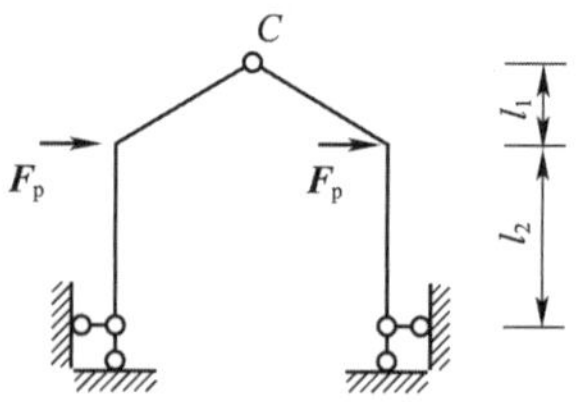

A. 等于 0

B. 向上

C. 向下

D. 方向与F_p的作用大小有关

24. 图示结构用力法求解时，基本结构不能选：

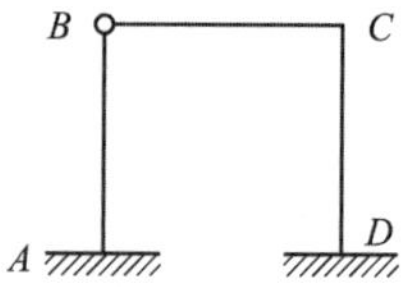

A. C处取为铰结点，A处取为固定铰

B. C处取为铰结点，D处取为固定铰

C. AD处均取为固定铰

D. A处取为竖向滑动支座

25. 采用位移法计算，若$i=2$，取A结点的角位移为基本未知量，则系数K_{11}的值为：

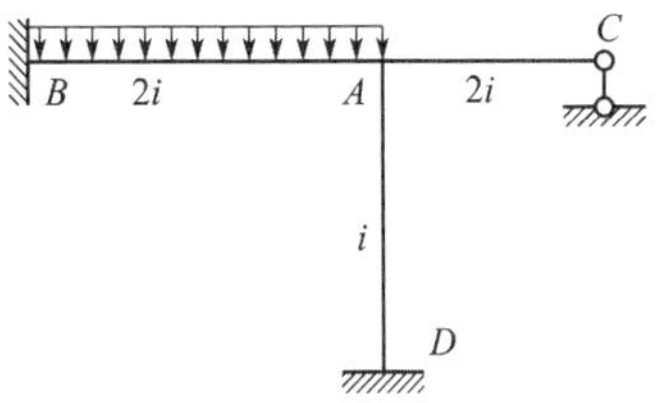

A. 14

B. 22

C. 28

D. 36

26. 下列结构可否用力矩分配法计算？

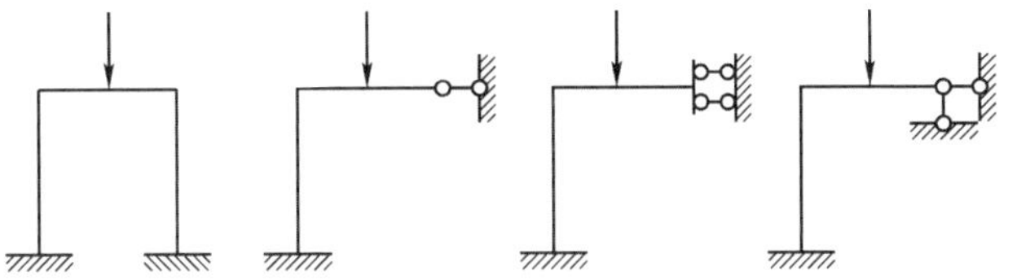

a)　　b)　　c)　　d)

A. 均可以

B. 均不可以

C. 只有图 a）不可以

D. 只有图 b）不可以

27. 图示外伸梁影响线为以下哪项的影响线？

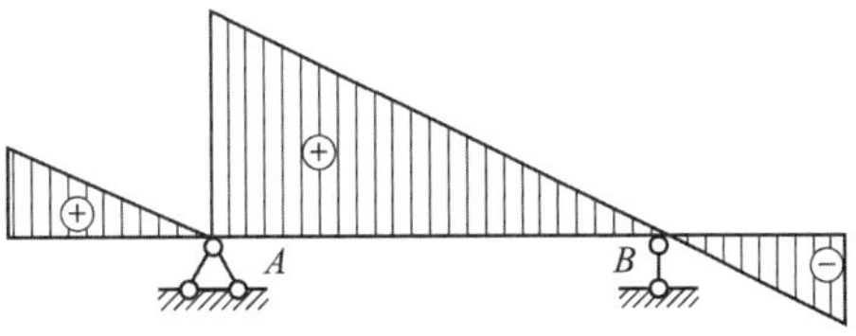

A. 支座A反力的影响线

B. 支座A竖向剪力的影响线

C. 支座A右截面剪力的影响线

D. 支座A左截面剪力的影响线

28. 图中结构的自振频率为：

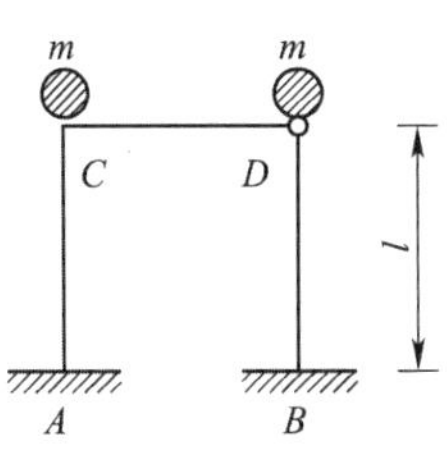

A. $\sqrt{\frac{15EI}{ml^3}}$

B. $\sqrt{\frac{15EI}{2ml^3}}$

C. $\sqrt{\frac{12EI}{ml^3}}$

D. $\sqrt{\frac{6EI}{ml^3}}$

29. 钢筋混凝土悬臂梁在均布荷载作用下，裂缝分布图为：

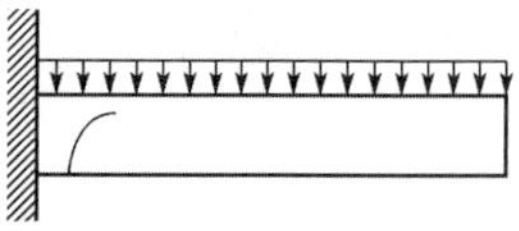

A.

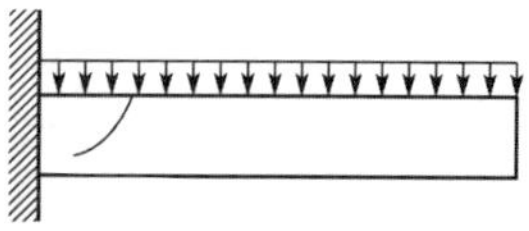

B.

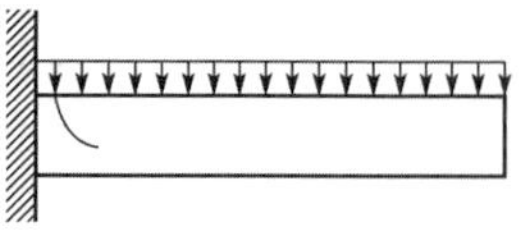

C.

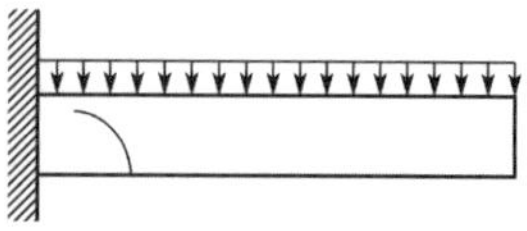

D.

30. 预应力混凝土受弯构件与普通混凝土受弯构件相比，增加了：

A. 正截面受弯承载力计算　　B. 斜截面受剪承载力计算

C. 正截面抗裂验算　　D. 斜截面抗裂验算

31. 钢筋混凝土受弯构件斜截面受剪承载力计算公式中，没有体现以下哪项的影响因素？

A. 材料强度　　B. 配箍率

C. 纵筋数量　　D. 截面尺寸

32. 混凝土施加预应力的目的是：

A. 提高承载力　　B. 提高抗裂度及刚度

C. 提高承载力和抗裂度　　D. 增加结构的安全性

33. 某对称配筋的大偏心受压构件，在承受以下四组内力中，最不利的一组内力为：

A. $M = 218\text{kN} \cdot \text{m}$，$N = 396\text{kN}$

B. $M = 218\text{kN} \cdot \text{m}$，$N = 380\text{kN}$

C. $M = 200\text{kN} \cdot \text{m}$，$N = 396\text{kN}$

D. $M = 200\text{kN} \cdot \text{m}$，$N = 380\text{kN}$

34. 后张法预应力混凝土构件中，属于第一批预应力损失的是：

A. 张拉端锚具变形和钢筋内缩引起的损失、摩擦损失、钢筋应力松弛损失

B. 张拉端锚具变形和钢筋内缩引起的损失、摩擦损失

C. 张拉端锚具变形和钢筋内缩引起的损失、温度损失、钢筋应力松弛损失

D. 摩擦损失、钢筋应力松弛损失、混凝土徐变损失

35. 钢筋混凝土构件在剪力和扭矩共同作用下的承载力计算：

A. 不考虑钢筋和混凝土的相关作用

B. 混凝土不考虑相关作用，钢筋考虑相关作用

C. 混凝土考虑相关作用，钢筋不考虑相关作用

D. 考虑钢筋和混凝土的相关作用

36. 有配筋不同的三种梁（梁 1：$A_s = 350\text{mm}^2$；梁 2：$A_s = 500\text{mm}^2$；梁 3：$A_s = 550\text{mm}^2$），其中梁 1 是适筋梁，梁 2 和梁 3 为超筋梁，则破坏时截面相对受压区计算高度ξ的大小关系为：

A. $\xi_3 > \xi_2 > \xi_1$

B. $\xi_1 > \xi_2 = \xi_3$

C. $\xi_2 > \xi_3 > \xi_1$

D. $\xi_3 = \xi_2 > \xi_1$

37. 影响斜截面受剪承载力的主要因素有：

A. 剪跨比、箍筋强度、纵向钢筋强度

B. 剪跨比、混凝土强度、箍筋及纵向钢筋的配筋率

C. 纵向钢筋强度、混凝土强度、架立钢筋强度

D. 混凝土强度、箍筋及纵向钢筋的配筋率、架立钢筋强度

38. 预应力混凝土轴心受拉构件，开裂荷载N_{cr}等于：

A. 先张法、后张法均为$(\sigma_{pcII} + f_{tk})A_0$

B. 先张法、后张法均为$(\sigma_{pcII} + f_{tk})A_n$

C. 先张法$(\sigma_{pcII} + f_{tk})A_0$，后张法$(\sigma_{pcII} + f_{tk})A_n$

D. 先张法$(\sigma_{pcII} + f_{tk})A_n$，后张法$(\sigma_{pcII} + f_{tk})A_0$

39. 以下哪项对最大裂缝宽度没有影响？

A. 纵向受拉钢筋应力

B. 混凝土强度等级

C. 纵向受拉钢筋配筋率

D. 保护层厚度

40. 对于钢筋混凝土偏心受拉构件，下列说法错误的是：

A. 如果$\xi > \xi_b$，说明是小偏心受拉破坏

B. 小偏心受拉构件破坏时，混凝土裂缝全部贯通，全部轴向拉力由纵向钢筋承担

C. 大偏心受拉构件存在局部受压区

D. 大、小偏心受拉构件的判断依据是轴向拉力的作用位置

41. 已知AB边的坐标方位角为α_{AB}，属于第III象限，则对应的象限角R_{AB}是：

A. α_{AB}　　B. $\alpha_{AB}-180°$

C. $360°-\alpha_{AB}$　　D. $180°-\alpha_{AB}$

42. 量测了边长为a的正方形每条边，一次量测精度是m_a，则周长中误差m_s为：

A. m_a　　B. $2m_a$

C. $3m_a$　　D. $4m_a$

43. 已知基本等高距为2m，则计曲线为：

A. $1,2,3\cdots$　　B. $2,4,6\cdots$

C. $10,20,30\cdots$　　D. $5,10,15\cdots$

44. 一长度为848.53m的导线，坐标增量闭合差分别为−0.2m、0.2m，则导线全长相对闭合差为：

A. $1/1000$　　B. $1/2000$

C. $1/3000$　　D. $1/4000$

45. 利用高程为9.125m的水准点，测设高程为8.586m的室内±0地坪标高，在水准点上立尺后，水准仪瞄准该尺的读数为1.462m，则室内立尺时，尺上读数为：

A. 0.539m　　B. 0.923m

C. 2.001m　　D. 1.743m

46. GPS精密定位测量中采用的卫星信号是：

A. C/A测距码　　B. P码

C. 载波信号　　D. C/A测距码和载波信号混合使用

47. 憎水性材料的湿润角是：

A. $>90°$　　B. $<90°$

C. $>85°$　　D. $<85°$

48. 耐水性材料的软化系数大于：

A. 0.6　　B. 0.75

C. 0.85　　D. 0.8

49. 为防止混凝土保护层破坏而导致钢筋锈蚀，其 pH 值应大于：

A. 13.0~12.5　　B. 12.5~11.5

C. 10.0~8.5　　D. 11.5~10.5

50. 材料的吸声系数总是：

A. 小于 0.5　　B. 大于或等于 1.0

C. 大于 1.0　　D. 小于 1.0

51. 导热系数的单位是：

A. J/m　　B. cm/s

C. kg/cm^2　　D. $W/(m \cdot K)$

52. 水玻璃的模数是以下哪个选项摩尔数的比值？

A. 二氧化硅/氯化钠　　B. 二氧化硅/氧化钠

C. 二氧化硅/碳酸钠　　D. 二氧化硅/氧化铁钠

53. 水泥成分中抗硫酸盐侵蚀最好的是：

A. C_3S　　B. C_2S

C. C_3A　　D. C_4AF

54. 硅酸盐水泥的比表面积应大于：

A. $80m^2/kg$　　B. $45m^2/kg$

C. $400m^2/kg$　　D. $300m^2/kg$

55. 混凝土的温度膨胀系数一般取：

A. $1 \times 10^{-4}/℃$　　B. $1 \times 10^{-6}/℃$

C. $1 \times 10^{-5}/℃$　　D. $1 \times 10^{-7}/℃$

56. 以下不属于水文循环的是：

A. 降雨　　B. 蒸发

C. 下渗　　D. 物体污染水

57. 在进行水文分析计算时，还要进行历史洪水调查工作，其目的是为了增加系列的：

A. 可靠性　　B. 地区性

C. 代表性　　D. 一致性

58. 某流域有两次暴雨，前者的暴雨中心在下游，后者的暴雨中心在上游，其他情况都相同，则前者在流域出口断面形成的洪峰流量比后者的：

A. 洪峰流量小，峰现时间晚

B. 洪峰流量大，峰现时间晚

C. 洪峰流量大，峰现时间早

D. 洪峰流量小，峰现时间早

59. 用适线法进行设计洪水或设计径流频率计算时，适线原则应：

A. 抽样误差应最小

B. 参数误差愈接近临近地区的对应参数

C. 理论频率曲线与经验点据拟合最好

D. 设计值要偏于安全

60. 选择典型洪水的原则是“可能”和“不利”，所谓“不利”是指：

A. 典型洪水峰型集中，主峰靠前

B. 典型洪水峰型集中，主峰居中

C. 典型洪水峰型集中，主峰靠后

D. 典型洪水历时长，洪量较大

61.

2021年度全国注册土木工程师（水利水电工程）

执业资格考试试卷

基础考试

（下）

二〇二一年十月

应考人员注意事项

1. 本试卷科目代码为“2”，考生务必将此代码填涂在答题卡“科目代码”相应的栏目内，否则，无法评分。
2. 书写用笔：**黑色或蓝色钢笔、签字笔或圆珠笔**；
   填涂答题卡用笔：**黑色 2B 铅笔**。
3. 必须用书写用笔将工作单位、姓名、准考证号填写在答题卡和试卷相应的栏目内。
4. 本试卷由 60 题组成，每题 2 分，满分 120 分，本试卷全部为单项选择题，每小题的四个备选项中只有一个正确答案，错选、多选、不选均不得分。
5. 考生作答时，必须按**题号在答题卡上**将相应试题所选选项对应的**字母用 2B 铅笔涂黑**。
6. 在答题卡上书写与题意无关的语言，或在答题卡上作标记的，均按违纪试卷处理。
7. 考试结束时，由监考人员当面将试卷、答题卡一并收回。
8. 草稿纸由各地统一配发，考后收回。

单项选择题（共 60 分，每题 2 分。每题的备选项中只有一个最符合题意。）

1. 流体的切应力：

A. 当流体处于静止状态时，由于内聚力，可以产生

B. 当流体处于静止状态时不会产生

C. 仅仅取决于分子的动量交换

D. 仅仅取决于内聚力

2. 某混凝土衬砌隧洞，洞径$d = 2\text{m}$，粗糙系数$n = 0.014$。模型设计时，选定长度比尺为 40，在模型中测得下泄流量为 35L/s，则对应的原型中流量及模型材料的粗糙系数分别为：

A. $56\text{m}^3/\text{s}$和 0.0076

B. $56\text{m}^3/\text{s}$和 0.0067

C. $354.18\text{m}^3/\text{s}$和 0.0076

D. $354.18\text{m}^3/\text{s}$和 0.0067

3. 水在直径为 1cm 的圆管中流动，流速为 1m/s，运动黏性系数为 $0.01\text{cm}^2/\text{s}$，则圆管中的流态为：

A. 层流

B. 紊流

C. 临界流

D. 无法判断

4. 有一矩形断面的渠道，已知上游某断面过水面积为 60m^2，断面平均流速$v_1 = 2.25\text{m/s}$，下游某断面过水面积为 $15\text{m}^2/\text{s}$，则渠道的过流量和下游断面的平均流速分别为：

A. $17.43\text{m}^3/\text{s}$和 4.5m/s

B. $17.43\text{m}^3/\text{s}$和 9m/s

C. $135\text{m}^3/\text{s}$和 4.5m/s

D. $135\text{m}^3/\text{s}$和 9m/s

5. 有一段直径为 100mm 的管路，长度为 10m，其中有两个弯头（每个弯头的局部水头损失系数为 0.8），管道的沿程水头损失系数为 0.037。如果拆除这两个弯头，同时保证管路长度不变，作用于管路两端的水头维持不变，则管路中流量将增加：

A. 10%　　B. 20%

C. 30%　　D. 40%

6. 明渠恒定均匀流的总水头H和水深h随流程s变化的特征是：

A. $\frac{\mathrm{d}H}{\mathrm{d}s}<0$，$\frac{\mathrm{d}h}{\mathrm{d}s}<0$

B. $\frac{\mathrm{d}H}{\mathrm{d}s}<0$，$\frac{\mathrm{d}h}{\mathrm{d}s}=0$

C. $\frac{\mathrm{d}H}{\mathrm{d}s}=0$，$\frac{\mathrm{d}h}{\mathrm{d}s}=0$

D. $\frac{\mathrm{d}H}{\mathrm{d}s}=0$，$\frac{\mathrm{d}h}{\mathrm{d}s}<0$

7. 某渠道为恒定均匀流，若保持流量不变，可以通过以下哪种方法实现“减小流速以减小河床冲刷”的目的？

A. 减小水力半径，减小底坡

B. 增大水力半径，增大底坡

C. 增大底坡，减小糙率

D. 增大水力半径，减小糙率

8. 某管道泄流，如果流量一定，当管径沿程减小时，则测压管水头线：

A. 可能沿程上升也可能沿程下降

B. 总是与总水头线平行

C. 只能沿程下降

D. 不可能低于管轴线

9. 明渠水流中，水流为缓流，若在渠底遇到阻碍物，则水面：

A. 上升

B. 下降

C. 不变

D. 不确定

10. 下列有关颗粒级配的说法，错误的是：

A. 土的颗粒级配曲线越平缓，则土的颗粒级配越好

B. 只要不均匀系数$C_{\mathrm{u}} \geqslant 5$，就可判定土的颗粒级配良好

C. 土的颗粒级配越均匀，越不容易压实

D. 颗粒级配良好的土，必然颗粒大小不均匀

11. 液性指数I_{L}为 1.25 的黏性土，应判定为：

A. 硬塑状态

B. 可塑状态

C. 软塑状态

D. 流塑状态

12. 孔隙率可以用于评价土体的：

A. 软硬程度

B. 干湿程度

C. 松密程度

D. 轻重程度

13. 下列土的变形参数中，无侧限条件下定义的参数是：

A. 压缩系数α

B. 侧限压缩模量E_s

C. 变形模量E

D. 压缩指数C_c

14. 下列有关孔隙水压力的特点，说法正确的是：

A. 一点各方向不相等

B. 垂直指向所作用物体表面

C. 处于不同水深处的土颗粒受到同样的压力

D. 土体因为受到孔隙水压力的作用而变得密实

15. 地基土中附加应力是指：

A. 建筑物修建以前，地基中由土体本身的有效重量所产生的压力

B. 基础底面与地基表面的有效接触应力

C. 基础底面增加的有效应力

D. 建筑物修建以后，建筑物重量等外荷载在地基内部增加的有效应力

16. 实验室测定土的抗剪强度指标的试验方法有：

A. 直剪、三轴压缩和无侧限压缩试验

B. 直剪、无侧限压缩和十字板剪切试验

C. 直剪、三轴压缩和十字板剪切试验

D. 三轴压缩、无侧限压缩和十字板剪切试验

17. 影响地基承载力的主要因素不包括：

A. 基础的高度

B. 地基土的强度

C. 基础的埋深

D. 地下水位

18. 针对简单条分法和简化毕肖普条分法，下面说法错误的是：

A. 简化毕肖普法忽略了条间切向力的作用，结果更经济

B. 简化毕肖普法忽略了条间法向力的作用，结果更经济

C. 简单条分法忽略了全部条间力的作用，结果更保守

D. 简单条分法获得的安全系数低于简化毕肖普法获得的结果

19. 砂土液化现象是指：

A. 非饱和的密实砂土在地震作用下呈现液体的特征

B. 非饱和的疏松砂土在地震作用下呈现液体的特征

C. 饱和的密实砂土在地震作用下呈现液体的特征

D. 饱和的疏松砂土在地震作用下呈现液体的特征

20. 图示体系是：

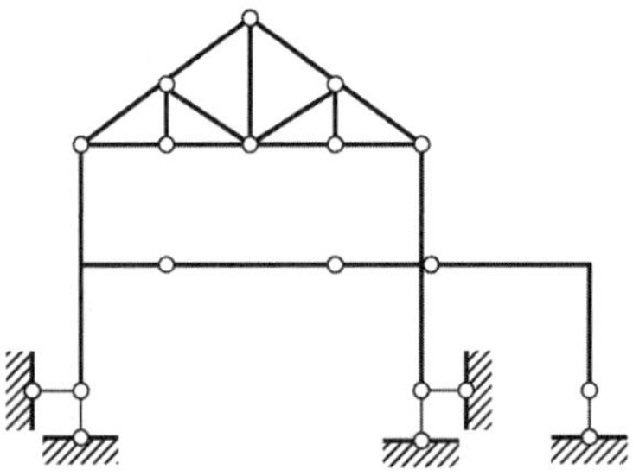

A. 几何不变体系，无多余约束

B. 瞬变体系

C. 几何不变体系，有多余约束

D. 常变体系

21. 图示结构中BD杆的轴力（拉为正，压为负）等于：

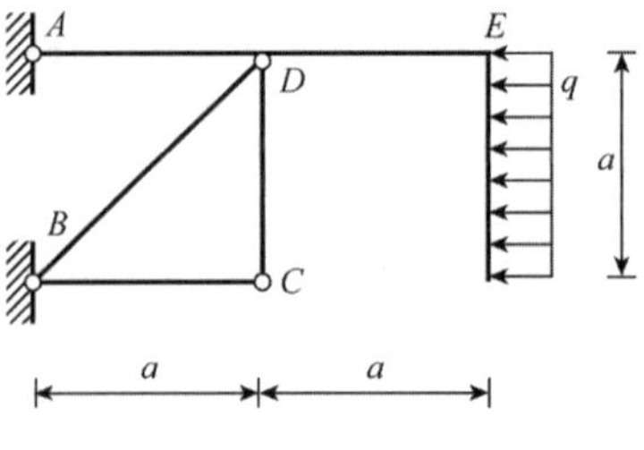

A. 0

B. $\sqrt{2}qa$

C. $-\sqrt{2}qa$

D. $-\frac{\sqrt{2}}{2}qa$

22. 图示结构CA杆C端的弯矩（左侧受拉为正）为：

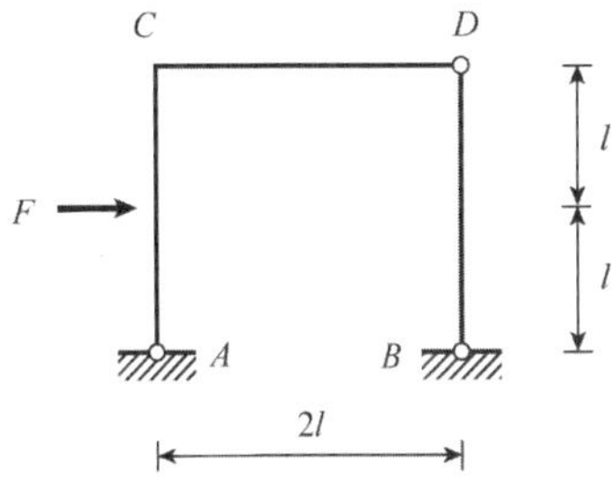

A. Fl

B. $-Fl$

C. $2Fl$

D. 0

23. 图示结构支座A向左移动Δ，并逆时针转动角度$\theta = \Delta/L$，由此引起的截面K的转角（顺时针为正）为：

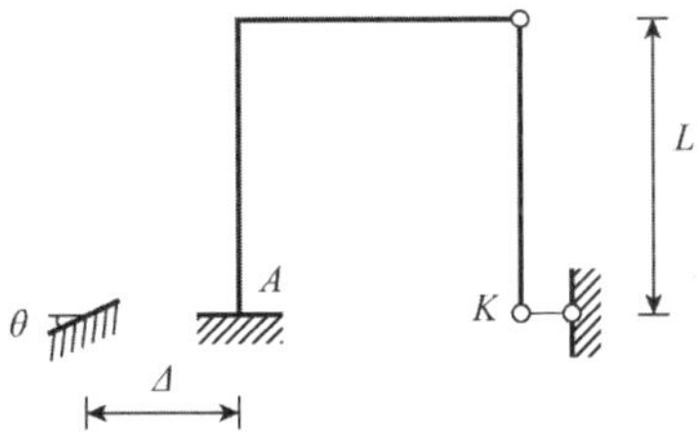

A. $\frac{2\Delta}{L}$

B. $\frac{\Delta}{L}$

C. 0

D. $\frac{-2\Delta}{L}$

24. 图示两个结构在C处的支座反力的关系为：

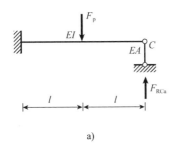

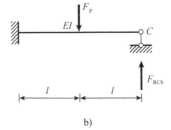

A. $F_{\mathrm{RCa}} > F_{\mathrm{RCb}}$

B. $F_{\mathrm{RCa}} = F_{\mathrm{RCb}}$

C. $F_{\mathrm{RCa}} < F_{\mathrm{RCb}}$

D. 无法确定

25. 图示结构结点B的转角（顺时针为正）为：

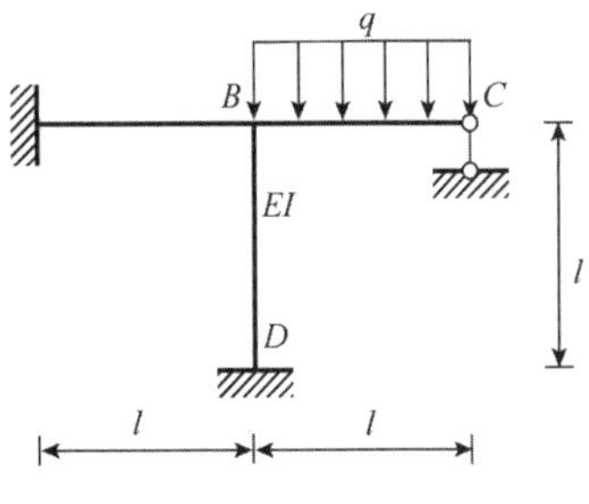

A. $-\frac{ql^3}{44EI}$

B. $\frac{ql^3}{44EI}$

C. $-\frac{ql^3}{88EI}$

D. $\frac{ql^3}{88EI}$

26. 图示结构用力矩分配法计算时，各杆的$i = EI/L$相同，分配系数μ_{AE}等于：

A. 2/7

B. 4/11

C. 4/5

D. 1/2

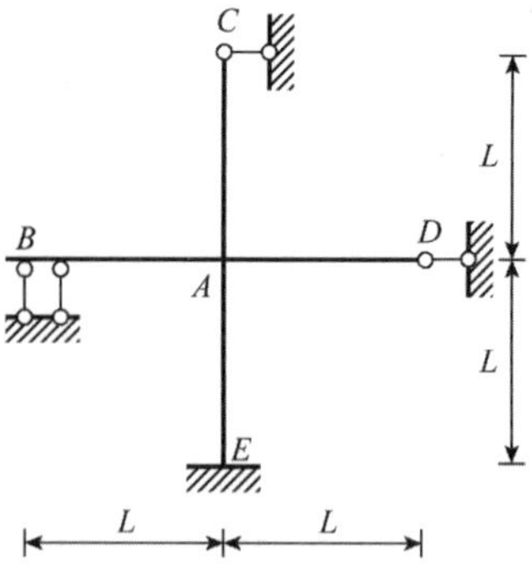

27. 图示结构支座A右侧截面剪力影响线形状为：

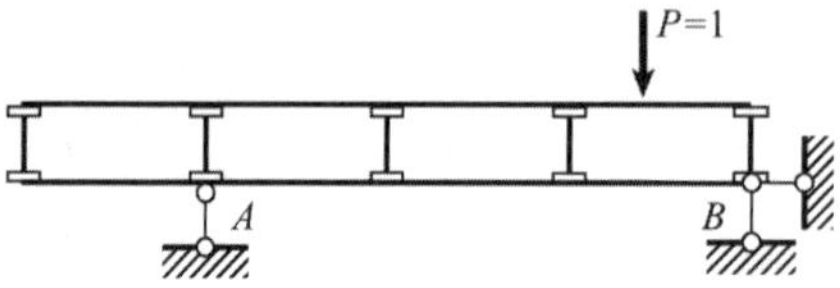

A. 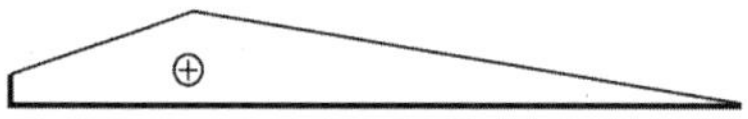

B. 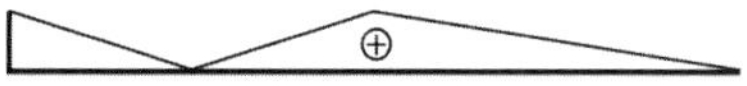

C. 

D. 

28. 图示结构中，若要使其自振频率ω增大，可以：

A. 增大EI

B. 增大F

C. 增大L

D. 增大m

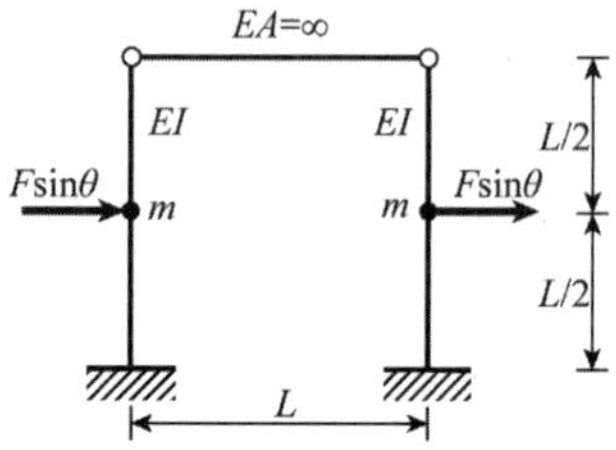

29. 有一非对称配筋偏心受压柱，计算得$A_s' = 420\text{mm}^2$，则：

A. 按 420mm^2 配置钢筋

B. 按受拉钢筋最小配筋率配置

C. 按受压钢筋最小配筋率配置

D. 按$A_s' = A_s$配置钢筋

30. 预应力混凝土受弯构件与普通混凝土受弯构件相比，增加了：

A. 正截面受弯承载力计算

B. 斜截面受剪承载力计算

C. 正截面抗裂验算

D. 斜截面抗裂验算

31. 下列关于受弯构件斜截面受剪承载力的说法，正确的是：

A. 施加预应力可以提高斜截面受剪承载力

B. 为防止发生斜压破坏，应提高配箍率

C. 避免发生斜拉破坏的有效办法是提高混凝土强度

D. 对无腹筋梁，剪跨比越大其斜截面受剪承载力越高

32. 以下对最大裂缝开展宽度没有明显影响的是：

A. 钢筋应力

B. 混凝土强度等级

C. 钢筋直径

D. 保护层厚度

33. 某对称配筋的大偏心受压构件，承受的四组内力中，最不利的一组内力为：

A. $M = 218\ \mathrm{kN \cdot m}$，$N = 396\ \mathrm{kN}$

B. $M = 218\ \mathrm{kN \cdot m}$，$N = 380\ \mathrm{kN}$

C. $M = 200\ \mathrm{kN \cdot m}$，$N = 396\ \mathrm{kN}$

D. $M = 200\ \mathrm{kN \cdot m}$，$N = 380\ \mathrm{kN}$

34. 后张法预应力混凝土构件的第一批预应力损失一般包括：

A. 锚具变形及钢筋内缩损失、摩擦损失、钢筋应力松弛损失

B. 锚具变形及钢筋内缩损失、摩擦损失

C. 锚具变形及钢筋内缩损失、温度损失、钢筋应力松弛损失

D. 摩擦损失、钢筋应力松弛损失、混凝土徐变损失

35. 钢筋混凝土受弯构件斜截面受剪承载力计算公式中没有体现以下哪项影响因素？

A. 材料强度

B. 配箍率

C. 纵筋配筋率

D. 截面尺寸

36. 仅配筋不同的三根梁（梁 1：$A_s = 450\mathrm{mm}^2$；梁 2：$A_s = 600\mathrm{mm}^2$；梁 3：$A_s = 650\mathrm{mm}^2$），其中梁 1 为适筋梁，梁 2 及梁 3 为超筋梁，则破坏时截面相对受压区计算高度ξ的大小关系为：

A. $\xi_3 > \xi_2 > \xi_1$

B. $\xi_1 > \xi_2 = \xi_3$

C. $\xi_2 > \xi_3 > \xi_1$

D. $\xi_3 = \xi_2 > \xi_1$

37. 对于钢筋混凝土偏心受拉构件，下列说法错误的是：

A. 如果$\xi > \xi_b$，说明是小偏心受拉破坏

B. 小偏心受拉构件破坏时，混凝土完全退出工作，全部轴向拉力由纵向钢筋承担

C. 大偏心受拉构件存在混凝土受压区

D. 大、小偏心受拉构件的判断是依据轴向拉力N作用点的位置

38. 当一单筋矩形截面梁的截面尺寸、材料强度及弯矩设计值确定后，计算时发现超筋，那么采取以下哪项措施对提高其正截面受弯承载力最有效？

A. 增大纵向受拉钢筋的数量

B. 提高混凝土强度等级

C. 加大截面宽度

D. 加大截面高度

39. 钢筋混凝土构件变形和裂缝验算中关于荷载、材料强度取值，下列说法正确的是：

A. 荷载、材料强度都取标准值

B. 荷载取设计值，材料强度取标准值

C. 荷载取标准值，材料强度取设计值

D. 荷载、材料强度都取设计值

40. 钢筋混凝土构件在处理剪力和扭矩共同作用的承载力计算时：

A. 不考虑两者之间的相关性

B. 混凝土不考虑剪扭相关作用，钢筋考虑剪扭相关性

C. 混凝土考虑剪扭相关作用，钢筋不考虑剪扭相关性

D. 混凝土和钢筋均考虑相关关系

41. 地球曲率和大气折光对单向三角高程的影响是：

A. 使实测高程变小

B. 使实测高程变大

C. 没有影响

D. 有规律变化，但是使实测高程变小还是变大不确定

42. 高斯坐标系属于：

A. 空间坐标系　　B. 相对坐标系

C. 平面直角坐标系　　D. 极坐标系

43. 1：2000 图上量得A、B两点的距离为 43.4cm，欲在两点间修一坡度不大于 3%的道路，则A、B两点的高差最大应是：

A. 2.6m

B. 26.0m

C. 1.2m

D. 10.8m

44. GPS 精密定位测量中采用的卫星信号是：

A. C/A测距码

B. P码

C. 载波信号

D. C/A测距码和载波信号混合使用

45. 某水平角以等精度观测 4 测回，观测值分别是$55°40'47''$、$55°40'40''$、$55°40'42''$、$55°40'50''$，则一测回观测值中误差m为：

A. $2.28''$

B. $4.58''$

C. $7.92''$

D. $14.57''$

46. 放样设水平角度时，采用盘左、盘右投点是为了消除：

A. 目标倾斜

B. 气泡向两侧偏斜误差

C. 旁折光影响

D. $2C$误差

47. 无机非金属材料的基本构成是：

A. 矿物

B. 元素

C. 聚合度

D. 组分

48. 一般要求绝热材料的导热率不宜大于 0.17W/(m · K)，表观密度小于 1000kg/m^3，抗压强度应大于：

A. 10MPa

B. 5MPa

C. 3MPa

D. 0.3MPa

49. 影响材料抗冻性的主要因素有孔结构、水饱和度及冻融龄期，而极限水饱和度是：

A. 50%

B. 75%

C. 85%

D. 91.7%

50. 混凝土集料和水泥石之间存在界面过渡区，其典型厚度为：

A. 5~10μm　　B. 10~15μm

C. 20~30μm　　D. 20~40μm

51. 混凝土检验用水应与饮用水做水泥凝结对比实验，其中初凝时间差与终凝时间差均不应大于：

A. 10min　　B. 20min

C. 30min　　D. 40min

52. 一般认为，硅酸盐水泥颗粒大于 100μm 的活性较小，而具有较高活性的水泥颗粒应小于：

A. 30μm　　B. 40μm

C. 50μm　　D. 20μm

53. 正常雨水的 pH 值为：

A. 4.5　　B. 5.6

C. 6.5　　D. 7.5

54. 水泥胶砂试件拆模后立即水平或垂直放在水中养护，其养护温度为：

A. (17±5)℃　　B. (18±3)℃

C. (20±1)℃　　D. 25℃

55. 混凝土快速碳化实验的碳化深度小于 20mm，则其抗碳化性能满足混凝土的使用年限要求为：

A. 50 年　　B. 80 年

C. 100 年　　D. 150 年

56. 某流域面积为 10000km^2，则其时段长为 2h 的单位线（10mm）所包围的总洪量为：（单位：万 m^3）

A. 10000　　B. 20000

C. 36000　　D. 72000

57. 进行设计洪水频率计算时，用适线法推求设计参数，以下不属于设计参数的是：

A. 均值　　B. 变差系数

C. 偏态系数　　D. 径流系数

58. 设计洪水推求时，往往进行特大洪水调查延长样本系列，其主要目的是提高样本的：

A. 一致性　　B. 可靠性

C. 可选性　　D. 代表性

59. 某水利工程的设计洪水标准为百年一遇，则根据水文频率的含义，要推求的洪水为：

A. 大于或等于百年一遇洪水

B. 正好等于百年一遇洪水

C. 不超过百年一遇洪水

D. 数值在百年一遇洪水左右

60. 使水资源具有可再生性的原因，是由于自然界所引起的：

A. 径流　　B. 蒸发

C. 水循环　　D. 降水

2023年度全国注册土木工程师（水利水电工程）

执业资格考试试卷

基础考试

（下）

二〇二三年十一月

应考人员注意事项

1. 本试卷科目代码为“2”，考生务必将此代码填涂在答题卡“科目代码”相应的栏目内，否则，无法评分。
2. 书写用笔：**黑色或蓝色钢笔、签字笔或圆珠笔**；

   填涂答题卡用笔：**黑色 2B 铅笔**。
3. 必须用书写用笔将工作单位、姓名、准考证号填写在答题卡和试卷相应的栏目内。
4. 本试卷由 60 题组成，每题 2 分，满分 120 分，本试卷全部为单项选择题，每小题的四个备选项中只有一个正确答案，错选、多选、不选均不得分。
5. 考生作答时，必须按**题号在答题卡上**将相应试题所选选项对应的**字母用 2B 铅笔涂黑**。
6. 在答题卡上书写与题意无关的语言，或在答题卡上作标记的，均按违纪试卷处理。
7. 考试结束时，由监考人员当面将试卷、答题卡一并收回。
8. 草稿纸由各地统一配发，考后收回。

单项选择题（共 60 分，每题 2 分。每题的备选项中只有一个最符合题意。）

1. 如图所示，矩形闸门宽$B=2.0\text{m}$，上缘A处设有固定铰轴，已知：$\theta=60°$，$L_1=2.5\text{m}$，$L_2=3.0\text{m}$，忽略闸门自重，求开启闸门所需的提升力T为：

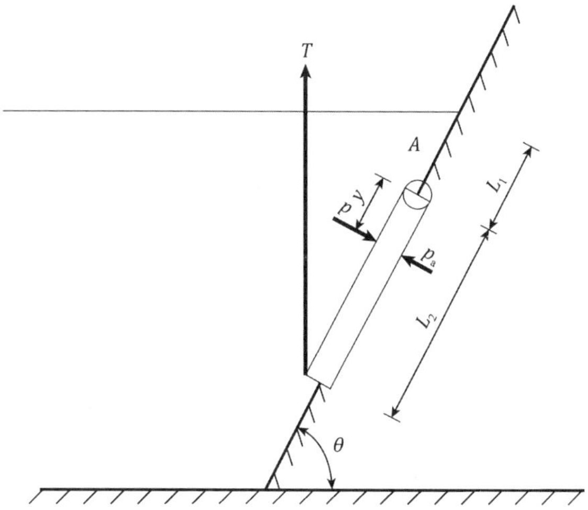

A. 129kN　　B. 179kN

C. 229kN　　D. 279kN

2. 如图所示，在流速由v_1变为v_2的突扩管中，如果在中间加一中等粗细的管段，形成两次突扩，中间管段中的流速取何值时，总的局部水头损失最小？

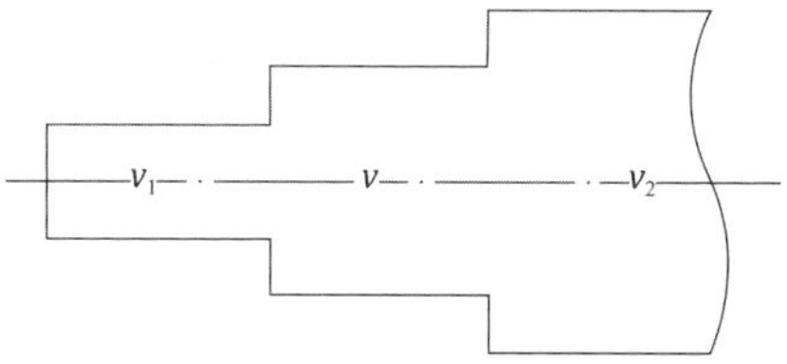

A. $(v_1+v_2)/2$　　B. $(v_1+v_2)/3$

C. $(v_1+v_2)/4$　　D. $(v_1+v_2)/5$

3. 渗流场中透水边界属于以下哪种线性？

A. 流线　　B. 等势线

C. 等压线　　D. 以上都不对

4. 明渠均匀流总水头H和水深h随流程s的变化特征是：

A. $\mathrm{d}H/\mathrm{d}s < 0$，$\mathrm{d}h/\mathrm{d}s < 0$

B. $\mathrm{d}H/\mathrm{d}s = 0$，$\mathrm{d}h/\mathrm{d}s < 0$

C. $\mathrm{d}H/\mathrm{d}s = 0$，$\mathrm{d}h/\mathrm{d}s = 0$

D. $\mathrm{d}H/\mathrm{d}s < 0$，$\mathrm{d}h/\mathrm{d}s = 0$

5. 有一河道泄流时，流量$Q = 120\mathrm{m}^3/\mathrm{s}$，过水断面为矩形断面，其宽度$b = 60\mathrm{m}$，流速$v = 5\mathrm{m/s}$，河道水流的流动类型为：

A. 缓流

B. 急流

C. 临界流

D. 不能确定

6. 实验中用来测量管道中流量的仪器是：

A. 文丘里流量计

B. 环形槽

C. 毕托管

D. 压力计

7. 某溢流坝的泄洪量为$Q = 10000\mathrm{m}^3/\mathrm{s}$，模型试验比例尺 1：70，若测得模型上某断面处的压力为0.5N，则原模型上相应位置处的压力和模型中的流量分别为：

A. 2.45kN 和 $2.041\mathrm{m}^3/\mathrm{s}$

B. 171.5kN 和 $0.244\mathrm{m}^3/\mathrm{s}$

C. 12005kN 和 $0.029\mathrm{m}^3/\mathrm{s}$

D. 2.45kN 和 $0.0244\mathrm{m}^3/\mathrm{s}$

8. 两段明渠，糙率$n_1 \neq n_2$，其余参数均相同，则两渠道的临界水深大小关系正确的是：

A. $h_1 = h_2$

B. $h_1 < h_2$

C. $h_1 > h_2$

D. 无法判断

9. 三根并联管路，由节点A分出，在B点汇合，如图所示，已知$Q = 280\mathrm{L/s}$，$d_1 = 300\mathrm{mm}$，$L_1 = 500\mathrm{m}$，$d_2 = 250\mathrm{mm}$，$L_2 = 800\mathrm{m}$，$d_3 = 200\mathrm{mm}$，$L_3 = 1000\mathrm{m}$，各段管路的粗糙系数$n = 0.0125$，则各段管路的流量Q_1：Q_2：Q_3为：

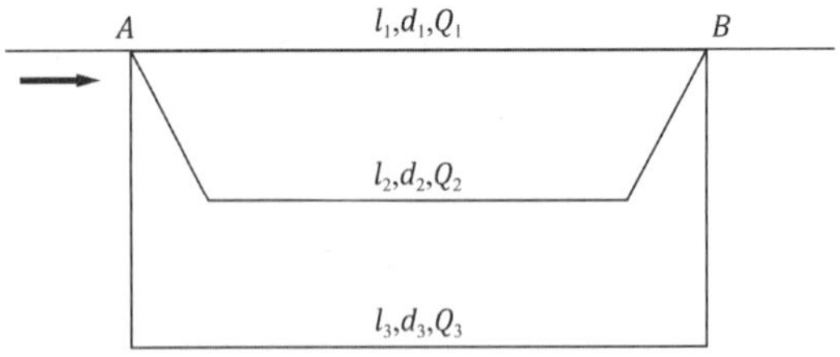

A. 5.57：3.84：1

B. 5.12：3.51：1

C. 4.85：2.92：1

D. 4.17：2.03：1

10. 以下说法错误的是：

A. 对于黏性土，可用塑性指数评价其软硬程度

B. 对于砂土，可用相对密度评价其松密状态

C. 对于同一种黏性土，天然含水率反映其相对软硬程度

D. 对于黏性土，可用液性指数评价其软硬状态

11. 室内侧限压缩实验测得的e-p曲线愈陡，表明该土样的压缩性：

A. 越高　　B. 越低

C. 越均匀　　D. 越不均匀

12. 当以下哪项数据发生改变，土体强度也发生改变？

A. 总应力　　B. 有效应力

C. 附加应力　　D. 自重应力

13. 挡墙后填土为黏性土，墙后水位上升，c和φ均不等于 0，则墙背所受的主动土压力：

A. 增大　　B. 减小

C. 不变　　D. 不确定

14. 关于自重应力或地基附加应力的分布图，下列说法正确的是：

A. 自重应力总是从基底开始起算

B. 自重应力总是从地面开始起算

C. 地基附加应力总是从地面开始起算

D. 地基附加应力总是呈直线分布

15. 杂填土是指：

A. 由碎石土、砂土、粉土、粉质黏土等组成的土

B. 符合一定要求的级配砂

C. 含有建筑垃圾、工业废料、生活垃圾等杂物的土

D. 由水力冲填的泥砂形成的土

16. 下列不属于地基土整体剪切破坏特征的是：

A. 基础四周的地面隆起

B. 多发生于坚硬黏土层及密实砂土层

C. 地基中形成连续的滑动面并贯穿至地面

D. 多发生于软土地基

17. 下列有关岩石的吸水率，说法正确的是：

A. 岩石的吸水率对岩石的抗冻性有较大影响

B. 岩石的吸水率反映岩石中张开裂隙的发育情况

C. 岩石的吸水率大小取决于岩石中孔隙数量的多少和细微裂隙的连通情况

D. 岩石的吸水率是岩样的最大吸水量

18. 如果挡土墙后土推墙而使挡土墙发生一定的位移，使土体达到极限平衡状态，则作用在墙背上的土压力是：

A. 静止土压力　　B. 主动土压力

C. 被动土压力　　D. 无法确定

19. 直剪固结快剪试验指标表示为：

A. c_{cd}、φ_{cd}　　B. c_{u}、φ_{u}

C. c_{cu}、φ_{cu}　　D. c_{cq}、φ_{cq}

20. 图示平面几何组成的性质为：

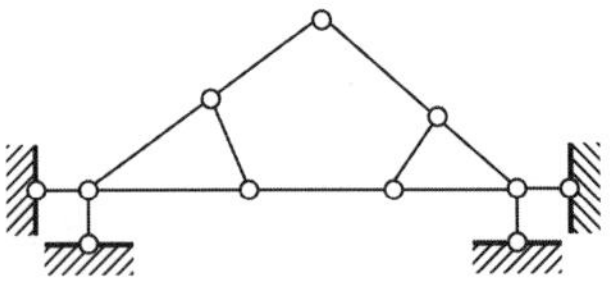

A. 几何不变，无多余约束

B. 瞬变体系

C. 几何不变，有多余约束

D. 常变体系

21. 用位移法计算图示结构，刚度系数r_{11}为：

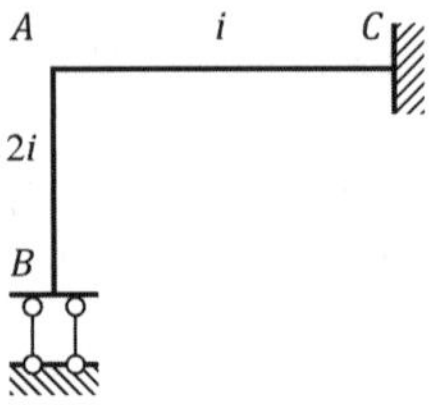

A. $3i$

B. $6i$

C. $5i$

D. $12i$

22. 图示体系的自振频率为：

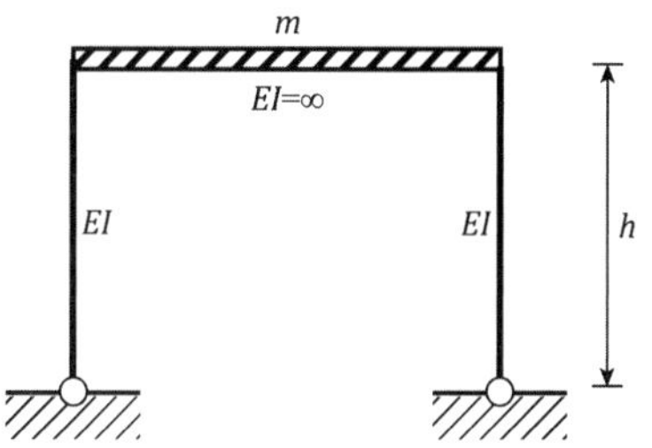

A. $\sqrt{\frac{24EI}{mh^3}}$

B. $\sqrt{\frac{12EI}{mh^3}}$

C. $\sqrt{\frac{6EI}{mh^3}}$

D. $\sqrt{\frac{3EI}{mh^3}}$

23. 图示体系A点弯矩为（下侧受拉为正）：

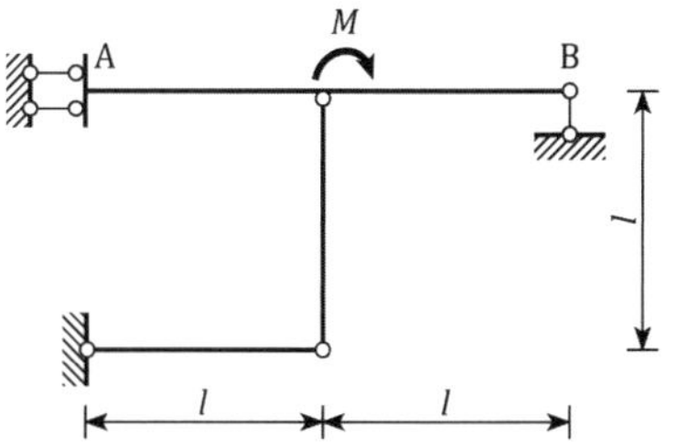

A. M

B. $-M$

C. $2M$

D. 0

24. 图示结构在向下的荷载作用时，D支座的力方向为：

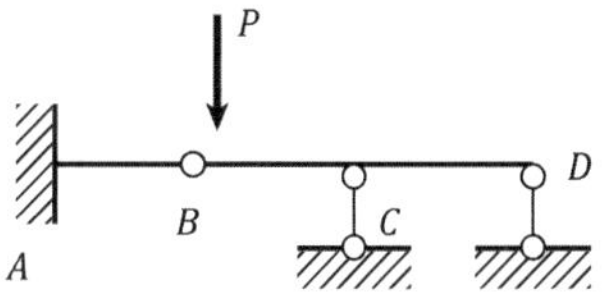

A. 向上

B. 向下

C. 始终为 0

D. 无法确定

25. 图示体系B点至C点的弯矩分配系数为：

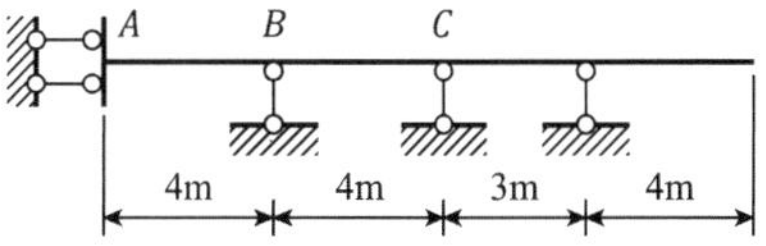

A. 0.80

B. 0.75

C. 0.25

D. 0

26. 图示桁架体系杆 1 的内力为：

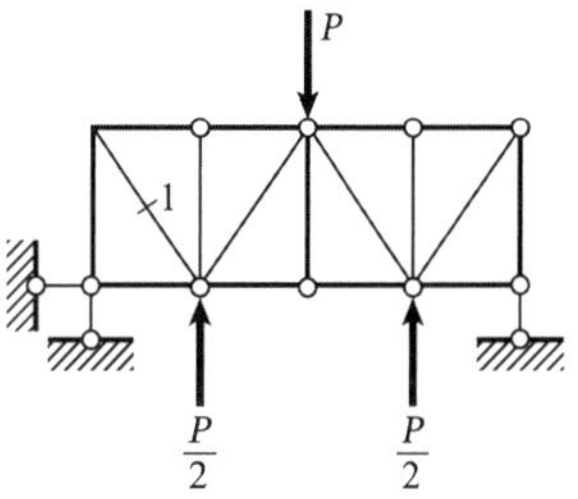

A. P

B. $P/2$

C. $-P/2$

D. 0

27. 图示体系中A点的支座反力为：

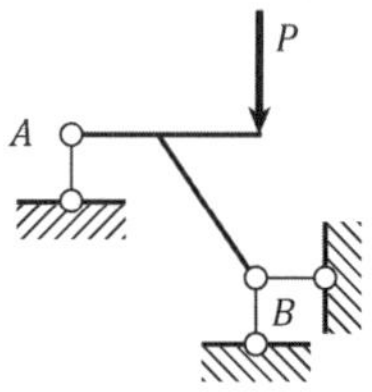

A. P

B. $-P$

C. $2P$

D. 0

28. 图示体系小球的质量为m，通过杆与地面铰接，杆中点两侧均采用弹簧连接，弹簧刚度为k，不计杆和弹簧重量，体系运动方程为：$2ml^2\ddot{\varphi}+kl^2\varphi-mgl\varphi=0$，则体系的自振频率为：

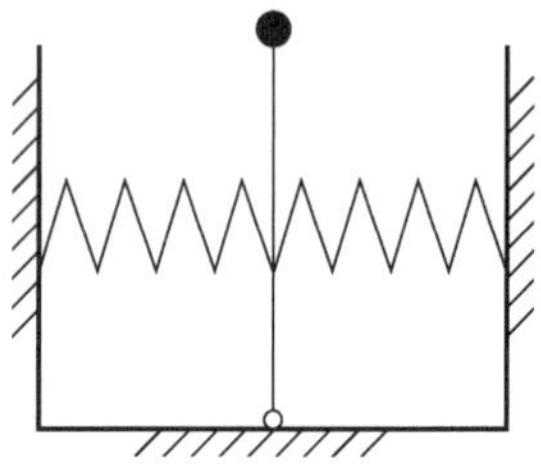

A. $\sqrt{\frac{kl-mg}{2ml}}$

B. $\sqrt{\frac{kl-mg}{ml}}$

C. $\sqrt{\frac{2kl-mg}{ml}}$

D. $\sqrt{\frac{2kl-2mg}{ml}}$

29. 水工混凝土应根据承载力、使用环境、耐久性能要求而选择：

A. 高强、和易性好的混凝土

B. 既满足承载力要求，又满足耐久性要求的混凝土

C. 不同强度等级、抗渗等级、抗冻等级的混凝土

D. 首先满足承载力要求，然后满足抗渗要求的混凝土

30. 减小钢筋混凝土受弯构件的裂缝宽度，可考虑的措施是：

A. 采用直径较细的钢筋

B. 增加钢筋的面积

C. 增加截面尺寸

D. 提高混凝土强度等级

31. 钢筋混凝土梁的设计主要包括：

A. 正截面承载力计算、抗裂和变形验算

B. 正截面承载力计算、斜截面承载力计算，对使用上需控制变形和裂缝的梁尚需进行变形和裂缝控制验算

C. 一般的梁仅需进行正截面承载力计算，重要的梁还要进行斜截面承载力计算及变形和裂缝控制验算

D. 正截面承载力计算、斜截面承载力计算，如满足抗裂要求，则可不进行变形和裂缝控制验算

32. 当梁的剪力设计值$V > 0.25 f_c b h_0$时，下列提高梁斜截面受剪承载力最有效的措施是：

A. 增大梁截面面积　　B. 减小梁截面面积

C. 降低混凝土强度等级　　D. 增加箍筋或弯起钢筋

33. 已知柱截面所承受的内力组合如图所示，按承载能力极限状态设计包括哪些内容？

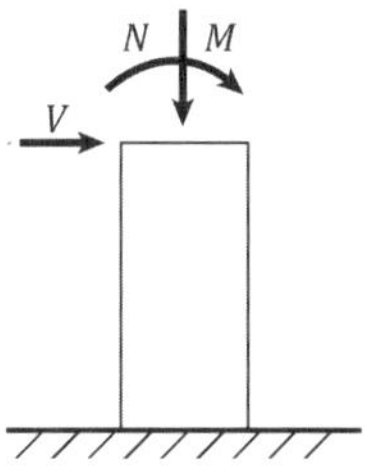

A. 按受弯构件进行正截面受弯承载力计算确定纵筋数量，按受弯构件斜截面受剪承载力计算确定箍筋数量

B. 按轴心受压构件进行正截面受压承载力计算确定纵筋数量，按偏压剪构件进行斜截面受剪承载力计算确定箍筋数量

C. 按偏心受压构件进行正截面受压承载力计算确定纵筋数量，按偏压剪构件进行斜截面受剪承载力计算确定箍筋数量

D. 按偏心受压构件进行正截面受压承载力计算确定纵筋数量，按受弯构件斜截面受剪承载力计算确定箍筋数量

34. 已知一矩形截面混凝土梁，$b \times h = 250\text{mm} \times 600\text{mm}$，箍筋采用 HRB335（$f_{yv} = 300\,\text{N/mm}^2$），箍筋直径为⌀10，混凝土强度等级 C30（$f_c = 14.3\,\text{N/mm}^2$，$f_t = 1.43\,\text{N/mm}^2$），$a_s = 40\text{mm}$，$K = 1.2$，$V = 300\text{kN}$，则该梁的箍筋间距$s$为：

A. 100mm　　B. 125mm

C. 150mm　　D. 175mm

35. 剪、扭构件承载力计算公式中ζ、β_t的含义是：

A. ζ-剪扭构件的纵向钢筋与箍筋的配筋强度比，$1 \leqslant \zeta \leqslant 1.7$，$\zeta$值小时，箍筋配置较多；
β_t-剪扭构件混凝土受扭承载力降低系数，$0.5 \leqslant \beta_t \leqslant 1.0$

B. ζ-剪扭构件的纵向钢筋与箍筋的配筋强度比，$0.6 \leqslant \zeta \leqslant 1.7$，$\zeta$值大时，抗扭纵筋配置较多；
β_t-剪扭构件混凝土受扭承载力降低系数，$0.5 \leqslant \beta_t \leqslant 1.0$

C. ζ-剪扭构件的纵向钢筋与箍筋的配筋强度比，$0.6 \leqslant \zeta \leqslant 1.7$，$\zeta$值大时，抗扭箍筋配置较多；
β_t-剪扭构件混凝土受扭承载力降低系数，$0.5 \leqslant \beta_t \leqslant 1.0$

D. ζ-剪扭构件的纵向钢筋与箍筋的配筋强度比，$0.6 \leqslant \zeta \leqslant 1.7$，$\zeta$值大时，抗扭纵筋配置较多；
β_t-剪扭构件混凝土受扭承载力降低系数，$0 \leqslant \beta_t \leqslant 1.0$

36. 后张法预应力轴心受拉构件，加载至混凝土预压应力被抵消时，此时外荷载产生的轴向力为：

A. $\sigma_{\mathrm{pcII}}A_0$　　B. $\sigma_{\mathrm{pcI}}A_0$

C. $\sigma_{\mathrm{pcII}}A_{\mathrm{n}}$　　D. $\sigma_{\mathrm{pcI}}A_{\mathrm{n}}$

37. 对于钢筋混凝土偏心受拉构件，大、小偏心判别的依据是：

A. 截面破坏时，受拉钢筋是否屈服

B. 截面破坏时，受压钢筋是否屈服

C. 截面破坏时，受压混凝土是否压碎

D. 轴向拉力N的作用点位置

38. 在保持不变的长期荷载作用下，钢筋混凝土轴心受压构件中，下列说法正确的是：

A. 徐变使混凝土压应力增大，钢筋拉应力减小

B. 徐变使混凝土压应力增大，钢筋压应力减小

C. 徐变使混凝土压应力减小，钢筋拉应力增大

D. 徐变使混凝土压应力减小，钢筋压应力增大

39. 带肋钢筋 HRB335 的弹性模量为 $2\times10^5\mathrm{N/mm^2}$，刚刚屈服时应变为 0.00167，问当应变为 0.002 时的钢筋应力为：

A. $300\mathrm{N/mm^2}$　　B. $335\mathrm{N/mm^2}$

C. $360\mathrm{N/mm^2}$　　D. $400\mathrm{N/mm^2}$

40. 单筋矩形截面混凝土梁 $b\times h = 200\mathrm{mm}\times400\mathrm{mm}$，$a_{\mathrm{s}} = 45\mathrm{mm}$，混凝土强度等级 C25（$f_{\mathrm{c}} = 11.9\mathrm{N/mm^2}$），纵向受力钢筋采用 HRB335 钢筋（$f_{\mathrm{y}} = 300\mathrm{N/mm^2}$），弯矩设计值$M = 51\mathrm{kN\cdot m}$，$K = 1.2$，受拉钢筋$A_{\mathrm{s}}$为：

A. 712mm　　B. 546mm

C. 589mm　　D. 648mm

41. 测量数据准确度指：

A. 系统误差大，偶然误差小

B. 系统误差小，偶然误差大

C. 系统误差小，偶然误差小

D. 以上都不是

42. 测量工作中视差产生的原因是：

A. 气流影像

B. 验测目标太远

C. 仪器体系误差

D. 验测点影像与十字丝分划板不重合

43. GIS 图形有别于其他管理系统图形的一个特征是：

A. 有拓扑关系

B. 有属性数据

C. 图形可以实时更新

D. 有描绘图形的参考系统

44. 地形图测绘中，铁丝网可利用哪种地物符号表达？

A. 比例符号

B. 非比例符号

C. 半比例符号

D. 地物符号

45. 量测了边长为a的正方形其中一条边，一次量测精度是m，则正方形周长为 $4a$的中误差m_C是：

A. m

B. $2m$

C. $2m$

D. $4m$

46. 下列对等高线的描述正确的是：

A. 是地面上相邻点高程的连线

B. 是地面所有等高点连成的一条曲线

C. 是地面高程相同的相邻点连成的闭合曲线

D. 不是计曲线就是首曲线

47. 影响材料抗冻性的主要因素有孔结构、水饱和度和冻融龄期，其极限水饱和度是：

A. 50%

B. 75%

C. 85%

D. 91.7%

48. 一般来说，泵送混凝土水胶比不宜大于 0.6，高性能混凝土水胶比不大于：

A. 0.6　　B. 0.5

C. 0.4　　D. 0.3

49. 材料密度是材料在以下哪种状态下单位体积的质量？

A. 自然　　B. 绝对密实

C. 堆积　　D. 干燥

50. 密实度是指材料内部被固体物质所充实的程度，即体积密度与以下哪项的比值？

A. 干燥密度　　B. 密度

C. 表观密度　　D. 堆积密度

51. 吸水性是指材料在以下哪种物质中能吸收水分的性质？

A. 空气中　　B. 压力水中

C. 水中　　D. 再生水中

52. 国家标准《通用硅酸盐水泥》（GB 175—2007）规定硅酸盐水泥的初凝不得早于 45min，终凝不得迟于：

A. 60min　　B. 200min

C. 390min　　D. 6h

53. 水泥石主要的侵蚀类型不包括：

A. 氢氧化钠腐蚀　　B. 生成膨胀性物质

C. 溶解侵蚀　　D. 离子交换

54. 结构混凝土设计的基本参数是：

A. 水灰比、砂率、单位用水量

B. 砂率、单位用水量

C. 水灰比、砂率

D. 水灰比、单位用水量

55. 下列为水泥成分中抗硫酸盐侵蚀最好的是：

A. C_3S　　B. C_2S

C. C_3A　　D. C_4AF

56. 在计算水文频率时，我国一般选配用皮尔逊III型分布曲线，这是因为：

A. 已从理论上证明它符合水文统计规律

B. 已制成该线型的P值表供查阅，使用方便

C. 已制成该线型的K_p值表供查阅，使用方便

D. 经验表明该线型能与我国大多数地区水文变量的频率分布配合良好

57. 某水利工程的设计洪水是指：

A. 历史最大洪水

B. 设计断面的最大洪水

C. 符合设计标准要求的洪水

D. 通过文献考证的特大洪水

58. 以下不属于水文循环的是：

A. 降雨　　B. 蒸发

C. 下渗　　D. 水污染

59. 用频率推求设计洪水，统计样本十分重要。以下说法不正确的是：

A. 必须连续，视历史资料情况而定

B. 如径流条件变异，必须还原

C. 当大洪水难以考证时，可不考虑

D. 具有代表性

60. 某流域有两次暴雨，前者的暴雨中心在上游，后者的暴雨中心在下游，其他情况都相同，则前者在流域出口断面形成的洪峰流量比后者的：

A. 洪峰流量小、洪峰出现的时间晚

B. 洪峰流量大、洪峰出现的时间晚

C. 洪峰流量大、洪峰出现的时间早

D. 洪峰流量小、洪峰出现的时间早

2024年度全国注册土木工程师（水利水电工程）

执业资格考试试卷

基础考试

（下）

二〇二四年十一月

应考人员注意事项

1. 本试卷科目代码为“2”，考生务必将此代码填涂在答题卡“科目代码”相应的栏目内，否则，无法评分。

2. 书写用笔：**黑色或蓝色钢笔、签字笔或圆珠笔**；

   填涂答题卡用笔：**黑色 2B 铅笔**。

3. 必须用书写用笔将工作单位、姓名、准考证号填写在答题卡和试卷相应的栏目内。

4. 本试卷由 60 题组成，每题 2 分，满分 120 分，本试卷全部为单项选择题，每小题的四个备选项中只有一个正确答案，错选、多选、不选均不得分。

5. 考生作答时，必须按**题号在答题卡上**将相应试题所选选项对应的**字母用 2B 铅笔涂黑**。

6. 在答题卡上书写与题意无关的语言，或在答题卡上作标记的，均按违纪试卷处理。

7. 考试结束时，由监考人员当面将试卷、答题卡一并收回。

8. 草稿纸由各地统一配发，考后收回。

单项选择题（共 60 题，每题 2 分。每题的备选项中只有一个最符合题意。）

1. 下列说法：a. 牛顿内摩擦定律只适用于管道中的层流；b. 流体切应力与剪切应变成正比；c. 自然界中存在着一种不具有黏性的液体，即为理想液体；d. 作用在液体上的力分为质量力和表面力两大类。其中正确的是：

A. 以上说法都不对

B. 以上说法都对

C. 说法 a 和 c 对

D. 说法 d 对

2. 影响水的运动黏度的主要因素为：

A. 温度　　B. 重度　　C. 当地气压　　D. 水的流速

3. 以下物理量具有量纲的是：

A. 雷诺数　　B. 渗流系数

C. 沿程水头损失系数　　D. 堰流流量系数

4. 如图所示，A、B两点位于同一水平面，其压强分别为p_1和p_2，图中$h_1 < h_2$，下列选项正确的为：

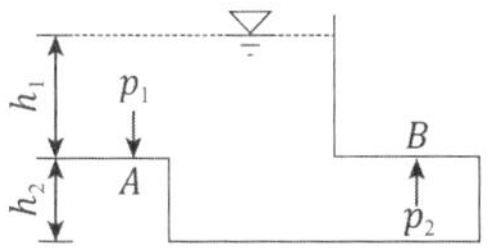

A. $p_1 < p_2$

B. $p_1 = p_2$

C. $p_1 > p_2$

D. 不能确定

5. 重力作用下恒定总流能量方程的含义是：

A. 单位体积液体的能量　　B. 单位质量液体的能量

C. 单位重量液体的能量　　D. 以上说法都不对

6. 重力作用下，管轴线水平，管径沿流向增大的管道，管轴线压强沿流向：

A. 增加　　B. 减小　　C. 不变　　D. 不能确定

7. 适用于连续方程的条件是：

A. 非恒定元流　　B. 恒定元流

C. 非恒定总流　　D. 恒定总流

8. 矩形明渠内设坎，坎高为Δ，渠内水深为h_1，坎顶水深为h_2，则渠道中水流向为：

A. 从右至左　　B. 从左至右

C. 从流速高的流向流速低的　　D. 无法确定

9. 等直径管道内的恒定流，其测压管水头线沿程变化规律为：

A. 不变　　B. 上升

C. 下降　　D. 可能上升也可能下降

10. 黏土处于可塑状态，其含有大量的：

A. 强结合水　　B. 弱结合水

C. 重力水　　D. 毛细水

11. 黏土压实实验中，w_{op}代表最优含水率，ρ_{dmax}代表该击实功对应的最大干密度，当击实功增加时，以下说法正确的是：

A. w_{op}和ρ_{dmax}均不变　　B. w_{op}减小，ρ_{dmax}增大

C. w_{op}和ρ_{dmax}均增大　　D. w_{op}减小，ρ_{dmax}不变

12. 有效应力原理的要点不包括：

A. 变形取决于有效应力

B. 强度取决于有效应力

C. 总应力可分为有效应力和孔隙水压力

D. 土的强度和变形与孔隙水压力的变化无关

13. 不属于土的渗透变形类型的是：

A. 管涌　　B. 流土　　C. 接触冲刷　　D. 流变

14. 以下各种土的变形参数中，不是仅针对侧限应力状态的是：

A. 压缩系数　　B. 侧限压缩模量

C. 变形模量　　D. 压缩指数

15. 饱和软黏土地基稳定性中，$\varphi = 0$ 的土体抗剪强度指标可采用的试验方法是：

A. 三轴固结排水试验　　B. 三轴固结不排水试验

C. 直剪试验中的固结快剪试验　　D. 地基现场十字板剪切试验

16. 以下对于提高均质地基的极限承载力和减小基础沉降均有效的措施为：

A. 加大基础埋深

B. 加大基础宽度

C. 建筑物建成后降低地下水位（假设原地下水位与地面齐平）

D. 建筑物建成后在室外填方，提高地面高程

17. 场地位于闹市区，附近有较高建筑物，场地土层为密砂，其上有一层厚软黏土层，较适合的地基基

础方案是：

A. 强夯　　B. 振冲碎石桩

C. 降水预压后砂井固结　　D. 桩基

18. 针对简单条分法和简化毕肖普法，下列说法正确的是：

A. 简化毕肖普法忽略了条间力的作用，结果更经济

B. 简化毕肖普法忽略了条间法向力的作用，结果更经济

C. 简单条分法忽略了全部条间力的作用，结果更保守

D. 简单条分法忽略了全部条间力的作用，安全系数偏高

19. 岩石抗剪强度指标包括：

A. 黏聚力　　B. 内摩擦角

C. 黏聚力和内摩擦角　　D. 黏聚力或内摩擦角

20. 图示体系是：

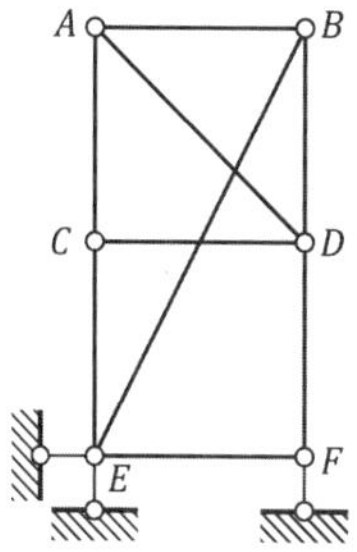

A. 几何不变，无多余约束体系

B. 瞬变体系

C. 几何不变，有多余约束体系

D. 常变体系

21. 两结构受同一组平衡力系，K截面与K_1截面弯矩：

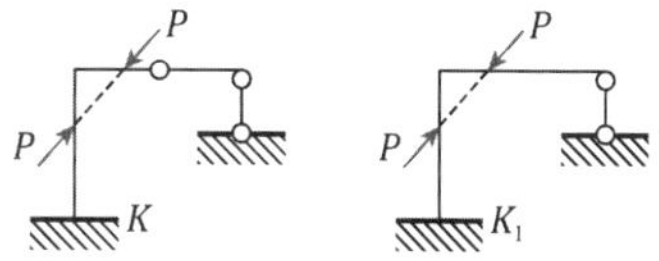

A. 都不为 0　　B. 都为 0

C. K截面为 0，K_1截面不为 0　　D. K截面不为 0，K_1截面为 0

22. 图示桁架各杆EA为常数，节点B的竖向位移（向下为正）Δ_{BV}为：

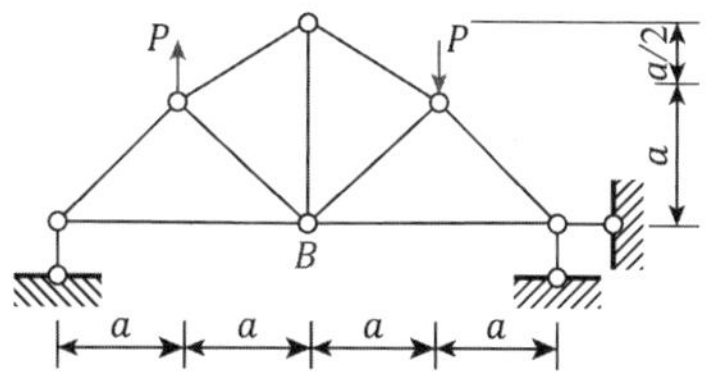

A. $\frac{4+2\sqrt{2}}{EA}\mathrm{Pa}$　　B. $\frac{2+2\sqrt{2}}{EA}\mathrm{Pa}$

C. $\frac{-4+2\sqrt{2}}{EA}\mathrm{Pa}$　　D. 0

23. 图示结构杆端弯矩M_{AB}（以右侧受拉为正）为：

A. $3Pl$

B. $2Pl$

C. Pl

D. $-3Pl$

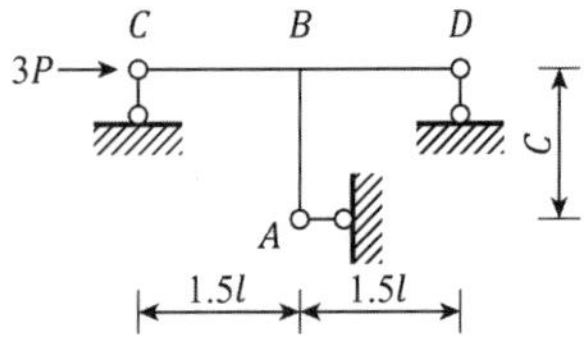

24. 图 a）结构，支座A产生逆时针转角θ，支座B产生竖直向下的沉降c，图 b）结构为力法计算基本结构，则力法方程为：

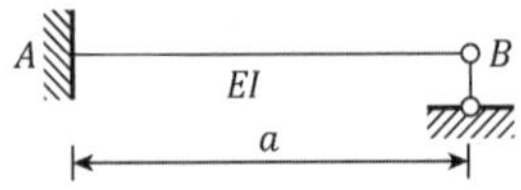

a)

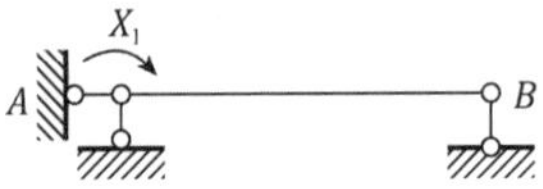

b)

A. $\delta_{11}X_1+\frac{c}{a}=\theta$

B. $\delta_{11}X_1+\frac{c}{a}=-\theta$

C. $\delta_{11}X_1-\frac{c}{a}=\theta$

D. $\delta_{11}X_1-\frac{c}{a}=-\theta$

25. 用位移法计算图示结构，B点的角位移为未知量，自由项F_{1P}值为：

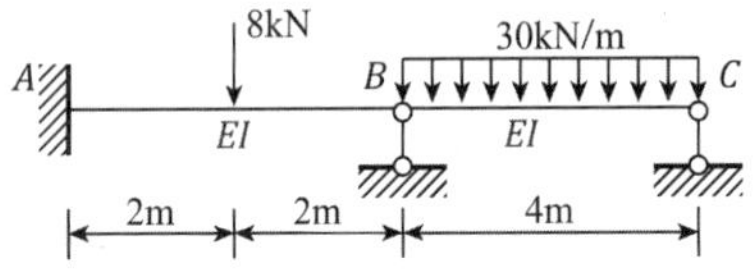

A. 64kN · m　　B. 56kN · m　　C. −56kN · m　　D. −64kN · m

26. 用力矩分配法计算图示结构，计算分配系数μ_{BC}为：

A. 0.75

B. 0.5

C. 0.43

D. 0.33

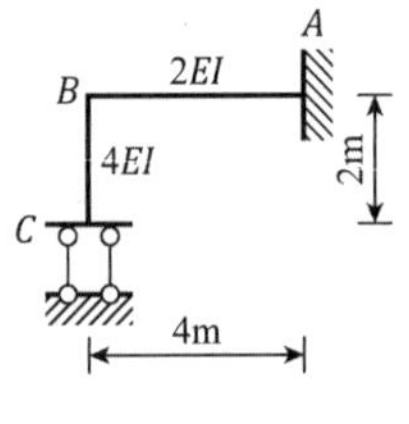

27. 图示梁中支座反力R_A的影响线为：

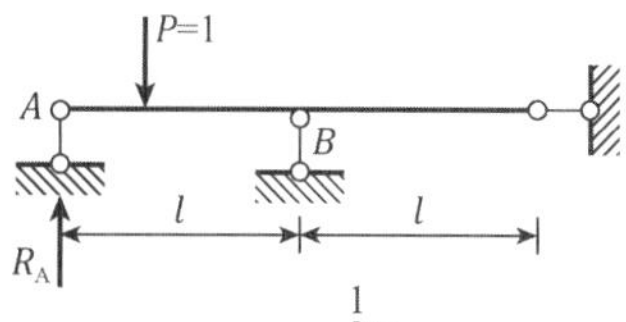

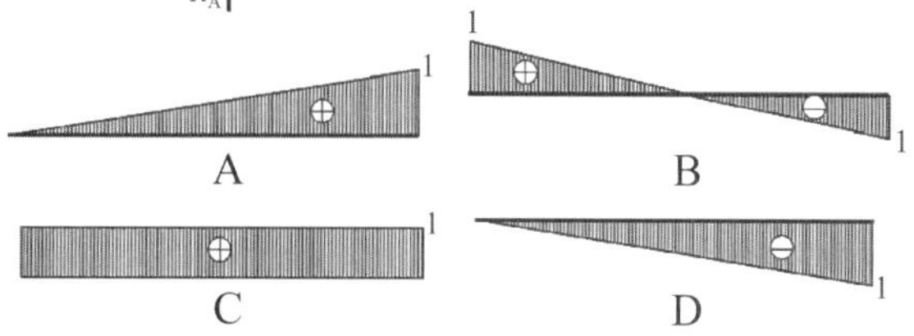

28. 图示体系B为弹性支座，刚度系数为K，$EI=\infty$，则体系的自振频率为：

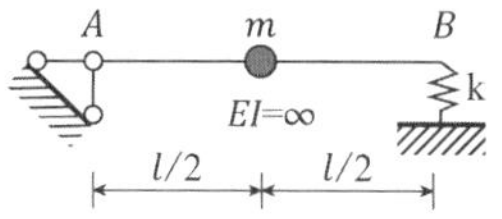

A. $\sqrt{\frac{1}{km}}$　　B. $\sqrt{\frac{1}{2km}}$　　C. $\sqrt{\frac{2k}{m}}$　　D. $\sqrt{\frac{4k}{m}}$

29. 有一非对称配筋偏心受压柱，计算得$A_s'=-260\text{mm}^2$，则：

A. 按 260mm^2 配置钢筋

B. 按受拉钢筋最小配筋率配置

C. 按受压钢筋最小配筋率配置

D. 按$A_s'=A_s$配置钢筋

30. 预应力混凝土受弯构件与普通混凝土受弯构件相比，增加了：

A. 正截面受弯承载力计算　　B. 斜截面受剪承载力计算

C. 正截面抗裂验算　　D. 斜截面抗裂验算

31. 钢筋混凝土构件在剪力和扭矩共同作用下的承载力计算：

A. 钢筋和混凝土均不考虑剪扭相关作用

B. 混凝土不考虑剪扭相关作用，钢筋考虑剪扭相关作用

C. 混凝土考虑相关剪扭相关作用，钢筋不考虑剪扭相关作用

D. 钢筋和混凝土均需考虑剪扭相关作用

32. 对混凝土构件的最大裂缝宽度计算值没有明显影响的是：

A. 钢筋应力　　B. 混凝土强度等级

C. 钢筋直径　　D. 保护层厚度

33. 某对称配筋的大偏心受压构件，在承受以下四组内力中，最不利的一组内力为：

A. $M = 218\text{kN}\cdot\text{m}$，$N = 396\text{kN}$

B. $M = 218\text{kN}\cdot\text{m}$，$N = 380\text{kN}$

C. $M = 200\text{kN}\cdot\text{m}$，$N = 396\text{kN}$

D. $M = 200\text{kN}\cdot\text{m}$，$N = 380\text{kN}$

34. 后张法预应力混凝土构件的第一批预应力损失一般包括：

A. 锚具变形及钢筋内缩损失、摩擦损失、钢筋应力松弛损失

B. 锚具变形及钢筋内缩损失、摩擦损失

C. 锚具变形及钢筋内缩损失、温度损失、钢筋应力松弛损失

D. 摩擦损失、钢筋应力松弛损失、混凝土徐变损失

35. 钢筋混凝土受弯构件斜截面受剪承载力计算公式没有体现下列哪项影响因素：

A. 材料强度　　B. 配箍率　　C. 纵筋配筋量　　D. 截面尺寸

36. 有配筋不同的三种梁（梁 1：$A_s = 350\text{mm}^2$；梁 2：$A_s = 500\text{mm}^2$；梁 3：$A_s = 550\text{mm}^2$），其中梁1为适筋梁，梁 2 和梁 3 为超筋梁，则破坏时截面相对受压区计算高度ξ的大小关系为：

A. $\xi_3 > \xi_2 > \xi_1$　　B. $\xi_1 > \xi_2 = \xi_3$

C. $\xi_2 > \xi_3 > \xi_1$　　D. $\xi_3 = \xi_2 > \xi_1$

37. 对于钢筋混凝土偏心受拉构件，下面说法错误的是：

A. 如果$\xi > \xi_b$，说明是小偏心受拉破坏

B. 小偏心受拉构件破坏时，构件轴向拉力全部由纵向受拉钢筋承担

C. 大偏心受拉构件存在局部受压区

D. 大、小偏心受拉构件的判断依据是构件轴向拉力的作用位置

38. 预应力混凝土轴心受拉构件，开裂荷载N_{cr}等于：

A. 先张法、后张法均为$(\sigma_{pcII} + f_{tk})A_0$

B. 先张法、后张法均为$(\sigma_{pcII} + f_{tk})A_n$

C. 先张法为$(\sigma_{pcII} + f_{tk})A_0$，后张法为$(\sigma_{pcII} + f_{tk})A_n$

D. 先张法为$(\sigma_{pcII} + f_{tk})A_n$，后张法为$(\sigma_{pcII} + f_{tk})A_0$

39. 下列设计计算中，不应使用平截面假定的是：

A. 钢筋混凝土梁正截面受弯承载力

B. 钢筋混凝土偏心受压柱正截面受压承载力

C. 预应力混凝土梁正截面受弯承载力

D. 钢筋混凝土梁斜截面受剪承载力

40. 下列关于受弯构件斜截面受剪承载力的说法，正确的是：

A. 施加预应力可以提高斜截面受剪承载力

B. 为防止发生斜压破坏，应提高配箍率

C. 避免发生斜拉破坏的办法是提高混凝土强度

D. 对于无腹筋梁，剪跨比越大，其斜截面受剪承载力越高

41. 水准仪各轴线间应满足的几何条件不应包括：

A. L′L′//VV　　B. LL//CC

C. 十字丝竖丝//CC　　D. 十字丝横丝⊥VV

42. 整理下表水平角观测记录，水平角∠123 值为：

测站	盘位	目标	水平读盘读数 (°　′　″)	半测回角值 (°　′　″)	测回值 (°　′　″)	备注
2	左	1	155　50　10	—	—	—
		3	33　33　30			—
	右	1	335　50　00	—		—
		3	213　33　40			—

A. 237°43′30″

B. 122°16′30″

C. 179°59′50″

D. 180°01′10″

43. 地性线包括：

A. 山脊线　　B. 坡度线

C. 地类界线　　D. 水崖线

44. GIS 图形有别于其他图形管理系统的一个特征是：

A. 有属性数据　　B. 有拓扑关系

C. 图形可以实时更新　　D. 有描绘图形的参考系统

45. 量测了边长为a的正方形每条边，一次量测精度是m，则周长中误差m_c是：

A. m　　B. $\sqrt{2}m$　　C. $2m$　　D. $4m$

46. 在变形测量项目中，与垂直位移完全无关的是：

A. 三角高程观测

B. 挠度观测

C. 液体水准观测

D. 激光学准直线观测

47. 密度是材料在以下哪种状态下单位体积的质量：

A. 绝对密实

B. 自然状态

C. 粉体或颗粒材料自然堆积

D. 饱水状态

48. 一般要求绝热材料的导热率不宜大于 0.17W/(m · K)，表观密度小于 1000kg/m^3，抗压强度应大于：

A. 10MPa　　B. 5MPa　　C. 3MPa　　D. 0.3MPa

49. 影响材料抗冻性的主要因素有孔结构、水饱和度及冻融龄期，而极限水饱和度是：

A. 50%　　B. 75%　　C. 85%　　D. 91.7%

50. 材料抗渗性常用渗透系数表示，在水利工程中抗渗系数常用单位是：

A. m/h　　B. mm/s　　C. m/s　　D. cm/s

51. 绝热材料若超过一定温度范围会使孔隙中空气的导热与孔壁间的辐射作用有所增加，因此绝热材料适用的温度范围为：

A. 0~25℃　　B. 0~50℃

C. 0~20℃　　D. 0~55℃

52. 硅酸盐水泥颗粒小于多少才具有较高活性：

A. 30μm　　B. 40μm　　C. 50μm　　D. 20μm

53. 普通混凝土细集料的细度模数范围为：

A. 3.7~3.1　　B. 3.0~2.3

C. 3.7~0.7　　D. 2.2~1.6

54. 高性能混凝土水胶比不大于：

A. 0.6　　B. 0.5　　C. 0.4　　D. 0.3

55. 混凝土立方体抗压强度试件的标准尺寸：

A. 70.7mm　　B. 100mm　　C. 150mm　　D. 200mm

56. 水循环过程主要环节不包括：

A. 蒸发　　B. 降水　　C. 径流　　D. 排沙

57. 推求设计洪水时，通常需要进行历史特大洪水的调查，主要目的是提高样本的：

A. 代表性　　B. 一致性　　C. 可靠性　　D. 合理性

58. 下垫面和气候条件相同，在流域上游站和下游站年径流量的变差系数关系是：

A. 上游站和下游站相同

B. 上游站小于下游站

C. 上游站大于下游站

D. 无法确定

59. 流域降雨过程及降雨量相同的两次暴雨，前者暴雨中心在上游，后者暴雨中心在下游，前者在流域出口断面形成的洪峰流量比后者的：

A. 洪峰流量大、峰现时间晚

B. 洪峰流量小、峰现时间晚

C. 洪峰流量小、峰现时间早

D. 洪峰流量大、峰现时间早

60. 流域断面的集水面积为 $20000km^2$，时段长为 6h，单位线为 10mm，其在出口断面形成的径流总量为：

A. $12 \times 10^8 m^3$　　B. $1 \times 10^8 m^3$　　C. $2 \times 10^8 m^3$　　D. $0.2 \times 10^8 m^3$

试题解析及参考答案

专业基础

2013年度全国注册土木工程师（水利水电工程）执业资格考试基础考试（下）试题解析及参考答案

1. 解 $\frac{dE_s}{dh} = 0$，断面比能最小，弗劳德数$Fr = 1$，水流为临界流。

答案：C

2. 解 等势线与均质土坝内的流线正交，所以均质土坝的上游水流渗入边界是一条等势线。

答案：C

3. 解 图示为一水银比压计，由图可判断B点的测压管水头高于A点，$\left(z_B + \frac{p_B}{\gamma}\right) - \left(z_A + \frac{p_A}{\gamma}\right) = \frac{\gamma_{Hg} - \gamma}{\gamma}\Delta h_p = 12.6\Delta h_p$，带入$\Delta h_p = 1m$，可知$A$点的测压管水头较$B$点低12.6m。

答案：A

4. 解 流量一定，管径不变，则流速不变，流速水头不变。当忽略水头损失时，总水头线为一水平线，而测压管水头线与总水头线之间的间距为流速水头，测压管水头线与总水头线平行，也为一条水平线。答案B、C都不对，答案D可以用虹吸管总水头线与测压管水头线都存在低于管轴线的情况来排除。

答案：A

5. 解 根据相似原理的重力相似准则，流量比尺$\lambda_Q = \lambda_l^{2.5}$，$\lambda_v = \lambda_l^{0.5}$，代入数据计算，得结果为D项。

答案：D

6. 解 根据题意，静水压力中心在距离矩形闸门底部$\frac{1}{3}$处，即为转轴高度，因此选B。

答案：B

7. 解 根据渗流模型，渗流流量和真实渗流完全一样，渗流面积比真实渗流面积大，所以渗流流速一般小于真实渗流流速。

答案：D

8. 解 恒定平面势流是无旋流动，即无涡流，因此流速势函数存在的条件是无涡流。

答案：A

9. 解 圆管中水流运动，层流流速是按抛物线分布，紊流流速是按指数或对数分布。

答案：B

10. 解 相对密实度是无黏性粗粒土密实度的指标。相对密实度越大，土越密实；相对密实度越小，土越松散。

答案：B

11. 解 当塑性指数$I_p > 17$时，为黏土；当塑性指数$10 < I_p \leqslant 17$时，为粉质黏土；当塑性指数$3 < I_p \leqslant 10$时，为粉土；当塑性指数$I_p \leqslant 3$时，土表现不出黏性性质。

答案： B

12. 解 土的天然密度是指土在天然状态下单位体积的质量，它综合反映了土的物质组成和结构特性。单位为g/cm^3或t/m^3。

答案： A

13. 解 1-2 表示压力从 100kPa 到 200kPa。

答案： C

14. 解 附加应力是由外荷引起的土中应力，地基的附加应力指基底附加压力，其大小等于基底应力减去地基表面处的自重应力。

答案： A

15. 解 土体在荷载作用下产生的压缩变形，主要是由粒间接触应力即有效应力产生。

答案： B

16. 解 土越密实，颗粒间的嵌入和连锁作用产生的咬合力越大，其内摩擦角越大。

答案： C

17. 解 地基土整体剪切破坏多发生于坚硬黏土层及密实砂土层。

答案： D

18. 解 主动土压力是指挡土墙在墙后填土作用下向前发生移动，致使墙后填土的应力达到极限平衡状态时，填土施于墙背上的土压力；被动土压力是指挡土墙在某种外力作用下向后发生移动而推挤填土，致使填土的应力达到极限平衡状态时，填土施于墙背上的土压力。静止土压力是指当挡土墙静止不动，土体处于弹性平衡状态时，土对墙的压力。

答案： B

19. 解 抗剪强度与剪应力比较。

答案： C

20. 解 体系内部由铰接三角形组成几何不变体系，而与地面用 4 根杆相连，多 1 个约束。

答案： C

21. 解 由荷载反对称可知，桁架中间竖杆轴力为零，再由顶部结点平衡可知，杆 1 轴力为零。

答案： D

22. 解 此处的弹性支座提供与链杆支座相同的支座反力，可对多跨静定梁直接求解内力。

答案：A

23. 解　可用图乘法，先绘制出两个弯矩图后，再由两弯矩图形状快速判断出位移的方向。

答案：B

24. 解　取图示基本体系时，与多余未知力对应的转角位移已知，在力法方程的右端项中；而竖向支座的沉降位移为广义荷载，在力法方程的左端项中。另外，要注意其方向。

答案：C

25. 解　系数$k_{11} = 4 \times 2i + 4i + 3 \times 2i = 18i = 36$。

答案：D

26. 解　杆 AC 分配系数为$\frac{3}{4+3+1+0} = \frac{3}{8}$。

答案：B

27. 解　由所示影响线图形特点知，在A点处有突变，另与AB杆中部截面剪力影响线形状对比可知，所示影响线图为A右截面剪力影响线。

答案：D

28. 解　图示结构为简支静定刚架，单自由度振动体系，$M = 2\mathrm{m}$，由图乘法可得水平向位移为$\delta = \frac{2l^3}{3EI}$，可得体系自振频率为$\sqrt{\frac{3EI}{4ml^3}}$。

答案：B

29. 解　本题考查水工混凝土材料的选用原则。现行规范规定，水工混凝土应根据承载力、使用环境和耐久性要求选用，水工混凝土既要满足承载力要求，又要满足耐久性要求，选项 B 正确。其余选项未涉及承载力和耐久性的所有要求。

答案：B

30. 解　本题考查混凝土强度等级和水工混凝土及钢筋材料强度标准值与设计值的确定原则。混凝土强度等级是以边长 150mm 的立方体为标准试件，在（20±2）℃的温度和相对湿度 95%以上的潮湿空气中养护 28d，按照标准试验方法测得的具有 95%保证率的立方体抗压强度，A 项错误。材料强度的设计值等于材料强度标准值除以材料强度分项系数，材料强度分项系数大于 1，故材料强度设计值小于材料强度标准值，故 C 项正确，B 项错误。我国现行规范规定，钢筋强度标准值应具有不小于 95%的保证率，故 D 项错误。

答案：C

31. 解　本题考查现行规范中钢筋混凝土梁的主要设计内容。现行规范规定，钢筋混凝土梁的设计主要包括正截面受弯承载力的计算、斜截面受剪承载力的计算，对使用上需控制变形和裂缝宽度的梁尚需进行变形和裂缝控制的验算。我国水工混凝土结构设计规范关于裂缝控制验算，历来就有所谓“双控”的说法，即对某些重要的水工钢筋混凝土构件，当已满足抗裂要求时仍应进行裂缝宽度验算，当且仅当取α_{ct}为0.55进行抗裂验算并能满足抗裂要求时，则可不再进行裂缝宽度验算，故B项正确。A、C、D项对钢筋混凝土的梁的设计均不完善，选项D的表述也不够严密，且可不进行变形验算的说法也是错误的。

答案： B

32. 解 本题考查SL 191—2008单筋矩形截面梁正截面受弯承载力计算的基本公式和适用条件，属于截面设计题。根据SL 191—2008，为达到受拉钢筋截面面积最大，且不应超筋，即：

$$\xi = 0.85\xi_b = 0.85 \times 0.518 = 0.44$$

$$A_s = \frac{\xi_b f_c b h_0}{f_y} = \frac{0.44 \times 14.3 \times 250 \times 530}{360} = 2317\text{mm}^2$$

答案： A

33. 解 本题考查SL 191—2008双筋矩形截面梁正截面受弯承载力计算的基本公式和适用条件，属于截面复核题。根据SL 191—2008双筋矩形截面正截面受弯承载力计算公式：

$$f_c b x = f_y A_s - f_y' A_s'$$

$$KM \leqslant M_u = f_c b x \left(h_0 - \frac{x}{2}\right) + f_y' A_s' (h_0 - a_s')$$

$$h_0 = h - a_s = 600 - 40 = 560\text{mm}$$

$$x = \frac{f_y A_s - f_y' A_s'}{f_c b} = \frac{300 \times 1520 - 300 \times 402}{14.3 \times 250} = 93.82\text{mm}$$

$$x < 0.85\xi_b h_0 = 0.85 \times 0.55 \times 560 = 261.8\text{mm}$$

且

$$x > 2a_s' = 2 \times 40 = 80\text{mm}$$

$$\begin{aligned} M &= \frac{M_u}{K} \\ &= \frac{1}{1.2} \times \left[14.3 \times 250 \times 93.82 \times \left(560 - \frac{93.82}{2}\right) + 300 \times 402 \times (560 - 40)\right] \\ &= 195.6\text{kN} \cdot \text{m} \end{aligned}$$

答案： D

34. 解 本题考查SL 191—2008矩形截面梁斜截面受剪承载力计算的基本公式和适用条件，属于截面设计题。验算截面尺寸：

$$\begin{aligned} 0.25 f_c b h_0 &= 0.25 \times 14.3 \times 250 \times 560 \\ &= 500.5\text{kN} > KV = 1.2 \times 300 = 360\text{kN} \end{aligned}$$

截面尺寸满足要求。

验算是否按计算配箍：

$$
\begin{aligned}
V_c &= 0.7f_tbh_0 \\
&= 0.7\times1.43\times250\times560 \\
&= 140.14\text{kN} < KV = 1.2\times300 = 360\text{kN}
\end{aligned}
$$

需要按计算配箍。

由$KV = 0.7f_tbh_0 + 1.25f_{yv}\frac{A_{sv}}{s}h_0$，代入数据：

$$1.2\times300\times10^3 = 0.7\times1.43\times250\times560 + 1.25\times300\times\frac{2\times78.5}{s}\times560$$

算得$s = 150\text{mm}$

验算最小配箍率：

$$\rho_{sv} = \frac{nA_{sv1}}{bs} = \frac{2\times78.5}{250\times150} = 0.42\% > \rho_{sv,min} = 0.15\%$$

答案：C

35. 解 本题考查简支梁的纵向受力钢筋伸入支座内的锚固长度L_{as}的相关知识。为了保证梁的斜截面受弯承载力，当支座附近斜裂缝产生时，纵筋应力增大，如纵筋锚固不可靠，则可能滑移或拔出。因此D选项正确。

答案：D

36. 解 本题考查剪力和扭矩共同作用下的剪扭构件受扭承载力与受剪承载力之间的相关性。试验研究表明，剪力和扭矩共同作用下的构件承载力比单独剪力或扭矩作用下的构件承载力要低，构件的受扭承载力随剪力的增大而降低，受剪承载力亦随扭矩的增大而降低。

为了充分发挥抗扭钢筋的作用，抗扭纵筋和箍筋应有合理的配比。现行规范引入抗扭纵筋与抗扭箍筋的配筋强度比ζ来表示两者之间的数量关系（即两者的体积比与强度比的乘积），试验结果表明，当$0.5\leqslant\zeta\leqslant2.0$时，纵筋与箍筋在构件破坏时基本上都能达到抗拉强度设计值。为了稳妥，我国现行规范取ζ的限制条件为$\zeta\geqslant0.6$，当$\zeta > 1.7$时，按$\zeta = 1.7$计算。ζ值较大时，抗扭纵筋配置较多。

试验研究表明，剪力和扭矩共同作用下的剪扭构件，其斜截面的受剪承载力和受扭承载力都将受影响，即由于剪力的存在，将使构件的受扭承载力有所降低；同样，由于扭矩的存在，也会使构件的受剪承载力有所降低。无腹筋构件的受剪和受扭承载力相关关系，大致按1/4圆弧规律变化，即随着同时作用的扭矩增大，构件的受剪承载力逐渐降低，当扭矩达到构件的纯扭承载力时，其受剪承载力下降为零。同理，随着剪力的增大，构件的受扭承载力逐渐降低，当剪力达到构件的纯剪承载力时，其受扭承载力下降为零。对于有腹筋的剪扭构件，其混凝土部分所提供的受扭承载力T_c与受剪承载力V_c之间也存在1/4圆弧的相关关系。我国现行规范以有腹筋构件的剪扭承载力为1/4圆的相关曲线作为校正线，采用混凝土部分相关、钢筋部分不相关的原则，推出剪扭构件考虑剪扭相关性的受剪、受扭承载力计算的近似拟合公式，由此推得剪扭构件混凝土受扭承载力的降低系数β_t，若β_t小于 0.5，则不考虑扭矩对混凝土受剪承载力的影响，此时取$\beta_t = 0.5$；若β_t大于 1.0，则不考虑剪力对混凝土受扭承载力的影响，此时取$\beta_t = 1.0$。故$0.5 \leqslant \beta_t \leqslant 1.0$。

答案： B

37. 解　本题考查矩形截面偏心受压构件正截面受压承载力计算的基本公式和适用条件及对称配筋的相关知识。

判别大小偏心受压，由于采用对称配筋（$A_s = A_s'$），故可按下方法判别大小偏心受压：

$$e_0 = \frac{M}{N} = \frac{800 \times 10^6}{3000} = 266.7\text{mm}$$

$$\eta e_0 = 1.0 \times 266.7 = 266.7\text{mm} > 0.3h_0 = 0.3 \times 560 = 168\ \text{mm}$$

且

$$\xi = \frac{KN}{f_c b h_0} = \frac{1.2 \times 3000 \times 10^3}{27.5 \times 600 \times 560} = 0.39 < \xi_b = 0.518$$

且

$$\xi > \frac{2a_s'}{h_0} = \frac{2 \times 40}{560} = 0.143$$

故属于大偏心受压构件。按矩形截面大偏心受压构件正截面受压承载力的基本公式，计算纵向受力钢筋截面面积：

$$e_0 = \frac{M}{N} = \frac{800 \times 10^6}{3000} = 266.7\text{mm}$$

$$e = \eta e_0 + \frac{h}{2} - a_s = 1.04 \times 266.7 + \frac{600}{2} - 40 = 537.3\text{mm}$$

$$A_s = A_s' = \frac{KNe - f_c b h_0^2 \xi(1 - 0.5\xi)}{f_y'(h_0 - a_s')}$$

$$= \frac{1.2 \times 3000 \times 10^3 \times 537.3 - 27.5 \times 600 \times 560^2 \times 0.39 \times (1 - 0.5 \times 0.39)}{360 \times (560 - 40)}$$

$$= 1032.4\ \text{mm}^2 > \rho_{\min}' b h_0 = 0.2\% \times 600 \times 560 = 672\ \text{mm}^2$$

答案： A

38. 解　本题考查预应力混凝土梁正截面抗裂验算的相关知识。我国现行规范规定：在预应力混凝土受弯构件中，对于严格要求不出现裂缝的构件，在标准组合下，构件受拉边缘混凝土不应产生拉应力，即$\sigma_{ck} - \sigma_{pc} \leqslant 0$；对于一般要求不出现裂缝的构件，在标准组合下，构件受拉边缘混凝土拉应力不应大于以混凝土拉应力限制系数$\alpha_{ct} = 0.7$控制的应力值，即$\sigma_{ck} - \sigma_{pc} \leqslant 0.7\gamma f_{tk}$。

答案： C

39. 解　本题考查预应力混凝土梁的基本概念的相关知识。预应力混凝土梁与普通钢筋混凝土梁相比，正截面受弯承载力无明显变化，均为梁内钢筋所能承受的极限承载力，与梁是否施加预应力无关。但是预应力混凝土梁相比于普通钢筋混凝土梁，斜截面受剪承载力、正截面抗裂性、斜截面抗裂性和刚度均有所提高。故 D 项正确。

答案：D

40. 解 本题考查超静定钢筋混凝土梁采用塑性内力重分布的方法进行设计计算的相关知识。两端固定的梁，在均布荷载q作用下，支座处产生$\frac{1}{12}ql^2$的负弯矩，跨中产生$\frac{1}{24}ql^2$的正弯矩。可见支座处弯矩为跨中弯矩的 2 倍。

（1）支座A、B端的负弯矩配筋$2A_s$时，恰好为跨中配筋的 2 倍，极限状态下，支座和跨中同时出现塑性铰，即告破坏，不存在内力重分布。

（2）支座A、B端的负弯矩配筋A_s时，极限状态下，支座A、B先出现塑性铰，存在内力重分布。

（3）支座A、B端的负弯矩配筋$0.5A_s$时，极限状态下，支座A、B先出现塑性铰，存在内力重分布，并且比“（2）A_s”塑性铰出现的时间早。

故 B 项正确。

答案：B

41. 解 象限角为R，方位角为α，则在四个象限内象限角和方位角的对应关系为，第Ⅰ象限$R=\alpha$，第Ⅱ象限$R=180°-\alpha$，第Ⅲ象限$R=\alpha-180°$，第Ⅳ象限$R=360°-\alpha$。

答案：B

42. 解 计曲线高程等于 5 倍的等高距，则在等高距为 2m 的情况下，C 项正确。

答案：C

43. 解 根据高差定义$h_{ab}=H_b-H_a=8.586-9.125=-0.539$，根据高差计算式$h_{ab}=a-b$，则$b=a-h_{ab}=1.462-(-0.539)=2.001$。

答案：D

44. 解 测量数据准确度是指测量值之间的一致程度与真实值之间偏差的程度，是评估测量质量的重要指标。准确度包括精密度和正确度两个方面的内容，精密度是表征测量值一致性的指标，正确值是计量的正确度（correctness of measurement），系指被测量的测得值与其“真值”的接近程度。从测量误差的角度来说，正确度反映的是测得值的系统误差。正确度高，不一定精密度高。也就是说，测得值的系统误差小，不一定其随机误差亦小。

答案：D

45. 解 由横坐标的前两位数字可得该点所在投影带为 19 带，根据 6 度带中央子午线公式$L=6n-3=111°$，可知 A 项正确。

答案：A

46. 解　中心线左转向角定义为前进方向逆时针旋转的角度，右角为道路中心线顺时针至转向方向的角度落在前进方向右侧，则转向角$\alpha = \beta - 180°$。

答案：C

47. 解　题目中“(不含开孔空隙)”应改为“(包含孔隙)”或删去。此题为定义题。材料在自然状态下（包含孔隙）单位体积的质量，称为材料的表观密度。

答案：B

48. 解　密实度是指材料的固体物质部分的体积占总体积的比例，即体积密度与密度之比。

答案：B

49. 解　孔结构的主要内容包括孔隙率、孔径分布、孔几何学及孔的联通状态。

答案：C

50. 解　材料的抗冻性可用抗冻等级（标号）、耐久性指标和耐久性系数来表征。其中，材料抗冻等级常用Fn表示，n表示材料能承受的最大冻融循环次数；最大冻融次数是试验参数，而非抗冻性指标。

答案：D

51. 解　通用硅酸盐水泥是以硅酸盐水泥熟料和适量的石膏及规定的混合材料制成的水硬性胶凝材料。

答案：C

52. 解　《通用硅酸盐水泥》(GB 175—2023)规定：硅酸盐水泥初凝不小于 45min，终凝不大于 390min；普通硅酸盐水泥、矿渣硅酸盐水泥、火山灰质硅酸盐水泥、粉煤灰硅酸盐水泥和复合硅酸盐水泥初凝不小于 45min，终凝不大于 600min。

答案：C

53. 解　标准胶砂强度试验中，水泥与中国 ISO 标准砂的质量比为 1∶3，水灰比为 0.5。一锅胶砂成型三条试件的材料用量：水泥为 450g±2g，ISO 标准砂为 1350g±5g，拌和水为 225mL±5mL。因而，水灰比为$225/450 = 0.5$。

答案：C

54. 解　按细度模数的大小，可将砂分为粗砂、中砂、细砂及特细砂。细度模数为 3.1~3.7 的是粗砂，2.3~3.0 的是中砂，1.6~2.2 的是细砂，0.7~1.5 的属特细砂。

答案：B

55. 解　JGJ 55—2011 标准的保罗米公式中的参数，碎石混凝土分别为 0.53 和 0.20，卵石混凝土分别为 0.49 和 0.13。

答案： C

56. 解　减少抽样误差，提高样本资料的代表性的方法之一是增大样本容量。

答案： A

57. 解　在进行水利水电工程设计时，为了建筑物本身的安全和防护区的安全，必须按照某种标准的洪水进行设计，这种作为水工建筑物设计依据洪水称为设计洪水。

答案： C

58. 解　抽样误差和代表性两个概念都是说明样本与总体之间存在离差。经验分布与总体分布，两者之间的差异愈小，愈接近，说明样本的代表性愈好，反之则愈差。

答案： B

59. 解　暴雨中心位于上游的洪水，汇流路径长，洪水过程较平缓，单位线峰低，且峰出现时间偏后；若暴雨中心在下游，单位线过程尖瘦，峰高且峰出现的时间早。

答案： A

60. 解　自然界的水文循环使得水资源具有再生性。

答案： D

2014年度全国注册土木工程师（水利水电工程）执业资格考试基础考试（下）

试题解析及参考答案

1. 解 平衡液体中质量力与等压面正交；绝对平衡液体的等压面为水平面，随容器做等加速直线运动的平衡液体等压面为斜平面，随容器绕铅直轴做等角速旋转运动的平衡液体等压面为旋转抛物面。

答案： D

2. 解 总水头线表示液体单位机械能，沿流动方向单位机械能总是减小的。

答案： B

3. 解 由$\mathrm{Re}=\frac{VR}{\nu}$，且知液体的黏性系数$\nu$随温度的升高而降低，所以雷诺数随温度的增大而增大。

答案： A

4. 解 $Q=\mu\sqrt{2gH}$，因a管的作用水头最小，所以流量最小。b管、c管的作用水头相等，流量相同。

答案： A

5. 解 明渠均匀流沿程水深、流速不变，故总水头线、水面线（测压管水头线）和底坡线为相互平行的直线。

答案： B

6. 解 水跃的跃前水深h'和跃后水深h''为共轭关系，根据水跃函数曲线可知，跃前水深h'越大则跃后水深h''越小。

答案： C

7. 解 关于实用堰，当运行水头H大于设计水头H_d时，过堰水流较设计水头时具有脱离堰面的趋势，即减小了堰面压力，增加了过流能力，故$m>m_\mathrm{d}$。

答案： B

8. 解 池长与完全水跃长度成正比，而完全水跃长度与收缩断面水深对应的跃后水深成正比。所以，要求临界水跃跃后水深最大的流量就是池长的设计流量。建筑物下泄的最大流量一般就是池长的设计流量。

答案： D

9. 解 渗流流速极小，一般不需要考虑流速水头。

答案： C

10. 解 固结排水剪切试验是土体三轴试验的一种，不是直剪试验。

答案： D

11. 解　圆弧形滑动是黏性土土坡的滑动模式。

答案：D

12. 解　荷载作用下，在地基中任一点都产生附加应力，基础角点处地基与基础接触点为奇异点，不能直接计算。

答案：B

13. 解　湿陷性黄土的粒度以粉粒为主，故B项错误。其他选项都是湿陷性黄土的特性。

答案：B

14. 解　本题考查临塑荷载的定义。

答案：D

15. 解　$K_a = \tan^2\left(45° - \frac{\varphi}{2}\right) = 0.589$

地表：$p_a = q \cdot K_a = 10 \times 0.589 = 5.89\text{kPa}$

墙底：$p_a = (q + \gamma \cdot H) \cdot K_a = (10 + 5 \times 17) \times 0.589 = 55.96\text{kPa}$

$P_a = (5.89 + 55.96) \times 5/2 = 154.6\text{kN/m}$

答案：C

16. 解　最优含水量是黏性土含有一定弱结合水时，易被击实时的含水量，与塑限接近。而缩限时已无弱结合水，液限时土体接近流态，天然含水量是变化的。

答案：B

17. 解　固结度与时间因数T_v一一对应，$T_v = C_v \cdot t/H^2$，由式可解得1/4。

答案：C

18. 解　D_r指相对密实度，是砂土的性质，其余三项为黏性土性质。

答案：C

19. 解　本题考查的是土体超固结性的定义，$p_0 > p_c$为欠固结土。

答案：A

20. 解　如题解图所示，折链杆AB可用虚线表示的等效链杆AB代替，把基础作为Ⅰ刚片，CBE杆作为Ⅱ刚片，ED杆作为Ⅲ刚片。Ⅰ、Ⅱ刚片由支杆C和等效链杆AB相交的瞬铰B相连，Ⅰ、Ⅲ刚片用铰D相连，Ⅱ、Ⅲ刚片用铰E相连，三个铰不在一条直线上，满足几何不变体系的三刚片规则，为无多余约束的几何不变体系。

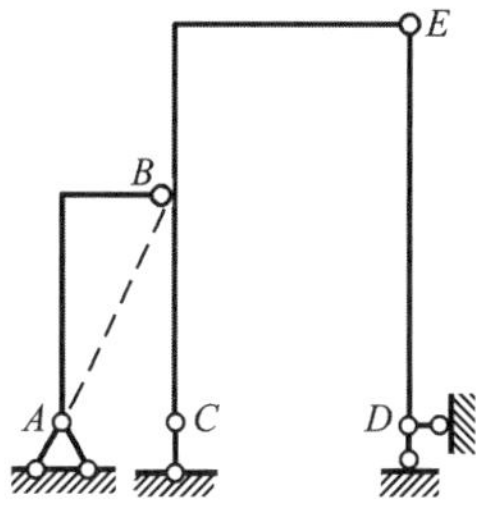

题20解图

答案：A

21. 解 附属式结构，从$DCFG$段的悬臂端开始快速计算，注意以下几点：外荷载平行于CF杆，C支座链杆对CF杆弯矩无影响，铰C处的弯矩为零，由刚节点E平衡条件，即可得整个结构弯矩图。最后由AB杆弯矩图，取AB杆为脱离体可求得Q_{AB}。

答案：B

22. 解 杆 1 和杆 2 轴力由结点法可得。

答案：C

23. 解 与题目所求转角对应，需要在C左截面虚加单位力偶，由 D 图虚加的一对力偶可求C截面两侧的相对转角。

答案：C

24. 解 主对角线系数必定为正。

答案：D

25. 解 本题是形载常数表的直接叠加利用，另需注意杆端弯矩符号。

答案：C

26. 解 注意牢记三种不同形式杆件的转动刚度，同时在具体计算时需注意长度的不同。

答案：D

27. 解 可用机动法快速得到相应的影响线。

答案：C

28. 解 本题为刚架结构，应用刚度法公式求解。在质量点处加竖向链杆约束后，再求k_{11}，其为四根杆件的侧移刚度之和，即$k_{11}=4\times\frac{12EI}{l^3}$，即可得$\omega=\sqrt{\frac{k}{m}}=\sqrt{\frac{48EI}{ml^3}}$。

答案：C

29. 解 本题考查现行规范《水工混凝土结构设计规范》（SL 191—2008）承载能力极限状态采用的设计方法。

SL 191—2008 规定：“对可求得截面内力的混凝土结构构件，采用极限状态设计法，在规定的材料强度和荷载取值条件下，采用在多系数分析基础上以安全系数表达的方式进行设计。”

原《水工钢筋混凝土结构设计规范》（SDJ 20—78）采用的是以单一安全系数表达的极限状态设计方法，原《水工混凝土结构设计规范》（SL/T 191—96）是按《水利水电工程结构可靠度设计统一标准》（GB 50199—1994）的规定，采用以概率理论为基础的极限状态设计方法，以可靠指标度量结构构件的可靠度，并据此采用 5 个分项系数的设计表达式进行设计。新修订的 SL 191—2008 采用极限状态设计法，在规定的材料强度和荷载取值条件下，在多系数分析的基础上以安全系数表达的设计方式进行设计。

SL 191—2008 承载能力极限状态的设计表达式为：

$$KS \leqslant R$$

式中：K——承载力安全系数；

S——承载能力极限状态下荷载组合的效应设计值；

R——结构构件的抗力设计值。

应予说明的是，SL 191—2008 虽然未采用概率极限状态设计原则，但在承载能力极限状态的设计表达式中，作用分项系数和材料性能分项系数的取值仍基本沿用了原SL/T 191—96 的规定，仅将原SL/T 191—96 的结构系数γ_d与结构重要性系数γ_0及设计状况系数ψ予以合并，并将合并后的系数称为承载力安全系数，用K表示（即取$K = \gamma_d \gamma_0 \psi$）。由此可见，SL 191—2008 与原SL/T 191—96 关于承载能力极限状态的设计表达式实质上是相同的，仅仅是表达形式有所差别。

答案：D

30. 解 本题考查现行规范《水工混凝土结构设计规范》（NB/T 11011—2022）承载能力极限状态和正常使用极限状态采用的设计方法。

在承载能力极限状态的设计表达式中，NB/T 11011—2022 按《水利水电工程结构可靠性设计统一标准》（GB 50199—2013）的规定，仍然采用了以概率理论为基础的极限状态设计法，以可靠指标度量结构构件的可靠度，并据此采用五个分项系数（结构重要性系数、设计状况系数、材料性能分项系数、作用分项系数、结构系数）的设计表达式进行设计。

正常使用极限状态设计主要是验算结构构件的变形、抗裂或裂缝宽度。结构超过正常使用极限状态虽然会影响结构的正常使用，但不会危及结构的安全，因此，正常使用极限状态下的可靠度要求可适当降低。NB/T 11011—2022 规定，对于正常使用极限状态的验算，作用分项系数、材料性能分项系数都取 1.0，但设计状况系数应根据设计条件确定，而结构重要性系数则仍保留。

由于结构构件的变形、裂缝宽度等均与作用持续时间的长短有关，故对正常使用极限状态的验算，应分别考虑作用的标准组合（用于抗裂验算）或标准组合并考虑长期作用的影响进行验算（用于裂缝宽度和变形验算）。

答案：D

31. 解 本题考查现行规范《水工混凝土结构设计规范》（NB/T 11011—2022）单筋矩形截面正截面受弯承载力计算的基本公式和适用条件。防止超筋破坏的适用条件$x \leqslant \xi_b h_0$或$\xi \leqslant \xi_b$或$\alpha_s \leqslant \alpha_{sb} = \xi_b(1-0.5\xi_b)$，纵向受拉钢筋分别采用 HPB300、HRB400、HRB500 时，ξ_b分别为 0.576、0.518、0.489，相应的单筋矩形截面正截面受弯界限破坏时的截面抵抗矩系数α_{sb}分别为 0.410、0.384、0.369。

答案：C

32. 解 本题考查现行规范《水工混凝土结构设计规范》（SL 191—2008）单筋矩形截面正截面受弯承载力计算的基本公式和适用条件。防止超筋破坏的适用条件$x \leqslant 0.85\xi_b h_0$或$\xi \leqslant 0.85\xi_b$或单筋矩形截面正截面受弯界限破坏时的截面抵抗矩系数$\alpha_s \leqslant \alpha_{sb} = 0.85\xi_b(1-0.5\times 0.85\xi_b)$。

答案：C

33. 解 本题考查的是现行规范《水工混凝土结构设计规范》（NB/T 11011—2022）［或现行规范《水工混凝土结构设计规范》（SL 191—2008）］单筋矩形截面正截面受弯承载力计算的基本公式和适用条件，属于截面复核题。

（1）按NB/T 11011—2022 设计

计算截面相对受压区计算高度ξ并验算适用条件：

$$h_0 = h - a_s = 500 - 45 = 455\text{mm}$$

$$\xi = \frac{f_y A_s}{f_c b h_0} = \frac{360\times 942}{11.9\times 200\times 455} = 0.313 < \xi_b = 0.550$$

验算最小配筋率：

$$\rho = \frac{A_s}{b h_0} = \frac{942}{200\times 455} = 1.035\% > \rho_{min} = 0.2\%$$

此梁能承受的弯矩设计值为：

$$M = \frac{M_u}{\gamma_d} = \frac{1}{\gamma_d} f_c b h_0^2 \xi(1-0.5\xi)$$

$$= \frac{1}{1.2}\times 11.9\times 200\times 455^2\times 0.313\times(1-0.5\times 0.313) = 108\text{kN}\cdot\text{m}$$

（2）按 SL 191—2008 设计

计算截面相对受压区计算高度ξ并验算适用条件：

$$h_0 = h - a_s = 500 - 45 = 455\text{mm}$$

$$\xi = \frac{f_y A_s}{f_c b h_0} = \frac{360\times 942}{11.9\times 200\times 455} = 0.313 < 0.85\xi_b = 0.85\times 0.55 = 0.4675$$

验算最小配筋率：

$$\rho = \frac{A_s}{b h_0} = \frac{942}{200\times 455} = 1.035\% > \rho_{min} = 0.2\%$$

此梁能承受的弯矩设计值为：

$$M = \frac{M_u}{K} = \frac{1}{K} f_c b h_0^2 \xi(1-0.5\xi)$$

$$= \frac{1}{1.2}\times 11.9\times 200\times 455^2\times 0.313\times(1-0.5\times 0.313) = 108\text{kN}\cdot\text{m}$$

答案：B

34. 解 本题考查现行规范《水工混凝土结构设计规范》（NB/T 11011—2022）［或现行规范《水工混凝土结构设计规范》（SL 191—2008）］双筋矩形截面正截面受弯承载力计算的基本公式和适用条件，属于截面设计题。

（1）按 NB/T 11011—2022 设计

先计算截面抵抗矩系数α_s和相对受压区高度ξ并验算适用条件。

考虑到弯矩较大，估计布置两排受拉钢筋，故$h_0 = h - a_s = 500 - 70 = 430\text{mm}$

$$\alpha_s = \frac{\gamma_d M}{f_c b h_0^2} = \frac{1.2 \times 175 \times 10^6}{11.9 \times 200 \times 430^2} = 0.477$$

$$\xi = 1 - \sqrt{1 - 2\alpha_s} = 1 - \sqrt{1 - 2 \times 0.477} = 0.786 > \xi_b = 0.550$$

故应按双筋截面设计。

根据充分利用受压区混凝土受压而使总的钢筋用量（$A_s' + A_s$）为最小的原则，取$\xi = \xi_b$，并由$\alpha_s = \xi(1 - 0.5\xi)$计算$\alpha_s$（此时的$\alpha_s$为对应于界限破坏时的截面抵抗矩系数，称为$\alpha_{sb}$）。

受压钢筋截面面积A_s'为：

$$A_s' = \frac{\gamma_d M - \alpha_{sb} f_c b h_0^2}{f_y'(h_0 - a_s')} = \frac{1.2 \times 175 \times 10^6 - 0.384 \times 11.9 \times 200 \times 430^2}{360 \times (430 - 45)}$$

$$= 296\text{mm}^2$$

验算A_s'是否满足最小配筋率的要求：

$$\rho' = \frac{A_s'}{b h_0} = \frac{296}{200 \times 465} = 0.318\% > \rho_{min}' = 0.2\%$$

故可将ξ_b及求得的A_s'代入公式计算受拉钢筋截面面积A_s：

$$A_s = \frac{f_c \xi_b b h_0 + f_y' A_s'}{f_y} = \frac{11.9 \times 0.518 \times 200 \times 430 + 360 \times 296}{360}$$

$$= 1768\text{mm}^2$$

验算最小配筋率：

$$\rho = \frac{A_s}{b h_0} = \frac{1768}{200 \times 430} = 2.06\% > \rho_{min} = 0.2\%$$

（2）按 SL 191—2008 设计

考虑到弯矩较大，估计布置两排受拉钢筋，故$h_0 = h - a_s = 500 - 70 = 430\text{mm}$

$$\alpha_s = \frac{KM}{f_c b h_0^2} = \frac{1.2 \times 175 \times 10^6}{11.9 \times 200 \times 430^2} = 0.477$$

$$\xi = 1 - \sqrt{1 - 2\alpha_s} = 1 - \sqrt{1 - 2 \times 0.477} = 0.786 > 0.85\xi_b = 0.4675$$

故应按双筋截面设计。

根据充分利用受压区混凝土受压而使总的钢筋用量（$A_s' + A_s$）为最小的原则，取$\xi = 0.85\xi_b$，则受压钢筋截面面积A_s'为：

$$A_s' = \frac{KM - 0.85 f_c b h_0^2 \xi_b (1 - 0.5 \times 0.85\xi_b)}{f_y'(h_0 - a_s')}$$

$$= \frac{1.2 \times 175 \times 10^6 - 0.85 \times 11.9 \times 200 \times 430^2 \times 0.518 \times (1 - 0.5 \times 0.85 \times 0.518)}{360 \times (430 - 45)}$$

$$= 425\text{mm}^2$$

验算A_s'是否满足最小配筋率的要求：

$$\rho' = \frac{A_s'}{bh_0} = \frac{425}{200 \times 455} = 0.467\% > \rho'_{\min} = 0.2\%$$

故受拉钢筋截面面积A_s为：

$$A_s = \frac{0.85\xi_b f_c b h_0 + f_y' A_s'}{f_y} = \frac{0.85 \times 0.518 \times 11.9 \times 200 \times 430 + 360 \times 425}{360}$$

$$= 1677\text{mm}^2$$

验算最小配筋率：

$$\rho = \frac{A_s}{bh_0} = \frac{1677}{200 \times 430} = 1.95\% > \rho_{\min} = 0.2\%$$

答案：C

35. 解 本题考查现行规范《水工混凝土结构设计规范》（NB/T 11011—2022）[或现行规范《水工混凝土结构设计规范》（SL 191—2008）] 受弯构件斜截面受剪承载力计算的基本公式和适用条件，属于截面复核题。

（1）按 NB/T 11011—2022 设计

验算最小配箍率：

$$\rho_{sv} = \frac{nA_{sv1}}{bs} = \frac{2 \times 28.3}{200 \times 150} = 0.189\% > \rho_{sv,\min} = 0.12\%$$

仅配箍筋时：

由于h_0小于 800mm，故$\beta_h = 1.0$

$$V = \frac{1}{\gamma_d}\left(0.5\beta_h f_t b h_0 + f_{yv}\frac{A_{sv}}{s}h_0\right)$$

$$= \frac{1}{1.2}(0.5 \times 1.0 \times 1.27 \times 200 \times 460 + 270 \times \frac{2 \times 28.3}{150} \times 460)$$

$$= 87.7\text{kN}$$

（2）按 SL 191—2008 设计

验算最小配箍率：

$$\rho_{sv} = \frac{nA_{sv1}}{bs} = \frac{2 \times 28.3}{200 \times 150} = 0.189\% > \rho_{sv,\min} = 0.15\%$$

仅配箍筋时：

$$
\begin{aligned}
V &= \frac{1}{K}\left(0.7f_{\mathrm{t}}bh_0 + 1.25f_{\mathrm{yv}}\frac{A_{\mathrm{sv}}}{s}h_0\right) \\
&= \frac{1}{1.2}\left(0.7\times 1.27\times 200\times 460 + 1.25\times 270\times \frac{2\times 28.3}{150}\times 460\right) \\
&= 117\mathrm{kN}
\end{aligned}
$$

答案： B

36. 解 本题考查剪力和扭矩共同作用下的剪扭构件受扭承载力与受剪承载力之间的相关性。试验研究表明，剪力和扭矩共同作用下的构件承载力比单独剪力或扭矩作用下的构件承载力要低，构件的受扭承载力随剪力的增大而降低，受剪承载力亦随扭矩的增大而降低。

为了充分发挥抗扭钢筋的作用，抗扭纵筋和箍筋应有合理的配比。现行规范引入抗扭纵筋与抗扭箍筋的配筋强度比ζ来表示两者之间的数量关系（即两者的体积比与强度比的乘积），试验结果表明，当$0.5\leqslant\zeta\leqslant 2.0$时，纵筋与箍筋在构件破坏时基本上都能达到抗拉强度设计值。为了稳妥，我国现行规范取ζ的限制条件为$\zeta\geqslant 0.6$，当$\zeta>1.7$时，按$\zeta=1.7$计算。ζ值较大时，抗扭纵筋配置较多。

试验研究表明，剪力和扭矩共同作用下的剪扭构件，其斜截面的受剪承载力和受扭承载力都将受影响，即由于剪力的存在，将使构件的受扭承载力有所降低；同样，由于扭矩的存在，也会使构件的受剪承载力有所降低。无腹筋构件的受剪和受扭承载力相关关系，大致按 1/4 圆弧规律变化，即随着同时作用的扭矩增大，构件的受剪承载力逐渐降低，当扭矩达到构件的纯扭承载力时，其受剪承载力下降为零。同理，随着剪力的增大，构件的受扭承载力逐渐降低，当剪力达到构件的纯剪承载力时，其受扭承载力下降为零。对于有腹筋的剪扭构件，其混凝土部分所提供的受扭承载力T_{c}与受剪承载力V_{c}之间也存在 1/4 圆弧的相关关系。我国现行规范以有腹筋构件的剪扭承载力为 1/4 圆的相关曲线作为校正线，采用混凝土部分相关、钢筋部分不相关的原则，推出剪扭构件考虑剪扭相关性的受剪、受扭承载力计算的近似拟合公式，由此推得剪扭构件混凝土受扭承载力的降低系数β_{t}，若β_{t}小于 0.5，则不考虑扭矩对混凝土受剪承载力的影响，此时取$\beta_{\mathrm{t}}=0.5$；若β_{t}大于 1.0，则不考虑剪力对混凝土受扭承载力的影响，此时取$\beta_{\mathrm{t}}=1.0$。故$0.5\leqslant\beta_{\mathrm{t}}\leqslant 1.0$。

答案： D

37. 解 本题考查现行规范《水工混凝土结构设计规范》（NB/T 11011—2022）［或现行规范《水工混凝土结构设计规范》（SL 191—2008）］偏心受压构件正截面受压承载力计算的基本公式和适用条件，属于截面设计题。

（1）按 NB/T 11011—2022 设计

首先判别大小偏心受压，由于是对称配筋，故可按下方法判别大小偏心受压：

$$e_0=\frac{M}{N}=\frac{420\times 10^3}{1200}=350\mathrm{mm}$$

$$\eta e_0 = 1.0 \times 350 = 350\text{mm} > 0.3h_0 = 0.3 \times 560 = 168\text{mm}$$

且

$$\xi = \frac{\gamma_d N}{f_c b h_0} = \frac{1.2 \times 1200 \times 10^3}{14.3 \times 400 \times 560} = 0.45 < \xi_b = 0.55，且\xi > \frac{2a_s'}{h_0} = \frac{2 \times 40}{560} = 0.143$$

故属于大偏心受压构件，按矩形截面大偏心受压构件正截面受压承载力的基本公式计算纵向受力钢筋截面面积：

$$e_0 = \frac{M}{N} = \frac{420 \times 10^3}{1200} = 350\text{mm}$$

$$e = \eta e_0 + \frac{h}{2} - a_s = 1.0 \times 350 + \frac{600}{2} - 40 = 610\text{mm}$$

$$\begin{aligned} A_s = A_s' &= \frac{\gamma_d Ne - f_c b h_0^2 \xi(1 - 0.5\xi)}{f_y'(h_0 - a_s')} \\ &= \frac{1.2 \times 1200 \times 10^3 \times 610 - 14.3 \times 400 \times 560^2 \times 0.45 \times (1 - 0.5 \times 0.45)}{300 \times (560 - 40)} \\ &= 1620\text{mm}^2 > \rho_{\min}' b h_0 = 0.2\% \times 400 \times 560 = 448\ \text{mm}^2 \end{aligned}$$

（2）按 SL 191—2008 设计

首先判别大小偏心受压，由于是对称配筋，故可按下方法判别大小偏心受压：

$$e_0 = \frac{M}{N} = \frac{420 \times 10^3}{1200} = 350\text{mm}$$

$$\eta e_0 = 1.0 \times 350 = 350\text{mm} > 0.3h_0 = 0.3 \times 560 = 168\text{mm}$$

且

$$\xi = \frac{KN}{f_c b h_0} = \frac{1.2 \times 1200 \times 10^3}{14.3 \times 400 \times 560} = 0.45 < \xi_b = 0.55，且\xi > \frac{2a_s'}{h_0} = \frac{2 \times 40}{560} = 0.143$$

故属于大偏心受压构件。按矩形截面大偏心受压构件正截面受压承载力的基本公式计算纵向受力钢筋截面面积：

$$e = \eta e_0 + \frac{h}{2} - a_s = 1.0 \times 350 + \frac{600}{2} - 40 = 610\text{mm}$$

$$\begin{aligned} A_s = A_s' &= \frac{KNe - f_c b h_0^2 \xi(1 - 0.5\xi)}{f_y'(h_0 - a_s')} \\ &= \frac{1.2 \times 1200 \times 10^3 \times 610 - 14.3 \times 400 \times 560^2 \times 0.45 \times (1 - 0.5 \times 0.45)}{300 \times (560 - 40)} \\ &= 1620\text{mm}^2 > \rho_{\min}' b h_0 = 0.2\% \times 400 \times 560 = 448\ \text{mm}^2 \end{aligned}$$

答案： C

38. 解　本题考查现行规范正常使用极限状态的设计规定。下面以 NB/T 11011—2022 为例加以说明。

NB/T 11011—2022 规定："结构构件的正常使用极限状态，应采用下列极限状态设计表达式：

$$\gamma_0 S_k \leqslant C$$

式中：γ_0——结构重要性系数；

S_k——正常使用极限状态的作用效应组合值，抗裂验算时按标准组合计算，裂缝宽度和挠度验算时按标准组合并考虑长期作用的影响进行计算；

C——结构构件达到正常使用要求所规定的变形、裂缝宽度或应力等的限值。"

由于结构构件的变形、裂缝宽度等均与荷载持续期的长短有关，故规定正常使用极限状态的验算，应按标准组合或标准组合并考虑荷载长期作用的影响进行验算。

正常使用极限状态的验算，作用分项系数、材料性能分项系数等都取 1.0，但结构重要性系数则仍保留。

NB/T 11011—2022 规定："钢筋混凝土结构构件设计时，应根据使用要求进行不同的裂缝控制验算。

（1）抗裂验算：承受水压的轴心受拉构件、小偏心受拉构件以及发生裂缝后会引起严重渗漏的其他构件，应进行抗裂验算。如有可靠防渗措施或不影响正常使用时，也可不进行抗裂验算。

抗裂验算时，结构构件受拉边缘的拉应力不应超过以混凝土拉应力限制系数α_{ct}控制的应力值，对于标准组合，$\alpha_{ct} = 0.85$。

（2）裂缝宽度控制验算：需进行裂缝宽度验算的结构构件，应根据规范规定的环境条件类别，按标准组合并考虑荷载长期作用的影响进行验算，其最大裂缝宽度计算值不应超过规范规定的最大裂缝宽度限值。

NB/T 11011—2022 规定：受弯构件的最大挠度应按标准组合并考虑荷载长期作用的影响进行计算，其计算值不应超过规范规定的挠度限值。

答案：D

39. 解　本题考查预应力对构件斜截面受剪承载力的影响的相关知识。

受剪试验研究表明，预压应力对构件的受剪承载力起有利作用，主要是预压应力能阻滞斜裂缝的出现和开展，增加了混凝土剪压区高度，从而提高了混凝土剪压区所承担的剪力，即施加预应力可提高构件的斜截面受剪承载力，故选项 D 有误。根据试验分析，预应力梁斜截面较非预应力梁受剪承载力的提高程度主要与预应力的大小有关，其次是预应力合力作用点的位置。试验还表明，预应力对提高梁斜截面受剪承载力的作用也不是无限的，应给予上限的规定。

我国现行规范关于预应力混凝土梁斜截面受剪承载力的计算，是在非预应力梁计算公式的基础上，加上一项施加预应力所提高的斜截面受剪承载力设计值$V_p = 0.05N_{p0}$，且当$N_{p0} > 0.3f_c A_0$时，取$N_{p0} = 0.3f_c A_0$，以达到限制的目的。同时，它仅适用于不允许出现裂缝的预应力混凝土简支梁，且只有当预应力合力N_{p0}对梁产生的弯矩与外弯矩相反时，才能考虑其有利作用，否则，应取$V_p = 0$。对于预应力混凝土连续梁，目前因缺乏这方面的试验资料，故暂不考虑V_p的有利作用。对允许出现裂缝的预应力混凝土简支梁，考虑到构件达到承载力时，预应力可能已经消失，在目前尚未有充分试验数据前，为稳妥起见，也暂不考虑预应力的有利作用。

预应力混凝土梁与普通钢筋混凝土梁相比，正截面受弯承载力无明显变化，均为梁内钢筋所能承受的极限承载力，与梁是否施加预应力无关，故选项 A、B 均有误。

答案：C

40. 解 本题考查现行规范《水工混凝土结构设计规范》(NB/T 11011—2022)［或现行规范《水工混凝土结构设计规范》(SL 191—2008)］考虑地震作用组合的钢筋混凝土框架梁梁端截面正截面受弯承载力计算公式的适用条件。

NB/T 11011—2022 规定：考虑地震作用组合的钢筋混凝土框架梁，其受弯承载力应按规范的相应公式计算。

在计算中，计入纵向受压钢筋的梁端截面混凝土受压区计算高度x应符合下列规定：

设计烈度为 9 度时　　　　$x \leqslant 0.25h_0$

设计烈度为 7 度、8 度时　　$x \leqslant 0.35h_0$

SL 191—2008 第 13.2.1 条规定：考虑地震作用组合的钢筋混凝土框架梁，其受弯承载力应按 6.2 节的公式计算。

在计算中，计入纵向受压钢筋的梁端截面混凝土受压区计算高度x应符合下列规定：

设计烈度为 9 度时　　　　$x \leqslant 0.25h_0$

设计烈度为 7 度、8 度时　　$x \leqslant 0.35h_0$

试验表明，在低周反复荷载作用下框架梁的正截面受弯承载力不致降低，故其正截面受弯承载力仍可按不考虑地震作用的正截面受弯承载力公式计算。

设计框架梁时，限制截面混凝土受压区计算高度x的目的是控制塑性铰区纵向受拉钢筋的配筋率不致过大，以保证框架梁有足够的延性。根据国内外的经验，当截面相对受压区计算高度控制在 0.25~0.35 时，梁的截面位移延性系数可达到 3~4。

在确定截面混凝土受压区计算高度时，可把截面内的部分受压钢筋计算在内。

答案：B

41. 解 竖直度盘固定在横轴一端，望远镜转动时与横轴一起转动。

答案：A

42. 解 三种形式中两种为有校核条件的附合导线、闭合导线；一种为自由布设的支导线。

答案：C

43. 解　$34° + 180° = 214°$

答案：D

44. 解　可以用公式计算，有规律即为系统误差。

答案：B

45. 解　按比例尺计算。

答案：C

46. 解　地形图图廓边长（50cm）为$0.5 \times 1000 = 500\text{m} = 0.5\text{km}$，则其面积为$0.5 \times 0.5 = 0.25\text{km}^2$。

答案：D

47. 解　定义题。密度是材料在绝对密实状态下单位体积的质量，不包含任何孔隙。

答案：A

48. 解　水玻璃的耐热性较好，可用于配制耐热砂浆和耐热混凝土。

答案：B

49. 解　硅酸盐水泥熟料主要由 CaO、SiO_2、Fe_2O_3、Al_2O_3 四种氧化物组成，水泥熟料经高温煅烧后的四种矿物为 C_3S、C_2S、C_3A、C_4AF。

答案：A

50. 解　定义题。国家标准《通用硅酸盐水泥》（GB 175—2007）定义，普通硅酸盐水泥为由硅酸盐水泥熟料和适量石膏、加上 5%~20%混合材料磨细制成的水硬性胶凝材料。

答案：C

51. 解　组成混凝土的水泥、砂、石子及水等四项基本材料之间的相对用量，可用三个对比关系表达，即水胶比、浆骨比、砂率。

答案：A

52. 解　适当纤维掺量的钢纤维混凝土韧性可提高 10~50 倍。

答案：C

53. 解　氯化物会引入氯离子，进而引发钢筋锈蚀。

答案：A

54. 解　沥青在温度降低时变得脆硬，抗拉强度不足，变形能力较差，受外力作用极易产生裂缝而破坏。

答案：A

55. 解 钢材在低温下出现冷脆现象，因而要求其脆性临界温度较低。

答案： C

56. 解 此处是指水文循环的主要环节。

答案： B

57. 解 洪水的重现期$T = 1/P$，因此是 20 年。

答案： C

58. 答案： B

59. 解 设计洪水的频率标准P实质是工程的破坏率，因此每一年的保证概率为$q = 1 - P$，L年工程不破坏的概率为$(1 - P)^L$。

答案： D

60. 解 延长样本的长度增加了系列的代表性。

答案： A

2016 年度全国注册土木工程师（水利水电工程）执业资格考试基础考试（下）试题解析及参考答案

1. 解 本题根据模型计算原型的流量和流速，由重力相似原则有：

$$Q_{\mathrm{p}}=Q_{\mathrm{m}}\lambda_{\mathrm{Q}}=Q_{\mathrm{m}}\lambda_l^{\frac{5}{2}}=0.03\times 20^{\frac{5}{2}}=53.67\mathrm{m^3/s}$$

$$v_{\mathrm{p}}=v_{\mathrm{m}}\lambda_{\mathrm{v}}=v_{\mathrm{m}}\lambda_l^{\frac{1}{2}}=1\times 20^{\frac{1}{2}}=4.47\mathrm{m/s}$$

答案：C

2. 解 根据沿程水头损失系数计算公式有：

$$h_{\mathrm{f}}=\lambda\frac{l}{d}\frac{v^2}{2g}=\lambda\frac{l}{d}\frac{\left(\frac{Q}{\frac{\pi d^2}{4}}\right)^2}{2g}=0.027$$

$$\lambda=\frac{2gh_{\mathrm{f}}d}{l\left(\frac{Q}{\frac{\pi d^2}{4}}\right)}=\frac{2\times 9.81\times 0.027\times 0.015}{4\times\left(\frac{4.5\times 10^{-5}}{\frac{3.14\times 0.015^2}{4}}\right)}=0.0306$$

答案：A

3. 解 首先计算临界水深，由临界水深计算公式可得：

$$h_{\mathrm{c}}=\sqrt[3]{\frac{aQ^2}{gb^2}}=\sqrt[3]{\frac{1\times 120^2}{9.8\times 60^2}}=0.742\mathrm{m}$$

$$h=\frac{Q}{vb}=\frac{120}{5\times 60}=0.4\mathrm{m}$$

由于$h_{\mathrm{c}}>h$，可以判断河道的流动类型为急流。

或者计算微幅波波速$c=\sqrt{gh}=\sqrt{9.8\times 0.4}=1.98\mathrm{m/s}<v=5\mathrm{m/s}$，为急流。

答案：B

4. 解 文丘里流量计用于测量管道中流量的大小，环形槽主要用于研究泥沙运动特性，毕托管主要用于测量液体的点流速，压力计主要用于测量压力。

答案：A

5. 解 本题仅③不对，当管道中某一点出现真空时，即$P<0$时，$H_{\mathrm{p}}<Z$，即测压管水头线在位置水头线下面，故③错误。

答案：C

6. 解 根据相对压强和真空度的计算公式可得：

$$p = p' - p_a = 30 - 98 = -68\text{kPa}$$

$$p_v = p_a - p' = 98 - 30 = 68\text{kPa}$$

$$h_v = \frac{\rho_v}{g} = \frac{68}{9.8} = 6.9\text{m}$$

答案： C

7. 解 根据连续性方程和流速计算公式可得：

$$Q_1 = v_1 A_1 = Q_2 = v_2 A_2$$

$$Q_1 = v_1 A_1 = 0.2 \times 0.3 \times 4.5 = 0.27\text{m}^3/\text{s}$$

$$v_2 = \frac{Q_2}{A_2} = \frac{0.27}{0.1 \times 0.2} = 13.5\text{m/s}$$

答案： D

8. 解 根据已知条件求出雷诺数：

$$\text{Re} = \frac{vd}{\nu} = \frac{\frac{0.06 \times 4}{\pi d^2} \times 0.3}{1.013 \times 10^{-6}} = 251507$$

当雷诺数$\text{Re} > 2000$时，水流流态为紊流。

答案： C

9. 解 根据等压面原理与压强计算公式可得：

$$p_a + \gamma_{\text{Hg}} \Delta h_1 + \gamma(h_2 - h_1) = p_a + \gamma_{\text{Hg}} \Delta h_2$$

$$h_2 = h_1 + 13.6 \times (\Delta h_2 - \Delta h_1) = 0.5 + 13.6 \times (0.4 - 0.35) = 1.18\text{m}$$

答案： B

10. 解 黏粒含量与塑性指数成正比，依据规范规定，黏性土的分类依据是塑性指数。

答案： B

11. 解 同一种土的饱和密度ρ_{sat}大于天然密度ρ，大于干密度ρ_d，大于浮密度ρ'。

答案： C

12. 解 通过典型点附加应力系数叠加值可验算。

答案： A

13. 解 软土含水量大，与选项 C 相反。其他项为软土性质。

答案： C

14. 解 e-p曲线越平缓，压缩系数越小，土体压缩性也越小。

答案： B

15. 解 库仑强度包线为土体应力达到极限平衡点的组合。

答案： C

16. 解 有沿坡渗流时，土坡安全系数约降低1/2。其他情况下安全系数基本相同。

答案： D

17. 解 临塑荷载对应塑性区发展深度为 0 时的荷载。

答案： B

18. 解 土体达到相同固结度所需时间与最大排水距离的平方成正比，2 倍土层厚度，双向排水改单向排水，最大排水距离又增加一倍，故达到最终沉降量的时间为$(2\times 2)^2\times 3=48$个月。

答案： D

19. 解 岩石软化系数为饱水后单轴抗压强度与干燥样单轴抗压强度之比，一定小于 1。

答案： B

20. 解 根据两刚片规则，在一个刚片上增加一个二元体，该体系仍为几何不变体系。对于本题，先去掉右上角的二元体，再去掉左下角的二元体，该体系剩下三个铰，为几何不变体系，且没有多余约束。

答案： A

21. 解 如图所示，在桁架第二节间，取竖直截面，切开的四根杆件中，除a杆外，其余三根交于一点O，因此a杆为截面单杆，取左侧脱离体，对O点取矩平衡条件：$P\cdot 2d+P\cdot d+N_a\cdot d=0$，即得$a$杆内力为$-3P$。

答案： C

22. 解 根据影响线定义，将单位移动荷载放至B点（见图）。图示结构左半部分为基本部分，右半部分为附属部分，截面a的弯矩值即为所得。

答案： B

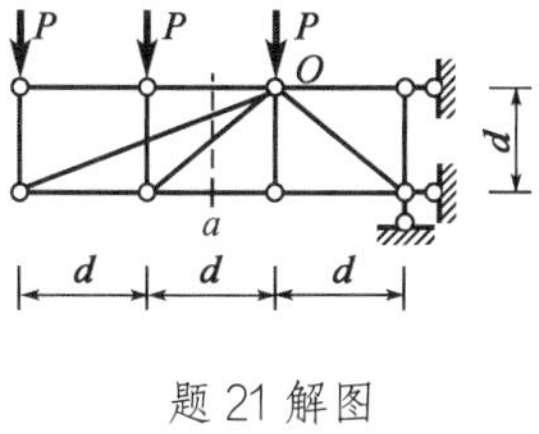

题 21 解图

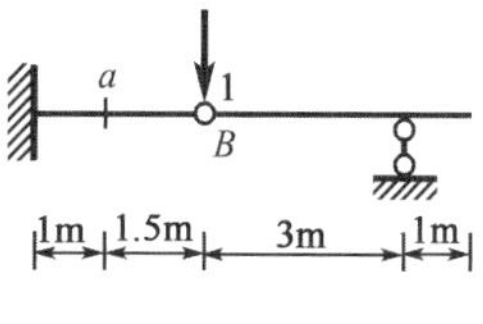

题 22 解图

23. 解 在力法中，将解除多余约束后得到的静定结构称为力法的基本结构。该体系为一次超静定结构，当去掉一个多余约束时，基本体系应该为静定的，但是当去掉DE杆时，结构体系变为几何可变体系，所以不能切断DE杆。

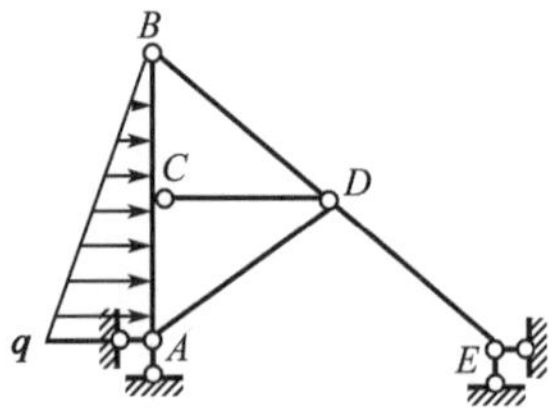

题 23 解图

答案：C

24. 解 各杆线刚度相同，即$i = EI/l$

由C点平衡条件：$\sum M_C = M_{CB} + M_{CD} = 0$

已知：$M_{CB} = 2i\theta_B + 4i\theta_C$，$M_{CD} = 3i\theta_C$

则$2i\theta_B + 4i\theta_C + 3i\theta_C = 0$

得$\theta_C = -\frac{2}{7}\theta_B = -\frac{2}{7} \times \left(\frac{-7Pl^2}{240EI}\right) = \frac{Pl^2}{120EI}$

答案：C

25. 解 图示结构为静定结构，根据温度变化情况，可勾画出结构的大致变形图如图所示。

题 25 解图

由变形可知位移：C点向下，D点向上。

答案：D

26. 解 AB杆远端B为固定端，$S_{AB} = 4i$。AC杆远端C处链杆与杆件平行，$S_{AC} = 0$。AD杆远端D处为铰支，$S_{AD} = 3i$。故在结点A需施加的外力偶为$4i + 0 + 3i = 7i$。

答案：A

27. 解 图示结构为基本附属结构，其中右侧的悬臂杆件为基础部分，附属部分只有最上侧二力杆受轴向$N = P$（压力），故$M_A = 0$，右侧为悬臂梁在自由端受剪力P的作用，杆件内侧受拉，故在支座B处的弯矩为$M_B = Pa$。

答案：D

28. 解 在质量点处施加水平单位力，作单位弯矩图，即可求得$\delta_{11} = \frac{4l^3}{3EI}$，得$\omega = \sqrt{\frac{1}{m\delta_{11}}} = \sqrt{\frac{3EI}{4ml^3}}$。

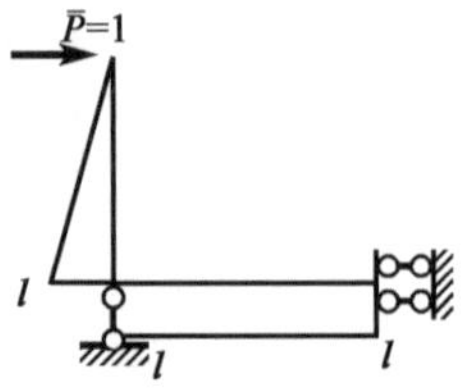

题 28 解图

答案：B

29. 解 本题考查现行规范关于承载能力极限状态和正常使用极限状态的设计规定的相关知识。钢筋混凝土结构构件在某些条件下可以不进行抗裂验算，但在任何情况下都应保证的是承载力。

答案：B

30. 解 本题考查现行规范预应力混凝土受弯构件设计的主要设计内容。相对于普通混凝土受弯构件而言，预应力混凝土受弯构件主要是增加了“斜截面抗裂验算”。

答案：D

31. 解 本题考查现行规范适筋梁正截面受弯承载力计算的基本公式的适用条件。对于规范 NB/T 11011—2022，选 A。如为规范 SL 191—2008，则选 C。

答案：A

32. 解 本题考查现行规范正截面裂缝宽度计算公式的相关知识。由规范 NB/T 11011—2022 的正截面裂缝宽度计算公式可知，最大裂缝宽度计算值的计算公式中含有纵向受拉钢筋应力σ_{sk}、混凝土轴心抗拉强度标准值f_{tk}、纵向受拉钢筋的有效配筋率ρ_{te}、混凝土保护层厚度c_s、纵向受拉钢筋的直径d等参数，正截面最大裂缝宽度计算值与纵向受拉钢筋应力、混凝土强度等级、纵向受拉钢筋配筋率、混凝土保护层厚度等均有关，故原题有误或不成立。

由规范 SL 191—2008 的正截面裂缝宽度计算公式可知，最大裂缝宽度计算值的计算公式中含有纵向受拉钢筋应力σ_{sk}、纵向受拉钢筋的有效配筋率ρ_{te}、混凝土保护层厚度c、纵向受拉钢筋的直径d等参数，正截面最大裂缝宽度计算值与纵向受拉钢筋应力、纵向受拉钢筋配筋率、混凝土保护层厚度等有关，与混凝土强度等级无关，故按 SL 191—2008 的规定应选 B。

答案：按 NB/T 11011—2022 的规定原题有误或不成立；按 SL 191—2008 的规定应选 B

33. 解 本题考查对称配筋的大偏心受压构件的轴向力N与弯矩M的相关关系。由规范 NB/T 11011—2022 或 SL 191—2008 的偏心受压构件正截面受压承载力计算公式可知，对称配筋的大偏心受压构件，弯矩一定，轴向力越小越不利；轴向力一定，弯矩越大越不利，选项 B 偏心距最大，钢筋用量最大。

答案：B

34. 解 本题考查现行规范 SL 191—2008 采用对称配筋的偏心受压构件正截面受压承载力计算的基本公式和适用条件，属于截面设计题。由于采用对称配筋，$f_yA_s = f_y'A_s'$，截面受压区计算高度x可按下方法判别大小偏心：

$$e_0 = M/N = 275 \times 10^6/556 \times 10^3 = 495\text{mm}$$

$$\eta e_0 = 1.15 \times 495 = 569.25\text{mm} > 0.3h_0 = 0.3 \times 460 = 138\text{mm}$$

且

$$x = \frac{KN}{f_cb} = \frac{1.2 \times 556 \times 10^3}{11.9 \times 400} = 140\text{mm} < \xi_bh_0 = 0.55 \times 460 = 250\text{mm 且} > 2a_s' = 80\text{mm}$$

为大偏心受压构件

$e_0 = M/N = 275 \times 10^6/556 \times 10^3 = 495\text{mm}$

$e = \eta e_0 + \dfrac{h}{2} - a_s = 1.15 \times 495 + 250 - 40 = 779\text{mm}$

故由大偏心受压构件正截面受压承载力计算的基本公式可求得A_s为：

$$A_s = A'_s = \frac{KNe - f_c bx\left(h_0 - \frac{x}{2}\right)}{f'_y(h_0 - a'_s)} = \frac{1.2 \times 556 \times 10^3 \times 779 - 11.9 \times 400 \times 140 \times \left(460 - \frac{140}{2}\right)}{300 \times (460 - 40)}$$

$$= 2063\text{mm}^2 > \rho'_{\min} bh_0 = 0.2\% \times 400 \times 460 = 368\text{mm}^2$$

答案： A

35. 解 本题考查钢筋混凝土受弯构件斜截面受剪承载力的主要影响因素和现行规范斜截面受剪承载力计算的基本公式。

影响受弯构件斜截面受剪承载力的因素很多，主要有剪跨比、混凝土强度、配箍率及箍筋强度、纵筋的用量或配筋率等。除上述主要影响因素之外，构件类型（简支梁、连续梁等）、构件截面形式与尺寸、加载方式（直接加载、间接加载）、截面上是否存在轴向力等因素，也都将影响受弯构件斜截面的受剪承载力。

在现行规范斜截面受剪承载力计算公式中，含有材料强度、箍筋和弯起钢筋用量及截面尺寸等参数，没有直接体现的影响因素为纵筋数量或纵筋配筋率。

答案： B

36. 解 本题题设条件不够充分，这里就题设条件做一些分析。本题可能是考查钢筋混凝土适筋梁正截面受弯承载力计算的基本公式和适用条件。假定界限破坏时的截面相对受压区计算高度为ξ_b，则$\xi \leqslant \xi_b$（$\xi = \xi_b$为界限破坏）时为适筋梁，$\xi > \xi_b$时为超筋梁。由题设条件“梁 1 是适筋梁，梁 2 和梁 3 为超筋梁”，必有$\xi_2 > \xi_1$及$\xi_3 > \xi_1$；由于超筋梁 2 和梁 3 的A_s还小于适筋梁 1 的A_s，可能暗含了三根梁的截面尺寸互不相同，更增加了判断ξ_2与ξ_3的相对关系的难度。虽然利用平截面假定和截面平衡方程可求得ξ_2和ξ_3，但题设条件并未给出建立平衡方程所必需的截面参数，如截面的几何尺寸和混凝土及钢筋的强度等级等，无法建立平衡方程推求ξ_2和ξ_3，说明此路不通，必须另辟蹊径。考虑到即使题设条件给出了建立平衡方程所必需的截面参数，实际由平衡方程推求ξ_2和ξ_3也是非常繁琐的，设计时为了简化计算，往往可近似取$\xi_2 = \xi_3 = \xi_b$来计算梁 2 和梁 3 的正截面受弯承载力，这样选项 D 就成能是相对合理的选择。

答案： D

37. 解 本题考查钢筋混凝土偏心受拉构件大、小偏心受拉的判别依据。大、小偏心受拉构件的判别依据是构件轴向拉力的作用位置，与截面相对受压区计算高度无关。由交通版基础教程 4.3.5 节可知，大、小偏心受拉构件的判别依据是轴向拉力N作用点的位置，轴向拉力N作用在钢筋A_s合力点与A'_s合力点之间时，属于小偏心受拉情况；轴向拉力N作用在钢筋A_s合力点与A'_s合力点之外时，属于大偏心受拉情况。

答案： A

38. 解　本题考查先张法和后张法预应力混凝土构件抗裂验算的相关知识，牵涉有效预应力、换算截面、净截面等概念。由预应力混凝土轴心受拉构件各阶段的受力特征及开裂荷载的计算公式可知，加载到混凝土即将开裂时，无论是先张法还是后张法，开裂荷载N_{cr}的计算公式均相同，计算时均采用换算截面面积A_0，即$N_{cr}=(\sigma_{pcII}+f_{tk})A_0$，仅后张法施工阶段的应力计算，才会用到净截面特性$A_n$。

答案： A

39. 解　本题考查先张法预应力混凝土轴心受拉构件各阶段的应力计算公式，参见交通版基础教程表 4-5-3，当加载至构件裂缝即将出现时，预应力筋的应力是在$\sigma_{con}-\sigma_l$的基础上增加$\alpha_E f_{tk}$，故应选 D。

答案： D

40. 解　本题考查钢筋混凝土和预应力混凝土受弯构件斜截面受剪承载力计算的相关知识。受剪试验研究表明，预压应力对构件的斜截面受剪承载力起有利作用，主要是预压应力能阻滞斜裂缝的出现和开展，增加了混凝土剪压区高度，从而提高了混凝土剪压区所承担的剪力，即施加预应力可以提高受弯构件的斜截面受剪承载力。根据试验分析，预应力梁较非预应力梁斜截面受剪承载力的提高程度主要与预应力的大小有关，其次是预应力合力作用点的位置。试验还表明，预应力对提高梁斜截面受剪承载力的作用也不是无限的，应给予上限的规定。

我国现行规范预应力混凝土梁斜截面受剪承载力的计算，是在普通钢筋混凝土梁斜截面受剪承载力计算公式的基础上，加上一项由预应力作用所提高的斜截面受剪承载力V_p，且当$N_{p0}>0.3f_cA_0$时，取$N_{p0}=0.3f_cA_0$，以达到限制的目的。应予指出的是，我国现行规范关于预压应力对构件的斜截面受剪承载力起有利作用的规定，仅适用于不允许出现裂缝的预应力混凝土简支梁，且只有当预加力N_{p0}对梁产生的弯矩与外弯矩相反时，才能考虑其有利作用。对于预应力混凝土连续梁，因目前尚缺乏这方面的试验资料，故暂不考虑V_p的有利作用。对于允许出现裂缝的预应力混凝土简支梁，考虑到构件达到承载力时，预应力可能已经消失，在目前尚未有充分试验数据前，为稳妥起见，也暂不考虑预应力的有利作用。

为防止发生斜压破坏，应加大截面尺寸或提高混凝土的强度等级；避免发生斜拉破坏的有效办法是满足最小配箍率的限制条件，并满足箍筋最大间距s_{max}和最小直径d_{min}的限制条件；剪跨比是影响无腹筋梁斜截面受剪承载力的主要因素之一，对无腹筋梁，剪跨比越大，其斜截面受剪承载力越低。可见选项 B、C、D 均有误。

答案： A

41. 解　本题考查视差。视差的现象是观测者眼睛在目镜端上下移动时，观测目标向反方向移动。原因是物像与十字丝刻板不共面。消除方法是做好物镜与目镜的调焦工作。

答案： C

42. 解　本题考查方位角与象限角的定义。两者之间的区别与联系从两个方面来理解，一是起始方向，方位角是从纵轴北方向开始，象限角是从纵轴南或者北方向开始；二是角度范围，方位角是 0°~360°，象限角是 0°~90°。象限角用R、方位角用α表示，则在四个象限内象限角与方位角的对应关系为$R_{\mathrm{I}} = \alpha_{\mathrm{I}}$，$R_{\mathrm{II}} = \alpha_{\mathrm{II}}$，$R_{\mathrm{III}} = \alpha_{\mathrm{III}}$，$R_{\mathrm{IV}} = \alpha_{\mathrm{IV}}$。

答案： B

43. 解　本题考查竖直角的计算公式。盘左盘右观测读数对应竖直角计算公式：

①度盘盘左顺时针刻画$\begin{cases}\alpha_{左} = 90° - L \\ \alpha_{右} = R - 270°\end{cases}$

②度盘盘左逆时针刻画$\begin{cases}\alpha_{左} = L - 90° \\ \alpha_{右} = 270° - R\end{cases}$

然后将互差在一定范围内的两次读数对应的竖直角取平均即得一测回竖直角值，本题计算值为 0°47′55″。

答案： A

44. 解　本题考查贝塞尔公式，即真值未知的情况下利用算术平均值计算中误差的公式。

$$[vv] = \sum_{i=1}^{n} v_i^2,\ v_i = x - L_i,\ x = \frac{L_i}{n}$$

$$M = \pm\sqrt{\frac{[vv]}{n-1}} = \pm\sqrt{\frac{62.74}{4-1}} = \pm 4.57''$$

答案： D

45. 解　本题考查支水准路线的数据处理问题。支水准路线的高差等于往返测高差绝对值的平均值，符号与往测高差一致。待测点高程利用高差公式计算，待测点为后视点。例如本题，

$$h_{\mathrm{AP}} = H_{\mathrm{P}} - H_{\mathrm{A}}$$

$$H_{\mathrm{P}} = H_{\mathrm{A}} + h_{\mathrm{AP}}$$

$$h_{\mathrm{AP}} = -\frac{1.436\mathrm{m} + 1.444\mathrm{m}}{2} = -1.440\mathrm{m}$$

$$H_{\mathrm{P}} = 20 + (-1.440) = 18.560\mathrm{m}$$

答案： B

46. 解　本题考查计曲线的概念。等高线主要分为两类：一类是按基本等高距绘制的首曲线，另一类为基本等高距 5 倍的计曲线，每隔 4 根线首曲线加粗一根描绘并用数字注记，叫做计曲线。

答案： C

47. 解　本题考查材料密度的定义。密度是绝对密实状态下材料的单位体积的质量，材料在自然状

态下（包含孔隙）单位体积的质量是表观密度，粉体或颗粒材料在自然堆放状态下单位体积质量是堆积密度。

答案： A

48. 解 绝热材料是指能阻滞热流传递的材料，又称热绝缘材料。它们是用于建筑围护或者热工设备、阻抗热流传递的材料或者材料复合体，既包括保温材料，也包括保冷材料。在建筑物中起保温、隔热作用的材料，称为绝热材料。对绝热材料的基本要求是：导热系数不宜大于 0.17W/(m · K)，表观密度应小于 1000kg/m^3，抗压强度应大于 0.3MPa。

答案： D

49. 解 冰冻对材料的破坏作用与材料组织结构及其含水状况有关。水结冰时体积增大 9%，其破坏作用可概括为冰胀压力作用、水压力作用及显微析冰作用三种。一般认为毛细孔含水量小于孔隙总体积的 91.7%就不会产生冻结膨胀压力，而在混凝土完全保水状态下，其冻结膨胀压力最大。

答案： D

50. 解 本题考查渗透系数的单位。常用cm/s（厘米/秒）、cm/d（厘米/天）表示。

答案： D

51. 解 本题考查影响绝热材料绝热作用的温度因素。材料的导热系数随温度的升高而增大，因为温度升高时，材料固体分子的热运动增强，同时材料孔隙中空气的导热和孔壁间的辐射作用也有所增加。但这种影响在温度为 0~50°C范围内并不显著，只有对处于高温或负温下的材料，才要考虑温度的影响。

答案： B

52. 解 此题考查硅酸盐水泥的细度方面的技术性质。一般认为，水泥颗粒小于 40μm 才具有很高的活性，大于 100μm 活性就很小了。

答案： B

53. 解 本题考查砂的细度模数。砂子的粗细程度常用细度模数 F.M 表示，它是指不同粒径的砂粒混在一起后的平均粗细程度。细度模数在 3.7~3.1 的是粗砂，3.0~2.3 的是中砂，2.2~1.6 的是细砂，1.5~0.7 属于特细砂。在配合比相同的情况下，若砂子过粗，拌出的混凝土黏聚性差，容易产生分离、泌水现象；若砂子过细，虽然拌制的混凝土黏聚性较好，但流动性显著减小，为满足黏聚性要求，需耗用较多水泥，混凝土强度也较低。因此，混凝土用砂不宜过粗，也不宜过细，以中砂较为适宜。

答案： B

54. 解 根据《普通混凝土配合比设计规程》（JGJ 55—2011），泵送混凝土水胶比不宜大于 0.6；而对于高性能混凝土，低水胶比是高性能混凝土的配制特点之一，为达到混凝土的低渗透性以保持其耐久性，不论其设计强度是多少，配制高性能混凝土的水胶比一般都不能大于0.4（对所处环境不恶劣的工程可以适当放宽），以保证混凝土的密实。

答案：C

55. 解 本题考查混凝土用水标准。根据《混凝土用水标准》（JGJ 63—2006），预应力混凝土拌和用水pH≥5.0，钢筋混凝土和素混凝土拌和用水pH≥4.5。

答案：D

56. 解 根据大循环的定义可知，海陆间的水循环称为大循环。

答案：D

57. 解 由设计洪水的概念可知，设计洪水是为防洪等工程设计而拟定的、符合指定防洪设计标准的、当地可能出现的洪水。

答案：C

58. 解 水文现象的特性有随机性、地区性、周期性和确定性等，复杂而无规律可循。

答案：C

59. 解 适线法主要通过调整变差系数和偏态系数来对频率曲线进行调整，即通过分布参数来进行调整。

答案：A

60. 解 本题主要考查对样本选取的要求，对洪水资料的选取需要对其可靠性、一致性和代表性进行审查。洪水系列的代表性，是指该洪水样本的频率分布与其总体概率分布的接近程度，如接近程度越高，系列的代表性越好，频率分析的成果精度越高。因此，在设计洪水推求时，要求样本具有代表性。

答案：A

2017年度全国注册土木工程师（水利水电工程）执业资格考试基础考试（下）

试题解析及参考答案

1. 解 根据重力相似准则，由题可知：$\lambda_\rho = 1$；$\lambda_l = 10$

又$\lambda_F = \lambda_\rho \cdot \lambda_l^3 = 10^3$；$\lambda_N = \lambda_\rho \cdot \lambda_l^{3.5} = 10^{3.5}$

故$F_p = F_m \cdot \lambda_F = 400\text{kN}$；$N_p = N_m \cdot \lambda_N = 632.5\text{kW}$

答案： B

2. 解 假设水流由B到A，则根据能量方程有：

$$h_{w,AB} = \Delta z + \frac{p_B - p_A}{\gamma} + \frac{\alpha_B v_B^2 - \alpha_A v_A^2}{2g}$$

代入相关数值（γ取9800N/m^3），得

$$h_{w,B-A} = 5.0 + \frac{(4.9 - 7.84) \times 10^4}{9800} + (0.5 - 2.0) = 0.5\text{m} > 0$$

由此可知，假设成立。

答案： B

3. 解 本题考查流线的概念。在流场中每一点上都与速度矢量相切的曲线称为流线，流线是同一时刻不同流体质点所组成的曲线，它给出该时刻不同流体质点的速度方向。

答案： B

4. 解 本题考查渗流理论简化模型。渗流简化模型指忽略土壤颗粒的存在，认为水充满整个渗流空间，且满足：（1）对同一过水断面，模型的渗流量等于真实的渗流量；（2）作用于模型任意面积上的渗流压力，应等于真实渗流压力；（3）模型任意体积内所受的阻力等于同体积真实渗流所受的阻力。

答案： A

5. 解 根据能量方程可得：$h = \frac{p_2 - p_1}{\gamma} + z$，$\gamma$取$9800\text{N/m}^3$，代入数值计算，得$h = 2.5\text{m}$。

答案： C

6. 解 要保证层流，则$\text{Re} = \frac{vd}{\nu} < 2000$，代入数据得：

$$d < \frac{2000 \times 0.01139 \times 10^{-4}}{0.4} \times 10^3 = 5.695\text{mm}$$

因此选择$d = 5\text{mm}$。

答案： B

7. 解 在明渠均匀流中，总水头沿程逐渐减小，均匀流水深沿程不变。

答案： D

8. 解 并联管道水头损失相同，等长并联管道的水力坡度J相同。$Q = AC\sqrt{RJ}$，$C = \frac{1}{n}R^{1/6} = \frac{1}{n}\left(\frac{d}{4}\right)^{1/6}$，得$Q_1:Q_2:Q_3 = d_1^{\frac{8}{3}}:d_2^{\frac{8}{3}}:d_3^{\frac{8}{3}}$，代入数值得到结果$Q_1:Q_2:Q_3 = d_1^{\frac{8}{3}}:d_2^{\frac{8}{3}}:d_3^{\frac{8}{3}} = 1:2.948:6.35$。

答案：C

9. 解 平坡和逆坡不可能发生均匀流；$i < i_K$时，均匀流态为缓流，底坡为缓坡。

答案：B

10. 解 选项 A 为素填土，选项 B 为冲填土，选项 C 为杂填土，选项 D 是不可能的。

答案：C

11. 解 自重应力计算，地下水位以上用天然重度，地下水位以下用有效重度。

$$\gamma' = \gamma_{sat} - \gamma_w = 18 - 10 = 8\text{kN/m}^3$$

$$\sigma_c = \gamma h_1 + \gamma' h_2 = 16 \times 2 + 8 \times 2 = 48\text{kPa}$$

答案：D

12. 解 土的含水率w即天然状态下土中水的质量m_w与土粒质量m_s之比。

答案：C

13. 解 极限荷载p_u是地基即将发生破坏时的荷载，其他三个都是有一定安全度的荷载。

答案：A

14. 解 塑性指数与黏粒含量近似成正比，其他都是干扰项。

答案：C

15. 解 只有大面积均布竖向荷载作用时，附加应力不扩散，其他情况下附加应力均要扩散。

答案：B

16. 解 平面滑动是无黏性土坡的滑动模式，复合滑动是多层土坡的滑动模式，只有曲面滑动是均质黏性土坡滑动模式。

答案：B

17. 解 土的压缩模量是指土在完全侧限条件下的竖向附加应力与相应的应变增量之比。

答案：D

18. 解 CD 试验是三轴固结排水剪切试验的简称。

答案：A

19. 解 岩石的吸水率是指岩石在常温常压条件下吸入水分的能力，是吸水量与固相颗粒质量之比，通常以百分数表示，其大小取决于岩石所含孔隙和裂隙的数量、大小、开闭程度及其分布情况，是一个间接反映岩石孔隙多少的指标。岩石的吸水率是常温常压条件下吸水量的一个比值，不是岩样的最大吸水量。岩石的抗冻性是指岩石抵抗冻融破坏的能力，主要与岩石矿物的膨胀特性和含水量有关，与吸水率没有直接关系。

答案： C

20. 解 体系内部缺少一个约束，为几何常变体系。

答案： D

21. 解 由零杆的判断方法可知，中间竖杆件为零杆，再由对称性可知，两个斜杆也为零杆。

答案： C

22. 解 图示为多跨静定梁结构，BC段为附属部分，AB段为基本部分，先由静定梁可求得BC段弯矩图，再注意到在整个ABC部分的弯矩图为一条直线，即可得A端弯矩为$2M$，且上侧受拉。

答案： A

23. 解 注意到C支座为滑动支座，且只在C点有向下的荷载，即得C点位移方向向下。

答案： A

24. 解 根据力法原理，本题假设多余未知力X_1逆时针为正，因此力法方程右端项为θ，B处向下沉降c，将产生顺时针转角c/a。

答案： D

25. 解 由形常数结果，分别将只有左端单位转角作用下的弯矩图和只有右端单位转角作用下的弯矩图相加，可得到A端的最终弯矩值。

答案： A

26. 解 由转动刚度定义可知，$S_{\mathrm{BC}}=i$，$S_{\mathrm{BA}}=4i$，$S_{\mathrm{BD}}=0$，$S_{\mathrm{BE}}=0$，可得$\mu_{\mathrm{BC}}=\frac{S_{\mathrm{BC}}}{S_{\mathrm{B}}}=\frac{i}{i+4i}=0.2$，其中$S_{\mathrm{BC}}$为$BC$杆$B$端的转动刚度，$S_{\mathrm{B}}$为汇交于$B$节点各杆$B$端的转动刚度之和。

答案： B

27. 解 本题为多跨静定梁，直接由第一跨剪力影响线知，剪力Q_{A}在A点右侧处为 0.25。

答案： B

28. 解 根据单自由度自振频率公式值，结构刚度越大，则自振频率越大。题目的三种结构中，根据端部约束情况可知，图 a）结构的约束最强，刚度最大；图 c）结构的约束最弱，刚度最小。

答案： A

29. 解 本题考查钢筋混凝土受弯构件正截面裂缝宽度的计算公式和减小最大裂缝开展宽度可采取的主要措施。由现行规范正截面裂缝宽度的计算公式可知，影响裂缝开展宽度的主要因素之一是纵向受拉钢筋的直径，采用直径较小的纵向受拉钢筋，可减小构件的正截面裂缝的开展宽度。

严格说来，本题相关表述不是很严密。当钢筋混凝土构件的最大裂缝开展宽度不满足$w_{\max} \leqslant w_{\lim}$时，应采取有关措施，以减小最大裂缝开展宽度的计算值。可采取的主要措施有：

（1）在保持配筋率不变的前提下，可适当减小纵向受拉钢筋的直径；

（2）纵向受拉采用带肋钢筋；

（3）必要时，适当增加纵向受拉钢筋用量，以降低纵向受拉钢筋在正常使用荷载下的应力值；

（4）保护层厚度要适当，在满足耐久性的前提下不宜随意加大保护层厚度；

（5）必要时，可采用预应力混凝土结构。

答案：A

30. 解 本题考查矩形截面、T形截面受弯构件正截面受弯承载力计算的基本公式。假定截面高度、翼缘宽度均相同的梁承受正弯矩，受拉区在梁截面下侧，由矩形截面、T形截面正截面受弯承载力的计算公式可知，对于倒T形截面，由于受拉区在梁截面下侧，受压区在梁截面上侧（即受压区在梁截面腹板），受拉区翼缘不起作用，与矩形截面的受压区计算高度相同，故有$A_{s1}=A_{s2}$；对于I形截面，由于受拉区在梁截面下侧，受压区在梁截面上侧，受拉区翼缘不起作用，与 T 形截面的受压区计算高度相同，故有$A_{s3}=A_{s4}$；对于截面高度、翼缘宽度均相同的梁，在相同荷载作用下 T 形截面的受压区计算高度小于矩形截面的受压区计算高度，故配筋截面面积关系可选D。

答案：D

31. 解 本题考查预应力混凝土梁的基本概念的相关知识。预应力混凝土梁与普通钢筋混凝土梁相比，正截面受弯承载力无明显变化，均为梁内钢筋所能承受的极限承载力，与梁是否施加预应力无关。但是预应力混凝土梁相比于普通钢筋混凝土梁，斜截面受剪承载力、正截面抗裂性、斜截面抗裂性和刚度均有所提高。故A项说法有误。

答案：A

32. 解 本题考查钢筋混凝土适筋梁的开裂弯矩M_{cr}与破坏时的极限弯矩M_u的计算公式。

由交通版基础教程中钢筋混凝土适筋梁的开裂弯矩M_{cr}和极限弯矩M_u的计算公式可知：

$$M_{cr}=\gamma W_0 f_{tk}$$

$$\begin{aligned}M_u&=f_c b h_0^2 \xi(1-0.5\xi)\\&=f_y A_s h_0(1-0.5\xi)\\&=f_y b h_0^2 \rho(1-0.5\xi)\end{aligned}$$

可见：M_{cr}与纵向受拉钢筋的配筋率ρ无关；在适筋梁的范围内，M_u随纵向受拉钢筋配筋率ρ的增大而增大，比值M_{cr}/M_u随纵向受拉钢筋配筋率ρ的增大而减小。

答案：C

33. 解 本题考查现行规范中斜截面受剪承载力计算公式的截面限制条件。当梁的剪力设计值$V >$

$0.25f_c bh_0$时，应加大梁的截面尺寸或提高混凝土的强度等级。

答案：A

34. 解　本题考查现行规范钢筋强度标准值的取值原则。我国现行规范规定，钢筋强度标准值应具有不小于95%的保证率。对于普通钢筋和有明显屈服强度的预应力混凝土用螺纹钢筋，现行规范以钢筋国家标准规定的屈服强度特征值R_{eL}作为钢筋屈服强度标准值f_{yk}的取值依据。对于热轧钢筋，国标规定的屈服强度特征值即为钢筋出厂检验的废品限值，大体上相当于钢筋强度总体分布的平均值减去 2 倍标准差，相应的保证率为97.73%，符合保证率不小于95%的要求。由于结构抗倒塌设计的需要，现行规范增列了钢筋极限强度标准值f_{stk}，f_{stk}按钢筋国家标准中的抗拉强度特征值R_m（即钢筋拉断前相应于最大拉力下的强度，习称极限抗拉强度）确定。

对于没有明显屈服强度的预应力混凝土用钢丝和钢绞线，屈服强度标准值f_{pyk}取为其条件屈服强度，可称为条件屈服强度标准值。依据钢筋国家标准，一般取 0.002 残余应变所对应的应力$R_{p0.2}$作为其条件屈服强度（亦称规定塑性延伸强度）。鉴于钢筋现行国家标准中的钢丝和钢绞线$R_{p0.2}/R_m$的比值均在 0.85 以上，为简明起见，对于预应力混凝土用钢丝和钢绞线的条件屈服强度标准值f_{pyk}，我国现行规范统一取为 $0.85R_m$，即统一取为极限抗拉强度的 0.85 倍。预应力筋的极限强度标准值f_{ptk}仍按钢筋现行国家标准的抗拉强度特征值R_m确定。

答案：B

35. 解　本题考查偏心受压柱正截面受压承载力计算公式中N与M的相关关系。参考交通版基础教程“4.3.4 偏心受压构件承载力计算”，对于给定的一个偏心受压构件，由偏心受压构件正截面受压承载力的基本公式，可推得它的正截面受压承载力设计值N和与之相应的正截面受弯承载力设计值$M(N\eta e_i = M)$。对于给定截面尺寸、配筋和材料强度的偏心受压构件，可以求得无穷多组不同的N和M的组合达到承载能力极限状态，或者说当给定一个N时就一定有一个唯一的M，反之亦然。如果以N为纵坐标轴，以M为横坐标轴，可建立一系列的N-M相关曲线，整个曲线分为大偏心受压破坏和小偏心受压破坏两个曲线段，两个曲线段的交点即界限破坏点，即受拉钢筋屈服的同时受压区混凝土被压坏，亦即大、小偏心受压构件破坏的分界点。N-M相关曲线具有以下特点：

①$M = 0$时为轴心受压构件，相应的轴心受压承载力设计值N最大；$N = 0$时为纯弯构件，相应的正截面受弯承载力M不是最大；界限破坏时，相应的正截面受弯承载力M达到最大。

②小偏心受压时，随着轴向压力的增大，M随之减小；N一定时，M越大越危险；M一定时，N越大越危险。

③大偏心受压时，随着轴向压力的增大，M随之增大；N一定时，M越大越危险；M一定时，N越小越危险。

答案：C

36. 解 本题考查剪力和扭矩共同作用下的剪扭构件受扭承载力与受剪承载力之间的相关性。试验研究表明，剪力和扭矩共同作用下的构件承载力比单独剪力或扭矩作用下的构件承载力要低，构件的受扭承载力随剪力的增大而降低，受剪承载力亦随扭矩的增大而降低。

为了充分发挥抗扭钢筋的作用，抗扭纵筋和箍筋应有合理的配比。现行规范引入抗扭纵筋与抗扭箍筋的配筋强度比ζ来表示两者之间的数量关系（即两者的体积比与强度比的乘积），试验结果表明，当$0.5 \leqslant \zeta \leqslant 2.0$时，纵筋与箍筋在构件破坏时基本上都能达到抗拉强度设计值。为了稳妥，我国现行规范取ζ的限制条件为$\zeta \geqslant 0.6$，当$\zeta > 1.7$时，按$\zeta = 1.7$计算。ζ值较大时，抗扭纵筋配置较多。

试验研究表明，剪力和扭矩共同作用下的剪扭构件，其斜截面的受剪承载力和受扭承载力都将受影响，即由于剪力的存在，将使构件的受扭承载力有所降低；同样，由于扭矩的存在，也会使构件的受剪承载力有所降低。无腹筋构件的受剪和受扭承载力相关关系，大致按1/4圆弧规律变化，即随着同时作用的扭矩增大，构件的受剪承载力逐渐降低，当扭矩达到构件的纯扭承载力时，其受剪承载力下降为零。同理，随着剪力的增大，构件的受扭承载力逐渐降低，当剪力达到构件的纯剪承载力时，其受扭承载力下降为零。对于有腹筋的剪扭构件，其混凝土部分所提供的受扭承载力T_c与受剪承载力V_c之间也存在1/4圆弧的相关关系。我国现行规范以有腹筋构件的剪扭承载力为1/4圆的相关曲线作为校正线，采用混凝土部分相关、钢筋部分不相关的原则，推出剪扭构件考虑剪扭相关性的受剪、受扭承载力计算的近似拟合公式，由此推得剪扭构件混凝土受扭承载力的降低系数β_t，若β_t小于 0.5，则不考虑扭矩对混凝土受剪承载力的影响，此时取$\beta_t = 0.5$；若β_t大于1.0，则不考虑剪力对混凝土受扭承载力的影响，此时取$\beta_t = 1.0$。故$0.5 \leqslant \beta_t \leqslant 1.0$。

答案：A

37. 解 本题考查结构可靠度分析中可靠指标β的基本概念和计算公式。已知结构抗力R和作用效应S相互独立，且服从正态分布，则由统计数学可靠指标β的计算公式可得：

$$\beta = \frac{\mu_Z}{\sigma_Z} = \frac{\mu_R - \mu_S}{\sqrt{\sigma_R^2 + \sigma_S^2}} = \frac{120 - 60}{\sqrt{(120 \times 0.12)^2 + (60 \times 0.15)^2}} = 3.53$$

答案：B

38. 解 本题考查钢筋混凝土构件正截面最大裂缝宽度与平均裂缝宽度的计算公式。我国现行《水工混凝土结构设计规范》（NB/T 11011—2022）正截面最大裂缝宽度w_{max}的计算公式如下：

$$w_{max} = \alpha_{cr} w_{cr} = \alpha_{cr} \psi \frac{\sigma_{sk} - \sigma_0}{E_s} l_{cr} \quad ①$$

$$\psi = 1.0 - 1.1 \frac{f_{tk}}{\rho_{te} \sigma_{sk}} \quad ②$$

$$l_{cr} = 2.2 c_s + 0.09 \frac{d_{eq}}{\rho_{te}} \quad (30\text{mm} \leqslant c_s \leqslant 65\text{mm}) \quad ③$$

$$l_{cr} = 65 + 1.2 c_s + 0.09 \frac{d_{eq}}{\rho_{te}} \quad (65\text{mm} < c_s \leqslant 150\text{mm}) \quad ④$$

式中，α_{cr}为考虑构件受力特征和长期作用影响的综合系数，简称构件受力特征系数；ψ为裂缝间纵向受拉钢筋应变不均匀系数，f_{tk}为混凝土轴心抗拉强度标准值；ρ_{te}为纵向受拉钢筋的有效配筋率；σ_{sk}为按标准组合计算的构件纵向受拉钢筋应力；c_s为最外层纵向受拉钢筋外边缘至受拉区底边的距离；d_{eq}为受拉区纵向钢筋的等效直径，d_{eq}与纵向受拉钢筋的直径d有关。平均裂缝宽度w_{cr}的计算公式中含有混凝土轴心抗拉强度标准值f_{tk}、纵向受拉钢筋应力σ_{sk}、纵向受拉钢筋的有效配筋率ρ_{te}、混凝土保护层厚度c_s、纵向受拉钢筋的直径d等参数，由此可见，混凝土构件的平均裂缝宽度与混凝土强度等级、混凝土保护层厚度、构件纵向受拉钢筋直径、纵向受拉钢筋配筋率等均有关，故原题有误或不成立。

由规范 SL 191—2008 的正截面裂缝宽度计算公式可知，平均裂缝宽度计算值的计算公式中含有纵向受拉钢筋应力σ_{sk}、纵向受拉钢筋的有效配筋率ρ_{te}、混凝土保护层厚度c、纵向受拉钢筋的直径d等参数，正截面平均裂缝宽度计算值与纵向受拉钢筋应力、纵向受拉钢筋配筋率、混凝土保护层厚度等有关，与混凝土强度等级无关，故按 SL 191—2008 的规定应选 A。

答案：按 NB/T 11011—2022 的规定原题有误或不成立；按 SL 191—2008 的规定应选 A

39. 解 本题考查适筋梁正截面受弯承载力计算的基本公式和适用条件。

由教程可推得单筋矩形截面正截面受弯承载力的计算公式为：

$$\begin{aligned}M_u &= f_c b h_0^2 \xi(1-0.5\xi)\\ &= f_y A_s h_0(1-0.5\xi)\\ &= f_y b h_0^2 \rho(1-0.5\xi)\end{aligned}$$

由单筋矩形截面正截面受弯承载力的计算公式可知，单筋矩形截面正截面受弯承载力M_u与混凝土强度f_c、纵向受力钢筋的配筋率ρ等均为一次关系，很难说“提高混凝土强度等级”或“提高纵筋的配筋率”对“提高正截面受弯承载力最有效”；而M_u与截面的有效高度h_0为二次关系，故适筋梁提高正截面受弯承载力最有效的方法是“增大截面高度”。

答案：D

40. 解 本题考查钢筋混凝土大、小偏心受压构件的破坏特征。

（1）大偏心受压破坏。当轴向压力的偏心距较大，且纵向受拉钢筋配置得不太多时，在荷载作用下，靠近轴向压力一侧受压，远离轴向压力一侧受拉。大偏心受压的破坏特征是始于远离轴向压力一侧的纵向受拉钢筋首先屈服，然后靠近轴向压力一侧的纵向受压钢筋达到屈服，受压区混凝土被压碎，故又称为受拉破坏。

（2）小偏心受压破坏。当轴向压力偏心距较小，或者偏心距虽较大，但纵向受拉钢筋配置过多时，在荷载作用下，截面大部分受压或全部受压。小偏心受压的破坏特征是靠近轴向压力一侧的受压混凝土应变先达到极限压应变，纵向受压钢筋达到屈服强度而破坏，而远离轴向压力一侧的纵向受力钢筋，不论是受拉还是受压，均达不到屈服强度。由于这种破坏是从受压区开始的，故又称为受压破坏。

答案：A

41. 解 测量的三项基本工作是测量角度、测量距离、测量高程。

答案：B

42. 解 由正方形的周长等于$4a$，可知周长是由量取一条边后乘以 4 得来的，所以应采取倍数函数的中误差公式：$M_c = k \cdot m$，即$M_c = 4m$。

答案：D

43. 解 视差是观测者眼睛在目镜上下移动时，观测目标反向移动，物像与十字丝分划板不共面产生的。消除方法是做好物镜与目镜的调焦工作。

答案：A

44. 解 在相同的观测条件下，对某一未知量进行一系列观测，如果观测误差的大小和符号没有明显的规律性，即从表面上看，误差的大小和符号均呈现偶然性，这种误差称为偶然误差。瞄准误差没有明显的规律性，为偶然误差。

答案：B

45. 解 地球曲率和大气折光对单向三角高程测量肯定是有影响的，因此选项 C 错误，对高程的具体影响应根据观测时的具体情况进行分析，很难简单地断定是使实测高程变大或变小，因此选项 D 的说法较为合适。

答案：D

46. 解 等高线指的是地形图上高程相等的相邻各点所连成的闭合曲线。

答案：C

47. 解 概念题。密度是材料在绝对密实状态下单位体积的质量，表观密度是材料在自然状态下单位体积的质量，堆积密度是散粒材料在堆积状态下单位堆积体积的质量。

答案：B

48. 解 根据《混凝土物理力学性能试验方法标准》（GB/T 50081—2019）规定：混凝土试件拆模后应立即放入温度为(20 ± 2)℃、相对湿度为 95%以上的标准养护室中养护，或在温度为(20 ± 2)℃的不流动 $Ca(OH)_2$ 饱和溶液中养护。

答案：A

49. 解 孔结构的主要研究内容包括孔隙率、孔径分布、孔连通性、孔曲折度和孔几何学。

答案：C

50. 解 概念题。材料在水中吸收水分的性质称为吸水性，材料在潮湿空气中吸收水分的性质称为吸湿性。

答案：C

51. 解 材料的抗冻性与其密实度、孔隙充水程度、孔隙特征、孔隙间距、冰冻速度及反复冻融次数等有关，可表征为本题选项中的“孔结构、水饱和度、冻融龄期”等。

答案：D

52. 解 砂按产源分为天然砂和人工砂（即机制砂）两类。

答案：C

53. 解 普通混凝土用砂的细度模数范围一般为0.7~3.7。其中，粗砂为3.1~3.7，中砂为2.3~3.0，细砂为1.6~2.2，特细砂为0.7~1.5。

答案：D

54. 解 概念题。轻物质是指表观密度小于2000kg/m^{3}的软质颗粒，如煤、褐煤和木材等。这些杂质是不安定的，会导致腐蚀和分层，对混凝土强度造成不利影响；煤还可能因膨胀引起混凝土的破裂，它若以细颗粒形式大量地存在，会妨碍水泥净浆的硬化过程。故标准中规定轻物质含量按重量计不宜大于1%。

答案：C

55. 解 四种矿物成分的水化特性见解表。

题55解表

矿物名称	水化速率	水化热	强度		耐化学侵蚀性
			早期	后期	
C_3S	较快	较大，主要在早期释放	高	高	中
C_2S	最慢	最小，主要在后期释放	低	高	良
C_3A	极快	最大，主要在早期释放	低	低	差
C_4AF	较快，仅次于C_3A	中等	较低	较低	优

答案：D

56. 解 本题考查的是水利工程的设计洪水的定义。设计洪水是指作为水工建筑物设计依据的洪水。其他选项均有最大、特大这些词，是不正确的。

答案：B

57. 解 样本选择问题对于设计洪水的推求十分重要，本考试曾多次考到该知识点。因此在选项中把握洪水资料的可靠性、一致性和代表性的审查，而代表性审查的目的是保证样本的统计参数接近总体的统计参数。

答案：D

58. 解 本题考查的是怎样判断配线结果。

答案：B

59. 解 本题应关注的关键词为“历史洪水资料”及“最重要途径”，因收集的是历史洪水资料，我国历史悠久，具有丰富的史料、文献，因此对大多数大中型流域，都可通过调查当地历史文献记载确定一定数量的历史洪水。

答案：A

60. 解 水文现象具有确定性，是指由于确定性因素的影响使其具有的必然性。水文现象也有随机性，也称偶然性，是指水文现象由于受各种因素的影响在时程上和数量上的不确定性。水文现象亦有地区性，是指水文现象在时空上的变化规律的相似性。

答案：B

2018年度全国注册土木工程师（水利水电工程）执业资格考试基础考试（下）

试题解析及参考答案

1. 解 E_s（specific engergy）称为断面单位能量或断面比能，h为该断面的水深，对于棱柱形渠道，流量一定时，断面单位能量将随水深的变化而变化，可由断面单位能量与水深的关系判断流动的类型，$\frac{dE_s}{dh} = 1 - Fr^2$，即当$dE_s/dh > 0$时，水流为缓流；当$dE_s/dh = 0$时，水流为临界流；当$dE_s/dh < 0$时，水流为急流；当$dE_s/ds$与0的关系不能判断是否为均匀流。当$dE_s/ds = 0$时，水流为均匀流。

答案：C

2. 解 边界条件包括：

①不透水边界，是指不透水岩层或不透水的建筑物轮廓。不透水边界是一条流线，垂直于边界的流速分量必等于零。

②透水边界，是指渗入和渗出的边界。透水边界上各点的水头相等，是一条等水头线，即等势线，渗流流速必垂直此边界，即切向流速等于零。

③浸润面边界。浸润面就是土坝的潜水面。浸润面上的压强等于大气压强，其水头不是常数，因此浸润面不是等水头面。在恒定渗流中，浸润面为流线组成的流面。

④渗出段边界。渗出段的压强为大气压，但渗出段各点的高程不同，故渗出段的水头不是常数，也不是等水头线。渗出段不是等势线也不是流线。

答案：B

3. 解 在重力相似模型（弗劳德相似准则）中，流量比尺为几何比尺的2.5次方，即为$\lambda_l^{2.5}$，压强比尺为λ_l。

答案：C

4. 解 当管道的管径沿程减小时，为了保持恒定的流量，流体的速度必须增加，这导致压力降低。因此，测压管线水头线将表现出随管径减小而下降的趋势。

答案：C

5. 解 本题考查的是对恒定流动、均匀流动及伯努利方程各项物理意义的理解。对同一条流线上的两点应用伯努利方程可知，机械能沿流程不变，而恒定均匀流动的速度处处相等，故流场中任何两点之间的机械能都相等。整个流场内各点的总水头$\left(z + \frac{p}{\gamma} + \frac{v^2}{2g}\right)$相等。

答案：A

6. 解　如解图所示，静水压力中心作用点的位置在距离矩形闸门底部的1/3处。

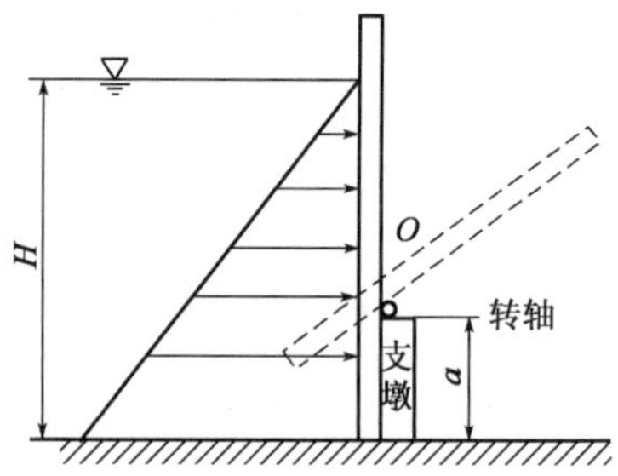

题6解图

答案：B

7. 解　明渠均匀流的水力特征：

（1）底坡线、水面线、总水头线三线平行，即$i = J = J_{\mathrm{p}}$；

（2）水深h、过水断面面积A、断面平均流速及断面流速分布沿程不变。

明渠均匀流形成条件：

①流量恒定；

②必须是长直棱形渠道，糙率n不变；

③底坡i不变。

答案：D

8. 解　解图a）为自由出流状态，解图b）为淹没出流状态。H、l、d、λ均相同，两者的总水头相等，则根据短管在自由出流和淹没出流计算公式的形式看，两者完全相同，流量系数计算公式的数值相等。

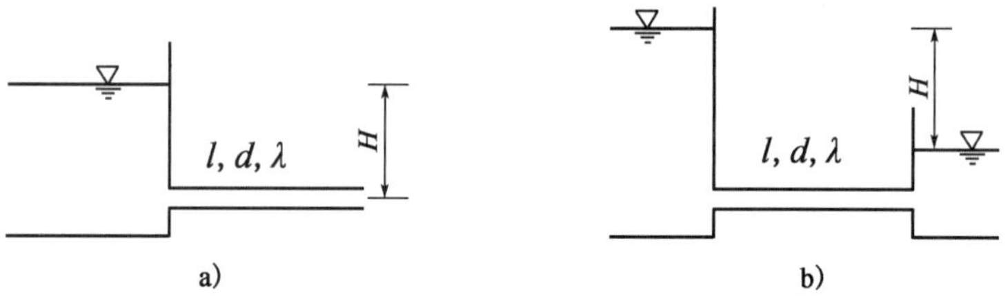

题8解图

答案：C

9. 解　雷诺数的物理意义为惯性力与黏性力之比。层流的定义为流体质点一直沿流线运动，彼此平行，不发生相互混杂的流动。紊流的定义为流体质点在运动过程中，互相混杂、穿插的流动。雷诺数的计算公式为$\mathrm{Re} = \rho vd/\mu$。其中，$\rho$为流体密度；$v$为流速；$\mu$为动力黏度或动力黏性系数，动力黏度的单位是$\mathrm{N \cdot s/m^2 = kg \cdot m/s^2 \cdot s/m^2 = kg/(m \cdot s)}$；$d$为一特征长度（如直径）。

雷诺数小，意味着流体流动时各质点间的黏性力占主要地位，流体各质点平行于管路内壁有规则地流动，呈层流流动状态。雷诺数大，意味着惯性力占主要地位，流体呈紊流流动状态。

圆管内流体的流态$\mathrm{Re} < 2000$为层流，$\mathrm{Re} > 4000$为紊流，$2000 < \mathrm{Re} < 4000$或为层流或为紊流。

本题根据流量和管径计算的流速为1.53m/s，计算雷诺数为 1814，因此为层流。

答案：B

10. 解 松、密是无黏性土的物理状态，可排除选项 A、B。黏性土用液性指数分类，液性指数越小，土质越硬。

答案： D

11. 解 本题考查饱和度的定义。

答案： A

12. 解 压缩系数与土所受的荷载大小有关。工程中一般采用 100~200kPa 压力区间对应的压缩系数$a_{1\text{-}2}$来评价土的压缩性。即：$a_{1\text{-}2} < 0.1\text{MPa}^{-1}$，属低压缩性土；$0.1\text{MPa}^{-1} \leqslant a_{1\text{-}2} < 0.5\text{MPa}^{-1}$，属中压缩性土；$a_{1\text{-}2} \geqslant 0.5\text{MPa}^{-1}$，属高压缩性土。

而压缩模量是表示土压缩性的另一种指标，E_s越小，土的压缩性越高。$E_s < 4\text{MPa}$为高压缩性土。

答案： C

13. 解 本题考查冲填土的定义。

答案： A

14. 解 l/b相同，z/b小，则附加压力大，沉降也大。

答案： B

15. 解 直剪试验方法中快剪试验得到的强度指标用c_q、φ_q表示，固结快剪试验得到的强度指标用c_{cq}、φ_{cq}表示，慢剪试验得到的强度指标用c_s、φ_s表示。

不固结不排水剪试验得到的强度指标用c_{uu}、φ_{uu}表示，固结不排水剪试验得到的强度指标用c_{cu}、φ_{cu}表示，固结排水剪试验得到的强度指标用c_{cd}、φ_{cd}表示。

答案： B

16. 解 本题考查静止土压力的含义：当挡土墙静止不动，土体处于弹性平衡状态时，土对墙的压力称为静止土压力。

答案： C

17. 解 饱和黏性土地基承载力与基础宽度无关，可排除选项 B、D。按地基承载力公式，基础埋置深度大，承载力大、沉降小。对于一般均质地基，增加基础埋设，可以提高地基承载力，但不能减少地基沉降；增加基础宽度，既可以提高地基承载力，也可以减小基底附加压力，进而减小地基沉降。故答案选择 B。

答案： B

18. 解 偏心距大于$B/6$，基底压力为应力重分布后的三角形分布。

答案： D

19. 解　本题考查岩石吸水率的定义。选项A为强制饱水率。

答案： C

20. 解　分析时，先不考虑三个连杆支座进行分析；如解图所示选择三个刚片，为几何不变体系，再依次采用二元体规则，可知原体系为几何不变体系，且有一个多余约束。

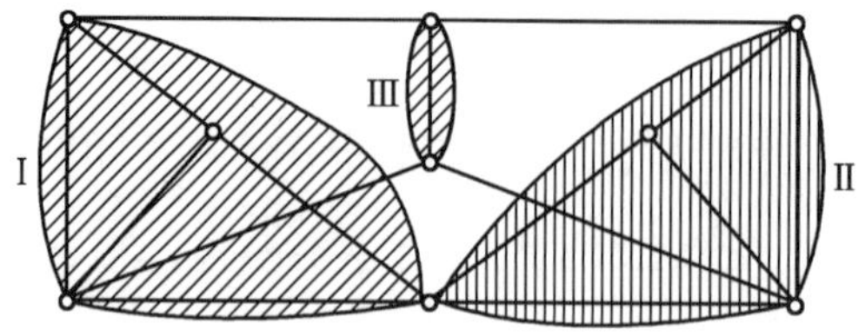

题20解图

答案： C

21. 解　图示结构为对称结构，荷载为反对称作用，而a杆位于对称轴上，因此其轴力为零。

答案： C

22. 解　静定曲梁是具有曲线形状的梁式结构，本质上仍具有梁的特性，竖向荷载作用下无水平推力。而静定三铰拱由于存在支座水平推力，使得与同跨度静定曲梁相比，拱中弯矩大为减少。

答案： C

23. 解　本题为定性分析类题目，为分析图示原静定三铰拱结构中C点竖向位移方向，可先做出原结构弯矩图（解图a），再做出在C点虚加竖向单位力作用下的弯矩图（解图b），由图乘法，根据图形形状相乘可知为正值，即可判断竖向位移向下。而且对称结构承受正对称荷载作用时，无水平位移。

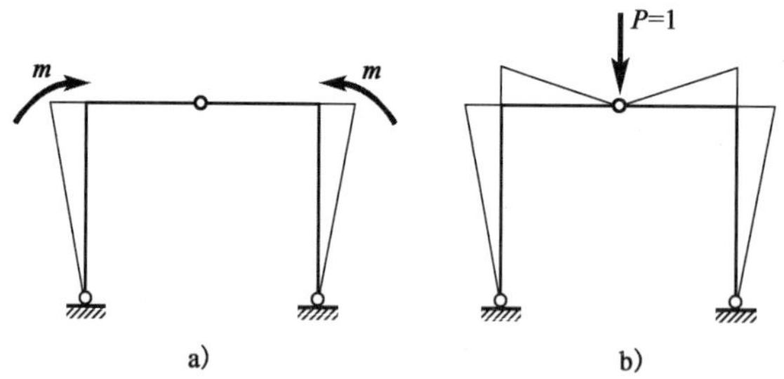

题23解图

答案： A

24. 解　在δ_{11}的表达式中，刚度EI在分母上。

答案： B

25. 解　为满足结点B的转角为零，则结点B相当于固定端，即两边固定端弯矩绝对值相等。

答案： A

26. 解 本题要注意BD杆底端的链杆方向为竖向，其转动刚度为零，根据力矩分配法即可得力矩分配系数μ_{BC}为1/5。

答案：B

27. 解 若按静力法，则$M_C = \frac{1}{4}N_{CD}l$（N_{CD}压力为正），M_C与N_{CD}影响线成比例，为一条过基线左端点向右上方倾斜的直线，也可按$M_C = R_B \cdot \frac{l}{2}$作出判断。

若按机动法，将C处刚接变铰接，沿正弯矩M_C方向给以单位相对转角，这时杆EF向右上方倾斜，形成δ_P图，即M_C的影响线。

答案：A

28. 解 作解图，图乘得：

$$\delta = \frac{1}{EI}\left(\frac{l}{2}\times\frac{l}{2}\times\frac{l}{2}+\frac{1}{2}\times\frac{l}{2}\times\frac{l}{2}\times\frac{2}{3}\times\frac{l}{2}\right) = \frac{l^3}{6EI}$$

所以$\omega = \sqrt{\frac{1}{m\delta}} = \sqrt{\frac{6EI}{ml^3}}$

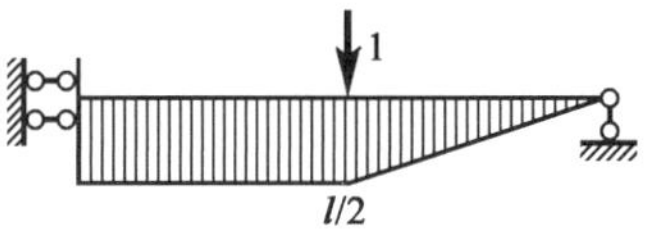

题 28 解图

答案：D

29. 解 本题考查钢筋混凝土构件正截面受弯承载力计算的基本假定。钢筋混凝土构件正截面受弯承载力计算的基本假定有 4 个：平截面假定；不考虑受拉区混凝土参加工作，拉力完全由钢筋承担；混凝土的应力-应变关系已知；钢筋的应力-应变关系已知。

答案：B

30. 解 本题考查矩形截面、T 形截面受弯构件正截面受弯承载力计算的基本公式。假定截面受压区计算高度、翼缘宽度均相同的梁承受正弯矩，受拉区在梁截面下侧，由矩形截面、T 形截面正截面受弯承载力的计算公式可知，对于倒 T 形截面，由于受拉区在梁截面下侧，受压区在梁截面上侧（即受压区在梁截面腹板），受拉区翼缘不起作用，与矩形截面的受压区计算相同，故有$A_{s1} = A_{s2}$；对于 I 形截面，由于受拉区在梁截面下侧，受压区在梁截面上侧，受拉区翼缘不起作用，与 T 形截面的受压区计算相同，故有$A_{s3} = A_{s4}$。对于截面受压区计算高度、翼缘宽度均相同的梁，在相同荷载作用下，虽然截面受压区计算高度相同，但 T 形截面和 I 形截面在极限状态下为第二类 T 形截面，计算极限弯矩时，在截面受压区计算高度相同的情况下，T 形截面和 I 形截面的内力臂将大于矩形截面和倒 T 形截面的内力臂，即 T 形截面和 I 形截面的配筋截面面积将小于矩形截面和倒 T 形截面的配筋截面面积，所以有$A_{s1} = A_{s2} > A_{s3} = A_{s4}$，故配筋截面面积关系可选 D。

答案：D

31. 解 本题考查预应力混凝土梁的基本概念的相关知识。预应力混凝土梁与普通钢筋混凝土梁相比，正截面受弯承载力无明显变化，均为梁内钢筋所能承受的极限承载力，与梁是否施加预应力无关。

但是预应力混凝土梁相比于普通钢筋混凝土梁，斜截面受剪承载力、正截面抗裂性、斜截面抗裂性和刚度均有所提高。故A项有误。

答案： A

32. 解 考查钢筋混凝土适筋梁的开裂弯矩M_{cr}与破坏时的极限弯矩M_u的计算公式。

由交通版基础教程中钢筋混凝土适筋梁的开裂弯矩M_{cr}和极限弯矩M_u的计算公式可知：

$$M_{cr} = \gamma W_0 f_{tk}$$
$$\begin{aligned} M_u &= f_c b h_0^2 \xi(1-0.5\xi) \\ &= f_y A_s h_0(1-0.5\xi) \\ &= f_y b h_0^2 \rho(1-0.5\xi) \end{aligned}$$

可见：M_{cr}与纵向受拉钢筋的配筋率ρ无关；在适筋梁的范围内，M_u随纵向受拉钢筋配筋率ρ的增大而增大，比值M_{cr}/M_u随纵向受拉钢筋配筋率ρ的增大而减小。

答案： C

33. 解 考查现行规范斜截面受剪承载力计算公式的截面限制条件。当梁的剪力设计值$V > 0.25 f_c b h_0$时，应加大梁的截面尺寸或提高混凝土的强度等级。

答案： A

34. 解 考本题考查现行规范钢筋强度标准值的取值原则。我国现行规范规定，钢筋强度标准值应具有不小于95%的保证率。对于普通钢筋和有明显屈服强度的预应力混凝土用螺纹钢筋，现行规范以钢筋国家标准规定的屈服强度特征值R_{eL}作为钢筋屈服强度标准值f_{yk}的取值依据。对于热轧钢筋，国标规定的屈服强度特征值即为钢筋出厂检验的废品限值，大体上相当于钢筋强度总体分布的平均值减去2倍标准差，相应的保证率为97.73%，符合保证率不小于95%的要求。由于结构抗倒塌设计的需要，现行规范增列了钢筋极限强度标准值f_{stk}，f_{stk}按钢筋国家标准中的抗拉强度特征值R_m（即钢筋拉断前相应于最大拉力下的强度，习称极限抗拉强度）确定。

对于没有明显屈服强度的预应力混凝土用钢丝和钢绞线，屈服强度标准值f_{pyk}取为其条件屈服强度，可称为条件屈服强度标准值。依据钢筋国家标准，一般取0.002残余应变所对应的应力$R_{p0.2}$作为其条件屈服强度（亦称规定塑性延伸强度）。鉴于钢筋现行国家标准中的钢丝和钢绞线$R_{p0.2}/R_m$的比值均在0.85以上，为简明起见，对于预应力混凝土用钢丝和钢绞线的条件屈服强度标准值f_{pyk}，我国现行规范统一取为$0.85R_m$，即统一取为极限抗拉强度的0.85倍。预应力筋的极限强度标准值f_{ptk}仍按钢筋现行国家标准的抗拉强度特征值R_m确定。

答案： B

35. 解 本题考查偏心受压柱正截面受压承载力计算公式中N与M的相关关系。参考交通版基础教程“4.3.4 偏心受压构件承载力计算”，对于给定的一个偏心受压构件，由偏心受压构件正截面受压承载力的基本公式，可推得它的正截面受压承载力设计值N和与之相应的正截面受弯承载力设计值$M(N\eta e_{\mathrm{i}}=M)$。对于给定截面尺寸、配筋和材料强度的偏心受压构件，可以求得无穷多组不同的N和M的组合达到承载能力极限状态，或者说当给定一个N时就一定有一个唯一的M，反之亦然。如果以N为纵坐标轴，以M为横坐标轴，可建立一系列的N-M相关曲线，整个曲线分为大偏心受压破坏和小偏心受压破坏两个曲线段，两个曲线段的交点即界限破坏点，即受拉钢筋屈服的同时受压区混凝土被压坏，亦即大、小偏心受压构件破坏的分界点。N-M相关曲线具有以下特点：

①$M=0$时为轴心受压构件，相应的轴心受压承载力设计值N最大；$N=0$时为纯弯构件，相应的正截面受弯承载力M不是最大；界限破坏时，相应的正截面受弯承载力M达到最大。

②小偏心受压时，随着轴向压力的增大，M随之减小；N一定时，M越大越危险；M一定时，N越大越危险。

③大偏心受压时，随着轴向压力的增大，M随之增大；N一定时，M越大越危险；M一定时，N越小越危险。

答案：C

36. 解 本题考查剪力和扭矩共同作用下的剪扭构件受扭承载力与受剪承载力之间的相关性。试验研究表明，剪力和扭矩共同作用下的构件承载力比单独剪力或扭矩作用下的构件承载力要低，构件的受扭承载力随剪力的增大而降低，受剪承载力亦随扭矩的增大而降低。

为了充分发挥抗扭钢筋的作用，抗扭纵筋和箍筋应有合理的配比。现行规范引入抗扭纵筋与抗扭箍筋的配筋强度比ζ来表示两者之间的数量关系（即两者的体积比与强度比的乘积），试验结果表明，当$0.5\leqslant\zeta\leqslant2.0$时，纵筋与箍筋在构件破坏时基本上都能达到抗拉强度设计值。为了稳妥，我国现行规范取ζ的限制条件为$\zeta\geqslant0.6$，当$\zeta>1.7$时，按$\zeta=1.7$计算。ζ值较大时，抗扭纵筋配置较多。

试验研究表明，剪力和扭矩共同作用下的剪扭构件，其斜截面的受剪承载力和受扭承载力都将受影响，即由于剪力的存在，将使构件的受扭承载力有所降低；同样，由于扭矩的存在，也会使构件的受剪承载力有所降低。无腹筋构件的受剪和受扭承载力相关关系，大致按 1/4 圆弧规律变化，即随着同时作用的扭矩增大，构件的受剪承载力逐渐降低，当扭矩达到构件的纯扭承载力时，其受剪承载力下降为零。同理，随着剪力的增大，构件的受扭承载力逐渐降低，当剪力达到构件的纯剪承载力时，其受扭承载力下降为零。对于有腹筋的剪扭构件，其混凝土部分所提供的受扭承载力T_{c}与受剪承载力V_{c}之间也存在 1/4 圆弧的相关关系。我国现行规范以有腹筋构件的剪扭承载力为 1/4 圆的相关曲线作为校正线，采用混凝土部分相关、钢筋部分不相关的原则，推出剪扭构件考虑剪扭相关性的受剪、受扭承载力计算的近似拟合公式，由此推得剪扭构件混凝土受扭承载力的降低系数β_{t}，若β_{t}小于 0.5，则不考虑扭矩对混凝土受剪承载力的影响，此时取$\beta_{\mathrm{t}}=0.5$；若β_{t}大于 1.0，则不考虑剪力对混凝土受扭承载力的影响，此时取$\beta_{\mathrm{t}}=1.0$。故$0.5\leqslant\beta_{\mathrm{t}}\leqslant1.0$。

答案：A

37. 解 本题考查结构可靠度分析中可靠指标β的基本概念和计算公式。已知结构抗力R和作用效应S相互独立，且服从正态分布，则由统计数学可靠指标β的计算公式可得：

$$\beta = \frac{\mu_Z}{\sigma_Z} = \frac{\mu_R - \mu_S}{\sqrt{\sigma_R^2 + \sigma_S^2}} = \frac{120 - 60}{\sqrt{(120 \times 0.12)^2 + (60 \times 0.15)^2}} = 3.53$$

答案：B

38. 解 本题考查钢筋混凝土构件正截面最大裂缝宽度与平均裂缝宽度的计算公式。我国现行《水工混凝土结构设计规范》（NB/T 11011—2022）正截面最大裂缝宽度w_{max}的计算公式如下：

$$w_{max} = \alpha_{cr} w_{cr} = \alpha_{cr} \psi \frac{\sigma_{sk} - \sigma_0}{E_s} l_{cr} \quad ①$$

$$\psi = 1.0 - 1.1 \frac{f_{tk}}{\rho_{te} \sigma_{sk}} \quad ②$$

$$l_{cr} = 2.2c_s + 0.09 \frac{d_{eq}}{\rho_{te}} \quad (30\text{mm} \leqslant c_s \leqslant 65\text{mm}) \quad ③$$

$$l_{cr} = 65 + 1.2c_s + 0.09 \frac{d_{eq}}{\rho_{te}} \quad (65\text{mm} < c_s \leqslant 150\text{mm}) \quad ④$$

式中，α_{cr}为考虑构件受力特征和长期作用影响的综合系数，简称构件受力特征系数；ψ为裂缝间纵向受拉钢筋应变不均匀系数，f_{tk}为混凝土轴心抗拉强度标准值；ρ_{te}为纵向受拉钢筋的有效配筋率；σ_{sk}为按标准组合计算的构件纵向受拉钢筋应力；c_s为最外层纵向受拉钢筋外边缘至受拉区底边的距离；d_{eq}为受拉区纵向钢筋的等效直径，与纵向受拉钢筋的直径d有关。平均裂缝宽度w_{cr}的计算公式中含有混凝土轴心抗拉强度标准值f_{tk}、纵向受拉钢筋应力σ_{sk}、纵向受拉钢筋的有效配筋率ρ_{te}、混凝土保护层厚度c_s、纵向受拉钢筋的直径d等参数，由此可见，混凝土构件的平均裂缝宽度与混凝土强度等级、混凝土保护层厚度、构件纵向受拉钢筋直径、纵向受拉钢筋配筋率等均有关，故原题有误或不成立。

由规范 SL 191—2008 的正截面裂缝宽度计算公式可知，平均裂缝宽度计算值的计算公式中含有纵向受拉钢筋应力σ_{sk}、纵向受拉钢筋的有效配筋率ρ_{te}、混凝土保护层厚度c、纵向受拉钢筋的直径d等参数，正截面平均裂缝宽度计算值与纵向受拉钢筋应力、纵向受拉钢筋配筋率、混凝土保护层厚度等有关，与混凝土强度等级无关，故按 SL 191—2008 的规定应选 A。

答案：按 NB/T 11011—2022 的规定原题有误或不成立；按 SL 191—2008 的规定应选 A

39. 解 本题考查适筋梁正截面受弯承载力计算的基本公式和适用条件。

由教程可推得单筋矩形截面正截面受弯承载力的计算公式为：

$$\begin{aligned} M_u &= f_c b h_0^2 \xi (1 - 0.5\xi) \\ &= f_y A_s h_0 (1 - 0.5\xi) \\ &= f_y b h_0^2 \rho (1 - 0.5\xi) \end{aligned}$$

由单筋矩形截面正截面受弯承载力的计算公式可知，单筋矩形截面正截面受弯承载力M_u与混凝土强度f_c、纵向受力钢筋的配筋率ρ等均为一次关系，很难说“提高混凝土强度等级”或“提高纵筋的配筋率”对“提高正截面受弯承载力最有效”；而M_u与截面的有效高度h_0为二次关系，故适筋梁提高正截面受弯承载力最有效的方法是“增大截面高度”。

答案：D

40. 解 本题考查钢筋混凝土大、小偏心受压构件的破坏特征。

（1）大偏心受压破坏。当轴向压力的偏心距较大，且纵向受拉钢筋配置得不太多时，在荷载作用下，靠近轴向压力一侧受压，远离轴向压力一侧受拉。大偏心受压的破坏特征是始于远离轴向压力一侧的纵向受拉钢筋首先屈服，然后靠近轴向压力一侧的纵向受压钢筋达到屈服，受压区混凝土被压碎，故又称为受拉破坏。

（2）小偏心受压破坏。当轴向压力偏心距较小，或者偏心距虽较大，但纵向受拉钢筋配置过多时，在荷载作用下，截面大部分受压或全部受压。小偏心受压的破坏特征是靠近轴向压力一侧的受压混凝土应变先达到极限压应变，纵向受压钢筋达到屈服强度而破坏，而远离轴向压力一侧的纵向受力钢筋，不论是受拉还是受压，均达不到屈服强度。由于这种破坏是从受压区开始的，故又称为受压破坏。

答案：A

41. 解 “1985国家高程基准”与“1956黄海高程系”之间存在下列换算关系：

1985国家高程基准 = 1956黄海高程系 − 0.029m（根据具体区域数据会有变化）

即$H_1 = H_2 - 0.029\text{m}$

所以$H_1 < H_2$。

答案：B

42. 解 测量学中的三个基准方向是真北、磁北和坐标北。没有“假北”这个概念。

答案：A

43. 解 测量数据准确度是指测量值之间的一致程度与真实值之间偏差的程度，是评估测量质量的重要指标。准确度包括两个方面的内容，精密度和正确度，精密度是表征测量值一致性的指标，正确值是计量的正确度（correctness of measurement），系指被测量的测得值与其“真值”的接近程度。从测量误差的角度来说，正确度反映的是测得值的系统误差。正确度高，不一定精密度高。也就是说，测得值的系统误差小，不一定其随机误差亦小。

答案：D

44. 解 周长$C = a_1 + a_2 + a_3 + a_4$

所以$m_c^2 = m_{a_1}^2 + m_{a_2}^2 + m_{a_3}^2 + m_{a_4}^2$

而$m_{a_1} = m_{a_2} = m_{a_3} = m_{a_4}$

所以$m_c^2 = 4m^2$，故$m_c = 2m$

答案： B

45. 解 在首曲线分布密集区域，每五条首曲线加粗一条的等高线为计曲线。

答案： D

46. 解 GPS 精密定位测量是通过精密测距实现的，精密测距值的解算是载波测量和伪距测量联合实现的，伪距测量无论是C/A测距码还是 P 码都可以为载波测量中整周未知数的确定提供支持。

答案： D

47. 解 为了使混凝土强度具有要求的保证率，必须使配制强度大于设计强度。混凝土配制强度（f_h）可按$f_\mathrm{h}=f_\mathrm{d}+t\sigma_0$计算，式中：$f_\mathrm{d}$为设计混凝土抗压强度，$t$为与设计混凝土抗压强度要求的保证率对应的概率度（即保证系数），σ_0为混凝土强度标准差。《混凝土结构设计规范》（GB 50010—2010）（2015 年版）规定，混凝土设计强度应具有 95%的保证率，此时强度保证系数$t=1.645$。

答案： D

48. 解 《酸雨观测规范》（GB/T 19117—2017）规定：酸雨是指 pH 值小于 5.60 的大气降水。雨、雪等在形成和降落过程中，吸收并溶解了空气中的二氧化硫、氮氧化合物等物质，形成了 pH 值低于 5.6 的酸性降水。酸雨主要是人为地向大气中排放大量酸性物质所造成的。我国的酸雨主要因大量燃烧含硫量高的煤而形成的，多为硫酸雨，少为硝酸雨。此外，各种机动车排放的尾气也是形成酸雨的重要原因。

答案： B

49. 解 冰冻对材料的破坏作用与材料组织结构及其含水状况有关。一般认为，水结冰时体积增大约 9%，含水量小于孔隙体积的 91.7%就不会产生冻结膨胀压力，该数值被称为极限饱水度。

答案： D

50. 解 耐水性是选择材料的重要依据，工程中通常将软化系数大于 0.85 的材料看作是耐水材料。经常位于水中或受潮严重的重要结构，其材料的软化系数不宜小于 0.85~0.90；受潮较轻或次要结构，其材料的软化系数也不宜小于 0.70~0.85。

答案： C

51. 解 材料的导热系数越小，其热传导能力越差，绝热性能越好。工程上把导热系数小于0.23W/(m·K)的材料称为绝热材料。材料的导热系数通常随温度的升高而增大，温度升高时，材料固体分子的热运动增强，同时材料孔隙中空气的导热和孔壁间的辐射作用也有所增强。但这种影响在温度 0~50℃范围内并不显著，只有对处于高温或负温下的材料，才要考虑温度的影响。

答案： C

52. 解 在石灰煅烧过程中，如果煅烧温度过高或时间过长，将生成颜色较深的“过火石灰”。过火石灰内部结构致密，CaO晶粒粗大，表面被一层玻璃釉状物包裹，与水反应极慢，会引起制品的隆起或开裂。为了消除过火石灰的危害，通常将生石灰放在消化池中“陈伏”2~3周以上才可使用。陈伏时，石灰浆表面应保持一层水来隔绝空气，防止碳化。

答案：A

53. 解 《通用硅酸盐水泥》(GB 175—2007)规定：硅酸盐水泥和普通硅酸盐水泥以比表面积表示，不小于300m^2/kg；矿渣硅酸盐水泥、火山灰质硅酸盐水泥、粉煤灰硅酸盐水泥和复合硅酸盐水泥以筛余表示，80μm方孔筛筛余不大于10%或45μm方孔筛筛余不大于30%。

答案：D

54. 解 《水泥胶砂强度检验方法(ISO法)》(GB/T 17671—1999)规定：试件脱模后应做好标记，并立即水平或竖直放在20℃±1℃的水中养护，水平放置时刮平面应朝上。

答案：A

55. 解 根据大量的试验，采用数理统计方法可以建立混凝土抗压强度与水泥抗压强度及水灰比之间的关系式，即保罗米公式$f_{cu} = af_{ce}\left(\frac{C}{W} - b\right)$，式中：$f_{cu}$为混凝土28d龄期的抗压强度；$f_{ce}$为水泥28d龄期的实际抗压强度，$\frac{C}{W}$为混凝土的灰水比，$a$、$b$为经验系数。《普通混凝土配合比设计规程》(JGJ 55—2011)规定，当骨料含水以干燥状态为基准时，a、b值可取下列经验值：卵石混凝土，$a = 0.49$，$b = 0.13$；碎石混凝土，$a = 0.53$，$b = 0.20$。

答案：D

56. 解 注意题干是“不正确的是”，样本选择的问题对于设计洪水的推求十分重要，多次考试考查了该方面。因此在选项中应注意把握洪水资料的可靠性、一致性和代表性的审查。而代表性审查的目的是保证样本的统计参数接近总体的统计参数。

答案：C

57. 解 水文循环的分类按水文循环的规模和过程，可分为大循环和小循环。大循环也称为外循环，是海洋蒸发的水汽被气流输送到大陆形成降水；小循环也称内循环，是海洋上蒸发的水汽以降水落入海洋，或陆地上的水蒸发凝结降落到陆地。

答案：C

58. 解 水利工程的设计洪水，是指作为水工建筑物设计依据的洪水。

答案：D

59. 解 适线法又称为配线法，该法以经验频率点据为基础，求与经验频率曲线配合最好的理论频率曲线及其统计参数。

答案：B

60. 解　水文现象具有地区性，是指水文现象在时空上的变化规律的相似性。水文现象具有确定性，指由于确定性因素的影响使其具有的必然性。水文现象也有随机性，也称偶然性，指水文现象由于受各种因素的影响在时程上和数量上的不确定性。

答案：B

2019年度全国注册土木工程师（水利水电工程）执业资格考试基础考试（下）

试题解析及参考答案

1.解 因不存在相对运动，因此没有内摩擦力。

答案：C

2.解

$$p_A - p_B = \rho_{水} g\Delta h_{AB} + (\rho_{水银} g - \rho_{水} g)\Delta x$$

$$\frac{p_A - p_B}{\rho_{水} g} = \Delta h_{AB} + \frac{12.6\times10^3}{1000}\Delta x$$

$$= 0.2 + 12.6\times0.2$$

$$= 2.72\text{m}$$

答案：B

3.解 假设水流由B到A，则根据能量方程有：

$$h_{w,AB} = \Delta z + \frac{p_B - p_A}{\gamma} + \frac{\alpha_B v_B^2 - \alpha_A v_A^2}{2g}$$

代入相关数值（γ取10^4N/m^3），得

$$h_{w,AB} = 1 + \frac{(4.9 - 7.87)\times10^4}{10^4} + (0.8 - 2.8) = -2.297\text{m} < 0$$

由此可知，假设不成立，所以水流由A到B。

答案：A

4.解 连接3~4倍孔口直径的管道后，出流为管嘴出流，在相同条件下，管嘴出流的过流能力是孔口出流的1.32倍。

孔口出流的流量为$Q_{孔} = \mu A\sqrt{2gH}$

管嘴出流的流量为$Q_{管} = \mu A\sqrt{2g\left(H + \frac{p_a - p_c}{\rho g}\right)}$

加上管嘴后形成的真空高度为$\frac{p_a - p_c}{\rho g} = 0.75H$

因此，管嘴与孔口流量的比值为：

$$\frac{Q_{管}}{Q_{孔}} = \frac{\sqrt{H + \frac{p_a - p_c}{\rho g}}}{H} = \sqrt{1.75} = 1.32$$

答案：B

5.解 根据尼古拉兹实验可知，层流区和紊流光滑区仅与雷诺数有关；层流到紊流过渡区与相对粗糙数无关，与雷诺数关系不稳定；紊流粗糙区与雷诺数无关，与相对粗糙度有关；只有在紊流过渡区（即水力光滑管到水力粗糙管的过渡区），沿程损失系数才与雷诺数和相对粗糙度均有关。

答案：D

6. 解 根据临界水深公式$\frac{A_K^3}{B_K}=\frac{\alpha Q^2}{g\cos\theta}$，临界水深只与流量和明渠的断面形状、尺寸有关，而与糙率和底坡无关，故$h_1=h_2$。

答案： A

7. 解 $10\text{mH}_2\text{O}=98\text{kPa}$

大气压强为 98kPa，水面的绝对压强为$p_0=63\text{kPa}$

$$p_A=p_0+98\text{kPa}=161\text{kPa}$$

答案： C

8. 解 并联管道的水头损失相等，即$h_{f1}=h_{f2}$

即$\lambda\frac{l_1}{d_1}\frac{v_1^2}{2g}=\lambda\frac{l_2}{d_2}\frac{v_2^2}{2g}$

则$\frac{v_1}{v_2}=\frac{4}{5}\sqrt{3}$

由$Q_1=\frac{\pi}{4}d_1^2v_1$，$Q_2=\frac{\pi}{4}d_2^2v_2$

知$\frac{Q_1}{Q_2}=\frac{\frac{\pi}{4}d_1^2v_1}{\frac{\pi}{4}d_2^2v_2}=\frac{2}{1}$

答案： A

9. 解 由雷诺相似准则，可得：

$$\lambda_Q=\lambda_l\lambda_v=3\times\frac{0.045}{0.01}=13.5$$

又$\lambda_Q=\frac{Q_{油}}{Q_{水}}=13.5$

则$Q_{水}=\frac{Q_{油}}{13.5}=\frac{0.3}{13.5}=0.0222$

答案： C

10. 解 颗粒级配曲线是根据筛分试验成果绘制的曲线，采用对数坐标表示，横坐标为粒径，纵坐标为小于或等于某粒径的土重占土的总重的百分比（累计百分含量）。

曲线平缓，说明土中不同大小颗粒都有，颗粒大小不均匀，也即d_{60}与d_{10}的差别大，由不均匀系数$C_u=\frac{d_{60}}{d_{10}}$知，土的级配曲线越平缓，颗粒级配越好，不均匀系数$C_u$越大。

答案： B

11. 解 液性指数反映黏性土物理状态，黏性土物理状态通俗来说就是软硬程度，计算液性指数用了含水量。相对来说，塑性指数只是液限和塑限两个扰动指标的差值，与含水量无关，更不反映软硬程度，所以选项 A 错误。

答案： A

12. 解 无侧限抗压强度试验是针对饱和软黏土设计的。

答案：B

13. 解 排水路径越长，需要的孔隙压力越大，排水时间越长，固结完成所需时间越长。

渗透系数越大，固结时间越短。

压缩系数越大，固结系数越小，固结完成所需时间越长。

固结系数与固结时间成反比。

答案：D

14. 解 基础大小反映压力集聚情况，所以与地基中附加应力计算有关。

地基附加压力要扩散，所以与所选点的空间位置有关。

基底埋深，使选点与基础相对位置变化，也与地基中附加应力计算有关。

而土的抗剪强度指标与地基中附加应力计算无关。

答案：C

15. 解 土体的强度一般指抗剪强度。一般用土的抗剪强度指标（内摩擦角和黏聚力）来判断土体的抗剪强度。$\tau_\mathrm{f}=c'+\sigma'\tan\varphi'$，有效应力的大小决定了土体抗剪强度的大小。

总应力是作用在土体上的单位面积总压力，对饱和土即为孔隙水压力与有效应力之和。

有效应力是指通过土骨架颗粒间接触面传递的平均法向应力，又叫粒间应力，其大小决定了土体的抗剪强度。

附加应力是指在荷载作用下在地基内引起的应力增量，是使地基压缩变形的主要因素，它与土的自身强度无直接关系。

自重应力是岩、土体内由自身重量产生的一种应力状态，与土的重度、深度有关。

综上可知，选项 B 符合题意。

答案：B

16. 解 需要用到的是C_u，只有三轴不固结不排水剪试验能取得该指标。

答案：C

17. 解 土要压缩，粒间肯定要位移；在一般压力作用下，土粒不会破碎；饱和土固结，仍是饱和，但固结要排水，含水量减小。

答案：C

18. 解 地下水位上升，自重应力减小，主动土压力减小，但地下水位以下增加的水压力比减小的主动土压力要多，故侧向压力增加。

答案：A

19. 解 选项A、B、C均可能是岩石的特征，而岩石的固结早已完成，因此不具有湿陷性。湿陷性是黄土的特征。

答案： D

20. 解 左右两侧的四边形铰接体系，均缺少一个约束，因此原体系为常变体系。

答案： D

21. 解 对静定结构，若某一几何不变部分可独立承受平衡力系，则其余部分内力为零。

答案： C

22. 解 ECD为附属部分，本题中，荷载仅作用在基本部分上，附属部分不受力。

答案： D

23. 解 根据对称结构受反对称荷载作用时的内力和变形特性可知，C点竖向位移为零，而水平位移向右。

答案： A

24. 解 本题为两次超静定结构，而竖向滑动支座与固定支座相比，仅少一个水平约束，而选项D仅去除一个约束，因此正确。

答案： D

25. 解 $K_{11}=S_{\mathrm{AB}}+S_{\mathrm{AD}}+S_{\mathrm{AC}}=4\cdot 2i+4\cdot i+3\cdot 2i=36$

答案： D

26. 解 力矩分配法主要针对无侧移结构使用，图a）结构为对称结构，承受正对称荷载，在取半结构后，可以使用力矩分配法。

答案： A

27. 解 本题为判断剪力影响线形状。由AB跨中任一截面剪力影响线对比可知，本题为A右侧截面的剪力影响线。而对A左侧截面的剪力影响线，只在左侧悬臂部分有值，其余部分为零。

答案： C

28. 解 本题中结构水平方向刚度$K=K_{\mathrm{CA}}+K_{\mathrm{DB}}=\frac{12EI}{l^3}+\frac{3EI}{l^3}=\frac{15EI}{l^3}$

另外，注意质量$M=2m$

故

$$\omega=\sqrt{\frac{K}{M}}=\sqrt{\frac{15EI}{2ml^3}}$$

答案： B

29. 解 本题考查钢筋混凝土悬臂梁在均布荷载作用下的裂缝开展特征。钢筋混凝土悬臂梁在均布荷载作用下，混凝土上表面受拉、下表面受压，因混凝土抗拉强度较低，所以一般在受拉部位先开裂。而且由于悬臂梁固定端所受弯矩较大，故裂缝起始位置应发生在固定端附近。

答案： C

30. 解　本题考查现行规范预应力混凝土受弯构件设计的主要设计内容。相对于普通混凝土受弯构件而言，预应力混凝土受弯构件主要是增加了“斜截面抗裂验算”。

答案： D

31. 解　本题考查钢筋混凝土受弯构件斜截面受剪承载力的主要影响因素和现行规范斜截面受剪承载力计算的基本公式。

影响受弯构件斜截面受剪承载力的因素很多，主要有剪跨比、混凝土强度、配箍率及箍筋强度、纵筋的用量或配筋率等。除上述主要影响因素之外，构件类型（简支梁、连续梁等）、构件截面形式与尺寸、加载方式（直接加载、间接加载）、截面上是否存在轴向力等因素，也都将影响受弯构件斜截面的受剪承载力。

在现行规范斜截面受剪承载力计算公式中，含有材料强度、箍筋和弯起钢筋用量及截面尺寸等参数，没有直接体现的影响因素为纵筋用量或纵筋配筋率。

答案： C

32. 解　本题考查预应力混凝土构件的基本概念。混凝土施加预应力，可以推迟构件在使用荷载作用下的开裂，提高构件的抗裂度及刚度。

答案： B

33. 解　本题考查对称配筋的大偏心受压构件的轴向力N与弯矩M的相关关系。由现行规范的偏心受压构件正截面受压承载力计算公式可知，对称配筋的大偏心受压构件，弯矩一定，轴向力越小越不利；轴向力一定，弯矩越大越不利，选项B偏心距最大，钢筋用量最大。

答案： B

34. 解　本题考查预应力混凝土构件预应力损失的基本概念。后张法预应力混凝土构件中，属于第一批预应力损失的是张拉端锚具变形和钢筋内缩引起的损失、摩擦损失。

答案： B

35. 解　本题考查剪力和扭矩共同作用下的剪扭构件受扭承载力与受剪承载力之间的相关性。试验研究表明，剪力和扭矩共同作用下的构件承载力比单独剪力或扭矩作用下的构件承载力要低，构件的受扭承载力随剪力的增大而降低，受剪承载力亦随扭矩的增大而降低。

为了充分发挥抗扭钢筋的作用，抗扭纵筋和箍筋应有合理的配比。现行规范引入抗扭纵筋与抗扭箍筋的配筋强度比ζ来表示两者之间的数量关系（即两者的体积比与强度比的乘积），试验结果表明，当

$0.5 \leqslant \zeta \leqslant 2.0$时，纵筋与箍筋在构件破坏时基本上都能达到抗拉强度设计值。为了稳妥，我国现行规范取ζ的限制条件为$\zeta \geqslant 0.6$，当$\zeta > 1.7$时，按$\zeta = 1.7$计算。ζ值较大时，抗扭纵筋配置较多。

试验研究表明，剪力和扭矩共同作用下的剪扭构件，其斜截面的受剪承载力和受扭承载力都将受影响，即由于剪力的存在，将使构件的受扭承载力有所降低；同样，由于扭矩的存在，也会使构件的受剪承载力有所降低。无腹筋构件的受剪和受扭承载力相关关系，大致按 1/4 圆弧规律变化，即随着同时作用的扭矩增大，构件的受剪承载力逐渐降低，当扭矩达到构件的纯扭承载力时，其受剪承载力下降为零。同理，随着剪力的增大，构件的受扭承载力逐渐降低，当剪力达到构件的纯剪承载力时，其受扭承载力下降为零。对于有腹筋的剪扭构件，其混凝土部分所提供的受扭承载力T_c与受剪承载力V_c之间也存在 1/4 圆弧的相关关系。我国现行规范以有腹筋构件的剪扭承载力为 1/4 圆的相关曲线作为校正线，采用混凝土部分相关、钢筋部分不相关的原则，推出剪扭构件考虑剪扭相关性的受剪、受扭承载力计算的近似拟合公式，由此推得剪扭构件混凝土受扭承载力的降低系数β_t，若β_t小于 0.5，则不考虑扭矩对混凝土受剪承载力的影响，此时取$\beta_t = 0.5$；若β_t大于 1.0，则不考虑剪力对混凝土受扭承载力的影响，此时取$\beta_t = 1.0$。故$0.5 \leqslant \beta_t \leqslant 1.0$。

答案： C

36. 解 本题题设条件不够充分，这里就题设条件做一些分析。本题可能是考查钢筋混凝土适筋梁正截面受弯承载力计算的基本公式和适用条件。假定界限破坏时的截面相对受压区计算高度为ξ_b，则$\xi \leqslant \xi_b$（$\xi = \xi_b$为界限破坏）时为适筋梁，$\xi > \xi_b$时为超筋梁，由题设条件“梁 1 是适筋梁，梁 2 和梁 3 为超筋梁”，必有$\xi_2 > \xi_1$及$\xi_3 > \xi_1$。虽然利用平截面假定和截面平衡方程可求得ξ_2和ξ_3，但题设条件并未给出建立平衡方程所必需的截面参数，如截面几何尺寸和混凝土及钢筋的强度等级等，无法建立平衡方程推求ξ_2和ξ_3，说明此路不通，必须另辟蹊径。考虑到即使题设条件给出了建立平衡方程所必需的截面参数，实际由平衡方程推求ξ_2和ξ_3也是非常繁琐的，设计时为了简化计算，往往可近似取$\xi_2 = \xi_3 = \xi_b$来计算梁 2 和梁 3 的正截面受弯承载力，这样选项 D 就可能是相对合理的选择。

应予指出的是，如果增加“梁的截面尺寸相同”的题设条件，则由梁 2 和梁 3 的配筋量的大小，可以推断$\xi_3 > \xi_2$，此时就可选 A。

答案： D

37. 解 本题考查钢筋混凝土受弯构件斜截面受剪承载力的主要影响因素和现行规范斜截面受剪承载力计算的基本公式。

影响受弯构件斜截面受剪承载力的主要因素包括剪跨比、混凝土强度等级、纵筋的配筋率、箍筋的强度、配箍率、截面尺寸及荷载形式等，其中，剪跨比是影响无腹筋梁斜截面受剪承载力的主要因素之一；对于有腹筋梁，其斜截面受剪承载力也是随着剪跨比的增大而降低，但是，剪跨比对有腹筋梁的斜截面受剪承载力的影响与箍筋用量有关。当箍筋用量较少时，剪跨比的影响较大；当箍筋用量较多时，剪跨比对有腹筋梁斜截面受剪承载力的影响则有所减弱。在斜截面受剪承载力计算公式中虽未直接反映纵向钢筋的作用，但纵筋的配筋率对梁的斜截面受剪承载力也有一定的影响，纵筋配筋率越大，梁的斜截面受剪承载力也越大。这是由于与斜裂缝相交的纵筋能抑制斜裂缝的开展，从而增大斜裂缝末端的剪压区高度，增加骨料之间的咬合力来提高梁的斜截面受剪承载力。同时，纵筋本身的横截面也能承受一定的剪力，此即纵筋的销栓作用。

答案： B

38. 解　本题考查先张法和后张法预应力混凝土构件抗裂验算的相关知识，牵涉有效预应力、换算截面、净截面等概念。由预应力混凝土轴心受拉构件各阶段的受力特征及开裂荷载的计算公式可知，加载到混凝土即将开裂时，无论是先张法还是后张法，开裂荷载N_{cr}的计算公式均相同，计算时均采用换算截面面积A_0，即$N_{cr}=(\sigma_{pcII}+f_{tk})A_0$，仅后张法施工阶段的应力计算，才会用到净截面特性$A_n$。故应选 A。

答案： A

39. 解　本题考查现行规范正截面裂缝宽度计算公式的相关知识。由规范 NB/T 11011—2022 的正截面裂缝宽度计算公式可知，最大裂缝宽度计算值的计算公式中含有纵向受拉钢筋应力σ_{sk}、混凝土轴心抗拉强度标准值f_{tk}、纵向受拉钢筋的有效配筋率ρ_{te}、混凝土保护层厚度c_s、纵向受拉钢筋的直径d等参数，正截面最大裂缝宽度计算值与纵向受拉钢筋应力、混凝土强度等级、纵向受拉钢筋配筋率、混凝土保护层厚度等均有关，故原题有误或不成立。

由规范 SL 191—2008 的正截面裂缝宽度计算公式可知，最大裂缝宽度计算值的计算公式中含有纵向受拉钢筋应力σ_{sk}、纵向受拉钢筋的有效配筋率ρ_{te}、混凝土保护层厚度c、纵向受拉钢筋的直径d等参数，正截面最大裂缝宽度计算值与纵向受拉钢筋应力、纵向受拉钢筋配筋率、混凝土保护层厚度等有关，与混凝土强度等级无关，故按 SL 191—2008 的规定应选 B。

答案： 按 NB/T 11011—2022 的规定原题有误或不成立；按 SL 191—2008 的规定应选 B

40. 解　本题考查钢筋混凝土偏心受拉构件大、小偏心受拉的判别依据。大、小偏心受拉构件的判别依据是构件轴向拉力的作用位置，与截面相对受压区计算高度无关。由交通版基础教程 4.3.5 节可知，大、小偏心受拉构件的判别依据是轴向拉力N作用点的位置，轴向拉力N作用在钢筋A_s合力点与A_s'合力点之间时，属于小偏心受拉情况；轴向拉力N作用在钢筋A_s合力点与A_s'合力点之外时，属于大偏心受拉情况。

答案： A

41. 解　象限角的定义由坐标纵轴的北端或南端起旋转到目标方向的锐角，因为在第Ⅲ象限，故象限角$R_{AB}=\alpha_{AB}-180°$，南偏西。

答案： B

42. 解　正方形周长计算公式为：$S = a_1 + a_2 + a_3 + a_4$

根据误差传播定律$m_s = \pm\sqrt{4}m_a = \pm 2m$

答案： B

43. 解　计曲线为每 5 根首曲线加粗一根表示的等高线。

答案： C

44. 解　点位闭合差$f = 0.2 \times \sqrt[2]{2} = 0.28284271$

导线全长相对闭合差 $= f/848.53 = 1/3000$

答案： C

45. 解　利用视线高法，尺上读数 $= 9.125\text{m} + 1.462\text{m} - 8.586\text{m} = 2.001\text{m}$。

答案： C

46. 解　载波相位测量的精度为 1~2mm，在解算过程中会出现整周未知数问题，因此需要C/A伪距测量来确定整周未知数，所以会出现两种信号混合使用的情况。

答案： D

47. 解　材料、水和空气三相接触的交点处，沿水表面的切线与水和固体接触面所成的夹角θ称为润湿角。

当水分子间的内聚力大于材料与水分子间的分子亲合力时，$\theta > 90°$，这种材料不能被水润湿，表现为憎水性，即为憎水性材料。

亲水性材料能被水浸润，$\theta < 90°$。

答案： A

48. 解　材料吸水后，水分会吸附到材料内物质微粒的表面，减弱微粒间的结合力，从而致使其强度下降，采用软化系数来反映了这一变化的程度。软化系数的范围在 0~1 之间，工程中通常将软化系数>0.85的材料看作是耐水材料。

答案： C

49. 解　导致混凝土中钢筋锈蚀的原因有两个：一是碳化，二是氯离子。当碳化使混凝土的 pH 值小于 10.5 后，钢筋表面钝化膜开始脱钝。当有氯离子存在时，混凝土 pH 值小于 11.5 时钢筋就开始脱钝。所以综合考虑氯离子和碳化对钢筋锈蚀的影响，为了防止混凝土保护层破坏而导致钢筋锈蚀，其 pH 值不应小于 11.5，故应选 B。

答案： B

50. 解　材料的吸声系数α是指材料吸收的声能与入射到材料上的总声能之比。通常，入射声能等于吸收声能、反射声能和透射声能三者之和。如果某种材料完全反射声音，那么它的吸声系数$\alpha = 0$；

如果某种材料将入射声能全部吸收，那么它的$\alpha = 1$。事实上，所有材料的α均介于0和1之间，也就是不可能全部反射，也不可能全部吸收，所以吸声系数小于1.0。

答案：D

51. 解 导热系数的物理意义是指厚度为1m的材料，当其相对表面的温度差为1K时，1s时间内通过$1m^2$面积的热量。

$$\lambda = \frac{Qd}{At\Delta T}$$

式中，Q为通过材料的热量[J（或者W·s）]；d为材料的厚度或传导的距离（m）；A为材料传热面积（m^2）；t为导热时间（s）；ΔT为材料两侧的温度差（K）。

因而导热系数单位计算为：$\dfrac{W \cdot s \cdot m}{m^2 \cdot s \cdot K} = \dfrac{W}{m \cdot K}$

答案：D

52. 解 水玻璃是硅酸钠的水溶液，可以写成氧化物的形式：$Na_2O \cdot nSiO_2$，其中n为水玻璃的模数，所以水玻璃的模数是二氧化硅/氧化钠的摩尔数的比值。

答案：B

53. 解 C_3S和C_2S水化后产生大量氢氧化钙，硫酸盐会与其反应生成膨胀产物——石膏，破坏浆体结构；C_3A水化产生水化铝酸钙，在硫酸根离子作用下会生成水化硫铝酸钙晶体，产生体积膨胀，破坏已经硬化的水泥石结构。

答案：D

54. 解 硅酸盐水泥的细度要控制在一个合理的范围，《通用硅酸盐水泥》（GB 175—2007）规定：硅酸盐水泥细度采用透气式比表面积仪检验，要求其比表面积$> 300m^2/kg$。

答案：D

55. 解 混凝土的温度膨胀系数为0.7×10^{-5}~1.4×10^{-5}/℃，一般取1.0×10^{-5}/℃。

答案：C

56. 解 水文循环要素是降雨、蒸发、下渗、径流，物体污染水属于受污染的水体，不属于水文循环。

答案：D

57. 解 进行水文分析计算时，还要进行历史洪水调查工作，其目的是补充观测资料系列不足，为了增加系列的代表性。

答案：C

58. 解 暴雨中心在上游的洪水，汇流路径长，受流域调蓄作用大，洪水过程较平缓，由洪水求得的单位线也平缓，峰低且峰现时间偏后。反之，若暴雨中心在下游，由此类洪水推出的单位线过程尖瘦，峰高且峰现时间早。

答案：C

59. 解 适线法进行设计径流频率计算时，选配理论频率曲线，如与经验频率曲线配合不好，则需重新调整参数配线，直至配合好为止。

答案： C

60. 解 所谓“不利”指的是对防洪不利的典型，具体来说，就是选择“峰高量大、峰型集中、主峰偏后”的典型洪水过程。

答案： C

2021年度全国注册土木工程师（水利水电工程）执业资格考试基础考试（下）

试题解析及参考答案

1. 解 作用在静止流体单位面积上的表面力（应力）永远沿着作用面的内法线方向，因此流体在静止状态时不会产生切应力，因此选项A错误、选项B正确；根据牛顿内摩擦定律$\tau=\mu\frac{\mathrm{d}u}{\mathrm{d}y}$，流体的切应力与流体的动力黏滞系数和流体的速度梯度有关，因此选项C、D错误。

答案： B

2. 解 按重力相似准则计算：

$$Q_{\mathrm{p}}=Q_{\mathrm{m}}\lambda_l^{5/2}=35\times40^{5/2}\mathrm{L/s}=354.18\mathrm{m^3/s}$$

$$n_{\mathrm{m}}=n_{\mathrm{p}}/\lambda_l^{1/6}=0.014\div40^{1/6}=0.0076$$

答案： C

3. 解

$$\mathrm{Re}=\frac{vd}{\nu}=\frac{1\times0.01}{0.01\times10^{-4}}=10000>2000$$

圆管中的流态为紊流。

答案： B

4. 解 由连续性方程计算：

$$v_2=\frac{A_1}{A_2}v_1=\frac{60}{15}\times2.25=9\mathrm{m/s}$$

$$Q_2=A_2\cdot v_2=15\times9=135\mathrm{m^3/s}$$

答案： D

5. 解 由题意知：

$$\lambda\frac{l}{d}\frac{v_1^2}{2g}+2\zeta\frac{v_1^2}{2g}=\lambda\frac{l}{d}\frac{v_2^2}{2g}$$

代入数据得：

$$0.037\times\frac{10}{0.1}\frac{v_1^2}{2g}+2\times0.8\frac{v_1^2}{2g}=0.037\times\frac{10}{0.1}\frac{v_2^2}{2g}$$

$$\frac{v_1^2}{v_2^2}=\frac{3.7}{5.3}，\frac{v_1}{v_2}=0.8355=\frac{Q_1}{Q_2}$$

$$\frac{1-0.8355}{0.8355}=0.1969\approx20\%$$

答案： B

6. 解 明渠均匀流流线为平行直线，过水断面的形状、水深、断面平均流速等均沿程不发生变化，故$\frac{\mathrm{d}h}{\mathrm{d}s}=0$。总水头线是沿程各断面总水头的连线，在实际流体中总水头线沿程是单调下降的，故$\frac{\mathrm{d}H}{\mathrm{d}s}<0$。

答案：B

7. 解 由谢才公式$v = C\sqrt{RJ}$，$c = \frac{R^{1/6}}{n}$可知，减小水力半径、增大糙率、减小底坡，可以减小流速，从而减小河底冲刷。

答案：A

8. 解 测压管水头线是沿水流方向各个测点的测压管液面的连线，反映的是流体的势能。测压管水头线沿线可能下降，也可能上升（当管径沿流向增大时）。总水头线是在测压管水头线的基线上再加上流速水头，反映的是流体的总能量。由于实际流体流动总是存在能量损失，沿流向总是有水头损失，所以在没有机械能（如水泵）输入的情况下，总水头线沿程只能下降，不能上升。

答案：C

9. 解 渠底遇到障碍物，相当于由缓流的水流特性知水面会下降。

答案：B

10. 解 不均匀系数$C_u \geqslant 5$，只说明粒径分布范围较宽，其中还有一种粒径缺失现象，还需要曲率系数$C_C = 1 \sim 3$的条件，才可判定土的颗粒级配良好。

答案：B

11. 解 $I_L < 0$为坚硬半坚硬状态，$0 \leqslant I_L < 1$为可塑状态，$I_L \geqslant 1$为流塑状态。液性指数I_L为 1.25 的黏性土，应判定为流塑状态。

答案：D

12. 解 孔隙率是土中孔隙总体积与土的总体积之比。孔隙体积越小，土就越密实。因此孔隙率可以用于评价土体的密实程度（也即松密程度），但不能反映土中水的情况，因此也不能用于评价土体的干湿状态。评价黏性土的软硬程度是液性指数。

答案：C

13. 解 压缩系数α、侧限压缩模量E_s、压缩指数C_c，都是土体常规（侧限）压缩试验得到的土的压缩性指标，只有变形模量E是在侧向无约束、允许侧向变形（即“无侧限”）的条件下试验得到的，所以选项 C 正确。

答案：C

14. 解 孔隙水压力各向相等，随水深线性增加，所以选项 A、C 错误。

孔隙水压力为中性压力，不增加土的自重应力，不会使土的孔隙变小，故土体不会变密实，选项 D 错误。

孔隙水压力各向相等，所以垂直作用于物体表面，选项 B 正确。

答案：B

15. 解 选项A，正确的应该是建筑物修建（加载）之后，错误。

选项B，问的是附加应力，不是有效接触压力，错误。

选项C，应理解为作用于“基础底面”深度位置处地基表面上的“基底附加应力”，问的不是基底附加应力，而是土中附加应力，错误。

选项D，建筑物修建（加载）以后，由于建筑物重量等外荷载作用，在地基内部净增加的有效应力，故为正确答案。

答案：D

16. 解 “十字板剪切试验”是针对不易取得原状样的淤泥质土，为取得土的抗剪强度指标，在工程现场进行的试验。而直剪、三轴压缩和无侧限压缩试验均是现场取样后，把土样送到实验室做的抗剪强度指标试验。

答案：A

17. 解 根据地基承载力公式（如太沙基公式），地基承载力与地基土体抗剪强度、旁侧荷载、土体重度相关。

选项B，“地基土的强度”是地基承载力的直接相关项；

旁侧荷载$q = g \cdot d_0$，d_0即是选项C“基础的埋深”；

地基承载力公式中的土体重度，地下水位以上取天然重度，地下水位以下取有效重度，地下水位不同使土体重度不同，地基承载力也产生变化。

但选项A，“基础的高度”可能是地面以上的高度，这就与地基承载力无关了，所以不合适。

答案：A

18. 解 简化毕肖普条分法考虑了条块间力的平衡，简化后的公式忽略了条间切向力的差别，但仍计入了条间法向力的作用，所以选项B错误，其他三项为干扰项。

答案：B

19. 解 饱和的疏松砂土在地震作用下呈现液体的特征，这是砂土液化的定义。

非饱和的砂土孔隙中不充满水，不存在液化问题，故选项A、B错误。

密实砂土受剪（地震波产生剪应力）产生剪胀，体积增加，孔隙水压力不会增加，也没有砂土液化问题，选项C错误。

只有饱和的疏松砂土，受剪（地震波产生剪应力）产生剪缩，粒间结构发生破坏，原可承担的力承担不了了，转移给了孔隙水，使孔隙水压力上升，逐渐发展下去产生“砂土液化现象”。

答案：D

20. 解 首先去除右端的附属式体系，然后顶部三角形铰接体系可等效为一根链杆，则原体系等价可简化为图解所示体系，取三刚片$ABCG$、$DEFH$及大地，分别由三个铰相连，其中CD和GH组成无穷远虚铰，根据三刚片规则，知原体系为瞬变体系。

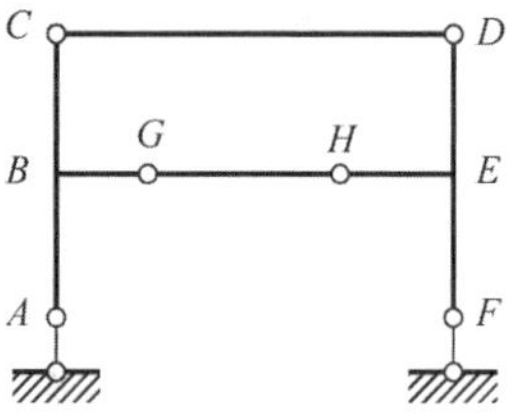

题 20 解图

答案：B

21. 解 本题为组合结构，很明显轴力杆CB、CD无内力，ADE为受弯杆，轴力杆BD求解可采用分量形式。由A点力矩平衡条件得，BD杆的轴力竖向分量为$-\frac{1}{2}qa$，再得水平向分量为$-\frac{1}{2}qa$，最后可得BD杆轴力为$-\frac{\sqrt{2}}{2}qa$。

答案：D

22. 解 注意到BD为无弯矩的链杆，由A点力矩平衡条件得BD杆内力$N_{\mathrm{BD}}=-\frac{F}{2}$（受压），再可得$M_{\mathrm{CD}}=Fl$（下侧受拉），即得$M_{\mathrm{CA}}=Fl$（右侧受拉），即结点$C$处为内侧受拉。

答案：B

23. 解 注意结构为附属式结构，若求K截面转角，如解图所示，可在K处虚设一单位力偶$m=1$，可求得A处支座反力为：

$$F_{\mathrm{A}x}=\frac{1}{L}\text{（向左）},\ M_{\mathrm{A}}=1\text{（逆时针）}$$

即得待求位移为：

$$\Delta_{\mathrm{K}}=-\sum\overline{R}c=-\left(1\cdot\theta+\frac{1}{L}\cdot\Delta\right)=\frac{-2\Delta}{L}$$

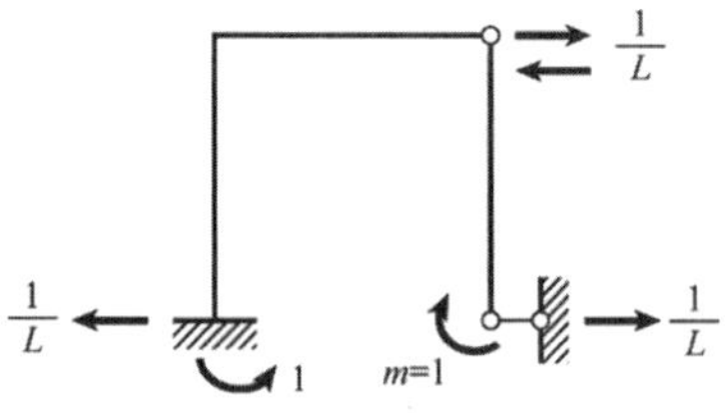

题 23 解图

答案：D

24. 解 图 b）中支座反力和内力可由单杆的载常数求得。对图 a）的弹性杆EA，可进行比较讨论，若其$EA\to\infty$时，即C处支座反力与图 b）结果相同；若$EA\to 0$时，可知C处无支座反力，外荷载全部由梁承担。由上讨论可知，$F_{\mathrm{RCa}}<F_{\mathrm{RCb}}$。

答案：C

25. 解 本题可用位移法或力矩分配法直接求解：

$$R_{1\mathrm{P}}=-\frac{1}{8}ql^2,\ r_{11}=4i+4i+3i=11i$$

即可得B点转角（顺时针）为$-\frac{ql^3}{88EI}$。

答案：D

26. 解 注意AB为两端固定杆，其转动刚度为$4i$；AD杆端D处链杆平行于杆轴，其转动刚度为 0，因此分配系数为：

$$\mu_{\mathrm{AE}}=\frac{4i}{4i+4i+0+3i}=\frac{4}{11}$$

答案：B

27. 解 先作出直接荷载作用下的$Q_A^{右}$影响线，如图 C 所示；再注意到A右侧截面在节间小梁的右侧，因此剪力$Q_A^{右}$应取下侧值，再对各节间连线得最终影响线图形，为 B 图。

答案：B

28. 解 根据频率计算公式$\omega = \sqrt{\frac{k}{m}}$知，频率的平方与刚度成正比，与质量成反比，与外荷载无关。而增大长度，则结构柔度增大，刚度减小，因此选 A。

答案：A

29. 解 此题题设条件不充分，比较接近题设条件的答案为选项 C。这里就题设条件做一些分析。

由题设条件“非对称配筋偏心受压柱”且计算得$A_s' < 0$，选项 B 和 D 均可排除；选项 A 也可排除，因为选项 A“按$420mm^2$配置钢筋”，“钢筋”表述不严密，不清楚“按$420mm^2$配置钢筋”是配置“受压”钢筋还是配置“受拉”钢筋？由题设条件$A_s' < 0$，比较接近题设条件的答案为选项 C，但选项 C 表述上也不严密，不清楚“按受压钢筋最小配筋率配置”是配置“受压”钢筋还是配置“受拉”钢筋？只能说比较接近题设条件的答案可选 C。

答案：依题设条件可选 C

30. 解 本题考查预应力混凝土受弯构件的主要设计内容。相对于普通混凝土受弯构件而言，预应力混凝土受弯构件主要是增加了“斜截面抗裂验算”。

答案：D

31. 解 本题考查预应力混凝土受弯构件和钢筋混凝土受弯构件斜截面受剪承载力的相关知识。

受剪试验研究表明，预压应力能够阻滞斜裂缝的出现和开展，增加混凝土剪压区的高度，增大骨料咬合力，从而提高受弯构件梁的斜截面受剪承载力。因此，预应力混凝土受弯构件的斜截面受剪承载力比钢筋混凝土受弯构件的斜截面受剪承载力要高。根据试验分析，预应力梁较非预应力梁斜截面受剪承载力的提高程度主要与预应力的大小有关，其次是预应力合力作用点的位置。试验还表明，预应力对提高梁斜截面受剪承载力的作用也不是无限的，应给予上限的规定。

我国现行规范预应力混凝土梁斜截面受剪承载力的计算，是在普通钢筋混凝土梁斜截面受剪承载力计算公式的基础上，加上一项由预应力作用所提高斜截面的受剪承载力V_p，且当$N_{p0} > 0.3 f_c A_0$时，取$N_{p0} = 0.3 f_c A_0$，以达到限制的目的。应予指出的是，我国现行规范关于预压应力对构件的斜截面受剪承载力起有利作用的规定，仅适用于不允许出现裂缝的预应力混凝土简支梁，且只有当预加力N_{p0}对梁产生的弯矩与外弯矩相反时，才能考虑其有利作用。对于预应力混凝土连续梁，因目前尚缺乏这方面的试验资料，故暂不考虑V_p的有利作用。对于允许出现裂缝的预应力混凝土简支梁，考虑到构件达到承载力时，预应力可能已经消失，在目前尚未有充分试验数据前，为稳妥起见，也暂不考虑预应力的有利作用。

为防止发生斜压破坏，应加大截面尺寸或提高混凝土的强度等级；避免发生斜拉破坏的有效办法是满足最小配箍率的限制条件，并满足箍筋最大间距$s_{\max}$和最小直径$d_{\min}$的限制条件；剪跨比是影响无腹筋梁斜截面受剪承载力的主要因素之一，对无腹筋梁，剪跨比越大，其斜截面受剪承载力越低。可见选项 B、C、D 均有误。

答案：A

32. 解 本题考查现行规范正截面裂缝宽度计算公式的相关知识。由规范 NB/T 11011—2022 的正截面裂缝宽度计算公式可知，最大裂缝宽度计算值的计算公式中含有纵向受拉钢筋应力σ_{sk}、混凝土轴心抗拉强度标准值f_{tk}、纵向受拉钢筋的有效配筋率ρ_{te}、混凝土保护层厚度c_{s}、纵向受拉钢筋的直径d等参数，正截面最大裂缝宽度计算值与纵向受拉钢筋应力、混凝土强度等级、纵向受拉钢筋配筋率、混凝土保护层厚度等均有关，故原题有误或不成立。

由规范 SL 191—2008 的正截面裂缝宽度计算公式可知，最大裂缝宽度计算值的计算公式中含有纵向受拉钢筋应力σ_{sk}、纵向受拉钢筋的有效配筋率ρ_{te}、混凝土保护层厚度c、纵向受拉钢筋的直径d等参数，正截面最大裂缝宽度计算值与纵向受拉钢筋应力、纵向受拉钢筋配筋率、混凝土保护层厚度等有关，与混凝土强度等级无关，故按 SL 191—2008 的规定应选 B。

答案：按 NB/T 11011—2022 的规定原题有误或不成立；按 SL 191—2008 的规定应选 B

33. 解 本题考查对称配筋的大偏心受压构件的轴向力N与弯矩M的相关关系。由现行规范的偏心受压构件正截面受压承载力计算公式可知，对称配筋的大偏心受压构件，弯矩一定，轴向力越小越不利；轴向力一定，弯矩越大越不利，选项 B 偏心距最大，钢筋用量最大。

答案：B

34. 解 本题考查后张法预应力混凝土构件的预应力损失的相关知识。由交通版基础教程 4.5.1 节“4）预应力损失”和“5）预应力损失的组合”可知，后张法预应力混凝土构件的第一批预应力损失一般包括锚具变形及钢筋内缩损失和摩擦损失。

答案：B

35. 解 本题考查钢筋混凝土受弯构件斜截面受剪承载力的主要影响因素和斜截面受剪承载力计算的基本公式。影响受弯构件斜截面受剪承载力的因素很多，主要有剪跨比、混凝土强度、配箍率及箍筋强度、纵筋的用量或配筋率等。除上述主要影响因素之外，构件类型（简支梁、连续梁等）、构件截面形式与尺寸、加载方式（直接加载、间接加载）、截面上是否存在轴向力等因素，也都将影响受弯构件斜截面的受剪承载力。

在现行规范斜截面受剪承载力计算公式中，含有材料强度、箍筋和弯起钢筋用量及截面尺寸等参数，没有直接体现的影响因素为纵筋用量或纵筋配筋率。

答案： C

解 本题题设条件不够充分，这里就题设条件做一些分析。本题考查钢筋混凝土适筋梁正截面受弯承载力计算的基本公式和适用条件。假定界限破坏时的截面相对受压区计算高度为ξ_b，则$\xi \leqslant \xi_b$（$\xi = \xi_b$为界限破坏）时为适筋梁，$\xi > \xi_b$时为超筋梁。由题设条件"梁1是适筋梁，梁2和梁3为超筋梁"，必有$\xi_2 > \xi_1$及$\xi_3 > \xi_1$。虽然利用平截面假定和截面平衡方程可求得ξ_2和ξ_3，但题设条件并未给出建立平衡方程所必需的截面参数，如截面几何尺寸和混凝土及钢筋的强度等级等，无法建立平衡方程推求ξ_2和ξ_3，说明此路不通，必须另辟蹊径。考虑到即使题设条件给出了建立平衡方程所必需的截面参数，实际由平衡方程推求ξ_2和ξ_3也是非常繁琐的，设计时为了简化计算，往往可近似取$\xi_2 = \xi_3 = \xi_b$来计算梁2和梁3的正截面受弯承载力，这样选项D就可能是相对合理的选择。

应予指出的是，如果增加"梁的截面尺寸相同"的题设条件，则由梁2和梁3的配筋量的大小，可以推断$\xi_3 > \xi_2$，此时就可选A。

答案： 依据题设条件可选D

36. 解 本题考查钢筋混凝土偏心受拉构件大、小偏心受拉的判别依据。大、小偏心受拉构件的判别依据是构件轴向拉力的作用位置，与截面相对受压区计算高度无关。由交通版基础教程4.3.5节可知，大、小偏心受拉构件的判别依据是轴向拉力N作用点的位置，轴向拉力N作用在钢筋A_s合力点与A_s'合力点之间时，属于小偏心受拉情况；轴向拉力N作用在钢筋A_s合力点与A_s'合力点之外时，属于大偏心受拉情况。

答案： A

37. 解 本题考查单筋矩形截面梁正截面受弯承载力计算的基本公式和适用条件。

工程设计中是不允许采用超筋梁的，而由交通版基础教程单筋矩形截面梁正截面受弯承载力计算公式（4-3-3）[或式（4-3-9）]：

$$M_u = \xi(1 - 0.5\xi) f_c b h_0^2$$

可知，单筋矩形截面梁的正截面受弯承载力M_u与截面有效高度h_0的平方成正比，故"加大截面高度"对提高其正截面受弯承载力最有效。

答案： D

38. 解 本题考查现行规范正常使用极限状态的设计表达式。由交通版基础教程4.2.2节（或4.2.3节）可知，在正常使用极限状态的设计表达式（4-2-14）或式（4-2-19）中，作用（或荷载）分项系数、材料性能分项系数等都取1.0，即荷载、材料强度都取标准值。

答案： A

39. 解 本题考查剪力和扭矩共同作用下的剪扭构件受扭承载力与受剪承载力之间的相关性。试验研究表明，剪力和扭矩共同作用下的构件承载力比单独剪力或扭矩作用下的构件承载力要低，构件的受扭承载力随剪力的增大而降低，受剪承载力亦随扭矩的增大而降低。

为了充分发挥抗扭钢筋的作用，抗扭纵筋和箍筋应有合理的配比。现行规范引入抗扭纵筋与抗扭箍筋的配筋强度比ζ来表示两者之间的数量关系（即两者的体积比与强度比的乘积），试验结果表明，当$0.5 \leqslant \zeta \leqslant 2.0$时，纵筋与箍筋在构件破坏时基本上都能达到抗拉强度设计值。为了稳妥，我国现行规范取ζ的限制条件为$\zeta \geqslant 0.6$，当$\zeta > 1.7$时，按$\zeta = 1.7$计算。ζ值较大时，抗扭纵筋配置较多。

试验研究表明，剪力和扭矩共同作用下的剪扭构件，其斜截面的受剪承载力和受扭承载力都将受影响，即由于剪力的存在，将使构件的受扭承载力有所降低；同样，由于扭矩的存在，也会使构件的受剪承载力有所降低。无腹筋构件的受剪和受扭承载力相关关系，大致按 1/4 圆弧规律变化，即随着同时作用的扭矩增大，构件的受剪承载力逐渐降低，当扭矩达到构件的纯扭承载力时，其受剪承载力下降为零。同理，随着剪力的增大，构件的受扭承载力逐渐降低，当剪力达到构件的纯剪承载力时，其受扭承载力下降为零。对于有腹筋的剪扭构件，其混凝土部分所提供的受扭承载力T_c与受剪承载力V_c之间也存在 1/4 圆弧的相关关系。我国现行规范以有腹筋构件的剪扭承载力为 1/4 圆的相关曲线作为校正线，采用混凝土部分相关、钢筋部分不相关的原则，推出剪扭构件考虑剪扭相关性的受剪、受扭承载力计算的近似拟合公式，由此推得剪扭构件混凝土受扭承载力的降低系数β_t，若β_t小于 0.5，则不考虑扭矩对混凝土受剪承载力的影响，此时取$\beta_t = 0.5$；若β_t大于 1.0，则不考虑剪力对混凝土受扭承载力的影响，此时取$\beta_t = 1.0$。故$0.5 \leqslant \beta_t \leqslant 1.0$。

答案： C

40. 解 地球曲率和大气折光对单向三角高程测量肯定是有影响的，因此选项 C 错误，对高程的具体影响应根据观测时的具体情况进行分析，很难简单地断定是使实测高程变大或变小，因此选项 D 的说法较为合适。

答案： D

41. 解 根据高斯坐标系的定义说明它是平面直角坐标系，通过高斯投影把地球曲面变换成平面然后规定直角坐标系的纵、横轴及原点。

答案： C

42. 解 根据数字比例尺和A、B两点图上距离，求得水平距离为 868m，由坡度的概念计算得：

$$i = \frac{h}{D} \leqslant \frac{3}{100} \Rightarrow h \leqslant 3 \times D/100 = 3 \times 868/100 = 26.04\text{m}$$

答案： B

43. 解 GPS 使用 L 波段，两种载波对应波长分别为$\lambda_1 = 19.03\text{cm}$和$\lambda_2 = 24.42\text{cm}$，频率间隔为

347.82MHz，选择两个载波的目的在于测量出或消除掉由电离层引起的延迟误差。测距码目前包括C/A码（Coarse/Acquisition）和P码（Precise），在GPS系统中用于识别不同GPS卫星发出的信号，并提供无模糊度的测距数据。

答案：D

44. 解 观察观测值，度和分位的值都是相同的，因此以秒位数值进行计算，计算47、40、42及50的平均值为44.75，每个观测值对应的改正数的平方和为62.75，利用公式计算：

$$m=\pm\sqrt{\frac{[vv]}{n-1}}=\pm\sqrt{\frac{62.75}{4-1}}=\pm 4.58''$$

答案：B

45. 解 由水平角观测误差消除或减弱的方法可知，盘左、盘右投点可以消除$2C$误差。

答案：D

46. 解 材料的矿物组成是指组成材料的矿物种类和数量，矿物是构成岩石和各类无机非金属材料的基本单元。有机高分子材料分子组成的基本单元是链接。

答案：A

47. 解 绝热材料是指能阻滞热流传递的材料，又称热绝缘材料。它们是用于建筑围护或者热工设备、阻抗热流传递的材料或者材料复合体，既包括保温材料，也包括保冷材料。在建筑物中起保温、隔热作用的材料，称为绝热材料。对绝热材料的基本要求是：导热系数不宜大于0.17W/(m·K)，表观密度应小于1000kg/m^3，抗压强度应大于0.3MPa。

答案：D

48. 解 冰冻对材料的破坏作用与材料组织结构及其含水状况有关。水结冰时体积增大9%，其破坏作用可概括为冰胀压力作用、水压力作用及显微析冰作用三种。一般认为毛细孔含水量小于孔隙总体积的91.7%就不会产生冻结膨胀压力，而在混凝土完全保水状态下，其冻结膨胀压力最大。

答案：D

49. 解 混凝土结构由三相组成，即水泥浆基体、集料及两者间的界面过渡区。界面过渡区是集料颗粒周围的薄区，典型厚度为20~40μm，该区域的微观结构和性质与水泥浆基体不同，由于水分聚集，导致局部水灰比偏高，孔隙率较高，强度较低，是混凝土的薄弱环节。

答案：D

50. 解 《混凝土用水标准》（JGJ 63—2006）规定，被检验水样应与饮用水样进行水泥凝结时间对比试验，对比试验的水泥初凝时间差及终凝时间差均不应大于30min。

答案：C

51. 解 国家标准规定硅酸盐水泥的比表面积值应不小于$300m^2/kg$。一般认为，水泥颗粒小于40μm才具有很高的活性，大于100μm时活性较小。

答案： B

52. 解 正常雨水由于溶解了空气中的二氧化碳，其pH值为5.6。酸雨的pH值小于5.60。

答案： B

53. 解 《水泥胶砂强度检验方法（ISO法）》（GB/T 17671—1999）规定，试件脱模后应做好标记，并立即水平或竖直放在20℃±1℃的水中养护，水平放置时刮平面应朝上。

答案： C

54. 解 《混凝土质量控制标准》（GB 50164—2011）指出，快速碳化试验碳化深度小于20mm的混凝土，其抗碳化性能较好，通常可满足大气环境下50年的耐久性要求。

答案： A

55. 解 单位过程线（简称单位线）是一种特定的地面径流过程线，反映暴雨和地面径流的关系，指一个单位时段内，均匀地降落到一特定流域上的单位净雨深，所产生的出口断面处的地面径流过程线。单位时段常选为3h、6h、12h、24h等。单位净雨深一般采用10mm，即单位线的流量求得的地面径流深等于10.0mm。

本题意思为将径流总量均匀分布到流域面积$10000km^2$上，径流深度R正好等于10mm。

$$R=\frac{\sum q\times\Delta t}{F}=\frac{\sum q\times\Delta t}{10000\times1000^2}\times1000=10.0\text{mm}$$

其中，F为流域面积，单位为km^2。

故总洪量为$\sum q\times\Delta t=10000$万$m^3$

答案： A

56. 解 适线法进行水文频率计算，以经验频率点为基础，假定一组参数：$\overline{x}$平均值、C_s偏态系数、C_v变差系数。

答案： D

57. 解 水文资料的“三性审查”是指可靠性审查、一致性审查和代表性审查。资料系列的代表性，是指现有资料系列的统计特性能否很好反映总体的统计特性，应对资料系列的代表性作出评价。频率计算成果的质量主要取决于资料的系列代表性，要求系列能较好地反映水文资料多年变化的统计特性。如洪水分析，调查历史洪水、考证历史文献和洪水系列的插补延长是提高系列代表性的重要手段。但应注意参与频率计算的历史洪水必须是稀遇洪水。

答案： D

58. 解 重现期是指某一随机变量的取值在长时期内平均多少年出现一次或者说多少年一遇，当研究暴雨洪水问题时，一般$T=\frac{1}{P}$。其中，T为重现期，按年计；P为频率，按小数或者百分数计。必须指出的是，由于水文现象一般无固定的周期性，故频率是指多年平均出现的机会，重现期也是指多年中平均若干年可以出现一次。

答案：A

59. 解 题干表述水资源的可再生性，又称“水文循环”或“水循环”。水循环是自然界物质运动、能量转化和物质循环的重要方式之一。

答案：C

2023年度全国注册土木工程师（水利水电工程）执业资格考试基础考试（下）试题解析及参考答案

1. 解 方法1，如解图所示，左边静水压强分布可分解为均匀荷载和三角形荷载。

均匀荷载产生的总压力为：

$F_1 = \rho g h_1 L_2 B = \rho g L_1 \sin\theta \, L_2 B = 127306\text{N}$

作用点距A点距离为$\frac{L_2}{2}$。

三角形荷载产生的总压力为：

$F_2 = \frac{1}{2}\rho g(h-h_1)L_2 B = \frac{1}{2}\rho g h_2 L_2 B = \frac{1}{2}\rho g L_2 \sin\theta \, L_2 B = 76383\text{N}$

作用点距A点距离为$\frac{2L_2}{3}$。

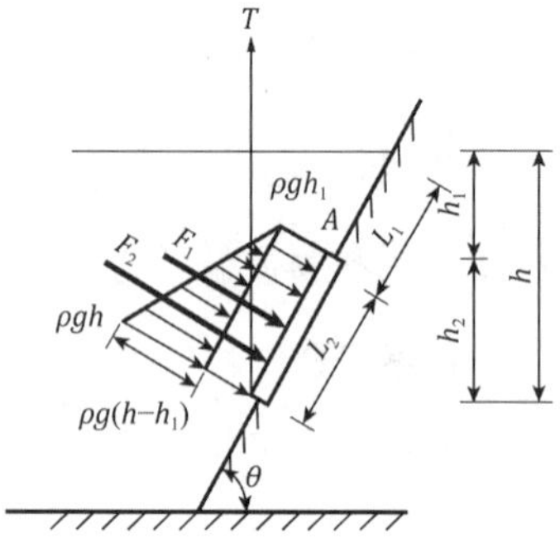

题1解图

由$\sum M_A = 0$，即$TL_2\cos\theta = F_1\frac{1}{2}L_2 + F_2\frac{2}{3}L_2$，代入得$T \approx 229\text{kN}$

方法2，静水总压力$p = \dfrac{1}{2}(l_1 + l_2 + l_1)\gamma \sin\theta \cdot B$

$$= \frac{\gamma}{2} l \sin\theta\,(2l_1 + l_2) = \frac{9.8}{2} \times 3 \times \sin 60° \times (2\times 2.5 + 3) \times 2$$
$$= 203.69\text{kN}$$

静水总压力距支点的距离$y = \dfrac{l_2}{3}\left[\dfrac{l_1 + 2(l_1+l_2)}{l_1 + l_1 + l_2}\right]\dfrac{\sin\ \theta}{\sin\ \theta} = \dfrac{3}{3} \times \left(\dfrac{3\times 2.5 + 2\times 3}{2\times 2.5 + 3}\right) = 1.69\text{m}$

由力矩的平衡方程得：$p \cdot y = T \cdot l\cos\theta$

$$T = \frac{p\cdot y}{l_2\cos\theta} = \frac{203.69\times 1.69}{3\times\cos 60°} = 229.49\text{kN}$$

答案：C

2. 解 两次突然扩大时的局部水头损失为：

$$h_j = h_{j1} + h_{j2} = \frac{(v_1 - v)^2}{2g} + \frac{(v - v_2)^2}{2g}$$

中间管中流速为v，使其总的局部水头损失最小时，则$\frac{dh_j}{dv} = 0$，即

$$\frac{dh_j}{dv} = -\frac{2(v_2 - v)}{2g} + \frac{2(v - v_2)}{2g} = 0$$

得$v = \frac{v_1 + v_2}{2}$

也可以在求出总的局部水头损失后，代入4个选项，找到使总的局部水头损失最小的那个选项，即：

$$总的局部水头损失h_j = h_{j1} + h_{j2} = \frac{(v_1 - v)^2}{2g} + \frac{(v - v_2)^2}{2g} = \frac{1}{2g}[v_1^2 + v_2^2 + 2v(v - v_1 - v_2)]$$

当$v = \frac{v_1 + v_2}{2}$时，h_j最小。

答案：A

3. 解 边界条件包括：

①不透水边界，是指不透水岩层或不透水的建筑物轮廓。不透水边界是一条流线，垂直于边界的流速分量必等于零。

②透水边界，是指渗入和渗出的边界。透水边界上各点的水头相等，是一条等水头线，即等势线，渗流流速必垂直此边界，即切向流速等于零。

③浸润面边界。浸润面就是土坝的潜水面。浸润面上的压强等于大气压强，其水头不是常数，因此浸润面不是等水头面。在恒定渗流中，浸润面为流线组成的流面。

④渗出段边界。渗出段的压强为大气压，但渗出段各点的高程不同，故渗出段的水头不是常数，也不是等水头线。渗出段不是等势线也不是流线。

答案：B

4. 解 明渠均匀流的特性是“三线”（底坡线、测压管水头线、总水头线）平行，即各项坡度皆相等，故水深沿程不变，总水头沿程逐渐减小，所以$\mathrm{d}H/\mathrm{d}s<0$，$\mathrm{d}h/\mathrm{d}s=0$。

答案：D

5. 解 由$Q=Av=bhv$，代入数据得：$120=60\times h\times 5$，则$h=0.4\mathrm{m}$

由$\mathrm{Fr}=\frac{v}{\sqrt{gh}}=\frac{5}{\sqrt{9.8\times 0.4}}=2.53>1$，则河道水流的流动类型为急流。

答案：B

6. 解 文丘里流量计主要用于测量管道中流量的大小，环形槽主要用于研究泥沙的运动特性，毕托管主要用于测量液体点流速，压力计主要用于测量压强。

答案：A

7. 解 为了使模型水流能与原型水流相似，首先必须做到几何相似，由于溢流现象中起主导作用的是重力，还必须满足重力相似准则。

已知$\lambda_l=70$，根据重力相似准则$\lambda_{\mathrm{Q}}=\lambda_l^{5/2}=70^{5/2}=40996$，则模型流量为：

$$Q_{\mathrm{m}}=\frac{Q_{\mathrm{p}}}{\lambda_{\mathrm{Q}}}=\frac{10000}{40996}=0.244\mathrm{m^3/s}$$

由于$\lambda_{\mathrm{F}}=\lambda_l^3=343000$，则原型上相应位置的压力为：

$$F_{\mathrm{P}}=\lambda_{\mathrm{F}}F_{\mathrm{m}}=343000\times 0.5=171500\mathrm{N}=171.5\mathrm{kN}$$

答案：B

8. 解 由临界流方程式$\frac{\alpha Q^2}{g}=\frac{A_{\mathrm{k}}^3}{B_{\mathrm{k}}}$可知，临界水深与流量、过水断面的形态和尺寸有关，而与糙率n无关。

答案：A

9. 解 已知管路粗糙系数，按曼宁公式求比阻：

$$S_0=\frac{8\lambda}{g\pi^2d^5},\ \lambda=\frac{8g}{C^2},\ C=\frac{1}{n}R^{1/6}，得S_0=\frac{10.3n^2}{d^{5.33}}$$

$S_{01}=0.99\mathrm{s^2/m^6}$，$S_{02}=2.60\mathrm{s^2/m^6}$，$S_{03}=8.55\mathrm{s^2/m^6}$

由$S_{01}l_1Q_1^2=S_{02}l_2Q_2^2=S_{03}l_3Q_3^2$，得：

$0.99 \times 500 \times Q_1^2 = 2.60 \times 800 \times Q_2^2 = 8.55 \times 1000 \times Q_3^2$

$Q_1 = 4.17 \times Q_3$，$Q_2 = 2.03 \times Q_3$

$Q_1 : Q_2 : Q_3 = 4.17 : 2.03 : 1$

答案： D

10. 解 塑性指数是黏性土的可塑状态含水量的变化范围，是评价黏性土可塑性大小的指标；

相对密度是反映砂土密实程度的指标；

天然含水率能反映同一种黏性土的相对软硬程度；

液性指数是反映黏性土物理状态的指标。

答案： A

11. 解 在某一荷载范围内，e-p曲线的斜率定义为压缩系数a，表示土体的压缩性大小。e-p曲线越平缓，压缩系数越小，表明土体的压缩性越低；反之，曲线愈陡，压缩系数越大，表明土体的压缩性愈高。

答案： A

12. 解 土体的强度一般指抗剪强度。有效应力的大小决定了土体抗剪强度的大小。一般用土的抗剪强度指标（内摩擦角和黏聚力）来判断土体的抗剪强度。

总应力是作用在土体上的单位面积总压力，对饱和土即为孔隙水压力与有效应力之和。

有效应力是指通过土骨架颗粒间接触面传递的平均法向应力，又叫粒间应力，其大小决定了土体的抗剪强度。

附加应力是指在荷载作用下在地基内引起的应力增量，是使地基压缩变形的主要因素，它与土的自身强度无直接关系。

自重应力是岩、土体内由自身重量产生的一种应力状态，与土的重度、深度有关。

综上可知，选项 B 符合题意。

答案： B

13. 解 水位上升，将导致土体中的孔隙水压力增加，从而引起土体的有效应力减小，土的抗剪强度降低。在主动土压力下，土体有向挡墙移动的趋势。当水位上升导致土的抗剪强度降低时，这种移动趋势会增强，因此墙背所受的主动土压力会增大。

答案： A

14. 解 自重应力是由于土体自身重量产生的应力，它通常是从地面开始起算，逐层累加至所考虑的深度。因此，自重应力并不是从基底开始起算的。选项 A 错误、选项 B 正确。

附加应力是指由建筑物荷载引起的土中新增加的应力。它并不是从地面开始起算的，而是从结构物的基底开始起算。选项 C 错误。

地基附加应力的分布受多种因素影响，如荷载的大小与分布、地基土的性质等，并不总是呈直线分布。选项D错误。

答案：B

15. 解 杂填土是指含有大量建筑垃圾、工业废料或生活垃圾等杂物的填土。这些杂物包括但不限于混凝土、基岩碎块、砖瓦碎块以及少量黏性土等。这些物质在被堆填时，往往没有经过分层压实，因此结构松散、密实度低，工程性质表现为强度低、压缩性高，且均匀性差。特别是含有机质废料的填土，如生活垃圾，成分复杂，可能含有腐殖质以及亲水性和水溶性物质，导致地基产生大的沉降及浸水湿陷性。因此，未经处理的杂填土通常不适宜作为建筑物地基使用。

选项A更接近于素填土的定义，选项B与杂填土的性质不符，选项D属于冲填土的一种。

答案：C

16. 解 地基土整体剪切破坏的典型特征是在坚硬土层中形成连续滑动面，导致地面隆起和基础急剧沉降，多发生于坚硬黏土层及密实砂土层。而软土地基由于其特殊的物质构成和物理特性，通常更容易发生冲剪破坏。

答案：D

17. 解 岩石的吸水率是指岩石在常温常压条件下吸入水份的能力，是吸水量与固相颗粒质量之比，通常以百分数表示，其大小取决于岩石所含孔隙和裂隙的数量、大小、开闭程度及其分布情况，是一个间接反映岩石孔隙多少的指标。岩石的吸水率是常温常压条件下吸水量的一个比值，不是岩样的最大吸水量。岩石的抗冻性是指岩石抵抗冻融破坏的能力，主要与岩石矿物的膨胀特性和含水量有关，与吸水率没有直接关系。

答案：C

18. 解 主动土压力是指挡土墙在墙后填土作用下向前发生移动，致使墙后填土的应力达到极限平衡状态时，填土施于墙背上的土压力；被动土压力是指挡土墙在某种外力作用下向后发生移动而推挤填土，致使填土的应力达到极限平衡状态时，填土施于墙背上的土压力。静止土压力是指当挡土墙静止不动，土体处于弹性平衡状态时，土对墙的压力。

答案：B

19. 解 直剪固结快剪试验，即允许试样在竖向压力下充分排水，待固结稳定后，再快速施加水平剪应力使试样剪切破坏。其试验指标主要表示为c_{cu}、φ_{cu}。

答案：D

20. 解 分析时，可先去掉上部的二元体，即可看出体系缺少1个约束，故为几何常变体系。

答案：D

21. 解 本题用位移法求解时，AB为一端固定、一端滑动杆，AC为两端固定杆，刚度系数r_{11}可由A结点力矩平衡可得，即$r_{11} = 4i + 2i = 6i$。

答案：B

22. 解 本题横杆EI为无穷大，先算出结构的刚度，在刚架顶部附加水平链杆，求出单位位移时的链杆力即为结构刚度。由于一端固定、一端铰支杆的侧移刚度为$\frac{3EI}{h^3}$，因此可得该结构的刚度$k = 2 \times \frac{3EI}{h^3}$，自振频率为：

$$\varphi = \sqrt{\frac{k}{m}} = \sqrt{\frac{6EI}{mh^3}}$$

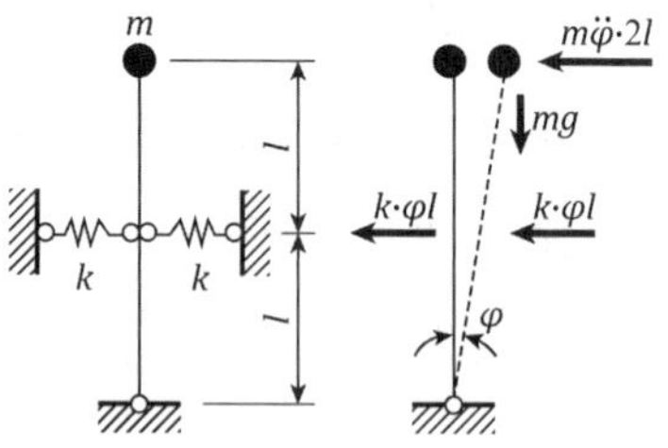

题 28 解图

答案：C

23. 解 本题为附属式静定结构，其中AB部分为基本部分，附属部分无外荷载。可取解图所示结构的AB部分进行分析，对B点取弯矩，由$\sum M_{\mathrm{B}} = 0$可知：A端反力矩为M（逆时针）。再结合题目给出的符号规定，可知A点的弯矩应为$-M$。

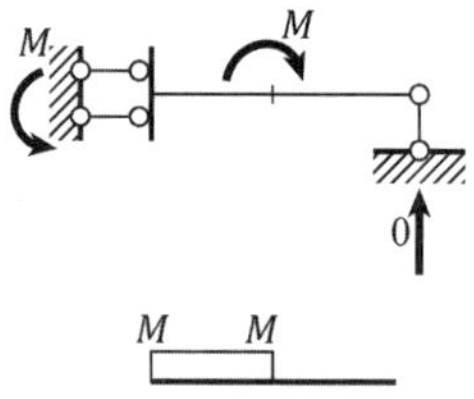

题 23 解图

答案：B

24. 解 用力法求解，取D支座反力X_1为未知量，基本体系的荷载弯矩图和单位弯矩图如解图所示，可知$\delta_{11} > 0$，$\Delta_{1\mathrm{p}} > 0$，由$X_1 = \frac{\Delta_{1\mathrm{p}}}{\delta_{11}}$知，$X_1 < 0$，与假设方向相反，因此$X_1$方向向下。

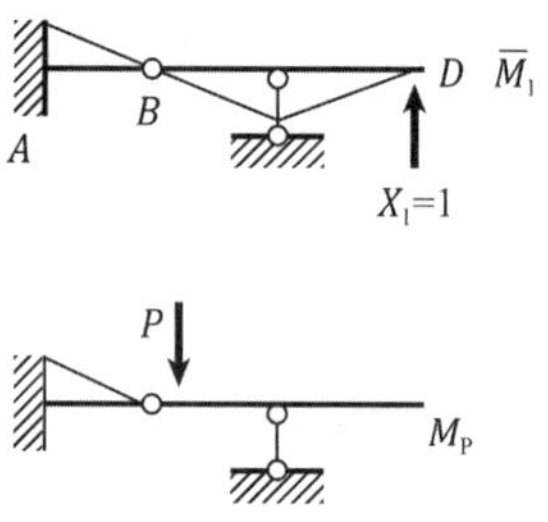

题 24 解图

答案：B

25. 解 根据B点左右两跨的转动刚度，可得分配系数$\mu_{\mathrm{BC}} = \frac{4i}{4i+i} = 0.8$。

答案：A

26. 解 本题为对称结构（对称轴为AC水平轴线）承受反对称荷载（将荷载P视为两个$P/2$），只产生反对称内力，对称内力一定为零。AC杆处于对称轴线上，其内力为零。

答案：D

27. 解 题目为静定结构，荷载P作用线通过B支座，对B点取矩，可得A支座反力为 0。

答案：D

28. 解 已知单自由度振动方程$m\ddot{y} + ky = 0$，其自振频率为$\sqrt{k/m}$。对比本体系运动方程$\ddot{\varphi} + \frac{kl-mg}{2ml}\varphi = 0$可知，体系自振频率为$\sqrt{\frac{kl-mg}{2ml}}$。

另外，本体系的运动方程可由下述推导得出：如解图所示，体系绕下部铰结点转动角为φ，杆长为$2l$，则质量点处的惯性力为$m \cdot \ddot{\varphi} \cdot 2l$，弹簧处的弹性力为$2 \times k \cdot \varphi \cdot l$，质量点处的重力$mg$，由力矩平衡方程可得：$(m \cdot \ddot{\varphi} \cdot 2l) \cdot 2l + (2k \cdot \varphi l) \cdot l - mg \cdot 2l\varphi = 0$，即得运动方程为$2ml^2\ddot{\varphi} + kl^2\varphi - mgl\varphi = 0$，

整理为标准形式的方程为$\ddot{\varphi}+\frac{kl-mg}{2ml}\varphi=0$。

答案：A

29. 解 本题考查水工混凝土材料的选用原则。现行规范规定，水工混凝土应根据承载力、使用环境和耐久性要求选用，水工混凝土既要满足承载力要求，又要满足耐久性要求，选项 B 正确。其余选项未涉及承载力和耐久性的所有要求。

答案：B

30. 解 本题考查钢筋混凝土受弯构件正截面裂缝宽度的计算公式和减小最大裂缝开展宽度可采取的主要措施。由现行规范正截面裂缝宽度的计算公式可知，影响裂缝开展宽度的主要因素之一是纵向受拉钢筋的直径，采用直径较小的纵向受拉钢筋，可减小构件的正截面裂缝的开展宽度。

严格说来，本题相关表述不是很严密。当钢筋混凝土构件的最大裂缝开展宽度不满足$w_{\max}\leqslant w_{\text{lin}}$时，应采取有关措施，以减小最大裂缝开展宽度的计算值。可采取的主要措施有：

（1）在保持配筋率不变的前提下，可适当减小纵向受拉钢筋的直径；

（2）纵向受拉钢筋采用带肋钢筋；

（3）必要时，适当增加纵向受拉钢筋用量，以降低纵向受拉钢筋在正常使用荷载下的应力值；

（4）保护层厚度要适当，在满足耐久性的前提下不宜随意加大保护层厚度；

（5）必要时，可采用预应力混凝土结构。

答案：A

31. 解 本题考查现行规范中钢筋混凝土梁的主要设计内容。现行规范规定，钢筋混凝土梁的设计主要包括正截面受弯承载力的计算、斜截面受剪承载力的计算，对使用上需控制变形和裂缝的梁尚需进行变形和裂缝控制的验算。我国水工混凝土结构设计规范关于裂缝控制验算，历来就有所谓“双控”的说法，即对某些重要的水工钢筋混凝土构件，当已满足抗裂要求时仍应进行裂缝宽度验算，当且仅当取α_{ct}为 0.55 进行抗裂验算并能满足抗裂要求时，则可不再进行裂缝宽度验算，故 B 项正确。A、C、D 项对钢筋混凝土梁的设计均不完善，选项 D 的表述也不够严密，且可不进行变形验算的说法也是错误的。

答案：B

32. 解 本题考查现行规范中斜截面受剪承载力计算公式的截面限制条件。当梁的剪力设计值$V>0.25f_{c}bh_{0}$时，应加大梁的截面尺寸或提高混凝土的强度等级。

答案：A

33. 解 本题考查偏心受压构件按现行规范承载能力极限状态设计时应包括的设计内容。试验表明，轴向压力对偏压构件的斜截面受剪承载力起有利作用，但这一有利作用是有限制的。当轴压比$\frac{\gamma_{\text{d}}N}{f_{c}bh}$（NB/T 11011—2022）或$\frac{KN}{f_{c}bh}$（SL 191—2008）较小时，构件的斜截面受剪承载力随轴压比的增大而提高；当轴压比在 0.4~0.6 之间时，轴向压力对构件斜截面受剪承载力的有利影响达到最大值；当轴压比超过 0.6 时，构件的斜截面受剪承载力随轴压比的增大而降低。偏心受压构件斜截面受剪承载力的计算公式是在受弯构件斜截面受剪承载力计算公式的基础上，加上一项轴向压力对斜截面受剪承载力影响的提高值。根据试验资料分析，其提高值取$0.07N$，并对轴向压力的有利影响规定了一个上限值：NB/T 11011—2022 规定$N > \frac{1}{\gamma_d}0.3f_cA$时，取$N = \frac{1}{\gamma_d}0.3f_cA$；SL 191—2008 规定$N > 0.3f_cA$时，取$N = 0.3f_cA$。

答案：C

34. 解　本题考查 SL 191—2008 矩形截面梁斜截面受剪承载力计算的基本公式和适用条件，本题属于截面设计题。验算截面尺寸：

$$0.25f_cbh_0 = 0.25 \times 14.3 \times 250 \times 560$$
$$= 500.5\text{kN} > KV = 1.2 \times 300 = 360\text{kN}$$

截面尺寸满足要求。

验算是否按计算配箍：

$$V_c = 0.7f_tbh_0$$
$$= 0.7 \times 1.43 \times 250 \times 560$$
$$= 140.14\text{kN} < KV = 1.2 \times 300 = 360\text{kN}$$

需要按计算配箍。

由$KV = 0.7f_tbh_0 + 1.25f_{yv}\frac{A_{sv}}{s}h_0$，代入数据：

$$1.2 \times 300 \times 10^3 = 0.7 \times 1.43 \times 250 \times 560 + 1.25 \times 300 \times \frac{2 \times 78.5}{s} \times 560$$

算得$s = 150\text{mm}$

验算最小配箍率：

$$\rho_{sv} = \frac{nA_{sv1}}{bs} = \frac{2 \times 78.5}{250 \times 150} = 0.42\% > \rho_{sv,min} = 0.15\%$$

答案：C

35. 解　本题考查剪力和扭矩共同作用下的剪扭构件受扭承载力与受剪承载力之间的相关性。试验研究表明，剪力和扭矩共同作用下的构件承载力比单独剪力或扭矩作用下的构件承载力要低，构件的受扭承载力随剪力的增大而降低，受剪承载力亦随扭矩的增大而降低。

为了充分发挥抗扭钢筋的作用，抗扭纵筋和箍筋应有合理的配比。现行规范引入抗扭纵筋与抗扭箍筋的配筋强度比ζ来表示两者之间的数量关系（即两者的体积比与强度比的乘积），试验结果表明，当$0.5 \leqslant \zeta \leqslant 2.0$时，纵筋与箍筋在构件破坏时基本上都能达到抗拉强度设计值。为了稳妥，我国现行规范取ζ的限制条件为$\zeta \geqslant 0.6$，当$\zeta > 1.7$时，按$\zeta = 1.7$计算。ζ值较大时，抗扭纵筋配置较多。

试验研究表明，剪力和扭矩共同作用下的剪扭构件，其斜截面的受剪承载力和受扭承载力都将受影响，即由于剪力的存在，将使构件的受扭承载力有所降低；同样，由于扭矩的存在，也会使构件的受剪承载力有所降低。无腹筋构件的受剪和受扭承载力相关关系，大致按 1/4 圆弧规律变化，即随着同时作用的扭矩增大，构件的受剪承载力逐渐降低，当扭矩达到构件的纯扭承载力时，其受剪承载力下降为零。同理，随着剪力的增大，构件的受扭承载力逐渐降低，当剪力达到构件的纯剪承载力时，其受扭承载力下降为零。对于有腹筋的剪扭构件，其混凝土部分所提供的受扭承载力T_c与受剪承载力V_c之间也存在1/4圆弧的相关关系。我国现行规范以有腹筋构件的剪扭承载力为1/4圆的相关曲线作为校正线，采用混凝土部分相关、钢筋部分不相关的原则，推出剪扭构件考虑剪扭相关性的受剪、受扭承载力计算的近似拟合公式，由此推得剪扭构件混凝土受扭承载力的降低系数β_t，若β_t小于0.5，则不考虑扭矩对混凝土受剪承载力的影响，此时取$\beta_t = 0.5$；若β_t大于1.0，则不考虑剪力对混凝土受扭承载力的影响，此时取$\beta_t = 1.0$。故$0.5 \leqslant \beta_t \leqslant 1.0$。

答案：B

36. 解 本题考查后张法预应力混凝土轴心受拉构件各阶段的应力计算公式。参见交通版基础教程中的表4-5-4，当加载至混凝土预压应力被抵消时，属于正常使用阶段的应力计算，截面特性应采用换算截面A_0，此时可由平衡条件求得外荷载产生的轴向力为$N_0 = \sigma_{pc\,\text{II}} A_0$。

答案：A

37. 解 本题考查钢筋混凝土偏心受拉构件大、小偏心受拉的判别依据。大、小偏心受拉构件的判断依据是构件拉力的作用位置，与截面相对受压区计算高度无关。由交通版基础教程4.3.5节可知，大、小偏心受拉构件的判别依据是轴向拉力N作用点的位置，轴向拉力N作用在钢筋A_s合力点与A_s'合力点之间时，属于小偏心受拉情况；轴向拉力N作用在钢筋A_s合力点与A_s'合力点之外时，属于大偏心受拉情况。

答案：D

38. 解 本题考查混凝土徐变的相关知识。由交通版基础教程4.1.2节中“（2）混凝土的徐变特性”可知影响混凝土徐变的主要因素如下：

①混凝土徐变与其上的应力水平有关。当混凝土应力较小时（$\sigma \leqslant 0.5 f_c$），徐变的大小与应力水平成正比，这种徐变称之为线性徐变。当应力超过$0.5 f_c$时，徐变的大小与应力水平不成正比，这种徐变称之为非线性徐变。当应力超过$0.75 f_c$时，在一定的加载时间内，混凝土就会破裂，这种现象称为徐变破裂。

②徐变与混凝土加载时的龄期有关。一般而言，混凝土龄期越长，徐变就越小；反之，则混凝土的徐变就越大。

③环境湿度对徐变有较大影响。环境湿度越大，混凝土中水泥的水化作用越完全，凝胶体含量越低，徐变值就越小。

④水泥品种和用量也会影响混凝土徐变的大小。水泥活性低，会导致水泥水化作用不充分，混凝土中凝胶体的数量就会增多；而水泥用量大，则徐变大。

混凝土徐变对结构的影响既有有利的一面，也有不利的一面。例如，混凝土结构的局部应力集中现象会因徐变而得到缓和；徐变也可以调整结构中钢筋与混凝土的应力分布，使结构的应力分布和材料的利用趋于合理。当然，由于混凝土徐变的影响，会加大构件的变形，造成柱截面的混凝土和纵向钢筋的应力发生应力重分布，使得混凝土好像“变软”了一样，混凝土的压应力随时间的增长而降低，而纵向钢筋的应力随时间的增长而增大，在预应力混凝土结构中，徐变还会造成较大的预应力损失，降低预应力效果。

答案： D

39. 解 本题考查受压钢筋抗压强度设计值的取值原则。关于受压钢筋的抗压强度设计值的取值原则：现行规范规定，对于屈服强度标准值不超过 400MPa 的普通钢筋的抗压强度设计值f_y'取与抗拉强度设计值相同，即对于屈服强度标准值不超过 400MPa 的普通钢筋的抗压强度设计值f_y'取与抗拉强度设计值相同，按$f_y'=\varepsilon_{cu}E_s$且$f_y' \leqslant f_y$的条件确定，一般取$\varepsilon_{cu}=0.002$。对于 HRB500 钢筋，在偏心受压状态下，混凝土所能达到的压应变可以保证 HRB500 钢筋的抗压强度达到与抗拉强度相同的值，故现行规范将 HRB500 钢筋的抗压强度设计值取为与抗拉强度设计值相同，即取为 $435\mathrm{N/mm^2}$；但对于轴心受压构件，由于混凝土压应力达到f_c时混凝土压应变为 0.002，当采用 HRB500 钢筋时，钢筋的抗压强度设计值仍取为 $400\mathrm{N/mm^2}$。预应力筋的抗压强度设计值取值较小，现行规范预应力筋的抗压强度设计值按预应力筋的弹性模量乘以混凝土的极限压应变 0.002 确定，这是由于构件中的预应力筋受到混凝土极限压应变的限制，预应力筋的受压强度的发挥受到制约的缘故。

根据试验研究结果，当 HRB500 钢筋用作受剪、受扭、受冲切承载力计算时，钢筋的抗拉强度不能得到充分发挥，现行规范将 HRB500 钢筋的材料性能分项系数继续沿用 DL/T 5057—2009 的取值规定，即取$\gamma_s=1.39$，相应的钢筋抗拉强度设计值f_{yv}限定为不大于 $360\mathrm{N/mm^2}$。但用作围箍约束混凝土的间接配筋时，其抗拉强度设计值可以不受此限。

由于本题题设条件已给定$\varepsilon_{cu}=0.00167$，由$f_y'=0.00167\times2\times105=334\mathrm{MPa}$，故应选 B。

答案： B

40. 解 本题考查 SL 191—2008 单筋矩形截面梁正截面受弯承载力计算的基本公式和适用条件，本题属于截面设计题。

$$h_0=h-a_s=400-45=355\mathrm{mm}$$

$$\alpha_s=\frac{KM}{f_cbh_0^2}=\frac{1.2\times51\times10^6}{11.9\times200\times355^2}=0.204$$

$$\xi=1-\sqrt{1-2\alpha_s}=1-\sqrt{1-2\times0.204}=0.23<\xi_b=0.55$$

故属于适筋梁。

由单筋矩形截面梁正截面受弯承载力计算的基本公式求得纵向受拉钢筋截面面积为：

$$A_s=\rho bh_0=\left(\xi\frac{f_c}{f_y}\right)bh_0=\left(0.23\times\frac{11.9}{300}\right)\times200\times355=648\mathrm{mm^2}$$

答案：D

41. 解　测量数据准确度是指测量值之间的一致程度以及与真实值之间偏差的程度，是评估测量质量的重要指标。准确度包括精密度和正确度两个方面。精密度是表征测量值一致性的指标，正确值是计量的正确度（correctness of measurement），系指被测量的测得值与其“真值”的接近程度。从测量误差的角度来说，正确度所反映的是测得值的系统误差。正确度高，不一定精密度高。也就是说，测得值的系统误差小，不一定其随机误差亦小。

答案：D

42. 解　视差的表现是观测者在目镜前眼睛移动时读取的数值会发生变化，其原因是观测点成像与十字丝分划板不重合。而选项 A，气流影像则是观测者眼睛不动时可看到受气流影响的晃动的影像；选项 B，当验测目标太远时，受仪器望远镜放大倍数或人眼最小分辨率的限制，观测时目标分辨不清；选项 C，仪器体系误差一般为系统性误差，误差类型较多。

答案：D

43. 解　GIS 图形空间数据库与其他图形管理系统的根本区别，是 GIS 可以依据图形进行空间分析，空间分析的基础在于图形间具有拓扑关系，GIS 既可以建立、管理这种拓扑关系，又可以利用空间拓扑关系进行空间分析。

答案：A

44. 解　比例符号用来表达面状地物；非比例符号用来表达重要的点状地物；半比例符号用来表达线状地物，如管线、道路、河流、栅栏、铁丝网等；地物符号是一般性的概念，与具体的符号类别不属于同一范畴。

答案：C

45. 解　设周长为C。依题意，$C=4a$，符合$y=kx$类型的误差传播定律。则由$m_{\mathrm{C}}=km$，已知$k=4$，得$m_{\mathrm{C}}=4m$。

答案：D

46. 解　等高线的定义是地面高程相同的相邻点连成的闭合曲线，因此选项 C 正确，选项 A、B 不准确。选项 D 涉及等高线分类的问题，等高线不仅包括首曲线和计曲线，还有间曲线等其他类别，所以不准确。

答案：C

47. 解　混凝土的冻害与其饱水程度有关。一般认为毛细孔的含水量小于孔隙总体积的 91.7%就不会产生冻结膨胀压力，而在混凝土完全保水状态下，其冻结膨胀压力最大。一般把 91.7%饱和度称为过冷水渗透力共同作用下孔壁出现较大拉应力、产生微裂纹的极限饱和度。

答案：D

48. 解 根据《普通混凝土配合比设计规程》(JGJ 55—2011)，泵送混凝土水胶比不宜大于0.6；而对于高性能混凝土，低水胶比是高性能混凝土的配制特点之一，为达到混凝土的低渗透性以保持其耐久性，不论其设计强度是多少，配制高性能混凝土的水胶比一般都不能大于0.4（对所处环境不恶劣的工程可以适当放宽），以保证混凝土的密实。

答案：C

49. 解 密度是材料在绝对密实状态下单位体积（包括固体颗粒的体积，不包括孔隙体积）的质量。表观密度是材料在自然状态下单位体积（包含固体颗粒体积与闭口孔隙体积）的质量。堆积密度是散粒材料在堆积状态下单位堆积体积（包括固体颗粒体积、孔隙体积和空隙体积）的质量。

答案：B

50. 解 密实度是指材料的固体物质部分的体积占总体积的比例，即体积密度与密度之比。

答案：B

51. 解 吸水性是指材料在水中吸收水分的性质。吸湿性是指材料在潮湿空气中吸收水分的性质。吸水性常用吸水率表示，用材料吸入水的质量与材料干质量之比表示的吸水率称为质量吸水率，材料吸入水的体积与材料自然状态下体积比称为体积吸水率。吸湿性常用含水率表示，即吸入水量与干燥材料的质量之比。

答案：C

52. 解 《通用硅酸盐水泥》(GB 175—2007）规定：硅酸盐水泥初凝不小于45min，终凝不大于390min；普通硅酸盐水泥、矿渣硅酸盐水泥、火山灰质硅酸盐水泥、粉煤灰硅酸盐水泥和复合硅酸盐水泥初凝不小于45min，终凝不大于600min。

答案：C

53. 解 水泥石主要的侵蚀类型包括软水侵蚀（溶出性侵蚀）、一般酸性侵蚀（离子交换侵蚀/溶解性侵蚀）、碳酸的侵蚀（离子交换侵蚀/溶解性侵蚀）、硫酸盐侵蚀（膨胀性侵蚀）及镁盐侵蚀。

答案：A

54. 解 结构混凝土设计的实质是确定水泥、水、砂子与石子这四项基本组成材料用量之间的比例关系，设计基本参数包括水灰比、砂率和单位用水量。

答案：A

55. 解 C_3S和C_2S水化后产生大量的氢氧化钙，硫酸盐会与其反应生成膨胀产物——石膏，破坏浆体结构。C_3A水化产生水化铝酸钙，在硫酸根离子作用下会生成水化硫铝酸钙晶体，产生体积膨胀，破坏已经硬化的水泥石结构。所以，4个选项中抗硫酸盐侵蚀最好的是C_4AF。

答案： D

56. 解 皮尔逊Ⅲ型分布曲线是一种常用的水文频率分布曲线，它能够较好地描述水文变量的频率分布特征，与我国大多数地区水文变量的频率分布配合良好，《水利水电工程设计洪水计算规范》(SL 44—2020)第 3.1.4 条也提到："频率曲线的线型应采用皮尔逊Ⅲ型。对特殊情况，经分析论证后也可采用其他线型。"

答案： D

57. 解 由于流域内降雨或融雪，大量径流汇入河道，导致流量激增，水位上涨，这种水文现象叫作洪水。在进行水利水电工程设计时，为了建筑物本身的安全和防护区的安全，必须按照某种标准的洪水进行设计，这种作为水工建筑物设计依据的洪水称为设计洪水。

答案： C

58. 解 自然界的水循环有蒸发、降水、下渗和径流 4 个主要环节。水圈中的各种水体不断蒸发、水汽输送、凝结、降落、下渗、地面和地下径流的往复循环过程，称为水文循环，也称为水循环。

答案： D

59. 解 通过统计分析来估计某种随机事件的概率特性，必须要有一个好的样本作为基础。因此，尽可能地提高样本资料的质量是一个非常关键的环节。样本资料的质量主要反映在是否满足下列三方面的要求：资料应具有充分的可靠性，资料的基础应具有一致性，样本系列应具有充分的代表性。

虽然大洪水发生的概率相对较低，但其带来的潜在风险和损失往往是巨大的。因此，即使大洪水难以考证，也应努力去调查和考证，以提高资料系列的代表性，增加设计成果的可靠度，而不是不考虑。

答案： C

60. 解 暴雨集中的较小的局部地区，称为暴雨中心。洪峰流量是指在某一时刻，通过某一断面的最大流量。

当暴雨中心在上游时，离流域出口远，导致洪峰出现的时间晚，并且由于地形变化，错峰出流，会形成较小的洪峰流量。

答案： A

2024年度全国注册土木工程师（水利水电工程）执业资格考试基础考试（下）试题解析及参考答案

1. 解 牛顿内摩擦定律适用于层流，无论是管道中的层流还是明渠中的层流都适用，说法a错误；根据牛顿内摩擦定律可知，流体切应力与速度梯度或流体微团的角变形速率成正比，而不是与剪切应变成正比，说法b错误；理想流体是忽略了黏性的流体，而实际存在的流体都有黏性，说法c错误；作用在液体上的力按作用方式分为质量力和表面力两大类，说法d正确。

答案：D

2. 解 温度是影响水的运动黏度的最主要因素。对于液体来说，温度升高，分子的热运动加剧，分子间的作用力减弱。水也不例外，随着温度的升高，水分子之间的氢键等相互作用被削弱。液体的黏度随温度的升高而降低，选项A正确。

重度是指单位体积的重量，对于水来说，其重度主要取决于水的密度和重力加速度。重度与运动黏度之间没有直接的因果关系，它主要影响水的重力势能等相关物理量，而不是水的流动性（运动黏度所描述的特性），故选项B错误。

在正常情况下，气压对水的运动黏度的影响极小。因为水是一种几乎不可压缩的液体，气压的变化很难改变水分子间的距离和相互作用力，从而对其运动黏度基本没有影响，选项C错误。

水的流速是水的运动状态的一种表现，而不是影响运动黏度的因素。运动黏度是水本身的一种物理性质，它会影响水的流速（在相同的外力条件下，运动黏度小的水更容易流动，流速可能更大），而不是相反，故选项D错误。

答案：A

3. 解 雷诺数是一个无量纲数，它的定义为$R_e=\frac{vd}{\nu}$。其中，v是流体的流速，d是特征长度（如管道直径），ν是流体的运动黏度。从量纲角度分析，速度的量纲是$[L/T]$（长度/时间），特征长度的量纲是$[L]$（长度），运动黏度的量纲是$[L^2/T]$（面积/时间）。在计算雷诺数时，量纲运算为1，所以雷诺数无量纲。

渗流系数具有量纲。它是反映岩土体渗透能力的一个物理量，在达西定律$v=ki$（v是渗流速度，i是水力梯度）中，渗流速度的量纲是$[L/T]$，水力梯度无量纲（因为它是水头差与渗流长度之比），所以渗流系数的量纲是$[L/T]$。

沿程水头损失系数是无量纲的。在计算沿程水头损失$h_f=\lambda\frac{l}{d}\frac{v^2}{2g}$（$h_f$是沿程水头损失，$l$是管道长度，$d$是管道直径，$v$是流速，$g$是重力加速度）中，各项量纲运算后，$\lambda$本身无量纲。

堰流流量系数是无量纲的。堰流流量公式$Q=mb\sqrt{2g}H_0^{1.5}$（Q是流量，H_0是堰上水头），经过量纲分析可知m无量纲。

答案： B

4. 解 由图可知，液体处于静止状态。相对压强$p=\gamma h$，静止液体中，压强的大小取决于液体深度，而与方向无关。A、B两点的深度相同，故$p_1=p_2$。

答案： B

5. 解 恒定总流能量方程为$z_1+\frac{p_1}{\gamma}+\frac{v_1^2}{2g}=z_2+\frac{p_2}{\gamma}+\frac{v_2^2}{2g}+h_w$，方程中各项的单位是长度单位，实际上是表示单位重量液体的能量，比如位置水头z是单位重量液体相对于基准面的位能（高度），压强水头$\frac{p}{\gamma}$是单位重量液体的压能对应的高度，流速水头$\frac{v^2}{2g}$也是单位重量液体动能对应的高度，故选项 C 正确。

答案： C

6. 解 由连续性方程$A_1v_1=A_2v_2$可知，管径沿程增加，断面平均流速沿程减小。管轴线水平，即$z_1=z_2$，由能量方程$z_1+\frac{p_1}{\gamma}+\frac{v_1^2}{2g}=z_2+\frac{p_2}{\gamma}+\frac{v_2^2}{2g}+h_w$，得$\frac{p_1}{\gamma}=\frac{p_2}{\gamma}+\frac{v_2^2}{2g}-\frac{v_1^2}{2g}+h_w$，$\frac{v_2^2}{2g}-\frac{v_1^2}{2g}<0$，而$h_w>0$，无法确定$\frac{v_2^2}{2g}-\frac{v_1^2}{2g}+h_w$的正负，即不能确定$\frac{p_1}{\gamma}$与$\frac{p_2}{\gamma}$的大小关系，所以不能确定压强沿流向的变化趋势。

答案： D

7. 解 连续方程是基于质量守恒定律推导出来的。对于流体而言，在流动过程中，流入某个控制体的质量等于流出该控制体的质量，只要流体是连续介质且没有质量的产生或消失，这个原理就适用。其一般表达式为$\rho_1A_1v_1=\rho_2A_2v_2$，其中$\rho$是流体密度，$v$是流速，$A$是过流断面面积。

恒定总流是指在流动过程中，总流的流量等参数不随时间变化。对于恒定总流，连续方程可以简单地表示为$Q_1=Q_2$（为流量），即$A_1v_1=A_2v_2$（假设密度不变），这是工程中常用的连续方程形式，也是连续方程适用的典型情况。

答案： D

8. 解 水流由总水头高处向总水头低处流动，仅由题目给出的信息，尚不能确定总水头是否减小，也即无法确定渠道中的水流向。

答案： D

9. 解 总水头线沿程下降，测压管水头线较总水头低 1 个流速水头。管径不变，总水头线与测压管水头线平行，故测压管水头线也沿程降低。

答案： C

10. 解 本题主要考查黏性土稠度与含水率的关系。

紧靠于颗粒表面的几层水分子，所受电场的作用力很大，几乎完全固定排列，丧失液体的特性而接近于固体半固态，这层水称为强结合水。强结合水的冰点低于 0℃，密度要比自由水大，具有蠕变性。当温度略高于 100℃时它才会蒸发。

弱结合水指强结合水以外，电场作用范围以内的水。弱结合水也受颗粒表面电荷所吸引而定向排列于颗粒四周，但电场作用力随远离颗粒而减弱。这层水是一种黏滞水膜。受力时能由水膜较厚处缓慢转移到水膜较薄处，也可以因电场引力从一个土粒的周围转移到另一个颗粒的周围。就是说，弱结合水膜能在外压力作用下发生变形与移动，但不因自身的重力作用而流动。弱结合水的存在是黏性土在某一含水量范围内表现出可塑性的原因。

不受颗粒电场引力作用的水称为自由水。自由水又可分为毛细水和重力水。

重力水是在自由水面以下，土颗粒电分子引力范围以外的水，仅在自身重力作用下运动，与一般水的性质无异。

毛细水是受到水与空气交界面处表面张力作用的自由水，分布在土粒间相互贯通的孔隙中，可以认为这些孔隙组成许多形状不一、直径互异、彼此连通的毛细管，主要影响土的湿度、压实性等。

当土体处于流动状态时，土中自由水含量较高；当土体处于可塑状态时，土中弱结合水的含量较高；当土体处于半固态或固态时，土体中的强结合水含量较高。

答案：B

11. 解　本题主要考查土的压实性。最优含水率w_{op}是指击实曲线上，峰值干密度对应的含水率，表示在这一含水率下，以这种击实方法能够得到最大干密度ρ_{dmax}。击实功是每单位土体压实过程中所做的功，它影响土样的压实效果和密度。

同一种细粒土，采用轻型和重型两种标准击实试验，得到的击实曲线如解图所示，下部的击实曲线对应的是轻型击实试验结果，上部的曲线为重型击实试验结果。可见击实功越大，最优含水量越小，相应的最大干密度越大。所以，对于同一种试样，最优含水量和最大干密度并不是恒定值，而是随击实能而变化。

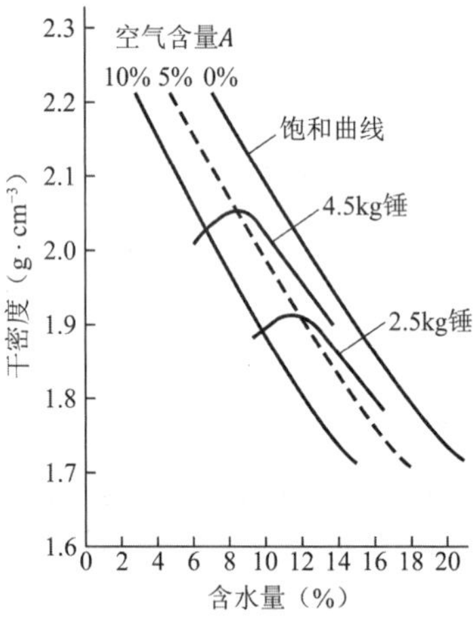

答案：B

12. 解　本题主要考查有效应力原理。有效应力原理的要点主要有以下两点。

①饱和土体内任一平面上受到的总应力可分为由土骨架承受的有效应力和由孔隙水承受的孔隙水压力两部分，其关系满足下式：

$$\sigma = \sigma' + u$$

式中：σ——作用在饱和土中任意平面上的总应力；

σ'——有效应力，作用于同一平面的土骨架上；

u——孔隙水压力，作用于同一平面的孔隙水上。

②土的变形与强度的变化都只取决于有效应力的变化。

答案：D

13. 解 本题主要考查土的渗透变形。土的渗透变形类型主要有管涌、流土、接触流土和接触冲刷4种。管涌、流土和接触冲刷均属于渗透变形，流变属于土体力学性质随时间变化的特性。

答案：D

14. 解 本题主要考查土的压缩性指标。压缩系数、侧限压缩模量、压缩指数都是室内侧限压缩试验的指标，只针对侧限应力状态；变形模量是允许侧向变形的现场试验测得的，不是仅针对侧限应力状态。

答案：C

15. 解 本题主要考查土的试验方法。$\varphi=0$ 的土体抗剪强度指标需要用到的是C_u，需要采取不固结不排水剪试验。

答案：D

16. 解 选项A，加大基础埋深可以提高地基极限承载力，但不能有效减小基础沉降；选项B，加大基础宽度，既可以提高地基承载力，又可以减小基底附加压力，进而减小基础沉降；选项C，降低地下水位会加大地基附加沉降；选项D，建筑物建成后在室外填方不能减小基础沉降。

答案：B

17. 解 闹市区对施工的影响较为敏感。选项A和B施工对环境的振动影响较大，方案C降水导致变形的影响范围较大，故均不合适。选项D，选择影响较小的桩基类型，穿越上部软土层，将荷载传递至密砂地层，是适合的地基基础方案。

答案：D

18. 解 本题主要考查土坡稳定分析方法。简化毕肖普法考虑土条受力平衡，简化后的公式忽略了条间切向力的差别，但仍计入了条间法向力的作用，计算结果偏经济；简单条分法则忽略了全部条间力的作用，计算的安全系数小于简化毕肖普法，计算结果偏保守。

答案：C

19. 解 本题主要考查土岩石的抗剪强度指标。莫尔-库仑强度准则是岩石力学与岩石工程中应用最广的强度准则，该准则可用剪应力τ与正应力σ之间的关系表示为：$\tau=c+\sigma\tan\varphi$，其中，c为岩石的黏聚力，φ为岩石的内摩擦角，两者均为岩石的抗剪强度指标。

答案：C

20. 解 上部$ABCD$部分组成刚片I，地面与EF杆组成刚片II，两刚片用三根链杆CE、BE、DF连接，组成几何不变，无多余约束体系。

答案： A

21. 解 由静定结构受力特性，当静定结构受一对平衡力系作用时，只在局部范围内存在内力，而其他部位内力为零，可知K截面弯矩为零。而超静定结构不存在这个性质，在K_1截面存在弯矩。

答案： C

22. 解 本题中结构竖向支座对称，竖向荷载为反对称，因此利用对称性可知，对称轴B点的竖向位移为0。

也可用虚单位荷载法求此桁架B点竖向位移，结果也为0。

另注意，本题由于水平支座不对称，因此B点存在水平位移。

答案： D

23. 解 本题求得A支座反力为$F_{xA}=3P$，方向向左，即得弯矩$M_{AB}=3Pl$，且右侧受拉。

答案： A

24. 解 以图b）为基本结构，多余约束设为顺时针，而A支座转角为逆时针，因此力法方程为：$\Delta_1=X_1\delta_{11}+\Delta_{1C}=-\theta$，而静定基本结构在$B$支座竖向沉降$c$作用下，$A$支座产生顺时针转角$\frac{c}{a}$，因此$\Delta_{1C}=\frac{c}{a}$。

答案： B

25. 解 本题需先利用载常数求出各杆端在荷载作用下的弯矩值，如解图a）、b）所示，再根据位移法基本概念，由结点脱离体平衡求出自由项F_{1P}，如解图c）所示，求解过程中需注意弯矩的方向。本题也可用力矩分配法的概念，求出平衡力矩，即为F_{1P}：

$$F_{1P}=\frac{8\times4}{8}-\frac{30\times4^2}{8}=-56\text{kN}\cdot\text{m}$$

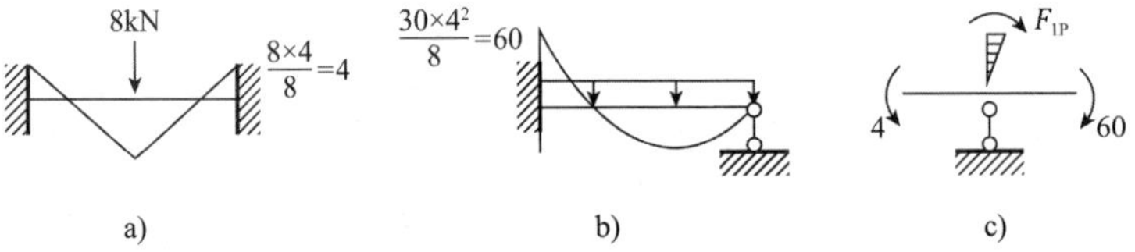

题25 解图

答案： C

26. 解 转动刚度$S_{BC}=i_{BC}=\frac{4EI}{2}=2EI$，$S_{BA}=4i_{BA}=4\times\frac{2EI}{4}=2EI$，可得分配系数$\mu_{BC}=0.5$。

答案： B

27. 解 根据影响线概念和静力法可得，当荷载移动到A处时，$R_A=1$，移动到B处时，$R_A=0$，可以发现选项B符合变化过程。

本题也可采用机动法分析。

答案： B

28. 解 本题求出结构柔度系数δ即可。如解图所示，在结构中点施加单位力，则$R_B=1/2$，弹簧支座处位移为$\Delta_B=\frac{\frac{1}{2}}{k}=\frac{1}{2k}$，可得$\delta=\frac{\Delta_B}{2}=\frac{1}{4k}$，因此自振频率$\omega=\sqrt{\frac{1}{m\delta}}=\sqrt{\frac{4k}{m}}$。

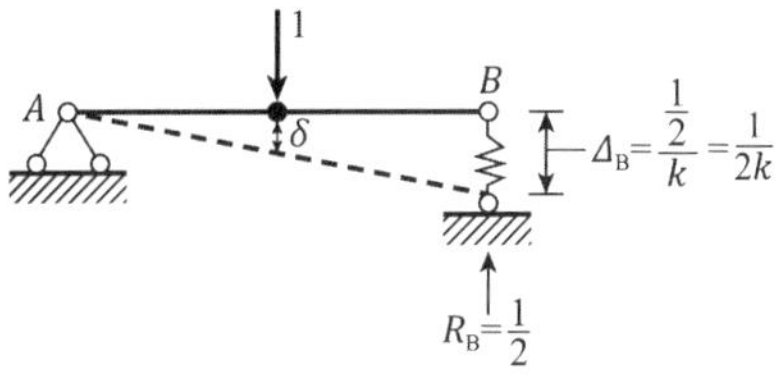

题 28 解图

答案：D

29. 解 在“非对称配筋偏心受压柱”的设计中，当计算得到的受压钢筋面积$A'_s<0$，说明计算不需要配置受压钢筋。但实际中，为了保证结构的安全性和稳定性，仍需配置一定量的受压钢筋，以满足最小配筋率的要求。

答案：C

30. 解 本题考查现行规范预应力混凝土受弯构件设计的主要设计内容。相对于普通混凝土受弯构件而言，预应力混凝土受弯构件主要是增加了“斜截面抗裂验算”。

答案：D

31. 解 本题考查剪力和扭矩共同作用下的剪扭构件受扭承载力与受剪承载力之间的相关性。试验研究表明，剪力和扭矩共同作用下的构件承载力比单独剪力或扭矩作用下的构件承载力要低，构件的受扭承载力随剪力的增大而降低，受剪承载力亦随扭矩的增大而降低。

为了充分发挥抗扭钢筋的作用，抗扭纵筋和箍筋应有合理的配比。现行规范引入抗扭纵筋与抗扭箍筋的配筋强度比ζ来表示两者之间的数量关系（即两者的体积比与强度比的乘积），试验结果表明，当$0.5\leqslant\zeta\leqslant2.0$时，纵筋与箍筋在构件破坏时基本上都能达到抗拉强度设计值。为了稳妥，我国现行规范取ζ的限制条件为$\zeta\geqslant0.6$；当$\zeta>1.7$时，按$\zeta=1.7$计算。ζ值较大时，抗扭纵筋配置较多。

试验研究表明，剪力和扭矩共同作用下的剪扭构件，其斜截面的受剪承载力和受扭承载力都将受影响，即由于剪力的存在，将使构件的受扭承载力有所降低；同样，由于扭矩的存在，也会使构件的受剪承载力有所降低。无腹筋构件的受剪和受扭承载力相关关系，大致按 1/4 圆弧规律变化，即随着同时作用的扭矩增大，构件的受剪承载力逐渐降低，当扭矩达到构件的纯扭承载力时，其受剪承载力下降为零。同理，随着剪力的增大，构件的受扭承载力逐渐降低，当剪力达到构件的纯剪承载力时，其受扭承载力下降为零。对于有腹筋的剪扭构件，其混凝土部分所提供的受扭承载力T_c与受剪承载力V_c之间也存在 1/4 圆弧的相关关系。我国现行规范《水工混凝土结构设计规范》（NB/T 11011—2022）和《水工混凝土结构设计规范》（SL 191—2008）以有腹筋构件的剪扭承载力为 1/4 圆的相关曲线作为校正线，采用混凝土部分相关、钢筋部分不相关的原则，推出剪扭构件考虑剪扭相关性的受剪、受扭承载力计算的近似拟合公式，由此推得剪扭构件混凝土受扭承载力的降低系数β_t，若β_t小于 0.5，则不考虑扭矩对混凝土受剪承载力的影响，此时取$\beta_t = 0.5$；若β_t大于 1.0，则不考虑剪力对混凝土受扭承载力的影响，此时取$\beta_t = 1.0$。故$0.5 \leqslant \beta_t \leqslant 1.0$。

答案：C

32. 解 本题考查现行规范正截面裂缝宽度计算公式的相关知识。由《水工混凝土结构设计规范》（NB/T 11011—2022）的正截面裂缝宽度计算公式可知，最大裂缝宽度计算值的计算公式中含有纵向受拉钢筋应力σ_{sk}、混凝土轴心抗拉强度标准值f_{tk}、纵向受拉钢筋的有效配筋率ρ_{te}、混凝土保护层厚度c_s、纵向受拉钢筋的直径d等参数，正截面最大裂缝宽度计算值与纵向受拉钢筋应力、混凝土强度等级、纵向受拉钢筋配筋率、混凝土保护层厚度、纵向受拉钢筋直径等均有关，故原题有误或不成立。

由《水工混凝土结构设计规范》（SL 191—2008）的正截面裂缝宽度计算公式可知，最大裂缝宽度计算值的计算公式中含有纵向受拉钢筋应力σ_{sk}、纵向受拉钢筋的有效配筋率ρ_{te}、混凝土保护层厚度c、纵向受拉钢筋的直径d等参数，正截面最大裂缝宽度计算值与纵向受拉钢筋应力、纵向受拉钢筋配筋率、纵向受拉钢筋直径、混凝土保护层厚度等有关，与混凝土强度等级无关，故按 SL 191—2008 应选 B。

答案：B

33. 解 本题考查对称配筋的大偏心受压构件的轴向力N与弯矩M的相关关系。由《水工混凝土结构设计规范》（NB/T 11011—2022）或《水工混凝土结构设计规范》（SL 191—2008）的偏心受压构件正截面受压承载力计算公式可知，对称配筋的大偏心受压构件，弯矩一定，轴向力越小越不利；轴向力一定，弯矩越大越不利，选项 B 中轴向力最小，弯矩最大，为最不利的一组内力。

答案：B

34. 解 本题考查预应力混凝土构件预应力损失的基本概念。后张法预应力混凝土构件中，属于第一批预应力损失的是张拉端锚具变形和钢筋内缩引起的损失和摩擦损失。

答案：B

35. 解 本题考查钢筋混凝土受弯构件斜截面受剪承载力的主要影响因素和现行规范斜截面受剪承载力计算的基本公式。

影响受弯构件斜截面受剪承载力的因素有很多，主要包括剪跨比、混凝土强度、配箍率及箍筋强度、纵筋的用量或配筋率等。除上述主要影响因素之外，构件类型（简支梁、连续梁等）、构件截面形式与尺寸、加载方式（直接加载、间接加载）、截面上是否存在轴向力等因素，也都将影响受弯构件斜截面的受剪承载力。

在现行规范斜截面受剪承载力计算公式中，含有材料强度、箍筋和弯起钢筋用量及截面尺寸等参数，没有直接体现的影响因素为纵筋用量或纵筋配筋率。

答案：C

36. 解 本题题设条件不够充分，这里就题设条件做一些分析。

本题可能是考查钢筋混凝土适筋梁正截面受弯承载力计算的基本公式和适用条件。假定界限破坏时的截面相对受压区计算高度为ξ_b，则$\xi \leqslant \xi_b$（$\xi = \xi_b$为界限破坏）时为适筋梁，$\xi > \xi_b$时为超筋梁。由题设条件“梁 1 是适筋梁，梁 2 和梁 3 为超筋梁”，必有$\xi_2 > \xi_1$及$\xi_3 > \xi_1$。虽然利用平截面假定和截面平衡方程可以求得ξ_2和ξ_3，但题设条件并未给出建立平衡方程所必需的截面参数，如截面几何尺寸和混凝土及钢筋的强度等级等，无法建立平衡方程推求ξ_2和ξ_3，说明此路不通，必须另辟蹊径。考虑到即使题设条件给出了建立平衡方程所必需的截面参数，实际由平衡方程推求ξ_2和ξ_3也是非常繁琐的，设计时为了简化计算，往往可近似取$\xi_2 = \xi_3 = \xi_b$来计算梁 2 和梁 3 的正截面受弯承载力，这样选项 D 就可能是相对合理的选择。

应予指出的是，如果增加“梁的截面尺寸相同”的题设条件，则由梁 2 和梁 3 的配筋量的大小，可以推断$\xi_3 > \xi_2$，此时就可选 A。

答案：D

37. 解 本题考查钢筋混凝土偏心受拉构件大、小偏心受拉的判别依据。

对于钢筋混凝土偏心受拉构件，当$e_0 > \frac{h}{2} - a_s$时，为大偏心受拉构件；当$e_0 \leqslant \frac{h}{2} - a_s$时，为小偏心受拉构件。而$\xi > \xi_b$是用于判断偏心受压构件是大偏心受压还是小偏心受压的条件，不是偏心受拉构件的判断条件，所以选项 A 错误。小偏心受拉构件破坏时，构件轴向拉力全部由纵向受拉钢筋承担。在小偏心受拉情况下，整个截面都处于受拉状态，混凝土开裂后，拉力全部由钢筋承担，选项 B 正确。大偏心受拉构件存在局部受压区。大偏心受拉构件，靠近轴向拉力一侧受拉，远离轴向拉力一侧受压，存在受压区，选项 C 正确。大、小偏心受拉构件的判断依据是构件轴向拉力的作用位置，如前面所述，根据轴向拉力的偏心距e_0与$\frac{h}{2} - a_s$的关系来判断是大偏心受拉还是小偏心受拉，选项 D 正确。

答案：A

38. 解 本题考查先张法和后张法预应力混凝土构件抗裂验算的相关知识，牵涉有效预应力、换算截面、净截面等概念。由预应力混凝土轴心受拉构件各阶段的受力特征及开裂荷载的计算公式可知，加载到混凝土即将开裂时，无论是先张法还是后张法，开裂荷载N_{cr}的计算公式均相同，计算时均采用换算截面面积A_0，即$N_{cr} = (\sigma_{pcII} + f_{tk})A_0$，仅后张法施工阶段的应力计算，才会用到净截面特性$A_n$。

答案：A

39. 解 本题考查平截面假定和正截面受弯（或受压）承载力计算及斜截面受剪承载力计算的基本公式。

由教程 4.3.1~4.3.2 节、4.3.4 节、4.5.3 节可知，受弯构件的正截面受弯承载力计算公式和偏心受压构件的正截面受压承载力计算公式的建立需要用到平截面假定，而斜截面受剪承载力的计算方法，我国与世界多数国家的混凝土结构设计规范，都是在考虑影响斜截面受剪承载力的几个主要影响因素的基础上，对试验数据进行统计分析，建立了半理论、半经验的实用计算公式，不涉及平截面假定。

答案：D

40. 解 本题考查预应力混凝土受弯构件和钢筋混凝土受弯构件斜截面受剪承载力的相关知识。

试验研究表明，预压应力能够阻滞斜裂缝的出现和开展，增加混凝土剪压区的高度，增大骨料咬合力，从而提高受弯构件的斜截面受剪承载力。因此，预应力混凝土受弯构件的斜截面受剪承载力比钢筋混凝土受弯构件的斜截面受剪承载力要高，故选项A正确。

我国现行规范预应力混凝土梁斜截面受剪承载力的计算，是在普通钢筋混凝土梁斜截面受剪承载力计算公式的基础上，加上一项由预应力作用所提高的斜截面受剪承载力V_p。

应予指出的是，我国现行规范关于预应力对构件的斜截面受剪承载力起有利作用的规定，仅适用于不允许出现裂缝的预应力混凝土简支梁，且只有当预加力N_{p0}对梁产生的弯矩与外弯矩相反时，才能考虑其有利作用。对于预应力混凝土连续梁，因目前尚缺乏这方面的试验资料，故暂不考虑V_p的有利作用。对于允许出现裂缝的预应力混凝土简支梁，考虑到构件达到承载力时，预应力可能已经消失，在目前尚未有充分试验数据前，为稳妥起见，也暂不考虑预应力的有利作用。

由教程式（4-3-25）可知，为防止发生斜压破坏，应加大截面尺寸或提高混凝土强度，选项B错误。

为避免发生斜拉破坏，我国现行规范除规定了最小配箍率条件外，还对箍筋最大间距s_{max}和最小直径d_{min}做出了限制，见教程式（4-3-27）和表4-3-2，选项C错误。

对于无腹筋梁，剪跨比λ是影响无腹筋梁的斜截面受剪承载力的主要因素之一，剪跨比越大其斜截面受剪承载力越低，选项D错误。

答案：A

41. 解 水准仪的主要轴线有视准轴（CC）、水准管轴（LL）、圆水准器轴（L′L′）和仪器竖轴（VV）。分析各轴线间应满足的几何条件：

（1）L′L′应平行于VV，当圆水准器气泡居中时，VV基本铅直，这样仪器粗平，选项A正确。

（2）LL应平行于CC，这是水准仪应满足的主要几何条件。当水准管气泡居中时，视准轴处于水平位置，这样才能正确地读取水准尺读数，选项B正确。

（3）十字丝竖丝应垂直于LL（或CC），这样才能保证在照准目标时，竖丝与目标的边缘相切，保证读数的准确性，选项C错误。

（4）十字丝横丝应垂直于VV，这样才能保证在水准尺上读数时，用横丝的任何部分读数都是正确的，选项D正确。

答案：C

42. 解 本题的特点在于，终止方向值小于起始方向值，因此终止方向值加360°后再减去起始方向值进行角度计算。表中所填角值计算如下：

测站	盘位	目标	水平读盘读数（°　′　″）	半测回角值（°　′　″）	测回值（°　′　″）	备注
2	左	1	155 50 10	237 43 20	237 43 30	—
		3	33 33 30			—
	右	1	335 50 00	237 43 40		—
		3	213 33 40			—

即

$$\alpha_{\mathrm{L}} = 33°33'30'' + 360° - 155°50'10'' = 237°43'20''$$

$$\alpha_{\mathrm{R}} = 213°33'40'' + 360° - 335°50'00'' = 237°43'40''$$

$$\alpha = (237°43'20'' + 237°43'40'')/2 = 237°43'30''$$

答案：A

43. 解 地性线是地貌形态的骨架线，是描述地形起伏变化的分界线。地性线包括山脊线和山谷线两类。

答案：A

44. 解 GIS图形管理系统的一个特征是要以图形为主体框架管理属性数据，另外一个特征是实现GIS系统特有的空间分析功能，因此图形间建立拓扑关系是区别于其他图形管理系统的重要特征。

答案：B

45. 解 正方形周长$C = a_1 + a_2 + a_3 + a_4$

所以$m_C^2 = m_{a_1}^2 + m_{a_2}^2 + m_{a_3}^2 + m_{a_4}^2 = 4m^2$，解得$m_c = 2m$

答案：C

46. 解 三角高程测量是根据两点间的水平距离和竖直角求得两点间的高差；挠度是指建（构）筑物或其构件在水平方向或竖直方向上的弯曲值，挠度观测就是通过一定的技术、仪器或方法对这种弯曲的程度（包括水平和竖直位移）进行测量；液体水准观测是利用静力水准仪测量高差。以上三个测量项目均与垂直位移有关。激光学准直线观测主要是测量垂线的偏离值，与垂直位移无关。

答案：D

47. 解 密度是材料在绝对密实状态下单位体积的质量，表观密度是材料在自然状态下单位体积的质量，堆积密度是散粒材料在堆积状态下单位堆积体积的质量。

答案：A

48. 解 绝热材料是指能阻滞热流传递的材料，又称热绝缘材料。它们是用于建筑围护或者热工设备、阻抗热流传递的材料或者材料复合体，既包括保温材料，也包括保冷材料。在建筑物中起保温、隔热作用的材料，称为绝热材料。对绝热材料的基本要求是：导热率不宜大于0.17W/(m·K)，导热率越低，其绝热性能越好；表观密度应小于1000kg/m^3，以便于减轻结构重量并提高绝热效果；抗压强度应大于0.3MPa，以承受外部压力而不致过度变形或损坏。

答案：D

49. 解 本题考查材料抗冻指标极限水饱和度的概念。混凝土的冻害与其饱水程度有关。一般认为毛细孔含水量小于孔隙总体积的91.7%就不会产生冻结膨胀压力，而在混凝土完全保水状态下，其冻结膨胀压力最大。一般情况下，在过冷水与渗透力共同作用时，当水饱和度达到91.7%时，孔壁会出现较大拉应力，进而产生微裂纹，所以通常将91.7%的水饱和度称为极限水饱和度。

答案：D

50. 解 本题考查渗透系数的单位。材料渗透系数常用单位：cm/s（厘米/秒）、m/s（米/秒）。但在水利工程中，常用达西（Darcy）作为单位，1达西=1cm/s。

答案：D

51. 解 本题考查影响绝热材料绝热作用的温度因素。材料的导热系数随温度的升高而增大，因为温度升高时，材料固体分子的热运动增强，同时材料孔隙中空气的导热和孔壁间的辐射作用也有所增加。但这种影响在温度为0~50℃范围内并不显著，只有对处于高温或负温下的材料，才要考虑温度的影响。

答案：B

52. 解 此题考查硅酸盐水泥细度方面的技术性质。一般认为，水泥颗粒小于40μm才具有较高的活性，大于100μm活性很小。

答案：B

53. 解 本题考查砂的细度模数。砂子的粗细程度常用细度模数表示，它是指不同粒径的砂粒混在一起后的平均粗细程度。细度模数3.7~3.1的是粗砂，3.0~2.3的是中砂，2.2~1.6的是细砂，1.5~0.7属于特细砂。在配合比相同的情况下，若砂子过粗，拌出的混凝土黏聚性差，容易产生分离、泌水现象；若砂子过细，虽然拌制的混凝土黏聚性较好，但流动性显著减小，为满足黏聚性要求，需耗用较多水泥，混凝土强度也较低。因此，混凝土用砂不宜过粗，也不宜过细，以中砂较为适宜。

答案：B

54. 解 本题考查混凝土的水胶比。根据《普通混凝土配合比设计规程》（JGJ 55—2011），泵送混凝土水胶比不宜大于0.6；而对于高性能混凝土，低水胶比是高性能混凝土的配制特点之一，为达到混凝土的低渗透性以保持其耐久性，不论其设计强度是多少，配制高性能混凝土的水胶比一般都不能大于0.4（对所处环境不恶劣的工程可以适当放宽），以保证混凝土的密实性。

答案：C

55. 解　根据《混凝土结构设计标准》（GB/T 50010—2010）（2024年版）规定，立方体抗压强度标准值系指按标准方法制作、养护的边长为150mm的立方体试件，在28d或设计规定龄期以标准试验方法测得的具有95%保证率的抗压强度值。

答案：C

56. 解　水循环是指地球上不同的地方上的水，通过吸收太阳的能量，改变状态，到地球上另外一个地方。主要环节包括蒸发、水汽输送、降水、地表径流、下渗、地下径流等，不包括排沙。

答案：D

57. 解　通过统计分析来估计某种随机事件的概率特性，必须要有一个好的样本作为基础。因此，尽可能地提高样本资料的质量是一个非常关键的环节。样本资料的质量主要反映在是否满足下列三方面的要求：资料应具有充分的可靠性，资料的基础应具有一致性，样本系列应具有充分的代表性。虽然大洪水发生的概率相对较低，但其带来的潜在风险和损失往往是巨大的。因此，即使大洪水难以考证，也应努力去调查和考证，以提高资料系列的代表性，增加设计成果的可靠度，而不是不考虑。

进行水文分析计算时，还要进行历史洪水调查工作，其目的是弥补观测资料系列不足，增加系列的代表性。

答案：A

58. 解　用统计方法探讨水文过程的概率特性时，如果两个系列的均值不相等，则不能用均方差直接比较系列的离散程度，而要用变差系数C_v来比较。C_v值越大，表示系列的离散程度越大。

$$C_\mathrm{v}=\frac{\sigma}{\bar{x}}=\sqrt{\frac{\sum\limits_{i=1}^{n}(K_i-1)^2}{n}}$$

年径流量的C_v值反映年径流量总体系列离散程度，一般规律为从上游向下游，随着集水面积和水量的增大而减小。另外，大流域的C_v值比小流域的小些。

答案：C

59. 解　汇流是指由降水形成的水流，从它产生的地点向流域出口断面的汇集过程。暴雨中心在上游时，离流域出口断面较远，径流流至流域出口的时间长，洪峰出现的时间晚。而径流在流至流域出口断面的过程中，由于河流地形的变化，能暂时储存一部分水在流域中，错峰出流，故洪峰流量小。一般而言，暴雨中心在上游，峰低且峰出现的时间偏后；暴雨中心在下游，峰高且峰出现的时间早。本题与2023-60相同。

答案：B

60. 解 单位过程线（简称单位线）是一种特定的地面径流过程线，反映暴雨和地面径流的关系，指一个单位时段内，均匀地降落到一特定流域上的单位净雨深，所产生的出口断面处的地面径流过程线。单位时段常选为 3h、6h、12h、24h 等。单位净雨深一般采用 10mm，即单位线的流量求得的地面径流深等于 10mm。

本题意思为将径流总量均匀分布到流域面积 20000km^2 上，径流深度R正好等于 10mm。

$$R=\frac{\sum q\times\Delta t}{F}=\frac{\sum q\times\Delta t}{20000\times1000^2}\times1000=10\text{mm}$$

其中，F为流域面积，km^2。

故总洪量为$\sum q\times\Delta t=2\times10^8\text{m}^3$

答案： C